W0302747

Liebe Leserin, lieber Leser,

vielen Dank, dass Sie sich für ein Buch von SAP PRESS entschieden haben.

SAP PRESS ist eine gemeinschaftliche Initiative von SAP und Galileo Press. Ziel ist es, qualifiziertes SAP-Wissen Anwendern zur Verfügung zu stellen. SAP PRESS vereint das fachliche Know-how der SAP und die verlegerische Kompetenz von Galileo Press. Die Bücher bieten Expertenwissen zu technischen wie auch zu betriebswirtschaftlichen SAP-Themen.

Jedes unserer Bücher will Sie überzeugen. Damit uns das immer wieder neu gelingt, sind wir auf Ihre Rückmeldung angewiesen. Bitte teilen Sie uns Ihre Meinung zu diesem Buch mit. Ihre kritischen und freundlichen Anregungen, Ihre Wünsche und Ideen werden uns weiterhelfen.

Wir freuen uns auf den Dialog mit Ihnen.

Ihre Wiebke Hübner
Lektorat SAP PRESS

Galileo Press
Gartenstraße 24
53229 Bonn

wiebke.huebner@galileo-press.de
www.sap-press.de

SAP PRESS

SAP PRESS wird herausgegeben von
Bernhard Hochlehnert, SAP AG

Eckhard Moos
Kostencontrolling mit SAP
Business Engineering mit SAP CO
2002, 312 Seiten, geb.
ISBN 3-89842-290-9

Klaus Weihrauch, Gerhard Keller
Produktionsplanung und -steuerung mit SAP
Einführung in die diskrete Fertigung und die Serienfertigung mit SAP PP
2001, 334 Seiten, geb.
ISBN 3-934358-45-4

Helmut Bartsch, Peter Bickenbach
Supply Chain Management mit SAP APO
Supply-Chain-Modelle mit dem Advanced Planner & Optimizer 3.1
2., aktualisierte und erweiterte Auflage
2002, 456 Seiten, geb.
ISBN 3-89842-111-2

Rainer Scheckenbach, Alexander Zeier
Collaborative SCM in Branchen
2003, ca. 400 Seiten, geb.
ISBN 3-89842-311-5

Heinz Forsthuber
SAP-Finanzwesen für Anwender
Praktische Einführung in SAP FI 4.6
2002, 430 Seiten, geb.
ISBN 3-89842-179-1

Aktuelle Angaben zum gesamten SAP PRESS-Programm finden Sie unter
www.sap-press.de.

Raimund Heuser
Frank Günther
Oliver Hatzfeld

Integrierte Planung mit SAP

Konzeption, Methodik, Vorgehen

Galileo Press

Bibliografische Information Der Deutschen Bibliothek
Die Deutsche Bibliothek verzeichnet diese Publikation in der Deutschen Nationalbibliografie; detaillierte bibliografische Daten sind im Internet über http://dnb.ddb.de abrufbar.

ISBN 3-89842-310-7

© Galileo Press GmbH, Bonn 2003
1. Auflage 2003

Der Name Galileo Press geht auf den italienischen Mathematiker und Philosophen Galileo Galilei (1564–1642) zurück. Er gilt als Gründungsfigur der neuzeitlichen Wissenschaft und wurde berühmt als Verfechter des modernen, heliozentrischen Weltbilds. Legendär ist sein Ausspruch **Eppur se muove** (Und sie bewegt sich doch). Das Emblem von Galileo Press ist der Jupiter, umkreist von den vier Galileischen Monden. Galilei entdeckte die nach ihm benannten Monde 1610.

Lektorat Wiebke Hübner **Korrektorat** U. Hübner, Lüneburg **Einbandgestaltung** department, Köln **Herstellung** Sandra Gottmann **Satz** reemers publishing services gmbh, Krefeld **Druck und Bindung** Bercker Graphischer Betrieb, Kevelaer

Das vorliegende Werk ist in all seinen Teilen urheberrechtlich geschützt. Alle Rechte vorbehalten, insbesondere das Recht der Übersetzung, des Vortrags, der Reproduktion, der Vervielfältigung auf fotomechanischen oder anderen Wegen und der Speicherung in elektronischen Medien.

Ungeachtet der Sorgfalt, die auf die Erstellung von Text, Abbildungen und Programmen verwendet wurde, können weder Verlag noch Autor, Herausgeber oder Übersetzer für mögliche Fehler und deren Folgen eine juristische Verantwortung oder irgendeine Haftung übernehmen.

Die in diesem Werk wiedergegebenen Gebrauchsnamen, Handelsnamen, Warenbezeichnungen usw. können auch ohne besondere Kennzeichnung Marken sein und als solche den gesetzlichen Bestimmungen unterliegen.

Sämtliche in diesem Werk abgedruckten Abbildungen und Bildschirmabzüge unterliegen dem Urheberrecht © der SAP AG, Neurottstraße 16, D-69190 Walldorf.

SAP, das SAP-Logo, mySAP, mySAP.com, SAP R/3, SAP R/2, SAP B2B, SAPtronic, SAPscript, SAP BW, SAP CRM, SAP EarlyWatch, SAP ArchiveLink, SAP GUI, SAP Business Workflow, SAP Business Engineer, SAP Business Navigator, SAP Business Framework, SAP Business Information Warehouse, SAP inter-enterprise solutions, SAP APO, AcceleratedSAP, InterSAP, SAPoffice, SAPfind, SAPfile, SAPtime, SAPmail, SAPaccess, SAP-EDI, R/3 Retail, Accelerated HR, Accelerated HiTech, Accelerated Consumer Products, ABAP, ABAP/4, ALE/WEB, BAPI, Business Framework, BW Explorer, Enjoy-SAP, mySAP.com e-business platform, mySAP Enterprise Portals, RIVA, SAPPHIRE, TeamSAP, Webflow und SAP PRESS sind Marken oder eingetragene Marken der SAP AG, Walldorf.

Inhalt

1 Einführung in die integrierte Planung

»Wer den Hafen nicht kennt,
in den er segeln will,
für den ist kein Wind ein günstiger.«

Seneca
Römischer Philosoph

Bei jedem Vorhaben sollte man sich zunächst die Frage nach dem Zweck und dem Nutzen stellen. So versucht auch dieses Buch zunächst eine Antwort auf die Frage zu geben, warum man sich mit der Planung und mit einem integrierten Planungsprozess im Besonderen auseinander setzen sollte und welcher Nutzen daraus für das Unternehmen gezogen werden kann.

1.1 Zweck und Nutzen einer Planung

Kann ein Unternehmen ohne Planung existieren?

Wenn wir uns kritisch mit der Frage auseinandersetzen, ob eine Planung in einem Unternehmen einen Zweck und einen auch wirtschaftlichen Nutzen hat, so wird das, worauf die Frage zielt, noch deutlicher, wenn man sich die Frage stellt, ob ein Unternehmen ohne eine Planung existieren kann.

Sicher, wird man einwenden, kann ein Unternehmen auch ohne eine Planung existieren. Auch ohne Planung können Kunden akquiriert, Umsätze durch den Verkauf von Waren erzielt, Erzeugnisse produziert, Rohstoffe eingekauft, Mitarbeiter beschäftigt und Rechnungen geschrieben und verbucht werden. Alle Tätigkeiten in einem Unternehmen können auch ohne eine vorherige Planung durchgeführt werden.

Ganz im Gegenteil wird man einwenden können, dass eine intensive Planungsphase sehr zeitaufwändig ist und viele Unternehmensressourcen binden kann. So hört man nicht selten die Klage, z. B. von Vertriebs- oder Produktmanagern, dass sie im Unternehmen angestellt seien, um Produkte zu verkaufen und nicht, um deren Verkauf zu planen.

Analogie zum Fahren eines Autos

Die einzelnen Tätigkeiten in einem Unternehmen, die in ihrem täglichen Zusammenspiel den Erfolg eines Unternehmens hervorbringen und so das Unternehmen voranbringen, lassen sich auch mit dem Fahren eines Autos vergleichen. Auch beim Fahren eines Autos sind die unterschiedlichsten Tätigkeiten, wie Lenken, Kuppeln, Bremsen, Gas geben, notwendig, die im Zusammenspiel miteinander das Auto auf der Straße halten und voranbringen. So betrachtet kann man ein Auto durchaus auch mit einem Unternehmen vergleichen; und viele Autos tummeln sich auf unseren Straßen, analog wie sich auch viele Unternehmen in unserer marktwirtschaftlich ausgerichteten Wirtschaft tummeln.

Nun bedeutet ein Handeln in einem Unternehmen ohne vorherige Planung in unserer Analogie zum Fahren eines Fahrzeugs, dass die einzelnen Tätigkeiten zum Fortbewegen des Fahrzeugs zwar durchgeführt werden, dies auch funktioniert, aber niemand auf die Straße blickt bzw. bei einer Nachtfahrt kein Licht einschaltet. So ist folglich nicht erkennbar, wohin das Auto eigentlich fährt und welche Gefahren im Sinne von Hindernissen, Kurven, Schlaglöchern etc. dem Auto und somit dem Autofahrer drohen.

Alle Handlungen beim Autofahren bedürfen somit einer sehr schnellen Reaktion, einer sehr großen Flexibilität und raschen Auffassungsgabe, damit das Auto richtig auf der Strasse gehalten werden kann.

Man wird schnell zustimmen können, dass Autofahren im Dunkeln ohne Licht nicht sinnvoll, ja sogar grob fahrlässig ist, und niemand von uns würde auf die Idee kommen, dies in der Realität zu tun. So gesehen kann man die Frage, ob ein Unternehmen ohne Planung existieren könne, einfach beantworten »Prinzipiell schon, es fragt sich nur wie lange.«

Die Planung versucht etwas Licht in das Dunkel bei der Fahrt des Unternehmens zu bringen. Mit der Planung wird versucht, das zukünftige Handeln bereits im Vorfeld für einen bestimmten Zeitraum und für einen bestimmten Detaillierungsgrad zu definieren und so die einzelnen Prozesse im Unternehmen besser aufeinander abzustimmen und auf die erwarteten externen Ereignisse vorzubereiten.

Planung bedeutet ein Auseinandersetzen mit der Zukunft

Keine Planung kann dabei die Zukunft vorwegnehmen bzw. vorhersehen, insofern wird der Zufall auch weiterhin durch den »Irrtum« ersetzt. In der Planung setzt man sich allerdings mit der Zukunft auseinander, analysiert Szenarien und bewertet mögliche Ausprägungen der Bestimmungsfaktoren. Zwar werden auch weiterhin Entscheidungen unter Ungewissheit und nicht nur unter Unsicherheit getroffen, weil nicht alle Szenarien bekannt sind, geschweige denn mit Eintrittswahrscheinlichkeiten beziffert werden können; es lassen sich aber flexible Strategien ableiten, die für eine möglichst große Zahl wahrscheinlicher Szenarien geeignet sind, die gesetzten Ziele zu erreichen. Mit der Planung lassen sich also robuste erste Schritte definieren, die Flexibilität im Sinne einer Entscheidungsfreiheit lassen; man muss sich nicht sofort festlegen, sondern kann weitere Informationen abwarten und dann unter besseren Rahmenbedingungen entscheiden. Die Planung hilft also generell, besser auf die Zukunft vorbereitet zu sein; sie bringt einen »Funken Licht in das Dunkel der Zukunft«.

Planung bewirkt den Wechsel vom Reagieren zum Agieren

Durch die Planung wird das Handeln in einem Unternehmen vom passiven Reagieren in ein aktives Agieren umgewandelt. Durch die Aufstellung eines Planes können bereits im Voraus, in Abstimmung mit dem Produktionsbereich, Rohstoffe für einen bestimmten Zeitraum beschafft werden. Die Produktion selbst produziert ihre Erzeugnisse nicht blind, sondern besitzt einen mit dem Vertrieb abgestimmten Produktionsplan. Der Vertrieb wiederum kann den Kunden konkrete Liefertermine und Verkaufskonditionen nennen, da durch die Aufstellung des Produktionsplans bekannt ist, welche Mengen zu einzelnen Erzeugnissen produziert werden und zu welchem Zeitpunkt.

Schnelle Veränderungen im Marktumfeld

Je schneller sich dabei die Umwelt verändert, desto wertvoller wird für ein Unternehmen die Fähigkeit, auf den Märkten zu agieren, statt zu reagieren. Nicht selten wird als Argument gegen den Sinn einer intensiven Planung angeführt, dass sich die Zukunft zu schnell verändert, sodass die Planung nie mit der dann eintretenden Realität übereinstimmen kann und dass aus diesem Grund eine detaillierte Planung nicht sinnvoll wäre.

Das genaue Gegenteil ist aber richtig. In einem Marktumfeld, das sich schnell verändern kann, muss ein Unternehmen, will es dauerhaft überleben, auf diese Veränderungen vorbereitet sein. Dazu gehört eine intensive und frühzeitige Auseinandersetzung mit den möglichen Veränderungsszenarien im Markt und der Aufstellung entsprechend vorbereiteter Handlungsalternativen, je nach Eintreten einer Veränderung. Dies gilt dabei sowohl im Allgemeinen als auch im Detail. Ein Unternehmen muss sich in einem dynamischen Umfeld überlegen, was es eigentlich will, welche Kunden es gewinnen will, wie es sich von Mitbewerbern vorteilhaft unterscheidet und welche Chancen und Risiken sich daraus für das Unternehmen ergeben, um so zu einer Unternehmensstrategie zu gelangen, die immer auch auf einer Planung basiert.

Darüber hinaus müssen in Form einer Planung auch die Fragen beantwortet werden, wie denn diese Strategie konkret umgesetzt werden soll bzw. kann. Das bedeutet, die Planung muss auf eine operative Basis gestellt und in Form von detaillierteren Teilplänen konkretisiert werden.

Planen bedeutet nicht Hellsehen

Wer argumentiert, dass eine Planung sinnlos wäre, weil die eintretende Realität immer anders sei als dies zuvor in der Planung bedacht wurde, der verwechselt »Planen« mit »Hellsehen«. Es ist unrealistisch anzunehmen, dass eine aufgestellte Planung in der Realität exakt eintreten wird. Die Aufstellung einer Planung verhindert nicht das Eintreten von nicht vorhergesehenen Ereignissen oder Zufällen, auf die dann auch unter Vernachlässigung der aufgestellten Planung flexibel reagiert werden muss.

Doch wird durch eine intensive Auseinandersetzung mit der Zukunft die Anzahl der unvorhergesehenen Geschehnisse und Zufälle verringert und die Anzahl der möglichen und geplanten Ereignisse entsprechend erhöht.

Regelkreis der Unternehmensführung

Durch den Wechsel von unvorhergesehenen Ereignissen in vorhersehbare und gegebenenfalls mit einer Einstrittswahrscheinlichkeit einschätzbare Ereignisse wird ein Unternehmen die Zukunft zwar nicht vorwegnehmen können, aber doch bei kontinuierlicher Durchführung Stück für Stück besser beherrschen lernen. Der Prozess ist dabei als Regelkreis, als *Regelkreis der Unternehmensführung*, zu verstehen (siehe Abbildung 1.1).

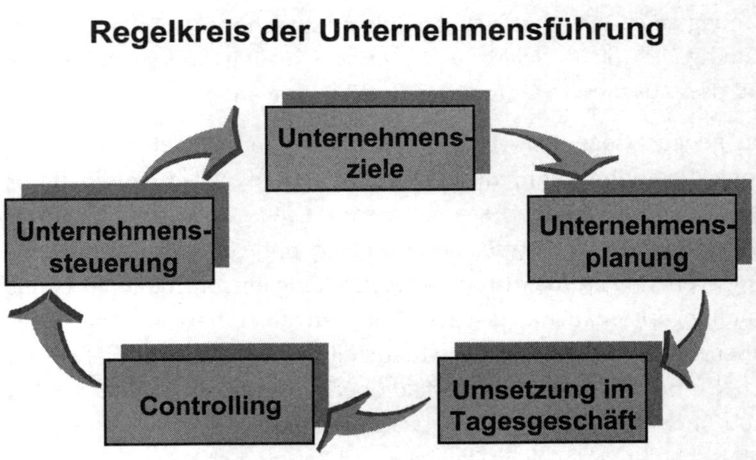

Abbildung 1.1 Regelkreis der Unternehmensführung

Am Anfang steht die Definition der Unternehmensziele, die in Form einer Strategie und einer strategischen Planung (siehe auch Kapitel 6) zum Ausdruck kommt. Diese Planung wird in Form einer Unternehmensplanung als operative Planung (siehe auch Kapitel 5) konkretisiert und auf alle Teilbereiche des Unternehmens angewendet. Im Tagesgeschäft wird diese operative Planung auf dispositiver Ebene (siehe auch Kapitel 7 und 8) umgesetzt. Hier wird nun erkannt, welche Ereignisse in der Planung berücksichtigt wurden und welche Zufälle sich weiterhin ergeben. Ferner ergibt das Handeln im Tagesgeschäft, ob die Definition der Handlungsalternativen korrekt war und zum gewünschten Ergebnis führte. Durch das Controlling wird über den Abgleich der Planung mit dem tatsächlichen Geschehen aus dem Tagesgeschäft eben dieser Erfolg des Handelns im Ist auf der Basis der Planung analysiert und quantifiziert. Durch die konkrete Gegenüberstellung von Planung und Ist können so zum einen Lerneffekte im Planungsprozess erarbeitet, aber auch Notwendigkeiten erkannt werden, entweder einzelne Prozesse im Unternehmen oder aber die gesamte Unternehmensstrategie zu überarbeiten. Somit schließt sich der Regelkreis und ein erneuter Zyklus wird gestartet.

Regelkreis über alle Führungsebenen

Dieser dargestellte Regelkreis wird in der herrschenden Lehrmeinung häufig im Rahmen der strategischen Planung auf einer relativ abstrakten Managementebene dargelegt und insofern missverstanden, als wäre dies eine reine Aufgabe des Top-Managements. Bei einem konkreten Leben dieser Philosophie wird man schnell erkennen, dass der Regelkreis sich durch alle Führungsebenen eines Unternehmens zieht, vom Top-Management bis zum Gruppenleiter in einzelnen Funktionsbereichen. Das Prinzip dieses Regelkreises besteht viel weniger darin, eine aufgestellte Unternehmensstrategie auf der Basis der erzielten Ergebnisse zu überprüfen. Vielmehr lebt der Regelkreis der Unternehmensführung durch das Herunterbrechen und Umsetzen einer Strategie auf eine konkretere operative Ebene für ein Geschäftsjahr in Form von Teilzielen und Teilplänen, z.B. im Vertrieb, in der Produktion oder in der Entwicklung und von dort weiter bis zur konkreten Umsetzung dieser Teilpläne in Form der kurzfristigen dispositiven Planung, die eng mit der täglichen Umsetzung gekoppelt ist.

Durch die Rückmeldung der Detailpläne in Form der Überprüfung der Ist-Situation gegenüber der jeweiligen aggregierteren Planung wird eine wesentliche Funktion in der Unternehmenskommunikation erfüllt. So verhindert die Rückmeldung von der »Basis«, dass sich eine Strategieplanung zu weit von der harten (täglichen) Realität entfernt und zu einer reinen Absichtserklärung wird. Die Strategie bewahrt sich somit die »Bodenhaftung«, in dem auf der Basis der operativen Teilpläne konkret überprüft werden kann, ob und wo es Probleme in der Umsetzung der Unternehmensstrategie gibt.

Auf der anderen Seite kann auf diese Weise eine zunächst erstellte strategische Planung über die operative Umsetzung bis in das dispositive Handeln hineingetragen werden. Dies bedarf zwar umfangreicher Kommunikation und intensiver Auseinandersetzung auf allen Ebenen des Unternehmens, bedeutet aber bei konsequenter Umsetzung, dass eine Strategie im Unternehmen verstanden, umgesetzt und wirklich gelebt wird. Ein Gedanke, der noch immer in viel zu wenigen Unternehmen Realität ist.

Verbindlichkeit durch Zahlen

Ein weiterer Aspekt für die Einführung eines Planungsprozesses ist die Verbindlichkeit der Planung. In zahlreichen Unternehmen, gerade im mittelständischen Bereich, ist zwar eine Planung vorhanden, diese ist aber nicht in Zahlen konkretisiert und auch nicht weiträumig im Unternehmen kommuniziert. Eine derartige Planung verkümmert zu einer unverbindlichen Absichtserklärung, die nur aufgestellt wird, um den Gesellschaftern oder Aktionären eine Perspektive zu geben. Eine derartige Planung ist zur Steuerung des Unternehmens nicht geeignet.

Hingegen ist eine Planung mit einer Fixierung in »facts and figures« ein Schritt weg von der rein verbalen Vorteilsbeschreibung einzelner Optionen und hin zu mehr »Commitment«. Das bedeutet eine eigene Verbindlichkeit der Planung und der Planwerte im Unternehmen und in den Köpfen der Mitarbeiter. Planwerte sind dabei auch eine Vorgabe und ein Ansporn, die selbst gesetzten Ziele zu erreichen. Der Regelkreis zur Unternehmensführung erhält so erst eine Grundlage. Erst durch die Festlegung der Unternehmensziele in Form einer quantifizierten Planung, die auf die operativen Teilbereiche konkretisiert und dispositiv umgesetzt wird, ist ein Vergleich des Ist mit einem Plan möglich. Nur auf diese Weise werden dem Regelkreis die Kontrollinstrumente zur Verfügung gestellt, durch die eine Optimierung erzielt werden kann. Hervorzuheben ist, dass dieses »Commitment« gerade bei der Unternehmensleitung und ihren Vorgaben (Formulierung von strategischen Zielen) beginnt. Auf diese Weise wird eine verlässliche Basis der Zusammenarbeit und des Vertrauens im gesamten Unternehmen geschaffen.

Durch die Quantifizierung der Planung werden so Diskussionen und Entscheidungen auf eine objektivierte, sachliche Basis gestellt. Es zählt der Mehrwert von Entscheidungen; machtpolitische oder Prestige-Gesichtspunkte und darauf gründende Argumentationen verlieren an Einfluss. Sie werden damit zwar nicht aufgehoben, aber zumindest als solche offengelegt. Das Arbeiten in Zahlen erzwingt eine Versachlichung der Diskussion. Das Management kann also den Prozess instrumentalisieren, um Sachziele in den Vordergrund zu stellen. Damit sind die Akteure gezwungen, mit diesen Zahlen zu arbeiten und zu argumentieren. Diese Versachlichung kann auch auf der obersten Ebene genutzt und mittels Coaching in strukturierte Bahnen gelenkt werden.

Planung zur Unternehmensfinanzierung

Diese Quantifizierung und Konkretisierung einer Unternehmensstrategie in Form einer Planung und das erfolgreiche Herunterbrechen und Umsetzen in operative Fakten spielt dabei nicht nur im Rahmen der beschriebenen unternehmensinternen Wirkung eine wesentliche Rolle, sondern wird auch in der Wirkung nach außen gegenüber Aktionären, Banken und anderen Investoren eine entscheidende Rolle spielen.

Die Frage der Unternehmensfinanzierung durch Fremdkapital stellt dabei eine ganz reale und in nicht wenigen Fällen sehr harte Problematik dar. In den letzten Jahren stellt man zunehmend fest, dass sich die Kapitalfinanzierung in einem erkennbaren Strukturwandel befindet. Bleiben zwar Bankenkredite auch in Zukunft ein wesentlicher Bestandteil der Fremdfinanzierungsbasis, so treten doch mittlerweile alternative Finanzierungsformen – wie etwa Corporate Bonds, Commercial Papers, Private Equity oder Venture Capital – immer mehr in den Vordergrund zur Kapitalbeschaffung von Unternehmen.

Wechsel von der Kapitaltransformation zur Risikotransformation

Dabei gilt für alle Finanzierungsformen (dies gilt auch für reine Bankenkredite), dass verstärkt die Funktion der Kapitaltransformation – z.B. durch die Spareinlagen zum Bankenkredit – durch die Funktion der Risikotransformation ersetzt wird. Risikotransformation bedeutet dabei, dass die Kapitalgeber im Verhältnis zum eingehenden Risikopotenzials, das mit der Investition verbunden ist, den maximalen Ertrag erwirtschaften wollen. D.h., nicht der absolut mögliche Ertrag, sondern das Verhältnis zwischen Risiko und Ertrag steht im Mittelpunkt. Dabei liegt der Schwerpunkt in der Entwicklung von Methoden zur Messbarkeit des Risikopotenzials, das mit der Vergabe von Kapital an ein Unternehmen verbunden ist. Zentrum dieser Entwicklung ist die Aufstellung von marktadäquaten Ratingsystemen.

Rating

Durch Ratings wird auf standardisierte Art eine Meinung darüber zum Ausdruck gebracht, mit welcher Wahrscheinlichkeit ein Unternehmen zeitgerecht und vollständig Zins- und Tilgungsverpflichtungen erfüllen kann.

Qualitiative Faktoren

Bei der Ermittlung der Risikoqualität bzw. der Bonität, die in Form einer Ratingziffer zum Ausdruck gebracht wird, spielen zunehmend neben den reinen quantitativen Faktoren (z.B. Daten aus dem Jahresabschluss) auch qualitative Faktoren eine Rolle. Zu diesen qualitativen Aspekten gehören u.a. die Aufstellung eines Unternehmenskonzeptes, die Aufstellung einer Planungsrechnung, die Überprüfung und Erläuterung der Strategie und Unternehmensplanung gegenüber der eingetretenen Realität sowie eine aktive Informationspolitik gegenüber den Kapitalgebern.

Ferner gehört dazu die Implementierung von vordefinierten Warnsignalen und Negativinformationen und – auf den Punkt gebracht – die Realisierung von Transparenz gegenüber den Kapitalgebern. Transparenz schafft Vertrauen und hilft das Risikoempfinden der Kapitalgeber zu senken. Zu dieser Transparenz gehört neben der Darlegung der Unternehmensziele die Vorlage von konkreten Finanz- und Investitionsplänen, Strategiekonzepten und Planungsrechnungen. Damit wird die Zukunft des Unternehmens und somit die Kapitalinvestition für den externen Kapitalgeber sicherer.

Diese Sicherheit des Kapitalgebers wird für das betroffene Unternehmen konkret messbar, da sichere Kredite im Rahmen dieser Überlegungen in Form von Zinskonditionen preiswerter sein werden. In diesem Zusammenhang wird die Planung ganz konkret zu einem messbaren Erfolgsfaktor, der sich in Euro und Cent rechnen lässt.

»Basel II«

Am deutlichsten ist dies erkennbar am (zum Zeitpunkt der Drucklegung) vorliegenden zweiten Konsultationspapier des als »Basel II« bekannt gewordenen Vorschlags zur Eigenmittelvereinbarung der Banken gemäß des Ausschusses für Bankenaufsicht der Bank für Internationalen Zahlungsausgleich. Dieses Papier, das nach derzeitigem Zeitplan bis 2006 in nationales Recht umgesetzt werden und in Kraft treten soll, sieht im Wesentlichen vor, dass Banken eine Eigenkapitaldeckung der eingegangenen Kredite in Höhe von 8% hinterlegen müssen. Diese Eigenkapitaldeckung ist zudem gekoppelt mit einem prozentualen Risikogewichtungsfaktor. Dieses Risikogewicht differenziert die Unternehmen hinsichtlich des Risikos, das mit der Kreditvergabe verbunden ist. Dabei kann dieser Risikofaktor, je nach Rating, zwischen 20% und 150% liegen. Dementsprechend verändern sich die Eigenkapitalhinterlegung der Banken je nach Risikogewichtungsfaktor und somit direkt die (Opportunitäts-)Kosten der Banken, die mit der Kreditvergabe verbunden sind.

Dass diese Kosten der Banken in Form entsprechender unterschiedlicher Zinssätze bei der Vergabe von Fremdkapitalmitteln an die Unternehmen weitergegeben werden, versteht sich wohl von selbst. Daher ist zu erwarten, dass diese Entwicklung eine große Herausforderung nicht nur für die konkrete Planungsfähigkeit von Unternehmen bedeuten wird.

Nach der Beschaffung von Fremdkapitalmitteln zur Finanzierung der Unternehmenstätigkeiten hat die Erstellung einer Unternehmensplanung letztendlich auch die Aufgabe, die knappen Ressourcen eines Unternehmens zielgerichteter einzusetzen. Gerade hier spielt das Prinzip des »Agieren statt Reagieren« eine wichtige Rolle, da die Ressourcenallokation in vielen Unternehmensbereichen nicht kurzfristig umgestellt werden kann. Das bedeutet, dass das Einsetzen einer Unternehmensressource für eine bestimmte Zeit diese Ressource bindet und so bei einer auf kurzfristiges Reagieren verkümmerten Unternehmenssteuerung nicht für eine reaktive Anpassung zur Verfügung steht. Je länger eine Unternehmensressource durch eine Entscheidung gebunden wird, desto wichtiger wird die intensive Planung der Ressourcenallokation.

Ressourcenallokation

Durch die Planung wird eine Entscheidungsbasis für die interne Ressourcenallokation gegeben. Diese Verteilung knapper Mittel ist eine der wichtigsten ökonomischen Fragestellungen im Unternehmen und betrifft folgende Bereiche:

- **Das Kapital**

  Bei einer wertorientierten Unternehmensführung ist jede Kapitalverwendung (und damit auch Erhaltungs- oder Erweiterungsinvestitionen) mit ihrem Beitrag zum Unternehmenswert zu sehen; dies geschieht analog zu einem Portfolio, in dem Risiken und Ertragspotenziale optimal gestreut sind.

  Um die Auswirkungen auf den Unternehmenswert zu quantifizieren, ist eine Rentabilitätsberechnung dieser Investitionen bzw. eine integrierte Ergebnisrechnung aufzustellen. Erst dadurch können Investitionsalternativen und -programme bewertet werden. Das vorhandene Kapital kann dann auf die Bereiche so aufgeteilt werden, dass sich ein in Summe größtmöglicher Wertzuwachs ergibt. Der Unternehmenswert wiederum spiegelt sich im generierten, langfristigen und nachhaltigen Ergebnisbeitrag wider.

  Zusätzlich gehen in Entscheidungen über die Kapitalverwendung natürlich weitere Faktoren ein. Beispielsweise sind dies unterschiedliche Lebenszyklen der einzelnen Produkte, die unterschiedliche Normstrategien bedngen (z.B. Ausbauen des Marktanteils oder Desinvestieren und auf den Marktaustritt vorbereiten). Die verfolgten Produkt-/Marktstrategien sind über die strategischen Vorgaben der Unternehmensleitung in der Verkaufs- und Absatzplanung zu Beginn des Planungsprozesses schon berücksichtigt. Sie gehen damit in die Ergebnisplanung ein. Die Verbindung zwischen strategischen Vorgaben und operativer Absatzplanung ist somit sichergestellt.

Einen weiteren wichtigen Faktor bildet die Standortpolitik. Sie ist eine Folge der Attraktivität alternativer Standorte. Die Attraktivität eines Standortes ist beeinflusst von der regionalen und nationalen Politik (Dauer von Genehmigungsverfahren, Steuern und Abgaben, Förderung und Infrastruktur, Schulen und Kulturangebot), von wirtschaftlichen Faktoren (Nähe zu Lieferanten und Ressourcen, Kosten der Beschaffungs- und Versandlogistik) sowie natürlichen Gegebenheiten (z.B. Qualität des Quellwassers in der Lebensmittelindustrie). Neben diesen Standortvorteilen werden regionale Präsenz als unternehmerisches Ziel, Entwicklungspläne der Werke und Standorte sowie andere (politische) Überlegungen Einfluss auf die Standortpolitik haben. Alle diese Faktoren spielen in der langfristigen Betrachtung eine Rolle. Durch die strategischen Vorgaben der Leitung zu Beginn des Planungsprozesses werden diese Faktoren als Rahmenbedingungen eingehen.

- **Das Personal**

  Ein weiteres Objekt der Ressourcenallokation ist das Personal. Mitarbeiter sind die wichtigste Ressource im Unternehmen. Ihr Wissen, ihr Engagement und ihre Erfahrungen bestimmen wesentlich den Unternehmenserfolg. Diese Aussage wird in jedem Managerseminar vermittelt. Gleichzeitig ist der Personalabbau die Regel, ein Personalaufbau hingegen erfolgt nur in begründeten Fällen. Die Fremdvergabe von Leistungen wird immer häufiger der Eigenerstellung vorgezogen. Die Mitarbeiterproduktivität ist somit eine wichtige Kenngröße bei der Bewertung der Leistungsfähigkeit eines Unternehmens – auch bei der Beurteilung durch externe Dritte.

  Damit die knappe Ressource »Mitarbeiter« so eingesetzt werden kann, dass sie ihren größtmöglichen Grenzertrag erbringt, ist dieser bei alternativen Verwendungen zu ermitteln. Durch eine Planergebnisrechnung kann dies bei anstehenden Entscheidungen im Rahmen des Planungsprozesses analysiert werden.

  Über die Verknüpfung von erforderlichen Mitarbeiterstunden zur Produktion einer bestimmten Menge eines Erzeugnisses, der gesamten geplanten Mitarbeiterstunden (als fixes Kapazitätsangebot) und des Absatzplanes kann der erwirtschaftete Deckungsbeitrag der Produkte ermittelt werden. Unter dem Begriff der engpassorientierten Deckungsbeitragsoptimierung ist dieser Ansatz bekannt. Im Rahmen des Planungsprozesses kann dieser Deckungsbeitrag dann in verschiedenen Szenarien errechnet und iterativ maximiert werden.

  Mit diesem Vorgehen lassen sich Entscheidungsalternativen mit ihrem Ergebnisbeitrag bewerten, wie zum Beispiel die konkrete Zuordnung der Mitarbeiter in der Produktion auf einzelne Betriebe oder aber die Bildung von Personalpools, d.h. die zentrale Vorhaltung von Personalleistungen und Inanspruchnahme von dort.

- **Das Management**
  Weiterhin sind auch die Kapazitäten des Managements knapp. Führungskräfte, die eine Gesamtsicht und -verantwortung im Unternehmen erworben haben, die breite Erfahrungen sammeln konnten und die flexibel unterschiedlichste Führungspositionen übernehmen können, stellen einen bedeutenden Flaschenhals in der Unternehmensentwicklung dar. Diese hochqualifizierten Führungskräfte sind heiß umworben, und weil sie mobil und flexibel sind, stellen sie ebenso wie Informationen und Wissen, wie Kapital und Marktbekanntheit, einen entscheidenden Erfolgsfaktor dar. Diesen gilt es, im Unternehmen zu halten.

  Die Führungskräfte können wie andere Ressourcen den Bereichen zugeordnet werden. In der Planung zeigen sich der Bedarf, geplante Veränderungen (z.B. durch Versetzungen und Ruhestand) sowie daraus resultierende Unterdeckungen. Während Entscheidungen bei Personalressourcen nicht notwendigerweise Einzelpersonen betreffen, sondern es sich um pauschale Bemessungen handeln kann, ist bei den Führungskräften jeder Einzelfall zu entscheiden. Letztlich kann die Unternehmensleitung vorgeben, welche Unternehmensbereiche mit hochqualifizierten Führungskräften besetzt werden, um sie zu forcieren, und in welchen Bereichen ein moderates Tempo genügt.

  Mit dieser Planungskomponente ist die Führungskräfteentwicklung eng verbunden. In ihr werden Entwicklungspläne mit Fortbildungsstufen für die Mitarbeiter definiert. Aus den Ergebnissen der Integrierten Planung können für die Führungskräfteentwicklung wichtige Handlungsbedarfe abgeleitet werden.

- **Die Zeit**
  Zeit spielt in der Abwicklung der Geschäftsprozesse im Unternehmen ein wichtige Rolle. Es gilt etwa, den Kunden zeitnah einen Liefertermin und Preiskonditionen zusagen zu können, zeitnah zu produzieren und zeitnah Rohstoffe einzukaufen, um die Kapitalbindung durch Lagerhaltung zu minimieren. Wer schneller und präziser in Kenntnis der Wünsche und Situationen des Marktes agieren kann, gewinnt klare Unternehmensvorteile gegenüber den konkurrierenden Marktteilnehmern. Daher ist auch die zur Verfügung stehende Zeit eine knappe Ressource, die es gilt, optimal zu allokieren und zu nutzen.

Dabei stellt die Fähigkeit zum kurzfristigen Handeln in vielen Unternehmen ein konkurrierendes Ziel gegenüber dem Ziel von Kostenführerschaft und niedriger Kapitalbindung dar. Hier wird Schnelligkeit z. B. durch ein Überangebot an Produktionskapazität, erhöhte Lagerhaltung oder niedrigere Verkaufspreise erkauft.

Gerade in diesem Bereich hilft die dispositive Planung im Rahmen einer integrierten Planung, ein abgestimmteres Verhalten und eine engere Verzahnung der Unternehmensfunktionen insbesondere im Bereich der Logistik zu erzielen. Diese konkrete Abstimmung zwischen den logistischen Unternehmensbereichen wie Einkauf, Produktion und Vertrieb hilft Zeit in der Abwicklung einzusparen, ohne dabei auf erhöhte Lagerhaltung und überhöhte Produktionskapazitäten zurückgreifen zu müssen.

Die Abstimmung im Rahmen des dispositiven Planungsprozesses bedeutet dabei keineswegs eine Einbuße in der Flexibilität der logistischen Funktionen, sondern schafft vielmehr ein Verständnis für die Prozessmechanismen in den einzelnen Bereichen und deren Wechselwirkung untereinander.

Die Wirkung der integrierten Planung auf die Ressourcenallokation ist, dass nicht mehr der Sog des Ressourcenbedarfs in den Bereichen zählt, sondern die gezielte Verteilung auf profitable Verwendungen.

1.2 Warum eine integrierte Planung?

Sobald in einem Unternehmen die Überzeugung wächst, dass eine Planung ein wichtiges Steuerungsinstrument ist, wird in vielen Fällen zunächst eine übergreifende Unternehmensplanung in Verbindung mit einer Unternehmensstrategie auf grober Ebene erstellt. Auf der Basis dieser strategischen Planung entwickeln sich dann häufig in den einzelnen Abteilungen des Unternehmens davon abgeleitete operative Pläne.

So wird im Marketing eine Vertriebsplanung und gegebenenfalls je Produktmanager eine Produktplanung erstellt. In der Produktion wird eine Produktionsplanung und eine damit verbundene Einteilung der Produktionskapazitäten erstellt. Im Einkauf zielt die Planung auf den optimalen Beschaffungszeitpunkt von Rohstoffen ab usw.

Teilpläne

Der Nachteil dieser Vorgehensweise ist, dass diese auf die operative Ebene heruntergebrochenen Teilpläne nicht mehr aufeinander abgestimmt werden und somit mitunter nicht mehr zusammenpassen. So werden vom Vertrieb Verkaufsmengen von Produkten geplant, die von der Art oder zumindest von der Menge her in der Produktionsplanung nicht vorgesehen sind, was eventuell gar nicht möglich wäre, da der Einkauf die Beschaffung der dafür erforderlichen Rohstoffe nicht gewährleisten könnte.

Die integrierte Planung setzt nun an diesem Schwachpunkt an und versucht die zahlreichen Teilpläne im Unternehmen zu verbinden, deren Abhängigkeiten herauszustellen und durch entsprechende Überleitungen miteinander zu integrieren. Die Integration in der Planung wird dabei verstanden als das Einbeziehen aller relevanten Bereiche für den Zweck und das Ziel des Planungsprozesses.

Integrierte Planung bedeutet die Verknüpfung aller Teilpläne

Hierbei sind alle ergebnisrelevanten Unternehmensteile angesprochen: Am Beispiel eines produzierenden Unternehmens bedeutet dies, dass nach der Absatz- und Vertriebsplanung die Bereiche Produktion und Beschaffung mit den variablen (und fixen) Komponenten zu planen sind. Die weiteren Gemeinkosten, nämlich alle Vertriebs- und Verwaltungskostenstellen, sind im nächsten Schritt zu berücksichtigen. Am Ende kann noch das auf den Kostenstellen gebundene Vermögen aus der Anlagenbuchhaltung ermittelt werden.

Die Integration in der Planung beschränkt sich aber nicht nur auf die Verknüpfung der Teilpläne auf gleicher Detailebene einzelner Funktionsbereiche. Sie fungiert auch vielmehr in einer zusätzlichen Dimension zwischen den einzelnen Planungen unterschiedlicher Detaillierungsgrade.

Integration auch zwischen den Planungsebenen

So werden zum einen die Teilpläne z.B. der strategischen Planung (wie etwa langfristiger Investitionsplan, Ergebnisplan, Produkt-Marktentwicklungskonzepte), der operativen Planung (wie Vertriebsplanung, Produktionsplanung, Kostenstellenplanung, Bottum-up-Ergebnisplanung etc.) und der dispositiven Planung (wie etwa Absatzplan, Produktionsplan, Programmplanung) untereinander verknüpft und abgestimmt. Zum anderen werden aber auch die Teilpläne der strategischen Planung mit den zugehörigen Teilplänen der operativen Planung und die Teilpläne der operativen Planung als Grundlage für die dispositive Planung integriert (siehe Abbildung 1.2).

Diese Form der Integration soll dabei keine Einbahnstraße von oben nach unten darstellen, sondern als Rückkoppelung einen Wechselwirkungsprozess zwischen den Managementebenen im Unternehmen etablieren.

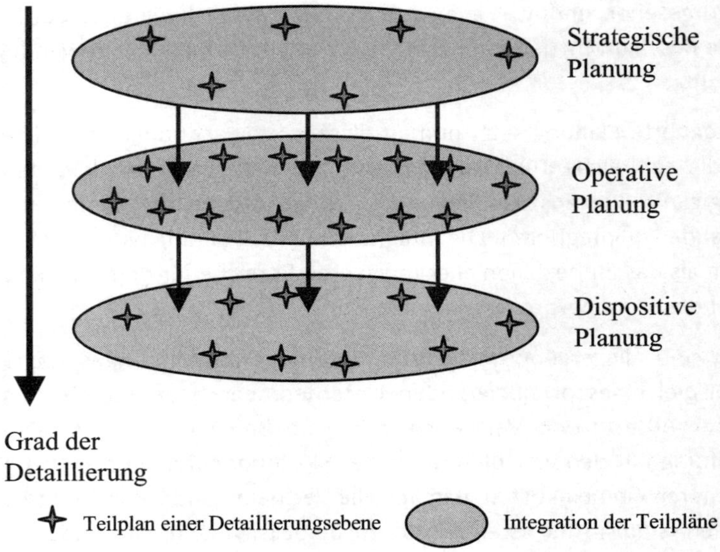

Abbildung 1.2 Integration zwischen Planungsebenen

Konzentration auf das Notwendige

Die Planungen sollten sich dabei jeweils auf die Bereiche konzentrieren, die für den Zweck und Detaillierungsgrad dieser Planung relevant sind. Diese Konzentration auf das Notwendige bedeutet, sich nicht in unnötigen Details zu verlieren, sondern sich immer auf das Wesentliche zu konzentrieren. Nach der 80/20-Regel kann bei weniger relevanten Bereichen auf die Planung verzichtet oder pauschal in das Ergebnis gestellt werden.

Integration bedeutet das Hinwirken auf ein Gesamtoptimum

Integration bedeutet auch, dass nicht Individualinteressen Vorrang haben und damit rein suboptimale Teillösungen aneinandergereiht werden, sondern dass eine aus der »Vogelperspektive« optimale Lösung angestrebt wird. Das beinhaltet, dass auf alle erforderlichen Interaktionen und Interdependenzen der Bereiche, die zeitliche und logische Reihenfolge der Planungsschritte und auch auf die erforderlichen Rückkoppelungen eingegangen wird. Dadurch werden die Abhängigkeiten deutlich und rechenbar. Die Komplexität einer solchen Planung ist natürlich größer als bei einer isolierten Teilplanung. Dies ist darauf zurückzuführen, dass sich die Lösungsräume vergrößern.

Diese Komplexität ist eine der Ursachen dafür, dass in vielen Unternehmen bis vor kurzem auf eine integrierte Planung weitgehend verzichtet wurde oder verzichtet werden musste, da eine entsprechende EDV-Unterstützung nicht zur Verfügung stand.

Paradigmenwechsel von einer funktionalen Sicht zur Prozess-Sicht

Eine weitere Ursache für die isolierte Erstellung von Teilplänen ist die Unterteilung des Unternehmens in einzelne nach funktionalen Gesichtspunkten getrennte Abteilungen und Organisationseinheiten, die jeweils unabhängig voneinander geführt und gesteuert werden.

In den letzten Jahren fand in vielen Unternehmen aber diesbezüglich ein Paradigmenwechsel statt. Es ist der Wechsel von der funktionalen Sicht zur Prozess-Sicht, von der isolierten Betrachtung der einzelnen Organisationseinheiten zu einer Integration der Abteilungen, ihrer Aufgaben und der dazugehörigen Interaktionen. Bei dieser Optimierung von Geschäftsprozessen werden neben rein operativen Abläufen auch strategische Prozesse (z. B. Neuproduktentwicklung, Markteinführung) neu gestaltet, um sich entscheidende und nachhaltige Wettbewerbsvorteile zu verschaffen.

Kundensicht

Die Notwendigkeit einer solchen Betrachtung liegt auf der Hand: In arbeitsteiligen Organisationen geht der Bezug zum Kunden verloren. Jeder spricht von ihm, aber so gut wie keiner hat einen konkreten Kontakt zu ihm, geschweige denn zu der Kundenleistung. Schlimmstenfalls stört der Kunde nur die betrieblichen Abläufe und internen Machtkämpfe. Kundenerwartungen und -bedürfnisse in organisatorische Ziele mit konkreten Vorgaben zu formulieren, kann nur gelingen, wenn der gesamte Prozess, vom Kundenkontakt bis zur Lieferung und Bedarfsdeckung, betrachtet wird.

Ganzheitliche Sicht

Des Weiteren kann eine rein funktionale Betrachtung und Optimierung zwar lokale Optima (von Abteilungen und Bereichen) hervorbringen. Synergien, Zeit- und Kostenvorteile sowie eine höhere Qualität der Leistung werden aber nur bei einer ganzheitlichen – Funktionsgrenzen überschreitenden – Sichtweise deutlich. Erst so kann durch verbesserte Informations- und Kommunikationsflüsse eine bessere Abstimmung erfolgen. Diese Abstimmung erstreckt sich auf die einzelnen Aktivitäten in der Wertschöpfungskette; beispielsweise auf den Wegfall von dezentralen Lagern, wenn Sicherheitsbestände, die von Betriebsleitern nur gehalten werden, um Lieferverzögerungen zu kompensieren, überflüssig und Beschaffungszeiten früher geplant werden.

Prozessgedanke erfordert Abstimmung der Teilpläne

Diese Hinwendung zum Prozessgedanken machte dabei nicht Schluss bei der Analyse der Geschäftsprozesse und Werteflüsse im Ist, sondern wurde folgerichtig auch auf den Planungsprozess ausgedehnt. Innerhalb der Analyse der Geschäftsprozesse in der Planung wurde nun erkannt, dass die einzelnen Teilpläne, analog eines Geschäftsvorfalls im Ist, eng miteinander verknüpft sind und zahlreiche Abhängigkeiten aufweisen. Diese Auseinandersetzung mit den Geschäftsvorfällen im Plan lässt sehr schnell die Notwendigkeit in der Abstimmung der einzelnen Teilpläne erkennen.

Integrierte Systemunterstützung als Voraussetzung

Erfolg kann aber eine entsprechende Umsetzung des Prozessgedankens in die Realität, sowohl im Ist als auch im Plan, nur durch eine entsprechende Software haben, die in der Lage ist, alle Geschäftsvorfälle über eine einheitliche Datenhaltung miteinander abstimmbar zu machen und somit zu integrieren.

Die erforderliche Systemunterstützung des Planungsprozesses ist daher als Grundvoraussetzung sicherzustellen. Die Integration wiederum macht erforderlich, dass in diesem Prozess auf eine einheitliche Datenbasis zurückgegriffen wird und alle Planungsschritte in einem Datenmodell abgebildet werden. SAP R/3 liefert alle dafür notwendigen Voraussetzungen und ist deshalb die ideale Ausgangsbasis für Unternehmen, die schon SAP R/3 im Einsatz haben oder dies beabsichtigen.

Diese Notwendigkeit einer anspruchsvollen Software zur Integration aller Geschäftsvorfälle in einem Unternehmen wird dabei nicht zuletzt im Erfolg der unterschiedlichen ERP-Programme (Enterprise Resource Planning) widergespiegelt, wobei SAP R/3 als uneingeschränkter Marktführer deutlich herauszuheben ist.

Erst durch die Transparenz der einzelnen Geschäftsvorfälle und Werteflüsse in einem Unternehmen über alle Abteilungsgrenzen hinweg in Kombination mit der Möglichkeit, diese integrierenden Prozesse über ein EDV-System wie SAP R/3 auch in den konkreten Planungsablauf umzusetzen, macht eine integrierte Planung möglich und sinnvoll.

Institutionalisierung der Planung

Diese Integration erfordert darüber hinaus eine zeitliche und inhaltliche Koordination der Teilplanungen. Soll diese Koordination dauerhaft in einem Unternehmen funktionieren, muss sie institutionalisiert werden. Es sind die einzelnen Verantwortlichkeiten vorzugeben und auf Personen zu übertragen. Ein »Kümmerer« übernimmt Organisation und Abstimmung und nur noch im Einzelfall wird auf die Geschäftsleitung zurück delegiert.

Erst mit diesem Schritt erlangt die Planung dauerhaft und nachhaltig ihre Integrationsfunktion und damit ihren Ziel- und Orientierungscharakter. Es sind Projektstrukturen zu schaffen, Mitarbeiter mit Aufgaben zu betrauen und Regeln zu entwickeln.

Erweiterung des Kommunikationsprozesses

Die Erfahrung aus derartigen Planungsprojekten hat gezeigt, dass sich zusätzlich zum inhaltlichen Resultat Veränderungen auf der Prozess- und Beziehungsebene zwischen den Beteiligten ergeben, die nicht unerwähnt bleiben dürfen.

In der Projektphase der Zusammenarbeit befinden sich die Mitarbeiter in einem intensiven Kommunikationsprozess, weil nur in der Diskussion, in Arbeitsgesprächen und Workshops die richtige Reihenfolge der Planungsschritte, die vielfältigen Interaktionen und Interdependenzen erarbeitet werden können. Daraus ergibt sich ein gegenseitiges Verständnis und das Bewusstsein, dass es nur miteinander geht (Win-win-Situation), ein Erkennen und Verstehen der Prozesse und Abhängigkeiten und letztlich eine Managementsicht auf das Unternehmen über Funktions- und Standortgrenzen hinweg.

Führungskräfteentwicklung

Der integrierte Planungsprozess ist somit ein praktisches Instrument der Führungskräfteentwicklung. Verkrustete Strukturen lassen sich so aufbrechen und »Betriebsblindheit« wird durch ein Querschnittsdenken verdrängt. Gerade wenn sich in einem solchen Projekt jüngere Mitarbeiter einbringen und lernen, Projekt und Planung als Chance und nicht als Bedrohung von »Pfründen und Erbhöfen« zu sehen, ist eine Führungskräfteentwicklung auf mehreren Ebenen gewährleistet.

Erweiterte Fachkompetenz

Weiterhin wird eine Fachkompetenz erworben, weil die Mitarbeiter notwendigerweise die Unternehmensabläufe über Abteilungsgrenzen hinweg verstehen müssen. Dies betrifft nicht nur die Planung. Um einen Plan zu entwerfen, sollte der aktuelle Ist-Zustand und Prozess klar sein. Das Planungsteam muss die Arbeitsteilung und das Zusammenspiel der verschiedenen Funktionen kennen bzw. aus dem Verständnis darüber einen idealen Ablauf konzipieren.

Fachkompetenz erwerben die Teammitglieder schließlich auch, weil sie das System SAP R/3 – insbesondere dessen Möglichkeiten und die Abhängigkeiten der Integration – besser verstehen lernen. Das bekannte Modul stellt keine Grenze dar; der Controller z. B. muss auch ein Grundverständnis für die anderen Module haben bzw. entwickeln.

2 Bestandteile der integrierten Planung

In diesem Kapitel wenden wir uns den einzelnen Planungsformen zu, definieren diese und erläutern, aus welchen Teilplänen ein integrierter Planungsprozess bestehen kann. Bei der Analyse von betrieblichen Prozessen ist es dabei aufgrund der vorherrschenden Komplexität notwendig, in Modellen, in vereinfachten Abbildern, in Konzeption und Methodik, zu denken. Die Modelle bilden dann die Voraussetzung für eine systemtechnische Unterstützung. In diesem Vorgehen unterscheidet sich der integrierte Planungsprozess nicht von anderen betrieblichen Prozessen.

2.1 Modellbildung der unterschiedlichen Planungsformen und deren Teilpläne

Bei der modellhaften Betrachtung des betrieblichen Planungsprozesses sind zunächst einzelne Planungsformen zu differenzieren. Diese unterscheiden sich in Hinblick auf den Planungshorizont und den Detaillierungsgrad der Planung.

Strategische Planung

Ausgangspunkt dieser Überlegung bildet die *strategische Planung* (siehe auch Kapitel 6). In ihr gibt die Geschäftsführung die strategischen Vorgaben für die Unternehmensbereiche und -funktionen bekannt und steckt somit den Rahmen für die weitere Orientierung der Planung ab. In einem strategischen Plan werden die Erwartungen und Ziele, aber auch die Rahmenbedingungen und Restriktionen konkretisiert. Dabei werden neben der Unternehmenszielsetzung, wie zum Beispiel die gewünschte Positionierung im Markt, Maßnahmen definiert, wie diese Zielsetzungen erreicht werden können.

In die strategische Planung fließen dabei weitaus mehr externe Faktoren ein, als dies bei anderen Planungsformen der Fall ist. In der strategischen Planung wird das eigene Unternehmen im Zusammenhang mit unternehmensexternen Beziehungen zu Kunden, Lieferanten, Wettbewerbern und dem Staat gesehen.

Operative Planung

Neben der Planungsform der strategischen Planung stellt die operative Planung (siehe auch Kapitel 5) eine weitere Planungsform dar. In der operativen Planung werden die Vorgaben der strategischen Planung konkretisiert. Während die strategische Planung noch einen Planungshorizont von mehreren Jahren aufweist und dabei in der Beschreibung der Umsetzung der Planziele recht grob bleibt, konzentriert sich die operative Planung in der Regel auf ein Geschäftsjahr und bildet den Planungsprozess wesentlich konkreter ab. Demzufolge befasst sich die operative Planung stärker als die strategische Planung mit den unternehmensinternen Abläufen und Werteflüssen. Die operative Planung wird dabei so detailliert und so komplex, dass zahlreiche Personen und alle Abteilungen eines Unternehmens in sie involviert sind. Das ist auch die Ursache dafür, dass die operative Planung nicht mehr »in einem Guss« erstellt, sondern vielmehr aus mehreren Teilplänen zusammengesetzt wird. Diese Teilpläne zu integrieren, d.h. zusammenzuführen, ist eine der wichtigsten Aufgaben des integrierten Planungsprozesses.

Unterschiede zwischen strategischer und operativer Planung

Die strategische Planung und die operative Planung weisen daher jeweils einen ganz anderen Fokus auf. Wo sich die strategische Planung mehr mit der grundsätzlichen Fragestellung befasst, was das Unternehmen zukünftig am besten leisten und wie es sich im Verhältnis zu anderen Marktteilnehmern auf den Märkten positionieren soll, sind diese Fragestellungen in der operativen Planung bereits beantwortet. In der operativen Planung geht es primär um die Fragestellungen, wie die gewählte Ausrichtung des Unternehmens möglichst optimal umgesetzt werden kann. Zusammenfassend kann der Unterschied zwischen der strategischen Planung und der operativen Planung in einem Satz folgendermaßen beschrieben werden:

Die strategische Planung befasst sich mit der Aufgabe, *die richtigen Dinge zu tun*, während die operative Planung die Aufgabe hat, *die Dinge richtig zu tun*.

Angesichts des unterschiedlichen Fokus beider Planungsformen überrascht es wenig, dass es dabei zu Abstimmungsproblemen kommen kann. Während in der strategischen Planung recht schnell eine optimistische Vorgabe gemacht wird, wird erst im operativen Planungsprozess ersichtlich, dass die gemachte Vorgabe sich nicht realisieren lässt, weil erst in der Auseinandersetzung mit den detaillierten Prozessen Restriktionen auftreten, die in der groben, aber weitsichtigen Planung nicht erkannt werden können.

Daher wird der gesamte Planungsprozess immer ein Wechselspiel von top down und bottom up darstellen. Es wird keine lineare Abfolge der Einzelschritte geben, sondern entsprechende Rückkoppelungen werden aus der Kombination von Vorgaben (top down) und Möglichkeiten (bottom up) resultieren. Das bedeutet, dass es mehrfach Rückkoppelungen und Wiederholungen einzelner Schritte gibt. Die Praxis zeigt z. B. immer wieder, dass zu optimistische Absatzwerte aus der strategischen Planung kurzfristig mit den vorhandenen Kapazitäten nicht erzielt werden können. In der operativen Planung für das nächste Geschäftsjahr bilden die verfügbaren Ressourcen (Maschinen, Mitarbeiter) so den Flaschenhals der Planung und erzwingen eine Rückkoppelung mit der strategischen Planung. Die strategische Planung könnte z. B. um eine Maßnahme in der Erweiterung der Produktionskapazitäten (durch Eigen- oder Fremdbearbeitung) ergänzt werden.

Diese Rückkoppelungen sollten in einen konstruktiven Dialog münden, in dem Wünsche, Visionen, Ziele und Vorgaben mit den Möglichkeiten der Realisierung abgeglichen werden. In diesem Sinne fördert der methodische Ansatz das Miteinander und das »schrittweise Herantasten« an eine möglichst gute, realistische Planversion. Darauf basierend lassen sich ganz neue Handlungsoptionen entwickeln, die zu einer Vergrößerung des Lösungsraums führen.

Dispositive Planung

Aber auch die operative Planung ist noch nicht konkret genug, um in direktes Handeln münden zu können. Hier setzt die Planungsform der dispositiven Planung an. Sie zielt auf eine konkrete Planung für die nächsten Tage und Wochen ab. Die dispositive Planung weist somit einen sehr kurzen Planungshorizont auf, der dafür aber sehr konkret ist und einen hohen Grad an Verbindlichkeit aufweist. Es wird z. B. im Rahmen der dispositiven Planung der Absatz für den nächsten Monat je Artikel geplant, sodass darauf basierend ein konkreter Produktionsplan für die nächsten Wochen erstellt und dieser dann auch umgesetzt wird.

Auch hierbei ergeben sich Wechselwirkungen zwischen operativer und dispositiver Planung. Die Daten aus der operativen Planung fließen als Vorgabewerte in die dispositive Planung ein. Müssen diese Vorgaben aufgrund kurzfristiger Entwicklungen stark angepasst werden, bildet die Rückkoppelung aus der dispositiven Planung an die operative Planung ein Maß, wie sehr unerwartete Effekte eine Abweichung zur operativen Planung bilden. Aus dieser Rückkoppelung kann beispielsweise frühzeitig eine neue Ergebnishochrechnung im Rahmen der operativen Planung erstellt werden. Auf diese Weise stellt die dispositive Planung neben der Konkretisierung der anstehenden Tätigkeiten auch ein Frühwarnsystem zur Unternehmenssteuerung dar.

Teilpläne Die Differenzierung der einzelnen Planungsformen und deren Wechselwirkungen miteinander zeigen auf, wie die Informationsströme fließen und welche Bereiche in welcher Abhängigkeit voneinander stehen. Die Konkretisierung und Detaillierung des Planungsprozesses in der operativen und dispositiven Planung macht eine weitere Untergliederung der Planung in einzelne Teilpläne notwendig, die wiederum über geeignete Abstimmungsprozesse, Verantwortlichkeiten und Zeitpläne miteinander zu integrieren sind.

Verkaufsplan Der *Verkaufsplan* (siehe auch Abschnitt 5.1 und 5.2) bildet in der Regel den Ausgangspunkt. Er zeigt den Absatz und den Umsatz auf der Ebene Produkte, Artikel oder ganzer Produktgruppen auf. Die Mitarbeiter im Vertrieb prognostizieren, z. B. nach den Kriterien verschiedener Vertriebswege, die Werte für das nächste Jahr. Dabei hängt das Ergebnis – insbesondere bei Markenartikelunternehmen – in hohem Masse vom Marketing-Mix und vom *Werbeplan* des Unternehmens ab. In diesem wird ein Marketingbudget auf einzelne Aktionen und Werbeträger verteilt. In dieser Phase werden folgende Bereiche in konkrete Formen gegossen, damit strategische Visionen Wirklichkeit werden können:

- **Markt und Wettbewerb**
  (z. B. schwindende Markentreue der Konsumenten und Lifestyle-konformer Konsum, Plastik- und Einwegflaschen als neue Gebindeform, Konzentration im Handel und Auswirkungen auf Preise und Konditionen)
- **Politische Entwicklungen**
  (z. B. Einweg versus Mehrweg)
- **Unternehmerische Ziele**
  (z. B. Positionierung in Segmenten mit Potenzial, regionale Penetration, preisgünstige Zweitmarke als Ergänzung und Stärkung der bekannten Marke)

Es ist verständlich, dass es zwischen diesen drei Planungsformen zu Beginn einen hohen Abstimmungsbedarf geben kann, bis ein »rundes Ganzes« daraus geworden ist. Ein solcher Prozess kann sich über mehrere Wochen hinziehen, wenn die Erwartungen der Geschäftsleitung nicht mit dem Ergebnis eines Bottom-up-Ansatzes konform sind. In dieser Abstimmphase ist, unabhängig von der Systemunterstützung, die Initiierung von Information, Kommunikation sowie inhaltlicher Auseinandersetzung das Entscheidende. Häufig werden die Parteien einen Moderator benötigen, der konfliktträchtige Differenzen in geregelte Bahnen lenkt und das Gemeinsame vor das Trennende stellt.

Erst wenn das Ergebnis der Abstimmung stabil ist, können die Mengenkomponenten als Input an die *Produktionsplanung* gehen (siehe auch in der operativen Planung die Abschnitte 5.3 und 5.4, in der dispositiven Planung die Abschnitte 7.2 bis 7.5 sowie in der Umsetzung mit APO in Kapitel 8). Die Produktionsplanung ermittelt den Kapazitätsbedarf und gleicht ihn mit den Kapazitätsangeboten ab. Dies alles erfolgt – wenn möglich – auf Standort-/Werksebene, wobei hier auch strategische Vorgaben der Geschäftsführung einfließen können, die regionale Ziele verfolgen, langfristige Entwicklungen einleiten (Abbau/Aufbau von Werken, Ausgliederung von Unternehmensteilen) und politische Rahmen setzen.

Produktionsplanung

Die werksbezogene Betrachtung ist notwendig, weil unterschiedliche Standorte mit unterschiedlichen Kapazitäten und Fertigungskosten operieren, Lagerkapazitäten verschieden sind und ferner Fuhrparkleistungen und Transportkosten zu den Abnehmern vom Fertigungsstandort abhängen.

Die Produktionsplanung bildet weiterhin das Herzstück der dispositiven Planung. Mit der Produktionsplanung in der dispositiven Planung wird durch die Abstimmung der konkret vorliegenden Produktionsmittel (Produktionskapazitäten, Rohstoffbestände), der bereits festgelegten Produktionsbedarfe und der fixierten, d.h. nicht mehr veränderbaren Produktionsaufträge ein konkreter Programmplan für die Produktion der nächsten Tage und Wochen erstellt. Dieser komplexe Planungsprozess unterliegt dabei dem Einfluss des kurzfristigen aber konkreten Vertriebsplanes und den Restriktionen einer kurzfristigen Beschaffungsplanung. In dieser logistischen Planungsform steht die Produktionsplanung im direkten Wechselspiel mit dem tatsächlichen Handeln in Form der Produktionssteuerung. Hier wird die Wandlung der Planung in konkrete Handlung am deutlichsten spürbar; die Planung wird mit dem Ist-Prozess integriert.

Investitionsplan

Einen weiteren Baustein zur integrierten Planung bildet der *Investitionsplan* (siehe auch Abschnitt 5.6 und 5.7). Er ist neben Umsatz und Kostenplanung entscheidend für die Bestimmung des Cash-Flow und der Liquidität. Zusätzlich zu den Vorgaben der Unternehmensleitung und den Werbeinvestitionen gehen mehrjährige Investitionsprogramme ein, in denen Anlagen und Infrastruktur geplant sind. Darüber hinaus gibt es in dieser Phase eine intensive Diskussion sowohl innerhalb der Geschäftsleitung als auch zwischen Unternehmensleitung und funktionaler Führung zu den verschiedenen Investitionsanträgen. Der Bedarf an Mitteln wird stets das zur Verfügung gestellte Budget überschreiten, als Folge werden etliche Investitionen gestreckt bzw. verschoben und andere nicht realisiert. Im Vorfeld sind die Investitionspläne vorzubereiten und Entscheidungsgrundlagen in Form von Investitionsrechnungen für die Geschäftsleitung zu erstellen. In diesem Prozess wird mit der Standardisierung der Investitionsrechnung der Antragsteller gezwungen, neben der eigentlichen Investition auch alle damit zusammenhängenden Zahlungen, Folge- und Nebeninvestitionen zu berücksichtigen.

Materialbeschaffungsplan

Sind Absatz und Umsatz geplant, Marktziele in Produktionsmengen konkretisiert und Investitionen mit den Kapazitäten abgestimmt, schließt sich der *Materialbeschaffungsplan* an (siehe auch zur operativen Planung den Abschnitt 5.5, zur dispositiven Planung Abschnitt 7.6 und zur Planung mit APO Kapitel 8). In diesem wird der mengen- und wertmäßige Bedarf an Roh-, Hilfs- und Betriebsstoffen sowie an Verpackungsmaterial anhand der vorhandenen Stücklisten ermittelt.

Der Unternehmensbereich Einkauf muss nun prüfen, ob die Materialien in Menge und Qualität beschafft werden können; wenn ja, zu welchem Preis und ob die Beschaffungslogistik darauf ausgerichtet ist. Denn die aus dem Bedarf abgeleiteten Mengen sind zu transportieren und zu lagern; so sind beispielsweise in der chemischen Industrie Silo-Kapazitäten nur mit einer gewissen Vorlaufzeit zu erhöhen; entsprechend sind sowohl eigene als auch fremdbeschaffbare Kapazitäten mit dieser Zeitverzögerung einzuplanen.

Auch diese Investitionen sind damit rechenbar gemacht. Sie können auf der Basis einer Mehrjahresplanung auf ihre Vorteilhaftigkeit beurteilt werden. Damit wird eine weitere Wechselwirkung zwischen Planung und den verschiedenen Unternehmensfunktionen sowie den entsprechenden Entscheidungsalternativen, in diesem Fall Make-or-buy-Entscheidungen, deutlich. Auf dieser Grundlage kann dann der Planungsprozess beispielsweise zu dem überraschenden Ergebnis führen, dass ein kurzfristiges Anmieten von Silos günstiger ist als der Bau eines neuen Silos.

Weil die Planung auf Probleme und Entscheidungsbedarfe hinweist bzw. Entscheidungsdruck produziert, schafft sie Klarheit und Transparenz. Gleichzeitig wird mit den Zahlen der Planung eine einheitliche Basis – analog einem Unternehmensdatenmodell – für die Bewertung anderer betriebswirtschaftlicher Sachverhalte geschaffen.

Die Überlegungen zu Lagerkapazitäten lassen sich analog auch auf andere Themen der Materialwirtschaft übertragen; größere Konsignationslager oder Abrufaufträge sind häufig interessante Alternativen zu herkömmlichen Logistikprozessen.

Als Ergebnis dieser Planungsphase stehen die geplanten Kosten des Materials, der Beschaffung (auch von Fremdleistungen) und des Transports fest. Da Planmengen bekannt sind, können die in den Preisverhandlungen erwarteten Rabatte und andere Vorteile vorab in der Kostenschätzung berücksichtigt werden. Für die Einkäufer hat die Planung den angenehmen Nebeneffekt, in Preisverhandlungen bereits über Zahlen bzgl. der Volumina, zeitlichen Verteilung und erwarteten Konditionsersparnisse zu verfügen und dadurch eine bessere Verhandlungsposition einnehmen zu können.

Personalplanung

Ein weiterer Baustein der Integration ist die *Personalplanung* (siehe auch Abschnitt 5.8). In dieser werden – je nach der geplanten Produktion, den geplanten Standorten und Verkaufsbüros – der Bedarf an Humanressourcen (gemessen z. B. in Mannstunden) und die Personalkosten für den Planungszeitraum entsprechend den geltenden Entlohnungssystemen ermittelt. Dazu sind die geplanten Bedarfe mit den zukünftig voraussichtlich vorhandenen Kapazitäten unter Abzug von Fehlzeiten wie Schulungen, Krankheit u.a. abzugleichen. Dies kann werksbezogen erfolgen, da z. B. in verschiedenen Bundesländern unterschiedliche Feiertagsregelungen vorliegen, die sich direkt auf die verfügbare Arbeitszeit auswirken. Bekanntlich sind die Daten in Werks-/Planungskalendern hinterlegt.

Sofern sich in einzelnen Bereichen Über- und Unterdeckungen zwischen Plan und Ist zeigen, hat die Leitung dadurch frühzeitig die Möglichkeit gegenzusteuern. Das bekannte Instrumentarium der Personalpolitik findet dann Anwendung. So lassen sich Poolkostenstellen bilden: Mitarbeiter sind nicht mehr einer Kostenstelle direkt zugeordnet, sondern die einzelnen Bereiche »ziehen« Kapazität aus dem Mitarbeiterpool nach Bedarf. Mit Hilfe des Pools lassen sich Belastungsspitzen und -puffer besser ausgleichen.

Werden die unterschiedlichen Qualifikationserfordernisse in der Personalplanung berücksichtigt, lassen sich sehr detaillierte Rückschlüsse ziehen. So können beispielsweise Produktivitätsfortschritte im produzierenden Bereich hochgerechnet und in Form einer Lernkurve transparent gemacht oder eben auch geplant werden. Andere qualifizierte Personalleistungen, z. B. im IT-Bereich, die nicht durch fest angestellte Mitarbeiter erbracht werden können, müssen dafür als Fremdleistung durch Externe beschafft werden und entsprechend wiederum in die Budgetplanung einfließen. Im Extremfall hat der Personalplan eine restriktive Auswirkung, wenn qualifizierte Mitarbeiter als Engpassfaktor wirken und die Ziele mit dem vorhandenen Personal nicht erreicht werden können.

Für die Planung der Personalkosten sind deren Einflussfaktoren zu fixieren, d.h., es sind Lohn- und Gehaltssteigerungen, tarifliche Umgruppierungen (als Vorgaben der Geschäftsführung im Strategieplan), andere Formen der Entgeltfindung (z.B. Aktienoptionen für Führungskräfte) usw. vorherzusehen.

Die Planung der Personalkosten wird in der Regel durch das Personal- und Sozialwesen erfolgen bzw. vorgegeben, wenn die Kostenstellenverantwortlichen selbst planen. Mit der Planung der Auszahlungen – so können für obere Führungskräfte die Zahlungen vorab im Quartal erfolgen – ist ein weiterer Schritt für die Finanzplanung vorbereitet.

Kostenstellenplanung

Die *Kostenstellenplanung* (siehe auch Abschnitt 5.9 bis 5.13) ist als Budgetplanung das bekannteste und am weitesten verbreitete Instrument der operativen Planung. Jeder Budgetverantwortliche wird für das Folgejahr seine einzelnen Primär- und Sekundärkosten inklusive der Leistungsaufnahmen (z.B. in Stunden) planen. Dabei kann der variable Teil der Kosten auch in Abhängigkeit der geplanten Produktionsmengen geplant werden, beispielsweise für Energien, interne Transportleistungen u.Ä. Diese sind mit Hilfe entsprechender Kennzahlen (pro Tonnage, Mengen, Transporte) abzuleiten. Hierbei werden die primären Kostenarten direkt auf den verursachenden Kostenstellen geplant und später auch dort im Ist verbucht. Damit wird dem Verursachungsprinzip derart Rechnung getragen, dass Kosten im Berichtswesen an der Stelle ausgewiesen werden, an der sie verursacht worden sind. Weiterhin werden über die Planung der Inanspruchnahme von Leistungen sekundäre Kosten zwischen Kostenstellen geplant, die als Leistungserbringer und Leistungsempfänger fungieren. Dabei kann der Leistungserbringer, je nach Kostenrechnungsprinzip, als Profit Center oder als Cost Center geführt werden. Mit dieser Vorgehensweise wird vermieden, durch Schlüsselungen von Gemeinkosten eine willkürliche Aufteilung zu erreichen. Vielmehr erscheinen die Kosten nur dort, wo sie originär entstehen bzw. in Anspruch genommen werden. In der Planung vereinfachen sich dadurch aufwändige Abstimmungen und zeitraubende Iterationen, d.h. Wiederholungen, weil jede verursachende Stelle ihre Kosten kennt und plant.

Es ergeben sich ferner bestimmte Abhängigkeiten innerhalb der Kostenstellenplanung für den Fall, dass leistungsliefernde Kostenstellen (für Energien, innerbetriebliche Transporte, Poolleistungen wie Reparaturen) erst dann planen können, wenn leistungsabnehmende (Endkosten-)Stellen ihren Bedarf geplant haben.

Die Budget-/Kostenstellenplanung als Kernstück der operativen Planung setzt auf einer Vielzahl von Voraussetzungen auf; Leistungsarten sind zu bewerten, Kapazitäten von Ressourcen zu planen und neue Produkte mit ihrer Leistungsinanspruchnahme zu schätzen. Falls diese Voraussetzungen nicht vorliegen, ist ersichtlich, dass hier ein erheblicher Aufwand auf die Beteiligten zukommt. Deshalb ist die Organisation der Planung, das frühzeitige Definieren der Schritte und der vorbereitenden Aktivitäten immens wichtig.

Erzeugniskalkulation

Sind die Produktionsmengen und somit die Auslastung der Produktionsbetriebe bekannt, sind ferner die dafür notwendigen Materialmengen und – daraus ableitbar – die zukünftigen Materialpreise geplant sowie über die Kostenstellenplanung die Kosten auf den Produktionskostenstellen festgelegt, können die Herstellkosten der einzelnen Erzeugnisse ermittelt werden. Diese Aufgabe wird durch den Planungsschritt der Erzeugniskalkulation (siehe auch Abschnitt 5.14) übernommen, d.h., es werden je Erzeugnis die Herstellkosten für eine bestimmte Produktionsmenge ermittelt. Dabei wird auf die in der Produktion abgelegten Stücklisten und Arbeitspläne zurückgegriffen. Aus diesen werden die entsprechenden Arbeitsleistungen und die benötigten Einsatzstoffe ermittelt und mit den zugehörigen Leistungstarifen bzw. Materialpreisen bewertet.

Die Erzeugniskalkulation liefert als Ergebnis die Herstellkosten aus Eigenproduktion zu jedem einzelnen Erzeugnis. Dabei können sowohl Standortunterschiede als auch unterschiedliche Produktionsverfahren sowie Abhängigkeiten durch Mehrstufenproduktion oder Kuppelproduktionen in der chemischen Industrie berücksichtigt werden.

Die Erzeugniskalkulation liefert somit auch eine Grundlage für Make-or-buy-Entscheidungen, wenn die Produktion einzelner Erzeugnisse teurer wird als der Zukauf von einem Fremdanbieter. Zudem bildet die Erzeugniskalkulation die Grundlage für die Ermittlung der geplanten Herstellkosten des Umsatzes in einer Planergebnisrechnung.

Planergebnisrechnung

Als Resultat der gesamten Planung liegt in der Zusammenfassung aller vorherigen Planungsschritte eine *Planergebnisrechnung* vor (siehe auch Abschnitte 5.15. und 5.16). Von einer Vielzahl von Einzelplänen ist der Schritt zu einer Planung gelungen.

In dieser Quintessenz aller Pläne liegen neben Erlösen und Erlösschmälerungen die umsatzabhängigen Vertriebs- und Herstellkosten der Produkte vor. Die Deckungsbeiträge der einzelnen Produkte und Produktgruppen lassen sich dann z.B. in einer stufenweisen Deckungsbeitragsrechnung den verbleibenden Fixkosten gegenüberstellen. Damit ist ein Zwischenschritt zur Unternehmenssteuerung getan; die Leitung hat in einer ersten abgestimmten Planungsrunde eine vorläufige Hochrechnung des zu erwartenden Ergebnisses erhalten.

Nun geht es an die Feinjustierung: Stimmt dieses Ergebnis überein mit den Erwartungen der Leitung, des Aufsichtsrates, der Anteilseigner? Ist dieses Ergebnis kommunizierbar? Oder muss in einer oder mehreren weiteren Planungsrunden geprüft werden, welche Einsparungspotenziale bestehen, welche Verbesserungen erreicht werden müssen und welche Werte als Zielvorgabe einzustellen sind, damit ein Zielergebnis erreicht werden kann, das alle Beteiligten zufrieden stellt.

Damit befindet sich das Management in der Phase der Planrevision und Plankorrektur. Diese Phase kann mehrere iterative Planungsrunden umfassen. Es ist verständlich, dass sich diese schwierige Phase, in der die einzelnen Unstimmigkeiten gelöst werden, über mehrere Wochen hinziehen kann, wenn in einem konstruktiven Dialog mit den Beteiligten nach Lösungen gesucht wird (zur Abstimmung zwischen Top-down- und Bottom-up-Planung siehe auch Abschnitt 6.3).

Am Ende dieses Prozesses steht ein abgestimmter, in sich schlüssiger, die Ziele und Strategien berücksichtigender Gesamtplan des Unternehmens. Daneben liegen operative Teilpläne der Unternehmensbereiche vor, die konform mit dem Gesamtplan sind, darüber hinaus miteinander integriert sind und die Basis für die Plan-Ist-Abweichungsanalyse bilden.

Beteiligungsunternehmen

In Konzernstrukturen muss zusätzlich die Planung von *Beteiligungsunternehmen* beachtet werden. Diese ist für das konsolidierte Ergebnis wichtig, um die jeweiligen Beiträge der Töchter zum Ergebnis transparent zu machen und den Fluss der finanziellen Mittel zwischen den Tochterunternehmen abzubilden. Dabei kann eine Planung der Tochterunternehmen pauschal erfolgen oder in demselben Detaillierungsgrad wie die oben beschriebene Planung. Eingebunden ist dieser Teil in die strategischen Überlegungen der Geschäftsführung, neue Märkte zu erobern und neue Vertriebswege zu beschreiten.

Plan-Bilanz, Plan-GuV, Finanzplan

Ein letzter Teilplan beinhaltet schließlich noch die Erstellung einer *Plan-Bilanz*, eines *Plan-GuV* und eines *Finanzplanes* (siehe Abschnitt 5.17). Für eine grobe Liquiditätsplanung (zumindest auf Monatsebene) können die Erlös- und Kostenpositionen hinsichtlich ihrer Zahlungswirksamkeit analysiert werden. Wie fließen die Umsatzerlöse – unter Umständen differenziert nach Kunden – zurück? Haben Handelsketten bestimmte Zahlungsläufe, in denen sie Forderungen mit Abschlägen zahlen, die fest eingeplant werden können, oder gibt es statistische Erfahrungswerte des Kundenverhaltens, die eine zeitliche Verteilung der Zahlungsströme prognostizieren lassen? Wann müssen die wertigsten Kostenpositionen bezahlt werden? Welche Zahlungsvereinbarungen gibt es bei Großprojekten und Investitionen? Für eine konsolidierte Betrachtung sind auch die jeweiligen Beiträge der Töchter zum Ergebnis zu beachten und in welche Richtung die notwendigen finanziellen Mittel fließen. So kann der Aufbau von Marktpositionen Cashflow erfordern, die Sanierung angeschlagener Bereiche geht nicht von heute auf morgen, sondern wird sich über einen längeren Zeitraum erstrecken, sogar besondere Zahlungen (z.B. Abfindungen und Stillstandskosten) bedingen.

Konkret können die Antworten zu diesen Fragen meist schon durch die Umsetzung der Werteflüsse aus den vorherigen Planungsschritten abgeleitet werden. Dabei bildet zunächst die Primärkostenplanung aus der Kostenstellenplanung, die – wie auch eine GuV – auf Kontenebene (gegebenenfalls Plankonten) stattfindet, eine konkrete Herleitung der meisten Aufwendungen in einer Plan-GuV. Die noch fehlenden Umsatzerlöse können aus der Ergebnisplanung mit Hilfe zusätzlicher Merkmale wie Kundengruppen oder Artikelgruppen ermittelt und auf Sachkontenebene zugeordnet werden. Das Gleiche gilt für die Erlösschmälerungen und weitere Einzelkosten des Vertriebs. Auch die Herstellkosten des Umsatzes können der Ergebnisplanung entnommen werden. Aus dem Materialkostenanteil der Herstellkosten des Umsatzes wird unter Berücksichtigung der geplanten Veränderung der Vorräte aus der Beschaffungsplanung der Materialaufwand hergeleitet.

In die Plan-Bilanz wird für das Anlagevermögen neben den berechneten Planabschreibungen die Investitionsplanung einfließen. Das Vorratsvermögen ergibt sich aus der Produktionsplanung und den geplanten Herstellkosten des Umsatzes. Die Veränderung der Forderungen wiederum kann für eine Plan-Bilanz auf der Grundlage von durchschnittlichen oder – bei Schlüsselkunden – konkreten Zahlungszielen (Reichweiten) aus dem geplanten Umsatz einfach berechnet werden. Auf die gleiche Weise lassen sich die Verbindlichkeiten aus den Materialaufwendungen und weiteren geplanten Fremdleistungen herleiten.

Auf der Basis einer monatlichen Plan-Bilanz, in der die Werte für Anlagevermögen, Vorratsvermögen, Forderungen und Verbindlichkeiten geplant sind, ergibt sich die Veränderung an Finanzmitteln (z.B. flüssigen Mitteln) und der daraus resultierende Finanzbedarf (sei es Fremd- oder Eigenkapital) als fehlendes Glied einer vollständigen Plan-Bilanz.

Aus dem Finanzplan geht schließlich hervor, wie dieser ermittelte Kapitalbedarf gedeckt werden kann. Die daraus resultierenden Refinanzierungskosten haben wiederum Einfluss auf das Unternehmensergebnis. Insofern kann sich hier eine weitere Planungsschleife ergeben.

3 Planung der integrierten Planung

Die Einführung der integrierten Planung in einem Unternehmen will gut vorbereitet sein. Neben der Umsetzung des Planungsprozesses mit SAP R/3 gilt es, politische, organisatorische, terminliche und nicht zuletzt betriebswirtschaftliche Probleme zu erkennen und zu lösen. Daher bedarf auch dieser Prozess einer guten Planung, eben einer Planung der Planung ...

3.1 Projektorganisation zur integrierten Planung

Wie die Überschrift bereits erkennen lässt, ist die Einführung eines integrierten Planungsprozesses nur über die Aufstellung eines eigenen Projektes mit eigenem Projektteam möglich.

Der Planungsprozess in SAP R/3 ist nicht zu unterschätzen

Das Thema integrierte Planung ist dabei in seiner Komplexität nicht zu unterschätzen. Auch bei einer guten EDV-Unterstützung in einem Unternehmen, wie etwa der vollständigen Implementierung eines SAP R/3-Systems, kann der Prozess der integrierten Planung nicht »mal eben« in wenigen Wochen eingerichtet und zum Leben erweckt werden.

Die technische Möglichkeit, bestimmte Informationen im Rahmen der Planung zwischen einzelnen Abteilungen maschinell auszutauschen, ist nur ein Aspekt in diesem integrativen Prozess. Ein EDV-System wie SAP R/3 lässt darüber hinaus den Datenaustausch zwischen den Planungsschritten auf unterschiedliche Art und Weise zu. So können beispielsweise die Daten in der Vertriebsplanung in unterschiedlichen Detaillierungsgraden geplant werden. Ja, noch vielmehr, es besteht sogar die Möglichkeit, die Vertriebsplanung in unterschiedlichen SAP R/3-Modulen zu realisieren. Die jeweiligen Vor- und Nachteile, die sich dabei für die Vertriebsplanung selbst, aber in verstärktem Maße auch für die nachfolgenden Planungsschritte wie Produktionsplanung und/oder Ergebnisplanung ergeben, müssen näher analysiert werden.

Organisationsprojekt

Noch weitaus komplexer als die technische Realisierung ist häufig die Bewältigung der Aspekte wie Unternehmenspolitik, Organisation und Zeitplanung. Gerade bei der Realisierung einer integrierten operativen Planung gilt es, die Interessen aller Abteilungen einzufangen und in einem durchgängigen Prozess aufeinander abzustimmen. Nicht die Technik steht dabei im Vordergrund, sondern die Menschen, die in den einzelnen Abteilungen von dem Planungsprozess betroffen sein werden. Das Umdenken von vielen parallel und unabhängig voneinander ablaufenden Planungen zu einer integrierten Planung ist jedoch oftmals schwieriger, als man sich es zunächst vorstellt.

In der integrierten Planung gilt die strenge Einhaltung von Terminplänen. Die Beteiligten müssen erkennen, dass sie selbst von der Qualität vorhergehender Planungsschritte abhängen und selbst mit ihrem Planungsschritt wieder die Grundlage für darauf aufbauende Planungsschritte liefern.

Es »menschelt«

Gerade in diesen Abhängigkeiten untereinander »menschelt« es sehr schnell. Ein integrierter Planungsprozess funktioniert nur dann gut, wenn untereinander Vertrauen in die Qualität der jeweiligen Planung geschaffen wird. Nicht selten erlebt man, dass Betriebs- oder Produktionsleiter offensichtlich die besten Vertriebsleute sind und dagegen nur die Vertriebsmitarbeiter eigentlich wissen, wie die einzelnen Produkte in welcher Reihenfolge am besten produziert werden sollten. Die Planungen der jeweils anderen Abteilung wird in diesen Fällen nur müde belächelt und als völlig unrealistisch bezeichnet. Eine derartige Ignoranz oder auch Misstrauen untereinander gilt es aufzubrechen. Statt eines Gegeneinanders ist ein Klima des Miteinanders zu schaffen.

Da die Veränderung im Denken von Mitarbeitern durch Überzeugung viel schwieriger zu erreichen ist als etwa das Customizing oder eine Programmänderung im Austausch bestimmter Plandaten zwischen zwei SAP R/3-Modulen, wird klar, dass es sich bei einem Projekt zur integrierten Planung weniger um ein EDV-Projekt als um ein Organisationsprojekt handelt.

Promotor

Ein derartiges Organisationsprojekt, welches zur Aufgabe hat, die Planungsprozesse von allen Abteilungen im Unternehmen zu integrieren und dabei diese gegebenenfalls auch massiv abzuändern, kann nur Erfolg haben, wenn es gerade in der Startphase einen starken Fürsprecher, einen so genannten Promotor hat. Der Promotor sollte idealerweise direkt aus der Geschäftsleitung stammen und die Wichtigkeit des integrierten Planungsprozesses für das Unternehmen nach allen Seiten klar vertreten. Über den Promotor sollte in alle Bereiche des Unternehmens kommuniziert werden, dass gerade in der Planung die Erarbeitung eines Gesamtoptimums wichtiger ist als die Erstellung einzelner Suboptima.

Nicht jeder Abteilungsleiter wird freiwillig und aktiv in diesem Prozess mitarbeiten wollen. Nicht überall im Unternehmen sind die Planungsbeteiligten oder deren Vorgesetzte vom Sinn der integrierten Planung mit den Argumenten aus Kapitel 1 zu überzeugen. Dies hängt zum einen am latenten Hang aller Menschen, an (lieb gewonnenen) Gewohnheiten und Routinen festzuhalten. Zum anderen bestehen Ängste, den neuen Planungsprozess nicht selbst bewältigen zu können. Nicht selten entsteht Widerstand, den eigenen Planungsprozess zu ändern, da dies als Eingeständnis verstanden werden könnte, bis dato »falsch« oder zumindest nicht optimal geplant zu haben.

In solchen Fällen hat der Promotor die Aufgabe, mit seinem Einfluss diese Widerstände entweder durch Überzeugung aufzulösen oder aber im Eskalationsfall auch zu brechen. Ein Projekt zur integrierten Planung, das von einzelnen Abteilungen durch Ignoranz oder gar »Querschüsse« behindert wird, ist zum Scheitern verurteilt. Gerade das aktive Mitmachen aller Beteiligten bildet die Grundvoraussetzung für ein erfolgreiches Planungsprojekt.

Lenkungsauschuss

Der Promotor sollte darüber hinaus dem Lenkungsausschuss vorstehen. Der Lenkungsausschuss überwacht das eigentliche Planungsprojekt und lässt sich in festen Zeitabschnitten über den Fortgang des Projektes informieren. Über den Lenkungsausschuss lassen sich strittige organisatorische und betriebswirtschaftliche Fragen, die während der Projektarbeit entstehen, klären. Somit bildet der Lenkungsausschuss eine Clearinginstanz für alle umstrittenen Themen grundsätzlicher Natur. Aus diesem Grunde sollten neben dem Promotor aus der Geschäftsleitung führende Abteilungsleiter aus Vertrieb, Produktion oder Rechnungswesen im Lenkungsausschuss vertreten sein. Auch hier spielt die IT-Abteilung eher eine untergeordnete Rolle.

Projektleiter ...

Jetzt gilt es, das eigentliche Projektteam auf die Beine zu stellen. Dabei steht zunächst der Projektleiter im Mittelpunkt des Interesses. Ihm kommt die Aufgabe zu, das eigentliche Projekt zu leiten und zu steuern. Je nach Umfang des Projektes in den umzusetzenden Planungsformen sind für diese Projektsteuerung unterschiedliche Personen geeignet.

...in der strategischen und operativen Planung

Für die Einführung der strategischen und/oder der operativen Planung wird die Aufgabe der Projektsteuerung in der Regel einem Mitarbeiter aus dem Bereich internes Rechnungswesen oder Controlling zufallen. Dies ist in den meisten Fällen aus den nachfolgenden Gründen auch sinnvoll:

- **Beteiligung am Regelkreis der Unternehmensführung**
  Das Controlling bzw. das interne Rechnungswesen ist direkt am Regelkreis der Unternehmensführung (siehe Kapitel 1 und Kapitel 6) beteiligt. Dieser Abteilung fällt die Aufgabe zu, die Plandaten aus der strategischen und der operativen Planung mit den Istdaten aus dem Tagesgeschäft abzugleichen, um so zu erkennen, ob die Unternehmensstrategie erfolgreich umgesetzt werden kann.

  Daher bestehen ein direktes Eigeninteresse und eine entsprechende Motivation unter den Verantwortlichen des Controllings, möglichst plausible und abgestimmte Plandaten für diese Überprüfung der Unternehmensstrategie zu erhalten.

  Eine schlüssige, weil integrierte Planung vereinfacht so die Aufgabe des Controllings, die Planung mit dem Ist abzugleichen. Es ist nicht mehr notwendig, einzelne unterschiedliche Planungen zu den Istdaten in Beziehung zu setzen und entsprechend zu interpretieren.
- **Überblick über Werteflüsse**
  In der Umsetzung der strategischen und der operativen Planung stehen letztlich die Werteflüsse im Unternehmen im Vordergrund. Zwar werden auch in diesen Planungsformen Mengenströme berücksichtigt, doch primär nur, um deren grundsätzliche Realisierbarkeit zu prüfen und die Konsequenzen im Wertefluss zu ermitteln.

  Im internen Rechnungswesen fließen sämtliche Werteflüsse des Unternehmens zusammen. Somit besitzt das interne Rechnungswesen bzw. das Controlling alle Voraussetzungen, einen Überblick über die Werteflüsse des Unternehmens zu gewinnen. Dadurch wird natürlich das Entwickeln eines Verständnisses für integrierte Abläufe gefördert, stellen doch gerade diese Werteflüsse bereits einen Grundablauf im Ist dar, den es im Rahmen der Planung entsprechend abzubilden gilt.
- **Verantwortlich für viele Planungsschritte**
  Weiterhin ist das interne Rechnungswesen bzw. das Controlling direkt für viele Planungsschritte verantwortlich. Hierzu gehört die Kostenstellenplanung, die Zusammenstellung der Investitionsplanung, die Berechnung der Herstellkosten-Kalkulationen, die Erstellung einer Planergebnisrechnung und daraus abgeleitet einer Vermögens- und Finanzplanung.

  Dabei spielt es keine Rolle, ob in den einzelnen Planungsschritten ein zentraler oder dezentraler Planungsansatz favorisiert wird. Auch bei einer dezentralen Kostenstellenplanung obliegt dem internen Rechnungswesen eine Kontroll- und Überwachungsfunktion.

- **Integrationsfigur und Moderatorrolle**
  Nicht zuletzt übernehmen Mitarbeiter aus dem Controlling eine Integrationsfunktion. Sie sind gewohnt, in Form einer Moderatorrolle zwischen verschiedenen Interessen zu vermitteln. Dies gilt sowohl im Rahmen der strategischen Planung als auch in der operativen Planung.

  In Unternehmen mit ausgeprägter Controllingkultur wird dies offensichtlich. Hier nimmt der Controller nicht die Position eines »Kontrolleurs«, sondern eines internen betriebswirtschaftlichen Beraters ein. Sein Rat ist gefragt, und es besteht Vertrauen, dass sein Datenmaterial objektiv ist und die Tatsachen ans Licht bringt.

...in der dispositiven Planung

Besteht die primäre Aufgabe des Planungsprojektes hingegen in der Einführung einer dispositiven oder logistischen Planung, steht nicht mehr der Wertefluss, sondern vielmehr der Mengenstrom im Mittelpunkt. In diesem Fall spielen das interne Rechnungswesen und das Controlling eine untergeordnete Rolle. Im Mittelpunkt steht hier die Abstimmung der kurzfristigen Mengenplanung zwischen Vertrieb und Produktion. Dass sich hieraus wiederum Frühwarnindikatoren für die gesamte Geschäftsentwicklung ableiten lassen und somit Rückkoppelungen zur operativen Planung bestehen, ist nur ein angenehmer zusätzlicher Effekt.

Aus diesem Grunde sollte bei der Umsetzung der dispositiven Planung der Projektleiter eher aus dem Bereich Vertrieb oder Produktion gewählt werden. Hier gilt es aber, Fingerspitzengefühl zu zeigen, sodass sich durch die Wahl des Projektleiters nicht eine Abteilung gegenüber der anderen zurückgesetzt fühlt.

Projektteam

Nachdem der Projektleiter gefunden wurde, muss ihm noch eine schlagkräftige Mannschaft zu Seite gestellt werden. Damit dieses Team in der Tat schlagkräftig in dem Sinne sein kann, dass rasch die Planungsprozesse konzipiert und insbesondere auch abgestimmt werden können, gilt es, das Team nicht zu groß werden zu lassen.

Sieben bis acht Mitarbeiter stellen häufig eine Obergrenze für ein effizientes Arbeiten und Diskutieren im Team dar. Sind mehr Personen im Team, können verstärkt unangenehme gruppendynamische Effekte auftreten. So können manche Mitarbeiter in großen Teams Ängste entwickeln, sich offen zu äußern. Andere Teammitglieder könnten ein großes Team als Forum zur Selbstdarstellung nutzen. Dies hat zum einen zur Folge, dass bestimmte Diskussionen im Streit enden und keine sachliche Lösung gefunden werden kann. Zum anderen werden bestimmte Sachthemen gar nicht erst vollständig erkannt bzw. abgehandelt.

Dennoch sollten alle relevanten Abteilungen, auf die sich der integrierte Planungsprozess auswirken wird, auch im Planungsprojekt berücksichtigt werden. Aus diesem Grunde sollten alle relevanten Bereiche je einen Mitarbeiter in das Projektteam entsenden, sodass sich zum Beispiel für die Einführung einer integrierten operativen Planung folgendes Projektteam mit entsprechenden Themengebieten ergeben kann:

- **Controller(in)/Projektleiter(in)**
  - Kostenstellenplanung (inklusive CO-Aufträge, Projekte)
  - Herstellkosten-Kalkulation
  - Planung direkter Vertriebskosten (z. B. Fracht, Provisionen etc.)
  - Planergebnisrechnung
  - Vermögensrechnung und Finanzplanung
- **Ein(e) Mitarbeiter/in aus dem Marketing/Vertrieb**
  - Vertriebsplanung
  - Planung direkter Vertriebskosten (z. B. Fracht, Provisionen etc.)
  - Kostenstellenplanung
- **Ein(e) Mitarbeiter/in aus der Produktion**
  - Produktionsplanung
  - Kostenstellenplanung
- **Ein(e) Mitarbeiter/in aus dem Einkauf**
  - Planung in der Materialwirtschaft
  - Kostenstellenplanung
- **Ein(e) Mitarbeiter/in aus dem Personalwesen**
  - Personalentwicklung
  - Personalkostenplanung
  - Kostenstellenplanung
- **Gegebenenfalls ein(e) Mitarbeiter/in aus dem Ingenieurwesen**
  - Investitionsplanung
  - Kostenstellenplanung (inklusive CO-Aufträge, Projekte)
- **Gegebenenfalls ein(e) Mitarbeiter/in aus Forschung und Entwicklung**
  - Investitionsplanung
  - Kostenstellenplanung (inklusive CO-Aufträge, Projekte)

- **Interne(r) oder externe(r) SAP R/3 Berater(in)**
  - Darstellung der Möglichkeiten im SAP R/3-System
  - Erarbeitung von Vorschlägen zur Integration der einzelnen Planungsschritte
  - Prüfung der Umsetzbarkeit der erarbeiteten Prozesse mit SAP R/3
  - Umsetzung des Planungsprozesses im SAP R/3-System

Diversifizierte Organisationen

Die Benennung eines Vertreters aus den obigen Bereichen wird umso schwieriger, je größer das Unternehmen ist. Es wird nicht immer möglich sein, in diversifizierten Vertriebsorganisationen oder für zahlreiche Produktionsbetriebe jeweils nur einen Vertreter aufzustellen, der alle Aspekte berücksichtigten kann.

Neben der Möglichkeit, in begrenztem Maße einen zweiten Vertreter aus einem Bereich ins Team mit aufzunehmen, ist es in der Mehrzahl der Fälle ratsam, für diese Organisationen eigene Subteams zu bilden. In diesen Subteams können sich so z. B. die unterschiedlichen Produktionsbereiche untereinander austauschen, Spezialthemen klären und Vorschläge erarbeiten, die dann von einem Vertreter des Subteams im übergeordneten Projektteam abgestimmt werden. Dabei sollten auch bereits diese Subteams mit einem SAP R/3-Fachmann verstärkt werden.

3.2 Projektplanung zur Einführung eines integrierten Planungsprozesses

3.2.1 Strukturierung des Projektplans

Wie jedes Projekt, so benötigt auch ein Projekt zur integrierten Planung eine Projektplanung. Allerdings unterscheidet sich ein Planungsprojekt in vielerlei Hinsicht von anderen Projekten.

Die Komplexität des integrierten Planungsprozesses bringt es mit sich, dass ein vollständig integrierter Planungsprozess häufig nicht in einem Schritt in einem Unternehmen umgesetzt werden kann. Ferner findet eine Planung nicht laufend statt und kann nicht unbegrenzt wiederholt werden. Die operative Planung beispielsweise wird in ihrer vollen Ausprägung nur einmal im Jahr stattfinden und muss in einem streng vorgegebenen Zeitrahmen fertiggestellt werden.

Weniger ist mehr

Aus diesem Grunde muss der integrierte Planungsprozess gut vorbereitet werden. Es muss abgeschätzt werden, welche Prozessveränderungen durch die Integration in der anstehenden Planungsphase von der Organisation und auch dem SAP R/3-System verarbeitet werden können. Hier gilt es, Augenmaß zu behalten. Nicht alles, was technisch realisierbar ist, kann von der Organisation auch verstanden und verarbeitet werden. Hier ist häufig zunächst weniger mehr: Mehr an Akzeptanz, mehr an Verständnis und so mehr an Erfolg.

Auf der anderen Seite gilt es, die Erfahrungen aus einem integrierten Planungslauf zu analysieren und somit Verbesserungspotenziale, aber auch Fehleinschätzungen aufzudecken und diese in die nächste Planung einzubringen. So können Schritt für Schritt Fehler ausgemerzt, die umgesetzten Planungsschritte verbessert und die realisierte Integration stufenweise erhöht werden.

Die Einführung des Planungprozesses als lernende Struktur

Die Einführung eines integrierten Planungsprozesses bildet sich somit als lernende Struktur ab, wo in Form von einzelnen Zyklen im Laufe der Zeit die Integration im Planungsprozess und der Grad der Fertigstellung sukzessive erhöht wird (siehe Abbildung 3.1).

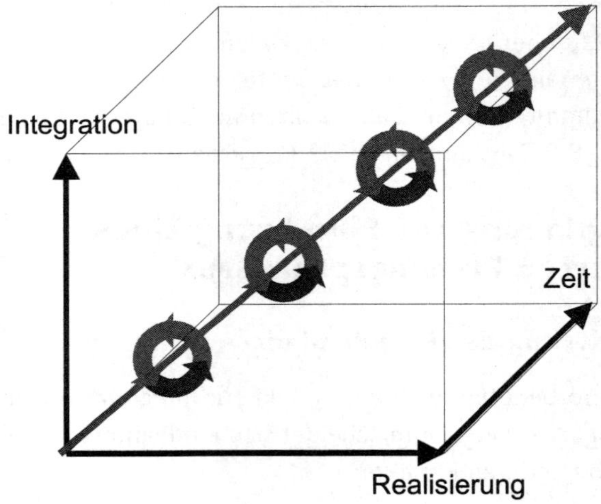

Abbildung 3.1 Lernende Struktur des Planungsprozesses

Dabei besteht ein Zyklus aus den Projektphasen »Vorbereitung der Planung« im Projektteam, »Durchführung der Planung« in der Organisation und »Nachlese der Planung« wieder im Projektteam (siehe Abbildung 3.2).

Die Nachlese zur Planung bildet die Grundlage zur Verbesserung der implementierten Planungsschritte in der nachfolgenden Projektphase zur erneuten Vorbereitung der Planung. Neben den Ergebnissen der Nachlese aus der letzten Planung werden in der neuen Planungsvorbereitung der Komplexitätsgrad erhöht und weitere Planungsschritte integriert.

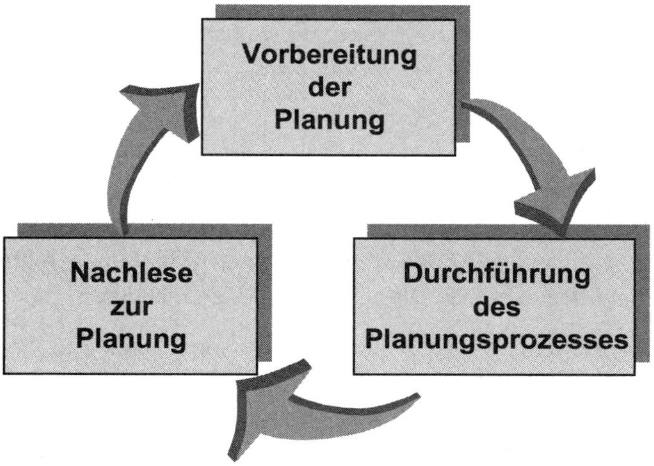

Abbildung 3.2 Zyklische Einführung des Planungsprozesses

Bei diesem Lernprozess sowie der stufenweisen Erhöhung der Komplexität besteht allerdings auch gegebenenfalls die Notwendigkeit, bereits eingeführte Planungsschritte und die damit verbundenen Planungskonzepte zu überdenken.

Workshops

Diese kontinuierliche Beschäftigung mit dem Planungsprozess bedeutet jedoch nicht, dass die dabei beteiligten Projektmitarbeiter ausschließlich mit diesem Thema beschäftigt sein werden. Die Einführung des integrierten Planungsprozess ist nicht als Full-Time-Job gedacht. Vielmehr sollte die Projektarbeit in Form von Workshops organisiert werden, die, entsprechend gut vorbereitet, eine intensive Auseinandersetzung mit einzelnen Themen ermöglichen.

Dabei kommt dem Projektleiter und dem internen oder externen SAP R/3-Know-how-Träger die Aufgabe zu, die Workshops zu organisieren und vorzubereiten. Hierzu gehört vorab eine klare Definition in Form einer Agenda, was bei einem Treffen besprochen werden sollte. Darüber hinaus sollten die Themen vorbereitet werden. Das bedeutet, die Probleme bereits im Vorfeld organisatorisch und technisch auf kritische Aspekte zu durchleuchten. Hierzu sollten Lösungsvorschläge erarbeitet und im Vorfeld mit allen Pro und Kontra an die Projektbeteiligten verteilt werden.

Ist dies geschehen, kann sich das Projektteam im Workshops auf die eigentlichen Schwerpunkte konzentrieren, die Vorschläge kritisch hinterfragen und die Pros und Kontras bewerten, um so zu einer Entscheidung zu gelangen.

Das Ergebnis eines Workshops sollte in Form von Protokollen festgehalten und ebenfalls an alle Projektteilnehmer verteilt werden. So wird immer festgehalten, wie sich das Projekt fortentwickelt. Teammitglieder, die einmal nicht an einem Workshop teilnehmen konnten, kommen schnell wieder auf den aktuellen Diskussions- und Entwicklungsstand.

Wenn ein Meilenstein im Projekt erreicht ist, wird eine Sitzung des Lenkungsausschusses einberufen, um die Ergebnisse der entsprechenden Projektphase darzustellen und strittige Punkte, die im Projektteam nicht entschieden werden konnten, in Form von Alternativen zur Entscheidung zu geben.

Beispiel für einen Projektplan

Wie sieht nun aber ein konkreter Projektplan zur Einführung eines integrierten Planungsprozesses aus? Tabelle 3.1 zeigt als Beispiel die mögliche Struktur eines Projektplans zur Einführung einer operativen Planung.

Beispielhafte Darstellung eines zyklischen Projektplanes zur Einführung einer integrierten operativen Planung

Projektabschnitt/ Tätigkeit	Inhalt	Termin	Vorbereitung/Durchführung	Status	Bemerkung
Aufgaben- und Ziel-Definition					
Workshop 1	Erfolgspotenziale und Restriktionen erarbeiten;Vorschlag für Zieldefinition erarbeiten	Anfang März	Projektleiter und SAP-Berater	abgeschlossen	
1. Sitzung Lenkungsausschuss	Genehmigung Aufgaben- und Zieldefinition	Mitte März	Projektleiter	abgeschlossen	Milestone
Konzeption					
Schulung Teammitglieder	Fehlendes SAP-Know-how wird durch Schulungen erworben bzw. aufgefrischt	Anfang bis Ende März	Extern oder SAP-Berater	abgeschlossen	
Workshop 2	Grobe Modellentwicklung zur integrierten Planung	Ende März	Gesamtes Projektteam	abgeschlossen	
Workshop 3	Aufzeigen der Informationsflüsse und Festlegung der Planungsorganisation	Anfang April	Gesamtes Projektteam	abgeschlossen	
Workshop 4	Festlegung einer Zeitplanung für die Durchführung der integrierten Planung	Mitte April	Gesamtes Projektteam	abgeschlossen	

Tabelle 3.1 Tabelle mit Projektplan

Projektabschnitt/ Tätigkeit	Inhalt	Termin	Vorbereitung/Durchführung	Status	Bemerkung
Workshop 5	Konzeption der Planungsschritte mit SAP R/3; Auswahl der beteiligten Module und Planungsmethoden; Prüfung der Stammdatenqualität	Ende April	Gesamtes Projektteam	in Arbeit	
2. Sitzung Lenkungsausschuss	Vorstellung des Konzeptes und Genehmigung	Anfang Mai	Projektleiter	offen	Milestone
Implementierung und Test					
Maßnahmen zur Stammdatenpflege einleiten und überwachen		Anfang Mai	Projektleiter	offen	
Grund-Customizing	Allgemeine Einstellungen im SAP R/3-System	Anfang Mai	SAP-Berater	offen	
Erstellung 1.Prototyp	Erste Systemeinstellungen für integrierten Planungs- prozess einstellen und mit Testdaten durchführen	Mitte Mai	SAP-Berater	offen	
Test des Prototyps	Darstellung des Prototyps im Projektteam und Bewertung des Prototyps	Mitte Mai	Gesamtes Projektteam	offen	
Wöchentliche Verbesserung und Erweiterung des Prototyps	Sukzessiver Einbau weiterer Funktionalitäten und Verbesserung des Prototyps aus Testergebnissen	wöchentlich	SAP-Berater	offen	
Wöchentlicher Test des Prototyps	Darstellung des Prototyps im Projektteam und Bewertung des Prototyps	wöchentlich	Gesamtes Projektteam	offen	
Fertigstellung und Abnahme der Systemeinstellung	Endtermin für alle Systemeinstellungen	Mitte Juli	Gesamtes Projektteam	offen	Deadline
Maschinelles Einspielen zusätzlicher Stammdaten	Zusätzliche Stammdaten werden auf die Produktivmaschine z. B. per Batch-Input eingespielt	Mitte Juli	SAP-Berater	offen	
Transport aller Einstellung	Übertragung aller Einstellungen vom Testsystem auf die Produktivmaschine	Ende Juli	SAP-Berater	offen	
3. Sitzung Lenkungsausschuss	Vorstellung des Systems und Genehmigung	Ende Juli	Projektleiter	offen	Milestone
Durchführung der Planungsprozesse					
Start der Planung		Anfang August			
Fertigstellung der Planung		Anfang Dezember			

Tabelle 3.1 Tabelle mit Projektplan (Forts.)

Projektabschnitt/ Tätigkeit	Inhalt	Termin	Vorbereitung/Durchführung	Status	Bemerkung
Nachlese					
Workshop 6	Erfahrungsberichte aus der durchgeführten Planung sammeln; Eindrücke erfassen und bewerten	Anfang Januar	Gesamtes Projektteam	offen	
Workshop 7	Fehler analysieren und Verbesserungsvorschläge erarbeiten	Ende Januar	Gesamtes Projektteam	offen	
4. Sitzung Lenkungsausschuss	Analyse der Planung darstellen und weiteres Vorgehen Genehmigen lassen	Februar	Projektleiter	offen	Milestone

Tabelle 3.1 Tabelle mit Projektplan (Forts.)

Der Projektplan umfasst dabei einen Zyklus im Rahmen des stufenweisen Lernprozesses zur Einführung der integrierten Planung. Er beinhaltet die folgenden Projektabschnitte:

- Aufgaben- und Zieldefinition
- Konzeption
- Implementierung und Test
- Durchführung
- Nachlese

Die Abschnitte »Aufgaben- und Zieldefinition«, »Konzeption« und »Implementierung und Test« bilden zusammen die Projektphase zur Vorbereitung auf die integrierte Planung. In der »Aufgaben und Zieldefinition« wird festgelegt, welcher Grad an Integration für die nächste Planung umgesetzt werden soll und welche Planungsschritte davon betroffen sein werden (siehe Abschnitt 3.2.2).

Der Projektabschnitt »Konzeption« prüft detailliert die notwendigen Voraussetzungen, erarbeitet die Durchführung der einzelnen Planungsschritte, stellt die Schnittstellen und Abhängigkeiten zwischen den Planungsschritten fest und zeigt auf, wie die Mengenströme und Werteflüsse im integrierten Planungsprozess ablaufen werden (siehe Abschnitt 3.2.3).

Daran schließt sich der Abschnitt »Implementierung und Test« an (siehe Abschnitt 3.2.4). Werden im Rahmen der Konzeption zwar schon die Möglichkeiten und Restriktionen von SAP R/3 beachtet, so steht in dieser Phase des Projektes SAP R/3 im Mittelpunkt. Das Konzept wird in Form von Prototypen im SAP R/3 eingestellt und getestet. Im ständigen Wechsel zwischen Einstellung im SAP R/3-System und Test wird der Prototyp immer weiter entwickelt, bis er schließlich den gesamten Planungsprozess abbildet. In dieser Phase können allerdings auch Probleme auftreten, die im Rahmen der Konzeption nicht erkannt wurden. Hier muss die Konzeption entsprechend überarbeitet werden.

Im Abschnitt »Durchführung« findet die eigentliche Planung im Unternehmen statt. Auch hierfür ist eine gute Vorbereitung und gründliche Überwachung notwendig. Hierauf wird jeweils für die operative, die dispositive und die logistische Planung in den Kapiteln 5, 7 und 8 eingegangen.

Der letzte Abschnitt des Projektplans mit der Bezeichnung »Nachlese« besteht in der kritischen Auseinandersetzung mit dem abgelaufenen Planungsprozess (siehe Abschnitt 3.2.5).

3.2.2 Projektabschnitt: Aufgaben- und Zieldefinition

Im ersten Projektabschnitt »Aufgaben- und Zieldefinition« gilt es, zusammen mit allen Teammitgliedern zu definieren, was in dem Planungszyklus in Form eines integrierten Planungsprozesses erreicht werden kann und soll.

Abgrenzung des Themas

Über diese Definition wird zum einen das komplexe Thema abgegrenzt. Es wird ein Ziel definiert, ein Zwischenschritt, der zugleich eine Herausforderung darstellt, aber dennoch für alle Teammitglieder zu erreichen ist.

Dabei ist das Projektteam natürlich nicht losgelöst von äußeren Einflüssen. Nicht zuletzt der Lenkungsausschuss und der Promotor werden ein zu erreichendes Mindestziel für die nächste Planungsphase vorgeben. Weiterhin ist es notwendig, eine hohe Akzeptanz für den integrierten Planungsprozess im Unternehmen zu entwickeln. Dies gelingt umso leichter, je schneller ein Erfolg in der Umsetzung des integrierten Planungsprozesses erzielt werden kann und je eher – für jedermann ersichtlich – der integrierte Planungsprozess eine Verbesserung bewirkt.

Schnelle Erfolgspotenziale

Aus diesem Grunde sollte man sich gerade zu Beginn der Einführung der integrierten Planung mit den möglichen Erfolgspotenzialen auseinandersetzen. Was lief im Rahmen der nicht integrierten Planung in den letzten Jahren am schlechtesten? Wo gab es am meisten Probleme? Liegen diese Probleme an der mangelnden Integration?

Abgestimmte Vertriebs- und Produktionsplanung

Ein typisches Beispiel hierfür ist eine nicht abgestimmte Vertriebs- und Produktionsplanung, in der auf der einen Seite Absätze mit Mengen geplant wurden, die in der Produktion im bestehenden Produktmix niemals produziert werden konnten. Auf der anderen Seite wird in der Produktionsplanung zum Teil mit einer Produktionsauslastung geplant, die durch den Verkauf von Waren durch den Vertrieb niemals in Anspruch genommen würde.

Integration des Einkaufs

Ein weiteres Beispiel für ein hohes Erfolgspotenzial in der integrierten Planung liegt in der häufigen Vernachlässigung des Einkaufs im Rahmen der operativen Planung. Wird gegebenenfalls noch grob die Vertriebsplanung mit der Produktionsplanung abgestimmt, so erfolgt doch in vielen Fällen keine echte Bedarfsauflösung von Einsatzstoffen, um so dem Einkauf frühzeitig Informationen an die Hand zu geben, um etwa bei Rahmenverträgen bessere Konditionen herauszuhandeln oder aber größere Kontingente zu sichern.

Integration von Investitionsplanung und Kostenstellenplanung

Ein drittes Beispiel für einen schnellen Erfolg mit der integrierten Planung liegt in der fehlenden Abstimmung zwischen Investitionen und Kostenplanung. Häufig laufen diese Planungen völlig unabhängig voneinander ab. Die Kosten, die im Rahmen von Investitionen anfallen und nicht aktiviert werden können, werden in der Kostenstellenplanung in vielen Fällen überhaupt nicht erkannt und entsprechend geplant. Dies liegt zum großen Teil daran, dass die einzelnen Kostenpositionen in der Investitionsplanung nicht detailliert genug geplant werden und somit der Bezug zur betroffenen Kostenstelle nicht erkannt wird. Weiterhin wird nicht, oder bestenfalls nur bei Großprojekten grob, berücksichtigt, welche zusätzlichen Kapitalkosten in Form von Abschreibungen und gegebenenfalls kalkulatorischen Zinsen durch neue Investitionen, die im Laufe des Planjahres aktiviert werden, auf bestimmte Kostenstellen zukommen.

Derartige Erfolgspotenziale gilt es, in diesem Projektabschnitt zu erkennen und als erste in die Aufgaben- und Zieldefinition aufzunehmen.

Restriktionen

Neben den Erfolgspotenzialen sind aber auch die Voraussetzungen und Restriktionen zur Umsetzung der einzelnen Ziele im Vorfeld zu untersuchen. Hierbei sind im Wesentlichen folgende Aspekte zu beachten:

- SAP R/3-System
- Organisation

SAP R/3-System

Da die integrierte Planung in den einzelnen Modulen des SAP R/3-Systems umgesetzt werden soll, müssen diese in Bezug auf die aktuelle Nutzbarkeit untersucht werden. Welche SAP R/3-Module sind im Einsatz? Wie ist der Zustand der Organisationsstrukturen im SAP R/3 System? Wie ist die Qualität der Stammdaten im jeweiligen SAP R/3-System?

Einzelne Planungsschritte können in und mit unterschiedlichen SAP R/3-Modulen umgesetzt werden. So kann beispielsweise die Vertriebsplanung sowohl mit der Flexiblen des Logistik-Informationssystems als auch mit den Planungsfunktionalitäten des SAP R/3-Moduls CO-PA (Controlling – Profitability Analysis) umgesetzt werden. Im Rahmen der Produktionsplanung kann sowohl die Standard-Absatz-/Produktionsgrobplanung als auch die Langfristplanung eingesetzt werden. Andererseits kann auf die Standard-Absatz-/Produktionsgrobplanung auch verzichtet werden. Im Rahmen der Investitionsplanung kann auf die Nutzung von Maßnahmenanforderungen zurückgegriffen werden, es kann auf deren Einsatz aber auch verzichtet werden.

Um die damit verbundenen Vorteile auch für die Planung nutzen zu können, müssen diese SAP R/3-Module entweder bereits für die Umsetzung der Ist-Prozesse im Einsatz sein oder aber mit vorhandenen Mitteln schnell einführbar sein.

Stammdaten

Jedes EDV-System, und ein SAP R/3-System im Besonderen, lebt von seinen Stammdaten. Ohne eine gute Stammdatenqualität kann auch ein integrierter Planungsprozess nicht zum Erfolg führen. In den nachfolgenden Kapiteln zur operativen, dispositiven und logistischen Planung mit APO befasst sich jeweils ein Gliederungspunkt ausschließlich mit den relevanten Stammdaten zum behandelten Planungsschritt. Es gilt im Vorfeld bereits zu prüfen, ob die dabei angesprochenen Stammdaten in einer brauchbaren Qualität vorhanden sind oder aber die Qualität bis zu Beginn der Planung entsprechend verbessert werden kann.

Organisation

Neben den technischen Restriktionen gilt es aber auch, zahlreiche organisatorische Voraussetzungen zu prüfen. Ist die von einzelnen Planungsschritten betroffene Organisation stabil oder befindet sie sich derzeit in einem Wandel? Wir gut kommt die Organisation bereits mit dem SAP R/3-System zurecht? Wie stark ist das Denken in Prozessen in der Organisation verankert? Wie viele Personen sind in der Organisation vorhanden? Wie hoch wird der Schulungsaufwand sein?

Bei der Definition der Projektziele gilt es, auch diese Fragen im Vorfeld zu berücksichtigen. Es hat beispielsweise wenig Sinn, eine ausgefeilte Investitionsplanung mit Maßnahmenanforderungen, Projektsystem und Investitionsmanagement im Rahmen des integrierten Planungsprozesses zu Beginn einzuführen, wenn in der betroffenen Ingenieur- oder Forschungsabteilung (je nach Schwerpunkt der Investitionen) bisher noch nicht oder kaum mit SAP R/3 gearbeitet wurde. In diesem Fall würde beispielsweise die Implementierung des Investitionsmanagements auf aggregiertem Niveau zunächst völlig ausreichen.

Know-how im Projektteam

Letztlich ist bei den Voraussetzungen auch das eigene Projektteam zu berücksichtigen. Welches Know-how zum Planungsprozess ist im Team vorhanden? Wie gut kennen die einzelnen Vertreter die jeweiligen Planungsprozesse aus ihrem Unternehmensbereich? Welche SAP R/3-Kenntnisse sind bei den Teammitgliedern vorhanden? Gegebenenfalls ist das entsprechende Know-how durch interne oder externe Schulungen zunächst aufzubauen. So kann beispielsweise durch spezifische SAP R/3-Schulungen durch SAP R/3-Berater schnell entsprechendes Know-how in das Projektteam getragen werden.

Abwägung von Erfolgspotenzialen mit Restriktionen

Durch die Abwägung der Erfolgspotenziale, mit denen schnell ein Erfolg im integrierten Planungsprozess erzielt werden kann, und die Prüfung der Voraussetzungen aus technischer und organisatorischer Sicht kann so eine optimale Aufgaben- und Zieldefinition aufgestellt werden.

Bei der konkreten Definition von Aufgaben und Zielen ist der komplette Planungsprozess hinsichtlich der einzelnen Planungsschritte und der dabei beteiligten Organisationseinheiten bezüglich der Integration zu strukturieren. Abbildung 3.3 macht diesen Zusammenhang deutlich.

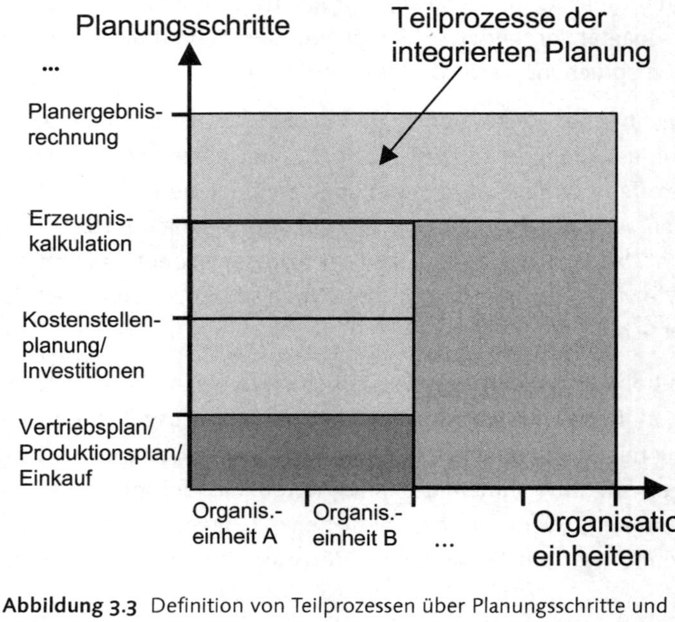

Abbildung 3.3 Definition von Teilprozessen über Planungsschritte und Organisationseinheiten

Auf der vertikalen Achse der Grafik in Abbildung 3.3 sind die einzelnen Planungsschritte, z. B. innerhalb der operativen Planung, aufgeführt. Hierbei gilt es für die kommende Planung folgende Punkte zu definieren:

Zusammenfassung von Planungsschritten zu Teilprozessen

- Welche Planungsschritte sollen überhaupt mit SAP R/3 durchgeführt werden?
- Welche dieser Planungsschritte sollen miteinander integriert werden?

Natürlich sieht das Endziel eines integrierten Planungsprozesses vor, alle Planungsschritte vollständig miteinander zu integrieren. In einem ersten Anlauf kann es aber sinnvoll sein, erst einzelne Planungsschritte in Form von Teilprozessen miteinander zu integrieren, aber die Teilprozesse selbst zunächst nicht miteinander zu integrieren.

Diese Auswahl sollte immer im Hinblick auf die bereits angesprochenen Erfolgspotenziale und Restriktionen gewählt werden. So könnten beispielsweise in einem ersten Anlauf folgende Planungsschritte zu Teilprozessen zusammengefasst werden:

- **1. Teilprozess**
  Vertriebsplanung mit Produktionsplanung und Planung in der Materialwirtschaft
- **2. Teilprozess**
  Investitionsplanung, Personalplanung und Kostenstellenplanung (inklusive CO-Aufträge)
- **3. Teilprozess**
  Erzeugniskalkulation, Planung direkter Vertriebskosten und Planergebnisrechnung

Natürlich wird man einwenden können, dass es auch zwischen den drei Teilprozessen zahlreiche Schnittstellen gibt und man bei dieser Form der Planung nicht von einer vollständigen Integration sprechen kann. Insbesondere die Durchführung des dritten Teilprozesses, unabhängig von den Ergebnissen des zweiten Teilprozesses, kann zu Widersprüchen führen, wenn in der Erzeugniskalkulation beispielsweise Fertigungskosten verrechnet werden, die auf den zugehörigen Kostenstellen in der Form nicht geplant wurden.

Bei solchen Einwänden ist es aber wichtig, das Wünschenswerte vom Machbaren zu unterscheiden. Gerade die Kostenstellenplanung kann sehr zeitaufwändig sein. Es erfordert ein gewisses Maß an Erfahrung, alle Verrechnungen in der Kostenstellenbudgetierung aufeinander abzustimmen. Im Gegensatz dazu muss die Planergebnisrechnung in der Regel zu einer bestimmten Deadline fertiggestellt sein. Hier wird es schnell zu Zeitproblemen kommen. Aus diesem Grund kann es ratsam sein, in einer ersten Planungsrunde auf diese Integration zunächst zu verzichten und z.B. bei der Erstellung der Erzeugniskalkulation auf Leistungstarife aus dem Vorjahr zurückzugreifen.

Der Fokus der oben aufgestellten Teilprozesse liegt vielmehr darauf, als Erstes die schnellen Erfolgspotenziale umzusetzen. Durch die Integration der Vertriebsplanung, der Produktionsplanung und der Planung in der Materialwirtschaft wird z. B. der gesamte Mengenstrom in der operativen Planung aufeinander abgestimmt. Des Weiteren werden mit der Integration der Investitionsplanung und Personalplanung mit der Kostenstellenplanung wesentliche Kostenplanungen aufeinander abgestimmt.

Sind die Teilprozesse erst einmal erfolgreich abgebildet worden, gilt es dann in einem zweiten Schritt die Teilprozesse selbst untereinander zu integrieren.

Strukturierung der Planungsorganisation

Aus der Abbildung 3.3 geht aber auch hervor, dass die teilnehmenden Planungsorganisationen auf der horizontalen Achse bezüglich ihrer Integration zu strukturieren sind. So stellt sich die Frage, ob die Vertriebsplanung von allen Vertriebsorganisationen durchgeführt werden soll oder ob man sich zunächst auf ausgewählte Organisationseinheiten konzentriert. Das Gleiche gilt für die Definition, ob alle Produktionsbetriebe an der integrierten Produktionsplanung teilnehmen sollen. Gründe für eventuelle Einschränkungen könnten in der unterschiedlichen Erfahrung mit SAP R/3 in einzelnen Organisationseinheiten oder in völlig unterschiedlichen Planungsprozessen liegen.

Hierbei muss allerdings die Gesamtintegration eines Teilprozesses berücksichtigt werden. Wenn die Vertriebsorganisationen nicht dezidiert einzelnen Produktionsbetrieben zugeordnet werden können und somit jede Vertriebsorganisation aus mehreren Produktionsbetrieben Artikel verkaufen, hat eine Beschränkung auf einzelne Vertriebsorganisationen oder Produktionsbereiche wenig Sinn. Die sich entweder für den Vertrieb oder die Produktion ergebenden »halb integrierten, halb nicht integrierten« Planergebnisse sind in der Regel nicht zu gebrauchen.

Konzernstrukturen

Bei Konzernstrukturen stellt sich ferner die Frage, ob alle Gesellschaften in einen konzernweit abgestimmten Planungsprozess integriert werden oder ob jede Gesellschaft ihren eigenen integrierten Planungsprozess aufbaut. Über die rechtliche Struktur besteht hier eine natürliche Grenze zwischen diesen Organisationseinheiten. Die andere Gesellschaft kann im

Planungsprozess wie ein echter Lieferant oder Kunde gesehen werden. Daher ist eine Abgrenzung leichter möglich als etwa zwischen den oben erwähnten innerbetrieblichen Organisationseinheiten. Auf der anderen Seite bilden in den letzten Jahren größere Konzerne ihre Managementstrukturen verstärkt nach Geschäftsfeldern über Gesellschaftsgrenzen hinweg aus (siehe Abbildung 3.4).

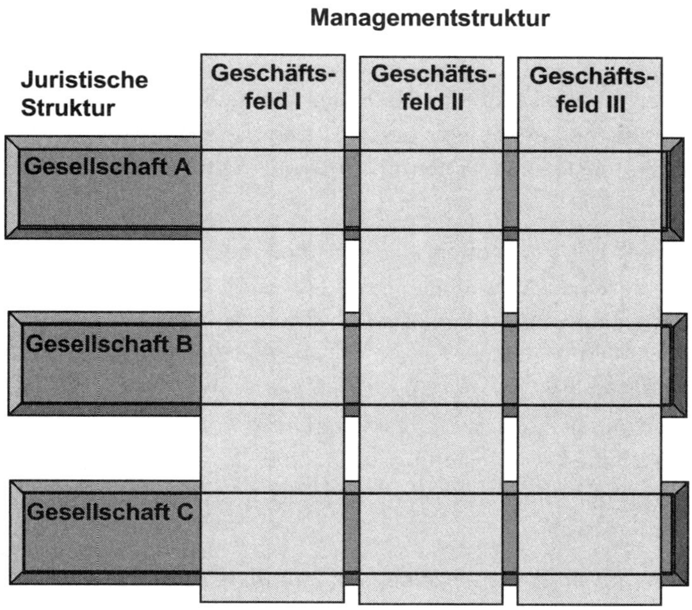

Abbildung 3.4 Managementstruktur versus juristische Struktur

Es interessiert immer weniger das Planergebnis einer Gesellschaft, als vielmehr das Planergebnis eines Geschäftsfeldes über alle Gesellschaften hinweg. In diesen Fällen muss auch der Planungsprozess diesem Umdenken Rechnung tragen und versuchen, alle Gesellschaften in einem integrierten Planungsprozess zu verknüpfen.

3.2.3 Projektabschnitt: Konzeption

Nach der Aufgaben- und Zieldefinition wird im Projektabschnitt »Konzeption« der umzusetzende Planungsprozess konkretisiert. Das Konzept muss dabei die nachfolgenden Aspekte behandeln und klären:

1. Aufzeigen der Informationsflüsse
2. Festlegung der Planungsorganisation

3. Definition der Integration in den Informationsflüssen zwischen Organisationseinheiten
4. Aufstellen einer Zeitplanung für die Planungsphase
5. Festlegung der beteiligten SAP R/3-Module
6. Erarbeitung der einzelnen Planungsschritte in SAP R/3 und Festlegung der technischen Datenübergabe zwischen den Planungsschritten
7. Prüfung der Qualität der benötigten Stammdaten und gegebenenfalls Einleitung entsprechender Maßnahmen

Während in den Punkten fünf bis sieben eher die technische Umsetzung mit SAP R/3 im Mittelpunkt steht, befassen sich die ersten vier Aspekte mit den organisatorischen Abläufen im Unternehmen während der Planungsphase.

Aufzeigen der Informationsflüsse

Zunächst muss in der Konzeption klar erkennbar sein, welche Informationen in den einzelnen Abteilungen benötigt werden. Analog zu einem Kommunikationsdiagramm ist daraus zu strukturieren, wer welche Information an wen liefert. Dabei wird auch festgelegt, in welcher Granularität bzw. in welcher Detaillierung und zu welchen Zeitpunkten die Daten weitergegeben und wie sie vom Empfänger verarbeitet werden können. Analog zur beispielhaften Modellierung in Kapitel 2, jedoch wesentlich detaillierter, wird der Informationsfluss zunächst unter Vernachlässigung von SAP R/3 aufgestellt.

Festlegung der Planungsorganisation

Sind im Informationsfluss die einzelnen Planungsbeteiligten in Form von Abteilungen noch abstrahiert dargestellt, gilt es nun, die Planungsorganisation festzulegen. So sind innerhalb der Planungsphase die Aufgaben, Kompetenzen und Verantwortungen zu verteilen. Für jeden Planungsschritt ist eine Person zu benennen, die alle dazugehörigen Tätigkeiten übernimmt. Dabei werden in der Regel die im Informationsfluss dargestellten Planungstätigkeiten weiter differenziert, da innerhalb einer Abteilung häufig mehrere Personen für unterschiedliche Tätigkeiten Kompetenz aufweisen und Verantwortung tragen. Neben Kenntnis der Planungsintegration und -methodik sollen diese Mitarbeiter ein grundsätzliches Verständnis für die betrieblichen Abläufe und ihre Wechselwirkungen haben. Ebenso ist fundiertes SAP/R 3-Wissen eine Voraussetzung.

Die Zuordnung von Personen zu Tätigkeiten und Verantwortlichkeiten im Rahmen des Planungsprozesses konkretisiert den vielleicht abstrakten Gedanken eines integrierten Planungsprozesses und schafft Identifikation aller Beteiligten mit der anstehenden Aufgabe.

Ist die Planungsorganisation erst einmal geschaffen, gilt es, die vorab definierten Informationsflüsse zwischen den beteiligten Organisationseinheiten zu konkretisieren. Es wird nicht mehr davon gesprochen, welche Informationen zwischen Abteilungen auszutauschen sind, sondern es wird konkret festgelegt, welche Daten von welcher Person an welche Personen weitergegeben werden. Hierbei ist allen Beteiligten klar zu machen, dass Integration auch Abhängigkeit bedeutet. Die eigene Planung kann nur so gut sein, wie die Daten, die als Input von anderen Personen zur Verfügung gestellt werden.

Konkretisierung der Schnittstellen zwischen den Organisationseinheiten

Weiterhin ist zu beachten, dass der Informationsfluss keine Einbahnstraße darstellt und nicht in Form einer sequenziellen Abfolge abgearbeitet werden kann. Integration bedeutet vielmehr, dass der Informationsfluss in den einzelnen Planungsschritten auf Plausibilität überprüft und zwischen den Beteiligten abgestimmt wird.

Abstimmung Verkauf, Produktion und Einkauf

Gerade die Abstimmung zwischen Verkauf, Produktion und Einkauf ist in diesem Zusammenhang hervorzuheben. Sicher wird der Informationsfluss zunächst durch die Vertriebsplanung vom Vertrieb an die Produktion laufen und von dort in Form von Bedarfen an Einsatzstoffen an den Einkauf weitergeleitet werden. Hingegen hat die Produktion kritisch zu prüfen, ob die Vertriebsdaten überhaupt sinnvoll in der Produktion mit den bestehenden Kapazitäten produziert werden können. Gibt es hier Probleme, so ist zwischen Vertrieb und Produktion eine Abstimmung zu erzielen. Dies setzt sich auch mit dem Einkauf fort, der eventuell Probleme hat, bestimmte Bedarfe in ausreichender Menge und Zeit zur Verfügung zu stellen. Insgesamt sind neben technischen Schnittstellen gerade auch organisatorische Rückkoppelungen in Form von »Round-Table-Gesprächen« zu installieren (siehe Abbildung 3.5).

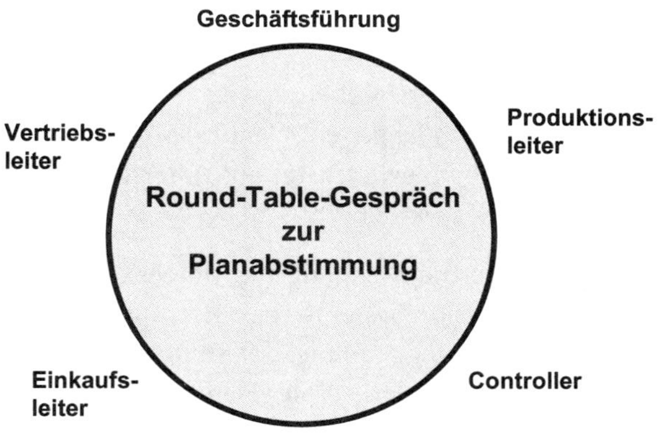

Abbildung 3.5 Round-Table-Gespräch

In diesen Gesprächsrunden werden die Abstimmungsschwierigkeiten angesprochen und zueinander in Bezug gesetzt. Dabei fließt die Information unter Umständen wieder zurück, was zur Folge hat, dass der Vertriebsplan aufgrund der Restriktionen in Produktion und/oder Einkauf angepasst werden muss. Der Informationsfluss zieht somit eine Schleife. In der Festlegung der Integration sind solche Rückkoppelungen nicht nur zu berücksichtigen, sondern fest einzuplanen.

Zeitplanung

Ist die Integration im Informationsfluss zwischen allen Beteiligten definiert, gilt es schließlich noch, eine Zeitplanung für die Planungsphase aufzustellen. Hierbei wird festgelegt, zu welchem Zeitpunkt welche Informationen fertiggestellt und im Rahmen der Integration an die nächste Organisationseinheit weitergeben werden müssen. Allen Beteiligten muss dabei klar sein, dass der Zeitplan einen verbindlichen Charakter hat. Eine Verspätung im Zeitplan hat zur Folge, dass nachfolgenden Planungsschritten Zeit verloren geht, da das Planergebnis in der Regel zu einem festen Zeitpunkt zur Verfügung stehen muss. Des Weiteren sind Abstimmungs- und Kontrolltermine zu vereinbaren. Zu diesen Zeitpunkten bewerten die Beteiligten Zwischenergebnisse und überprüfen sie auf Plausibilität und Machbarkeit.

Sind alle organisatorischen Fragestellungen geklärt, ist in der Konzeption die technische Implementierung des Planungsprozesses im SAP R/3-System zu behandeln.

Analyse und Auswahl der SAP R/3-Module und Planungsmethoden

Zunächst stellt sich hier die Frage, welche SAP R/3-Module für die einzelnen Planungsschritte zur Verfügung stehen. Wie bereits in der Aufgaben- und Zieldefinition im Zusammenhang mit möglichen Restriktionen beachtet, werden die SAP R/3-Module und deren Planungsprozesse jetzt genauer untersucht. Insbesondere in den Planungsschritten, die auf unterschiedliche Art und Weise und mit unterschiedlichen SAP R/3-Modulen umgesetzt werden können, sind die Vor- und Nachteile der einzelnen Handlungsalternativen genau herauszuarbeiten und vorzustellen.

Neben den SAP R/3-Modulen selbst ergeben sich auch innerhalb der einzelnen Module verschiedene Möglichkeiten, Planungsprozesse umzusetzen. Je nach Anspruch und Komplexität kann auf unterschiedliche Planungsmethoden zurückgegriffen werden.

So kann beispielsweise die Vertriebsplanung mit der flexiblen Planung innerhalb des Logistik-Informationssystems mit den unterschiedlichen Planungsmethoden der konsistenten Planung, der Stufenplanung und der Deltaplanung durchgeführt werden. Jede dieser Planungsmethoden weist dabei unterschiedliche Vor- und Nachteile auf und ist für bestimmte Einsatzgebiete prädestiniert (siehe hierzu weiter in Abschnitt 5.1).

Zum Beispiel lässt sich die Personalkostenplanung im SAP R/3-Modul HR (Human Resources) auf der Basis von Sollbezügen, Basisbezügen oder auf der Basis von Abrechnungsergebnissen durchführen. Auch in diesem Fall ergeben sich unter Umständen völlig unterschiedliche Planergebnisse, je nachdem welche Planungsmethode benötigt wird (siehe hierzu weiter in Abschnitt 5.8).

Definition der Planungsschritte im SAP R/3 inklusive der Datenströme zwischen den Modulen

Die so vorhandenen unterschiedlichen Möglichkeiten, den Planungsprozess mit dem SAP R/3-System umzusetzen, sind vorzustellen und entsprechend zu bewerten. Aus der daraus entstehenden Definition der Planungsschritte im SAP R/3-System können ferner auch die Schnittstellen in den Mengenströmen und Wertflüssen zwischen den SAP R/3-Modulen definiert werden. Es wird zu jedem Planungsschritt festgelegt,

- welche Daten
- in welchem Deatillierungsgrad
- auf welche Weise
- in welchem SAP R/3-Modul geplant und
- wie die Datenströme zwischen den SAP R/3-Modulen fließen werden

Diese Aufgabe ist weitaus komplizierter, als man sich dies vielleicht zunächst vorstellt. Man kann annehmen, dass durch die integrierte Software des SAP R/3-Systems die Schnittstellen bereits vordefiniert sind und es diesbezüglich keine großen Alternativen gibt. Dem ist aber keineswegs so. Durch die Flexibilität in der Konfigurierung des SAP R/3-Systems stehen zahlreiche unterschiedliche Wege in der Realisierung der Datenströme zwischen den SAP R/3-Modulen zur Verfügung, die jeweils beachtet werden müssen. Neben der grundsätzlichen Möglichkeit, bestimmte Planungsschritte in unterschiedlichen Modulen umzusetzen, ist zum Beispiel auch der jeweilige Detaillierungsgrad der Planung zu beachten.

Beispiel In der Planergebnisrechnung (CO-PA) soll die Ermittlung der Herstellkosten des Umsatzes automatisch über eine zuvor erzeugte Erzeugniskalkulation (CO-PC) erfolgen, in der die entsprechenden Absatzmengen aus der Absatzplanung (VIS oder CO-PA) mit Kosten bewertet werden. Die Bewertungsebene für diese Kalkulationen liegt auf Werksebene vor. Um nun diese maschinelle Bewertung durchführen zu können, muss die Absatzplanung zumindest auf der Ebene Artikel/Werk-Kombination vorliegen, damit zwischen den Absatzmengen und den Kosten aus der Erzeugniskalkulation eine Beziehung gefunden werden kann.

Dieses kleine Beispiel zeigt, dass in einem Wertestrom des integrierten Planungsprozesses die unterschiedlichsten SAP R/3-Module betroffen sind und die Nutzung bestimmter Funktionalitäten in einem Modul bestimmte Voraussetzungen in anderen Modulen bedingen. Ist die Auswahl der SAP R/3-Module getroffen, sind die Planungsmethoden in den einzelnen Planungsschritten festgelegt und die Schnittstellen zwischen den betroffenen SAP R/3-Modulen definiert, sind noch die notwendigen Stammdaten in das Konzept mit aufzunehmen.

Stammdaten

Es kann nicht oft genug betont werden, dass nur mit einer guten Qualität der Stammdaten ein SAP R/3-Projekt wirklich Erfolg haben kann. So ist auch bei der Einführung des integrierten Planungsprozesses mit SAP R/3 darauf zu achten, dass alle notwendigen Stammdaten im Vorfeld bekannt sind und deren Pflege in die Projekttätigkeiten aufgenommen werden muss.

Neben der Definition der notwendigen Stammdaten ist ferner festzuhalten, wer für die Pflege der Stammdaten zuständig ist. So wie es für die einzelnen Planungsschritte Verantwortliche geben muss, so müssen auch »Kümmerer« für die einzelnen Stammdatenobjekte im Unternehmen festgelegt werden.

3.2.4 Projektabschnitt: Implementierung und Test

An die Konzeption schließt sich der Projektabschnitt »Implementierung und Test« an. Was in der Konzeption noch in Form von Papier oder Folien erarbeitet wurde, ist nun technisch im SAP R/3-System umzusetzen.

Prototyping

Die Umsetzung erfolgt dabei in einzelnen Schritten, es werden nach und nach die Einstellungen im SAP R/3-System vorgenommen und verbessert. Abbildung 3.6 macht dieses Verfahren deutlich.

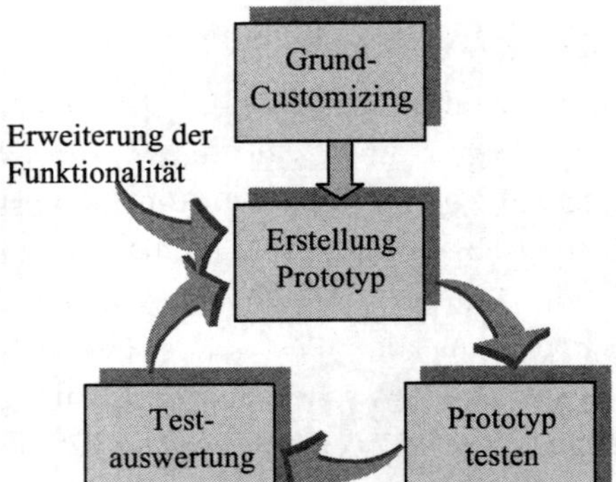

Abbildung 3.6 Vorgehen in der Implementierung und Testphase

Je nach Einstellung des SAP R/3-Systems ist zu Beginn zunächst ein bestimmtes Grund-Customizing vorzunehmen, damit die Planungsprozesse überhaupt im SAP R/3 System eingestellt werden können. Im Anschluss daran sollte für die einzelnen Planungsschritte ein kleiner Prototyp eingestellt werden, um die konzipierten Planungsmethoden praktisch am SAP R/3-System zu verdeutlichen.

Diese Einstellungen werden durch die Teammitglieder getestet und entsprechend bewertet. Aus dieser Analyse ergeben sich weitere Vorgaben für die Systemeinstellungen, die in einen verbesserten und erweiterten Prototypen einfließen. Der neue Prototyp wird ebenfalls den Teammitgliedern vorgestellt, getestet und auf Praktikabilität bewertet.

Auf diese Weise ergibt sich ein zyklisches Vorgehen in der Einstellung des Systems durch interne oder externe SAP R/3-Experten und der entsprechenden Rückkoppelung im Projektteam. Dieses Vorgehen hat dabei den Vorteil, dass die Projektmitglieder nicht als SAP R/3-Experten ausgebildet werden müssen, um im Projektteam arbeiten zu können, und dennoch kein Vakuum zwischen der Umsetzung der Konzeption in die technische Realität des SAP R/3-Systems entsteht.

Die ständige Vorstellung und Überprüfung der Einstellungen im SAP R/3-System innerhalb eines Testsystems gibt jedem Teammitglied die Chance, die Umsetzung zu beurteilen und sich aktiv auch in der Implementierungsphase des Projektes einzubringen.

Testdaten

Bei der Erstellung des Prototypen gilt es, neben der technischen Einstellung auch eine Auswahl geeigneter zusammenpassender Stammdaten auszuwählen, mit denen der Planungsablauf sinnvoll durchgespielt werden kann. Diese Aufgabe wird häufig unterschätzt. Die Schwierigkeit liegt dabei weniger darin, Stammdaten im Testsystem zu hinterlegen, sondern passende Stammdaten zusammenzustellen, mit denen der Planungsprozess sinnvoll durchgespielt werden kann.

Die Auswahl von zum Beispiel drei Artikeln in der Vertriebsplanung, die dann aber in drei unterschiedlichen Produktionsbetrieben produziert werden und deren Kapazität kaum ausnutzen, lässt bestimmte Szenarien in der Abstimmung zwischen Vertriebs- und Produktionsplanung gar nicht erkennen. Hier gilt es, einen guten Mix zwischen Aufwand der Test-Stammdatenpflege und einer sinnvollen Masse in den einzelnen Planungsschritten zu bilden.

Erweiterungen In den Projektabschnitt der Implementierung fällt weiterhin die Entwicklung konzipierter Erweiterungen im SAP R/3-System. Hierzu gehören zum einen ABAP-Programme, um die Funktionalitäten im Planungsprozess des SAP R/3-System um Szenarien zu erweitern, die im Standard nicht vorgesehen sind. Hierbei sollte man darauf achten, diese Erweiterungen entweder stand-alone als Add-on zu programmieren oder aber, wenn Veränderungen an bestehenden SAP R/3-Programmen notwendig sind, auf entsprechende User-Exits zurückzugreifen. Ein User-Exit stellt in diesem Zusammenhang eine Art Sollbruchstelle im SAP R/3-System dar, an der die Einfügung von kundenspezifischem Coding vorgesehen ist.

Auf jeden Fall zu vermeiden ist die harte Änderung eines von SAP ausgelieferten ABAP-Programms an einer dafür nicht vorgesehenen Stelle. Derartige Modifikationen werden spätestens zum nächsten Release-Wechsel Probleme bereiten. Durch die neuen SAP-Programme eines neueren Releases drohen die Modifikationen überschrieben zu werden und müssen demzufolge entsprechend neu eingebaut werden. Dies kann aber mit erheblichem Aufwand verbunden sein, wenn sich die Strukturen der neuen SAP-Programme im aktuelleren Release ebenfalls verändert haben.

Weitere Erweiterungen stellen Schnittstellen zu Fremdsystemen dar. In nicht wenigen Fällen werden in einem Unternehmen nicht alle betriebswirtschaftlichen Funktionen im SAP R/3-System abgebildet. Betrifft dies auch den Planungsprozess, so gilt es, die konzipierte Schnittstelle im Informationsfluss auch zwischen unterschiedlichen Systemen zu realisieren. In diesen Fällen muss in der Konzeption eine genaue Spezifikation der Schnittstelle definiert werden.

Eine letzte Form von Erweiterung stellt das Realisieren von Routinen (z. B. Batch-Input) zum automatischen Einspielen von Stammdaten für den Planungsprozess in das SAP R/3-System dar.

Anpassung der Konzeption Durch die ständige Weiterentwicklung des Prototypen wird somit nach und nach der integrierte Planungsprozess in die Realität umgesetzt. Alles zunächst theoretisch Konzipierte wird nun konkret und kann im SAP R/3-System durchgespielt werden.

In dieser Phase der Implementierung und Konkretisierung kann es aber auch Überraschungen geben. Das Ergebnis im SAP R/3-System wird für den einen oder anderen anders ausfallen, als man es in der Konzeptionsphase noch gedacht hatte. Das plastische Beispiel direkt am System lässt jedes Konzept noch einmal in einem anderen Licht erscheinen. Aus diesem Grund muss trotz aller Projektplanung im Projektteam so viel Flexibilität vorhanden sein, zunächst aufgestellte Konzepte noch einmal überdenken zu können.

Auch wenn der hier vorgestellte Projektplan es nicht erkennen lässt, so kann doch auch der Projektabschnitt »Konzeption« in einen Zyklus von »Konzeption«, »Implementierung« und »Test« einbezogen werden. In solchen Fällen gilt es, auch den Gesamtprojektplan und den vorgesehenen Zeitrahmen im Auge zu behalten. Wird die Konzeption in zyklischen Verfahren häufig verändert, besteht die latente Gefahr, dass das Projektteam nie zu einem Ergebnis kommt und sich vielmehr endlos im Kreis dreht.

Zyklus »Konzeption«, »Implementierung«, »Test«

Hier ist es wichtig, in einer ersten Konzeptionsphase die Eckpfeiler festzulegen, die nicht mehr verändert werden. Die weitere Konzeption muss dann erkennen lassen, wo noch Handlungsspielraum besteht und wo aufgrund von Erkenntnissen aus dem Prototypen keine Veränderungen mehr möglich sind. In weiteren Zyklen muss dann darauf geachtet werden, dass die Anzahl der Handlungsspielräume in der Konzeption immer kleiner werden und das »Commitment« zum Konzept im Team steigt.

Nach dem Projektabschnitt der Implementierung und Test steht der Durchführung der Planung nichts mehr im Wege.

3.2.5 Projektabschnitt: Nachlese

Zu jedem erfolgreichen Projektverlauf gehört die Phase der Projektnachlese, die im Anschluss an die Projektdurchführung stattfindet. Für das Projekt der integrierten Planung bedeutet das eine kritische Auseinandersetzung mit den einzelnen Phasen des abgelaufenen Planungsprozesses.

Was lief gut? Wo traten Probleme auf? Was kann besser gestaltet werden? Die aus der intensiven Analyse des vergangenen Planungsprozesses gewonnenen Erkenntnisse dienen zur Vervollständigung, Erweiterung und vor allem Optimierung zukünftig ablaufender Planungsprozesse. Somit dient die Nachlese sowohl der Nachbereitung der Vergangenheit, als auch der Vorbereitung der folgenden integrierten Planung.

Die Analyse der durchgeführten Planung als wichtiger Meilenstein des Planungsprojektes sollte folgende Aspekte beinhalten:

- Ablauf der organisatorischen Zusammenarbeit
- Einhaltung des Zeitplans
- Praktikabilität der Prozesse
- Funktionalität der Technik

Analyse der Organisation

Bedingt durch die Komplexität einer integrierten Planung ist zu prüfen, ob der integrierte Planungsprozess in der Organisation des Unternehmens verstanden und dementsprechend gefestigt wurde. Unklarheiten und Verständnisprobleme lassen sich im Nachhinein bereinigen. Von besonderer Wichtigkeit ist die Überprüfung sowohl der Informationsflüsse als auch der Kommunikation zwischen den beteiligten Unternehmensbereichen. Oft liegen hier die Probleme, die einen reibungslosen Ablauf einer Planung verhindern. Informationen wurden nur teilweise oder gar nicht und/oder verspätet kommuniziert. Hier ist es die Aufgabe des Projektteams, im Hinblick auf die zukünftige Planung verbesserte Informationsflüsse und Kommunikationsstrukturen zu definieren.

Überprüfung der Zeiteinteilung

Ein kritischer Faktor innerhalb eines Projektes ist der zeitliche Rahmen. Jede Planung und eine operative Planung im Besonderen findet in der Regel unter erheblichem Zeitdruck statt. In der Mehrzahl der Fälle steht ein fixer Termin am Ende eines Planungsprozesses fest. Ein aufgrund dieser Restriktion erstellter Terminplan wird für die einzelnen Planungsschritte nur soviel Zeit zur Verfügung stellen, dass er gerade noch realisiert werden kann. Ferner hat es für Unternehmen wenig Sinn, bereits im Frühjahr mit der Planung für das nächste Jahr zu beginnen, da eine Mindestanzahl von Istdaten oft den Ausgangspunkt der zukünftigen Plandaten darstellt.

Die Analyse der Einhaltung des Zeitplanes ist folglich ein wichtiger Bestandteil der Projektnachlese. Planungsschritte, die ihren Zeitplan komplett verfehlten, sind zu identifizieren und auf eine zeitliche Optimierung zu untersuchen. Rückkoppelungen und Planungsschleifen nehmen häufig viel Zeit in Anspruch und lassen sich u. U. verkürzen. Ferner konnte möglicherweise der zeitliche Aufwand für einige Planungsaktivitäten im Voraus schlecht abgeschätzt werden. Hierfür liegen nach Durchführung der Planung Informationen vor, die als Basis für nachfolgende Planungen ausgewertet werden können.

Analyse der Planungsprozesse und der technischen Einstellungen

Darüber hinaus sind die einzelnen Teilprozesse und Planungsschritte aus der Erfahrung der durchlaufenen Planungsrunde kritisch zu hinterfragen. Diese Analyse beinhaltet neben der Beurteilung der erzeugten Datenqualität in Relation zu den Erwartungen in der Konzeptionsphase die Überprüfung des Verhältnisses zwischen dem Nutzen und dem – bedingt durch den Detaillierungsgrad – eventuell sehr hohen Aufwand der Planung.

Ebenso sind die technischen Einstellungen im SAP R/3-System im Rahmen der Projektnachlese zu prüfen. Die Massenverarbeitung der Daten in der Realität bringt häufig zusätzliche Anforderungen. Beispielsweise werden zusätzliche gezielte Auswertungen benötigt, die im Rahmen der Implementierung mit wenigen Testdaten nicht benötigt wurden und somit die Möglichkeit zur Optimierung bieten.

Ferner ist zu prüfen, ob weitere Tools und andere Einstellungen im SAP R/3 einen in sich verbesserten und beschleunigten Ablauf der bestehenden Konzeption des integrierten Planungsprozesses ermöglichen.

Somit findet durch eine intensive Nachlese der durchgeführten Planung die kritische Auseinandersetzung und Hinterfragung des gesamten integrierten Planungsprozesses, so wie er umgesetzt wurde, statt. In offenen und vor allem sachlichen Diskussionen wird ein Klima geschaffen, in dem das Prinzip der zyklischen Einführung der integrierten Planung erst einen Sinn bekommt. Auf diese Weise wird die Chance genutzt, aus Fehlern zu lernen und nach und nach den Prozess zu optimieren.

4 Planungsintegration mit SAP R/3

Wie kann man den integrierten Planungsprozess praktisch mit einer integrierten Software wie SAP R/3 umsetzen? Auf welche technischen und organisatorischen Aspekte muss in diesem Zusammenhang geachtet werden?
Auf diese Fragen soll im vorliegenden Kapitel eingegangen werden. Dabei werden die einzelnen Planungsschritte systematisch aufgezeigt und analysiert.

4.1 Einführende Hinweise zur Planungsintegration mit SAP R/3

Ziel der nachfolgenden Kapitel

In den nachfolgenden Kapiteln und Abschnitten wird die Planungsintegration mit SAP R/3 in den einzelnen Planungsschritten vorgestellt. Hierbei wendet sich der Text an die Leser, die für den organisatorischen und technischen Ablauf der Unternehmensplanung verantwortlich sind (Manager, Controller, Marketingleiter, Produktionsleiter, Unternehmensberater etc.). Das Ziel der Darstellung ist die Vermittlung von Kenntnissen über die Durchführung einzelner Planungsschritte mit SAP R/3 und den Datenaustausch zwischen den einzelnen SAP-Modulen, wenn die einzelnen Planungsschritte miteinander integriert werden. In den (branchenunabhängigen) Ausführungen wird dabei von einem allgemeinen produzierenden Unternehmen ausgegangen, das mit allen SAP R/3-Modulen arbeitet. Sollten in einem Unternehmen nicht alle SAP-Module eingesetzt werden oder sollte es sich nicht um ein produzierendes Unternehmen (Händler, Dienstleister etc.) handeln, so können einfach die nicht relevanten Abschnitte vernachlässigt werden.

Es ist des Weiteren darauf hinzuweisen, dass die in diesem Buch vorgestellte Umsetzung der Planungsintegration nur ein mögliches Beispiel darstellt, in dem möglichst viele unterschiedliche SAP R/3-Module zum Einsatz kommen. Eine Planungsintegration kann mit SAP R/3 auch in anderen Varianten sinnvoll durchgeführt werden, z. B. ohne die Standard-Absatz-/Produktionsgrobplanung (Modul PP-SOP) oder die Umsetzung der Investitionsplanung mit Hilfe von CO-Aufträgen statt der Verwendung von PSP-Elementen.

Zudem wird die logistische Planung zum einen unter Einsatz der klassischen SAP R/3-Module (siehe v. a. Kapitel 7) und zum anderen mit Hilfe der neuen SAP-Entwicklung APO (*Advanced Planner and Optimizer*, siehe Kapitel 8) dargestellt.

Abgrenzung des Themas

Der Schwerpunkt liegt jedoch nicht in der Vermittlung von Customizing-Einstellungen im SAP R/3-System. Auch wird auf die Darstellung eines komplett integrierten Beispiels über alle SAP-Module hinweg verzichtet. Diese Darstellungen würden sowohl den Rahmen dieses Buches bei weitem sprengen als auch den Anspruch der Allgemeingültigkeit unmöglich machen.

Eine grundlegende Kenntnis der Strukturen und Elemente der behandelten SAP R/3-Module wird vorausgesetzt. Für eine detaillierte Einführung in die jeweiligen SAP R/3-Module verweisen wir auf entsprechend spezifische Fachliteratur (z. B. von SAP PRESS) bzw. auf die SAP R/3-Dokumentation.

Struktur der nachfolgenden Abschnitte

Im Abschnitt 4.2 wird zunächst ein Überblick über die Zusammenhänge der einzelnen Planungsschritte aus Sicht des SAP R/3-Systems gegeben. Dabei wird auf die Integration der Planung sowohl auf der Basis der verschiedenen Planungsformen – strategische, operative und dispositive Planung – eingegangen, die sich im Hinblick auf Detaillierungsgrad, Verbindlichkeit, Planungshorizont und Planungsrhythmus deutlich unterscheiden. Ein spezieller Abschnitt wird dem logistischen Planungsansatz mit Hilfe von APO gewidmet, der zwischen dem dispositiven und dem operativen Ansatz angesiedelt ist. Darüber hinaus wird in Abschnitt 4.2.4. zusätzlich auf die speziellen Aspekte der Integration zwischen den einzelnen Planungsformen eingegangen und überdies aufgezeigt, dass die Auseinandersetzung mit der Unternehmensplanung, sei sie in den einzelnen Planungsformen noch so unterschiedlich, im Grad des Zusammenwirkens von Vorgabe und Rückkoppelung ein einheitliches Gebilde darstellen kann.

Im Anschluss daran erfolgt die Detailanalyse jedes einzelnen Planungsschrittes für jede Planungsform in den Kapiteln 5 bis 8. Dabei ist jeder Abschnitt und somit jeder Planungsschritt innerhalb der Kapitel nach den folgenden Aspekten strukturiert:

- **Definition und Ziel**
  Worum geht es bei diesem Planungsschritt und welches Ziel soll dabei erreicht werden?
- **Voraussetzung**
  Welche technischen und organisatorischen Voraussetzungen müssen gegeben sein, um diesen Planungsschritt mit SAP R/3 durchführen zu können?
- **Notwendige Stammdaten**
  Welche Stammdaten müssen vor Beginn des Planungsschrittes im SAP R/3-System eingepflegt sein?
- **Input**
  Auf welche Daten aus vorherigen Planungsschritten baut der behandelte Planungsschritt auf? Welche Daten fließen in den Planungsschritt ein?

- **Durchführung**
  Wie funktioniert der Planungsschritt unter SAP R/3? Welche verschiedenen Alternativen bestehen, um den Planungsschritt mit SAP R/3 durchzuführen? Worauf muss man achten?
- **Output**
  Welche Daten ergeben sich als Ergebnis aus dem jeweiligen Planungsschritt? Auf welchem Detaillierungsgrad liegen die Daten vor?

Checkliste

Zusammenfassend ist am Ende eines jeden Planungsschrittes zusätzlich eine Checkliste mit den wichtigsten Punkten als Zusammenfassung aufgeführt. Die Checkliste soll bei der praktischen Arbeit unterstützen, den integrierten Planungsprozess mit SAP R/3 im Unternehmen umzusetzen.

Die obige Strukturierung hilft, sich auf die Planungsaspekte zu konzentrieren, die für das jeweilige Unternehmen relevant sind. Sollte ein Planungsschritt nicht relevant sein, so kann dieser Abschnitt einfach ausgelassen werden. Durch die Strukturierung nach Input, Durchführung und Output wird in jedem Abschnitt der Integrationsgedanke vermittelt, auch wenn nicht alle Abschnitte durchgelesen werden.

SAP R/3 Release 4.6

Die Darstellung der einzelnen Planungsschritte erfolgt vollständig unter SAP R/3 Release 4.6. Die dargestellte Verknüpfung der einzelnen SAP-Module im Rahmen des integrierten Planungsprozesses ist aber auch auf frühere SAP R/3-Releasestände (z.B. 3.x, 4.0, 4.5) anwendbar. Lediglich die Bildschirmdarstellungen sind in früheren SAP R/3-Releaseständen teilweise anders aufgebaut.

Die Ausführungen zur integrierten Planung mit Hilfe von SAP APO basieren auf dem Release 3.0 und in Bereichen, wo gesonderte Veränderungen stattgefunden haben, auch auf dem Release 3.1.

4.2 Zusammenhänge der Planschritte mit SAP R/3

In welche Schritte kann die integrierte Planung mit SAP R/3 untergliedert werden? Wie sind dabei die einzelnen Planungsschritte mit SAP R/3 miteinander verknüpft? Bei der Beantwortung dieser Fragen wird ein Überblick über die Zusammenhänge der Planung mit SAP R/3 gegeben.

4.2.1 Planungsintegration in der operativen Planung

In diesem Abschnitt soll nun zunächst auf die Integration zwischen den Planungsprozessen der Logistik und des R2echnungswesens eingegangen werden.

Die operative Planung, d.h., der Planungsprozess, der in den meisten Unternehmen einmal im Jahr mit einer Planungsreichweite für das nachfolgende Geschäftsjahr durchgeführt wird, weist die mit Abstand höchste Integration zwischen den einzelnen SAP-Modulen auf. Abbildung 4.1 stellt dar, wie die Zusammenhänge der Planungsschritte miteinander in Beziehung stehen.

Vertriebsplanung

Ausgangspunkt der Planungsintegration mit SAP R/3 ist die Vertriebsplanung (links oben in Abbildung 4.1). In der Vertriebsplanung werden durch Marketing und Vertrieb die Absatzmengen und die Verkaufspreise bzw. Bruttoumsätze für das nächste Geschäftsjahr geplant. Hierbei kann auf die Absatz- und Umsatzdaten des laufenden Jahres und – sofern vorhanden – auf Vorgaben aus der strategischen Planung zurückgegriffen werden. Für die Vertriebsplanung selbst stehen zwei SAP-Module alternativ zur Verfügung: zum einen die flexible Planung im Logistik-Informationssystem (LIS), zum anderen das Modul CO-PA (Controlling – Profitability Analysis). Bei einer Planung mit CO-PA besteht darüber hinaus die Möglichkeit, die Vertriebsplanung mit Microsoft Excel durchzuführen und das Ergebnis nach CO-PA einzuspielen.

Sales and Operations Plan (SOP)

Bestehen bei der Vertriebsplanung noch verschiedene Möglichkeiten, den Detaillierungsgrad individuell festzulegen, so müssen am Ende der Vertriebsplanung für eine Integration mit der nachfolgenden Produktionsplanung die Absatzmengen auf Artikel- oder Artikelgruppenebene, die in der Produktionsgrobplanung (SOP) definiert ist, vorliegen. Die Produktionsgrobplanung erfolgt ebenfalls im Logisitk-Informationssystem. Dabei können die Daten sowohl aus der flexiblen Planung als auch aus dem Modul CO-PA per SAP-Standardfunktionalität nach SOP übertragen werden. Die Übertragung der Absatzmengen (Umsätze spielen für die Produktion keine Rolle) findet entweder auf der Ebene der Artikel oder der Artikelgruppe statt. Liegt die Vertriebsplanung auch auf der Ebene des (Vertriebs-)Werkes vor, so wird diese Information ebenfalls übertragen. Die Absatzmengen gelangen dabei normalerweise in das Modul PP-SOP (Sales and Operations Plan). Hier wird auf der Basis der geplanten Absatzmengen aus der Vertriebsplanung und aus den Lagerbeständen ermittelt, welche Artikel in welchen Mengen produziert werden müssen. Bei diesem Vorgang werden Absatzmengen, die nur auf der Ebene einer Artikelgruppe vorliegen, auf die Ebene des Einzelartikels heruntergebrochen. Weiterhin wird, wenn nötig, das Werk zugesteuert. Die Aufteilung der Absatzmengen auf Artikel bzw. Werke erfolgt in Form von in Tabellen gepflegten Anteilswerten, die entweder manuell oder maschinell auf der Basis der Produktionshistorie eingepflegt werden können.

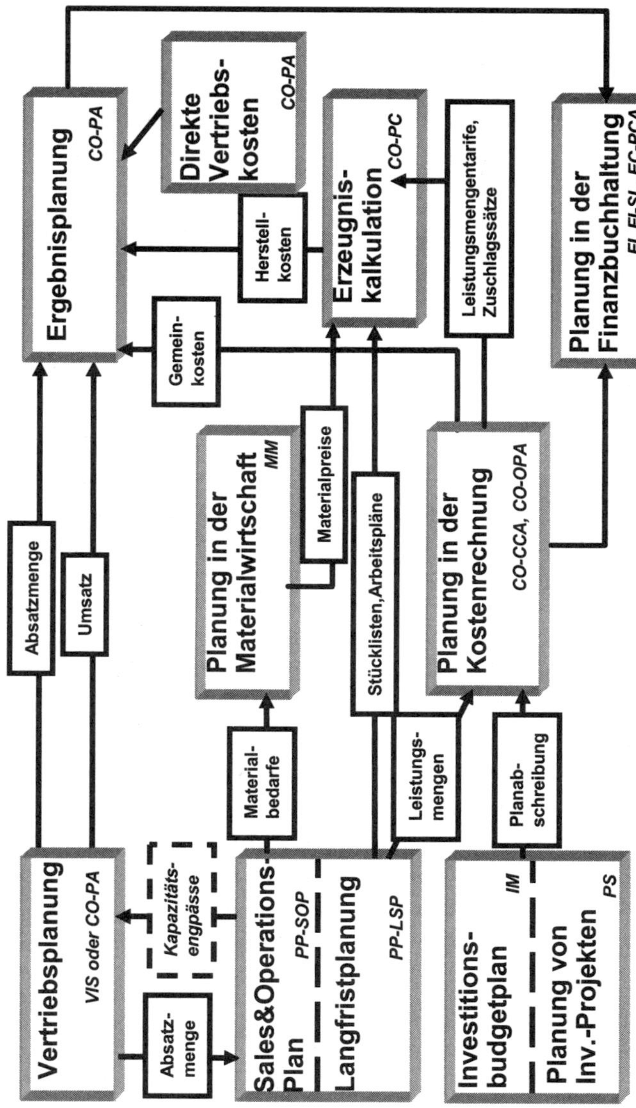

Abbildung 4.1 Zusammenhänge der operativen Planung

Langfristplanung

Im nächsten Planungsschritt werden die Produktionsmengen an die PP-Langfristplanung weitergegeben. Die Langfristplanung stellt eine Simulation einer dispositiven Produktionsplanung mit langfristigem Planungshorizont dar. »Simulation« bedeutet in diesem Zusammenhang, dass keine echten Planaufträge für die Produktion erstellt werden, sondern diese nur simuliert und getrennt von der »echten« Produktionsplanung gespeichert werden. Dabei werden auf der Basis der vorhandenen Stücklisten und Arbeitspläne bzw. Rezepturen (Prozessindustrie) alle Produktionsschritte und Zwischenprodukte berücksichtigt und aufgelöst. Die hieraus ermittelten Produktionsmengen an Fertigartikeln und Zwischenprodukten werden nun für die Berechnung der Kapazitätsauslastungen der Arbeitsplätze/Ressourcen und der notwendigen Mengen an Einsatzstoffen herangezogen.

Sollte das Ergebnis der PP-Langfristplanung erkennen lassen, dass die geplanten Absatzmengen in entsprechender Menge nicht produzierbar sind, so erfolgt an dieser Stelle eine erste Rückkoppelung zur Vertriebsplanung. In Abstimmgesprächen muss nun die Vertriebsplanung angepasst werden. Dies kann beispielsweise durch den Vertrieb von Handelswaren oder die Veränderung des Artikelmixes (Anteile der Artikel an der Gesamtabsatzmenge) durch Veränderung einzelner Verkaufspreise erfolgen.

Planung in der Materialwirtschaft

Wenn Vertriebs- und Produktionsplanung miteinander abgestimmt sind, können die Ergebnisse der PP-Langfristplanung weiterverarbeitet werden. Der Bedarf an Einsatzstoffen kann automatisch in eine MM-Infostruktur übergeben werden. Der Einkäufer erhält die Information, welche Rohstoffe in welchen Mengen zu (etwa) welchen Zeitpunkten benötigt werden. Aus diesen Informationen lassen sich aufgrund des simulativen Charakters der PP-Langfristplanung zwar keine direkten Rohstoff-Bestellungen (bzw. Bestellanforderungen) ableiten, allerdings können die Informationen sehr hilfreich zur Ausgestaltung von Rahmenverträgen mit Lieferanten für die wesentlichen Einsatzstoffe sein. Mit Hilfe der Information über die notwendigen Mengen an Einsatzstoffen in Verbindung mit Rahmenvertrags-Verhandlungen mit Lieferanten können die Einkaufspreise für das Folgejahr besser geplant werden.

Die Festlegung der Einkaufspreise und weiterer Einkaufskonditonen für alle Einsatzstoffe, aber auch für Handelswaren und andere Materialien, erfolgt im SAP R/3-Modul MM (Materials Management) durch die Pflege von Einkaufs-Infosätzen und entsprechenden Konditionstabellen im Einkauf. Werden die Materialien im Rahmen der Bestandsbewertung zu einem Standardpreis bewertet, muss darüber hinaus der Standardpreis für das Folgejahr im Materialstamm gepflegt werden.

Planung in der Kostenrechnung

Das zweite Ergebnis der PP-Langfristplanung, die Kapazitätsauslastung, kann an die Kostenrechnung übergeben werden. Dabei wird die Kapazitätsauslastung in »disponierte Leistungsmengen je Kostenstelle« umgesetzt und auf den jeweiligen Kostenstellen hinterlegt. Die Umsetzung erfolgt auf der Basis der Angaben in den Arbeitsplätzen/Ressourcen, die jeweils eindeutig einer Produktionskostenstelle zugeordnet sind und nur bestimmte Leistungsarten dieser Kostenstellen nutzen. Mit Hilfe der disponierten Leistungsmengen können in der Kostenstellenplanung zum einen die variablen Kosten geplant und zum anderen die Leistungstarife ermittelt werden.

Die Planung in der Kostenrechnung umfasst die Kostenbelastungen und Kostenentlastungen zu allen Kostenarten auf Kostenstellen und CO-Aufträgen. Dieser Planungsschritt ist für sich gesehen so komplex, dass er an späterer Stelle in diesem Abschnitt separat behandelt wird. Als Ergebnis der Planung zur Kostenrechnung stehen sowohl die Leistungstarife für die Erzeugniskalkulation als auch die geplanten Kosten zu Gemeinkostenstellen und CO-Aufträgen für eine integrierte Ergebnisplanung zur Verfügung.

Investitionsplanung

Neben den Leistungsmengen aus der Produktionsplanung beeinflusst auch die Investitionsplanung in Form von geplanten Abschreibungen die Planung in der Kostenrechnung. Die Investitionsplanung erfolgt für das Investitionsbudget im SAP R/3-Modul IM (Investitionsmanagement) und für die konkreten Investitionsprojekte im Modul PS (Projekt-System). Während im Modul IM das Investitionsbudget über Investitionsprogramme hierarchisch geplant und verteilt wird, werden im Modul PS hingegen die Kosten für konkrete Investitionsprojekte detaillierter geplant. Über die eindeutige Verknüpfung der Investitionsprojekte des Moduls PS zu einer Position im Investitionsprogramm lässt sich eine Abstimmung zwischen den Top-Down-Vorgaben der Investitionsbudgets und den Bottom-up-Planungen der Investitionsprojekte erzielen.

Sofern die Investitionsprojekte über ihre Projekt-Struktur-Elemente (PSP-Elemente) eindeutig einer Kostenstelle zugeordnet sind, der Fertigstellungszeitpunkt definiert ist und die Investitionskosten zum Projekt geplant wurden (differenziert nach *aktivierungsfähig* und *nicht aktivierungsfähig*), können die Investitionsprojekte bei der Ermittlung der Planabschreibungen mit berücksichtigt und an die Kostenstellenplanung übergeben werden.

Eine automatische Integration zwischen den Investitionsprojekten und der Produktionsplanung besteht nicht. Hier erfolgt die Integration nur indirekt, indem neue Arbeitsplätze bzw. Ressourcen und entsprechende Arbeitspläne bzw. Rezepturen manuell angelegt werden. Dabei wird das Gültigkeitsdatum auf den geplanten Fertigstellungstermin des Investitionsprojektes festgelegt.

Erzeugniskalkulation

Nach Abschluss der Planung in der Kostenrechnung und der Festlegung der Planpreise aller Einsatzstoffe kann die Planung in der Kostenträgerrechnung erfolgen. Hierzu werden in Form von Erzeugniskalkulationen im Modul CO-PC (Controlling – Product Costing) die Herstellkosten je Halbfertig- und Fertigartikel in den jeweiligen SAP-Werken ermittelt. Das Mengengerüst für die Erzeugniskalkulation bilden die aktualisierten Stücklisten und Arbeitspläne bzw. Rezepturen aus dem Modul PP. Bewertet wird dieses Mengengerüst zum einen bezogen auf die Einsatzstoffe mit den Planpreisen aus dem Modul MM, und zum anderen bezogen auf die Leistungsmengen mit den Leistungstarifen aus der Kostenstellenplanung. Zusätzlich werden, sofern vorhanden, Zuschlagssätze für allgemeine Herstellkostenanteile herangezogen.

Die Erzeugniskalkulationen können gespeichert, zu einem späteren Zeitpunkt vorgemerkt und zu Beginn des neuen Geschäftsjahres freigegeben werden, um bei einer Standardpreissteuerung neue Bewertungspreise für die Halbfertig- und Fertigerzeugnisse zu bilden.

Planergebnisrechnung

In der integrierten (Bottom-up-)Ergebnisplanung des Moduls CO-PA (Controlling – Profitability Analysis) fließen nun die wertmäßigen Ergebnisse der vorangegangenen Planungsschritte zusammen.

Zum einen fließt das Ergebnis der Vertriebsplanung (aus VIS oder CO-PA) in Form von Absatzmengen und Bruttoumsätzen in die Planergebnisrechnung ein. Hierzu werden die Daten entweder aus dem Modul VIS per SAP-Standardtransaktion nach CO-PA übertragen oder die Vertriebsplanung direkt in CO-PA durchgeführt.

Zu diesen Absatzmengen können nun automatisch die Herstellkosten des Umsatzes unter Heranziehung der Ergebnisse der Erzeugniskalkulationen errechnet werden. Hierbei werden die Absatzmengen je Artikel/Werk-Kombination mit dem Ergebnis der Erzeugniskalkulation (Preis je Mengeneinheit) multipliziert. Sollten die Daten der Vertriebsplanung nicht auf der Ebene Artikel/Werk vorliegen, so lassen sich die Daten maschinell im Modul CO-PA über eine Top-down-Verteilung herunterbrechen.

Weiterhin werden die Gemeinkostenstellen aus der Kostenstellenrechnung über Plan-Kostenstellenumlagen aus dem Modul CO-CCA (Controlling Cost Center Accounting) in die Ergebnisrechnung (CO-PA) umgelegt. Das Gleiche gilt auch für eventuelle Planabweichungen (z.B. Beschäftigungsabweichungen) von Produktionskostenstellen. Ab Release 4.5 können darüber hinaus die geplanten Kosten von CO-Aufträgen aus dem Modul CO-OPA (Controlling – Order Project Accounting) in die Ergebnisrechnung per maschineller Abrechnung aufgenommen werden.

Am Ende der Kostenstellenumlagen und der Abrechnung von CO-Aufträgen weisen alle Kostenstellen und CO-Aufträge im Plan einen Saldo von Null auf und haben somit ihre Kosten in die Ergebnisrechnung verrechnet.

Planung vertriebsnaher Kosten

Weiterhin können im Modul CO-PA auch die vertriebsnahen Kosten, die direkt von den Absatzmengen oder vom Bruttoumsatz abhängen, wie etwa Umsatzminderungen, Frachtkosten, Provisionen etc., maschinell errechnet werden. Hierzu werden im Modul CO-PA so genannte *Konditionsarten* gepflegt. Diese CO-PA-Konditionsarten enthalten auf frei definierbaren Detaillierungsebenen entweder mengenabhängige Sätze (z. B. »EUR je 100 kg«) oder aber Anteilswerte auf den Umsatz (z. B. »3% vom Bruttoumsatz«). Diese Sätze werden manuell, in der Regel auf der Basis der Historie, gepflegt. In Verbindung mit den Daten aus der Vertriebsplanung (Absatzmengen und Bruttoumsatz) und den gepflegten Konditionssätzen lassen sich daraus maschinell die vertriebsnahen Kosten in der Ergebnisrechnung ermitteln. Dabei werden diese Kosten auf der Detaillierungsebene der Vertriebsplanung (z. B. Artikel/Auftraggeber) ermittelt und im CO-PA gespeichert.

Manuelle Anpassung der Ergebnisplanung

Das Ergebnis dieser integrierten Ergebnisplanung kann im Anschluss über Planungsberichte im CO-PA analysiert werden. Es ist natürlich nur ein theoretischer Gedanke, dass eine derartige Ergebnisrechnung so perfekt ist, dass kein manueller Anpassungsbedarf besteht. In der Regel ist auch in der integrierten Ergebnisplanung eine manuelle Anpassung notwendig. Dies kann durch verschiedene Umstände begründet sein. Zum einen kann es Wertefelder in der Ergebnisrechnung geben, die nur manuell geplant werden können, da sie sich der normalen Planungsintegration entziehen. Dies betrifft beispielsweise alle Wertefelder, die im Ist über FI-Direktkontierungen gebucht werden. Auch müssen alle Wertefelder, die in den Ist-Prozessen über SD-Fakturierungen gebucht und nicht über die Vertriebsplanung oder über CO-PA-Konditionssätze geplant werden, manuell in CO-PA geplant werden. Zum anderen bestehen aber z. B. auch aus der Vorgabe der strategischen Planung bestimmte Ergebnisziele, die – noch nicht konkret aus der Bottom-up-Betrachtung definiert – als Managementziel in die operative Ergebnisplanung zu integrieren sind (siehe auch die Abstimmung von Top-down- und Bottom-up-Ansatz in Kapitel 6).

Die manuelle Anpassung der Ergebnisplanung erfolgt im Modul CO-PA über so genannte *Planungslayouts*. Sie lassen sich über das Customizing individuell strukturieren und erlauben die Veränderung einzelner Ergebniszeilen (*Wertefelder*) für selektierte Marktsegmente (*Ergebnisobjekte*). Die manuellen Anpassungen bzw. Vervollständigungen können so gespeichert werden, dass man im Nachhinein immer nachvollziehen kann, welche Werte aus der Integration der Planung im CO-PA entstanden sind und welche Daten manuell in der Ergebnisplanung verändert bzw. angepasst wurden.

Planung in der Finanzbuchhaltung

Als letzen Schritt in der operativen Planung gilt es, aus den vorherigen Planungsschritten eine Plan-GuV, eine Plan-Bilanz und eine Planung des Kapitalbedarfs zu ermitteln. Die Planungsschritte in der Finanzbuchhaltung können weitgehend aus den vorangegangenen Planungsschritten abgeleitet werden. Hierbei ist die Erstellung der Planung sowohl auf Firmenebene (in Form von Buchungskreisen oder Gesellschaftsnummern) als auch auf detaillierten Ebenen wie *Geschäftsbereich* oder (bei Nutzung der Profit Center Rechnung) *Profit Center* realisierbar.

Plan-GuV

In diesem Zusammenhang spielt für die Erstellung einer Plan-GuV das Ergebnis der Kostenstellenplanung und die Planung von CO-Aufträgen eine große Rolle. Beide Planungen basieren auf der Kontenebene und weisen somit eine eindeutige Verknüpfung zur Finanzbuchhaltung auf. Daher verwundert es wenig, dass die Daten aus der Kostenstellenplanung und der Planung von CO-Aufträgen auf der Ebene der Sachkonten bzw. Primärkostenarten kumuliert in die Finanzbuchhaltung übertragen werden können. Dabei sorgen die Informationen im Kostenstellenstamm zu Buchungskreis, Geschäftsbereich und Profit Center dafür, dass die Daten einer Kostenstelle jeweils in der Plan-GuV der richtigen Firma bzw. des richtigen Firmenteils ankommen.

Zur Planung der Umsätze, Erlösschmälerungen, Frachtkosten, Provisionen und weiteren Einzelkosten des Vertriebs in der Plan-GuV können aus der Ergebnisplanung des SAP R/3-Moduls CO-PA entsprechende Informationen in die Finanzbuchhaltung übertragen werden. Weitere zusätzliche Merkmalsangaben wie Kundengruppen und/oder Artikelgruppen dienen dazu, die Daten von der Ebene der Wertefelder im CO-PA auf die Ebene der Sachkonten in der Finanzbuchhaltung umzuschlüsseln. Auf die gleiche Weise lassen sich die Herstellkosten des Umsatzes und der sich daraus ergebende Materialaufwand als Bestandteil dieser Herstellkosten aus der Ergebnisplanung in die Plan-GuV übertragen.

Da die Ergebnisplanung immer auf der Basis eines Umsatzkostenverfahrens erstellt wird und die Plan-GuV in der Regel auf dem Gesamtkostenverfahren basiert, sind die Bestandsveränderungen an Vorräten zu Fertig- und Halbfertigerzeugnissen und den damit verbundenen Herstellungskosten anderweitig zu ermitteln. Eine logische und weniger technische Basis bildet die Beschaffungsplanung, die als Ergebnis ihrer operativen Planung ebenfalls die Überlegungen zum Vorratsauf- und -abbau beinhaltet.

Plan-Bilanz

Die Erstellung einer Plan-Bilanz gliedert sich zunächst in die Bereiche des Anlagevermögens, des Vorratsvermögens, der Forderungen und der Verbindlichkeiten. Für die Bestandswerte der Bilanz bilden weiterhin die Istdaten aus dem laufenden Geschäftsjahr bzw. eine entsprechende Hochrechnung bis zum Jahresende die erste Grundlage in der Planung.

In die Planung der Veränderungen im Anlagevermögen sollte neben den geplanten Abschreibungen insbesondere das Ergebnis des Investitionsbudgets einfließen. Sofern keine weiteren Desinvestitionen zu berücksichtigen sind, kann auf diese Weise verlässlich die Veränderung des Anlagevermögens ermittelt werden. Die Planung der Veränderung des Vorratsvermögens sollte auf der Basis der geplanten Herstellkosten des Umsatzes, der geplanten Materialverbräuche und der geplanten Gesamtentwicklung aus der Beschaffungsplanung zu ermitteln sein.

Ferner basiert die Planung des Forderungsauf- und -abbaus auf den geplanten Umsätzen aus der Planergebnisrechnung bzw. aus der Plan-GuV. Werden diese Daten mit durchschnittlichen Zahlungszielen oder bei Schlüsselkunden mit effektiven Zahlungszielen (Reichweiten) verknüpft, lässt sich die monatliche Entwicklung der Forderungen relativ leicht errechnen. Ebenfalls auf der Basis von Reichweiten (in diesem Fall gemäß der durchschnittlichen Zahlungsziele der Lieferanten des Unternehmens) lassen sich auf die gleiche Weise die Veränderungen der Verbindlichkeiten berechnen. Grundlage sollten hierbei die Materialaufwendungen und die weiteren Fremdleistungen aus der Primärkostenplanung bilden. Aus der Analyse der Veränderungen zu Forderungen und Verbindlichkeiten wird schließlich der durchschnittliche Bedarf an flüssigen Mitteln erkennbar.

Als abschließender Planungsschritt in der Plan-Bilanz ergibt sich quasi als letzte Variable die Ermittlung des Kapitalbedarfs für das nächste Geschäftsjahr. Jetzt muss nur noch entschieden werden, ob dieser Bedarf aus Eigen- oder Fremdkapitalmitteln gedeckt werden soll. Die Grundlage für die Liquiditätsplanung ist somit gelegt.

Die operative Planung in der Kostenrechnung

Wenden wir uns nun der Planung in der Kostenrechnung zu, die zunächst ausgeklammert wurde. Abbildung 4.2 stellt die Komplexität in der Planungsintegration zur Kostenartenplanung, Kostenstellenplanung und Planung von CO-Aufträgen übersichtlich dar.

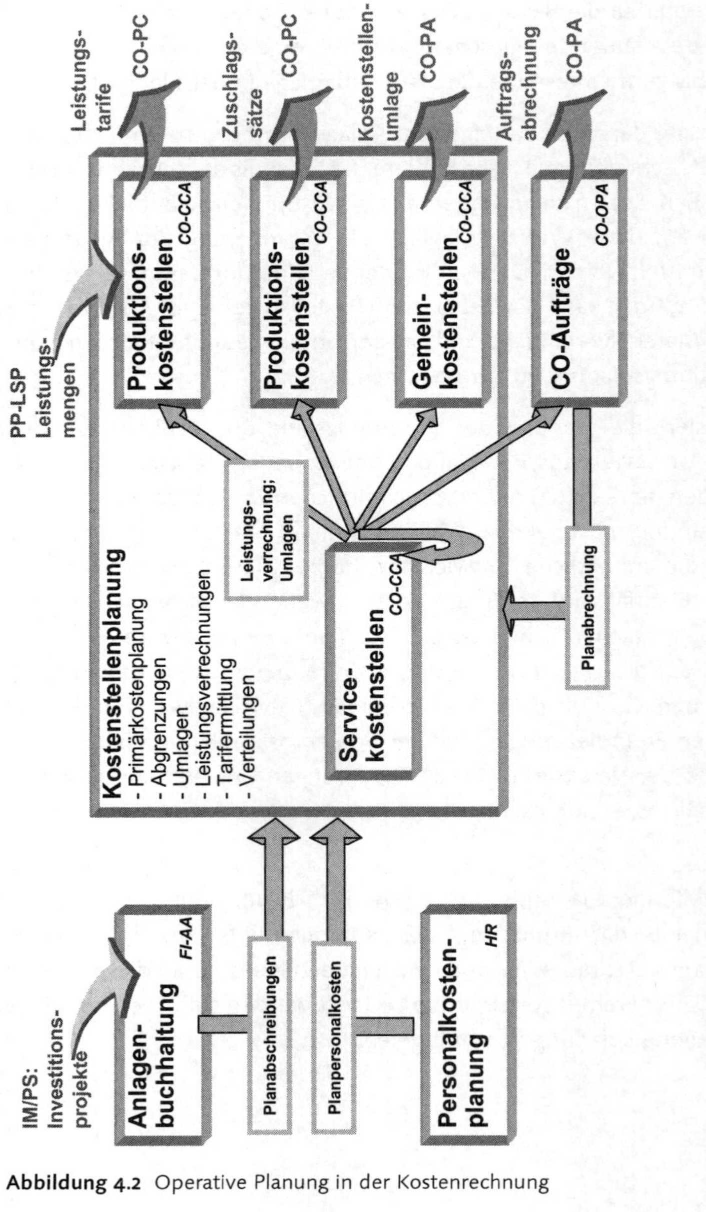

Abbildung 4.2 Operative Planung in der Kostenrechnung

Das Herzstück der Planung in der Kostenrechnung stellt die *Kostenstellenplanung* dar. Hierbei ist die Komplexität der Planung nicht für jede Kostenstelle identisch. Im Wesentlichen ist zwischen folgenden Kostenstellentypen zu differenzieren:

Kostenstellentypen

- **Service-Kostenstellen**
  Der Begriff *Service-Kostenstelle* umfasst alle Kostenstellen, die sich entweder per Kostenstellenumlage, indirekter Leistungsverrechnung oder direkter Leistungsverrechnung auf andere Kostenstellen oder CO-Aufträge verrechnen.
- **Gemeinkostenstellen**
  Gemeinkostenstellen fassen die Kostenstellen zusammen, die keine Kostenverrechnung an anderen Kostenstellen durchführen, darüber hinaus nicht in die Herstellkosten (d.h. in die Erzeugniskalkulation) einfließen und ihre Kosten direkt in die Ergebnisrechnung CO-PA per Umlage abrechnen.
- **Produktionskostenstellen mit Leistungsverrechnung**
  Dies sind alle Kostenstellen, die sich per Leistungsverrechnung auf Produktionsaufträge entlasten und somit in die Erzeugniskalkulationen einfließen.
- **Produktionskostenstellen mit Zuschlagssätzen**
  Darunter werden alle Kostenstellen verstanden, die sich nicht per Leistungsverrechnung auf Produktionsaufträge, sondern über Zuschlagssätze auf Prozessaufträge und damit in die Erzeugniskalkulation verrechnen.

Primärkostenplanung

Ausgangspunkt für die Kostenstellenplanung ist die Primärkostenplanung, die für alle oben aufgeführten Kostenstellentypen durchgeführt wird. Hierbei werden auf Kostenartenebene für jede Kostenstelle die Primärkosten, d.h. die Kosten, die direkt über die Finanzbuchhaltung auf die Kostenstellen kontiert werden, für das Folgejahr geplant.

Verrechnet sich eine Kostenstelle per direkter oder indirekter Leistungsverrechnung an andere Kontierungsobjekte, wie dies etwa bei Service-Kostenstellen oder Produktionskostenstellen mit Leistungsverrechnung der Fall ist, müssen die Primärkosten auch mit Bezug auf die Leistungsart bzw. -arten der jeweiligen Kostenstelle geplant werden. Für den Fall, dass Kostenstellen sich per Leistungsverrechnung weiter verrechnen, werden die zu planenden Primärkosten zusätzlich nach fixen und variablen Anteilen differenziert.

Daraus resultiert, dass sich die Primärkostenplanung für Service-Kostenstellen und Produktionskostenstellen mit Leistungsverrechnung sehr detailliert und damit komplex gestalten kann. Bei Gemeinkostenstellen kann die Primärkostenplanung deutlich vereinfacht werden, da in der Regel keine Leistungsverrechnung stattfindet und alle Kosten einen Fixkostencharakter aufweisen.

Zur Unterstützung der Primärkostenplanung kann auf die gebuchten Ist-Kosten aus der Kostenrechnung zurückgegriffen werden. Durch das Kopieren von Ist-Werten inklusive Hochrechnung können somit leicht Vorschlagswerte generiert werden. Für die beiden größten Kostenblöcke im Bereich der Primärkosten (Abschreibungen und Personalkosten) stehen im SAP R/3-System durch die Integration der Module FI-AA und HR weitere Funktionen zur Planungsunterstützung zur Verfügung.

Abschreibungen

In der Anlagenbuchhaltung von SAP R/3, Modul FI-AA (Finance – Asset Accounting), können Planabschreibungen für ein Planjahr ermittelt und an die jeweiligen Kostenstellen übergeben werden. Die Integration erfolgt dabei über die Anlagenstammsätze, in denen jeweils eine eindeutige Zuordnung zu einer Kostenstelle hinterlegt ist.

Die Ermittlung der Planabschreibungen kann für alle vorhandenen Bewertungsbereiche erfolgen. So können sowohl Abschreibungen nach Handelsbilanzrecht als auch kalkulatorische Abschreibungen automatisch vom SAP R/3-System geplant werden. Die Übernahme der Planabschreibungen erfolgt in Form eines Batch-Laufes automatisch. Die Abschreibungen werden dabei differenziert nach Kostenart auf den jeweiligen Kostenstellen aggregiert gespeichert. Die Ermittlung der Kostenart erfolgt dabei u.a. über die im Anlagenstammsatz hinterlegte Anlagenklasse der jeweiligen Anlage. Ist auch im Anlagenstammsatz neben der Kostenstelle eine Leistungsart hinterlegt, werden die Abschreibungen auch zu der Kostenstellen/Leistungsarten-Kombination in der Primärkostenplanung gespeichert.

Im Modul FI-AA werden bei der Ermittlung der Planabschreibungen sowohl Abschreibungen auslaufender Anlagen als auch neuer Anlagen, die im Planjahr erst aktiviert und zum ersten Mal abgeschrieben werden, berücksichtigt. Die Informationen über neue Anlagen erhält die Anlagenbuchhaltung aus der Investitionsplanung des Moduls PS (siehe Abschnitt 5.6).

Personalkosten

Neben den Abschreibungen bilden die Personalkosten den größten Anteil an den Primärkosten. Um diese Kosten möglichst genau planen zu können, kann auf das SAP R/3-Modul HR (Human Resources) zurückgegriffen werden.

In diesem Modul können nach verschiedenen Planungsmethoden (auf der Basis von Sollbezügen, Basisbezügen oder Abrechnungsergebnissen) die gesamten Personalkosten (Lohn und Gehalt, Personalnebenkosten, aber beispielsweise auch Aus- und Weiterbildungskosten) auf verschiedenen Organisationsebenen (Organisationseinheiten, Arbeitsplätzen, Planstellen, Stellen) auf der Ebene von Lohnbestandteilen bzw. Lohnarten geplant werden. Dabei können auch vakante Stellen, d.h. Stellen, die derzeit noch nicht besetzt sind, berücksichtigt werden. Über die Zuordnung von Organisationseinheiten, Planstellen oder Stellen zu *Kostenstellen* auf der einen Seite und von Lohnbestandteilen bzw. Lohnarten zu *Kostenarten* auf der anderen Seite erfolgt die Verknüpfung mit der Kostenstellenrechnung.

Über eine SAP R/3-Standardschnittstelle kann dann in einem Batch-Lauf die Übertragung der geplanten Personalkosten aus dem Personalwesen in eine Planversion der Kostenstellenrechnung erfolgen. Dabei werden die Personalkosten je Kostenstelle auf Kostenartenebene gespeichert. Eine leistungsartenbezogene Planung ist in diesem Integrationsschritt jedoch nicht vorgesehen.

Weiterhin ist zu bedenken, dass in den meisten SAP R/3-Installationen das HR-System getrennt vom restlichen SAP R/3-System auf einem eigenen Server installiert ist. Dies hat zur Folge, dass die Planpersonalkosten nicht direkt in einem Schritt aus dem System HR in die Kostenstellenrechnung übertragen werden können. Vielmehr werden zunächst die Planpersonalkosten im HR ermittelt und in eine Datei geschrieben. In einem zweiten Schritt kann diese Datei per ALE in die Kostenstellenrechnung übertragen werden.

Abgrenzungen

Neben der reinen Primärkostenplanung besteht auch im Rahmen der Kostenplanung die Möglichkeit, mit Abgrenzungen zu arbeiten. Abgrenzungen dienen dazu, aperiodisch anfallende Kostenarten auf der Basis der Höhe anderer Kostenarten zu verrechnen, unabhängig davon, wie der tatsächliche Kostenanfall sein wird. Dazu werden die abgegrenzten Kosten auf einem separaten Kontierungsobjekt gesammelt und dann mit den effektiv angefallenen Kosten verglichen. Ein typisches Beispiel hierfür sind die *Personalnebenkosten*. Diese Kosten, wie etwa Urlaubsgeld, Weihnachtsgeld oder Jahresprämie, fallen teilweise sehr aperiodisch an, lassen sich auf der Basis der direkten Lohn- und Gehaltskosten aber relativ gut abgrenzen.

Für die Kostenabgrenzung wird in der Kostenrechnung ein Abgrenzungsschema angelegt, in dem die Kostenbasis (z.B. direkte Lohn- und Gehaltskosten), die abzugrenzenden Kosten (z. B. Personalnebenkosten), der Abgrenzungsschlüssel (z. B. 25% der Kostenbasis) und das Kontierungsobjekt für die Abgrenzung (in der Regel ein CO-Auftrag) angegeben werden. Mit Hilfe dieser Angaben können dann die abzugrenzenden Primärkosten automatisch ermittelt und auf den jeweiligen Kostenstellen gespeichert werden. Ferner werden die geplanten Kosten auf dem Kontierungsobjekt zur Abgrenzung gespeichert.

Leistungsverrechnung

Die Leistungsverrechnung besitzt die grundsätzliche Funktionalität, die Kosten zwischen CO-Kontierungsobjekten zu verrechnen. Diese Funktionalität wird bei der Verrechnung der Kosten von Service-Kostenstellen und von Produktionskostenstellen genutzt. Basis der Leistungsverrechnung ist die jeweilige Leistungsart. Für jede Leistungsart wird ein Stammsatz angelegt, aus dem hervorgeht, um welche Leistung es sich handelt, in welcher Leistungseinheit die Leistung verrechnet wird und welcher Leistungsartentyp vorliegt.

Im weiteren Verlauf muss zunächst definiert werden, welche Kostenstelle welche Leistungen erbringt. Hierzu werden die Leistungen auf der jeweiligen Kostenstelle geplant. Dabei wird je Kostenstellen/Leistungsarten-Kombination die Kapazität, d.h. die Leistungsmenge, die maximal erbracht werden kann, und die Planmenge, d.h. die Leistungsmenge, die voraussichtlich in der Planperiode verrechnet werden kann, geplant. Basierend auf diesem Planungsschritt wird quasi das Leistungsangebot definiert.

Auf der anderen Seite steht die Nachfrage nach Leistungsmengen. Die Berechnung der Nachfrage erfolgt durch die *Leistungsmengenplanung*. Dabei wird auf jeder Kostenstelle geplant, welche Leistungsmengen von welcher Kostenstelle im Plan benötigt werden. Die geplanten Leistungsmengen werden auf der leistungserbringenden Kostenstelle als disponierte Leistung ausgewiesen.

Naturgemäß befinden sich das Leistungsangebot und die Leistungsnachfrage nicht immer im Einklang, d.h.,, die disponierte Leistungsmenge und die geplante Leistungsmenge einer Kostenstelle stimmen nicht überein. In diesem Fall muss eine Planabstimmung zwischen den Leistungserbringern und Leistungsempfängern erfolgen. Diese Abstimmung kann insbesondere bei Service-Kostenstellen eine erhebliche Komplexität beinhalten. Ursache hierfür ist, dass sich die Service-Kostenstellen in der Regel nicht in einem Schritt auf Produktions- und Gemeinkostenstellen verrechnen, sondern dass vielmehr über zahlreiche Verrechnungsstufen hinweg Leistungen auch zwischen Service-Kostenstellen hin und her verrechnet werden. Hier ist insbesondere darauf zu achten, dass möglichst wenig Verrechnungszyklen entstehen, also Konstellationen in denen Leistungserbringer in einem späteren Schritt wieder Leistungen von einem ihrer Leistungsempfänger beziehen.

Bei Produktionskostenstellen mit Leistungsverrechnung ergibt sich die disponierte Leistung nicht aus der Leistungsmengenplanung anderer Kostenstellen, sondern vielmehr aus der Langfristplanung der Produktion. Die Kapazitätsauslastung der einzelnen Arbeitsplätze bzw. Ressourcen wird für die jeweilige Kostenstelle differenziert nach Leistungsarten in Form von Leistungsmengen ausgewiesen. Letztere können dann 1:1 als geplante Leistungsmengen in die Produktionskostenstellen übernommen werden.

Lässt sich die Leistungsaufnahme einer Kostenstelle nicht direkt ermitteln, so kann die indirekte Leistungsverrechnung eingesetzt werden. *Indirekt* bedeutet in diesem Zusammenhang, dass die Leistungsmenge, die von einer Kostenstelle benötigt wird, von anderen Faktoren – z.B. der eigenen Leistungsverrechnung – abhängt. So kann z.B. der Bedarf von bestimmten Energie-Leistungsarten einer Produktionskostenstelle von der eigenen geplanten Leistungsmenge für Produktionsstunden abhängen. Die Anzahl der Produktionsstunden wiederum ergibt sich aus der Kapazitätsplanung der Produktion.

Derartige Abhängigkeiten von Leistungsmengenbedarfen werden in Form von speziellen Verrechnungszyklen im SAP R/3-System hinterlegt. Ein Zyklus wird in mehrere Segmente unterteilt, wobei ein Segment eine Vorschrift für eine indirekte Leistungsverrechnung beschreibt. Werden die Abhängigkeiten vollständig gepflegt, so können dann »per Knopfdruck« komplette Verbünde von Leistungsverrechnungen in der Kostenstellenrechnung berechnet werden.

Ermittlung von Leistungstarifen

Bei der Planung der Leistungsverrechnung spielt natürlich neben der Festlegung des Leistungsmengengerüstes auch der Leistungstarif, d.h. der Preis für eine Leistungseinheit, eine entscheidende Rolle. Erst durch die Bewertung des Leistungsmengengerüstes mit Tarifen werden die Kosten zwischen den Kostenstellen verrechnet. Die verrechneten Kosten werden unter *Sekundärkostenarten* als Kostenbelastung beim Leistungsempfänger ausgewiesen. Der gleiche Betrag wird unter der gleichen Kostenart als Entlastung auf dem Leistungserbringer gebucht.

Bei der Ermittlung der Leistungstarife wird zwischen drei unterschiedlichen Leistungstariftypen unterschieden:

- **Der politische bzw. manuelle Leistungstarif**
  In diesem Fall wird der Leistungstarif manuell vom Leistungsanbieter festgelegt. Dies entspricht etwa dem Vorgehen eines externen Leistungserbringers, der dem Unternehmen eine Dienstleitstung anbietet. Diese Form der Leistungstarife wird daher häufig bei Service-Kostenstellen verwendet, die in einer direkten Konkurrenz zu externen Leistungsbietern stehen. Durch den manuellen Leistungstarif können so auf der Leistung erbringenden Kostenstelle Über- oder Unterdeckungen entstehen; d.h., die Kostenstelle kann Gewinne oder Verluste einplanen.
- **Der Leistungstarif auf der Basis der Leistungsmenge**
  Bei diesem Leistungstariftyp wird der Leistungstarif automatisch vom SAP R/3-System ermittelt. Dabei werden die geplanten Primärkosten und Sekundärkosten (aus der Leistungsverrechnung) den entsprechenden Leistungsarten zugeordnet und durch die jeweilig geplante Leistungsmenge dividiert. Auf diese Art und Weise entstehen Leistungstarife mit denen sämtliche Kosten des Leistungserbringers weiterverrechnet werden; d.h., am Ende der Kostenstellenplanung weist die Kostenstelle des Leistungserbringers einen Saldo von Null auf. Der beschriebene Leistungsartentyp wird häufig bei Serive-Kostenstellen angewendet, die nicht in Konkurrenz mit externen Anbietern stehen.
- **Der Leistungstarif auf der Basis der Kapazität**
  Auch bei diesem Leistungstyp wird der Leistungstarif automatisch vom SAP R/3-System ermittelt. Der Unterschied zum »Leistungstarif auf der Basis der Leistungsmenge« besteht lediglich darin, dass die geplanten Fixkosten einer Leistungsart durch die Kapazitätsmenge der Leistungsart und nicht durch die geplante Leistungsmenge dividiert werden. Dies hat zur Folge, dass bei geplanten Leistungsmengen, die unterhalb der Kapazität liegen, geplante Unterdeckungen auf der Kostenstelle verbleiben. Dieser Leistungstyp wird in der Regel bei Produktionskostenstellen angewendet, wobei die verbleibende Unterdeckung als geplante Beschäftigungsabweichung oder als Leerkosten ausgewiesen wird.

Bei der automatischen Ermittlung der Leistungstarife werden auch entsprechende Abhängigkeiten bei der Leistungsverrechnung unterschiedlicher Kostenstellen berücksichtigt. Hierfür werden Verrechnungszyklen iterativ aufgelöst.

Eine weitere Möglichkeit der Kostenverrechnung im Rahmen der Kostenstellenplanung stellt die *Kostenstellenumlage* dar. Hierbei werden Kosten einer Kostenstelle nicht auf der Basis einer Leistungserbringung mittels Leistungsarten verrechnet, sondern über Schlüsselverfahren werden feste Kostenanteile auf andere Kostenstellen umgelegt. Dabei können entweder feste Prozentsätze bzw. Anteilswerte angegeben werden, oder man greift auf statistische Kennzahlen beim Kostenempfänger zurück.

Kostenstellenumlagen

Die Kostenstellenumlagen werden in Form von Umlagezyklen angelegt, die wiederum in einzelne Segmente unterteilt sind. Ein Segment beinhaltet wiederum eine Verrechnungsvorschrift zur Umlage. Die Kostenstellenumlage wird in der Regel für Service-Kostenstellen genutzt, die nicht in Konkurrenz mit externen Anbietern stehen und für die nur schwer einzelne Leistungen definiert werden können. Da die Leistungserbringung bei dieser Form der Kostenverrechnung nicht im Vordergrund steht, gibt es bei diesen Kosten auch keine Unterteilung in fixe und variable Kosten. Alle Kosten, die per Umlage verrechnet werden, kommen beim Kostenempfänger als Fixkosten an.

Es ist ratsam, auf eine Mischung von Leistungsverrechnung mit automatischer Leistungstarifermittlung und Kostenstellenumlage innerhalb eines Kostenstellenverbundes zu verzichten. Bei Kostenstellen, die via Leistungsverrechnung Kosten untereinander verrechnen, sollte also nicht zusätzlich das Mittel der Kostenstellenumlage angewendet werden. Das liegt in dem Umstand begründet, dass der Verbund von Leistungsverrechnung *und* Kostenstellenumlage in der Kostenstellenrechnung nicht aufgelöst werden kann. Somit kann in diesen Fällen z.B. kein Leistungstarif ermittelt werden, der über alle Verrechnungsstufen hinweg die gesamten Kosten eines Leistungserbringers verrechnet und somit einen Saldo von Null auf der Kostenstelle hinterlässt.

Verrechnung über Zuschlagssätze

Neben Produktionskostenstellen, die sich per Leistungsverrechnung auf Produktionsaufträge verrechnen, gibt es in der Praxis auch häufig Produktionskostenstellen, die sich per Zuschlagssätze entlasten. Dies betrifft in der Regel diejenigen Produktionskostenstellen, deren Leistung in den Arbeitsplänen bzw. Rezepturen nicht in Form von Leistungsmengen je produziertem Artikel hinterlegt werden kann. In diesen Fällen wird im Rahmen der Erzeugniskalkulation ein Zuschlagsschema definiert, das vorgibt, auf der Basis welcher Verbrauchsmengen oder Kosten welcher Zuschlag in die Erzeugniskalkulation verrechnet und welche Kostenstelle unter welcher Kostenart dabei entlastet wird. Im Ist werden dann im Rahmen des Periodenabschlusses alle angefallenen Produktionsaufträge mit diesen Zuschlägen belastet und die entsprechenden Produktionskostenstellen wiederum entlastet.

Die wichtigste Aufgabe bei der Kostenstellenplanung besteht darin, den Zuschlagssatz festzulegen. Dabei muss zunächst analysiert werden, mit welchen Kosten die Produktionskostenstelle belastet wird. Dann muss die Höhe der gesamten Zuschlagsbasis (aller Produktionsaufträge des Planjahres) geplant werden. Daraufhin kann die Kostenbelastung der Produktionskostensstelle mit der Zuschlagsbasis ins Verhältnis gesetzt werden und somit ein Zuschlagssatz ermittelt werden, nach dem diese Produktionskostensstelle vollständig entlastet werden würde. Leider bietet SAP R/3 für dieses Planungsszenario keine Planungsintegration an, sodass der soeben beschriebene Prozess manuell stattfinden muss.

Planung von CO-Aufträgen

Neben der Planung von Kostenstellen können auch CO-Aufträge in der Kostenrechnung beplant werden. Diese Planung erfolgt im SAP R/3-Modul CO-OPA (Controlling – Order Project Accounting) und bietet zum einen die Möglichkeit, für die CO-Aufträge nur die Gesamtkosten – ohne Differenzierung nach Kostenarten – zu planen oder aber analog zur Kostenstellenrechnung die Kostenplanung der CO-Aufträge ebenfalls auf Kostenartenebene durchzuführen. Insbesondere wenn es im Rahmen der Kostenplanung Leistungsverrechnungen zwischen Kostenstellen und CO-Aufträgen gibt, empfiehlt sich die kostenartengenaue Planung der CO-Aufträge.

Die Abrechnung der so geplanten CO-Aufträge war bis zum SAP R/3-Release 4.5 nur in die Kostenstellenrechnung oder an andere CO-Aufträge möglich. Ab Release 4.5 besteht nun die Möglichkeit, im Plan die CO-Aufträge auch integrativ in die Ergebnisrechnung nach CO-PA abzurechnen.

Ergebnisse der Planung in der Kostenrechnung

Nach Abschluss der gesamten Kostenstellenplanung und der Planung aller CO-Aufträge unter Berücksichtigung aller Abhängigkeiten zwischen den einzelnen CO-Kontierungsobjekten fließen die Ergebnisse der Planung in der Kostenrechnung in die folgenden SAP R/3-Module ein. Die Leistungstarife und die Zuschlagssätze der Produktionskostenstellen werden in die Erzeugniskalkulation der einzelnen Artikel integriert. Die geplanten Kosten der Gemeinkostenstellen werden per Kostenstellenumlage in die Planergebnisrechnung abgerechnet. Das Gleiche gilt für alle Über- und Unterdeckungen von Service-Kostenstellen oder Produktionskostenstellen.

Mit Ausnahme der Produktionskostenstellen mit Zuschlagsverfahren, bei denen die Planungsintegration nicht vollständig realisiert ist, und eventueller Sonderkostenstellen, die nicht in die Planergebnisrechnung abgerechnet werden sollen, weist dann der Saldo aller Kostenstellen einen Betrag von Null auf. Wenn dann noch alle CO-Aufträge, die nicht bereits an andere Kostenstellen abgerechnet wurden, in die Planergebnisrechnung abgerechnet werden und somit auch einen Saldo von Null aufweisen, ist die Planung in der Kostenrechnung abgeschlossen.

4.2.2 Planungsintegration in der dispositiven Planung

In welche Schritte kann die dispositive Planung mit SAP R/3 untergliedert werden? Wie sind dabei die einzelnen Planungsschritte miteinander verknüpft? Zur Beantwortung dieser Frage wird ein Einblick in die Zusammenhänge der dispositiven Planung gegeben.

Die dispositive Planung beschreibt den Planungsprozess, der zur kurzfristigen Planung und Steuerung der innerbetrieblichen Logistik herangezogen wird. Die Planungshorizonte sind je Teilgebiet (Vertrieb, Produktion, Beschaffung) unterschiedlich und umfassen einen Zeitraum von zwei bis vier Wochen bis zu zwölf Monaten.

Die dispositive Planung hat folgende Ziele:

- Konkrete Mengenplanung
- Termin- und Kapazitätsplanung
- Festlegung der Abläufe
- Vergleich Ist- gegen Planzahlen

Die dispositive Planung umfasst neben der Vertriebsplanung damit auch die Aspekte Kapazitätsplanung und Steuerung sowie Planung und Steuerung der Beschaffungslogistik.

Den Ausgangspunkt für diese Planung bildet die in Kapitel 5 beschriebene operative Planung in ihrer für ein Jahr abgestimmten Form. Zusätzlich werden häufig Ist-Absatzzahlen sowie hieraus sich ergebende Prognosen als zusätzliche Orientierungsgrößen/Vergleichswerte herangezogen.

Vertriebsplanung (Sales and Operations Planning)

Auch in der dispositiven Planung liegt der Ausgangspunkt in der Vertriebsplanung. Diese wird aber für die Zwecke der dispositiven Planung in einer anderen Granulierung (häufig Monate) benötigt. Die Zahlen der vertrieblichen Jahresplanung werden hierzu aufgrund unterschiedlicher Annahmen auf Monate aufgeteilt. Im Gegensatz zur operativen Planung richtet die dispositive Planung ihr Augenmerk fast ausschließlich auf Mengenplanungsaspekte. Die Vertriebsplanung wird im Rahmen der dispositiven Planung für einen Planungshorizont von bis zu einem Jahr meistens monatlich und für Kalendermonate rollierend ausgeführt.

Die vertrieblichen Planzahlen werden in der Praxis häufig auf der Ebene Material/Materialgruppe/Kunde erhoben und abgelegt. Als Planungsinstrumente in SAP R/3 stehen hier wie auch schon für die operative Planung grundsätzlich die flexible Planung (LIS) und das Modul CO-PA zur Verfügung. Im Rahmen dieses Buches wird jedoch aufgrund der stärkeren Mengenorientierung der dispositiven Planung nur auf die Nutzung des Instrumentes der flexiblen Planung eingegangen. Planzahlen können dabei aus der operativen Planung abgeleitet in eigenen Planversionen hinterlegt werden. Diese können dann bearbeitet und um aktuelle Erkenntnisse ergänzt als Ausgangsbasis für alle weiteren Planschritte verwendet werden.

Um in weiterer Folge mit den Zahlen der vertrieblichen Planung arbeiten zu können, muss diese – wenn nicht schon in der vertrieblichen Planung geschehen – in einem ersten Schritt auf die Ebene Material/Werk aufgeteilt/aggregiert werden. An dieser Stelle können die gleichen Mechanismen wie in der operativen Planung verwendet werden. Im *Sales and Operations Planning* werden die monatlichen Planwerte auf der Ebene des Werks in speziell für die dispositive Planung generierte Planversionen eingestellt.

Programmplanung

Im Rahmen der Vertriebsplanung werden in einem letzten Schritt den Bedarfen Charakteristika mitgegeben, die die Verrechnung gegen tatsächliche Bedarfe des Tagesgeschäftes bestimmen. Dieser Abschnitt beschreibt im Wesentlichen Planungsstrategien und daraus resultierende Verrechnungsmechanismen zwischen tatsächlichen Bedarfen und Planbedarfen, da diesen im Rahmen der dispositiven Planung besondere Bedeutung zukommt.

Langfristplanung

Aufbauend auf den Vertriebsbedarfen, die als Primärbedarfe den Ausgangspunkt der Planungsaktivitäten darstellen, übernimmt die Langfristplanung die Bedarfsauflösung dieser Bedarfe über die gesamte logistische Kette eines Unternehmens hinweg. Ermittelt werden Produktionsbedarfe für eigengefertigte Materialien und Beschaffungsbedarfe für fremdbeschaffte Materialien.

Die Langfristplanung umfasst dabei sowohl Mengen- als auch Zeit- und Kapazitätsaspekte. Für die Terminierung und Kapazitätsplanung kommt im Rahmen der Langfristplanung eine Eck- oder Durchlaufterminierung zum Einsatz, die Kapazitätsprobleme zwar aufzeigt, diese aber nicht löst. Hieraus resultiert ein im Gegensatz zum operativen Plan bereits verfeinerter Plan, der im Rahmen monatlicher Gespräche zwischen Vertrieb, Produktion und Einkauf als Basis für die Abstimmung zu produzierender bzw. zu beschaffender Mengen dienen kann.

Für die dispositive Langfristplanung empfiehlt es sich, eigene Planungsszenarien zu definieren. Die abgestimmten Zahlen wiederum können dann in einer für die Steuerung der logistischen Kette bestimmten Planversion hinterlegt und für das Tagesgeschäft aktiviert werden.

Planung in der Materialwirtschaft

Auch im Rahmen der dispositiven Planung können die aus der Langfristplanung abgeleiteten Bedarfe für fremdbeschaffte Materialien in eine Infostruktur eingestellt werden. Sie stellen bereits konkretere Bedarfe dar und können zur Feinabstimmung von Kontrakten und Abrufbedarfen dienen. Auch aufgrund dieser Bedarfe ist allerdings eine Feinsteuerung der Beschaffung noch nicht möglich. Wie in allen anderen Teilschritten bietet sich auch hier die Verwendung eigener Versionen für die Bedarfe an, um Vergleiche mit der operativen Planung und dem Ist zu ermöglichen.

Die wertbezogenen Planungsschritte der operativen Planung haben kein Pendant in der dispositiven Planung. Vielmehr kommen hier die Schritte wie etwa die folgenden zum Tragen:

- Kundenauftragsbearbeitung
- Innerbetriebliche und externe Beschaffung
- Anlagenbelegungsplanung

Sie dienen zur Steuerung des Materialflusses durch das Unternehmen und runden und schließen somit die dispositive Planung ab.

Materialbedarfsplanung

Als »Backbone« dieser Schritte dient die Materialbedarfsplanung, die im Normalfall regelmäßig einmal pro Tag, und zwar nachts, die Situation entlang der logistischen Kette aktualisiert. Sie berücksichtigt sowohl die aktivierten Planprimärbedarfe des Vertriebs als auch die teils dagegen verrechneten konkreten Kundenaufträge und leitet Planaufträge für die Produktion und Bestellanforderungen für intern und fremdzubeschaffende Materialien ab. Hierbei verwendet sie im Materialstamm hinterlegte Parameter, so beispielsweise:

- Planlieferzeiten
- Eigenfertigungszeiten
- Wareneingangsbearbeitungszeiten

Hinzu kommen aus den Stücklisten/Arbeitsplänen bzw. Rezepten abgeleitete Informationen über Komponentenstruktur, Fertigungszeiten und Kapazitätsbedarfe.

Auch im Rahmen der Materialbedarfsplanung wird jedoch lediglich eine Eck- bzw. Durchlaufterminierung durchgeführt. Ergebnis der Materialbedarfsplanung ist ein nicht kapazitiv gegengeprüfter Plan, was, wann, wo gefertigt werden muss, um den Primärbedarfen in Form von Kunden und Planbedarfen gerecht zu werden.

Kundenauftragsbearbeitung

Die Kundenauftragsbearbeitung als solche ist ein weites Feld und soll im Rahmen des vorliegenden Buches nur in Bezug auf Aspekte des Zusammenspiels mit vorgeplanten Vertriebsbedarfen und der Verfügbarkeitsprüfung dargestellt werden. Kundenaufträge konkretisieren nach und nach die vorgeplanten Bedarfe. Auf ihrer Basis wird in bestimmten Fällen die Belegung von Kapazitäten in der Logistik und in der Produktion überhaupt erst angestoßen.

Anlagenbelegungsplanung

Es ist die Aufgabe der Anlagenbelegungsplanung, Fertigungsaufträge so auf zur Verfügung stehende Anlagen einzuplanen, dass Kapazitätsengpässe vermieden werden. Im Rahmen von Abschnitt 7.5 sollen in erster Linie Parameter und Hilfsmittel in SAP R/3 beschrieben werden, um diesen Planungsschritt sinnvoll in die Gesamtplanung einzubinden. Zur konkreten Durchführung der Planung stehen sowohl in SAP R/3 als auch extern etliche Lösungen zur Verfügung, auf die hier nicht im Einzelnen eingegangen wird.

Planung interner und externer Beschaffung

In vielen Unternehmen lösen Vertriebsbedarfe sowohl interne Standortprozesse als auch werksübergreifende und externe Beschaffungsprozesse aus. Im internen Beschaffungsprozess müssen in SAP R/3 »Spielregeln« beschrieben werden, nach denen sich die Bestätigung und Abwicklung der Bedarfe richtet. Während die dispositive Planung im Rahmen der Langfristplanung meistens noch auf einige wenige Personen im Unternehmen beschränkt ist, wird die Steuerung der logistischen Prozesse durch sehr viel mehr Hände unterstützt und bedarf in besonderer Weise der Vereinbarung solcher »Spielregeln«.

Von besonderer Bedeutung sind auch hier die Verfügbarkeitsprüfung und das Procedere der Umsetzung von Bestellanforderungen in konkrete Bestellungen und daran geknüpfte Bedingungen. Auf genau diese Aspekte wird im Rahmen dieses Buches besonders eingegangen. Es ist hingegen nicht Ziel, alle weiteren Aspekte der Bestellabwicklung zu schildern.

4.2.3 Planungsintegration in der logistischen Planung mit SAP APO

In welche Schritte kann die logistische Planung mit SAP APO untergliedert werden? Wie sind dabei die einzelnen Planungsschritte miteinander verknüpft? Zur Beantwortung dieser Frage wird ein Einblick in die Zusammenhänge der logistischen Planung gegeben.

Die logistische Planung mit SAP APO umfasst die logistischen Planungsprozesse der operativen und dispositiven Planung. Vertriebs- und Geschäftsfeldplanung, langfristige Produktionsplanung und Produktionsfeinplanung sowie Beschaffungs- und Transportplanung laufen hierbei integriert und unter gegenseitigem Informationsaustausch miteinander ab. Ziel ist eine durchgängige, über Teilgebiete (Vertrieb, Produktion, Beschaffung) hinweg aufeinander abgestimmte Planung.

Vertriebsplanung

Ausgangspunkt der logistischen Planung ist die Vertriebsplanung, die im Rahmen der operativen Planung zumeist einmal jährlich für das folgende Geschäftsjahr erstellt wird und innerhalb der dispositiven Planung häufig monatlich rollierend durchgeführt wird.

Die operative Vertriebsplanung umfasst mehrere Abstimmungsprozesse. Auf der Basis historischer Absatzzahlen vergangener Geschäftsjahre erfolgt die Ermittlung der Mengenstruktur auf der Verkaufsproduktebene für das folgende fiskale Jahr in Kooperation zwischen dem Vertriebsmanager und den Verantwortlichen der jeweiligen Geschäftseinheiten. Zur Bestätigung der Planung ist eine grobe Kapazitätsprüfung auf der Basis der ermittelten Netto-Bedarfe (= Bedarf-Bestand) erforderlich. Die so abgesicherte Planung ist die Grundlage für die Entscheidung über Investitionen und das Vertriebsbudget.

Die Prognose der Absatzzahlen wird durch das APO-Modul DP (Demand Planning) unterstützt. Hier steht mit dem so genannten *Data Mart* der Absatzplanung ein vielseitiges Werkzeug für die Prognoseerstellung, die Datenanalyse und die Planungsdurchführung mit Drill-up- und Drill-down-Funktionalitäten zur Verfügung. Durch benutzerspezifische Planungslayouts und Planungsmappen kann das Zusammenwirken der verschiedenen an der Planung beteiligten Abteilungen im Unternehmen unterstützt werden.

Restriktionsbasierte Vertriebsplanung

Eine grobe Abschätzung der Machbarkeit eines erstellten Absatzplanes auf der Grundlage dazu notwendiger und vorhandener Produktionskapazitäten sowie der ermittelten Produktionsbedarfe kann im APO-Modul SNP (Supply Network Planning) nach erfolgter Übergabe aus dem DP durchgeführt werden. Bei der Übergabe von DP zu SNP findet auch die Zuordnung auf Produktionsstandorte innerhalb des abgebildeten Supply-Netzwerkes statt. Die Planung auf der Ebene »Material/Materialgruppe/Kunde/Region« geht in eine Planung auf der Ebene »Material/Lokation« über.

In der Praxis wird nicht auf Anhieb im ersten Anlauf ein allen Restriktionen gerecht werdender Plan erzeugt werden. Die Vorstellungen des Vertriebs, der Geschäftsfeldveranwortlichen und der Produktion können erst nach regelbasierten Abstimmrunden in einen gemeinsamen Konsens überführt werden. Der so abgestimmte Plan enthält nun neben der langfristigen Vertriebsplanung auch einen langfristigen groben Produktionsplan, auf dessen Basis Bedarfe für fremdbeschaffte Materialien ermittelt und als Information für den Einkauf genutzt werden können.

Im Rahmen der dispositiven Planung erfolgt aufgrund aktueller Entwicklungen aus den Bereichen Vertrieb, Produktion oder Beschaffung rollierend eine monatliche Anpassung der Planung im mittelfristigen Horizont. Hier wirken sich gegenüber der regulären Planung veränderte Absatzerwartungen, Produktionskapazitäten oder Rohstoffverfügbarkeiten aus. Die in Abstimmung veränderte Planung hat nun einen wesentlich gesicherteren Charakter als die operative Planung.

Mittelfristige Produktionsplanung

Der APO bietet mit dem Modul SNP hier die Möglichkeit, für einen vorher festgelegten Horizont mit und ohne konkrete Kundenaufträge die Bedarfssituation, den Bestand und die Produktionskapazität in Einklang zu bringen. Die für die Abschätzung von Material- und Kapazitätsbedarfen notwendigen Informationen werden dabei aus den Stücklisten und Arbeitsplänen abgeleitet. Für die mittelfristige Planung ist jedoch ein geringerer Detaillierungsgrad notwendig als für die spätere Feinplanung, weshalb in der mittelfristigen Planung meist auf Engpassressourcen und kritische Materialien eingeschränkt werden kann. Das Ergebnis der SNP-Planung sind neben geplanten Produktionsbedarfen Beschaffungs-, Umlagerungs- und Transportbedarfe.

Die Planung in SNP kann auf verschiedene Planungsmethoden zurückgreifen: Sowohl die Berücksichtigung von Quotierungen, Prioritäten und Kapazitätslasten als auch die Verwendung eines Optimierers zum Ermitteln einer kostenoptimalen Lösung sind möglich.

Produktionsfeinplanung

Im kurzfristigen Bereich konkretisieren sich alle planungsrelevanten Informationen. Aus erwarteten Kundenbedarfen werden Aufträge, die geplanten Produktionen sind auf den zur Verfügung stehenden Anlagen einzulasten. Hierbei sind in der Praxis häufig kurzfristige, aber hoch priorisierte Kundenaufträge sowie Rüst- und Reinigungszeiten und Produktionsreihenfolgen zu beachten. Je nach Produktionsverfahren (Stück/Charge, Kampagne, Serie/kontinuierliche Fertigung) werden unterschiedliche Anforderungen an die Kapazitätsplanung in der Produktionsfeinplanung gestellt.

Die Produktionsfeinplanung wird in APO-PP/DS (Production Planning/Detailed Scheduling) ausgeführt. Die im mittelfristigen Horizont der SNP-Planung erzeugten Elemente werden im Produktionshorizont (kurzfristiger Bereich) in PP/DS-Elemente überführt. Die Planungsläufe im PP/DS berücksichtigen simultan Material- und Kapazitätsverfügbarkeiten, außerdem können Rüst- und Reinigungszeiten sowie die Bildung/Optimierung von Kampagnen in die Feinplanung mit einfließen.

Das Ergebnis der Produktionsfeinplanung in PP/DS sind konkrete Produktionsaufträge sowie Bestellungen und Umlagerungsbestellungen für Einsatzstoffe. Die weitere Abwicklung (Wareneingangs- und Warenausgangsmeldungen, Integration mit der Kostenrechnung etc.) erfolgt im unterlagerten ERP-System, das über das so genannte *Core Interface* angebunden ist.

4.2.4 Integration der operativen Planung mit der strategischen und dispositiven Planung

Integration der Planungsformen

In den Abschnitten 4.2.1 bis 4.2.3 wurden die einzelnen Planungsschritte innerhalb der operativen Planung, der dispositiven Planung sowie der Planung mit SAP APO in Form einer Übersicht zusammengestellt. Wie dabei bereits angedeutet, existiert neben der Planungsintegration einzelner Planungsschritte und Planungsmodule zusätzlich eine Planungsintegration zwischen den unterschiedlichen Planungsformen der strategischen, operativen und dispositiven Planung. Diese Planungsformen unterscheiden sich im Hinblick auf die Detaillierung der Planung und den Planungshorizont. Abbildung 4.3. versucht diesen Zusammenhang in einer Grafik zu verdeutlichen.

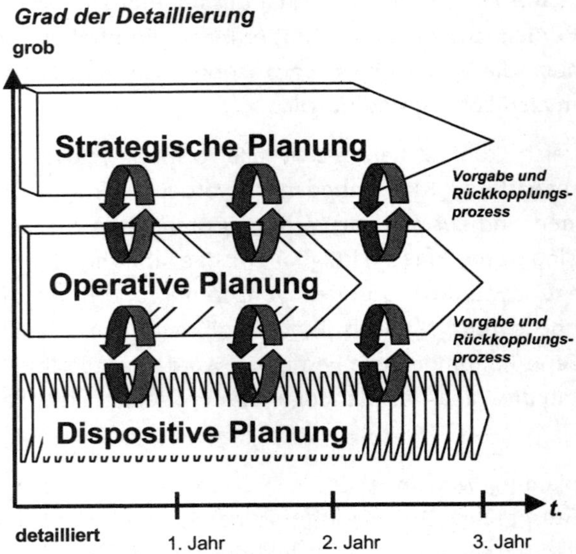

Abbildung 4.3 Integration der strategischen, operativen und dispositiven Planung

Planungshorizont

Während die operative Planung in der Regel einen Planungshorizont von einem Geschäftsjahr aufweist, liegt bei der strategischen Planung ein deutlich längerer Planungshorizont von mehreren Jahren vor. Dafür ist die strategische Planung deutlich gröber und legt meistens in Form von langfristigen Ergebnisplanungen Eckpunkte fest, die die zukünftige Entwicklung des Unternehmens abstecken sollen.

Die dispositive Planung hingegen weist einen deutlich kürzeren Planungshorizont als die operative Planung auf. In der dispositiven Planung wird der kurzfristige Ablauf für die nächste Woche bzw. Wochen festgelegt. Die dispositive Planung ist weiterhin deutlich konkreter als die operative Planung. Wird beispielsweise in der operativen Planung nur eine Simulation der Produktionsplanung durchgeführt, so wird in der dispositiven Planung das konkrete Produktionsprogramm der nächsten Woche in Form von Planaufträgen festgelegt.

Rückkoppelungsprozess

Die Integration dieser Planungsformen liegt in einem Vorgabe- und Rückkoppelungsprozess. Dabei fließen die langfristigeren Planungsergebnisse als Vorgabe, im Sinne eines Vorschlagswertes in die detailliertere Planung ein. Dadurch wird die Zielsetzung der strategischen Planung in den konkreteren Planungsformen der operativen und dispositiven Planung berücksichtigt.

Durch die Bearbeitung der kurzfristigen Planungsformen müssen u.U. die Vorgaben der langfristigen Planung verändert werden, um der alltäglichen Realität Rechnung zu tragen. Diese Anpassungen in den kurzfristigen Planungen können so als Rückkoppelung mit den Vorgaben der strategischen Planung verglichen werden. In der Analyse der Differenzen kann so die Notwendigkeit einer Anpassung der strategischen Planung erkannt werden.

Integration der strategischen und der operativen Planung mit SAP R/3

Die strategische Planung liegt im SAP R/3-System entweder in Form von langfristigen Top-down-Ergebnisplanungen im Modul CO-PA (Controlling – Profitability Analysis) oder aber beim Einsatz von SAP SEM in Form eines entsprechenden InfoCube des SAP BW vor.

Zusammenhänge zwischen strategischer und operativer Planung

Abbildung 4.4 stellt die Zusammenhänge zwischen der strategischen Planung und der operativen Planung dar. Zunächst erfolgt die strategische Planung in Form einer manuellen Top-down-Ergebnisplanung im Modul CO-PA oder in SAP SEM. Dabei werden sämtliche Ergebniszeilen auf einer stark aggregierten Ebene für die einzelnen Planjahre geplant. Top-down bedeutet in diesem Zusammenhang, dass sich die Ergebnisdaten nicht wie in der operativen Planung als Ergebnis anderer Planungsschritte auf detaillierter Ebene (z.B. Artikel/Kunden) ergeben, sondern aufgrund einer gewählten Strategie und geplanten Maßnahmenkatalogen vom Management vorgegeben werden.

Neben der manuellen Ergebnisplanung kann bei der Erstellung der strategischen Planung, sei es im klassischen ERP oder in SAP SEM, auf zahlreiche maschinelle Planungshilfen zurückgegriffen werden.

Zum einen besteht die Möglichkeit, verschiedene Planungsszenarien in unterschiedlichen Planversionen parallel zu erstellen und zu speichern. Es kann also eine so genannte »Was-wäre-wenn«-Analyse durchgeführt werden. Hierfür werden die Daten einer Ergebnisplanung in eine andere Version kopiert und dabei über eine Umbewertungsreihe bezüglich bestimmter Ergebniszeilen verändert. Zum anderen lassen sich mittels einfacher Prognoseverfahren einzelne Ergebniszeilen maschinell errechnen.

Zur Berücksichtigung von saisonalen Schwankungen können die Ergebnisplanzahlen über frei definierbare Verteilungsschüssel auf die Monate eines Geschäftsjahres maschinell aufgeteilt werden.

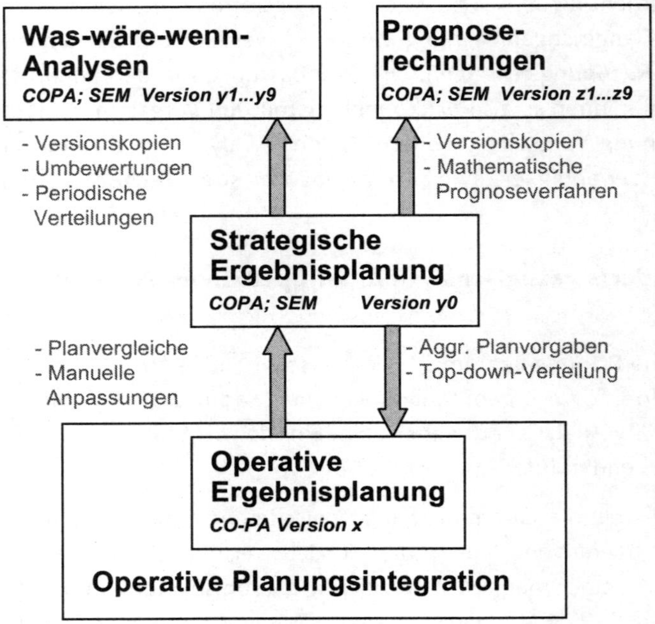

Abbildung 4.4 Integration der strategischen mit der operativen Planung

Des Weiteren liegt als Ergebnis der operativen Planung auch eine Bottom-up-Ergebnisrechnung vor. Diese Planung liegt im Modul CO-PA ebenfalls in einer eigenen Planversion vor und kann gegebenenfalls bei Verwendung von SAP SEM in das SAP Business Information Warehouse eingespielt werden.

Abstimmung Top-down- und Bottom-up-Ergebnisrechnung

Auf diese Weise besteht jetzt die Möglichkeit, die Differenzen zwischen der Top-down-Ergebnisrechnung der strategischen Planung mit der Bottom-up-Ergebnisrechnung der operativen Planung zu vergleichen. Durch den Vergleich wird ermittelt, wie weit die operative Planung von der strategischen Planung abweicht. Kann die Differenz durch strategische Maßnahmen, die noch nicht in der operativen Planung berücksichtigt werden konnten, erklärt werden, so kann die operative Planung nun auf aggregierter Ebene an die strategische Planung angepasst werden. Dies erfolgt manuell über geeignete Planungslayouts. Diese auf aggregierter Ebene eingegebenen Daten können nun über eine Top-down-Verteilung maschinell auf niedrigere Ebenen heruntergebrochen werden.

Im Vergleich der operativen Planung mit der strategischen Planung kann aber auch zu der Einsicht gelangt werden, dass die strategischen Planungsansätze einer Anpassung bedürfen.

Integration der operativen und der dispositiven Planung mit SAP R/3

Zusammenhänge

Wie in den Abschnitten 4.2.2 und 4.2.3 bereits dargelegt, steht bei der Integration der operativen mit der dispositiven Planung weniger eine Ergebnisrechnung als vielmehr die Vertriebs- und Produktionsplanung im Vordergrund.

Vertriebsplanung

Die Unterschiede in der Vertriebsplanung der operativen Planung und der dispositiven Planung bestehen zum einen darin, dass für die dispositive Planung in der Regel nur die Absatzmenge und nicht der Umsatz relevant ist. Dies liegt darin begründet, dass das vorrangige Ziel der dispositven Absatzplanung in der Vorbereitung des Produktionsprogrammplans der nächsten Wochen und Monate liegt. Hierfür sind jedoch nur Absatzmengen relevant. Die kurzfristige Absatzplanung ist sehr detailliert und liegt häufig auf der Ebene der Artikel/Kunden-Kombination vor und muss nicht auf diese Ebene heruntergebrochen werden.

Vorschlagswerte

Die Integration zwischen der operativen und der dispositiven Planung besteht nun darin, aus der operativen Planung Vorschlagswerte für die dispositive Vertriebsplanung zu erzeugen. Dies hat aber nur Sinn, wenn bei der Vertriebsplanung auf eine periodengerechte Aufteilung der Absatzmengen innerhalb des Plangeschäftsjahres geachtet wurde. Spielen saisonale Effekte bei einer Jahresbetrachtung der operativen Planung nicht unbedingt eine Rolle, sind sie jedoch für eine kurzfristige dispositive Planung entscheidend.

Um die Integration der operativen Vertriebsplanung mit der dispositiven Absatzplanung zu ermöglichen, ist es nicht notwendig, dass beide Planungen im gleichen Modul durchgeführt werden. Im SAP R/3-System bestehen Standardfunktionalitäten, um die Daten zwischen den beiden Modulen CO-PA und LIS auszutauschen.

Auf der Basis der Vorschlagswerte aus der operativen Vertriebsplanung werden nun die konkreten Absatzplandaten für die nächsten Wochen und Monate verändert. Im Vergleich der dispositiven Absatzplanung mit der operativen Vertriebsplanung kann dann frühzeitig eine Abweichung der operativen Planung vom wahrscheinlichen Ist-Verlauf erkannt werden. In Form von Ergebnishochrechnungen können dabei die Auswirkungen von veränderten Absatzplandaten der dispositiven Planung auf die operative Planung analysiert werden. Hierdurch findet eine direkte Rückkoppelung von der dispositiven Planung zur operativen Planung statt. Der Kreis schließt sich.

In den nachfolgenden Kapiteln wird nun detailliert auf die einzelnen Planungsschritte der operativen Planung, der strategischen Planung und der dispositiven Planung eingegangen.

5 Operative Planung mit SAP R/3

Wie kann die operative Planung mit ihren zahlreichen Planungsschritten integrativ mit SAP R/3 umgesetzt werden? Welche Voraussetzungen müssen geschaffen und worauf muss geachtet werden?

5.1 Die Vertriebsplanung mit der flexiblen Planung des Logistik-Informationssystems

5.1.1 Definition und Ziel der Vertriebsplanung

Definition der Vertriebsplanung

Unter Vertriebsplanung wird im Nachfolgenden die Planung von Plan-Absatzmengen und Plan-Umsätzen – ohne Erlösschmälerungen – durch die Vertriebsorganisation verstanden. Die Vertriebsplanung ist der Ausgangspunkt der operativen Planung und weist in der Regel einen Planungshorizont von einem Geschäftsjahr auf.

Kriterien der Vertriebsplanung

Die Plandaten werden nach organisatorischen Kriterien (Buchungskreise, Verkaufsorganisation, Vertriebswege usw.), kundenspezifischen Kriterien (Land, Branche, Auftraggeber, Warenempfänger usw.) und nach artikelspezifischen Kriterien (Produktgruppen, ABC-Klassifizierung, Artikelnummer) differenziert.

Sofern die Vertriebsplanung nur nach artikelspezifischen Kriterien differenziert wird und nur Absatzmengen geplant werden, kann die Vertriebsplanung auch direkt mit dem Modul Standard-Absatz-/Grobplanung (SOP) durchgeführt werden.

nur nach artikelspez. Kriterien: SOP

Werden die Plandaten durch die Vertriebsabteilungen auch nicht direkt auf der detailliertesten Ebene geplant, so sollen doch am Ende des Planungsprozesses die Plan-Absatzmengen und Plan-Umsätze auf der detailliertesten Ebene vorliegen. Hierbei kann man die geplanten Werte von der aggregierteren Ebene auf Detailebenen über Verteilungsregeln aufteilen.

Periodizität

Neben der Differenzierung der Plandaten nach verschiedenen Auswertungskriterien ist auch die Aufteilung der Plandaten im Hinblick auf die Periodizität wichtig. Die Daten der Vertriebsplanung werden gewöhnlich in Form von Monatswerten erfasst. Auf diese Weise ist es möglich, saisonale Schwankungen zu berücksichtigen, die nicht nur für die Umsatzplanung selbst, sondern auch für die anschließende Produktionsplanung von großer Bedeutung sind. Nur so kann eine aussagekräftige Kapazitätsplanung durchgeführt und auf Engpässe hingewiesen werden.

Vorschlagswerte Um den Aufwand bei der Vertriebsplanung zu vereinfachen, werden häufig aus dem laufenden Geschäft Vorschlagswerte oder Vergleichswerte für Verteilungsregeln für die Planung gebildet. Zusätzlich können Vorgaben aus der strategischen Planung, etwa aus dem Modul CO-PA, in die Vertriebsplanung einfließen.

Flexible Planung Dieser Abschnitt befasst sich mit der Umsetzung der Vertriebsplanung durch die SAP R/3-Funktionalität der flexiblen Planung im SAP R/3-Modul Logistik-Informationssystem (LO-LIS-PLN; Logistik – Logistik-Informationssystem – Planung). Im nächsten Abschnitt werden die Möglichkeiten der Umsetzung der Vertriebsplanung durch das Modul CO-PA erläutert. Beide Module sind bei der Umsetzung der Vertriebsplanung als gleichrangig anzusehen und bieten für die jeweiligen Planungsszenarien unterschiedliche Vor- und Nachteile.

5.1.2 Voraussetzungen für die Vertriebsplanung mit der flexiblen Planung

Die wichtigste Grundlage für eine erfolgreiche Umsetzung der Vertriebsplanung mit der flexiblen Planung ist die frühzeitige Definition der Auswertungskriterien, nach denen die Plandaten der Vertriebsplanung differenziert werden sollen. Diese Definition wird im SAP R/3-System in Form einer Informationsstruktur hinterlegt.

Informationsstruktur Eine Informationsstruktur ist eine Datenbanktabelle, in der alle Daten der flexiblen Planung und gegebenenfalls Istdaten (zum Vergleich) gespeichert werden. Die Informationsstruktur stellt dabei praktisch die Grundlage der flexiblen Planung dar. Man kann dabei entweder auf vorhandene Standard-Informationsstrukturen zurückgreifen oder aber beliebige eigene Informationsstrukturen definieren.

Eine Informationsstruktur beinhaltet nach SAP drei Arten von Informationen:

- Merkmale
- Kennzahlen
- Periodizität

Merkmale einer Informationsstruktur Durch *Merkmale* werden die Daten der Vertriebsplanung nach den gewünschten Auswertungskriterien differenziert. Dabei werden zumeist drei Grundarten von Merkmalen unterschieden:

- Organisatorische Merkmale
- Kundenmerkmale
- Artikelmerkmale

Unter *organisatorischen Merkmalen* versteht man Kriterien, die die interne Organisation des Unternehmens strukturieren. Hierbei greift man gewöhnlich auf die allgemeinen Organisationselemente von FI und SD zurück. Beispiele hierfür sind: Buchungskreis, Verkaufsorganisation, Vertriebsweg, Sparte, Verkaufsbüro, Verkäufergruppe.

Die *Kundenmerkmale* differenzieren die Plandaten im Hinblick auf die Kundenstruktur, wobei man auf alle wesentlichen Merkmale des Kundenstamms wie etwa Land, Region, Branche oder Kundengruppe 1 bis 5 zurückgreifen kann. Natürlich steht die Kundennummer selbst in Form unterschiedlicher Kundenrollen – wie etwa Auftraggeber, Waren- oder Rechnungsempfänger – als Kundenmerkmal zur Verfügung.

Artikelmerkmale wiederum strukturieren die Plan-Absatzmengen und Plan-Umsätze nach Kriterien unterschiedlicher Artikel. Hierbei kann auf alle Felder des Artikelstamms wie die einzelnen Stufen der Produkthierarchie, die Warengruppe und/oder die Artikelnummer selbst zurückgegriffen werden.

Es ist sinnvoll, die ausgewählten Merkmale in eine logische hierarchische Struktur zu bringen. Damit ist gemeint, dass definiert wird, welche Ausprägungen eines Merkmals aggregiertere Informationen enthalten als die Ausprägungen eines anderen Merkmals. Als Beispiel kann die nachfolgende einfache Merkmalstruktur dienen:

1. Buchungskreis
2. Buchungskreis/Verkaufsorganisation
3. Buchungskreis/Verkaufsorganisation/Land
4. Buchungskreis/Verkaufsorganisation/Land/Auftraggeber
5. Buchungskreis/Verkaufsorganisation/Land/Auftraggeber/Produktgruppe
6. Buchungskreis/Verkaufsorganisation/Land/Auftraggeber/Produktgruppe/Artikel

Häufig werden die organisatorischen Merkmale den Artikel- und Kundenmerkmalen übergeordnet. Die Überordnung der Kundenmerkmale über die Artikelmerkmale ist jedoch nur beispielhaft und nicht repräsentativ.

Es ist von essenzieller Bedeutung, die Definition der Merkmale frühzeitig abzustimmen und vor Beginn der Vertriebsplanung festzulegen. Eine nachträgliche Erweiterung oder Änderung der Merkmale einer Informationsstruktur während des Ablaufs einer Vertriebsplanung ist kaum realisierbar.

Bei der Auswahl der Merkmale für die Informationsstruktur und der Bildung von Merkmalsebenen sollte man auch Sorgfalt walten lassen im Hinblick auf die Planungsebene, auf der die Plandaten als Ergebnis der Vertriebsplanung vorhanden sein sollen, und die Planungsebene, auf der die Plandatenerfassung sinnvoll möglich ist. Nicht immer hat es Sinn, die Plandaten auf der detailliertesten Planungsebene auch erfassen zu lassen. Bei komplexen Planstrukturen kann es sinnvoll sein, die Plandaten zunächst auf aggregierteren Ebenen zu erfassen und dann automatisch verteilen zu lassen. Wenn mehrere Vertriebsplaner in die Vertriebsplanung involviert sind, ist es weiterhin wichtig, eine Planungsebene zu definieren, die die zu planenden Daten der einzelnen Vertriebsplaner abgrenzt. So kann verhindert werden, dass die Planung eines Vertriebsplaners die Daten eines anderen ungewollt verändert.

Kennzahlen einer Informationsstruktur

Die Kennzahlen einer Informationsstruktur beinhalten die eigentlichen Planwerte. Die Vertriebsplanung kennt dabei im Wesentlichen die Plan-Absatzmenge, den Plan-Umsatz und den Plan-Preis. Dabei reicht es aber aus, nur zwei der drei Informationen zu speichern. Der Plan-Preis kann z. B. dynamisch auf der jeweiligen Planungsebene auf der Basis der summierten Plan-Umsätze und Plan-Absatzmengen gebildet werden. Dies bedeutet aber nicht, dass dann der Plan-Preis nicht eingegeben werden könnte. Vielmehr wird in diesem Fall eine Veränderung eines Plan-Preises in eine Veränderung eines Plan-Umsatzes umgerechnet und abgelegt.

Alternativ kann natürlich auch der Plan-Preis mit abgespeichert werden. Hierbei ist dann aber darauf zu achten, dass im Folgenden als Aggregationsfunktion zwischen den einzelnen Planungsebenen immer eine Durchschnittspreisbildung erfolgt und keine Summierung wie bei den Plan-Absatzmengen und den Plan-Umsätzen.

Periodizität einer Informationsstruktur

Neben den Merkmalen und den Kennzahlen beinhaltet eine Informationsstruktur auch noch eine Periodizität, die festlegt, wie die Plandaten in zeitlicher Hinsicht gespeichert werden sollen. Bei der Vertriebsplanung werden die Plandaten gewöhnlich in Form von Monaten abgelegt. Dadurch können saisonale Schwankungen berücksichtigt werden. Die Speicherung der Plandaten in Form von Monatswerten bedeutet allerdings nicht, dass die Plandaten auch unbedingt in Form von Monatswerten eingegeben werden müssen. Vielmehr ist es auch möglich, Jahreswerte zu planen, die dann über Aufteilungsregeln auf die Planmonate verteilt werden. Häufig wird dabei auf Geschäftswerte des laufenden Geschäftes zurückgegriffen.

Planungsmethoden

Neben der Informationsstruktur selbst bildet die Planungsmethode eine wesentliche Grundlage für die flexible Planung. Die Planungsmethode bestimmt, wie die Plandaten zwischen den einzelnen Planungsebenen aggregiert oder verteilt werden sollen. Die Planungsmethode wird in der Informationsstruktur im Customizing des SAP R/3-Systems festgelegt. Jede Informationsstruktur kann nur eine Planungsmethode nutzen. SAP stellt drei Planungsmethoden zur Verfügung:

- Konsistente Planung
- Stufenplanung
- Deltaplanung

Konsistente Planung

Bei der *konsistenten Planung* werden die Plandaten auf der detailliertesten Ebene gespeichert. Weiterhin bestehen Abhängigkeiten zwischen allen Ausprägungen der Planungsebenen, die in Form einer Planungshierarchie und entsprechenden Anteilswerten untereinander festgelegt sind (zu Planungshierarchie und Anteilswerten siehe Abschnitt 5.1.3).

Dies hat zur Folge, dass die Änderung von Plandaten einer beliebigen Ebene online auf alle anderen Planungsebenen aggregiert oder verteilt wird. Dadurch bleibt die Planung zu jedem Zeitpunkt in sich konsistent, d.h., jede Planungsebene weist in der Summe den gleichen Wert auf.

Die konsistente Planung hat folgende Vorteile: Vorteile

- Sie besitzt eine hohe Flexibilität, da die Plandaten auf jeder beliebigen Ebene geplant werden können und die Auswirkungen auf andere Planungsebenen online über Aggregation oder Verteilung sichtbar sind.
- Sie ist konsistent, da durch die automatische Aggregierung bzw. Verteilung die Plandaten auf jeder Ebene in der Summe gleich sind.
- Die konsistente Planung unterstützt alle Funktionalitäten der flexiblen Planung (siehe Abschnitt 5.1.5).

Demgegenüber weist die konsistente Planung aber auch folgende Nachteile auf: Nachteile

- Durch die Definition einer Planungshierarchie und Anteilswerten sollten alle Ausprägungen der einzelnen Planungsebenen im Vorfeld bekannt sein und im System hinterlegt werden.

- Bei sehr dynamischen Vertriebsplanungen, bei denen während der Planung zahlreiche neue Ausprägungen auf unterschiedlichen Planungsebenen hinzukommen oder wegfallen, ist die konsistente Planung zu schwerfällig, da alle diese Anpassungen über die Planungshierarchie und die Anteilswerte vorher eingestellt werden müssen.
- Bei sehr großen Datenvolumen (Artikel/Kunden-Kombinationen) kann es bei der konsistenten Planung während der Online-Aggregation und -Verteilung zu Performance-Problemen kommen.

Stufenplanung

Bei der *Stufenplanung* werden die Plandaten auf allen Planungsebenen gespeichert. Im Gegensatz zur konsistenten Planung werden aber bei einer Änderung eines Planwertes auf einer Planungsebene die Daten der anderen Planungsebenen nicht durch Aggregation oder Verteilung automatisch angepasst. Vielmehr wird bei der Stufenplanung die Aggregation und Verteilung im Nachhinein manuell durchgeführt. Die Stufenplanung basiert dabei ebenfalls auf einer Planungshierarchie und Anteilswerten. Dadurch besteht die Möglichkeit, die Planung auf den einzelnen Planungsebenen unabhängig voneinander durchzuführen.

Vorteile

Die Stufenplanung bietet folgende Vorteile:

- Unabhängigkeit, da man die Daten der einzelnen Planungsebenen verändern kann, ohne dabei die Planung auf einer aggregierteren oder detaillierteren Ebene zu verändern.
- Über manuelle Aggregationen oder Verteilungen besteht die Möglichkeit, die einzelnen Planungsebenen in sich konsistent zu halten.
- Die Stufenplanung unterstützt fast alle Funktionalitäten der flexiblen Planung (siehe Abschnitt 5.1.5).
- Die Verarbeitung großer Datenvolumen stellt kein Problem dar, da die Aggregation und Verteilung nicht online erfolgt.

Nachteile

Folgende Nachteile ergeben sich mit der Stufenplanung:

- Die Nachteile, die mit der Verwendung einer Planungshierarchie und Anteilswerten verbunden sind, sind analog der konsistenten Planung vorhanden.
- Es besteht ein hoher Abstimmungsbedarf, da durch die unabhängige Planung auf unterschiedlichen Ebenen und durch eine nachträgliche Aggregation bzw. Verteilung die Plandaten einer Ebene diejenigen einer anderen Ebene negativ beeinflussen können. Daher ist bei diesem Planungsverfahren eine Reihenfolgeplanung und organisatorische Abstimmung der Planungsbeteiligten notwendig.

Deltaplanung

Die *Deltaplanung* arbeitet im Gegensatz zur konsistenten Planung und zur Stufenplanung nicht mit einer Planungshierarchie und Anteilswerten. Bei dieser Planungsmethode werden jeweils die Veränderungen der Planung (d.h. die Differenz zwischen dem alten und dem neuen Planwert) auf der jeweiligen Planungsebene gespeichert. Dies hat zur Folge, dass die Plandaten automatisch auf höhere Planungsebenen aggregiert werden, aber eine Verteilung auf detaillierteren Ebenen nicht stattfindet. Die Aufteilung der Plandaten auf detailliertere Ebenen muss manuell erfolgen.

Die Deltaplanung hat folgende Vorteile:

- Sie ist dynamisch, da ohne hohen Aufwand neue Ausprägungen von Merkmalen einer Planungsebene aufgenommen oder entfernt werden können.
- Sie ist unabhängig, da man die Planwerte einer Ebene planen kann, ohne dabei die Planung auf detaillierteren Ebenen zu beeinflussen.
- Die Verarbeitung großer Datenvolumen stellt kein Problem dar, da keine Verteilung online erfolgt.

Folgende Nachteile ergeben sich mit der Deltaplanung:

- Die Abstimmung einer Planungsebene mit detaillierteren Planungsebenen muss manuell erfolgen, und die Daten liegen nicht immer automatisch konsistent vor.
- Nur wenige Funktionalitäten der flexiblen Planung (siehe Abschnitt 5.1.5) werden unterstützt.

Wenn festgelegt ist, in welcher Informationsstruktur die Plandaten gespeichert werden und nach welcher Planungsmethode die Vertriebsplanung durchgeführt wird, sollte nun noch bestimmt werden, welche Planversionen für die Informationsstruktur angelegt werden sollen.

Planversionen

Mit unterschiedlichen Planversionen versetzt SAP den Planer in die Lage, Plandaten innerhalb einer Informationsstruktur parallel mehrfach abzulegen. So können über Planversionen z.B. unterschiedliche Planungsszenarien (z.B. Best-case-Planung, Worst-case-Planung oder unterschiedliche Prognoserechnungen) realisiert und miteinander verglichen werden. Dabei können die Daten aus einer Planversion auch in eine andere Planversion kopiert werden. Es ist auch möglich, eine Planversion nachträglich wieder zu löschen.

Die Planversionen werden durch einen dreistelligen Ziffernschlüssel differenziert. Jede Informationsstruktur hat eine aktive Version »A00«, während alle anderen Planversionen inaktiv sind. Sind zu einer Informationsstruktur keine weiteren Planversionen angelegt, so werden die Daten immer in der aktiven Planversion »A00« gespeichert.

In der Vorbereitung der Vertriebsplanung sollte man sich frühzeitig Gedanken darüber machen, welche Planungsszenarien gewünscht und welche unterschiedlichen Planversionen benötigt werden. Außerdem ist die Aufstellung eines Zeitplans wichtig, der bestimmt, wann welche Plandaten in welche Planversion kopiert werden. Nur so kann verhindert werden, dass versehentlich Plandaten einer Version durch Daten einer anderen Version beschädigt werden.

Planungstypen und Makros

Der letzte Vorbereitungsschritt für eine Realisierung der Vertriebsplanung mit der flexiblen Planung besteht in der Definition von Planungstypen und gegebenenfalls von Makros.

Mit *Planungstypen* wird definiert, wie die Daten einer Informationsstruktur durch den Anwender angezeigt und verändert werden können. Über die Planungstypen werden Planungstableaus in Form von Kopfbereich, Zeilen- und Spaltenstruktur angelegt. Diese werden dann vom Anwender aufgerufen, um Plandaten zu einer Informationsstruktur zu verändern.

Die Planungstypen sind immer fest mit einer Informationsstruktur verknüpft. Eine Informationsstruktur kann hingegen zahlreiche Planungstypen aufweisen. Da die Daten immer nur in der Informationsstruktur gespeichert werden, ist es so auch möglich, die Plandaten mit unterschiedlichen Planungstypen zu bearbeiten.

Definition von Planungstableaus

Für die Definition der Planungstableaus in den Planungstypen (siehe beispielhaft Abbildung 5.1) stehen im SAP R/3-System zahlreiche Funktionen zur Verfügung. Hierzu zählen unter anderem:

- **Zeilendefinition**
  Hier wird der Inhalt einer Zeile im Tableau festgelegt. Dies können Planwerte, Istwerte, Ereigniswerte, frei definierte Werte eines User-Exits oder Testfelder sein.
- **Zeilentexte**
  Zu jeder Zeile kann ein Kurztext zur Erläuterung angegeben oder automatisch gebildet werden.
- **Art der Aggregation**
  Sofern es die Planungsmethode erlaubt, wird hier definiert, ob und wie die Aggregation erfolgen soll: keine Aggregation, Summierung oder Durchschnittsbildung.

- **Spaltendefinition als Planungshorizont**
  In den Spalten des Planungstableaus werden die Planungszeiträume angegeben. Hierbei kann die Anzahl der Vergangenheits- und der Zukunftsperioden festgelegt werden, die beim Einstieg in das Tableau angezeigt werden sollen.

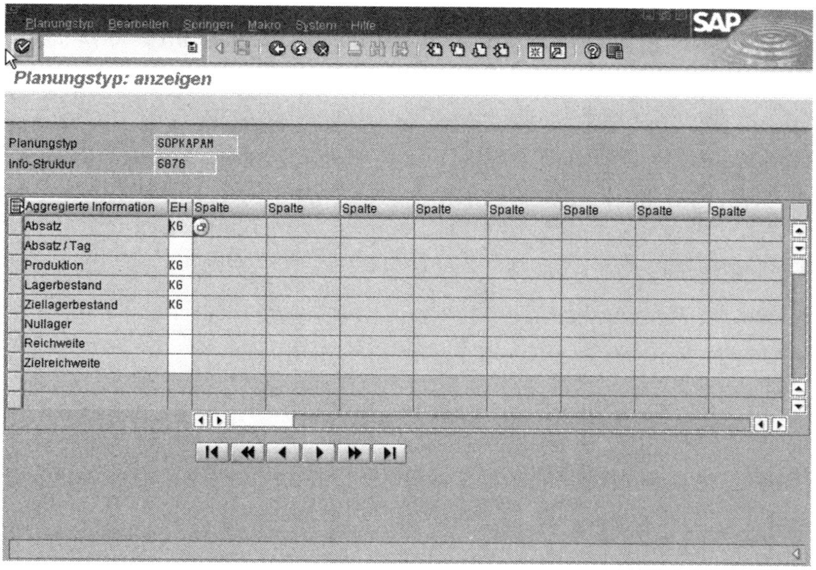

Abbildung 5.1 Beispiel eines Planungstableaus

Neben den oben genannten Funktionen können in einem Planungstyp auch *Makros* definiert werden. Über Makros können individuell Rechenvorschriften im Planungstableau angelegt werden, die zeitsparend auf Tastendruck bestimmte Rechnungen durchführen. Dies kann beispielsweise die Multiplikation eines Plan-Preises mit einer Plan-Absatzmenge und Speicherung des Ergebnisses in der Zeile Plan-Umsatz sein oder aber die Verteilung eines Jahreswertes auf Perioden nach einer bestimmten Rechenvorschrift. Über die Makros steht der Entwicklung einer sehr individuellen Vertriebsplanung nichts mehr im Wege.

Währungskurse für die Planperiode

Sofern die Vertriebsplanung nicht nur in der Hauswährung des Unternehmens, sondern auch in Fremdwährung erfolgen soll, ist natürlich frühzeitig daran zu denken, Plan-Umrechnungskurse für die Planperiode im SAP R/3-System einzupflegen. Hierbei sollte auch ein eigener Kurstyp Verwendung finden, um die Plankurse von den realen Umrechnungskursen differenzieren zu können.

5.1.3 Stammdaten in der Vertriebsplanung mit der flexiblen Planung

Dass für die Durchführung einer Vertriebsplanung auf der Ebene Organisation/Kunde/Material Material- und Kundenstammsätze im SAP R/3-System benötigt werden, versteht sich von selbst. Es wird vorausgesetzt, dass alle notwendigen Material- und Kundenstammsätze mit vollständiger Pflege aller in der Informationsstruktur ausgewählten Merkmale im SAP R/3-System vorhanden sind.

Planungshierarchie

Wenn die Planungsmethode der konsistenten Planung oder der Stufenplanung verwendet wird, benötigt man in der flexiblen Planung eine Planungshierarchie. Die Planungshierarchie bildet die organisatorischen Ebenen und deren Ausprägungen für die Vertriebsplanung ab und ordnet sie in eine hierarchische Struktur ein. Dabei wird festgelegt:

- Welche Planungsebenen überhaupt vorhanden sind
- Welche Ausprägungen jede Planungsebene besitzt
- Welche Ausprägungen einer Planungsebene zu welcher Ausprägung einer übergeordneten Planungsebene wie aggregiert werden
- Wie die Ausprägungen einer Planungsebene auf welche Ausprägungen einer untergeordneten Planungsebene wie verteilt werden

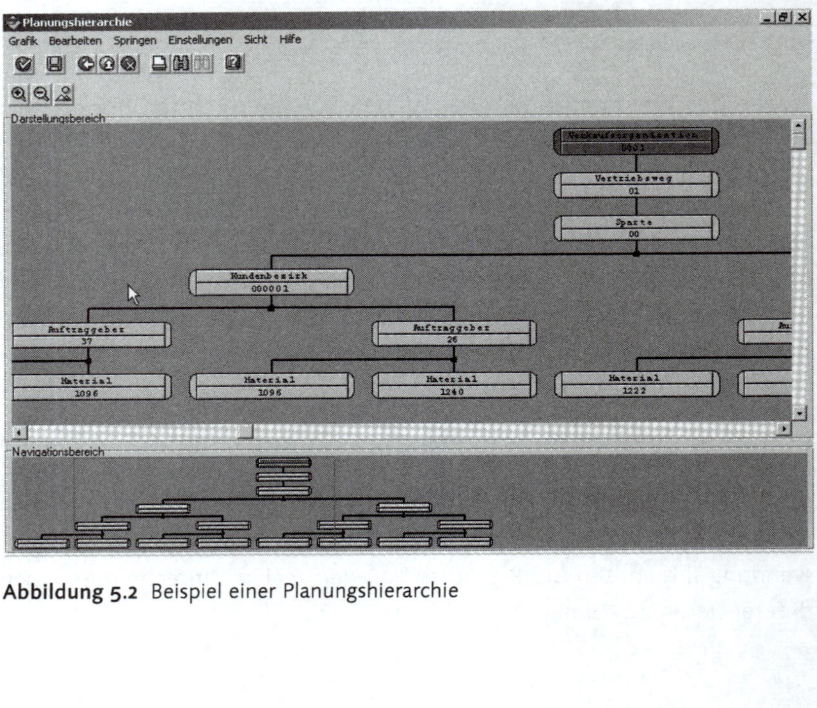

Abbildung 5.2 Beispiel einer Planungshierarchie

Das Ergebnis der Planungshierarchie stellt eine Baumstruktur dar, in der alle Planungselemente jeder Planungsebene definiert und miteinander über Aggregationsfaktoren und Anteilsfaktoren in Beziehung gesetzt sind. Abbildung 5.2 zeigt eine vereinfachte Planungshierarchie mit den Planungsebenen Verkaufsorganisation, Vertriebsweg, Sparte, Kundenbezirk, Auftraggeber und Material, die in SAP R/3 auch grafisch dargestellt werden kann.

Jede Ausprägung der Planungshierarchie beinhaltet zusätzlich einen Anteilsfaktor. Der Anteilsfaktor definiert, wie die Daten der direkt übergeordneten Planungsebene auf die Ausprägungen der darunter liegenden Planungsebene verteilt werden sollen. Im Beispiel der Abbildung 5.3 werden die Plandaten der Ebene Verkaufsorganisation 0001, Vertriebsweg 01, Sparte 00, Kundenbezirk 000 001, Auftraggeber 26 zu 20% auf das Material 1096 und zu 80% auf das Material 1248 aufgeteilt.

Es ist anzuraten, die Planungshierarchie vor Beginn der Vertriebsplanung vollständig zu definieren. Zwar ist eine Nachbearbeitung der Planungshierarchie mit Funktionen wie etwa Tipp

- Hinzufügen neuer Ausprägungen
- Löschen von Ausprägungen
- Ändern der Anteilsfaktoren
- Merkmalsausprägungen vorübergehend ausschließen oder wieder aufnehmen

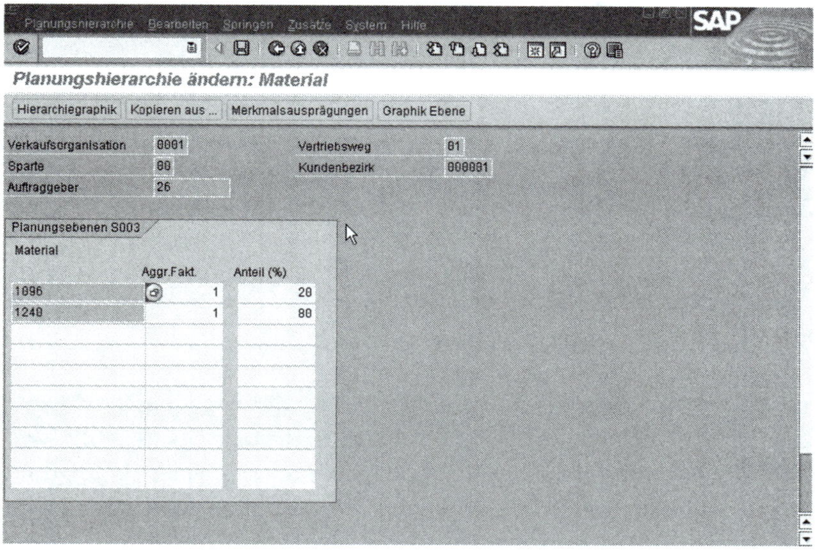

Abbildung 5.3 Beispiel einer Planungshierarchie mit Anteilsfaktoren

möglich. Dies erfordert aber eine gute organisatorische Abstimmung, da die Veränderung der Planungshierarchie gerade bei der konsistenten Planung, direkte Auswirkung auf alle anderen Planungsebenen hat. Dies wiederum kann umso mehr zur Verwirrung führen, je mehr Vertriebsplaner in die Vertriebsplanung involviert sind.

Stammdaten-Generator

Da bei einer detaillierten Vertriebsplanung auf der Ebene Organisation/Kunde/Material sehr schnell eine unüberschaubare Anzahl von Merkmalsausprägungen entsteht, kann eine derartige Planungshierarchie nur mit großem Aufwand manuell erstellt werden. Hierfür stellt SAP R/3 in der flexiblen Planung den Stammdaten-Generator (auch als Stammdaten-Aufbauer bezeichnet) zur Verfügung. Mit Hilfe dieser Funktion kann eine Planungshierarchie auf der Basis vorhandener Plandaten oder von Istdaten automatisch erstellt werden. Dabei werden alle Merkmalskombinationen einer ausgewählten Plan-/Ist-Version eines bestimmten Zeitraums herausgesucht und entsprechend in der hierarchischen Struktur der Planungshierarchie abgelegt (siehe beispielhaft Abbildung 5.4).

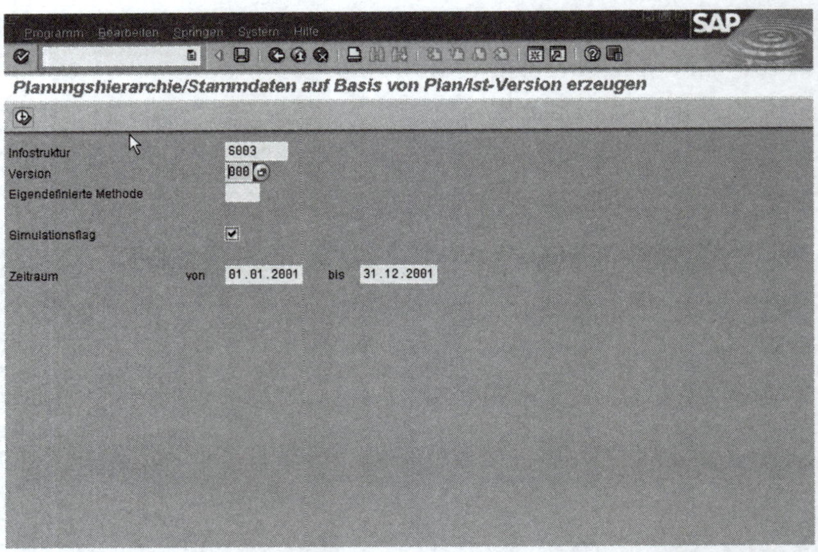

Abbildung 5.4 Aufruf des Stammdaten-Generators

Die Generierung der Planungshierarchie über den Stammdaten-Generator sollte unbedingt vor Beginn der Vertriebsplanung durchgeführt werden. Des Weiteren sollte die Funktion immer in Form eines Hintergrundjobs durchgeführt werden, da mit längeren Laufzeiten zu rechnen ist.

Außerdem ist zu bedenken, dass die Generierung einer Planungshierarchie auf der Basis von Istdaten zwar sehr praktisch ist, aber für eine Vertriebsplanung in der Regel nicht ausreicht. Schließlich werden in der Vertriebsplanung ja auch neue Geschäfte, also Planwerte mit neuen Kunden/Artikel-Kombinationen, geplant. Diese neuen Kombinationen müssen nach der automatischen Generierung der Planungshierarchie noch manuell nachgepflegt werden.

»Allgemeine Merkmale«

Zur Vereinfachung dieser manuellen Nachbearbeitung hat SAP R/3 die Funktionalität des »Allgemeinen Merkmals« geschaffen. Mit Hilfe des Allgemeinen Merkmals ist es möglich, weniger wichtige Geschäfte oder aber neue Geschäfte, für die es noch keine echten Stammdaten (Artikelstamm oder Kundenstamm) gibt, in der Vertriebsplanung mit zu berücksichtigen. Das Allgemeine Merkmal wird zu einer Informationsstruktur und damit zu einer Planungshierarchie angelegt und über ein Maskierungszeichen identifiziert. So ist es auch möglich, mehrere Allgemeine Merkmale zu definieren. Zusätzlich wird noch die Planungsebene definiert, ab der das Allgemeine Merkmal in die Planungshierarchie aufgenommen werden soll. Abbildung 5.5 zeigt beispielhaft die Anlage eines Allgemeinen Merkmals mit dem Maskierungszeichen »#«.

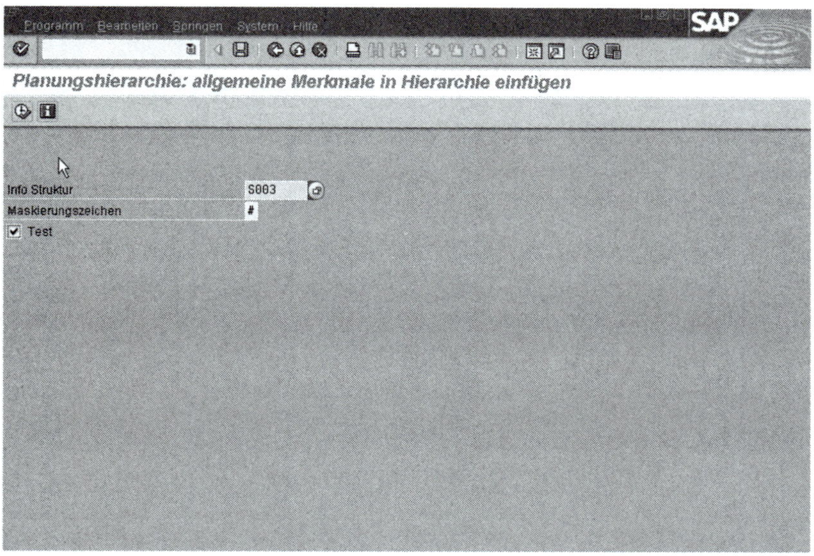

Abbildung 5.5 Allgemeines Merkmal anlegen

Bei der Definition von Allgemeinen Merkmalen für Artikel ist zu bedenken, dass diese Plan-Absatzmengen in einer anschließenden Produktionsplanung, einer Erzeugniskalkulation oder der Planergebnisrechnung (zur Ermittlung von Planherstellkosten des Umsatzes) im Rahmen der operativen Planung nicht berücksichtigt werden können, da hierfür die notwendigen Stammdaten (Materialstamm, Stückliste, Arbeitsplan/Rezeptur) im SAP R/3-System nicht vorhanden sind. Zur Sammlung von Kleinkundengeschäften oder unbekannten Kunden kann das Allgemeine Merkmal jedoch sehr sinnvoll sein.

Automatische Berechnung von Anteilsfaktoren

Neben der automatischen Generierung der Ausprägungen einer Planungshierarchie über den Stammdaten-Generator ist auch eine automatische Berechnung der Anteilsfaktoren möglich. Dabei kann ebenfalls auf vorhandene Plan- oder Istdaten zurückgegriffen werden. Die Ermittlung der Anteilsfaktoren ist bei der konsistenten Planung und der Stufenplanung unterschiedlich. Werden bei der Stufenplanung noch Anteilsfaktoren von einer Planungsebene zur nächsten gebildet (analog der manuellen Pflege), so werden bei der konsistenten Planung Anteilsfaktoren zwischen jeweils allen Planungsebenen definiert. Auf diese Weise wird quasi die hierarchische Struktur der Planungshierarchie aufgelöst und eine vollständige Relation aller Planungselemente erzeugt. Dies wiederum ermöglicht eine flexiblere Sichtweise der Planungsstruktur, da man nicht auf die hierarchische Struktur bei der Plandatenerfassung angewiesen ist.

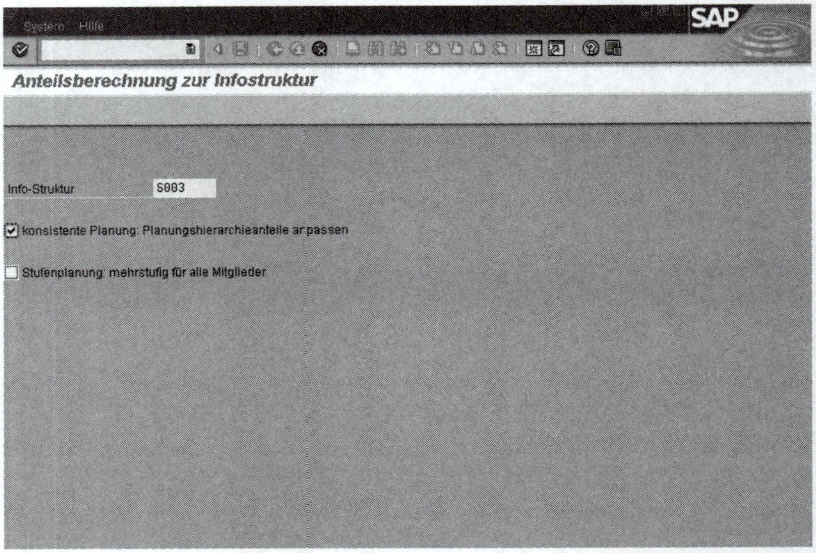

Abbildung 5.6 Einstieg in die Anteilswertberechnung

Abbildung 5.6 zeigt beispielhaft den Einstieg in die maschinelle Anteilswertberechnung. Nach der Auswahl der Informationsstruktur und des Typs zur Anteilswertermittlung wird man aufgefordert, die Version (000 für Istdaten) und die Kennzahlen auszuwählen, auf deren Basis die Anteilswerte ermittelt werden sollen.

Bei einer automatischen Ermittlung von Anteilswerten auf der Grundlage von Istdaten ist wie bei der automatischen Ermittlung der Planungsobjekte zu bedenken, dass alle Neugeschäfte, die im Rahmen der Vertriebsplanung geplant werden sollen, manuell in der Planungshierarchie nachgepflegt werden müssen.

Produktgruppen

Damit sind alle Stammdaten für eine Vertriebsplanung mit der flexiblen Planung angelegt. Als Option besteht zusätzlich noch die Möglichkeit, in der flexiblen Planung eigene Produktgruppen zu definieren. Dies kann sinnvoll sein, wenn beispielsweise die Strukturierung der Produkthierarchie im Materialstamm nicht mit den Produktgruppierungen im Rahmen der Vertriebsplanung zusammenpasst. Generell ist aber anzumerken, dass diese zusätzlichen Produktgruppen einen erhöhten Pflegebedarf an Stammdaten nach sich ziehen und im Rahmen der Integration in die anderen Module nicht mit übernommen werden. Das einzige Modul, das mit der gleichen Produktgruppierung arbeiten kann, ist die Standard-Absatz-/Grobplanung (SOP), wobei es sich eigentlich nur um eine Sonderform der flexiblen Planung mit einer vordefinierten Informationsstruktur (S076) handelt. Wie die Produktgruppierung der flexiblen Planung angelegt und gepflegt wird, können Sie ausführlich bei der Beschreibung des Moduls SOP (Abschnitt 5.3) nachlesen.

5.1.4 Input der Vertriebsplanung mit der flexiblen Planung

Grundsätzlich benötigt die Vertriebsplanung keine Input-Daten. Da sie den Ausgangspunkt der operativen Planung darstellt, kann die Vertriebsplanung auf der »grünen Wiese« durchgeführt werden. In der Praxis stellt sich diese Form der Vertriebsplanung aber als zu aufwändig und umständlich heraus.

Vielmehr ist es sinnvoll, für die operative Vertriebsplanung Vorschlagswerte zu generieren, die dann erst im zweiten Schritt durch die Vertriebsplaner überarbeitet werden. In Abbildung 5.7 wird ein Überblick über die verschiedenen Möglichkeiten zur Generierung von Vorschlagswerten als Input für die Vertriebsplanung gegeben.

Vorschlagswerte aus Istdaten

Die erste Möglichkeit der Generierung von Vorschlagswerten stellt das Kopieren von Istdaten in die Planversion der definierten Infostruktur dar. Damit werden nicht nur die Planungshierarchie und die Anteilsfaktoren, sondern auch gleich die Planwerte aus den Istwerten generiert. Hintergrund dieser Überlegung ist, dass nicht das gesamte Vertriebsgeschäft eine derartige Dynamik aufweist, die ermöglicht, dass im zu planenden Geschäftsjahr auf die Strukturen des laufenden Geschäftes zurückgegriffen werden könnte. Zum anderen ist es für eine zeitgerechte Fertigstellung der Vertriebsplanung wichtig, den Aufwand möglichst gering zu halten. Dabei kann man nach dem Prinzip der Wesentlichkeit arbeiten, d.h., man kopiert das laufende Geschäft als Vorschlagswert in die gewünschte Planversion und pflegt dann nur noch das Geschäft mit A-Kunden oder A-Artikeln. Die Geschäfte mit B- und C-Kunden bzw. B- und C-Artikeln werden einfach übernommen.

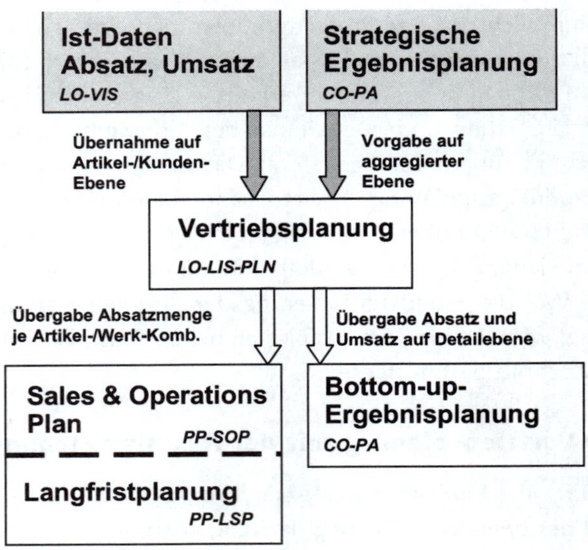

Abbildung 5.7 Input-Output-Modell zur Vertriebsplanung (Input)

Die Istdaten werden dabei aus dem Vertriebs-Informations-System (VIS) übernommen, das – ebenso wie die flexible Planung – aus verschiedenen Informationsstrukturen besteht. Über definierbare Kennzahlenzuordnungen können nun Kennzahlen aus einer Version einer Informationsstruktur in eine Kennzahl einer Version einer anderen Informationsstruktur kopiert werden. Auf diese Weise ist es natürlich auch möglich, Planungen, die mit einer anderen Informationsstruktur durchgeführt wurden, in die eigene Informationsstruktur zu kopieren. Weisen dabei die Planversionen unterschiedliche Planungsmethoden auf, so muss gegebenenfalls über definierbare Kopierverfahren (Kopiermethoden) angegeben werden, wie das Kopieren erfolgen soll.

Wenn Istdaten als Vorschlagswerte für die Vertriebsplanung generiert werden, muss natürlich klar sein, dass jedes Neugeschäft nach wie vor manuell ohne Vorschlagswert geplant werden muss.

Vorschlagswerte aus der strategischen Planung

Neben der Übernahme von Istdaten als Vorschlagswert für die Vertriebsplanung können auch Vorgaben aus der strategischen Planung auf aggregierter Ebene in die Vertriebsplanung übernommen werden. Diese Plandaten könnten dann auf der Grundlage der Planungshierarchie und der Anteilsfaktoren auf die Detailebenen verteilt werden.

Die Vorgaben aus der strategischen Planung liegen im Allgemeinen im Modul CO-PA vor. Über entsprechende Customizing-Einstellungen ist es möglich, Merkmale und Wertefelder des Moduls CO-PA mit Merkmalen und Kennzahlen der Informationsstruktur der Vertriebsplanung in der flexiblen Planung zu verknüpfen. Auf dieser Grundlage können dann die Plandaten aus der strategischen Planung unter Angabe des Zeitraums und der Ziel- und Quellversion in die flexible Planung kopiert werden.

Damit steht der eigentlichen Durchführung der Vertriebsplanung nichts mehr im Wege.

5.1.5 Durchführung der Vertriebsplanung mit der Funktionalität der flexiblen Planung

Planungstableaus

Wie bereits in Abschnitt 5.1.2 erläutert, erfolgt die Bearbeitung der Daten der Vertriebsplanung über Planungstableaus, die über die Planungstypen zur Informationsstruktur definiert wurden.

Ein Planungstableau besteht immer aus zwei Bereichen:

- Kopfbereich
- Eingabematrix

Kopfbereich

Im *Kopfbereich* eines Planungstableaus wird die aktuelle Merkmalskombination der ausgewählten Planungsebene angezeigt, die gerade geplant wird. Zudem werden im Kopfbereich die ausgewählte Planversion sowie eine Kennung, ob es sich um eine aktive oder inaktive Version handelt, angezeigt.

Eingabematrix

In der *Eingabematrix* werden zur Merkmalskombination des Kopfbereichs die eigentlichen Plandaten gepflegt. Sie besteht aus einer Zeilen- und

Spaltenstruktur. In den Zeilen werden die definierten Kennzahlen angegeben, die entweder geplant werden oder aber Vergleichswerte bzw. Rechenfelder darstellen. In den Spalten befinden sich die Planungsperioden, für die die Vertriebsplanung durchgeführt werden soll, wobei jede Periode eine Spalte darstellt. Die erste Spalte beinhaltet die Beschreibung der Zeilen und damit der Kennzahlen, und eine weitere Spalte des Eingabebereichs gibt die Einheit an, in der die Kennzahlen geplant werden.

Abbildung 5.8 stellt ein beispielhaftes Planungstableau dar. Es sei nochmals darauf hingewiesen, dass der Aufbau der Planungstableaus individuell an die jeweiligen Strukturen des ausgewählten Unternehmens angepasst werden kann und keineswegs durch SAP R/3 bereits statisch festgelegt ist.

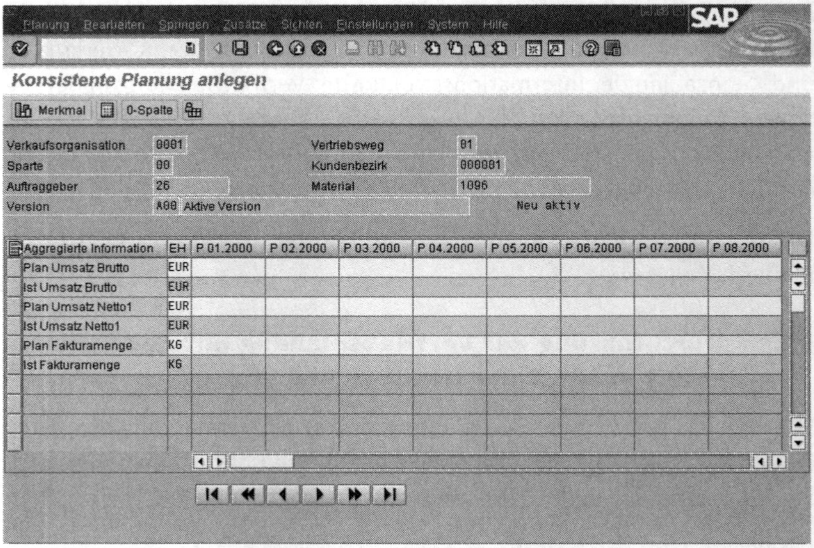

Abbildung 5.8 Beispiel für ein Planungstableau

Neben dieser Art von Planungstableaus können auch zweigeteilte Planungstableaus angelegt werden. Dabei wird der Bildschirm horizontal in zwei Teile untergliedert, wobei im oberen Planungsbild die Daten einer aggregierten Planungsebene angezeigt werden und im unteren Planungsbild die zugehörigen Detailausprägungen der niedrigeren Planungsebene. Bei Verwendung der konsistenten Planung kann so die Auswirkung einer Planveränderung auf aggregierter Ebene auf der Detailebene analysiert werden.

Die Planungstableaus stellen aber nicht nur einfach eine Eingabeoberfläche für die Vertriebsplaner dar, sondern bieten überdies zahlreiche weitere Funktionen, die das praktische Arbeiten während der Planungsphase vereinfachen.

Navigations- und Anzeigefunktionen

Hierzu zählen folgende Navigations- und Anzeigefunktionen:

- **Planungsebene nach oben springen**
  Ausgehend von einer bestimmten Merkmalskombination wird der Planungshierarchie folgend zur zugehörigen Merkmalsausprägung der nächsthöheren Planungsebene gesprungen.
- **Planungsebene nach unten springen**
  Ausgehend von einer Merkmalskombination wird gemäß der Planungshierarchie zur ersten zugehörigen Merkmalskombination der nächstniedrigeren Planungsebene gesprungen.
- **Zur nächsten Merkmalskombination springen**
  Innerhalb der gleichen Planungsebene wird zur nächsten Merkmalskombination gesprungen.
- **Zur vorherigen Merkmalskombination springen**
  Innerhalb der gleichen Planungsebene wird zur vorherigen Merkmalskombination gesprungen.
- **Alle Merkmalswerte der nächstniedrigeren Ebene zu einer Kennzahl anzeigen**
  Bezogen auf eine markierte Kennzahl werden alle zugehörigen Merkmalswerte der nächstniedrigeren Ebene angezeigt.
- **Alle Kennzahlen zu allen Merkmalswerten anzeigen**
  Bei der konsistenten Planung werden alle Kennzahlen zu allen Merkmalswerten der niedrigsten Ebene angezeigt. Bei der Stufenplanung werden alle Kennzahlen zu allen Merkmalswerten der aktuellen Planungsebene angezeigt.
- **Einheiten wechseln**
  Bei Planumsätzen kann dabei sowohl die Währung als auch die Währungseinheit gewechselt werden. Voraussetzung für eine Umrechnung der Währung sind gepflegte Umrechnungskurse im SAP-System. Mengeneinheiten können ebenfalls umgerechnet werden, sofern entweder eine allgemeine Umrechnungsformel (z.B. von kg nach t) oder aber ein spezifischer Umrechnungsfaktor im Materialstamm hinterlegt ist.
- **Kopfinformation auswählen**
  Im Kopfbereich werden immer nur maximal sechs Merkmale angezeigt. Besteht nun die Planungsebene aus mehr als sechs Merkmalen,

kann über diese Funktion ausgewählt werden, welche Merkmale in welcher Reihenfolge angezeigt werden sollen.

- **Zeilensummen berechnen**
  Mit dieser Funktion kann für eine ausgewählte Kennzahl eine Summe über den Planungshorizont berechnet werden. Dabei besteht die Möglichkeit, eine Summe über die sichtbaren Perioden, alle Perioden, alle vergangenen Perioden, alle zukünftigen Perioden oder ausgewählte Perioden zu bilden.
- **Langtext anlegen**
  Hiermit kann ein Kommentar zu einer Merkmalskombination in einer Periode hinterlegt werden.
- **Download nach Excel**
  Mit dieser Funktion können die Daten des Planungstableaus nach Excel exportiert werden.

Funktionen zur Datenpflege

Darüber hinaus stehen folgende Funktionen zur Datenpflege in den Planungstableaus zur Verfügung:

- **Ausführen von Makros**
  Makros beinhalten Rechenvorschriften, die in der Kombination bestimmter Kennzahlen neue Kennzahlen berechnen. Sie können quasi beliebige Makros definieren und dann natürlich auch im Planungstableau ausführen.
- **Kennzahlen disaggregieren**
  Auf der Basis der Planungshierarchie und der Anteilsfaktoren werden die Kennzahlen eines Merkmalswerts auf die Merkmalswerte der niedrigeren Planungsebene(n) verteilt.
- **Fixieren von Kennzahlenwerten**
  Mit dieser Funktion kann verhindert werden, dass eine Kennzahl durch die Veränderung von Planwerten auf anderen Planungsebenen verändert wird. In diesem Fall hat der fixierte Kennzahlenwert Vorrang.
- **Kennzahlen periodisch verteilen**
  Mit dieser Funktion kann z.B. zunächst ein Jahreswert geplant und dann auf die Perioden verteilt werden.

Ereignisse

Neben der direkten Pflege der Plandaten über die Planungstableaus besteht in der flexiblen Planung auch die Möglichkeit, bestimmte Ereignisse gesondert zu definieren und in die Vertriebsplanung einfließen zu lassen. Unter *Ereignissen* sind in diesem Zusammenhang z.B. geplante Aktionen im Handel oder Sondervereinbarungen mit Großkunden zu verstehen. Dabei wird zwischen zwei Ereignistypen differenziert:

- **Kumulative Ereignisse**
  Bei diesen Ereignissen werden absolute Kennzahlenwerte definiert, die dann zu den bereits vorhandenen Plandaten hinzugezählt werden.
- **Prozentuale Ereignisse**
  Bei diesen Ereignissen werden prozentuale Veränderungen zu den Kennzahlen definiert, die dann auf der Basis der vorhandenen Plandaten neu berechnet werden.

Abbildung 5.9 zeigt beispielhaft das Anlegen eines kumulativen Ereignisses.

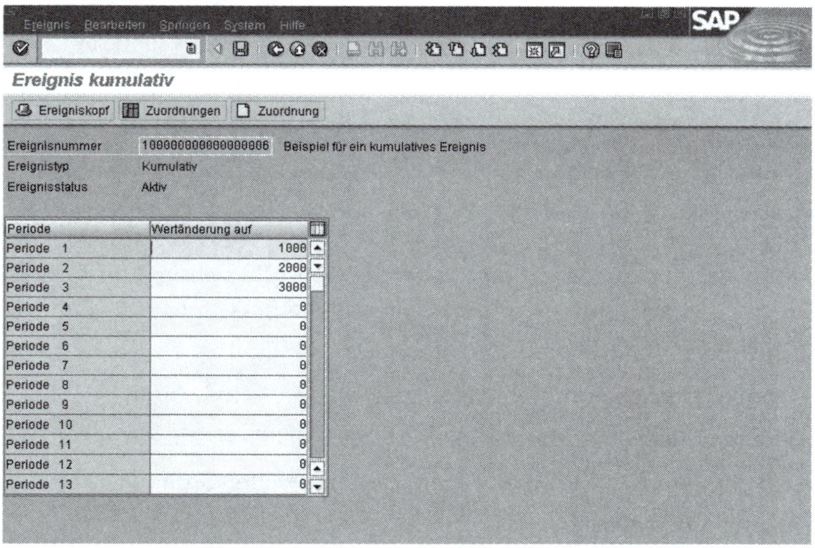

Abbildung 5.9 Kumulatives Ereignis anlegen (Beispiel 1)

In Abbildung 5.10 wird zusätzlich definiert:

- Zu welchem Merkmalswert das Ereignis gehört
- Welche Kennzahlen betroffen sind
- Welche Planversion ausgewählt wird
- Ab welchem Zeitpunkt das Ereignis Gültigkeit hat

Prognose-rechnungen

Zusätzlich zur manuellen Überarbeitung der Plandaten bietet SAP R/3 auch die Möglichkeit, Plandaten auf der Grundlage von Prognosemodellen automatisch berechnen zu lassen. Ausgangspunkt für diese Prognoserechnungen sind dabei immer vorhandene Istdaten des laufenden Geschäftes.

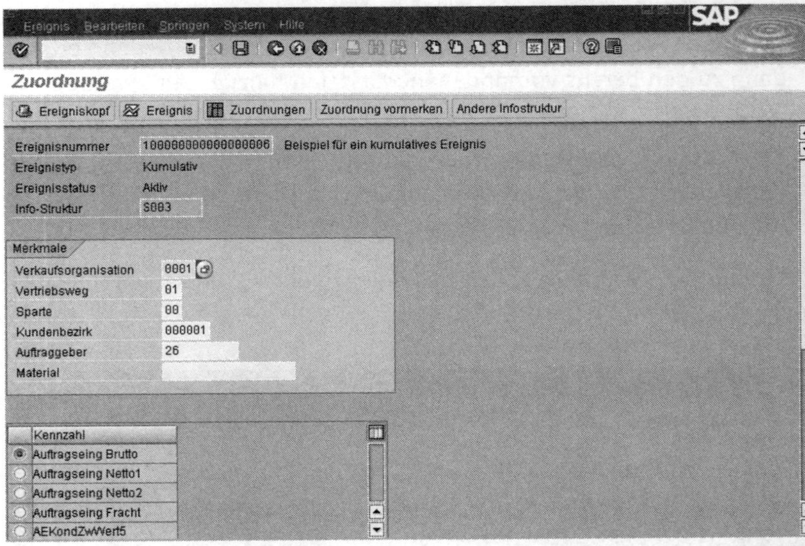

Abbildung 5.10 Kumulatives Ereignis anlegen (Beispiel 2)

SAP bietet verschiedene Prognosemodelle an, die sich im Hinblick auf Durchschnittsbildung, Trendrechnung und Berücksichtigung saisonaler Effekte unterscheiden:

- Modelle mit gewichteten und ungewichteten Mittelwerten
- Trendmodelle mit exponentieller Glättung erster Ordnung
- Trendmodelle mit exponentieller Glättung zweiter Ordnung
- Saisonmodelle nach Winter
- Kombinierte Trend-Saison-Modelle

Allen Prognosemodellen gemein ist, dass sie eine sehr vereinfachte Form der Vertriebsplanung darstellen und eine ausreichend lange Kette von Vergangenheitswerten benötigen. Außerdem sind Prognoseverfahren nur bei relativ statischen Verkaufsgeschäften anwendbar. Überall dort, wo sich das Verkaufsgeschehen in hohem Maße dynamisch ändern kann, sind diese einfachen Prognoserechnungen eher als ungeeignet anzusehen.

Planversionen

Sollten aufgrund von Prognoserechnungen oder parallelen Planungsszenarien mehrere Planversionen zum Einsatz kommen, so ist es notwendig bzw. sinnvoll, Plandaten von einer Planversion in eine andere zu kopieren. Dies ist mit SAP R/3 sehr einfach unter Angabe der Quellversion, der Zielversion und des gewünschten Zeitraums möglich, wie in Abbildung 5.11 beispielhaft dargestellt.

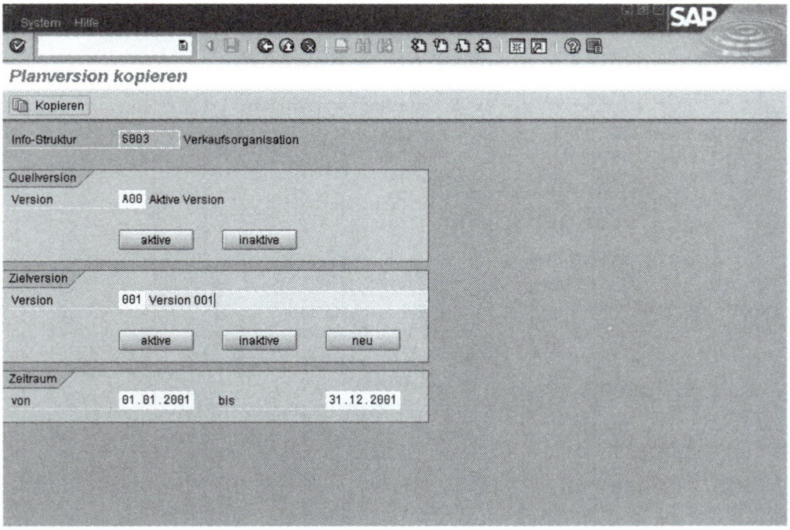

Abbildung 5.11 Planversionen kopieren

Bei diesem Vorgang werden die gesamten Planwerte der Quellversion in die Zielversion kopiert.

5.1.6 Output der Vertriebsplanung mit der flexiblen Planung

Das Ergebnis der Vertriebsplanung ist, wie in Abbildung 5.12 aufgezeigt, in zweierlei Hinsicht für die nachfolgenden Planungsschritte der operativen Planung wichtig.

Ergebnisplanung

Zum einen ist der detailliert geplante Plan-Absatz und Plan-Umsatz die Grundlage für eine Bottum-up-Ergebnisplanung im Modul CO-PA. In der Ergebnisplanung werden dann in Abhängigkeit der geplanten Absätze und Umsätze entsprechende Kosten des Umsatzes geplant.

Werksebene

In diesem Zusammenhang ist wesentlich, dass – sofern der Bewertungskreis als Werk festgelegt wird – bei Anwendung der Erzeugniskalkulation zur Ermittlung von Planherstellkosten des Umsatzes in der Ergebnisplanung die Plan-Absatzmengen auf der Ebene »Artikel«/»Werk« vorliegen. Nur auf dieser Basis können dann in der Planergebnisrechnung automatisch die Ergebnisse der Erzeugniskalkulation herangezogen werden. Aus diesem Grund sollte in diesen Fällen die detaillierteste Planungsebene das Merkmal »Werk« mit beinhalten. Dabei kann zur Ermittlung der Werksebene auch auf eine automatische Werksaufteilung zurückgegriffen werden (siehe hierzu Abschnitt 5.3).

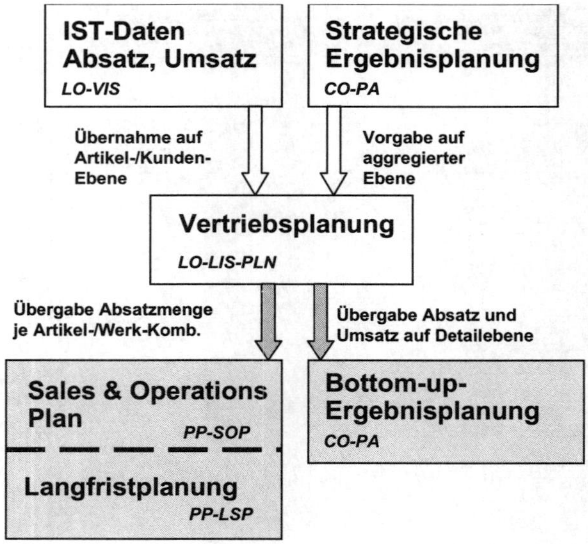

Abbildung 5.12 Input-Output-Modell zur Vertriebsplanung (Output)

Die Übertragung der Plandaten aus der flexiblen Planung in die Ergebnisrechnung des Moduls CO-PA erfolgt dabei über einen Massenverarbeitungsjob. Damit die Informationen aus der Vertriebsplanung in die richtigen Datenfelder der Ergebnisplanung einfließen, sind eine ganze Reihe von Definitionen notwendig. Abbildung 5.13 stellt die einzelnen Definitionen und deren Zuordnung grafisch dar.

Über Kennzahlenzuordnungen wird zunächst festgelegt, welche Kennzahl aus welcher Informationsstruktur der flexiblen Planung in welche Werte in welchem Ergebnisbereich der Ergebnisrechnung einfließen sollen. Zusätzlich wird über Merkmalszuordnungen analog festgelegt, welches Merkmal aus der flexiblen Planung zu welchem Merkmal in CO-PA passt.

Die Kennzahlen- und Merkmalszuordnungen werden in einer eigenen CO-PA-Zuordnung zusammengefasst. Hier wird außerdem festgelegt, aus welcher Version der flexiblen Planung in welche Planversion des CO-PA unter welcher Vorgangsart die Planwerte überspielt werden sollen.

Diese Festlegungen werden schließlich in einer Massenverarbeitungs-Aktivität eingebunden und für die Verarbeitung vorbereitet. Beim Starten des Batch-Jobs kann über eine entsprechende Selektion noch der Datenbestand, der kopiert werden soll, näher eingegrenzt werden.

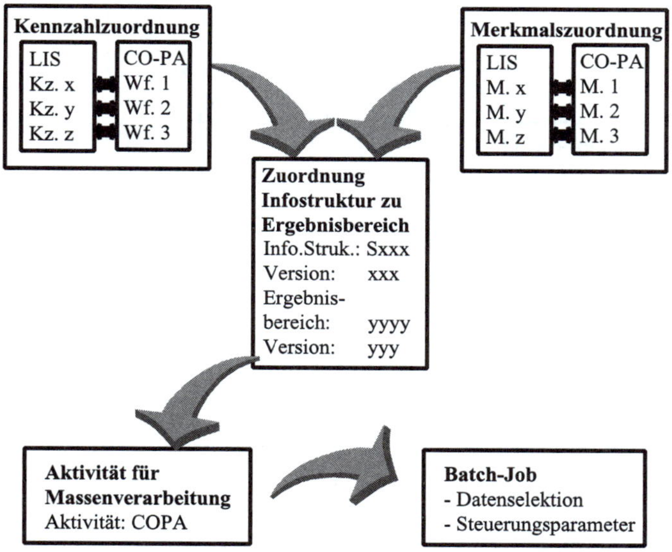

Abbildung 5.13 Einstellungen zur Datenübergabe nach CO-PA

Produktionsplanung

Die Plan-Absatzmenge wird für die anschließende Produktionsplanung zugrunde gelegt. Hierbei werden die Daten zunächst an die Standard-Absatz-/Grobplanung (SOP) überspielt. Dieses Modul ist eine Sonderform der flexiblen Planung und durch eine feste Informationsstruktur (S076) strukturiert. Die Plan-Absatzmengen werden auf der Ebene »Produktgruppe« (wenn vorhanden), »Material« und »Werk« (sofern vorhanden) in die Informationsstruktur S076 kopiert. Sollten die Plandaten nicht auf Werksebene vorliegen, kann in diesem Fall in der Informationsstruktur S076 eine Werksaufteilung automatisch erfolgen.

Abbildung 5.14 zeigt, dass auch für diese Überspielung von Plandaten aus einer Informationsstruktur in eine andere einige Einstellungen vorgenommen werden müssen.

Zunächst muss auch in diesem Fall über eine Kennzahlenzuordnung festgelegt werden, welche Merkmale und Kennzahlen der Informationsstruktur der Vertriebsplanung zu den Merkmalen und Kennzahlen der Standard-Absatz-/Produktionsgrobplanung (SOP) gehören. In einem Kopierprofil wird daraufhin festgelegt, welche Quellversion der Vertriebsplanung und welche Zielversion der Standard-Absatz-/Produktionsgrobplanung (SOP) genutzt werden.

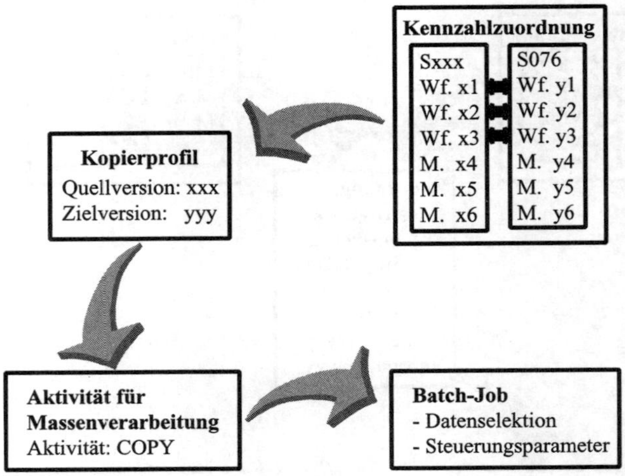

Abbildung 5.14 Einstellungen zur Datenübertragung nach SOP

Über eine Massenverarbeitungs-Aktivität werden schließlich die einzelnen Definitionen für die Verarbeitung vorbereitet. Beim Starten des Batch-Jobs kann analog über eine entsprechende Selektion noch der Datenbestand, der kopiert werden soll, näher eingegrenzt werden.

5.1.7 Checkliste zur Vertriebsplanung mit der flexiblen Planung

Als PDF-Dokument zum Download unter www.sap-press.de

Stichwort	Erläuterung
Organisation	Vor Beginn der Vertriebsplanung muss definiert sein, wer in welchem Detaillierungsgrad die Vertriebsplanung durchführen wird.
Informationsstruktur	Schafft die Grundlage der Vertriebsplanung; hier wird definiert, mit welchen Merkmalen, Kennzahlen und welcher Periodizität die Plandaten gespeichert werden.
Abgrenzung der Plandaten	Bei der Auswahl der Merkmale und Bildung der Planungsebene sollte darauf geachtet werden, dass es eine Planungsebene gibt, die die Plandaten zwischen den Vertriebsplanern klar abgrenzt.
Merkmale »Material«/»Werk«	Sollen die Ergebnisse der Vertriebsplanung nachfolgend in die Ergebnisplanung einfließen und ist als Bewertungskreis das Werk gewählt, so ist darauf zu achten, dass in der detailliertesten Stufe die Merkmale »Material« und »Werk« vorhanden sind. Ansonsten kann die Erzeugniskalkulation zur Ermittlung der Plan-Herstellkosten nicht herangezogen werden.
Planungsmethode	Je nach Art und Umfang der Vertriebsplanung muss man sich für die konsistente Planung, Stufenplanung oder Deltaplanung entscheiden.

Stichwort	Erläuterung
Planungshierarchie und Anteilsfaktoren	Bei Verwendung der konsistenten Planung und der Stufenplanung muss eine Planungshierarchie mit entsprechenden Anteilsfaktoren gepflegt sein.
Istdaten	Wenn bereits für einen Zeitraum, der mindestens länger als der Planzeitraum ist, Istdaten im System vorhanden sind, kann die Planungshierarchie automatisch aufgebaut werden.
Neugeschäfte	Geschäfte mit neuen Materialien und/oder Kunden müssen auf jeden Fall manuell in der Planungshierarchie gepflegt werden.
»Allgemeine Merkmale«	Hier kann das Klein- oder Neugeschäft zusammengefasst werden. Zu beachten ist aber, dass diese Mengen weder bei der anschließenden Produktionsplanung noch bei der Ermittlung der Planherstellkosten des Umsatzes berücksichtigt werden.
Planungsszenarien	Soll mit verschiedenen Planungsszenarien gearbeitet werden? Wenn ja, sollten im Vorfeld die dafür notwendigen Planversionen angelegt werden.
Planungstypen und Makros	Über die Planungstypen und Makros definieren Sie die Funktionsweise der Vertriebsplanung. Es ist dabei sinnvoll, die Flexibilität des SAP R/3-Systems zu nutzen, um auf individuelle Wünsche der Vertriebsplaner einzugehen. Dies fördert die Akzeptanz des Systems.
Fremdwährungen	Wenn unter anderem auch in Fremdwährung geplant werden soll, ist darauf zu achten, dass im Vorfeld Währungsumrechnungskurse für das Planjahr im SAP R/3-System eingestellt sind.
Vorschlagswerte	Sollen Istdaten oder Vorgaben aus der strategischen Planung als Vorschlagswerte in die Vertriebsplanung einfließen? Wenn ja, stellen Sie sicher, dass diese Informationen vor Beginn der Vertriebsplanung zur Verfügung stehen. Achten Sie dabei darauf, dass die Daten entweder auf der Detailebene (bei Istdaten) oder vollständig auf einer aggregierten Planungsebene (bei Vorgaben aus der strategischen Planung) der Vertriebsplanung eingespielt werden können.

5.2 Die Vertriebsplanung mit CO-PA

5.2.1 Definition und Ziel der Vertriebsplanung mit CO-PA

Das Ziel und die Definition der Vertriebsplanung mit CO-PA entsprechen der Definition und Zielsetzung einer Vertriebsplanung mit der Funktionalität der flexiblen Planung (siehe Abschnitt 5.1.1). Lediglich das Medium zur Umsetzung des ersten Planungsschrittes der operativen Planung ist ein anderes.

Mit dem Modul CO-PA (Controlling – Profitability Analysis) steht dem SAP R/3-Anwender neben dem Logistik-Informationssystem ein gleichrangiges Planungsinstrument zur Verfügung. Sind die nachfolgenden Planungsfunktionen zwar primär für die Erstellung einer Ergebnisplanung geschaffen worden, so eignen sie sich dennoch auch sehr gut für eine Vertriebsplanung, auch wenn es etwas »artfremd« erscheint, eine Vertriebsplanung in einem Controlling-Modul durchzuführen.

Insbesondere in der Verfolgung der Planungsintegration mit Erstellung einer Plan-Ergebnisrechnung kann es sinnvoll sein, die Vertriebsplanung direkt im Modul CO-PA durchzuführen, da dann – sofern keine getrennten Planversionen verwendet werden – eine Überspielung der Daten aus der Vertriebsplanung in die Ergebnisplanung entfällt.

5.2.2 Voraussetzung für die Vertriebsplanung mit CO-PA

Ergebnisbereich

Grundlage für eine Planung mit CO-PA – wie für das Arbeiten mit CO-PA überhaupt – ist der Ergebnisbereich, der alle Daten der Ergebnisrechnung enthält und weitgehend individuell eingerichtet werden kann. Dabei ist zu bedenken, dass die Struktur des Ergebnisbereichs sowohl für die Plan-Ergebnisrechnung als auch für die Ist-Ergebnisrechnung gleichermaßen passen muss, da die Ist- und Plandaten in denselben Ergebnisbereich einfließen und nur durch ein Plan-/Istkennzeichen differenziert werden.

Der Ergebnisbereich gliedert sich in seinem Aufbau in zwei wesentliche Bereiche:

- Merkmale
- Wertefelder

Merkmale

Durch *Merkmale* werden die Daten der Ergebnisrechnung – wie auch bei der flexiblen Planung – nach den gewünschten Auswertungskriterien differenziert. Dabei werden drei Grundarten von Merkmalen unterschieden:

- Organisatorische Merkmale
- Kundenmerkmale
- Artikelmerkmale

Unter *organisatorischen Merkmalen* versteht man Kriterien, die die interne Organisation des Unternehmens strukturieren. Hierbei greift man in der Regel auf die allgemeinen Organisationselemente von FI und SD zurück. Beispiele hierfür sind: Buchungskreis, Verkaufsorganisation, Vertriebsweg, Sparte, Verkaufsbüro, Verkäufergruppe.

Die *Kundenmerkmale* differenzieren die Plandaten im Hinblick auf die Kundenstruktur. Hierbei kann man auf alle wesentlichen Merkmale des

Kundenstamms – wie etwa Land, Region, Branche oder Kundengruppe 1 bis 5 – zurückgreifen. Natürlich steht die Kundennummer selbst in Form unterschiedlicher Kundenrollen – wie etwa Auftraggeber, Warenempfänger, Rechnungsempfänger – als Kundenmerkmal zur Verfügung.

Artikelmerkmale wiederum strukturieren die Plan-Absatzmengen und Plan-Umsätze nach Kriterien unterschiedlicher Artikel. Hierbei kann auf alle Felder des Artikelstamms zurückgegriffen werden. Häufig werden dabei die einzelnen Stufen der Produkthierarchie, die Warengruppe und/ oder die Artikelnummer selbst genutzt.

CO-PA-Merkmale

In CO-PA kann man zusätzlich eigene Merkmale definieren, die dann über bestimmbare Regeln (Ableitungsregeln) ihre Ausprägung in Abhängigkeit von der Ausprägung anderer Merkmale erhalten. Dies ermöglicht in CO-PA eine sehr hohe Flexibilität bei der Gestaltung von Merkmalen. Allerdings können derartige Konstellationen auch sehr komplex werden. Des Weiteren ist zu beachten, dass neben ca. 30 Fix-Merkmalen die Definition neuer Merkmale auf maximal 50 Merkmale (bis Release 3.x 30 Merkmale) beschränkt ist und jedes zusätzliche Merkmal zusätzlichen Speicherbedarf benötigt.

Auch im Modul CO-PA ist es – wie bei der flexiblen Planung – sehr wichtig, die Definition der Merkmale frühzeitig abzustimmen und vor Beginn der Vertriebsplanung definitiv festzulegen. Eine nachträgliche Erweiterung der Änderung der Merkmale während des Ablaufs einer Vertriebsplanung ist auch im Modul CO-PA kaum realisierbar.

Bei der Auswahl der Merkmale für den Ergebnisbereich sollte man wie bei der flexiblen Planung auch hier die gleiche Sorgfalt walten lassen im Hinblick auf die Planungsebenen, auf denen die Plandaten als Ergebnis der Vertriebsplanung vorhanden sein sollen, und die Planungsebenen, auf denen die Plandatenerfassung sinnvoll möglich ist. Auch in diesem Fall hat es nicht unbedingt Sinn, die Plandaten auf der detailliertesten Planungsebene erfassen zu lassen. Vielmehr könnte man die Plandaten auf aggregierterer Ebene erfassen und dann maschinell verteilen lassen. Wenn mehrere Vertriebsplaner in die Vertriebsplanung involviert sind, ist es zudem wichtig, eine Planungsebene zu definieren, die die zu planenden Daten der einzelnen Vertriebsplaner abgrenzt. So kann verhindert werden, dass die Planung eines Vertriebsplaners die Daten eines anderen ungewollt verändert.

Wertefelder

Die *Wertefelder* des Ergebnisbereichs beinhalten die eigentlichen Planwerte. Die Vertriebsplanung kennt dabei im Wesentlichen die Plan-

Absatzmenge, den Plan-Umsatz und den Plan-Preis. Wenn zusätzlich eine Ist-Ergebnisrechnung oder eine Planergebnisrechnung aufgebaut wird, wird der Ergebnisbereich natürlich noch zahlreiche weitere Wertefelder beinhalten, die die gesamte Struktur der Ergebnisrechnung mit allen Umsatz- und Gemeinkosten beinhalten.

Darüber hinaus ist zu beachten, dass der Plan-Preis nicht effektiv gespeichert, sondern in Form eines Rechenfeldes dynamisch auf der jeweiligen Planungsebene auf der Basis der summierten Plan-Umsätze und Plan-Absatzmengen gebildet wird. Dies bedeutet aber nicht, dass dann der Plan-Preis nicht eingegeben werden könnte. Vielmehr wird eine Veränderung eines Plan-Preises in eine Veränderung eines Plan-Umsatzes umgerechnet und abgelegt.

Neben dem Plan-Preis können in der Ergebnisrechnung beliebig viele weitere Rechenfelder angelegt werden. Hierfür steht ein komfortabler Formeleditor zur Verfügung, der auch einen verschachtelten Aufbau mehrerer Rechenfelder zulässt, d.h., ein Rechenfeld baut auf dem Ergebnis eines anderen Rechenfeldes auf. Gleichartige Rechenfelder werden zu einem Rechenschema zusammengefasst.

Periodizität

Als Periodizität weist die Ergebnisrechnung und somit auch eine Vertriebsplanung im Modul CO-PA eine monatliche Unterteilung auf. Dies bedeutet, dass alle Planwerte als Monatszahlen im SAP R/3-System gespeichert werden. Allerdings ist es auch möglich, einfache Jahreswerte zu planen, die dann mit Hilfe eines Verteilungsschlüssels auf die Monate des Planjahres aufgeteilt werden. Zusätzlich besteht im Rahmen der Planung mit CO-PA auch die Möglichkeit, eine Wochenplanung durchzuführen, d.h. das System so einzustellen, dass die Daten auf Wochenebene gespeichert werden. Da hierdurch das Datenvolumen allerdings deutlich erhöht wird und die Istdaten zum späteren Vergleich im Modul CO-PA doch meist wieder auf Monatsebene anfallen, ist diese Form der Vertriebsplanung nur in Ausnahmefällen sinnvoll.

Planungsmethode und Planungsebene

Die Planungsmethode ist im Modul CO-PA von vornherein festgelegt. CO-PA kennt nur eine Deltaplanung. Dabei wird jede Veränderung der Plandaten in einem eigenen Datensatz, dem so genannten CO-PA-Einzelposten, abgelegt. Dieser CO-PA-Einzelposten enthält dabei immer alle Merkmale des Ergebnisbereichs, und somit werden die Plandaten immer auf der detailliertesten Planungsebene abgelegt. Wird dabei zu einem Merkmal keine Ausprägung mitgegeben, wird ein Initialwert für dieses Merkmal gespeichert.

Daher kennt CO-PA – streng genommen – keine Planungsebenen und besitzt auch keine Planungshierarchie mit Anteilsfaktoren. Die Planungsebenen werden stattdessen bei der Erfassung der Plandaten logisch gebildet, indem bestimmte Merkmale gefüllt und andere Merkmale nicht gefüllt werden.

Dies hat den Vorteil, dass im Modul CO-PA keine Planungshierarchie angelegt und keine Anteilsfaktoren berechnet werden müssen und somit die Flexibilität höher ist als in der flexiblen Planung. Auf der anderen Seite weist eine Planung mit CO-PA im Vorfeld eine höhere Komplexität auf, da man für die korrekte Ausbildung der Planungsebenen durch Merkmalsableitungen und Planungslayouts selbst sorgen muss.

Merkmalsableitungen

Mit Hilfe von Merkmalsableitungen können im Modul CO-PA logische Strukturen und Abhängigkeiten zwischen den einzelnen Merkmalen gebildet werden. Bestimmte Merkmale werden in Abhängigkeit und/oder aufgrund einer Bedingung von einem oder mehreren anderen Merkmalen ausgeprägt. Auf diese Weise können im CO-PA-Modul mehrere hierarchische Merkmalsbäume gebildet werden. Als Methoden bei der Definition von Merkmalsableitungen stehen dabei zur Verfügung:

- **Ableitungstabelle mit und ohne Bedingung**
  Bei Merkmalsableitungen mit Merkmalstabellen wird anhand der Werte einer anderen Tabelle ein Merkmal gefüllt. Dabei fungieren ein Feld oder mehrere Felder als Schlüsselfelder für die Tabelle. Das Füllen der Merkmale kann an bestimmte Bedingungen geknüpft werden.

  Beispiel: Alle Merkmale aus der Grundsicht des Materialstamms (Tabelle MARA), die im Ergebnisbereich verwendet werden, werden auf der Basis der Ausprägung der Materialnummer (Schlüsselfeld) durch Lesen des entsprechenden Eintrags in der Tabelle MARA gefüllt. Ähnliches gilt für Kundenmerkmale.

- **Ableitungsregeln mit und ohne Bedingung**
  Ableitungsregeln werden insbesondere für eigene CO-PA-Merkmale genutzt. Hierbei wird im Customizing eine Regel hinterlegt, die besagt, welches Zielmerkmal auf der Basis welcher Quellmerkmale gefüllt werden soll. Im Rahmen der Stammdatenpflege werden dann die konkreten Ableitungen gepflegt. Auch in diesem Fall kann eine Bedingung an die Durchführung der Ableitung gesetzt werden.

  Beispiel: Ein CO-PA-Merkmal »Kontinent« könnte durch die Vorgabe des CO-PA-Merkmals »Land« eindeutig gefüllt werden. In der Stammdatenpflege würde dann definiert werden, dass bei dem Eintrag »DE =

Deutschland« im Feld »Land« automatisch das Merkmal »Kontinent« die Ausprägung »EU = Europa« erhalten soll.

- **Zuordnung auf der Basis einer Bedingung**
  In diesem Fall wird bei Erfüllung einer Bedingung einem Merkmal immer ein bestimmter Wert zugeordnet.
- **Zurücksetzen auf der Basis einer Bedingung**
  In diesem Fall wird bei Erfüllung einer Bedingung ein Merkmal auf »initial« gesetzt.
- **Erweiterung mit und ohne Bedingung**
  Mit der Erweiterung besteht neben den obigen Standardmitteln die Möglichkeit, mit Hilfe von User-Exits weitere komplexe Ableitungen zu definieren. Hierbei kann man auf fast alle Felder des CO-PA-Einzelpostens und das gesamte Tabellenwerk von SAP zurückgreifen.

Durch die sinnvolle Definition der Merkmalsableitungen kann man in der Vertriebsplanung z. B. die drei Grundsichten von Merkmalen (die Organisationssicht, die Kundensicht und die Artikelsicht) parallel abbilden und jeweils innerhalb einer Grundsicht eine hierarchische Struktur definieren.

Planungslayouts

Die Plandatenerfassung bzw. -veränderung erfolgt dann über Planungslayouts. Es können beliebig viele verschiedene Planungslayouts definiert werden. So sollte beispielsweise für jede logische Planungsebene ein eigenes Planungslayout definiert werden. Die Planungslayouts bestehen aus den Bereichen:

- Selektion
- Kopfbereich
- Eingabematrix

Selektion

Bevor man in ein Planungslayout einsteigt, muss über eine *Selektion* festgelegt werden, welche Plandaten man erfassen bzw. pflegen möchte. Dies erfolgt bei der Definition eines Planungslayouts über Variablen, die dann im Layout entweder im Kopfbereich oder aber in den Zeilen oder Spalten der Eingabematrix angezeigt werden. Eine Variable ist die Auswahl einer Ausprägung zu einem Merkmal. Bis SAP R/3 Release 4.5 wurde aus diesen Variablen ein eigener Eingabebildschirm zu Beginn des Aufrufs des Planungslayouts gebildet. Ab SAP R/3 Release 4.6 wird diese Aufgabe durch Planungslevels und Planungspackages (siehe Abschnitt 5.2.3) übernommen. Es ist darauf zu achten, dass Planungslevel und Planungspackage mit dem jeweiligen Planungslayout zusammenpassen.

Der *Kopfbereich* eines Planungslayouts gibt an, auf welche übergeordneten Merkmalsausprägungen sich die Daten der Eingabemaske beziehen. Als Inhalt des Kopfbereichs können beliebige Merkmale des Ergebnisbereichs definiert werden. Ist durch die Selektion die Ausprägung des Kopfbereichs nicht eindeutig, wird die erste Merkmalsausprägung im Kopfbereich angezeigt. Durch bestimmte Funktionsbuttons können dann die Ausprägungen im Kopfbereich gewechselt werden.

Kopfbereich

Die *Eingabematrix* enthält den eigentlichen Eingabebereich für die Plandaten. Sie besteht aus einer frei definierbaren Zeilen- und Spaltenstruktur. Es steht Ihnen frei zu definieren, ob in den Zeilen oder den Spalten Werte, Perioden oder bestimmte Merkmalsausprägungen dargestellt werden können. Hier weist das Planungslayout des Moduls CO-PA eine deutlich höhere Flexibilität auf als die Planungstableaus der flexiblen Planung. Abbildung 5.15 zeigt mögliche Gestaltungen von Planungslayouts.

Eingabematrix

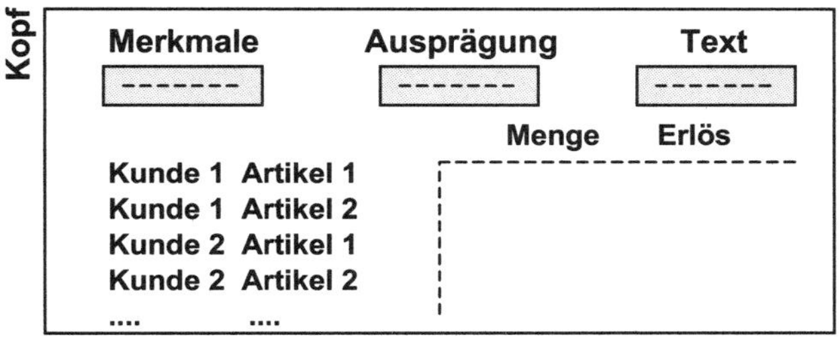

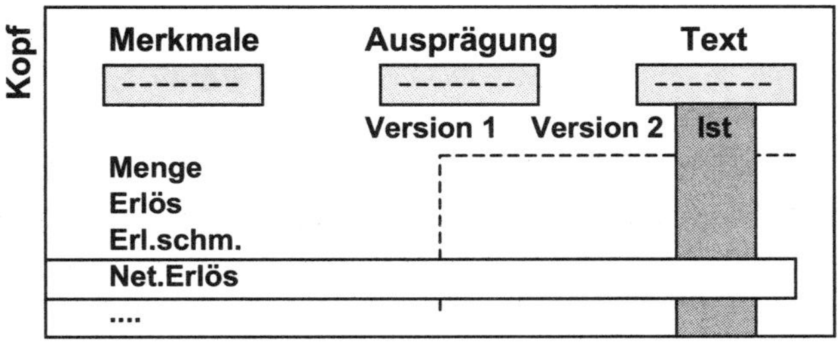

Abbildung 5.15 Beispiele für den Aufbau von Planungslayouts

Bei der Selektion von Plandaten kann nicht ausgeschlossen werden, dass der Vertriebsplaner gewollt oder ungewollt eine Kombination von Merkmalsausprägungen auswählt, die logisch überhaupt nicht vorgesehen ist. So könnte der Vertriebsplaner beispielsweise Daten zu einer Verkaufsorganisation in einem Buchungskreis selektieren und erfassen wollen, die in

Planstruktur

Realität in diesem Buchungskreis überhaupt nicht vorkommt – vorausgesetzt, die beiden Felder sind als Selektionsfelder zum Planungslayout vorgesehen.

Um diesen Fehlern vorzubeugen, besteht die Option, eine *Planstruktur* zu erstellen. Hierbei handelt es sich um eine hierarchische Struktur ähnlich der Planungshierarchie in der flexiblen Planung. Die Planstruktur weist aber auch wesentliche Unterschiede zur Planungshierarchie der flexiblen Planung auf:

1. Der Aufbau der Planstruktur ist optional.
2. Die Planstruktur muss nicht alle Merkmale beinhalten. So reicht es beispielsweise aus, die Organisationsmerkmale in der Struktur aufzunehmen, die Artikel- und Kundenmerkmale aber frei definierbar zu halten.
3. Die Planstruktur wird nicht zur Aggregierung oder Verteilung von Planwerten genutzt. Demnach gibt es auch keine Anteilsfaktoren. Die Planstruktur definiert nur, welche Kombinationen von Merkmalen gültig sind und welche nicht.

Ist eine Planstruktur gebildet und wird dann versucht, Plandaten zu einer nicht vorgesehenen Kombination von Merkmalen der Planstruktur zu planen, erfolgt im SAP R/3-System eine Fehlermeldung, und die Eingabe zu dieser Merkmalskombination wird verweigert.

CO-PA-Berechtigungen

Des Weiteren sollte in der Vertriebsplanung vermieden werden, dass ein Vertriebsplaner Plandaten erfasst bzw. verändert, die er eigentlich gar nicht verändern soll. Dies kann über Berechtigungen im SAP R/3-System verhindert werden. Dabei weist das Modul CO-PA eine hohe Flexibilität auf, da jedes Merkmal des Ergebnisbereichs als Berechtigungsobjekt Verwendung finden kann. Somit ist es möglich, auf jeder Planungsebene innerhalb der Vertriebsplanung Zugriffsbeschränkungen für die Vertriebsplaner aufzubauen. In den Berechtigungsprofilen der einzelnen Vertriebsplaner wird dann eingestellt, welche Segmente der Vertriebsplanung von ihnen erfasst bzw. verändert werden dürfen.

Planversionen

Sollen in der Vertriebsplanung mit CO-PA unterschiedliche Planszenarien realisiert werden, ist dies durch unterschiedliche Planversionen möglich. Hierbei können Vertriebsplandaten für die gleiche Periode und für die gleiche Merkmalskombination in unterschiedlichen Versionen abgespeichert werden. So wird beispielsweise eine »Best-case-/Worst-case-Planung« realisierbar. Auch lässt sich die Planversion nutzen, um die Planungen zwischen verschiedenen Planungsabteilungen zunächst voneinander zu trennen. Über Standardfunktionalitäten ist es möglich, die Daten zwischen verschiedenen Planversionen durch Kopieren untereinander auszutauschen bzw. zusammenzufassen.

Fremdwährungen

Sofern die Vertriebsplanung nicht nur in der Hauswährung des Unternehmens, sondern auch in Fremdwährung erfolgen soll, ist natürlich frühzeitig daran zu denken, Plan-Umrechnungskurse für die Planperiode im SAP R/3-System einzupflegen. Hierbei sollte auch ein eigener Kurstyp Verwendung finden, um die Plankurse von den realen Umrechnungskursen differenzieren zu können.

5.2.3 Stammdaten in der Vertriebsplanung mit CO-PA

Da für die Durchführung einer Vertriebsplanung im Modul CO-PA auf Daten der Material- und Kundenstammsätze im SAP R/3-System zurückgegriffen wird, wird vorausgesetzt, dass alle notwendigen Material- und Kundenstammsätze mit vollständiger Pflege aller im Ergebnisbereich ausgewählten Merkmale im SAP R/3-System vollständig gepflegt sind.

Merkmalswerte

Eine weitere Stammdatenpflege ist im Bereich der eigenen CO-PA-Merkmale notwendig. Zum einen müssen die Merkmalswerte für diese CO-PA-Merkmale gepflegt sein. Dabei wird in Form einer Tabelle hinterlegt, welche gültigen Ausprägungen zu einem CO-PA-Merkmal vorgesehen sind und welche Bezeichnung sie tragen sollen. Ausprägungen von CO-PA-Merkmalen, die nicht in der zugehörigen Tabelle der Merkmalswerte eingepflegt wurden, können später in den Planungslayouts nicht beplant werden.

Ableitungen

Zum anderen müssen die Ableitungen zu den Ableitungsregeln gepflegt werden. Unter den Voraussetzungen wurden die Ableitungsregeln mit der Definition festgelegt, welches Merkmal von welchen Merkmalen abhängt. Im Rahmen der Stammdatenpflege werden nun zu jeder Ableitungsregel die eigentlichen Ableitungen definiert. Dabei wird angegeben, welche Ausprägungen der Quellmerkmale zu welcher Ausprägung des Zielmerkmals führen.

Beispiel In der Ableitungsregel wird definiert, dass das Zielmerkmal »Kontinent« vom Quellmerkmal »Land« abhängt. In der Ableitung wird nun festgelegt, dass bei »Land« = DE (Deutschland) sich der »Kontinent« = EU (Europa) usw. ergibt.

Die Definition der Ableitungen kann auch mit einem Gültigkeitsdatum versehen werden. Dies ist insbesondere bei der Abbildung von Organisationsstrukturen wichtig. Soll zu Beginn des Planjahres eine veränderte

Organisationsstruktur greifen, so muss diese bereits im Rahmen der Planung berücksichtigt werden. Allerdings darf die existierende Organisation nicht bereits im laufenden Jahr verändert werden. In diesen Fällen kann die neue Organisationsstruktur in den Ableitungen mit einem Gültigkeitsdatum ab Beginn des Planjahres bereits im Vorfeld der Vertriebsplanung hinterlegt werden. So ist das laufende Geschäft von der geplanten Organisationsänderung zunächst nicht betroffen.

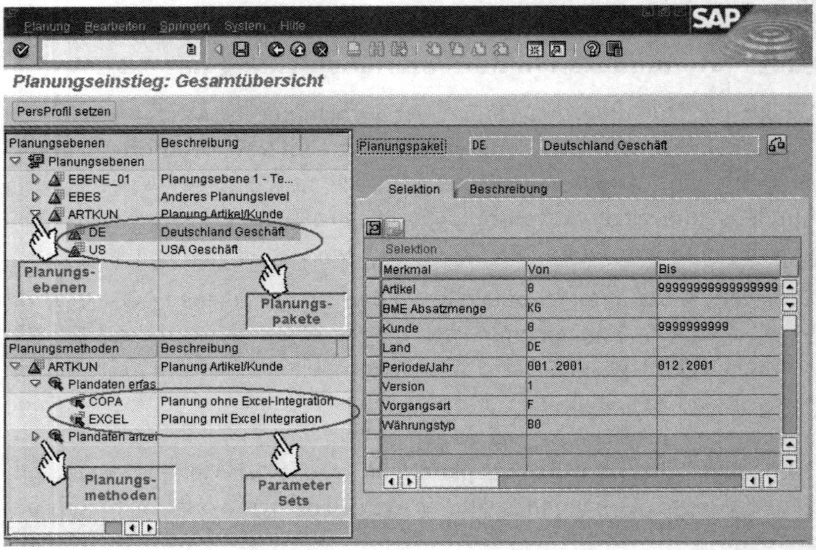

Abbildung 5.16 Planungsebenen, Planungspakete, Planungsmethoden und Parametersets

Der nächste Bereich der Stammdatenpflege betrifft den Einstieg in die Planungslayouts. Ab SAP R/3 Release 4.6 erfolgt der Aufruf der Planungslayouts mit Hilfe von:

- Planungsebenen
- Planungspaketen
- Planungsmethoden
- Parametersets

Abbildung 5.16 zeigt die übersichtliche hierarchische Struktur dieser Planungselemente. Die einzelnen Planungselemente können zwar auch während der Plandatenerfassung erstellt werden, doch empfiehlt es sich zur einfacheren Handhabung für die Vertriebsplaner, im Vorfeld die wesentlichen Strukturen bereits definiert zu haben.

In der *Planungsebene* wird definiert, welche Merkmale bei der Selektion der Plandaten herangezogen werden. Über diese Auswahl werden die einzelnen logischen Planungsebenen abgebildet. Es können sowohl Merkmale aufgenommen werden, die im Nachfolgenden vom Vertriebsplaner nicht verändert werden können, als auch Merkmale, die in Form von Variablen frei ausgeprägt werden können.

Planungsebene

Das *Planungspaket* ist immer eindeutig einer Planungsebene zugeordnet und beinhaltet eine konkrete Ausprägung der jeweiligen Planungsebene. Wenn also in der Planungsebene bestimmte Merkmale als Variablen definiert sind, so befindet sich im Planungspaket eine konkrete Kombination von Ausprägungen zu diesen Variablen. Das Planungspaket stellt somit eine konkrete Plandatenselektion dar, die jederzeit verändert werden kann. Zu beachten ist aber, dass während des Änderungsmodus eines Planungspaketes auch nur ein SAP R/3-Anwender Zugriff auf dieses Planungspaket und die damit verbundenen Plandaten hat.

Planungspaket

Die *Planungsmethode* beschreibt, was mit den selektierten Plandaten geschehen soll. Bis Release 4.6B gibt es nur zwei Standardmethoden:

Planungsmethode

- Plandaten ändern
- Plandaten anzeigen

Ab Release 4.6C sind die maschinellen Planungsfunktionen, wie sie im Abschnitt 5.2.5 beschrieben sind, zu den Planungsmethoden hinzugekommen. An der Funktionalität dieser Funktionen, wie periodische Verteilung, Umbewertung, Top-down-Verteilung, hat sich durch diese Umstellung aber nichts verändert.

Zu einer Planungsmethode wiederum können nun mehrere *Parametersets* angelegt werden. In einem Parameterset werden dabei im Wesentlichen hinterlegt:

Parameterset

- Das Planungslayout
- Die Erfassungswährung
- Der Verteilungsschlüssel
- Die Excel-Integration

Bei der Hinterlegung des Planungslayouts im Parameterset muss, wie bereits erwähnt, darauf geachtet werden, dass das Planungslevel die gleichen Variablen enthält wie das Planungslayout. Anderenfalls erfolgt eine Fehlermeldung, da SAP die ausgewählten Merkmale nicht einwandfrei in das Planungslayout übertragen kann.

Sollen die Plandaten nicht in der Ergebnisbereichswährung oder der Buchungskreiswährung erfasst werden, kann im Parameterset die gewünschte Fremdwährung bei der Plandatenerfassung angegeben werden. Beachten Sie aber, dass die so erfassten Plandaten nicht in der Fremdwährung gespeichert, sondern vielmehr in die Ergebnisbereichs- bzw. Buchungskreiswährung umgerechnet werden.

Falls im Planungslayout die Vertriebsplanzahlen nicht direkt auf Monatsebene, sondern auf Jahresebene erfasst werden, werden die Plandaten über den Verteilungsschlüssel des ausgewählten Parametersets auf die Planmonate verteilt (siehe auch Abschnitt 5.2.5).

Im Parameterset kann darüber hinaus das Kennzeichen zur Einbindung von Microsoft Excel im Planungslayout eingeschaltet werden. Durch dieses Kennzeichen wird Excel innerhalb des SAP R/3-Systems eröffnet, und die selektierten Plandaten werden im echten Excel-Look und zahlreichen Excel-Funktionen dargestellt (siehe Abschnitt 5.2.5).

5.2.4 Input der Vertriebsplanung mit CO-PA

Wie bereits erwähnt, benötigt die Vertriebsplanung keine Input-Daten (siehe Abschnitt 5.1.4). Abbildung 5.17 zeigt die Möglichkeiten auf, Vorschlagswerte als Input für die Vertriebsplanung zu generieren.

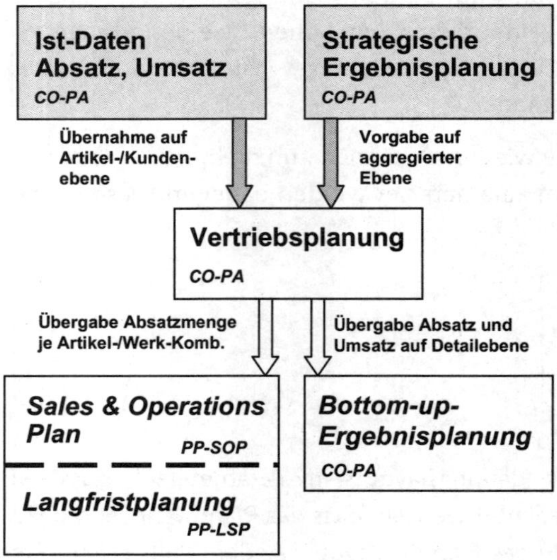

Abbildung 5.17 Input-Output-Modell der Vertriebsplanung (Input)

Die Übernahme der Istdaten aus der Ergebnisrechnung erfolgt denkbar einfach. Da sich alle Daten (sowohl Plan- als auch Istdaten) im gleichen Ergebnisbereich befinden, sind die Strukturen zwischen Istdaten und Plandaten identisch. Des Weiteren weisen die in die Ergebnisrechnung einfließenden Istdaten normalerweise einen derartigen Detaillierungsgrad auf, dass die gewünschte Detaillierung für die Vertriebsplanung auf jeden Fall erreicht wird.

Über die Standardfunktionalität »Planung kopieren« können dabei auch Istdaten in eine Planversion kopiert werden. Abbildung 5.18 zeigt den Eingangsbildschirm zum Kopieren von Daten der Ergebnisrechnung.

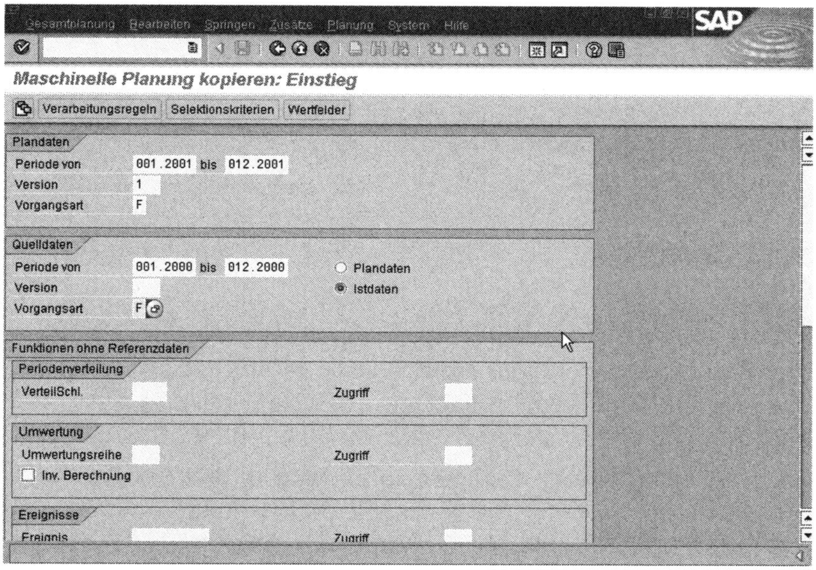

Abbildung 5.18 Kopieren von Istdaten der Ergebnisrechnung in eine Planversion

Zunächst werden die Zielversion, der Planungszeitraum und die Vorgangsart, mit der die Plandaten gespeichert werden sollen, angegeben. Als Nächstes wird der Istzeitraum angegeben, wobei die Länge des Planungszeitraums und des Istzeitraums nicht identisch sein müssen. Bei der Auswahl des Zeitraums muss daher nicht ein gesamtes Geschäftsjahr ausgewählt werden, sondern es ist auch möglich, z.B. die Werte des laufenden Geschäftsjahres (z.B. die Monate Januar bis Juni) zu übernehmen und diese dann mit einem Umbewertungsfaktor hochzurechnen (siehe Abschnitt 5.2.5). Über eine anschließende Selektion besteht die Option, nur die Istdaten zu bestimmten Merkmalsausprägungen zu übernehmen.

Wenn Istdaten als Vorschlagswerte für die Vertriebsplanung generiert werden, muss natürlich klar sein, dass jedes Neugeschäft nach wie vor manuell ohne Vorschlagswert geplant werden muss. Außerdem ist zu bedenken, dass bei Organisationsänderungen die Vorschlagswerte aus dem Ist über Zuordnungsänderungen neu abgeleitet werden. Eine Zuordnungsänderung ist eine nachträgliche Veränderung einer Merkmalsausprägung zu gespeicherten CO-PA-Daten.

Vorschlagswerte aus der strategischen Planung

Neben der Übernahme von Istdaten als Vorschlagswert für die Vertriebsplanung können auch Vorgaben aus der strategischen Planung auf aggregierter Ebene in die Vertriebsplanung übernommen werden. Diese Plandaten könnten dann in einem späteren Schritt über eine Top-down-Verteilung (siehe Abschnitt 5.2.5) auf die Detailebenen heruntergebrochen werden.

Da auch die Daten der strategischen Planung im Modul CO-PA vorliegen und nur durch eine andere Planversion von der Vertriebsplanung abgetrennt sind, funktioniert die Übernahme dieser Plandaten auf die gleiche Weise wie die Übernahme der Istdaten aus der Ergebnisrechnung. Als Quelldaten wird in diesem Fall statt der Istdaten eben die Planversion der strategischen Planung ausgewählt; der Rest erfolgt analog.

Beachten Sie, dass in diesem Fall eine Anpassung der Vorschlagswerte über Zuordnungsänderungen entfällt, da auch die strategische Planung bereits mit den neuen Organisationsstrukturen arbeiten dürfte.

5.2.5 Durchführung der Vertriebsplanung mit CO-PA

Die eigentliche Vertriebsplanung erfolgt über die Anwendung der Planungslevel, Planungspackages, Planungsmethoden, Parametersets und schließlich den Aufruf eines Planungslayouts.

Arbeiten mit Planungslayouts

Nach dem Aufruf des Planungslayouts durch Doppelklick des ausgewählten Parametersets erscheint der Eingabebereich für die Vertriebsplanung. Abbildung 5.19 zeigt einen möglichen Erfassungsbildschirm. In diesem Eingabebereich können jetzt die Plandaten erfasst werden. Neben der reinen Datenerfassung stehen im Wesentlichen folgende Funktionen im Planungslayout zur Verfügung:

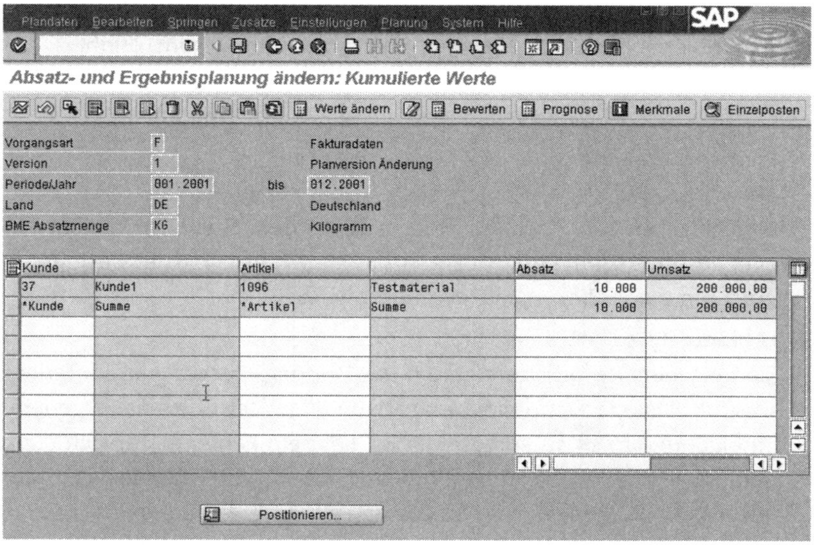

Abbildung 5.19 Beispiel zur Erfassung von Plandaten in einem Planungslayout

- **Formeln aktualisieren**
  Befinden sich im Planungslayout Formeln, werden diese aktualisiert, wenn die Taste »Enter« gedrückt wird.
- **Periodenbild**
  Werden im Planungslayout zunächst mehrere Perioden zusammen geplant und über einen Verteilungsschlüssel auf die einzelnen Perioden verteilt, kann über diese Funktion die Periodenverteilung in einem Periodenbild analysiert und manuell angepasst werden.
- **Nächste Kombination**
  Wenn für den Kopfbereich mehrere Merkmalskombinationen vorhanden sind, wird bei Aufruf des Planungslayouts immer zunächst die erste Merkmalskombination angezeigt. Mit der Funktion »Nächste Kombination« wird dann zur nächsten vorhandenen Merkmalskombination gesprungen.
- **Vorherige Kombination**
  Analog der Funktion »Nächste Kombination«, nur mit dem Unterschied, dass in diesem Fall zur vorherigen Kombination zurückgesprungen wird.
- **Andere Kombination**
  Sollen die Merkmalskombinationen des Kopfbereichs nicht sequenziell abgearbeitet werden, kann über diese Funktion direkt eine beliebige Merkmalskombination ausgewählt werden.

- **Zahlenformat ändern**
  Über diese Funktion können die Zahlenformate im Hinblick auf Anzahl, Nachkommastellen und Potenzierungszeichen entweder für alle oder aber für ausgewählte Spalten geändert werden.
- **Planwerte rechnen**
  Mit dieser Funktion können ausgewählte Eingabefelder oder ganze Eingabezeilen bzw. -spalten berechnet werden. Dabei kann entweder eine absolute Zahl addiert bzw. subtrahiert oder aber der bestehende Wert um einen Prozentsatz verändert werden.
- **Fehleranalyse**
  Sind einzelne Zeilen oder Spalten des Planungslayouts grau hinterlegt, so sind diese Bereiche nicht eingabebereit. Sofern dies nicht generell im Planungslayout so vorgesehen ist, liegt ein Fehler in der sich dabei bildenden Merkmalskombination vor. Über die Fehleranalyse kann festgestellt werden, warum für diesen Fall keine Plandaten erfasst werden können. Ein Beispiel hierfür kann ein Verstoß gegen eine vorhandene Planstruktur sein.

Microsoft Excel-Integration

Eine andere komfortable Möglichkeit zur Erfassung der Plandaten besteht in der Microsoft Excel-Integration. Hierbei wird im SAP R/3-System ein Microsoft Excel-Bildschirm geöffnet, wie in Abbildung 5.20 beispielhaft dargestellt.

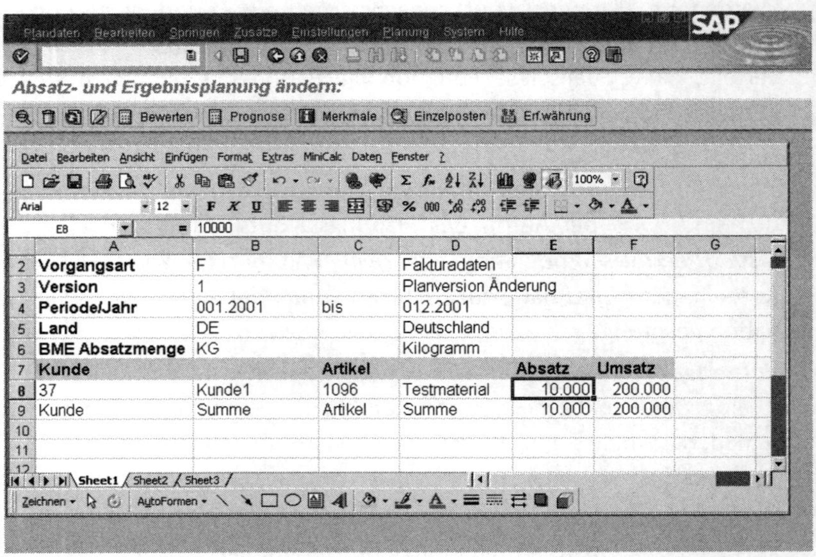

Abbildung 5.20 Beispiel zur Erfassung von Plandaten mit Excel-Integration

Dabei beinhaltet der Microsoft Excel-Bildschirm dieselben Daten wie das normale Planungslayout; d.h., dieselben Daten, die sonst im Planungslayout angezeigt werden, werden jetzt in den Zeilen und Spalten eines Excel-Sheets angezeigt.

Im Folgenden können dann mit der normalen Microsoft Excel-Funktionalität die Plandaten bearbeitet werden. Hierbei sind insbesondere folgende Excel-Funktionen interessant:

- **Excel-Formeln**
  Es stehen sämtliche Möglichkeiten zur Bildung von Excel-Formeln zur Verfügung. Beim Speichern der Daten werden letztlich immer die Werte der einzelnen Zeilen/Spalten-Kombination in SAP R/3 gespeichert.
- **Excel-Formatierung**
  Es stehen sämtliche Formatierungsmöglichkeiten von Excel inklusive Grafiken usw. zur Verfügung.
- **Excel-Makros**
  Selbst die Erstellung von Excel-Makros funktioniert reibungslos. Auch komplexe Rechenoperationen, die über die Möglichkeiten der SAP R/3-Planungslayouts nicht mehr abgebildet werden können, sind dann über die Anwendung von Excel-Makros realisierbar.
- **Einspielen von Excel-Daten über »Cut and Paste«**
  Sehr einfach ist auf diese Weise auch das Einspielen von Plandaten möglich, die außerhalb von SAP R/3 mit Excel geplant wurden. Sofern dann das Excel-Sheet den gleichen Zeilen-Spalten-Aufbau besitzt, können diese Plandaten grundsätzlich via »Cut and Paste« von Excel nach SAP R/3 eingespielt werden.

Alle Einstellungen zu Formatierungen, Formeln und Makros, die im Excel-Sheet durchgeführt wurden, können dann auch als Formatierung innerhalb vom SAP R/3 gespeichert werden. Das bedeutet, dass beim nächsten Aufruf des Planungslayouts mit Excel-Integration alle Excel-Einstellungen unverändert vorhanden sind.

Fallstricke bei der Excel-Integration

Beim Arbeiten mit der Excel-Integration sind aber auch einige Fallstricke zu beachten. Grundsätzlich gilt, dass nie die Struktur des Planungslayouts verändert werden darf. Hier hat die SAP R/3-Steuerung immer Vorrang. Im Detail sind folgende Aspekte zu beachten:

- **Anzeige des Kopfbereichs**
  Es darf nie der Kopfbereich des Excel-Sheets verändert werden, in dem Zeilen gelöscht oder verschoben werden. Die SAP R/3-Steuerung

bestimmt in diesen Fällen die Anzeige und den Inhalt des Kopfbereichs. Dies hat zur Folge, dass beim nächsten Aufruf des Planungslayouts diese Änderungen ignoriert werden. Lediglich bestimmte Formatierungen, wie etwa alle Zeichen- oder Zeilenformatierungen, sind erlaubt.

- **Zeilen löschen**
  Zeilen des Eingabebereichs dürfen nicht über die Excel-Funktionalität gelöscht werden. Diese Information wird nicht an SAP R/3 übertragen. Hierdurch können Schiefstände zwischen der Anzeige in Excel und der späteren Speicherung im SAP R/3-System entstehen. Einzelne Zeilen müssen immer über die Funktionalität von SAP R/3 gelöscht werden.
- **Spalten löschen**
  Was für Zeilen gilt, gilt erst recht für die Spalten. Da in SAP R/3 das Löschen von Spalten nicht vorgesehen ist, wird dies auch nicht durch die Einbindung der Excel-Funktionalität ermöglicht. Auch in diesem Fall wird dann eine Diskrepanz zwischen der Anzeige in Excel und der späteren Datenspeicherung in SAP R/3 entstehen.
- **Fehleranzeige**
  Ist in einem Planungslayout eine Merkmalskombination ungültig, wird diese im normalen Planungslayout grau hinterlegt und ist nicht eingabebereit. So wird dem Anwender sofort klar, welche Kombination nicht erfasst werden kann. Diese Funktionalität fehlt in der Excel-Integration, da das »Grau-Hinterlegen« eine Formatierungsfunktion ist. Da die Formatierungen allerdings nach den Vorgaben von Excel dargestellt werden, wird diese Information nicht auf das Excel-Sheet übertragen. Dadurch ist dem Anwender nicht direkt ersichtlich, ob eine Zeile oder Spalte aus der Sicht von SAP R/3 eingabebereit ist oder nicht. Bei einem nicht eingabebereiten Bereich der Eingabemaske können in Excel sogar noch Plandaten erfasst werden. Beim Buchen aber werden diese Informationen nicht in SAP R/3 gespeichert. Hier ist höchste Vorsicht geboten.

  Beim Einstieg in das Excel-Planungslayout wird hingegen nur angezeigt, dass es Kombinationen gibt, die nicht eingabebereit sind. Hier steht die SAP-Funktionalität der Fehleranalyse zur Verfügung.
- **Formeln des Planungslayouts**
  Die Formeln des Planungslayouts werden im Excel-Sheet über »Enter« nicht aktualisiert. Dies erfolgt erst beim Buchen der Planwerte bzw. beim erneuten Aufruf des Planungslayouts. In diesen Fällen ist es also sinnvoll, die SAP R/3-Formeln über Excel-Formeln nochmals nachzubilden.

- **Änderungen des Planungslayouts**
  Wird ein Planungslayout in der Struktur verändert, sodass Zeilen oder Spalten hinzugefügt werden oder wegfallen, so wird dies nicht in das Excel-Sheet übertragen. Dies hat zur Folge, dass etwaige Formatierungen verrutschen können und manuell nachjustiert werden müssen.

Maschinelle Planungsfunktionen

Neben der manuellen Plandatenerfassung stehen im Modul CO-PA für die Vertriebsplanung noch weitere maschinelle Planungsfunktionen zur Verfügung:

- Gesamtplanung ändern mit Verteilungsschlüssel
- Gesamtplanung ändern mit Umwertungsreihe
- Gesamtplanung ändern mit Prognosemodellen
- Gesamtplanung löschen
- Top-down-Verteilung
- Gesamtplanung kopieren

Für diese Funktionen stehen im Menübaum bis einschließlich SAP R/3 Release 4.6B jeweils eigene Transaktionen zur Verfügung, die auf den nachfolgenden Seiten beschrieben werden. Ab Release 4.6C sind diese Funktionen in den Planungsmethoden der manuellen Planung über die Transaktion KEPM integriert. Die hier beschriebenen Transaktionen sind aber weiterhin verfügbar, und an der Funktionalität hat sich durch diese Umstellung zwischen den beiden Releaseständen nichts verändert.

Auf die Funktionalität »Gesamtplanung ändern mit Bewertung« wird im Rahmen der Vertriebsplanung nicht eingegangen, da in der Vertriebsplanung nur geringer Bewertungsbedarf besteht. Diese Funktionalität wird ausführlich im Abschnitt über die Planung von direkten Vertriebskosten (siehe Abschnitt 5.1.5) beschrieben.

Verteilungsschlüssel

Die Funktion »Gesamtplanung ändern mit Verteilungsschlüssel« ermöglicht, dass bestimmte Plandaten einer Planversion für einen bestimmten Planungszeitraum mittels eines Verteilungsschlüssels innerhalb der ausgewählten Perioden neu verteilt werden.

Ein Verteilungsschlüssel definiert dabei, wie die Aufteilung auf die Perioden beispielsweise eines Planjahres erfolgen soll. Es kann auf Standardverteilungsschlüssel wie »gleichmäßig« (jede Periode erhält den gleichen Anteil), »analog« (Plandaten werden auf der Basis der aktuellen Struktur verteilt) usw. zurückgegriffen werden.

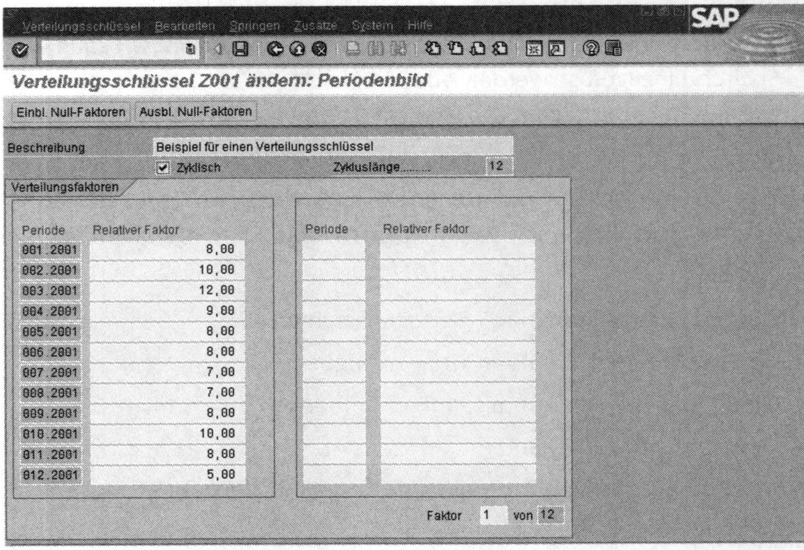

Abbildung 5.21 Beispiel für einen Verteilungsschlüssel

Auch eigene Verteilungsschlüssel können definiert werden. Hierbei wird für jede Periode der gewünschte prozentuale Anteil angegeben (siehe Abbildung 5.21)

Auf diese Weise können z.B. die Jahreswerte im Rahmen der Vertriebsplanung zunächst in einem Monat (z.B. im Januar des Planjahres) zu 100% geplant werden. Wenn dann zu einem späteren Zeitpunkt die periodische Aufteilung definiert wird (z.B. nach Arbeitstagen), können in einem zweiten Schritt diese Jahreswerte mit einem eingestellten Verteilungsschlüssel auf die Planmonate neu verteilt werden. Dies spart während der Plandatenerfassung deutlich an Performance, da in diesem Fall immer nur ein Datensatz und nicht zwölf Datensätze (für jede Periode einer) gespeichert werden muss.

Umwertungsreihe

Wenn mit maschinellen Mitteln die Werte der Jahresplanung nicht periodisch verteilt, sondern für bestimmte Merkmalssegmente verändert werden sollen, so kann dies mit Hilfe einer Umwertungsreihe erfolgen. In der Umwertungsreihe wird definiert, welche Wertefelder um welchen Anteil verändert werden sollen (siehe Abbildung 5.22).

Über die Funktion »Gesamtplanung ändern« mit Umwertungsreihe können so für auswählbare Datenbereiche z.B. die Absatzmengen und der Bruttoumsatz verändert werden. Angewendet wird diese Funktion auch häufig in Verbindung mit der Generierung von Vorschlagswerten.

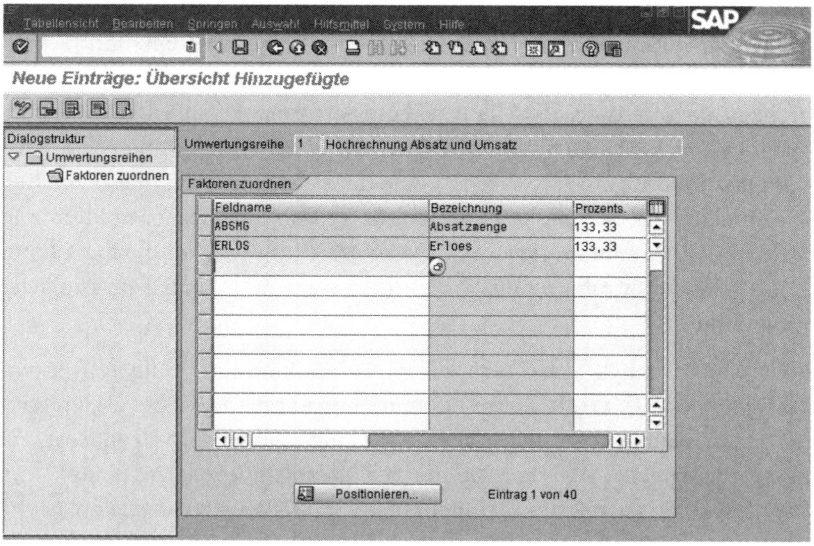

Abbildung 5.22 Beispiel für eine Umwertungsreihe

So werden beispielsweise die Istdaten des laufenden Jahres (Monate Januar bis September) als Vorschlagswert für die Vertriebsplanung in die gewünschte Planversion kopiert. Da dieser Datenbestand aber noch kein komplettes Planjahr darstellt, werden nun diese Werte für die fehlenden drei Monate mit entsprechenden Faktoren umbewertet (z. B. linear, also Faktor 12/9 = 133,33%).

Prognosemodelle

Neben der Umwertungsreihe besteht auch in der Planung mit CO-PA die Möglichkeit, auf Prognosemodelle zurückzugreifen. SAP bietet dabei die gleichen Prognosemodelle wie auch in der flexiblen Planung an. Auch hier ist zu den Prognosemodellen anzumerken, dass sie eine sehr vereinfachte Form der Vertriebsplanung darstellen und eine ausreichend lange Kette von Vergangenheitswerten benötigen. Außerdem sind Prognoseverfahren nur bei relativ statischen Verkaufsgeschäften anwendbar. Bei einer hohen Dynamik des Verkaufsgeschehens sind diese einfachen Prognoserechnungen eher ungeeignet.

Plandaten löschen

SAP bietet natürlich auch eine Funktion an, um Plandaten aus einer Version wieder zu löschen. Beim Löschen können dabei bestimmte Perioden, Merkmale, Wertefelder und eine Planversion ausgewählt werden.

Vorsicht beim Löschen

Beim Löschen ist aber Vorsicht geboten. Mit Löschen ist keineswegs gemeint, dass die Datensätze aus dem Modul CO-PA physisch entfernt werden. Vielmehr werden durch das SAP R/3-System Stornosätze erzeugt, durch die dann für den zu löschenden Bereich in der Summe nur noch Nullwerte vorhanden sind. Dies hat zur Folge, dass bei mehrfachem Löschen und Kopieren von Planwerten schnell sehr große Datenvolumina erzeugt werden, die sich negativ auf die Performance auswirken können. Weiterhin muss bedacht werden, dass auf diese Weise keine Merkmalskombinationen gelöscht werden, sondern lediglich die ausgewählten Wertefelder auf Null gesetzt werden. Es ist also mit dieser Funktion z.B. nicht möglich, eine einmal geplante Artikel/Kunden-Kombination komplett aus dem System zu entfernen (dies wäre nur durch eine Archivierung möglich).

Top-down-Verteilung

Eine sehr mächtige, aber auch komplexe Funktion stellt die Top-down-Verteilung dar. Mit Hilfe dieser Funktion besteht die Möglichkeit, im Rahmen der Vertriebsplanung Planabsätze und Planumsätze zunächst auf einer aggregierten Merkmalsebene (z.B. Artikelgruppe) zu planen und dann maschinell auf die Detailebene (z.B. Artikel) zu verteilen (siehe Abbildung 5.23)

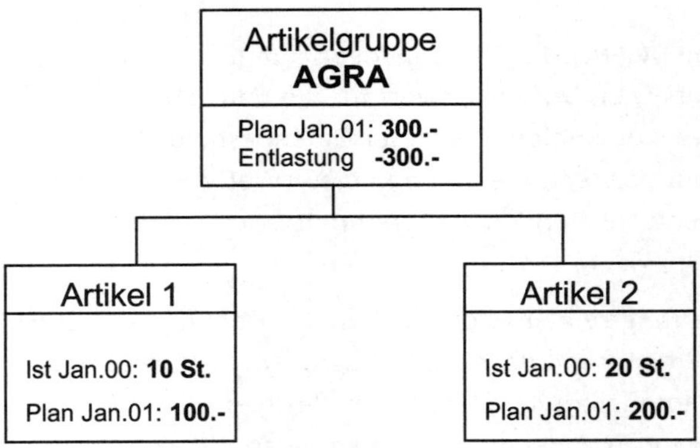

Planungszeitraum: 001.2001		**Wertefeld:** Absatzmenge
Referenzzeitraum: 001.2000		**Bezugsbasis:** Absatzmenge
Merkmale:	**Selektion:**	**Verarbeitungsregeln:**
Artikelgruppe	AGRA	Übernehmen
Artikel	*	Verteilen

Abbildung 5.23 Prinzip der Top-down-Verteilung

Das Beispiel zeigt, wie zunächst die Absatzmenge auf der Ebene der Artikelgruppe »AGRA« geplant wurde. Durch die Top-down-Verteilung wird zu diesem Datensatz ein Stornosatz erzeugt und der Planwert auf der Basis eines Bezugsfeldes, in diesem Fall der Absatzmenge des Vorjahres, auf die zugehörigen Artikel aufgeteilt und neu gebucht.

Für eine korrekte Top-down-Verteilung müssen dabei folgende Angaben gemacht werden:

- **Planversion, Vorgangsart und Zeitraum der Plandaten, die verteilt werden sollen**
  Mit diesen Angaben wird festgelegt, welche Daten grundsätzlich bei der Top-down-Verteilung verändert werden sollen.
- **Planversion oder Istdaten, Zeitraum und Bezugsfeld der Daten, auf deren Basis die Plandaten verteilt werden sollen**
  Die Top-down-Verteilung basiert immer auf Referenzdaten, die für die Verteilung zugrunde gelegt werden. Über diese Daten ermittelt das System, auf welche Merkmalsausprägungen in welchem Verhältnis verteilt werden soll. Die Referenzdaten können dabei sowohl Plan- als auch Istwerte aus dem Modul CO-PA sein.
- **Verrechnungsregel**
  Mit der Verrechnungsregel wird angegeben, auf welche Merkmale verteilt werden soll (z.B. Artikel), welche Merkmale übernommen werden sollen (z.B. Artikelgruppe) und welche Merkmale für die Verteilung nicht relevant sind (z.B. Kunde).
- **Merkmalsselektion**
  Über die Merkmalsselektion wird definiert, für welche Merkmalsausprägungen die Verteilung durchgeführt werden soll (z.B. Artikelgruppe A).
- **Wertefeldselektion**
  Hier erfolgt letztlich die Angabe, welche Wertefelder (z.B. Absatz) überhaupt verteilt werden sollen.

Die Beschreibung macht schon deutlich, dass man bei der Anwendung der Top-down-Verteilung sehr gründlich vorgehen muss, um korrekte Ergebnisse zu erzielen. Da die Funktion sehr mächtig und flexibel ist, besteht aber auch die Gefahr, dass man Datenbestände auf Merkmalsebenen verändert, die man gar nicht verändern wollte.

Empfehlungen zur Top-down-Verteilung

Wenn man im Modul CO-PA eine Vertriebsplanung auf aggregierter Ebene unter Anwendung der Top-down-Verteilung durchführt, sollte man Folgendes beachten:

- Im Vorfeld sollte klar definiert werden, auf welchen Merkmalsebenen geplant wird und auf welche Merkmalsebenen verteilt wird. CO-PA kennt zwar keine Merkmalshierarchie, logisch betrachtet liegen aber die meisten Datenbestände in einem hierarchischen Verhältnis zueinander.

- Es sollte vermieden werden, von zu vielen Planungsebenen zu verteilen. Ideal ist es, wenn nur von einer Merkmalsebene auf die Detailebene verteilt wird. Liegen mehrere Planungsebenen vor, sollte stets von einer höheren Ebene zur nächst detaillierteren Ebene verteilt werden. Grundsätzlich sollte es vermieden werden, parallel auf unterschiedlichen Ebenen zu planen.

Plandaten kopieren

Falls aufgrund von Prognoserechnungen oder parallelen Planungsszenarien mehrere Planversionen zum Einsatz kommen, so ist es notwendig bzw. sinnvoll, Plandaten von einer Planversion in eine andere zu kopieren. Dies ist mit SAP R/3 im Modul CO-PA sehr einfach unter Angabe der Quellversion, der Zielversion und des gewünschten Zeitraums möglich. Über die Angabe von Merkmalskombinationen und die Auswahl von Wertefeldern wird selektiert, welche Datenbestände kopiert werden sollen. Auf diese Weise ist es möglich, nicht nur eine komplette Planversion, sondern auch einzelne Bereiche daraus in eine andere Planversion zu kopieren. Diese Funktion wird auch im Rahmen der Datenübergabe an andere Planungsschritte der operativen Planung genutzt.

5.2.6 Output der Vertriebsplanung mit CO-PA

Das Ergebnis der Vertriebsplanung ist, wie in Abbildung 5.24 dargestellt, in zweierlei Hinsicht für die nachfolgenden Planungsschritte der operativen Planung wichtig.

Ergebnisplanung

Der detailliert geplante Plan-Absatz und Plan-Umsatz bildet die Grundlage für eine Bottom-up-Ergebnisplanung im Modul CO-PA. In der Ergebnisplanung werden dann in Abhängigkeit der geplanten Absätze und Umsätze entsprechende Kosten des Umsatzes geplant.

Werksebene

In diesem Zusammenhang ist es wichtig, dass – sofern als Bewertungskreis das Werk gewählt wird – bei Anwendung der Erzeugniskalkulation zur Ermittlung von Planherstellkosten des Umsatzes in der Ergebnisplanung die Plan-Absatzmengen auf der Ebene »Artikel«/»Werk« vorliegen. Nur auf dieser Basis können dann in der Planergebnisrechnung automatisch die Ergebnisse der Erzeugniskalkulation herangezogen werden. Aus diesem Grund sollte die detaillierteste Planungsebene das Merkmal »Werk« mit beinhalten.

Die Datenübergabe an die Ergebnisplanung ist in diesem Fall denkbar einfach. Da sowohl die Vertriebsplanung als auch die Ergebnisplanung im Modul CO-PA stattfindet und die Datenbestände nur durch unterschiedliche Planversionen voneinander getrennt sind, können durch die SAP R/3-

Standardfunktionalität »Plandaten kopieren« die Daten aus der Vertriebsplanung in die Ergebnisplanung kopiert werden. Abbildung 5.25 zeigt den Eingabebildschirm zum Kopieren der Plandaten aus der Vertriebsplanversion in die Planversion der Ergebnisplanung.

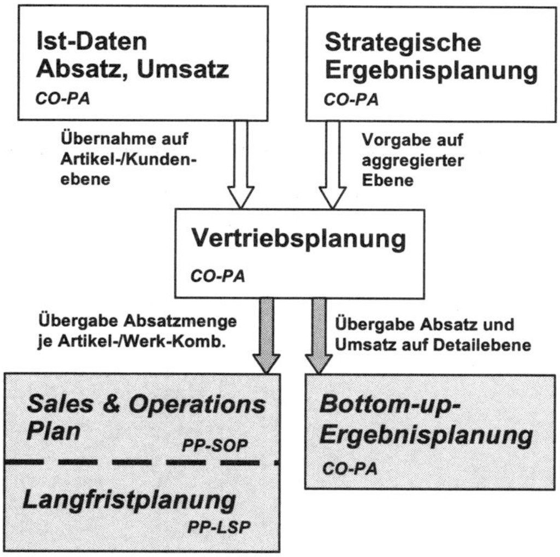

Abbildung 5.24 Input-Output-Modell zur Vertriebsplanung (Output)

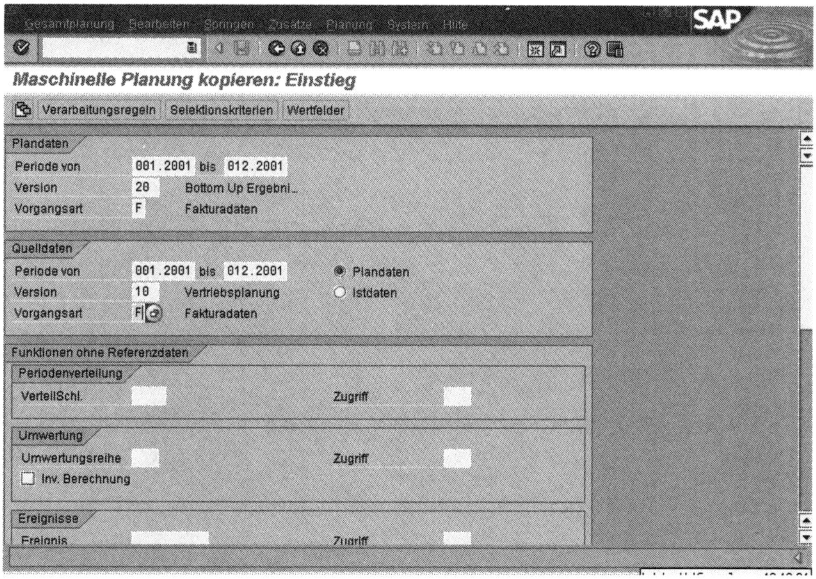

Abbildung 5.25 Plandaten von Vertriebsplanung in Bottom-up-Ergebnisplanung kopieren

Produktionsplanung Die Plan-Absatzmenge bildet die Grundlage für die anschließende Produktionsplanung. Hierbei werden die Daten in der Regel an die Standard-Absatz-/Grobplanung (SOP) überspielt. Dieses Modul ist eine Sonderform der flexiblen Planung und ist durch eine feste Informationsstruktur (S076) strukturiert.

Analog der flexiblen Planung können auch aus dem Modul CO-PA die Plan-Absatzmengen auf der Ebene »Produktgruppe« (sofern vorhanden) oder »Material« und »Werk« (sofern vorhanden) in die Informationsstruktur S076 kopiert werden. Sollten die Plandaten nicht auf Werksebene vorliegen, kann in diesem Fall in der Informationsstruktur S076 eine Werksaufteilung automatisch erfolgen.

Hierbei besteht sowohl die Möglichkeit, die Daten aus dem Modul SOP von CO-PA zu holen, als auch die Möglichkeit, aus dem Modul CO-PA die Daten in die Infostruktur S076 zu schicken. Wenn die Daten aus dem Modul CO-PA gesendet werden, hat dies den Vorteil, dass der zu sendende Datenbestand spezifischer selektiert wird. Dabei wird bei der Übertragung der Daten angegeben:

- Aus welcher Planversion soll übertragen werden
- Zu welchem Zeitraum soll übertragen werden
- Welcher Datenbestand in Form von Merkmalsausprägungen soll übertragen werden
- Welches Mengenfeld soll übertragen werden

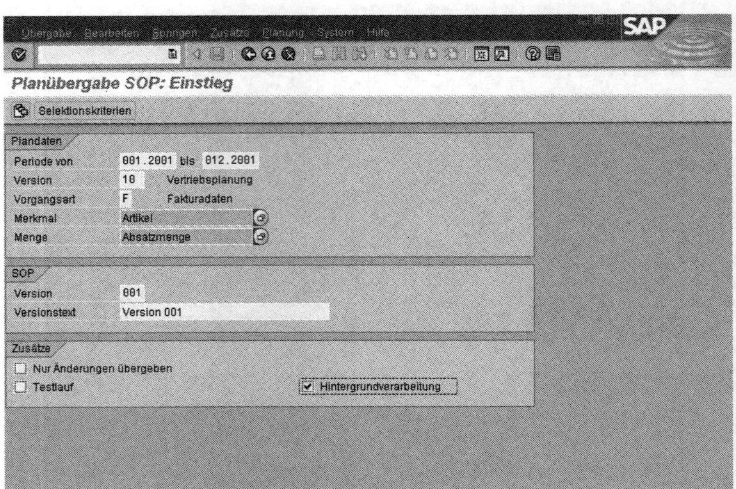

Abbildung 5.26 Übertragung der Plandaten aus der Vertriebsplanung von CO-PA nach PP-SOP

Des Weiteren wird die Planversion spezifiziert, in die die Plandaten in der Infostruktur S076 kopiert werden sollen. Abbildung 5.26 zeigt den Eingabebildschirm zur Übertragung von Plandaten aus dem Modul CO-PA nach PP-SOP.

5.2.7 Checkliste zur Vertriebsplanung mit CO-PA

Als PDF-Dokument zum Download unter www.sap-press.de

Stichwort	Erläuterung
Organisation	Vor Beginn der Vertriebsplanung muss definiert sein, wer auf welchem Detaillierungsgrad die Vertriebsplanung durchführen wird.
Ergebnisbereich	Der Ergebnisbereich, als Grundlage für das Arbeiten mit CO-PA, muss vollständig eingerichtet sein.
Merkmale	Auf der Basis der Organisation muss klar definiert sein, mit welchen Merkmalen die Vertriebsplanung durchgeführt wird.
Merkmale »Material«/»Werk«	Sollen die Ergebnisse der Vertriebsplanung nachfolgend in die Ergebnisplanung einfließen und ist als Bewertungskreis das Werk gewählt, so ist darauf zu achten, dass auf der detailliertesten Stufe die Merkmale »Material« und »Werk« vorhanden sind. Ansonsten kann die Erzeugniskalkulation zur Ermittlung der Plan-Herstellkosten nicht herangezogen werden.
Wertefelder	Neben den Merkmalen müssen auch die Wertefelder definiert sein, die für die Vertriebsplanung genutzt werden sollen.
Periodizität	Es muss definiert werden, auf welchem periodischen Detaillierungsgrad geplant wird. Sollen zunächst nur Jahreswerte geplant werden, die später auf Monate verteilt werden, oder wird gleich mit periodischer Verteilung geplant?
Merkmalsableitungen	Es muss definiert werden, welches Merkmal von welchem automatisch abgeleitet wird. Auf der Basis dieser Definition sind dann alle Merkmalsableitungen zu pflegen. Nur so werden alle Merkmale auch mit Ausprägungen gefüllt.
Planungslayouts	Die Planungslayouts stellen die Oberfläche für die Plandatenerfassung dar. Im Vorfeld müssen diese Planungslayouts auf der Basis der Definition der Planungsebenen angelegt werden.
Planstruktur	Durch Anwendung der Planstruktur können ungültige Planeingaben insbesondere von Organisationsebenen verhindert werden. Die Planstruktur muss nicht definiert werden, dies empfiehlt sich aber.
Berechtigungen	Über die SAP-Berechtigungen wird gesteuert, wer in CO-PA Plandaten erfassen darf. Darüber hinaus kann hier auch geregelt werden, wer welchen Organisationsbereich planen soll.
Fremdwährungen	Wenn unter anderem auch in Fremdwährung geplant werden soll, ist darauf zu achten, dass im Vorfeld Währungsumrechnungskurse für das Planjahr im SAP R/3-System eingestellt sind.

Stichwort	Erläuterung
Planungslevel, Planungspackages, Planungsmethoden, Parametersets	Die vier Grundelemente zum Einstieg in die Plandatenerfassung sollten vor Beginn der Vertriebsplanung angelegt sein.
Parallele Planansätze	Soll parallel in unterschiedlichen Versionen geplant werden, ist dies im Vorfeld durch die Definition von entsprechenden Planversionen zu berücksichtigen.
Vorschlagswerte	Sollen Istdaten oder Vorgaben aus der strategischen Planung als Vorschlagswerte in die Vertriebsplanung einfließen? Wenn ja, stellen Sie sicher, dass diese Informationen vor Beginn der Vertriebsplanung zur Verfügung stehen. Achten Sie dabei darauf, dass die Daten entweder auf der Detailebene (bei Istdaten) oder vollständig auf einer aggregierten Planungsebene (bei Vorgaben aus der strategischen Planung) der Vertriebsplanung eingespielt werden können.
Organisationsänderungen	Werden Vorschlagswerte aus Istdaten für die Vertriebsplanung genutzt, so ist auf eventuelle Organisationsänderungen im Planjahr zu achten. In diesen Fällen ist die Nutzung der Vorschlagswerte nur zum Teil möglich oder die Daten müssen über Zuordnungsänderungen erst umgestellt werden.
Neugeschäfte	Geschäfte mit neuen Materialien und/oder Kunden müssen auf jeden Fall manuell geplant werden. Es ist daher immer auch ein Planungslayout vorzusehen, mit dem auf Detailebene geplant werden kann.

5.3 Standard-Absatz-/Produktionsgrobplanung (SOP)

5.3.1 Ziel und Definition der Standard-Absatz-/Produktionsgrobplanung

Bindeglied zwischen Vertriebs- und Produktionsplanung

Die Standard-Absatz-/Produktionsgrobplanung (SOP) ist eine spezielle Ausprägung der flexiblen Planung innerhalb des Logistik-Informationssystems. Sie fungiert als Bindeglied zwischen der Vertriebsplanung und einer detaillierten Produktionsplanung im Rahmen der operativen Planung.

Ermittlung von Produktionsmengen

Ziel der SOP ist die Umsetzung der geplanten Absatzmengen aus der Vertriebsplanung in Produktionsmengen. Dabei können insbesondere bestehende Lagerbestände berücksichtigt und Ziellagerbestände geplant werden.

Abschätzung der Kapazitätsauslastung

Des Weiteren dient die Standard-Absatz-/Produktionsgrobplanung der groben Überprüfung von Ressourcenbedarfen in der Produktion hinsichtlich der Arbeitsplätze/Ressourcen, Materialien, Fertigungshilfsmittel und

Kosten. Mit Hilfe der SOP können frühzeitig Abstimmungsschwierigkeiten zwischen Vertrieb und Produktion erkannt werden. In der Abwicklung der Standard-Absatz-/Produktionsgrobplanung kann somit eine erste Iterationsschleife zwischen Vertrieb und Produktion mit entsprechenden Anpassungsbedarfen der Vertriebsplanung eingezogen werden. Das Ergebnis der SOP dient dann als Eingabe für die simulative Programmplanung im Rahmen der Langfristplanung. Dort wird dann im Detail die Produktionsplanung auf der Basis der bestehenden Stücklisten und Arbeitspläne/Rezepturen durchgeführt und bei Bedarf eine zweite Iterationsschleife mit der Vertriebsplanung eingezogen.

Die Durchführung der Standard-Absatz-/Produktionsgrobplanung ist für die Planungsintegration im Rahmen der operativen Planung nicht zwingend erforderlich. Die geplanten Absatzmengen aus der Vertriebsplanung können auch direkt als Produktionsmengen interpretiert und an die Langfristplanung weitergegeben werden.

5.3.2 Voraussetzung für die Standard-Absatz-/Produktionsgrobplanung

Da die SOP eine konkrete Ausprägung der flexiblen Planung darstellt, gelten für sie im Allgemeinen die gleichen Voraussetzungen wie für die flexible Planung (siehe hierzu Abschnitt 5.1). Der wichtige Unterschied besteht aber darin, dass bei der SOP wesentliche Voraussetzungen bereits vorgegeben sind; daher auch die Bezeichnung »Standard«. Dies hat den Vorteil, dass man sehr schnell beginnen kann, mit dem Instrument zu arbeiten, aber auch den Nachteil, dass es nicht sonderlich flexibel ist.

Informationsstruktur S076

Die Daten der Standard-Absatz-/Produktionsgrobplanung liegen alle in der Informationsstruktur S076 vor. Diese Struktur kann dabei nicht mehr verändert werden. Sie enthält die folgenden Elemente:

- Merkmale
  - Produktgruppe/Material
  - Werk
  - Fertigungsversion
- Kennzahlen
  - Absatzmenge
  - Produktionsmenge
  - Lagerbestand

- Ziellagerbestand
- Reichweite
- Zielreichweite

Dabei werden die Daten in der Regel als Monatswerte oder Wochenwerte in der Informationsstruktur gespeichert.

Direkt in SOP planen?

Grundsätzlich ist anzumerken, dass man die Vertriebsplanung ebenfalls direkt in der SOP durchführen kann. Aufgrund der festgelegten Struktur der Informationsstruktur S076 hat diese Vorgehensweise aber einige Einschränkungen. So können lediglich Artikel bzw. Artikelgruppierungen ohne Berücksichtigung bzw. Differenzierung hinsichtlich der eigenen Organisation oder der Kundenstrukturen geplant werden. Weiterhin beschränkt sich die SOP auf eine reine Mengenplanung, d.h., Planumsätze oder Planpreise können in diesem Falle nicht geplant werden. Aus diesem Grund empfiehlt es sich, vor die SOP eine Vertriebsplanung mit der flexiblen Planung oder CO-PA vorzuschalten (siehe Abschnitt 5.1 und 5.2).

Stufenplanung

Die Standard-Absatz-/Produktionsgrobplanung verwendet als vorgegebene Planungsmethode immer die *Stufenplanung*. Bei der Stufenplanung werden die Plandaten auf allen Planungsebenen gespeichert. Im Gegensatz zur konsistenten Planung werden aber bei einer Änderung eines Planwertes auf einer Planungsebene die Daten der anderen Planungsebenen nicht durch Aggregation oder Verteilung automatisch angepasst. Zu den Vor- und Nachteilen der Stufenplanung gegenüber den anderen Planungsmethoden sei auch auf Abschnitt 5.1.2 verwiesen.

Wie nicht anders für ein »Standard«-Tool zu erwarten, sind für die Standard-Absatz-/Produktionsgrobplanung auch bereits Planungstypen und Standardmakros eingerichtet.

Standard-Planungstypen

Mit Planungstypen wird definiert, wie die Daten einer Informationsstruktur durch den Anwender angezeigt und verändert werden können. Über die Planungstypen werden Planungstableaus in Form von Kopfbereich, Zeilen- und Spaltenstruktur angelegt. Drei Planungstypen sind bereits vordefiniert:

- **SOPKAPA**
  Mit diesem Planungstyp können die Plandaten auf der Ebene von Produktgruppen bearbeitet und analysiert werden.
- **SOPKAPAM**
  Dieser Planungstyp dient der konkreten Planung von einzelnen Materialien.

- **SOPDIS**
  Mit diesem Planungstyp schließlich erfolgt eine zweistufige Planung auf zwei Planungsebenen. Hierbei können Produktgruppenhierarchien auf zwei Ebenen parallel bearbeitet werden.

Standardmakros

Als Standardmakros sind insbesondere für das zweistufige Planen von Produktgruppen und Materialien diverse Aggregations- und Disaggregationsfunktionen eingerichtet. Nachfolgend sind die selbsterklärenden Funktionen aufgelistet:

- Produktion aggregieren
- Absatz aggregieren
- Produktion disaggregieren → Produktion
- Produktion disaggregieren → Absatz
- Absatz disaggregieren
- Zielreichweite disaggregieren
- Ziellagerbestand disaggregieren
- Produktionsabsatzsynchron

Zusätzlich weist das SAP R/3-System aber auch noch bestimmte Sonderoperatoren auf, die bei der Anlage von Makros genutzt werden können. Hierbei handelt es sich insbesondere um Operatoren, die Lagerbestände, Reichweiten und Produktionsmengen ermitteln. Diese Operatoren dienen gerade in der SOP dazu, auf der Basis der einfließenden geplanten Absatzmengen aus der Vertriebsplanung Produktionsmengen abzuleiten. Hierzu zählen folgende Operatoren:

- Lagerbestand zu einer Periode berechnen
- Zugänge auf der Basis Ziellagerbestand zu einer Periode berechnen
- Lagerzugang zu einer Periode berechnen
- Lagerabgang zu einer Periode berechnen
- Abgänge auf der Basis Ziellagerbestand zu einer Periode berechnen
- Produktionsmenge auf der Basis Ziellagerbestände zu einer Periode berechnen
- Reichweite auf der Basis Zu- und Abgänge zu einer Periode berechnen

Es können stets bestimmte Kennzahlen aus der SOP als Grundlage zur Berechnung der einzelnen Kennzahlen genutzt werden, und das Ergebnis kann in die jeweilige Kennzahl zurückgeschrieben werden.

Planversionen

Wie in der flexiblen Planung können über unterschiedliche Planversionen parallel mehrere Datenbestände zum gleichen Zeitpunkt in der Standard-Absatz-/Produktionsgrobplanung gehalten und verarbeitet werden. Dabei können die Daten aus einer Planversion auch in eine andere Planversion kopiert werden. Es ist auch möglich, eine Planversion nachträglich wieder zu löschen.

Die Planversionen werden durch einen dreistelligen Ziffernschlüssel differenziert und im Customizing angelegt. Weiterhin gibt es immer eine aktive Version »A00«, während alle anderen Planversionen inaktiv sind.

5.3.3 Stammdaten der Standard-Absatz-/Produktionsgrobplanung

Produktgruppe

Ein wesentliches Stammdatum in der SOP ist die Produktgruppe. Sie stellt in der Informationsstruktur S076 die Planungshierarchie dar. Über die Produktgruppe werden die einzelnen Materialien, die aus der Vertriebsplanung in die SOP kopiert wurden, zu Gruppen zusammengefasst. Diese Gruppierungen können mehrstufig sein, d.h., eine Produktgruppe kann auch wiederum andere Produktgruppen beinhalten und beispielsweise Materialien in Bezug auf den Fertigungstyp, die Ressourcennutzung oder die chemische Zusammensetzung zusammenfassen (siehe Abbildung 5.27).

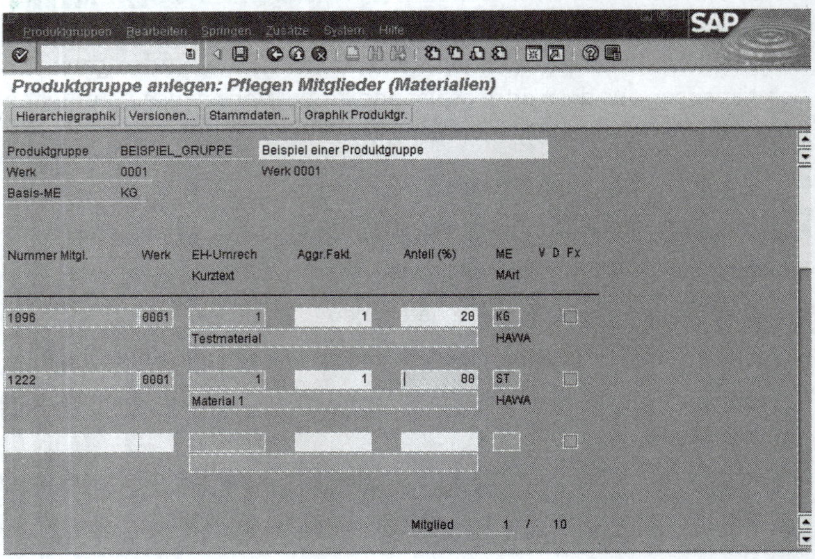

Abbildung 5.27 Beispiel für eine Produktgruppe

Der Produktgruppe werden einzelne Mitglieder zugeordnet. Dies sind auf der detailliertesten Ebene Material/Werk-Kombinationen. Dabei können durchaus Materialien aus unterschiedlichen Werken zu einer Produktgruppe zusammengefasst und so eine werksübergreifende Planung realisiert werden. Weiterhin wird analog zur Planungshierarchie ein Anteilsfaktor angegeben, mit dessen Hilfe die Aggregation und Disaggregation von Planmengen innerhalb der Produktgruppe auf die jeweiligen Mitglieder geregelt wird. Die Ermittlung von Anteilsfaktoren kann in der SOP aber auch maschinell auf der Basis historischer Verbrauchswerte erfolgen.

Werden Materialien mit unterschiedlichen Mengeneinheiten zu einer Produktgruppe zusammengefasst, müssen entweder in der zentralen Tabelle zur Einheitenumrechnung oder aber im Materialstammsatz entsprechende Umrechnungsfaktoren hinterlegt sein.

Das Merkmal »Werk«

Ein weiteres Element der Stammdatenpflege ist das Merkmal »Werk«. Dieses Merkmal ist das grundlegende Organisationselement in der Produktion. Ohne die Information, in welchem Werk eine aus der Absatzmenge abgeleitete Produktionsmenge zu einem Material produziert werden soll, kann in der anschließenden Produktionsplanung nicht fortgefahren werden, da alle relevanten Daten wie etwa Stücklisten, Arbeitspläne/Ressourcen usw. werksabhängig sind. Demnach ist die Aufteilung der Absatz- und Produktionsmengen auf die Werke von großer Bedeutung. Wurden bereits in der Vertriebsplanung auf der detailliertesten Ebene die Absatzmengen bis auf Artikel-/Werk-Ebene geplant bzw. verteilt, entfällt eine weitere Werksaufteilung in der Standard-Absatz-/Produktionsgrobplanung.

Werksverteilung

Sollten die Vertriebsplandaten aber nicht auf Werksebene vorliegen, werden die Planmengen in der SOP auf die Werke aufgeteilt. Dabei kann in einer Werksverteilungstabelle hinterlegt werden, wie die Aufteilung erfolgen soll (siehe Abbildung 5.28).

In der Tabelle können pauschale Anteile je Werk ohne Angaben von Materialien eingegeben werden. Dies hat zur Folge, dass die Planmengen von jedem Material im gleichen Verhältnis auf diese Werke aufgeteilt werden, sofern zum Material im Materialstamm eine entsprechende Werkssicht angelegt ist.

Sollen einzelne Materialien gemäß einer anderen Vorgabe auf die Werke aufgeteilt werden, ist dies durch die explizite Angabe der Material/Werk-Kombination und des jeweiligen Anteilswerts möglich. So lassen sich auch die Materialien einpflegen, die nur in einem Werk geplant werden sollen.

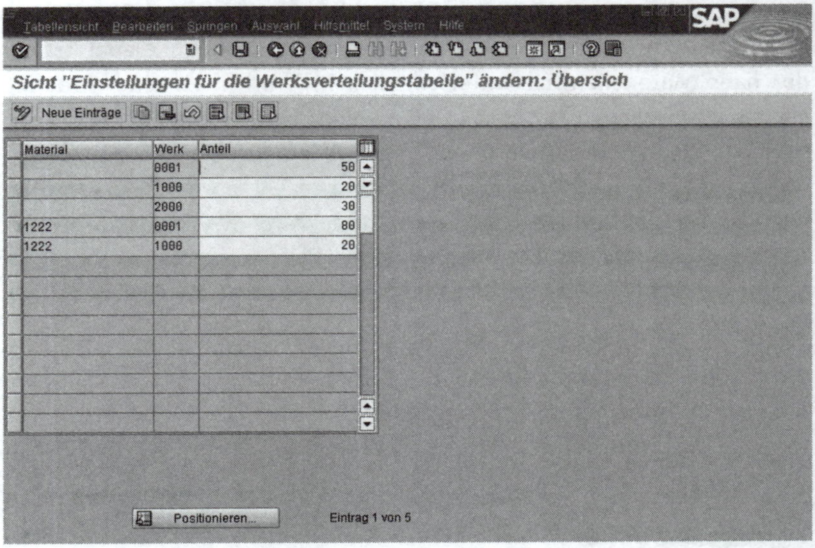

Abbildung 5.28 Beispiel für eine Werksaufteilung

Wird keine explizite Werksaufteilung vorgegeben, werden die Planmengen gleichmäßig auf alle Werke aufgeteilt, zu denen im jeweiligen Materialstamm eine Werkssicht angelegt wurde.

Grobplanungsprofile

Eine wesentliche Funktion der Standard-Absatz-/Produktionsgrobplanung ist der Abgleich der Produktionsressourcen gegen die geforderten Produktionsmengen. In der SOP kann dies auf aggregierter Ebene oder für bestimmte Engpassfaktoren durchgeführt werden. Hierdurch kann frühzeitig ein Feed-back an die Vertriebsplanung gegeben werden, dass bestimmte Absatzmengen mit den bestehenden Produktionsressourcen nicht produzierbar sind. Dabei greift die SOP nicht auf die detaillierten Stücklisten und Arbeitspläne/Rezepturen aus der Produktion zurück. Vielmehr werden in dieser Phase gröbere Angaben in Grobplanungsprofilen hinterlegt. Die Grobplanungsprofile werden jeweils für ein Material oder eine Produktgruppe in einem Produktionswerk angelegt. In einem solchen Grobplanungsprofil werden dann – neben allgemeinen Angaben wie Dauer der Planungsperiode, Status, Verwendung, Losgröße – die Ressourcen definiert, die zur Produktion des Materials bzw. der Produktgruppe benötigt werden. Zu diesen Ressourcen können Arbeitsplatzkapazitäten, Einsatzstoffe, Fertigungshilfsmittel oder andere Kosten gehören (siehe Abbildung 5.29).

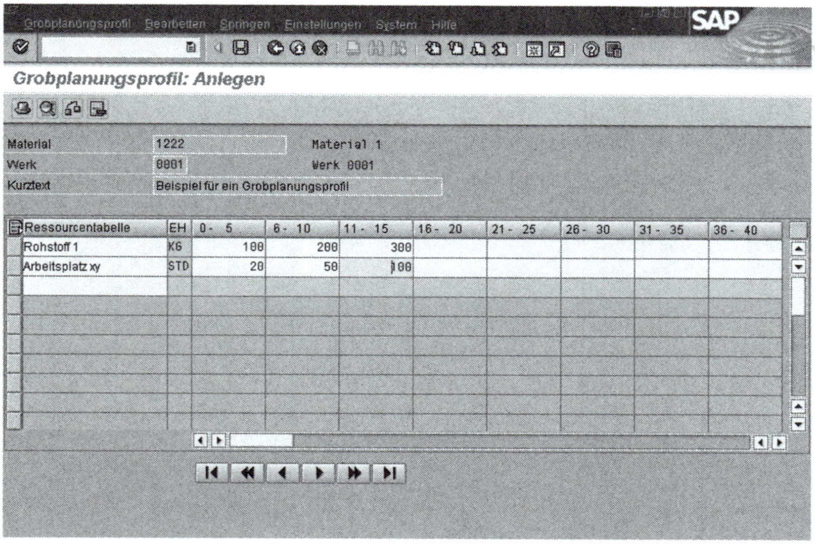

Abbildung 5.29 Beispiel für ein Grobplanungsprofil

Bei der Definition dieser Grobplanungsprofile steht der Begriff »grob« im Vordergrund. Es geht bei der Definition der Grobplanungsprofile nicht darum, eine besonders hohe Genauigkeit zu erzielen. Vielmehr geht es darum, möglichst frühzeitig, d.h. schnell, abschätzen zu können, ob die Absatzmengen überhaupt mit den bestehenden Ressourcen produziert werden können.

Auf der Grundlage dieser Grobplanungsprofile kann dann bei der Durchführung der Standard-Absatz-/Produktionsgrobplanung jederzeit ein Kapazitätsabgleich gefahren werden. Dabei werden die Absatz- bzw. Produktionsmengen zugrunde gelegt und die Ressourcenbedarfe aus den Grobplanungsprofilen entsprechend ausmultipliziert. Diese Werte werden dann mit dem zur Verfügung stehenden Kapazitätsangebot verglichen und in Form einer Prozentangabe dargestellt. Das Kapazitätsangebot zu Arbeitsplätzen und Ressourcen wird aus den jeweiligen Stammsätzen ermittelt.

Kapazitätsangebot von Einsatzstoffen

Soll der Bedarf an Einsatzstoffen einer entsprechenden Verfügbarkeit dieser Materialien gegenübergestellt werden, muss das Kapazitätsangebot zusätzlich durch manuelle Pflege dem SAP R/3-System bekannt gegeben werden.

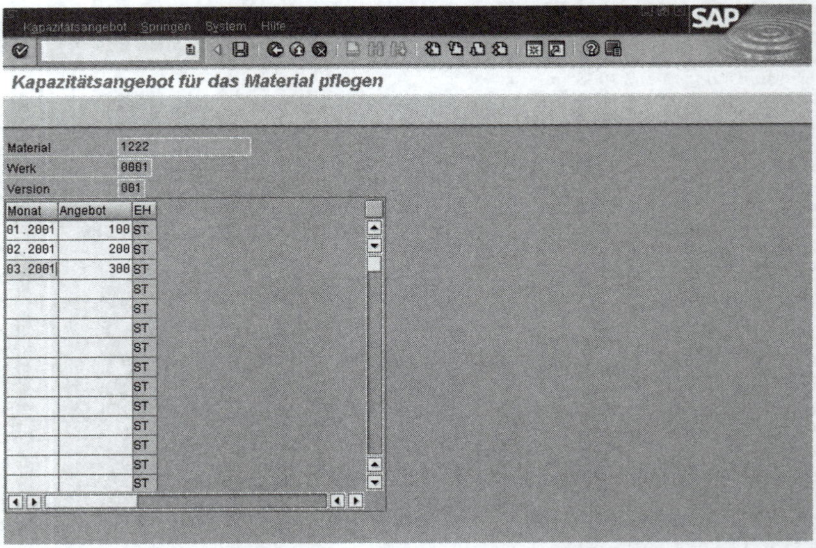

Abbildung 5.30 Beispiel für ein Kapazitätsangebot für Materialien

Für die wichtigsten Materialien zu einem Werk kann in einer Tabelle das Kapazitätsangebot in Form von Mengeneinheiten für eine bestimmte Periode (Monat, Woche, Tag) hinterlegt werden (siehe Abbildung 5.30).

5.3.4 Input für die Standard-Absatz-/Produktionsgrobplanung

Absatzmengen aus der Vertriebsplanung

Abbildung 5.31 zeigt das Input-Output-Modell für die SOP. Hierbei fließen in die Standard-Absatz-/Produktionsgrobplanung die geplanten Absatzmengen aus der Vertriebsplanung ein. Dabei werden die Absatzmengen auf der Ebene »Artikel« oder »Produktgruppe«, die für die SOP eingerichtet wurden, übergeben. Die Plan-Absatzmengen können zusätzlich mit dem Merkmal »Werk« übergeben werden. Ist das Merkmal »Werk« nicht gefüllt, so werden die Plan-Absatzmengen auf der Basis der Werksverteilungstabelle auf die Ebene »Werk« verteilt (siehe Abschnitt 5.3.3).

Die Daten aus der Vertriebsplanung können dabei je nach Realisierung aus der flexiblen Planung (siehe Abschnitt 5.1) oder aus dem Modul CO-PA (siehe Abschnitt 5.2) stammen. In den jeweiligen Abschnitten wird die Datenübertragung an die Standard-Absatz-/Produktionsgrobplanung behandelt.

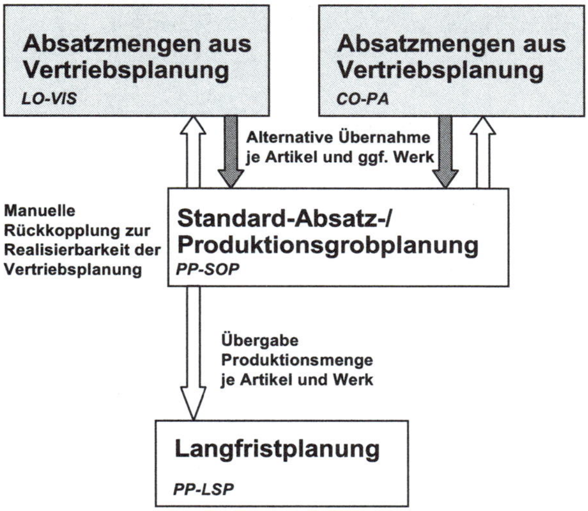

Abbildung 5.31 Input-Output-Modell für SOP (Input)

Die Daten können aber auch aus der Absatz-/Produktionsgrobplanung geholt werden. Dabei kann gewählt werden, ob Vertriebsplandaten zu einem Material oder einer Produktgruppe in die SOP übertragen werden sollen.

Absatzmengen aus der flexiblen Planung

Bei der Datenübernahme aus der flexiblen Planung müssen folgende Angaben bekannt sein, um erfolgreich Daten einspielen zu können:

- Die Informationsstruktur der flexiblen Planung, die für die Vertriebsplanung genutzt wird
- Die Planversion, in der sich die aktuellen Vertriebsplandaten befinden
- Der Zeitraum, für den Plandaten in die SOP übernommen werden sollen

Abbildung 5.32 stellt beispielhaft die Datenübernahme aus der flexiblen Planung dar.

Absatzmengen aus CO-PA

Bei der Übernahme von Vertriebsplandaten aus CO-PA müssen hingegen die nachfolgenden Informationen bekannt sein:

- Die Planversion im Modul CO-PA, in der sich die Vertriebsplandaten befinden
- Gegebenenfalls der CO-PA-Feldname für das Material oder die Produktgruppe, je nachdem, ob die Vertriebsplandaten auf der Ebene »Material« oder »Produktgruppe« übertragen werden sollen
- Der Zeitraum, für den Plandaten in die SOP übernommen werden sollen

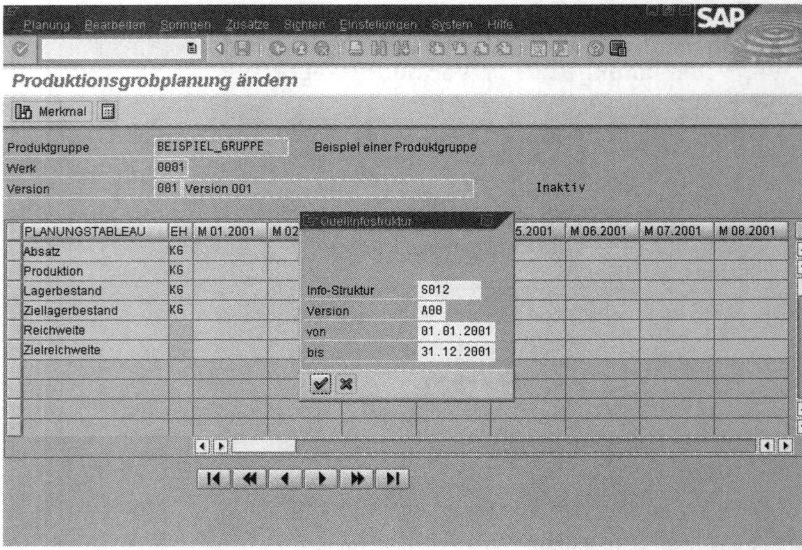

Abbildung 5.32 Beispiel für eine Datenübernahme aus der flexiblen Planung

Ansonsten ist der Vorgang ähnlich einfach durchzuführen wie bei der Übernahme von Vertriebsplandaten aus der flexiblen Planung (siehe Abbildung 5.33).

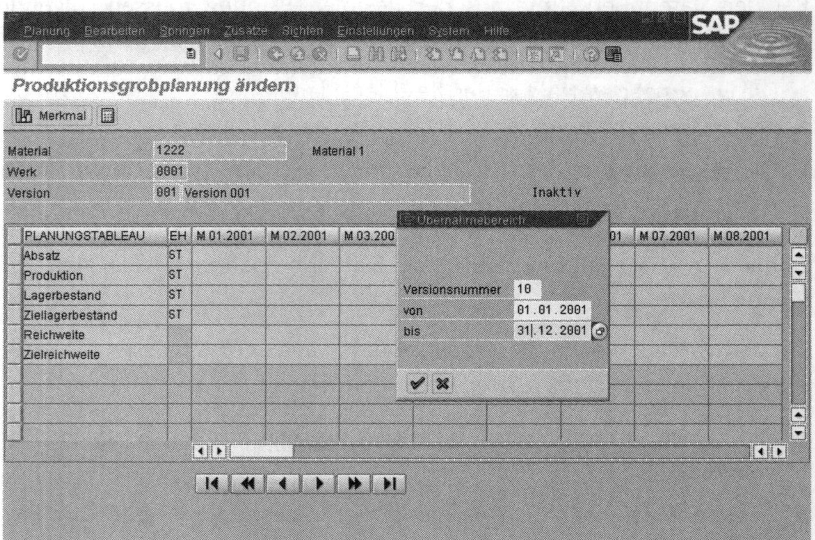

Abbildung 5.33 Beispiel für eine Datenübernahme aus CO-PA

Bei der Integration der Vertriebsplanung und der Produktionsplanung ist generell das Problem der *zeitlichen Verschiebung* zu beachten. Ein Produkt, das vom Vertrieb für den Absatz im Januar eines Planjahres vorgesehen ist, muss bereits im Vorfeld produziert sein. Außerdem basiert die Produktionsplanung für den Dezember eines Planjahres auf Absatzmengen, die unter Umständen in einem Zeitraum jenseits des Planungshorizontes liegen. Je länger die Produktionszeit für ein Produkt maximal ist, desto schwerer fällt dieses Problem ins Gewicht. Abbildung 5.34 macht diesen Zusammenhang nochmals grafisch deutlich.

Wenn die Vertriebsplanung vollständig die Vorgabe für die Produktionsplanung eines Planjahres beinhalten soll, gibt es hierfür zwei Lösungsansätze:

1. **Verlängerte Vertriebsplanung**
   In diesem Fall erfolgt die Vertriebsplanung nicht für ein Planjahr, sondern wird zusätzlich noch über so viele Perioden fortgesetzt, bis eine vollständige Produktionsplanung für ein Planjahr gegeben ist. Dabei müssen zusätzlich so viele Perioden geplant werden, wie die längste Produktionszeit für ein Produkt bzw. Zwischenprodukt beträgt.
2. **Verschiebung bzw. Kopieren der Vertriebsplanung in die Zukunft**
   Sollte die verlängerte Vertriebsplanung nicht möglich oder sinnvoll sein, so besteht zusätzlich die Möglichkeit, die Plandaten der Vertriebsplanung um Perioden verschoben in die Produktionsplanung zu übergeben. Neben dem Verschieben können die Daten aus der Vertriebsplanung für die zusätzlichen Perioden auch durch Kopieren verlängert werden.

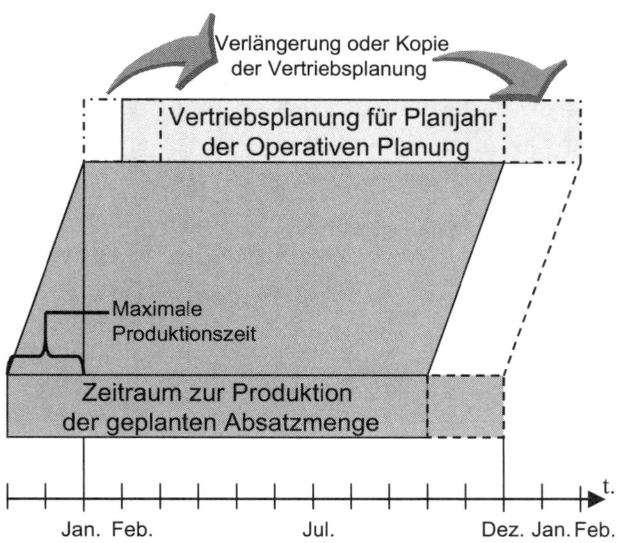

Abbildung 5.34 Zeitliche Verschiebung zwischen Vertriebs- und Produktionsplanung

5.3.5 Durchführung der Standard-Absatz-/Produktionsgrobplanung

Planungstableaus

Die Durchführung der SOP erfolgt analog der flexiblen Planung über Planungstableaus. Hierbei sind standardmäßig von SAP bereits Planungstableaus für die Planung auf der Ebene der Produktgruppe, des Materials oder der zweistufigen Planung (Produktgruppenhierarchie oder Produktgruppe/Material) eingerichtet.

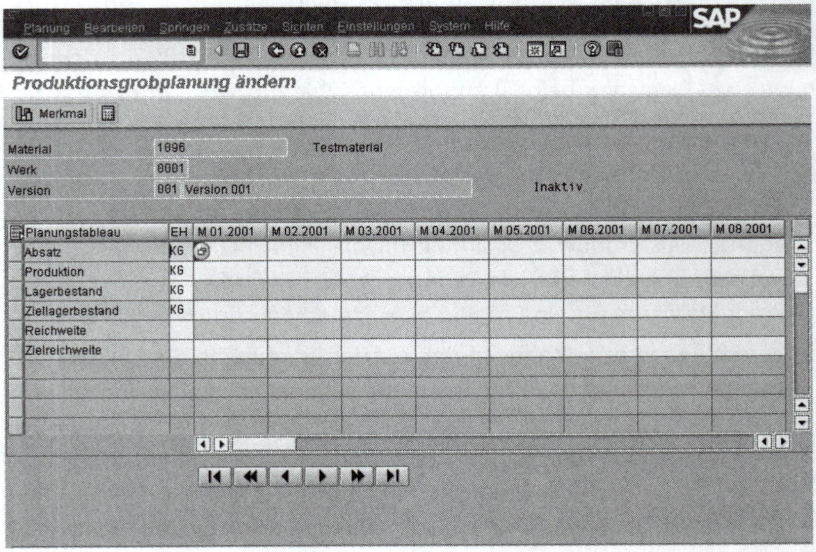

Abbildung 5.35 Planungstableau SOP auf der Ebene »Material«

Abbildung 5.35 zeigt das Beispiel des Planungstableaus für die Planung auf der Ebene »Material«. Dabei befinden sich im Kopfbereich des Planungstableaus immer das ausgewählte Material, das zugehörige Werk und die Planversion, in der die Planung durchgeführt wird.

Kennzahlen der Infostruktur S076

In den Zeilen liegen die Kennzahlen der Infostruktur S076 vor. Dies sind im Einzelnen:

- **Absatzmenge**
  Die Absatzmenge ist nach der Einspielung der Vertriebsplandaten gefüllt und sollte nicht verändert werden.
- **Produktionsmenge**
  Die Produktionsmenge stellt das eigentliche Ergebnis der Standard-Absatz-/Produktionsgrobplanung dar. Sie bildet die Menge, die im Planungszeitraum durch die Produktion hergestellt werden soll.

- **Lagerbestand**
  Der Lagerbestand gibt an, wie hoch der jeweilige Lagerbestand in einer Periode ist. Dabei wird die Absatzmenge als Abgang und die Produktionsmenge als Zugang interpretiert.
- **Ziellagerbestand**
  In dieser Kennzahl kann für die einzelnen Perioden ein gewünschter Lagerbestand eingetragen werden. Auf diese Weise kann der Lagerabbau oder Lageraufbau innerhalb des Planungshorizonts geplant werden.
- **Reichweite**
  Die Reichweite gibt an, wie lange das Material bei bestehendem Lagerbestand noch zur Verfügung steht, unter der Annahme gleichbleibender Abgänge (Absatzmengen) und Zugänge (Produktionsmengen).
- **Zielreichweite**
  In dieser Kennzahl kann eine gewünschte Lagerreichweite für das Material in einer Periode definiert werden. Auch auf diese Weise kann Lagerabbau oder Lageraufbau innerhalb des Planungshorizonts geplant werden.

Funktionen im Planungstableau

Die Funktionen innerhalb des Planungstableaus entsprechen den Funktionalitäten der flexiblen Planung. Diese sind ausführlich in Abschnitt 5.1.5 beschrieben und hier nur noch einmal aufgelistet:

- Planungsebene noch oben springen
- Planungsebene nach unten springen
- Zur vorherigen Merkmalskombination springen
- Alle Merkmalswerte der nächstniedrigeren Ebene zur einer Kennzahl anzeigen
- Alle Kennzahlen zu allen Merkmalswerten anzeigen
- Einheiten wechseln
- Zeilensummen berechnen
- Langtext anlegen
- Download nach Excel
- Ausführen von Makros
- Kennzahlen disaggregieren
- Fixieren von Kennzahlenwerten
- Kennzahlen periodisch verteilen

Strategien zur Ermittlung der Produktionsmenge

Eine der wesentlichen Aufgaben der Standard-Absatz-/Produktionsgrobplanung liegt in der Berechnung der Produktionsmenge auf der Basis der einfließenden geplanten Absatzmengen aus der Vertriebsplanung und den vorhandenen Beständen. Hierbei bietet SAP standardmäßig verschiedene Strategien mit entsprechenden Funktionen an, um den Produktionsplan zu erstellen:

- **Absatzsynchroner Produktionsplan**
  Bei dieser Strategie wird die geplante Absatzmenge 1:1 als Produktionsmenge übernommen. Das System ignoriert also einen vorhandenen Lagerbestand des Fertigerzeugnisses.
- **Null-Lagerbestand erreichen**
  Diese Strategie versucht, den Lagerbestand des Artikels zu minimieren. Dies bedeutet, dass zunächst die Absatzmenge vollständig durch den Lagerbestand befriedigt wird und nur die Differenz zwischen geplanter Absatzmenge und Lagerbestand als Produktionsmenge berechnet wird.
- **Ziellagerbestand erreichen**
  Diese Strategie berechnet die Produktionsmenge auf der Grundlage der geplanten Absatzmenge und eines zuvor geplanten Ziellagerbestandes. Auf diese Weise kann verhindert werden, dass der gesamte Lagerbestand zunächst abgebaut wird (Strategie »Null-Lagerbestand«), dass aber der Lagerbestand dennoch berücksichtigt wird. Wenn z.B. der Ziellagerbestand größer als der Istbestand abzüglich der geplanten Absatzmenge ist, dann wird die Produktionsmenge folglich auch größer sein als die geplante Absatzmenge; es erfolgt demnach in diesem Fall ein Lageraufbau.
- **Zielreichweite erreichen**
  Diese Strategie arbeitet analog der Strategie »Ziellagerbestand erreichen«, nur dass in diesem Fall kein Ziellagerbestand, sondern eine zuvor geplante Ziellagerreichweite für die Ermittlung der Produktionsmenge berücksichtigt wird.

Allgemein sollte bei der Berücksichtigung von Lagerbeständen zur Ermittlung von Produktionsmengen beachtet werden, dass zum Zeitpunkt der Planung (gewöhnlich im Herbst eines Jahres) der effektive Lagerbestand zum Jahresende unbekannt ist und nur abgeschätzt werden kann. Wenn der Lagerbestand für die einzelnen Artikel nicht gut prognostizierbar ist, empfiehlt sich immer die einfachste Strategie der absatzsynchronen Produktionsplanung.

Kapazitätsauslastung ermitteln

Neben der Ermittlung der Produktionsmenge gehört zu den wichtigsten Aufgaben der SOP die grobe Abschätzung, ob sich diese Produktionsmengen mit den vorhandenen Kapazitäten überhaupt produzieren lassen.

Hierzu wurden als Stammdaten für die wichtigsten Artikel oder Ressourcenbereiche (z. B. Produktionsengpässe) die notwendigen Ressourcenbedarfe abgelegt. Im Planungstableau kann online auf der Basis dieser Stammdaten die aktuelle Kapazitätssituation eingeblendet werden. Dabei werden die Produktionsmengen je Artikel mit den abgelegten Ressourcenbedarfen ausmultipliziert.

siehe Abb. 5.36

Wenn zusätzlich zu den verwendeten Arbeitsplätzen/Ressourcen die vorhandene Kapazität gepflegt oder für wichtige Einsatzstoffe das Kapazitätsangebot angegeben wurde, können nun die benötigten Ressourcenbedarfe leicht mit der angegebenen Kapazität ins Verhältnis gesetzt und so eine grobe Kapazitätsauslastung berechnet werden (siehe Abbildung 5.36).

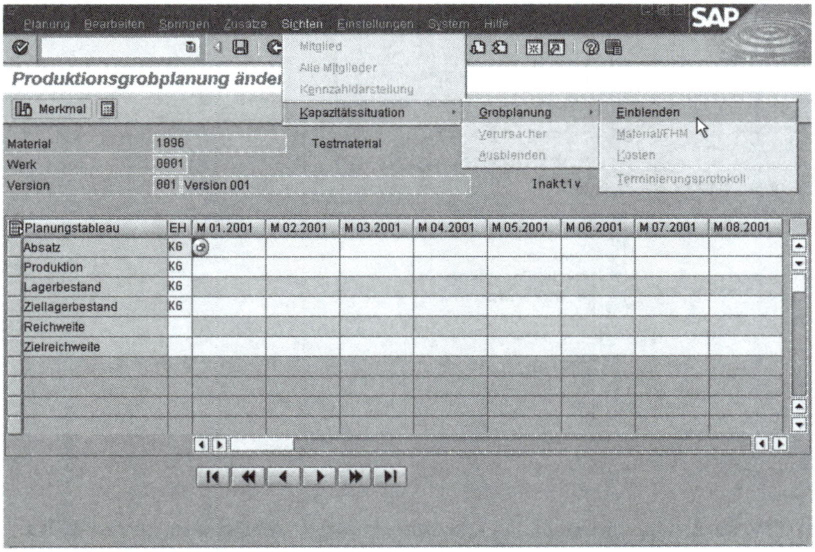

Abbildung 5.36 Aufruf der Kapazitätssituation

Es gilt aber zu beachten, dass diese Form der Kapazitätsplanung nur für eine grobe Abschätzung der Realisierbarkeit der Produktionsbedarfe geeignet ist. Erst in der anschließenden Langfristplanung werden die Kapazitätsbedarfe auf der Basis der Stücklisten und Arbeitspläne/Rezepturen genauer berechnet.

Dennoch kann mit diesem Instrument sehr schnell erkannt werden, ob der vertriebliche Absatzplan aus Produktionssicht plausibel ist oder neu überarbeitet werden muss. Auf diese Weise kann schnell eine erste Abstimmung zwischen der Produktion und dem Vertrieb erzielt werden. Jeder, der sich mit dem komplexen Ablauf der operativen Planung auseinander gesetzt hat, wird aus eigener Erfahrung wissen, wie wichtig es ist, schnell ein Gefühl dafür zu bekommen, ob die Vertriebsplanung mit der Produktionsplanung zusammenpasst. Hierfür ist die Produktionsgrobplanung das geeignete Mittel.

5.3.6 Output der Standard-Absatz-/Produktionsgrobplanung

Abbildung 5.37 stellt den Output der Standard-Absatz-/Produktionsgrobplanung dar.

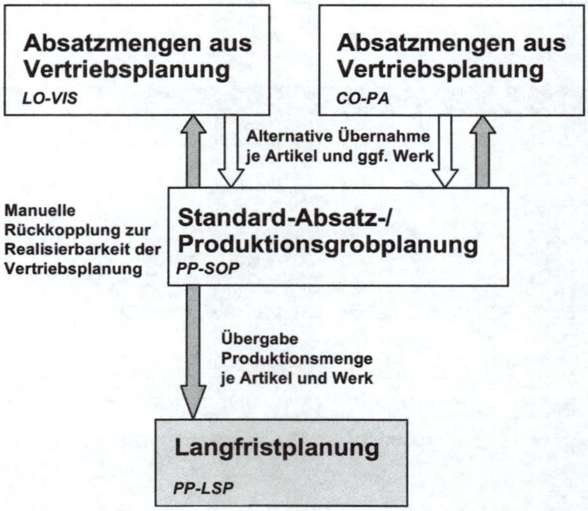

Abbildung 5.37 Input-Output-Modell SOP (Output)

Abstimmung zwischen Vertrieb und Produktion

Der erste Output besteht in der groben Abschätzung der Kapazitätsauslastung der Produktionsbetriebe und der Erkenntnis, ob und in welchen Bereichen der Vertriebsplan überarbeitet werden muss. Dieses Ergebnis der SOP wird dabei allerdings nicht maschinell an die Vertriebsplanung übergeben. Vielmehr ist es notwendig, das Ergebnis der Produktionsgrobplanung in »Round-Table-Gesprächen« zwischen den Verantwortlichen des Vertriebs- und Produktionsbereichs zu besprechen und zu klären, in welchen Bereichen der Vertriebsplan manuell überarbeitet wird.

Übergabe der Produktionsmengen an die Langfristplanung

Das zweite Ergebnis der Standard-Absatz-/Produktionsgrobplanung besteht in den geplanten Produktionsmengen je Artikel. Diese Mengen können dann – sofern es bei der Produktionsgrobplanung sinnvoll erscheint – an die Langfristplanung der Produktion übergeben werden.

In der Langfristplanung findet schließlich die genaue Berechnung der Materialbedarfe, der benötigten Produktionsschritte, der Zwischenprodukte und der Auslastungen der Produktionskapazitäten statt. Hierbei werden im Übrigen auch die »Produktionsmengen« von geplanten Handelswaren mit übergeben. In der Langfristplanung wird dieser Bedarf dann direkt als Beschaffungsbedarf an die Materialwirtschaft weitergegeben.

Die Langfristplanung ist eine Form der Programmplanung mit der Besonderheit, dass alle Berechnungen nicht über echte, sondern nur über simulierte Bedarfe erfolgen. Damit ist ausgeschlossen, dass die Langfristplanung die aktuelle kurzfristige Programmplanung in der Produktion beeinflusst oder gar überschreibt.

Die Daten können dabei entweder online oder als Massenverarbeitungsjob im Hintergrund einer ausgewählten Planversion und einer Produktgruppe übergeben werden. Des Weiteren besteht die Möglichkeit, die zuvor ermittelten Produktionsmengen oder aber direkt die Planabsatzmengen zu übergeben (siehe Abbildung 5.38).

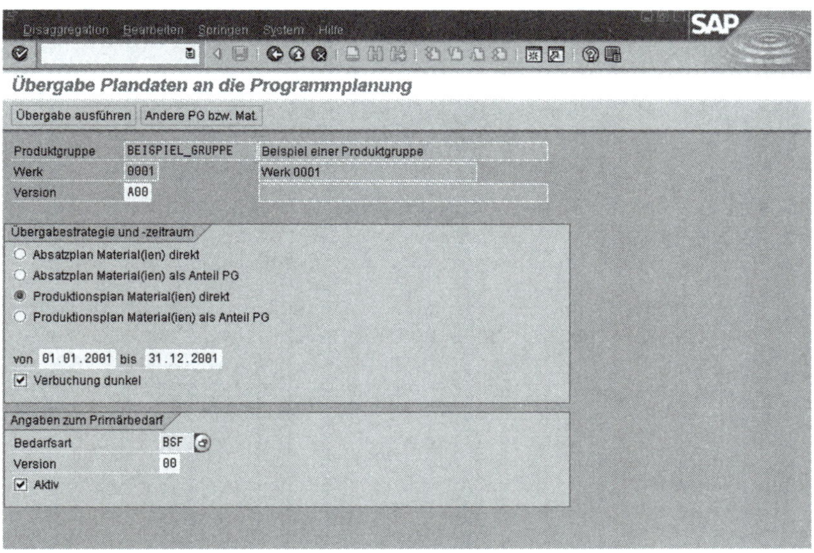

Abbildung 5.38 Übergabe an die Langfristplanung

Zum Primärbedarf müssen dann noch die Bedarfsart und die Version angegeben werden. Über diese Einstellungen wird bestimmt, dass innerhalb der Programmplanung die Bedarfsmengen in eine Planprimärbedarfsversion der Langfristplanung übergeben werden sollen (in Abbildung 5.38 Bedarfsart »BSF« und Version »00«).

In der Langfristplanung wird zu jedem übergebenen Artikel ein entsprechender Planprimärbedarf in der Basismengeneinheit erzeugt. Wurde in der Standard-Absatz-/Produktionsgrobplanung die Produktionsmenge nicht in der Basismengeneinheit geplant, findet bei der Übergabe an die Langfristplanung eine Mengenumrechnung statt.

5.3.7 Checkliste zur Standard-Absatz-/Produktionsgrobplanung

Als PDF-Dokument zum Download unter www.sap-press.de

Stichwort	Erläuterung
Standard	In der Standard-Absatz-/Produktionsgrobplanung werden die Infostruktur, die Planungsmethode, die Planungstableaus usw. bereits vorgegeben. Dies ermöglicht eine schnelle Realisierung der Funktion, bedeutet aber auch eine Einschränkung in der Flexibilität.
Informationsstruktur S076	In dieser Informationsstruktur werden alle Daten der SOP gespeichert.
Planungsmethode	Die Stufenplanung ist vorgegeben.
Produktgruppen	Die Artikel können zu einzelnen mehrstufigen Produktgruppen zusammengefasst und auf diese Weise strukturiert werden.
Werksverteilung	Liegen die eingespielten Absatzmengen nicht bereits auf Werksebene vor, so werden die Planmengen auf der Basis der Werksverteilungstabelle auf die Werke aufgeteilt.
Grobplanungsprofile	Mit diesen Profilen können zu einzelnen Materialien die benötigten Ressourcen hinterlegt werden. Diese werden dann zur Berechnung von Kapazitätsauslastungen genutzt.
Kapazitätsangebot	Soll eine Kapazitätsauslastung zu Ressourcen über die Produktionsgrobplanung berechnet werden, ist die Angabe des Kapazitätsangebots notwendig. Bei Arbeitsplätzen/Ressourcen wird diese Information aus dem zugehörigen Stammsatz gezogen. Bei Einsatzstoffen ist das Kapazitätsangebot separat in der SOP anzugeben.
Absatzmengen	Aus der Vertriebsplanung fließen die geplanten Absatzmengen als Input in die Standard-Absatz-/Produktionsgrobplanung ein. Dabei können die Daten aus der flexiblen Planung oder aus dem Modul CO-PA stammen.

Stichwort	Erläuterung
Strategien zur Ermittlung der Produktionsmenge	Es stehen folgende Strategien zur Verfügung: Absatzsynchrone Produktionsmenge, Null-Lagerbestand, Ziellagerbestand, Zielreichweite
Kapazitätsauslastung	Eine grobe Kapazitätsauslastung ist ein Ergebnis der SOP. Mit dieser Angabe kann schnell überprüft werden, ob der vertriebliche Absatzplan aus Sicht der Produktion plausibel bzw. realisierbar erscheint.
Produktionsmengen	Das zweite Ergebnis sind die geplanten Produktionsmengen je Fertigerzeugnis. Diese Mengen werden im nächsten Schritt an die Langfristplanung übergeben.

5.4 Langfristplanung

5.4.1 Definition und Ziel der Langfristplanung

Definition der Langfristplanung

Unter Langfristplanung wird im Nachfolgenden die langfristige Produktionsplanung im Rahmen der operativen Planung verstanden. Versteht sich die Standard-Absatz-/Produktionsgrobplanung noch als Bindeglied zwischen der Absatz- und der Produktionsplanung mit dem Ziel, die notwendigen Produktionsmengen an Fertigerzeugnissen zu ermitteln und grob abzuschätzen, ob sich diese Produktionsmengen mit den vorhandenen Ressourcen realisieren lassen, so baut die Langfristplanung auf dem Ergebnis dieses Planungsschrittes auf.

Ziel der Langfristplanung

Die so ermittelten Produktionsmengen werden in der Langfristplanung für die detaillierte Ermittlung der zukünftigen Bedarfs- und Bestandsituation zugrunde gelegt. Das Ziel der Langfristplanung besteht außerdem darin, detaillierte Informationen zu liefern über:

- Notwendige Bedarfe an Fremdmaterialien für den Einkauf
- Kapazitätsauslastungen der Arbeitsplätze/Ressourcen für die Produktionsplanung
- Leistungsmengenbedarfe je Kostenstelle für die Kostenstellenrechnung
- Bedarfe (Abgänge) und Zugänge aller Einsatzstoffe und Zwischenprodukte für das Bestandscontrolling

Die Produktionsbedarfe werden je Fertigerzeugnis über die Stücklisten und Arbeitspläne je Produktionsstufe aufgelöst. Dabei werden Bedarfe für Zwischenprodukte (Sekundärbedarfe), für Einsatzstoffe und zu Produktionskapazitäten (Arbeitsplätze/Ressourcen) errechnet.

Die Langfristplanung fungiert als simulative Produktionsprogrammplanung. Das bedeutet, dass sie keine echten Planaufträge erzeugt, die dann in die konkrete Produktionssteuerung einfließen, sondern die Erzeugung von Planaufträgen wird nur simuliert. Dies hat den Effekt, dass die Langfristplanung nicht mit der parallel verlaufenden Produktionssteuerung des täglichen Produktionsprogramms in Verbindung kommt und dennoch alle Funktionalitäten der Produktionsprogrammplanung genutzt werden können.

Materialbedarfsplanung

Die Langfristplanung bedient sich der Funktionalität der Materialbedarfsplanung (MRP, Material Requirement Plan) der Produktionsplanung und -steuerung. An dieser Stelle können nicht alle Details zur Funktionalität der Materialbedarfsplanung erläutert werden, da dies den Rahmen dieses Buches sprengen würde. Um das SAP R/3-System jeweils individuell auf die Produktionsumgebung eines Unternehmens abstimmen zu können, sind die Möglichkeiten zur Einstellung der Materialbedarfsplanung so vielfältig, dass alle Sachverhalte in einem eigenen Buch abgehandelt werden könnten. Dieser Abschnitt wird sich daher auf die Darstellung der Grundlagen und elementaren Voraussetzungen für die Langfristplanung und die Materialbedarfsplanung beschränken.

5.4.2 Voraussetzungen für die Langfristplanung

Materialstammpflege

Die zentrale Voraussetzung für eine erfolgreiche Durchführung der Langfristplanung ist die Pflege des Materialstamms. Für alle Materialien, sowohl Fertigerzeugnisse als auch alle Zwischenerzeugnisse und Einsatzstoffe, müssen die Dispositionsfelder des Materialstamms korrekt und vollständig gepflegt sein. Über diese Materialstammfelder wird die Funktionsweise der Langfristplanung und des Materialbedarfsplanungslaufes für die einzelnen Material/Werk-Kombinationen gesteuert.

Dispositionsverfahren

Hierbei wird zunächst das Dispositionsverfahren festgelegt. Es wird zwischen folgenden grundsätzlichen Dispositionsverfahren unterschieden:

- **Plangesteuerte Disposition**
  Die plangesteuerte Disposition orientiert sich am Bedarf, der sich aus dem zukünftigen Absatz/Verbrauch der Materialien ergibt. Das bedeutet, dass für diese Materialien diese Planwerte den Anstoß für die Dispositionsrechnung ergeben, unabhängig davon, wie das Material in der Historie disponiert wurde.
- **Leitteileplanung**
  Die Leitteileplanung ist eine Form der Disposition von besonders wichtigen Elementen der Produktion (Einsatzstoffe oder Zwischenprodukte),

die nicht nur auf der Basis des zukünftigen Absatzes/Verbrauchs, sondern auch in Verbindung mit Sicherheitsbeständen geplant werden. Auf diese Weise soll eine verlässliche Lieferbereitschaft bei niedrigem Bestand dieser Elemente erreicht werden.

- **Verbrauchsgesteuerte Bestellpunktdisposition**
  Die Bestellpunktdisposition basiert auf Verbrauchswerten aus der Vergangenheit. Dabei wird der verfügbare Lagerbestand mit einem Meldebestand (dem so genannten Bestellpunkt) verglichen. Der Meldebestand wird aus dem Sicherheitsbestand, dem durchschnittlichen Verbrauch und der Wiederbeschaffungszeit ermittelt. Liegt der aktuelle Bestand unter dem Meldebestand, wird die Dispositionsrechnung aktiviert.
- **Verbrauchsgesteuerte stochastische Disposition**
  Wie die Bestellpunktdisposition basiert auch die stochastische Disposition auf Verbrauchswerten der Vergangenheit. In einem einstellbaren Prognoseverfahren wird der zukünftige Verbrauch aus Werten des vergangenen Verbrauchs errechnet. Ermittelt das SAP R/3-System dann für den Zeitraum der Wiederbeschaffung einen zukünftigen Verbrauch, der den Bestand unter den Sicherheitsbestand führen würde, so wird die Dispositionsrechnung aktiviert.

Losgrößenverfahren

Außerdem wird im Materialstamm über die Dispositionsfelder die Losgröße, die jeweils in einem Schritt bestellt oder produziert werden soll, festgelegt. Dabei wird zwischen folgenden grundsätzlichen Verfahren differenziert:

- **Exakte Losgröße**
  Bei diesem Losgrößenverfahren wird immer die benötigte Menge bestellt bzw. produziert. Über die Angabe der Mindestlosgröße, der maximalen Losgröße und des Rundungswertes können für diese Bedarfsmenge noch Grenzen gesetzt werden.
- **Feste Losgröße**
  In diesem Fall wird immer eine feste Losgrößenmenge bestellt bzw. produziert, unabhängig vom konkreten Bedarf.
- **Feste Losgröße mit Splittung/Überlappung**
  Analog der festen Losgröße, nur mit der Erweiterung über einen Rundungswert und eine Taktzeit, mit der festgelegt werden kann, wie weit mehrere Planaufträge sich diesbezüglich überlappen, d.h. gleichzeitig vorhanden sein dürfen.

- **Auffüllung bis Höchstbestand**
  Bei diesem Verfahren wird die Losgröße so gewählt, dass ein Höchstbestand im Lager erreicht wird.
- **Periodische Losgröße**
  Be diesem Verfahren werden die Losgrößen auf der Basis der Bedarfe einer zukünftigen Periode (Tage, Woche, Monat usw.) zusammengefasst. Auch hier können die Angabe der Mindestlosgröße, der maximalen Losgröße und des Rundungswertes die errechneten Losgrößen in Grenzen halten.
- **Optimierte Losgröße**
  Bei der optimierten Losgröße fließen neben der reinen Bedarfsmenge auch Kosteninformationen zur Losgröße und zur Lagerung in die Berechnung ein. Auf dieser Basis wird dann der Bedarf mehrerer Perioden zusammengefasst, um eine wirtschaftliche Optimierung unter Kostengesichtspunkten zu erzielen. Die berücksichtigen Kosteninformationen werden als grober Ansatz im Materialstamm hinterlegt, ohne in die Kostenrechnung integriert zu sein.

Weitere Einstellungen im Materialstamm

Neben diesen grundsätzlichen Einstellungen sind unter anderem noch folgende allgemeine Felder im Materialstamm für die Langfristplanung und die Materialbedarfsplanung zu pflegen:

- **Dispositionsgruppe**
  In der Dispositionsgruppe, die ebenfalls im Customizing festgelegt wird, werden Materialien zusammengefasst, die nach gleichen Gesichtspunkten disponiert werden sollen und somit gleichartige Steuerungsparameter enthalten.
- **Einkäufergruppe**
  Für spätere Auswertungen ist es sinnvoll, fremdbezogene Materialien dem Einkäufer bzw. der Einkäufergruppe zuzuordnen.
- **ABC-Kennzeichen**
  Für spätere Auswertungen im Logistikcontrolling können die Materialien hinsichtlich ihrer logistischen Relevanz nach A-, B- und C-Kriterien differenziert werden.
- **Disponent**
  Für spätere Dispositionsauswertungen ist es nützlich, die Materialien dem Disponenten bzw. der Disponentengruppe zuzuordnen.
- **Beschaffungsart**
  Hier wird festgelegt, ob das Material selbst gefertigt, fremdbezogen oder sowohl selbst gefertigt als auch fremdbezogen wird.

- **Sonderbeschaffungsart**
  In diesem Feld werden spezifischere Einstellungen zur Beschaffung vorgenommen, z.B. im Hinblick auf werksübergreifende Beschaffung oder Konsignationsbeschaffung.
- **Produktionslagerort**
  Hier wird der Lagerort bestimmt, der in den simulierten Planauftrag übernommen wird. Aus diesem Lagerort wird der Verbrauch eines Materials entnommen bzw. der Zugang eines produzierten Erzeugnisses zugeordnet.
- **Quotierungsverwendung**
  Soll ein fremdbezogenes Material im Rahmen der Langfristplanung bzw. der Materialbedarfsplanung von unterschiedlichen Lieferanten bezogen werden, so ist dies über die Quotierung möglich. In der Quotierung wird festgelegt, welcher Lieferant welchen Anteil am Bedarf des Materials befriedigen soll. Ob eine Quotierung und – wenn ja – welche in der Langfristplanung bzw. im Materialbedarfsplanungslauf Verwendung finden soll, wird in diesem Feld festgelegt.
- **Bestandsfindungsgruppe**
  In Verbindung mit der Bestandsfindungsregel, die im Customizing gepflegt wird, wird mit der Bestandsfindungsgruppe auf Werksebene zu einem Material festgelegt, in welcher Reihenfolge die Bestandsfindung durchgeführt werden soll.
- **Kuppelprodukt**
  In der chemischen Industrie gibt es zahlreiche Reaktionen, in denen nicht nur ein Produkt, sondern parallel mehrere Produkte entstehen. Dabei werden in der Regel ein Produkt als Hauptkomponente und die anderen Produkte als Kuppelprodukte bezeichnet. Dies führt zu der Schwierigkeit, die Einsatzmengen der Reaktion mengenbezogen den einzelnen entstehenden Komponenten zuzuordnen. Ob ein Material aus einer Kuppelproduktion entsteht, wird mit diesem Kennzeichen festgelegt.
- **Eigenfertigungszeit**
  Bei eigengefertigten Materialien ist die Angabe notwendig, welche Zeit benötigt wird, um das Material zu fertigen. Darunter wird in diesem Fall die reine Fertigungszeit ohne Berücksichtigung von Beschaffungszeiten der Einsatzstoffe verstanden.
- **Planlieferzeit**
  Bei fremdbezogenen Materialien ist die durchschnittliche Lieferzeit zu hinterlegen, die notwendig ist, um das Material vom Lieferanten zu

beziehen. Hierunter wird der Zeitraum vom Ausgang der Bestellung bis zum Wareneingang verstanden.

- **Wareneingangsbearbeitungszeit**
  In diesem Materialstammfeld wird die Zeit bestimmt, die durchschnittlich benötigt wird, um das Material nach Wareneingang zu prüfen und einzulagern.
- **Planungskalender**
  Zur Terminplanung der Planaufträge muss im SAP R/3-System hinterlegt werden, an welchen Tagen wie lange produziert werden kann. Dies kann für die einzelnen Material/Werk-Kombinationen durchaus unterschiedlich sein. Je nachdem, ob Schichtbetrieb vorliegt oder nicht (wenn ja, welche Form der Schichtarbeit) oder nicht und in welcher Region/welchem Land (Feiertage) produziert wird, stehen an einem Tag unterschiedliche Kapazitäten zur Verfügung. Der hierfür anzufertigende Planungskalender wird in diesem Feld gepflegt.
- **Horizontschlüssel**
  Über die Horizontschlüssel, die im Customizing definiert werden, werden zusätzliche Pufferzeiten für die Eckterminierung bzw. Durchlaufterminierung der eigengefertigten Materialien festgelegt. Diese Angaben sind für die genauere bzw. realitätsnähere Terminierung der Planaufträge notwendig.
- **Sicherheitsbestand**
  Der Sicherheitsbestand gibt an, welche Bestandsmenge zu einem Material über die Bedarfsmenge hinaus vorrätig sein soll.
- **Lieferbereitschaftsgrad**
  Der Lieferbereitschaftsgrad gibt an, wie viel Prozent des aktuellen Bedarfs durch den Lagerbestand gedeckt sein soll.

  Auf der Basis des Lieferbereitschaftsgrades kann maschinell der Sicherheitsbestand ermittelt werden.
- **Reichweitenprofil**
  Über ein Reichweitenprofil, das im Customizing definiert wird, kann statt eines statisch festgelegten Sicherheitsbestandes ein dynamischer Sicherheitsbestand auf der Grundlage des durchschnittlichen Tagesbedarfs, multipliziert mit einer gewünschten Reichweite, errechnet werden.
- **Strategiegruppe**
  In der Strategiegruppe werden Materialien zusammengefasst, die nach der gleichen betriebswirtschaftlichen Vorgehensweise geplant und gefertigt werden sollen.

- **Verrechnungsmodus**
  Über den Verrechnungsmodus wird gesteuert, ob bei der Verrechnung von Kundenaufträgen, Sekundärbedarfen oder Materialreservierungen Planprimärbedarfe vor oder nach dem Bedarfstermin herangezogen werden sollen. Zusätzlich kann über die Angabe einer Tagesanzahl der Horizont für diese Verrechnung eingeschränkt werden.
- **Mischdisposition**
  Dieses Kennzeichen wird für spezielle Planungsverfahren wie z. B. die Baugruppenvorplanung oder die Bruttoplanung verwendet.
- **Verfügbarkeitsprüfung**
  Über die Art der Verfügbarkeitsprüfung wird festgelegt, welche Dispositionselemente (Bestellungen, Reservierungen) für die Ermittlung der Verfügbarkeit überhaupt berücksichtigt werden sollen. Darüber hinaus steuert dieses Kennzeichen, ob das Material von der Verfügbarkeitsprüfung ausgeschlossen werden soll und für welchen Zeitraum (gesamter Zeitraum, Wiederbeschaffungszeitraum) die Verfügbarkeitsprüfung durchgeführt werden soll.
- **Gesamtwiederbeschaffungszeit**
  Dieser grobe Schätzwert für die gesamte Wiederbeschaffungszeit (fremdbezogen oder eigengefertigt) wird für die Verfügbarkeitsprüfung herangezogen.

Bedarfsauflösung

Ferner wird über den Materialstamm gesteuert, auf welche Art und Weise die Bedarfsauflösung über die Materialstückliste zur Ermittlung von Sekundärbedarfen erfolgen soll. Dabei werden unter anderem folgende Felder im Materialstamm gepflegt:

- **Alternativenselektion**
  Durch dieses Kennzeichen wird festgelegt, nach welcher Logik aus mehreren Stücklistenalternativen eine Stückliste ausgewählt werden soll. Dabei kann die Stücklistenalternative in Bezug auf die Auftragsmenge, den Produktionstermin und die Fertigungsversion ausgewählt werden.
- **Komponentenausschuss**
  Der Komponentenausschuss gibt an, wie viel Prozent der jeweiligen Komponente durchschnittlich als Ausschuss anfällt. Durch die Angabe des Ausschusses wird die Bedarfsmenge bei jedem Verbrauch entsprechend erhöht.
- **Einzel-/Sammelkennzeichen**
  Mit diesem Kennzeichen wird festgelegt, ob die Sekundärbedarfe aus unterschiedlichen nachgelagerten Produktionsstufen zusammengefasst oder getrennt ausgewiesen werden sollen.

- **Bedarfszusammenfassung**
  In diesem Feld wird festgelegt, ob die Sekundärbedarfe zu Periodenbedarfen zusammengefasst werden sollen.

Des Weiteren existieren im Materialstamm die folgenden zusätzlichen Steuerungsmöglichkeiten zu:

- Verrechnung von Planprimärbedarfen mit Vorplanungsmaterialien
- Auslaufsteuerung
- Werksspezifische Konfiguration

Diese zusätzlichen Steuerungsmöglichkeiten sollen hier jedoch nicht näher erläutert werden. Allein die einfache Auflistung der vielfältigen Steuerungsmöglichkeiten der Materialbedarfsplanung im Materialstamm lässt erkennen, wie komplex dieses Thema ist und wie aufwändig die entsprechende Pflege des Materialstamms sein kann.

Dispositionsprofile

Um diese Arbeit zu erleichtern, besteht die Möglichkeit, Dispositionsprofile zu erstellen, die obige Felder des Materialstamms mit bestimmten Ausprägungen festlegen, um eine bestimmte Art der Disposition vorzubestimmen. Durch die Zuordnung eines Materials zu einem Dispositionsprofil werden alle relevanten Felder für eine bestimmte Dispositionsstrategie gefüllt. Es kann festgelegt werden, ob diese Felder danach im Materialstamm noch überschreibbar sind oder als Festwerte gelten.

Materialstückliste

Neben der aufwändigen Pflege des Materialstamms zählt zu den Voraussetzungen für die Langfristplanung auch das Vorhandensein mindestens einer für den Planungszeitraum gültigen Materialstückliste je Fertigerzeugnis und Zwischenerzeugnis. Eine Materialstückliste enthält alle Komponenten mit der entsprechenden Menge, die notwendig ist, um eine bestimmte Menge eines Materials zu produzieren. Erst auf der Basis der Materialstückliste wird im Materialbedarfsplanungslauf ermittelt, welche Mengen an Zwischenprodukten und Einsatzstoffen notwendig sind, um die gewünschte Menge des Fertigerzeugnisses zu produzieren.

Hierbei gilt es zu beachten, dass Veränderungen im Produktionsablauf im Planjahr zu diesem Zeitpunkt bereits in die Materialstückliste eingearbeitet werden sollten. Sollen also beispielsweise zukünftig bestimmte Einsatzstoffe durch andere ersetzt werden, muss zum Zeitpunkt der Langfristplanung diese Veränderung in einer Materialstückliste mit Gültigkeit für den Planungszeitraum bekannt und eingearbeitet sein. Allerdings gilt hierbei der Grundsatz der Verhältnismäßigkeit. Nicht jede Kleinigkeit wird zu diesem Zeitpunkt bekannt sein und muss auch nicht hinterlegt sein. Werden allerdings wichtige Einsatzstoffe ersetzt oder in anderen Verhältnissen eingesetzt oder werden neue Einsatzstoffe in größeren Mengen eingesetzt, so ist dies in der Materialstückliste zu hinterlegen.

Arbeitsplan bzw. Rezeptur

Darüber hinaus sind die Arbeitspläne bzw. die Rezepturen (Prozessindustrie) für jedes eigengefertigte Material zu pflegen. In den Arbeitsplänen/Rezepturen wird hinterlegt:

- Welche Arbeitsschritte zur Produktion des Fertig- oder Zwischenprodukts notwendig sind
- Wieviel Zeit hierfür jeweils benötigt wird
- Mit welchen Produktionskapazitäten (Arbeitsplätzen, Ressourcen) jeder Produktionsschritt erfolgt
- Ob und – wenn ja – welche weiteren Sekundärressourcen notwendig sind
- Welche Materialstückliste Verwendung finden soll

Wie schon bei der Materialstückliste ist auch bei den Arbeitsplänen und Rezepturen darauf zu achten, dass größere Veränderungen für den Planungszeitraum zu diesem Zeitpunkt entsprechend eingearbeitet wurden.

Eigene Stückliste und Arbeitsplan über gesonderte Verwendungsart

Sowohl für die Materialstückliste als auch für den Arbeitsplan bzw. die Rezeptur besteht dabei die Möglichkeit, die aktuell verwendbaren Stammdaten von den Planungsdaten über das Kennzeichen der Verwendungsart strikt voneinander zu trennen. Auf diese Art kann sichergestellt werden, dass eine Materialstückliste oder ein Arbeitsplan/eine Rezeptur, der/die nur für die Planung Verwendung findet, nicht in den produktiven Einsatz gerät. Dies spielt umso mehr eine Rolle, je weniger das Gültigkeitsdatum ein Kriterium zur Differenzierung von aktuellen und geplanten Stücklisten/Arbeitsplänen/Rezepturen darstellt (z. B. wenn eine neue Produktionsvariante hinzukommt, ohne die bestehende vollständig zu ersetzen).

Arbeitsplätze und Ressourcen

Ebenso müssen die Arbeitsplätze bzw. die Ressourcen (Prozessindustrie) für den Planungszeitraum gepflegt sein. Hierbei ist insbesondere zu prüfen, ob sich die Struktur der Arbeitsplätze/Ressourcen verändert oder ob sich das Kapazitätsangebot im Planungszeitraum verändern wird. Dies kann durch geänderte Schichtpläne oder veränderte Mitarbeiterkapazitäten der Fall sein.

Auch Investitions- bzw. Desinvestitionsmaßnahmen im Produktionsbereich sind bereits im Vorfeld der Langfristplanung zu berücksichtigen. Beispielsweise müssen neue Produktionsanlagen in Form von Arbeitsplätzen/

Ressourcen im SAP R/3-System angelegt werden. Wird eine Produktionsanlage erweitert, muss das Kapazitätsangebot der bestehenden Arbeitsplätze/Ressourcen unter Umständen erweitert werden. Liegen hingegen besondere Wartungsarbeiten im Planjahr vor oder wird ein Produktionsteil stillgelegt, so muss das Kapazitätsangebot entsprechend reduziert werden.

Struktur der Fertigungskostenstellen

Über den Arbeitsplatz bzw. die Ressource findet auch die Verknüpfung mit der Kostenstellenrechnung statt. Jeder Arbeitsplatz bzw. jede Ressource ist fest einer Fertigungskostenstelle zugeordnet und verbraucht entsprechende Leistungsarten dieser Kostenstelle, wenn der Arbeitsplatz/die Ressource im Rahmen der Produktion durch einen Planauftrag in Anspruch genommen wird. Ändert sich für den Planungszeitraum in der Kostenstellenrechnung die Struktur der Fertigungskostenstellen, so ist dies vor der Langfristplanung in den Arbeitsplätzen/Ressourcen entsprechend einzupflegen. Nur auf diese Weise können im Verlauf der Langfristplanung die Leistungsmengenbedarfe der Fertigungskostenstellen korrekt ermittelt und übertragen werden.

Dementsprechend müssen in der Kostenstellenrechnung die Struktur der Fertigungskostenstellen für den Planungszeitraum ebenfalls abgeschlossen und alle Leistungsarten je Fertigungskostenstelle zumindest mit ihrem Kapazitätsangebot geplant sein (siehe dazu Abschnitt 5.11).

Neue Produktionen und Artikel

Für eine erfolgreiche und vollständige Langfristplanung ist es wichtig, auch zu allen neuen Produktionen und Artikeln die oben aufgeführten Stammdaten im SAP R/3-System abgelegt zu haben. Da die operative Planung in der Regel bereits im Spätsommer bzw. Herbst eines Jahres stattfindet, kann es vorkommen, dass diesbezüglich die genauen Informationen noch nicht vorliegen. Demnach ist es ratsam, zumindest grobe Angaben zu den neuen Produktionen über entsprechende Stammdaten einfließen zu lassen. Dies ist umso wichtiger, je stärker die neue Produktion Verflechtungen mit bestehenden Produktionen oder Einsatzstoffen aufweist. Eine andere Form der Vereinfachung besteht darin, für eine neue Produktion die Stammdaten eines bestehenden ähnlichen Materials zu verwenden. Dies trifft zwar dann den Sachverhalt nicht genau, ist aber meistens besser, als das Material völlig aus der Langfristplanung herauszulassen.

Planungskalender

Die letzte Voraussetzung für die Langfristplanung ist die Pflege des Planungskalenders. Der Planungskalender gibt an, an welchen Tagen in einem Produktionsbereich wie viele Stunden gearbeitet wird und wann aufgrund von Wochenenden oder Feiertagen nicht gearbeitet wird. Je nach Schichtmodell und regionalen Unterschieden kann es für den Planungsumfang durchaus mehrere Planungskalender parallel geben. Die

Angaben aus dem Planungskalender fließen mit in die Berechnung der simulierten Planaufträge und in die Berechnung der Auslastung von Produktionskapazitäten ein.

5.4.3 Stammdaten der Langfristplanung

Die Langfristplanung selbst weist kaum eigene Stammdaten auf. Da die Langfristplanung im Wesentlichen auf dem Materialbedarfsplanungslauf beruht und für diesen MRP-Lauf die in Abschnitt 5.4.2 aufgeführten Maßnahmen zur Stammdatenpflege bereits durchgeführt wurden, müssen in der Langfristplanung selbst nur die Planprimärbedarfsversion und ein Planungsszenario gepflegt werden.

Planprimärbedarfsversion

Mit der Langfristplanung können – wie auch schon in der Standard-Absatz-/Produktionsgrobplanung und der Vertriebsplanung – mehrere Versionen parallel Verwendung finden. Diese Versionen werden Planprimärbedarfsversionen genannt. Dabei werden die Produktionsmengen aus der Standard-Absatz-/Produktionsgrobplanung bzw. aus der flexiblen Planung in eine dieser Versionen übertragen und dann im Rahmen der Langfristplanung und der Materialbedarfsplanung als Planprimärbedarfe interpretiert. Daher leitet sich der Begriff der Planprimärbedarfsversion ab.

Die Planprimärbedarfsversionen der Langfristplanung sind immer als nicht aktiv gekennzeichnet, um deutlich zu machen, dass hierbei nur ein simulativer Planungslauf stattfindet, der nicht in die produktive Umsetzung gelangen soll.

Planungsszenario

Zudem wird in der Langfristplanung ein Planungsszenario benötigt. Über das Planungsszenario wird festgelegt, wie die Langfristplanung durchgeführt werden soll. Dabei werden grundsätzliche Einstellungen zur Einbindung der Werke, zum Planungszeitraum und zur Behandlung von Beständen, Bedarfen und Zugängen getroffen.

Im Detail werden folgende Einstellungen festgelegt:

- **Zuordnung zur Planprimärbedarfsversion**
  Hier wird festgelegt, welche Planprimärbedarfsversionen zu diesem Planungsszenario gehören.
- **Festlegung der Werke**
  Über diese Eingabe wird gesteuert, welche Werke in die Langfristplanung eingebunden werden sollen. Bedarfe aus Werken, die aus der Langfristplanung ausgeschlossen werden, werden nicht weiter aufgelöst und quasi als Fremdbedarfe behandelt.

- **Planungszeitraum**
  Hier wird in der Regel der Planungszeitraum der operativen Planung eingetragen. Allerdings gilt es zu bedenken, dass bei langfristigen Produktionslaufzeiten der Zeitraum für die Vertriebsplanung nicht identisch mit dem Planungszeitraum der Produktionsplanung sein muss.
- **Anfangsbestand**
  Über dieses Kennzeichen wird festgelegt, wie mit Anfangsbeständen im Rahmen der Langfristplanung umgegangen werden soll. Zur Auswahl stehen folgende Szenarien:
  - **Kein Anfangsbestand**
    In diesem Fall wird davon ausgegangen, dass zum Beginn des Planungszeitpunktes kein Anfangsbestand der Materialien vorliegt.
  - **Sicherheitsbestand als Anfangsbestand**
    Sofern für die Materialien ein Sicherheitsbestand vorliegt, wird dieser als Anfangsbestand berücksichtigt.
  - **Durchschnittlicher Werksbestand**
    In der Langfristplanung kann auf der Basis der historischen Bestände ein durchschnittlicher Werksbestand berechnet und für das Planungsszenario als Anfangsbestand vorgegeben werden. Hier gilt es zu beachten, dass ein ausreichend langer Vergangenheitszeitraum vorhanden sein muss, um verlässliche Daten zu erhalten. Dieses Verfahren ist jedoch nur zu empfehlen, wenn sich die Produktion im Planungszeitraum kaum vom bestehenden Produktionsverhalten verändert und wenig saisonale Schwankungen vorhanden sind.
  - **Aktueller Bestand zum Planungszeitpunkt**
    Hierbei gilt es zu bedenken, dass die Langfristplanung meistens bereits im Herbst eines Jahres durchgeführt wird und dann ein zufälliger Stichtagswert in die Langfristplanung einfließt, der keinen Zusammenhang mit dem Stichtagsbestand zu Beginn des Planungszeitraums haben muss.
- **Sekundärbedarfe für verbrauchsgesteuert disponierte Materialien**
  Über dieses Kennzeichen wird gesteuert, ob für verbrauchsgesteuerte Materialien (siehe Abschnitt 5.4.2) Sekundärbedarfe erzeugt werden sollen. Da der Schwerpunkt der Langfristplanung darauf ausgelegt ist, auf der Basis der Planproduktionsmenge die Bedarfe von Einsatzstoffen und Kapazitätsauslastungen der Produktion festzustellen, kann es sinnvoll sein, die Sekundärbedarfe zu rein verbrauchsgesteuerten Materialien zunächst wegzulassen. Dies ist insbesondere dann der Fall, wenn diese Materialien sämtlich am Ende der Bedarfskette stehen

(und damit selbst keine weiteren Bedarfe erzeugen), wenn sie im wesentlichen Kleinmaterialien betreffen und der erzeugte Sekundärbedarf keinerlei Bedeutung für den Einkauf hat. Zu beachten ist allerdings, dass die Materialbedarfsplanung gegebenenfalls keine weitere Auflösung vornimmt, wenn es auf ein verbrauchsgesteuertes Material trifft und sofort mit dem nächsten Bedarf fortfährt. Hier ist demzufolge auf eine gute Stammdatenqualität zu achten. Im Zweifelsfall ist es ratsam, auch für rein verbrauchsgesteuert disponierte Materialien Sekundärbedarfe zu erzeugen. Sind die Voraussetzungen allerdings gegeben, kann durch den Verzicht auf diese Sekundärbedarfe die Übersichtlichkeit des Ergebnisses der Langfristplanung erhöht werden.

- **Verwendung von Kundenaufträgen**
  Dieses Kennzeichen legt fest, ob bereits bestehende Kundenaufträge für den Planungszeitraum mit berücksichtigt werden sollen. Da im Rahmen der operativen Planung diese Absatzmengen in der Vertriebsplanung mit enthalten sein werden und somit auch in die Planprimärbedarfe (also die Planproduktionsmengen) einfließen, empfiehlt es sich, Kundenaufträge nicht in der Langfristplanung zu berücksichtigen. Auf diese Weise werden eventuelle Doppelzählungen vermieden.
- **Fixierungshorizont**
  Dieses Merkmal legt fest, ob der im Materialstamm eines Materials gepflegte Fixierungshorizont im Rahmen der Langfristplanung berücksichtigt werden soll oder nicht. Der Fixierungshorizont dient hauptsächlich dem Zweck der kurzfristigen Anlagenbelegungsplanung, indem er eine automatische Einplanung von Planaufträgen durch den Materialbedarfsplanungs-/Langfristplanungslauf innerhalb des Fixierungshorizontes unterbindet. Für die Langfristplanung im Rahmen der operativen Planung sollte er daher nicht berücksichtigt werden.
- **Bruttoplanung**
  Hier wird festgelegt, ob die Langfristplanung in Form einer Bruttoplanung durchgeführt werden soll. Zur Erläuterung der Bruttoplanung siehe Abschnitt 5.4.5.
- **Berücksichtigung der Zugänge**
  Über dieses Kennzeichen wird bestimmt, welche Zugänge im Rahmen der Langfristplanung berücksichtigt werden sollen. Neben den festen Zugängen (Fertigungsaufträge, Bestellungen, Lieferavise, Lieferplaneinteilungen, Umlagerungen usw.) kann festgelegt werden, ob fixierte Bestellanforderungen oder fixierte Planaufträge in der Langfristplanung als Zugänge berücksichtigt werden sollen.

Abbildung 5.39 zeigt beispielhaft die Einstellungen zu einem Planungsszenario.

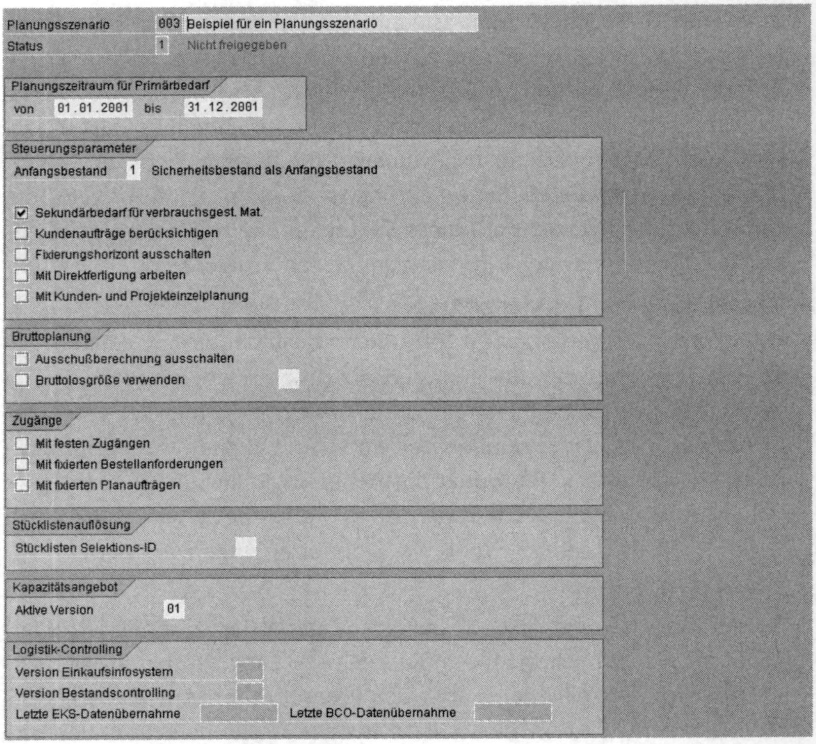

Abbildung 5.39 Beispiel für ein Planungsszenario

Nach der Definition und Speicherung muss das Planungsszenario in einem separaten Schritt zunächst freigegeben werden, bevor die Langfristplanung durchgeführt werden kann.

5.4.4 Input für die Langfristplanung

Als Input fließen die geplanten Produktionsmengen aus der Standard-Absatz-/Produktionsgrobplanung bzw. aus der flexiblen Planung als Planprimärbedarfe in die Langfristplanung ein (siehe Abbildung 5.40). Dabei werden die Daten aus der SOP bzw. aus der flexiblen Planung in eine gewünschte Version der Langfristplanung kopiert.

Zur Erläuterung der Funktionsweise sei auf den Abschnitt 5.3.6 verwiesen, in dem die Übergabe der geplanten Produktionsmengen in die Planprimärbedarfsversion der Langfristplanung beschrieben wird.

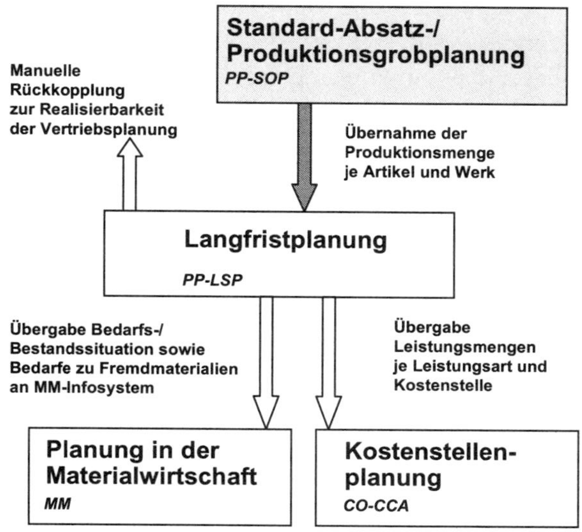

Abbildung 5.40 Input-Output-Modell zur Langfristplanung (Input)

5.4.5 Durchführung der Langfristplanung

Durchschnittlichen Werkslagerbestand berechnen

Sofern im Planungsszenario mit einem durchschnittlichen Werkslagerbestand gerechnet werden soll, muss dieser vor Beginn der eigentlichen Durchführung der Langfristplanung berechnet werden. In Abbildung 5.41 wird der Eingabebildschirm zur Berechnung des durchschnittlichen Werkslagerbestandes dargestellt.

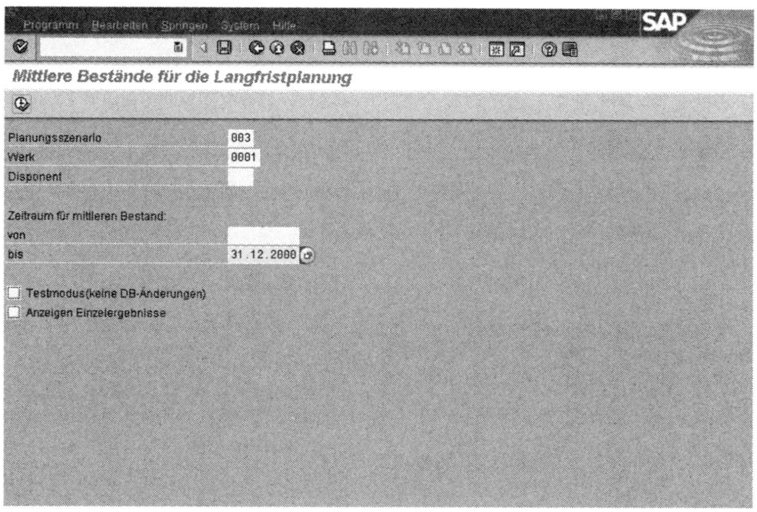

Abbildung 5.41 Berechnung des durchschnittlichen Werkslagerbestandes

Hierbei wird neben dem Planungsszenario, dem Werk und dem Disponenten zusätzlich der Zeitraum definiert, auf dessen Basis der durchschnittliche Werkslagerbestand ermittelt werden soll.

Jetzt kann mit der eigentlichen Durchführung der Langfristplanung begonnen werden. Dabei kann entweder eine Gesamtplanung für ein Planungsszenario und ein Werk oder eine einstufige oder mehrstufige Einzelplanung für eine Material/Werk-Kombination durchgeführt werden.

Gesamtplanung Bei der Gesamtplanung (siehe Abbildung 5.42) wird neben dem Planungsszenario und dem Planungswerk über entsprechende Steuerparameter definiert, ob die Langfristplanung als Neuplanung oder als Veränderungsplanung durchgeführt werden soll.

Performance Diese Eingabe ist insbesondere im Hinblick auf die Performance relevant, da eine Veränderungsplanung deutlich weniger Berechnungen zur Folge haben kann als eine Neuplanung. Hilfreich ist außerdem die Angabe der Parallelverarbeitung, sofern diese im System über mehrere Applikationsserver eingerichtet ist. Diese beiden Eingaben machen deutlich, dass eine komplette Langfristplanung für das SAP R/3-System eine sehr rechenintensive Aufgabe ist, die lange Laufzeiten zur Folge haben kann.

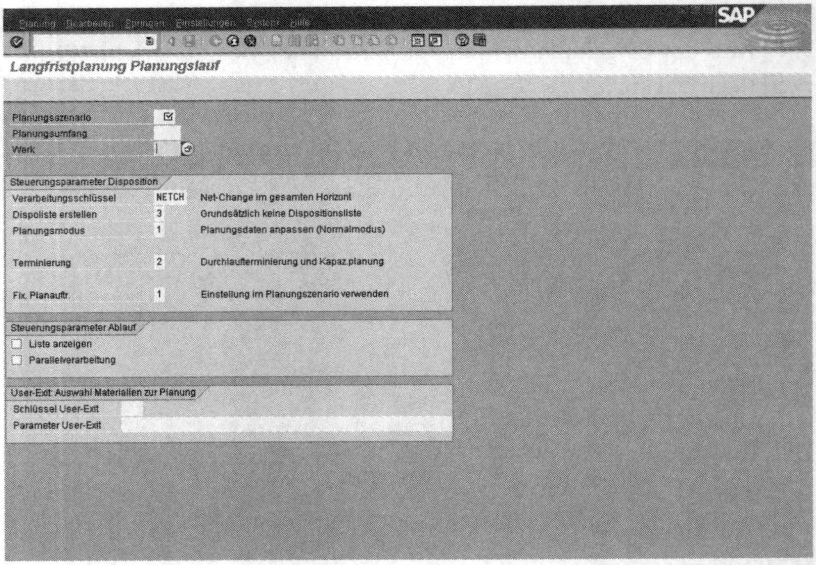

Abbildung 5.42 Einstiegsmaske in die Gesamtplanung

Aus diesem Grunde sollte eine Gesamtplanung immer nur im Hintergrund gestartet werden. Außerdem sollte man davon Abstand nehmen, in zahlreichen Iterationen immer wieder die Langfristplanung neu durchzuführen. Die Erfahrung zeigt, dass die hierfür benötigte Zeit in keinem Verhältnis zum Nutzen des eventuell genaueren Ergebnisses steht.

Einzelplanung

Neben der Gesamtplanung besteht über die Funktionalität der Einzelplanung (siehe Abbildung 5.43) auch die Möglichkeit, gezielt für eine Material/Werk-Kombination die Langfristplanung durchzuführen. Dabei hat man die Wahl, ob die Planung einstufig oder mehrstufig erfolgen soll. Bei der einstufigen Planung werden aus diesem Material sich ergebende Sekundärbedarfe nicht weiter aufgelöst, wohingegen die mehrstufige Planung die Bedarfe über alle Produktionsstufen hinweg auflöst.

In der Eingabemaske wird neben dem Planungsszenario und dem gewünschten Material und Werk festgelegt:

- Soll abweichend von der Einstellung im Planungsszenario ein fixierter Planauftrag berücksichtigt werden
- Soll das Ergebnis gespeichert werden
- Soll eine Materialliste angezeigt werden

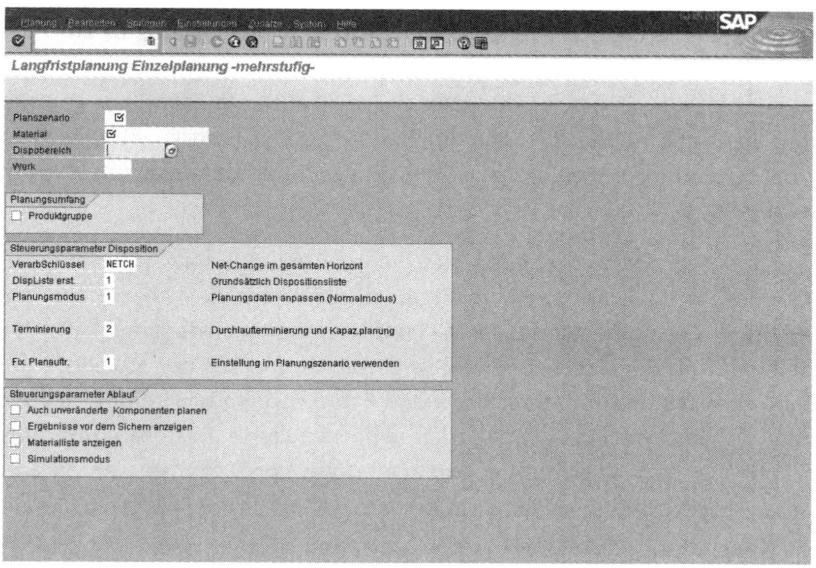

Abbildung 5.43 Einstieg in die mehrstufige Einzelplanung

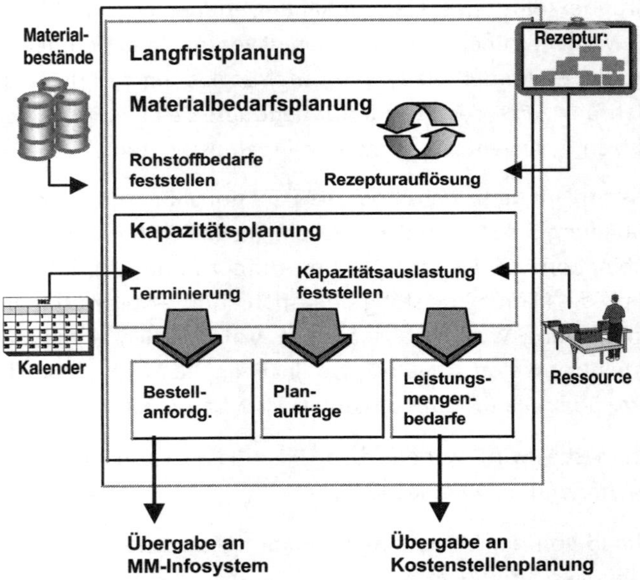

Abbildung 5.44 Überblick zur Langfristplanung

Ablauf der Langfristplanung

Abbildung 5.44 versucht deutlich zu machen, was bei der Langfristplanung eigentlich passiert. Mit Hilfe der Einstellungen aus dem Materialstamm wird die Dispositionsstrategie zu einem Fertigerzeugnis ermittelt und der Planprimärbedarf zu einer Periode aus der Planprimärbedarfsversion aufgelöst. Dabei werden zunächst die relevante Stückliste und der Arbeitsplan bzw. die Rezeptur für die Langfristplanung in Abhängigkeit von der Bedarfsmenge, dem Bedarfszeitpunkt und der Fertigungsversion ermittelt.

Anhand der Stückliste werden nun die benötigten Einsatzstoffe der letzten Produktionsstufe des Fertigerzeugnisses ermittelt. Je nachdem, wie mit den Anfangsbeständen laut Planungsszenario umgegangen werden soll, wird nun der Bedarf an diesen Einsatzstoffen aus der Stückliste heraus ermittelt. Handelt es sich bei den Einsatzstoffen um fremdbezogene Materialien, wird aus dem Bedarf eine simulierte Bestellanforderung. Handelt es sich hingegen um eigengefertigte Vorstufen, so werden entsprechende simulierte Planaufträge erzeugt, die in der nächsten Iterationsstufe ebenfalls aufgelöst werden.

Aus den zugehörigen Arbeitsplänen bzw. Rezepturen wird dazu ermittelt, welche Kapazitätsbedarfe für die Produktion notwendig sind, und zusammen mit den Einstellungen aus dem Materialstamm und dem Planungskalender werden die simulierten Planaufträge terminiert und in eine Reihenfolge gebracht. Dieser Vorgang wird solange wiederholt, bis alle Planprimärbedarfe für den Planungszeitraum durch alle Produktionsstufen hindurchgerechnet wurden.

Handelswaren

In die Langfristplanung fließen im Übrigen auch die Bedarfe zu Handelswaren ein. In diesen Fällen wird über das Kennzeichen im Materialstamm zur Beschaffungsart erkannt, dass dieses Material fremdbezogen ist, und die gesamte Planprimärbedarfsmenge wird sofort unter Berücksichtigung der Behandlung von Anfangsbeständen als Bestellbedarf behandelt.

Bruttoplanung

Über die Einstellung im Planungsszenario zur Bruttoplanung können die Rechnungen der Langfristplanung dabei vereinfacht werden und somit zu einer kürzeren Laufzeit verhelfen.

Bei der Bruttoplanung werden die reinen Bedarfsmengen ohne Berücksichtigung der folgenden Aspekte berechnet:

- Vorhandene Bestände
- Materialspezifische Losgrößen
- Ausschuss

Im Rahmen der operativen Planung ist in vielen Fällen die Verwendung der Bruttoplanung absolut ausreichend, da die Ziele der Langfristplanung (siehe Abschnitt 5.4.1) auch damit weitgehend erreicht werden.

5.4.6 Output der Langfristplanung

Übersicht über den Output

Das Ergebnis der Langfristplanung liefert zahlreiche wichtige Informationen für die weiteren Schritte der operativen Planung. In Abbildung 5.45 wird der Output der Langfristplanung grafisch strukturiert.

Simulierte Planaufträge

Das erste Ergebnis der Langfristplanung ist die Bildung von simulierten Planaufträgen für die zu produzierenden Erzeugnisse und deren Vorstufen. Ferner werden die für die Produktion benötigten Verbräuche aller Einsatzstoffe und Zwischenerzeugnisse berechnet und gespeichert. In entsprechenden standardisierten Dispositionslisten und Bedarfs-/Bestandslisten kann auf der Basis dieser Daten ausgewertet werden, wann welcher Bedarf und welcher Verbrauch zu einzelnen Materialien im Langfristplanungslauf geplant wurde.

Bedarfs- und Bestandssituation

Anhand dieser Daten kann auch die zukünftige Bedarfs- und Bestandssituation an das Bestandscontrolling übergeben werden. Hierbei werden über eine SAP R/3-Standardfunktion die Bedarfe und zukünftigen Bestände der einzelnen Materialien aus der Langfristplanung per Batch-Lauf in die Informationsstruktur S094 des MM-Informationssystems übergeben.

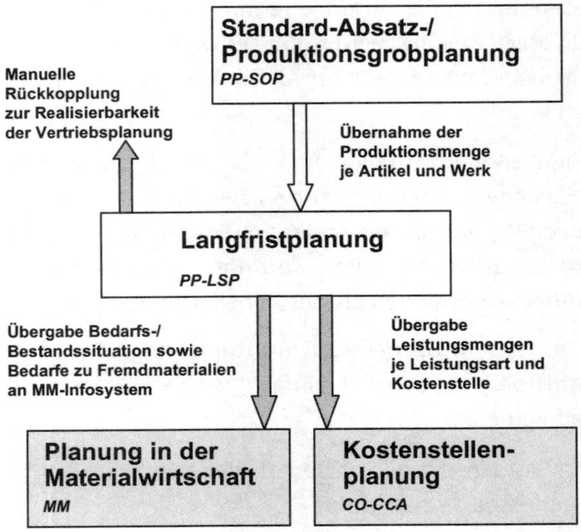

Abbildung 5.45 Input-Output-Modell zur Langfristplanung (Output)

Abbildung 5.46 zeigt den Eingabebildschirm zur Aktivierung der Datenübergabe zur Bedarfs- und Bestandssituation aus der Langfristplanung an das MM-Informationssystem.

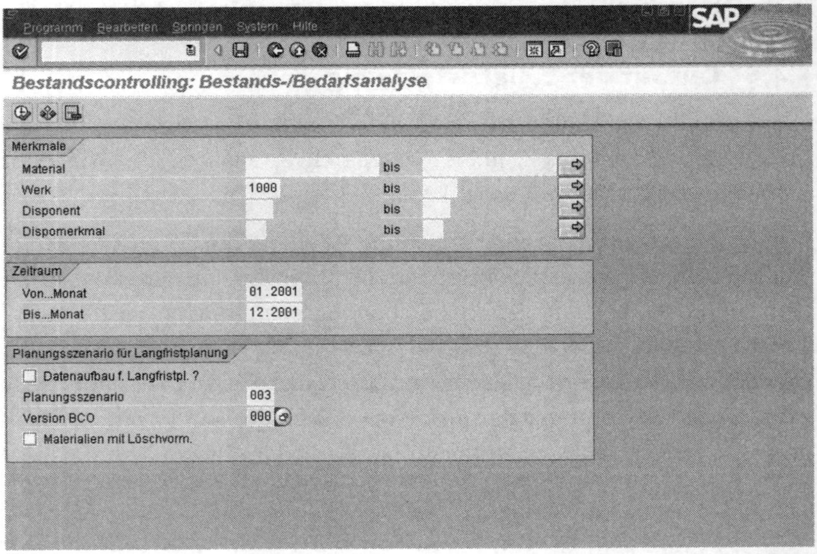

Abbildung 5.46 Datenaufbau zur Bestands-/Bedarfsanalyse

Über entsprechende Standardauswertungen besteht danach im MM-Informationssystem die Möglichkeit, übersichtlich den Bedarf und den zukünftigen Bestand je Material und Periode zu analysieren.

Bedarfe an Fremdmaterialien

Darüber hinaus können auch die berechneten Bedarfe an Fremdmaterialien (dazu gehören auch die Handelswaren) aus der Langfristplanung in das Einkaufsinformationssystem übergeben werden. Dabei werden die Bedarfe an Fremdmaterialien aus der Langfristplanung über einen Batch-Lauf in die Informationsstruktur S012 übergeben. Abbildung 5.47 zeigt den Aufruf zur Datenübertragung an das Einkaufsinformationssystem.

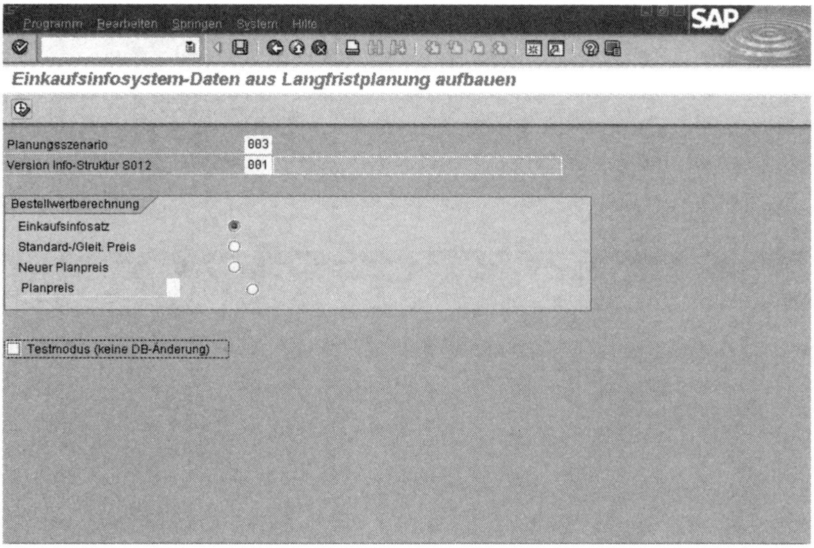

Abbildung 5.47 Datenaufbau für die Informationsstruktur S012

Auf der Basis dieser Informationen kann im Einkaufsinformationssystem pro Material, Warengruppe, Lieferant und Periode der Fremdbeschaffungsbedarf analysiert werden. Dabei besteht auch die Möglichkeit, die Informationen mit den Ist-Beschaffungsmengen zu vergleichen, um Trendveränderungen frühzeitig zu erkennen.

Die ermittelten Bedarfe an Fremdmaterialien können zusätzlich auf der Grundlage bestehender Einkaufsinfosätze, des Bewertungspreises (Standardpreis oder gleitender Durchschnittspreis) oder eines Planpreises bewertet werden.

Rahmenverträge

Insbesondere die Auswertungen aus dem Bestandscontrolling und dem Einkaufsinformationssystem können für den Einkauf relevante Informationen über den zukünftigen Bedarf an wichtigen Rohstoffen liefern, für die häufig Rahmenverträge mit Lieferanten abgeschlossen werden. Mit Hilfe dieser Informationen kann die Rahmenvertragsmenge und die notwendige Häufigkeit und Menge der Abrufe zum Rahmenvertrag besser abgeschätzt werden. Dies kann eine wichtige Unterstützung des Einkäufers im Rahmen der Verhandlungen mit Lieferanten zur Ausgestaltung der Verträge darstellen.

Kapazitätsauslastung

Neben den Bedarfen an Einsatzstoffen und Zwischenerzeugnissen werden als Ergebnis der Langfristplanung auch die benötigten Produktionskapazitäten je Arbeitsplatz/Ressource und Periode ermittelt. Dabei kann zum einen analysiert werden, welche Materialien welche Arbeitsplätze/Ressourcen wie stark in einer Periode in Anspruch nehmen. Zum anderen können aber auch die konkreten Auslastungen je Arbeitsplatz/Ressource in einer Periode dargestellt und frühzeitig auf Überlastungen hingewiesen werden. Abbildung 5.48 zeigt den Aufruf der Kapazitätssituation in der Langfristplanung.

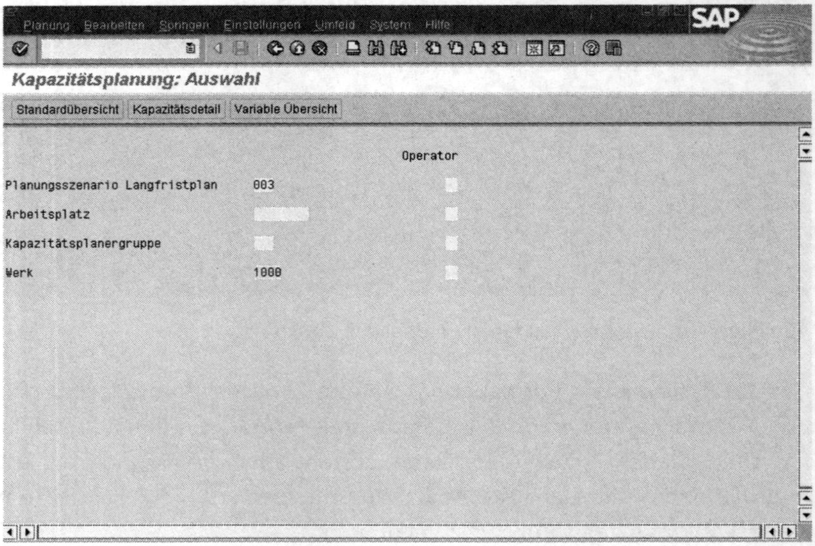

Abbildung 5.48 Auswahl zur Analyse der Kapazitätsplanung

Durch die Analyse der Auslastungen von Arbeitsplätzen/Ressourcen kann zunächst festgestellt werden, welche Materialien von diesen Produktionsengpässen betroffen sind.

Im nächsten Schritt kann dann analysiert werden, ob diese Materialien nicht über alternative Fertigungsversionen auch an anderen Arbeitsplätzen/Ressourcen produziert werden können. Wenn das Erzeugnis in unterschiedlichen Werken produziert wird, kann analysiert werden, ob durch eine Veränderung in der Aufteilung der Produktionsmenge auf die einzelnen Werke der Engpass aufgelöst werden kann. Ist dies nicht der Fall, so ist der Produktionsengpass in Zusammenhang mit dem Vertrieb zu klären. Eventuell kann das Erzeugnis teilweise durch Handelsware substituiert werden.

Durch die Analyse der Kapazitätssituation in der Langfristplanung findet somit die detaillierte Abstimmung zwischen Produktion und Vertrieb statt. Wurden in der Standard-Absatz-/Produktionsgrobplanung die Kapazitätssituationen noch relativ grob berechnet, so können diese nun konkretisiert werden.

Als Erfahrungswert aus der Praxis zeigt sich aber auch, dass die in der Langfristplanung berechneten Mengen gewöhnlich im Ist nicht 1:1 realisiert werden. Insbesondere wenn in der Produktion über zahlreiche Produktionsstufen komplexe Abhängigkeiten zwischen den Arbeitsplätzen/Ressourcen geschaffen werden, sollte vor dem Hintergrund der Schätzungsgenauigkeit der Vertriebs- und Produktionsplanung auch eine Überauslastung von einzelnen Arbeitsplätzen/Ressourcen von zehn bis zwanzig Prozent zu tolerieren sein.

Leistungsmengenbedarfe

Das Ergebnis der Kapazitätsanalyse kann in einem weiteren Schritt auch in Form von Leistungsmengenbedarfen an die Kostenstellenrechnung übergeben werden. Da in den Arbeitsplätzen/Ressourcen jeweils auf bestimmte Leistungsarten einer Fertigungskostenstelle zurückgegriffen werden kann, kann die Inanspruchnahme eines Arbeitsplatzes/einer Ressource in einer Periode auch in Leistungsmengenbedarfe je Kostenstelle/Leistungsart umgerechnet werden. Diese Informationen können dann als disponierte Leistungsmengen in die Kostenstellenrechnung übernommen werden. Abbildung 5.49 zeigt den Aufruf der Transaktion zur Übermittlung der Leistungsmengenbedarfe aus der Langfristplanung in die Kostenstellenplanung.

Im Selektionsbildschirm können das Werk, die Planversion der Kostenstellenplanung und der Planungszeitraum ausgewählt werden. Erfolgt keine Einschränkung auf ein bestimmtes Werk, werden die Leistungsmengenbedarfe aus allen Werken in die Kostenstellenplanung übernommen. Über eine Übernahmesteuerung wird zuvor festgelegt, aus welcher Version der Langfristplanung und mit welcher Terminierungsart (Fein- oder Ratenplanung) die Daten übergeben werden sollen. In der Kostenstellenplanung werden danach die Leistungsmengen je Kostenstelle und Leistungsart der jeweiligen Planungsperiode als disponierte Leistungsmengen gespeichert.

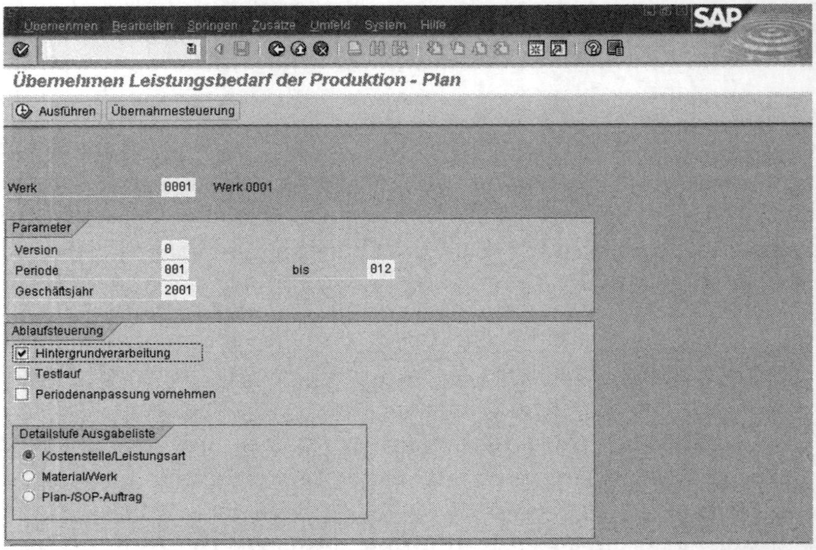

Abbildung 5.49 Übergabe der Leistungsmengenbedarfe an die Kostenstellenplanung

5.4.7 Checkliste zur Langfristplanung

Als PDF-Dokument zum Download unter www.sap-press.de

Stichwort	Erläuterung
Materialbedarfsplanungslauf	Die Langfristplanung basiert auf einem Materialbedarfsplanungslauf. Aus diesem Grund müssen vor Beginn der Langfristplanung alle Einstellungen zum Materialbedarfsplanungslauf abgeschlossen sein.
Materialstammpflege	Die korrekte Pflege der Dispositionsmerkmale im Materialstamm ist eine wesentliche Voraussetzung für ein brauchbares Ergebnis der Langfristplanung.
Materialstückliste	Die Materialstücklisten müssen vor Beginn der Langfristplanung für den Planungszeitraum überarbeitet werden.
Arbeitspläne/Rezepturen	Die Arbeitspläne bzw. Rezepturen müssen vor Beginn der Langfristplanung für den Planungszeitraum überarbeitet werden.
Neue Produkte	Auch für neue Produkte müssen (zumindest grobe) Materialstücklisten und Arbeitspläne angelegt werden.

Stichwort	Erläuterung
Verwendungsart	Über die Einrichtung einer eigenen Verwendungsart und Kopieren der Materialstücklisten und Arbeitspläne/Rezepturen in diese Verwendungsart kann gekennzeichnet werden, dass diese Stammdaten nur für die Langfristplanung genutzt werden sollen. Auf diese Weise können in der Langfristplanung verschiedene Szenarien getestet werden, ohne befürchten zu müssen, dass diese Einstellungen ungewollt im laufenden Betrieb bereits übernommen werden.
Arbeitsplätze/ Ressourcen	Sollte sich das Kapazitätsangebot einzelner Arbeitsplätze bzw. Ressourcen für den Planungszeitraum verändern, so ist dies vor Beginn der Langfristplanung einzupflegen.
Neue Produktionsorte	Sollten im Planungszeitraum neue Produktionsorte (sei es nur ein Arbeitsplatz oder ein ganzer Produktionsstandort) in Betrieb gehen, sind diese in Form von Arbeitsplätzen bzw. Ressourcen im SAP R/3-System einzupflegen und in den entsprechenden Arbeitsplänen bzw. Rezepturen zu berücksichtigen.
Fertigungskostenstellen und Leistungsarten	Sollen die Leistungsmengenbedarfe aus der Langfristplanung in die Kostenstellenrechnung übergeben werden, müssen vor Beginn der Langfristplanung die Struktur der Fertigungskostenstellen und deren Leistungsarten feststehen und jede Leistungsart auf den jeweiligen Kostenstellen für den Planungszeitraum beplant sein.
Planungskalender	Da in der Langfristplanung die Bedarfe auch terminiert werden, greift die Langfristplanung auf den Planungskalender zurück. Daher muss der Planungskalender in Bezug auf Schichtmodelle und Arbeitstage für den Planungszeitraum aktualisiert werden.
Planprimärbedarfsversion	Die zu produzierenden Mengen an Erzeugnissen aus der Standard-Absatz-/Produktionsgrobplanung bzw. flexiblen Planung werden als Input für die Langfristplanung in Form von Planprimärbedarfen in einer gleichnamigen Planversion gespeichert.
Planungsszenario	Im Planungsszenario werden die Grundeinstellungen zur Langfristplanung vorgenommen. Dabei werden unter anderem Angaben bzgl. der einzubeziehenden Werke, zu den Anfangsbeständen, zur Berücksichtigung anderer Bedarfe und zur Generierung von Bedarfen zu verbrauchsgesteuerten Materialien gemacht.
Handelswaren	Auch der Bedarf an Handelswaren geht zunächst als Planprimärbedarf in die Langfristplanung ein und wird sofort als Fremdbeschaffungsbedarf an das Einkaufsinformationssystem übergeben.

Stichwort	Erläuterung
Performance	Ein kompletter Durchlauf der Langfristplanung zieht zahlreiche, zum Teil iterative Berechnungen nach sich, die die Systemleistung und damit die Performance stark beanspruchen können. Aus diesem Grunde sollte ein Langfristplanungslauf immer nur im Hintergrund durchgeführt werden. Des Weiteren sollten die Einstellmöglichkeiten zur Veränderungsplanung und zum Parallellauf Beachtung finden.
Bestandscontrolling	Als Ergebnis der Langfristplanung kann die zukünftige Bedarfs- und Bestandssituation an das Bestandscontrolling übergeben werden.
Bedarfe an Fremdmaterialien	Der ermittelte Bedarf an Fremdmaterialien (inklusive Handelswaren) kann an das Einkaufsinformationssystem übergeben werden.
Kapazitätsauslastung	Durch die Langfristplanung kann eine genauere Kapazitätsauslastung je Arbeitsplatz/Ressource berechnet werden.
Abstimmung mit dem Vertrieb	Treten in der Analyse der Kapazitätsauslastung Überauslastungen auf, die nicht durch Verlagerungen in der Produktion ausgeglichen werden können und außerhalb einer Toleranzgrenze liegen, so müssen diese Produktionsengpässe mit dem Vertrieb abgestimmt werden. Dies erfolgt manuell durch Anpassung der Absatzmengen und gegebenenfalls Substitution mit Handelswaren.
Leistungsmengenbedarfe	Die Kapazitätsauslastungen je Arbeitsplatz/Ressource können auch in Form von Leistungsmengenbedarfen an die Kostenstellenrechnung übergeben werden und so die disponierte Leistungsmenge für die Fertigungskostenstellen bilden.

5.5 Planung in der Materialwirtschaft

5.5.1 Definition und Ziel der Planung in der Materialwirtschaft

Unter dem Begriff *Planung* in der Materialwirtschaft können zahlreiche verschiedene Planungsaspekte zusammengefasst werden. Dies umfasst zum einen die Pflege der Rahmenverträge, Kontrakte, Lieferpläne und Einkaufsinfosätze in Bezug auf neue Mengen, Preise und Konditionen für zukünftige Perioden, die mit den potenziellen Lieferanten ausgehandelt werden. Zum anderen betrifft dies die Pflege der geplanten Bezugsnebenkosten – wie etwa Frachtkosten oder Zollkosten usw. – für zukünftige Perioden, die im SAP R/3-System über die Konditionstechnik im Einkauf gesteuert werden.

Für die Planungsintegration im Rahmen der operativen Planung ist die Pflege der zukünftigen Bewertungspreise für Rohstoffe, Hilfs- und Betriebsstoffe, Verpackungen, gegebenenfalls für technische Materialien sowie für Handelswaren eine wesentliche Aufgabe, die eng mit den anderen Planungsschritten der operativen Planung abgestimmt sein sollte. Die Pflege dieser Bewertungspreise fließt dann in die nachfolgenden Schritte der operativen Planung, etwa in die Erzeugniskalkulation und die Planergebnisrechnung, ein.

5.5.2 Voraussetzungen für die Planung in der Materialwirtschaft

Im Grunde gibt es für die Planung in der Materialwirtschaft keine speziellen Voraussetzungen, die es zu beachten gilt. In Bezug auf die SAP R/3-Technik muss im SAP R/3-System das grundsätzliche Customizing in der Materialwirtschaft und insbesondere die Konzeption der Bestellkonditionen über die Konditionstechnik eingestellt sein.

Einkaufsorganisation

Des Weiteren muss natürlich die Einkaufsorganisation im Unternehmen in den Planungsprozess der operativen Planung eingebunden sein. Es muss bekannt sein, wer für welche Materialien zuständig ist und diese entsprechend für das neue Geschäftsjahr zu planen hat.

Einkaufspreisabweichungen

In diesem Zusammenhang muss beachtet werden, dass die Festlegung von neuen Materialbewertungspreisen häufig für die Einkaufsorganisation direkte Konsequenzen hat. Werden Materialien mit einem Standardpreis bewertet, der im Rahmen der operativen Planung festgelegt wird und nicht mehr verändert werden soll, werden im Laufe des Geschäftsjahres die Differenzen zwischen den Einstandspreisen und den Standardpreisen als Einkaufspreisabweichungen im SAP R/3-System anfallen. Diese Abweichungen hat dann in der Regel der Einkauf zu verantworten. Aus diesem Grund sollte der Einkaufsorganisation die Bedeutung der Pflege von Materialbewertungspreisen im Rahmen der operativen Planung deutlich gemacht werden.

Fremdwährungen

Werden Materialien aus dem Ausland gekauft und in Fremdwährungen bezahlt, so ist als Voraussetzung für eine qualitativ hochwertige Preis- und Konditionspflege die Festlegung von zu erwartenden Wechselkursen zwischen der Hauswährung und den wichtigsten Fremdwährungen zu nennen.

5.5.3 Stammdaten für die Planung in der Materialwirtschaft

Für die Aktivitäten zur Planung in der Materialwirtschaft ist keine besondere Stammdatenpflege notwendig. Die wichtigsten Stammdatenobjekte in der Materialwirtschaft allgemein sind der Materialstamm und der Lieferantenstamm, die regelmäßig gepflegt werden müssen.

Für die Aktivitäten im Rahmen der operativen Planung ist allenfalls zu beachten, dass neue Materialien, die erst im neuen Geschäftsjahr etwa im Rahmen einer neuen Produktion zum Einsatz kommen sollen, bereits für die operative Planung definiert und im SAP R/3-System als Materialstämme abgelegt sind.

5.5.4 Input für die Planung in der Materialwirtschaft

Aus Abbildung 5.50 wird deutlich, dass als Input für die Planung in der Materialwirtschaft primär das Ergebnis der Langfristplanung in die Produktionsplanung einfließt.

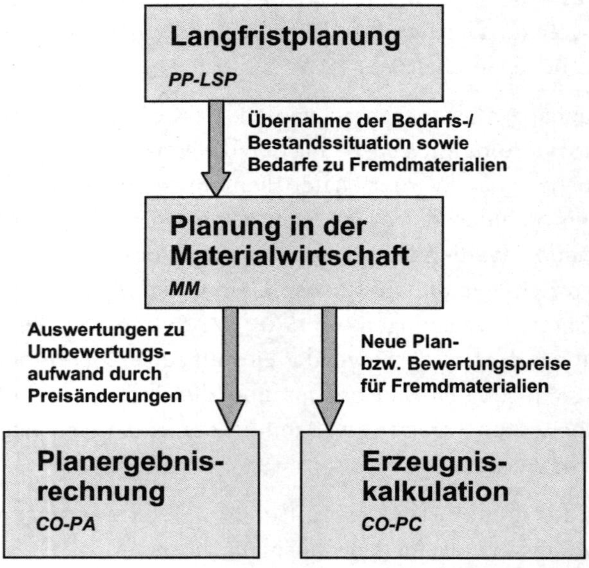

Abbildung 5.50 Input-Output-Modell für die Planung in der Materialwirtschaft

Ergebnis der Langfristplanung

Ein Ergebnis dieser Langfristplanung ist die Berechnung der Bedarfe aller Fremdmaterialien, die im Rahmen der Produktion oder als Handelsware im neuen Geschäftsjahr voraussichtlich benötigt werden.

Diese Informationen können durch die Planungsintegration des SAP R/3-Systems aus der Produktionsplanung in bestimmte Informationsstrukturen des Einkaufsinformationssystems überspielt werden.

Bedarfs- und Bestandssituation

Zum einen betrifft dies die Informationsstruktur S094, in die die Bedarfs- und Bestandssituation jedes Fremdmaterials aus der Langfristplanung eingespielt werden kann. In der Informationsstruktur stehen dem Einkäufer u.a. folgende Informationen zur Verfügung:

- Materialnummer
- Werk
- Disponent
- Dispositionsmerkmal
- Periode
- Bedarfsmenge
- Bewertete Bedarfsmenge
- Abgangsmenge
- Bewertete Abgangsmenge
- Zugangsmenge
- Bewertete Zugangsmenge
- Bestandsmenge
- Bewertete Bestandsmenge

Durch die Auswertung dieser Informationen besteht die Möglichkeit, sich einen Überblick zu verschaffen, wie sich der Bedarf und die sich daraus ergebende Bestandsmenge je Fremdmaterial und Periode für den Planungszeitraum gestaltet.

Bedarf je Material und Lieferant

Des Weiteren kann die Informationsstruktur S012 aus der Langfristplanung bedient werden. In dieser Informationsstruktur besteht die Möglichkeit, den Bedarf je Material, Lieferant und Periode zu analysieren. Unter anderem stehen in der Informationsstruktur S012 folgende Informationen zur Verfügung:

- Einkaufsorganisation
- Lieferant
- Materialnummer
- Werk
- Warengruppe

- Periode
- Bedarfsmenge (geplante Bestellmenge)
- Bewertete Bedarfsmenge

Für die Zuordnung der Bedarfsmengen je Fremdmaterial zu Lieferanten wird auf die Einkaufsinfosätze bzw. bei mehreren Lieferanten auf die Pflege des Orderbuchs je Material zurückgegriffen.

Die Informationen aus der Informationsstruktur S012 können auf diese Weise eine Hilfe für die Verhandlungen mit Lieferanten und die Ausgestaltung von Rahmenverträgen sein. Auf diese Weise kann einerseits festgestellt werden, wie hoch der Bedarf an einem Material im Planjahr sein wird und von welchen Lieferanten dieser Bedarf auf Basis der heutigen Informationen befriedigt werden würde, und andererseits, wie die Gestaltung der Abrufe definiert werden muss, um eventuell periodische Schwankungen im Bedarf der Materialien zu berücksichtigen.

Grundsätzlich muss aber bedacht werden, dass die Langfristplanung nur eine Modellrechnung darstellt und demnach auch das Ergebnis der Langfristplanung im Einkaufsinformationssystem nur einen Näherungswert darstellt.

5.5.5 Durchführung der Planung in der Materialwirtschaft

Rahmenverträge

Eine der ersten Aktivitäten zur Planung in der Materialwirtschaft sollte die Auswertung der als Input beschriebenen Auswertungen aus der Langfristplanung sein. Mit diesen und weiteren Informationen über Einkaufpreise und unterschiedliche Konditionen von Lieferanten kann dann für die wichtigsten Einsatzstoffe des Unternehmens die Festlegung und Aushandlung von Rahmenverträgen durchgeführt werden.

Die Rahmenverträge können danach im SAP R/3-System als Kontrakte oder Rahmenverträge abgelegt werden. Auf diese Daten kann im Ablauf des neuen Geschäftsjahres beim Anlegen von Abrufen oder Bestellungen Bezug genommen werden und so der Bestellvorgang deutlich vereinfacht werden.

Die konkrete Ausgestaltung und Pflege der Rahmenverträge erfolgt dabei nicht nur im Rahmen der operativen Planung, sondern wird das gesamte Jahr über betrieben. Auch besteht im Ablauf der operativen Planung kein Zeitdruck zur Ausgestaltung der Rahmenverträge, sofern zumindest der durchschnittliche zukünftige Einstandspreis des Materials definiert werden kann.

Als weitere Aufgabe ist die Pflege der Bestellkonditionen zu nennen. Neben der Pflege der Bezugspreise, die in der Regel innerhalb der Einkaufsinfosätze je Material und Lieferant gepflegt werden, zählen hierzu insbesondere die geplanten Bezugsnebenkosten. Zu den Bezugsnebenkosten gehören u.a. Frachtkosten, Zollkosten oder zu erwartende Boni, die entweder abhängig oder unabhängig von einer bestimmten Bezugsmenge stehen können.

Bestellkonditionen

Diese Bezugsnebenkosten werden häufig im SAP R/3-System über die Konditionstechnik je Lieferant oder je Herkunftsland des Lieferanten gepflegt. Bei eingehenden Waren- bzw. Rechnungseingängen wird dann der Einkaufspreis um diese Bezugsnebenkosten zum Einstandspreis angepasst. Die zu erwartenden Bezugsnebenkosten sind zusätzlich im Bewertungspreis (z.B. Standardpreis) mit zu berücksichtigen. Die Gegenbuchung für die Bezugsnebenkosten erfolgt dabei auf ein separates Verrechnungskonto, das einen Rückstellungscharakter hat. Erfolgt dann die Eingangsrechnung zu den Bezugsnebenkosten, wird das Verrechnungskonto entsprechend ausgeglichen.

Die korrekte Pflege der Bestellkonditionen im Rahmen der operativen Planung dient dabei insbesondere der korrekteren Festlegung der geplanten Bewertungspreise der Fremdmaterialien. Die Ausgestaltung der einzelnen Bestellkonditionen und die Definition der Kalkulationsschemas können individuell je Unternehmen festgelegt werden.

Bei der Definition und Pflege der Konditionen sollte darauf geachtet werden, dass die Konditionen immer mit einem Zeitbezug angelegt bzw. definiert werden. Auf diese Weise ist es möglich, bereits bei der operativen Planung, also in der Regel im Herbst eines Jahres, die neuen Bezugsnebenkosten zu pflegen, ohne dabei die laufenden Abwicklungen in der Materialwirtschaft zu behindern.

Neben der Festlegung und Ausgestaltung von Rahmenverträgen und der Pflege von Bestellkonditionen gehört die Pflege der zukünftigen Bewertungspreise aller Einsatzstoffe zu den wichtigsten Aufgaben der Planung in der Materialwirtschaft. Dabei handelt es sich innerhalb der operativen Planung um eine zeitkritische Aufgabe, da die Pflege der zukünftigen Materialpreise vor Beginn der Erzeugniskalkulationen fertiggestellt sein muss. Über die Pflege der zukünftigen Materialpreise wird u.a. Folgendes festgelegt:

Pflege der zukünftigen Materialpreise

- Mit welchem Preis wird der Bestand eines Fremdmaterials im neuen Geschäftsjahr voraussichtlich bewertet sein? Dies wirkt sich zum einen auf die Planung des Vorratsvermögens und zum anderen gegebenenfalls (bei Bewertung mit Standardpreisen) auf die Höhe der Umbewertungsdifferenzen aus.

- Mit welchem Preis wird ein Einsatzstoff innerhalb der Kalkulation eines Fertigerzeugnisses bewertet? Dies wirkt sich direkt auf die Herstellkosten der Fertigerzeugnisse aus.

Die Materialpreise werden pro Material/Werk-Kombination (wenn gilt: Bewertungskreis = Werk) festgelegt und bewertet. In besonderen Fällen, wie etwa in der chemischen Industrie, kann es aber zusätzlich notwendig sein, innerhalb einer Material/Werk-Kombination einzelne Bestandsmengen (z. B. einzelne Chargen) aufgrund spezifischer Eigenschaften separat zu bewerten. Dies kann dann mithilfe der getrennten Bewertung durch unterschiedliche Bewertungsarten je Material/Werk-Kombination erfolgen.

Mit SAP R/3 lässt sich ein Materialpreis auf zweierlei Arten ändern. Über die Transaktion »Preise ändern« bzw. »Materialpreise ändern« kann direkt der Materialpreis eines Materials verändert werden. Dieses sehr einfache Verfahren der Materialpreisänderung ist jedoch für die operative Planung ungeeignet, da zunächst nur zukünftige Materialpreise gepflegt werden sollen, die dann erst zum entsprechenden Stichtag zu Beginn des neuen Geschäftsjahres aktiviert werden und zu entsprechenden Umbewertungen führen sollen.

Zwei-Schritt-Verfahren

Aus diesem Grund erfolgt die Pflege der zukünftigen Materialpreise häufig in einem Zwei-Schritt-Verfahren, bei dem zunächst die zukünftigen Preise mit einem Gültigkeitsdatum gepflegt und in einem zweiten Schritt zum Stichtag freigegeben werden. Die Pflege der zukünftigen Materialpreise kann dabei manuell oder mithilfe von Umrechnungsregeln auch maschinell erfolgen. Abbildung 5.51 zeigt die Selektionsmaske zur Pflege von zukünftigen Materialpreisen.

Dabei wird zunächst selektiert, für welche der folgenden Kategorien jeweils ein zukünftiger Materialpreis gepflegt werden soll:

- Materialien
- Werke
- Bewertungsarten (nur bei getrennter Bewertung)
- Materialarten
- Warengruppen
- Sparten

Weiterhin muss angegeben werden, ab welchem Datum der zukünftige Preis gültig sein soll.

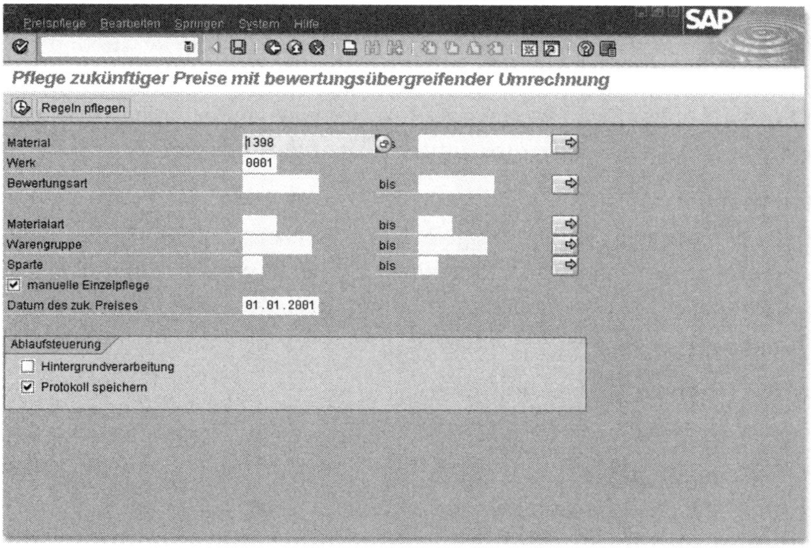

Abbildung 5.51 Einstieg in die Pflege neuer Materialpreise

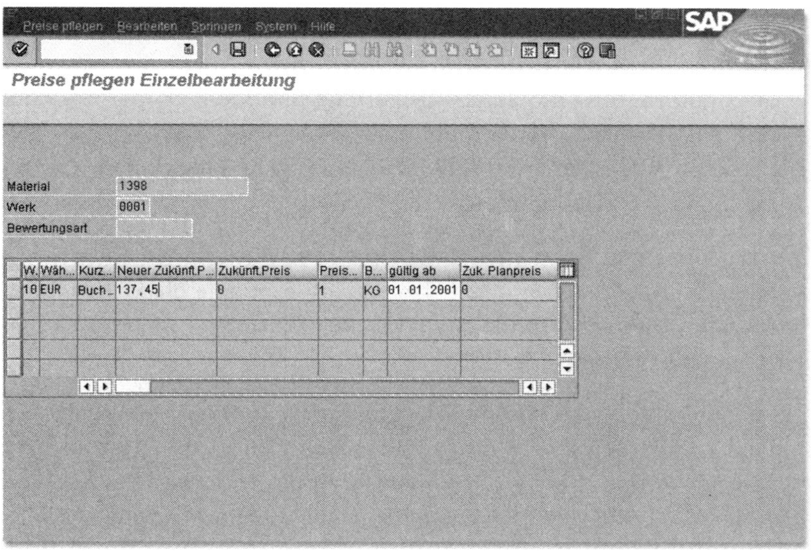

Abbildung 5.52 Beispiel zur Pflege neuer Materialpreise

Manuelle Pflege der zukünftigen Materialpreise

Bei Ankreuzen der manuellen Einzelpflege erfolgt daraufhin die Pflege der zukünftigen Materialpreise manuell, indem die Preise in einer Tabelle eingepflegt werden. Abbildung 5.52 zeigt die Eingabemaske zur manuellen Pflege von Materialien.

Automatische Pflege der zukünftigen Materialpreise

Kann der zukünftige Materialpreis aber aus einem anderen Preisfeld des Materialstamms abgeleitet werden, so kann die Pflege der zukünftigen Materialpreise auch maschinell unterstützt werden. Für die maschinelle Pflege des zukünftigen Materialpreises wird eine Umrechnungsregel festgelegt. Die Umrechnungsregel umfasst dabei folgende Komponenten:

- **Preisfeld**
  Über diese Angabe wird festgelegt, aus welchem anderen Preisfeld des Materialstamms der zukünftige Preis abgeleitet werden soll. Dabei stehen folgende Preisfelder zu Verfügung:
  - Standardpreis
  - Gleitender Durchschnittspreis
  - Preis laut Preissteuerung
  - Planpreis 1
  - Planpreis 2
  - Planpreis 3
  - Handelsrechtliche Preise
  - Steuerrechtliche Preise
- **Faktor**
  Über den Faktor kann zusätzlich gesteuert werden, ob der Preis aus dem ausgewählten Preisfeld um einen bestimmten Faktor modifiziert werden soll. Der ausgewählte Materialpreis wird dabei mit dem angegebenen Faktor multipliziert.

Die so gepflegten zukünftigen Materialpreise je Werk stehen dann für die weiteren Schritte der operativen Planung, insbesondere die Erzeugniskalkulation, zur Verfügung, ohne direkt den Bestandspreis und Bestandswert der Materialien zu verändern.

Der neue Materialpreis wird im Materialstamm in der Buchhaltungssicht im Feld »zukünftiger Preis« inklusive des Gültigkeitsdatums gespeichert. Neben der Pflege über die beschriebene Transaktion besteht natürlich auch die Möglichkeit, diesen zukünftigen Preis auch direkt im Materialstamm innerhalb der Buchhaltungssicht zu pflegen.

Freigabe der geplanten Materialpreise

Über die Funktion »Freigabe geplanter Preisänderungen« können dann zum Stichtag, also dem Gültigkeitsdatum, die gepflegten zukünftigen Materialpreise aktiviert werden. In Abbildung 5.53 wird die Eingabemaske der Transaktion zur Freigabe geplanter Preisänderungen dargestellt.

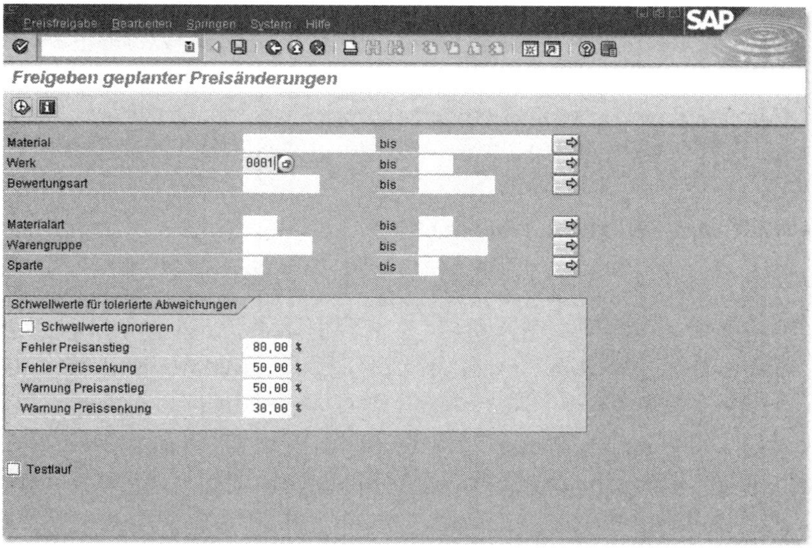

Abbildung 5.53 Freigabe geplanter Preisänderungen

In der Eingabemaske fällt auf, dass neben den gleichen Auswahlmöglichkeiten zur Einschränkung wie bei der Pflege der Materialpreise zusätzlich Schwellwerte für tolerierte Abweichungen gesetzt werden können. Auf diese Weise kann verhindert werden, dass zu starke Veränderungen der Materialpreise direkt gebucht werden. Veränderungen zu Standardpreisen, die über 50% liegen, resultieren häufig aus Tippfehlern bei der Stammdatenpflege oder Verwechslungen der zugrunde liegenden Preiseinheit.

Da die Freigabe der geplanten Preisänderungen auch im Testlauf durchgeführt werden kann, empfiehlt es sich, durch entsprechende Testläufe mit entsprechenden Schwellwerten die Veränderungen der Materialpreise bereits im Rahmen der operativen Planung zu analysieren.

Weitere Planpreise im Materialstamm

Neben der Pflege des zukünftigen Materialpreises, der dann zum Stichtag des neuen Geschäftsjahres für die Bewertung herangezogen werden soll, kann es erforderlich sein, dass für die Erzeugniskalkulation ein anderer Materialpreis für die Bewertung herangezogen werden soll. Hierfür kann es zum Beispiel folgende Gründe geben:

- **Bewertungspreis bei getrennter Bewertung**
  Bei Nutzung der Funktion der getrennten Bewertung werden einzelne Bestandsmengen, z.B. Chargen, einer Material/Werk-Kombination über separate Bewertungsarten unterschiedlich bewertet. Da in der Erzeugniskalkulation aber keine bestimmten Bewertungsarten einer

Material/Werk-Kombination herangezogen werden können, muss für eine korrekte Bewertung innerhalb der Erzeugniskalkulation ein geplanter Durchschnittswert der zukünftigen Bewertungsarten der Material/Werk-Kombination herangezogen werden. Dieser Wert kann aber vom zukünftigen Preis der Material/Werk-Kombination abweichen.

- **Best-case-/Worst-case-Betrachtung**
  Häufig sollen innerhalb der operativen Planung unterschiedliche Szenarien – Veränderungen von Materialpreisen zu Einsatzstoffen – durchgespielt werden. Da diese Preise im Allgemeinen eine Abweichung gegenüber dem vom Einkauf geplanten zukünftigen Materialpreis aufweisen, muss deren Pflege in separaten Planpreisfeldern erfolgen.

- **Sicherung des Planpreises**
  Erfolgt eine Anpassung der Materialpreise auch während eines Geschäftsjahres über die gleiche Funktion mehrmals, so wird der zukünftige Preis dann jeweils überschrieben. Besteht der Wunsch, den ursprünglich im Rahmen der operativen Planung bestimmten Materialpreis weiterhin im Materialstamm zur Verfügung zu haben, so kann dieser in einem Planpreisfeld gepflegt werden.

Für derartige Anforderungen stehen im Materialstamm drei Felder für Planpreise zur Verfügung. Die Pflege dieser Planpreise erfolgt dabei immer manuell. Hierbei kann entweder der jeweilige Materialstammsatz Material für Material durchgearbeitet werden oder eine individuell einstellbare Massenpflegetransaktion zum Materialstamm genutzt werden.

Um die Pflege der Planpreise und zukünftigen Bewertungspreise möglichst gering zu halten, empfiehlt es sich, zunächst die entsprechenden Planpreise im Materialstamm zu pflegen. Sollen dann diese Preise weitgehend auch als zukünftige Materialpreise genutzt werden, können über die maschinelle Pflege der zukünftigen Materialpreise mithilfe einer Umrechnungsregel die Preise aus den Materialstammfeldern der Planpreise automatisch in das Feld des zukünftigen Preises übernommen werden.

5.5.6 Output der Planung in der Materialwirtschaft

Neben neuen Rahmenverträgen mit Lieferanten und überarbeiteten Konditionen zu Bezugsnebenkosten sind die gepflegten zukünftigen Materialpreise der wichtigste Output der Planung in der Materialwirtschaft. Diese zukünftigen Materialpreise zu Einsatzstoffen werden dann innerhalb der Kalkulation von unfertigen Erzeugnissen und Fertigerzeugnissen herangezogen und beeinflussen damit maßgebend die Herstellkosten der Erzeugnisse.

Zudem kann durch die Analyse von Veränderungen der Bewertungspreise von Materialien zum einen die Veränderung des Vorratsvermögens und zum anderen bei Bewertung mit Standardpreisen der Umbewertungsaufwand geplant werden. Dieser Umbewertungsaufwand ergibt sich aus der Differenz des zukünftigen Materialpreises zu dem bestehenden Materialpreis multipliziert mit dem aktuellen Bestand.

Der Umbewertungsaufwand kann dann auch im Rahmen der Planergebnisrechnung genutzt werden. Hierbei wird allerdings vorausgesetzt, dass der Vorratsbestand zum Zeitpunkt der Planung in Höhe und Struktur dem Vorratsbestand zum Geschäftsjahresende entspricht.

5.5.7 Checkliste zur Planung in der Materialwirtschaft

Als PDF-Dokument zum Download unter www.sap-press.de

Stichwort	Erläuterung
Fremdwährung	Werden Materialien in Fremdwährung eingekauft, sollen vor Beginn der Planung in der Materialwirtschaft die Wechselkurse zu den wichtigsten Fremdwährungen für den Planungszeitraum definiert werden.
Rahmenverträge	Für die wichtigsten Rohstoffe eines Unternehmens werden häufig Rahmenverträge mit Lieferanten abgeschlossen. Während der operativen Planung werden zahlreiche dieser Verträge neu überarbeitet und auf der Basis der Bedarfe aus der Produktionsplanung (genauer der Langfristplanung) neu ausgestaltet.
Bestellkonditionen	Die Bestellkonditionen, zu denen auch die Bezugsnebenkosten gehören, sollten während der operativen Planung für den Planungszeitraum überarbeitet werden.
Zukünftiger Materialpreis	Die Pflege der zukünftigen Materialpreise zählt zu den wichtigsten Aufgaben der Planung in der Materialwirtschaft. Der zukünftige Materialpreis kann zur Bewertung in der Erzeugniskalkulation herangezogen werden.
Planpreise	Neben dem zukünftigen Materialpreis können noch drei weitere Planpreise je Material/Werk-Kombination im Materialstamm gepflegt werden. Auf diese Preise kann dann ebenfalls im Rahmen der Erzeugniskalkulation zur Berechnung von Herstellkosten von Erzeugnissen zurückgegriffen werden.
Getrennte Bewertung	Unter getrennter Bewertung versteht man die spezifische Bewertung einzelner Bestandsmengen, z. B. Chargen, einer Material/Werk-Kombination.

Stichwort	Erläuterung
Material-Ledger	Mithilfe der Material-Ledger besteht die Möglichkeit, zu einer Material/Werk-Kombination mehrere Bewertungspreise zu führen. Diese Preise können dabei bezüglich der Währungstypen oder unterschiedlichen Bewertungen auf Konzern-, Gesellschafts- oder Profit Center-Ebene differenziert werden. Bei den Ausführungen dieses Abschnitts wird immer davon ausgegangen, dass der Material-Ledger nicht aktiviert ist.
Langfristplanung	Die Langfristplanung ist Bestandteil der Produktionsplanung und ermittelt anhand der geplanten Produktionsmengen von Fertigerzeugnissen u.a. die Bedarfsmengen an Einsatzstoffen. Dieses Ergebnis fließt als Input in die Planung in der Materialwirtschaft ein.
Erzeugniskalkulation	Die Erzeugniskalkulation dient zur Berechnung der Herstellkosten und damit zur Ermittlung der Bewertungspreise der unfertigen Erzeugnisse und Fertigerzeugnisse. Die Erzeugniskalkulation nutzt dabei den Output der Planung in der Materialwirtschaft in Form der geplanten Materialpreise zu Einsatzstoffen.
Umbewertungen	Durch die Pflege der zukünftigen Materialpreise kann es bei der Bewertung von Standardpreisen zu Umbewertungen des Vorratsvermögens mit entsprechenden Umbewertungsdifferenzen kommen.

5.6 Die Investitionsplanung

5.6.1 Definition und Ziel der Investitionsplanung

Definition

Unter der *Investitionsplanung* im Rahmen der operativen Planung wird in den nachfolgenden Abschnitten der mehrstufige Prozess zur Ermittlung eines Investitionsbudgets für ein Genehmigungsjahr verstanden. Mit *Investitionen* sind zum einen Investitionen in das Sachanlagevermögen, aber auch Investitionen im Bereich Forschung und Entwicklung gemeint.

Grundsätzliches Verfahren

Dabei wird davon ausgegangen, dass für die Bildung des Investitionsbudgets eines Genehmigungsjahres zunächst nach dem Bottom-up-Verfahren die Kosten der einzelnen zu genehmigenden Investitionsvorhaben je Geschäftsjahr geplant werden. Diese dann aggregierten Planwerte stellen das beantragte Investitionsbudget dar.

Das weitere Vorgehen der Investitionsplanung sieht vor, dass auf der Basis des beantragten Investitionsbudgets ein Gesamtbudget festgelegt bzw. genehmigt wird. Ist dieses genehmigte Gesamtbudget nicht identisch mit dem beantragten Budget, muss die Differenz im Top-down-Verfahren auf die einzelnen Investitionsvorhaben wieder verteilt werden.

Zur Umsetzung dieser Planungsfunktionalitäten im SAP R/3-System kann zum einen auf das Modul IM (Investitionsmanagement) zurückgegriffen werden. Hiermit werden aggregierte Budgetpositionen verwaltet und über hierarchische Investitionsprogramme strukturiert. Zur Erfassung und Planung der konkreten Investitionsmaßnahmen kann ferner das Modul PS (Project System) genutzt werden. Im PS-Modul werden die einzelnen Investitionsprojekte angelegt, über eine hierarchische Struktur weiter in einzelne Teilschritte zergliedert und mit Kosten beplant und verwaltet. Über die Integration des SAP R/3-Systems ist der reibungslose Datenaustausch zwischen diesen Modulen während der Planungsphase gewährleistet.

Realisierung mit IM und PS

Alternativ zum Projektsystem können die Investitionsprojekte auch über CO-Innenaufträge mit dem Modul CO-OM-OPA (Controlling – Overhead Management – Order Project Accounting) abgewickelt werden. Zum Thema CO-Innenaufträge sei auf Abschnitt 5.13 verwiesen.

CO-Aufträge

5.6.2 Voraussetzungen für die Investitionsplanung

Da im Zusammenhang mit der Investitionsplanung mehrere SAP-Module betroffen sind, sollte man sich im Vorfeld darüber im Klaren sein, welche Prozesse in welchem Modulbereich durchgeführt werden sollen.

Abbildung der Investitionsplanung in den Modulen IM und PS

Im Allgemeinen nutzt man das Modul IM (Investitionsmanagement) für die Gesamtverwaltung von Investitionsbudgets. Über Investitionsprogramme wird dabei ein Gesamtbudget in einzelne »Budgettöpfe« aufgeteilt und so eine hierarchische Struktur gebildet. Ein »Budgettopf« beinhaltet in der Regel mehrere Investitionsprojekte.

Die einzelnen Investitionsprojekte werden meist im Modul PS verwaltet. Hierbei besteht das einzelne Projekt wiederum aus Teilprojektschritten, die über einen Projektstrukturplan ebenfalls hierarchisch strukturiert werden.

Über die Stammdatenpflege der Investitionsprojekte und über Einstellungen im Customizing können nun die Investitionsprojekte des Moduls PS an das Investitionsbudget des Moduls IM geknüpft werden. Abbildung 5.54 zeigt eine beispielhafte Struktur von Investitionsbudgets und Investitionsprojekten mit den Modulen IM und PS.

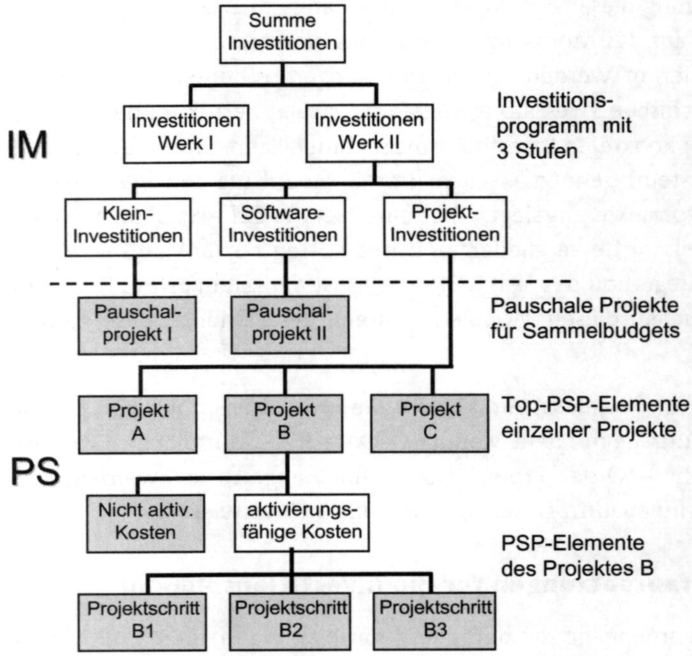

Abbildung 5.54 Prinzip einer hierarchischen Struktur von Investitionsprogramm und Investitionsprojekten

Solange es sich dabei um klar definierte Investitionsprojekte handelt, scheint die Zuordnung und Strukturierung auf die SAP R/3-Module noch einfach. Bei allgemeinen Sammelbudgets oder noch nicht definierten Projekten wird dann aber die Strukturierung schon schwieriger. Aus diesem Grund muss vor Beginn der Investitionsplanung klar definiert sein, wie welcher Budgetbereich für Investitionen im SAP R/3-System abgelegt und strukturiert werden soll.

Customizing

Damit die Investitionsplanung im SAP R/3-System durchgeführt werden kann, muss es über entsprechende Pflege im Customizing in den Bereichen der Module IM, PS und FI-AA auf die Belange des jeweiligen Unternehmens eingerichtet werden.

Customizing des Moduls IM

Im Bereich des Moduls IM gehört hierzu die Definition der Investitionsprogrammarten, der Planungsprofile und der Budgetprofile. Über diese Einstellungen wird für die Investitionsprogramme u.a. Folgendes gesteuert:

- Welcher Zeithorizont bei der Budgetierung und Planung berücksichtigt werden soll

- Ob neben den Gesamtwerten auch Jahreswerte für ein Investitionsprogramm zu berücksichtigen sind
- Wie die Darstellungsform der Investitionsprogramme beim Einstieg in die Planung bzw. Budgetierung gestaltet sein soll

Jahreswerte

Im Rahmen der operativen Planung sollte man immer darauf achten, dass neben dem Gesamtwert einer Investitionsmaßnahme, die sich über mehrere Jahre hinziehen kann, auch jeweils die einzelnen Planjahre geplant und budgetiert werden. Nur auf diese Weise ist es möglich, über die Integration von SAP R/3 mit der Anlagenbuchhaltung die Investitionsprojekte für die Abschreibungsvorschau der operativen Planung mit zu berücksichtigen.

Customizing des Moduls PS

Für das Projektsystem müssen Investitionsprofile und Projektprofile gepflegt werden. Über die Investitionsprofile wird dabei die Integration mit der Anlagenbuchhaltung (FI-AA) gesteuert. So wird beispielsweise festgelegt:

- Ob die Projekte als Anlagen im Bau geführt werden sollen
- Zu welcher Anlagenklasse die Anlagen geführt werden sollen
- Wie die AfA-Simulation erfolgen soll

Investitionsprojekte, die bezüglich der Integration mit der Anlagenbuchhaltung die gleichen Parameter aufweisen, erhalten in der Stammdatenpflege dann das gleiche Investitionsprofil. Zudem besitzt jedes Projekt ein *Projektprofil*. Hier werden neben allgemeinen Einstellungen wie Feldauswahl, Darstellungsformen bei der Pflege des Projektes und der Statusverwaltung auch folgende Einstellungen gesteuert:

- die Einbindung in die Organisation (Buchungskreis, Kostenrechnungskreis, Geschäftsbereich, Werk, Profit Center)
- die Projektwährung
- die Terminierungsregeln für die einzelnen Elemente des Projektstrukturplans (PSP-Elemente)
- die Einbindung in die Kostenrechnung insbesondere für die Bereiche Planung, Budgetierung und Periodenabschluss

Bei den Einstellungen zur Budgetierung kann bereits im Customizing festgelegt werden, dass ein Projekt mit diesem Projektprofil zu einem bestimmten Investitionsprogramm gehört. Auf diese Weise kann sichergestellt werden, dass ein Budget zu einem Projekt nur dann vergeben wird, wenn das Projekt mit einem Investitionsprogramm verknüpft ist.

Einrichtung der Anlagenbuchhaltung

Sollen im Rahmen der integrierten Planung für das folgende Planjahr Abschreibungen automatisch über die Anlagenbuchhaltung auch für Investitionsprojekte ermittelt werden, so müssen natürlich auch die Grundeinstellungen zur Anlagenbuchhaltung zum Zeitpunkt der Investitionsplanung gepflegt sein. Hierzu zählen insbesondere die Definition der Anlagenklassen mit den dazugehörigen Anlagenkonten und die Definition der Bewertungsbereiche mit den dazugehörigen Abschreibungsregeln.

Organisatorische Regelung des Planungsablaufs und der Genehmigungsverfahren

Weitere wichtige Voraussetzungen für die Investitionsplanung sind die organisatorische Festlegung des Ablaufs zur Investitionsplanung und die Organisation der Genehmigungsverfahren im Ablauf der Investitionsplanung. Im Allgemeinen findet die Investitionsplanung in zwei Schritten statt: Planung und Budgetierung. In Abbildung 5.55 sind diese beiden Schritte grafisch dargestellt.

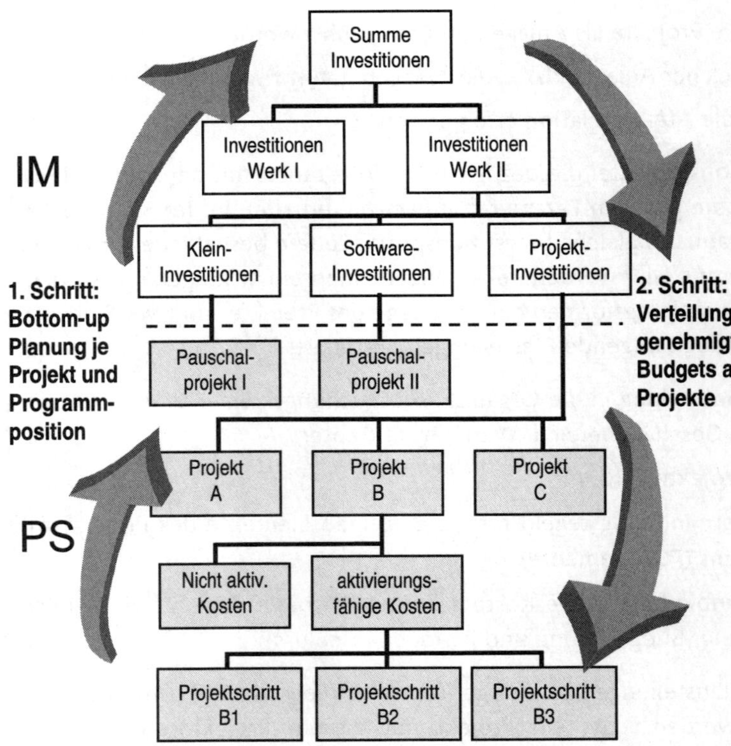

Abbildung 5.55 Prinzip der Bottom-up-Planung und Top-down-Budgetierung

Im *ersten Schritt* werden die einzelnen Investitionsprojekte bottom-up mit Kosten für die einzelnen Planjahre beplant. Dabei werden die Planwerte je Projekt über die einzelnen Stufen des Investitionsprogramms verdichtet, bis sich auf der obersten Stufe des Investitionsprogramms ein Gesamtplanwert ergibt.

Im *zweiten Schritt* wird dann das Budget auf der Basis der Planwerte top-down erstellt. Das bedeutet, dass zunächst der Betrag für das Gesamtbudget für ein Planjahr festgelegt wird und dieses Budget dann über die einzelnen Stufen des Investitionsprogramms auf die Projekte verteilt wird.

Innerhalb dieser beiden Stufen erfolgt ein aufwändiges Abstimmungs- und Genehmigungsverfahren zwischen allen Beteiligten der Investitionsplanung. Dabei werden häufig – bevor eine weitere Stufe der Investitionsplanung festgelegt wird – diese Plan- bzw. Budgetwerte zwischen allen Beteiligten abgesprochen und von einem bestimmten Personenkreis genehmigt.

Damit dieser Planungsablauf reibungslos funktionieren kann, muss in der Organisation vor Beginn der Planung auf jeden Fall festgelegt sein:

- mit welchen Personen eine Stufe des Investitionsprogramms bzgl. Planwerte und Budgetwerte abzustimmen ist
- wer welche Plan- bzw. Budgetwerte genehmigen darf

Planversionen und Berechtigungsstufen

Das SAP R/3-System unterstützt dabei die Genehmigungsverfahren dadurch, dass die einzelnen Stufen der Planung und Budgetierung in unterschiedlichen Planversionen durchgeführt werden können und dabei den Planversionen so genannte Berechtigungsstufen zugeordnet werden.

Über die Berechtigungen der einzelnen Mitarbeiter kann nun festgelegt werden, welcher Mitarbeiter welche Berechtigungsstufen besitzt, und somit, welche Plan- bzw. Budgetwerte er verändern darf.

5.6.3 Stammdaten zur Investitionsplanung

Zur Stammdatenpflege im Rahmen der Investitionsplanung gehört im Wesentlichen die Pflege der hierarchischen Struktur des Investitionsprogramms und der zugehörigen Investitionsprojekte als Investitionsmaßnahmen, wie es in Abbildung 5.54 bereits dargestellt wurde.

R/3 Programmdefinition

Dabei muss zunächst eine Programmdefinition mit folgenden Angaben angelegt werden:

- Bezeichnung des Investitionsprogramms
- Verantwortliche Person

- Zuordnung zu einer Investitionsprogrammart
- Währung
- Geschäftsjahresvariante

Investitionsprogramm für das Genehmigungsjahr

Danach erfolgt die Anlage des Investitionsprogramms für das Genehmigungsjahr unter Angabe einer Programmbezeichnung, des Genehmigungsjahres und einer passenden Programmdefinition. Des Weiteren erfolgt die Strukturierung des Investitionsprogramms in einzelne Programmpositionen. Dabei können bis zu 99 Hierarchiestufen und je Programmposition eine 24-stellige Positions-ID angelegt werden, die über das Customizing in einzelne Abschnitte strukturiert werden kann.

Programmpositionen

Die einzelnen Programmpositionen sollten dabei über die organisatorische Struktur des Unternehmens analog den Genehmigungsverfahren strukturiert werden. Es ist darauf zu achten, dass bei der Definition der Programmpositionen die Strukturierung nach verschiedenen Budgetarten hinsichtlich Definierbarkeit (Pauschalbudgets, konkrete Investitionsprojekte), Investitionsvolumen (z.B. Budget für Kleinprojekte, Budget für Investitionen bis 500 000 Euro) usw. erfolgt.

Zu jeder Programmposition können folgende Angaben gemacht werden:

- **Allgemeine Angaben wie Investitionsgrund, Priorität usw.**
  Diese Angaben können für Auswertungen herangezogen werden.
- **Zuordnung zu Organisationseinheiten wie etwa Profit Center, Kostenstelle, Buchungskreis, Geschäftsbereich usw.**
  Wenn bestimmte Zuordnungen nicht schon über die hierarchische Struktur erkennbar sind, können sie für jede Programmposition nochmals explizit angegeben und in späteren Auswertungen analysiert werden.
- **AfA-Simulationsdaten »Anlagenklasse« und »Aktivierungszeitpunkt«**
  Auf der Basis dieser Angaben können später über die Anlagenbuchhaltung für eine Investitionsprogrammposition Abschreibungen für die operative Planung berechnet werden, sofern die Aktivierung in den Planungszeitraum der operativen Planung fällt.
- **Eigene Benutzerfelder, die über das Customizing eingerichtet werden können**
- **Anwender- oder Systemstatus**
  Über den Anwender- oder Systemstatus kann unter anderem gesteuert werden, ob bereits Planungen oder Budgetierungen zu einer Programmposition erfolgen dürfen.

Des Weiteren kann zur Programmposition festgelegt werden, ob Investitionsmaßnahmen in Form von CO-Aufträgen oder PSP-Elementen erfolgen oder ob andere Programmpositionen zugeordnet werden dürfen.

Investitionsprojekte

Wenn alle Programmpositionen definiert sind, gilt es die einzelnen Investitionsmaßnahmen als Investitionsprojekte zu definieren. In diesem Beispiel werden alle Investitionsmaßnahmen mithilfe des Moduls PS angelegt. Alternativ besteht die Möglichkeit, die Investitionsmaßnahmen mit CO-Aufträgen zu realisieren.

Ein Projekt im Modul PS ist ähnlich aufgebaut wie ein Investitionsprogramm im Modul IM. Es besteht aus einem obersten Projektknoten, dem so genannten Top-PSP-Element, und einer hierarchischen Struktur von untergeordneten PSP-Elementen, die ein Investitionsprojekt in einzelne Teilprojekte untergliedert.

Projektdefinition

Im ersten Schritt wird das Projekt in Form einer *Projektdefinition* angelegt. Dabei werden unter anderem folgende Informationen hinterlegt:

- Schlüssel und Bezeichnung zur Identifizierung des Projektes
- Status zur Festlegung, wann das Projekt geplant, budgetiert oder bebucht wird
- Zuständigkeiten zur Festlegung der Verantwortlichkeiten
- Grobe Terminierung, um den geplanten Start und das Ende des Projektes festzulegen, den Fabrikkalender zuzuordnen und die Zeiteinheit festzulegen, in der die genauere Terminierung stattfinden soll
- Organisationsdaten wie Kostenrechnungskreis, Buchungskreis, Geschäftsbereich, Werk, Standort, Profit Center
- Projektwährung
- Wichtige Steuerungsparameter für die Integration mit dem Rechnungswesen. Hierbei werden unter anderem über die Zuordnung der Plan-, Budget- und Investitionsprofile die Parameter festgelegt, wie die Planung, Budgetierung und AfA-Simulation für das Projekt erfolgen soll.

PSP-Elemente

Im nächsten Schritt werden die einzelnen Teilprojekte in Form von PSP-Elementen angelegt. Diese Teilprojekte strukturieren das Gesamtprojekt zum einen in einzelne Teilaufgaben und zum anderen auch im Hinblick auf die Abrechnung der einzelnen Tätigkeiten im Gesamtprojekt.

Aktivierbar und nicht aktivierbar

In den meisten Fällen sind nicht alle Teilschritte eines Gesamtprojekts buchhalterisch und kostenrechnerisch gleich zu behandeln. Insbesondere bei der Aktivierbarkeit bestehen unterschiedliche Vorschriften zur Bilanzierung. So dürfen bestimmte Kosten nicht aktiviert werden (z.B. Abbruchkosten, Reparaturen), andere Kosten müssen aktiviert werden (z. B. Neuanlagen), und bei wieder anderen Kosten besteht ein Wahlrecht. Um diese Kosten alle sauber voneinander zu trennen, empfiehlt es sich, das Projekt auch hinsichtlich der Aktivierbarkeit in einzelne PSP-Elemente zu differenzieren. So können sowohl im Rahmen der Planung als auch während der Projektdurchführung bei korrekter Kontierung alle Kosten sauber getrennt werden.

Bei der Anlage der PSP-Elemente werden dabei unter anderem folgende Angaben gespeichert:

- Grunddaten wie Schlüssel, Bezeichnung, Kurzident zur Identifizierung der PSP-Elemente
- Termine zur genaueren Einplanung des Beginns, der Dauer und des Abschlusses der Tätigkeiten zum PSP-Element
- Zuordnungen zu Organisationseinheiten wie Kostenrechnungskreis, Buchungskreis, Geschäftsbereich, Werk, Standard, Profit Center usw.
- Zuständigkeiten zur Festlegung der Verantwortlichkeiten
- Steuerungsparameter zur Integration mit dem Rechnungswesen, wobei für die Investitionsplanung im Wesentlichen die Zuordnung zum Investitionsprofil und damit die Integration mit dem Modul IM relevant ist

Die Informationen von übergeordneten PSP-Elementen hinsichtlich der Organisationseinheiten können bei der Pflege der PSP-Elemente vererbt werden, sodass nicht alle Angaben je PSP-Element wieder neu erfasst werden müssen.

Anlage im Bau

Wird zu einem PSP-Element ein Investitionsprofil eingepflegt, das die Aktivierung über eine Anlage im Bau vorsieht, so kann die zugehörige Anlage im Bau automatisch angelegt werden.

Zuordnung zum Investitionsprofil und Angaben zur AfA-Simulation

Über weitere Zusatzbildschirme können dann die Zuordnung zur Investitionsprogrammposition und nähere Angaben zur AfA-Simulation hinterlegt werden. Sofern das PSP-Element aktiviert werden soll, können dabei in einer Tabelle folgende Angaben gemacht werden:

- **Die Anlagenklasse, der das PSP-Element zugeordnet werden kann**
  Damit wird gesteuert, welche Bilanz- und GuV-Konten angesprochen werden.
- **Die Kostenstelle, der diese Anlage später zugeordnet wird**
  In dieser Kostenstelle können dann im Plan auch die Abschreibungen gesammelt werden.

- **Das Aktivierungsdatum**
  Hier wird festgelegt, ab wann die Anlage in der Anlagenbuchhaltung aktiviert wird und somit die Abschreibung beginnt.
- **Ein Prozentanteil der Gesamtkosten dieses PSP-Elements**
  Über die Prozentverteilung kann eine Aufteilung der Kosten auf mehrere Zeilen gesteuert werden. Dies macht Sinn, wenn das PSP-Element unterschiedliche Anlagen mit unterschiedlichen Anlageklassen, Kostenstellen oder Aktivierungszeitpunkten besitzt.

Bei der Zuordnung der PSP-Elemente zu Investitionsprogrammpositionen gilt es noch festzuhalten, dass nicht unbedingt der oberste Knoten der PSP-Elementstruktur (Top-PSP-Element) eindeutig einer Investitionsprogrammposition zugeordnet werden muss. Es können auch einzelne PSP-Elemente aus unterschiedlichen Hierarchiestufen eines Projektes einzelnen Programmpositionen zugeordnet werden. Bei diesem Vorgehen besteht aber leicht die Gefahr, den Überblick im Rahmen des Procederes von Planung und Budgetierung zu verlieren. Es empfiehlt sich daher, ein Projekt über das Top-PSP-Element eindeutig einer Investitionsprogrammposition zuzuordnen.

Abrechnung nicht aktivierungsfähiger PSP-Elemente

PSP-Elemente, die nicht aktivierbar sind, enthalten in der Konsequenz auch kein Investitionsprofil. Im Rahmen der Planungsintegration können die geplanten Kosten zu einem nicht aktivierungsfähigen PSP-Element an die zugeordnete Kostenstelle über die Abrechnungsvorschrift im Plan abgerechnet werden.

Pauschale Anlagenbudgets

Bei der Strukturierung der Investitionsprogramme und der Investitionsprojekte muss auch berücksichtigt werden, dass es neben klar definierbaren Projekten auch pauschale Budgets gibt. Diese werden entweder für Direktinvestitionen, also den Kauf von Gegenständen des Anlagevermögens ohne Investitionstätigkeit, oder aber für diverse Klein- und Sammelbudgets, die für kleine und noch nicht definierbare Investitionen verwendet werden, eingerichtet.

Es empfiehlt sich, für diese Pauschal- oder Sammelbudgets Dummy-CO-Aufträge oder Dummy-Projekte anzulegen und diese mit dem Investitionsprogramm zu verknüpfen. Dieses Verfahren hat den Vorteil, dass später in der Realisierungsphase die Ausgaben im Ist statistisch auf diesen Kontierungsobjekten mitgeführt und in das Investitionsbudget übertragen werden können. Auf diese Weise wird auch die Überwachung derartiger Budgets im SAP R/3-System erzielt.

5.6.4 Input für die Investitionsplanung

Die Abbildung 5.56 stellt die in die Investitionsplanung einfließenden Faktoren dar. Dabei fällt auf, dass nicht Daten aus vorherigen Planungsschritten der operativen Planung die Grundlage für die Investitionsplanung darstellen, sondern vielmehr Informationen, die aus der vorherigen Planung oder im Laufe des Jahres angesammelt wurden.

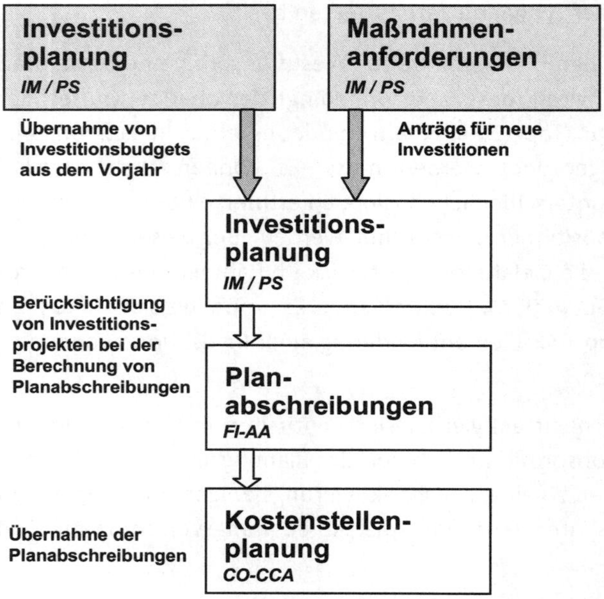

Abbildung 5.56 Input-Output-Modell zur Investitionsplanung (Input)

Budgetübernahme aus vorherigem Genehmigungsjahr

Die Investitionsplanung findet immer für ein Genehmigungsjahr statt. Dabei entspricht das Genehmigungsjahr dem Planjahr der operativen Planung. Die Projekte und Budgets, die in diesem Genehmigungsjahr verabschiedet werden, haben aber nicht selten Laufzeiten, die über ein Kalenderjahr hinausgehen. Das bedeutet, dass in einem Genehmigungsjahr Projektpläne und damit in der Konsequenz auch Budgets für mehrere Planjahre geplant und genehmigt werden.

Aus diesem Grund fließen Teilbudgets der Investitionsplanung aus dem Vorjahr, die das in der operativen Planung zu planende Jahr betreffen und noch nicht verbraucht wurden, in die Budgetierung des neuen Genehmigungsjahres ein. Abbildung 5.57 verdeutlicht diesen Zusammenhang.

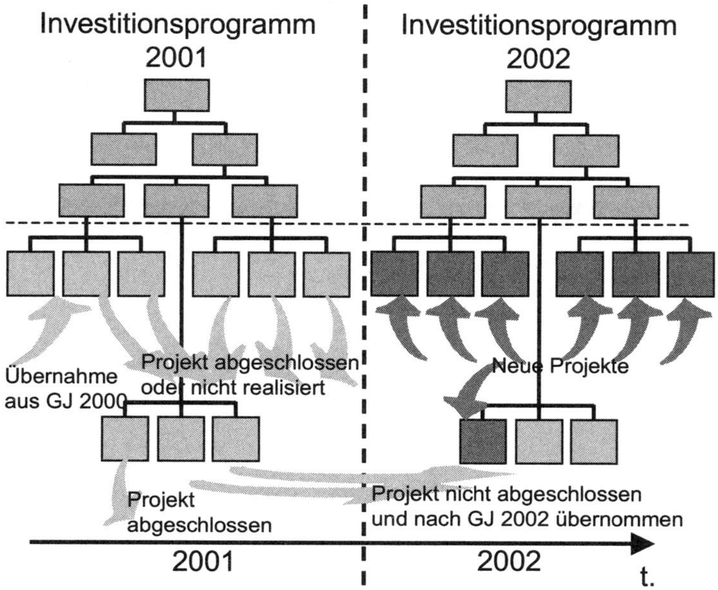

Abbildung 5.57 Übernahme von Teilbudgets aus Vorjahren in neue aktuelle Investitionsprogramme

Um diesen Jahreswechsel in der Investitionsplanung durchzuführen, stehen zwei Verfahren zur Verfügung, die sich nur in Details unterscheiden.

Das erste Verfahren besteht in der Eröffnung eines neuen Genehmigungsjahres. Dabei besteht die Möglichkeit, folgende Informationen zu kopieren bzw. vorzutragen:

- Die Struktur des Investitionsprogramms kann kopiert werden.
- Genehmigte Investitionsmaßnahmen in Form von Projekten oder CO-Aufträgen, die noch nicht abgeschlossen sind (Statusverwaltung), können mit ihren Werten in das Investitionsprogramm des neuen Genehmigungsjahres übertragen werden.
- Die Planwerte können jahresbezogen übernommen werden.
- Die Budgetwerte können vorgetragen werden, wobei die Budgetwerte aus dem alten Investitionsprogramm als Vortragswerte im neuen Investitionsprogramm gesondert ausgewiesen werden.

Zum anderen besteht die Möglichkeit, zunächst manuell ein Investitionsprogramm für das neue Genehmigungsjahr anzulegen und dann das alte Genehmigungsjahr abzuschließen. Beim Abschluss des alten Genehmigungsjahres können die Informationen in das neue Genehmigungsjahr übernommen werden, mit dem Unterschied, dass die Budgetwerte in diesem Fall nicht gesondert ausgewiesen werden und zum laufenden Budget gehören. Abbildung 5.58 zeigt die Transaktion zum Eröffnen eines neuen Genehmigungsjahres.

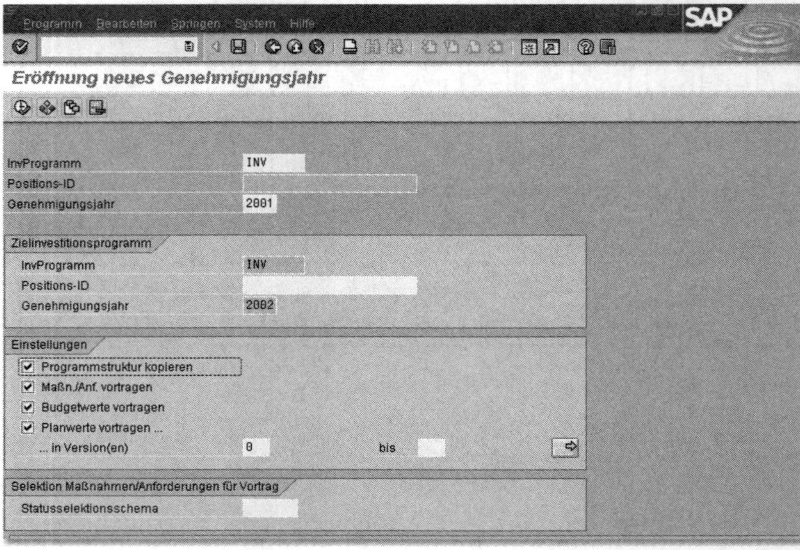

Abbildung 5.58 Eröffnung eines neues Genehmigungsjahres

Investitionsanträge als Maßnahmenanforderung

Neben den Budgetwerten aus dem vergangenen Genehmigungsjahr fließen in die Investitionsplanung auch laufende Investitionsanträge ein. Unter Investitionsanträgen sind dabei Ideen und/oder Wünsche zur Durchführung von Investitionsmaßnahmen zu verstehen, die im Laufe des Jahres eingereicht werden und unter Umständen unterschiedliche Realisierungsformen besitzen. In SAP R/3 können derartige Investitionsanträge als *Maßnahmenanforderungen* abgebildet werden.

Dabei ist die Maßnahmenanforderung ein eigenes Stammdatenobjekt, mit dem alle Angaben zum Investitionsvorhaben verwaltet werden können. Die Maßnahmenanforderungen können dann im Rahmen der Investitionsplanung geplant und auf wirtschaftliche Rentabilität untersucht werden.

Wird eine Maßnahmenanforderung genehmigt, kann sie automatisch in eine Maßnahme, also ein PSP-Element oder einen CO-Auftrag, übertragen werden.

Stammdaten der Maßnahmenanforderung

Jede Maßnahmenanforderung gehört dabei zu einer Anforderungsart, die über das Customizing gepflegt wird. Über die Anforderungsart werden die Nummernvergabe, der Bildschirmaufbau, die Ableitung der Maßnahme aus der Maßnahmenanforderung, die Steuerungsparameter für die Wirtschaftlichkeitsrechnung und ein Anwenderstatus gesteuert.

Wird dann eine Maßnahmenanforderung zu einer Anforderungsart angelegt, so sind zunächst folgende Stammdaten zu pflegen:

- Allgemeine Daten wie Bezeichnung, Investitionsgrund, Umweltschutzkennzeichen, Größenordnung, Priorität, Termine für Beginn und Ende der Investitionsrealisierung sowie andere Kennzeichen, die die Maßnahmenanforderungen grundsätzlich strukturieren
- Status der Maßnahmenanforderung
- Zuordnung zum Investitionsprogramm, über die die Integration zum Investitionsmanagement erfolgt
- Zuordnung zu einer Ur-Alternative. Dies wird benötigt, wenn mehrere Maßnahmenanforderungen als Alternativen eingereicht werden und diese zu einer Gruppe zusammengefasst werden sollen.
- Zuordnungen zu Organisationseinheiten wie Kostenrechnungskreis, Buchungskreis, Geschäftsbereich, Kostenstelle, Profit Center, Werk, Standort etc.
- Zuordnungen zu Maßnahmen, also PSP-Elementen oder CO-Aufträgen. Hierdurch wird die Überleitung von der Maßnahmenanforderung zur Maßnahme nach der Genehmigungsphase gesteuert.

Anforderungsvarianten

Darüber hinaus besitzt eine Maßnahmenanforderung beliebig viele Anforderungsvarianten. Eine *Anforderungsvariante* beinhaltet dabei die Informationen für eine Variante zur Realisierung einer Maßnahmenanforderung. Dies hat zur Folge, dass jede Variante einer Maßnahmenanforderung während der Investitionsplanung eigenständig beplant werden kann und so die einzelnen Varianten in Bezug auf ihre Wirtschaftlichkeit miteinander verglichen werden können.

Als Stammdaten einer Anforderungsvariante werden folgende Informationen abgelegt:

- Allgemeine Daten zur Identifikation wie Kurztext, Langtext und Verwaltungsdaten
- Eine verbale Bewertung in Form von Noten oder Freitext
- Planungstermine für Fertigstellung und Inbetriebnahme

- Kennzeichen für Genehmigungshürden
- AfA-Simulationsdaten, wie sie auch bei Investitionsmaßnahmen gepflegt werden
- Angaben zur Wirtschaftlichkeit

Die Abbildungen 5.59 und 5.60 zeigen beispielhaft eine Bildschirmdarstellung einer Maßnahmenanforderung mit einer Variante.

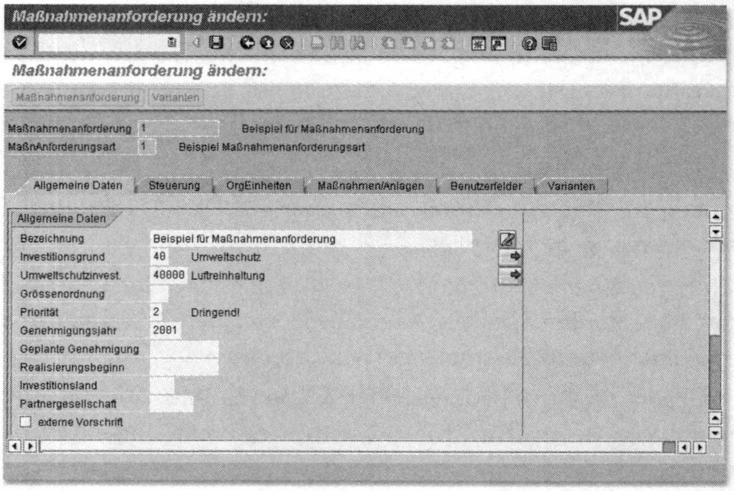

Abbildung 5.59 Beispiel für eine Maßnahmenanforderung (Allgemeine Daten)

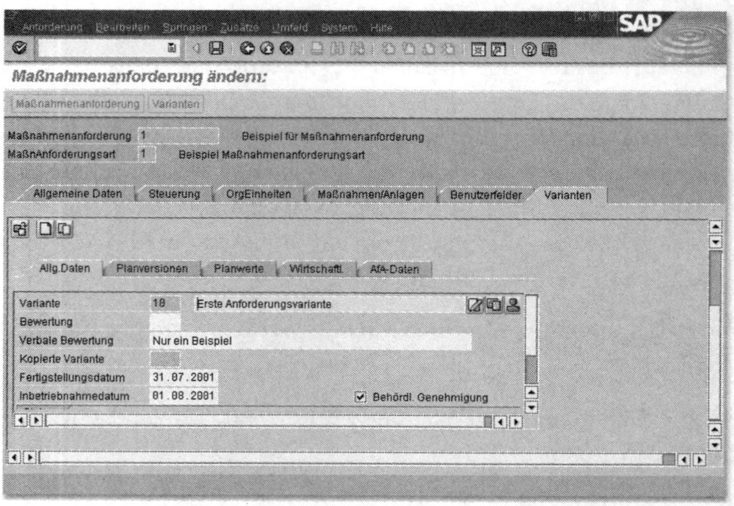

Abbildung 5.60 Beispiel für eine Anforderungsvariante zu einer Maßnahmenanforderung

5.6.5 Durchführung der Investitionsplanung

Kostenplanung zu Maßnahmenanforderungen

Die Durchführung der Investitionsplanung beginnt mit der Bearbeitung der eingegangenen Maßnahmenanforderungen. Diese müssen mit Kosten beplant, auf Wirtschaftlichkeit analysiert, miteinander verglichen und gegebenenfalls genehmigt werden.

Eine Maßnahmenanforderung wird je Anforderungsvariante beplant. Dabei werden die Kosten entweder als Gesamtwert oder als Jahreswerte erfasst, wobei für die Integration mit der operativen Planung die Angabe von Jahreswerten notwendig ist.

Bei der Kostenplanung können die aktivierbaren Investitionskosten von den nicht aktivierbaren Gemeinkosten differenziert werden. Eine detailliertere Kostenplanung in Form von Kostenarten oder Leistungsverrechnungen ist bei der Planung von Maßnahmenanforderungen nicht vorgesehen. Abbildung 5.61 zeigt die Eingabemaske für die Kostenplanung einer Anforderungsvariante einer Maßnahmenanforderung.

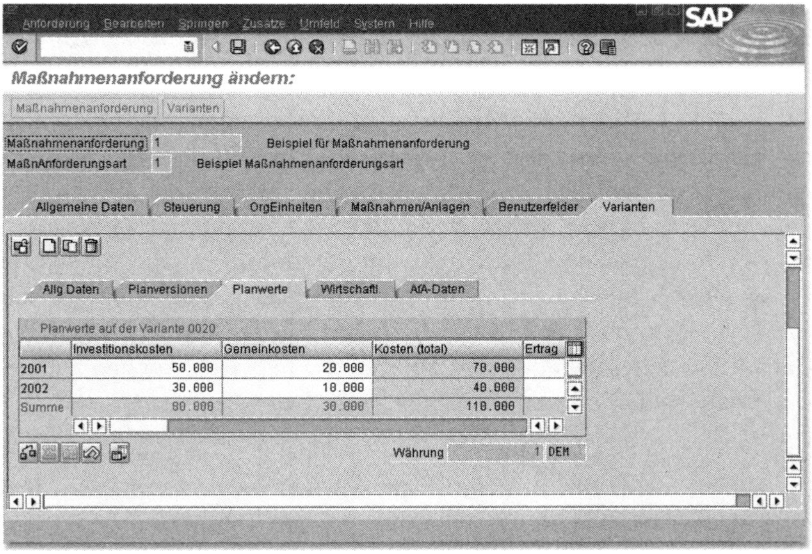

Abbildung 5.61 Kostenplanung einer Anforderungsvariante

Die Kostenplanung erfolgt dabei nicht in unterschiedlichen Planversionen, wie man es von Investitionsprogrammen oder Investitionsprojekten gewohnt ist. Die Abbildung unterschiedlicher Planszenarien wird ebenfalls durch die Anlage unterschiedlicher Anforderungsvarianten abgedeckt. Dabei können dann die Anforderungsvarianten bei der Integration mit dem Investitionsprogramm mit unterschiedlichen Planversionen des Investitionsprogramms verknüpft werden. Auf diese Weise kann man die Auswirkung unterschiedlicher Anforderungsvarianten einer Maßnahmenanforderung auf das Investitionsprogramm in unterschiedlichen Planversionen analysieren.

Hochrollen der Plankosten in das Investitionsprogramm

Das Hochrollen der Plankosten einer Maßnahmenanforderung in das Investitionsprogramm erfolgt dabei manuell in einer gesonderten Transaktion. Darüber hinaus kann über ein Statusselektionsschema gesteuert werden, dass nur Maßnahmenanforderungen mit einem bestimmten Status in das Investitionsprogramm hochgerollt werden.

Wirtschaftlichkeitsanalyse

Überdies müssen die Anforderungsvarianten der Maßnahmenanforderung auf ihre Wirtschaftlichkeit hin analysiert werden. Dazu besteht je Maßnahmenanforderung die Möglichkeit, pauschal den Ertrag pro Jahr in der Nutzungsphase zu hinterlegen. Auf der Basis von Einstellungen in der Anforderungsart, wie z. B. dem Bezugsdatum für die Wirtschaftlichkeitsrechnung, und den hinterlegten Kosten und Erträgen ermittelt SAP R/3 so den Kapitalwert und die Kapitalwertrate je Anforderungsvariante. Daneben besteht auch die Möglichkeit, eine Zinskurve für Geldzinsen und Briefzinsen je Währung darzustellen.

Einschränkungen

Diese Möglichkeiten zur Wirtschaftlichkeitsbetrachtung ersetzen nicht vergleichbare professionelle Programme, die auf Wirtschaftlichkeitsrechnungen spezialisiert sind, da Funktionen wie die Differenzierung von Kosten und Erträgen nach Kostenarten und Fix-/Variablen-Anteilen, Berechnungen von internem Zinsfuß und Amortisationsdauer sowie einfache »Was-wäre-wenn«-Simulationen (Darstellung von Investitionsspinnen usw.) derzeit noch fehlen. Diese Funktionen helfen aber, einen groben Überblick zur Wirtschaftlichkeit zu erhalten und eine Vorauswahl der Maßnahmenanforderungen zu treffen.

Genehmigungsverfahren

Das Genehmigungsverfahren von Maßnahmenanforderungen ist gewöhnlich durch einen mehrstufigen Genehmigungsprozess, an dem unterschiedliche Personen beteiligt sind, geprägt. Dieser Genehmigungsprozess wird dabei im Customizing der Anforderungsart hinterlegt und mit einzelnen Rollen und je einem Inhaber einer Genehmigungsrolle ausgeprägt. Über den SAP R/3-Workflow werden so die einzelnen hierarchischen Stufen des Genehmigungsprozesses durchlaufen. Erst wenn alle Genehmigungsstufen einer Maßnahmenanforderung durch ihre Inhaber genehmigt wurden, gilt die Maßnahmenanforderung als genehmigt. Andernfalls ist die Maßnahmenanforderung abgelehnt.

Sofern durch die Kostenplanung und die Wirtschaftlichkeitsanalyse einzelne Maßnahmenanforderungen den Sprung der Genehmigung überwinden konnten, wird deren Status bei Freigabe der Maßnahme durch das SAP R/3-System auf »Durch Maßnahme ersetzt« gesetzt.

Dies hat zur Folge, dass die Maßnahmenanforderung durch eine Investitionsmaßnahme, also einen CO-Auftrag oder ein PSP-Element, ersetzt wird. Alle weiteren Planungsschritte können dann nicht mehr in der Maßnahmenanforderung, sondern nur noch in der Maßnahme durchgeführt werden. Auch ist das Hochrollen der Planwerte genehmigter Maßnahmenanforderungen nicht mehr möglich und wird durch die Investitionsmaßnahme übernommen.

Kostenplanung zu Investitionsmaßnahmen

Im nächsten Planungsstadium der Investitionsplanung werden nun die Plankosten der einzelnen Investitionsmaßnahmen, also der Investitionsprojekte, geplant. Dabei können sowohl Investitionsmaßnahmen, die aus Maßnahmenanforderungen entstanden sind, als auch Investitionsmaßnahmen, die manuell angelegt wurden, mit Kosten beplant werden.

Für die Kostenplanung stehen verschiedene Möglichkeiten zur Verfügung:

- **Gesamtwerte**
  Es wird nur ein Gesamtkostenwert für den gesamten Zeitraum der Investitionsphase geplant.
- **Jahreswerte**
  Es werden je Investitionsjahr die Kosten in einer Summe geplant.
- **Detailplanung**
  Die Kosten werden in Form einer Primärkostenplanung auf Kostenartenebene geplant. Weiterhin können Leistungsverrechnungen zwischen Leistungsanbietern (Kostenstellen) für das Investitionsprojekt abgebildet werden.
- **Einzelkalkulation**
  Die Kosten für das Investitionsprojekt werden über eine Einzelkalkulation separat ermittelt und gespeichert.

Für die Integration mit der operativen Planung ist es wichtig, dass die Investitionskosten zumindest als Jahreswerte vorliegen, da die operative Planung in der Regel nur ein Planjahr umfasst.

Weiterhin ist zu beachten, dass zum Zeitpunkt der Investitionsplanung häufig die Detailkosten eines Projektes noch nicht bekannt sind. Daher dürfte es in vielen Fällen schwer fallen, die Kosten des Investitionsprojektes zu diesem Zeitpunkt bereits auf Kostenartenebene oder gar mit Leistungsverrechnungen zu planen. Diese Form der Planung erfolgt erst zum Zeitpunkt vor der konkreten Realisierung des Investitionsprojektes, wo die Projektkosten nochmals auf der Basis genauerer Informationen detaillierter geplant werden.

Zusätzlich kann durch die Steuerung des Projektes definiert werden, ob jedes PSP-Element, also jeder Teilbereich eines Projektes, für sich geplant wird, oder ob nur die Gesamtkosten je Investitionsprojekt geplant werden sollen.

Sofern die PSP-Elemente in aktivierbare und nicht aktivierungsfähige PSP-Elemente differenziert werden, ist zu empfehlen, die Kostenplanung auf der Ebene dieser PSP-Elemente getrennt vorzunehmen. Auf diese Weise werden bei der Integration in die Anlagenbuchhaltung und die Kostenrechnung genauere Werte für die Abschreibungen ermittelt. Abbildung 5.62 zeigt die Kostenplanung eines Investitionsprojektes mit Jahreswerten je PSP-Element.

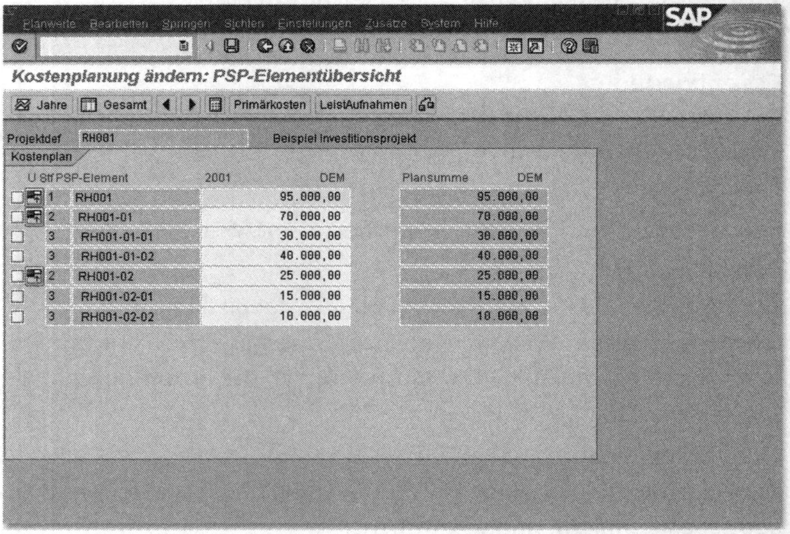

Abbildung 5.62 Kostenplanung mit Jahreswerten für ein Investitionsprojekt

Aggregierung der Plankosten

Werden die Plankosten je PSP-Element geplant, so besteht die Möglichkeit, diese Plankosten über die einzelnen Stufen der Projekthierarchie zu aggregieren. Dies wird durch die separate Transaktion »Hochsummieren« erreicht und erfolgt nicht automatisch. Auf diese Weise wird ein Gesamtüberblick über die Kosten des Investitionsprojektes erzielt.

Planversionen

Die Planung der Projektkosten der einzelnen Investitionsmaßnahmen kann dabei in unterschiedlichen Planversionen stattfinden, um unterschiedliche Szenarien durchzuspielen oder aber dem Genehmigungsverfahren mit den entsprechenden Genehmigungsstufen je Planversion gerecht zu werden.

Übertragung der Plankosten in das Investitionsprogramm

Sind die Plankosten aller Investitionsprojekte erfasst, so können diese Planwerte in das Investitionsprogramm übertragen und aggregiert werden. Da jedes Investitionsprojekt über das Plan- und Budgetprofil sowie über die Stammdatenpflege einer Programmposition eines Investitionsprogramms zugeordnet ist, kann diese Aufgabe leicht durch die Standardtransaktion »Vorschlag Plan« in der Bearbeitung der Programmpositionen erreicht werden. Abbildung 5.63 zeigt die Transaktion zur Übernahme der Planwerte aus Investitionsprojekten in ein Investitionsprogramm.

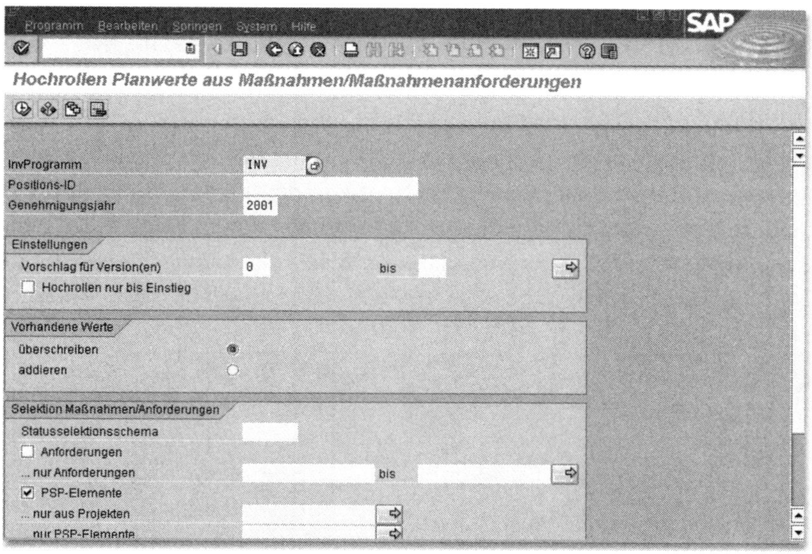

Abbildung 5.63 Hochrollen (aggregieren) der Planwerte von Investitionsmaßnahmen in ein Investitionsprogramm

Sofern nicht für alle Investitionsvorhaben (z. B. Sammelbudgets für Kleininvestitionen usw.) ein Investitionsprojekt (gegebenenfalls auch ein Dummy-Projekt) angelegt wurde, müssen die Investitionsprogrammpositionen noch entsprechend mit Planwerten ergänzt werden.

Bei der Planung der Programmpositionen werden nur Planwerte je Planjahr oder Gesamtwerte übernommen. Dies gilt auch für den Fall, dass die Investitionsprojekte auf Detailebene mit Kostenartenplanung durchgeführt wurden. Über die Aggregierung der Planwerte im Investitionsprogramm entsteht auf der obersten Stufe des Investitionsprogramms der Gesamtplankostenwert für Investitionen je Planjahr bzw. als Gesamtwert, der in diesem Genehmigungsjahr zur Genehmigung ansteht.

Budgetierungsphase

Der nächste Schritt der Investitionsplanung ist der Budgetierungsprozess. Hierbei wird das Gesamtinvestitionsbudget für das Genehmigungsjahr festgelegt und über die einzelnen Investitionsprogrammpositionen und Investitionsmaßnahmen aufgeteilt. Die Plankosten werden von den Budgets separat verwaltet und gespeichert, sodass immer ein Vergleich der Planwerte und Budgetwerte auf allen Stufen der Investitionsplanung möglich ist.

Übernahme der Planwerte mit Zu- und Abschlägen

Zunächst besteht dabei die Möglichkeit, die Planwerte als Investitionsbudget zu übernehmen. Falls pauschal bestimmte Zu- oder (wahrscheinlicher) Abschläge eingerechnet werden sollen, kann dies über eine Umwertungsfunktion standardmäßig durchgeführt werden. Es besteht natürlich auch die Möglichkeit, die Budgetwerte manuell zu pflegen.

Verteilung der Budgets auf Investitionsmaßnahmen

Des Weiteren müssen die Budgetwerte der Programmpositionen auch auf die Investitionsmaßnahmen verteilt werden. Hierbei werden die Investitionsmaßnahmen zu einer Investitionsprogrammposition ausgewählt und das vorhandene Budget auf die Investitionsmaßnahmen aufgeteilt. Abbildung 5.64, zeigt die Transaktion zum Verteilen eines Investitionsbudgets auf Investitionsmaßnahmen.

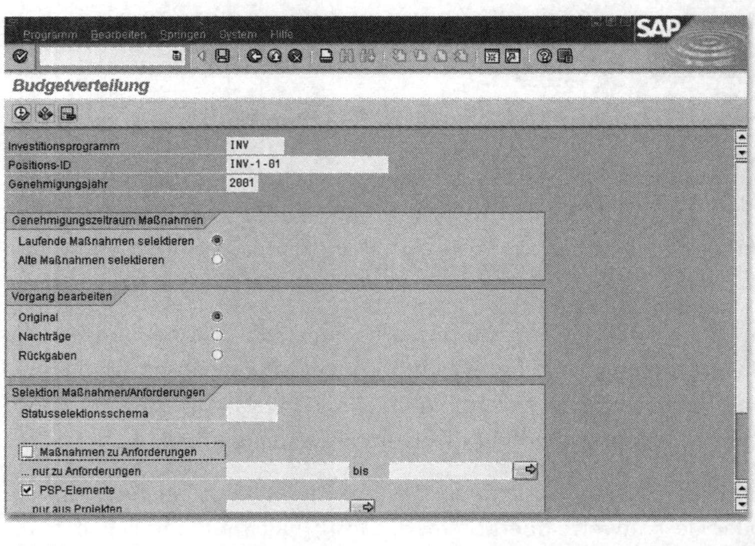

Abbildung 5.64 Verteilen des Budgets eines Investitionsprogramms auf Investitionsmaßnahmen

5.6.6 Output der Investitionsplanung

Das Ergebnis der Investitionsplanung besteht zum einen in der Definition aller bekannten Investitionsvorhaben, die einer Genehmigung bedürfen. Zum anderen liegt das Gesamtbudget sowie alle Planwerte und Budgetanteile für alle Teilbudgets und alle geplanten Investitionsmaßnahmen vor. Abbildung 5.65 zeigt darüber hinaus auf, dass das Ergebnis der Investitionsplanung auch für weitere Schritte im Rahmen der integrierten operativen Planung genutzt werden kann.

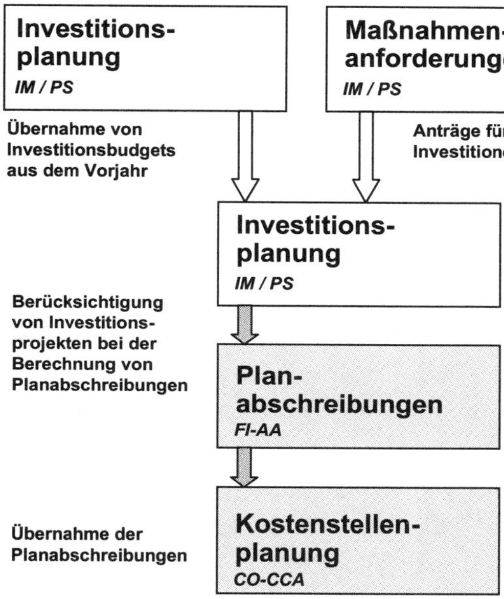

Abbildung 5.65 Input-Output-Modell zur Investitionsplanung (Output)

Abschreibungsvorschau

Der wesentliche Nutzen wird hierbei in der Anlagenbuchhaltung mit der Planung der Abschreibungen für das Planjahr erzielt. Neben den vorhandenen Anlagen können auch Investitionsprojekte, die im Planjahr aktiviert werden, in der Abschreibungsvorschau der Anlagenbuchhaltung berücksichtigt werden.

Voraussetzungen

Es wird vorausgesetzt, dass die Angaben zur AfA-Simulation vollständig gepflegt sind. Im Einzelnen müssen folgende Voraussetzungen erfüllt sein, um eine korrekte Abschreibungsvorschau von Investitionsprojekten zu erzielen:

- **Jahreswerte**
  Um die Abschreibungswerte korrekt zu ermitteln, muss nicht nur der Gesamtwert einer Investition bekannt sein, sondern es ist notwendig zu wissen, in welchem Jahr wie viel aktiviert wird. Sofern ein Investitionsprojekt sich über mehrere Jahre hinzieht, sollten die Plankosten zumindest als Jahreswerte gepflegt werden.
- **Aktivierungsfähige und nicht aktivierungsfähige Kosten**
  Für die Ermittlung der Abschreibungen ist es natürlich zunächst notwendig zu wissen, welcher Anteil einer Investition überhaupt aktiviert und welcher Anteil direkt als Kosten in den Aufwand gebucht wird. Deshalb sollten die Investitionsmaßnahmen immer in aktivierungsfähige und nichtaktivierungsfähige Bestandteile differenziert werden. Ist beispielsweise in der Steuerung eines PSP-Elementes geregelt, dass die Position keine Investition darstellt (also kein Investitionsprofil besitzt), wird dieses PSP-Element auch nicht bei der Abschreibungsvorschau berücksichtigt.
- **Anlagenklasse**
  Zur korrekten Aktivierung und Abschreibung ist es notwendig zu wissen, zu welcher Anlagenklasse ein Investitionsobjekt gehört. Über die Anlagenklasse werden zum einen die Anlagenkonten, aber auch die Abschreibungsregeln und somit die Abschreibungsbeträge gesteuert.
- **Datum der Inbetriebnahme**
  Die Abschreibung einer Anlage beginnt immer erst ab dem Datum der Inbetriebnahme. Die Bestimmung dieses Zeitpunkts ist demnach notwendig, um den Start der Abschreibungen zu ermitteln. Alle Kosten bzw. Budgets des gleichen Planjahres werden ab Inbetriebnahmedatum abgeschrieben. Plankosten bzw. Budgets in nachfolgenden Jahren werden jeweils zum 01.01. des jeweiligen Jahres abgeschrieben.
- **Kostenstelle**
  Sollen die Informationen zur Abschreibungsvorschau im Rahmen der operativen Planung auch an die Kostenrechnung übergeben werden, ist die Angabe einer Kostenstelle, zu der das Investitionsgut zugeordnet ist und auf der die geplanten Abschreibungen gesammelt werden, notwendig.

Die Angaben zur Anlagenklasse, Inbetriebnahme und Kostenstelle können dabei auf mehrere Positionen mit prozentualer Aufteilung verteilt werden.

Abbildung 5.66 zeigt die Transaktion zur Ermittlung der Abschreibungen für einen Planungszeitraum, in der auch Investitionsprojekte berücksichtigt werden.

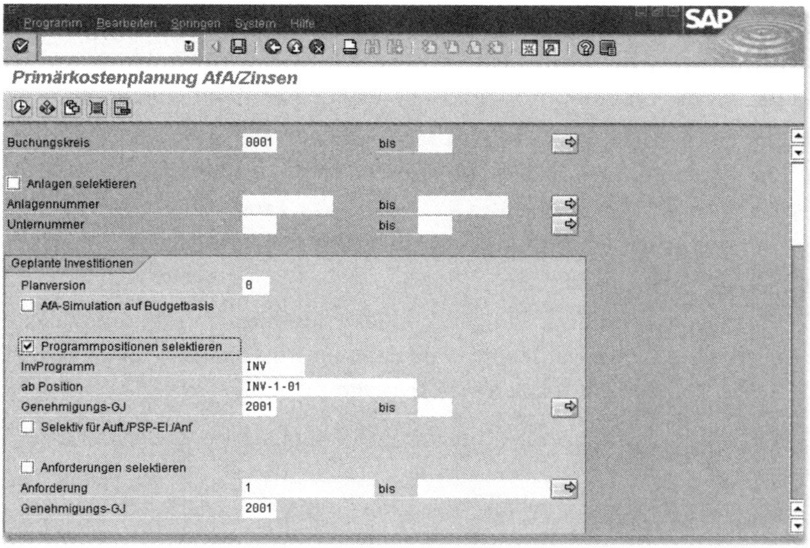

Abbildung 5.66 Berücksichtigung von Investitionsmaßnahmen bei der Ermittlung von Planabschreibungen

Dabei kann wahlweise auf die Budgetwerte oder Plankosten der Investitionsprojekte zurückgegriffen werden. Des Weiteren muss definiert werden, ob auf Investitionswerte aus CO-Aufträgen, PSP-Elemente, Maßnahmenanforderungen oder aggregiert auf Investitionsprogrammpositionen zugegriffen werden soll.

Da Maßnahmenanforderungen zu diesem Zeitpunkt abgelehnt oder nicht mehr genehmigt wurden und in den Investitionsprogrammpositionen die AfA-Simulationsdaten ohne Angaben der Kostenstelle erfolgen, empfiehlt sich für den integrierten Planungsprozess der operativen Planung die Verwendung der Investitionsmaßnahmen in Form von CO-Aufträgen oder PSP-Elementen. Auf diese Weise wird eine relativ genaue Ermittlung der Abschreibungen und Zuordnung auf Kostenstellen erzielt.

Ergebnis der Abschreibungsvorschau

Die Abschreibungsvorschau liefert als Ergebnis folgende Informationen:

- **Buchwert zum Jahresanfang**
  Dies ist der Wert einer Investition in der Anlagenbuchhaltung zu Beginn des Planjahres.

- **AHK-verändernde Bewegungen**
  Alle AHK-verändernden Bewegungen von Beginn des Planjahres bis zum Ende des Planjahres werden in kumulierter und nicht kumulierter Form angezeigt.
- **Geplante Normalabschreibungen und sonstige Abschreibungen**
  Alle Formen von Abschreibungen werden je Investition und Monat ab Beginn der Inbetriebnahme für den Planungszeitraum aufgeführt.
- **Geplante Restbuchwerte zum Jahresende**
  Die geplanten Restbuchwerte zum Ende des Planjahres, die sich als Ergebnis des Anfangsbestandes, der AHK-verändernden Bewegungen und der Abschreibungen ergeben, werden je Investition dargestellt.
- **Geplante Zinsen**
  Sofern mit Zinsaufwendungen bei der Pflege der Investitionsprojekte gearbeitet wird, werden die anfallenden Zinskosten je Monat und Investitionsprojekt für den Planungszeitraum aufgezeigt.

Übergabe der Abschreibungen an Kostenstellenrechnung

Sofern im Investitionsprojekt bei den AfA-Simulationsdaten eine Kostenstelle mit gepflegt wurde, kann das Ergebnis dieser Abschreibungsvorschau auch an die Kostenstellenplanung übergeben werden. Dabei werden die Abschreibungen je Kostenarten/Kostenstellen-Kombination und Planmonat aggregiert und in die Primärkostenplanung der jeweiligen Kostenstelle auf Kostenartenebene gespeichert. Die Kostenarten ergeben sich aus der definierten Anlagenklasse der Investitionsprojekte.

Ist bei einem Investitionsprojekt keine Kostenstelle angegeben, werden diese Abschreibungen nicht mit in die Kostenstellenplanung übergeben. Im Report zur Analyse der geplanten Abschreibungen werden derartige Abschreibungen unter der Kostenstelle »??????????« ausgegeben. Diese Abschreibungen müssen dann manuell in die Kostenstellenplanung integriert werden.

5.6.7 Checkliste zur Investitionsplanung

Als PDF-Dokument zum Download unter www.sap-press.de

Stichwort	Erläuterung
SAP R/3-Module IM und PS	Die dargestellte Umsetzung der Investitionsplanung erfolgt mit den SAP R/3-Modulen IM und PS.
CO-Aufträge	Statt mit dem Modul PS können die Investitionsvorhaben auch mit CO-Aufträgen realisiert werden.
Budget	Neben der dargestellten Realisierung eines Investitionsbudgets können auch Budgets für andere Bereiche – wie etwa Forschung und Entwicklung, Information, Technologie oder Instandhaltung – in ähnlicher Form umgesetzt werden.

Stichwort	Erläuterung
Organisation der Hierarchiestrukturen	Vor Beginn der Investitionsplanung muss die Strukturierung des Investitionsprogramms und der Investitionsprojekte definiert werden. So muss definiert werden, wo das Investitionsprogramm endet und wo die Investitionsmaßnahmen beginnen. Dies kann bei Pauschal- oder Sammelbudgets unklar sein.
Organisatorische Regelung des Genehmigungsverfahrens	Da die Entwicklung von Plankosten und Budgets im Normalfall einem Genehmigungsprozess unterliegt, muss vor Beginn der Investitionsplanung definiert sein, welche Stelle für welche Bereiche der Investitionsplanung Plan- oder Budgetwerte genehmigen darf.
Planversionen und Berechtigungsstufen	Über unterschiedliche Planversionen und Berechtigungsstufen kann das Genehmigungsverfahren im SAP R/3-System hinterlegt werden.
Programmdefinition	Mithilfe der Programmdefinition werden die Grundeigenschaften des Investitionsprogramms definiert.
Investitionsprogramm und Programmpositionen	Das Investitionsprogramm wird für ein Genehmigungsjahr angelegt und untergliedert sich in Programmpositionen. Das Investitionsprogramm ist das zentrale Stammdatum des Investitionsmanagements, wobei die unterste Stufe der Programmpositionen die detailliertesten Budgettöpfe repräsentiert.
Investitionsmaßnahmen	Investitionsmaßnahmen stellen konkrete Investitionsvorhaben dar, die über CO-Aufträge oder PSP-Elemente realisiert werden.
Projekte und PSP-Elemente	Zur Definition einer Investitionsmaßnahme können Projekte im Modul PS angelegt werden. Dabei kann sich ein Projekt über eine hierarchische Struktur in zahlreiche PSP-Elemente untergliedern.
Genehmigungsjahr	Die Investitionsplanung erfolgt in der Regel für ein Genehmigungsjahr und nicht für ein Planjahr. In einem Genehmigungsjahr werden Investitionsprojekte genehmigt, die unter Umständen mehrere Jahre laufen. Das Budget teilt sich daher auch auf mehrere Planjahre auf.
Aktivierbar und nicht aktivierungsfähig	Bei der Planung und Strukturierung der Investitionsmaßnahmen sollte man immer darauf achten, die Plankosten und Budgets in ihre aktivierbaren und nicht aktivierungsfähigen Bestandteile zu differenzieren, da nur so eine genaue Ermittlung der zu erwartenden Abschreibungen möglich ist. Weiterhin können die nicht aktiverungsfähigen Kosten im Rahmen der Planungsintegration in die Kostenrechnung übergeben werden.

Stichwort	Erläuterung
Anlage im Bau	Investitionsprojekte, die zu aktivieren sind und über einen längeren Zeitraum erstellt werden, benötigen im Allgemeinen eine Anlage im Bau. Die Anlage im Bau stellt dabei in der Anlagenbuchhaltung aktivierte Kosten einer Anlage dar, die noch nicht fertiggestellt ist. Bei der Anlage eines Investitionsprojektes kann eine Anlage im Bau automatisch erstellt werden.
Investitionsprofil	Über das Investitionsprofil werden die Grundeigenschaften eines zu aktivierenden Investitionsprojektes gesteuert.
Pauschale Anlagenbudgets	Für Kleinprojekte oder Direktaktivierungen werden im Allgemeinen pauschale Anlagenbudgets angelegt. Diese sind im Rahmen der Investitionsplanung mit zu berücksichtigen. Hier ist zu empfehlen, Dummy-Projekte oder Dummy-CO-Aufträge anzulegen und diese mit dem Investitionsprogramm zu verknüpfen.
Budgets aus vorherigen Genehmigungsjahren	Da eine Investitionsplanung Budgetwerte für mehrere Planjahre enthält, stellen die Budgetwerte aus dem letzten Genehmigungsjahr eine wichtige Grundlage für das neue Genehmigungsjahr dar.
Maßnahmenanforderungen	Über Maßnahmenanforderungen werden Investitionsanträge im SAP R/3-System abgebildet. Die Maßnahmenanforderungen können dabei geplant, auf Wirtschaftlichkeit analysiert, miteinander verglichen, genehmigt und/oder abgelehnt werden. Die genehmigten Maßnahmenanforderungen können dann in Investitionsmaßnahmen umgewandelt werden und stellen somit einen wichtigen Input für die Investitionsplanung dar.
Bottom-up-Planung	Im Allgemeinen werden im ersten Schritt der Investitionsplanung die Plankosten im Bottom-up-Verfahren je Investitionsmaßnahme geplant und in die einzelnen Investitionsbudgettöpfe aggregiert.
Top-down-Budgetierung	Im zweiten Schritt der Investitionsplanung werden die Investitionsbudgets im Top-down-Verfahren auf Basis der Planwerte auf die einzelnen Investitionsmaßnahmen verteilt.

5.7 Ermittlung von geplanten Abschreibungen

5.7.1 Definition und Ziel der geplanten Abschreibungen

Die Abschreibungen stellen neben den Personalkosten einen wesentlichen Anteil der Primärkosten eines Unternehmens dar. Aus diesem Grund stellt SAP R/3 im Rahmen der operativen Planung als Vorbereitung zur Kostenstellenplanung eine spezielle Funktion zur Ermittlung von geplanten Abschreibungen zur Verfügung.

Ziel ist es, auf der Basis der Angaben aus der Anlagenbuchhaltung und gegebenenfalls der Investitionsplanung die Abschreibungen für den Planungszeitraum automatisiert zu berechnen und möglichst genau und detailliert in die Kostenstellenrechnung zu übergeben. Auf diese Weise kann die Kostenstellenplanung im Bereich der Aufwendungen zu Abschreibungen deutlich vereinfacht werden.

5.7.2 Voraussetzungen für die Ermittlung von geplanten Abschreibungen

Die wesentliche Voraussetzung ist die Einstellung der Anlagenbuchhaltung im Customizing. Neben den Grundeinstellungen zählen hierzu insbesondere die Definition der Anlagenklassen, Bewertungspläne, Bewertungsbereiche und Abschreibungsschlüssel.

Anlagenklassen

Über die Anlagenklasse werden Anlagen, die einen gleichen Charakter in Bezug auf Art, Beschaffenheit, Zweck, Nutzen und Lebensdauer aufweisen, zusammengefasst. Über die Anlagenklasse werden in der Integration mit dem Hauptbuch der Finanzbuchhaltung die Sachkonten der Anlagenbuchhaltung für alle relevanten Bewegungen wie Zukauf, Abschreibung, Verkauf usw. festgelegt.

Bewertungspläne, Bewertungsbereiche, Abschreibungsschlüssel

Anhand der Bewertungspläne, Bewertungsbereiche und Abschreibungsschlüssel werden je Anlagenklasse die Bewertung und Abschreibungen der Anlagen definiert. Dabei können unterschiedliche Bewertungsbereiche parallel in der Anlagenbuchhaltung gehalten werden, um beispielsweise unterschiedliche Bewertungen für die interne Kostenrechnung, die Handelsbilanz, die Steuerbilanz oder die Konzernbilanz realisieren zu können.

Organisationsstrukturen

Neben den Einstellungen im Customizing müssen die Organisationsstrukturen insbesondere im Rahmen der Kostenstellenrechnung vor Beginn der Ermittlung der geplanten Abschreibungen feststehen. Sollten sich dabei gegenüber dem Ist-Zustand organisatorische Veränderungen in der Struktur der Kostenstellen ergeben, sind eventuelle Veränderungen in der Zuordnung von Anlagen zu Kostenstellen in den jeweiligen Anlagenstammsätzen zu pflegen.

5.7.3 Stammdaten zur Ermittlung der geplanten Abschreibungen

Anlagenstammsatz

Die wesentlichen Stammsätze der Anlagenbuchhaltung zur Ermittlung der geplanten Abschreibungen sind die Anlagenstammsätze. Über den Anlagenstammsatz wird eine Anlage eindeutig identifiziert und in der Anlagenbuchhaltung geführt.

Zum Anlagenstammsatz gehören dabei folgende Informationen:

- **Allgemeine Angaben**
  Bezeichnung, Beschreibung usw. zur Identifizierung der Anlage
- **Zeitabhängige Informationen**
  Zuordnung zur Kostenstelle, gegebenenfalls Leistungsart, Geschäftsbereich, Werk oder Standort, die sich im Laufe der Lebensdauer einer Anlage verändern können und die organisatorische Einbindung der Anlage in das Unternehmen widerspiegeln
- **Zuordnungen**
  Zuordnungen zu Anlagenübernummern, Investitionsgründen, Umweltschutzkriterien, Investitionsfördermaßnahmen und individuellen Ordnungsbegriffen mit dem Ziel, die Anlage nach unterschiedlichen Kriterien zu strukturieren
- **Angaben zur Vermögensbewertung**
  Angaben zur Vermögenssteuer und spezielle Angaben für Grundstücke und ähnliche Rechte

Insbesondere die Angaben der zeitabhängigen Informationen sind für die weitere Ermittlung von geplanten Abschreibungen wichtig. Zum einen wird über die Zuordnung der Anlage zu einer Kostenstelle gesteuert, auf welcher Kostenstelle die Abschreibungen anfallen werden. Dabei wird eine Anlage immer eindeutig einer Kostenstelle zugeordnet.

Soll weiterhin die Abschreibungsvorschau in die Kostenstellenrechnung leistungsartenbezogen, d.h. mit Bezug zu einer Leistungsart, übergeben werden, muss in den zeitabhängigen Feldern auch eine Leistungsart der zugeordneten Kostenstelle gepflegt sein.

Bewertungsdaten

Des Weiteren muss für jeden Bewertungsbereich die Art und Weise der Abschreibung definiert werden. Dazu sind folgende Informationen je Anlage und Bewertungsbereich anzugeben:

- **Abschreibungsschlüssel**
  Der Abschreibungsschlüssel enthält alle Informationen darüber, wie die Abschreibung erfolgen soll, wie etwa lineare Abschreibung, degressive Abschreibung oder Leistungsabschreibung mit den entsprechenden Parametern.
- **Nutzungsdauer**
  Die Angabe der Nutzungsdauer bestimmt den Zeitraum, in dem die Anlage abgeschrieben werden soll. In Abhängigkeit der Nutzungsdauer ergeben sich die prozentualen Abschreibungen der linearen oder degressiven Abschreibung.

- **Ursprüngliche Nutzungsdauer**
  Falls es sich bei der Anlage um eine umgebuchte Anlage handelt, wird hier die ursprüngliche Nutzungsdauer eingetragen.
- **Normal-AfA-Beginn**
  Hier wird das Datum des Beginns der Abschreibung eingegeben. Ab diesem Datum wird die Anlage über ihre Nutzungsdauer hinweg abgeschrieben.
- **Umstellungsjahr**
  Wird die Anlage degressiv abgeschrieben, wird mit dem Umstellungsjahr definiert, wann von der degressiven Abschreibung zur linearen Abschreibung umgestellt wird.
- **Variabler AfA-Anteil**
  Über den variablen Anteil der Abschreibung kann unter anderem gesteuert werden, dass bei der Datenübergabe der Abschreibungen in die Kostenstellenplanung im Rahmen der operativen Planung ein bestimmter Kostenanteil als variable Kosten gespeichert wird. Dies gilt nur, wenn die Abschreibungen als leistungsabhängige Planung geplant werden.
- **Schrottwert (Erinnerungswert)**
  Der Schrott- bzw. Erinnerungswert stellt den Wert der Anlage dar, der nicht abgeschrieben werden soll. Mit diesem Wert bleibt die Anlage immer in der Bilanz erhalten.

Auf der Basis dieser Angaben können für jede Anlage die für die Planung relevanten Abschreibungen ermittelt werden.

5.7.4 Input für die Ermittlung der geplanten Abschreibungen

Das Input-Output-Modell zur Ermittlung der geplanten Abschreibungen in Abbildung 5.67 ist relativ einfach strukturiert. Neben den Anlagenstammdaten aus der Anlagenbuchhaltung mit Anlagen, die im Planjahr aus der Abschreibung gegebenenfalls auslaufen, und bestehenden Anlagen fließen in die Ermittlung der geplanten Abschreibungen nur geplante Investitionsmaßnahmen aus der Investitionsplanung ein.

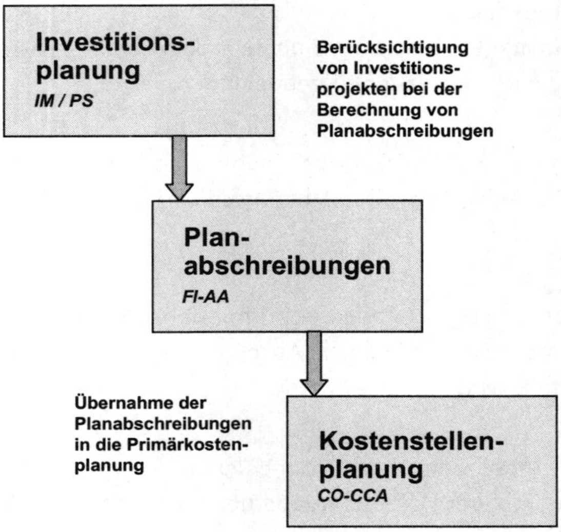

Abbildung 5.67 Input-Output-Modell zur Ermittlung von Planabschreibungen

Einbeziehung von Investitionsprojekten

Als Voraussetzung für eine korrekte Berücksichtigung der Investitionsmaßnahmen müssen zu jeder Investitionsmaßnahme die Angaben zu den AfA-Simulationsdaten gepflegt sein. Hierzu gehören im Wesentlichen folgende Angaben:

- Jahreswerte
- Differenzierung in aktivierungsfähige und nicht aktiverungsfähige Kosten
- Anlagenklasse (Mehrfachangabe mit Prozentaufteilung möglich)
- Datum der Inbetriebnahme (Mehrfachangabe mit Prozentaufteilung möglich)
- Kostenstelle (Mehrfachangabe mit Prozentaufteilung möglich)

Zur genaueren Definition der Angaben sei auf Abschnitt 5.6 verwiesen. Neben den Investitionsmaßnahmen können auch Maßnahmenanforderungen oder Positionen von Investitionsprogrammen in die Ermittlung der geplanten Abschreibungen einbezogen werden.

5.7.5 Durchführung der Ermittlung von geplanten Abschreibungen

Die Ermittlung der geplanten Abschreibungen erfolgt durch Aufruf der Transaktion »Primärkostenplanung AfA/Zinsen« aus der Anlagenbuchhaltung oder der Kostenstellenrechnung heraus. Abbildung 5.68 zeigt den umfangreichen Selektionsbildschirm dieser Transaktion.

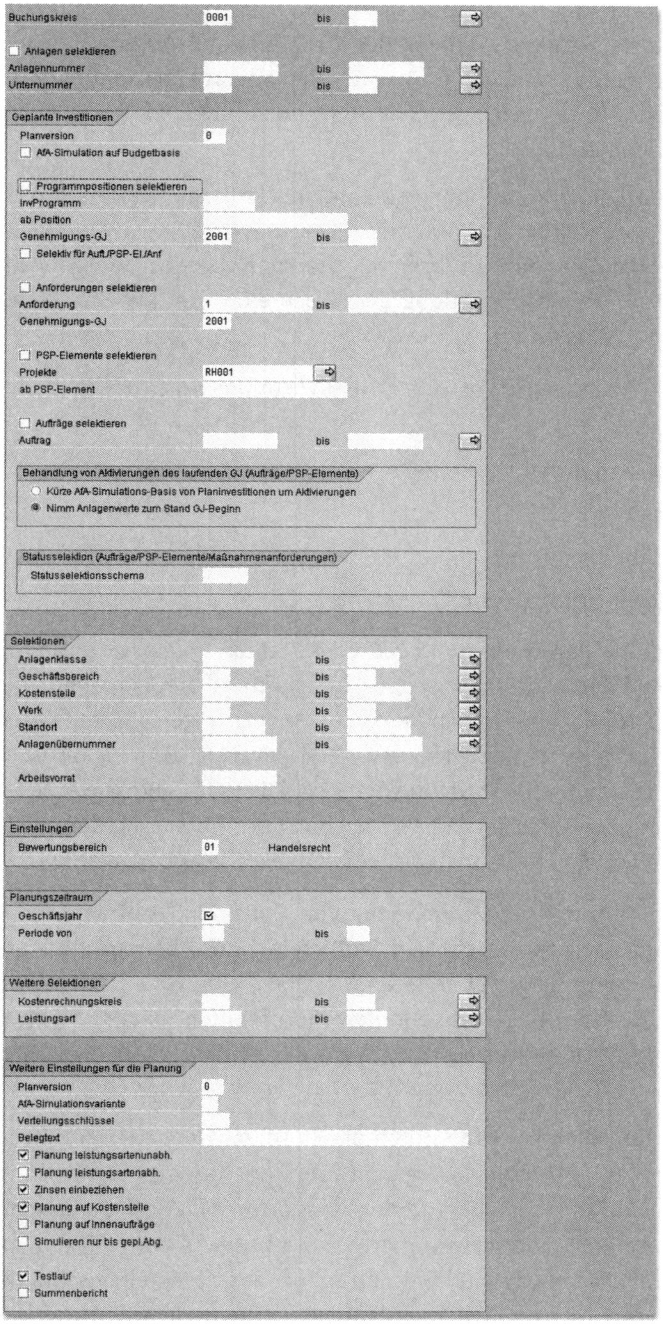

Abbildung 5.68 Eingabemaske zur Ermittlung und Übertragung der Planabschreibungen an die Kostenstellenplanung

Selektion der Anlagen

Nach der Angabe der Buchungskreise können zunächst die Anlagenstammsätze selektiert werden, die in der Ermittlung der Abschreibungen berücksichtigt werden sollen. Im Rahmen der operativen Planung wird man dabei in der Regel immer auf alle Anlagen zurückgreifen und keine Selektion vornehmen.

Selektion der Investitionsmaßnahmen

Im nächsten Abschnitt werden die geplanten Investitionen in den Ermittlungslauf der Abschreibungen integriert. Hierbei wird zunächst die Planversion, in der die gültigen Plan- bzw. Budgetwerte vorliegen, ausgewählt und definiert, ob bei der Ermittlung der Abschreibungen auf Plan- oder Budgetwerte zurückgegriffen werden soll.

Im Weiteren wird festgelegt, worüber die Investitionsprojekte abgebildet werden:

- Über Projekte und PSP-Elemente
- Über CO-Aufträge
- Über Maßnahmenanforderungen
- Über Investitionsprogramme

Bei der Integration der in Abschnitt 5.6 vorgestellten Investitionsplanung wird man entweder auf Projekte oder CO-Aufträge zurückgreifen, bei denen zusätzlich auch die Behandlung der Aktivierungen im laufenden Geschäftsjahr gesteuert werden kann (Anlagenwert zum Stand des Geschäftsjahresbeginns oder Kürzung der Simulationsbasis um die Aktivierungen im laufenden Geschäftsjahr). Je nach Art der Abbildung der Investitionsprojekte können dann noch einzelne Objekte selektiert werden.

Des Weiteren kann bei der Verwendung von Projekten, Aufträgen oder Maßnahmenanforderungen über ein Statusselektionsschema eine Auswahl der Investitionsobjekte über deren jeweiligen Objektstatus durchgeführt werden. So kann beispielsweise gesteuert werden, dass nur freigegebene Investitionsobjekte in die Ermittlung der geplanten Abschreibung einfließen.

Selektion über Organisationseinheiten

In einer weiteren Selektion kann durch die Einschränkung auf bestimmte Ausprägungen zu einzelnen Organisationseinheiten (Anlagenklasse, Geschäftsbereich, Kostenstelle, Werk, Standort, Anlagenübernummer, Kostenrechnungskreis oder Leistungsarten) die Auswahl der Anlagen, zu denen Abschreibungen ermittelt werden sollen, zusätzlich eingeschränkt werden. Im Rahmen der operativen Planung wird man darauf bestenfalls zu Testzwecken zurückgreifen. Letztlich müssen für alle Organisationseinheiten die Abschreibungen ermittelt werden.

Durch die Angabe des Bewertungsbereichs wird definiert, nach welchen Bewertungskriterien die Abschreibung durchgeführt werden soll. Dabei greift das SAP R/3-System auf die Abschreibungsdaten der Anlagenstämme zurück, die für jeden Bewertungsbereich definiert werden. Größtenteils wird für die Kostenrechnung immer nur ein Bewertungsbereich genutzt. Soll das Ergebnis der Ermittlung der geplanten Abschreibungen in die Kostenstellenrechnung übergeben werden, so ist dieser Bewertungsbereich auszuwählen. Sodann ist das Planjahr inklusive der Perioden der operativen Planung anzugeben.

Auswahl des Bewertungsbereichs

Letztlich sind für den Planungslauf noch einzelne Steuerungsparameter zu pflegen:

Steuerungsparameter

- **Planversion**
  Dieser Parameter bestimmt die Planversion in der Kostenstellenrechnung, in die die ermittelten Plandaten übergeben werden können.
- **AfA-Simulationsvariante**
  Über die AfA-Simulationsvariante können pro Anlagenklasse und Abschreibungsschlüssel abweichende Abschreibungsschlüssel definiert werden. Diese AfA-Simulationsvarianten werden im Customizing gepflegt. Auf diese Weise können Veränderungen in den Abschreibungsmethoden simuliert und deren Auswirkungen analysiert werden.
- **Verteilungsschlüssel**
  Über Verteilungsschlüssel besteht die Möglichkeit, die ermittelten Abschreibungen gemäß einer prozentualen Aufteilung auf die einzelnen Perioden des Planjahres aufzuteilen. So kann beispielsweise gesteuert werden, dass die Abschreibungswerte linear, d.h. gleichmäßig, auf die Perioden verteilt werden. Wird kein Verteilungsschlüssel eingetragen, so werden die Abschreibungen periodengerecht analog der Ermittlung in die Kostenstellenrechnung übergeben.
- **Leistungsartenabhängige und/oder -unabhängige Planung**
  Über diese Kennzeichen wird gesteuert, ob die Abschreibungen mit Bezug auf Leistungsarten an die Kostenstellenrechnungen übergeben werden sollen. Voraussetzung für eine leistungsartengerechte Ermittlung und Übertragung der Abschreibungen ist die Pflege der Leistungsarten je Anlagenstammsatz.
- **Zinsen einbeziehen**
  Über dieses Kennzeichen kann gesteuert werden, ob in der Anlagenbuchhaltung ermittelbare kalkulatorische Zinsen mit berechnet und in die Kostenstellenrechnung übertragen werden sollen.

- **Planung auf Kostenstelle und/oder Innenaufträge**
  Über diese Kennzeichen wird gesteuert, ob die ermittelten Planabschreibungen in die Kostenrechnung auf Kostenstellen (Regelfall) oder CO-Aufträge übertragen werden sollen.

5.7.6 Output der Ermittlung von geplanten Abschreibungen

Ergebnisbericht

Als Ergebnis zur Ermittlung der geplanten Abschreibungen entsteht ein Bericht mit folgenden Angaben je Anlage bzw. Investition:

- **Buchwert zum Jahresanfang**
  Dies ist der Wert einer Anlage bzw. Investition in der Anlagenbuchhaltung zu Beginn des Planjahres.
- **AHK-verändernde Bewegungen**
  Alle AHK-verändernden Bewegungen von Beginn bis zum Ende des Planjahres werden in kumulierter und nicht kumulierter Form angezeigt.
- **Geplante Normalabschreibungen und sonstige Abschreibungen**
  Alle Formen von Abschreibungen werden je Anlage, Investition und Monat ab Beginn der Inbetriebnahme für den Planungszeitraum aufgeführt.
- **Geplante Restbuchwerte zum Jahresende**
  Die geplanten Restbuchwerte zum Ende des Planjahres, die sich als Ergebnis des Anfangsbestandes, der AHK-verändernden Bewegungen und der Abschreibungen ergeben, werden je Anlage und Investition dargestellt.
- **Geplante Zinsen**
  Sofern mit kalkulatorischen Zinsenaufwendungen bei der Pflege der Anlagen und Investitionsprojekte gearbeitet wird, werden die anfallenden Zinskosten je Monat für den Planungszeitraum aufgezeigt.

Übergabe der Abschreibungen an Kostenstellenrechnung

Das Ergebnis dieser Abschreibungsvorschau kann dann an die Kostenstellenplanung übergeben werden. Dabei werden die Abschreibungen je Kostenarten/Kostenstellen-Kombination und Planmonat aggregiert und in der Primärkostenplanung gespeichert. Die Kostenarten ergeben sich dabei aus der definierten Anlagenklasse der Anlagen.

Keine Kostenstelle vorhanden

Ist bei einem Investitionsprojekt keine Kostenstelle mitgegeben, werden diese Abschreibungen nicht mit in die Kostenstellenplanung übergeben. Im Report zur Analyse der geplanten Abschreibungen werden derartige Abschreibungen unter der Kostenstelle »??????????« ausgegeben. Diese Abschreibungen müssen dann manuell in die Kostenstellenplanung integriert werden.

Wird eine leistungsartenabhängige Übergabe der Abschreibungen an die Kostenstellenrechnung durchgeführt, werden die Abschreibungen in Bezug auf die Leistungsarten aus den Anlagenstammsätzen auf den Kostenstellen gespeichert. Ist im Anlagenstammsatz ein variabler Anteil für die Abschreibungen hinterlegt, werden die Abschreibungen demgemäß in fixe und variable Anteile aufgeteilt.

Leistungsartenabhängige Übergabe

5.7.7 Checkliste zur Ermittlung der geplanten Abschreibungen

Als PDF-Dokument zum Download unter www.sap-press.de

Stichwort	Erläuterung
Anlagenklasse	In den Anlagenklassen werden gleichartige Anlagegüter zusammengefasst. Über die Anlagenklassen werden Sachkonten und damit die Integration mit dem Hauptbuch für alle Bewegungen zum Anlagevermögen hergestellt. Die Definition der Anlagenklasse ist Voraussetzung für die Ermittlung von Abschreibungen.
Bewertungspläne, Bewertungsbereiche, Abschreibungsschlüssel	Über diese Customizing-Einstellungen werden die Bewertungs- und Abschreibungsregeln in der Anlagenbuchhaltung hinterlegt. Dabei können mehrere Bewertungsbereiche parallel geführt werden. Diese Einstellungen sind Voraussetzung für die Ermittlung von Abschreibungen.
Organisationsstrukturen in der Kostenstellenrechnung	Sollen die Abschreibungen in der Kostenstellenplanung berücksichtigt werden, müssen vor Beginn der Abschreibungsläufe eventuelle Umorganisationen im Kostenstellenbereich fertiggestellt und in den Anlagenstammsätzen hinterlegt sein.
Anlagenstammsatz	Der Anlagenstammsatz ist das zentrale Stammdatum der Anlagenbuchhaltung. Hierüber wird jede Anlage des Unternehmens im SAP R/3-System identifiziert und verwaltet.
Bewertungsdaten	Über die Bewertungsdaten im Anlagenstammsatz werden für jede Anlage zu jedem Bewertungsbereich die Abschreibungsvorschriften abgelegt.
Investitionsmaßnahmen	Investitionsmaßnahmen in Form von Projekten aus dem Modul PS oder CO-Aufträge können bei der Ermittlung der geplanten Abschreibungen mit berücksichtigt werden, sofern zur Investitionsmaßnahme entsprechende AfA-Simulationsdaten gepflegt wurden.
Übergabe der Planabschreibungen an die Kostenstellenrechnung	Die ermittelten Planabschreibungen können durch die Integration des SAP R/3-Systems an die Kostenstellenrechnung übertragen werden.

5.8 Die Personalkostenplanung

5.8.1 Definition und Ziel der Personalkostenplanung

Die Personalkosten stellen im Rahmen der Kostenstellenplanung im Allgemeinen den größten Kostenfaktor dar. Daher sollte die Personalkostenplanung möglichst genau durchgeführt werden. Zur Unterstützung dieser Planung kann innerhalb des SAP R/3-Systems auf das Modul HR (Human Ressources) zurückgegriffen werden.

Ziel der Personalkostenplanung ist es, die gesamten Personalkosten eines Unternehmens mit allen ihren Bestandteilen – wie Lohn und Gehalt, Arbeitgeberbeiträge zur Sozialversicherung, vermögenswirksame Leistungen, aber auch nicht direkt personalbezogene Kosten wie Aus- und Weiterbildung – für die einzelnen Einheiten der Organisationsstruktur zu planen und an die Kostenstellenrechnung weiterzugeben.

5.8.2 Voraussetzungen für die Personalkostenplanung

Planungsmethoden

Eine Personalkostenplanung kann im SAP R/3-System mit drei verschiedenen Methoden durchgeführt werden, auf der Basis von:

- Sollbezügen
- Basisbezügen
- Abrechnungsergebnissen

Dabei bietet jede Planungsmethode bestimmte Vor- und Nachteile, die im Nachfolgenden dargestellt werden. Vor Beginn der Personalkostenplanung muss entschieden werden, nach welcher Methode die Personalkostenplanung durchgeführt werden soll.

Personalkostenplanung mit Sollbezügen

Die Personalkostenplanung mit *Sollbezügen* greift bei der Berechnung der geplanten Personalkosten auf die gepflegten Lohnbestandteile der Kostenobjekte innerhalb der Organisationsstruktur des Personalwesens zu. Das bedeutet, dass konkrete Lohnarten einzelner zugeordneter Mitarbeiter, die auch bei der Personalabrechnung herangezogen werden, bei dieser Form der Personalkostenplanung nicht berücksichtigt werden.

Die Planung der Lohnbestandteile erfolgt dabei auf beliebigen Kostenobjekten, also wahlweise auf einer beliebigen Ebene der Organisationseinheiten, auf Arbeitsplätzen, auf Planstellen oder Stellen. Pro Kostenobjekt können dabei sieben Lohnbestandteile hinterlegt werden.

Folgende Vorteile bietet die Personalkostenplanung mit Sollbezügen:

- **Berücksichtigung organisatorischer Veränderungen**
  Sollen organisatorische Veränderungen in die Personalkostenplanung mit einfließen, kann dies über die Planung von Lohnbestandteilen in verschiedenen Szenarien simuliert werden, ohne dabei die einzelnen Mitarbeiter konkret umzuhängen.
- **Veränderungen innerhalb der Gehaltsstruktur**
  Wenn pauschale Veränderungen in der Gehaltsstruktur in die Personalkostenplanung einfließen, so kann dies auf der Ebene der Pflege von Lohnbestandteilen zu Organisationseinheiten realisiert werden, ohne dabei die Lohnarten der einzelnen Mitarbeiter pflegen zu müssen.
- **Planung nicht personenbezogener Kosten**
  Sollen Personalkosten in die Personalkostenplanung mit einfließen, die nicht direkt personenbezogen sind, wie etwa Aus- und Weiterbildungsmaßnahmen für einen bestimmten Organisationsbereich, kann dies über die Pflege von Lohnbestandteilen zu Organisationseinheiten realisiert werden.
- **Planung auf beliebiger Ebene der Organisationsstruktur**
  Die Personalkostenplanung kann über die Pflege von Lohnbestandteilen auf beliebigen Ebenen der Organisationseinheiten stattfinden.
- **Berücksichtigung von vakanten Stellen**
  Gibt es in der Organisation für den Planungszeitraum vakante Stellen, können zu erwartende Personalkosten bei Besetzung der Stelle über die Pflege von Lohnbestandteilen zu vakanten Stellen berücksichtigt werden.

Folgende Nachteile weist die Personalkostenplanung mit Sollwerten auf:

- **Hoher Aufwand**
  Da die Pflege der Lohnbestandteile nicht aus Istdaten abgeleitet werden kann, erfolgt die Pflege vollständig manuell. Dabei entsteht bei detaillierter Pflege, etwa auf Stellenebene, ein hoher Aufwand. Der Aufwand wird dabei umso niedriger, je aggregierter die Ebene der Organisationseinheiten ist, auf der die Pflege stattfindet. Darunter leidet dann aber wiederum die Genauigkeit der Planung.
- **Begrenzung auf sieben Lohnbestandteile pro Kostenobjekt**
  Pro Kostenobjekt können maximal sieben Lohnbestandteile eingepflegt werden. Detaillierte Differenzierungen der Lohnbestandteile und damit der Kostenarten sind nicht abbildbar.

Personalkostenplanung mit Basisbezügen

Bei der Personalkostenplanung mit *Basisbezügen* greift das SAP R/3-System auf die Daten aus der Personalabrechnung zurück. Das bedeutet, dass die Basisbezüge der einzelnen Mitarbeiter die Grundlage für die Berechnung der Personalkostenplanung bilden. Variable Bezüge, wie etwa Überstunden oder persönliche Zusatzzahlungen, werden dabei nicht berücksichtigt. Sofern vakante Stellen vorliegen, werden Plandaten von Lohnbestandteilen analog der Planung mit Sollbezügen berücksichtigt.

Die Vorteile der Personalkostenplanung mit Basisbezügen sind:

- **Niedriger Pflegeaufwand**
  Da bei dieser Planungsmethode auf die bereits hinterlegten Daten zur Lohnabrechnung je Mitarbeiter zurückgegriffen wird, müssen keine zusätzlichen Lohnbestandteile manuell gepflegt werden. Lediglich bei vakanten Stellen muss eine entsprechende manuelle Pflege noch erfolgen. Dadurch wird der manuelle Aufwand deutlich reduziert.
- **Performance**
  Diese Form der Personalkostenplanung bietet eine höhere Performance als die Personalkostenplanung auf der Basis von Abrechnungsergebnissen, da auf konkrete Abrechnungsdaten nicht zurückgegriffen werden muss und nur die periodischen Basisbezüge in die Berechnung einfließen.

Die Nachteile der Personalkostenplanung mit Basisbezügen sind:

- **Keine Berücksichtigung von organisatorischen Veränderungen**
  Da bei der Berechnung auf die Iststruktur der Mitarbeiterzuordnung zu Organisationseinheiten zurückgegriffen wird, können geplante organisatorische Veränderungen im Rahmen des Planungsprozesses nicht berücksichtigt werden, es sei denn, die Mitarbeiter sind bereits fest der neuen Organisationsstruktur ab Beginn des Planungszeitraums zugeordnet. Ansonsten kann hier allenfalls eine nachträgliche manuelle Veränderung des Planungsergebnisses Abhilfe schaffen.
- **Keine Berücksichtigung von Veränderungen in der Gehaltsstruktur**
  Geplante Veränderungen in der Struktur von Löhnen und Gehältern können in dieser Form der Personalkostenplanung nicht berücksichtigt werden, da auf die bestehenden Basisbezüge der einzelnen Mitarbeiter zurückgegriffen wird.
- **Keine Berücksichtigung von nicht personalbezogenen Personalkosten**
  Da bei dieser Planung auf die Basisbezüge der Mitarbeiter zurückgegriffen wird, können pauschale nicht personenbezogene Kosten nicht mit in die Berechnung einfließen.

- **Niedrige Genauigkeit**
  Da nur die Basisbezüge in die Berechnung der geplanten Personalkosten einfließen, ist diese Form der Berechnung deutlich ungenauer als die Personalkostenplanung auf der Basis von Abrechnungsergebnissen.

Personalkostenplanung mit Abrechnungsergebnissen

Bei der Berechnung der geplanten Personalkosten mit *Abrechnungsergebnissen* schließlich wird auf konkrete Abrechnungsergebnisse repräsentativer Abrechnungsperioden zurückgegriffen.

Die Vorteile dieses Planungsverfahrens liegen analog der Planung mit Basisbezügen in dem niedrigen Aufwand für die Berechnung der Personalkosten. Da auch in diesem Verfahren auf die je Mitarbeiter hinterlegten Lohnarten zurückgegriffen wird, muss mit Ausnahme der vakanten Stellen keine Pflege von separaten Lohnbestandteilen erfolgen.

Ein weiterer Vorteil gegenüber der Berechnung mit Basisbezügen liegt in der Genauigkeit der Plandaten. Da in diesem Fall ein konkreter Abrechnungszeitraum mit allen Detailangaben gewählt wird, fließen auch alle variablen Lohnkosten wie Überstunden usw. in die Berechnung mit ein. Es muss dabei lediglich darauf geachtet werden, einen möglichst repräsentativen Abrechnungszeitraum auszuwählen.

Die Nachteile liegen wie bei der Planung mit Basisbezügen in der Vernachlässigung von organisatorischen Veränderungen, Veränderungen in der Gehaltsstruktur und nicht personenbezogenen Personalkosten. Aufgrund der großen Datenmenge kann die Planung mit Abrechnungsergebnissen zudem sehr performance- und damit zeitintensiv sein.

Organisationsstruktur

Neben der Überlegung, mit welcher Form die Personalkostenplanung im SAP R/3-System realisiert werden soll, sollten von Beginn an alle Veränderungen in der Organisationsstruktur des Unternehmens bekannt sein. Sollten sich die Abteilungsstrukturen oder die Strukturen in der Personalverantwortung für den Planungszeitraum verändern, sollte dies in der Stammdatenpflege des Organisationsmanagements entsprechend abgebildet werden.

Vakante Stellen

Dabei sollten auch Stellen definiert werden, die derzeit noch nicht besetzt sind, aber im Rahmen des Planungszeitraums besetzt werden sollen. Derartige Stellen können als vakante Stelle gekennzeichnet werden. Um Plankosten auf diesen Stellen zu erhalten, können unabhängig von der Planungsmethode zu diesen Stellen Lohnbestandteile gepflegt werden.

Zuordnung zu Kostenstellen

Darüber hinaus muss die Integration mit dem Rechnungswesen erfolgen. Über die Zuordnung von Organisationseinheiten, Planstellen oder Stellen zu Kostenstellen werden die geplanten Personalkosten im nächsten Schritt der operativen Planung an die Kostenstellenrechnung übergeben. Sollte sich nun die Struktur der Kostenstellen für den Planungszeitraum ändern, sind diese Veränderungen vor Beginn der Personalkostenplanung über obige Zuordnungen zu aktualisieren.

Zuordnung von Kostenarten

Wenn sich darüber hinaus die Struktur der Kostenarten der Personalkosten für den Planungszeitraum verändert, sind diese Veränderungen ebenfalls vor Beginn der Personalkostenplanung im SAP R/3-System einzupflegen. Dies erfolgt über die Pflege der Kostenartenzuordnung zu Lohnbestandteilen bzw. Lohnarten, je nachdem, welches Verfahren der Personalkostenplanung angewendet werden soll.

Die Nutzung der Lohnarten erfolgt in der Planung bei Anwendung der Planungsmethoden mit Basisbezügen oder Abrechnungsergebnissen. Hier finden die konkreten und zum Teil sehr detaillierten Lohnarten der Personalkostenabrechnung Anwendung. Dabei erfolgt die Zuordnung der Lohnarten zu Kostenarten über so genannte symbolische Konten. Lohnarten, die auf die gleiche Art und Weise im Ist abgerechnet werden sollen, werden dabei im Customizing zunächst einem symbolischen Konto zugeordnet.

Die Verknüpfung zur Kostenart erfolgt dann in Abhängigkeit des Kontenplans differenziert für Aufwands- und für Bilanzkonten zwischen den symbolischen Konten zu den einzelnen Sachkonten. Sofern diese Aufwandskonten in Bezug auf den zugehörigen Kostenrechnungskreis auch als Kostenart angelegt sind, ist dann auch die Verknüpfung zur Kostenrechnung geschaffen.

Customizing und Stammdatenpflege

Als weitere Voraussetzungen für die Personalkostenplanung sind die Customizingeinstellungen und die Stammdatenpflege im Personalwesen zu nennen. Hierzu gehört unter anderem die Pflege der folgenden Elemente:

- Organisationseinheiten
- Planstellen
- Stellen
- Personalstammsätze
- Arbeitszeitstrukturen
- Struktur der landesspezifischen Personalabrechnung inklusive Lohnarten

Zur Erläuterung der genaueren Inhalte der einzelnen Customizing- und Stammdatenelemente des Personalwesens sei auf die SAP R/3-Dokumentation verwiesen.

5.8.3 Stammdaten zur Berechnung der Personalkostenplanung

Pflege der Lohnbestandteile

Als spezielles Stammdatum zur Personalkostenplanung ist die Pflege der Lohnbestandteile in den Kostenobjekten des Personalwesens anzusehen. Diese Pflege ist nur notwendig, wenn die Personalkostenplanung auf der Basis von Sollbezügen durchgeführt oder Personalkosten zu vakanten Stellen mit berücksichtigt werden sollen. Dabei sind zunächst die Lohnbestandteile selbst zu pflegen. Abbildung 5.69 zeigt den Inhalt eines Lohnbestandteils.

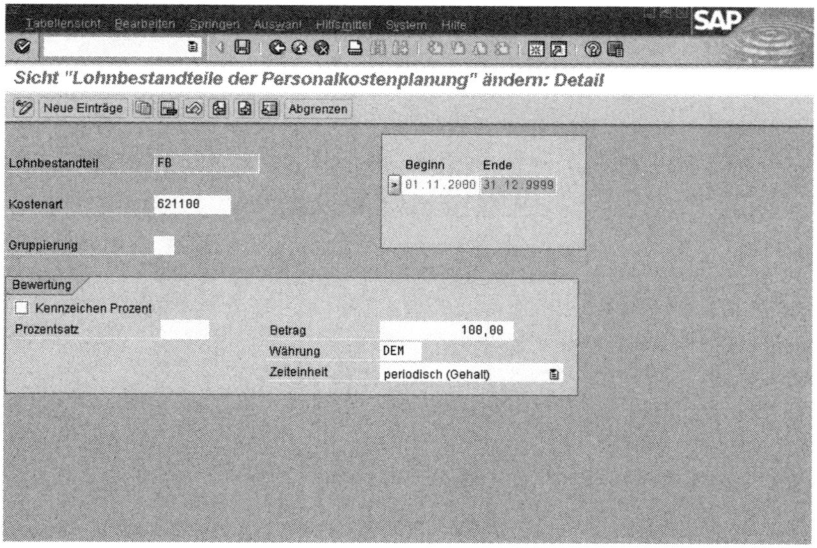

Abbildung 5.69 Beispiel für einen Lohnbestandteil der Personalkostenplanung

Hier wird zunächst der Lohnbestandteil einer Kostenart zugeordnet. Im nächsten Schritt der operativen Planung erfolgt die Integration mit der Kostenstellenrechnung.

Des Weiteren wird eine Gruppierungsnummer zum Lohnbestandteil gepflegt. Diese Gruppierung ist relevant bei der Berechnung von prozentualen Zuschlägen. Darüber hinaus können Vorschlagswerte zur Festlegung der Beträge der einzelnen Lohnbestandteile definiert werden. Dabei wird zunächst festgelegt, ob der Lohnbestandteil als absoluter Betrag je

Zeiteinheit abgelegt oder in Form eines prozentualen Satzes definiert werden soll. Die Basis für einen prozentualen Zu- oder Abschlag ergibt sich dabei im Rahmen einer Kalkulation aus allen Lohnbestandteilen, deren Gruppierungsnummer niedriger ist als die zu diesem Lohnbestand gepflegte Gruppierungsnummer. Auf diese Weise werden die einzelnen Lohnbestandteile in eine Beziehung zueinander gesetzt.

Pflege der Lohnbestandteile zu Kostenobjekten

Die Pflege der Lohnbestandteile erfolgt dann in den einzelnen Kostenobjekten des Personalwesens. Dies kann eine Organisationseinheit, eine Planstelle oder eine Stelle sein. Abbildung 5.70 zeigt die Pflege der Lohnbestandteile zu einer Planstelle.

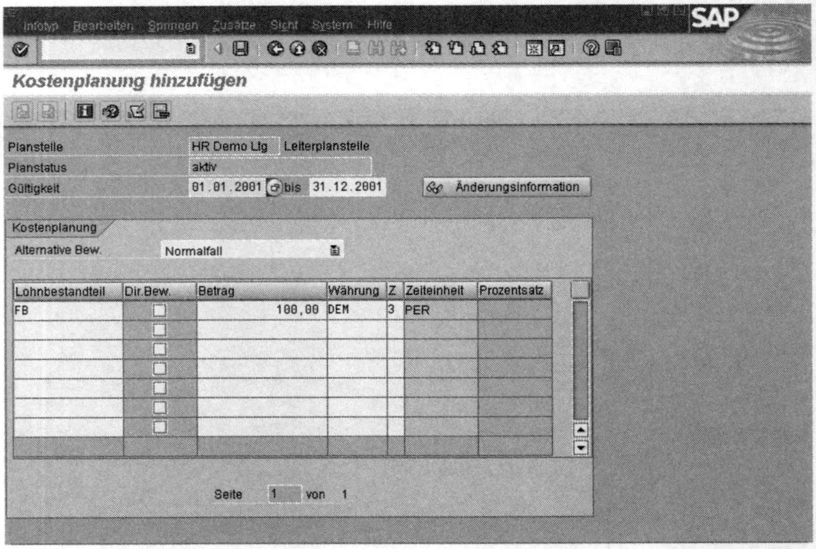

Abbildung 5.70 Lohnbestandteile in einer Planstelle

Bei dieser Pflege können die Vorschlagswerte aus den Lohnbestandteilen individuell angepasst oder übernommen werden. Die Anzahl der Lohnbestandteile ist pro Kostenobjekt auf sieben beschränkt.

5.8.4 Input für die Personalkostenplanung

Die Berechnungen zu den geplanten Personalkosten finden im SAP R/3-System ausschließlich auf der Grundlage der Stammdaten und der Einstellungen des Personalwesens statt. Demzufolge fließen in die Personalkostenplanung direkt auch keinerlei Daten aus anderen Schritten der operativen Planung ein.

Indirekt müssen die Ergebnisse aus den Schritten der operativen Planung berücksichtigt werden, wo bestehende Ressourcenkapazitäten oder neue Investitionen geplant werden. Dies betrifft insbesondere die Planungsschritte der Produktionsplanung, Kostenstellenplanung und Investitionsplanung, da durch diese Planungsergebnisse der Bedarf an Personalstunden für den Planungszeitraum beeinflusst wird. So kann zum Beispiel die geplante Kapazitätsauslastung als ein Ergebnis der Produktionsplanung zur Folge haben, dass in bestimmten Produktionsbereichen (Arbeitsplätzen bzw. Ressourcen) mehr oder weniger Mitarbeiter (oder auch Schichten) einzusetzen und damit zu planen sind.

Kapazitätsauslastungen

Die Berücksichtigung dieser Effekte wirkt sich umso stärker aus, je schneller und leichter die Personalkosten auf den jeweiligen Kostenstellen verändert werden können.

Aufgrund der zahlreichen Möglichkeiten, wie veränderte Bedarfe an Personalstunden abgedeckt werden können (Überstunden, Kurzarbeit, Umsetzung von Mitarbeitern, Veränderung der Schichtmodelle, Freisetzung und Einstellung von Mitarbeitern), kann eine Berücksichtigung der veränderten Bedarfe an Personalstunden als Ergebnis der Kapazitätsauslastungen oder auch von Neuinvestitionen nicht automatisch im SAP R/3-System durch entsprechende Schnittstellen in das Personalwesen realisiert werden. Hier bedarf es in der Regel organisatorischer Entscheidungen, wie das vorhandene Personal optimal aufgeteilt werden kann.

Übernahme von Istkosten

Sollten sich in der operativen Planung keine relevanten Veränderungen am Bedarf von Personalstunden in den einzelnen Organisationsbereichen ergeben und verändert sich die Organisation als solche auch nicht, so kann es sinnvoll sein, für die Personalkostenplanung auf bestehende Istkosten einer historischen Periode zurückzugreifen.

Diese Vorgehensweise liegt den Planungsvarianten der Personalkostenplanung mit Basisbezügen und mit Abrechnungsergebnissen zugrunde. Dabei werden je nach Planungsvariante (siehe Abschnitt 5.8.2) die entsprechenden Istkosten einer historischen Periode in eine Planungsversion kopiert.

Alternativ dazu kann aber auch auf der Basis der gleichen Abrechnungsvorschriften eine Personalkostenabrechnung für eine zukünftige Periode vorgenommen und in eine Planungsversion gespeichert werden. Dieses Verfahren wird als simulierte Abrechnung bezeichnet.

5.8.5 Durchführung der Personalkostenplanung

Maschinelle Berechnung der Personalkosten

Die Durchführung der Personalkostenplanung besteht im ersten Schritt im Starten von maschinellen Berechnungen der Personalkosten je nach Planungsmethode (siehe Abschnitt 5.8.2) für bestimmte Organisationseinheiten mit Hilfe der gepflegten Aufbauorganisation und Stammdaten zum Personalwesen.

Dabei ist die Vorgehensweise bei der Planung mit Sollbezügen, Basisbezügen oder Abrechnungsergebnissen weitgehend ähnlich. In Abbildung 5.71 ist der Bildschirm für den Start der Personalkostenplanung mit Sollbezügen dargestellt.

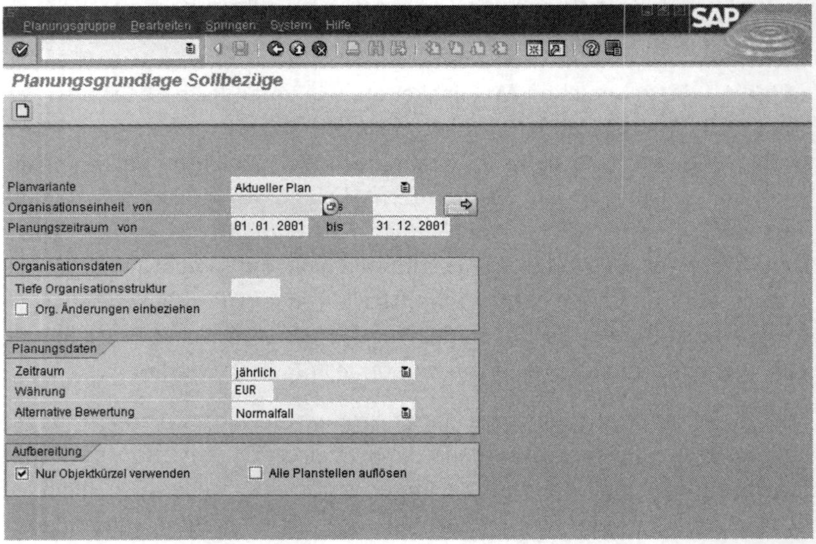

Abbildung 5.71 Start der Personalkostenplanung mit Sollbezügen

Zu Beginn der Berechnung der Personalkosten wird angegeben:

- Welche Planvariante und somit welche geplante Aufbauorganisation berücksichtigt werden soll
- Welche Organisationseinheiten innerhalb dieser Aufbauorganisation geplant werden sollen
- Für welchen Zeitraum die Personalkostenberechnung durchgeführt werden soll (in der Regel das folgende Geschäftsjahr)
- Ob und bis zu welcher Ebene Änderungen der Organisationsstruktur berücksichtigt werden sollen
- Wie die Plandaten berechnet werden sollen (Währung, zeitliche Detaillierung)

Nach der maschinellen Berechnung der Personalkosten für den Planungszeitraum stehen die ermittelten Personalkosten für die ausgewählten Organisationseinheiten zur Verfügung.

Auswertung der geplanten Personalkosten

Die ermittelten Werte können analysiert werden auf:

- Jeder Ebene der Organisationsstruktur
- Jeder Planstelle
- Jeder Kostenstelle
- Jedem Kostenobjekt

Dabei werden die geplanten Personalkosten bei jedem Objekt in seine Kostenbestandteile, d.h. Lohnarten bzw. Lohnbestandteile je nach Planungsmethode, differenziert.

Speichern der Plandaten in Planvarianten, Planungsversionen und Planungsgruppen

Das Ergebnis eines Planungslaufs kann selbstverständlich auch abgespeichert werden. Um verschiedene Szenarien parallel im System zu speichern und vergleichen zu können, ist es möglich, die Planungsläufe unter einer hierarchischen Struktur verschiedener Planvarianten, Planungsversionen und Planungsgruppen zu verwalten.

Über die *Planvarianten* können unterschiedliche Szenarien in der Aufbauorganisation zu einer Planungsmethode durchgerechnet werden. Innerhalb einer Planvariante gibt es beliebig viele Planungsversionen. Eine *Planungsversion* wird für einen bestimmten Planungszeitraum definiert und enthält beliebig viele Planungsgruppen. Eine *Planungsgruppe* stellt eine abgeschlossene Einheit von Organisationseinheiten dar, für die eine Personalkostenplanung durchgeführt werden soll. Anhand der Planungsgruppen können so beispielsweise Funktionsbereiche oder Abteilungen im Unternehmen differenziert werden. Eine Planversion muss dabei mindestens eine Planungsgruppe besitzen.

Die Angaben zur Planvariante, Planversion und Planungsgruppe werden weitgehend zu Beginn des Planungslaufes festgelegt:

- Die Planvariante wird direkt angegeben.
- Die Planungsversion wird über die Planungsvariante, den Planungszeitraum und einen Planungsversionsschlüssel identifiziert. Dieser Versionsschlüssel wird beim Speichern der Daten angegeben.
- Die Planungsgruppe wird innerhalb einer Planungsversion über die ausgewählten Organisationseinheiten identifiziert.

Über die Struktur der Planungsvariante, Planungsversionen und Planungsgruppen bestehen somit folgende Möglichkeiten:

- Unterschiedliche Planungsszenarien parallel im SAP R/3-System zu speichern und zu vergleichen
- Für einzelne Gruppen von Organisationseinheiten abgegrenzte Plandaten zu verwalten und somit die Übersicht zu erhöhen
- Für mehrere Planungsverantwortliche, die jeweils für bestimmte Gruppen von Organisationseinheiten zuständig sind, eigene Plandaten zu verwalten

Allerdings sollte man zu Beginn der Durchführung der Personalkostenplanung eine Struktur der Planungsvarianten, Planungsversionen und Planungsgruppen festlegen, da z.B. ein späteres Zusammenführen von Planungsgruppen nicht vorgesehen ist.

Manuelle Anpassung der geplanten Personalkosten

Nach der Durchführung der maschinellen Berechnung der Personalkosten für den Planungszeitraum und der Analyse der Ergebnisse der Planungsversionen und Planungsgruppen erfolgt nun die manuelle Anpassung der berechneten Plandaten.

Hierzu stehen den Planungsverantwortlichen unter anderem folgende Funktionen im SAP R/3-System für jede Planungsversion zur Verfügung:

- **Berechnung an/aus**
  Über diese Funktion kann festgelegt werden, ob Änderungen in einer Planungsversion sofort online oder erst nach Abschluss der Anpassungsarbeiten im Batch-Lauf neu berechnet werden sollen.
- **Einzelne Kostenbestandteile ändern**
  Mit dieser Funktion kann der Wert eines Kostenbestandteils über alle Kostenobjekte verändert werden. Dabei wird die Änderung als Prozentsatz angegeben. Bei der Neuberechnung wird diese Veränderung auf jedem Kostenobjekt berücksichtigt.
- **Einzelne Kostenbestandteile zu Kostenobjekten hinzufügen**
  Zu jedem Kostenobjekt können neue Kostenbestandteile manuell hinzugefügt und entsprechend mit Planwerten beplant werden.
- **Einzelne Kostenbestandteile auf Kostenobjekten ändern/löschen**
  Die in dem Planungslauf erzeugten Werte zu Kostenbestandteilen auf Kostenobjekten können jederzeit manuell verändert oder auch gelöscht werden. Ebenso können manuell hinzugefügte Kostenbestandteile auf Kostenobjekten verändert und gelöscht werden.

- **Planungszeitraum eines Kostenbestandteils oder eines Kostenobjektes aufteilen**
  Mit dieser Funktion besteht die Möglichkeit, die Planwerte zu Kostenbestandteilen oder Kostenobjekte bzgl. ihres Planungszeitraums aufzuteilen. Der berechnete Planwert für ein Gesamtjahr wird über die Angabe eines Anfangsdatums (z. B. 01.07.) in zwei Planungszeiträume aufgeteilt. Diese Aufteilung hat zur Folge, dass jetzt zwei separate Planungswerte im System gespeichert werden, von denen dann z. B. einer gelöscht werden kann. Auf diese Weise werden Plankosten gesenkt, da dann ein Kostenobjekt oder Kostenbestandteil nur noch für ein halbes Jahr statt wie zuvor für das gesamte Planjahr in der Planungsversion vorhanden ist.
- **Kostenobjekte hinzufügen**
  Auch nach der Durchführung des Planungslaufs können neue Kostenobjekte in die Planungsversion hinzugefügt und beplant werden. Hierbei handelt es sich aber um fiktive Kostenobjekte, die nur in der jeweiligen Planungsversion vorhanden sind.
- **Arbeitszeiten je Kostenobjekt ändern**
  Eine weitere Möglichkeit zur Anpassung der Plankosten besteht in der Veränderung der Arbeitszeiten von Kostenobjekten (Kostenobjektmengen). Da die Kostenbestandteile (Lohnarten bzw. Lohnbestandteile) in Abhängigkeit der Arbeitszeitmenge berechnet werden, können durch Veränderung der Arbeitszeiten (z. B. Einführung von Teilzeit) die geplanten Personalkosten verändert werden.
- **Kostenobjekte löschen**
  Es besteht über diese Funktion die Möglichkeit, Kostenobjekte aus der jeweiligen Planungsversion zu löschen. Diese Löschung wirkt sich dabei aber nicht auf die Aufbauorganisation, die über die Stammdatenpflege des Personalwesens gepflegt wird, aus. Das Kostenobjekt wird ausschließlich in der Planungsversion gelöscht.

5.8.6 Output der Personalkostenplanung

Freigabe der Planversion

Wenn alle Anpassungen zu den geplanten Personalkosten für eine Planungsversion abgeschlossen sind und die Plandaten nun für die weiteren Schritte der operativen Planung weitergegeben werden sollen, muss die Planungsversion zunächst freigegeben werden.

Bei dieser Freigabe prüft das SAP R/3-System, ob die Zuordnungen zwischen den Kostenstellen und den Kostenobjekten des Personalwesens korrekt sind. Hierbei wird insbesondere geprüft, ob die zugeordneten Kostenstellen für den Planungszeitraum gültig sind.

Übertragung der Personalkosten an die Kostenstellenrechnung

Seit SAP R/3 Release 4.6 können nun die Daten der freigegebenen Planungsversion in eine Planversion der Kostenstellenrechnung übertragen werden. Abbildung 5.72 zeigt den Aufruf der Funktion zur Übergabe der Plandaten aus dem Personalwesen in die Kostenstellenrechnung.

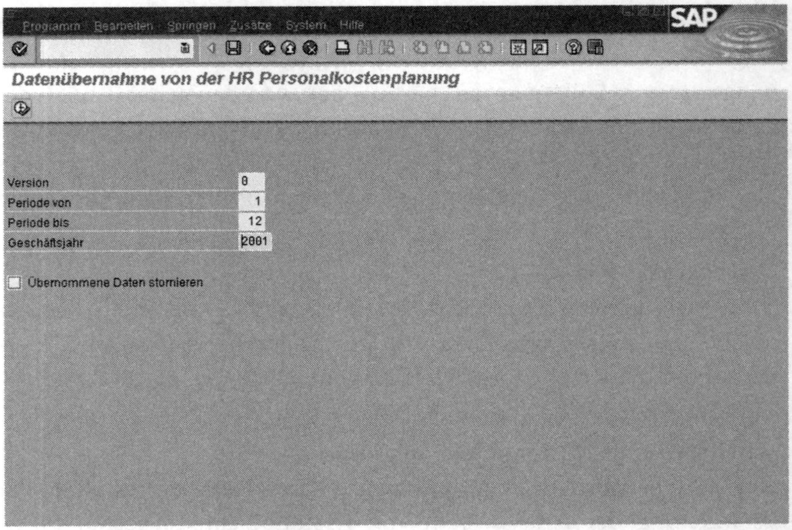

Abbildung 5.72 Übergabe der Plandaten aus dem Personalwesen an die Kostenstellenplanung

Sofern die den Kostenobjekten zugeordneten Kostenstellen und die über die Kostenbestandteile ermittelten Kostenarten für den Planungszeitraum gültig sind, werden daraufhin die geplanten Personalkosten je Kostenstelle/Kostenarten-Kombination für ein Geschäftsjahr in eine Planversion der Kostenstellenrechnung übertragen.

Leistungsartenbezogene Planung

Eine leistungsartenbezogene Zuordnung oder Aufteilung der Personalkosten auf der Kostenstelle sowie eine Aufteilung der Plankosten in fixe und variable Bestandteile ist dabei allerdings nicht vorgesehen. Das bedeutet, dass die Zuordnung oder Aufteilung der Personalkosten auf Leistungsarten sowie die Aufteilung der Personalkosten in fixe und variable Bestandteile in der Kostenstellenrechnung manuell geplant werden müssen.

ALE-Szenario

Ebenso ist zu beachten, dass in zahlreichen SAP-Installationen das HR-Modul getrennt von den anderen Modulen auf einem eigenen SAP R/3-System gefahren wird. Die Gründe hierfür liegen in den häufig notwendigen Wechseln von Releaseständen im Bereich HR zur Berücksichtigung gesetzlicher Veränderungen und in dem erhöhten Sicherheitsbedürfnis bezüglich personenbezogener Daten.

Bei einer derartigen Systemkonstellation muss die Schnittstelle zwischen dem Personalwesen und der Kostenstellenrechnung über ein entsprechendes ALE-Szenario zwischen den beiden SAP R/3-Systemen realisiert werden.

5.8.7 Checkliste zur Personalkostenplanung

Als PDF-Dokument zum Download unter www.sap-press.de

Stichwort	Erläuterung
Planungsmethoden	Die Planung der Personalkosten kann nach drei unterschiedlichen Planungsmethoden erfolgen: Planung mit Sollbezügen, Planung mit Basisbezügen oder Planung auf der Basis von Abrechnungsergebnissen. Jede Planungsmethode bietet unterschiedliche Vor- und Nachteile. Vor Beginn der Personalkostenplanung sollte man sich für eine Planungsmethode entscheiden.
Organisationsstruktur	Voraussetzung für die Personalkostenplanung ist, dass die zukünftige Organisationsstruktur bekannt ist und über die Stammdatenpflege eingepflegt wurde.
Vakante Stellen	Bei der Personalkostenplanung sollten auch vakante Stellen, d.h. derzeit nicht besetzte Stellen, berücksichtigt werden. Hierbei werden die Kosten über Lohnbestandteile geplant.
Zuordnung – Kostenstellen	Sofern die geplanten Personalkosten an die Kostenstellenrechnung übertragen werden sollen, müssen die Zuordnungen der Organisationseinheiten im Personalwesen zu den Kostenstellen überarbeitet werden. Voraussetzung hierfür ist natürlich, dass die Kostenstellenstruktur für das zu planende Geschäftsjahr definiert ist.
Zuordnung – Kostenarten	Falls die geplanten Personalkosten an die Kostenstellenrechnung übertragen werden sollen, müssen auch die Zuordnungen der Kostenarten zu den Lohnbestandteilen bzw. Lohnarten überprüft werden.
Kapazitätsauslastungen	Die Kapazitätsauslastungen aus der Produktionsplanung, der Kostenstellenplanung oder der Investitionsplanung beeinflussen den Bedarf an Arbeitsstunden und somit indirekt die zu planenden Personalkosten.
Istkosten	Bei den Planungsmethoden mit Basisbezügen oder Abrechnungsergebnissen kann auch auf Ergebnisse historischer Abrechnungsläufe zurückgegriffen werden, und diese können in einer Planungsversion als Vorschlagswert gespeichert werden.
Planvariante, Planungsversion, Planungsgruppe	Über Planvarianten, Planungsversionen und Planungsgruppen können ermittelte Plandaten bzgl. unterschiedlicher Planszenarien oder Gruppen von Organisationseinheiten separat gespeichert werden.
Leistungsartenbezogene Planung	Bei der Übertragung der Personalkosten in die Kostenstellenrechnung ist eine leistungsartenbezogene Zuordnung der Personalkosten mit Aufteilung in fixe und variable Anteile nicht vorgesehen.

5.9 Grundlagen und Methoden der Kostenstellenplanung

5.9.1 Definition und Ziel der Kostenstellenplanung

Die Kostenstellenplanung ist ein elementarer Bestandteil der operativen Planung und wird im Modul CO-OM-CCA (Controlling – Overhead Management – Cost Center Accounting) durchgeführt. Innerhalb der Kostenstellenplanung wird im SAP R/3-System für jede Kostenstelle auf Kostenartenebene ein Budget für das neue Geschäftsjahr erstellt. Zudem wird in der Kostenstellenplanung geplant, welche Leistungen jede Kostenstelle erbringt und auf welche Weise die Kostenstelle über Weiterverrechnungen entlastet werden kann.

Die Art und Weise der Kostenbelastung und Kostenentlastung kann ja nach Kostenstellentyp unterschiedlich sein. Im Wesentlichen sind Service-Kostenstellen, Gemeinkostenstellen und Produktionskostenstellen zu differenzieren. Die nachfolgenden Abschnitte werden sich mit den jeweiligen Besonderheiten dieser Kostenstellentypen befassen.

Dieser Abschnitt hat das Ziel, die Voraussetzungen, Grundlagen und allgemeinen Methoden der Kostenstellenplanung darzustellen. In der konkreten Planung der einzelnen Kostenstellentypen wird dann jeweils auf einzelne dieser Methoden zurückgegriffen.

5.9.2 Voraussetzungen für die Kostenstellenplanung

Übersicht über Werteströme und Leistungsbeziehungen

Bevor sinnvoll mit einer Kostenstellenplanung begonnen werden kann, muss im jeweiligen Unternehmen eine Übersicht über die einzelnen Werteströme und Leistungsbeziehungen zwischen den verschiedenen Kostenstellen erstellt werden. Dazu müssen folgende Fragen beantwortet werden:

- Welche Kostenstellen gibt es im Unternehmen?
- Welche Leistungen erbringt jede Kostenstelle?
- Für welche Kostenstellen erbringt eine Kostenstelle Leistungen?
- Welche Kosten fallen auf jeder Kostenstelle für eine Leistung an?
- Gibt es Kostenstellen, die keine direkte Leistung erbringen?
- Wie sollen die Kosten von Kostenstellen ohne Leistung verrechnet werden?

- Kann es auf Kostenstellen einen Saldo zwischen Kostenbelastung und Kostenentlastung geben?
- Wohin wird der Saldo von Kostenstellen (gegebenenfalls in die Ergebnisrechnung) abgerechnet?

Die Komplexität der einzelnen Werteströme zwischen den Kostenstellen kann dabei mit zunehmender Anzahl von Kostenstellen sehr schnell stark ansteigen. In diesen Fällen ist es sinnvoll, die Werteströme in Form von grafischen Übersichten für einzelne Bereiche, z. B. Abteilungen, Produktionsbereiche usw., abzubilden.

Organisation der Kostenstellenplanung

Die zweite grundlegende Voraussetzung, die vor Beginn der Kostenstellenplanung gegeben sein muss, besteht in ihrer Organisation. Hier stellt sich die Frage, ob die Kostenstellenplanung in einer zentralen oder dezentralen Form durchgeführt werden soll. Beide Organisationsformen bieten Vor- und Nachteile.

Zentrale Planung

Folgende Vorteile für eine zentrale Kostenstellenplanung können angeführt werden:

- **Leichtere Koordination**
  Da nur wenige Personen in die Kostenstellenplanung involviert sind, fällt die Koordination der Planungsaktivitäten in Bezug auf Termineinhaltung, Reihenfolge der Planungsschritte, Prüfung und Vollständigkeit der Kostenstellenplanung leichter.
- **Niedriger Schulungsaufwand**
  Bei einer zentralen Organisation der Kostenstellenplanung müssen nur wenige Personen mit den notwendigen Aktivitäten vertraut gemacht werden. Des Weiteren sind bei einer zentralen Organisation in der Regel nur Personen an den Planungsaktivitäten beteiligt, die auch im Ist die Prozesse der Kostenstellenrechnung gut kennen und ein Verständnis für die Kostenrechnung mitbringen. Dieser Effekt ist aufgrund der Komplexität, die in der Verrechnung zwischen den Kostenstellen existieren kann, nicht zu unterschätzen.
- **Leichtere Abstimmung zwischen den Kostenstellen**
  Am Ende der Kostenstellenplanung steht die Planabstimmung. Hierbei werden die Leistungsverrechnungen zwischen Leistungserbringern und Leistungsempfängern (jeweils Kostenstellen) aufeinander abgestimmt. In einer zentralen Organisation werden Abstimmungsschwierigkeiten zwischen einzelnen Organisationseinheiten schneller erkannt, da die zentrale Einheit für die Abstimmbarkeit der Kostenstel-

lenplanung verantwortlich ist. In einer dezentralen Organisation kann es dagegen passieren, dass diese Abstimmungsschwierigkeiten nicht gelöst werden, da sich jede Organisationseinheit nur für ihren Bereich, nicht aber für die Gesamtabstimmung verantwortlich fühlt.

Dezentrale Planung

Andererseits bietet aber auch die dezentrale Organisation einige Vorteile:

- **Besseres Bewusstsein für Leistungsbeziehungen**
  Erfolgt die Kostenstellenplanung dezentral durch den jeweiligen Kostenstellenverantwortlichen, so muss sich dieser mit den Prinzipien der Kostenstellenrechnung auseinandersetzen und erkennen, dass seine Kostenstelle in ein Geflecht von Leistungsbeziehungen eingebunden ist. Durch die konkrete Auseinandersetzung mit diesen Leistungsbeziehungen kann der Kostenstellenverantwortliche direkt seine Leistungsaufnahmen und Leistungserbringung planen und erkennen, dass er bis zu einem gewissen Grade den »internen Markt« der Kostenstellenrechnung mit beeinflussen kann.
- **Eigenverantwortlichkeit**
  Durch die dezentrale Kostenstellenplanung muss jeder Kostenstellenverantwortliche für seine Planzahlen Verantwortung übernehmen. Er wird auf diese Weise ein »kleiner Unternehmer« im Unternehmen. Dies hat häufig eine bessere Identifikation und eine höhere Akzeptanz der Daten aus der Kostenstellenrechnung zur Folge. Bei einer zentralen Kostenstellenplanung, in der den Kostenstellenverantwortlichen diese Aufgabe abgenommen wird, kann man dagegen häufig die Meinung hören, »dass man an den Zahlen eh nichts ändern kann«.
- **Entlastung des zentralen Rechnungswesens**
  Durch eine dezentrale Organisation der Kostenstellenplanung kann das Personal des zentralen Rechnungswesens deutlich entlastet werden. Als wesentliche Aufgabe bleibt primär die Überwachung und Koordination der einzelnen Planungsschritte. Die Eingabe und Prüfung aller Daten erfolgt aber dezentral durch die einzelnen Kostenstellenverantwortlichen.

Die jeweiligen Vorteile einer Organisationsform sind dabei gleichzeitig die Nachteile der anderen Organisationsform. Aus diesem Grund versucht man auch Mischformen zwischen einer zentralen und einer dezentralen Kostenstellenplanung zu realisieren. Ein Ansatz besteht darin, die Kosten und Leistungsverrechnungen außerhalb von SAP z.B. über Excel-Sheets zu realisieren. Die Eingabe im SAP R/3-System und die Abstimmung der Leistungsbeziehungen zwischen den Kostenstellen erfolgt dann aber wieder zentral im Rechnungswesen.

Planversionen

Eine technische Unterstützung für eine dezentrale Organisation der Kostenstellenplanung kann in der Definition von unterschiedlichen Planversionen liegen. Im SAP R/3-System besteht für die Kostenstellenplanung die Möglichkeit, mehrere Planversionen anzulegen. Die jeweiligen dezentralen Organisationseinheiten können dann zunächst unabhängig voneinander in unterschiedlichen Planversionen ihre Kostenstellenplanung durchführen.

Am Ende der Kostenstellenplanung müssen diese Planungsaktivitäten aber auf jeden Fall in einer Planversion aufeinander abgestimmt werden. Hierzu gibt es im SAP R/3-System Möglichkeiten, zunächst über das Informationssystem die Plandaten unterschiedlicher Planversionen miteinander zu vergleichen. Des Weiteren ist eine Funktion vorhanden, mit der Plandaten einer Version in eine andere Version kopiert werden können.

Planerprofile und Planungslayouts

Für die manuelle Plandatenerfassung von statistischen Kennzahlen, Leistungsmengen, Primärkosten und Leistungsverrechnungen müssen im SAP R/3-System Planerprofile und Planungslayouts angelegt werden. Planungslayouts entsprechen dabei Erfassungsmasken, die über das Customizing weitgehend eigenständig zusammengestellt werden können. Dabei werden jeweils eigene Planungslayouts für die einzelnen Planungsschritte innerhalb der Kostenstellenplanung angelegt (siehe dazu Abschnitt 5.9.5). Jeweils ein Planungslayout der manuellen Planungsschritte kann zu einem Planerprofil zusammengefasst werden. Das SAP R/3-System bietet für die wichtigsten Methoden der Kostenstellenplanung bereits mit der Installation gute Planungsprofile und Planungslayouts an.

Customizing der Kostenstellenrechnung

Zu guter Letzt muss das allgemeine Customizing für die Kostenstellenplanung korrekt eingestellt werden. Hierbei muss zunächst beachtet werden, dass die Kostenstellenplanung für einen Verbund von Kostenstellen immer innerhalb eines Kostenrechnungskreises stattfindet. Der Kostenrechnungskreis ist das oberste Organisationselement einer abgeschlossenen Kostenrechnung. Ein Kostenrechnungskreis kann analog zur Struktur der Finanzbuchhaltung abgebildet werden. Dies bedeutet, dass je Buchungskreis analog ein Kostenrechnungskreis angelegt wird.

Auf der anderen Seite besteht aber auch die Möglichkeit, etwa für eine europa- oder weltweite Kostenrechnung einen buchungskreisübergreifenden Kostenrechnungskreis anzulegen. Dies hat zur Folge, dass die Kostenstellenplanung innerhalb eines Kostenrechnungskreises für mehrere Firmen durchgeführt werden kann. Da jedes Kontierungsobjekt in der Kostenrechnung zusätzlich einem Buchungskreis zugeordnet ist, kann eine versehentliche Kostenverrechnung innerhalb eines Kostenrechnungskreises über Buchungskreise hinweg verhindert werden. Der übergreifende Kostenrechnungskreis kann insbesondere für Auswertungen und Plan-Ist-Vergleiche über mehrere Buchungskreise genutzt werden.

Die Customizingeinstellungen zur Kostenstellenplanung finden je Kostenrechnungskreis statt. Dabei wird insbesondere festgelegt, welche Bestandteile der Kostenrechnung genutzt werden und ob sie im Rahmen der Planungsintegration teilnehmen. So kann beispielsweise gesteuert werden, dass die Kostenstellen an der Planungsintegration teilnehmen, CO-Aufträge, die im Rahmen der Planungsintegration häufig noch nicht genau definiert werden können, zwar beplant werden können, aber nicht an der Integration mit anderen Kostenstellen teilnehmen. Ferner wird über das Customizing gesteuert, wie die Tarifermittlung erfolgen soll. Hierzu sei auf die Abschnitte 5.9.4 und 5.9.5 verwiesen.

5.9.3 Stammdaten für die Kostenstellenplanung

Zu den Stammdaten für die Kostenstellenplanung zählen alle Stammdatenobjekte der Kostenstellenrechnung:

- Kostenarten und Kostenartengruppen
- Kostenstellen und Kostenstellengruppen
- Leistungsarten und Leistungsartengruppen
- Statistische Kennzahlen und Gruppen von statistischen Kennzahlen

Kostenarten

Eine *Kostenart* stellt eine Teilmenge der Gesamtkosten dar, die hinsichtlich der Art der verbrauchten bzw. verwendeten Ressourcen oder Dienstleistungen separat ausgewiesen werden soll. Jede Kostenart besitzt dazu im SAP R/3-System einen eigenen Stammsatz. Abbildung 5.73 zeigt beispielhaft die Erfassungsmaske eines Kostenartenstammsatzes.

Neben der Kostenartennummer, -bezeichnung und -beschreibung, die die Kostenart eindeutig identifizieren, ist insbesondere der Kostenartentyp bei der Anlage und Pflege von Kostenarten zu beachten.

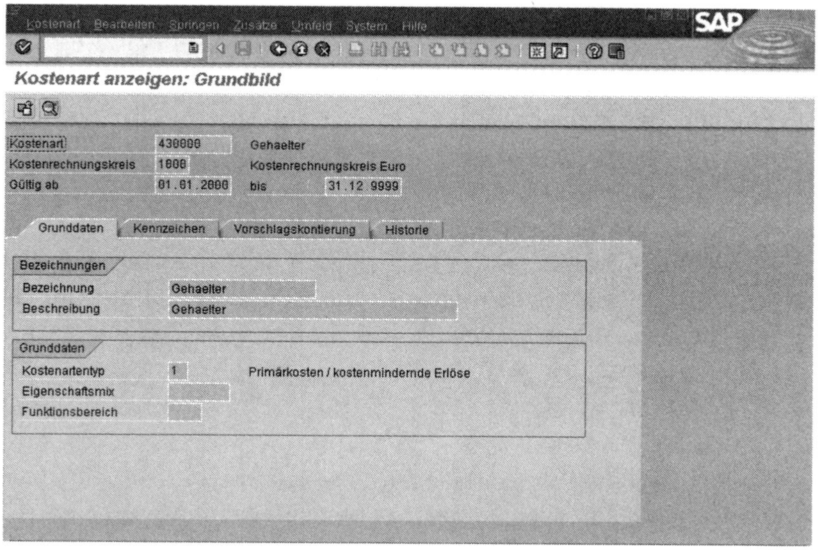

Abbildung 5.73 Beispiel eines Kostenartenstammsatzes

Kostenartentypen

Die Kostenarten werden dabei zunächst in Primärkostenarten und Sekundärkostenarten differenziert. Des Weiteren werden die Kostenartentypen hinsichtlich ihrer Verwendung bzw. Funktion unterschieden. Für die Kostenstellenplanung sind dabei im Wesentlichen folgende Kostenartentypen zu beachten:

- **01 Primärkostenart allgemein**
  Diese Kostenarten werden bei allen Primärkostenbuchungen in der Finanzbuchhaltung bei der Mitkontierung auf einem CO-Objekt angesprochen. Zu jeder Primärkostenart existiert daher in der Finanzbuchhaltung ein entsprechendes Sachkonto. Die Primärkostenarten umfassen also alle Kosten, die direkt aus den externen Beziehungen eines Unternehmens (z.B. durch Rechnungen) resultieren.
- **03 Abgrenzungskostenart/Zuschlagsverfahren**
  Mit Hilfe der Methode der Abgrenzung können nur aperiodisch auftretende Kosten in der Kostenrechnung auf die einzelnen Perioden eines Geschäftsjahres gleichmäßig verteilt werden. Dabei kann der zu verrechnende Betrag als Zuschlagssatz auf der Basis der anderen angefallenen Kostenarten ermittelt werden. Derartige Kosten werden dann unter speziellen Kostenarten mit dem Kostenartentyp 03 ausgewiesen.
- **04 Abgrenzungskostenart/Soll = Ist-Verfahren**
  Analog zu Kostenartentyp 03, nur dass bei diesen Kostenarten die Abgrenzungsbeträge nach Soll = Ist-Verfahren ermittelt werden.

- **31 Kostenarten für Auftrags-/Projektabrechnung**
  Unter diese Kostenarten werden Kosten von internen CO-Aufträgen oder PSP-Elementen abgerechnet. Diese Kostenarten werden immer verwendet, wenn die Entlastung von CO-Aufträgen und PSP-Elementen nicht kostenartengerecht, d.h. entsprechend dem Kostenanfall, sondern gesondert unter einer Kostenart erfolgen soll.
- **41 Kostenarten für (Gemein-)Kostenzuschläge**
  Soll die Kostenentlastung von Kostenstellen nicht über Leistungsverrechnung erfolgen, sondern über Zuschlagsverfahren auf der Grundlage anderer Kostenarten, werden diese Kosten unter Kostenarten mit dem Kostenartentyp 41 verrechnet (siehe hierzu insbesondere Abschnitt 5.11).
- **42 Umlagekostenarten**
  Sollen Kosten einer Kostenstelle mit Hilfe von Prozentschlüsseln oder statistischen Kennzahlen auf andere Kostenstellen umgelegt werden, werden diese Kostenverrechnungen unter Kostenarten mit dem Kostenartentyp 42 gebucht. Diese Umlagekostenarten werden auch für die Abrechnung der Kosten von Kostenstellen in die Ergebnisrechnung benötigt.
- **43 Kostenarten für innerbetriebliche Leistungsverrechnung**
  Verrechnet sich eine Kostenstelle über eine innerbetriebliche (=interne) Leistungsverrechnung an andere Kostenstellen, so werden diese Kosten unter einer Kostenart mit dem Kostenartentyp 43 gebucht. Dazu wird jeder Leistungsart eindeutig eine Kostenart in ihrem Stammsatz zugeordnet.

Es gibt in der Kostenstellenrechnung noch weitere Kostenartentypen (11, 12, 21, 22 usw.), die im Rahmen der Kostenstellenplanung jedoch von untergeordneter Bedeutung sind.

Bei der Darstellung der einzelnen Kostenartentypen fällt auf, dass für zahlreiche Verrechnungsmethoden eigenständige Kostenarten genutzt werden. Bezüglich der Anzahl der verwendeten Kostenarten, insbesondere im Bereich der Sekundärkostenarten, sollte man nicht zu sparsam vorgehen. Durch die Verwendung von separaten Kostenarten kann die Kostenverrechnung in der Planung und später in der Istkostenanalyse umso detaillierter analysiert werden, je differenzierter die Kostenarten angelegt und genutzt wurden.

Dies hat aber auch zur Folge, dass bei neuen oder zusätzlichen Verrechnungen für das neue Geschäftsjahr rechtzeitig entsprechende neue oder zusätzliche Kostenarten im SAP R/3-System angelegt werden müssen.

Überdies besteht die Möglichkeit, die zahlreich vorhandenen Kostenarten über Kostenartengruppen zusammenzufassen und zu strukturieren. Dabei können einzelne Kostenartengruppen wieder zu einer übergeordneten Kostenartengruppe zusammengefasst werden. Auf diese Weise können mehrstufige hierarchische Kostenartengruppen erstellt werden. Es gibt keine Begrenzung bei der Anzahl der Kostenartengruppen und der Hierarchiestufen innerhalb einer Kostenartengruppe.

Plankostenarten

Vor Beginn der Kostenstellenplanung sollte man sich über den Detaillierungsgrad Gedanken machen. Die Kostenstellenplanung wird in der operativen Planung je Kostenstelle auf Kostenartenebene durchgeführt. Dies kann für bestimmte Kostenstellen (z.B. Produktionskostenstellen) einen sehr hohen Planungsaufwand bedeuten, wenn man sich dabei auf alle Kostenarten bezieht, die auch im Ist verrechnet werden.

Aus diesem Grunde kann man sich auch überlegen, bestimmte Primärkostenarten, die von ihrem Kostenanfall her in der Planung nicht differenziert werden sollen, zu einer Kostenartengruppe zusammenzufassen und für diese Gruppe zusätzlich eine spezielle Plan-Kostenart nur für die Planung anzulegen. Diese Plankostenarten werden dann im Ist nicht gebucht. Dieses Verfahren bietet dabei folgende Vorteile:

- **Geringerer Planungsaufwand**
  Da in diesem Fall nur auf Plankostenarten und nicht auf jeder einzelnen Kostenart geplant wird, die im Ist eventuell verrechnet wird bzw. wurde, kann sich der Planungsaufwand je Kostenstelle deutlich verringern.
- **Verbesserte Übersicht**
  Durch die Definition einer eigenen Plan-Kostenart wird deutlich gemacht, dass diese geplanten Kosten die Kosten von mehreren Kostenarten einer Kostenartengruppe beinhalten. Dies würde bei der Planung einer repräsentativen Kostenart, die im Ist dann ebenfalls bebucht wird, nicht zum Ausdruck kommen.
- **Plan-Ist-Vergleich auf Kostenartengruppe möglich**
  Auch wenn durch dieses Planungsverfahren der Kostenanfall im Plan und im Ist je Kostenstelle unterschiedlich anfällt, so kann dennoch ein sinnvoller Plan-Ist-Vergleich auf der Ebene der Kostenartengruppen durchgeführt werden. Wenn auf der Ebene der Kostenarten, die im Ist

bebucht werden, eine Planung kaum detailliert durchgeführt werden kann, ist ein derartiger Vergleich auf der Ebene von Kostenartengruppen in vielen Fällen sinnvoller.

Allerdings ergeben sich durch dieses Verfahren auch folgende Nachteile:

- **Für Sekundärkosten nicht anwendbar**
  Die Definition von Plankostenarten ist für Sekundärkostenarten, die sich durch Leistungsverrechnungen, Umlagen usw. aus Verrechnungen zwischen Kostenstellen und/oder Aufträgen ergeben, nicht sinnvoll bzw. nicht möglich. Da die einzelnen Verrechnungen zwischen den CO-Kontierungsobjekten im Sinne der Konsistenz der Kostenstellenplanung einzeln und auf jedem Kontierungsobjekt durchgeführt werden müssen, ergibt die Nutzung spezieller Plankostenarten keinen Effekt im Sinne einer vereinfachten Planung.
- **Keine Integration von Abschreibungen und Personalkosten**
  Im Rahmen der operativen Planung ist es möglich, verschiedene Primärkosten, wie etwa die Abschreibungen aus der Finanzbuchhaltung oder die Personalkosten aus dem Personalwesen, in die Kostenstellenplanung zu übernehmen. Die Buchungen dieser Plankosten aus anderen Modulen erfolgt dabei aber immer auf den jeweiligen Primärkostenarten, die auch im Ist genutzt werden. Dies bedeutet, dass bei Anwendung von Plankostenarten entweder auf die Integration aus anderen Modulen bezüglich Primärkosten in der Kostenstellenplanung verzichtet werden muss oder aber eine Mischung zwischen Plankostenarten und effektiven Primärkostenarten durchgeführt wird.
- **Kopieren von Istzahlen in die Kostenstellenplanung nicht sinnvoll**
  Im Rahmen der Kostenstellenplanung ist es möglich, Istdaten als Vorschlagswerte in die jeweilige Planversion zu kopieren. Da dabei die einzelnen Werte natürlich auf den im Ist angefallenen Kostenarten gebucht werden und nicht auf den nur für die Planung angelegten Plankostenarten, passen diese beiden Vorgehensweisen nicht zusammen.

Kostenstellen

Neben den Kostenarten gehören natürlich auch die *Kostenstellen* selbst zu den wichtigsten Stammdaten der Kostenstellenplanung. Die Kostenstellen sind Kontierungsobjekte in der Kostenrechnung, die funktionell nach Verantwortungsbereichen, nach räumlichen Gesichtspunkten oder nach abrechnungstechnischen Gesichtspunkten strukturiert sind und deren Kosten und gegebenenfalls Leistungen separat erfasst werden sollen. Jede Kostenstelle besitzt dabei ihren eigenen Stammsatz. Abbildung 5.74 zeigt beispielhaft die erste Erfassungsmaske eines Kostenstellenstammsatzes.

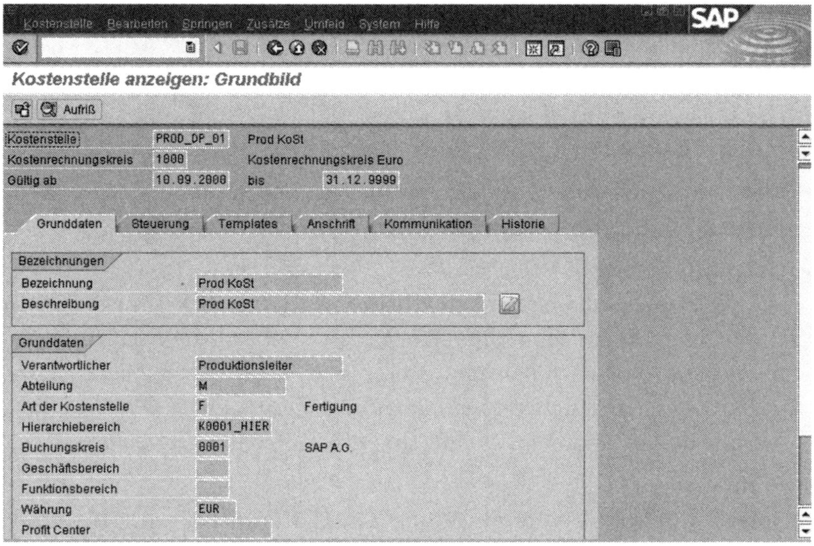

Abbildung 5.74 Beispiel eines Kostenstellenstammsatzes

Bei der Pflege der Kostenstellen sind insbesondere folgende Datenfelder für die Kostenstellenplanung zu beachten:

- **Bezeichnung, Beschreibung**
  Neben dem Kostenstellenschlüssel wird über die Bezeichnung und Beschreibung eine Kostenstelle dem Anwender gegenüber eindeutig identifiziert.
- **Verantwortlicher, Abteilung, Anschrift und Kommunikation**
  Über diese Felder wird im Kostenstellenstammsatz hinterlegt, wer verantwortlich bzw. Ansprechpartner für eine Kostenstelle ist. Insbesondere bei einer dezentralen Organisation der Kostenstellenplanung ist eine gute Pflege dieser Felder wichtig.
- **Kostenstellenart**
  Über die Kostenstellenart kann eine Kostenstelle klassifiziert werden. Die zur Verfügung stehenden Kostenstellenarten können dabei über das Customizing eingestellt werden. Die Kostenstellenart kann insbesondere zu Informations- und Auswertungszwecken sowie für die Zuordnung von Leistungsarten (siehe Stammsatz zur Leistungsart) genutzt werden.
- **Kostenstellengruppe in der Standardhierarchie**
  Jede Kostenstelle muss innerhalb einer Standardhierarchie zugeordnet werden. Über die Standardhierarchie kann zu einem Kostenrechnungs-

kreis die Gesamtmenge aller Kostenstellen strukturiert nach einzelnen Kostenstellengruppen dargestellt werden.

- **Buchungskreis**
  Über dieses Feld wird die Kostenstelle eindeutig einem Buchungskreis zugeordnet. Diese Zuordnung ist insbesondere dann von Bedeutung, wenn die Kostenstelle einem buchungskreisübergreifenden Kostenrechnungskreis zugeordnet ist.
- **Geschäftsbereich**
  Wird die Finanzbuchhaltung innerhalb eines Buchungskreises zusätzlich nach Geschäftbereichen differenziert, so ist die Angabe des Geschäftsbereichs im Kostenstellenstamm zwingend erforderlich. Alle Buchungen in der Finanzbuchhaltung, die auf dieser Kostenstelle mit kontiert werden, werden dann im entsprechenden Geschäftsbereich gebucht.
- **Profit-Center**
  Sofern die Profit-Center-Rechnung aktiviert ist, ist die Angabe eines Profit-Centers im Kostenstellenstammsatz zwingend erforderlich. Bei Buchungen auf diese Kostenstellen wird dann in der Profit-Center-Rechnung zusätzlich das entsprechende Profit-Center mit bebucht.
- **Währung**
  Für jede Kostenstelle kann eine eigene Objektwährung definiert werden, die sich von der Währung des Kostenrechnungskreises oder des Buchungskreises unterscheiden kann. Die Kostenstellenplanung kann dann z.B. statt der Kostenrechnungskreiswährung in der Objektwährung der Kostenstelle durchgeführt werden.
- **Sperrkennzeichen**
  Mit Hilfe von Sperrkennzeichen ist es möglich, bestimmte Buchungen auf einer Kostenstelle zu verhindern. So sind Sperrkennzeichen für folgende Buchungen vorgesehen:
  - Istbuchung Primärkosten
  - Istbuchung Sekundärkosten
  - Istbuchung Erlöse
  - Istbuchung Obligo
  - Planung von Primärkosten
  - Planung von Sekundärkosten
  - Planung von Erlösen
  - Planung von Obligo
  - Verbuchungen von Mengen

- **Mengenkennzeichen und Mengeneinheit**
  Über das Mengenkennzeichen kann gesteuert werden, dass auf einer Kostenstelle neben Beträgen auch Mengen (mit Vorgabe entsprechender Mengeneinheiten) mitgeführt werden sollen.

Für die Kostenstellenplanung im Rahmen der operativen Planung ist von elementarer Bedeutung, dass zu Beginn der Kostenstellenplanung die Struktur der Kostenstellen für das zu planende Geschäftsjahr feststeht. In der Praxis gibt es fast keinen größeren »Planungs-GAU« in der Kostenstellenplanung, als wenn mitten in der Planungsabstimmung vom Management beschlossen wird, die Struktur der Kostenstellen nochmals zu überarbeiten.

Neben der Einordnung in die Standardhierarchie können die Kostenstellen, analog zu den Kostenarten, zu beliebig vielen weiteren hierarchischen Gruppierungen zusammengefasst und strukturiert werden.

Leistungsarten

Erfolgen im Rahmen der Kostenstellenplanung neben der Erfassung von Primärkosten auch Leistungsverrechnungen von Kostenstellen an andere Kostenstellen oder an Aufträge, so werden hierfür *Leistungsarten* genutzt. Eine Leistungsart beschreibt die Art der Leistung, die der Leistungsverrechnung zugrunde liegt, und definiert, wie diese Leistungsverrechnung auf dem Sender und Empfänger der Leistung gebucht wird. Die Leistungsverrechnung erfolgt grundsätzlich auf der Basis von Leistungsmengen der entsprechenden Leistungseinheit. Diese Leistungsmengen, die vom Sender für den Empfänger erbracht werden, werden dann mit einem Leistungstarif bewertet und führen so zu einer Kostenverrechnung. Dazu besitzt jede Leistungsart einen eigenen Stammsatz. Dabei ist zu beachten, dass die Leistungsart zunächst unabhängig vom Leistungserbringer, also in der Regel von der Kostenstelle, angelegt wird. Die Verknüpfung der Leistungsart mit der Kostenstelle erfolgt erst in der Kostenstellenplanung selbst, wenn Leistungsmengen oder Leistungskapazitäten einer Kostenstellen/Leistungsarten-Kombination geplant werden (siehe hierzu Abschnitt 5.9.5). Abbildung 5.75 zeigt exemplarisch die Erfassungsmaske einer Leistungsart.

Für die Kostenstellenplanung sind im Stammsatz einer Leistungsart insbesondere folgende Leistungsarten zu beachten:

- **Bezeichnung und Beschreibung**
  Mit dem Schlüssel der Leistungsart und über die Bezeichnung und Beschreibung wird die Leistungsart für den Anwender eindeutig identifiziert.

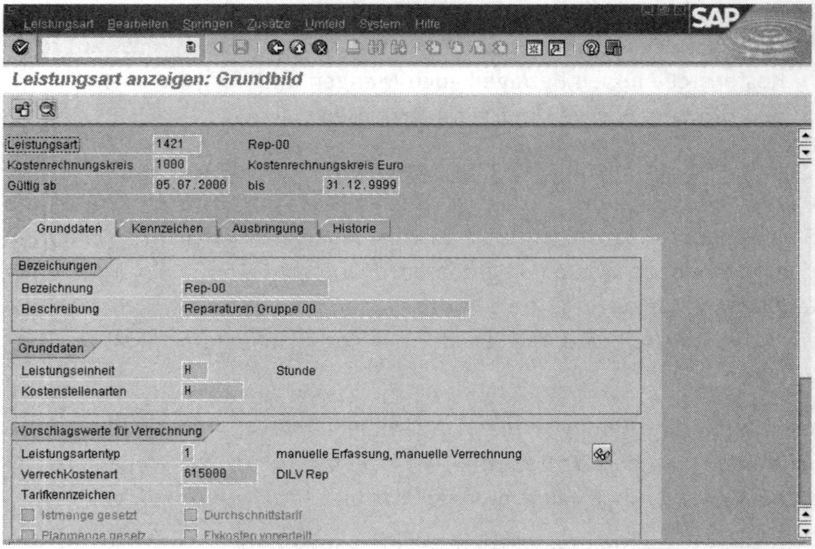

Abbildung 5.75 Beispiel eines Leistungsartenstammsatzes

- **Leistungseinheit**
  Jede Leistung erfolgt über eine Verrechnung von Leistungsmengen. Jede Menge benötigt eine entsprechende Mengeneinheit. Die Mengeneinheit, die bei der jeweiligen Leistungsart genutzt werden soll, wird in diesem Feld hinterlegt.
- **Leistungsartentyp**
  Über den Leistungsartentyp wird gesteuert, wie die Leistungsart zwischen den Sendern und Empfängern verrechnet wird. Dabei werden folgende Leistungsartentypen differenziert:
  - **1 Normale manuelle Leistungsverrechnung**
    Diese Leistungsarten werden verwendet, wenn die Leistungsverrechnungen im Plan wie im Ist durch manuelle Erfassung erfolgt.
  - **2 Maschinelle Leistungsverrechnung mit indirekter Leistungsverrechnung**
    Leistungsarten mit diesem Leistungsartentyp werden verwendet, wenn die Leistungsmenge und die Leistungsverrechnung des Senders auf der Basis von Daten der potenziellen Empfänger maschinell ermittelt werden sollen (siehe Abschnitt 5.9.5).
  - **3 Maschinelle Leistungsverrechnung mit indirekter Leistungsverrechnung einer manuell geplanten Leistungsmenge**
    Wie Leistungsartentyp 2, nur mit dem Unterschied, dass bei Leistungsarten mit diesem Leistungsartentyp die geplante Leistungs-

menge des Senders manuell geplant wird und nur die Verrechnung dieser Leistungsmengen auf der Basis von Daten der potenziellen Empfänger maschinell ermittelt wird.

- **4 Leistungsarten, die nicht verrechnet werden**
  Leistungsarten mit diesem Leistungsartentyp werden sowohl im Ist als auch im Plan nicht an andere Kontierungsobjekte weiterverrechnet. Dies bedeutet, dass diese Leistung zwar erbracht wird, dafür unter Umständen auch Kosten anfallen, diese aber nicht an andere Kostenstellen verrechnet werden sollen. Diese Leistungsarten können z.B. im Rahmen der Kostensplittung eingesetzt werden, um bestimmte Kosten auf der Kostenstelle zu sammeln und bewusst nicht zu verrechnen.

- **Kostenstellenart**
  Wird in diesem Feld eine Kostenstellenart hinterlegt, kann diese Leistungsart nur von Kostenstellen genutzt werden, die zu dieser Kostenstellenart gehören.

- **Verrechnungskostenart**
  Jede Verrechnung von Leistungsmengen wird mit einem Tarif bewertet und verursacht somit eine Kostenverrechnung. Diese Kostenverrechnung muss auf dem Leistungserbringer und Leistungsempfänger unter einer Kostenart gebucht werden. Die entsprechende Kostenart wird im Stammsatz der Leistungsart in diesem Feld eingetragen.

- **Sperrkennzeichen**
  Mit dem Sperrkennzeichen kann eine Leistungsart für die Nutzung in der Kostenstellenplanung gesperrt werden.

- **Ausbringungseinheit und Ausbringungsfaktor**
  Es gibt Fälle, in denen die Menge einer Leistungsart nicht nur in einer, sondern in unterschiedlichen Leistungseinheiten gemessen werden kann. In einem solchen Fall kann im Feld »Ausbringungseinheit« eine weitere Mengeneinheit hinterlegt werden. Über den Ausbringungsfaktor wird dabei der Umrechnungsfaktor zwischen der originären Leistungseinheit und der Ausbringungseinheit hinterlegt.

- **Tarifkennzeichen Plan und Ist**
  Über das Tarifkennzeichen wird gesteuert, wie der Preis einer Leistungsart berechnet werden soll. Im Rahmen der Kostenstellenplanung bestehen dabei verschiedene Möglichkeiten, die in Abschnitt 5.9.5 behandelt werden.

Die Einstellung des Tarifkennzeichens im Stammsatz der Leistungsart hat dabei nur einen Vorschlagscharakter und kann in der Kostenstellenplanung je Kostenstellen/Leistungsarten-Kombination individuell eingestellt werden.

Auch die Leistungsarten können wie die Kostenarten und Kostenstellen zu beliebig vielen Leistungsartengruppen mit entsprechenden beliebigen hierarchischen Strukturierungen zusammengefasst werden.

Statistische Kennzahlen

Die letzten Stammdaten, die dann für die Kostenstellenplanung noch gepflegt werden müssen, betreffen die *statistischen Kennzahlen*. Statistische Kennzahlen dienen dazu, bestimmte Merkmale, wie etwa die Anzahl der Mitarbeiter oder die Quadratmeteranzahl des Kostenstellenortes, bei einzelnen Kostenstellen zu hinterlegen. Neben dem rein informatorischen Charakter werden die statistischen Kennzahlen insbesondere bei der Verrechnung von Kosten zwischen Kostenstellen, etwa bei Verteilungen, Umlagen oder indirekten Leistungsverrechnungen, genutzt. Anhand des Wertes einer statistischen Kennzahl auf einer Kostenstelle wird so z.B. berechnet, welchen Kostenanteil diese Kostenstelle im Vergleich zu anderen Kostenstellen zu tragen hat. Abbildung 5.76 zeigt den einfachen Stammsatz einer statistischen Kennzahl.

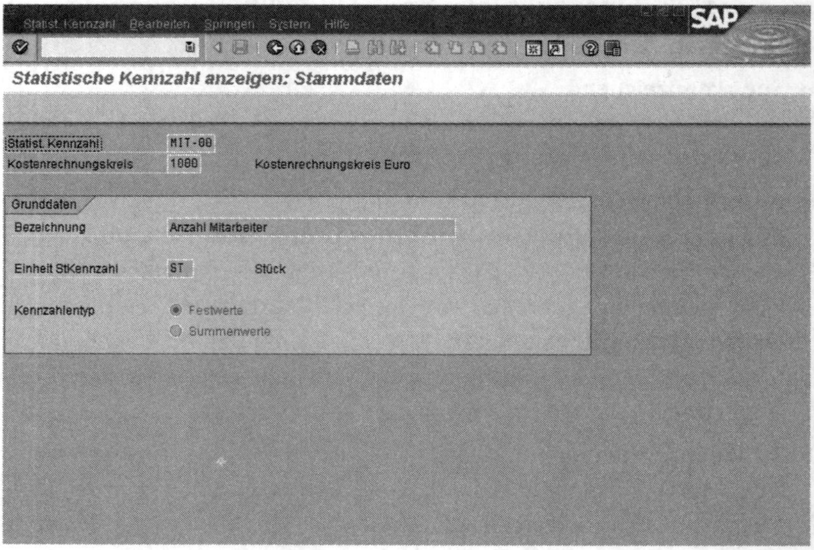

Abbildung 5.76 Beispiel eines Stammsatzes einer statistischen Kennzahl

Der Stammsatz einer statistischen Kennzahl besteht aus folgenden Feldern:

- **Beschreibung**
  Über den Schlüssel und die Beschreibung wird jede statistische Kennzahl für den Anwender eindeutig identifiziert.
- **Einheit**
  Jede statistische Kennzahl besteht aus einem Wert mit einer entsprechenden Einheit. Diese Einheit ist für jede statistische Kennzahl eindeutig und wird im Stammsatz hinterlegt.
- **Kennzahlentyp**
  Weiterhin werden zwei Kennzahlentypen bei statistischen Kennzahlen differenziert: Festwert und Summenwert. Statistische Kennzahlen als Summenwerte bilden ihre Werte für eine Periode immer aus der Summe der kumulierten Perioden eines Geschäftsjahres. Dieser Kennzahlentyp wird in der Regel dann verwendet, wenn in einem Merkmal Aufzählungen – wie etwa die Anzahl der Auftragspositionen usw. – hinterlegt werden sollen. Statistische Kennzahlen mit dem Typ Festwert verändern ihren Wert durch die Kumulierung einzelner Perioden nicht und bleiben somit unverändert. Dieser Kennzahlentyp wird in der Regel dann verwendet, wenn in der Kennzahl eine Absolutgröße – wie etwa Mitarbeiterzahl, Quadratmeter usw. – abgelegt wird.

Wie die Kostenarten, Kostenstellen und Leistungsarten können auch statistische Kennzahlen zu geeigneten Gruppierungen zusammengefasst werden.

5.9.4 Grundlagen der Kostenstellenplanung

Übersicht über Kostenbe- und -entlastung

Die Kostenstellenplanung dient dazu, im Rahmen der operativen Planung auf jeder Kostenstelle möglichst nahe an der Realität die Kosten und Erträge für ein Planjahr auf Kostenartenebene zu planen. Dabei fungiert jede Kostenstelle als Kontierungsobjekt, auf dem unterschiedliche Kostenbelastungen und -entlastungen geplant werden können. Abbildung 5.77 stellt die Kostenstelle in Form eines T-Kontos dar, auf dem die Kostenbelastungen auf der Sollseite und die Entlastungen auf der Habenseite verbucht werden.

Kostenbelastungen

Wie der Name schon sagt, wird durch Kostenbelastungen eine Kostenstelle mit Kosten belastet, die sie zu verantworten hat. Dabei werden die Kosten grundsätzlich in die Kategorien Primärkosten und Sekundärkosten differenziert.

Primärkosten Primärkosten fallen immer im Zusammenhang mit Buchungen in der Finanzbuchhaltung an, die sich aus Rechtsgeschäften zwischen dem Unternehmen und der Außenwelt oder aus dem Verbrauch von Vermögenswerten des Unternehmens (z.B. Abschreibungen des Anlagevermögens oder Verbrauch von Vorratsvermögen) ergeben. Im Rahmen der Kostenstellenplanung werden diese Primärkosten aber nicht in der Finanzbuchhaltung, sondern direkt auf den Kostenstellen geplant.

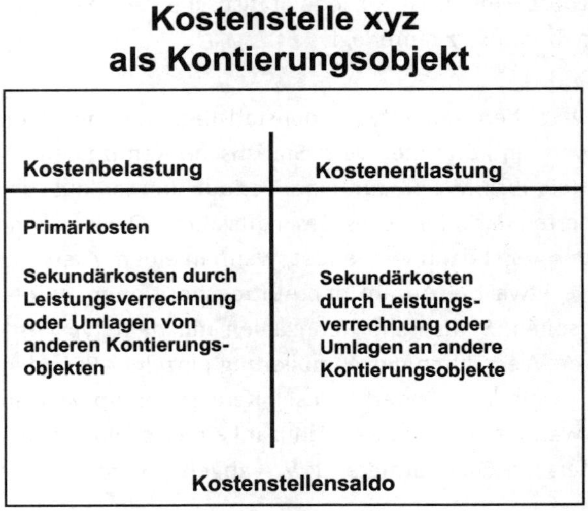

Abbildung 5.77 Kostenstellenbe- und -entlastung

Des Weiteren können aus der Integration des SAP R/3-Systems bestimmte Primärkosten in anderen SAP R/3-Modulen berechnet und in die Kostenstellenrechnung übernommen werden. Dazu zählen zum einen die Abschreibungen aus der Anlagenbuchhaltung, zum anderen die Personalkosten aus dem Personalwesen.

Sekundärkosten durch Leistungsverrechnung Weitere Kostenbelastungen können sich für eine Kostenstelle durch Verrechnungen von anderen Kostenstellen oder CO-Aufträgen ergeben. Durch die Definition von Kunden-Lieferanten-Beziehungen innerhalb des Unternehmens können Kostenverrechnungen zwischen den Kostenstellen hergestellt werden. Diese Leistungsbeziehungen werden im Rahmen der Kostenstellenplanung durch interne Leistungsverrechnungen geplant. Dabei werden bestimmte Mengen einer Leistung von einer Kostenstelle erbracht und von einer anderen Kostenstelle in Anspruch genommen. Diese Leistung besitzt wiederum einen Preis, den so genannten Leistungstarif. Durch die Bewertung der Leistungsmenge mit diesem Tarif entstehen Sekundärkosten, die beim Leistungserbringer zu einer Kostenentlastung und beim Leistungsempfänger zu einer Kostenbelastung führen. Abbildung 5.78 stellt die Umsetzung einer Leistungsverrechnung auf der Basis einer Kunden-Lieferanten-Beziehung dar.

Abbildung 5.78 Prinzip der Leistungsverrechnung

Neben der Leistungsverrechnung an andere Kostenstellen können Leistungsverrechnungen auch an Aufträge durchgeführt werden. Innerhalb der Produktion werden die Produktionskostenstellen in der Regel durch die Verrechnung von Leistungen an Produktionsaufträge entlastet. Dies kann direkt über Leistungsmengenverrechnungen oder aber indirekt über Zuschläge der Grundlage anderer Kostenarten erfolgen (siehe dazu auch Abschnitt 5.11).

Sekundärkosten über Umlagen

Neben der Leistungsverrechnung besteht auch die Möglichkeit, Kosten von einer Kostenstelle an andere Kostenstellen über Schlüsselanteile umzulegen. Durch derartige Umlagen werden keine Leistungen zwischen den Kostenstellen ausgetauscht, sondern aufgrund einer definierten Aufteilung die Kosten einer Kostenstelle verrechnet. Auch hierdurch wird der Sender der Kostenstellenumlage mit Sekundärkosten entlastet und der Empfänger mit Sekundärkosten belastet.

Auf diese Weise können die unterschiedlichsten Kostenbelastungen und Kostenentlastungen auf einer Kostenstelle im Rahmen der Planung entstehen. Dabei ist keineswegs klar, dass die Summe der Kostenbelastungen und Kostenentlastungen auf der Kostenstelle gleich sein muss. Ist dies nicht der Fall, so entsteht ein Kostenstellensaldo, der entweder positiv (Kostenstellenunterdeckung) oder negativ (Kostenstellenüberdeckung) ausfallen kann. Je nach Typ einer Kostenstelle (Service-Kostenstelle, Produktionskostenstelle, Gemeinkostenstelle) wird man im Rahmen der Planung bestrebt sein, den Kostenstellensaldo durch Verrechnungen an anderen Kostenstellen zu minimieren bzw. auf Null zu setzen. Bei anderen Kostenstellentypen bleibt der Kostenstellensaldo dagegen bewusst stehen und wird erst im Rahmen der Integration in die Ergebnisplanung abgerechnet. Ausführlichere Informationen hierzu finden Sie in den speziellen Abschnitten zur Planung von Service-Kostenstellen (Abschnitt 5.10), Produktionskostenstellen (Abschnitt 5.11) und Gemeinkostenstellen (Abschnitt 5.12).

Fixe und variable Kosten

Zusätzlich zur reinen Planung von Kostenbelastungen und Kostenentlastungen auf einer Kostenstelle werden die Kosten auch nach fixen und variablen Anteilen differenziert. Unter Fixkosten werden in diesem Zusammenhang Kosten verstanden, die unabhängig von den Leistungsmengen, die eine Kostenstelle erbringt, anfallen. Variable Kosten fallen hingegen in direkter Abhängigkeit von der erbrachten Leistungsmenge einer Kostenstelle an. Zusammen bilden die fixen und variablen Kostenanteile die Gesamtkosten einer Kostenstelle.

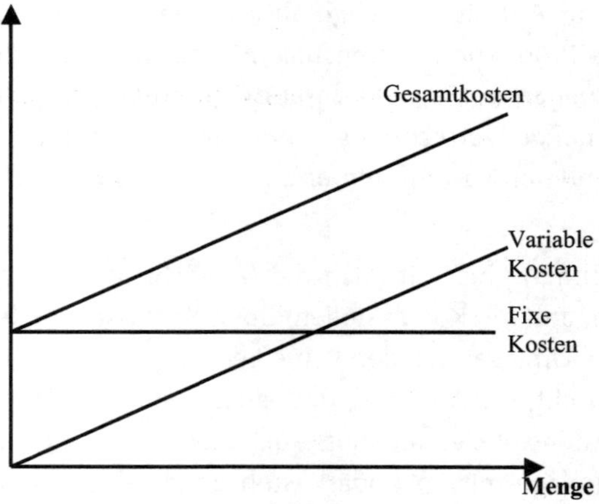

Abbildung 5.79 Differenzierung von fixen und variablen Kosten

Abbildung 5.79 stellt den klassischen Zusammenhang von fixen Kosten, variablen Kosten und Gesamtkosten dar. In dieser Abbildung wird außerdem deutlich, dass variable Kosten immer in einer Beziehung zu einer Leistung stehen. Dieses Prinzip ist in der Kostenstellenplanung von SAP R/3 entsprechend umgesetzt.

Die Differenzierung in fixe und variable Kosten kann im SAP R/3-System auf einer Kostenstelle je Kostenart erfolgen. Zu einer Kostenart kann somit auf einer Kostenstelle ein fixer und ein variabler Kostenanteil geplant werden.

Leistungsabhängige Planung in TEUR

Kostenstelle xyz					
Kosten-art	Leistungs-art	Var. Kosten	Fix-Kosten	Leistungs-art	Leistungs-menge
4xxxxx	L1	100	60	L1	5.000 Std.
4xxxxy	L1	150	40		

Leistungsunabhängige Planung in TEUR

Kostenstelle xyz					
Kosten-art	Leistungs-art	Var. Kosten	Fix-Kosten	Leistungs-art	Leistungs-menge
4xxxxx			60	L1	5.000 Std.
4xxxxy			40		

Abbildung 5.80 Leistungabhängige und leistungsunabhängige Planung

Variable Kosten nur mit Bezug auf eine Leistungsart möglich

Um zu einer Kostenart auf einer Kostenstelle variable Kostenanteile planen zu können, müssen diese variablen Kosten auch einer Leistungsart, die die jeweilige Kostenstelle erbringt, zugeordnet werden. Die Planung der variablen Kosten erfolgt demnach auf der Ebene einer Kostenarten/Kostenstellen-Leistungsarten-Kombination. Diese Form der Planung wird im Gegensatz zur leistungsunabhängigen Planung als leistungsabhängige Planung bezeichnet. Abbildung 5.80 stellt die Planung von fixen und variablen Kosten im SAP R/3-System in Form einer Übersicht nochmals dar.

Analyse der Leistungsbeziehungen und Werteströme

Eine weitere Grundlage in der Kostenstellenplanung stellt die Analyse und Umsetzung der Leistungsbeziehungen und Werteströme innerhalb der Kostenstellenrechnung dar. In Abschnitt 5.9.2 wurde schon darauf hingewiesen, dass vor Beginn der Kostenstellenplanung die Kenntnis der Kostenverrechnungen zwischen den Kostenstellen bekannt sein sollte.

Zunächst muss differenziert werden, wie die Verrechnung der Kostenstellen erfolgen soll. Hierzu stehen grundsätzlich folgende Möglichkeiten zur Verfügung:

- Verrechnung an andere Kostenstellen mit Leistungsbezug
- Verrechnung an andere Kostenstellen ohne Leistungsbezug
- Keine Verrechnung an andere Kostenstellen oder Aufträge

Im zweiten Schritt sollte analysiert werden, welche Kostenstellen an wen welche Leistungen bzw. Kosten verrechnen. Auf diese Weise entsteht ein Geflecht von Kostenverrechnungen zwischen den Kostenstellen, bis alle Kosten auf Kostenstellen landen, die sich nicht mehr an anderen Kostenstellen verrechnen. Diese – häufig auch Endkostenstellen genannten – Kostenstellen verrechnen sich dann entweder über Produktionsaufträge in Herstellkosten oder als Gemeinkostenstellen direkt in die Ergebnisrechnung.

Verrechnungsstufen

Je mehr Kostenstellen im Unternehmen vorhanden sind, desto komplexer können sich die Kosten- und Leistungsverflechtung und die sich daraus ergebenden Werteströme zwischen den Kostenstellen gestalten. Aus diesem Grund empfiehlt es sich, die Kostenstellen bezüglich der Werteströme in einzelne Verrechnungsstufen zu strukturieren.

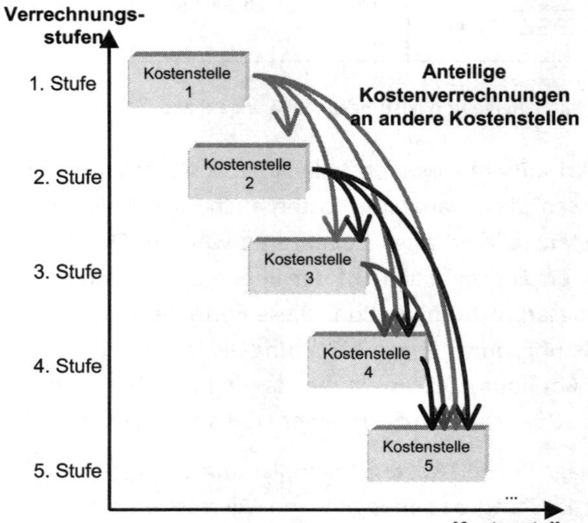

Abbildung 5.81 Idealisierte stufenweise Verrechnung von Kostenstellen

Auf diese Weise kann im Idealfall eine Verrechnung im Sinne eines klassischen Betriebsabrechnungsbogens (BAB) entstehen. Abbildung 5.81 zeigt ein einfaches Beispiel für eine derartige stufenweise Verrechnung der Kostenstellen.

Aus der Abbildung geht hervor, dass die Kostenstelle 1 keine Leistungen oder Kosten von anderen Kostenstellen erfährt. Diese Kostenstelle verrechnet sich dann im ersten Verrechnungsschritt an die anderen Kostenstellen. Die Kostenstelle 2 erhält wiederum nur Sekundärkosten durch die Verrechnung der Kostenstelle 1. Daraus folgt, dass im zweiten Schritt die Kostenstelle 2 sich an die anderen Kostenstellen verrechnen kann, ohne dass die Kostenbelastung der Kostenstelle 1 nochmals verändert wird. Dieses Prinzip setzt sich dann in den nachfolgenden Stufen fort.

Verrechnungskreisläufe

Diese Darstellung ist natürlich als Idealfall anzusehen. Häufig entstehen in den Werteströmen zwischen den Kostenstellen Verrechnungskreisläufe, die sich nicht in Form von Verrechnungsstufen im Sinne eines BAB auflösen lassen. Abbildung 5.83 zeigt ein Beispiel für einen derartigen Verrechnungskreislauf.

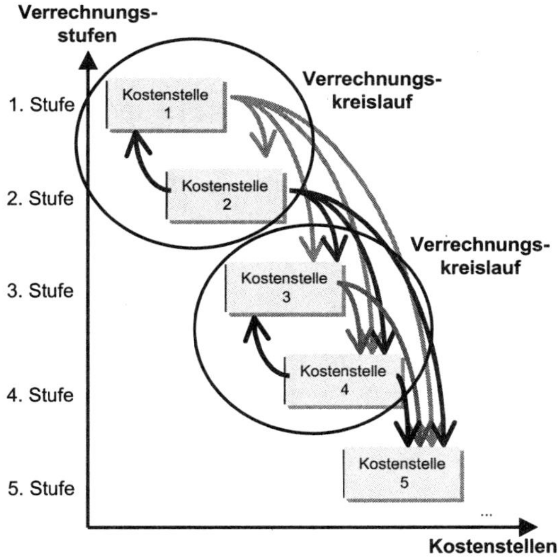

Abbildung 5.82 Kostenverrechnungen mit Kreisläufen

In diesem Fall verrechnet sich die Kostenstelle 1 zwar wieder anteilig an die Kostenstelle 2, die Kostenstelle 2 hingegen verrechnet einen Teil ihrer Kosten wieder zurück an Kostenstelle 1. Diese Kosten werden wieder von Kostenstelle 1 anteilig an Kostenstelle 2 verrechnet usw. Auf diese Weise entstehen mehrere Iterationen, bei denen jeweils die Kosten der Kostenstellen 1 und 2 verrechnet werden und der verbleibende Rest immer kleiner wird.

Bei solchen Verrechnungskreisläufen, die ab einer bestimmten Unternehmensgröße immer vorkommen werden, empfiehlt sich folgende Vorgehensweise:

1. Die Kostenstellen, die an einem Verrechnungskreislauf beteiligt sind, sollten im Rahmen der Kostenstellenplanung als Abstimmungseinheit betrachtet werden. Diese Kostenstellen können immer nur als Ganzes in der Kostenstellenplanung geplant und abgestimmt werden.
2. Bei der Kostenverrechnung von Kostenstellen einer solchen Abstimmungseinheit sollte stets die gleiche Verrechnungsmethode angewendet werden. Dies bedeutet, dass alle Kostenstellen einer Abstimmungseinheit sich entweder über Leistungsverrechnungen oder über Kostenstellenumlagen verrechnen sollten. Ist dies der Fall, so kann mit Methoden des SAP R/3-Systems die iterative Abstimmung automatisch erfolgen (siehe Abschnitt 5.9.5). Werden hingegen unterschiedliche Verrechnungsmethoden – wie etwa Umlage und indirekte Leistungsverrechnungen – innerhalb einer Abstimmungseinheit verwendet, muss die Iteration manuell durchgeführt werden.
3. Nach der iterativen Abstimmung der Kostenstellen einer Abstimmungseinheit kann die Verrechnung von Kosten an eine weitere Abstimmungseinheit erfolgen und dort eine weitere Abstimmung durchgeführt werden, die dann das Ergebnis der ersten Abstimmungseinheit nicht mehr beeinflusst.

Abstimmungseinheiten

Auf diese Weise werden die Kostenstellen, die an Kreisläufen beteiligt sind, zu Gruppen zusammengefasst, untereinander abgestimmt und danach, wieder im Sinne einer stufenweise Verrechnung des BAB, an die nächsten Abstimmungseinheiten verrechnet. Abbildung 5.83 zeigt ein Beispiel für die Bildung und Verrechnung von Abstimmungseinheiten.

Leistungsabhängige und leistungsunabhängige Planung

Auch bei der Leistungsverrechnung im Leistungsverbund zwischen den Kostenstellen ist zwischen einer leistungsunabhängigen und einer leistungsabhängigen Planung zu differenzieren. Bei der leistungsunabhängigen Leistungsverrechnung wird die Leistung einer Kostenstelle direkt auf einer Empfängerkostenstelle gebucht. Bei der leistungsabhängigen Leistungsverrechnung hingegen wird die Leistung einer Kostenstelle auf einer Empfängerkostenstelle mit Bezug zu einer Leistungsart, die die Empfängerkostenstelle erbringt, geplant. Dadurch wird zum Ausdruck gebracht, dass diese Leistungsinanspruchnahme der Empfängerkostenstelle in direktem Zusammenhang mit einer Leistung steht, die die Empfängerkostenstelle wiederum selbst erbringt.

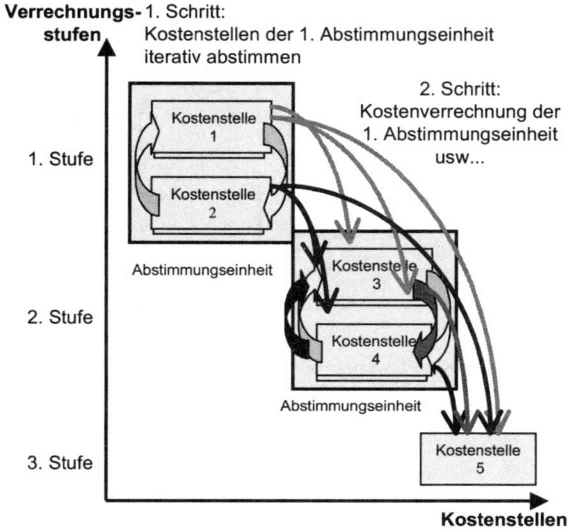

Abbildung 5.83 Bildung und Verrechnung von Abstimmungseinheiten

Variable Kosten im Leistungsverbund

Diese Differenzierung ist wichtig für die Weiterverrechnung von variablen Kostenanteilen. Denn variable Kosten einer Senderkostenstelle werden auf der Empfängerkostenstelle nur dann als variable Kosten gebucht, wenn eben auch auf der Empfängerkostenstelle der Kostenanfall mit Bezug zu einer Leistung variabel anfällt. Abbildung 5.84 versucht die Verrechnung von variablen Kosten im Leistungsverbund mehrerer Kostenstellen übersichtlich darzustellen.

Aus der Abbildung 5.84 wird deutlich, dass fixe Kosten einer Kostenstelle niemals zu variablen Kosten auf einer anderen Kostenstelle werden können, hingegen aus variablen Kosten, bei leistungsunabhängiger Planung, leicht fixe Kosten werden. Dieser Zusammenhang ist insbesondere dann wesentlich, wenn die Differenzierung von fixen und variablen Kosten bis in die Erzeugniskalkulation der eigenen Produkte weitergereicht werden soll.

Um variable Kosten einer Kostenstelle bis in die Erzeugniskalkulation eines Produktes zu erhalten, muss die gesamte Leistungsverrechnung über andere Kostenstellen hinweg immer mit einem Leistungsbezug versehen werden. Das Prinzip, wonach variable Kosten immer in einem Bezug zu einer Leistung stehen müssen, wird im SAP R/3-System konsequent durchgezogen.

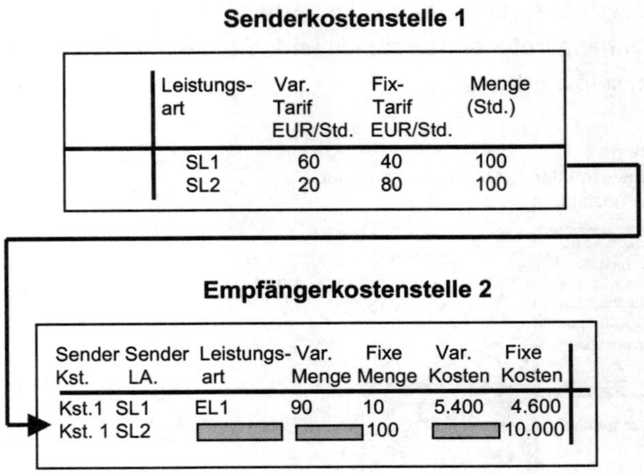

Leistungsabhängige Verrechnung der Leistungsart SL1:
Variable Kosten = 90 Std. * 60 EUR/Std. = 5.400 EUR
Fixe Kosten = 90 Std. * 40 EUR/Std. + 10 Std.*100 EUR/Std.
= 4.600 EUR

Abbildung 5.84 Fixe und variable Kosten im Leistungsverbund

Abstimmung zwischen Leistungserbringer und Leistungsempfängern

Im Rahmen der Verrechnung von Leistungen von einem Leistungserbringer auf mehrere Leistungsempfänger stellt sich auch die Frage, wer die jeweilige Leistungsmenge festlegt. Auf der einen Seite gibt es den Leistungserbringer, der auf seiner Kostenstelle zunächst definiert, welche Leistungen überhaupt erbracht werden, welche maximale Kapazität für seine Leistungserbringung vorhanden ist und schließlich auch, welche Planmengen von einer Leistungsart an andere Kostenstellen verrechnet werden sollen. Auf der anderen Seite stehen die Leistungsempfänger, die im Rahmen der Kostenstellenplanung die Kostenbelastung, unter anderem durch Inanspruchnahme bestimmter Mengen einer Leistungsart einer anderen Kostenstelle, zu tragen haben.

Wenn nun Leistungserbringer und Leistungsempfänger ihre Planungsaktivitäten weitgehend unabhängig voneinander durchführen, ist zu erwarten, dass die Summe der in Anspruch genommenen Mengen einer Leistungsart von allen Leistungsempfängern nicht unbedingt mit der geplanten Leistungsmenge des Leistungserbringers zusammenpasst. Abbildung 5.85 stellt diese Planungsdifferenz von Leistungsmengen grafisch dar.

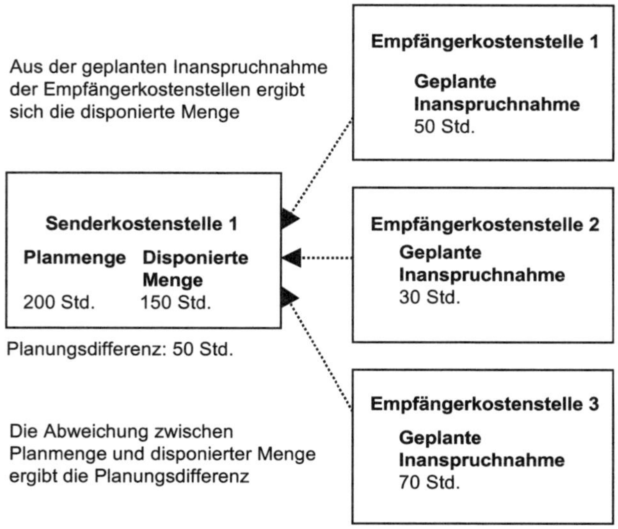

Abbildung 5.85 Abstimmung der geplanten Leistungsmengen

Da über die geplante Verrechnung von Leistungsmengen die Senderkostenstelle mit Kosten entlastet wird und die Empfängerkostenstellen durch die Inanspruchnahme von Leistungsmengen mit Kosten belastet werden, sollte im Rahmen einer abgestimmten und konsistenten Kostenstellenplanung die Leistungsmenge der Empfänger mit der Planleistung des Leistungserbringers übereinstimmen.

Im SAP R/3-System ist hierfür eine Abstimmung je Kostenstelle/Leistungsarten-Kombination möglich. Immer wenn ein Leistungsempfänger eine Leistung im Rahmen der Kostenstellenplanung auf seiner Kostenstelle plant, wird diese Menge als disponierte Menge auch auf der Kostenstelle des Leistungserbringers additiv verbucht. Letztlich kann durch den Vergleich und die Anpassung der geplanten Leistungsmenge an die disponierte Leistungsmenge eine Abstimmung zwischen den Sendern und Empfängern erfolgen.

Wie bei Abstimmungsdifferenzen die Differenz allerdings ausgeglichen werden soll, d.h. welche Mengen wie angepasst werden, lässt das SAP R/3-System offen. Wie bei einem echten Kunden-Lieferanten-Verhältnis kann dies nur durch Verhandlungen, Abstimmgespräche oder unternehmensinterne Regeln festgelegt werden.

Leistungstarif

Bei der Abstimmung zwischen den Leistungserbringern und Leistungsempfängern spielt neben der Leistungsmenge natürlich auch der Preis für die Leistungen eine gewichtige Rolle. Erst durch die Bewertung der Leistungsmengen mit einem Tarif (also einem Preis) wird aus einer mengenmäßigen Leistungsverrechnung auch eine wertmäßige Verrechnung von Kosten.

Der Tarif einer Leistungsart wird dabei in einen fixen und einen variablen Tarifanteil differenziert und ergibt in der Summe der Bestandteile einen Gesamttarif. Durch diese Differenzierung des Tarifs wird bei der leistungsabhängigen Leistungsverrechnung erst der sich daraus ergebende variable Kostenanteil auf der Empfängerkostenstelle errechnet.

Des Weiteren kann je Leistungsarten/Kostenstellen-Kombination definiert werden, wie der Tarif im SAP R/3-System berechnet werden soll. Hierbei ist grundsätzlich zwischen zwei Verfahren zu unterscheiden:

- Manueller Leistungstarif
- Maschinell errechneter Leistungstarif

Beim manuellen Leistungstarif steht das Prinzip des Kunden-Lieferanten-Verhältnisses im Vordergrund. Der Leistungserbringer bietet seine Leistung zu einem von ihm festgelegten Preis an. Der Leistungsempfänger bestimmt über die Leistungsmenge, die er in Anspruch nimmt, ob er diesen Preis als fair empfindet.

Durch die manuelle Festlegung der Leistungstarife durch den Leistungserbringer kann auf der Senderkostenstelle je nach verrechneter Leistungsmenge und der geplanten Kostenbelastung bereits im Plan eine Kostenüber- oder -unterdeckung entstehen. Die Kostenstelle fungiert in diesem Fall als echtes Profit-Center und kann Gewinne oder Verluste erzielen.

Will man dies vermeiden und möchte man, dass trotz Kunden-Lieferanten-Beziehung und Leistungsverrechnung ein Tarif festgelegt wird, mit dem die Senderkostenstelle zumindest im Plan einen ausgeglichenen Saldo erwirtschaftet, so kann dies durch eine maschinelle Berechnung des Leistungstarifs erzielt werden. Dabei stehen je nach Tarifkennzeichen unterschiedliche Methoden zur Verfügung, die in Abschnitt 5.9.5 näher erläutert werden.

Grundsätzlich aber werden bei der maschinellen Tarifermittlung die Gesamtkosten (sowohl fixe als auch variable Kosten), die für die Erbringung der Leistung anfallen, durch die geplante oder maximale Leistungsmenge dividiert.

Wenn eine Kostenstelle nun mehrere Leistungen erbringt und die Tarifermittlung maschinell erfolgen soll, so muss definiert sein, welche Kosten der Kostenbelastung für welche Leistung anfallen. Man kann auch bestimmen, welche Leistungsart welche Kosten der Kostenbelastungen durch ihre Leistungsverrechnung auf der Kostenstelle abdecken soll.

Zuordnung leistungsunabhängiger Kosten zu Leistungsarten

Bei allen Primärkosten und Sekundärkosten, die direkt leistungsabhängig, also mit Bezug zu einer Leistungsart, auf der Kostenstelle geplant wurden, ist diese Frage klar beantwortet. Bei den leistungsunabhängigen Kosten, die also ohne Bezug auf eine Leistungsart auf der Kostenstelle geplant wurden, ist diese Frage noch offen. Hierfür bietet das SAP R/3-System zwei Methoden an.

Äquivalenzziffern

Die erste Methode besteht in einem *Äquivalenzzifferverfahren*, bei dem je Leistungsart über eine Äquivalenzziffer definiert wird, welchen Anteil der leistungsunabhängig geplanten Kosten die jeweilige Leistungsart über ihrem Tarif abzudecken hat. Der konkrete Betrag ergibt sich dabei aus dem Anteil der jeweiligen Äquivalenzziffer zur Summe aller Äquivalenzziffern der betroffenen Kostenstelle, multipliziert mit den leistungsunabhängig geplanten Kosten.

Splittungsschema

Bei diesem Verfahren spielen die jeweiligen Kostenarten, die auf der Kostenstelle leistungsunabhängig geplant wurden, keine Rolle. Diesen Nachteil versucht das aufwändigere *Splittungsverfahren* auszugleichen. Hierbei wird über ein Splittungsschema eine bestimmte Gruppe von Kostenarten nach bestimmten Regeln (auf der Basis von Leistungsmengen, Kapazitäten, disponierten Leistungsmengen oder statistischen Kennzahlen) auf die Leistungsarten verteilt. Dabei ist zu beachten, dass diese Aufteilung im Plan nur für die Tarifermittlung durchgeführt wird; die leistungsunabhängig geplanten Kosten werden dadurch nicht zu leistungsabhängig geplanten Kosten umgewandelt.

Abbildung 5.86 stellt die Möglichkeiten der Zuordnung von Kosten zu Leistungsarten auf einer Kostenstelle zusammenfassend in grafischer Form dar.

Aufteilung der Plankosten auf Perioden

Die letzten grundsätzlichen Überlegungen in der Kostenstellenplanung betreffen die Periodisierung innerhalb des zu planenden Geschäftsjahres. In vielen Fällen findet die Kostenstellenplanung zunächst nur auf der Ebene von Jahreswerten statt. Dies ergibt sich aus der hohen Komplexität der zahlreichen Kostenstellen und Leistungsbeziehungen untereinander.

Letztlich speichert das SAP R/3-System aber alle Daten immer auf Periodenebene, also je Monat, ab. Dabei können die Jahreswerte entweder mittels vordefinierter Verteilungsregeln oder aber auf der Basis eigendefinierter Verteilungen auf die einzelnen Perioden aufgeteilt werden. Als Standardverteilungen bietet das SAP R/3-System etwa die Gleichverteilung (jede Periode erhält den gleichen Kostenanteil) oder die analoge Verteilung (jede Periode enthält den Kostenanteil, den sie bisher hatte) an.

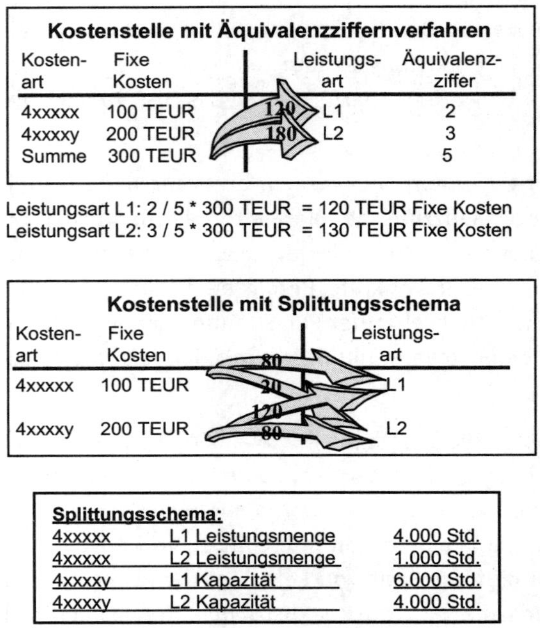

Abbildung 5.86 Zuordnung fixer Kosten zu Leistungsarten: Äquivalenzziffern und Splittungsschema

Die im Customizing definierbaren eigenen Verteilungsregeln dienen primär dazu, bestimmte saisonale Effekte auf einzelnen Kostenstellen abzubilden.

Neben der maschinellen Aufteilung der Jahreswerte auf Perioden besteht im SAP R/3-System auch die Möglichkeit, die Perioden einzeln manuell zu planen. Dies ist aber mit einem hohen Aufwand verbunden. Die Aufteilung der Werte auf Perioden gilt dabei nicht nur für die Primärkostenbelastungen und die verrechneten Leistungsmengen. Auch die maschinell ermittelten Leistungstarife werden periodisch errechnet und gespeichert. Aus diesem Grund sollte man gegebenenfalls die Aufteilung der Primärkosten und Leistungsverrechnungen vor der maschinellen Ermittlung von Leistungstarifen durchführen.

5.9.5 Methoden der Kostenstellenplanung

In diesem Abschnitt werden die einzelnen Methoden der Kostenstellenplanung vorgestellt. Diese Methoden werden je nach Kostenstellentyp bei der Planung der einzelnen Kostenstellen teilweise oder vollständig angewendet. Abbildung 5.87 gibt zunächst einen Überblick über die einzelnen Methoden der Kostenstellenplanung.

Planung von statistischen Kennzahlen

Im Rahmen der Planung von statistischen Kennzahlen stehen dem Anwender im SAP R/3-System zwei Methoden zur Verfügung:

- Manuelle Planung
- Maschinelle Übernahme von Kennzahlen aus dem Logistik-Informationssystem

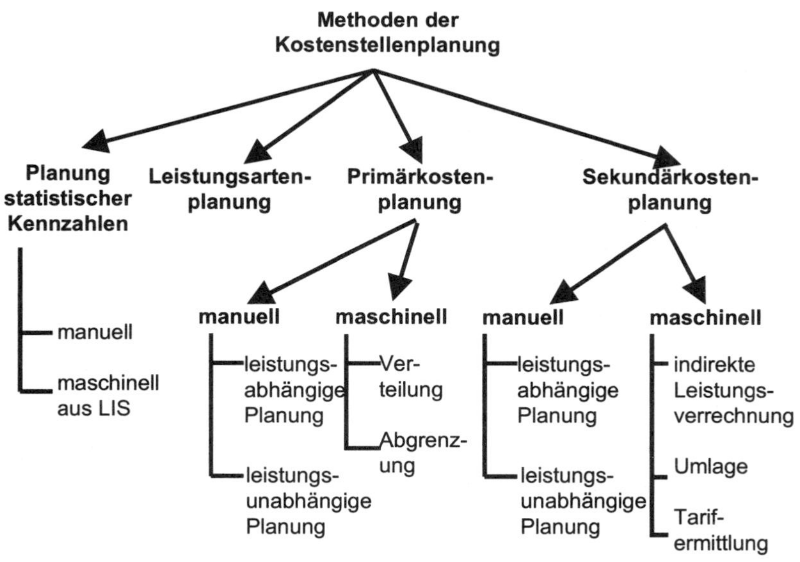

Abbildung 5.87 Methoden der Kostenstellenplanung

Manuelle Planung statistischer Kennzahlen

Die manuelle Planung der statistischen Kennzahlen erfolgt über geeignete Planungslayouts, die im Customizing individuell eingerichtet werden können. Dabei wird zunächst über eine Selektion definiert,

- welche Kennzahlen
- auf welchen Kostenstellen

▶ in welcher Planversion

▶ für welchen Planungszeitraum

geplant werden sollen. Es können jeweils mehrere Kennzahlen oder ganze Kennzahlengruppen und mehrere Kostenstellen oder Kostenstellengruppen angegeben werden.

Des Weiteren kann zwischen zwei Formen der Darstellung in der Eingabemaske differenziert werden:

▶ Formular

▶ Frei

Bei der formularbasierten Darstellungsform werden in der Eingabemaske alle selektierten Kennzahlen in den einzelnen Zeilen der Eingabemaske aufgelistet, unabhängig davon, ob zu dieser Kennzahl bereits Werte erfasst wurden oder nicht. Bei der freien Darstellungsform werden in der Eingabemaske nur die selektierten Kennzahlen in den Zeilen aufgelistet, zu denen bereits Werte erfasst wurden. Abbildung 5.88 zeigt einen Standard-Eingabebildschirm zur Planung von statistischen Kennzahlen.

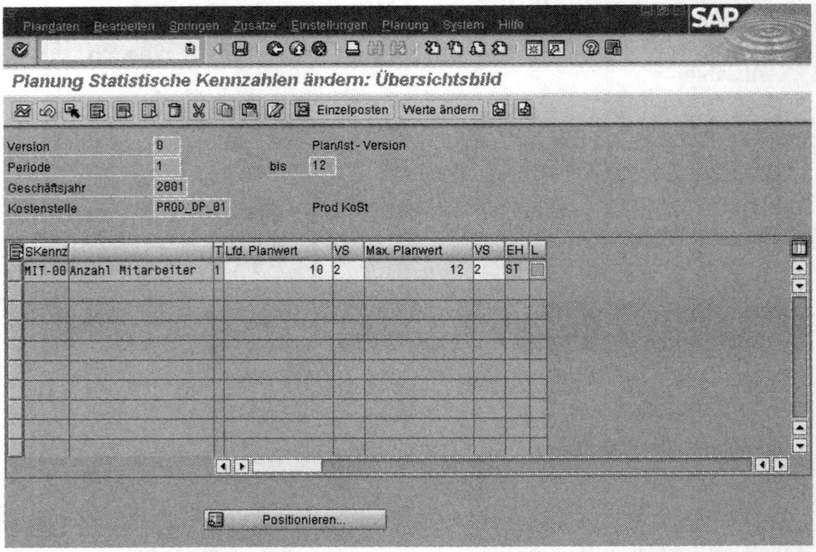

Abbildung 5.88 Beispiel zur Planung statistischer Kennzahlen

Grundsätzlich besteht die Eingabemaske aus einem Kopfbereich und einer Spalten- und Zeilenstruktur. Im Kopfbereich sind die ausgewählte Planversion, der Planungszeitraum und eine der ausgewählten Kostenstellen aufgelistet.

Die Spalten beinhalten die einzelnen Eingabefelder (wie *statistische Kennzahl*), Werte (wie *laufender Planwert* und *maximaler Planwert*) und *Einheit*. In den Zeilen schließlich werden die Ausprägungen der einzelnen statistischen Kennzahlen mit ihren Werten eingetragen. Werden bei der Selektion mehrere Kostenstellen ausgewählt, kann durch Wechsel der Kostenstelle im Kopfbereich nacheinander Kostenstelle für Kostenstelle bearbeitet werden.

Maschinelle Übernahme von Kennzahlen aus dem Logistik-Informationssystem

Neben der manuellen Planung der statistischen Kennzahlen besteht auch die Möglichkeit, Kennzahlen, die im Logistik-Informationssystem vorhanden sind, in die Kostenstellenplanung zu übertragen. Hierzu wird über den Stammsatz der statistischen Kennzahl eine Verbindung zu einer Kennzahl in einer Informationsstruktur des Logistik-Informationssystems (LIS) aufgebaut. Über das Customizing wird zusätzlich definiert, für welche Kostenstellen über welche statistischen Kennzahlen Informationen aus dem LIS maschinell bereitgestellt werden können.

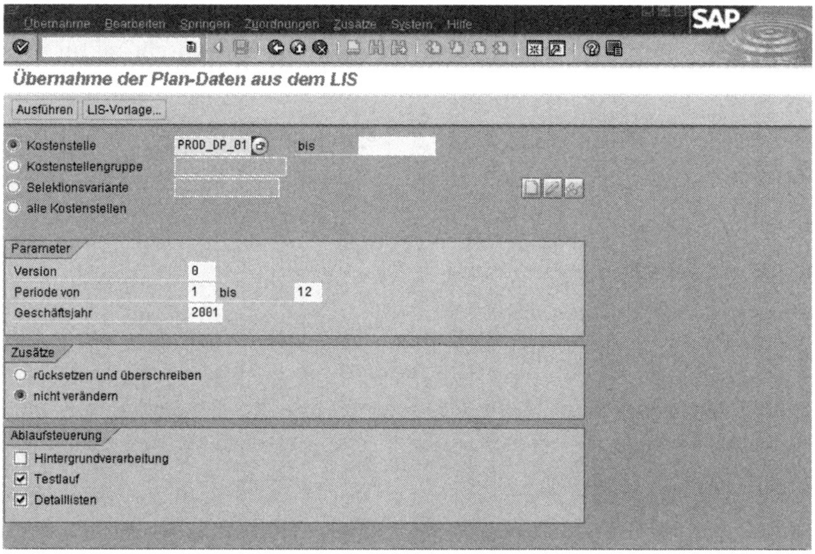

Abbildung 5.89 Übernahme von Kennzahlen aus dem Logistik-Informationssystem

Danach kann über eine Standardschnittstelle die Ausprägung der Logistikkennzahl aus der entsprechenden Informationsstruktur des LIS in die Kostenstellenplanung übertragen werden. Abbildung 5.89 zeigt den Eingabebildschirm zum Start der Übernahme von Kennzahlen aus dem Logistik-Informationssystem in die Kostenstellenplanung. Neben der Eingabe der Planversion und der Planperioden wird die Angabe der Kostenstellen benötigt, in die die zugeordneten Kennzahlen eingespielt werden sollen.

Über diese beiden Methoden der Planung von statistischen Kennzahlen werden auf den Kostenstellen in der Kostenstellenplanung wertmäßige Informationen abgelegt, die dazu genutzt werden können, statistische Auswertungen zwischen Plan und Ist durchzuführen. Darüber hinaus sind die statistischen Kennzahlen häufig Grundlage zur Verteilung oder Umlage von Kosten anderer Kostenstellen.

Planung der Leistungsarten

Im Rahmen der internen Leistungsverrechnung muss jeder Leistungserbringer definieren, welche Leistungen eine Kostenstelle im nächsten Jahr erbringen wird. Dies erfolgt im SAP R/3-System durch die Planung der Leistungsarten und Tarife auf den Kostenstellen. Dabei erfolgt die Eingabe der hierfür notwendigen Daten ähnlich wie bei der manuellen Planung von statistischen Kennzahlen über individuell definierbare Planungslayouts. Abbildung 5.91 zeigt einen Standard-Eingabebildschirm zur Planung des Leistungsangebots auf einer Kostenstelle.

Um in diesen Eingabebildschirm zu gelangen, muss zunächst definiert werden,

- in welcher Planversion
- für welchen Planungszeitraum
- auf welchen Kostenstellen
- welche Leistungsarten

geplant werden sollen. Dabei können mehrere Kostenstellen bzw. eine Kostenstellengruppe sowie mehrere Leistungsarten bzw. eine Leistungsartengruppe ausgewählt werden.

Die Eingabemaske ist wie bei allen Planungslayouts in einen Kopfbereich und eine Zeilen- und Spaltenstruktur aufgeteilt. Im Kopfbereich werden die Planversion, der ausgewählte Planungszeitraum und jeweils eine selektierte Kostenstelle angezeigt. Zu den Angaben im Kopfbereich wird dann in der darunter liegenden Matrix je Zeile eine Leistungsart geplant.

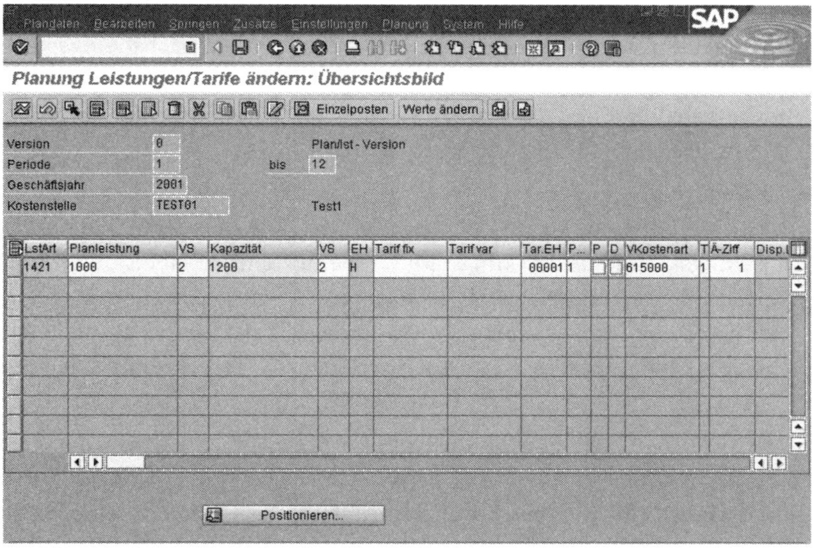

Abbildung 5.90 Beispiel zur Planung von Leistungsarten mit Leistungsangebot und Kapazität

Auch in diesem Fall kann zwischen einer formularbasierten und einer freien Darstellungsform gewählt werden.

In der Zeilen- und Spaltenstruktur können im Wesentlichen folgende Angaben geplant werden:

- **Leistungsart**
  Über den Ident zur Leistungsart wird definiert, welche Leistung auf der Kostenstelle überhaupt erbracht werden soll.
- **Planmenge**
  Die Planmenge gibt an, welche Menge der Leistungserbringer annimmt, um diese im Planjahr verrechnen zu können.

  Bei Anwendung der indirekten Leistungsverrechnung kann diese Menge unter Umständen maschinell errechnet werden und steht dann für die manuelle Planung nicht zur Verfügung.
- **Kapazität**
  Die Kapazität gibt die maximale Leistungsmenge an, die im Planungszeitraum auf der Kostenstelle erbracht werden kann.
- **Tarifkennzeichen**
  Über das Tarifkennzeichen wird definiert, ob der Leistungstarif manuell geplant oder maschinell errechnet werden soll und – im Falle einer maschinellen Berechnung – nach welchem Verfahren die Ermittlung

durchgeführt werden soll. Hierzu wird aus dem Stammsatz der Leistungsart der Vorschlagswert zum Tarifkennzeichen zunächst eingesteuert, kann aber individuell auf der Kostenstelle verändert werden. Die einzelnen Verfahren zur Tarifermittlung werden später im Abschnitt *Ermittlung von Leistungstarifen* erläutert.

- **Tarifeinheit**
  Über die Tarifeinheit wird definiert, auf wie viele Mengeneinheiten der Leistungsart sich die Leistungstarife beziehen. Diese Einheit ist wichtig, da alle Preise nur mit zwei Nachkommastellen gespeichert werden. Wird nun ein Preis für eine Leistungseinheit definiert, der mehr als zwei Nachkommastellen aufweist, so kann über die Anhebung der Tarifeinheit um eine oder mehrere Zehnerpotenzen auch ein derartiger Leitungstarif erfasst und gespeichert werden.
- **Gesamttarif**
  In diesem Feld wird der Preis je Anzahl der Tarifeinheiten einer Leistungsart geplant. Sofern der Tarif nicht maschinell ermittelt werden soll, werden die Tarife über diese Eingabefelder gepflegt. Es stehen immer die Tarife *Gesamt*, *Fix* und *Variabel* zur Verfügung, von denen aber nur zwei zur Eingabe bereit sind und der dritte sich automatisch errechnet.
- **Variabler Tarif**
  Der Leistungstarif einer Leistungsart differenziert sich in einen fixen und einen variablen Tarifanteil. Über diese Differenzierung können von einer Kostenstelle in der Leistungsverrechnung fixe und variable Kosten getrennt verrechnet werden. Der variable Tarif gibt an, welche variablen Kosten je Anzahl der Tarifeinheiten einer Leistungsart verrechnet werden.
- **Fixer Tarif**
  Der fixe Tarif gibt an, welche fixen Kosten je Anzahl der Tarifeinheiten einer Leistungsart verrechnet werden.
- **Äquivalenzziffer**
  Über die Äquivalenzziffern je Leistungsart kann der Anteil an leistungsunabhängig geplanten Kosten festgelegt werden, der durch die jeweilige Leistungsart abgedeckt werden soll.

Zusätzlich können noch weitere wichtige Informationen zur Leistungsarten/Kostenstellen-Kombination angezeigt werden:

- **Disponierte Leistungsmenge**
  Die disponierte Leistungsmenge gibt auf einer Senderkostenstelle an, welche Menge von allen Empfängern dieser Leistung geplant wurde, im Planungszeitraum in Anspruch genommen zu werden. Über die Felder der Planleistung des Leistungserbringers und der disponierten Leistung aller Leistungsempfänger wird die Abstimmung zwischen den Kostenstellen bei der internen Leistungsverrechnung überprüft.
- **Kostenart**
  Aus dem Stammsatz der Leistungsart wird die sekundäre Kostenart angezeigt, unter der die Kostenbe- und -entlastungen einer internen Leistungsverrechnung gebucht werden.
- **Leistungsartentyp**
  Aus dem Stammsatz der Leistungsart wird der Leistungsartentyp angezeigt. Über den Leistungsartentyp wird gesteuert, wie die Leistung zwischen den Sendern und Empfängern verrechnet wird (siehe Abschnitt 5.9.3).

Primärkostenplanung

Nach der Planung der statistischen Kennzahlen und der Definition des Leistungsangebots je Kostenstelle folgt mit der Primärkostenplanung und der Sekundärkostenplanung der eigentliche Schwerpunkt der Kostenstellenplanung. Die Primärkostenplanung kann dabei sowohl manuell als auch mit maschinellen Methoden durchgeführt werden.

Manuelle Primärkostenplanung

Bei der manuellen Planung von Primärkosten werden die Kosten ebenfalls über Planungslayouts erfasst. Dabei sind auch diese Planungslayouts in einen Kopfbereich und eine Zeilen- und Spaltenstruktur differenziert. Im Kopfbereich werden wiederum die ausgewählte Planversion, der Planungszeitraum und jeweils eine der selektierten Kostenstellen angezeigt. In der Eingabematrix erfolgt dann die Eingabe der Plandaten zu den Daten im Kopfbereich. Auch hier kann zwischen einer formularbasierten und einer freien Darstellungsform gewählt werden. Um in die jeweiligen Planungslayouts zu gelangen, wird zunächst ausgewählt, welche Planversion, welcher Planungszeitraum, welche Kostenstellen, welche Kostenarten und – bei leistungsabhängiger Planung – welche Leistungsarten beplant werden sollen.

Leistungsunabhängige Primärkostenplanung

Des Weiteren ist bei der manuellen Primärkostenplanung zwischen der leistungsabhängigen und der leistungsunabhängigen Planung zu unterscheiden. Abbildung 5.91 zeigt zunächst ein Beispiel für eine leistungsunabhängige Planung.

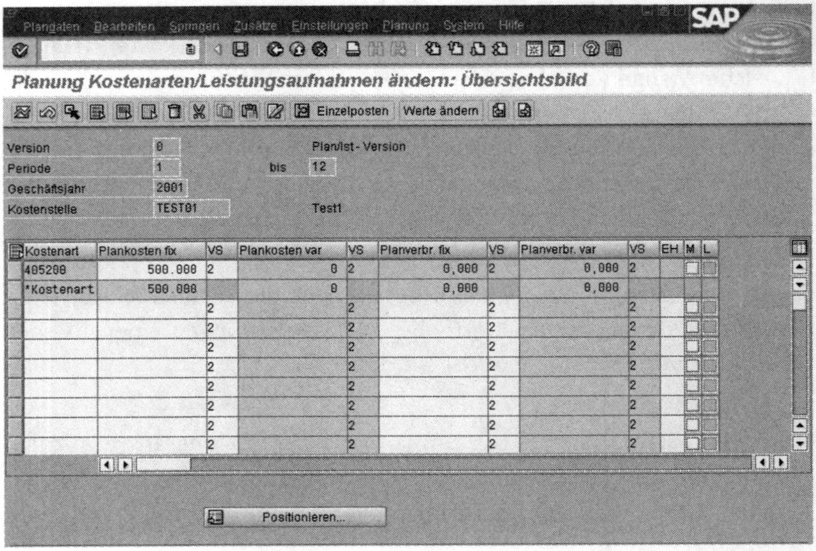

Abbildung 5.91 Beispiel einer leistungsunabhängigen Primärkostenplanung

In diesem Fall werden in den Eingabezeilen die einzelnen Kostenarten mit Angabe des jeweiligen Kostenbetrags erfasst. Eine Differenzierung in fixe und variable Bestandteile ist bei der leistungsunabhängigen Planung nicht möglich. Sämtliche Kosten werden vom SAP R/3-System als Fixkosten interpretiert.

Über den Verteilungsschlüssel im Planungslayout kann gesteuert werden, wie der Jahreswert auf die einzelnen Perioden des Planungszeitraums verteilt werden soll (siehe Abschnitt 5.9.4). Darüber hinaus steht über die Funktion *Periodenbild* eine Möglichkeit zur Verfügung, die Periodenwerte manuell zu pflegen.

Leistungsabhängige Primärkostenplanung

Bei der leistungsabhängigen Planung hingegen, wie sie beispielhaft in Abbildung 5.92 dargestellt ist, erfolgt die Kostenplanung in der Eingabemaske auf der Ebene der Kostenarten/Leistungsarten-Kombination.

Das bedeutet, dass die jeweils geplanten Kosten einer Kostenart direkt einer Leistungsart zugeordnet werden. Dabei darf man sich natürlich nur auf Leistungsarten beziehen, die von der jeweiligen Kostenstelle auch erbracht werden.

Sollen die Kosten einer Kostenart auf mehrere Leistungsarten aufgeteilt werden, so ist dies über die Eingabe der Kostenart in mehreren Zeilen mit jeweils einer anderen Leistungsart durchaus möglich.

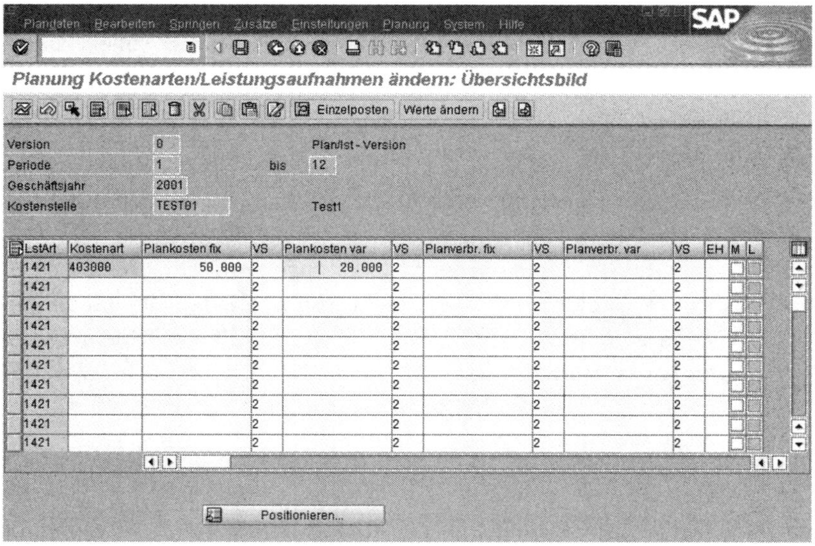

Abbildung 5.92 Beispiel einer leistungsabhängigen Primärkostenplanung

Da in diesem Fall die geplanten Primärkosten einen direkten Bezug zu einer Leistungsart aufweisen, können die Kosten je Kostenarten/Leistungsarten-Kombination auch in einen fixen und einen variablen Anteil differenziert werden.

Die variablen Kosten werden wie die Fixkosten als Gesamtbetrag und nicht als Betrag je Leistungseinheit geplant. Dabei beziehen sich diese variablen Kosten auf die Planmenge der Leistungsart, wie sie zuvor im Leistungsangebot geplant wurde. Dies kann zur Folge haben, dass auch die variablen Kosten hierzu manuell nachgebessert werden müssen, wenn das Leistungsangebot einer Leistungsart auf einer Kostenstelle mehrfach verändert wird.

Primärkostenplanung mit Excel

Neben der Datenerfassung und -anpassung direkt über die vorgestellten Planungslayouts im SAP R/3-System besteht seit dem Release 4.5 auch die Möglichkeit, die Daten außerhalb des SAP R/3-Systems in Microsoft Excel zu erfassen und gegebenenfalls später maschinell einzuspielen.

Damit SAP R/3 in diesem Zusammenhang die in Excel geplanten Daten korrekt interpretieren kann, wird eine Kommunikationsstruktur zwischen SAP R/3 und Excel benötigt. Diese basiert immer auf einem Planungslayout. Auf der Basis des Planungslayouts kann im Customizing eine Dateibeschreibung maschinell erstellt werden, in der die Inhalte einer zu empfangenden Excel-Tabelle festgelegt werden. Über diese Dateibeschreibung wird im SAP R/3-System hinterlegt, welche Inhalte des Excel-Sheets wie im SAP R/3-System interpretiert werden sollen. Dabei wird immer auf den Aufbau eines Planungslayouts zurückgegriffen und logisch einzelne Felder des Excel-Sheets in Felder eines Planungslayouts übertragen.

So kann etwa der Planungsbildschirm zunächst als Integration mit Excel aufgerufen werden. Dabei wird eine Excel-Tabelle angelegt, die in ihrem Aufbau exakt dem zugrunde liegenden Planungslayout entspricht. Dieses Vorgehen unterscheidet sich dabei nicht von der Excel-Integration mit CO-PA (siehe Abschnitt 5.2.5). Werden in dieser Excel-Tabelle Daten erfasst und gespeichert, so sind diese über die Integration mit SAP R/3 direkt gespeichert.

Sollen die Daten nicht in SAP R/3 online über die Excel-Integration erfasst und gespeichert werden, so ist auch die reine Datenerfassung mit Excel möglich. Dadurch kann zunächst völlig losgelöst vom SAP R/3-System die Primärkostenplanung durchgeführt werden. Dabei müssen allerdings wiederum Excel-Sheets genutzt werden, die im Aufbau exakt einzelnen Planungslayouts im SAP R/3-System entsprechen. Um die so erstellten Excel-Daten später wieder nach SAP R/3 einzuspielen, steht eine flexible Upload-Funktion für Excel-Dateien zur Verfügung. Voraussetzung hierfür ist, dass streng darauf geachtet wird, das Layout der Excel-Tabelle nicht zu verändern. Weiterhin müssen die Excel-Tabellen zusätzlich als Text- oder CSV-Dateien gespeichert werden.

Mit der flexiblen Upload-Funktion werden diese Text- oder CSV-Dateien eingespielt. Zunächst ist für den Upload die Datenquelle in Form eines Dateipfades und/oder Dateinamens zu definieren. Die Datenquelle kann entweder aus einer einzelnen Datei oder aus einem ganzen Verzeichnis mit gleich aufgebauten (!) Dateien bestehen. Weiterhin ist die Dateibeschreibung anzugeben, mit der dem SAP R/3-System definiert wird, wie die Einspieldateien aufgebaut sein sollen und wie diese Dateninhalte zu interpretieren sind. Zum Schluss müssen nur noch die Dezimaldarstellung und das Zeichen für den Spaltenseparator angegeben werden. In Protokollen wird dokumentiert, ob der Upload erfolgreich war oder bei welchen Datensätzen sich Einspielprobleme ergeben haben.

Maschinelle Primärkostenplanung

Neben der manuellen Primärkostenplanung stehen mit der Verteilung und der Abgrenzung auch zwei Methoden zur maschinellen Primärkostenplanung zur Verfügung.

In der Kostenrechnung wird häufig mit der Konstruktion von Verrechnungs- bzw. Sammelkostenstellen gearbeitet. Auf diesen Kostenstellen werden im Ist zunächst Primärkosten gesammelt, die dann nach einem bestimmten Schlüssel an verschiedene Kostenstellen verrechnet werden. Beispiele hierfür sind Telefonkosten, Heizkosten, Stromkosten usw., die in Form einer Sammelrechnung ohne weitere Differenzierung im Unternehmen eingehen und dann nach Aufwand verteilt werden sollen.

Verteilung

Im Rahmen der Kostenstellenplanung kann diese Verrechnung nachempfunden werden, indem auf der Verrechnungskostenstelle der Gesamtbetrag als Primärkostenart geplant wird und dann über einen Verteilungszyklus auf der Basis eines Schlüssels auf andere Kostenstellen verteilt wird. Abbildung 5.93 stellt diese Verrechnungsmethode grafisch dar.

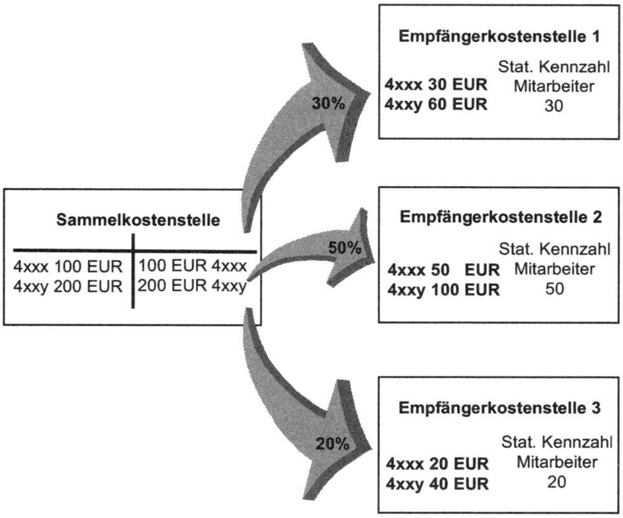

Abbildung 5.93 Das Prinzip der Verteilung

Als Verrechnungsschlüssel können dabei Äquivalenzziffern, Prozentsätze, aber auch ausgewählte statistische Kennzahlen – wie etwa die Anzahl der Telefoneinheiten, die Anzahl der Mitarbeiter, die Anzahl der Quadratmeter usw. – genutzt werden. Bei der Verteilung wird die Verrechnungskostenstelle unter der jeweiligen Primärkostenart entlastet und die Empfängerkostenstelle unter der Primärkostenart belastet.

Bei der Definition der Verteilung können neben den Empfängerkostenstellen auch Empfängerleistungsarten angegeben werden, sodass bei der Verteilung auch eine leistungsabhängige Planung realisiert werden kann.

Abgrenzung Neben der Verteilung steht mit der Abgrenzung eine zweite Methode zur maschinellen Primärkostenplanung zur Verfügung. Diese Methode wird häufig in Zusammenhang mit Personalnebenkosten, die nicht im Personalwesen geplant wurden, angewendet. Abbildung 5.94 zeigt das Verfahren der Abgrenzung grafisch auf.

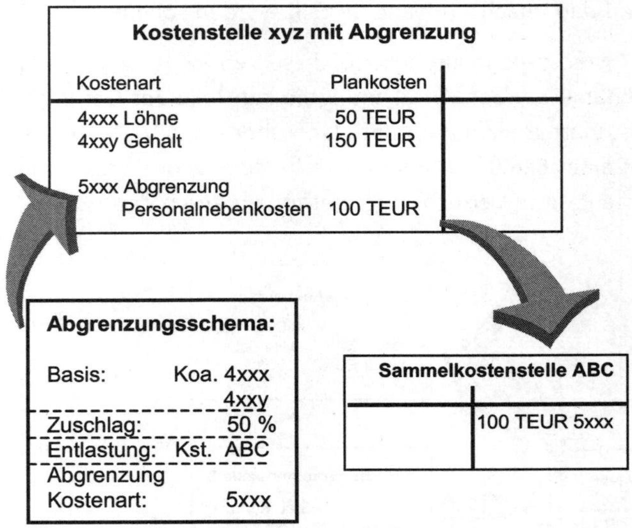

Abbildung 5.94 Das Prinzip der Kostenabgrenzung

Bei der Abgrenzung in der Kostenstellenplanung werden die geplanten Kosten einer Kostenart auf einer Kostenstelle in Abhängigkeit der Höhe der Kosten anderer Kostenarten ermittelt und gebucht. Dabei wird der Abgrenzungsbetrag in der Regel als Prozentwert einer Kostenbasis berechnet. So können beispielsweise die Personalnebenkosten als Prozentsatz der Lohn- und Gehaltskosten geplant werden. Es wird vorausgesetzt, dass die Personalnebenkosten sich im gleichen Verhältnis verändern wie die Lohn- und Gehaltskosten und in etwa auf jeder Kostenstelle den gleichen prozentualen Anteil zu diesen Kosten aufweisen werden.

Die Abgrenzung wird über ein Abgrenzungsschema definiert, in dem in Form eines Kalkulationsschemas zunächst eine Kalkulationsbasis (z.B. die Lohn- und Gehaltskosten) und ein Zuschlag (z.B. der prozentuale Zuschlag für Personalnebenkosten) definiert werden. Im Abgrenzungsschema können auch komplexe mehrstufige Konstrukte mit unterschiedlichen Kalkulationsbasen und Zuschlägen realisiert werden.

Bei der Durchführung der Abgrenzung wird für jede Kostenstelle, die an der Abgrenzung beteiligt wird, der Abgrenzungsbetrag berechnet und unter einer speziellen Abgrenzungskostenart (siehe Abschnitt 5.9.3) gebucht.

Mit jeder Abgrenzungsbuchung wird als Gegenbuchung ein anderes Kontierungsobjekt (Kostenstelle oder CO-Auftrag) entlastet. Auf diesem Kontierungsobjekt ergibt sich so der Gesamtbetrag der abgegrenzten Kosten. Hier kann dann die Gesamtsumme der erwarteten Kosten, die auf den einzelnen Kostenstellen abgegrenzt wurden, geplant werden.

Sekundärkostenplanung

Neben der Primärkostenplanung stellt die Sekundärkostenplanung einen wesentlichen Bestandteil der Kostenstellenplanung dar. Auch bei der Sekundärkostenplanung kann zwischen manuellen und maschinellen Planungsmethoden unterschieden werden.

Manuelle Sekundärkostenplanung

Die manuelle Sekundärkostenplanung erfolgt durch die manuelle Planung von internen Leistungsverrechnungen. Dabei wird von den einzelnen Kostenstellen die Inanspruchnahme bestimmter Leistungsmengen einer anderen Kostenstelle geplant. Wesentlich für das Verständnis der internen Leistungsverrechnung ist, dass hierbei zunächst nur Leistungsmengen und keineswegs direkt Kosten geplant werden. Erst über die Bewertung der Leistungsmengen mit einem Tarif erfolgt schließlich die Verrechnung von Sekundärkosten.

Bei der manuellen Planung von Leistungsverrechnungen werden die Leistungsmengen wie bei allen anderen manuellen Planungen über Planungslayouts erfasst. Im Kopfbereich werden wiederum die ausgewählte Planversion, der Planungszeitraum und jeweils eine der selektierten Empfängerkostenstellen angezeigt. In der Eingabematrix erfolgt dann die Eingabe der Plandaten zu den Daten im Kopfbereich. Auch in diesem Fall kann zwischen einer formularbasierten und einer freien Darstellungsform gewählt werden. Um in die jeweiligen Planungslayouts zu gelangen, wird zunächst ausgewählt, welche Planversion, welcher Planungszeitraum, welche Senderkostenstellen, welche Senderleistungsarten, welche Empfängerkostenstellen und – bei leistungsabhängiger Planung – welche Empfängerleistungsarten beplant werden sollen.

Leistungsunabhängige Sekundärkostenplanung

Auch hier wird zwischen einer leistungsabhängigen und einer leistungsunabhängigen Planung unterschieden. Abbildung 5.95 zeigt zunächst ein Beispiel für eine leistungsunabhängige Leistungsverrechnung.

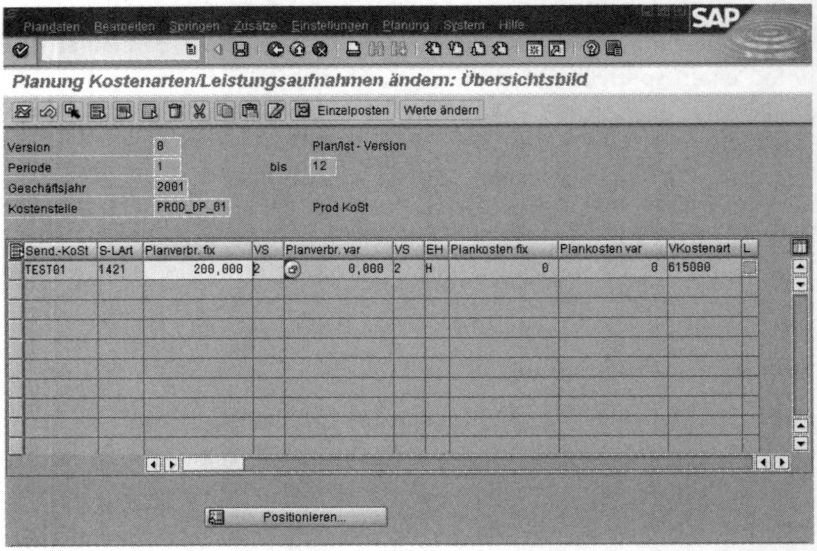

Abbildung 5.95 Beispiel einer leistungsunabhängigen Sekundärkostenplanung

In Falle der leistungsunabhängigen Planung werden in der Eingabezeile die einzelnen Kombinationen von Senderkostenstelle und Senderleistungsart mit Angabe der jeweiligen Leistungsmenge erfasst. Eine Differenzierung in einen fixen und einen variablen Leistungsmengenanteil ist bei der leistungsunabhängigen Planung nicht möglich. Sämtliche Leistungsmengen werden vom SAP R/3-System als fix interpretiert. Dies hat zur Folge, dass auf der Empfängerkostenstelle die Sekundärkosten, die sich aus der Bewertung der Leistungsmenge ergeben, selbst dann voll als Fixkosten gebucht werden, wenn der Leistungstarif einen variablen Anteil besitzt. Auf diese Weise werden aus variablen Kosten des Senders fixe Kosten beim Empfänger (siehe zur Verrechnung von variablen Kosten im Leistungsverbund auch Abschnitt 5.9.4.)

Über den Verteilungsschlüssel im Planungslayout kann außerdem gesteuert werden, wie der Jahreswert auf die einzelnen Perioden des Planungszeitraums verteilt werden soll (siehe Abschnitt 5.9.4). Über die Funktion *Periodenbild* besteht die Möglichkeit, die Periodenwerte manuell zu pflegen.

Leistungsabhängige Sekundärkostenplanung

Bei der leistungsabhängigen Leistungsverrechnung hingegen erfolgt die Erfassung von Leistungsmengen auf der Ebene der Kombination von Senderkostenstelle, Senderleistungsart und Empfängerleistungsart. Damit wird zum Ausdruck gebracht, dass die vom Empfänger geplante Inanspruchnahme einer Leistungsart eines Senders in direktem Zusammenhang mit der eigenen Erbringung einer Leistungsart steht. Abbildung 5.96 zeigt beispielhaft einen Eingabebildschirm mit der Planung einer leistungsabhängigen Leistungsverrechnung.

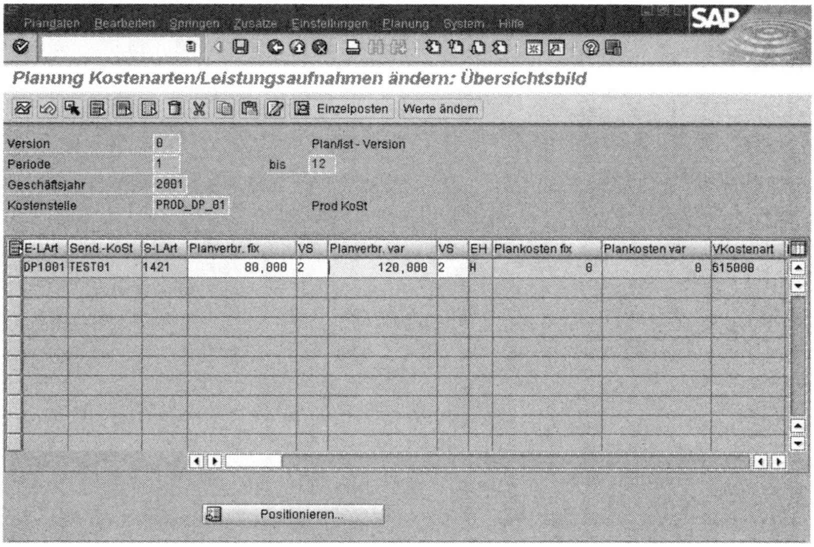

Abbildung 5.96 Beispiel einer leistungsabhängigen Sekundärkostenplanung

Dies hat zur Folge, dass die sich aus der Bewertung der in Anspruch genommenen Leistung ergebenden Sekundärkosten direkt der Empfängerleistungsart zugeordnet werden. Da in diesem Fall die geplanten Leistungsmengen des Senders einen direkten Bezug zu einer Leistungsart beim Empfänger aufweisen, können die Leistungsmengen auch in einen fixen und einen variablen Anteil differenziert werden.

Die variablen Leistungsmengen werden dabei als Gesamtmenge und nicht als Menge je Empfängerleistungseinheit geplant. Diese variabel geplanten Leistungsmengen des Senders beziehen sich auf die Planmenge der Leistungsart, wie sie zuvor im Leistungsangebot geplant wurde. Dies kann zur Folge haben, dass auch die variablen Leistungsmengen des Senders hierzu manuell nachgebessert werden müssen, wenn das Leistungsangebot einer Empfängerleistungsart auf einer Empfängerkostenstelle mehrfach verändert wird.

Durch die leistungsabhängige Planung von Leistungsmengen können variable Kosten durch den gesamten Verbund an Kostenstellen bis in die Erzeugniskalkulation durchgereicht werden.

Indirekte Leistungsverrechnung

Bei den maschinellen Methoden zur Sekundärkostenplanung ist zunächst die indirekte Leistungsverrechnung zu nennen. Sie kommt der manuellen Planung von internen Leistungsverrechnungen noch am nächsten. Die indirekte Leistungsverrechnung wird immer dann angewendet, wenn die Leistungsempfänger die Inanspruchnahme von Mengen einer Leistungsart von einem Leistungserbringer nicht manuell planen können, dies aber aus der Abhängigkeit von anderen Faktoren abgeleitet werden kann. Abbildung 5.97 zeigt ein Beispiel für eine indirekte Leistungsverrechnung.

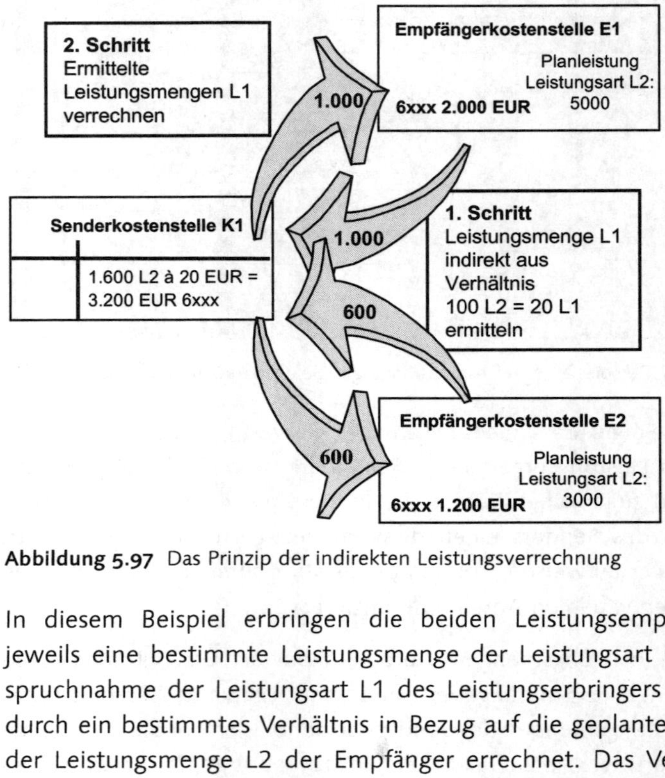

Abbildung 5.97 Das Prinzip der indirekten Leistungsverrechnung

In diesem Beispiel erbringen die beiden Leistungsempfänger selbst jeweils eine bestimmte Leistungsmenge der Leistungsart L2. Die Inanspruchnahme der Leistungsart L1 des Leistungserbringers K1 wird nun durch ein bestimmtes Verhältnis in Bezug auf die geplante Verrechnung der Leistungsmenge L2 der Empfänger errechnet. Das Verhältnis wird durch einen Umrechnungsfaktor zwischen den Leistungsarten definiert. In diesem Fall werden pro 100 L2-Leistungseinheiten 20 Leistungseinheiten der Leistungsart L1 im Plan verrechnet. Durch die indirekte Leistungsverrechnung werden wie bei der manuellen Planung interne Leistungsverrechnungen gebucht, nur mit dem Unterschied, dass in diesem Fall die Mengen aus der Abhängigkeit eines anderen Faktors maschinell abgeleitet werden.

Neben der Leistungsmenge von Empfängerleistungsarten können aber auch Kostenarten, statistische Kennzahlen oder auch einfach Prozentanteile zur Ermittlung der Leistungsmengen verwendet werden.

Bei Anwendung der indirekten Leistungsverrechnung können nur Leistungsarten mit den Leistungsartentypen 2 und 3 verwendet werden. Die beiden Typen unterscheiden sich im Hinblick auf die Planmenge der Leistungsart, die vom Leistungserbringer geplant wird.

Bei Leistungsarten des Leistungsartentyps 2 plant der Leistungserbringer die Planleistung nicht selbst. Die Planmenge ergibt sich vielmehr aus der definierten Abhängigkeit auf den Empfängerkostenstellen. Im Beispiel in Abbildung 5.97 ergibt sich die Planleistung der Senderkostenstelle K1 aus den Leistungsmengen der Leistungsart L2 der Empfängerkostenstellen, multipliziert mit dem angegebenen Umrechnungsfaktor.

Bei Leistungsarten des Leistungsartentyps 3 hingegen wird die Planleistung der Leistungsart manuell geplant und nur diese Menge in Abhängigkeit z.B. von statistischen Kennzahlen oder prozentualen Anteilen auf die Empfängerkostenstellen verrechnet.

Neben den Leistung erbringenden Kostenstellen kann es auch Kostenstellen geben, für die keine Leistung definiert werden kann, deren Kosten aber ebenfalls auf andere Kostenstellen verrechnet werden sollen. In diesen Fällen besteht die Möglichkeit, eine Art »Dummy-Leistungsart« einzuführen und diese nach einem fiktiven Schlüssel per indirekte Leistungsverrechnung zu verrechnen.

Kostenstellenumlage

Andererseits besteht aber auch die Möglichkeit, über eine Kostenstellenumlage Kosten maschinell ohne Anwendung von Leistungsarten zwischen Kostenstellen zu verrechnen. Bei der Kostenstellenumlage wird ein bestimmter Kostenbetrag nach einem bestimmten Schlüssel auf andere Kostenstellen aufgeteilt und verrechnet. Dabei wird die Senderkostenstelle unter einer Sekundärkostenart entlastet und die Empfängerkostenstelle entsprechend belastet. Abbildung 5.98 zeigt exemplarisch die Verrechnung einer Kostenstellenumlage auf.

Bei der Definition einer Kostenstellenumlage müssen vorwiegend folgende Aspekte definiert werden:

- **Sender**
  Der Sender wird zunächst durch die Senderkostenstelle definiert. Des Weiteren kann entweder ein bestimmter fester Betrag, ein prozentualer Anteil der geplanten Kosten einer Kostenart oder Kostenarten-

gruppe, die auf dem Sender geplant wurden, oder der Gesamtwert der Plankosten der Senderkostenstelle umgelegt werden.

- **Empfänger**
  Die Empfänger werden durch eine Reihe von Kostenstellen oder eine Kostenstellengruppe identifiziert.
- **Aufteilung der Senderwerte auf Empfänger**
  Die Aufteilung der Senderwerte auf die Empfänger kann nach verschiedenen Empfängerregeln durchgeführt werden. Zum einen besteht die Möglichkeit, durch die Angabe von Äquivalenzziffern oder Prozentzahlen die Senderwerte auf die Empfänger aufzuteilen. Zum anderen besteht die Möglichkeit, die Senderwerte variabel in Abhängigkeit von bestimmten statistischen Kennzahlen oder Plankosten von Kostenarten auf die Empfänger umzulegen.

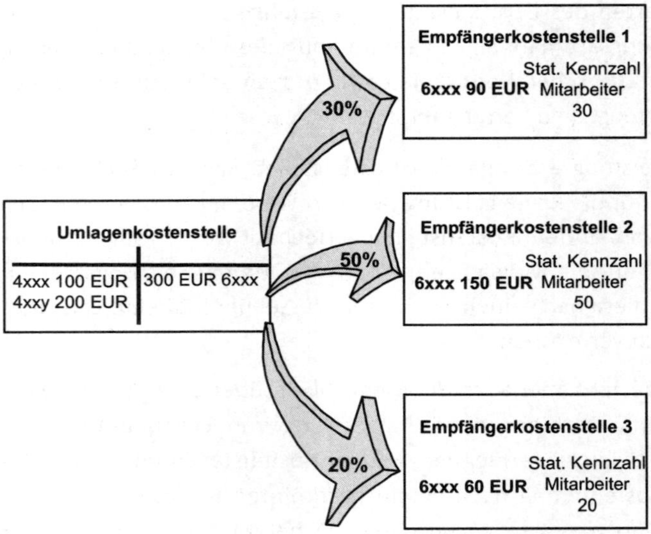

Abbildung 5.98 Das Prinzip der Kostenstellenumlage

Die Kosten einer Kostenstellenumlage fallen immer als Fixkosten beim Empfänger an. Eine leistungsabhängige Kostenstellenumlage ist nicht möglich und widerspricht auch der Kostenrechnungslogik von SAP R/3, da in diesem Fall Kosten ohne Leistungsbezug verrechnet werden.

Kombination von Leistungsverrechnung und Umlage

Bei der kombinierten Anwendung von Leistungsverrechnungen und Kostenstellenumlagen im Kostenstellenverbund sollte stets darauf geachtet werden, dass sich die Verrechnungswege von Kostenstellen, die sich per Leistungsverrechnung verrechnen, nicht mit Kostenstellen überschneiden, die sich per Kostenstellenumlagen verrechnen. In diesen Fällen ist die automatische Auflösung von Verrechnungskreisläufen durch Iteration nicht möglich.

Ermittlung von Leistungstarifen

Um die Sekundärkostenplanung bei Anwendung von internen Leistungsverrechnungen zu vollenden, müssen für jede Leistungsart die entsprechenden Leistungstarife festgelegt bzw. errechnet werden.

Dabei erfolgt die Tarifermittlung für jede Kostenstellen/Leistungsarten-Kombination in Abhängigkeit von dem Tarifkennzeichen, das in der Planung der Leistungsarten auf der Kostenstelle festgelegt wurde.

Tarifkennzeichen

Im Allgemeinen werden in der Kostenstellenplanung drei Tarifkennzeichen unterschieden:

- **Tarifkennzeichen 1: Tarifermittlung auf der Basis der Planleistung**
  Bei Anwendung des Tarifkennzeichens 1 wird der Leistungstarif automatisch mittels Division der Gesamtkosten, die durch die Leistungsart abgedeckt werden sollen, durch die Planmenge errechnet. Dabei wird der Tarif im Verhältnis der geplanten fixen und variablen Kosten in einen fixen und einen variablen Leistungstarif aufgeteilt.

  Durch diese Art der Tarifermittlung wird im Plan die Senderkostenstelle durch die geplante Menge an Leistungsverrechnung vollständig entlastet. So entsteht zumindest im Plan keine Über- oder Unterdeckung auf der Kostenstelle.

- **Tarifkennzeichen 2: Fixe Tarifermittlung auf der Basis der Kapazität**
  Bei Leistungsarten mit dem Tarifkennzeichen 2 wird der variable Leistungstarif mittels Division der geplanten variablen Kosten, die auf der Leistung geplant wurden, durch die Planmenge errechnet. Der fixe Anteil des Tarifs wird hingegen durch die Divsion der geplanten bzw. zugeordneten Fixkosten, die durch die Leistungsart abgedeckt werden sollen, durch die Kapazität der Leistungsart errechnet.

  Durch diese Art der Tarifermittlung wird immer eine Unterdeckung auf der Senderkostenstelle erzeugt, wenn die Planmenge kleiner als die Leistungskapazität ist. In diesen Fällen wird die sich durch die Unterauslastung ergebende Beschäftigungsabweichung nicht durch Leistungsverrechnungen an andere Kostenstellen verrechnet, sondern bleibt zunächst als Saldo auf der Senderkostenstelle stehen. Abbildung 5.99 verdeutlicht das Prinzip der Beschäftigungsabweichung in Form einer Grafik.

▶ **Tarifkennzeichen 3: Manuelle Tarifermittlung**
Bei Leistungsarten mit dem Tarifkennzeichen 3 wird der Preis für die Leistungsart manuell festgelegt. In diesen Fällen wird wie bei einem echten Kunden-Lieferanten-Verhältnis ein Preis für die Leistung festgelegt, der dem Leistungserbringer je nach Auslastung einen Gewinn oder Verlust einbringt.

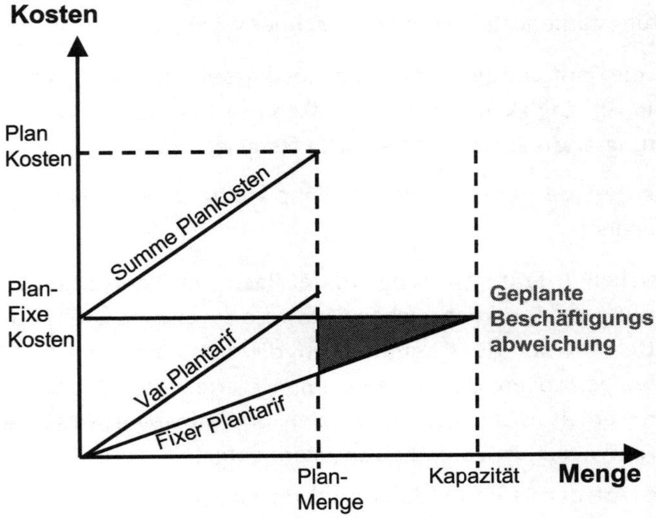

Abbildung 5.99 Geplante Beschäftigungsabweichung

Bevor die Tarifermittlung für Leistungsarten mit dem Tarifkennzeichen 1 und 2 durchgeführt werden kann, müssen noch zwei Planungsaufgaben fertig gestellt werden:

1. Abstimmung zwischen disponierter und geplanter Leistungsmenge
2. Aufteilung der leistungsunabhängig geplanten Kosten

Abstimmung zwischen disponierter und geplanter Leistungsmenge

Wie bereits in Abschnitt 5.9.4 erläutert, muss die von den Leistungserbringern geplante Leistungsmenge zu einer Leistungsart nicht unbedingt mit der Summe der geplanten Inanspruchnahme dieser Leistungsart durch die Leistungsempfänger übereinstimmen. Die hierzu notwendige Abstimmung lässt sich durch den Vergleich der Planmenge mit der disponierten Menge je Kostenstellen/Leistungsarten-Kombination überprüfen.

Dazu können zum einen die Planungslayouts zur Definition der Leistungsarten aufgerufen werden. Zum anderen wird beim maschinellen Lauf zur Tarifermittlung zunächst die disponierte Leistung mit der Planmenge verglichen. Über das Customizing kann dazu ein prozentualer

Grenzwert definiert werden, ab dem die Tarifermittlung bei der Berechnung der Leistungstarife mit einer Fehlermeldung abbricht.

Zuordnung leistungsunabhängig geplanter Kosten

Die Aufteilung der leistungsunabhängig geplanten Kosten auf die Leistungsarten ist immer dann ein Problem, wenn eine Kostenstelle mehr als eine Leistungsart erbringt. In diesem Fall stehen, wie bereits erläutert, die Methoden mit Äquivalenzziffern oder mit einem Splittungsschema zur Verfügung. Wird keine der beiden Methoden angewendet, werden die leistungsunabhängig geplanten Kosten gleichmäßig auf alle Leistungsarten unabhängig von der jeweiligen Planleistung aufgeteilt.

Ist für jede Kostenstellen/Leistungsarten-Kombination die Planmenge mit der disponierten Leistungsmenge abgestimmt und sind die leistungsunabhängig geplanten Kosten alle auf Leistungsarten aufgeteilt, kann die Tarifermittlung durchgeführt werden. Dabei werden die Leistungstarife je nach Tarifkennzeichen mittels Division der Plankosten durch die Planmenge bzw. die Kapazität berechnet. Bei dieser Berechnung wird unter Berücksichtigung der fixen und variablen Anteile in den Plankosten neben dem Gesamttarif zusätzlich jeweils ein fixer und ein variabler Leistungstarif berechnet. Dabei werden auch Verrechnungskreisläufe durch iterative Berechnungen schrittweise aufgelöst.

Weitere Planungsmethoden

Der Vollständigkeit halber sollen noch zwei weitere Planungsmethoden in der Kostenstellenplanung erwähnt werden, die aber im Rahmen der operativen Planung in der Kostenstellenplanung von untergeordneter Bedeutung sind.

Etatplanung

Zum einen stellt SAP R/3 die Methode der *Etatplanung* zur Verfügung. Bei dieser Methode werden die Kosten einer Kostenstelle nicht auf Kostenartenebene und nicht mit Leistungsverrechnungen geplant, sondern vielmehr – deutlich vereinfacht – lediglich als Etatwert.

Diese Form der Kostenstellenplanung bietet zwar den Vorteil, dass der Aufwand um ein Vielfaches niedriger ist als bei den bisher geschilderten Methoden zur Kostenstellenplanung. Sie hat aber den deutlichen Nachteil, dass auf diese Weise keine Integration innerhalb der operativen Planung realisiert wird. Dies ergibt sich aus dem Umstand, dass die Erzeugniskalkulation beispielsweise Leistungstarife oder Zuschlagssätze zur Berechnung der Fertigungskosten oder die Ergebnisplanung durch Kostenstellenumlagen die Salden aus der Kostenstellenplanung benötigt. Des Weiteren findet auch innerhalb der Kostenstellenrechnung kein Abgleich zwischen den geplanten Etatwerten statt, da auf Kostenverrechnungen zwischen den Kostenstellen bei der Etatplanung vollständig verzichtet wird.

Detailplanung

Schließlich steht noch die Methode der *Detailplanung* zur Verfügung. Bei dieser Methode werden unterhalb der Kostenstellen/Kostenarten-Kombination die Kosten auf einer Kostenstelle in Form einer Art Bauteilkalkulation sehr detailliert geplant. Dies bedeutet, dass durch die Zerlegung der Kosten in ihre Bestandteile und die Kalkulation der einzelnen Tätigkeiten die Kosten für eine Kostenart zusammengestellt werden.

Dieses Verfahren ist bei der Realisierung von Projekten oder einzelnen Aufgaben zu einem Projekt durchaus üblich. Im Rahmen der Kostenstellenplanung erscheint dieses Verfahren aber als zu aufwändig. Die Planung jeder Kostenstelle auf der Ebene von Kostenarten und Leistungsarten erscheint in den meisten Fällen bereits sehr detailliert und bedeutet in der Praxis einen hohen Aufwand, der durch geeignete Verfahren eher vereinfacht als weiter differenziert werden sollte.

Als PDF-Dokument zum Download unter www.sap-press.de

5.9.6 Checkliste zur Kostenstellenplanung

Stichwort	Erläuterung
Werteströme und Leistungsbeziehungen	Die Aufstellung bzw. Definition aller Werteströme und Leistungsbeziehungen zwischen den Kostenstellen ist die erste grundlegende Voraussetzung für die Kostenstellenplanung. Diese Übersicht zeigt auf, welche Kostenstellen Kosten bzw. Leistungen von welchen anderen Kostenstellen wie in Anspruch genommen werden.
Organisation der Kostenstellenplanung	Im Vorfeld der Kostenstellenplanung ist die organisatorische Durchführung festzulegen. Hierbei stellt sich insbesondere die Frage nach einer zentralen oder dezentralen Planung.
Zentrale vs. dezentrale Planung	Bei der zentralen Kostenstellenplanung werden die Daten zentral von einer Abteilung erfasst und gegebenenfalls sogar festgelegt. Bei der dezentralen Planung hingegen plant jeder Kostenstellenverantwortliche seine Kostenbe- und -entlastungen eigenständig. Zwischen diesen Extremformen der Kostenstellenplanung sind auch Mischformen denkbar.
Planversionen	Die Kostenstellenplanung kann in mehreren Versionen unabhängig voneinander durchgeführt werden. Über Kopierfunktionen besteht zusätzlich die Möglichkeit, Plandaten zwischen Planversionen auszutauschen.
Planungsprofile und Planungslayouts	Planungsprofile und Planungslayouts müssen vor Beginn der Kostenstellenplanung im Customizing definiert werden. Sie dienen zur manuellen Kostenstellenplanung.

Stichwort	Erläuterung
Kostenrechnungskreis	Der Kostenrechnungskreis ist die oberste Organisationseinheit der Kostenrechnung.
Kostenarten	Über Kostenarten wird die Gesamtmenge der Kosten in Teilbereiche differenziert, die auf den Kostenstellen separat erfasst und geplant werden sollen.
Plankostenarten	Es ist möglich, für die Kostenstellenplanung spezielle Plankostenarten zu definieren. Dies bringt für den Planungsaufwand und spätere Plan-Ist-Vergleiche Vor- und Nachteile, die im individuellen Fall abgewogen werden sollten.
Kostenstellen	Die Kostenstellen stellen in der Kostenstellenplanung die eigentlichen Kontierungsobjekte dar, auf denen die Planung durchgeführt wird.
Leistungsarten	Über Leistungsarten werden die Leistungen definiert, die die einzelnen Kostenstellen im Rahmen des Leistungsverbundes erbringen. Sie bilden die Grundlage für alle Leistungsverrechnungen.
Statistische Kennzahlen	Über statistische Kennzahlen werden zahlenmäßige Informationen auf Kostenstellen hinterlegt. Diese Informationen können für statistische Auswertungen zwischen Kostenstellen und für maschinelle Kostenverteilungen oder Umlagen genutzt werden.
Primärkosten	Unter Primärkosten werden alle Kosten verstanden, die sich aus Rechtsgeschäften zwischen dem Unternehmen und der Außenwelt oder aus dem Verbrauch von Vermögenswerten des Unternehmens (z.B. Abschreibungen des Anlagevermögens oder Verbrauch von Vorratsvermögen) ergeben.
Sekundärkosten	Sekundärkosten fallen immer im Rahmen von Verrechnungen zwischen Kostenstellen an. Die Summe jeder Sekundärkostenart über alle Kontierungsobjekte hinweg ist immer Null.
Interne Leistungsverrechnung	Über die interne Leistungsverrechnung wird eine Leistung von einer leistungserbringenden Kostenstelle auf eine oder mehrere leistungsempfangende Kostenstellen verrechnet. Dabei werden der Sender über eine Sekundärkostenart entlastet und die Empfänger unter der gleichen Sekundärkostenart belastet.
Fixe und variable Kosten	Primär- und Sekundärkosten können in fixe und variable Kostenanteile differenziert werden. Die Aufteilung kann dabei nach Kostenart bzw. Leistungsart erfolgen.
Variable Kosten nur mit Leistungsbezug	Sollen variable Kosten auf einer Kostenstelle geplant werden, so ist dies nur mit Bezug auf eine Leistungsart möglich. Variable Kosten ohne Leistung widersprechen der Kostensrechnungslogik von SAP R/3.

Stichwort	Erläuterung
Analyse der Werteströme	Bei einem komplexen Leistungsverbund spielt die Analyse und Strukturierung der Werteströme eine wichtige Rolle. Dabei sollten die Werteströme in Hinblick auf Verrechnungsstufen, Verrechnungskreisläufe und Abstimmungseinheiten untersucht werden.
Verrechnungsstufen	Verrechnungsstufen zwischen Kostenstellen liegen immer dann vor, wenn eine Kostenstelle Kosten oder Leistungen an andere Kostenstellen verrechnet, ohne direkt oder indirekt von diesen Kostenstellen wieder Kosten oder Leistung zurückzuerhalten.
Verrechnungskreisläufe	Verrechnungskreisläufe zwischen Kostenstellen entstehen immer dann, wenn Kostenstellen untereinander in wechselseitiger Beziehung Kosten oder Leistungen verrechnen.
Abstimmungseinheiten	Eine Abstimmungseinheit in der Kostenstellenplanung bildet eine Gruppe von Kostenstellen, die innerhalb dieser Gruppe wechselseitige Leistungsbeziehungen aufweisen, aber außerhalb dieser Gruppe keine wechselseitigen Beziehungen besitzen.
Leistungsabhängige und leistungsunabhängige Planung	Bei leistungsabhängiger Planung werden Kosten und Leistungen immer mit Bezug auf eine Leistungsart des Empfängers geplant. Bei leistungsunabhängiger Planung hingegen erfolgt dies nicht. Diese Differenzierung ist wichtig bei einer maschinellen Ermittlung von Leistungstarifen, da hierbei alle Kosten den Leistungsarten zugeordnet werden müssen.
Variable Kosten im Leistungsverbund	Sollen variable Kosten einer Kostenstelle im Leistungsverbund variabel bleiben, so ist dies nur möglich, wenn diese Kosten in jeder Verrechnungsstufe leistungsabhängig geplant werden. Anderenfalls werden aus variablen Kosten des Senders fixe Kosten beim Empfänger.
Abstimmung zwischen Sendern und Empfängern	Eine der wichtigsten Aufgaben bei der internen Leistungsverrechnung ist die Abstimmung der Leistungsmengen zwischen den Leistungserbringern (Sendern) und den Leistungsempfängern. Hierbei ist die Planmenge mit der disponierten Leistungsmenge je Kostenstellen/Leistungsarten-Kombination abzustimmen.
Leistungstarif	Über den Leistungstarif wird die Leistungsmenge einer Leistungsart mit einem Preis bewertet. Dabei wird der Gesamttarif in einen variablen und einen fixen Anteil differenziert.
Tarifkennzeichen	Über das Tarifkennzeichen wird zu einer Kostenstellen/Leistungsarten-Kombination festgelegt, wie der Leistungstarif ermittelt werden soll. Hierbei stehen neben der manuellen Festlegung verschiedene maschinelle Verfahren zur Verfügung.
Äquivalenzziffern	Über Äquivalenzziffern können leistungsunabhängig geplante Kosten in einem bestimmten Verhältnis auf die Leistungsarten einer Kostenstelle aufgeteilt werden.

Stichwort	Erläuterung
Splittungsschema	Über ein Splittungsschema können die leistungsunabhängig geplanten Kosten bestimmter Kostenartengruppen in Abhängigkeit von Schlüsseln oder statistischen Kennzahlen auf die Leistungsarten einer Kostenstelle aufgeteilt werden.
Periodenaufteilung	Alle Werte und Mengen in der Kostenstellenplanung werden auf Periodenebene (also Monate) gespeichert. Häufig erfolgt die Planung der Kostenstellenrechnung nur in Form von Jahreswerten. Dementsprechend stehen im SAP R/3-System verschiedene Methoden zur Verfügung, wie die Jahreswerte auf die Perioden aufgeteilt werden können.
Manuelle Planung	Bei der manuellen Planung werden statistische Kennzahlen, Leistungsarten, Primärkosten und Leistungsverrechnungen über Planungsprofile und Planungslayouts manuell eingegeben.
Verteilung	Die Verteilung dient dazu, Primärkosten von einer Sammel- oder Verrechnungskostenstelle nach einem Schlüssel oder einer statistischen Kennzahl auf andere Kostenstellen zu verteilen.
Abgrenzung	Die Abgrenzung dient dazu, Primärkosten maschinell in Abhängigkeit von der Höhe anderer Kostenarten auf einer Kostenstelle zu planen. Ein typisches Beispiel hierfür ist die Planung von Personalnebenkosten in Abhängigkeit von Lohn- und Gehaltskosten.
Indirekte Leistungsverrechnung	Über die indirekte Leistungsverrechnung können Leistungsverrechnungen in Abhängigkeit von bestimmten Leistungsmengen anderer Kostenstellen, statistischen Kennzahlen oder Schlüsseln maschinell verrechnet werden.
Kostenstellenumlage	Über die Kostenstellenumlage können Kosten von Kostenstellen, für die selbst keine Leistungsart definiert werden kann, an andere Kostenstellen verrechnet werden.
Kombination von Leistungsverrechnung und Umlage	Grundsätzlich ist die Kombination von Leistungsverrechnungen und Kostenstellenumlagen in einem Leistungsverbund möglich. Allerdings sollte man streng darauf achten, dass innerhalb einer Abstimmungseinheit immer nur ein Verfahren angewendet wird, da anderenfalls eine iterative Auflösung der Verrechnungskreisläufe nicht möglich ist.

5.10 Planung von Service-Kostenstellen

5.10.1 Definition und Ziel der Planung von Service-Kostenstellen

Das Ziel dieses Abschnitts besteht in der genaueren Schilderung der Planungsvorgänge innerhalb der Kostenstellenplanung bei Service-Kostenstellen.

Was sind Service-Kostenstellen?

Dabei werden unter *Service-Kostenstellen* alle Arten von Kostenstellen subsumiert, die sich primär über Kosten- oder Leistungsverrechnungen an andere Kostenstellen verrechnen. Im Einzelnen gehören hierzu unter anderem folgende Kostenstellen:

- Sammel- und Verrechnungskostenstellen
- Allgemeine Hilfskostenstellen der Produktion
- Alle Produktionskostenstellen, die sich an andere Produktionskostenstellen verrechnen und nicht direkt in die Erzeugniskalkulation einfließen
- Spezielle Hilfskostenstellen, die sich in die Produktion, aber auch an Gemeinkostenstellen verrechnen können, wie etwa Energiebetriebe
- Instandhaltungskostenstellen, Werkstätten etc.
- Kostenstellen mit allgemeinen Diensten, wie Werkschutz, Feuerwehr etc.
- Alle sonstigen Kostenstellen, die sich per Leistungsverrechnung oder Kostenstellenumlagen an andere Kostenstellen verrechnen

Dabei spielt es keine Rolle, ob diese Kostenstellen im Plan im Sinne eines Cost-Centers vollständig entlastet werden oder aber im Sinne eines Profit-Centers (nicht zu verwechseln mit dem SAP R/3-Begriff »Profit Center«) über Leistungsverrechnung einen internen Gewinn oder Verlust erwirtschaften können. Im Gegensatz dazu gehören alle Kostenstellen, die sich nicht an andere Kostenstellen verrechnen – im Weiteren werden sie Endkostenstellen genannt – und entweder über die Erzeugniskalkulation in die Herstellkosten oder als Gemeinkosten direkt in die Ergebnisrechnung einfließen, nicht zu den Service-Kostenstellen.

5.10.2 Voraussetzungen für die Planung von Service-Kostenstellen

Die Voraussetzungen für die Planung von Service-Kostenstellen sind:

- Definition aller Werteströme im Leistungsverbund zwischen den Kostenstellen
- Festlegung der Organisation der Kostenstellenplanung insbesondere mit der Klärung der Frage, ob die Planung zentral oder dezentral erfolgen soll
- Festlegung der Planversionen
- Einrichtung von Planungsprofilen und Planungslayouts

Alle diese Voraussetzungen sind in Abschnitt 5.9.2 erläutert worden.

5.10.3 Stammdaten für die Planung von Service-Kostenstellen

Zu der Stammdatenpflege für die Planung der Service-Kostenstellen zählen:

- Pflege der Kostenarten und Kostenartengruppen
- Pflege der Kostenstellen und Kostenstellengruppen
- Pflege der Leistungsarten und Leistungsartengruppen
- Pflege der statistischen Kennzahlen und Kennzahlengruppen

Die einzelnen Stammdatenobjekte werden in Abschnitt 5.9.3 beschrieben.

5.10.4 Input für die Planung von Service-Kostenstellen

In die Planung der Service-Kostenstellen fließen zahlreiche Faktoren zur Unterstützung und Vereinfachung der Planungsaktivitäten ein. Abbildung 5.100 liefert einen Überblick in Form eines Input-Output-Modells.

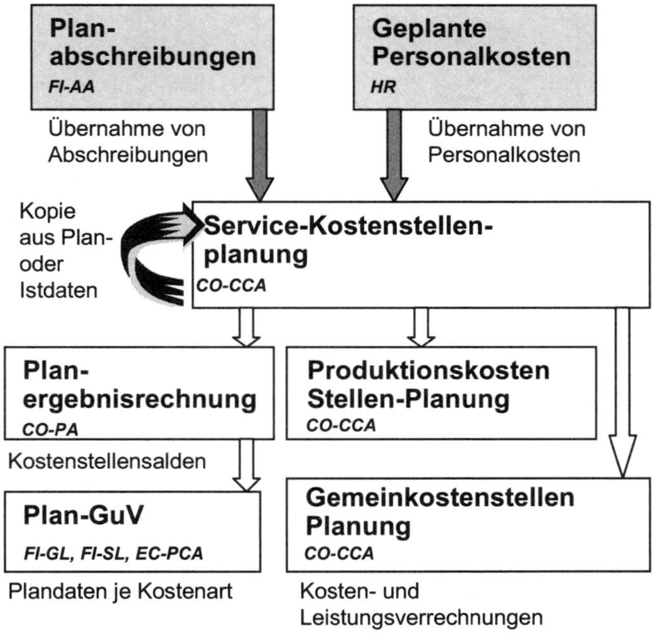

Abbildung 5.100 Input-Output-Modell zur Planung von Service-Kostenstellen (Input)

Kopieren von Ist- oder Plandaten

Zunächst einmal besteht die Möglichkeit, zur Unterstützung der Planung von Service-Kostenstellen Vorschlagswerte durch die Kopie von

- Plandaten aus einer anderen Planversion
- Plandaten aus einem anderen Zeitraum
- Istdaten aus einem abgelaufenen Zeitraum

in die jeweilige Planversion, in der die Planung durchgeführt werden soll, für den Planungszeitraum zu übernehmen. Abbildung 5.101 zeigt den Eingabebildschirm zur Transaktion zum Kopieren von Istdaten in eine Planversion.

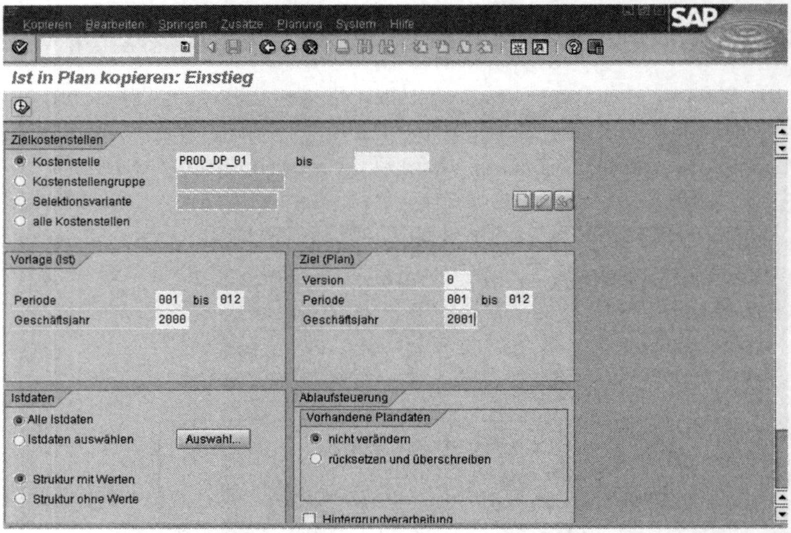

Abbildung 5.101 Kopieren von Istdaten als Vorschlagswerte für die Planung

Die Vorgehensweise beim Kopieren von Plandaten in eine andere Planversion erfolgt weitgehend analog. Im Eingabebildschirm wird zwischen Vorlage und Ziel unterschieden. Als Vorlage werden die Istdaten verstanden, die kopiert werden sollen. Das Ziel beschreibt hingegen die Planversion und den Zeitraum, in den die Istdaten kopiert werden sollen. Dabei kann die Auswahl, welche Daten kopiert werden sollen, zum einen nach Kostenstellen oder Kostenstellengruppen eingeschränkt werden. Zum anderen besteht die Möglichkeit zu definieren, welche Objekte kopiert werden sollen. Abbildung 5.102 zeigt die hierfür zur Verfügung stehenden Objekte.

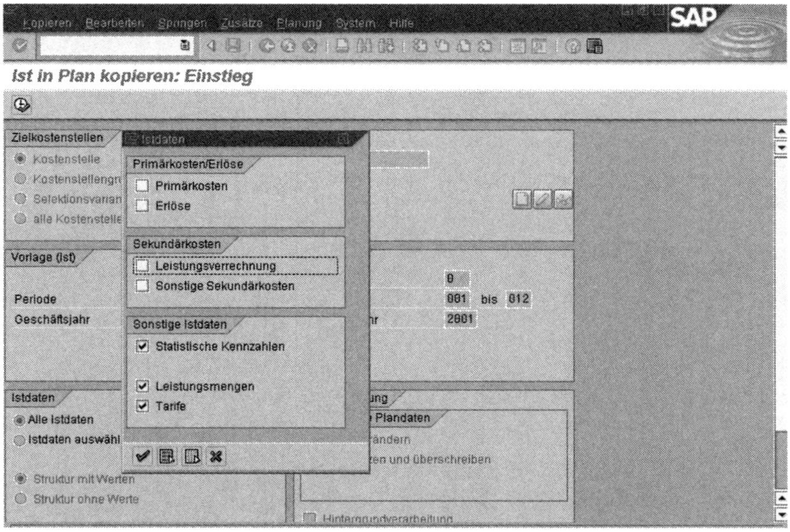

Abbildung 5.102 Auswahl von Objekten bei der Kopie von Istdaten

Auf diese Weise können beispielsweise Daten kopiert werden, die sich im Rahmen der Planung von Service-Kostenstellen nicht unbedingt von Jahr zu Jahr ändern. Hierzu gehören insbesondere die statistischen Kennzahlen und die Leistungsartenplanung.

Bei der leistungsabhängigen und der leistungsunabhängigen Primär- und Sekundärkostenplanung kann es hingegen sinnvoll sein, auf eine Kopie aus dem Ist oder einer anderen bzw. alten Planung zu verzichten und diese Planung neu durchzuführen. Zudem muss bei dem Kopieren von Ist- oder Plandaten in die aktuelle Planversion beachtet werden, dass nur manuell geplante Daten kopiert werden. Alle maschinellen Planungen (also Abgrenzungen, Verteilungen, indirekte Leistungsverrechnungen und Kostenstellenumlagen) werden durch Ausführen der entsprechenden Verrechnungszyklen bzw. Abgrenzungsläufe in der Planversion für den Planungszeitraum neu ermittelt.

Umbewertung

Nach der Kopie von Ist- oder Plandaten kann zusätzlich eine Umbewertung definiert werden. Dabei werden die kopierten Ist- oder Planwerte auf der Basis eines prozentualen Umrechnungsfaktors umbewertet. Abbildung 5.103 zeigt exemplarisch die Definition einer Umbewertung im SAP R/3-System. Des Weiteren fließen Plankosten aus anderen Modulen im Rahmen der operativen Planung in die Planung von Service-Kostenstellen ein.

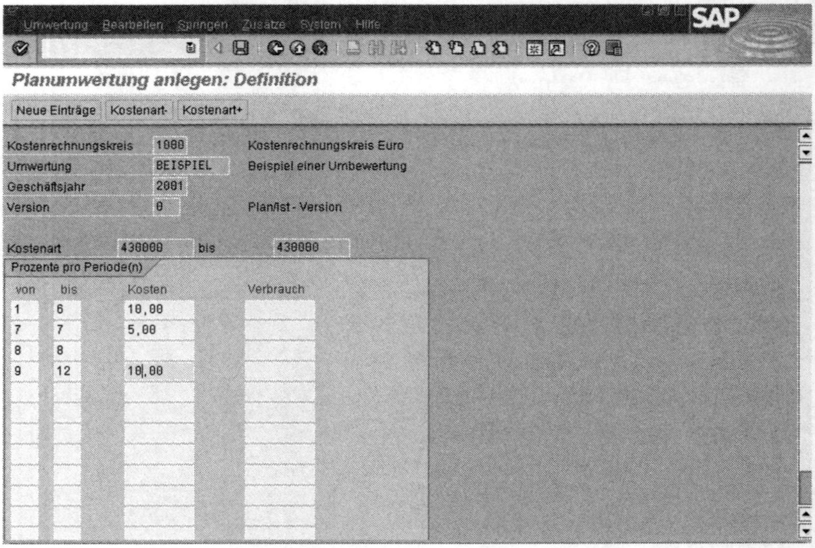

Abbildung 5.103 Beispiel einer Umbewertung von Plankosten

Planabschreibungen aus der Anlagenbuchhaltung

Zunächst ist die Integration der Anlagenbuchhaltung mit der Kostenstellenplanung zu nennen. Das Ergebnis der Planung in der Anlagenbuchhaltung sind zu erwartende Abschreibungen von bestehenden Anlagen aus dem Anlagevermögen und von Investitionen, die im Planungszeitraum in Betrieb genommen werden.

Dabei werden die Abschreibungen je Kostenstelle auf Kostenartenebene aus der Aggregierung der Abschreibung der Anlagen, die zu der jeweiligen Kostenstelle gehören, errechnet und gebucht. Die Zuordnung der Anlage erfolgt dabei über eine Kostenstelle, die im Stammsatz der Anlage hinterlegt ist. Ist neben der Kostenstelle auch eine Leistungsart im Stammsatz der Anlage hinterlegt, so können die Planabschreibungen auch leistungsabhängig auf der Kostenstelle gebucht werden.

Die Transaktion und die Möglichkeiten zur Auswahl der gewünschten Anlagen, die über die Integration in die Kostenstellenplanung einfließen sollen, wurden in den Abschnitten 5.7.5 und 5.7.6 beschrieben.

Geplante Personalkosten aus dem Personalwesen

Neben den Abschreibungen kann auch der zweite große Primärkostenblock, die Personalkosten, aus der Integration des SAP R/3-Systems in die Kostenstellenplanung übernommen werden. Die Personalkosten können dabei nach unterschiedlichen Methoden im Modul HR (Human Resources) geplant werden. Über die Integration der Organisationseinheiten im

Personalwesen mit den Kostenstellen sowie die Zuordnung von Lohnarten bzw. Lohnbestandteilen zu Kostenarten können die im Personalwesen geplanten Lohn- und Gehaltskosten auf der Ebene von Kostenarten auf den jeweiligen Kostenstellen maschinell übernommen werden.

Eine leistungsabhängige Planung ist dabei allerdings nicht vorgesehen. Damit fließen alle Personalkosten bei der Integration zwischen Personalwesen und Kostenstellenrechnung leistungsunabhängig und damit als Fixkosten in die Kostenstellenplanung ein. Die Übergabe der geplanten Personalkosten an die Kostenstellenplanung wird in Abschnitt 5.8.6 im Rahmen der Personalkostenplanung beschrieben.

5.10.5 Durchführung der Planung von Service-Kostenstellen

Analyse der Werteströme im Leistungsverbund der Kostenstellen

Am Anfang der Planung von Service-Kostenstellen steht immer die Analyse der Werteströme im Leistungsverbund zwischen den Kostenstellen. Dabei sind die Verflechtungen zwischen den Kostenstellen möglichst gut zu strukturieren und in Verrechnungsstufen, Verrechnungskreisläufe und Abstimmungseinheiten, wie sie in Abschnitt 5.9.4 beschrieben wurden, einzuteilen. Auf diese Weise kann eine Reihenfolge für die Durchführung der einzelnen Verrechnungsschritte zwischen den Kostenstellen aufgestellt werden. Diese Reihenfolgeplanung erleichtert die Organisation und Überwachung der Planung von Service-Kostenstellen erheblich.

Erfolgt keine Einteilung der Planungsaktivitäten nach einzelnen Schritten und wird darüber hinaus ein dezentraler Organisationsansatz gewählt, besteht bei einer komplexen Struktur von Leistungsbeziehungen die Gefahr, dass die Abstimmung zwischen den einzelnen Kostenstellen nicht mehr koordinierbar wird und letztlich keine komplette Abstimmung in der Kostenstellenplanung erzielt werden kann.

Reihenfolge der Planungsschritte

Ist die Analyse der Werteströme abgeschlossen, kann mit der eigentlichen Planung der Service-Kostenstellen begonnen werden. Abbildung 5.104 zeigt einen typischen Ablauf in der Planung von Service-Kostenstellen.

Alle dabei beschriebenen Planungsschritte werden als Planungsmethoden grundsätzlich in Abschnitt 5.9.5 beschrieben. Im ersten Schritt werden die statistischen Kennzahlen geplant. Hierbei werden häufig durch Kopie von Plandaten aus dem Vorjahr oder von Istdaten bereits Vorschlagswerte generiert. Dies bietet sich an, da sich statistische Kennzahlen wie etwa Quadratmeter etc. nicht unbedingt jährlich ändern.

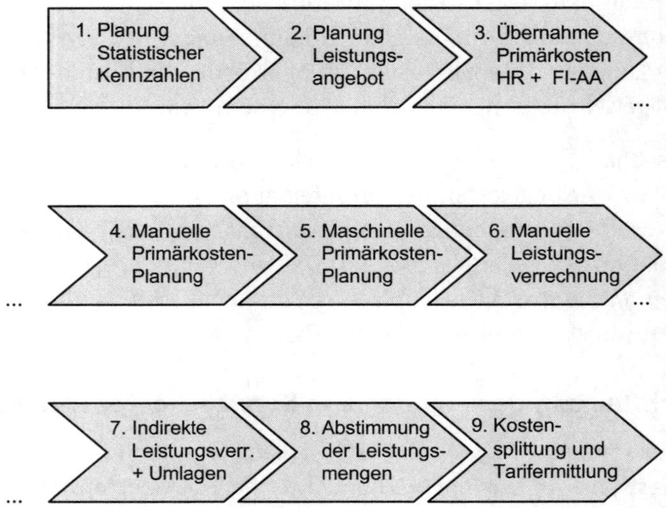

Abbildung 5.104 Reihenfolge in der Planung von Service-Kostenstellen

Im zweiten Schritt wird das Leistungsangebot geplant. Auch hierbei ist es sinnvoll, die Daten aus der letzten Planung oder aus dem Ist als Vorschlagswerte zu generieren. Auf diese Weise werden schnell alle Kombinationen von Leistungsarten und Kostenstellen definiert. Allerdings sind im Detail die Planmenge, die Kapazität und die manuellen Tarife zu überarbeiten.

Werden neue Kostenstellen eingerichtet oder ändert sich die Kostenstellenstruktur deutlich, ergibt eine Übernahme von Istdaten oder alten Planwerten allerdings häufig keinen Sinn mehr. Auch sind die geplanten Leistungsmengen und Kapazitäten von Service-Kostenstellen häufig abhängig von den geplanten Leistungsmengen und der Kapazitätsauslastung der Produktionskostenstellen. Aus diesem Grunde sollte vor der Planung der Leistungsangebote der Service-Kostenstellen zunächst die Leistungsmengenplanung der Produktionskostenstellen abgewartet werden.

Im dritten Schritt kann die in Abschnitt 5.10.4 beschriebene Übernahme der Primärkosten aus der Anlagenbuchhaltung und dem Personalwesen stattfinden. Ist diese erfolgt, können die restlichen manuell zu planenden Primärkosten leistungsabhängig oder leistungsunabhängig geplant werden.

Hierbei ist darauf zu achten, dass bei der Planung von variablen Kosten immer der Gesamtbetrag geplant wird und nicht etwa der Kostensatz je Leistungseinheit. Der Gesamtbetrag der variablen Kosten bezieht sich dabei immer auf die Planmenge der jeweiligen Leistungsart. Wird diese Leistungsmenge im späteren Ablauf im Rahmen der Abstimmung zwischen Sendern und Empfängern angepasst, so sind auch die variablen Kosten anzupassen.

Planung variabler Kosten

Nach der manuellen Primärkostenplanung erfolgt im Normalfall die maschinelle Primärkostenplanung, bei der über Verteilungen und Abgrenzungen weitere Primärkosten auf den Kostenstellen geplant werden. Zur Erläuterung dieser Verfahren sei auf Abschnitt 5.9.4 verwiesen.

Nach der Primärkostenplanung beginnt die eigentliche Verrechnung der Kosten und Leistungen der einzelnen Kostenstellen. Dabei sollten die einzelnen Verrechnungsstufen bzw. Abstimmungseinheiten der Reihe nach abgearbeitet werden und das Ergebnis jeweils eines Verrechnungsschrittes als Ergebnis für die nächste Verrechnungsstufe bzw. Abstimmungseinheit genutzt werden.

Dabei spielt es keine Rolle, ob die Kostenverrechnung durch manuelle Leistungsverrechnung, indirekte Leistungsverrechnung oder Kostenstellenumlagen stattfindet. Allerdings ist darauf zu achten, dass innerhalb einer Abstimmungseinheit, die über Verrechnungskreisläufe iterativ aufzulösen ist, Leistungsverrechnungen und Kostenstellenumlagen nicht miteinander kombiniert werden.

Bei den maschinellen Planungsmethoden sowohl der Primär- als auch der Sekundärkostenplanung werden dabei zahlreiche Kostenanteile auf der Basis von Schlüsseln oder statistischen Kennzahlen auf Endkostenstellen verrechnet. Damit dies erfolgreich durchgeführt werden kann, müssen zuvor die entsprechenden statistischen Kennzahlen, Schlüssel oder Leistungsangebote auf diesen Endkostenstellen geplant worden sein.

Abstimmung der Leistungsmengen

Im Anschluss muss eine Abstimmung der Leistungsmengen zwischen den Leistungserbringern und Leistungsempfängern für jede Verrechnungsstufe und innerhalb jeder Abstimmungseinheit durchgeführt werden.

Für dieses Procedere sollten innerhalb des Unternehmens feste Spielregeln definiert werden, in denen festgelegt wird, dass sich alle Beteiligten rechtzeitig um eine Abstimmung zu bemühen haben, in welcher Zeit die Abstimmung zu erfolgen hat und was passiert, wenn keine Abstimmung erzielt werden kann.

Im letzten Schritt werden dann je nach Planungsmethode über Äquivalenzziffern oder über geeignete Splittungsschemata die leistungsunabhängig geplanten Kosten den Leistungsarten zugeordnet und die maschinellen Leistungstarife errechnet. Die Grundlagen für die Aufteilung der leistungsunabhängig geplanten Kosten und für die Tarifermittlung wurden in Abschnitt 5.9.4 beschrieben.

5.10.6 Output der Planung von Service-Kostenstellen

Das Ergebnis der Planung von Service-Kostenstellen bietet neben der fertig gestellten Kostenstellenplanung auch verschiedene Werteströme für nachfolgende Planungsschritte in der operativen Planung. In Abbildung 5.105 wird der Output der Planung von Service-Kostenstellen grafisch dargestellt.

Kosten- und Leistungsverrechnungen

Den wichtigsten Aspekt stellen dabei alle Weiterverrechnungen von Kosten oder Leistungen an die Endkostenstellen dar. Die Produktionskostenstellen und Gemeinkostenstellen werden durch die Leistungsverrechnungen und/oder Kostenstellenumlagen letztlich mit den Kosten belastet, mit denen die Service-Kostenstellen entlastet wurden.

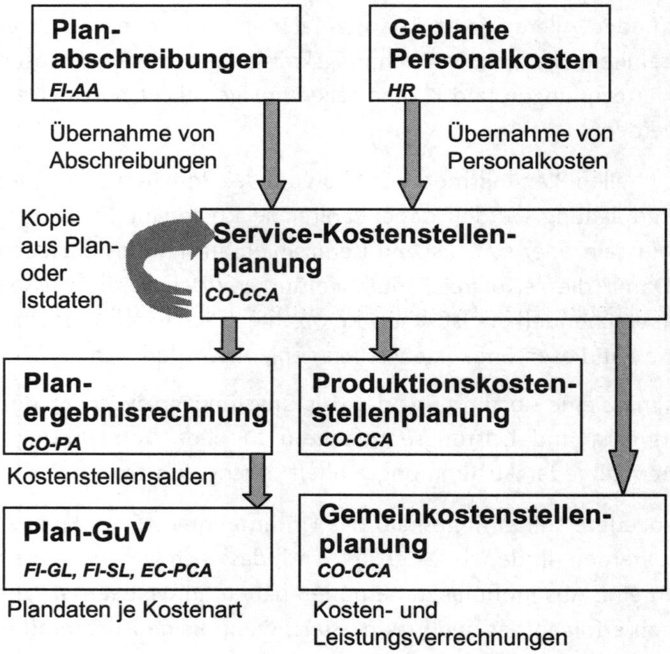

Abbildung 5.105 Input-Output-Modell zur Planung von Service-Kostenstellen (Output)

Aus diesem Grund ist die dargestellte Trennung zwischen der Planung von Service-Kostenstellen, Produktionskostenstellen und Gemeinkostenstellen nur didaktisch als Verdeutlichung spezifischer Aspekte anzusehen. Letztlich erfolgt die gesamte Kostenstellenplanung vollständig verwoben in einem großen Planungsschritt.

Kostenstelle mit Cost-Center-Charakter

Sofern die Service-Kostenstellen als reine Cost-Center fungieren, wird am Ende der Kostenstellenplanung der Saldo dieser Kostenstellen im Plan bei Null liegen. Das bedeutet, dass auf diesen Kostenstellen eine gleich hohe Kostenbelastung und Kostenentlastung geplant wurde.

Kostenstellen mit Profit-Center-Charakter

Bei Kostenstellen, die als Profit-Center fungieren und über ihre Leistungsverrechnungen Gewinne oder Verluste in Form von Kostenstellenüber- oder -unterdeckungen aufweisen, wird hingegen der Saldo im Plan nicht unbedingt bei Null liegen.

Kostenstellensalden

Dieser Saldo wird dann im Rahmen von Kostenstellenumlagen in die Planergebnisrechnung des Moduls CO-PA (Controlling – Profitability Analysis) umgelegt. Dieses Verfahren wird in Abschnitt 5.11.6 beschrieben.

Plan-GuV

Weiterhin können alle geplanten Primärkosten auf der Ebene von Kostenarten differenziert nach Buchungskreisen an die Finanzbuchhaltung übergeben werden, so wie dies in Abschnitt 5.17 beschrieben ist. Dabei erfolgt die Zuordnung zum Buchungskreis aus den Stammdaten der Kostenstellen, wo jede Kostenstelle eindeutig einem Buchungskreis zugeordnet ist.

Auf der Basis dieser Plandaten kann in der Finanzbuchhaltung die Erstellung integriert mit der Kostenstellenplanung auf recht einfache Art und Weise erfolgen. Erfolgt die Planung der GuV in der Profit Center Rechnung oder in einem Special Ledger, so können weitere Informationen zu den Planprimärkosten, wie etwa Differenzierungen nach Profit Centern oder Geschäftsbereichen, ebenfalls übergeben werden. Hierbei erfolgt abermals die Zuordnung über die Angabe aus den Stammdaten der einzelnen Kostenstellen.

5.10.7 Checkliste zur Planung von Service-Kostenstellen

Als PDF-Dokument zum Download unter www.sap-press.de

Stichwort	Erläuterung
Service-Kostenstellen	Unter Service-Kostenstellen werden alle Kostenstellen verstanden, die sich primär durch Kosten- oder Leistungsverrechnungen an andere Kostenstellen entlasten.
Endkostenstellen	Im Gegensatz zu Service-Kostenstellen gibt es Endkostenstellen, die sich entweder über die Erzeugniskalkulation in die Herstellkosten oder als Gemeinkosten direkt in die Ergebnisrechnung verrechnen.
Cost-Center	Service-Kostenstellen, die einen Cost-Center-Charakter aufweisen, sollen keinen Gewinn oder Verlust erwirtschaften und weisen im Rahmen der Planung daher einen Saldo von Null auf.
Profit-Center	Service-Kostenstellen, die einen Profit-Center-Charakter aufweisen, können über ihre Leistungsverrechnungen in Form von Kostenstellenüber- oder -unterdeckungen einen Gewinn oder Verlust erwirtschaften. Bei diesen Kostenstellen kann daher der Saldo auch im Rahmen der Planung ungleich Null sein.
Planungsgrundlagen	In Abschnitt 5.9.4 werden die Grundlagen der Kostenstellenplanung ausführlich beschrieben. Die Planung der Service-Kostenstellen basiert auf diesen Planungsgrundlagen.
Planungsmethoden	In Abschnitt 5.9.5 werden die Methoden der Kostenstellenplanung ausführlich beschrieben. Die Planung der Service-Kostenstellen basiert auf diesen Planungsmethoden.
Kopieren von Istdaten	Durch Kopieren von Istdaten in die Planversion und den gewünschten Planungszeitraum können Vorschlagswerte maschinell erstellt werden.
Kopieren von Plandaten	Durch Kopieren von Plandaten einer anderen Planversion oder eines anderen Planungszeitraums in die aktuelle Planversion und den gewünschten Planungszeitraum können Vorschlagswerte maschinell erstellt werden.
Umbewertung von Plandaten	Beim Kopieren von Ist- oder Plandaten können die jeweiligen zu kopierenden Daten mit einem Umbewertungsfaktor verändert werden.
Planabschreibungen aus der Anlagenbuchhaltung	Die Planabschreibungen können im Rahmen der integrierten Planung von SAP R/3 aus der Anlagenbuchhaltung auf der Ebene von Kostenarten, Leistungsarten und Kostenstellen in die Kostenstellenplanung übernommen werden.
Geplante Personalkosten aus dem Personalwesen	Die Personalkosten, die im Personalwesen geplant werden, können ebenfalls in die Kostenstellenplanung maschinell übernommen werden.
Analyse der Werteströme	Bei einem komplexen Leistungsverbund spielt die Analyse und Strukturierung der Werteströme eine wichtige Rolle. Dabei sollten die Werteströme im Hinblick auf Verrechnungsstufen, Verrechnungskreisläufe und Abstimmungseinheiten untersucht werden.

Stichwort	Erläuterung
Reihenfolge der Planungsschritte	Die Strukturierung der Planung von Service-Kostenstellen in eine gewisse Reihenfolge auf der Basis von Verrechnungsstufen erleichtert die Organisation und Verwaltung der Planung deutlich.
Planung variabler Kosten	Die Planung variabler Kosten muss immer mit Bezug zu einer Leistungsart erfolgen. Des Weiteren werden die variablen Kosten immer als Gesamtbetrag und nicht als Kostensatz je Leistungseinheit geplant. Dabei bezieht sich der Wert der variablen Kosten immer auf die Planmenge der Leistungsart.
Kombination von Leistungsverrechnung und Umlage	Grundsätzlich ist die Kombination von Leistungsverrechnungen und Kostenstellenumlagen in einem Leistungsverbund möglich. Allerdings sollte man streng darauf achten, dass innerhalb einer Abstimmungseinheit immer nur ein Verfahren angewendet wird, da anderenfalls eine iterative Auflösung der Verrechnungskreisläufe nicht möglich ist.
Abstimmung der Leistungsmengen	Eine der wichtigsten Aufgaben bei der internen Leistungsverrechnung ist die Abstimmung der Leistungsmengen zwischen den Leistungserbringern (Sendern) und den Leistungsempfängern. Hierbei ist die Planmenge mit der disponierten Leistungsmenge je Kostenstellen/Leistungsarten-Kombination abzustimmen.
Äquivalenzziffern	Über Äquivalenzziffern können leistungsunabhängig geplante Kosten in einem bestimmten Verhältnis auf die Leistungsarten einer Kostenstelle aufgeteilt werden.
Splittungsschema	Über ein Splittungsschema können die leistungsunabhängig geplanten Kosten bestimmte Kostenartengruppen in Abhängigkeit von Schlüsseln oder statistischen Kennzahlen auf die Leistungsarten einer Kostenstelle aufgeteilt werden.
Leistungstarif	Über den Leistungstarif wird die Leistungsmenge einer Leistungsart mit einem Preis bewertet. Dabei wird der Gesamttarif in einen variablen und einen fixen Anteil differenziert.
Salden von Service-Kostenstellen	Die Salden von Kostenstellen werden als Output der Kostenstellenplanung per Kostenstellenumlage in die Ergebnisrechnung umgelegt.

5.11 Planung von Produktionskostenstellen

5.11.1 Definition und Ziel der Planung von Produktionskostenstellen

In diesem Abschnitt werden die Besonderheiten in der Planung von Produktionskostenstellen im Rahmen der Kostenstellenplanung betrachtet. Grundsätzlich erfolgt die Planung der Produktionskostenstellen nach den gleichen Grundlagen und Methoden der Kostenstellenplanung, wie sie in Abschnitt 5.9 beschrieben wurden.

Was sind Produktionskostenstellen?

Unter *Produktionskostenstellen* werden in diesem Zusammenhang alle Kostenstellen verstanden, die sich im Ist über Leistungsverrechnungen oder über Zuschlagssätze auf Produktionsaufträge entlasten – so genannte Endkostenstellen der Produktion. Diese Endkostenstellen der Produktion zeichnen sich im Rahmen der operativen Planung dadurch aus, dass deren Leistungen oder Zuschläge in der Erzeugniskalkulation zur Ermittlung der Herstellkosten der eigenen Erzeugnisse herangezogen werden. Hierüber verrechnen sich die Produktionskostenstellen direkt in die Planergebnisrechnung als Herstellkosten des Umsatzes.

Alle Produktionskostenstellen, die sich per Leistungsverrechnungen oder Umlagen auf andere Produktionskostenstellen verrechnen, werden in Abschnitt 5.10 detailliert besprochen.

5.11.2 Voraussetzungen für die Planung von Produktionskostenstellen

Die Voraussetzungen für die Planung von Produktionskostenstellen sind:

- Definition aller Werteströme im Leistungsverbund zwischen den Kostenstellen
- Festlegung der Organisation der Kostenstellenplanung insbesondere mit der Klärung der Frage, ob die Planung zentral oder dezentral erfolgen soll
- Festlegung der Planversionen
- Einrichtung von Planungsprofilen und Planungslayouts

Diese Voraussetzungen sind in Abschnitt 5.9.2 bereits erläutert worden.

5.11.3 Stammdaten für die Planung von Produktionskostenstellen

Die Stammdatenpflege für die Planung der Produktionskostenstellen beinhaltet die Pflege von:

- Kostenarten und Kostenartengruppen
- Kostenstellen und Kostenstellengruppen
- Leistungsarten und Leistungsartengruppen
- Statistischen Kennzahlen und Kennzahlengruppen

Die einzelnen Stammdatenobjekte wurden in Abschnitt 5.9.3 näher beschrieben.

5.11.4 Input für die Planung von Produktionskostenstellen

In die Planung der Produktionskostenstellen fließen während der operativen Planung zahlreiche Einflussfaktoren ein. Abbildung 5.106 vermittelt hierzu in Form eines Input-Output-Modells zunächst einen Überblick.

Zur Unterstützung der Produktionskostenplanung können Vorschlagswerte durch die Kopie von:

- Plandaten aus einer anderen Planversion
- Plandaten aus einem anderen Zeitraum
- Istdaten aus einem abgelaufenen Zeitraum

in die jeweilige Planversion, in der die Planung durchgeführt werden soll, für den Planungszeitraum übernommen werden. Dabei besteht die Möglichkeit, die zu kopierenden Werte über Umbewertungsfaktoren prozentual anzupassen.

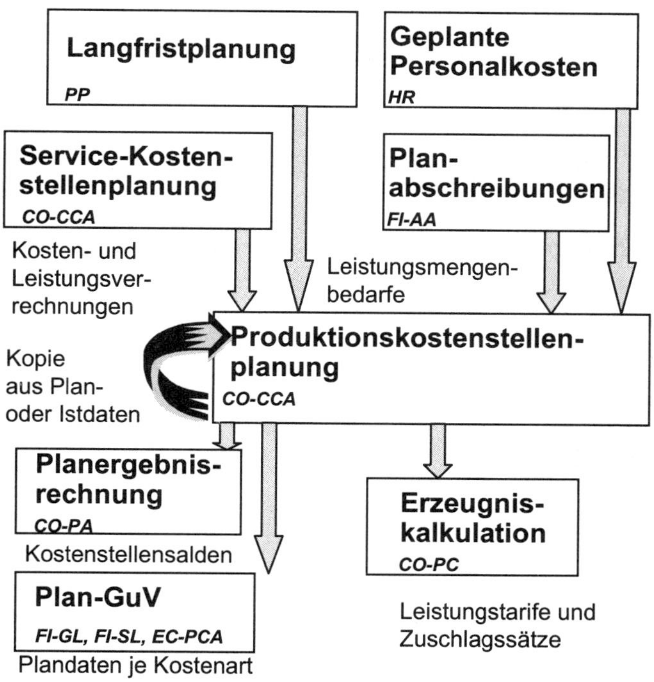

Abbildung 5.106 Input-Output-Modell zur Planung von Produktionskostenstellen (Input)

Die größten Positionen der Primärkosten, namentlich die Personalkosten und die Kapitalkosten (Abschreibungen), können im Rahmen der Integration des SAP R/3-Systems aus den Modulen FI-AA (Financials – Asset Accounting) für Abschreibungen und HR (Human Resources) für Personalkosten maschinell übernommen werden.

Geplante Abschreibungen aus der Anlagenbuchhaltung

Dabei werden die Abschreibungen je Kostenstelle auf Kostenartenebene aus der Aggregierung der Abschreibung der Anlagen errechnet. Die Zuordnung der Anlage zur Kostenstelle erfolgt über die im Stammsatz jeder Anlage hinterlegte Kostenstelle. Ist neben der Kostenstelle auch eine Leistungsart im Stammsatz der Anlage hinterlegt, können die Planabschreibungen auch leistungsabhängig auf der Kostenstelle gebucht werden.

Die Transaktion und die Möglichkeiten zur Auswahl der gewünschten Anlagen, die über die Integration in die Kostenstellenplanung einfließen sollen, wurden in den Abschnitten 5.7.5 und 5.7.6 näher beschrieben.

Geplante Personalkosten aus dem Personalwesen

Die Personalkosten werden nach unterschiedlichen Methoden im Modul HR geplant. Über die Integration der Organisationseinheiten im Personalwesen mit den Kostenstellen sowie die Zuordnung von Lohnarten bzw. Lohnbestandteilen zu Kostenarten können die im Personalwesen geplanten Lohn- und Gehaltskosten auf der Ebene von Kostenarten maschinell übernommen werden.

Eine leistungsabhängige Planung ist dabei allerdings nicht vorgesehen. Das bedeutet, dass alle Personalkosten bei der Integration zwischen Personalwesen und Kostenstellenrechnung leistungsunabhängig und damit als Fixkosten in die Kostenstellenplanung einfließen. Näheres zur Übergabe der geplanten Personalkosten an die Kostenstellenplanung finden Sie in Abschnitt 5.8.6.

Zusätzlich zu den größten Primärkostenanteilen fließen während der Kostenstellenplanung automatisch zahlreiche Verteilungen, Abgrenzungen, Leistungsverrechnungen, indirekte Leistungsverrechnungen und Kostenstellenumlagen durch die Abbildung des Leistungsverbundes und des gesamten Wertestroms in der Kostenstellenplanung in die Produktionskostenstellen ein.

Kosten- und Leistungsverrechnung von Produktionskostenstellen

Die Endkostenstellen der Produktion sowie die Gemeinkostenstellen (siehe Abschnitt 5.12) stellen im Rahmen des Leistungsverbundes in der Kostenstellenrechnung quasi Endpunkte dar. Die Produktionskostenstellen selbst verrechnen sich nicht mehr weiter an andere Kostenstellen. Vielmehr erfolgt bei der Planung der Produktionskostenstellen die Integration in die Erzeugniskalkulation und somit in die Herstellkosten des Unternehmens.

Der Umstand, dass die Produktionskostenstellen den Endpunkt des Leistungsverbundes in der Kostenstellenrechnung darstellen, bedeutet aber keineswegs, dass sie keinen Einfluss auf die Leistungsverrechnungen haben.

Zunächst stellen die Produktionskostenstellen in der Regel den wichtigsten Empfänger von Leistungen dar. Die Produktionskostenstellen bilden somit den wichtigsten Kunden in den internen Kunden-Lieferanten-Beziehungen des Unternehmens. Aus diesem Grund haben sie durch ihre Bedarfsplanung einen wesentlichen Einfluss auf alle Leistungsverrechnungen im Unternehmen.

Somit sollen die geplante Kapazitätsauslastung und die daraus hervorgehenden Leistungsmengen zu den einzelnen Produktionskostenstellen im Rahmen der Kostenstellenplanung möglichst frühzeitig festgelegt werden. Denn wenn sich in wichtigen Produktionsbereichen die Kapazitätsauslastung deutlich verändert, wird sich der Bedarf an notwendigen Leistungsbedarfen von Service-Kostenstellen wie etwa Energiebetrieben, Labors, Qualitätssicherung, Lager usw. signifikant verändern. Dies führt wiederum zu einer Anpassung der Kapazitäten, Leistungsmengen und/oder Tarife im Wertefluss der oben genannten Service-Kostenstellen.

Auf diese Weise beeinflussen gerade die Produktionskostenstellen – da sie am Ende des Leistungsverbundes den wichtigsten Abnehmer aller Leistungen darstellen – wesentlich die Kostenverrechnungen innerhalb der Kostenstellenrechnung.

Disponierte Leistungsmengen aus der Langfristplanung

Die Kapazitätsauslastung bzw. die geplanten Leistungsmengen müssen in der Kostenstellenplanung nicht manuell geplant werden. Die Leistungsmengen, die voraussichtlich von den Produktionskostenstellen im Planjahr über Produktionsaufträge verrechnet werden, ergeben sich innerhalb der operativen Planung aus der Langfristplanung der Produktionsplanung. Hierbei wird in Bezug auf die geplanten Produktionsmengen und auf der Basis der Arbeitspläne bzw. Rezepturen ermittelt, welche Leistungsmengen je Kostenstellen/Leistungsarten/Kombination für die Produktion im Planjahr benötigt werden. Siehe hierzu auch Abschnitt 5.4.

Diese Leistungsmengenbedarfe können aus der Langfristplanung maschinell in die Kostenstellenplanung übernommen werden. Dabei werden die Leistungsmengenbedarfe in Form von disponierten Leistungsmengen je Kostenstellen/Leistungsarten-Kombination in einer Planversion gespeichert und auf die einzelnen Perioden des Planjahres aufgeteilt. Die Übernahme der Leistungsmengenbedarfe in die Kostenstellenplanung ist in Abschnitt 5.4.6 beschrieben.

Durch die Übernahme der disponierten Leistungsmenge als Planmenge werden die errechneten Leistungsmengen aus der Langfristplanung in der Kostenstellenplanung akzeptiert und übernommen. Den Kostenstellenverantwortlichen steht dabei allerdings auch die Möglichkeit offen, durch eine angepasste Übernahme der disponierten Leistungsmenge in die Planleistungsmenge die berechneten Mengen aus der Produktionsplanung zu korrigieren.

5.11.5 Durchführung der Planung von Produktionskostenstellen

Die Planung der Produktionskostenstellen erfolgt in der Kostenstellenrechnung durch einzelne Planungsschritte, die alle auf den Grundlagen und Methoden der Kostenstellenplanung beruhen, die in den Abschnitten 5.9.4 und 5.9.5 beschrieben wurden. Allerdings weist die Planung der Produktionskostenstellen auch einige Besonderheiten auf, die im Folgenden beschrieben werden.

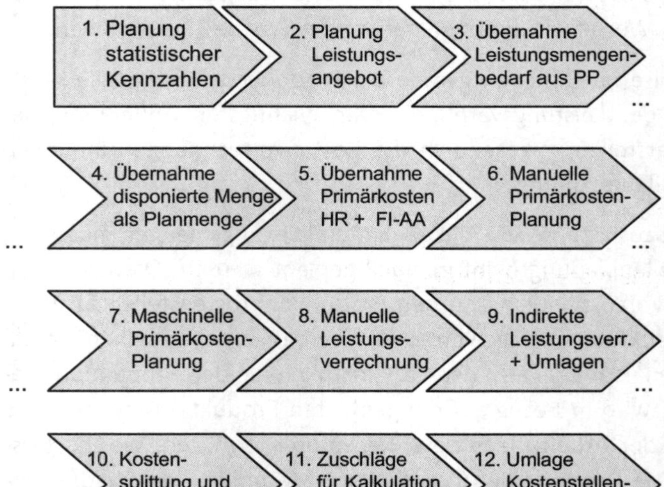

Abbildung 5.107 Reihenfolge in der Planung von Produktionskostenstellen

Die Planung erfolgt dabei in einer gewissen aufeinander aufbauenden Reihenfolge einzelner Planungsschritte, die in Abbildung 5.107 dargestellt ist.

Reihenfolge der Planungsschritte

Im ersten Schritt werden die statistischen Kennzahlen geplant. Hierbei werden häufig durch Kopie von Plandaten aus dem Vorjahr oder von Istdaten bereits Vorschlagswerte generiert. Im Allgemeinen können diese Werte einfach übernommen werden, da sich Kennzahlen wie etwa Quadratmeter usw. nicht unbedingt jährlich ändern.

Leistungsangebot

Im zweiten Schritt wird das Leistungsangebot geplant. Auch hierbei ist es sinnvoll, die Daten aus der letzten Planung oder aus dem Ist als Vorschlagswerte zu generieren. Auf diese Weise werden schnell alle Kombinationen von Leistungsarten und Kostenstellen definiert.

Übernahme Leistungsmengenbedarf

Die Übernahme der Leistungsmengenbedarfe aus der Produktionsplanung als disponierte Leistungsmengen erfolgt dann erst im dritten Schritt.

Diese Reihenfolge ist unbedingt einzuhalten. Durch den zweiten Planungsschritt wird zunächst einmal definiert, dass im Planjahr eine Produktionskostenstelle bestimmte Leistungsarten erbringt. Würde die Übernahme der Leistungsmengenbedarfe aus der Produktion vor dem zweiten Planungsschritt erfolgen, würde der Übernahmejob Fehler erzeugen, da die Leistungsarten auf den einzelnen Kostenstellen im Planungszeitraum nicht bekannt sind.

Übernahme disponierte Menge als Planmenge

Im vierten Schritt werden nun die disponierten Leistungsmengen als Planmenge je Kostenstellen/Leistungsarten-Kombination übernommen oder manuell angepasst.

Im fünften Schritt kann die in den Abschnitten 5.10.4 und 5.11.4 beschriebene Übernahme der Primärkosten aus der Anlagenbuchhaltung und dem Personalwesen stattfinden.

Der sechste Schritt besteht in der manuellen Primärkostenplanung, die über Planungslayouts je Kostenstelle leistungsabhängig oder leistungsunabhängig geplant wird.

Nach der manuellen Primärkostenplanung erfolgt im Normalfall die maschinelle Primärkostenplanung, bei der über Verteilungen und Abgrenzungen weitere Primärkosten auf den Kostenstellen geplant werden. Zur Erläuterung dieser Verfahren sei auf Abschnitt 5.9.4 verwiesen.

Der achte Planungsschritt besteht nun aus der eigentlichen Kostenverrechnung zwischen den Kostenstellen. Dabei kommen alle Methoden der

Sekundärkostenplanung zum Zuge, die in den Abschnitten 5.9.5 und 5.10 bereits ausführlich angesprochen wurden.

Differenzierung in fixe und variable Anteile

Dabei kommt den Leistungsverrechnungen auf Produktionskostenstellen eine ganz besondere Bedeutung im Hinblick auf die Differenzierung von fixen und variablen Anteilen zu. Die Aufteilung der Plankosten in fixe und variable Anteile wird im überwiegenden Anteil des produzierenden Gewerbes dazu genutzt, die Fertigungskosten in der Erzeugniskalkulation der einzelnen Erzeugnisse in fixe und variable Kostenanteile zu differenzieren.

Dabei sollen nicht nur die variablen Kosten der Endkostenstellen der Produktion in der Erzeugniskalkulation als variabel ausgewiesen werden, sondern vielmehr auch die variablen Kosten, die über den Leistungsverbund zwischen den Kostenstellen nur indirekt in die Erzeugniskalkulationen verrechnet werden.

Dies ist nur möglich, wenn die variablen Kosten dieser Service-Kostenstellen auch als variable Kosten auf den Produktionskostenstellen geplant werden. Dies ist über den variablen Anteil des Leistungstarifs der Leistungsarten der betroffenen Service-Kostenstellen ebenfalls möglich. Allerdings muss jede Leistungsverrechnung zwischen den Service-Kostenstellen und den Produktionskostenstellen dann auch immer leistungsabhängig geplant werden. Dies ist bei einer einstufigen Verrechnung von Service-Kostenstelle an Produktionskostenstelle noch leicht umzusetzen. Bei mehrstufigen Verrechnungen von Service-Kostenstelle an Service-Kostenstelle usw. bis schließlich zur Produktionskostenstelle wird dieser Prozess komplizierter.

Denn immer wenn eine Leistungsverrechnung leistungsunabhängig beim Empfänger geplant wird, werden vom SAP R/3-System diese Kosten vollständig als Fixkosten angesehen, unabhängig davon, ob der Leistungstarif in einen fixen und einen variablen Anteil differenziert ist. In diesem Zusammenhang ist die Kostenstellenplanung in sich konsistent und streng, wenn sie nach dem Grundsatz vorgeht, dass auf einer Kostenstelle Kosten nur dann variabel sein können, wenn es dazu auch einen Leistungsbezug gibt.

Entlastung der Produktionskostenstellen

Nach diesem Planungsschritt ist die Planung der Kostenstellenbelastung auf den Produktionskostenstellen abgeschlossen. Die nächsten beiden Planungsschritte befassen sich mit der Kostenstellenentlastung der Produktionskostenstellen.

Dabei werden die Produktionskostenstellen hinsichtlich der Entlastung in zwei unterschiedliche Gruppen aufgeteilt:

- Produktionskostenstellen, die sich per Leistungsverrechnung entlasten
- Produktionskostenstellen, die sich per Zuschläge verrechnen

Produktionskostenstellen mit Leistungsverrechnung

Zu den Produktionskostenstellen, die sich per *Leistungsverrechnung* entlasten, gehören alle Produktionskostenstellen, deren Leistungen in einem direkten Zusammenhang mit der Produktion einer Menge einzelner Erzeugnisse stehen.

Zu diesen Kostenstellen gehören in der Regel die eigentlichen Produktionsbetriebe, die kostenrechnerisch die Arbeitsplätze bzw. Ressourcen der Produktion widerspiegeln. Diese Produktionskostenstellen können aus diesem Grund auch in den Stammsätzen der einzelnen Arbeitsplätze und Ressourcen der Produktionsplanung hinterlegt werden. Des Weiteren werden zu diesen Produktionskostenstellen Leistungsarten definiert, die ebenfalls den einzelnen Arbeitsplätzen und Ressourcen in der Produktion zugeordnet werden.

Über die Arbeitspläne bzw. Rezepturen der zu produzierenden Erzeugnisse werden dann durch die Nutzung der jeweiligen Arbeitsplätze und Ressourcen in Verbindung mit entsprechenden Zeiten und Mengen auch Leistungsmengen dieser Produktionskostenstellen in Anspruch genommen. Die genaue Beschreibung, wie die Anbindung der Kostenstellenrechnung über die Produktion in die Erzeugniskalkulation erfolgt, finden Sie in Abschnitt 5.14.

Wesentlich für das Verständnis dieser Leistungsverrechnungen ist aber, dass die Leistungen der Produktionskostenstellen über die Arbeitspläne bzw. Rezepturen einzelner Erzeugnisse in Abhängigkeit von der Anzahl der Produktionsvorgänge oder der produzierten Menge verrechnet werden. Das bedeutet, dass die Leistungsmenge der Produktionskostenstelle in einem direkten Zusammenhang mit der Häufigkeit oder Menge an produzierten Erzeugnissen stehen muss. Sollte dies bei einzelnen Produktionskostenstellen nicht der Fall sein, so kann die Verrechnung alternativ auch über Zuschläge erfolgen.

Für die Produktionskostenstellen aber, die sich per Leistungsverrechnung an Produktionskostenstellen verrechnen, erfolgt nun im Rahmen der Kostenstellenplanung noch die Kostensplittung und die Tarifermittlung (siehe Abschnitt 5.9.4 und 5.9.5).

Unterauslastungen von Produktionskostenstellen

Bei Produktionskostenstellen stellt sich im Rahmen der Tarifermittlung stets die Frage, ob die Tarife auf der Basis der Planleistung oder auf der Basis der Kapazität der Leistungsart berechnet werden sollen. Diese Frage lässt sich nur im Hinblick darauf beantworten, wie mit Unterauslastungen von Produktionskostenstellen umgegangen werden soll.

Bei Verwendung des Tarifkennzeichens 1, bei dem die Leistungstarife durch Division der gesamten Plankosten (unter Berücksichtigung der fixen und variablen Anteile) durch die Planleistung errechnet werden, wird ein Leistungstarif berechnet, mit dem die Produktionskostenstellen im Plan auf jeden Fall einen Saldo von Null erreichen.

Weist diese Produktionskostenstelle nun eine hohe Unterauslastung auf, d.h., die Planleistung ist deutlich niedriger als die Kapazität, werden die Leistungstarife verteuert, da durch die niedrigere Auslastung die Fixkostenanteile auf eine niedrigere Leistungsmenge verteilt werden.

Bei Verwendung des Tarifkennzeichens 2, bei dem der variable Leistungstarif mittels Division der variablen Plankosten durch die Planleistung und der fixe Leistungstarif mittels Division der fixen Plankosten durch die Kapazität berechnet wird, werden die Kosten der Unterauslastung nicht in die Leistungstarife verrechnet. Dies hat allerdings zur Folge, dass bei abweichender Planleistung von der Kapazität ein Saldo auf der Produktionskostenstelle bestehen bleibt. Dieser Saldo kann je nach Art und Höhe der Unterauslastung als geplante Beschäftigungsabweichung oder als Leer- bzw. Stillstandskosten betrachtet werden.

Produktionskostenstellen mit Zuschlägen

Kann für eine Produktionskostenstelle keine Leistung ermittelt werden, die in einem direkten Zusammenhang mit der Menge an produzierten Erzeugnissen steht, so kann diese Produktionskostenstelle auch über *Zuschlagssätze* in die Erzeugniskalkulation verrechnet werden.

Zu diesen Produktionskostenstellen zählen häufig Kostenstellen, die zwar auch Leistungen direkt für die Produktion erbringen, deren Leistungen aber nicht in einem Bezug zur Menge der hergestellten Erzeugnisse stehen, sondern vielmehr in Bezug zu anderen Faktoren.

Beispiele hierfür sind u.a.:

- Rohstofflager, die sich am besten auf der Grundlage der Menge an eingesetzten Rohstoffen in die Erzeugniskalkulation verrechnen
- Rohstoffeinkäufe, die sich analog der Rohstofflager verrechnen können

- Aufbereitungskostenstellen aller Art, wie zum Beispiel eine Glasreinigungsanlage, die sich am besten nur auf Erzeugnisse verrechnen sollte, die auch Gläser einsetzt

Die Verrechnung dieser Produktionskostenstellen erfolgt in diesen Fällen häufig über ein Zuschlagsschema. Abbildung 5.108 zeigt das Prinzip eines Zuschlagsschemas.

Zuschlagsschema

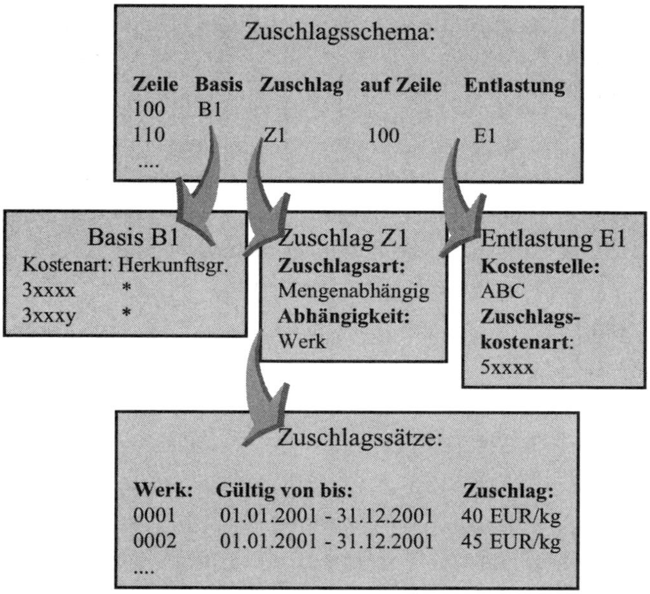

Abbildung 5.108 Aufbau eines Zuschlagsschemas

Ein Zuschlagsschema besteht grundsätzlich aus mindestens einer Verrechnungsbasis, einer Zuschlagsart mit Zuschlagssätzen und einer Entlastung. In einem Zuschlagsschema wird dabei zunächst eine Verrechnungsbasis definiert. Dies kann entweder ein mengen- oder ein wertmäßiger Bezug auf Kostenartenebene sein. Das bedeutet, dass die Inanspruchnahme einzelner Kosten(arten) in der Erzeugniskalkulation in Bezug auf die eingesetzte Menge oder auf den einfachen Wert der Kostenart als Basis für den Zuschlag genommen wird.

Neben der Verrechnungsbasis muss natürlich ein Zuschlag definiert werden. Über Zuschlagsarten wird zum Ausdruck gebracht, wie der Wert des Zuschlags auf der Grundlage der Verrechnungsbasis ermittelt werden soll. Des Weiteren kann über die Zuschlagsarten definiert werden, in Abhängigkeit welcher Bedingungen unterschiedliche Zuschlagssätze zur Anwendung kommen sollen.

Dabei werden die einzelnen Zuschlagssätze bei einer mengenmäßigen Verrechnungsbasis dann als Satz einer Währung je Mengeneinheit-Kombination (z. B. 5 EUR je 100 kg) abgelegt. Bei einer wertmäßigen Verrechnungsbasis wird der Zuschlagssatz als Prozentsatz abgelegt. Auf diese Weise werden im Plan die Erzeugniskalkulation der einzelnen Erzeugnisse und im Ist die Produktionsaufträge mit Kosten aus dem Zuschlag belastet.

Wo es in der Kostenrechnung eine Belastung gibt, da muss es natürlich auch eine Entlastung geben. Die Entlastung wird je Zuschlagsart definiert. Dabei wird zunächst angegeben, welches Kostenrechnungsobjekt bei Anwendung einer Zuschlagsart entlastet werden soll. In unserem Fall ist dies die jeweilige Produktionskostenstelle, die sich über Zuschlagssätze entlasten soll. Darüber hinaus wird in der Entlastung die Zuschlagskostenart hinterlegt, unter der die Kostenbe- und -entlastung gebucht werden soll.

Damit ist die Minimalausprägung eines Zuschlagsschemas definiert. Ein Zuschlagsschema kann nun aus zahlreichen Verrechnungsbasen, Zuschlagsarten mit Zuschlagssätzen und Entlastungen zusammengesetzt werden, die untereinander durch stufenweise Ermittlung in Beziehung stehen können.

Durch diese Form der Erstellung von Zuschlägen werden die Produktionskostenstellen im Ist mit Kosten entlastet und die Produktionsaufträge, bei denen die Bedingungen der Zuschlagsarten zutreffen, mit Kosten belastet.

Produktionskostenstellen mit Zuschlägen: Lücke in Planungsintegration

In der operativen Planung, in der es keine echten Produktionsaufträge gibt, wird dies über die Ermittlung von Erzeugniskalkulationen nachempfunden. Dabei werden die Zuschlagsschemata bei der Ermittlung der Herstellkosten der einzelnen Erzeugnisse mit herangezogen und fließen somit als Kostenfaktor in die Kalkulation der Herstellkosten der Erzeugnisse ein (siehe Abschnitt 5.14). Allerdings werden bei der Ermittlung der Erzeugniskalkulationen unter Anwendung der Zuschlagssätze die Produktionskostenstellen nicht entlastet. In diesem Punkt ist die Planungsintegration innerhalb des SAP R/3-Systems nicht vollständig. Aus diesem Grund sollte man die beiden Verfahren zur Entlastung auf einer Produktionskostenstelle nicht miteinander kombinieren.

Darüber hinaus muss beachtet werden, dass auf diesen Kostenstellen immer nur die Kostenbelastung geplant wird und der verbleibende, gleich hohe Saldo später nicht in die Ergebnisplanung abgerechnet werden darf. Anderenfalls würden die Kosten doppelt in der Ergebnisplanung landen, einmal über die Erzeugniskalkulation in Form von Herstellkosten des Umsatzes und ein zweites Mal über die verrechneten Kostenstellensalden. Zudem ist die Höhe der Zuschlagssätze manuell zu planen und kann nicht durch Überprüfung der Kostenentlastung auf den betroffenen Produktionskostenstellen auf Plausibilität überprüft werden.

Die Planung der Zuschlagssätze erfolgt dabei in der Regel durch Schätzungen auf der Grundlage von Abweichungen aus dem laufenden Jahr und der Planung der Kostenarten, z. B. der Materialverbräuche, oder entsprechender Ableitungen, wie etwa die Mengen bzw. Werte an Materialzukäufen.

5.11.6 Output der Planung von Produktionskostenstellen

Die letzten Schritte in der Reihenfolge der Planungsschritte in der Planung von Produktionskostenstellen bilden auch gleichzeitig den Output für die nachfolgenden Module innerhalb der operativen Planung. Abbildung 5.109 zeigt im Input-Output-Modell, welche Ergebnisse aus der Planung von Produktionskostenstellen in andere Module im Rahmen der operativen Planung einfließen.

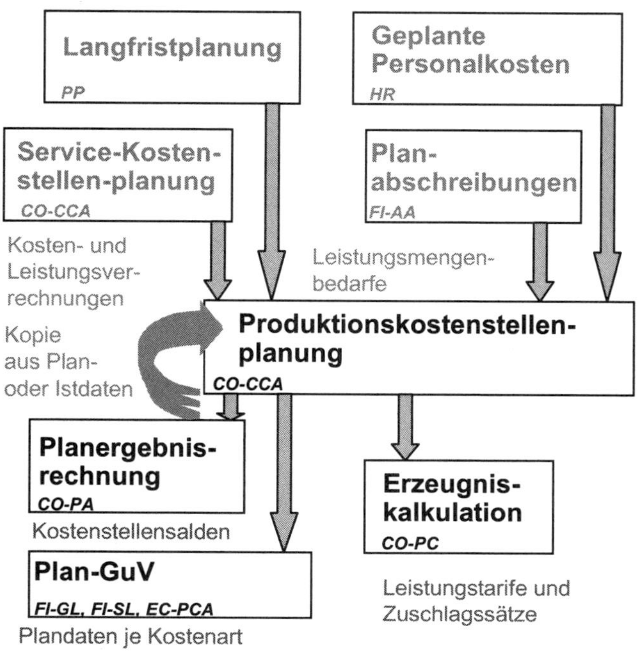

Abbildung 5.109 Input-Output-Modell zur Planung von Produktionskostenstellen (Output)

Leistungstarife Zum einen stehen am Ende der Kostenstellenplanung von Produktionskostenstellen mit Leistungsverrechnung die einzelnen Tarife je Kostenstellen/Leistungsarten-Kombination fest. Diese Tarife werden im Rahmen der Erzeugniskalkulation zur Ermittlung der Herstellkosten der einzelnen eigenen Erzeugnisse herangezogen.

Zuschläge Zum anderen sind am Ende dieser Planung die Zuschlagssätze der Produktionskostenstellen definiert, die sich über Zuschläge in die Herstellkosten der einzelnen Erzeugnisse verrechnen. Auch diese Zuschläge werden im Rahmen der Erzeugniskalkulation zur Ermittlung der Herstellkosten herangezogen.

Kostenstellensalden Des Weiteren können auf den Produktionskostenstellen mit Leistungsverrechnung noch Salden vorhanden sein. Dies kann, wie im vorigen Abschnitt bereits erläutert, immer dann der Fall sein, wenn das Tarifkennzeichen für einzelne Leistungsarten auf »2« gesetzt wurde und die Planleistung von der Kapazität abweicht. Dies kann natürlich immer der Fall sein, wenn die Tarife manuell festgesetzt werden.

Diese Kostenstellensalden, die aus betriebswirtschaftlicher Sicht entweder als geplante Beschäftigungsabweichungen oder als Leer- oder Stillstandskosten zu bezeichnen sind, können zum Abschluss der Kostenstellenplanung von Produktionskostenstellen per Kostenstellenumlage in die Planergebnisrechnung verrechnet werden.

Auf diese Weise besitzen diese Produktionskostenstellen mit Leistungsverrechnung zum Schluss immer einen Saldo von Null. Die Vorgehensweise zur Kostenstellenumlage in die Ergebnisrechnung wird in Abschnitt 5.12.6 erläutert.

Bei den Produktionskostenstellen, die sich über Zuschläge in die Herstellkosten verrechnen, findet im Rahmen der integrierten Planung keine Entlastung statt. Aus diesem Grund weisen diese Kostenstellen am Ende immer einen Kostenstellensaldo in Höhe der Kostenbelastung auf. Wie in Abschnitt 5.11.5 bereits erläutert, sollte dieser Saldo nicht per Kostenstellenumlage in die Ergebnisrechnung umgelegt werden, da diese Kosten dann doppelt in die Ergebnisrechnung einfließen würden.

Plan-GuV Sämtliche Primärkosten, die auf den Produktionskostenstellen geplant wurden, können weiterhin maschinell an die Finanzbuchhaltung überspielt werden. Zusammen mit den geplanten Primärkosten von Service- und Gemeinkostenstellen sowie den Planprimärkosten aus CO-Aufträgen können diese Primärkosten eine gute Grundlage für die Erstellung einer Plan-GuV liefern.

Dabei werden die Planprimärkosten je Kostenart gesammelt und differenziert nach Buchungskreisen an die Hauptbuchhaltung übergeben. Zur genaueren Vorgehensweise sei auf Abschnitt 5.17 verwiesen. Beim Einsatz der Profit Center-Rechnung oder der Nutzung weiterer Special Ledger können auch weitere Differenzierungsgrade etwa auf der Ebene von Profit Centern oder Geschäftsbereichen zur Erstellung einer Plan-GuV verwirklicht werden. Die hierfür notwendigen Daten werden jeweils aus den Stammdaten der Kostenstellen abgeleitet.

5.11.7 Checkliste zur Planung von Produktionskostenstellen

Als PDF-Dokument zum Download unter www.sap-press.de

Stichwort	Erläuterung
Produktionskostenstellen	Unter Produktionskostenstellen werden alle Kostenstellen der Produktion verstanden, die sich entweder per Leistungsverrechnung oder über Zuschläge direkt in die Erzeugniskalkulation verrechnen.
Service-Kostenstellen	Im Gegensatz dazu fallen alle Produktionskostenstellen, die sich per Leistungsverrechnung oder Kostenstellenumlage an andere Kostenstellen verrechnen, in den Bereich Service-Kostenstellen.
Planungsgrundlagen	In Abschnitt 5.9.4 werden die Grundlagen der Kostenstellenplanung ausführlich beschrieben. Die Planung der Produktionskostenstellen basiert auf diesen Planungsgrundlagen.
Planungsmethoden	In Abschnitt 5.9.5 werden die Methoden der Kostenstellenplanung ausführlich beschrieben. Die Planung der Produktionskostenstellen basiert auf diesen Planungsmethoden.
Geplante Abschreibungen aus der Anlagenbuchhaltung	Die Planabschreibungen können im Rahmen der integrierten Planung von SAP R/3 aus der Anlagenbuchhaltung auf der Ebene von Kostenarten, Leistungsarten und Kostenstellen in die Kostenstellenplanung übernommen werden.
Geplante Personalkosten aus dem Personalwesen	Die Personalkosten, die im Personalwesen geplant werden, können ebenfalls in die Kostenstellenplanung maschinell übernommen werden.
Leistungsmengenbedarfe aus Langfristplanung	Die Leistungsmengenbedarfe, die im Rahmen der Langfristplanung berechnet werden, können als disponierte Leistungen in die Kostenstellenplanung maschinell übernommen werden.
Produktionskostenstellen mit Leistungsverrechnung	Hierunter fallen alle Produktionskostenstellen, die sich über Leistungsarten in die Erzeugniskalkulation verrechnen.
Leistungstarif	Über den Leistungstarif wird die Leistungsmenge einer Leistungsart mit einem Preis bewertet. Dabei wird der Gesamttarif in einen variablen und einen fixen Anteil differenziert.

Stichwort	Erläuterung
Unterauslastungen	Unterauslastungen einer Produktionskostenstelle mit Leistungsverrechnung können dann entstehen, wenn der fixe Leistungstarif auf der Basis der Kapazität berechnet wird und die Planleistung von der Kapazität differiert.
Produktionskostenstellen mit Zuschlägen	Produktionskostenstellen, für die keine Leistung definiert werden kann oder die in keinem direkten Zusammenhang mit der Produktion einzelner Erzeugnisse stehen und dementsprechend in Arbeitsplänen oder Rezepturen nicht hinterlegt werden können, können sich über Zuschläge in die Herstellkosten verrechnen.
Zuschlagsschema	Über ein Zuschlagsschema werden die Zuschlagsbasis, die Art des Zuschlags, der Zuschlagssatz und die Entlastung des Zuschlags definiert.
Kostenstellensalden	Die Kostenstellensalden, die aufgrund von Unterauslastungen auf Produktionskostenstellen mit Leistungsverrechnung entstehen, werden per Kostenstellenumlage in die Ergebnisrechnung abgerechnet. Kostenstellensalden von Produktionskostenstellen mit Zuschlägen verbleiben auf der Kostenstelle und resultieren aus dem Umstand, dass diese Kostenstellen in der Planungsintegration nicht entlastet werden.
Erzeugniskalkulation	Über die Erzeugniskalkulation werden die Herstellkosten der eigenen Erzeugnisse berechnet. Dabei wird unter anderem über die Arbeitspläne bzw. Rezepturen in Verbindung mit Leistungstarifen und/oder Zuschlägen auf die Ergebnisse der Planung von Produktionskostenstellen zurückgegriffen.
Planergebnisrechnung	In die Planergebnisrechnung fließen die Salden von Produktionskostenstellen mit Leistungsverrechnung ein und können dort als geplante Beschäftigungsabweichung oder Leerkosten interpretiert werden.

5.12 Planung von Gemeinkostenstellen

5.12.1 Definition und Ziel der Planung von Gemeinkostenstellen

In diesem Abschnitt werden die Besonderheiten in der Planung von Gemeinkostenstellen im Rahmen der Kostenstellenplanung betrachtet. Grundsätzlich erfolgt diese Planung nach den gleichen Grundlagen und Methoden der Kostenstellenplanung, wie sie schon in Abschnitt 5.9 beschrieben wurden.

Gemeinkostenstellen

Unter *Gemeinkostenstellen* werden in diesem Zusammenhang alle Kostenstellen verstanden, die keine Leistungsverrechnung durchführen, die sich nicht über die Erzeugniskalkulation in die Herstellkosten verrechnen, sondern deren Kosten per Kostenstellenumlage direkt in die Planergebnisrechnung abgerechnet werden.

Hierzu können Kostenstellen aus allen Funktionsbereichen gehören, die nicht der Produktion, sondern vielmehr dem Marketing, der Forschung, der Logistik oder der Verwaltung zugeordnet werden und ebenfalls für das reibungslose Funktionieren eines Unternehmens unbedingt benötigt werden. Hierzu gehören unter anderem folgende Kostenstellen:

- Marketingkostenstellen
- Vertriebskostenstellen
- Verwaltungskostenstellen
- Kostenstellen des Rechnungswesens
- Kostenstellen im Bereich Forschung und Entwicklung
- Unternehmensleitung

Kostenstellen, die sich per Umlage oder Leistungsverrechnung an andere Kostenstellen verrechnen, werden in Abschnitt 5.10 behandelt. Alle Kostenstellen, die sich per Leistungsverrechnung oder über Zuschläge direkt in die Herstellkosten verrechnen, werden in Abschnitt 5.11 behandelt.

5.12.2 Voraussetzungen für die Planung von Gemeinkostenstellen

Gleiche Voraussetzungen

Die Voraussetzungen für die Planung von Gemeinkostenstellen sind die gleichen wie auch bei der Planung von Service- und Produktionskostenstellen:

- Definition aller Werteströme im Leistungsverbund zwischen den Kostenstellen
- Festlegung der Organisation der Kostenstellenplanung insbesondere mit der Klärung der Frage, ob die Planung zentral oder dezentral erfolgen soll
- Festlegung der Planversionen
- Einrichtung von Planungsprofilen und Planungslayouts

Alle diese Voraussetzungen sind in Abschnitt 5.9.2 näher erläutert worden.

5.12.3 Stammdaten für die Planung von Gemeinkostenstellen

Auch die Stammdatenpflege für die Planung der Gemeinkostenstellen unterscheidet sich nicht von der für die Service- und Produktionskostenstellen:

- Pflege der Kostenarten und Kostenartengruppen
- Pflege der Kostenstellen und Kostenstellengruppen
- Pflege der Leistungsarten und Leistungsartengruppen
- Pflege der statistischen Kennzahlen und Kennzahlengruppen

Die einzelnen Stammdatenobjekte wurden in Abschnitt 5.9.3 genauer beschrieben.

5.12.4 Input für die Planung von Gemeinkostenstellen

Input-Output-Modell

Abbildung 5.110 macht durch das Input-Output-Modell deutlich, dass der Input von Gemeinkostenstellen sich nicht vom Input von Produktionskostenstellen unterscheidet.

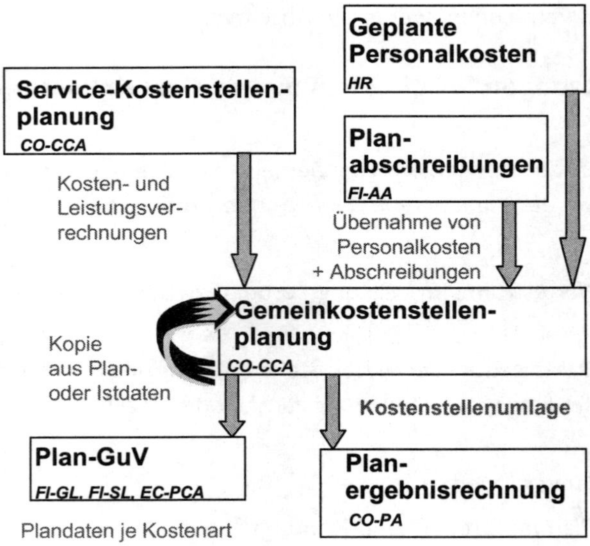

Abbildung 5.110 Input-Output-Modell zur Planung von Gemeinkostenstellen

Der Input der Gemeinkostenstellen fällt nur etwas einfacher aus, da bei der Planung von Gemeinkostenstellen keine Leistungsmengenbedarfe übernommen werden.

5.12.5 Durchführung der Planung von Gemeinkostenstellen

Auch bei der Planung von Gemeinkostenstellen sollte zunächst eine Zusammenstellung der benötigten Planungsschritte erarbeitet und daraufhin eine Reihenfolge der Planungsschritte festgelegt werden. Abbildung 5.111 stellt eine Reihenfolge der Planung von Gemeinkostenstellen vor.

Zusammenstellung der Planungsschritte

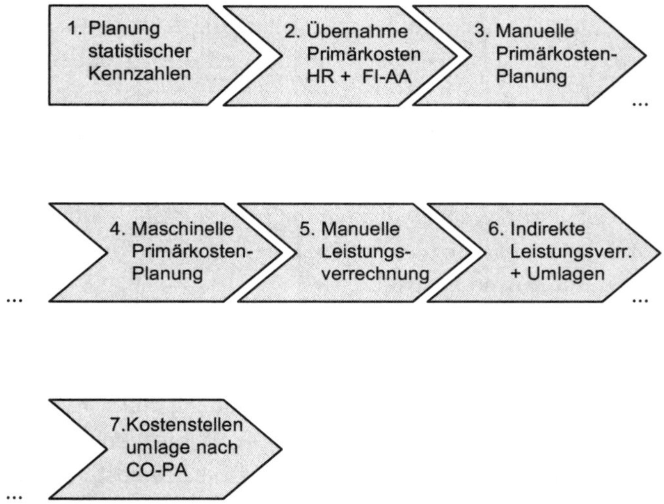

Abbildung 5.111 Reihenfolge in der Planung von Gemeinkostenstellen

Wie schon zu erwarten war, gestaltet sich die Planung von Gemeinkostenstellen deutlich einfacher als die Planung von Service- oder Produktionskostenstellen. Dies resultiert im Wesentlichen aus dem Umstand, dass Gemeinkostenstellen keine eigene Leistungsverrechnung durchführen. Aus diesem Grund wird kein Leistungsangebot bei diesen Kostenstellen geplant. Darüber hinaus sind alle Kosten dieser Kostenstellen als Fixkosten anzusehen, da ja zur Ausweisung von variablen Kosten auf einer Kostenstelle ein Leistungsbezug gehört. Da für diese Kostenstellen aber keine Leistung definiert wird, sind diese Kosten auch als fixe Kosten zu betrachten.

Die einzelnen Schritte

Bei der Planung werden nun im ersten Schritt die statistischen Kennzahlen geplant. Hierbei werden häufig durch Kopie von Plandaten aus dem Vorjahr oder Istdaten bereits Vorschlagswerte generiert. Größtenteils können diese Werte einfach übernommen werden, da sich Kennzahlen wie etwa Quadratmeter usw. nicht unbedingt jährlich ändern.

Auf der Grundlage dieser statistischen Kennzahlen können dann von Service-Kostenstellen durch die Kostenstellenumlagen oder indirekte Leistungsverrechnungen Kosten auf Gemeinkostenstellen verrechnet werden.

Im zweiten Schritt erfolgt die Übernahme der geplanten Abschreibungen aus der Anlagenbuchhaltung und der geplanten Personalkosten aus dem Modul HR (Human Resources).

Der dritte Planungsschritt besteht in der manuellen Primärkostenplanung über Planungslayouts. Die Planung der Primärkosten erfolgt dabei aufgrund fehlender Leistungsarten in der Regel vollständig leistungsunabhängig und ist damit deutlich einfacher als bei Service- oder Produktionskostenstellen.

Im vierten Planungsschritt werden die Gemeinkostenstellen über die maschinelle Primärkostenplanung mit dem Ergebnis von Verteilungen und Abgrenzungen mit Kosten belastet.

Die weiteren Planungsschritte bestehen in der manuellen und maschinellen Sekundärkostenplanung, wobei die Gemeinkostenstellen nur als Empfänger von Kosten der Service-Kostenstellen beteiligt sind. Je nachdem, wie stark in einem Unternehmen das Prinzip von internen Kunden-Lieferanten-Beziehungen gelebt wird, können die Gemeinkostenstellen dabei diese Kostenbelastungen im Rahmen von unternehmensinternen Abstimmgesprächen beeinflussen.

5.12.6 Output der Planung von Gemeinkostenstellen

Letzter Schritt: Output

Der letzte Schritt in der Planung von Gemeinkostenstellen befasst sich mit dem Output. Hier gelten zunächst in Bezug auf die Überspielbarkeit der geplanten Primärkosten in die Finanzbuchhaltung zur Erstellung einer Plan-GuV die gleichen Aussagen wie auch bei der Planung von Service-Kostenstellen und Produktionskostenstellen. Auch in diesem Fall können die Daten kumuliert auf der Ebene von Kostenarten je Buchungskreis und gegebenenfalls zusätzlich differenziert nach Profit Centern oder Geschäftsbereichen in die Finanzbuchhaltung überspielt werden.

Wie im vorherigen Abschnitt beschrieben, erfolgt auf Gemeinkostenstellen bis zu diesem Zeitpunkt nur eine Kostenbelastung. Die Gemeinkostenstellen verrechnen sich nicht an andere Kostenstellen und fließen auch nicht wie Produktionskostenstellen über die Erzeugniskalkulation in die Herstellkosten ein.

Somit verbleibt auf Gemeinkostenstellen immer ein Kostenstellensaldo, dessen Höhe der Kostenbelastung entspricht. Dieser Saldo wird nun in Form von Kostenstellenumlagen in die Planergebnisrechnung abgerechnet. Die Planergebnisrechnung wird dabei über das Modul CO-PA (Controlling – Profitability Analysis) abgebildet. Die Kostenstellenumlage erfolgt durch Umlagezyklen, die wiederum in einzelne Segmente unterteilt sind.

Segmente der Kostenstellenumlage

Ein Segment eines Kostenstellen-Umlagezyklusses beinhaltet eine Verrechnungsvorschrift zur Umlage von Kosten aus Kostenstellen in die Ergebnisrechnung und besteht aus folgenden Bestandteilen:

- Segmentkopf
- Definition von Sender und Empfängern
- Gegebenenfalls Senderwerte
- Empängerbezugsbasis

Abbildung 5.112 stellt das Grundprinzip der Kostenstellenumlage in die Ergebnisrechnung grafisch dar.

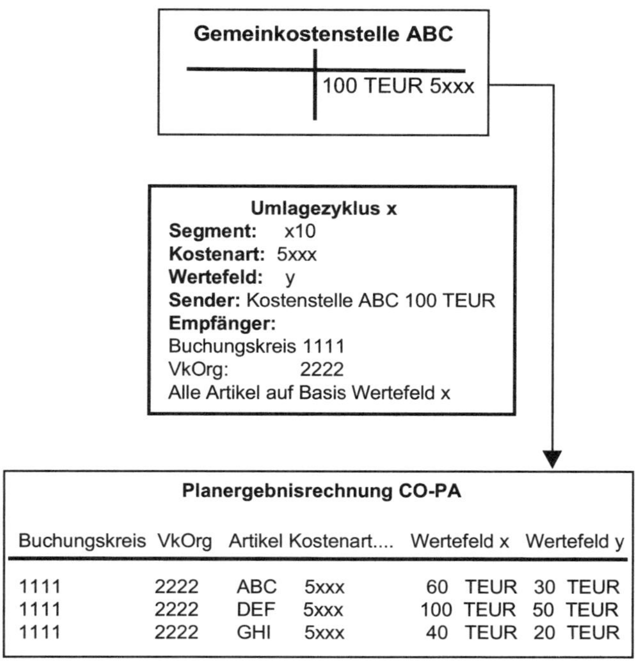

Abbildung 5.112 Das Prinzip der Kostenstellenumlage in die Ergebnisrechnung

Im Segmentkopf werden dabei zunächst die grundsätzlichen Regeln zur Verrechnung der Kostenstellenumlage definiert. Hierzu gehören u.a. folgende Angaben:

- **Segmentschlüssel und Bezeichnung**
  Über den Segmentschlüssel und die Bezeichnung wird das Umlagesegment für den Anwender identifiziert.
- **Umlagekostenart**
  Die Kostenstellenumlage wird unter einer sekundären Kostenart auf der Kostenstelle und in der Ergebnisrechnung gebucht. Diese Kostenart wird pro Segment festgelegt.
- **Definition der Wertefelder im CO-PA**
  Weiterhin muss definiert werden, in welche Wertefelder die Kosten in der Ergebnisrechnung gebucht werden sollen. Dies kann entweder durch Angabe eines Wertefeldes oder durch Angabe eines Ergebnisschemas, in dem kostenartenabhängig unterschiedliche Wertefelder angesteuert werden, realisiert werden.
- **Senderregel**
  Über die Senderregel wird definiert, welche Kosten von Kostenstellen verrechnet werden sollen. Hier bestehen folgende Möglichkeiten:
  - *Gebuchte Beträge*
    Durch diese Regel wird der gesamte Betrag, der als Sender definiert wird, verrechnet.
  - *Feste Beträge/Feste Tarife*
    Bei dieser Regel wird ein Betrag als Senderwert eindeutig festgelegt und verrechnet.
- **Empfängerregel**
  Über die Empfängerregel wird definiert, wie der Senderwert auf die als Empfänger definierten CO-PA-Merkmalsausprägungen aufgeteilt werden soll. Hierbei bestehen folgende Möglichkeiten:
  - *Variable Anteile*
    Durch die Empfängerregel *Variable Anteile* werden die Senderwerte auf die Empfänger anhand eines weiteren Wertefeldes in der Ergebnisrechnung dynamisch verteilt. Auf diese Weise können z.B. Kosten von Gemeinkostenstellen auf der Basis des Umsatzes auf die Merkmale der Ergebnisrechnung aufgeteilt werden.
  - *Feste Beträge*
    Über diese Empfängerregel werden die Empfänger fest mit bestimmten Beträgen belastet. Dabei muss die Summe der Empfängerwerte mit der Summe des Senderwertes übereinstimmen.

- *Feste Prozentsätze*
  Analog der Regel *Feste Beträge*, nur mit dem Unterschied, dass hier Prozentsätze hinterlegt werden müssen. Hinzu kommt, dass die Summe der Prozentwerte 100 ergeben muss.
- *Feste Anteile*
  In diesem Fall werden für die Empfänger jeweils Anteile definiert, die angeben, welchen Teil des Senderbetrages der jeweilige Empfänger tragen wird.

Definition von Sender und Empfänger

Bei der Definition der Sender und Empfänger wird nun erst festgelegt, wer sich wohin verrechnet. Zur Definition des *Senders* können dabei Kombinationen von Kostenstellen und Kostenarten bzw. entsprechenden Gruppierungen bestimmt werden. Es besteht auch die Möglichkeit, eine Kostenstelle komplett unabhängig von den Kostenarten in die Ergebnisrechnung umzulegen. Zur Definition des *Empfängers* werden die einzelnen Merkmale der Ergebnisrechnung aufgeführt. Die Kombination von Ausprägungen dieser Merkmale ergibt dabei ein Ergebnisobjekt und somit ein Kontierungsobjekt in der Ergebnisrechnung. Für jedes Merkmal kann entweder eine Merkmalsausprägung, ein Intervall von Merkmalsausprägungen, eine Gruppe von Merkmalsausprägungen oder nichts eingegeben werden. Wird zu einem Merkmal keine Ausprägung hinterlegt, werden die Kosten bei der Kostenstellenumlage auf die Ausprägungen dieses Merkmals nicht zugeordnet.

Über die anschließende Angabe der Senderwerte wird bei der Senderregel *Feste Beträge* festgelegt, welcher Senderbetrag verrechnet werden soll. Wird als Senderregel eine Verrechnung von gebuchten Beträgen definiert, entfällt die Angabe von Senderwerten, da diese dann automatisch errechnet werden.

Im letzten Schritt wird die Empfängerbasis definiert. Je nach Empfängerregel werden hier unterschiedliche Angaben gemacht. Lautet die Empfängerregel *Feste Anteile*, so werden in diesem Bereich die Anteile je Kombination der Ausprägungen der ausgewählten Ergebnismerkmale in Form einer Tabelle eingegeben.

Ähnlich sieht dies bei den Empfängerregeln *Feste Prozentsätze* oder *Feste Beträge* aus, nur mit dem Unterschied, dass statt der Anteile Prozentsätze bzw. Währungsbeträge hinterlegt werden.

Bei Festlegung der Empfängerregel auf *Variable Anteile* wird bei der Empfängerbasis definiert, aufgrund von welchem anderen Wertefeld aus der Ergebnisrechnung der Senderbetrag aufgeteilt werden soll. Dabei können im Customizing auch Rechenfelder definiert werden, die aus der Kombination mehrerer Wertefelder entstehen. Auf diese Rechenfelder kann dann bei der Definition der Empfängerbasis ebenfalls zurückgegriffen werden. Das Wertefeld, auf das sich bei der Umlage bezogen wird, muss nicht aus der gleichen Planversion stammen. Soll eine andere Planversion herangezogen werden, so kann dies in der Empfängerbasis ebenfalls angegeben werden.

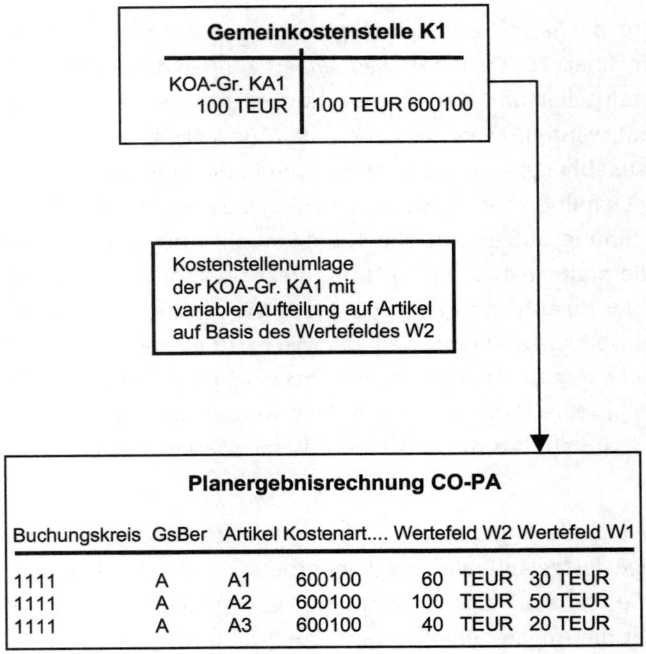

Abbildung 5.113 Beispiel 1 zur Kostenstellenumlage in die Ergebnisrechnung

Durch diese sehr variable Definition der Kostenstellenumlagen können im Rahmen der integrierten Planung zahlreiche Varianten zur Verrechnung von Kosten von Kostenstellen in die Ergebnisrechnung realisiert werden. Im Folgenden sollen nur zwei Beispiele für typische Umlagen aufgezeigt werden, die mit diesen Kostenstellenumlagen realisiert werden können.

Beispiel 1 Abbildung 5.113 zeigt das erste Beispiel zur Kostenstellenumlage in die Ergebnisrechnung. In diesem Fall werden die gesamten Plankosten der Kostenstelle K1 und der Kostenartengruppe KA1 in die Ergebnisrechnung auf der Basis variabler Anteile in das Wertefeld W1 verrechnet. Dabei sollen die Plankosten innerhalb des Geschäftsbereichs A den Artikeln A1, A2 und A3 zugeordnet und unter der Kostenart 600100 gebucht werden. Als Basis für die Berechnung der Kostenanteile, die die Artikel jeweils zu tragen haben, sollen die in der Ergebnisrechnung geplanten Umsätze im Wertefeld W2 dienen. Dabei sollen die Kosten auf die drei Artikel A1, A2 und A3 auf der Basis des geplanten Umsatzes (W2) aufgeteilt werden und unter der Umlagekostenart 600100 gebucht werden.

Folgende Angaben sind hierzu im Segment zu machen:

Segmentkopf	
Segmentschlüssel	10
Bezeichnung	Beispiel 1
Umlagekostenart	600100
Wertefeld	W1
Senderregel	Gebuchte Beträge
Empfängerregel	Variable Anteile

Tabelle 5.1 Segmentkopf

Sender- und Empfängerdefinition	
Senderkostenstelle	K1
Senderkostenart	KA1
Empfängermerkmal	Geschäftsbereich = A
Empfängermerkmal	Artikel = A1 bis A3
Andere Empfängermerkmale haben keinen Eintrag	

Tabelle 5.2 Sender- und Empfängerdefinition

Senderwerte entfallen, da als Senderregel gebuchte Beträge definiert sind.

Empfängerbasis	
Wertefeld	W2
Planversion	0

Tabelle 5.3 Empfängerbasis

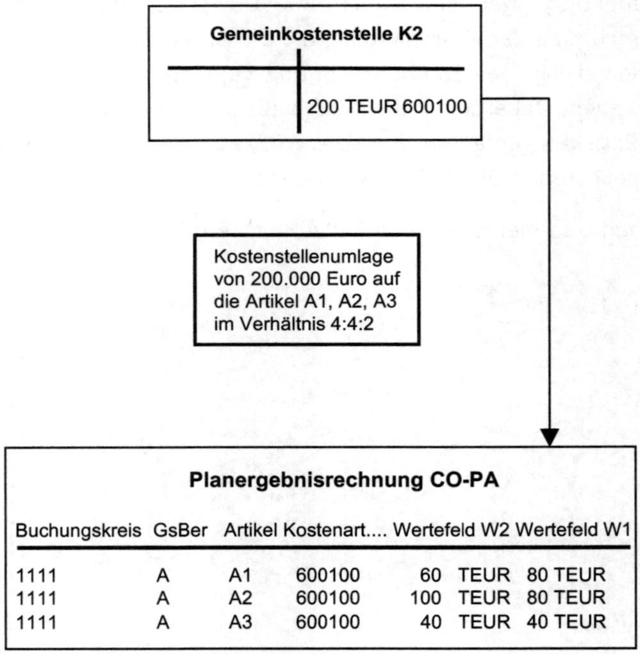

Abbildung 5.114 Beispiel 2 zur Kostenstellenumlage in die Ergebnisrechnung

Beispiel 2

Im zweiten Beispiel (siehe Abbildung 5.114) soll von der Kostenstelle K2 ein fester Betrag von 200.000,- EUR in die Ergebnisrechnung auf die Artikel A1, A2 und A3 im Verhältnis 4:4:2 verrechnet werden. Dabei soll wieder in das Wertfeld W1 mit der Umlagekostenart 600100 gebucht werden.

Folgende Angaben sind hierzu im Segment zu machen:

Segmentkopf	
Segmentschlüssel	20
Bezeichnung	Beispiel 2
Umlagekostenart	600100
Wertefeld	W1
Senderregel	Feste Beträge
Empfängerregel	Feste Anteile

Tabelle 5.4 Segmentkopf

Sender- und Empfängerdefinition	
Senderkostenstelle	K2
Senderkostenart	Kein Eintrag
Empfängermerkmal	Artikel = A1 bis A3
Andere Empfängermerkmale haben keinen Eintrag.	

Tabelle 5.5 Sender- und Empfängerdefinition

Senderwerte	
Betrag für Kostenstelle K2	200.000,- EUR

Tabelle 5.6 Senderwerte

Empfängerbasis	
Anteil für Artikel A1	4
Anteil für Artikel A2	4
Anteil für Artikel A3	2

Tabelle 5.7 Empfängerbasis

5.12.7 Checkliste zur Planung von Gemeinkostenstellen

Als PDF-Dokument zum Download unter www.sap-press.de

Stichwort	Erläuterung
Gemeinkostenstellen	Unter Gemeinkostenstellen werden in diesem Zusammenhang alle Kostenstellen verstanden, die sich nicht in andere Kostenstellen verrechnen und nicht in die Herstellkosten einfließen. Die Kosten von Gemeinkostenstellen werden vielmehr in die Ergebnisrechnung des Moduls CO-PA umgelegt.
Produktionskostenstellen	Unter Produktionskostenstellen werden alle Kostenstellen der Produktion verstanden, die sich entweder per Leistungsverrechnung oder über Zuschläge direkt in die Erzeugniskalkulation verrechnen.
Service-Kostenstellen	Im Gegensatz dazu fallen alle Produktionskostenstellen, die sich per Leistungsverrechnung oder Kostenstellenumlage an andere Kostenstellen verrechnen, in den Bereich der Service-Kostenstellen.
Planungsgrundlagen	In Abschnitt 5.9.4 werden die Grundlagen der Kostenstellenplanung ausführlich beschrieben. Die Planung der Gemeinkostenstellen basiert auf diesen Planungsgrundlagen.

Stichwort	Erläuterung
Planungsmethoden	In Abschnitt 5.9.5 werden die Methoden der Kostenstellenplanung ausführlich beschrieben. Die Planung der Gemeinkostenstellen basiert auf diesen Planungsmethoden.
Kostenstellenumlage	Über die Kostenstellenumlage werden die Kosten der Gemeinkostenstellen in die Planergebnisrechnung im Rahmen der operativen Planung abgerechnet.

5.13 Planung von CO-Aufträgen

5.13.1 Definition und Ziel der Planung von CO-Aufträgen

Definition

CO-Aufträge – innerhalb der Kostenrechnung auch Innenaufträge genannt – stellen neben den Kostenstellen ein weiteres wichtiges Kontierungsobjekt in der Kostenrechnung dar. Die CO-Aufträge werden dabei im SAP R/3 CO-OM-OPA (Controlling – Order Project Accounting) angelegt, verwaltet und geplant.

Grundsätzlich können CO-Aufträge in der gleichen Weise mit Kosten belastet und entlastet werden, wie dies auch bei Kostenstellen der Fall ist. CO-Aufträge unterscheiden sich gegenüber Kostenstellen in ihrem Zweck und Charakter. Während Kostenstellen als dauerhafte Bezugsgröße für einen Ort bzw. Sammlung einer Kostenentstehung angelegt werden, werden CO-Aufträge in der Regel für die Kostensammlung zu einer konkreten Aufgabe und für einen begrenzten Zeitraum angelegt.

Beispiele für CO-Aufträge

Typische Beispiele für CO-Aufträge sind etwa Aufträge für folgende Bereiche:

- Werbemaßnahmen
- Messen und Ausstellungen
- bestimmte Marketing- oder Vertriebsprojekte
- Projekte im Bereich Forschung und Entwicklung
- Unternehmensinterne Projekte

Da die CO-Aufträge für eine konkrete Aufgabe angelegt werden, kommt es häufig vor, dass zum Zeitpunkt der Planung im Rahmen der operativen Planung die CO-Aufträge noch nicht bekannt bzw. im SAP R/3-System definiert sind.

Dummy-Aufträge im Plan

Um in diesen Fällen die Planungsintegration über die CO-Aufträge realisieren zu können, können entsprechende Dummy-Aufträge nur für die Planung angelegt werden, die dann im Ist nicht bebucht und durch echte

Aufträge ersetzt werden. Auf diesen Dummy-Aufträgen werden dann die gesamten Plankosten für alle CO-Aufträge einer bestimmten Art geplant.

Daneben existieren im SAP R/3-System zahlreiche weitere Auftragsarten, die in anderen Modulen verwaltet werden und spezielle Funktionen aus dem jeweiligen Modul aufweisen. Hierzu zählen z. B.:

- Instandhaltungsaufträge (Modul PM)
- Serviceaufträge (Modul SM)
- Produktionsaufträge (Modul PP bzw. PP-PI)

Diese Aufträge haben alle gemeinsam, dass sie neben den speziellen Funktionen des jeweiligen Moduls die gleichen kostenrechnerischen Funktionen aufweisen wie ein CO-Auftrag. D.h., jeder dieser Aufträge kann mit Kosten be- und entlastet werden und fungiert somit als echtes Kontierungsobjekt.

Sollen die Kostenverrechnungen auf diese Aufträge ebenfalls im Rahmen der operativen Planung berücksichtigt werden, kann dies ebenfalls durch Dummy-Aufträge erfolgen, da die konkreten Aufträge im Ist erst durch entsprechende logistische Prozesse zeitnah erstellt werden.

Des Weiteren können CO-Aufträge als Investitionsaufträge geplant werden und über die Integration mit dem Modul IM in die Anlagenbuchhaltung aktiviert werden. Die Behandlung von Investitionsprojekten wird in diesem Zusammenhang in Abschnitt 5.6 beschrieben. Die Verwendung von PSP-Elementen als Planungsobjekte lässt sich ohne Probleme auch auf CO-Aufträge anwenden.

5.13.2 Voraussetzungen für die Planung von CO-Aufträgen

Enge Verbindung mit der Kostenstellenplanung

Grundsätzlich ist die Planung von CO-Aufträgen eng mit der Kostenstellenplanung verknüpft. Die Planung findet im gleichen Kostenrechnungskreis, in den gleichen Planungsperioden und in den gleichen Planversionen statt. Des Weiteren greift die Planung von CO-Aufträgen auf die gleichen statistischen Kennzahlen und die gleichen Kostenarten zu. Darüber hinaus besteht der Großteil der Integration innerhalb der operativen Planung aus Leistungsverrechnungen zwischen Kostenstellen und CO-Aufträgen.

Aus diesem Grund stellen sich für die Planung von CO-Aufträgen als Voraussetzung für einen erfolgreichen Planungsablauf die gleichen organisatorischen Fragen wie auch in der Kostenstellenplanung (siehe Abschnitt 5.9 bis 5.12). Im Vordergrund steht dabei die Analyse der Werteflüsse im

Leistungsverbund zwischen Kostenstellen und CO-Aufträgen. Man muss sich vor der Planung im Klaren darüber sein, für welche Werteflüsse CO-Aufträge beplant und wo entsprechende Dummy-Aufträge angelegt werden sollen.

Ferner muss im Vorfeld der Planung von CO-Aufträgen im Einklang mit der Kostenstellenplanung die Frage nach der zentralen oder dezentralen Organisation der Planung beantwortet werden. Beide Planungsformen weisen Vor- und Nachteile auf, die bereits in Abschnitt 5.9.2 erläutert wurden. Auch die Definition unterschiedlicher Planversionen muss im Einklang mit der Kostenstellenplanung erfolgen.

Arten der Planung von CO-Aufträgen

Die Planung von CO-Aufträgen kann auf drei verschiedene Arten durchgeführt werden:

- Jahresunabhängige Gesamtplanung
- Jahresabhängige Gesamtplanung
- Detailplanung auf der Ebene von Kostenarten und Leistungsverrechnungen

Die ersten beiden Planungsarten sind dabei wesentlich einfacher durchzuführen als die Detailplanung auf der Ebene von Kostenarten und Leistungsverrechnungen.

Gesamtplanung

Bei der *jahresunabhängigen Gesamtplanung* wird für einen CO-Auftrag nur die Summe aller Kosten als ein Betrag geplant. Dieser Betrag wird nicht nach Kostenarten und bei entsprechender Laufzeit auch nicht nach einzelnen Planjahren differenziert. Diese sehr einfache Planung hat den Vorteil, dass sie sehr schnell durchgeführt werden kann. Der größte Nachteil liegt aber in der Vernachlässigung jeglicher Integration mit anderen Modulen. Diese Planung erfolgt völlig losgelöst von der Planung in der Kostenstellenrechnung oder der Ergebnisrechnung, da nicht differenziert wird:

- Welche Kosten anfallen
- Ob Leistungen von anderen Kostenstellen in Anspruch genommen werden
- In welchem Jahr die Leistungen anfallen werden

Die Planung auf dieser Ebene kann kaum sinnvoll in andere Module integriert werden.

Die *jahresabhängige Gesamtplanung* erfolgt im Grunde ähnlich wie die jahresunabhängige Gesamtplanung, nur mit dem Unterschied, dass – wenn der CO-Auftrag eine Laufzeit von mehreren Jahren hat – je Planjahr ein Gesamtbetrag geplant wird. In diesem Fall ist eine Integration mit der Kostenstellenrechnung ebenfalls nicht möglich, da Leistungsinanspruchnahmen von Kostenstellen nicht durch Leistungsverrechnungen integrativ abgebildet werden.

Die grundsätzliche Integration innerhalb der operativen Planung fällt aber leichter, da zumindest der Bezug auf das jeweilige Planjahr der operativen Planung definiert wird. So können derartige Aufträge z. B. in Form von Investitionsaufträgen über das Modul IM in die Anlagenbuchhaltung aktiviert werden.

Detailplanung auf der Ebene von Kostenarten und Leistungsverrechnungen

Aus Sicht der Planungsintegration innerhalb der operativen Planung ist die detaillierte Planung auf der Ebene von Kostenarten und Leistungsverrechnungen am effektivsten. In diesem Fall erfolgt die Planung der CO-Aufträge auf der gleichen Ebene wie die Kostenstellenplanung. Durch konkrete Leistungsverrechnungen können dabei z. B. CO-Aufträge innerhalb der Planung mit Kosten belastet und die Senderkostenstellen entsprechend entlastet werden. In diesen Fällen wird die Integration innerhalb der Kostenrechnung voll umgesetzt.

In den nachfolgenden Beschreibungen wird immer von der Durchführung der detaillierten Planung auf der Ebene von Kostenarten und Leistungsverrechnung ausgegangen.

Die Planung auf der detaillierten Ebene von Kostenarten und Leistungsverrechnungen erfolgt manuell. Diese manuelle Planung kann im Customizing individuell über Planungslayouts und Planerprofile gestaltet werden. Die Funktionsweise ist dabei mit der in der Kostenstellenplanung identisch.

Auftragsarten

Als weitere Voraussetzung ist die Definition von Auftragsarten im Customizing zu nennen. CO-Auftrag ist nicht gleich CO-Auftrag; vielmehr unterscheiden sich CO-Aufträge über ihre zugehörige Auftragsart im Wesentlichen im Hinblick auf:

- **Nummernkreis**
  Über den Nummernkreis wird definiert, welche Auftragsnummern für eine Auftragsart vorgesehen werden. Erfolgt die Nummernvergabe durch das SAP R/3-System selbstständig, wird bei einer Neuanlage eines CO-Auftrages zu dieser Auftragsart innerhalb des Nummernkreises fortlaufend durchnummeriert.
- **Statusverwaltung**
  Ein CO-Auftrag besitzt innerhalb seines Nutzungszeitraums verschiedene Statusformen. Innerhalb eines Status sind nur bestimmte

betriebswirtschaftliche Vorgänge für den jeweiligen CO-Auftrag erlaubt. Über unterschiedliche Statusformen kann so z.B. gesteuert werden, dass ein Auftrag zwar geplant, aber noch nicht bebucht werden kann oder aber später bebuchbar ist, aber nicht mehr neu beplant werden darf.

Welche Statusformen eine Auftragsart besitzt und in welcher Reihenfolge sie durchschritten werden, wird dabei über die die Statusverwaltung gesteuert.

- **Darstellung über Feldauswahl und Auftragslayout**
  Des Weiteren existieren für die Stammdatenpflege von CO-Aufträgen zahlreiche unterschiedliche Felder, die jeweils eigenständige Bedeutungen haben. Dabei sind nicht alle Felder für alle Aufträge relevant bzw. von gleicher Wichtigkeit. Über entsprechende Einstellungen zur Darstellung von CO-Aufträgen kann so festgelegt werden, welche Datenfelder für eine Auftragsart überhaupt zur Verfügung stehen und ob sie als Mussfelder, Kannfelder oder nur zur Ansicht deklariert sind.
- **Planungsintegration**
  Über ein spezielles Kennzeichen wird je Auftragsart festgelegt, ob die Auftragsart an der Planungsintegration überhaupt teilnimmt oder unabhängig von der Planung in den anderen Modulen durchgeführt wird.
- **Planprofil**
  Über ein Planprofil werden spezielle Einstellungen zur Planung der CO-Aufträge eingestellt. So wird für die Gesamtplanung festgelegt, welcher Zeithorizont für eine Auftragsart vorgesehen ist und ob eine jahresunabhängige und/oder jahresabhängige Planung durchgeführt werden soll.

  Für die Detailplanung werden Vorschlagswerte für Kostenartengruppen, Erlösartengruppen, Senderkostenstellen, Senderleistungsarten und statistische Kennzahlen hinterlegt, die bei der manuellen Planung vom SAP R/3-System automatisch vorgegeben werden sollen.
- **Abrechnungsprofil**
  Über das Abrechnungsprofil wird gesteuert, an welche Kontierungsobjekte ein CO-Auftrag der jeweiligen Auftragsart abgerechnet werden kann. Zur Verfügung stehen im Rahmen der Planung dabei entweder andere CO-Aufträge, Kostenstellen, PSP-Elemente oder Ergebnisobjekte. Dabei wird auch ein Kontierungsobjekt als Defaulteintrag hervorgehoben.

Über weitere Verzweigungen in das Abrechnungsschema und gegebenenfalls in das Ergebnisschema werden zusätzlich folgende Fragestellungen beantwortet:

- Unter welcher Abrechnungskostenart erfolgt die Abrechnung?
- Erfolgt die Abrechnung kostenartengerecht?
- Werden alle Kostenarten gleichartig abgerechnet oder erfolgt eine individuelle Abrechnung je Kostenartengruppe?
- Auf welche Wertefelder werden welche Kosten bzw. Erlöse in die Ergebnisrechnung abgerechnet?

- **Weitere Einstellungen zur Steuerung des Auftrages**
  Neben den bereits angesprochenen Einstellungen können über die Auftragsart weitere Einstellungen vorgenommen werden:
  - Einstellungen, die die Definition der Aufträge erleichtern (Referenzaufträge)
  - Einstellungen, die die Aufträge klassifizieren (Objektklasse, Funktionsbereich)
  - Einstellungen, die steuern, welche Buchungen und Auswertungen auf den Aufträgen erlaubt sind (Erlösbuchungen, Obligoverwaltung, Klassifizierung, CO-Partnerfortschreibung)

In Abbildung 5.115 wird exemplarisch die Einstellung einer CO-Auftragsart dargestellt.

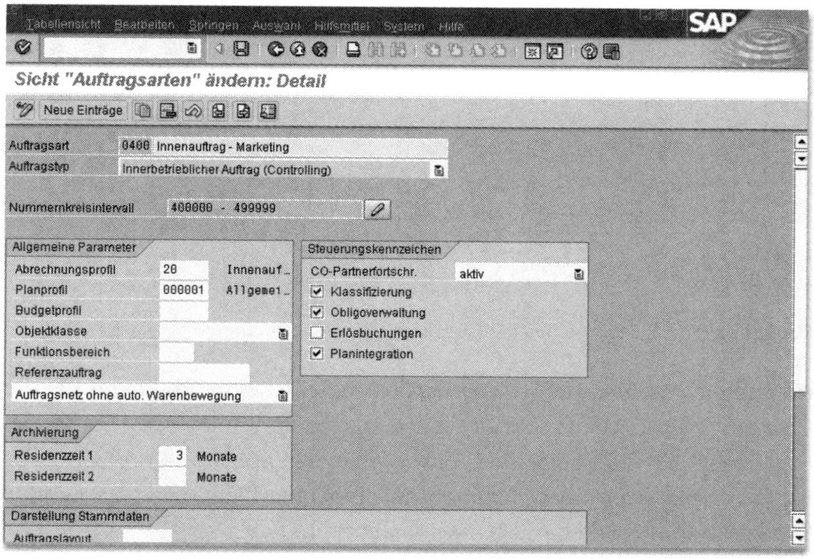

Abbildung 5.115 Beispiel für eine Auftragsart

5.13.3 Stammdaten zur Planung von CO-Aufträgen

Da die Planung von CO-Aufträgen eng mit der Kostenstellenplanung verbunden ist und dabei auf die gleichen statistischen Kennzahlen, Kostenarten und bei Leistungsverrechnungen auch auf die gleichen Kostenstellen und Leistungsarten zugreift, müssen wie in der Kostenstellenrechnung zunächst alle eben erwähnten Stammdaten korrekt angelegt bzw. gepflegt sein. Die Stammdatenpflege von statistischen Kennzahlen, Kostenarten, Kostenstellen und Leistungsarten wird in Abschnitt 5.9.3 ausführlich beschrieben. Darüber hinaus müssen natürlich auch die eigentlichen CO-Aufträge als Stammdatum angelegt werden. Dabei wird ein CO-Auftrag immer in Verbindung zu einer Auftragsart angelegt.

CO-Auftrag als Stammdatum

Je nach Auftragsart erfolgt die Nummernvergabe für den CO-Auftrag und somit die eindeutige Identifizierung des CO-Auftrages automatisch durch das SAP R/3-System oder manuell durch den Anwender. Abbildung 5.116 zeigt eine Bildschirmmaske zur Definition eines CO-Auftrages.

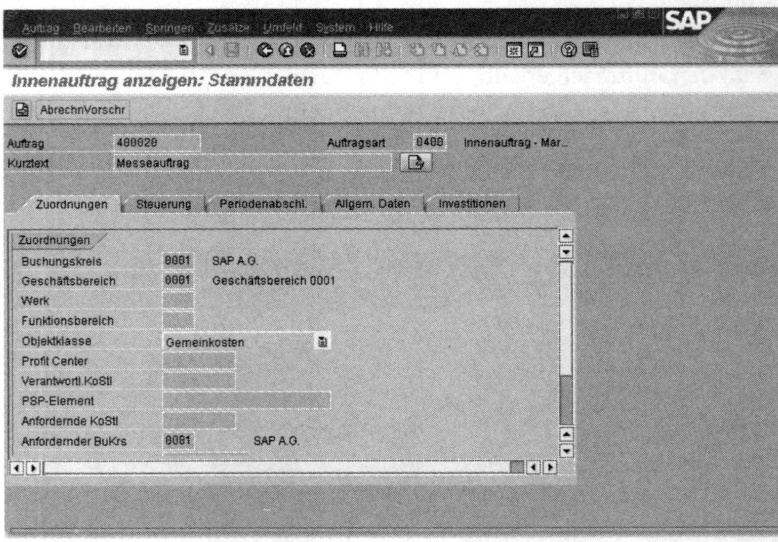

Abbildung 5.116 Beispiel eines CO-Auftrages (Sicht Zuordnungen)

Wie bereits erwähnt, können je nach Auftragsart einzelne Felder bei der Erfassung der CO-Aufträge ein- bzw. ausgeblendet werden. Die in der Abbildung 5.116 dargestellten Eingabefelder definieren den CO-Auftrag dabei zunächst allgemein und ordnen ihn innerhalb der existierenden Organisationsebenen des SAP R/3-Systems ein.

Neben diesen allgemeinen Angaben sind die Steuerungsangaben für die Planung der CO-Aufträge wichtig. Abbildung 5.117 zeigt die Bildschirmmaske mit den Steuerungsdaten eines CO-Auftrages.

Über die Steuerungsdaten wird zunächst festgelegt, welchen Auftragsstatus der Auftrag besitzt. Durch den Status »Planung« kann beispielsweise gesteuert werden, dass der CO-Auftrag nun beplant, aber noch nicht echt mit Kosten bebucht werden kann. Des Weiteren wird im CO-Auftrag über das Kennzeichen »Planintegrierter Auftrag« bestätigt, dass dieser CO-Auftrag an der Planungsintegration teilnimmt. Erst hierdurch wird sichergestellt, dass bei einer Leistungsinanspruchnahme des CO-Auftrages automatisch die entsprechende Senderkostenstelle auch entlastet wird.

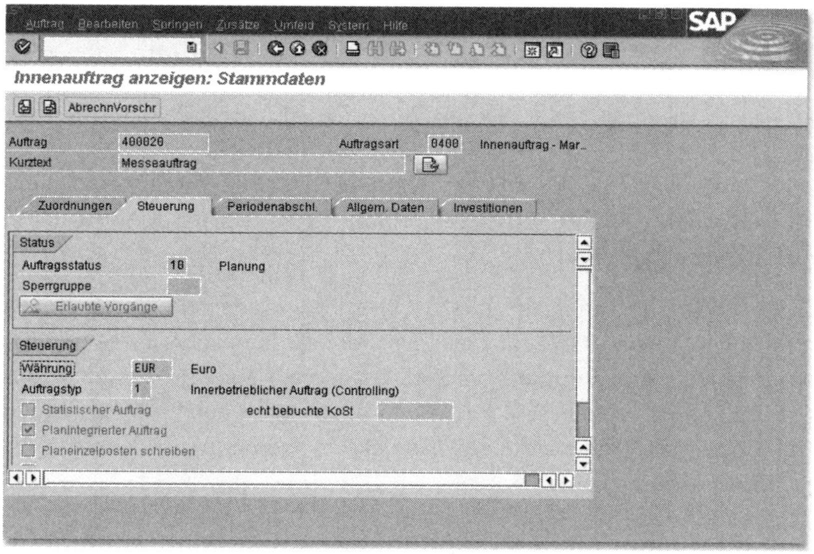

Abbildung 5.117 Beispiel eines CO-Auftrages (Sicht Steuerung)

Die dritte wesentliche Einstellung zu einem CO-Auftrag erfolgt über die Abrechnungsvorschrift. Dabei kann zwischen einer Abrechnungsvorschrift im Plan und im Ist differenziert werden. Abbildung 5.118 zeigt ein Beispiel für eine Abrechnungsvorschrift im Plan zu einem CO-Auftrag.

Über die tabellarische Struktur der Abrechnungsvorschrift ist es möglich, die Abrechnung der Kosten eines CO-Auftrages auf mehrere Kontierungsobjekte aufzuteilen. Die Aufteilung erfolgt dabei entweder über Prozentaufteilungen oder Äquivalenzziffern. Die Abrechnungsvorschrift für bestimmte Perioden kann unterschiedlich definiert werden.

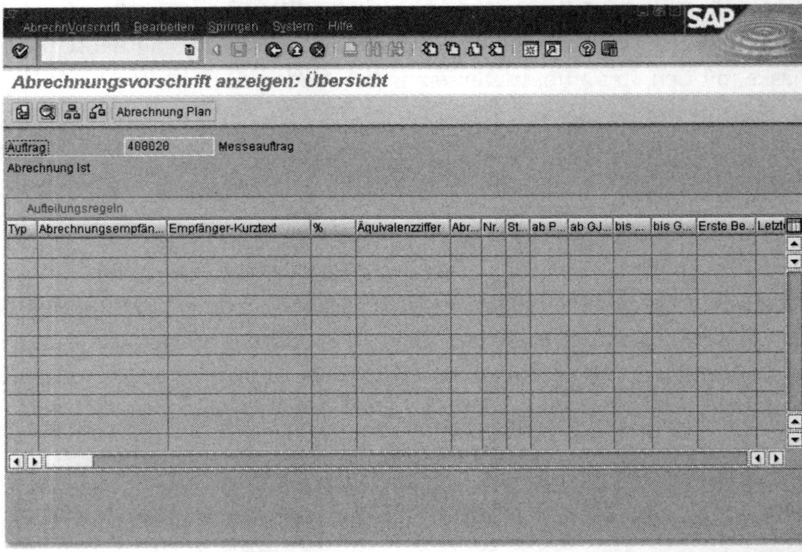

Abbildung 5.118 Beispiel eines CO-Auftrages (Abrechnungsvorschrift)

Die Kontierungsobjekte, die dabei als Abrechnungsempfänger dienen, müssen einen Kontierungstyp aufweisen, der im Customizing für diese Auftragsart vorgesehen ist.

Die Abrechnung kann auf andere CO-Aufträge oder auf Kostenstellen erfolgen. Wird ein CO-Auftrag als Investitionsauftrag im Rahmen der Planung genutzt, so kann die Abrechnung auch auf ein PSP-Element erfolgen. Seit SAP R/3 Release 4.5 ist es darüber hinaus auch möglich, einen CO-Auftrag im Plan an ein Ergebnisobjekt und somit in die Planergebnisrechnung abzurechnen.

5.13.4 Input für die Planung von CO-Aufträgen

Abbildung 5.119 gibt einen Überblick über die Datenströme, die vor der Durchführung der eigentlichen Planung von CO-Aufträgen als Input einfließen können.

Vorschlagswerte aus Kopie von Ist- oder Plandaten

Zunächst einmal können für die Planung von CO-Aufträgen Vorschlagswerte generiert werden, die durch eine Kopie von Planzahlen aus einer anderen Planversion, aus einem anderen Planungszeitraum innerhalb der gleichen Planversion oder aber durch eine Kopie von Istdaten entstehen.

Die Funktionsweise ist dabei grundsätzlich mit dem Kopieren von Plan- und Ist-Werten in der Kostenstellenplanung zu vergleichen. Abbildung 5.120 zeigt die Bildschirmmaske zum Kopieren von Istdaten zu CO-Aufträgen in eine Planversion.

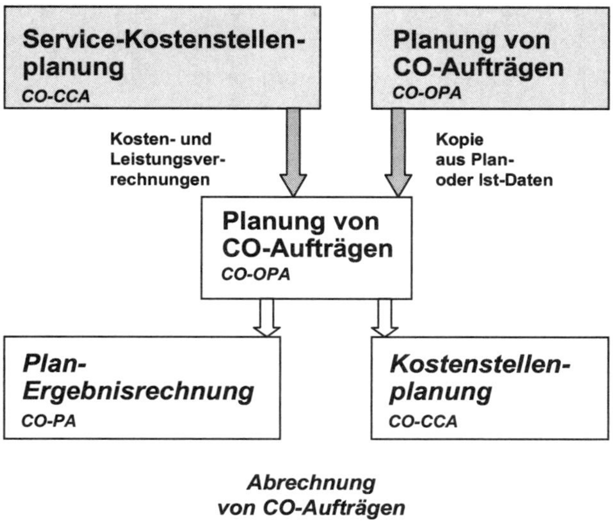

Abbildung 5.119 Input-Output-Modell zur Planung von CO-Aufträgen (Input)

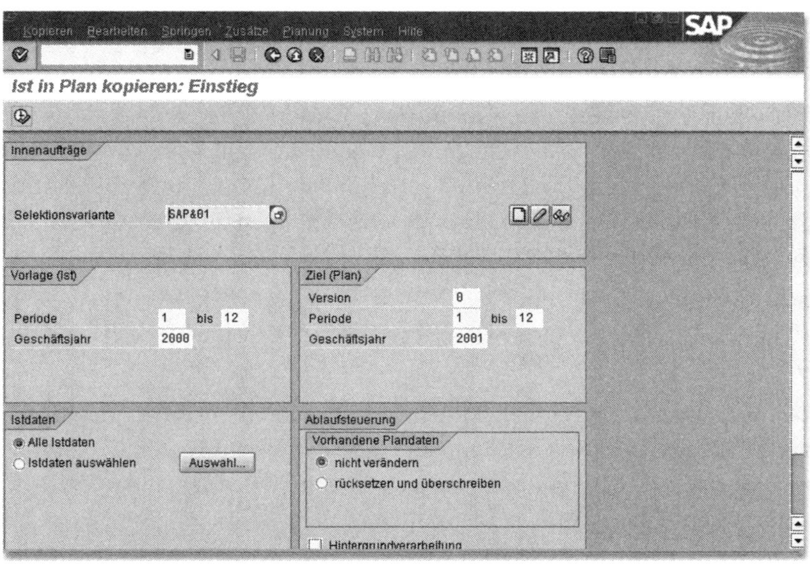

Abbildung 5.120 Kopieren von Istdaten in Plan

Über die Selektionsvariante wird dabei definiert, aus welchen CO-Aufträgen die Istdaten in die Planversion kopiert werden sollen. Der Rest erfolgt analog der Vorgehensweise in der Kostenstellenplanung, wie sie schon in Abschnitt 5.10.4 bei den Service-Kostenstellen beschrieben wurde.

Allerdings besteht beim Übernehmen von Ist- oder Plandaten in eine aktuelle Planversion keine Möglichkeit, über eine Umwertung eine prozentuale Veränderung der Kosten maschinell vornehmen zu lassen.

Außerdem sollte das Kopieren von Ist- oder Plandaten zu CO-Aufträgen genau überlegt werden. Da ja gerade CO-Aufträge nur für einen bestimmten Zeitraum definiert sind, ist es in vielen Fällen zweifelhaft, ob Ist- oder Plandaten aus vergangenen Perioden für die Planung von CO-Aufträgen überhaupt herangezogen werden sollten, da die CO-Aufträge aus der Vergangenheit in der Zukunft eventuell nicht mehr bebucht werden sollen und neue CO-Aufträge in der Vergangenheit noch nicht existierten. Das Kopieren von Daten aus der Vergangenheit ist nur für dauerhaft angelegte CO-Aufträge sinnvoll.

Bei Dummy-Aufträgen, die nur im Plan als Äquivalent für eine ganze Gruppe von Aufträgen genutzt werden, ist natürlich nur das Kopieren von alten Plandaten sinnvoll. Istdaten werden zu diesen Aufträgen niemals vorliegen. Wird allerdings ein dezentraler Planungsansatz gewählt und dabei die Planung in unterschiedlichen Planversionen organisiert, so kann über das Kopieren der Plandaten in eine zusammenfassende Planversion eine sinnvolle Konsolidierung durchgeführt werden.

Leistungsverrechnung aus der Kostenstellenrechnung

Der weitere Input-Faktor im Input-Output-Modell der Abbildung 5.119 für die Planung von CO-Aufträgen ist eigentlich nicht ganz korrekt. Hier wird suggeriert, dass vor Beginn der Planung der CO-Aufträge bereits aus der Kostenstellenrechnung Leistungsverrechnungen auf die CO-Aufträge durchgeführt werden. Dies ist nicht ganz richtig, da erst durch die Inanspruchnahme von Leistungen der Senderkostenstellen bei der Planung von CO-Aufträgen diese Leistungsverrechnungen hergestellt werden (siehe hierzu Abschnitt 5.13.5).

Dennoch macht die Darstellung Sinn, da hierdurch nochmals dokumentiert wird, dass die Kostenstellenplanung und die Planung von CO-Aufträgen über die Leistungsverrechnungen eng miteinander verknüpft sind und starken Einfluss aufeinander haben.

5.13.5 Durchführung der Planung von CO-Aufträgen

In der nachfolgenden Beschreibung zur Durchführung der Planung von CO-Aufträgen wird davon ausgegangen, dass eine integrierte Planung auf der Ebene von Kostenarten und Leistungsverrechnungen durchgeführt wird.

Parallelen und Unterschiede zur Kostenstellenplanung

Bei dieser Form der Planung von CO-Aufträgen sind wiederum viele Parallelen zur Kostenstellenplanung festzustellen. Allerdings gibt es doch eine Reihe von Unterschieden zwischen der Kostenstellenplanung und der Planung von CO-Aufträgen:

- CO-Aufträge erbringen keine Leistung und besitzen daher keine Leistungsarten.
- Wenn CO-Aufträge keine Leistungsarten besitzen, entfallen alle Planungsschritte zum Leistungsangebot, zur Kostensplittung und zur Tarifermittlung.
- Alle Kosten auf CO-Aufträgen werden als Fixkosten behandelt. Variable Kosten entstehen nur im Zusammenhang mit Leistungsarten.
- Die maschinellen Planungsschritte wie Abgrenzungen, Verteilungen, indirekte Leistungsverrechnungen und Umlagen sind für CO-Aufträge nicht vorgesehen.
- CO-Aufträge können über die Planabrechnung auf der Basis der jeweiligen Abrechnungsvorschrift abgerechnet werden.

Reihenfolge der Planung von CO-Aufträgen

Anhand der aufgezählten Unterschiede zur Kostenstellenplanung lässt sich bereits erkennen, dass die Planung von CO-Aufträgen deutlich vereinfacht abläuft. Die Abbildung 5.121 stellt eine typische Reihenfolge in der Planung von CO-Aufträgen vor.

Abbildung 5.121 Reihenfolge in der Planung von CO-Aufträgen

Im ersten Schritt erfolgt die Planung der statistischen Kennzahlen. Diese werden in der Regel manuell über Planungslayouts auf den Aufträgen hinterlegt. Das Verfahren entspricht dabei dem Vorgehen in der Kostenstellenplanung, das in Abschnitt 5.9.5 beschrieben wurde.

Da in der Planung von CO-Aufträgen keine maschinellen Verrechnungsschritte erfolgen, die Kosten z.B. auf Basis von statistischen Kennzahlen auf die Empfängerobjekte verrechnen, dienen die statistischen Kennzahlen auf CO-Aufträgen nur statistischen Zwecken im Reporting.

Im zweiten Schritt erfolgt die manuelle Primärkostenplanung, und zwar immer leistungsunabhängig und komplett in Form von Fixkosten, da die CO-Aufträge, wie bereits erwähnt, keine Leistung erbringen. Die Erfassung der Primärkosten erfolgt dabei über die Planungslayouts und Planerprofile und unterscheidet sich daher nicht vom Vorgehen in der Kostenstellenplanung.

Im dritten Planungsschritt wird die Inanspruchnahme von Leistungen aus der Kostenstellenrechnung manuell geplant. Dazu müssen in der Kostenstellenplanung zumindest die Planungen zum Leistungsangebot je Kostenstelle abgeschlossen sein, da nur dann die angegebenen Senderkostenstellen und Senderleistungen vom SAP R/3-System als gültige Kombinationen akzeptiert werden. Die Erfassung der Leistungsverrechnungen von den Senderkostenstellen auf die CO-Aufträge erfolgt ebenfalls über Planungslayouts und Planerprofile.

Sind zum Zeitpunkt der Planung die Leistungstarife noch nicht in der Kostenstellenrechnung geplant, werden bei der Erfassung der Leistungsverrechnung zunächst nur Leistungsmengen verrechnet. Erfolgt dann zu einem späteren Zeitpunkt die Tarifermittlung zu den Leistungen in der Kostenstellenrechnung und nimmt der CO-Auftrag an der Planungsintegration teil (siehe Abschnitt 5.9.3), wird die verrechnete Leistungsmenge automatisch mit diesem Plantarif bewertet, und die Senderkostenstelle wird entsprechend mit Kosten entlastet und der CO-Auftrag mit eben diesen Kosten belastet.

Zuschläge auf CO-Aufträge

Eine weitere Planungsmethode besteht in der Bezuschlagung von CO-Aufträgen über ein Zuschlagsschema. Über Zuschlagsschemata können auf einem Kontierungsobjekt, also z.B. auf einem CO-Auftrag, Kosten anhand der Höhe oder der Menge bereits geplanter Kosten oder Leistungen automatisch errechnet und gebucht werden. Bei dieser Berechnung von Kosten wird ein anderes Kontierungsobjekt, also z.B. eine Kostenstelle, in der gleichen Höhe mit Kosten entlastet.

In diesem Zusammenhang wurden bereits Produktionskostenstellen erwähnt, für die keine Leistungsart definiert werden kann und die sich über Zuschläge auf Produktionsaufträge und damit in der Planungsphase in die Erzeugniskalkulation verrechnen. Da im Plan die jeweiligen Produktionsaufträge noch nicht existieren und über die Erzeugniskalkulation zwar die Kosten in der Kalkulation berücksichtigt, aber die betroffenen Kostenstellen nicht entlastet werden, ist die Planungsintegration für diese Kostenstellen unterbrochen.

Um diesen Missstand zu umgehen, können nun für die Produktionsaufträge im Rahmen der Planung Dummy-Aufträge angelegt werden. Auf diesen Aufträgen müssen dann die Primärkosten, die durch Materialverbräuche entstehen, manuell geplant werden.

Durch die nachfolgende Bezuschlagung dieser Aufträge können die Produktionskostenstellen auch im Plan über die Abrechnung der Zuschlagssätze mit Kosten entlastet werden. Dabei werden die gleichen Zuschläge verwendet, wie sie auch im Rahmen der Erzeugniskalkulation angewendet wurden (siehe Abschnitt 5.11.5).

Dies funktioniert aber nur unter den folgenden Voraussetzungen:

- Die Zuschlagsbasis bezieht sich immer auf Primärkosten bzw. entsprechende Mengen. Die Planung von Leistungsverrechnungen auf diesen Aufträgen ist nicht sinnvoll, da dann diese Leistungsverrechnung auf den Senderkostenstellen doppelt erfolgt; einmal über die Leistungsmengen aus der Langfristplanung und zum anderen über die Leistungsverrechnung auf die Dummy-Aufträge.
- Die Höhe der Primärkosten, insbesondere der Materialverbräuche, kann als Summe über die Produktionsaufträge geplant werden.
- Die Kosten auf diesen CO-Aufträgen werden im Rahmen der Planungsintegration nicht wie nachfolgend beschrieben abgerechnet.

Im letzten Planungsschritt erfolgt die Entlastung der CO-Aufträge durch die Planabrechnung. Dieser Planungsschritt ergibt dabei gleichzeitig den Output in der Planung der CO-Aufträge.

5.13.6 Output der Planung von CO-Aufträgen

Abrechnung der CO-Aufträge

Der Output aus der Planung von CO-Aufträgen besteht aus Kosten, mit denen die CO-Aufträge entlastet und andere Kontierungsobjekte belastet werden. Abbildung 5.122 gibt zunächst einen Überblick, wohin die Kosten von CO-Aufträgen verrechnet werden können.

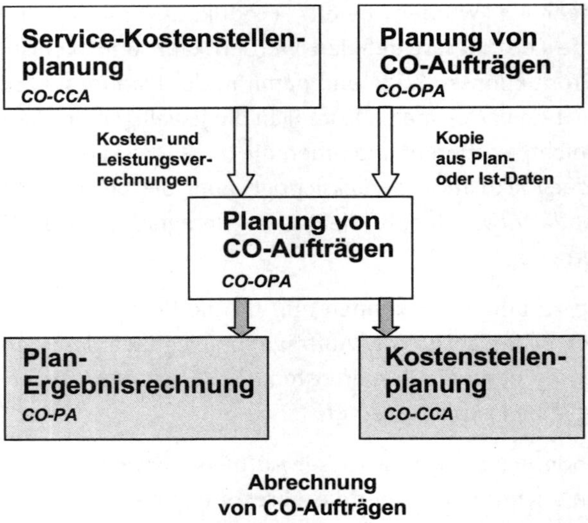

Abbildung 5.122 Input-Output-Modell zur Planung von CO-Aufträgen (Output)

Wohin sich ein CO-Auftrag letztlich im Plan abrechnet, ergibt sich immer aus der Abrechnungsvorschrift in den Stammdaten des CO-Auftrages (siehe dazu Abschnitt 5.13.3). Dabei kann sich ein CO-Auftrag durchaus auch auf mehrere Kontierungsobjekte abrechnen, wobei die Kosten dann prozentual oder auf der Basis von Äquivalenzziffern auf die Kontierungsobjekte aufgeteilt werden.

Zunächst einmal kann ein CO-Auftrag sich wieder an einen anderen CO-Auftrag abrechnen. Dadurch werden die Kosten des einen CO-Auftrages entlastet und dafür ein anderer CO-Auftrag mit eben diesen Kosten belastet. Diese Form der Verrechnung erfolgt im Rahmen der Planung eher selten, da die Kosten erneut vom Empfänger-Auftrag abgerechnet werden müssen und der Planungsaufwand erhöht wird.

Des Weiteren besteht die Möglichkeit, die Kosten eines CO-Auftrages an ein PSP-Element abzurechnen. Dies ist regelmäßig der Fall, wenn es sich bei dem CO-Auftrag um einen Investitionsauftrag handelt. Zur weiteren Behandlung von Investitionen im Rahmen der operativen Planung sei auf Abschnitt 5.6 verwiesen.

Die beiden häufigsten Kontierungsobjekte bei der Abrechnung von CO-Aufträgen im Rahmen der Planung sind Kostenstellen und Ergebnisobjekte.

Die Abrechnung von CO-Aufträgen in die Ergebnisrechnung über Ergebnisobjekte im Plan steht erst seit SAP R/3 Release 4.5 zur Verfügung. Sollen Kosten von CO-Aufträgen innerhalb der Planungsintegration in früheren Releaseständen in die Ergebnisrechnung verrechnet werden, so ist dies nur über eine Verrechnungskostenstelle möglich. Dabei wird der CO-Auftrag zunächst an die Verrechnungskostenstelle abgerechnet und im zweiten Schritt die Verrechnungskostenstelle in die Ergebnisrechnung umgelegt.

Abrechnung in die Ergebnisrechnung

Noch komplizierter wird dies bei der Planung von Erlösen. Da auf Kostenstellen Erlöse nicht echt, sondern nur statistisch gebucht und geplant werden können, entfällt eine Abrechnung von CO-Aufträgen an Kostenstellen, wenn auf diesen Aufträgen Erlöse geplant wurden.

Abrechnung von Erlösen

Sollen dennoch Erlöse von CO-Aufträgen an Kostenstellen im Plan (oder auch im Ist) abgerechnet werden, so ist dies nur möglich, wenn es sich dabei nicht um Erlöse, sondern um negative Kosten handelt. Der Unterschied ergibt sich primär aus dem Typ der jeweiligen Kostenarten. Der Kostenartentyp 11 gibt an, dass es sich um eine Erlösart handelt, wohingegen der Kostenartentyp 01 eine Primärkostenart definiert. Somit sollten für die Buchung und Planung von Erlösen auf Kostenstellen immer Kostenarten vom Typ 01 genutzt werden. Damit wird für das SAP R/3-System kein Erlös gebucht, sondern negative Kosten.

Aufpassen muss man bei der Definition von Erlösen und Kosten auch bei der Abrechnung von CO-Aufträgen in die Ergebnisrechnung. In die Ergebnisrechnung können durchaus Kosten und Erlöse abgerechnet werden, allerdings ist die Vorzeichenbehandlung genau zu beachten.

Bei der Abrechnung in die Ergebnisrechnung werden sowohl die Erlöse als auch die Kosten jeweils mit positiven Vorzeichen gebucht. Aus diesem Grund müssen Kostenarten und Erlösarten bei der Abrechnung von CO-Aufträgen in die Ergebnisrechnung in unterschiedliche Wertefelder gesteuert werden. Auf diese Weise werden dann positive Erlöse und positive Kosten getrennt in die Ergebnisrechnung abgerechnet. In der Ergebnisrechnung erfolgt dann die Rechnung »Erlöse minus Kosten« mit Ermittlung des Ertrages.

Durchführung der Abrechnung von CO-Aufträgen

Die Abrechnung der CO-Aufträge selbst kann dabei als Einzelverarbeitung oder in der Sammelverarbeitung erfolgen. Der einzige Unterschied besteht in der Anzahl der CO-Aufträge, die gleichzeitig abgerechnet werden. Während bei der Einzelverarbeitung, wie der Name schon vermuten lässt, jeweils nur ein CO-Auftrag abgerechnet wird, wird bei der Sammelverarbeitung mithilfe einer Selektion eine ganze Reihe von CO-Aufträgen in einem Schritt abgerechnet. Abbildung 5.123 zeigt exemplarisch die Bildschirmmaske zur Abrechnung eines CO-Auftrages in der Einzelverarbeitung.

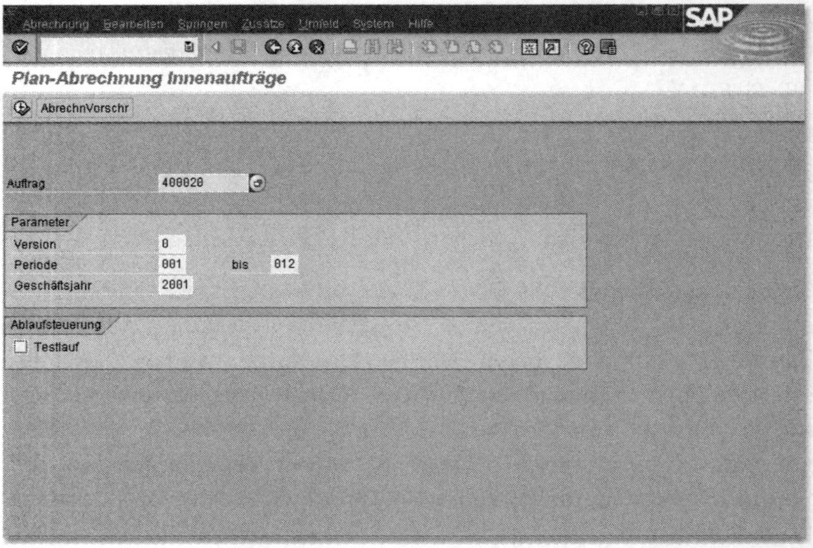

Abbildung 5.123 Beispiel zur Plan-Abrechnung eines CO-Auftrages

Neben der Angabe des ausgewählten CO-Auftrages werden der Planungszeitraum und die Planversion angegeben, für die die Planabrechnung erfolgen soll. Zudem kann für die Form des Protokolls eine Auswahl getroffen werden. Nach Ausführung der Planabrechnung weist der CO-Auftrag einen Saldo von Null auf.

5.13.7 Checkliste zur Planung von CO-Aufträgen

Als PDF-Dokument zum Download unter www.sap-press.de

Stichwort	Erläuterung
CO-Auftrag	CO-Aufträge stellen analog den Kostenstellen ein weiteres Kontierungsobjekt in der Kostenrechnung dar und werden in der Regel für die Kostensammlung zu einer konkreten Aufgabe und für einen begrenzten Zeitraum angelegt.
Dummy-Auftrag	Viele CO-Aufträge sind zum Zeitpunkt der Planung noch nicht bekannt und können daher auch nicht beplant werden. Hierfür ist es möglich und sinnvoll, Dummy-Aufträge zu definieren, die dann nur im Rahmen der Planung genutzt werden.

Stichwort	Erläuterung
Auftragsarten	Über die Definition von unterschiedlichen Auftragsarten im Customizing besteht die Möglichkeit, einzelnen Gruppen von CO-Aufträgen unterschiedliche Darstellungsformen und Verrechnungsmöglichkeiten zu hinterlegen.
Gesamtplanung	Bei der Gesamtplanung werden für einen CO-Auftrag nur die Gesamtkosten insgesamt oder differenziert nach Planjahren geplant. Eine Differenzierung nach Kostenarten erfolgt nicht.
Detailplanung	Bei der Detailplanung werden die Kosten eines CO-Auftrages differenziert nach Kostenarten geplant. Des Weiteren werden Leistungsverrechnungen zwischen Kostenstellen und CO-Aufträgen im Plan definiert. Durch die Detailplanung ist eine vollständige Integration zwischen Kostenstellenplanung und der Planung von CO-Aufträgen möglich.
Zuschläge	Über Zuschläge können im Plan CO-Aufträge maschinell mit Kosten belastet und eine entsprechende Entlastungskostenstelle entlastet werden.
Abrechnung	Über die Abrechnung werden die CO-Aufträge entlastet und entweder andere CO-Aufträge, PSP-Elemente und Kostenstellen oder Ergebnisobjekte mit Kosten belastet. Nach der Abrechnung der CO-Aufträge im Plan weisen die CO-Aufträge einen Saldo von Null auf.

5.14 Die Erzeugniskalkulation

5.14.1 Definition und Ziel der Erzeugniskalkulation

Mithilfe der Erzeugniskalkulation werden im SAP R/3-System die Herstellkosten der einzelnen eigengefertigten Erzeugnisse ermittelt. Sofern sie zu einem Standardpreis in der Materialwirtschaft bewertet werden, wird für diese Erzeugnisse durch die Erzeugniskalkulation ein neuer Bewertungspreis berechnet.

Über die Planungsintegration des SAP R/3-Systems können durch die Erzeugniskalkulation und die Planergebnisrechnung auf der Basis der geplanten Absatzmengen automatisch die Herstellkosten des Umsatzes berechnet werden.

Die Erzeugniskalkulation wird im Modul CO-PC (Controlling – Product Costing) und für jedes eigengefertigte Erzeugnis je Bewertungskreis (also Werk oder Buchungskreis) durchgeführt. Dabei werden sowohl die Endprodukte als auch alle bestandsmäßig geführten Zwischenerzeugnisse kalkuliert und bewertet.

Bei der Ermittlung der Herstellkosten greift die Erzeugniskalkulation über die Integration des SAP R/3-Systems auf zahlreiche Informationen aus anderen Modulen zurück. So wird auf die Stammdaten der Produktion, auf die Bewertungspreise der Rohstoffe aus der Materialwirtschaft und auf die Leistungstarife aus der Kostenstellenrechnung zurückgegriffen.

5.14.2 Grundlagen der Erzeugniskalkulation

Bevor auf die Einzelheiten – wie Stammdaten, Input, Durchführung und Output – eingegangen wird, sollen zunächst einige Grundlagen der Erzeugniskalkulation im SAP R/3-System erläutert werden.

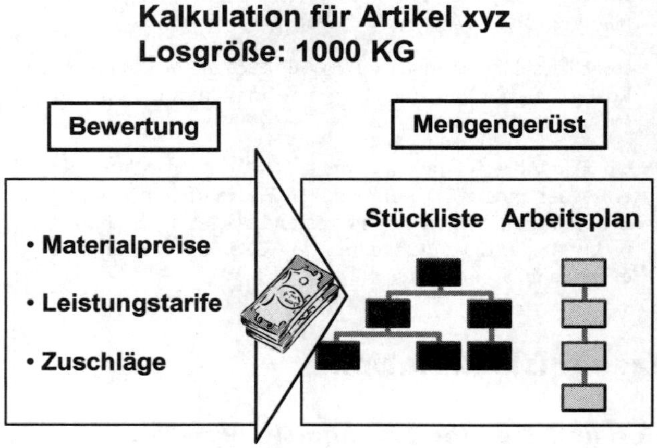

Abbildung 5.124 Überblick zur Erzeugniskalkulation

Mengengerüst In Abbildung 5.124 wird dargestellt, dass die Erzeugniskalkulation bei der Berechnung der Herstellkosten eines Erzeugnisses zunächst auf ein Mengengerüst zurückgreift. Dieses Mengengerüst sollte aus dem Bereich stammen, in dem das Erzeugnis auch erstellt wird: aus der Produktion. Das Mengengerüst für die Erzeugniskalkulation beinhaltet die Stückliste und den Arbeitsplan bzw. die Rezeptur des Erzeugnisses. In diesen Informationen aus der Produktion wird festgehalten, welche Einsatzstoffe und welche Fertigungsleistungen notwendig sind, um das zu kalkulierende Erzeugnis herzustellen.

Losgröße Dabei bezieht sich die Kalkulation immer auf eine bestimmte Menge des Fertigerzeugnisses. Diese Menge wird als Losgröße bezeichnet und gibt an, auf der Basis welcher Menge die Kalkulation für das Erzeugnis berechnet werden soll.

Anhand der Losgröße und der Stückliste sowie des Arbeitsplans bzw. der Rezeptur wird nun ermittelt, welche Mengen an Einsatzstoffen und welche Mengen an Fertigungsleistungen notwendig sind, um die Losgröße des Erzeugnisses zu produzieren.

Bewertung

Im zweiten Schritt wird dieses Mengengerüst mit entsprechenden Preisen und Tarifen bewertet. Dabei werden die Mengen an Einsatzstoffen mit dem jeweiligen Materialpreis bewertet. Sind im Rahmen der Planung in der Materialwirtschaft für diese Materialien in der Planperiode neue Materialpreise geplant worden, so wird auch auf diese Preise bei der Bewertung des Mengengerüstes in der Erzeugniskalkulation zurückgegriffen.

Zudem werden die Mengen an Fertigungsleistungen, die über die Arbeitsplätze mit Kostenstellen und Leistungsarten verbunden sind, mit den Leistungstarifen je Kombination von Produktionskostenstelle und Leistungsart aus der Kostenstellenplanung bewertet.

Zuschläge

Zu guter Letzt fließen in die Erzeugniskalkulation noch Zuschläge ein, die von Produktionskostenstellen stammen, die sich nicht per Leistungsverrechnung, sondern über Zuschlagssätze in die Erzeugniskalkulation verrechnen. Dabei wird über ein Kalkulationsschema auf der Grundlage von ermittelten Einsatzmengen oder Kosten ein mengen- bzw. wertmäßiger Zuschlag errechnet und in der Erzeugniskalkulation mit berücksichtigt.

Mehrstufige Kalkulation mit Kostenelementen

Nun besteht bei einem etwas komplexeren Produktionsverbund die Stückliste zu einem Erzeugnis nicht nur aus reinen Einsatzstoffen, sondern wiederum aus Zwischenprodukten, die ebenfalls selbst erzeugt werden und zu kalkulieren sind. Eine derartige Kombination von Erzeugnissen mit Zwischenprodukten, die ihrerseits Zwischenprodukte haben, wird im Rahmen der Erzeugniskalkulation über mehrere Kalkulationsstufen vollständig aufgelöst und dann Stufe für Stufe durchkalkuliert.

Dabei wird nicht nur für jede Zwischenstufe eine eigene Erzeugniskalkulation angefertigt und ein neuer Bewertungspreis ermittelt, die Herstellkosten der Zwischenprodukte können auch nach bestimmten Kategorien, so genannten Kostenelementen, differenziert und über alle Stufen hinweg separat berechnet werden. Abbildung 5.125 macht das Prinzip der Mehrstufenkalkulation mit Kostenelementen an einem fiktiven Beispiel deutlich.

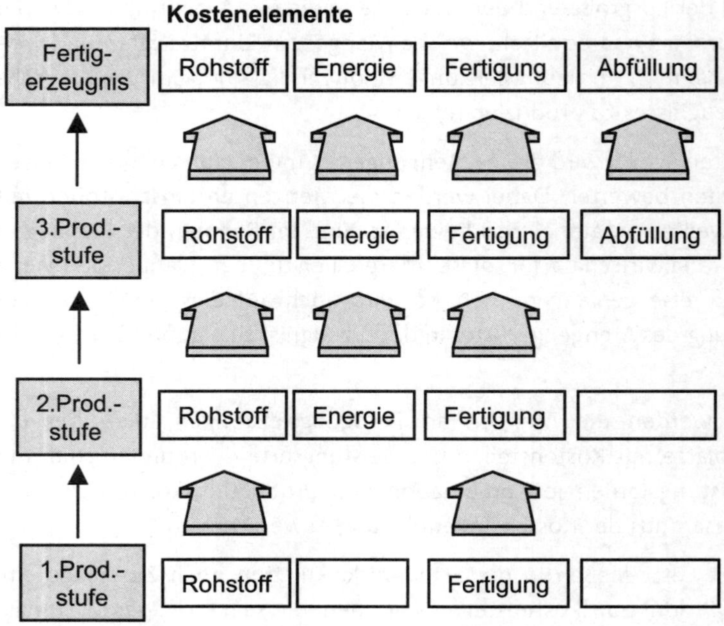

Abbildung 5.125 Kostenelemente bei einer mehrstufigen Kalkulation

In der Abbildung ist eine Produktion über drei Produktionsstufen hinweg skizziert. Dabei fließt das Ergebnis der untersten Stufe nicht als ein Wert in die zweite Stufe, sondern wird vielmehr im Hinblick auf die vorhandenen Kostenelemente getrennt an die nächst höhere Produktionsstufe weitergereicht. Somit fließt das Ergebnis der untersten Produktionsstufe nicht als ein Wert in die nächste Stufe ein, sondern kann bezüglich der Material- und unterschiedlichen Fertigungskosten differenziert werden.

Dies hat zur Folge, dass in Bezug auf die Kostenelemente auch für die oberste und letzte Produktionsstufe eine vollständige und durchgängige Differenzierung gegeben ist. In unserem Beispiel kann so z. B. auch für die letzte Produktionsstufe immer ermittelt werden, wie hoch die reinen Rohstoffkosten über alle Produktionsstufen hinweg sind. Die Kostenelemente werden dabei individuell im Customizing definiert und über Kostenarten differenziert. Es können bis zu 40 Kostenelemente unterschieden werden.

Analyse einer Produktionsstufe

Neben der Analyse der Erzeugniskalkulation über alle Produktionsstufen hinweg besteht natürlich auch die Möglichkeit, die reinen Produktionskosten einer Produktionsstufe zu analysieren. Abbildung 5.126 zeigt hierzu für unser Beispiel das Ergebnis der letzten Produktionsstufe.

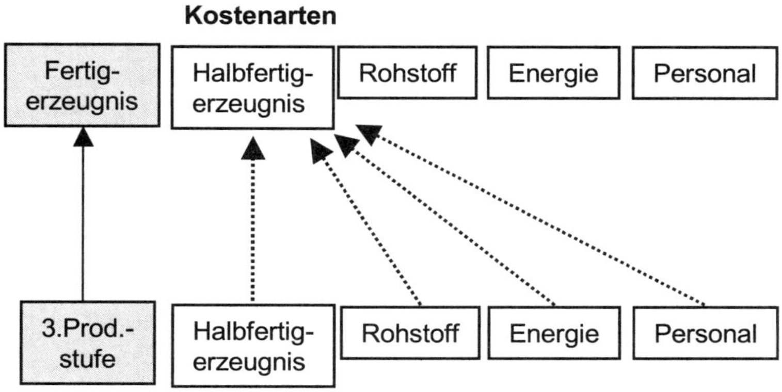

Abbildung 5.126 Kostenarten bei der Kalkulation einer Produktionsstufe

In diesem Fall fließt der Verbrauch der Zwischenprodukte als eine eigene Kostenart in die Summe der Erzeugniskalkulation ein. Die Summe und somit das Ergebnis der Erzeugniskalkulation bleibt natürlich in beiden Fällen gleich.

Der wesentliche Unterschied liegt in der Darstellung der Kalkulationsergebnisse. Während die Mehrstufenkalkulation alle Kalkulationsstufen auflöst und die Ergebnisse in Kostenelementen schichtet, werden bei der Analyse nur einer Produktionsstufe die reinen Verbräuche dieser Produktionsstufe dargestellt. Dabei werden die Kosten nicht nach Kostenelementen, sondern wie gewohnt nach Kostenarten differenziert.

Findet im Ist über einen Produktionsauftrag die Produktion des Endproduktes statt, wird dabei auch nur die letzte Produktionsstufe erzeugt. Daher ist die Darstellung über Kostenarten ohne Auflösung aller Produktionsstufen vergleichbar mit der Kostendarstellung auf einem Produktionsauftrag.

Für die Analyse der Kosten eines Erzeugnisses ist aber in der Regel nicht eine Produktionsstufe ausschlaggebend, sondern die gesamte Produktion über alle Stufen hinweg. Aus diesem Grund ist es wichtig zu wissen, welche Kosten auf allen Stufen hinweg bei der Herstellung des Erzeugnisses anfallen. Auf diese Weise haben beide Darstellungsformen der Erzeugniskalkulation ihre jeweils eigene und wichtige Bedeutung. Sowohl über die Kostenarten als auch über die Kostenelemente können in beiden Darstellungsformen Materialkosten von Fertigungskosten differenziert werden.

Integration von Kostenstelle und Arbeitsplätzen

Während die Ermittlung der Materialkosten über die Bewertung der Stücklisten mit den zukünftigen Materialpreisen relativ schnell einleuchtet, so ist die Komplexität bei der Ermittlung der Fertigungskosten doch deutlich höher. Um zu verstehen, wie auf der Basis des Arbeitsplanes bzw. der Rezeptur in Verbindung mit dem Arbeitsplatz bzw. der Ressource Mengen von Leistungsarten aus der Kostenstellenrechnung ermittelt werden können, ist die Erläuterung der Integration der Kostenstellenrechnung mit der Produktion notwendig. Abbildung 5.127 stellt zunächst den Zusammenhang zwischen Kostenstellenrechnung und Arbeitsplätzen bzw. Ressourcen grafisch dar.

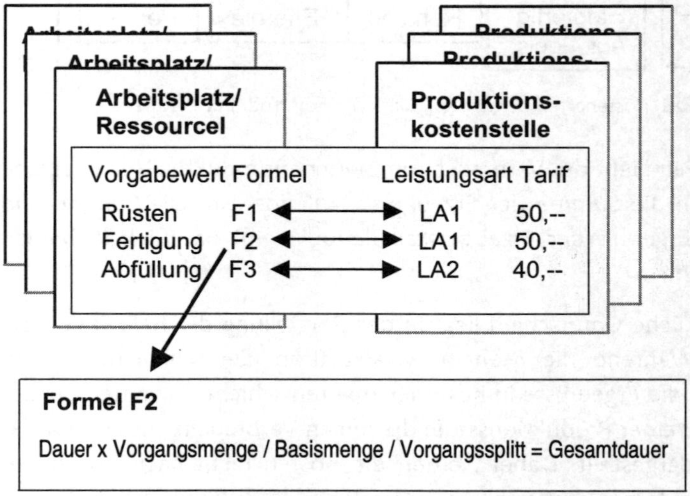

Abbildung 5.127 Verknüpfung von Kostenstelle mit Arbeitsplätzen bzw. Ressourcen

In der Produktion werden Arbeitsplätze bzw. Ressourcen definiert, die bestimmte Orte innerhalb der Produktion widerspiegeln, die notwendig sind, um einzelne Erzeugnisse herzustellen. Die Erzeugnisse verbringen in der Regel eine bestimmte Zeit in diesen Stellen, und es werden bestimmte Tätigkeiten bei der Produktion der Erzeugnisse an diesen Orten der Produktion durchgeführt.

Diese Tätigkeiten (im Modul PP »Vorgabewerte« genannt) innerhalb eines Arbeitsplatzes oder einer Ressource können kostenrechnerisch als Leistungen und somit auch mit Leistungsarten ausgewiesen werden. Dabei werden weiterhin die Orte der Produktion (Arbeitsplätze/Ressourcen) mit den Orten der Kostenrechnung (Kostenstellen) verknüpft. Jeder Arbeitsplatz/jede Ressource ist eindeutig einer Kostenstelle zugeordnet. Eine Kostenstelle kann aber mehreren Arbeitsplätze/Ressourcen zugeordnet sein. Es besteht zwischen Kostenstelle und Arbeitsplätzen/Ressourcen eine 1:n-Beziehung.

Jeder Arbeitsplatz/jede Ressource kann nun bestimmte Leistungen der ihr zugeordneten Kostenstelle erbringen. Über eine Formel je Leistung wird definiert, in welcher Abhängigkeit die Leistung des Arbeitsplatzes anfällt. So kann beispielsweise definiert werden, ob die Leistung des Arbeitsplatzes in Abhängigkeit der zu produzierenden Mengen oder unabhängig davon während der Produktion anfällt.

Integration Arbeitsplan, Arbeitsplatz und Kostenstelle

Über den Arbeitsplan bzw. die Rezeptur eines Erzeugnisses wird nun dokumentiert, ob ein Erzeugnis einen Arbeitsplatz/eine Ressource durchläuft und, wenn ja, welche Leistungsmengen dabei in Anspruch genommen werden. Abbildung 5.128 stellt den zweiten Schritt in der Integration zwischen Kostenstellenrechnung und Produktion grafisch dar.

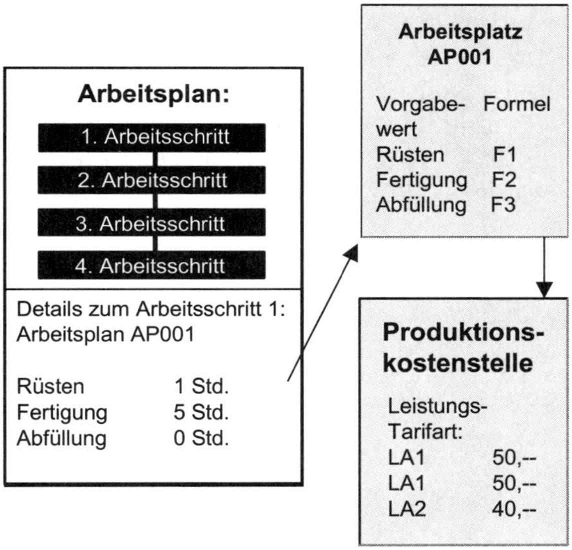

Abbildung 5.128 Verknüpfung von Arbeitsplan, Arbeitsplatz und Kostenstelle

Im Arbeitsplan bzw. in der Rezeptur eines Erzeugnisses sind die einzelnen Schritte abgebildet, die notwendig sind, um das Erzeugnis herzustellen. Dabei wird je Produktionsschritt auch dokumentiert, wo – d.h. an welchem Arbeitsplatz bzw. in welcher Ressource – dieser Produktionsschritt stattfindet. Darüber hinaus wird im Arbeitsplan bzw. in der Rezeptur hinterlegt, welche Mengen von Leistungen des Arbeitsplatzes bzw. der Ressource je Produktionsschritt benötigt werden.

Auf diese Weise findet somit eine Verknüpfung zwischen Erzeugnis, Arbeitsplan/Rezeptur, Arbeitsplatz/Ressource, Kostenstelle und Leistungsart statt, die der Erzeugniskalkulation ermöglicht, die Leistungsmengen je Kostenstellen/Leistungsarten-Kombination zu ermitteln.

Neben der Differenzierung nach Kostenelementen und nach Kostenarten sind für das Verständnis der Funktionsweise einer Erzeugniskalkulation weitere Kriterien zur Differenzierung der Kosten zu erläutern. Im Wesentlichen sind dabei folgende Kriterien zu nennen:

- Trennung der Kosten nach fixen und variablen Anteilen
- Differenzierung nach losgrößenabhängigen und losgrößenunabhängigen Kosten

Fixe und variable Kosten

In der Erzeugniskalkulation können die Kosten in fixe und variable Anteile differenziert werden. Hierzu wird je Kostenelement zunächst definiert, ob zu einem Kostenelement nur variable, nur fixe oder fixe und variable Kosten auftreten können. Dies bedeutet, dass pro Kostenelement in der Erzeugniskalkulation definiert wird, ob der entsprechende Kostenanfall von der Produktionsmenge abhängt oder nicht. Somit können z.B. die Rohstoffkosten in dem Beispiel aus Abbildung 5.125 und 5.126 vollständig als variable Kosten definiert werden.

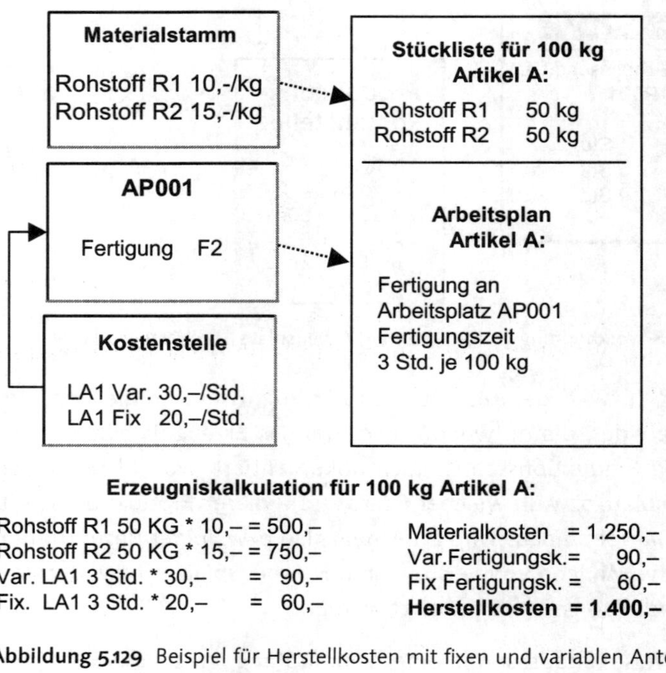

Abbildung 5.129 Beispiel für Herstellkosten mit fixen und variablen Anteilen

Die Fertigungskosten hingegen könnten sowohl variable als auch fixe Kostenbestandteile beinhalten. Hierbei ergibt sich der fixe und der variable Anteil immer aus dem Leistungstarif, der aus einem fixen und einem variablen Anteil besteht. Abbildung 5.129 macht die Berechnung der Herstellkosten in der Erzeugniskalkulation differenziert nach fixen und variablen Anteilen an einem Beispiel deutlich.

Die Definition, ob ein Kostenelement nur variable, nur fixe oder fixe und variable Anteile aufweisen kann, wird dabei in einem Kostenelementeschema je Bewertungskreis (also Werk oder Buchungskreis) festgelegt und gilt damit für alle Erzeugnisse dieses Bewertungskreises.

Die Differenzierung nach fixen und variablen Bestandteilen einer Erzeugniskalkulation erfolgt dabei immer aus der Perspektive der Kostenrechnung und gibt an, ob diese Kosten nur anfallen werden, wenn das Erzeugnis produziert wird (variable Kosten) oder auch (in der gleichen Höhe) anfallen werden, wenn das Erzeugnis nicht oder in geringerer Menge produziert werden sollte (fixe Kosten).

Losgrößenabhängige und -unabhängige Kosten

Eine andere Differenzierung der Kosten einer Erzeugniskalkulation, die häufig mit der Definition von fixen und variablen Kosten verwechselt wird, ist die Differenzierung nach losgrößenabhängigen und losgrößenunabhängigen Kosten.

Diese Differenzierung ergibt sich aus der Formel, die auf einem Arbeitsplatz bzw. einer Ressource für die Inanspruchnahme einer Leistung hinterlegt wird. Dabei kann zum einen definiert werden, dass die Leistungsmenge, die in der jeweiligen Rezeptur oder dem jeweiligen Arbeitsplan hinterlegt ist, als feste Größe interpretiert wird und unabhängig von der Produktionsmenge anfällt. Hierzu gehören beispielsweise Rüstkosten oder Reinigungskosten sowie alle Arten von Vor- und Nachbearbeitungszeiten, die für den Arbeitsplatz/die Ressource anfallen. In diesen Fällen spielt es keine Rolle, ob die Produktionsmenge, die in einem Los bzw. in einer Charge produziert wird, hoch oder niedrig ist, die Leistung muss auf jeden Fall erbracht werden. Diese Leistungen werden als losgrößenunabhängig bezeichnet.

Daneben kann in der Formel zu einer Leistung auf einem Arbeitsplatz bzw. einer Ressource auch definiert werden, dass die Menge einer Leistung in Bezug auf eine Basismenge des zu produzierenden Erzeugnisses berechnet wird. In diesen Fällen steigt die Leistungsmenge an, wenn die Produktionsmenge hoch ist, und sinkt, wenn die Produktionsmenge niedriger ist. Beispiele hierfür sind alle Arten von Produktionsleistungen, die direkt mit dem Produktionsgut zusammenhängen, wie etwa Reaktionszeiten in der chemischen Produktion, Fließbandtätigkeiten, Zusammenbau von Bestandteilen, Fertigung von Einzelteilen usw.

Abbildung 5.130 macht an einem Beispiel den Unterschied zwischen losgrößenunabhängigen und losgrößenabhängigen Leistungen und den entsprechenden Kosten deutlich.

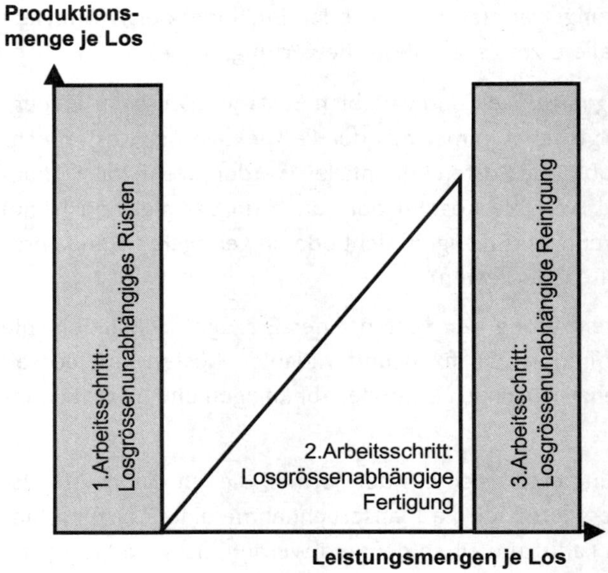

Abbildung 5.130 Losgrößenunabhängige und losgrößenabhängige Kosten

Der Unterschied zwischen losgrößenabhängig und losgrößenunabhängig besteht also im Grunde nur in der Frage, ob die Leistungsmengen in der Rezeptur bzw. im Arbeitsplan je Los oder je Produktionsmengeneinheit anfallen.

Losgrößenunabhängige Kosten und Losgröße der Erzeugniskalkulation

Die Erzeugniskalkulation wird wiederum auf der Basis einer Losgröße je Erzeugnis berechnet. Die losgrößenunabhängigen Kosten eines Erzeugnisses werden dabei immer auf der Basis dieser Losgröße kalkuliert. Dies bedeutet, dass die losgrößenunabhängigen Kosten in den Standardpreis eines Erzeugnisses (und damit auch in dessen Stückpreis) durch Division mit der Losgrößenmenge einfließen und auf diese Weise linearisiert werden.

Aus diesem Grund sollte die Losgröße eines Erzeugnisses mit Bedacht festgelegt werden und in etwa einer durchschnittlichen Losgröße in der Realität entsprechen.

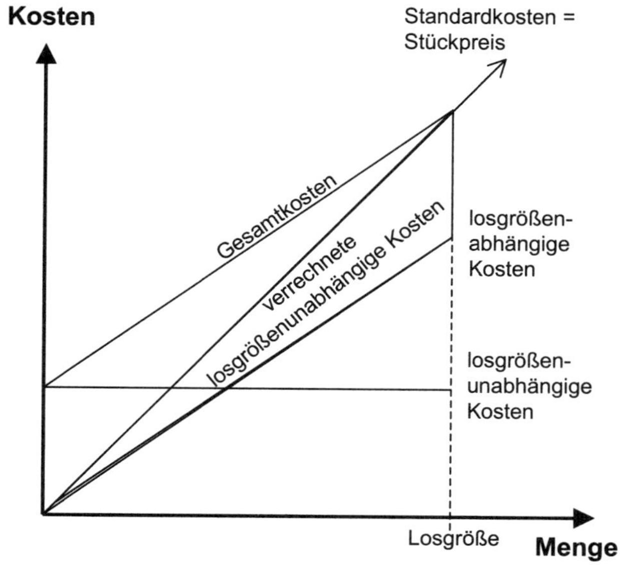

Abbildung 5.131 Verrechnung losgrößenunabhängiger Kosten in der Kalkulation

Auch wenn durch die Grafik in Abbildung 5.131 die losgrößenunabhängigen Kosten einen fixen Charakter suggerieren, so gilt dies doch nur in Bezug auf eine Losgröße und darf nicht mit der Differenzierung von fixen und variablen Kosten verwechselt werden.

Kombination fixer und variabler Kosten mit losgrößenabhängigen und -unabhängigen Kosten

Die Unterscheidung von fixen und variablen Kosten einerseits und die von losgrößenabhängigen und losgrößenunabhängigen Kosten andererseits sind völlig unabhängig voneinander zu betrachten. So kann es durchaus variable losgrößenunabhängige Kosten und fixe losgrößenabhängige Kosten geben. In Abbildung 5.132 sind jeweils Beispiele für Kombinationen von fixen und variablen Kosten und losgrößenabhängigen und -unabhängigen Kosten zusammengetragen.

Die Grundlage der Erzeugniskalkulation bildet, wie schon erläutert, das Mengengerüst aus der Produktion. Nun ist die Definition dieses Mengengerüstes nicht immer so einfach wie man vielleicht annehmen könnte. Vielmehr sind hierbei einige Besonderheiten zu beachten. Hierzu seien in diesem Zusammenhang folgende Aspekte angesprochen:

- Standard-Stückliste, -Arbeitsplan, -Rezeptur
- Mischkalkulation
- Kuppelproduktion

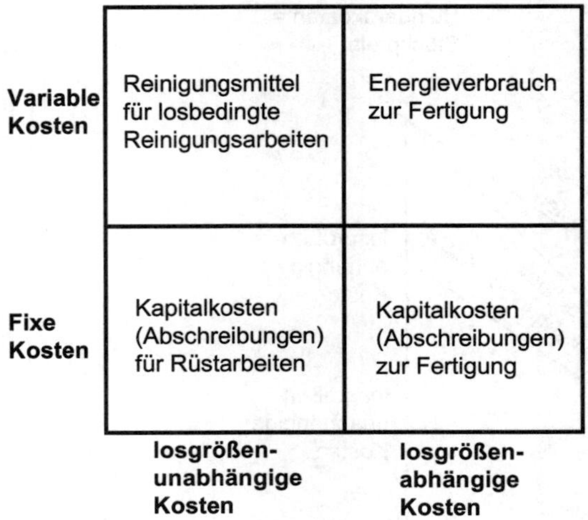

Abbildung 5.132 Kombinationen von fixen/variablen Kosten mit losgrößenabhängigen und -unabhängigen Kosten

Standard-Stückliste, -Arbeitsplan, -Rezeptur

Die Erzeugniskalkulation wird je Kombination aus Artikel und Bewertungskreis erstellt. Hierzu wird genau ein Mengengerüst für die Kalkulation herangezogen. Sofern ein Erzeugnis in einem Bewertungskreis nur nach einem Verfahren und somit über eine Stückliste und einen Arbeitsplan bzw. eine Rezeptur produziert werden kann, stellt dies kein Problem dar. Was ist aber zu tun, wenn es mehrere Verfahren gibt, das Erzeugnis herzustellen?

In diesen Fällen ist bei Anwendung der Standardkostenrechnung zu empfehlen, eine(n) der zur Verfügung stehenden Stücklisten und Arbeitspläne bzw. Rezepturen als Standard zu definieren und eben diese(n) für die Erzeugniskalkulation heranzuziehen. Dabei könnte z.B. auch das Mengengerüst ausgewählt werden, das wirtschaftlich am günstigsten wäre. Wird auf der Basis dieses Mengengerüsts die Kalkulation durchgeführt und der Standardpreis ermittelt, ergeben sich im Ist immer dann Produktionsabweichungen, wenn nicht nach dieser wirtschaftlichsten Methode produziert werden konnte.

Mischkalkulation

Eine andere Methode zur Lösung dieses Problems wird im SAP R/3-System ab Release 4.5 angeboten. Ab Release 4.5 ist es möglich, eine Mischkalkulation für ein Erzeugnis anzufertigen. In diesen Fällen wird über eine Definition von Anteilswerten angegeben, in welchem Verhältnis die zur Verfügung stehenden Mengengerüste wahrscheinlich eingesetzt werden. Auf diese Weise werden quasi mehrere Kalkulationen auf der Grundlage je eines Mengengerüstes durchgeführt und diese dann im angegebenen

Verhältnis abgemischt. Auf diese Weise entsteht eine Erzeugniskalkulation, die auf der Basis eines gewichteten Durchschnitts von mehreren Mengengerüsten entstanden ist. Im Ist wird dann zu jedem Produktionsauftrag eine Abweichung entstehen, da der durch die Kalkulation ermittelte Standardpreis nie einem der möglichen Produktionsverfahren entspricht. Durch die Kombination der Produktionsverfahren wird die Summe der Produktionsabweichungen ceteris paribus über alle Produktionsaufträge zu diesem Erzeugnis in einer Periode gegen Null laufen, sofern die möglichen Produktionsverfahren im gleichen Verhältnis zum Einsatz kamen, wie sie in der Durchschnittskalkulation angegeben waren.

Kuppelproduktion

Zu guter Letzt sei noch auf eine Besonderheit in der chemischen Industrie hingewiesen, die Kuppelproduktion. Bei einer Kuppelproduktion fällt bei der Produktion nicht ein Erzeugnis, sondern mehrere Erzeugnisse in einem bestimmten Mengenverhältnis parallel an. Typische Beispiele hierfür sind die Raffinierung von Erdöl oder die Elektrolyse von Natriumchlorid mit der Gewinnung von Natronlauge und Salzsäure.

In diesen Fällen sind die Kosten der Produktion auf die jeweiligen Erzeugnisse aufzuteilen. Dies kann über prozentuale Aufteilung der Kosten je Kostenart auf die bei der Kuppelproduktion entstehenden Erzeugnisse erfolgen.

Darüber hinaus muss bei der Kuppelproduktion definiert werden, welche Erzeugnisse in welchem Verhältnis anfallen. Bei der Erzeugniskalkulation werden dabei zunächst die Gesamtkosten der Produktion eines Loses ermittelt und dann im angegebenen Verhältnis auf die einzelnen Erzeugnisse aufgeteilt.

5.14.3 Voraussetzungen für die Erzeugniskalkulation

Kostenelementeschema

Wie bei allen Planungsschritten im SAP R/3-System ist zunächst das Customizing korrekt einzustellen. Hierzu zählt zum einen die Definition des Kostenelementeschemas mit den einzelnen Kostenelementen. Dabei gehören zu den wichtigsten Einstellungen je Kostenelement die Festlegungen, ob eine fixe und variable Differenzierung der Kosten stattfindet und aus welchen Kostenarten sich die Werte zu einem Kostenelement zusammensetzen.

Kalkulationsvariante

Des Weiteren werden im Customizing die Kalkulationsvarianten definiert. Die Kalkulationsvarianten fassen die Regeln zusammen, wie die Kalkulation durchgeführt werden soll und wie das Mengengerüst gefunden und die Bewertung eben dieses Mengengerüstes zu einer Erzeugniskalkulation durchgeführt werden soll.

Kalkulationsart

In der zur Kalkulationsvariante zugehörigen Kalkulationsart wird u.a. Folgendes definiert:

- Wie das Ergebnis der Kalkulation gespeichert werden soll
- Wie das Protokoll aufgebaut und gespeichert werden soll
- Wie mit manuellen Kosten umgegangen werden soll (siehe Abschnitt 5.14.6)
- Welches Kalkulationsdatum auf der Basis des Systemdatums vorgeschlagen werden soll

Stücklistenauflösung und Arbeitsplanselektion

Über die Stücklistenauflösung und die Arbeitsplanselektion wird zu einer Kalkulationsvariante definiert, wie ein Mengengerüst zu einem Erzeugnis gefunden werden soll. Dabei können die Stücklisten und Arbeitspläne bzw. Rezepturen auf der Basis von Art, Status und Verwendungsart ausgewählt werden. Über Selektionsvarianten kann auch eine Reihenfolge unterschiedlicher Zugriffe definiert werden, die dann sequenziell abgearbeitet werden, bis ein entsprechendes Mengengerüst gefunden wird. Es werden nur Mengengerüste ausgewählt, die hinsichtlich des Gültigkeitsdatums und der Losgröße für die Erzeugniskalkulation in Frage kommen. Des Weiteren können im Materialstamm zu einer Kombination von Erzeugnis und Bewertungskreis eine Stückliste und ein Arbeitsplan bzw. eine Rezeptur fest vorgegeben werden.

Bewertungsvariante

Auch für die Bewertung können im Customizing in einer zur Kalkulationsvariante zugehörigen Bewertungsvariante zahlreiche Einstellungen vorgenommen werden. Zunächst wird festgelegt, mit welchen Preisen die Einsatzstoffe bewertet werden sollen. Dabei stehen sämtliche Felder aus dem Materialstamm, wie Standardpreis, gleitender Durchschnittspreis, Planpreise, handelsrechtliche Preise, steuerrechtliche Preise usw., zur Verfügung.

Für die Bewertung der Fertigungsleistungen können die Leistungstarife aus unterschiedlichen Planversionen herangezogen werden, oder es kann ausgewählt werden, ob ein periodengerechter Wert oder ein Durchschnittswert über mehrere Perioden hinweg gewählt werden soll.

Zusätzlich ist in der Bewertungsvariante das Zuschlagsschema hinterlegt, über das die Erzeugniskalkulationen mit zusätzlichen Kosten bezuschlagt werden können. Dies wird in der Regel zur Verrechnung der Kosten von Produktionskostenstellen, für die keine Leistungsarten definiert werden können, genutzt (siehe hierzu auch Abschnitt 5.11).

5.14.4 Stammdaten der Erzeugniskalkulation

Die Erzeugniskalkulation lebt im Wesentlichen von den Stammdaten aus anderen Modulen. So benötigt die Erzeugniskalkulation im Rahmen einer integrierten operativen Planung für den Planungszeitraum korrekt gepflegte Stücklisten und Arbeitspläne bzw. Rezepturen zu den einzelnen Erzeugnissen, die zu kalkulieren sind. Überdies müssen die Stammdaten zu den Arbeitsplätzen und Ressourcen auf den neuesten Stand gebracht werden.

Des Weiteren sollten für die korrekte Bewertung des Mengengerüstes in der Erzeugniskalkulation die neuen Planpreise für die Einsatzstoffe gepflegt sein. Wie dies erfolgt, ist in Abschnitt 5.5 nachzulesen.

Zur Bewertung gehören aber nicht nur die geplanten Preise der Einsatzstoffe, sondern auch die über die Arbeitsplätze bzw. Ressourcen in Anspruch genommenen Fertigungsleistungen müssen mit Leistungstarifen aus der Kostenstellenplanung bewertet werden. Darüber hinaus müssen auch die Zuschlagssätze von Produktionskostenstellen im Rahmen der Kostenstellenplanung für den Planungszeitraum aktualisiert werden.

Kalkulationssicht im Materialstamm

Neben diesen Daten aus den anderen Modulen sind aber insbesondere die Kalkulationssichten des Materialstamms für die Erzeugniskalkulation zu pflegen.

In der Kalkulationssicht werden dabei je Kombination von Artikel und Bewertungskreis (also Werk oder Buchungskreis) im Wesentlichen folgende Daten hinterlegt, die für die Kalkulation wichtig sind:

- **Kennzeichen Erzeugniskalkulation**
  Über das Kennzeichen »Erzeugniskalkulation« wird definiert, dass für diesen Artikel überhaupt eine Erzeugniskalkulation erstellt werden soll. Dies ist insbesondere wichtig im Rahmen von Kalkulationsläufen, in denen Artikel ganzer Bewertungskreise komplett kalkuliert werden und auf diese Weise bestimmte Materialien (z. B. Handelswaren) von der Kalkulation ausgeschlossen werden können.
- **Kennzeichen Material Herkunft**
  Dieses Kennzeichen wird insbesondere bei den Einsatzstoffen benötigt. Ist dieses Kennzeichen bei einem Einsatzstoff gesetzt, so wird in der Erzeugniskalkulation der Verbrauch dieses Materials explizit mit der entsprechenden Materialnummer gespeichert. Auf diese Weise kann der Verbrauch von Einsatzstoffen auch hinsichtlich der einzelnen

Materialien nachvollzogen werden. Bei vielen kleinen Einsatzstoffen, die keine wichtige Rolle im Rahmen der Erzeugniskalkulation spielen, kann dieses Kennzeichen auch weggelassen werden. Auf diese Weise wird der Verbrauch dieser Materialien zu einem Datensatz zusammengefasst, was sich positiv auf das Speichervolumen der Erzeugniskalkulationen auswirkt.

- **Herkunftsgruppe**
  Über die Herkunftsgruppe können Einsatzstoffe detaillierter strukturiert werden. Diese Herkunftsgruppen dienen im Wesentlichen der Definition von Zuschlagssätzen. Dabei werden als Basis für einen Zuschlag die Mengen oder Werte zu einer Kostenart (z. B. Verbrauch von Einsatzstoffen einer Bewertungsklasse) zugrunde gelegt. Ist diese Strukturierung zu grob, so können innerhalb der Kostenart zusätzlich die Mengen oder Werte zu einzelnen Herkunftsgruppen selektiert werden und auf diese Weise eine genauere Definition der Zuschlagsbasis gefunden werden. Alle Einsatzstoffe, die dann zu dieser Herkunftsgruppe gehören, erhalten in ihrem Materialstammsatz in der Kalkulationssicht die entsprechende Ausprägung dieser Herkunftsgruppe.
- **Gemeinkostengruppe**
  Über die Gemeinkostengruppe können Erzeugnisse zusammengefasst werden, die im Rahmen der Bezuschlagung gleich behandelt werden und den gleichen Zuschlagssatz erhalten sollen.
- **Losgröße**
  Mit der Losgröße im Materialstamm wird festgelegt, auf der Basis welcher Produktionsmenge die Erzeugniskalkulation zu einem Artikel in einem Bewertungskreis berechnet werden soll. Die Losgröße spielt insbesondere bei der Verwendung von losgrößenunabhängigen Kosten eine bedeutende Rolle.
- **Preiseinheit**
  Der ermittelte Standardpreis der Erzeugniskalkulation wird auf der Grundlage der Preiseinheit abgespeichert. Dabei bezieht sich die Preiseinheit immer auf die Basismengeneinheit. Ist die Basismengeneinheit beispielsweise kg (= Kilogramm) und die Preiseinheit 100, so wird der Standardpreis je 100 kg im Materialstamm gespeichert. Die Preiseinheit ist dabei völlig unabhängig von der Losgröße.

Die Preiseinheit sollte nicht zu klein gewählt werden, da je nach Währung der gespeicherte Preis auf zwei Nachkommastellen gerundet wird. Dies kann bei hohen Verbrauchsmengen und einer niedrigen Preiseinheit zu spürbaren Rundungsdifferenzen führen.

- **Diverse Preisfelder**
  Zu den diversen Preisfeldern zählen dabei drei Planpreisfelder, drei handelsrechtliche Preise, drei steuerrechtliche Preise, ein gleitender Durchschnittspreis, ein aktueller Standardpreis und ein zukünftiger Standardpreis.

  Je nach Bewertungsvariante im Customizing wird bei der Erzeugniskalkulation auf eines dieser Preisfelder zur Bewertung der Verbrauchsmengen von Einsatzstoffen zurückgegriffen.

  Des Weiteren kann das Ergebnis der Erzeugniskalkulation wiederum in eines dieser Preisfelder in den Materialstammsätzen der kalkulierten Erzeugnisse gespeichert werden.

- **Stücklistenalternative, Stücklistenverwendung, Plangruppe, Plangruppenzähler, Plantyp**
  Über diese Felder kann die Auswahl des Mengengerüstes für die Erzeugniskalkulation genau spezifiziert und festgelegt werden. Im Rahmen eines Kalkulationslaufs wird dann nicht auf die im Customizing eingestellte Stücklistenauflösung und Arbeitsplanfindung zurückgegriffen, sondern direkt die im Materialstamm eingestellte Stückliste und der Arbeitsplan als Mengengerüst genutzt.

- **Sonderbeschaffungsschlüssel**
  Über einen Sonderbeschaffungsschlüssel kann zu einem Material eine gesonderte Ermittlung des Bewertungspreises bei der Kalkulation erzwungen werden. Dies gilt für Materialien, die kalkuliert werden sollen, aber in dem entsprechenden Werk nicht produziert werden (Fremdmaterialien, Materialien mit Konsignations- oder Vertriebswerken). In diesen Fällen kann z.B. eine Kalkulation aus einem anderen Werk zu diesem Material über den Sonderbeschaffungsschlüssel herangezogen werden.

Abbildung 5.133 zeigt die Bildschirmmaske zu einer Kalkulationssicht im Materialstamm.

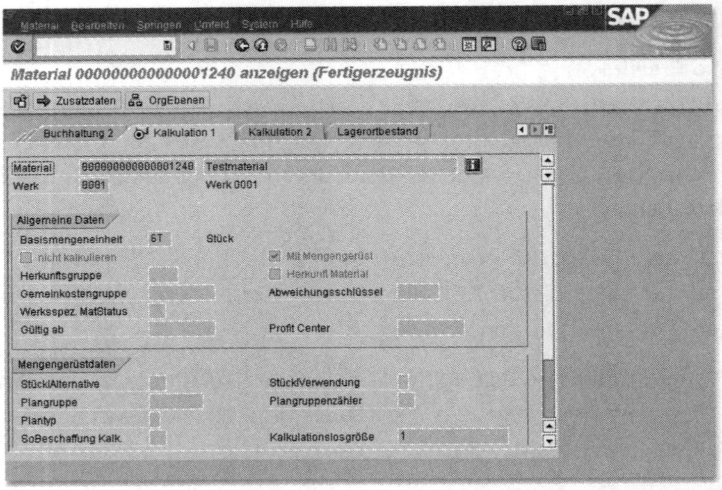

Abbildung 5.133 Beispiel einer Kalkulationssicht 1 im Materialstamm

5.14.5 Input für die Erzeugniskalkulation

In die Erzeugniskalkulation fließen, wie bereits in den vorherigen Abschnitten erwähnt, zahlreiche Daten aus anderen Modulen im Rahmen der operativen Planung ein. Abbildung 5.134 gibt hierzu einen grafischen Überblick.

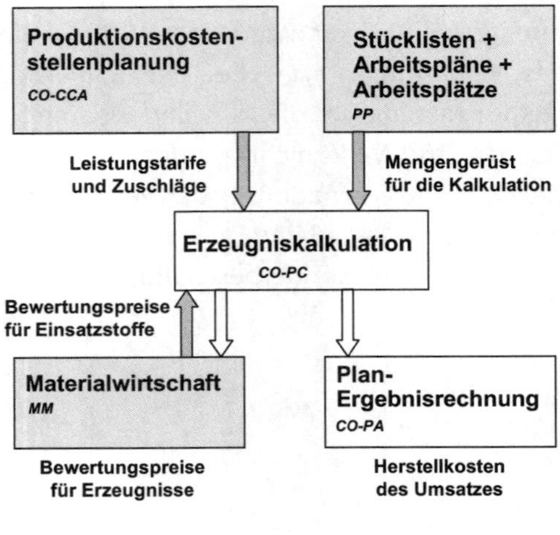

Abbildung 5.134 Input-Output-Modell zur Erzeugniskalkulation (Input)

Als Mengengerüst für die Erzeugniskalkulation fließen die Daten der Stücklisten und Arbeitspläne bzw. Rezepturen aus der Produktionsplanung ein. Zur Ermittlung der Fertigungsleistungen wird dabei auch auf Daten und Formeln aus den Arbeitsplätzen bzw. Ressourcen zurückgegriffen.

Zur Bewertung der Erzeugniskalkulation werden die geplanten Materialpreise aus der Planung in der Materialwirtschaft benötigt. Die Bewertung der Fertigungsleistungen greift wiederum auf die Leistungstarife je Kostenstellen/Leistungsarten-Kombination aus der Kostenstellenplanung zurück.

Zu guter Letzt fließen noch die Zuschlagssätze zu den Produktionskostenstellen, die sich nur mit den Zuschlägen in der Erzeugniskalkulation verrechnen, ebenfalls aus der Kostenstellenplanung in die Erzeugniskalkulation ein.

5.14.6 Durchführung der Erzeugniskalkulation

Die Erzeugniskalkulation mit Mengengerüst kann grundsätzlich auf zwei verschiedene Arten durchgeführt werden:

- Einzelkalkulation
- Kalkulationslauf

Einzelkalkulation

Bei der *Einzelkalkulation* wird jeweils eine Erzeugniskalkulation für einen Artikel in einem Bewertungskreis durchgeführt. Abbildung 5.135 zeigt die Bildschirmmaske zum Start einer Erzeugniskalkulation. Dabei wird zunächst angegeben, zu welchem Material und in welchem Bewertungskreis die Erzeugniskalkulation durchgeführt werden soll.

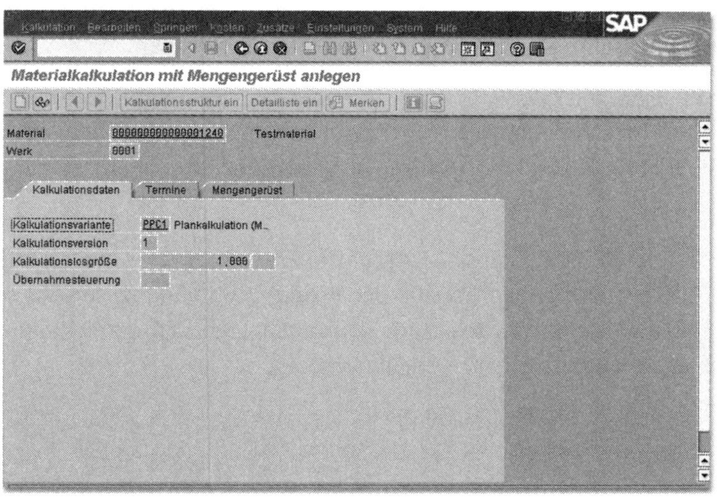

Abbildung 5.135 Start einer Erzeugniskalkulation für ein Material

Des Weiteren muss über die Angabe der Kalkulationsvariante (siehe Abschnitt 5.14.3) definiert werden, wie die Erzeugniskalkulation berechnet werden soll.

In einem separaten Fenster muss außerdem angegeben werden, für welchen Zeitraum die Kalkulation durchgeführt werden soll und auf welches Datum sich die Auswahl des Mengengerüstes und die Bewertung beziehen sollen. Dabei werden bei diesen Feldern aus der Angabe der Kalkulationsvariante automatisch in Verbindung mit dem Systemdatum Vorschlagswerte generiert.

Neben diesen Grundeingaben kann über spezielle Angaben zur Stücklistenauflösung und zur Arbeitsplanselektion das Mengengerüst für die Erzeugniskalkulation bestimmt werden. Auf diese Weise werden sowohl die Angaben zur automatischen Stücklistenauflösung und zur Arbeitsplanselektion aus dem Customizing als auch eventuelle Angaben im Materialstamm übersteuert.

Kalkulationslauf

Im Rahmen der operativen Planung müssen in der Regel zahlreiche, wenn nicht gar alle Erzeugnisse neu kalkuliert werden. Dies wäre über die Funktion der Einzelkalkulation natürlich viel zu aufwändig.

Aus diesem Grund kann über die Generierung eines Kalkulationslaufes die Kalkulation eines kompletten Bewertungskreises oder sogar aller Bewertungskreise im Kostenrechnungskreis angestoßen werden. Die Angaben, die dabei gemacht werden müssen, entsprechen weitgehend den Angaben, die auch bei der Einzelkalkulation notwendig sind. Lediglich die speziellen Auswahlmöglichkeiten zur Stücklistenauflösung und Arbeitsplanselektion müssen bei einem Sammellauf entfallen.

Erzeugniskalkulation ohne Mengengerüst

Neben der Erzeugniskalkulation mit Mengengerüst, auf die sich der gesamte Abschnitt zur Erzeugniskalkulation bis jetzt bezogen hat, kann auch eine Erzeugniskalkulation ohne Mengengerüst durchgeführt werden.

Bei dieser manuellen Kalkulation wird für die Ermittlung der Herstellkosten nicht auf das Mengengerüst aus der Produktionsplanung zurückgegriffen, vielmehr werden die Materialverbräuche, Fertigungsleistungen und Zuschläge manuell erfasst und kalkuliert.

Dieses Vorgehen macht insbesondere dann Sinn, wenn das Modul PP bzw. PP-PI nicht genutzt wird, aber dennoch eine Erzeugniskalkulation im SAP R/3-System durchgeführt werden soll. Abbildung 5.136 zeigt die Erfassungsmaske für eine manuelle Kalkulation.

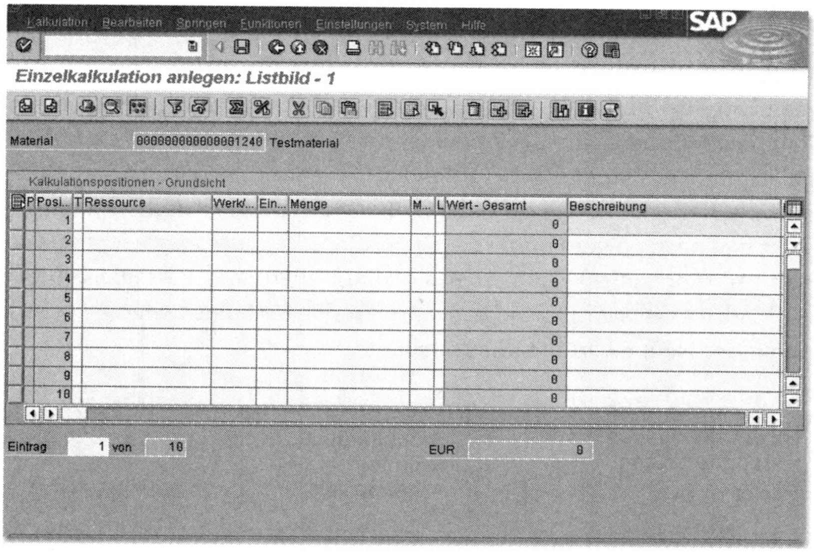

Abbildung 5.136 Planungsbildschirm für eine manuelle Kalkulation

Dabei stellt sich die Erfassungsmaske als eine Art Spreadsheet dar, wobei in jeder Zeile jeweils ein Verbrauch bzw. eine Inanspruchnahme erfasst wird. Über die Definition der Kalkulationsart in der Kalkulationsvariante kann nun auch die Kombination einer manuellen Kalkulation und einer Kalkulation mit Mengengerüst eingestellt werden.

5.14.7 Output der Erzeugniskalkulation

Neben den berechneten Kalkulationsergebnissen ergeben sich aus der Erzeugniskalkulation Daten, die im Rahmen der operativen Planung auch für andere Module von Bedeutung sind. Abbildung 5.137 gibt hierzu einen grafischen Überblick.

Bewertungspreise

Sofern die Erzeugnisse mit einem Standardpreis in der Materialwirtschaft bewertet werden, bildet das Ergebnis der Erzeugniskalkulation die Grundlage für die neue Bewertung der Erzeugnisse zu Beginn der neuen Planperiode.

Umbewertungsdifferenzen

Durch die Veränderung der Bewertungspreise entstehen dabei aber auch Umbewertungsdifferenzen bei jedem Artikel, der in einem Bewertungskreis einen neuen Standardpreis erhalten wird. Die Umbewertungsdifferenz ergibt sich aus der Differenz des neuen und des alten Standardpreises multipliziert mit der Bestandsmenge zum Zeitpunkt der Neubewertung der Erzeugnisse.

Diese Umbewertungsdifferenzen sollten im Rahmen der Planergebnisrechnung im Modul CO-PA mit berücksichtigt werden. Dabei kann im Rahmen der operativen Planung über eine einfache Query auf den Materialstamm der aktuelle Standardpreis, der neue Standardpreis und die aktuelle Bestandsmenge je Material und Bewertungskreis zusammengestellt und nach obiger Formel die Bewertungsdifferenz ausgerechnet werden. Als Annahme liegt hierbei allerdings zugrunde, dass die aktuelle Bestandsmenge sich nicht signifikant von der Bestandsmenge zum Zeitpunkt der Neubewertung unterscheidet.

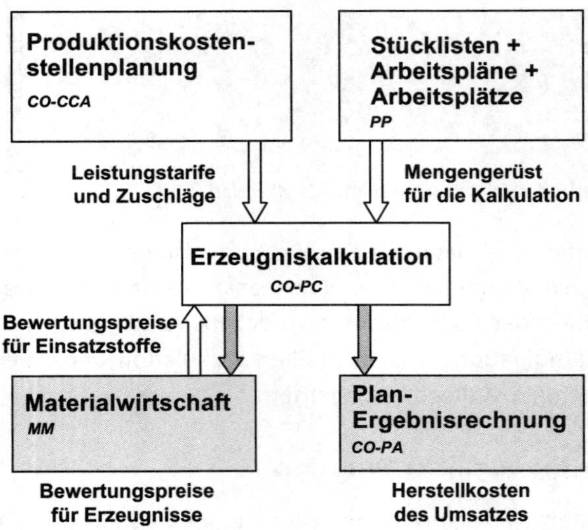

Abbildung 5.137 Input-Output-Modell zur Erzeugniskalkulation (Output)

Herstellkosten des Umsatzes

Darüber hinaus fließen die Ergebnisse der Erzeugniskalkulation als Herstellkosten des Umsatzes in die integrierte Planergebnisrechnung im Modul CO-PA (Controlling – Profitability Analysis) ein.

Dabei erfolgt im Modul CO-PA eine maschinelle Bewertung der Wertefelder zu den Herstellkosten. Über das Customizing kann definiert werden, dass die Ergebnisse einer bestimmten Kalkulationsvariante für bestimmte Erzeugnisse herangezogen werden sollen und so multipliziert mit der geplanten Absatzmenge die Herstellkosten des Umsatzes berechnet werden sollen.

Wesentlich ist dabei, dass die geplanten Absatzmengen auf der Ebene von Materialnummern und je Bewertungskreis, also in der Regel je Werk, vorliegen. Sollte dies nicht der Fall sein, so kann bei der maschinellen Bewertung keine adäquate Erzeugniskalkulation ermittelt werden.

Die Funktionsweise der maschinellen Bewertung funktioniert dabei analog den Verfahren zur maschinellen Bewertung von vertriebsnahen Kosten und wird in Abschnitt 5.15 erläutert.

5.14.8 Checkliste zur Erzeugniskalkulation

Als PDF-Dokument zum Download unter www.sap-press.de

Stichwort	Erläuterung
Mengengerüst	Eine Erzeugniskalkulation besteht aus einem Mengengerüst und einer Bewertung. Über das Mengengerüst wird definiert, welche Einsatzstoffe und Fertigungsleistungen in welcher Menge zur Produktion des Erzeugnisses benötigt werden. Im Rahmen der Planungsintegration von SAP R/3 kann dabei als Mengengerüst auf die Stücklisten, Arbeitspläne und Rezepturen aus dem Modul PP zugegriffen werden.
Bewertung	Eine Erzeugniskalkulation besteht aus einem Mengengerüst und einer Bewertung. Über die Bewertung wird das Mengengerüst mit Preisen bewertet, um so die Herstellkosten des Erzeugnisses zu berechnen. Dabei wird insbesondere auf die Bewertungspreise aus dem Materialstamm und die Leistungstarife aus der Kostenstellenplanung zurückgegriffen.
Losgröße	Die Losgröße gibt an, auf Basis welcher Produktionsmenge die Kalkulation zu einem Erzeugnis durchgeführt wird.
Mehrstufige Kalkulation	Bei einer mehrstufigen Kalkulation erfolgt die Kalkulation zu einem Erzeugnis über alle Produktionsstufen hinweg. Dabei werden die Kosten über alle Stufen hinweg je Kostenelement differenziert.
Kostenelemente	Ein Kostenelement sammelt in einer Erzeugniskalkulation bestimmte Kostenarten über alle Produktionsstufen hinweg.
Fixe und variable Kosten	Die Kosten einer Erzeugniskalkulation können pro Kostenelement in fixe und variable Kosten differenziert werden.
Losgrößenabhängige und losgrößenunabhängige Kosten	Losgrößenabhängige Kosten stehen in einem bestimmten Verhältnis zu der Losgröße, die zu einem Erzeugnis produziert wird. Losgrößenunabhängige Kosten dagegen fallen immer einmal je Los an, unabhängig davon, wie hoch die Produktionsmenge ist. Bei losgrößenunabhängigen Kosten spielt die richtige Wahl der Losgröße eine bedeutende Rolle.

Stichwort	Erläuterung
Standard-Stückliste, -Arbeitsplan, -Rezeptur	Für ein Erzeugnis wird immer ein Mengengerüst benötigt. Kann nun ein Erzeugnis nach unterschiedlichen Verfahren produziert werden, so sollte ein Verfahren und damit eine Stückliste und ein Arbeitsplan bzw. eine Rezeptur als Standardverfahren definiert werden.
Mischkalkulation	Kann ein Erzeugnis nach mehreren Verfahren produziert werden und ist die Festlegung auf ein Standardverfahren nicht möglich, so kann über eine Mischkalkulation ein Verhältnis definiert werden, in dem wahrscheinlich die einzelnen Produktionsverfahren zum Einsatz kommen werden.
Kuppelproduktion	In der chemischen Industrie kommt es vor, dass bei der Produktion nicht ein Erzeugnis, sondern in einem bestimmten Verhältnis parallel mehrere Erzeugnisse anfallen. Dies wird als Kuppelproduktion bezeichnet. Bei Kuppelproduktionen können die Kosten in einem bestimmten Verhältnis auf die einzelnen Erzeugnisse aufgeteilt werden.
Kostenelementeschema	Über das Kostenelementeschema wird im Customizing definiert, welche Kostenelemente vorhanden sind, ob dazu fixe und variable Kosten anfallen und welche Kostenarten in einem Kostenelement gesammelt werden.
Kalkulationsvariante	Über die Kalkulationsvariante wird bei der Erzeugniskalkulation definiert, wie die Kalkulation durchgeführt und berechnet werden soll. Dabei gehört zu einer Kalkulationsvariante u.a. eine Kalkulationsart, eine Stücklistenauflösung, eine Arbeitsplanselektion und eine Bewertungsvariante.
Kalkulationsart	Über die Kalkulationsart wird im Customizing definiert, wie die Kalkulationen einer Kalkulationsvariante gespeichert werden sollen, wie mit manuellen Kosten umgegangen werden soll und welche Vorschlagswerte für das Kalkulationsdatum generiert werden sollen.
Stücklistenauflösung und Arbeitsplanselektion	Über die Stücklistenauflösung und die Arbeitsplanselektion wird im Customizing zu einer Kalkulationsvariante definiert, nach welchen Regeln automatisch das Mengengerüst zu einem Erzeugnis gefunden werden soll.
Bewertungsvariante	Mit der Bewertungsvariante wird zu einer Kalkulationsvariante bestimmt, wie das Mengengerüst bewertet werden soll. Dabei wird u.a. bestimmt, welche Materialpreise und welche Leistungstarife herangezogen werden sollen. Des Weiteren wird das Zuschlagsschema in der Bewertungsvariante abgelegt.
Kalkulationssicht im Materialstamm	Die Kalkulationssicht im Materialstamm steuert unter anderem, wie ein Erzeugnis oder ein Einsatzstoff in der Erzeugniskalkulation behandelt wird. Die Pflege der Kalkulationssicht ist Voraussetzung für ein sinnvolles Ergebnis in der Erzeugniskalkulation.

Stichwort	Erläuterung
Erzeugniskalkulation ohne Mengengerüst	Neben der Erzeugniskalkulation mit Mengengerüst gibt es auch die Möglichkeit, eine manuelle Kalkulation ohne Mengengerüst anzulegen. Dabei werden die Materialverbräuche, Fertigungsleistungen und andere Kosten manuell zu einem Erzeugnis geplant.
Umbewertungsdifferenz	Als Ergebnis der Erzeugniskalkulation kann bei Standardpreissteuerung je Erzeugnis und Bewertungskreis ein neuer Bewertungspreis entstehen. Bei Aktivierung dieses neuen Bewertungspreises ergeben sich in der Regel Umbewertungsdifferenzen, die aus der Differenz der Bewertungspreise und der Bestandsmenge resultieren.
Herstellkosten des Umsatzes	Das Ergebnis der Erzeugniskalkulation kann im Rahmen der integrierten Planung dazu benutzt werden, in der Planergebnisrechnung automatisch die Herstellkosten des Umsatzes zu berechnen. Dabei wird die Absatzmenge je Erzeugnis und Bewertungskreis mit dem Ergebnis der Erzeugniskalkulation bewertet.

5.15 Planung direkter Vertriebskosten

5.15.1 Definition und Ziel der Planung der direkten Vertriebskosten

Unter *direkten Vertriebskosten* werden im nachfolgenden Abschnitt alle Kosten verstanden, die direkt im Zusammenhang mit dem Verkaufsgeschäft zusammenhängen und in der Regel beim Verkauf einer Ware an einen Kunden anfallen.

Hierzu können insbesondere folgende Kosten zählen:

- Umsatzminderungen
- Boni und Erlösschmälerungen
- Fracht- und Lagerkosten
- Provisionen
- Lizenzaufwendungen

Gemeinsam ist diesen Kategorien, dass die Höhe der Kosten, die bei einem Verkaufsgeschäft anfallen, entweder von der Absatzmenge oder vom Umsatz abhängt.

Im Ist werden diese Kosten gewöhnlich über SD-Konditionen berechnet und mit der Fakturierung an die Ergebnisrechnung (CO-PA) weitergegeben. Nicht zu den direkten Vertriebskosten zählen dabei die Herstellkosten des Umsatzes, die separat über die Erzeugniskalkulation bewertet werden, und die allgemeinen Marketing- und Vertriebskosten, die als Gemeinkosten über die Kostenstellenplanung in die Planergebnisrechnung einfließen.

Da im Rahmen der operativen Planung keine Fakturen erstellt werden und somit die Integration mit dem Modul SD analog dem Ist-Prozess entfällt, müssen diese Kosten auf andere Art und Weise geplant werden. Hierfür steht im SAP R3-Modul CO-PA die allgemeine Konditionstechnik zur Verfügung, die im Wesentlichen der Konditionstechnik im Modul SD ähnelt.

Das Ziel der Planung von direkten Vertriebskosten besteht nun darin, über die Nutzung dieser Konditionstechnik auf der Basis der geplanten Absatzmengen und Umsätze automatisch die oben aufgeführten Kosten zu berechnen.

5.15.2 Voraussetzungen für die Planung direkter Vertriebskosten

Die Planung der direkten Vertriebskosten erfolgt im Modul CO-PA. Demnach ist eine Grundvoraussetzung für die Planung dieser Kosten, dass die Einstellungen im Customizing zum Ergebnisbereich mit entsprechenden Wertefeldern, Merkmalen, Periodizität, Ableitungsregeln usw., wie sie in den Abschnitten 5.2 und 5.16 beschrieben werden, durchgeführt wurden und der Ergebnisbereich entsprechend generiert wurde. Dabei ist bei der Festlegung der Wertefelder wichtig, dass für die oben beschriebenen Kosten eigene Wertefelder angelegt werden, in die keine Kosten aus anderen Werteströmen einfließen.

Konditionstechnik im CO-PA

Außerdem muss im Customizing die Konditionstechnik zum CO-PA eingerichtet werden. Die Zusammenhänge dieser sehr variablen, aber auch sehr komplexen Technik seien zunächst in Abbildung 5.138 grafisch dargestellt.

Bewertungsstrategie

Dabei wird im ersten Schritt über eine Bewertungsstrategie definiert, welche Kalkulationsschemata in welcher Reihenfolge bei der Bewertung im CO-PA durchlaufen werden sollen. Darüber hinaus wird zu den Kalkulationsschemata je ein Mengenfeld definiert, auf das sich alle mengenabhängigen Konditionen innerhalb dieses Kalkulationsschemas beziehen werden.

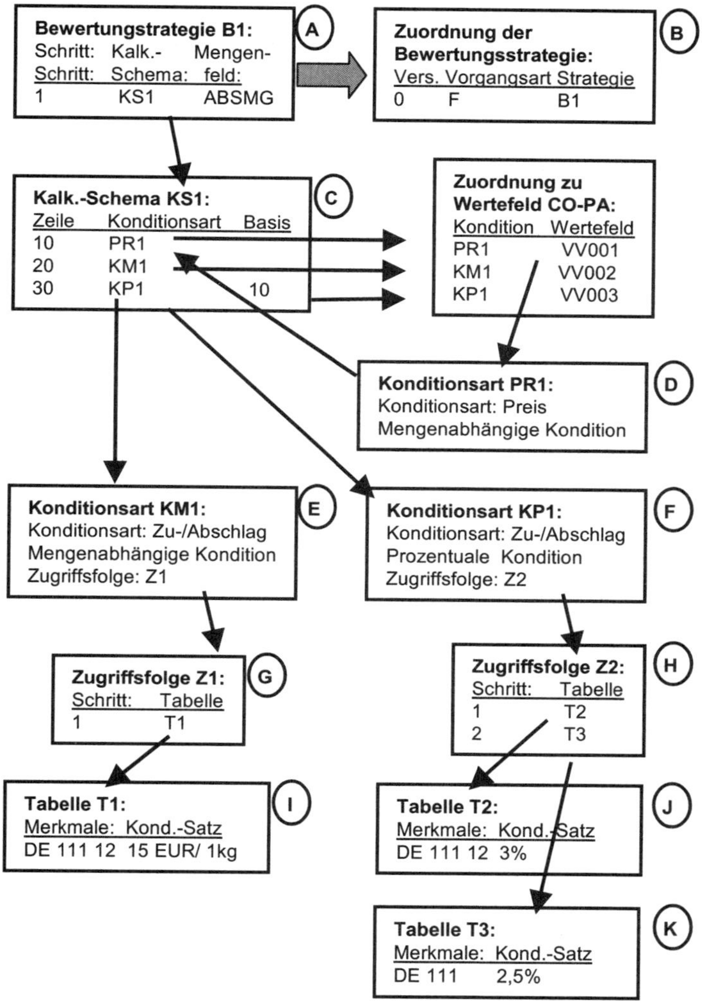

Abbildung 5.138 Darstellung der Strukturen der Konditionstechnik im CO-PA anhand eines Beispiels

Dabei können unabhängig voneinander unterschiedliche Bewertungsstrategien definiert werden. Jede Bewertungsstrategie kann dabei über eine Zuordnung in Abhängigkeit zu einer Planversion und zu einer Vorgangsart gesetzt werden. Des Weiteren kann definiert werden, ob die Bewertungsstrategie für die manuelle und/oder maschinelle Bewertung zur Verfügung steht.

Kalkulationsschema

Ein Kalkulationsschema in einer Bewertungsstrategie besteht nun wiederum aus mehreren Konditionen und definiert, welche Konditionen in welcher Reihenfolge gesucht und berechnet werden sollen. Dabei beziehen sich wertmäßige Konditionen entweder auf eine Preiskondition oder auf eine Zwischenstufe innerhalb des Kalkulationsschemas.

Konditionsart

Eine Konditionsart beschreibt:

- Um welche Art von Kondition es sich handelt
- Wie die Kondition berechnet wird
- Ob hierzu Staffelwerte existieren

Darüber hinaus beinhaltet eine Konditionsart eine Zugriffsfolge, die den Zugriff auf die Konditionssätze beschreibt. Abbildung 5.139 zeigt exemplarisch die Bildschirmmaske zur Definition einer Konditionsart im CO-PA.

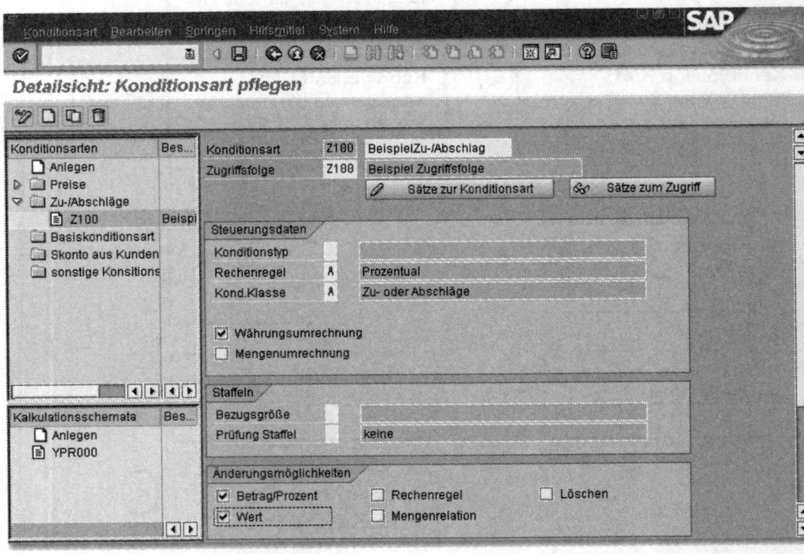

Abbildung 5.139 Beispiel für eine Konditionsart

Im Wesentlichen wird dabei unterschieden, ob es sich bei der Kondition um eine mengenabhängige Kondition handelt, bei der die Konditionssätze in Form von x Währungseinheiten je y Mengeneinheiten definiert werden. Andererseits können auch wertmäßige Konditionen definiert werden, bei denen die Konditionssätze in Form von x Prozent von einer anderen Kondition (z. B. Umsatz bzw. Preis) berechnet werden. Die einzelnen Konditionssätze werden im Rahmen der Stammdatenpflege je Konditionsart in Abhängigkeit von der Zugriffsfolge manuell gepflegt.

Zugriffsfolge

Die Zugriffsfolge legt zu einer Konditionsart fest, in welcher Reihenfolge welche Konditionstabellen durchsucht werden, um einen Konditionssatz zu finden. Außerdem wird in der Zugriffsfolge festgelegt, ob nur ein Konditionssatz gefunden werden soll oder ob bei mehreren zutreffenden Konditionssätzen in unterschiedlichen Konditionstabellen diese addiert werden sollen.

Konditionstabelle

Alle Konditionssätze werden schließlich in Konditionstabellen abgelegt. Diese Konditionstabellen werden ebenfalls im Customizing individuell angelegt und bestehen neben den Wertefeldern des Konditionssatzes aus den CO-PA-Merkmalen, in deren Abhängigkeit unterschiedliche Konditionssätze definiert werden sollen.

Zuordnung zu Wertefeld

Damit die einzelnen Konditionen bei der Bewertung auch korrekt in die Ergebnisrechnung einfließen können, werden diese zum Schluss noch jeweils einem Wertefeld zugeordnet. Dabei können mehrere Konditionen durchaus im Sinne einer 1:n-Beziehung in einem Wertefeld gesammelt werden.

Beispiel zur Konditionstechnik

Das Beispiel aus Abbildung 5.138 soll uns dabei helfen, diese komplexen Abhängigkeiten besser zu verstehen. Da ist zunächst (A) eine Bewertungsstrategie B1 definiert worden, die über eine Zuordnung (B) in der Planversion 0 für Datensätze mit der Vorgangsart F im Rahmen der maschinellen Planung genutzt wird.

Die Bewertungsstrategie B1 besteht nun wiederum aus nur einem Kalkulationsschema KS1, zu dem das Mengenfeld ABSMG für die mengenabhängigen Konditionen zugeordnet wird.

Das Kalkulationsschema KS1 (C) besteht selbst aus den drei Konditionsarten PR1, KM1 und KP1, wobei sich die prozentuale Kondition KP1 auf das Ergebnis der Preiskondition PR1 bezieht.

Die Preiskondition PR1 (D) ist dabei in der Ergebnisrechnung dem Wertfeld VV001, »Bruttoumsatz«, zugeordnet und übergibt auf diese Weise den geplanten Umsatz als Basis in das Kalkulationsschema KS1.

Die prozentuale Kondition KP1 (E) und die mengenabhängige Kondition KM1 (F) stellen hingegen Zu- und Abschläge dar und greifen jeweils über die Zugriffsfolgen Z1 und Z2 auf Konditionssätze zu. Außerdem sind diese Konditionen den Wertfeldern VV002 und VV003 zugeordnet.

Dabei verweist die Zugriffsfolge Z1 (G) nur auf eine Konditionstabelle T1, wohingegen in der Zugriffsfolge Z2 (H) zunächst auf die Konditionstabelle T2 zugegriffen wird und, wenn dort kein passender Konditionssatz gefunden wird, zusätzlich in der Konditionstabelle T3 gesucht wird.

Die Konditionstabellen T1 (I), T2 (J) und T3 (K) bestehen nun aus unterschiedlichen CO-PA-Merkmalen wie Verkaufsorganisation, Artikel, Kunde und einzelnen Konditionssätzen.

Bei der Bewertung werden somit die einzelnen Planungsdaten der Version Null zur Vorgangsart F auf der Basis des Wertefeldes VV001 und des Mengenfeldes ABSMG in Abhängigkeit der Merkmalsausprägungen zu Verkaufsorganisation, Kunde und Artikel bewertet.

5.15.3 Stammdaten zur Planung der direkten Vertriebskosten

Pflege der Konditionssätze

Die wesentliche Stammdatenpflege bei der Planung der direkten Vertriebskosten besteht in der Definition und der Erfassung der im vorherigen Abschnitt beschriebenen Konditionssätze. Abbildung 5.140 zeigt exemplarisch die Erfassungsmaske von Konditionssätzen zu einer mengenabhängigen Kondition.

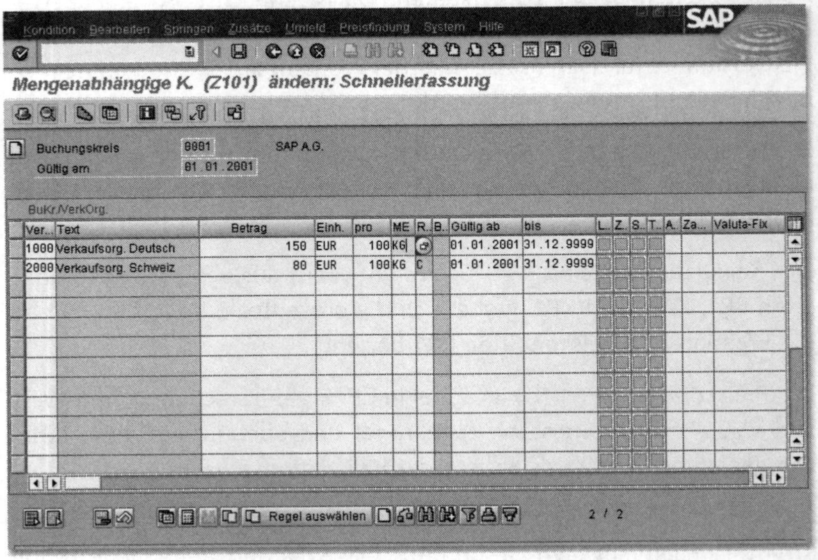

Abbildung 5.140 Erfassung mengenabhängiger Konditionssätze

Dabei werden die Konditionssätze je Konditionsart und je Konditionstabelle aus der zugehörigen Zugriffsfolge gepflegt. Zudem können die einzelnen Konditionssätze mit einem Gültigkeitsdatum versehen werden.

Darüber hinaus besteht zusätzlich die Möglichkeit, zu einem Konditionssatz Staffelwerte in Abhängigkeit von der Absatzmenge zu hinterlegen. In diesen Fällen wird demnach nicht nur ein Konditionssatz zu einer Merkmalskombination abgelegt, sondern dieser zusätzlich in Abhängigkeit von der Absatzmenge gestaffelt.

5.15.4 Input für die Planung der direkten Vertriebskosten

Die maschinelle Berechnung der direkten Vertriebskosten im Modul CO-PA beruht auf den geplanten Absatzmengen und Umsätzen aus der Vertriebsplanung im Rahmen der operativen Planung. Über die in Abschnitt 5.15.2 beschriebenen Abhängigkeiten der Konditionstechnik im CO-PA fließen die Werte aus der Vertriebsplanung als Grundlage für die Berechnung der Konditionswerte ein.

5.15.5 Durchführung der Planung der direkten Vertriebskosten

Die Planung der direkten Vertriebskosten unter Anwendung der Konditionstechnik im CO-PA kann auf zweierlei Art erfolgen:

- Maschinelle Bewertung
- Bewertung im Dialog

Maschinelle Bewertung

Bei der maschinellen Bewertung erfolgt die Berechnung der direkten Vertriebskosten in einem separaten Berechnungslauf in der Regel für eine Vielzahl von Plandatensätzen. Hierzu wird die Funktionalität der maschinellen Änderung der Plandaten im CO-PA genutzt. Abbildung 5.141 stellt den ersten Erfassungsbildschirm zur Definition einer maschinellen Bewertung dar.

Als Mussfelder werden zunächst definiert, für welchen Planungszeitraum, in welcher Planversion und für welche Vorgangsart eine maschinelle Änderung durchgeführt werden soll. Des Weiteren wird über das Kennzeichen »Neu Bewerten« definiert, dass in diesem maschinellen Änderungslauf eine Bewertung durchgeführt werden soll.

In weiteren Bildschirmmasken wird zusätzlich definiert, welche Selektionskriterien, d.h. welche Plandatensätze, bewertet werden sollen und für welche Wertefelder eine Bewertung ermittelt werden soll. Über die Verarbeitungsregeln wird festgelegt, welche Merkmale bei der maschinellen Bewertung berücksichtigt werden.

Nach Ausführung der Bewertung, die als Hintergrundverarbeitung gestartet werden sollte, werden dann zu den ausgewählten Wertefeldern in den der Selektion entsprechenden Datensätzen neue Konditionswerte ermittelt und im CO-PA als neue Einzelposten gespeichert.

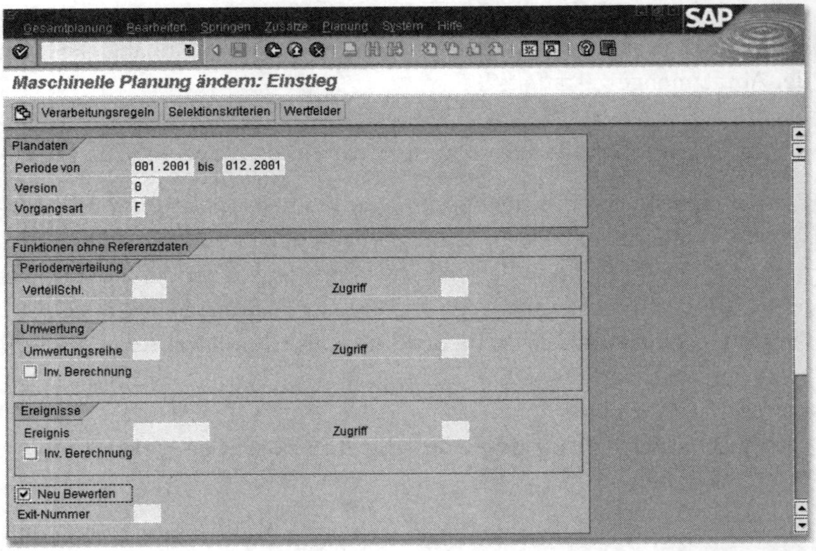

Abbildung 5.141 Einstieg in die maschinelle Bewertung

Wird dabei eine maschinelle Bewertung mehrfach durchgeführt, werden immer nur die Veränderung zwischen den ermittelten Werten und den bereits gespeicherten Werten als Veränderungssätze gespeichert. Auf diese Weise kann die Bewertung ohne Bedenken mehrfach durchgeführt werden, ohne dass befürchtet werden muss, dass die Konditionswerte doppelt bzw. mehrfach in die Planergebnisrechnung einfließen.

Manuelle Bewertung

Neben der maschinellen Bewertung kann die Bewertung auch während der manuellen Planung über Planungslayouts im Dialogbetrieb durchgeführt werden. Dabei werden im Planungslayout ein oder mehrere Plandatensätze markiert und über die Planungsfunktion »Bewerten« online eine Bewertung für diese Datensätze durchgeführt. Das Ergebnis wird dann in die entsprechenden Wertefelder im Planungslayout eingestellt und kann darüber hinaus direkt manuell überarbeitet werden.

Bewertung mit Erzeugniskalkulation

Im Rahmen der maschinellen Bewertung erfolgt auch der Zugriff auf die Erzeugniskalkulation zur Ermittlung der Herstellkosten des Umsatzes (siehe Abschnitt 5.13). Dazu muss lediglich in dem entsprechenden Kalkulationsschema ein Kennzeichen für die Erzeugniskalkulation aktiviert werden.

Über das Customizing wird darüber hinaus eingestellt, welche Kalkulationsvariante beim Zugriff auf die Erzeugniskalkulation genutzt werden soll und in welche Wertefelder das Ergebnis der Berechnung der Herstellkosten des Umsatzes einfließen soll.

5.15.6 Output der Planung der direkten Vertriebskosten

Als Ergebnis der Planung liegen im SAP R/3-Modul auf der Basis der geplanten Absatzmengen und Umsätze maschinell berechnete direkte Vertriebskosten vor, die so direkt in der Planergebnisrechnung zur Verfügung stehen.

5.15.7 Checkliste zur Planung der direkten Vertriebskosten

Als PDF-Dokument zum Download unter www.sap-press.de

Stichwort	Erläuterung
Direkte Vertriebskosten	Unter direkten Vertriebskosten werden alle Einzelkosten des Vertriebs verstanden, die direkt mit einem Verkaufsgeschäft zusammenhängen. Hierzu zählen etwa Umsatzminderungen, Boni, Erlösschmälerungen, Frachtkosten, Provisionen usw.
Konditionstechnik mit CO-PA	Die Berechnung der direkten Vertriebskosten kann im Rahmen der integrierten Planung von SAP R/3 mithilfe der Konditionstechnik im Modul CO-PA erfolgen. Dabei werden die direkten Vertriebskosten auf der Basis der geplanten Absatzmengen und/oder des Umsatzes ermittelt.
Bewertungsstrategie	Die Bewertungsstrategie definiert zu einer Planversion, einer Vorgangsart und einem Bewertungszeitpunkt, welche Kalkulationsschemata der CO-PA Konditionstechnik genutzt werden.
Kalkulationsschema	Ein Kalkulationsschema ist Bestandteil der Konditionstechnik im CO-PA und umfasst eine Gruppe von Konditionsarten, die in einer bestimmten Reihenfolge durchlaufen werden und die über Kalkulationsstufen in Abhängigkeit zueinander gesetzt werden können.
Konditionsart	Über die Konditionsarten werden die zu ermittelnden direkten Vertriebskosten definiert. Dabei wird unter anderem angegeben, ob die Konditionsart mengen- oder wertabhängig berechnet wird, um welchen Typ es sich handelt (Preis, Zu- oder Abschlag usw.) und welche Zugriffsfolge zur Kondition gehört.
Zugriffsfolge	Über die Zugriffsfolge wird zu jeder Konditionsart definiert, in welcher Reihenfolge in welchen Konditionstabellen zur Konditionsart nach passenden Konditionssätzen gesucht werden soll.
Konditionstabelle	Über die Konditionstabellen werden die eigentlichen Konditionssätze zu einer Konditionsart definiert. Die Konditionstabelle besteht aus den Merkmalen, die zur Differenzierung des Konditionssätze herangezogen werden.
Manuelle Bewertung	Mit der maschinellen Bewertung kann in einem Schritt ein großer Datenbestand im Modul CO-PA, der über eine geeignete Selektion definiert wird, mit der Konditionstechnik bewertet werden.

Stichwort	Erläuterung
Manuelle Bewertung	Über die manuelle Bewertung während der Erfassung bzw. Pflege der Plandaten in einem Planungslayout kann gezielt ein Datensatz mit der Konditionstechnik bewertet werden.
Bewertung mit Erzeugniskalkulation	Bei der Bewertung im CO-PA kann neben der Konditionstechnik auch auf die Erzeugniskalkulation zur Ermittlung der Herstellkosten des Umsatzes zurückgegriffen werden.

5.16 Bottom-up-Planergebnisrechnung

5.16.1 Definition und Ziel der Bottom-up-Planergebnisrechnung

Die Planergebnisrechnung stellt innerhalb der operativen Planung den kostenrechnerischen Abschluss dar. Mit der Planergebnisrechnung wird auf der Basis aller zuvor beschriebenen Planungsschritte der wirtschaftliche Erfolg des Unternehmens in Form einer Deckungsbeitragsrechnung und/oder kalkulatorischen Ergebnisrechnung geplant.

Die Ergebnisse der Planergebnisrechnung können wiederum zusammen mit den Primärkosten aus der Kostenstellenplanung in die Erstellung der Plan-GuV und somit die Planung der Finanzbuchhaltung einfließen. Auf diese Weise wird auch in der Planung die Integration zwischen internem und externem Rechnungswesen gewahrt.

Was bedeutet bottom up?

Dabei wird unter der Nutzung der Ergebnisse der anderen Planungsschritte aus der operativen Planung durch Gegenüberstellung der geplanten Umsätze und aller geplanten Kosten ein Planergebnis nach dem Bottom-up-Ansatz erstellt. Das Planergebnis des Unternehmens ergibt sich auf der Basis von vielen Detailinformationen auf einer sehr detaillierten Stufe (z. B. je Artikel, je Kunde oder je Artikel/Kunden-Kombination), die im Wesentlichen nur korrekt zusammengestellt und dann »von unten her« verdichtet werden (daher der Begriff »bottom up«), um so zu einem Planergebnis für das Unternehmen zu gelangen. Das Ziel der Bottom-up-Planergebnisrechnung liegt in Verbindung mit der Planungsintegration des SAP R/3-Systems weniger in einer manuellen Tätigkeit des »Planens«, als vielmehr in der korrekten »Sammlung« aller zuvor geplanten Kosten und Erlöse und deren stimmigen Gegenüberstellung. Nichtsdestoweniger ist es auch bei der Bottom-up-Planergebnisrechnung unwahrscheinlich, ohne manuelle Eingriffe über Planungslayouts eine Planergebnisrechnung für alle Zeilen vollständig zu erstellen.

Im Gegensatz dazu steht der Top-down-Ansatz, bei dem losgelöst von den konkreten Plandaten der einzelnen Planungsschritte die Planergebnisrechnung zunächst auf hoher Aggregationsstufe weitgehend manuell aus den Zielvorstellungen des Unternehmens heraus erstellt wird, um diese Ziele dann auf niedrigere Aggregierungsstufen herunterzubrechen. Auf den Top-down-Ansatz wird im Rahmen der strategischen Planung detailliert in Kapitel 6 eingegangen.

Die Bottom-up-Planergebnisrechnung wird im Modul CO-PA (Controlling – Profitability Analysis) zusammengestellt. Durch die Integration des SAP R/3-Systems können im Rahmen der operativen Planung alle relevanten Plandaten aus den anderen Modulen nach CO-PA eingespielt werden.

5.16.2 Voraussetzungen für die Bottom-up-Planergebnisrechnung

Ergebnisbereich

Grundlage für eine Planung mit CO-PA wie für das Arbeiten mit CO-PA überhaupt ist der Ergebnisbereich. Der Ergebnisbereich enthält alle Daten der Ergebnisrechnung und kann weitgehend individuell eingerichtet werden. Dabei ist zu bedenken, dass die Struktur des Ergebnisbereichs sowohl für die Planergebnisrechnung wie auch für die Istergebnisrechnung gleichermaßen passen muss, da die Ist- und Plandaten in den gleichen Ergebnisbereich einfließen und nur durch ein Plan-Ist-Kennzeichen differenziert werden.

Der Ergebnisbereich gliedert sich in seinem Aufbau in zwei wesentliche Bereiche:

- Merkmale
- Wertefelder

Merkmale

Durch *Merkmale* werden die Daten der Ergebnisrechnung nach den gewünschten Auswertungskriterien differenziert. Dabei werden im Allgemeinen drei Grundarten von Merkmalen unterschieden:

- Organisatorische Merkmale
- Kundenmerkmale
- Artikelmerkmale

Unter *organisatorischen Merkmalen* versteht man Kriterien, die die interne Organisation des Unternehmens strukturieren. Hierbei greift man in der Regel auf die allgemeinen Organisationselemente von FI und SD zurück. Beispiele hierfür sind: Buchungskreis, Verkaufsorganisation, Vertriebsweg, Sparte, Verkaufsbüro, Verkäufergruppe.

Die *Kundenmerkmale* differenzieren die Plandaten im Hinblick auf die Kundenstruktur. Hierbei kann man auf alle wesentlichen Merkmale des Kundenstamms, wie etwa Land, Region, Branche oder Kundengruppe 1 bis 5, zurückgreifen. Natürlich steht die Kundennummer selbst in Form unterschiedlicher Kundenrollen, wie etwa Auftraggeber, Warenempfänger oder Rechnungsempfänger, als Kundenmerkmal zur Verfügung.

Artikelmerkmale wiederum strukturieren die Planabsatzmengen und Planumsätze nach Kriterien unterschiedlicher Artikel. Hierbei kann auf alle Felder des Artikelstamms zurückgegriffen werden. Häufig werden dabei die einzelnen Stufen der Produkthierarchie, die Warengruppe und/oder die Artikelnummer selbst genutzt.

CO-PA-Merkmale

Des Weiteren kann man in CO-PA noch zusätzlich eigene Merkmale definieren, die dann über bestimmbare Regeln (Ableitungsregeln) ihre Ausprägung in Abhängigkeit von der Ausprägung anderer Merkmale erhalten. Hierdurch besteht im Modul CO-PA eine sehr hohe Flexibilität in der Gestaltung von Merkmalen. Allerdings können derartige Konstellationen auch sehr komplex werden. Außerdem ist zu beachten, dass neben ca. 30 Fix-Merkmalen die Definition neuer Merkmale auf maximal 50 (bis Release 3.x nur 30 Merkmale) beschränkt ist und jedes zusätzliche Merkmal einen zusätzlichen Speicherbedarf hat.

Bei der Auswahl der Merkmale für den Ergebnisbereich sollte man Sorgfalt im Hinblick auf die Planungsebene walten lassen, auf der die Planergebnisrechnung jeweils erstellt werden soll. Sollte darüber hinaus die Vertriebsplanung ebenfalls mit dem Modul CO-PA durchgeführt werden, so ist die Auswahl der Merkmale auch in Abstimmung mit der Vertriebsplanung zu treffen (siehe hierzu Abschnitt 5.2).

Wertefelder

Die *Wertefelder* des Ergebnisbereichs beinhalten die eigentlichen Planwerte. Über die Definition der Wertefelder wird die eigentliche Struktur der Ergebnisrechnung im Sinne der einzelnen Erlöse und Kostenpositionen definiert. Sind die Wertefelder im Rahmen der Vertriebsplanung mit CO-PA, wo nur Absatzmengen, Umsatz und der Verkaufspreis eine Rolle spielen, von untergeordneter Bedeutung, so nehmen sie für die Planergebnisrechnung eine zentrale Rolle ein. Abbildung 5.143 zeigt ein typisches Beispiel einer Struktur von Wertefeldern einer Ergebnisrechnung.

	Ergebnisrechnung
	Absatzmenge
	Bruttoumsatz
-	Rabatte
=	Nettoumsatz
-	Direkte Vertriebskosten
	Frachtkosten
	Provisionen
-	Var. Herstellkosten
	Materialkosten
	Var.Fertigungskosten
=	Deckungsbeitrag I
-	Fixe Fertigungskosten
=	Deckungsbeitrag II
-	Werbung
=	Deckungsbeitrag III
-	Beschäftigungsabweichungen
-	Sonstige Abweichungen Produktion
-	Abweichungen MM
=	Deckungsbeitrag IV
-	Gemeinkosten
	Forschungskosten
	Marketingkosten
	Verwaltungskosten
=	Betriebsergebnis

Abbildung 5.142 Beispiel für die Struktur einer Ergebnisrechnung

Insgesamt können für die Definition der Zeilenstruktur der Planergebnisrechnung bis zu 120 Wertefelder angelegt werden.

Dabei wird in der Ergebnisrechnung streng zwischen Wertefeldern und *Rechenfeldern* unterschieden. In Wertefeldern werden originäre Kosten und Erlöse zur Ergebnisrechnung eingespielt und auch physisch in der Datenbank gespeichert. Im Beispiel in Abbildung 5.142 gehören hierzu etwa die Zeilen *Absatzmenge*, *Umsatz*, *Rabatte*, *Materialkosten*, *Fertigungskosten*, *Marketingkosten* usw.

Rechenfelder

Alle Zeilen der Ergebnisrechnung aus Abbildung 5.143, die als Ergebnis anderer Werte berechnet werden können, werden im Modul CO-PA über das Customizing als Rechenfelder definiert und im Rahmen des Informationssystems dynamisch errechnet. Beispiele hierfür sind etwa der Nettoumsatz (Bruttoumsatz abzüglich Rabatte und sonstige Erlösschmälerungen), direkte Vertriebskosten (Addition aus Frachtkosten und Provisionen) oder Deckungsbeitrag (Nettoumsatz abzüglich direkter Vertriebskosten und variabler Herstellkosten).

Die Rechenfelder werden dabei in einem Rechenschema zusammengestellt und wie das Beispiel zeigt, können sich die Rechenfelder bei der Definition auch auf das Ergebnis anderer Rechenfelder des gleichen Rechenschemas beziehen und auf diese Weise komplexe Strukturen bilden. Zudem gibt es keine Begrenzung in der Anzahl der definierbaren Rechenfelder.

Periodizität Als Periodizität weist die Ergebnisrechnung im Modul CO-PA eine monatliche Unterteilung auf. Dies bedeutet, dass alle Planwerte als Monatszahlen im SAP R/3-System gespeichert werden. Allerdings ist es möglich, zunächst nur Jahreswerte zu planen und in einem Monat abzuspeichern. Diese Jahreswerte werden dann in einem zweiten Schritt auf der Basis eines Verteilungsschlüssels auf alle Monate des Planjahres aufgeteilt.

Merkmalsableitungen Mit Hilfe von Merkmalsableitungen können im Modul CO-PA logische Strukturen und Abhängigkeiten zwischen den einzelnen Merkmalen gebildet werden. Dies bedeutet, dass bestimmte Merkmale in Abhängigkeit und/oder aufgrund einer Bedingung von einem oder mehreren anderen Merkmalen ausgeprägt werden. Auf diese Weise können im Modul CO-PA-Modul logisch mehrere hierarchische Merkmalsbäume gebildet werden. Als Methoden bei der Definition von Merkmalsableitungen stehen dabei zur Verfügung:

- **Ableitungstabelle mit und ohne Bedingung**
  Bei Merkmalsableitungen mit Merkmalstabellen wird anhand der Werte einer anderen Tabelle ein Merkmal gefüllt. Dabei fungieren ein oder mehrere Felder als Schlüsselfelder für die Tabelle. Das Füllen der Merkmale kann an bestimmte Bedingungen geknüpft werden.

  Beispiel: Alle Merkmale aus der Grundsicht des Materialstamms (Tabelle MARA), die im Ergebnisbereich verwendet werden, werden auf der Basis der Ausprägung der Materialnummer (Schlüsselfeld) durch Lesen des entsprechenden Eintrags in der Tabelle MARA gefüllt. Ähnliches gilt für Kundenmerkmale.

- **Ableitungsregeln mit und ohne Bedingung**
  Ableitungsregeln werden inbesondere für eigene CO-PA-Merkmale genutzt. Hierbei wird im Customizing eine Regel hinterlegt, welches Zielmerkmal auf der Basis welcher Quellmerkmale gefüllt werden soll. Im Rahmen der Stammdatenpflege werden dann die konkreten Ableitungen gepflegt. Auch in diesem Fall kann eine Bedingung an die Durchführung der Ableitung gesetzt werden.

  Beispiel: Ein CO-PA-Merkmal »Kontinent« könnte auf der Basis des CO-PA-Merkmals »Land« eindeutig gefüllt werden. In der Stammdatenpflege würde dann definiert werden, dass bei Inhalt des Feldes »Land« mit DE = Deutschland automatisch das Merkmal »Kontinent« die Ausprägung EU = Europa erhalten soll.

- **Zuordnung auf der Basis einer Bedingung**
  In diesem Fall wird bei Erfüllung einer Bedingung einem Merkmal immer ein bestimmter Wert zugeordnet.
- **Zurücksetzen auf der Basis einer Bedingung**
  In diesem Fall wird bei Erfüllung einer Bedingung ein Merkmal auf initial gesetzt.
- **Erweiterung mit und ohne Bedingung**
  Mit der Erweiterung besteht die Möglichkeit, mit Hilfe von User-Exits weitere komplexe Ableitungen zu definieren. Hierbei kann man auf fast alle Felder des CO-PA-Einzelpostens und das gesamte Tabellenwerk von SAP zurückgreifen.

Planungslayouts

Neben der Zusammenstellung der Plandaten aus den anderen Modulen können die ermittelten Plandaten im Modul CO-PA auch manuell überarbeitet werden und gegebenenfalls weitere Wertefelder, die eventuell nicht durch die Planungsintegration mit Werten gefüllt werden, geplant werden.

Die Plandatenerfassung bzw. -veränderung erfolgt dann über Planungslayouts. Dabei können beliebig viele verschiedene Planungslayouts definiert werden. So sollte beispielsweise für jede logische Planungsebene ein eigenes Planungslayout definiert werden. Die Planungslayouts bestehen dabei aus folgenden Bereichen:

- Selektion
- Kopfbereich
- Eingabematrix

Selektion

Bevor man in ein Planungslayout einsteigt, muss über eine *Selektion* festgelegt werden, welche Plandaten man erfassen bzw. pflegen möchte. Dies erfolgt bei der Definition eines Planungslayouts über Variablen, die dann im Layout selbst entweder im Kopfbereich oder aber in den Zeilen oder Spalten der Eingabematrix angezeigt werden. Eine Variable ist dann die Auswahl einer Ausprägung zu einem Merkmal. Bis SAP R/3 Release 4.5 wurde aus diesen Variablen ein eigener Eingabebildschirm zu Beginn des Aufrufs des Planungslayouts gebildet. Ab SAP R/3 Release 4.6 wird diese Aufgabe von Planungsebenen und Planungspaketen (siehe Abschnitt 5.16.3) übernommen. Dabei ist aber darauf zu achten, dass Planungsebene und Planungspaket mit dem jeweiligen Planungslayout zusammenpassen.

Kopfbereich Der *Kopfbereich* eines Planungslayouts gibt an, auf welche übergeordneten Merkmalsausprägungen sich die Daten der Eingabemaske beziehen. Als Inhalt des Kopfbereichs können beliebige Merkmale des Ergebnisbereichs definiert werden. Ist durch die Selektion die Ausprägung des Kopfbereichs nicht eindeutig, so wird die erste Merkmalsausprägung im Kopfbereich angezeigt. Durch bestimmte Funktionsbuttons können dann die Ausprägungen im Kopfbereich gewechselt werden.

Eingabematrix Die *Eingabematrix* enthält den eigentlichen Eingabebereich für die Plandaten. Sie besteht aus einer frei definierbaren Zeilen- und Spaltenstruktur. Dabei ist es möglich zu definieren, ob in den Zeilen oder in den Spalten Werte, Perioden oder bestimmte Merkmalsausprägungen dargestellt werden können. Abbildung 5.143 zeigt beispielhaft eine mögliche Gestaltung eines Planungslayouts für die Bottom-up-Planergebnisrechnung.

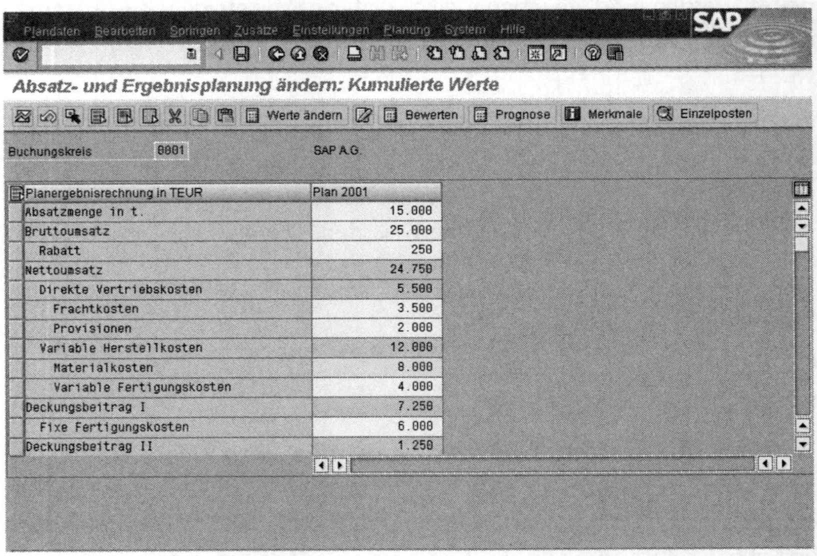

Abbildung 5.143 Beispiel für ein Planungslayout zur Ergebnisplanung

Planstruktur Bei der Selektion von Plandaten kann nicht ausgeschlossen werden, dass gewollt oder ungewollt eine Kombination von Merkmalsausprägungen auswählt wird, die logisch überhaupt nicht vorgesehen ist. So könnten beispielsweise Daten zu einer Verkaufsorganisation in einem Buchungskreis selektiert und erfasst werden, die in der Realität in diesem Buchungskreis überhaupt nicht vorkommen.

Um diesen Fehlern vorzubeugen, besteht die Option, eine Planstruktur zu erstellen. Hierbei handelt es sich um eine hierarchische Struktur ähnlich der Planungshierarchie in der flexiblen Planung (siehe Abschnitt 5.1). Die Planstruktur weist aber auch wesentliche Unterschiede zur Planungshierarchie der flexiblen Planung auf:

1. Der Aufbau der Planstruktur ist optional.
2. Die Planstruktur muss nicht alle Merkmale beinhalten; so reicht es beispielsweise aus, die Organisationsmerkmale in der Struktur aufzunehmen, die Artikel- und Kundenmerkmale aber frei definierbar zu halten.
3. Die Planstruktur wird nicht zur Aggregierung oder Verteilung von Planwerten genutzt. Demnach gibt es auch keine Anteilsfaktoren. Die Planstruktur definiert nur, welche Kombinationen von Merkmalen gültig sind und welche nicht.

Ist eine Planstruktur gebildet und wird dann versucht, Plandaten zu einer nicht vorgesehenen Kombination von Merkmalen der Planstruktur zu planen, erfolgt im SAP R/3-System eine Fehlermeldung, und die Eingabe zu dieser Merkmalskombination wird verweigert.

Berechtigungen

Zudem sollte in der Bottom-up-Planergebnisrechnung vermieden werden, dass jemand Plandaten erfasst bzw. verändert, die er eigentlich gar nicht verändern können soll. Dies kann über Berechtigungen im SAP R/3-System verhindert werden. Dabei weist das Modul CO-PA eine hohe Flexibilität auf, da jedes Merkmal des Ergebnisbereichs als Berechtigungsobjekt Verwendung finden kann.

Planversionen

Wie die Vertriebsplanung kann auch die Planergebnisrechnung in unterschiedlichen Planversionen durchgeführt werden. Bei Durchführung der Vertriebsplanung und der Planergebnisrechnung im Modul CO-PA können so diese Planungsschritte über getrennte Planversionen auf Wunsch getrennt werden.

Darüber hinaus ist zu beachten, dass im Rahmen der Planungsintegration mit der Kostenrechnung die Planversion aus der Kostenstellenplanung und der Planung von CO-Aufträgen über das Customizing stets fest mit einer Planversion im Modul CO-PA verknüpft ist. Die Daten aus einer Planversion aus der Kostenstellenplanung können somit nur in eine Planversion im Modul CO-PA eingespielt werden. Aus diesem Grund sollte die Definition der Planversionen im Modul CO-PA mit der Definition aus der Kostenrechnung abgestimmt werden.

Währungen

Sofern die Planergebnisrechnung mehrere Buchungskreise umfasst und die Daten nicht nur in einer Währung erfasst werden, muss man sich im Vorfeld darüber Gedanken machen, in welcher Währung die Daten im

SAP R/3-Modul gespeichert werden sollen und wie eventuell eine Vergleichbarkeit der Planergebnisse mit unterschiedlichen Währungen erreicht werden kann.

Grundsätzlich können die Plandaten im Modul CO-PA auf zwei Arten gespeichert werden:

- Ergebnisbereichswährung
- Buchungskreiswährung

Zu jedem Ergebnisbereich wird fest eine Ergebnisbereichswährung im Customizing definiert. Diese Ergebnisbereichswährung gilt für alle Buchungs- und Kostenrechnungskreise. Sollen die Plandaten in dieser Währung physisch gespeichert werden und umfasst die Planergebnisrechnung auch Daten aus mehreren Buchungs- und Kostenrechnungskreisen mit unterschiedlichen Währungen oder zumindest einer von der Ergebnisbereichswährung abweichenden Währung, so müssen diese Plandaten umgerechnet werden.

Hierbei ist natürlich frühzeitig daran zu denken, Planumrechnungskurse für die Planperiode und die betroffenen Kurse im SAP R/3-System einzupflegen. Es sollte auch ein eigener Kurstyp Verwendung finden, um die Plankurse von den realen Umrechnungskursen differenzieren zu können.

Der Kurstyp, der für die Umrechnung aus der Buchungskreis- bzw. Kostenrechnungskreiswährung in die Ergebnisbereichswährung relevant ist, hängt dabei von der gewählten Planversion ab, denn zu jeder Planversion wird definiert, welcher Kurstyp jeweils Gültigkeit haben soll.

Ab SAP R/3 Release 4.0 besteht aber auch die Möglichkeit, im Customizing für den Ergebnisbereich einzustellen, dass die Plandaten (und auch Istdaten) in der jeweiligen Buchungskreiswährung gespeichert werden. In diesem Fall entfällt die Währungsumrechnung in die Ergebnisbereichswährung. Erst im Rahmen der Auswertung und Vergleichbarkeit von Ergebnissen aus unterschiedlichen Währungen erfolgt dann im Informationssystem eine Umrechnung in andere Währungen.

Dabei hängt es wiederum von der Planversion ab, ob die Plandaten in der Ergebnisbereichswährung oder in der Buchungskreiswährung gespeichert werden. Über die Funktion des Kopierens von Plandaten in unterschiedliche Versionen können so Planergebnisrechnungen mit unterschiedlichen Währungen und unterschiedlichen Kurstypen realisiert werden.

5.16.3 Stammdaten für die Planergebnisrechnung

Für jedes Merkmal, das im Ergebnisbereich definiert wurde, muss eine Stammdatenpflege erfolgen. Da bei den Merkmalen zum Großteil auf Daten aus dem Material- und Kundenstamm zurückgegriffen wird, ist die korrekte und vollständige Pflege dieser Stammdaten notwendig.

Merkmalswerte

Für den Ergebnisbereich können aber auch eigene CO-PA-Merkmale definiert werden. Für diese Merkmale ist es notwendig, im Rahmen der Stammdatenpflege im Modul CO-PA die gültigen Merkmalsausprägungen und deren Bezeichnung zu definieren. Die Eingabe erfolgt in Form einer Tabelle, in der je Zeile eine gültige Ausprägung mit ihrer jeweiligen Bezeichnung eingetragen wird. Ausprägungen von CO-PA-Merkmalen, die nicht in der zugehörigen Tabelle der Merkmalswerte eingepflegt wurden, können später in den Planungslayouts nicht beplant werden.

Ableitungen

Des Weiteren müssen die Ableitungen zu den Ableitungsregeln gepflegt werden. Unter den Voraussetzungen wurden die Ableitungsregeln mit der Definition festgelegt, welches Merkmal von welchen Merkmalen abhängt. Im Rahmen der Stammdatenpflege werden nun zu jeder Ableitungsregel die eigentlichen Ableitungen definiert. Dabei wird angegeben, welche Ausprägung der Quellmerkmale zu welcher Ausprägung des Zielmerkmals führt. Ein Beispiel hierfür ist in Abschnitt 5.2.3 zur Stammdatenpflege in der Vertriebsplanung mit CO-PA zu finden.

Die Definition der Ableitungen kann auch mit einem Gültigkeitsdatum versehen werden. Dies ist insbesondere bei der Abbildung von Organisationsstrukturen wichtig. Soll zu Beginn des Planjahres eine veränderte Organisationsstruktur greifen, so muss diese bereits im Rahmen der Planung berücksichtigt werden. Allerdings darf die existierende Organisation nicht erst im laufenden Jahr verändert werden. In diesem Fall kann die neue Organisationsstruktur in den Ableitungen mit einem Gültigkeitsdatum ab Beginn des Planjahres bereits im Vorfeld der Vertriebsplanung hinterlegt werden. So ist das laufende Geschäft von der geplanten Organisationsänderung zunächst nicht betroffen.

Planungslayouts

Der nächste Bereich der Stammdatenpflege betrifft den Einstieg in die Planungslayouts. Ab SAP R/3 Release 4.x erfolgt der Aufruf der Planungslayouts mit Hilfe von:

- Planungslevels
- Planungspaketen
- Planungsmethoden
- Parametersets

Über diese Einstellungen wird definiert, wie bei der manuellen Planung in der Planergebnisrechnung Daten selektiert und zusammengestellt werden und auf welche Planungslayouts in welcher Form zurückgegriffen wird. Diese Einstellungen können zwar auch während des Planungsvorgangs eingestellt werden; zur einfacheren Handhabung empfiehlt es sich aber, im Vorfeld die wesentlichen Strukturen bereits definiert zu haben.

Auf die Einstellungen zu Planungsebenen, Planungspaketen, Planungsmethoden und Parametersets und deren jeweiligen Abhängigkeiten wird in Abschnitt 5.2.3 zur Vertriebsplanung mit CO-PA eingegangen. Es lässt sich auf die Ergebnisplanung entsprechend übertragen.

5.16.4 Input für die Bottom-up-Planergebnisrechnung

Die Bottom-up-Planergebnisrechnung basiert im Wesentlichen auf den Plandaten anderer Planungsschritte innerhalb der operativen Planung. Aus diesem Grunde ist die Anzahl der Inputfaktoren bei der Bottom-up-Planergebnisrechnung auch entsprechend hoch, was in der Abbildung 5.144 zum Ausdruck kommt.

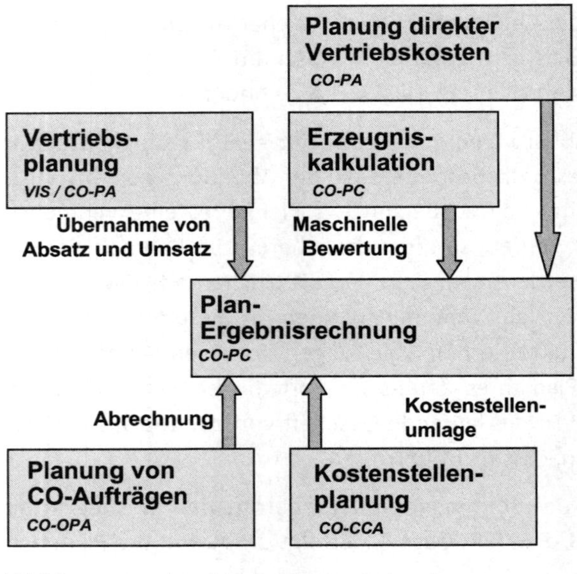

Abbildung 5.144 Input in die Planergebnisrechnung

Füllung der Ergebniszeilen mit Plandaten aus anderen SAP R/3-Modulen

Dabei werden die entsprechenden Plandaten aus den anderen Modulen am besten in jeweils eigenen Wertefeldern gesammelt, um so nach und nach die einzelnen Zeilen der Ergebnisrechnung im Rahmen der operativen Planung zu füllen. Abbildung 5.145 macht dieses Prinzip auf der Basis der beispielhaften Struktur für eine Ergebnisrechnung aus Abbildung 5.143 deutlich.

Absatz und Umsatz

Zunächst fließen in der Planergebnisrechnung als Ergebnis der Vertriebsplanung die geplanten Absatzmengen und der geplante Umsatz je Organisation/Artikel/Kunden-Kombination ein. Dabei spielt es keine Rolle, ob die Vertriebsplanung über die flexible Planung oder bereits im Modul CO-PA durchgeführt wurde. Sofern man die Daten der Vertriebsplanung mit CO-PA nicht in einer separaten Version halten möchte und die Planergebnisrechnung und die Vertriebsplanung in einer gemeinsamen Version durchführt, hat man natürlich den Vorteil, dass ein Kopiervorgang der Plandaten zwischen zwei SAP R/3-Modulen (siehe hierzu Abschnitt 5.1.6 zur Übertragung der Plandaten aus der flexiblen Planung nach CO-PA) entfällt.

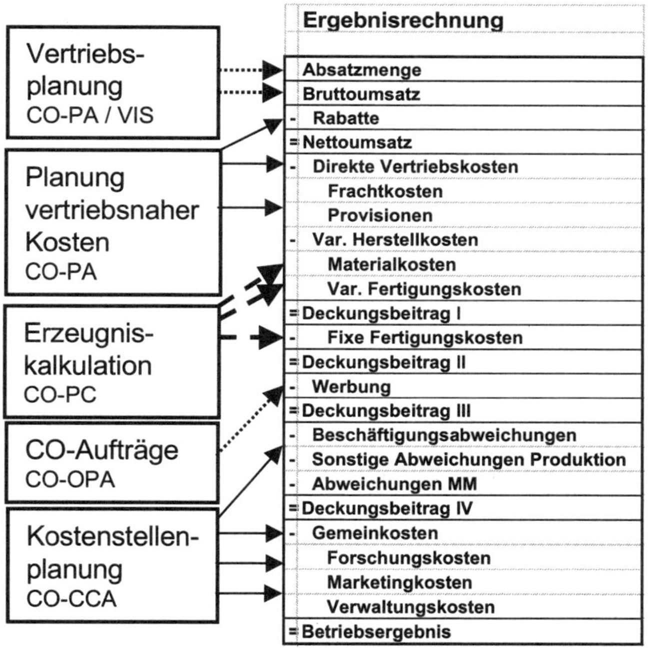

Abbildung 5.145 Füllung der einzelnen Zeilen in der Planergebnisrechnung

Direkte Vertriebskosten und Herstellkosten des Umsatzes

Auf der Grundlage der geplanten Absatzmengen und Umsätze erfolgt über die maschinelle Bewertung, wie sie in Abschnitt 5.15 beschrieben wurde, die Ermittlung der direkten Vertriebskosten und die Ermittlung der Herstellkosten des Umsatzes auf der Grundlage der Erzeugniskalkulationen.

CO-Aufträge und Kostenstellen-umlagen

Im nächsten Schritt fließen nun Kosten in die Planergebnisrechnung ein, die unabhängig von den geplanten Absatzmengen und Umsätzen anfallen. Hierzu zählen zum einen die Kosten und Erlöse von CO-Aufträgen, die über ihre Abrechnungsvorschrift in die Planergebnisrechnung abgerechnet werden. Hierzu sei auf Abschnitt 5.13 verwiesen, in dem die Planung von CO-Aufträgen ausführlich beschrieben wird.

Zum anderen fließen über Kostenstellenumlagen Kosten aus der Kostenstellenplanung in die Planergebnisrechnung ein. Dabei ist das Verfahren zur Kostenstellenumlage in die Planergebnisrechnung unabhängig davon, ob Kosten aus Service-Kostenstellen, Produktionskostenstellen oder Gemeinkostenstellen umgelegt werden. Betriebswirtschaftlich handelt es sich dabei grundsätzlich um unterschiedliche Kosten, die in der Planergebnisrechnung auch sauber voneinander getrennt werden sollten.

Da sind zunächst die Kostenstellensalden von Produktionskostenstellen. Hierbei handelt es sich um Kosten, die auf der Basis von Leistungstarifen, die sich an der Kapazität ausrichten, laut Plan nicht über die Erzeugniskalkulation verrechnen. Dies resultiert im Wesentlichen aus einer Differenz zwischen der Planauslastung und der Kapazität und der damit verbundenen zu geringen Verrechnung von fixen Kosten. Diese Kostenstellensalden sollten daher als geplante Beschäftigungsabweichungen in der Planergebnisrechnung gespeichert werden.

Des Weiteren können Salden bei Service-Kostenstellen verbleiben, die dann per Kostenstellenumlage in die Planergebnisrechnung abgerechnet werden. Dabei kann dieser Saldo positiv oder negativ sein. Zu einem Saldo kann es bei Service-Kostenstellen häufig dann kommen, wenn unternehmensintern ein echtes Kunden-Lieferanten-Verhältnis zwischen den Sendern und Empfängern von Leistungen aufgebaut wurde. In diesem Fall kann der Serviceanbieter durchaus auch im Rahmen der operativen Planung einen Gewinn oder Verlust »erwirtschaften«, was sich entsprechend in einem Kostenstellensaldo darstellt. Diese Kostenstellensalden von Service-Kostenstellen sollten ebenfalls separat in der Planergebnisrechnung über eigene Wertefelder abgelegt werden.

Es verbleiben als letzte Kategorie von Kostenstellen noch die Gemeinkostenstellen. Bei diesen Kostenstellen fällt immer ein Saldo an, der in die Planergebnisrechnung umgelegt wird. Das Wesen der Gemeinkostenstellen besteht ja darin, dass sie sich nicht per Leistungsverrechnung oder andere Kostenverrechnungen an andere Kontierungsobjekte verrechnen und somit mit Kosten entlastet werden. Vielmehr sammeln sich in diesen Gemeinkostenstellen Kosten von Funktionsbereichen wie Marketing,

Vertrieb, Verwaltung, Rechnungswesen usw. Dabei fallen auf diesen Kostenstellen mehr oder weniger regelmäßig periodisch Kosten an, die im Rahmen einer Planergebnisrechnung bis zum Betriebsergebnis berücksichtigt werden müssen.

Über die Wahl der Empfängerregel kann in der Kostenstellenumlage gesteuert werden, ob und wie die Kosten aus den Gemeinkostenstellen in die Planergebnisrechnung einfließen sollen.

5.16.5 Durchführung der Bottom-up-Planergebnisrechnung

Wenn alle Daten zur Bottom-up-Planergebnisrechnung automatisch aus anderen SAP R/3-Modulen im Rahmen der operativen Planung eingespielt werden, was bleibt dann überhaupt noch innerhalb der Bottom-up-Planergebnisrechnung zu tun?

Ergebniszeilen, die nicht mit Daten aus anderen Modulen gefüllt werden

Theoretisch nicht viel, aber eben auch nur theoretisch. Praktisch gibt es in der Struktur der Ergebnisrechnung häufig Ergebniszeilen, deren Kosten sich nicht aus der Planung anderer Module ergeben. Typisches Beispiel hierfür sind alle Kosten, die im Ist aus der Finanzbuchhaltung durch Kontierung auf ein Ergebnisobjekt direkt in die Ergebnisrechnung des Moduls CO-PA gebucht werden. Beispiele hierfür können etwa Kursdifferenzen oder diverse Abweichungen aus der Materialwirtschaft wie Inventurabweichungen, Umlagerungsabweichungen usw. sein.

Sollen zu diesen Kosten in der Bottom-up-Planergebnisrechnung ebenfalls Werte geplant werden, so ist dies nur über die manuelle Eingabe direkt in die Planergebnisrechnung möglich. Dabei wird zur Datenerfassung auf die in den Abschnitten 5.16.2 und 5.16.3 bereits angesprochenen Planungslayouts und Planungsebenen, Planungspakete, Planungsmethoden und Parametersets zurückgegriffen. Dabei kann die ab dem Release 4.6 realisierte Excel-Integration mit all ihren Vor- und Nachteilen voll genutzt werden (siehe hierzu Abschnitt 5.2).

Planergebnisrechnung als Kontrollinstrument

Des Weiteren kommt der Bottom-up-Planergebnisrechnung eine Art Kontrollfunktion zu. Da alle Kosten und Erlöse aus den anderen Planungsschritten direkt oder indirekt in der Planergebnisrechnung wiederzufinden sind, kann erst in der Planergebnisrechnung auch eine Art Plausibilität der operativen Planung stattfinden.

Die erste Plausibilitätsprüfung besteht dabei darin, dass nach der Abrechnung aller CO-Aufträge und aller Kostenstellenumlagen mit wenigen Ausnahmen (siehe hierzu z.B. Produktionskostenstellen mit Zuschlagsverrechnung) alle CO-Aufträge und Kostenstellen einen Saldo von Null aufweisen müssen.

Eine weitere Plausibilitätsprüfung besteht natürlich auch in der direkten Auswertung des Ergebnisses der Planergebnisrechnung. Weicht dieser Wert deutlich von den üblich zu erwartenden Planergebnissen ab, so ist dies in aller Regel ein Indiz dafür, dass in der Planungskette der operativen Planung Fehler aufgetreten sind. Durch die Analyse der einzelnen Wertefelder kann dann häufig bereits der Planungsschritt identifiziert werden, aus dem die unplausiblen Werte stammen.

Maschinelle Planungsfunktionen

Der Vollständigkeit halber sei noch erwähnt, dass auch für die Bottom-up-Planergebnisrechnung die maschinellen Planungsfunktionen des Moduls CO-PA zur Verfügung stehen. Hierzu zählen folgende Funktionen:

- Gesamtplanung ändern mit Bewertung
- Gesamtplanung ändern mit Verteilungsschlüssel
- Gesamtplanung ändern mit Umbewertungsreihe
- Gesamtplanung ändern mit Prognosemodellen
- Gesamtplanung löschen
- Top-down-Verteilung
- Gesamtplanung kopieren

Mit Ausnahme der bereits angesprochenen Funktion *Gesamtplanung ändern mit Bewertung* werden die aufgeführten Funktionen in einer reinen Bottom-up-Planergebnisrechnung aber nicht zum Einsatz kommen. Auf diese Funktionen wird stärker im Rahmen der strategischen Ergebnisplanung auf der Basis des Top-down-Ansatzes und der anschließenden Abstimmung zwischen dem Bottom-up- und dem Top-down-Ansatz zurückgegriffen.

5.16.6 Output der Bottom-up-Planergebnisrechnung

Das Ergebnis der Bottom-up-Planergebnisrechnung ist als Extrakt der operativen Planung eine vollständige Planergebnisrechnung für das zukünftige Geschäftsjahr auf der Basis der detaillierten Ergebnisse aller Planungsschritte der operativen Planung.

Die Bottom-up-Planergebnisrechnung stellt im Rahmen der Integration in der operativen Planung den Abschluss aller kostenrechnerischer Planungsaktivitäten dar. Das Ergebnis dieser Planung kann zusätzlich mit den

Planprimärkosten aus der Kostenstellenplanung die Grundlage für eine Plan-GuV in der Finanzbuchhaltung bilden. Auf diese Weise wird auch in der integrierten operativen Planung die Abstimmung zwischen internem und externem Rechnungswesen gewahrt. Die Funktionsweise zur Übernahme und Überleitung von Daten aus Wertfeldern des Moduls CO-PA nach Sachkonten in der Finanzbuchhaltung wird ausführlich in Abschnitt 5.17 erläutert.

Dieses Ergebnis der Bottom-up-Planergebnisrechnung und der Planung in der Finanzbuchhaltung ist in einem weiteren Schritt nun den Unternehmenszielen der strategischen Planung gegenüberzustellen.

5.16.7 Checkliste zur Bottom-up-Planergebnisrechnung

Als PDF-Dokument zum Download unter www.sap-press.de

Stichwort	Erläuterung
Bottom-up-Planergebnisrechnung	Bei der Bottom-up-Planergebnisrechnung wird eine Ergebnisrechnung auf der Basis der detaillierten Ergebnisse der anderen Planungsschritte innerhalb der operativen Planung erstellt.
Ergebnisbereich	Der Ergebnisbereich als Grundlage für das Arbeiten mit CO-PA muss vollständig eingerichtet sein.
Merkmale	Durch die Definition von Merkmalen werden die Auswertungskriterien in einem Ergebnisbereich festgelegt.
Wertefelder	Über Wertefelder wird die Zeilenstruktur der Planergebnisrechnung festgelegt. Über die Definition entsprechender Wertefelder können so die Kosten und Erlöse aus den unterschiedlichen Bereichen in der Planergebnisrechnung getrennt werden.
Merkmalsableitung	Es muss definiert werden, welches Merkmal wovon automatisch abgeleitet werden soll. Auf der Basis dieser Definition sind dann alle Merkmalsableitungen zu pflegen. Nur so werden alle Merkmale auch mit Ausprägungen gefüllt.
Planungslayout	Die Planungslayouts stellen die Oberfläche für die Plandatenerfassung dar. Im Vorfeld müssen diese Planungslayouts anhand der Definition der Planungsebenen angelegt werden.
Planstruktur	Durch Anwendung der Planstruktur können Planeingaben insbesondere von ungültigen Organisationsebenen verhindert werden. Die Planstruktur muss nicht definiert werden, dies empfiehlt sich aber.
CO-PA-Berechtigung	Über die SAP-Berechtigungen wird gesteuert, wer überhaupt im Modul CO-PA Plandaten erfassen darf. Darüber hinaus kann hier auch geregelt werden, wer welchen Organisationsbereich planen soll.

Stichwort	Erläuterung
Planversion	Über unterschiedliche Planversionen können mehrere Planungsansätze zur Planergebnisrechnung im Modul CO-PA gespeichert werden. Dabei können insbesondere Auswirkungen unterschiedlicher Währungen über eigene Planversionen analysiert werden. Allerdings erfolgt die Integration der Kostenrechnung (CO-Aufträge und Kostenstellen) und der Ergebnisrechnung (CO-PA) im Rahmen einer 1:1-Beziehung zwischen einer Planversion aus der Kostenrechnung mit einer Planversion im Modul CO-PA.
Währungen	Die Daten der Planergebnisrechnung können entweder in einer Ergebnisbereichswährung oder aber je Buchungskreiswährung abgelegt werden.
Planungsebene, -paket, -methode, Parameterset	Die vier Grundelemente zum Einstieg in die Plandatenerfassung sollten vor Beginn der manuellen Ergebnisplanung angelegt sein.
Vertriebsplanung	Über die Vertriebsplanung fließen die geplante Absatzmenge und der Planumsatz in die Planergebnisrechnung ein.
Direkte Vertriebskosten	Auf der Basis der geplanten Absatzmengen und Planumsätze werden mit Konditionssätzen die direkten Vertriebskosten maschinell berechnet.
Erzeugniskalkulation	Auf der Basis der geplanten Absatzmengen und der Erzeugniskalkulationen werden die Herstellkosten des Umsatzes berechnet.
CO-Aufträge	Die Kosten und Erlöse von CO-Aufträgen werden, sofern sie nicht an andere Kontierungsobjekte abgerechnet werden, in die Planergebnisrechnung abgerechnet.
Kostenstellenplanung	Über die Kostenstellenumlage werden die Salden von Service-Kostenstellen und Produktionskostenstellen sowie die Kosten der Gemeinkostenstellen in die Planergebnisrechnung umgelegt.

5.17 Planung in der Finanzbuchhaltung

5.17.1 Definition und Ziel der Planung in der Finanzbuchhaltung

Mit der Planung in der Finanzbuchhaltung wird das Ergebnis der operativen Planung als Zusammenfassung der unternehmerischen Tätigkeit in Zahlen und Fakten für Anteilseigner und externe Kapitalgeber dargestellt. Auf der Basis dieser Plandaten können z. B. die Anforderungen der Banken und anderer Geldgeber nach Transparenz und Klarheit der Unternehmensabsichten erfüllt werden. Die Erfüllung derartiger Anforderungen hilft, das Risiko des Geldgebers zu reduzieren, was sich letztlich im Zinssatz für das erforderliche Kapital positiv niederschlägt. Dies wird am deutlichsten im als »Basel II« bekannt gewordenen Vorschlag zur Eigenmittelvereinbarung der Banken (siehe Kapitel 1).

Die Planung in der Finanzbuchhaltung untergliedert sich im Wesentlichen in drei Teilbereiche je juristischer Einheit – und in der Regel für ein zukünftiges Geschäftsjahr:

- Erstellung einer Plan-GuV
- Erstellung einer Plan-Bilanz
- Erstellung einer Finanzplanung bzw. Liquiditätsbedarfsrechnung

Plan-GuV

Im Rahmen der operativen Planung kann auf die Ergebnisse der vorausgehenden Planungsschritte zurückgegriffen werden. Auch in diesem Bereich greift die Integration in der operativen Planung. Dies wird insbesondere bei der Erstellung einer Plan-GuV deutlich, wo durch den Zugriff auf die Daten aus der Kostenstellenplanung und der Planergebnisrechnung große Teile einer Plan-GuV abgeleitet und mit Hilfe von SAP R/3-Standardroutinen maschinell erzeugt werden können.

Plan-Bilanz

In anderen Bereichen, wie etwa bei der Erstellung der Plan-Bilanz, erfolgt die Integration mit den anderen Planungsschritten logisch durch Auswertung und Transformierung dieser Plandaten in Veränderungen der Bilanzkonten. So können etwa aus den Planumsätzen Veränderungen zu Forderungen oder aus den geplanten Investitionen und Planabschreibungen Veränderungen des Anlagevermögens abgeleitet werden.

Finanz- und Liquiditätsplanung

Die Erstellung des Finanzplans und der Liquiditätsplanung ergibt sich schließlich aus der Analyse der aufgestellten Plan-Bilanz und der zur Verfügung stehenden Finanzmittel. So können aus der Veränderung der Forderungen und Verbindlichkeiten die ab- und zufließenden Zahlungsströme abgeleitet kann und der jeweilige Bedarf für eine Periode ermittelt werden. Der nachfolgend dargestellte Ansatz basiert dabei auf einem zeitlichen Detaillierungsgrad von Monaten für ein Geschäftsjahr und ist demnach nicht mit den Funktionen eines Treasury-Bereichs zu verwechseln, in dem kurzfristig der Liquiditätsbedarf oder -überhang gesteuert wird. Das Ziel dieser Finanzplanung liegt vielmehr darin, in Verhandlungen mit Banken den mittelfristigen Kapitalbedarf abzustecken und somit die Grundlage für ein effizientes Treasury zu bilden.

Juristische Einheiten

Die Planung in der Finanzbuchhaltung erfolgt einerseits auf der Ebene von Buchungskreisen, also der organisatorischen Einheit in SAP R/3 für juristisch selbständige Einheiten. Diese Planung von SAP wird als »lokale Planung« bezeichnet. Andererseits besteht auch die Möglichkeit, statt auf der Ebene von Buchungskreisen auf der Ebene von konzerneinheitlichen Gesellschaftsnummern zu planen. Diese von SAP als *globale Planung* bezeichnete Planungsform bietet die Möglichkeit, auf sehr vereinfachte Weise abstimmbare FI-Planungen auf Konzernebene zu erstellen. Darüber hinaus kann die Planung zusätzlich über die Merkmale von Geschäftsbereichen und/oder Profit Centern (bei Nutzung der Profit-Center-Rechnung) innerhalb der juristischen Einheit noch verfeinert werden.

Konsolidierung Die Fragestellung der Konsolidierung von Plandaten einzelner Buchungskreise bzw. Gesellschaftsnummern im Rahmen von Konzernstrukturen wird im vorliegenden Abschnitt nicht detailliert behandelt. Hierbei ist insbesondere darauf zu achten, dass die Geschäftsbeziehungen der beteiligten juristischen Einheiten untereinander in Form von geplanten Forderungen und Verbindlichkeiten je Konzerneinheit explizit geplant werden. Auf der Basis dieser Differenzierung ist dann erst eine eigentliche Konzernkonsolidierung möglich.

FI-GL und FI-SL Die Umsetzung der einzelnen Planungselemente in der Finanzbuchhaltung findet standardmäßig im SAP R/3-Modul FI-GL (Finances – General Ledger) statt. Sind neben dem Hauptbuch weitere spezielle Ledger im Einsatz, etwa zur Erstellung von Simulations- oder Alternativrechnungen, so findet die Planung zusätzlich im Modul FI-SL (Finances – Special Ledger) statt.

Durch den Einsatz von Special Ledgern können zum Beispiel weitere Merkmale eingeführt werden, um etwa die Plandaten bestimmter Konten nach weiteren Merkmalen zu differenzieren. Ein typisches Beispiel dafür ist die Differenzierung von Umsätzen, Forderungen und Verbindlichkeiten gegenüber den einzelnen Partnergesellschaften innerhalb einer Konzernstruktur. Durch diese Angaben kann die Planung der einzelnen juristischen Einheiten hinsichtlich der zuvor beschriebenen Konsolidierungsproblematik vereinfacht werden.

EC-PCA Soll zusätzlich eine Planung auf der Ebene von Profit Centern durchgeführt werden, so kommt als weiteres Element das SAP R/3-Modul EC-PCA (Enterprise Controlling – Profit Center Accounting) zum Einsatz. Bei der Profit-Center-Rechnung handelt es sich im Grunde auch um ein *Special Ledger* (Ledger 8A), für das allerdings spezielle Planungsfunktionen eingerichtet sind.

Der Fokus wird in den nachfolgenden Erläuterungen zur Planung in der Finanzbuchhaltung auf die Funktionalitäten der Planung mit dem Hauptbuch (*General Ledger*) gelegt, wobei die Planungsfunktionalitäten in den Bereichen FI-SL und EC-PCA weitgehend identisch sind.

5.17.2 Voraussetzungen für die Planung in der Finanzbuchhaltung

Planversionen

Wie in anderen SAP R/3-Modulen bereits kennengelernt, erfolgt auch die Planung in der Finanzbuchhaltung in Planversionen. Über die Definition von Planversionen besteht die Möglichkeit, unterschiedliche Planszenarien, z. B. Best-case- und Worst-case-Szenarien, parallel abzubilden. Dabei ist für jedes Ledger mindestens eine Planversion einzurichten (siehe Abbildung 5.146).

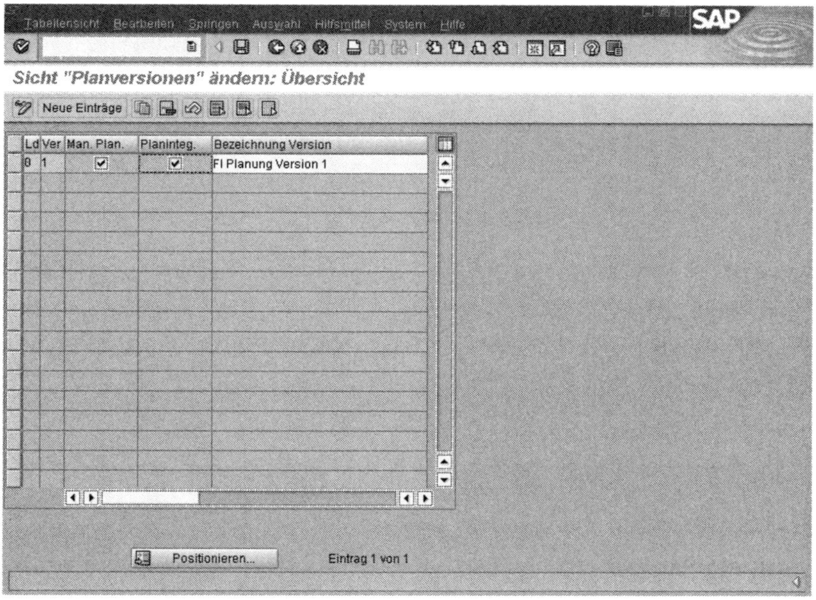

Abbildung 5.146 Planversionen ändern

Die Einrichtung ist dabei denkbar einfach und beinhaltet neben der Angabe des Ledgers (für das Hauptbuch ist dies immer das Ledger 0), der Nummer der Planversion sowie der Angabe einer Bezeichnung für die Planversion nur zwei weitere Kennzeichen. Über diese Kennzeichen wird zum einen gesteuert, ob eine manuelle Planung, d.h. die manuelle Eingabe von Plandaten über Planungslayouts, erlaubt wird. Zum anderen wird über ein weiteres Kennzeichen gesteuert, ob die maschinelle Übernahme von Plandaten aus anderen Modulen, etwa der Kostenstellenplanung oder der Planergebnisrechnung, ermöglicht werden soll oder nicht. Für den normalen Aufbau einer integrierten Planung in der Finanzbuchhaltung wird mindestens eine Version eingerichtet, die sowohl eine manuelle und eine integrierte Plandatenübernahme vorsieht. Sollen weitere Szenarien, z. B. aus der Ableitung dieser Planversion, erstellt werden, so bietet sich die Definition weiterer Planversionen ohne Planungsintegration an.

Lokale bzw. globale Planperioden

Im nächsten Schritt ist zu definieren, für welchen Zeitraum bzw. welche Zeiträume die Planung ermöglicht werden soll (siehe Abbildung 5.147).

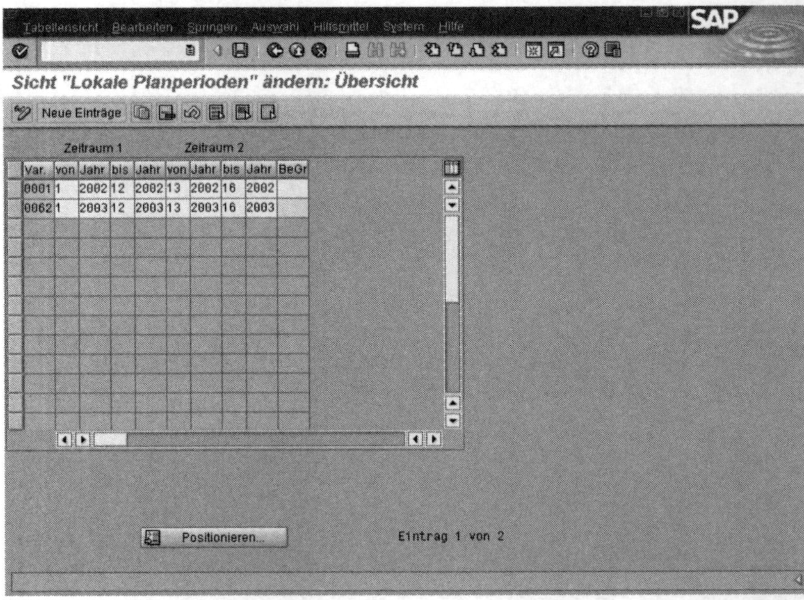

Abbildung 5.147 Lokale Planperioden ändern

Dies erfolgt dabei entweder je Gesellschaftsnummer (bei einer globalen Planung) oder je Variante (bei einer lokalen Planung, siehe Abbildung 5.148). Die Variante bildet dabei eine Gruppe von Buchungskreisen ab, die bezüglich der Planperioden gleich gesteuert werden sollen. Die unterschiedlichen Zeiträume 1 und 2 beziehen sich in der Regel zum einen auf die normalen Buchungsperioden und zum anderen auf die Sonderperioden in der Buchhaltung.

Aufbau der Summentabellen

Um mit der Erfassung und Speicherung von Plandaten in der Finanzbuchhaltung beginnen zu können, müssen einmalig die Summentabellen für die Planung eingerichtet werden. Dies ist ein rein technischer Schritt und kann entweder über die Transaktion GLPINSTALL automatisch für alle Summentabellen oder aber einzeln für jede Summentabelle mit der Transaktion GLPINST (siehe Abbildung 5.148 für die Summentabelle des Hauptbuches) erfolgen.

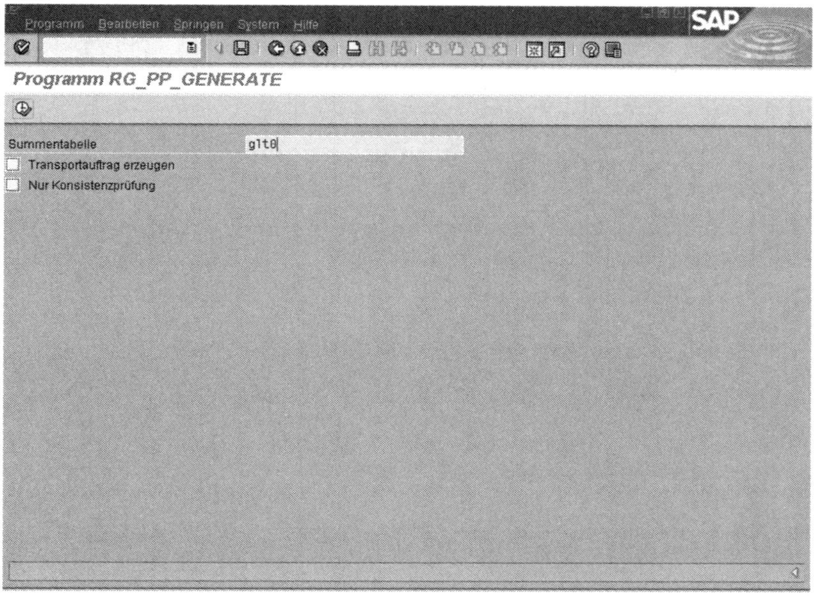

Abbildung 5.148 Summentabelle mit Programm RG_PP_GENERATE einrichten

Planerprofile

Die nächsten Vorbereitungsschritte befassen sich mit der Einrichtung der manuellen Planung, d.h. mit der manuellen Erfassung von Plandaten über den Bildschirm. Hierfür ist zunächst ein Planerprofil einzurichten. Über das Planerprofil werden folgende Punkte definiert:

- Welche Summentabelle (also letztendlich welches Ledger) soll manuell beplant werden?
- Wie sollen Jahreswerte auf der Basis von Verteilungsschlüsseln auf Monate heruntergebrochen?
- Welche Planungslayouts sollen bei der Plandatenerfassung herangezogen werden?
- In welchen Währungen soll geplant werden und mit welchen Kurstypen sollen Währungsumrechnungen durchgeführt werden?
- Mit welcher Belegart sollen gegebenenfalls Planeinzelposten gebucht werden?

Für die Planung im Hauptbuch wird bereits standardmäßig ein Planerprofil von SAP (Profil SAPFIGL, siehe Abbildung 5.149) ausgeliefert, mit dem die wichtigsten Planungsschritte durchgeführt werden können. Bei der Nutzung weiterer, gegebenenfalls eigener Special Ledger sind hingegen eigene Planerprofile zu definieren.

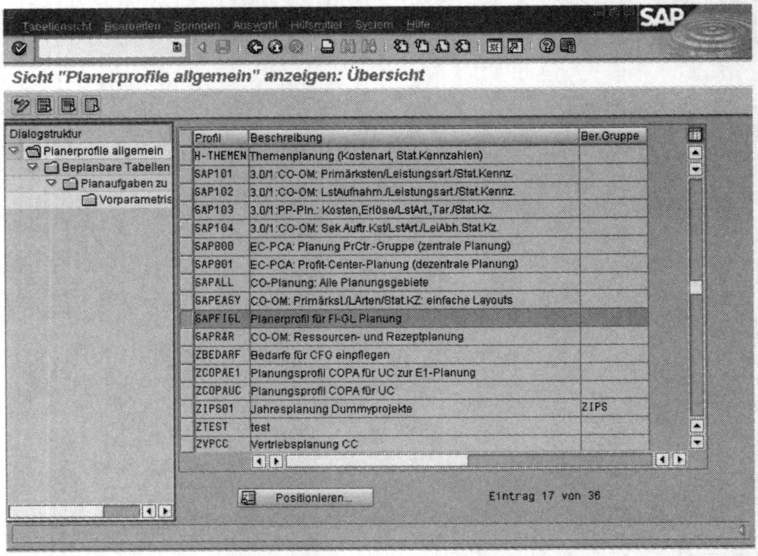

Abbildung 5.149 Übersicht Planerprofile

Das Planerprofil SAPFIGL greift auf die Summentabelle GLT0 zu und ermöglicht somit eine Planung im Hauptbuch (= Ledger 0). Weiterhin erfolgt die Verteilung der Jahreswerte (sowohl von Werten als auch von Mengen) über den Verteilungsschlüssel 2, d.h., die Daten werden analog zur bisherigen Struktur verteilt (siehe Abbildung 5.150).

Soll die Verteilung standardmäßig auf der Basis einer anderen periodischen Verteilung (z.B. unter Berücksichtigung saisonaler Einflüsse) erfolgen, so ist hier ein anderer Verteilungsschlüssel (siehe weiter unten in diesem Abschnitt) einzutragen. Dabei empfiehlt es sich, gegebenenfalls zuvor das bestehende Planerprofil zu kopieren und das Originalprofil unverändert zu lassen.

Das Planerprofil SAPFIGL umfasst weiterhin zahlreiche Planaufgaben, die sich jeweils in der Planung von unterschiedlichen Währungen (z.B. Hauswährung, Transaktionswährung usw.), der zusätzlichen Anzeige von Istdaten und der zusätzlichen Planung von Mengen unterscheiden (siehe Abbildung 5.151.).

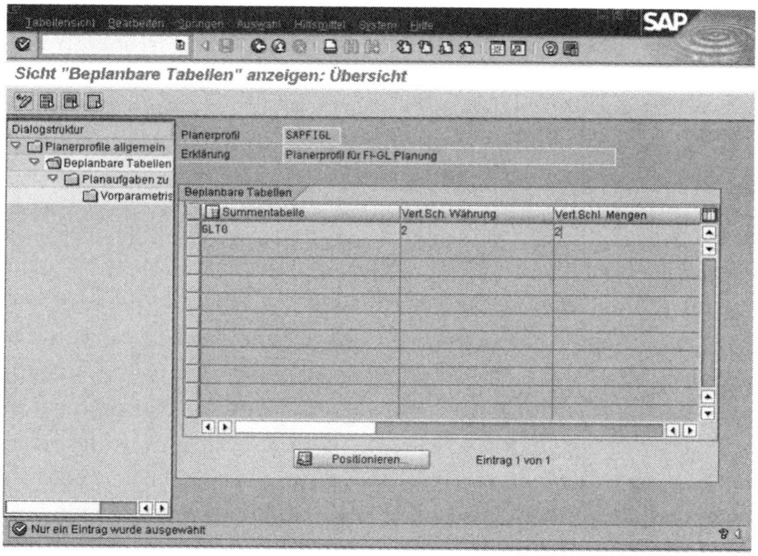

Abbildung 5.150 Beplanbare Tabellen zu Planprofil SAPFIGL

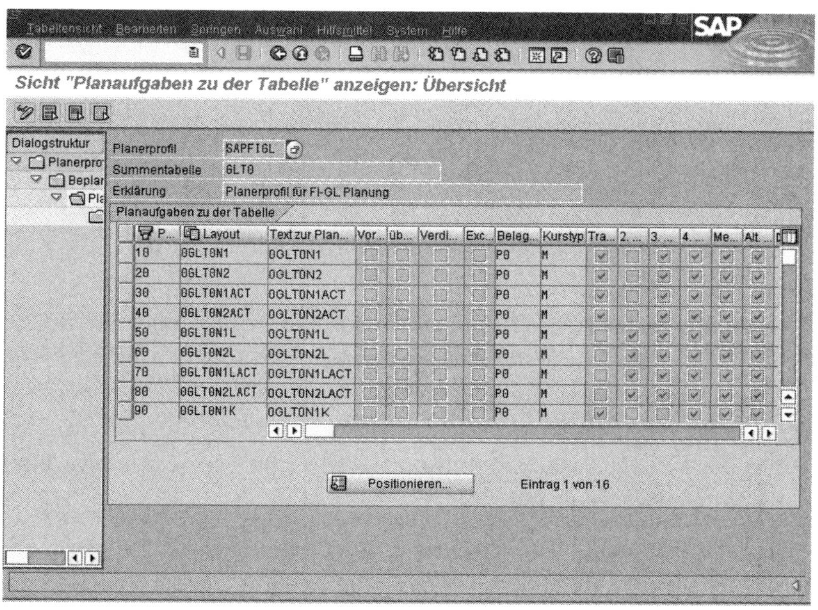

Abbildung 5.151 Planaufgaben zu Planerprofil SAPFIGL

Planungslayouts

Dabei ist jeder Planaufgabe genau ein Planungslayout zugeordnet, über das die entsprechende Erfassung der Plandaten gesteuert wird. Die Plandatenerfassung bzw. -veränderung erfolgt über diese Planungslayouts.

Es können im Customizing beliebig viele verschiedene Planungslayouts definiert werden. Wo für die Planung im Hauptbuch standardmäßig bereits ein umfangreiches Set von Planungslayouts mitgeliefert wird, sind bei der Nutzung weiterer Special Ledger und gegebenenfalls auch in der Profit-Center-Rechnung weitere Planungslayouts selbst zu definieren. Wie auch schon in anderen Modulen kennengelernt, bestehen die Planungslayouts dabei aus den Bereichen

- **Selektion**
  Bevor man in ein Planungslayout einsteigt, muss über eine Selektion festgelegt werden, welche Plandaten erfasst bzw. gepflegt werden sollen. Dies erfolgt bei der Definition eines Planungslayouts über Variablen, die dann im Layout selbst entweder im Kopfbereich oder aber in den Zeilen oder Spalten der Eingabematrix angezeigt werden. Eine *Variable* ist dabei eine benutzerdefinierte Ausprägung eines Merkmals in dem entsprechenden Ledger. Sie kann neben der Planperiode und der Planversion z.B. den Buchungskreis und/oder Geschäftsbereiche sowie Sachkonten umfassen.
- **Kopfbereich**
  Der Kopfbereich eines Planungslayouts gibt an, auf welche übergeordneten Merkmalsausprägungen sich die Daten der Eingabemaske beziehen. Als Inhalt des Kopfbereichs können alle Merkmale des jeweiligen Ledgers definiert werden. Ist durch die Selektion die Ausprägung des Kopfbereichs nicht eindeutig, so wird die erste Merkmalsausprägung im Kopfbereich angezeigt. Durch bestimmte Funktionsbuttons können dann die Ausprägungen im Kopfbereich gewechselt werden.
- **Eingabematrix**
  Die Eingabematrix enthält den eigentlichen Eingabebereich für die Plandaten. Dabei besteht die Eingabematrix aus einer frei definierbaren Zeilen- und Spaltenstruktur. Es ist frei zu definieren, ob in den Zeilen oder in den Spalten Werte, Perioden bzw. bestimmte Merkmalsausprägungen (z.B. Sachkonten, Geschäftsbereiche oder Buchungskreise) dargestellt werden sollen.

Planerprofile in der Profit-Center-Rechnung

Erfolgt die manuelle Planung in der Profit-Center-Rechnung sind gesonderte *Planerprofile* einzurichten. Dies ist notwendig, da die Plandatenerfassung in der Profit-Center-Rechnung für Kosten und Erlöse, Bilanzdaten und statistische Kennzahlen über separate Transaktionen (Transaktion 7KE1 für Kosten und Erlöse, Transaktion 7KE3 für Bilanzwerte und 7KE5 für statistische Kennzahlen) erfolgt. Für jede dieser Transaktionen sind in den Planerprofilen zur Profit-Center-Rechnung eigene Planungslayouts einzurichten. Standardmäßig werden von SAP zwei Planerprofile (SAP800 und SAP801) mit entsprechenden Planungslayouts ausgeliefert, mit denen alle relevanten Planungsfunktionen ausgeführt werden können.

Verteilungsschlüssel

Die Erfassung der Plandaten über die Planungslayouts kann in den meisten Fällen entweder auf Geschäftsjahresebene oder aber je Planperiode erfolgen. Häufig wird man der Planung von Jahreswerten zunächst den Vorrang geben, um den Planungsaufwand zu reduzieren. Über das Planerprofil wird dabei durch die Angabe eines Verteilungsschlüssels gesteuert, wie die eingegebenen Jahreswerte standardmäßig auf die einzelnen Planperioden aufgeteilt werden sollen. Hierfür stehen eine Reihe von Standardverteilungen zur Verfügung, wie etwa Verteilungsschlüssel 1 (= gleichmäßig) oder 2 (= analog), d.h. so wie die bereits gespeicherten Plandaten verteilt sind.

Sollen z.B. saisonale Einflüsse berücksichtigt werden, so kann dies über die Definition von eigenen Verteilungsschlüsseln erfolgen, die dann entsprechend im Planerprofil zu hinterlegen sind. Die Definition eines Verteilungsschlüssels ist dabei denkbar einfach und erfolgt durch die Eingabe von relativen Faktoren je Planperiode (siehe Abbildung 5.153).

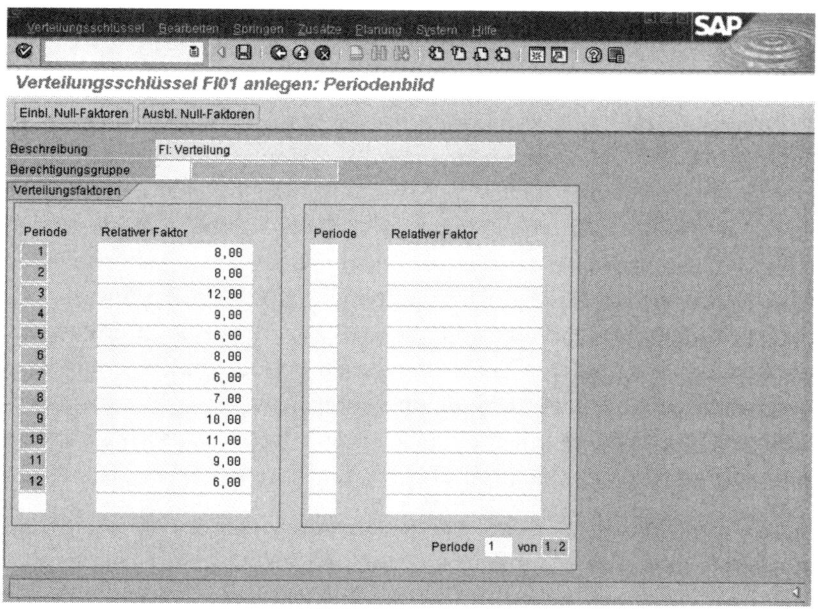

Abbildung 5.152 Beispiel für einen Verteilungsschlüssel

Die relativen Faktoren bilden hier Äquivalenzziffern aus, in deren Verhältnis eine auf Jahresebene geplante Zahl auf die einzelnen Perioden aufgeteilt wird.

Währungskurse

Über die Definition der Planaufgaben und die Einrichtung der Planungslayouts kann ferner die Währung definiert werden, in der die Plandatenerfassung durchgeführt werden soll. Dabei werden die Daten immer als Hauswährung in der Währung des Buchungskreises gespeichert. So kann eine Speicherung der Daten auch in Transaktionswährung und in einer Konzernwährung erfolgen. Erfolgt die Datenerfassung in einer von der Hauswährung abweichenden Währung, sind Währungsumrechnungen notwendig. Diese Umrechnung erfolgt auf der Basis des Kurstyps (z.B. *Mittelkurs*), der in der zugehörigen Planaufgabe des Planerprofils hinterlegt ist.

Damit diese Umrechnungen sauber erfolgen können, ist im Planungsprozess sicherzustellen, dass entsprechende Umrechnungskurse für die Planperioden und den entsprechenden Kurstyp im System eingepflegt wurden.

Voraussetzungen für die Planungsintegration

Auf der Basis dieser Einstellungen sind alle Voraussetzungen erfüllt, um eine manuelle Plandatenerfassung in der Finanzbuchhaltung durchzuführen. Damit auch dem Begriff *Integration* Rechnung getragen werden kann und Plandaten aus anderen Bereichen übernommen werden können, sind weitere Einstellungen notwendig.

Planungsintegration zur Kostenstellenplanung

Ein wesentliches Element in dieser Planungsintegration zur Finanzbuchhaltung besteht in der Übernahme von Plandaten aus der Kostenstellenplanung (inklusive der Plandaten von CO-Aufträgen). Hierbei sollen die Plandaten aus der Kostenrechnung auf Sachkontenebene je juristischer Einheit (Buchungskreis oder Gesellschaftsnummer) und gegebenenfalls je Geschäftsbereich in die Plan-GuV übernommen werden. Bei Anwendung der Profit-Center-Rechnung kann auch die Zugehörigkeit zu Profit Centern aus den Stammdaten der Kostenstellen und CO-Aufträgen übergeben werden. Damit diese Übernahme erfolgen kann, ist in der Kostenrechnung die Planungsintegration je Version und Plangeschäftsjahr zu aktivieren (siehe Abbildung 5.153).

Erst durch die Aktivierung der Planungsintegration wird in der Kostenrechnung »erlaubt«, diese Plandaten auch für die Erstellung einer Plan-GuV zu nutzen. Weiterhin ist aber zu beachten, dass mit dieser Aktivierung auch die Planeinzelpostenschreibung in der Kostenrechnung aktiviert wird und dies zu einem erhöhten Datenvolumen führt. Dies ist bei der Skalierung der SAP-Hardware zu berücksichtigen.

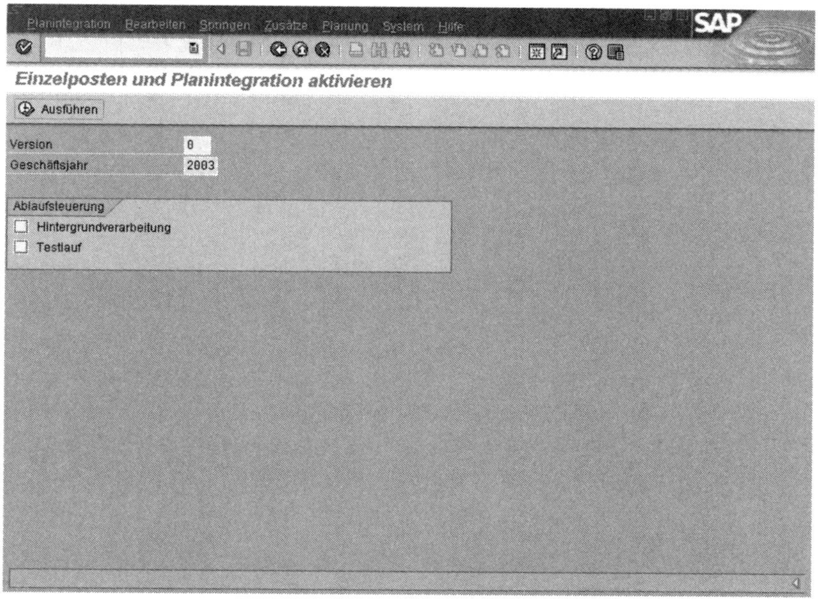

Abbildung 5.153 Planungsintegration CO aktivieren

Planungsintegration zur Planergebnisrechnung CO-PA

Als weiteres Element in der Planungsintegration zwischen der Finanzbuchhaltung und den anderen SAP R/3-Modulen ist die Ergebnisrechnung im Modul CO-PA (Controlling – Profitability Analysis) zu nennen. Die in diesem Modul auf der Ebene von Wertfeldern und Merkmalen geplanten Werte können ebenfalls maschinell in die Plan-GuV übertragen werden.

Vorzeichenlogik

Damit dies korrekt erfolgt, ist zunächst die unterschiedliche Verwendung von Vorzeichen zwischen der Finanzbuchhaltung und der Ergebnisrechnung zu beachten. Während beispielsweise in der Ergebnisrechnung in der Regel die Umsätze und die Kosten positiv geplant werden, um dann die Kosten von den Erlösen abzuziehen, werden in der Finanzbuchhaltung die Erlöse negativ und die Kosten positiv geplant. Aus diesem Grund muss zunächst hinterlegt werden, bei welchem Wertefeld aus der Ergebnisrechnung bei der Übertragung in die Finanzbuchhaltung das Vorzeichen umgedreht werden soll (siehe Abbildung 5.154).

Die Einstellungen erfolgen dabei je Ergebnisbereich, also der obersten Organisationseinheit in der Ergebnisrechnung. Ansonsten werden einfach die Wertfelder aufgeführt, bei denen das Vorzeichen umgedreht werden soll.

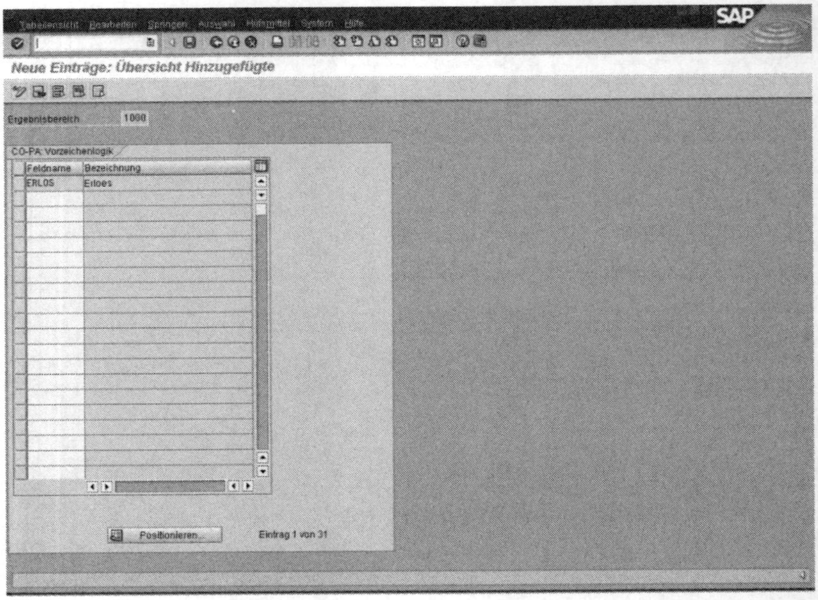

Abbildung 5.154 CO-PA Vorzeichenlogik

Kontenfindungslogik

Eine weitaus komplexere Einstellung zur Integration der Ergebnisrechnung mit der Plan-GuV befasst sich mit der Kontenfindung in der Plan-GuV. Die Planung in der Ergebnisrechnung erfolgt nicht auf der Ebene von Sachkonten oder Kostenarten, sondern auf der Ebene von Wertfeldern.

Es existieren in der Ergebnisrechnung weitaus weniger Wertefelder als Sachkonten in der Finanzbuchhaltung. Bei der Übertragung der Plandaten von diesen Wertfeldern aus der Ergebnisrechnung in die Plan-GuV gilt es nun Wege zu finden, um diese Daten auf mehrere Sachkonten aufzuteilen. Dies erfolgt durch die Anwendung einer mehrstufigen Kontenfindungslogik, die in Form von Ableitungsregeln ausgeprägt wird. Dabei wird ein Sachkonto in Kombination eines Wertfeldes und bestimmter Ausprägungen von Merkmalsfeldern gefunden.

Beispiel zur Kontenfindungslogik

Ein Beispiel soll diese Vorgehensweise beschreiben: In der Finanzbuchhaltung werden die Bruttoumsätze nach Umsätzen im Inland und Ausland und nach konzerninternen Verkäufen und Verkäufen an Drittkunden differenziert. Es existieren somit vier Sachkonten für die Bruttoumsätze in der GuV.

In der Ergebnisrechnung existiert hingegen nur ein Wertfeld für den Bruttoumsatz. Die Differenzierung nach Inland- und Auslandumsätzen erfolgt dabei über ein Merkmal »Region« (1 = Inland, 2 = Europa, 3 = Rest der Welt), und die Differenzierung nach Verkäufen an konzerninterne und Drittkunden erfolgt über ein Merkmal »Kz.Konzern/Drittkunde« (1 = Konzernkunde und 2 = Drittkunde).

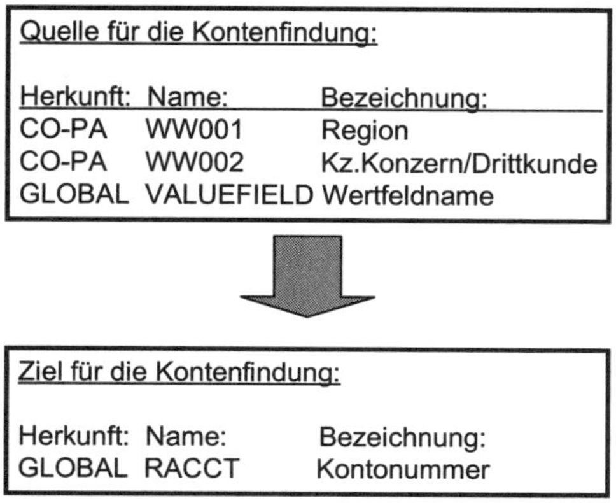

Abbildung 5.155 Einstellungen in der Schnittstelle zwischen CO-PA und GuV

Als Ableitungsregel wird nun folgende Einstellung in der Schnittstelle zwischen CO-PA und der GuV abgelegt (siehe Abbildung 5.155). Als Quellfelder der Ergebnisrechnung zu der Ableitung werden die Merkmale »Region« und »Kz.Konzern/Drittkunde« sowie obligatorisch das Kriterium »Wertfeld« angegeben. Als Zielfeld wird eine Variable für die Kontonummer, die es zu finden gilt, definiert.

Einträge zur Ableitungsregel:

Quelle:			Ziel:
Region:	Kz.Konzern/ Drittkunde:	Value-field:	Kontonummer:
1 Inland	1 Konzern	VV001 Umsatz =	80000 Erl.Inl.Konz.
1 Inland	2 Drittkunde	VV001 Umsatz =	80100 Erl.Inl.Dritte
2 Europa	1 Konzern	VV001 Umsatz =	81000 Erl.Ausl.Konz.
2 Europa	2 Drittkunde	VV001 Umsatz =	81100 Erl.Ausl.Dritte
3 R.o.W.	1 Konzern	VV001 Umsatz =	81000 Erl.Ausl.Konz.
3 R.o.W.	2 Drittkunde	VV001 Umsatz =	81100 Erl.Ausl.Dritte

Abbildung 5.156 Beispielhafte Einträge zur Ableitungsregel aus Abbildung 5.155

Zu dieser Ableitungsregel, zu der darüber hinaus auch zusätzlich Bedingungen hinterlegt werden könnten, sind nun über Regeleinträge zu den entsprechend ausgewählten Quell- und Zielfeldern Beziehungen herzustellen (siehe Abbildung 5.156).

So sind durch die Kombination der jeweiligen Ausprägungen der Merkmale »Region« und »Kz.Konzern/Drittkunde« mit dem Wertfeld »Bruttoumsatz« die einzelnen Sachkonten für den Bruttoumsatz als Tabelle zu hinterlegen. Auf diese Weise können die Umsätze aus der Ergebnisrechnung im gewünschten Differenzierungsgrad an die Finanzbuchhaltung übergeben werden.

Was ist im Vorfeld zu beachten?

Dabei ist allerdings im Vorfeld zu beachten und zu definieren, ob für alle entsprechenden Differenzierungen in der Finanzbuchhaltung auch entsprechende Merkmale in der Ergebnisrechnung eingerichtet sind. Um weitgehend sichergehen zu können, dass dies der Fall ist, sollten die Felder, die in der Finanzbuchhaltung maßgeblich für die Differenzierung von Sachkonten aus maschinellen Buchungsvorgängen verantwortlich sind, in die Ergebnisrechnung als Merkmale aufgenommen werden. Dies sind u.a. das Feld *Kontierungsgruppe Debitor* (hierüber können Merkmale wie »Region« oder »Kz.Konzern/Drittkunde« aus dem Beispiel abgeleitet werden) und das Feld *Kontierungsgruppe Material*.

Das dargestellte Beispiel stellt im Rahmen der Kontenfindungslogik zwischen der Ergebnisrechnung und der Finanzbuchhaltung nur einen kleinen Ausschnitt dar. Die gesamte Kontenfindung kann beliebig viele dieser Einzelschritte umfassen, untereinander Abhängigkeiten aufweisen und einschränkende Bedingungen beinhalten.

Generell sollte die Übernahme von Daten aus der Ergebnisrechnung nur für die Daten erfolgen, die nicht bereits über die Kostenstellenrechnung und die Planung von CO-Aufträgen übertragen worden sind.

5.17.3 Stammdaten für die Planung in der Finanzbuchhaltung

Für die Erstellung einer Plan-GuV, einer Plan-Bilanz und einer Finanzplanung sind nur wenige Pflegeaktivitäten zu Stammdaten notwendig.

Buchungskreise und/oder Gesellschaftsnummern

Zunächst müssen die Grunddaten zu Buchungskreisen bzw. Gesellschaftsnummern gepflegt sein, je nachdem, ob eine lokale Planung auf der Ebene von Buchungskreisen oder eine globale Planung auf der Ebene von Gesellschaftsnummern durchgeführt werden soll. Dies gilt selbstverständlich auch für Einheiten, die erst zu Beginn des Planjahres aktiv sein werden, aber bereits jetzt in der Planung berücksichtigt werden sollen.

Bei der Definition der Gesellschaftsnummern ist weiterhin zu beachten, dass neben der trivialen Angabe eines Gesellschaftsnamens über die Zuordnung der Buchungskreise eine Beziehung zwischen Gesellschaftsnummer und Buchungskreis geschaffen werden muss. Dabei können einer Gesellschaftsnummer mehrere Buchungskreise zugeordnet werden. Allerdings ist ein Buchungskreis immer eindeutig maximal einer Gesellschaftsnummer zugeordnet. Ohne diese Zuordnung ist beispielsweise die Planungsintegration zwischen der Kostenrechnung und der Finanzbuchhaltung nicht möglich, da in den Stammdaten der CO-Kontierungsobjekte (also Kostenstellen, CO-Aufträge usw.) zwar der Buchungskreis, aber keine Gesellschaftsnummer hinterlegt ist.

Pflege der Bilanz- und GuV-Struktur im Hauptbuch

Die Erfassung der Plandaten erfolgt in der Finanzbuchhaltung häufig auf der Ebene der gleichen Sachkonten, die auch für die Abwicklung der Ist-Prozesse definiert sind. In diesem Bereich ergibt sich demnach kein zusätzlicher Pflegeaufwand.

In der Planung des Hauptbuches (Ledger 0) werden die Plandaten über eigene Transaktionen durch den Zugriff einer Bilanz- und GuV-Struktur gesteuert. Die Bilanz- und GuV-Struktur gliedert die einzelnen Sachkonten in eine Hierarchie von Kontengruppen sowohl für die Bereiche *Aktiva* und *Passiva* der Bilanz als auch für die GuV und für Sonderbereiche (wie etwa Ausgliederungskonten).

Für die normale Erstellung einer Bilanz und GuV ist die Erstellung einer Bilanz- und GuV-Struktur im SAP R/3 zwingend erforderlich, sodass auch hierfür in der Regel keine gesonderten Pflegeaktivitäten notwendig sein sollten. Lediglich wenn die Plandaten in einer von der normalen Darstellungsform der externen Berichterstattung abweichenden Strukturierung erfolgen soll, muss eine weitere bzw. alternative Bilanz- und GuV-Struktur erstellt werden.

Pflege von Sets beim Einsatz von Special Ledgern

Wird neben der Planung im Hauptbuch auch in weiteren Special Ledgern geplant, so erfolgt hier die Ansteuerung der einzelnen Sachkonten über eigene Kontengruppen in Form von Sets. Sets gliedern dabei ähnlich wie eine Bilanz- und GuV-Struktur die Sachkonten in eine hierarchische Struktur von Kontengruppen. Ein wesentlicher Unterschied besteht in der Fähigkeit der Bilanz- und GuV-Struktur, ein Konto in Abhängigkeit des Saldos mehrfach, d. h. einmal auf der Aktivseite und einmal auf der Passivseite der Bilanz, aufzuführen. Dies ist bei Sets nicht möglich.

Pflege von Kontengruppen beim Einsatz der Profit-Center-Rechnung

Erfolgt die Planung einer GuV bzw. einer Bilanz hingegen in der Profit-Center-Rechnung, so kommen entsprechende Kontengruppen zur Gliederung der Sachkonten zum Einsatz. Hierbei entsprechen die Möglichkeiten der Kontengruppen in der Profit-Center-Rechnung weitgehend den Möglichkeiten von Sets in den Special Ledgern. Lediglich die Pflege erfolgt über gesonderte Transaktionen.

Plankonten

Alternativ zur Planung auf den gleichen Sachkonten, die auch im Ist genutzt werden, besteht die Möglichkeit, für die Planung separate Plankonten einzurichten. Bei der Erstellung der Plankonten empfiehlt sich dann, jeweils ein repräsentatives Konto je Kontengruppe der Bilanz- und GuV-Struktur zu definieren.

Beide Verfahren haben Vor- und Nachteile. Auch wenn die Planung auf den detaillierten Sachkonten sicherlich einen höheren Planungsaufwand mit sich bringt, so ist doch die spätere Vergleichbarkeit in Form von Plan-Ist-Vergleichen auf der konkreten Sachkontenebene möglich. Hier muss man sich bei einer Planung mit separaten Plankonten mit einem Vergleich der jeweiligen Kontengruppen begnügen. Dafür liegt der Vorteil dieser Planung in dem deutlich niedrigeren Aufwand im Planungsprozess. Weiterhin muss hinterfragt werden, ob eine genaue Planung auf Sachkontenebene überhaupt in allen Bereichen (insbesondere im Bereich der Bilanz) möglich ist.

Als weiterer Aspekt in diesen Überlegungen ist auch die Integration mit den anderen Planungsprozessen zu berücksichtigen. Sollen die Ergebnisse der Primärkostenplanung aus der Kostenstellenplanung in die Plan-GuV übernommen werden, so wird folglich ein Großteil dieser Plandaten in die GuV auf der Ebene übernommen, auf der auch in der Kostenstellenplanung geplant wurde. Das bedeutet zum einen, dass der eigentliche Planungsaufwand für die Plan-GuV nur in den in der Regel nicht betrieblichen Kosten besteht, wie z. B. Aufwendungen und Erträgen aus Finanzgeschäften. Zum anderen empfiehlt es sich, für die restlichen GuV-Konten auf dem gleichen Detaillierungsgrad (oder bestenfalls etwas gröber) zu planen wie in der Kostenstellenplanung, um ein einheitliches Bild in der Plan-GuV abzugeben.

Sollte auf separaten Plansachkonten geplant werden, so sind diese Sachkonten, wie normale Sachkonten im zugehörigen Kontenplan und zu den betroffenen Buchungskreisen anzulegen. Zu guter Letzt müssen diese Sachkonten dann noch in der Bilanz- und GuV-Struktur in der jeweiligen Kostengruppe eingehängt werden.

5.17.4 Input in die Planung der Finanzbuchhaltung

Für den Aufbau der Plan-GuV und Plan-Bilanz stehen zahlreiche Datenquellen als Inputfaktoren im Rahmen der integrierten Planung zur Verfügung. Abbildung 5.157 liefert hierzu in gewohnter Weise zunächst einen grafischen Überblick über die einzelnen Faktoren, die hierbei zu berücksichtigen sind.

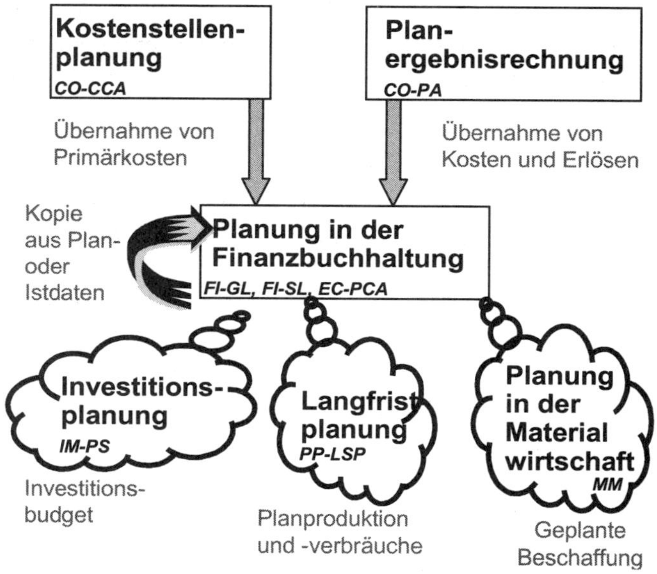

Abbildung 5.157 Input-Modell zur Planung in der Finanzbuchhaltung

Ist- und Plandaten als Vorlage kopieren

Als einfachste Möglichkeit, Vorschlagswerte für eine Plan-GuV und Plan-Bilanz zu erzeugen, steht die Funktionalität des Kopierens von Ist- oder Plandaten zur Verfügung. Gerade in der Planung einer Bilanz, die ja auf Bestandswerten basiert, ist die Berücksichtigung der aktuellen Istwerte eine wesentliche und wichtige Voraussetzung für eine plausible Planung. In diesem Zusammenhang ist es sowohl möglich, Istdaten aus beliebigen Perioden als auch Plandaten einer anderen Version (alternative Szenarien) oder Plandaten eines anderen Geschäftsjahres (z.B. Vorjahresplanung) in eine Planversion eines Geschäftsjahres zu kopieren.

Die Funktionalität des Kopierens von Ist- und Plandaten wird dabei im Hauptbuch wiederum zwischen der lokalen und globalen Planung differenziert, wobei lediglich in der lokalen Planung die Daten eines Buchungskreises und in der globalen Planung die Daten einer Gesellschaftsnummer kopiert werden.

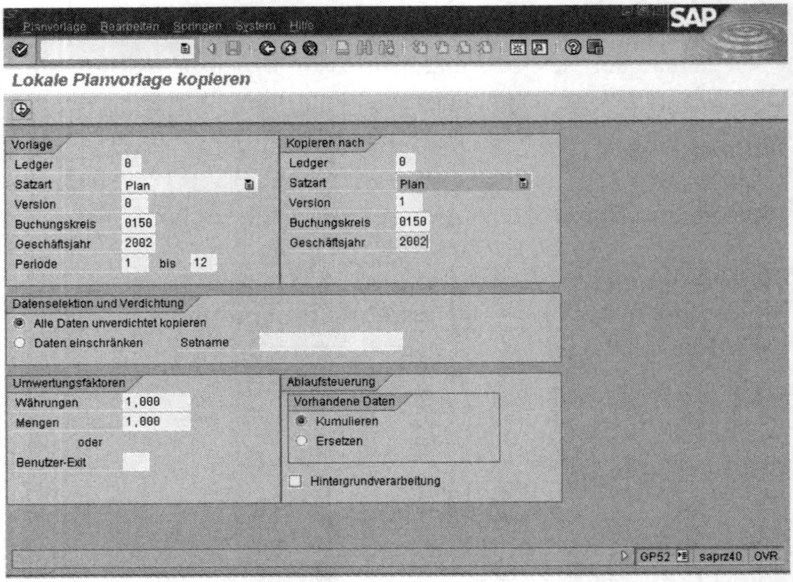

Abbildung 5.158 Eingabebildschirm zum Kopieren von Daten in der lokalen Planung

Abbildung 5.158 zeigt den Eingabebildschirm für die Kopierfunktion in der lokalen Planung im Hauptbuch (Ledger 0). Als Vorlage bzw. Datenquelle wird im Eingabebereich links oben neben dem Ledger (neben dem Hauptbuch können auch gegebenenfalls andere spezielle Ledger verwendet werden) zunächst über die Satzart gesteuert, ob Plan- oder Istdaten kopiert werden sollen. Weiterhin gilt es, eine Version, einen Buchungskreis (bei globaler Planung eine Gesellschaftsnummer), ein Geschäftsjahr und eine oder mehrere Perioden zu bestimmen.

Im oberen rechten Eingabebereich wird das Ziel in Form der Ledgernummer, der Planversion, des Buchungskreises und des Geschäftsjahres angegeben. So ist das Kopieren von Istdaten in eine Planversion und von Plandaten zwischen unterschiedlichen Versionen und Geschäftsjahren möglich. Durch die Form der Zielbestimmung wird deutlich, dass beispielsweise auch die Ist- oder Plandaten eines Buchungskreises in die Planung eines anderen Buchungskreises einfließen können. Auf der anderen Seite besteht nicht die Möglichkeit, die Daten einer Periode in eine andere Periode des gleichen Geschäftsjahres zu kopieren.

Weiterhin kann einschränkend definiert werden, ob alle oder nur bestimmte Sachkonten kopiert werden sollen. Der einschränkende Sachkontenbereich ist dabei als Set bzw. Kontengruppe im Vorfeld zu definieren.

Weiterhin besteht in dieser Kopierfunktion die Möglichkeit, die zu kopierenden Daten mit Hilfe von *Umbewertungsfaktoren* umzurechnen. Dabei steht standardmäßig lediglich getrennt für Werte und Mengen je ein Faktor zur Verfügung. Als Erweiterung besteht aber auch die Möglichkeit, über einen Benutzer-Exit und ein spezielles ABAP-Coding komplexere Umbewertungsfunktionen zu generieren.

Umbewertung

Ferner können durch die Angabe, wie mit bereits vorhandenen Daten im Zielbereich umgegangen werden soll, die zu erzeugenden Plandaten beeinflusst werden. Zum einen besteht die Möglichkeit, entsprechende vorhandene Plandaten zu ersetzen. Zum anderen besteht aber auch die Möglichkeit, die zu kopierenden Daten als zusätzliche Werte auf die bestehenden Daten zu kumulieren. Das Löschen und Kumulieren bezieht sich nicht generell auf den gesamten Zielbereich, sondern immer nur auf die einzelnen Datensätze. Die Funktion *Daten im Zielbereich ersetzen* bedeutet nicht, dass alle Daten in der Version gelöscht werden, sondern dass nur für die Datensätze, die kopiert werden (also z.B. einzelne Sachkonten), die Werte und Mengen in der Zielversion zurückgesetzt werden.

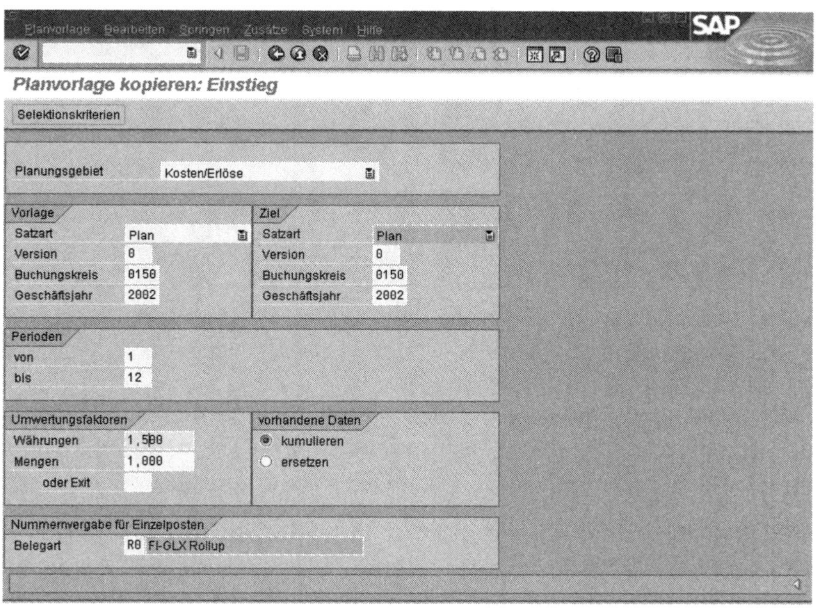

Abbildung 5.159 Kopieren von Daten in der Planung mit der Profit-Center-Rechnung

Wird die Planung in der Finanzbuchhaltung unter Nutzung der Profit-Center-Rechnung in SAP R/3 durchgeführt, so erfolgt das Kopieren von Ist- oder Plandaten grundsätzlich ähnlich, wie dies in Abbildung 5.159

Ist- und Plandaten kopieren in der Profit-Center-Rechnung

dargestellt ist. Lediglich der Aufbau des Eingabebildschirms ist etwas anders aufgebaut.

Hervorzuheben ist allerdings die Möglichkeit, über den Button *Selektionskriterien* den Datenbestand, der kopiert werden soll, deutlich detaillierter einzuschränken. Dies wird in Abbildung 5.160 deutlich. Neben einzelnen Sachkonten kann der Datenbestand, der kopiert werden soll, in Bezug auf einzelne Profit Center, Partner Profit Center, Werke oder Funktionsbereiche eingeschränkt werden.

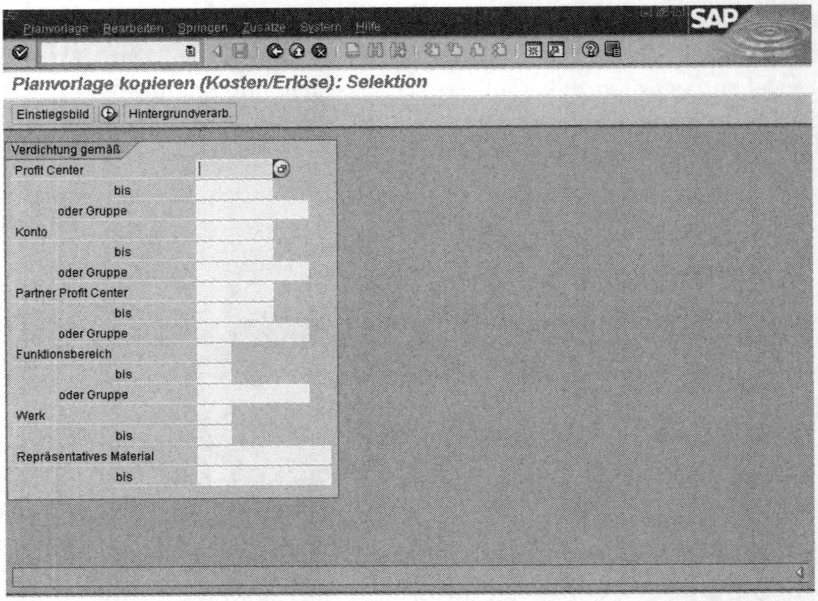

Abbildung 5.160 Selektionsbildschirm zum Kopieren von Daten in der Planung mit der Profit-Center-Rechnung

Input für die Erstellung der Plan-GuV

Die Erstellung der Plan-GuV im Hauptbuch wird durch die Integration mit der Kostenstellenrechnung (inklusive der Planung von CO-Aufträgen) und der Planergebnisrechnung maschinell stark unterstützt.

Übernahme von Plandaten aus der Kostenrechnung in das Hauptbuch

Die Übernahme der Daten aus der Kostenstellenplanung und der Planung von anderen CO-Objekten (CO-Aufträge, aber auch PSP-Elemente) erfolgt maschinell auf der Ebene der geplanten Sachkonten unter Ableitung des jeweiligen Buchungskreises bzw. der Gesellschaftsnummer. Der Buchungskreis wird dabei aus den Stammdaten der einzelnen CO-Objekte (Kostenstellen, CO-Aufträge, PSP-Elemente usw.) gelesen und entsprechend verdichtet.

Dabei können natürlich nur die Plandaten übernommen werden, die auch auf Kostenartenebene in der Kostenrechnung geplant wurden. Dies gilt es insbesondere bei der Planung von CO-Aufträgen oder PSP-Elementen zu beachten, wenn diese nur als Gesamtplanung ohne Differenzierung nach Kostenarten geplant werden. Bei der Übernahme der CO-Belege aus der Planung in der Kostenrechnung können hierbei die in das Hauptbuch zu kopierenden Plandaten zunächst wie in Abbildung 5.162 eingeschränkt werden.

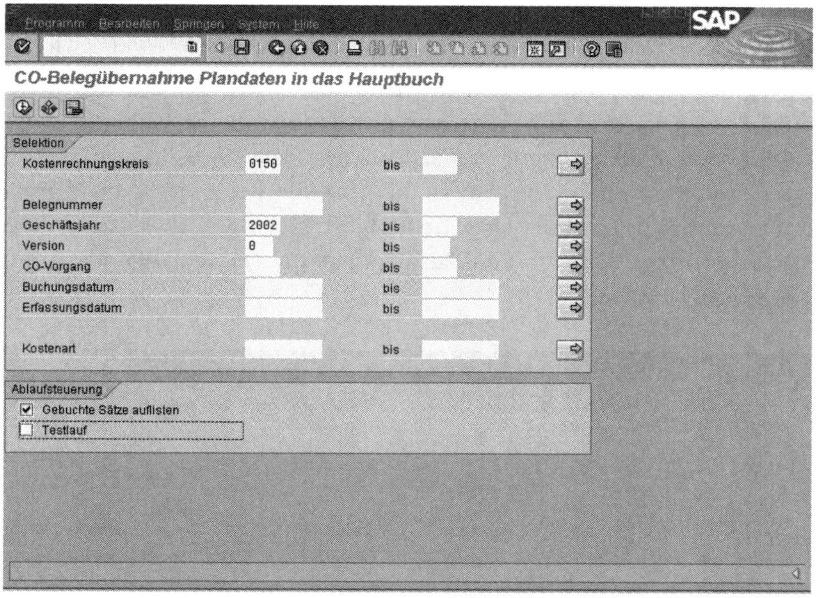

Abbildung 5.161 Übernahme von Plandaten aus der Kostenrechnung in das Hauptbuch

Die Selektion erfolgt zunächst auf der Ebene des *Kostenrechnungskreises*, der obersten Organisationseinheit in der Kostenrechnung. Weiterhin werden das Geschäftsjahr und die Planversion aus der Planung in der Kostenrechnung angegeben. Über die Selektion einzelner CO-Vorgänge können die Plandaten einzelner Planungsprozesse (wie manuelle Planung, Verteilung, Abgrenzung usw.) eingeschränkt werden. Schließlich können die Primärkostenarten abgegrenzt werden, die aus der Kostenrechnung übernommen werden sollen.

Die weiteren Selektionskriterien wie Belegnummer, Buchungsdatum oder Erfassungsdatum werden hingegen nur in den seltensten Fällen eine sinnvolle Anwendung finden. Was hier allerdings sehr vermisst wird, ist die

Einschränkung auf einzelne CO-Objekte, wie zum Beispiel einzelne Kostenstellen oder CO-Auftragsarten.

Weiterhin gilt es zu beachten, dass es nicht möglich ist, die Plandaten einer Planversion in der Kostenrechnung in eine andere Planversion des Hauptbuches zu übernehmen. Beispielsweise werden die Daten der Kostenrechnung aus der Planversion 0 auch in die Planversion 0 des Hauptbuches kopiert. Sollen die Daten dann in andere Planversionen weitergetragen werden, so ist wieder die bereits beschriebene Funktion des Kopierens von Plandaten heranzuziehen.

In die Profit-Center-Rechnung übernehmen

Die Übernahme von Plandaten aus der Kostenrechnung steht auch zur Verfügung, wenn die Aufstellung des Plan-GuV in der Profit-Center-Rechnung durchgeführt wird. Hierbei erfolgt allerdings die Einschränkung des zu übernehmenden Datenmaterials weniger in Bezug auf die Einzelbelege, als in Bezug auf die geplanten CO-Objekte (siehe Abbildung 5.162). Dabei können sowohl die einzelnen Objektarten als auch einzelne Ausprägungen oder Gruppen von Ausprägungen als einschränkende Kriterien ausgewählt werden.

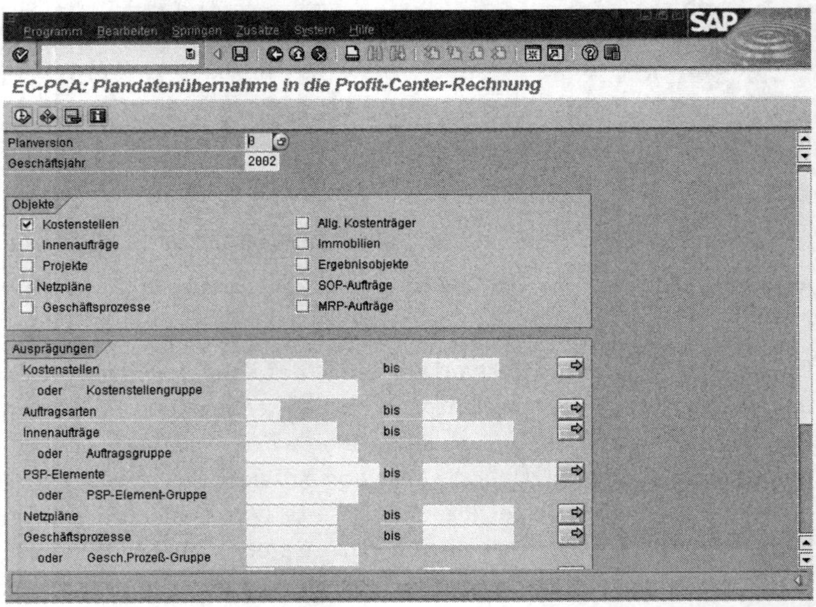

Abbildung 5.162 Übernahme von Plandaten aus der Kostenrechnung in die Profit-Center-Rechnung

In beiden Fällen gilt es zu beachten, dass keine direkte Einschränkung des Datenmaterials auf einzelne Buchungskreise möglich ist. Dies wird bei der Übernahme der Plandaten in der Hauptbuchhaltung über die Selektion des Kostenrechnungskreises gesteuert. Besteht hierbei zwischen Buchungskreis und Kostenrechnungskreis eine 1:1-Beziehung, so kann die Datenübernahme klar auf einen Buchungskreis eingeschränkt werden. Besteht allerdings eine 1:n-Beziehung, so wird in aller Regel die Übernahme nur für alle beteiligten Buchungskreise möglich sein, da weder die CO-Belegnummern noch die CO-Vorgänge oder das Buchungs- und Erfassungsdatum hierzu sinnvolle Kriterien darstellen.

Selektion der Buchungskreise

Bei der Anwendung der Profit-Center-Rechnung kann die Einschränkung zur Übernahme auf einzelne Buchungskreise primär durch die Auswahl der entsprechenden CO-Objekte erfolgen. Dies kann u.U. aber recht mühsam werden.

Übernahme von Daten aus der Planergebnisrechnung

Neben der Übernahme von Plandaten aus der Kostenrechnung besteht für die Aufstellung einer Plan-GuV im Hauptbuch zusätzlich die Möglichkeit, geplante Werte aus der Planergebnisrechnung des SAP R/3-Moduls CO-PA zu übernehmen. Dies gilt insbesondere für alle Kosten und Erlöse, die in der Regel nicht über die Kostenstellenrechnung bzw. andere CO-Objekte erfolgen, wie zum Beispiel:

- Bruttoumsätze
- Rabatte, Erlösschmälerungen
- Sonstige Einzelkosten des Vertriebs
- Herstellkosten des Umsatzes
- Abweichungen in der Materialwirtschaft

Bei der Übernahme werden die einzelnen Sachkonten in der Finanzbuchhaltung auf der Basis der im Vorfeld eingestellten Kontenfindungslogik (siehe Abschnitt 5.17.2) aus den Wertfeldern und einzelnen Merkmalsausprägungen der Ergebnisrechnung abgeleitet. Die Übernahme von Plandaten aus der Ergebnisrechnung erfolgt dann relativ einfach über die Transaktion KE1W. Zunächst werden hier in einem Einstiegsbildschirm die allgemeinen Kriterien zur Auswahl der Plandaten in der Ergebnisrechnung über die Kriterien Periode, Version und Vorgangsart ausgewählt (siehe auch Abbildung 5.163).

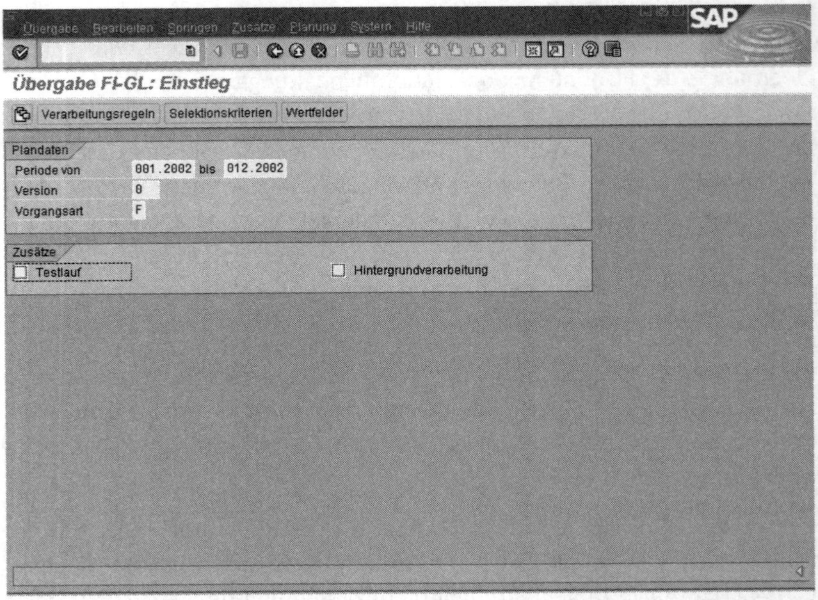

Abbildung 5.163 Erster Eingabebildschirm zur Übernahme von Daten aus CO-PA in die Finanzbuchhaltung

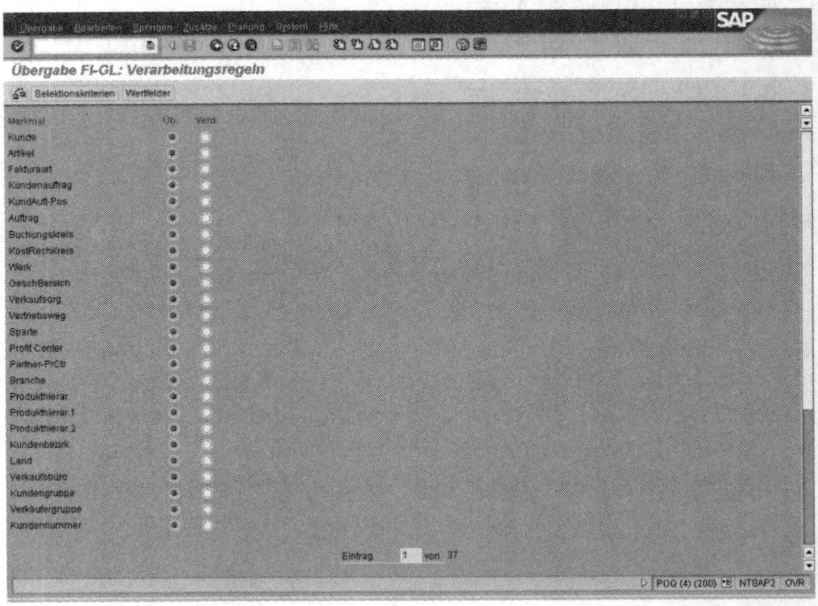

Abbildung 5.164 Verarbeitungsregeln zur Übernahme von Plandaten aus CO-PA in die Finanzbuchhaltung

In der weiteren Definition der Übernahme sind dann die Verarbeitungsregeln zu den einzelnen Merkmalen im Modul CO-PA zu definieren. Dabei stellen die Verarbeitungsregeln keine Datenselektion dar, sondern vielmehr eine Angabe, ob die Information der einzelnen Ausprägungen zu einem Merkmal in der Übergabeschnittstelle mit übergeben oder aber darüber verdichtet werden soll (siehe Abbildung 5.164).

Die Merkmale »Buchungskreis« und »Geschäftsbereich« (sofern die Planung in der Finanzbuchhaltung nach Geschäftsbereichen differenziert wird) sollten immer übernommen werden. Die weiteren Merkmale sind nur im Hinblick auf die Kontenfindungslogik in der Schnittstelle relevant, da sie im Hauptbuch nicht gesondert als Merkmale gespeichert werden. Aus diesem Grund sollten alle Merkmale, die für die Kontenfindungslogik relevant sind, ebenfalls immer übernommen werden. Anderenfalls kann es dazu kommen, dass keine oder falsche Sachkonten bei der Überleitung angesprochen werden.

Über alle anderen Merkmale sollte dann verdichtet werden, d.h., die Plandaten bzgl. dieser Merkmale werden nicht differenziert übernommen. Dies kann bei Verwendung von Verdichtungsebenen im Modul CO-PA positive Einflüsse auf die Verarbeitungsgeschwindigkeit haben, da in diesen Fällen gegebenenfalls auf bereits vorverdichtete Daten im Modul CO-PA zurückgegriffen werden kann.

Im dritten Schritt zur Definition der Übernahme von Plandaten aus der Ergebnisrechnung in das Hauptbuch kann nun der Datenbestand, der übergeben werden soll, in Form von einzelnen Merkmalsausprägungen eingeschränkt werden. Abbildung 5.165 zeigt ein Beispiel, bei dem alle Merkmale des Ergebnisbereichs zur Verfügung stehen und nur die Daten eines Buchungskreises übergeben werden sollen.

Im letzten Schritt gilt es dann nur noch, die Wertfelder auszuwählen, die zur Übernahme aus der Ergebnisrechnung in das Hauptbuch berücksichtigt werden sollen. Dabei sind auch nur die Wertfelder interessant, die in Form der Kontenfindungslogik auch in einzelne Sachkonten des Hauptbuches umgewandelt werden.

Nach der Ausführung der Datenübernahme werden die Daten wie schon in der Kostenrechnung in die entsprechende Planversion und Periode des Hauptbuches übertragen.

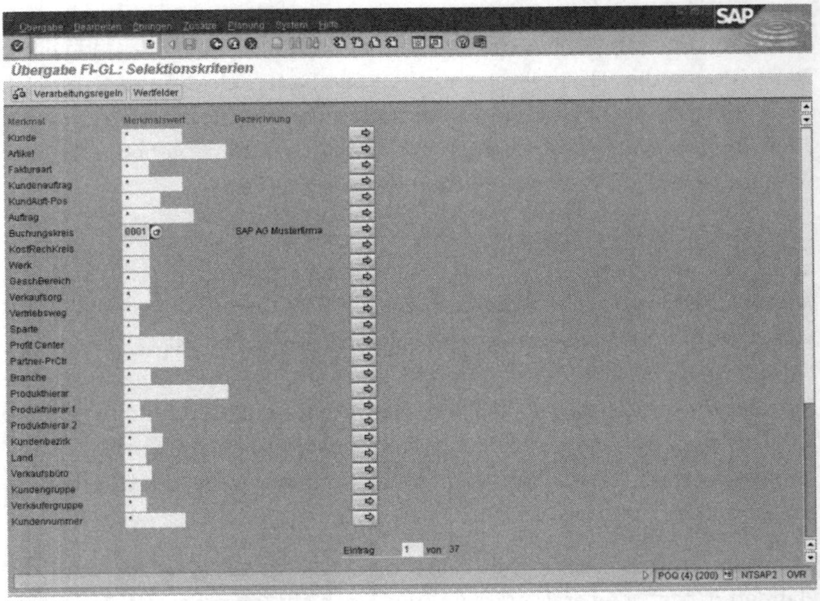

Abbildung 5.165 Selektionskriterien zur Übernahme von Plandaten aus CO-PA in die Finanzbuchhaltung

Input für die Erstellung des Plan-Bilanz

Für die Erstellung der Plan-Bilanz im Hauptbuch stehen weit weniger maschinelle Funktionen zur Verfügung als für die Erstellung der Plan-GuV. Als erstes Kriterium ist hier wieder die bereits erwähnte Funktionalität des Kopierens von Istdaten in eine Planversion zu nennen, um die effektiven Bestandswerte der einzelnen Bilanzkonten zunächst als Vorschlagswerte zu erhalten. Nun gilt es noch, die Veränderungen des Bilanzwertes für das Planjahr herauszuarbeiten. Dabei ergeben sich die Inputfaktoren im Rahmen der integrierten operativen Planung für die Plan-Bilanz mehr logisch aus der Analyse der Planungsergebnisse anderer Planungsprozesse, als aus einer einfachen maschinellen Übernahme.

Input für die Planung des Anlagevermögens

Um die Veränderungen im Anlagevermögen zu planen, sind zunächst die geplanten Abschreibungen zu berücksichtigen, die in der Übernahme der Plandaten aus der Kostenrechnung bereits in der Plan-GuV verarbeitet sind. Um den gleichen Betrag sind die jeweiligen Wertberichtigungskonten des Anlagevermögens zu verändern. Weiterhin sollte das Ergebnis des Investitionsbudgets berücksichtigt werden. Sind die Investitionsprojekte neben dem Investitionsbetrag auch hinsichtlich der Anlagenklasse und des voraussichtlichen Aktivierungsdatums geplant, lassen sich die Veränderungen im Anlagevermögen relativ einfach ableiten.

Für die Planung der Veränderungen im Vorratsvermögen sollte neben den geplanten Herstellkosten des Umsatzes, die bereits durch die Übernahme von Plandaten aus der Planergebnisrechnung in der Plan-GuV eingeflossen sind, auch auf die Auswertungen der Einkaufsinformationssysteme zurückgegriffen werden. Hierbei wird beispielsweise über die Infostruktur S012 der Bedarf je Fremdmaterial (und Lieferant) als Ergebnis der Produktionsplanung (Langfristplanung) für den Planungszeitraum angezeigt (siehe auch Abschnitt 5.5).

Input für die Planung des Vorratsvermögens

Werden zusätzlich die simulierten Planaufträge aus der Langfristplanung als geplante Produktionsmengen berücksichtigt, so stehen alle Informationen zur Verfügung, um einen integrierten Ansatz für die Veränderungen des Vorratsvermögens zu realisieren.

Die Veränderung der Forderungen hängt im Wesentlichen von zwei Faktoren ab. Zum einen sind dabei die geplanten Umsätze zu nennen, die durch die Übernahme von Plandaten aus der Ergebnisrechnung bereits für die Erstellung der Plan-GuV Eingang in das Hauptbuch gefunden haben sollten. Zum anderen sind die Zahlungsziele der einzelnen Kunden für die Veränderungen der Forderungen maßgeblich.

Input für die Planung der Forderungen

Leider steht im SAP R/3-System keine Standardfunktion zur Verfügung, mit der etwa die geplanten Umsätze je Kunde im Modul CO-PA in Kombination mit den jeweils im Stammsatz hinterlegten Zahlungszielen in Zahlungsströme und somit in Veränderung der Forderungen und Liquiditätsbestände umgewandelt werden. Daher sollte als Annäherung ein durchschnittliches Zahlungsziel aus der Analyse des Forderungsmanagements der letzten Monate ermittelt werden. Gegebenenfalls sollte bei großen Key-Account-Kunden das spezielle Zahlungsziel berücksichtigt werden.

Bei der Planung von Veränderungen der Verbindlichkeiten sieht es ähnlich aus wie bei der Planung von Veränderungen zu den Forderungen. Die Zugänge zum Vorratsvermögen und die geplanten Aufwendungen zu Fremdleistungen (Übernahme aus der Kostenrechnung) stehen für die Planung zur Verfügung. Da diese Planung aber in der Regel nicht je Lieferant erfolgt (zumindest nicht in der Kostenrechnung), kann es keine Funktionalität geben, mit der in Abhängigkeit der gewährten Zahlungsziele der Lieferanten Zahlungsabflüsse und somit Veränderungen in den Verbindlichkeiten und der Liquidität maschinell ermittelt werden könnten.

Input für die Planung der Verbindlichkeiten

Auch in diesem Fall gilt es, aus der Analyse der Kreditorenrechnung ein durchschnittliches Zahlungsziel für die Verbindlichkeiten festzulegen. Auf der Basis dieser Daten können dann die Zu- und Abgänge der Verbindlichkeiten geplant werden.

Input für die Liquiditätsplanung

Die Veränderung der liquiden Mittel ergibt sich im Grunde logisch aus der Veränderung der Forderungen und Verbindlichkeiten. Es bedarf somit keines weiteren Inputs aus der operativen Planung. Lediglich die Aufteilung des sich daraus ergebenden Liquiditätsbedarfs in Eigen- und Fremdkapital muss noch erfolgen. Hier können zum Beispiel Vorgaben aus der strategischen Planung für die gewünschte Eigen- und Fremdkapitalstruktur herangezogen werden. Eine deutliche Veränderung des Fremdkapitals sollte sich dann aber auch in der Veränderung der geplanten Zinsaufwendungen in der Plan-GuV widerspiegeln.

5.17.5 Durchführung der Planung in der Finanzbuchhaltung

Die Durchführung der Planung in der Finanzbuchhaltung besteht nun darin, konkret für die einzelnen Sachkonten der GuV und Bilanz die Planwerte für das nächste Geschäftsjahr festzulegen. Hierbei gilt es zum einen, die über Importfunktionen erhaltenen Daten zu überprüfen und gegebenenfalls anzupassen. Zum anderen sind die gewonnenen Daten aus logischen Analysen der anderen Teilprozesse der operativen Planung zum Beispiel für die Veränderungen zu Bilanzwerten im SAP R/3-System zu erfassen.

Datenerfassung im Hauptbuch

Die Erfassung der Plandaten im Hauptbuch erfolgt in diesem Zusammenhang immer über die Bilanz- und GuV-Struktur. Abbildung. 5.166 zeigt dabei den Selektionsbildschirm für die Datenerfassung. Hierbei sind neben dem Buchungskreis (bei lokaler Planung) bzw. der Gesellschaftsnummer (bei globaler Planung) die Planperiode, die Planversion und die Bilanz- und GuV-Struktur anzugeben, unter der Plandaten erfasst bzw. geändert werden sollen.

Weiterhin kann definiert werden, in welcher Währung die Daten erfasst werden sollen, ob nach Geschäftsbereichen differenziert geplant werden soll und ob in der Erfassungsmaske auch vergleichbare Istdaten angezeigt werden sollen. Über diese Angaben wird im zweiten Schritt automatisch die Planungsaufgabe (siehe Abschnitt 5.17.2) ermittelt und das entsprechende Planungslayout festgelegt.

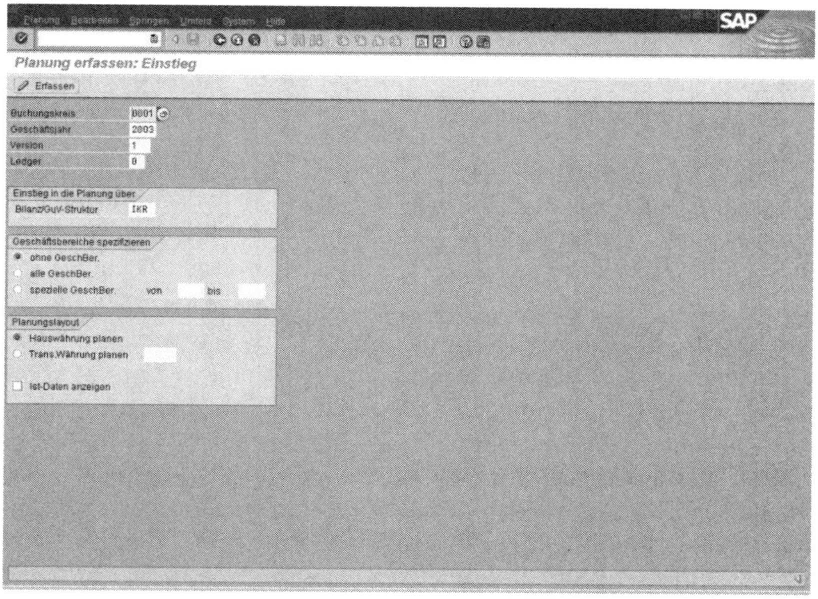

Abbildung 5.166 Selektionsbildschirm zur Datenerfassung

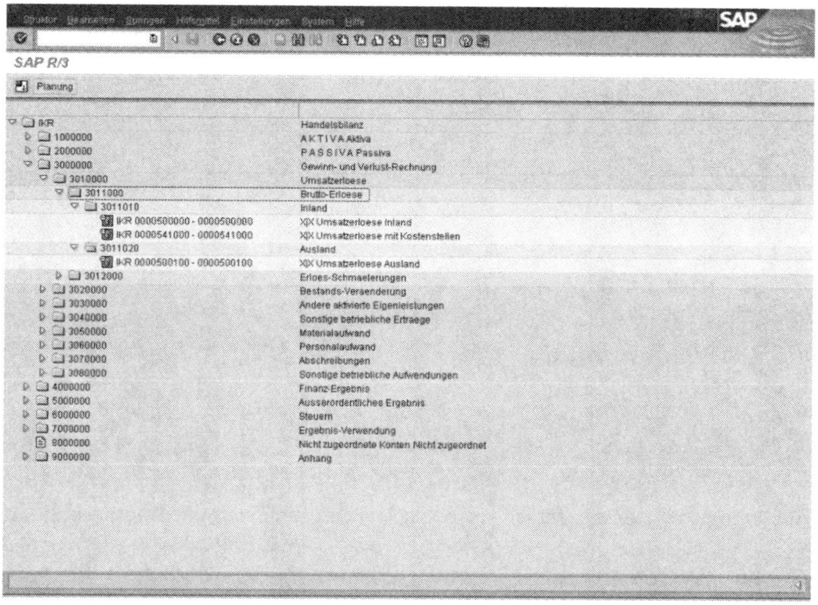

Abbildung 5.167 Beispiel: Ausschnitt einer Bilanz- und GuV-Struktur, für die Plandaten erfasst werden sollen

Bevor mit der Datenerfassung begonnen werden kann, wird aber zunächst die selektierte Bilanz- und GuV-Struktur angezeigt. In dieser Baumstruktur (siehe Abbildung 5.167) wird auf einer beliebigen Detailebene der Kontenknoten ausgewählt, zu dem Plandaten erfasst werden sollen.

Nach der Positionierung des Cursors auf eine Zeile und Betätigen des Buttons »Planung« verzweigt das SAP R/3-System in das Planungslayout und ermöglicht die Datenerfassung. Im Layout werden in den Zeilen die einzelnen Sachkonten des ausgewählten Knotens aufgelistet. Die Spalten des Eingabebildschirms entsprechen den Angaben aus dem Selektionsbildschirm und ermöglichen die Erfassung der Daten in der gewünschten Währung. Die Spalte *Verteilungsschlüssel* definiert, wie der über mehrere Einzelperioden geplante Wert auf die einzelnen Monate aufgeteilt werden soll (siehe Abschnitt 5.17.2). Die Abbildung 5.168 zeigt beispielhaft die Erfassung von GuV-Daten in Buchungskreiswährung.

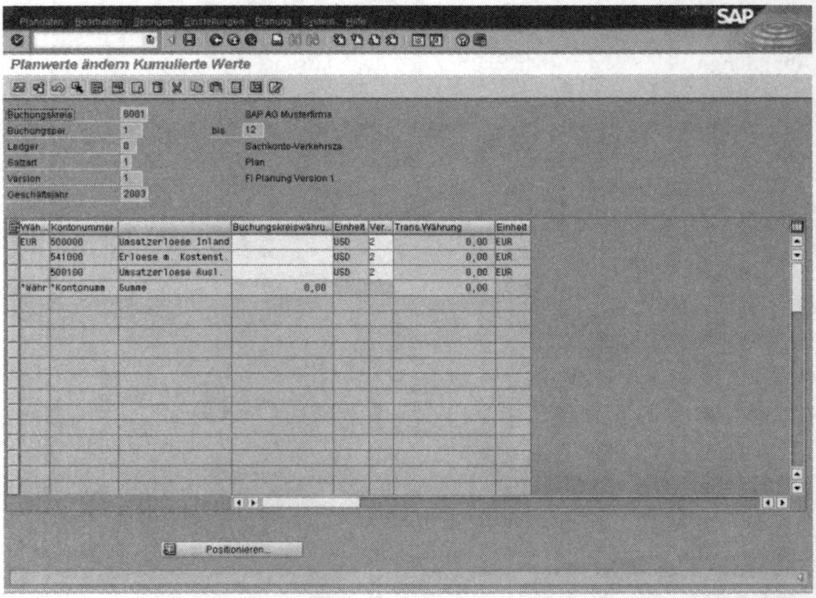

Abbildung 5.168 Beispiel für eine manuelle Plandatenerfassung im Hauptbuch

Neben der reinen Datenerfassung stehen im Wesentlichen folgende Funktionen in diesen Planungslayouts zur Verfügung:

- **Formeln aktualisieren**
  Befinden sich im Planungslayout Formeln, so werden diese aktualisiert, wenn die Taste »Enter« gedrückt wird.
- **Periodenbild**
  Werden im Planungslayout zunächst mehrere Perioden zusammen geplant und über einen Verteilungsschlüssel auf die einzelnen Perioden verteilt, so kann über diese Funktion die Periodenverteilung in einem Periodenbild analysiert und manuell angepasst werden.
- **Zahlenformat ändern**
  Über diese Funktion können die Zahlenformate im Hinblick auf die Anzahl der Nachkommastellen und Potenzierungszeichen entweder für alle oder aber für ausgewählte Spalten geändert werden.
- **Planwerte rechnen**
  Mit dieser Funktion können ausgewählten Eingabefelder oder aber auch ganze Eingabezeilen bzw. -spalten berechnet werden. Dabei kann entweder eine absolute Zahl addiert bzw. subtrahiert werden oder aber der bestehende Wert um einen Prozentsatz verändert werden.

Manuelle Planung mit FI-SL

Die manuelle Erfassung von Plandaten in weiteren Ledgern im Modul FI-SL erfolgt weitgehend identisch mit der beschriebenen Planung im Ledger 0 des Hauptbuches. Der eigentliche Unterschied liegt darin, dass die Auswahl des Planerprofils und der Aufruf der Planungslayouts flexibel erfolgt und im Wesentlichen aus den Einstellungen zu Planerprofilen, Planungsaufgaben und Planungslayouts der einzelnen speziellen Ledgern besteht.

Manuelle Planung mit der Profit-Center-Rechnung

Die manuelle Planung in der Profit-Center-Rechnung unterscheidet sich, abgesehen von zusätzlicher Differenzierung in Profit Centern, auch nicht wesentlich von den anderen Modulen des externen Rechnungswesens. Lediglich der Aufruf der Planungsfunktionen erfolgt über andere Transaktionen, wobei die Datenerfassung streng zwischen Kosten- und Erlösplanung auf der einen und der Planung von Bilanzwerten auf der anderen Seite differenziert wird.

Datenerfassung mit Excel

Neben der Datenerfassung und -anpassung direkt im SAP R/3-System besteht seit dem Release 4.5 auch die Möglichkeit, die Daten außerhalb des Systems in Microsoft Excel zu erfassen und gegebenenfalls später maschinell einzuspielen. Damit SAP R/3 in diesem Zusammenhang die in Excel geplanten Daten korrekt interpretieren kann, wird eine Kommunikationsstruktur zwischen SAP R/3 und Excel benötigt. Diese basiert immer auf einem Planungslayout. Auf der Basis des Planungslayouts kann im Customizing eine Dateibeschreibung maschinell erstellt werden, in der die Inhalte einer zu empfangenden Excel-Tabelle festgelegt werden.

So kann dann etwa der Planungsbildschirm zunächst als Integration mit Excel aufgerufen werden. Dabei wird eine Excel-Tabelle angelegt, die in ihrem Aufbau exakt dem zugrunde liegenden Planungslayout entspricht. Dieses Vorgehen unterscheidet sich dabei nicht von der Excel-Integration mit CO-PA, die in Abschnitt 5.2.5 beschrieben ist. Werden in dieser Excel-Tabelle Daten erfasst und gespeichert, so sind diese über die Integration mit SAP R/3 direkt gespeichert.

Bei der Integration von Excel mit SAP R/3 sind folgende Excel-Funktionen besonders interessant:

- **Excel-Formeln**
  Es stehen sämtliche Möglichkeiten zur Bildung von Excel-Formeln zur Verfügung. Beim Speichern der Daten werden letztlich immer die Werte der einzelnen Zeilen/Spalten-Kombination im SAP R/3-System gespeichert.
- **Excel-Formatierung**
  Es stehen sämtliche Formatierungsmöglichkeiten von Excel inklusive Grafiken usw. zur Verfügung
- **Excel-Makros**
  Selbst die Bildung von Excel-Makros funkioniert reibungslos, d.h., komplexe Rechenoperationen, die über die Möglichkeiten der SAP R/3-Planungslayouts nicht mehr abgebildet werden können, sind dann über die Anwendung von Excel-Makros realisierbar.
- **Einspielen von Excel-Daten über »Cut and Paste«**
  Auf einfache Weise ist auch das Einspielen von Plandaten möglich, die ausserhalb von SAP R/3 mit Excel geplant wurden. Sofern das Excel-Sheet den gleichen Zeilen-Spalten-Aufbau besitzt, können grundsätzlich diese Plandaten via »Cut and Paste« von Excel nach SAP R/3 eingespielt werden.

Fallstricke bei der Excel-Integration

Beim Arbeiten mit der Excel-Integration sind aber auch einige Fallstricke zu beachten. Grundsätzlich gilt, dass nie die Struktur des Planungslayouts verändert werden darf. Hier hat die SAP R/3-Steuerung immer Vorrang. Im Detail sind folgende Aspekte zu beachten:

- **Anzeige des Kopfbereichs**
  Der Kopfbereich des Excel-Sheets darf nie verändert werden, indem Zeilen gelöscht oder verschoben werden. Die SAP R/3-Steuerung bestimmt in diesen Fällen die Anzeige und den Inhalt des Kopfbe-

reichs. Dies hat zur Folge, dass beim nächsten Aufruf des Planungslayouts diese Änderungen ignoriert werden. Lediglich Formatierungen wie etwa alle Zeichen- oder Zeilenformatierungen sind erlaubt.

- **Zeilen löschen**
  Es dürfen niemals Zeilen des Eingabebereichs über die Excel-Funktionalität gelöscht werden. Diese Information wird nicht an SAP R/3 übertragen. Hierdurch können Schiefstände zwischen der Anzeige im Excel und der späteren Speicherung im SAP R/3-System entstehen. Einzelne Zeilen müssen immer über die Funktionalität von SAP R/3 gelöscht werden.
- **Spalten löschen**
  Was für Zeilen gilt, gilt erst recht für die Spalten. Da im SAP R/3-System das Löschen von Spalten nicht vorgesehen ist, wird dies auch nicht durch die Anbindung der Excel-Funktionalität ermöglicht. Auch in diesem Fall wird dann ein Schiefstand zwischen der Anzeige in Excel und der späteren Datenspeicherung im SAP R/3-System entstehen.
- **Formeln des Planungslayouts**
  Die Formeln des Planungslayouts, wie zum Beispiel Summenzeilen, werden im Excel-Sheet über das Drücken von »Enter« nicht aktualisiert. Dies erfolgt erst beim Buchen der Planwerte bzw. beim erneuten Aufruf des Planungslayouts. In diesen Fällen ist es also sinnvoll, die SAP R/3-Formeln über Excel-Formeln nochmals nachzubilden.
- **Änderungen des Planungslayouts**
  Wird ein Planungslayout in der Struktur verändert, sodass Zeilen oder Spalten hinzufügen sind oder wegfallen, so wird dies nicht im Excel-Sheet übertragen. Dies hat zur Folge, dass etwaige Formatierungen dann verrutschen und manuell nachjustiert werden müssen.

Die Excel-Tabelle kann aber auch zunächst separat als reine Excel-Tabelle gespeichert und auch unabhängig von SAP R/3 weiterverarbeitet werden. Es können auch Kopien dieser Excel-Tabelle erstellt werden, um beispielsweise von unterschiedlichen Personen unterschiedliche Daten erfassen zu lassen. Das Arbeiten mit Excel bietet somit eine Systemunabhängigkeit vom SAP R/3-System.

Um die so erstellten Excel-Daten später wieder nach SAP R/3 einzuspielen, steht eine flexible Upload-Funktion für Excel-Dateien zur Verfügung. Voraussetzung hierfür ist, dass streng darauf geachtet wird, das Layout der Excel-Tabelle nicht zu verändern. Weiterhin müssen die Excel-Tabellen zusätzlich als Text- oder CSV-Dateien gespeichert werden. Mit der flexiblen Upload-Funktion werden diese Text- oder CSV-Dateien eingespielt. Die Abbildung 5.170 zeigt den Eingabebildschirm nach Aufruf der Funktion.

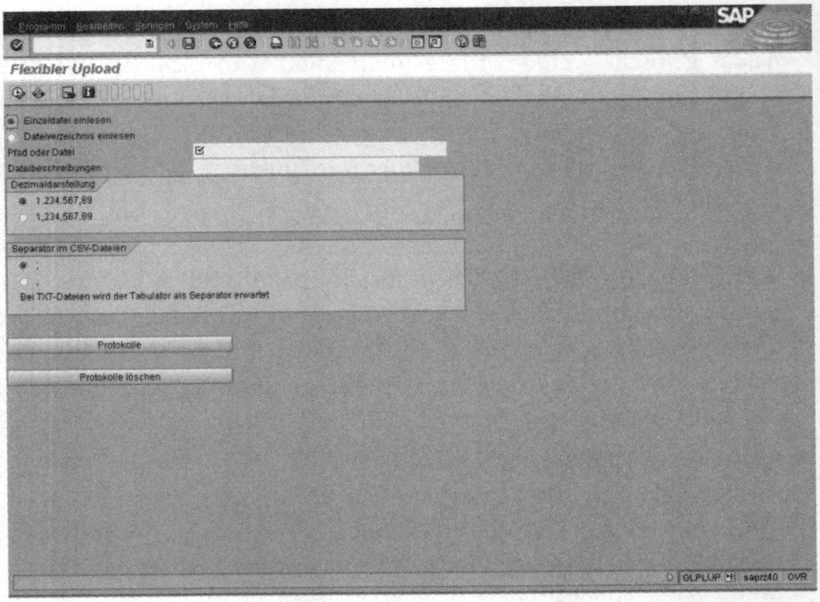

Abbildung 5.169 Maschineller Upload von Excel-Dateien zur FI-Planung

Zunächst ist für den Upload die Datenquelle in Form eines Dateipfades und/oder Dateinamens zu definieren. Die Datenquelle kann entweder aus einer einzelnen Datei oder aus einem ganzen Verzeichnis mit gleich aufgebauten(!) Dateien bestehen. Weiterhin ist die Dateibeschreibung anzugeben, mit der für das SAP R/3-System definiert wird, wie die Einspieldateien aufgebaut sein sollen und wie diese Dateninhalte zu interpretieren sind. Zum Schluss muss nur noch die Dezimaldarstellung und das Zeichen für den Spaltenseparator angegeben werden. In Protokollen wird dokumentiert, ob der Upload erfolgreich war oder bei welchen Datensätzen sich Einspielprobleme ergeben haben.

Planumlage und Planverteilung

Neben der manuellen Planung besteht bei der Planung in der Finanzbuchhaltung auch die Möglichkeit, auf einzelne maschinelle Funktionen zurückzugreifen. Im Wesentlichen ist hier die Planumlage und Planverteilung zu nennen. Mit beiden Funktionen sollen die Plandaten von bestimmten Sachkonten (*Sender*) auf bestimmte Objekte verrechnet werden. Die Umlage und Verteilung unterscheidet sich dabei nur hinsichtlich des Verrechnungskontos: Während bei der Verteilung die Verrechnung unter den Originalsachkonten durchgeführt wird, benutzt die Umlage hierfür eigens angelegte Sachkonten.

Für die Planung im Hauptbuch stehen diese Funktionen nicht zur Verfügung. Ursache hierfür ist, dass es im Ledger 0 keine Objekte gibt, auf die die Daten einzelner Sachkonten weiter verrechnet werden können. Um die Funktion der Verteilung und Umlage in einem Ledger nutzen zu können, muss im Customizing eine Objekttabelle hinterlegt sein. Diese Objekttabelle beinhaltet die Merkmale, auf die Daten via Umlage und Verteilung verrechnet werden können. Für das Ledger 0 ist eine derartige Objekttabelle im Standard nicht vorgesehen.

Die Profit-Center-Rechnung (Ledger 8A) ist ein Beispiel für einen Ledger, in dem die Umlage und die Verteilung als Planungsfunktion zur Verfügung stehen. Hier können z.B. die Merkmale »Profit Center« und »Funktionsbereich« als Empfängerobjekte definiert werden.

Die Funktionsweise der Verteilung und Umlage über die Definition von Zyklen und Segmenten entspricht dabei genau der Funktionalität, wie sie bereits im Zusammenhang mit der Kostenstellenplanung in den Abschnitten 5.9 bis 5.12 beschrieben wurde.

Als weitere maschinelle Funktion steht allen Planungsmodulen während der Durchführung der Planung die bereits unter dem Abschnitt 5.15.4 beschriebene Funktion des Kopierens von Plandaten zur Verfügung. So können jederzeit etwa Zwischenstände der Planung in separate Planversionen »gerettet« werden. Oder es können unterschiedliche Versionen unter Berücksichtigung unterschiedlicher Annahmen durch Kopieren und Umrechnen erstellt werden.

5.17.6 Output der Planung in der Finanzbuchhaltung

Als Ergebnis der Planung in der Finanzbuchhaltung steht eine Plan-GuV, eine Plan-Bilanz und eine Finanz- bzw. Liquiditätsplanung je juristischer Einheit (je nach Planungsart, lokal oder global, auf der Ebene Buchungskreis oder Gesellschaft) zur Verfügung. Mit Hilfe dieser Daten können die Planungsvorstellungen in der operativen Planung des Unternehmens in Verbindung mit den Daten aus der Planergebnisrechnung in übersichtlicher Form sowohl den Anteilseignern als auch externen Kapitalgebern präsentiert werden.

Die Plandaten können darüber hinaus als Kontrollinstrument im laufenden Jahr mit den effektiven Daten etwa aus dem Hauptbuch als Gegenüberstellung von Plan- und Ist-GuV bzw. Bilanz genutzt werden. So können über die Transaktion zum Aufruf der Bilanz über die Angabe der Planversion in der Vergleichsspalte statt Vergangenheitswerten die korrespondierenden Planwerte dargestellt werden (siehe Abbildung 5.171).

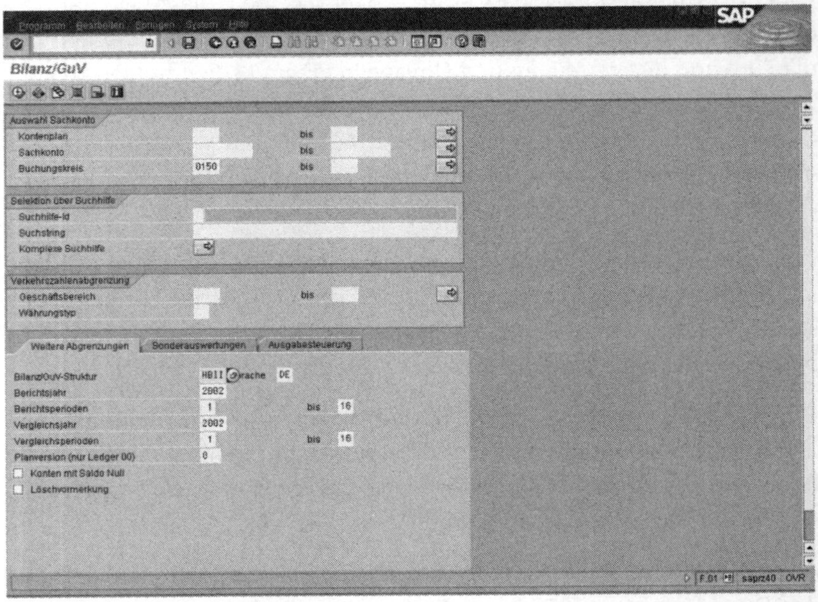

Abbildung 5.170 Einstiegsmaske zum Aufruf einer Bilanz mit Plan-Ist-Vergleich

5.17.7 Checkliste zur Planung in der Finanzbuchhaltung

Als PDF-Dokument zum Download unter www.sap-press.de

Stichwort	Erläuterung
Plan-GuV, Plan-Bilanz, Finanz- und Liquiditätsplanung	Der Inhalt der Planung in der Finanzbuchhaltung umfasst die Aufstellung einer Plan-GuV, Plan-Bilanz und/oder operativen Finanz- und Liquiditätsplanung für einzelne juristische Einheiten
Ledger	Die Planung findet in so genannten Ledgern der Finanzbuchhaltung statt. Das Ledger 0 beinhaltet dabei die Daten des Hauptbuches. Weitere Ledger können als selbstständige Tabellenwerke angelegt werden. Sie unterscheiden sich z.B. durch weitere Merkmale, nach denen die Daten differenziert geplant weden sollen.
FI-GL und FI-SL	Die Planung findet für das Hauptbuch im SAP R/3-Modul FI-GL statt. Die weiteren Ledger werden im Modul FI-SL durchgeführt. Dabei unterscheiden sich die Funktionen nur dahingehend, dass die Planungsfunktionen im Hauptbuch durch spezielle Aufrufe vorstrukturiert sind.

Stichwort	Erläuterung
Profit-Center-Rechnung	Die Profit-Center-Rechnung stellt zunächst ein eigenes SAP R/3-Modul (EC-PCA) dar und ermöglicht die zusätzliche Differenzierung der Plandaten innerhalb der juristischen Einheiten hinsichtlich der Profit Center. Technisch stellt die Profit-Center-Rechnung eine spezielle Ausprägung der Special Ledger im Ledger 8A dar.
Juristische Einheiten; lokale und globale Planung	Die Planung in der Finanzbuchhaltung findet immer auch auf der Ebene von selbstständigen juristischen Einheiten statt. Dabei kann die Abbildung dieser Einheiten in Form der lokalen Planung durch das gewohnte Merkmal »Buchungskreis« erfolgen. Andererseits können in Konzernstrukturen und gegebenenfalls verteilten Systemen übergreifende Gesellschaftsnummern definiert und in der globalen Planung analog wie Buchungskreise beplant werden.
Konsolidierung	In der Planung des externen Rechnungswesens sind bei Konzernstrukturen die Notwendigkeiten zur Konsolidierung zu beachten. Dabei reicht es nicht aus, die globale Planung auf der Ebene von Gesellschaftsnummern zu nutzen. Vielmehr müssen etwa durch spezielle Ledger die Forderungs- und Verbindlichkeitsbeziehungen zwischen den Konzerneinheiten untereinander abgebildet werden.
Planversion	Über unterschiedliche Planversionen können mehrere Planungsansätze parallel in einem Ledger gespeichert werden. Allerdings erfolgt die Integration zwischen der Kostenrechnung (CO-Aufträge und Kostenstellen) bzw. der Ergebnisrechnung (CO-PA) zur Planung in FI nur zwischen jeweils einer korrespondierenden Planversion der betroffenen Module.
Planerprofile, Planungsaufgaben, Planungslayout	Die Planungslayouts stellen die Oberfläche für die Plandatenerfassung dar. Die Planungsaufgabe beinhaltet die Definition, in welchem Ledger wie geplant werden soll (z.B. Festlegung Währung, Verteilungsschlüssel). Jeder Planungsaufgabe ist ein Planungslayout zugeordnet. Mehrere Planungsaufgaben werden zu Planerprofilen für ein Ledger zusammengefasst.
Planperioden	Zu Beginn der Planung müssen die Planperioden definiert werden, für die eine Planung erlaubt sein soll. Dabei kann diese Einstellung für die juristischen Einheiten unterschiedlich gesteuert werden. Auf diese Weise kann die Planung zentral für einzelne Firmen erlaubt oder gesperrt werden.
Währungen, Währungskurse	Soll neben der Hauswährung die Erfassung der Plandaten auch in anderen Währungen erfolgen, so ist darauf zu achten, dass im Vorfeld die Währungskurse für den Planungszeitraum im System erfasst sind.
Plankonten	Grundsätzlich findet die Planung im externen Rechnungswesen auf Sachkonten statt. Im Vorfeld gilt es festzulegen, ob jedes Sachkonto einzeln zu beplanen ist oder etwa nur jeweils einzelne Kontengruppen. Für diese Kontengruppen können spezielle Plankonten eingerichtet werden, die nur für die Planung herangezogen werden.

Stichwort	Erläuterung
Kostenstellenplanung	Die Plandaten aus der Kostenstellenrechnung (inklusive der Planung auf CO-Aufträgen) können auf Kostenartenebene zur Ermittlung einer Plan-GuV an das externe Rechnungswesen maschinell übergeben werden.
Planergebnisrechnung	Die Plandaten aus der Ergebnisrechnung können ebenfalls zur Vervollständigung der Planergebnisrechnung an die Buchhaltung übergeben werden. Dabei ist aber darauf zu achten, dass die Vorzeichen korrekt übergeben werden. Weiterhin kann die Kontenfindungslogik von Wertfeldern und Merkmalen aus CO-PA zu einzelnen Sachkonten in der Buchhaltung sehr komplex werden.
Anlagevermögen; Investitionsbudget	Zur Unterstützung der Veränderungen im Anlagevermögen sollten neben den Abschreibungen die Ergebnisse aus dem Investitionsbudget berücksichtigt werden. Hier existiert aber nur eine logische, keine technische Schnittstelle.
Vorratsvermögen; MM-Infosystem, PP-Langfristplanung	Zur Planung der Veränderungen im Vorratsvermögen können neben den Herstellkosten des Umsatzes (CO-PA) die Ergebnisse der PP-Langfristplanung in Bezug auf die simulierten Materialverbräuche genutzt werden. Darüber hinaus sind die Informationen im MM-Infosystem als geplante Einkaufsmengen und -werte in der Planung des Vorratsvermögens zu berücksichtigen. Auch in diesem Fall beruht die Integration auf einer logischen und keiner maschinellen Lösung.
Veränderungen der Forderungen	Die Veränderungen der Forderungen sollten unter Berücksichtigung der Planumsätze und der durchschnittlichen Zahlungsziele entweder aller Kunden oder einzelner Kundengruppen (Key-Accounts) ermittelt werden. Es gibt keine Funktionalität, die etwa aus den Kundenumsätzen der Vertriebsplanung im Modul CO-PA in Kombination mit den Zahlungsbedingungen Zahlungseingänge und damit Forderungsveränderungen errechnet. Hier wäre gegebenenfalls eine Extra-Programmierung vorzusehen.
Veränderung der Verbindlichkeiten	Die Veränderung der Verbindlichkeiten kann über die Beschaffungsmengen zu Einsatzstoffen des MM-Infosystems näherungsweise berechnet werden. Auch in diesem Fall sind die Zahlungsbedingungen der Lieferanten bzw. Lieferantengruppen aus den Stammsätzen der Lieferanten in die Planung einzubeziehen. Die Verbindlichkeiten, die sich aus der Beschaffung von Fremdleistungen oder anderer nicht in der Materialwirtschaft geführten Materialien ergeben und z. B. direkt in der Kostenstellenplanung als Aufwand geplant wurden, können nur über eine durchschnittliche Zahlungsbedingung in Zahlungsströme und Veränderungen von Verbindlichkeiten umgerechnet werden.

5.18 Durchführung und Anwendung der operativen Planung

5.18.1 Durchführung der operativen Planung

Die Implementierung eines integrierten operativen Planungsprozesses in SAP R/3 ermöglicht zwar die Umsetzung einer integrierten Planung, vollzieht sie aber nicht automatisch. Die Binsenweisheit, dass Software lediglich ein Werkzeug zur Unterstützung von Prozessen darstellt und nicht den Prozess als solchen bereits realisiert, macht sich auch bei einem integrierten Planungsprozess der operativen Planung bemerkbar. Aus diesem Grunde bedarf es einer guten organisatorischen Vorbereitung zur Durchführung des integrierten Planungsprozesses.

Planungsmanager

Einer der wichtigsten kritischen Erfolgsfaktoren ist dabei die Ernennung eines Planungsmanagers. Der Planungsmanager ist der »Kümmerer« des Planungsprozesses während der Durchführung. Er ist verantwortlich für die korrekte Durchführung des Planungsprozesses, so wie er zuvor konzipiert wurde. Er hat die Aufgabe, jederzeit den Überblick über den Stand des Planungsprozesses zu behalten. Es obliegt ihm, den Zeitplan für die Planung vorzugeben und dessen Einhaltung zu überwachen. Der Planungsmanager ist auch der zentrale Anlaufpunkt für alle Probleme und Fragen von Mitarbeitern, die während der Planungsphase entstehen.

Treten Schwierigkeiten in der Integration zwischen einzelnen Planungsschritten auf, so hat der Planungsmanager die Aufgabe, zwischen den betroffenen Organisationseinheiten zu vermitteln und schnelle Lösungen herbeizuführen. Dabei hat die Sicht des Prozesses immer Vorrang vor der Sichtweise der Abteilung bzw. der Funktion. So kommt es des öfteren zu Konflikten zwischen den konkurrierenden Zielen der Plangenauigkeit und der zur Verfügung stehenden Zeit. Je mehr in einem Planungsschritt die vorgegebene Zeit überschritten wird, um die Plandaten (scheinbar) noch genauer zu machen, umso mehr Zeit wird den nachfolgenden Planungsschritten genommen. In diesem Fall ist es die Aufgabe des Planungsmanagers, zwischen Plangenauigkeit und Einhaltung des Zeitplans abzuwägen und entsprechende Entscheidungen zu fällen.

Durch den Planungsmanager wird somit die integrierte Planung institutionalisiert. Jedem Mitarbeiter im Unternehmen wird auch im Organisationsdiagramm vor Augen geführt, dass der integrierte Planungsprozess eine zentrale Rolle im Unternehmen darstellt und nicht nur eine lästige zusätzliche Aufgabe ist. Der Planungsmanager sollte dabei über einen Eskalationspfad auch einen direkten Weg zur Geschäftsführung haben, um sich im Konfliktfall Unterstützung aus der obersten Managementebene holen zu können.

Die Person des Planungsmanagers muss dabei nicht mit der Person des Projektleiters zur Einführung des integrierten Planungsprozesses identisch sein. Gerade wenn der Planungsprozess schon zum wiederholten Male durchgeführt wird und das Planungsprojekt in seiner zyklischen Vorgehensweise »nur« noch mit der Optimierung des Prozesses beschäftigt ist, ist es sinnvoll, die Aufgaben des Planungsmanagers und des Projektleiters zur integrierten Planung zu trennen. Wird der integrierte Planungsprozess hingegen zum ersten Mal durchgeführt, so empfiehlt es sich, dem Projektleiter auch die Aufgabe des Planungsmanagers zu übertragen. Er, der Projektleiter, ist es, der bis zu diesem Zeitpunkt den Überblick über den integrierten Planungsprozess am besten verinnerlicht hat, und er ist es in der Regel auch, der in der Organisation am ehesten den Begriff der integrierten Planung personifiziert.

Kommunikation

Der zweite kritische Erfolgsfaktor ist die Kommunikation. An einem vollständig integrierten Planungsprozess sind sehr viele Mitarbeiter beteiligt. Nicht nur die Teammitglieder während der Projektarbeit zur Einführung der integrierten Planung beeinflussen den integrierten Planungsprozess, vielmehr trägt jeder Mitarbeiter im Unternehmen, der eine Planungsfunktion ausübt, dazu bei, dass die Integration des Prozesses auch erfolgreich umgesetzt wird.

Nur wenn aber den beteiligten Personen dieser integrierte Planungsprozess bekannt ist und ihnen verständlich gemacht wird, dass jeder Planungsschritt, ähnlich wie die Zahnräder in einem Uhrwerk, mit einem anderen Planungsschritt verbunden ist, und dass erst das Ergebnis des einen Planungsschrittes den Erfolg des nächsten ermöglicht, kann man auch erwarten, dass der Planungsprozess ernst genommen wird. Nur so kann ein Verständnis dafür entwickelt werden, dass die Einhaltung der vereinbarten Zeiträume zur Fertigstellung einzelner Planungsschritte für den Gesamterfolg der integrierten Planung besonders wichtig ist.

Aus diesem Grunde sollten der integrierte Planungsprozess, die entsprechenden Planungsschritte und der damit verbundene Zeitplan allen beteiligten Mitarbeitern vor Beginn der Planung vorgestellt werden. Bei derartigen Veranstaltungen ist nicht die exakte Darstellung der einzelnen Planungsschritte in den Mittelpunkt zu stellen, sondern die Vermittlung der Integration und die Darstellung der wechselseitigen Abhängigkeiten.

Das Ziel eines solchen Kommunikationsprozesses muss immer sein, in der Organisation des Unternehmens den Gedanken einer integrierten Planung sukzessive zu festigen. Ist dieses Ziel erst einmal erreicht, ist der erste wichtige Schritt zum Erfolg des integrierten Planungsprozesses bereits getan.

Allerdings kann die Akzeptanz der integrierten Planung in der Organisation auch immer auf Widerstände treffen. Man wird sich bei der Ausführung »seiner« Planungsprozesse nicht gerne in die Abhängigkeit anderer Planungsprozesse begeben wollen. Es wird immer wieder zu Argumenten kommen, dass man mit den Daten aus einem vorhergehenden Planungsschritt nichts anfangen könne, da diese Daten sowieso falsch seien. Das Beispiel aus Kapitel 3 zur Abstimmung zwischen Vertrieb und Produktion, in dem Betriebs- und Produktionsleiter der Meinung sind, eine Absatzmenge besser aus der Historie ableiten zu können als aus Daten der Vertriebsplanung, sei an dieser Stelle wieder in Erinnerung gerufen.

Einem Betriebsleiter, der die Möglichkeit einer qualitativ hochwertigen Vertriebsplanung bezweifelt, kann man entgegenhalten: Was soll sich der Vertrieb die Mühe einer genaueren Vertriebsplanung machen, wenn im nachfolgenden Planungsschritt der Produktionsplan diese Daten ignoriert und lieber ein Absatz aus der Historie prognostiziert wird? Hier ist Überzeugungsarbeit zu leisten. Diese Argumente kann man am besten widerlegen, indem eine erfolgreiche integrierte Planung durchgeführt wird und aus den Erfahrungen langsam die Erkenntnis wächst, dass man in einem Miteinander auf Dauer doch besser vorankommt als in einem Nebeneinander.

Schulung

Ein weiterer kritischer Erfolgsfaktor für die erfolgreiche Durchführung des integrierten Planungsprozesses ist die Schulung der Mitarbeiter. Es gilt, alle beteiligten Mitarbeiter adäquat in die Lage zu versetzen, jeweils ihren Part im integrierten Planungsprozess mit dem SAP R/3-System umsetzen zu können. Was nützt schließlich das beste Werkzeug, wenn man damit nicht gut umgehen kann?

Aus diesem Grund müssen für die Mitarbeiter der einzelnen Organisationseinheiten vor Beginn der Planung entsprechende Schulungen durchgeführt werden. Dabei steht nicht mehr die Darstellung des integrativen Charakters der einzelnen Planungsschritte im Vordergrund, sondern es sollte vielmehr das konkrete »Doing« in den einzelnen Organisationseinheiten vermittelt werden. Je nachdem, wie viele Mitarbeiter in einer Organisationseinheit von einer Schulungsmaßnahme betroffen sind, sollte man die Schulung direkt am Arbeitsplatz oder aber in separaten Schulungsseminaren durchführen.

Des Weiteren sollte darauf geachtet werden, dass zwischen den Schulungsmaßnahmen und dem Beginn des Planungsprozesses nicht zu viel Zeit liegt. Wenn neues Wissen nicht nach kurzer Zeit angewendet werden kann, wird es schnell wieder in Vergessenheit geraten.

Dokumentation

Darüber hinaus sollten im Vorfeld Schulungsunterlagen bzw. eine Dokumentation im Umgang mit SAP R/3 bezüglich der einzelnen Planungsschritte angefertigt werden. Dabei sollten die Dokumentationsunterlagen jeweils speziell auf die einzelnen Organisationseinheiten abgestimmt werden.

Bei der Erstellung der Dokumentation ist es wichtig, sich auf das Wesentliche zu konzentrieren und statt langer Beschreibungen lieber auf konkrete Bildschirmausdrucke zurückzugreifen. Wenn eine Mitarbeiterin oder ein Mitarbeiter während der Planungsphase ein Problem im Umgang mit SAP R/3 hat, wird sie/er kein Interesse daran haben, episch in die Länge gezogene Beschreibungen zu lesen. Vielmehr benötigt der Mitarbeiter eine konkrete und kurze Hilfestellung in Form von Bildschirmdarstellungen und so genannten »Enter-Klick-Beschreibungen«. In dieser Form der Funktionsbeschreibung wird die Durchführung einer Funktionalität im SAP R/3-System durch die Darstellung in einer Kette von Bildschirmmasken und Auflistungen illustriert, wie man von einem Bildschirm zum nächsten durch bestimmte Tasten oder Mausklicks gelangt. Die Erstellung derartiger Beschreibungen mag zwar im Vorfeld mühsam sein, wird sich aber im Umgang der Mitarbeiter mit dem Zeitdruck in der Planungsphase bezahlt machen.

Organisationsstrukturen

Ein letzter kritischer Erfolgsfaktor für eine erfolgreiche Durchführung der implementierten integrierten Planung beschäftigt sich mit den Organisationsstrukturen. Die Organisationsstrukturen im Unternehmen sind in Form von Organisationselementen auch im SAP R/3-System hinterlegt. In vielen Fällen stellen diese Organisationselemente wie Buchungskreise, Kostenrechnungskreise, Verkaufsorganisationen, Vertriebswege, Werke, Profit Center, Kostenstellen usw. Eckpfeiler in den Stammdaten des SAP R/3-Systems dar.

Natürlich sind die Ausprägungen dieser Organisationselemente »nicht in Stein gemeißelt« und unterliegen stetigen Veränderungen. Es können neue Buchungskreise geschaffen oder aber zusammengefasst, neue Kostenstellen angelegt, andere hingegen gesperrt werden. Auch die Organisation in Verkauf, Produktion und Einkauf kann Veränderungen unterliegen, die sich in entsprechenden Organisationseinheiten widerspiegeln.

Allerdings ist es für die erfolgreiche und zeitgerechte Durchführung des integrierten Planungsprozesses gerade in der operativen Planung wichtig, vor Beginn der Planung alle Veränderungen in den Organisationselementen, die für das folgende Geschäftsjahr Gültigkeit haben sollen, zu kennen und im SAP R/3-System hinterlegt zu haben.

Die Veränderung der Organisationsstruktur während der Planungsphase kann in einzelnen Planungsschritten zu erheblichen Problemen führen und hat entsprechende Konsequenzen. Bei starken Veränderungen in den Organisationselementen, z.B. in der Struktur der Kostenstellen, muss häufig darauf verzichtet werden, für die Planung Vorschlagswerte aus der Historie zu generieren. In diesen Fällen ist die Planung ohne Vorschlagswerte durchzuführen.

Es gibt fast keinen größeren »Planungs-GAU«, als wenn mitten in der Planungsphase die Struktur der Buchungskreise, Kostenstellen, Profit Center oder anderer Organisationselemente geändert wird. Soll die integrierte Planung dies berücksichtigen, gilt es, diese Veränderungen auf die bereits geplanten Daten anzuwenden und entsprechend umzustellen. Da hierfür in der Zeitplanung kein Raum vorgesehen ist, kommt der Planungsprozess in Bedrängnis, und er droht, mangels Zeit zu scheitern. Insbesondere wenn die Organisationsänderungen darauf hinauslaufen, die bestehende Organisation weiter zu differenzieren, kann dies nur in seltenen Fällen rechtzeitig in den laufenden Planungsprozess eingebunden werden. In diesem Fall gilt es, den Planungsprozess zunächst unter Vernachlässigung der Organisationsänderungen durchzuführen und gegebenenfalls nach Abschluss der Planung die Daten auf die neue Struktur umzustellen.

Derartige Organisationsänderungen werden in der Regel von der Geschäftsführung bzw. dem Top-Management getroffen. Hierbei ist diesem Personenkreis in aller Regel gar nicht bewusst, welche Konsequenzen diese Anpassungen für die laufenden Prozesse haben. Hier ist Aufklärungsarbeit zu leisten. Der Planungsmanager hat die Aufgabe, auch über den Promotor des Planungsprojektes (siehe Kapitel 3) darauf aufmerksam zu machen, dass die Anpassungen der Organisationsstrukturen bis zu Beginn der operativen Planung in die Organisation kommuniziert sein sollten.

Sicher wird sich die Geschäftsführung nur in den seltensten Fällen derart disziplinieren lassen, dass nach einer bestimmten Deadline keine Organisationsänderungen für das folgende Planjahr mehr getätigt werden. Gerade bei großen Umstrukturierungen, wie etwa Fusionen oder Verkäufen von Geschäftsfeldern, werden diese möglicherweise erst kurzfristig, nachdem die Verhandlungen abgeschlossen sind, kommuniziert werden können. Es ist aber wichtig, dass die Geschäftsführung darauf aufmerksam gemacht wird, dass entweder eine kurzfristige Umstrukturierung der Organisationselemente im Rahmen der integrierten operativen Planung nicht berücksichtigt werden kann oder aber mit zum Teil erheblichem Zeitverzug zu rechnen ist und somit der Fertigstellungstermin für die Planung revidiert werden muss.

Aus diesen Gründen sollte unter anderem in der Geschäftsführung angeregt werden, zu Beginn der Planungsphase z.B. zusammen mit dem Controlling Sitzungen einzuberufen, in denen mögliche Organisationsänderungen zusammengetragen und frühzeitig entschieden werden. Es wäre schließlich nicht das erste Mal, dass Organisationsänderungen erst während der Planungsphase bekannt gegeben werden, weil in der Geschäftsführung zuvor nicht daran gedacht wurde, diese Änderungsvorstellungen frühzeitig zu konkretisieren, zu beschließen und zu kommunizieren. Dies erfolgt nicht aus Unvermögen, sondern schlicht aus der Unkenntnis heraus, welche Probleme in der Umsetzung damit verbunden sein können.

Zeit- und Aufgabenplanung

Sind die kritischen Erfolgsfaktoren für eine erfolgreiche Durchführung des Planungsprozesses berücksichtigt, gilt es noch, die Durchführung selbst zu organisieren. Im Vordergrund steht dabei eine möglichst genaue Zeit- und Aufgabenplanung, in der beschrieben wird, welcher Planungsschritt bis wann fertig zu stellen ist sowie wer für welchen Planungsschritt die Verantwortung trägt und als Ansprechpartner fungiert.

Bei der Aufstellung des Zeit- und Aufgabenplans sollte zunächst darauf geachtet werden, dass nicht nur die technischen Schritte im Planungsablauf aufgeführt werden, wie etwa die Übergabe von Plandaten von einem SAP R/3-Modul an das nächste, sondern verstärkt organisatorische Schritte und Deadlines in den Zeitplan aufgenommen werden.

Es ist immer zu berücksichtigen, dass der integrierte Planungsprozess primär eine organisatorische und erst in zweiter Linie eine technische Aufgabe darstellt. Alle Iterationsschleifen sowie alle Abstimmungen, die in Form von Round-Table-Gesprächen durchgeführt werden, sind in die Liste der Aktivitäten aufzunehmen. Des Weiteren sollten alle Abhängigkeiten zwischen den Aktivitäten im Zeit- und Aufgabenplan zum Ausdruck kommen, in dem beispielsweise alle Aufgaben nummeriert und zu jeder Aufgabe die Aktivitäten aufgelistet werden, die beendet sein müssen, bevor diese Aufgabe durchgeführt werden kann.

Außerdem sollte im Zeit- und Aufgabenplan für jede Aktivität ein konkretes Datum gesetzt werden, wann mit der Aktivität begonnen und bis wann die Aktivität spätestens abgeschlossen sein muss. Es ist wichtig, einen genauen Zeitpunkt zu setzen. Bei organisatorischen Deadlines ist dabei neben der Angabe des Datums auch die Angabe einer Uhrzeit nicht übertrieben und zu empfehlen.

Weiterhin sollten die verantwortlichen Personen zu jeder Aktivität benannt werden. Die Nennung eines konkreten Namens ist dabei einer Nennung von Büros oder Abteilungen vorzuziehen, da auf diese Weise die Verantwortung konkretisiert wird und spätere Diskussionen, wer jetzt für eine Aktivität verantwortlich ist, entfallen. Je nach Organisationsform und -größe kann es sinnvoll sein, zwischen der Verantwortlichkeit und der Durchführung der Planungsaktivitäten zu differenzieren.

Werden in einer separaten Spalte ein Status und ein Termin der Fertigstellung einer Planungsaktivität dokumentiert, kann im anschließenden Prozess der Nachlese (siehe Abschnitt 3.2.5) leichter analysiert werden, an welchen Stellen im Planungsprozess die Zeitplanung mit der Realität nicht übereingestimmt hat. Darüber hinaus wird durch die Dokumentation des Planungsfortschritts für alle Beteiligten sichtbar, wie der Planungsprozess voranschreitet. Sie dient damit als aktives Kommunikationsmedium.

5.18.2 Anwendung der operativen Planung

Ein Kapitel zur integrierten operativen Planung wäre nicht vollständig, wenn es nicht die Frage beantwortet würde, wie die Ergebnisse dieser Planung anzuwenden sind.

Orientierungspunkt durch Plan-Ist-Vergleiche

Die Anwendung der Planergebnisse besteht immer in der Gegenüberstellung von Ist und Plan. Im Vergleich des tatsächlichen Geschehens mit dem Plan, der auch immer ein Ziel darstellt, kann beurteilt werden, ob diese selbst gesteckten Ziele erreicht oder verfehlt werden. Durch die Auseinandersetzung der aktuellen Situation mit dem Plan wird so eine Orientierung geschaffen. Dies gilt sowohl für die Unternehmensführung im Rahmen des Regelkreises zur Unternehmensführung (siehe Kapitel 1 und 6) als auch für die einzelnen Funktionsbereiche und Abteilungen durch Analyse der Plandaten aus der operativen Planung.

Diese Orientierung wiederum bietet in allen Bereichen des Unternehmens die Möglichkeit, Handlungsbedarfe frühzeitig zu erkennen, und fordert auf, entsprechende Gegenmaßnahmen einzuleiten, um die Planziele doch noch zu erreichen. Die Planung wird zu einem echten Steuerungsinstrument des Managements.

Ist die Planung konform mit der strategischen Zielsetzung des Unternehmens, wird auf diese Weise durch den integrierten und – im Rahmen der operativen Planung – detaillierten Planungsprozess die Strategie des Unternehmens für alle Teilbereiche des Unternehmens »greifbar«, was eine stärkere Identifikation mit dieser Strategie bewirkt.

Ist-Ist-Vergleich

In nicht wenigen Unternehmen wird zwar eine strategische und eine operative Planung, sei sie nun integriert oder nicht, durchgeführt. Deren Ergebnisse werden aber nicht dazu genutzt, regelmäßig die aktuelle Geschäftssituation mit diesen Plandaten abzugleichen. Vielmehr sucht man Orientierung, indem die aktuellen Istdaten mit Daten aus vergangenen Perioden verglichen werden. Diese »Rückwärtsbetrachtung« ist zwar nicht falsch, sollte aber gerade in einem wirtschaftlichen Umfeld, das sich immer schneller verändert, eher eine untergeordnete Rolle spielen.

Veränderung der Unternehmensführung

Nicht die Auseinandersetzung mit der Historie sollte im Mittelpunkt der Analyse stehen, sondern die Auseinandersetzung mit der Zukunft. Es gilt, anstehende Veränderungen im Umfeld zu erkennen bzw. zu prognostizieren, in Form einer Planung zu quantifizieren und sie dann auch mit dem Erreichten zu vergleichen. Nur dann hat eine Planung für ein Unternehmen auch einen praktischen Nutzen.

In der Konsequenz bedeutet dies, dass die Einführung eines integrierten Planungsprozesses gegebenenfalls auch eine Veränderung in der Unternehmensführung und in der Steuerung der einzelnen Unternehmensteile bewirken sollte. Die Einführung einer hoch integrierten operativen Planung ist ein anspruchsvolles Unterfangen, das nicht wenig Zeit und Geld beansprucht. Werden dann die Ergebnisse dieser Planung nicht durch die Analyse von Plan-Ist-Vergleichen konsequent angewendet, sollte man einen derartigen Prozess erst gar nicht einführen.

Detaillierungsebene

Ein Hauptaugenmerk bei der Anwendung von Plan-Ist-Vergleichen liegt in der Detaillierungsebene dieses Vergleichs. Ein Hauptargument für die Anwendung eines Ist-Ist-Vergleichs mit der Historie ist die Aussage, dass Plandaten und Istdaten in einem unterschiedlichen Detaillierungsgrad vorliegen und so eine detaillierte Analyse durch den Plan-Ist-Vergleich nicht möglich wäre.

Gerade an diesem Punkt setzt die integrierte Planung an. Indem die strategische Planung in Form einer operativen Planung konkretisiert und häufig auf dem gleichen Detaillierungsgrad vorgenommen wird, auf dem auch die Istdaten erfasst werden, ist ein konkreter Plan-Ist-Vergleich auf jeder Ebene möglich. Im Rahmen der operativen und dispositiven Planung wird dabei versucht, den Istprozess möglichst realistisch nachzubilden. Somit liegen dann Plan- und Istdaten nicht nur auf der gleichen Detailebene vor, sondern weisen auch eine ähnliche Integration auf. So werden die Daten auch aus der Sicht der Geschäftsprozesse miteinander vergleichbar.

Aufwand und Nutzen

Allerdings kann man dabei auch »des Guten zu viel tun«. Das Verhältnis zwischen Aufwand und Nutzen sollte immer beachtet werden. Je detaillierter die Planung durchgeführt wird, umso aufwändiger wird dieses Unterfangen. Es stellt sich auch die Frage, ob ein Plan-Ist-Vergleich auf der detailliertesten Ebene noch wirklich aussagekräftig ist. Diese Detaillierungsebenen in der Analyse von Plan-Ist-Vergleichen sollten auch bei der Durchführung des integrierten Planungsprozesses berücksichtigt werden. So kann es beispielsweise sinnvoll sein, im Rahmen der Vertriebsplanung Absätze und Umsätze auch auf der Ebene von Artikel/Kunden-Kombinationen durchzuführen. Dabei können aber die Absätze von C-Artikeln und C-Kunden in Form von Vorschlagswerten maschinell hochgerechnet oder prognostiziert werden. Dagegen sollte das Geschäft mit A-Kunden und A-Artikeln detailliert geplant bzw. überarbeitet werden.

Auf diese Weise werden der Aufwand in der Vertriebsplanung trotz der detaillierten Planungsebene auf ein erträgliches Maß reduziert und dennoch aussagekräftige Plan-Ist-Vergleiche auch auf detaillierter Ebene ermöglicht.

Wer plant, erhält Abweichungen

Wer Plan-Ist-Vergleiche durchführt, erhält nicht nur Abweichungen, er will sie sogar. Ein Plan-Ist-Vergleich ohne Abweichungen hat keinen Sinn. Denn nur über die Abweichung des Ist zum Plan ergeben sich Anhaltspunkte für Handlungsbedarfe im Unternehmen. Dieses Verständnis ist für die Nutzung der integrierten Planung elementar. Vielfach wird eine Abweichung als etwas Negatives angesehen. Man sieht sich genötigt, sich zu rechtfertigen. Es wird ein Schuldiger gesucht, der diese Abweichung zu verantworten hat.

Frühwarnsystem

Ist hingegen im Unternehmen eine abweichungstolerante Kultur gewachsen, wird die Abweichung aus einem Plan-Ist-Vergleich als Chance zur Verbesserung gesehen. Die Ermittlung von Planabweichungen dient in diesem Unternehmen bei regelmäßiger Durchführung als Frühwarnsystem, um ein Abgleiten des aktuellen Unternehmensgeschehens gegenüber der Unternehmensstrategie zu erkennen. Die Erfassung von Planabweichungen dient so als erstes Steuerungsinstrument im Unternehmen und bildet die Grundlage für Anpassungen in den Unternehmensprozessen.

Abweichung als Gütegrad der Planung

Darüber hinaus wird die Güte einer Planung häufig an der Höhe der Planabweichungen gemessen. Treten nur niedrige Planabweichungen auf, dann war die Planung gut. Starke Abweichungen werden durch eine schlechte Planung begründet. In der Konsequenz bedeutet dies, dass für eine Planabweichung nicht das tatsächliche Unternehmensgeschehen, sondern primär die Planung selbst ursächlich ist.

Mit dieser Argumentation macht man es sich aber zu leicht. Auf diese Weise wird jeglicher Handlungszwang in der Steuerung des Unternehmens unterdrückt, und die Planung verliert ihren Nutzen. Wenn eine Planung erst qualitativ gut und nutzbar ist, wenn sie mit dem Ist nahezu übereinstimmt und bei hohen Abweichungen »falsch« ist, dann ist die Planung unnötig. Aus einer Planung, die mit dem Ist übereinstimmt, können keine Erkenntnisse gewonnen werden.

Ein Plan (wie auch ein Ziel) sollte nicht verändert werden

Aus diesem Grunde sollte auch bei großen Planabweichungen eine einmal aufgestellte Planung nicht verändert werden. Wer aus den Planabweichungen nur folgert, wie er den Plan anzupassen hat, macht es sich ebenfalls zu leicht. Bei Planabweichungen gilt es nicht den Plan zu ändern; es muss vielmehr versucht werden, Maßnahmen einzuleiten, damit im Ist der Plan wieder erreicht werden kann. Wenn ein Plan und damit auch die Zielsetzung des Unternehmens leichtfertig angepasst wird, verliert er seine Funktion als Orientierungspunkt.

Eine Planung, die bei Abweichungen an die aktuelle Ist-Situation angepasst wird, wird letztlich immer erreicht werden. Diese Plananpassungen erinnern an ein Bogenschießen, bei dem zuerst der Pfeil abgeschossen wird und erst danach die Zielkreise um den abgeschossenen Pfeil gezogen werden. Zum Wesen eines Orientierungspunktes gehört es, dass er fixiert ist. Nur wenn die Planung unverändert bleibt, kann der regelmäßige Vergleich des Ist mit dem Plan ein Abbild davon geben, wo sich das Unternehmen augenblicklich befindet.

Hochrechnungen

Bei großen Planabweichungen ist anzuraten, auf der Grundlage der Istdaten und der Daten der integrierten Planung eine zusätzliche Hochrechnung zu erstellen. Da diese Planung auch auf den Daten der integrierten Planung basiert, muss hierzu nicht eine komplette neue Planungsintegration durchlaufen werden. Auf diese Weise wird ein zusätzlicher Orientierungspunkt geschaffen. Dieser neue Orientierungspunkt weist dann einen neuen realistischen Vorgabecharakter auf, ohne den ursprünglichen Plan völlig aus den Augen zu verlieren.

Allerdings besteht bei diesem Verfahren die Gefahr einer »Inflation der Pläne«. Es ist darauf zu achten, dass nicht jeder Funktionsbereich oder jede Organisationseinheit eigene Hochrechnungen erarbeitet, sodass eine Vielzahl von Planversionen existiert, sich am Ende niemand mehr auskennt und jeder den Plan heranzieht, der für ihn am günstigsten ist.

Analyse der Abweichungen

Im Mittelpunkt des Plan-Ist-Vergleichs steht aber nicht die Erstellung neuer Pläne, sondern die Analyse der Abweichungen des Ist zum Plan. Dazu bietet sich generell folgendes Vorgehen an:

1. **Ermittlung der Ursachen für die Planabweichungen**
   In der Analyse der Plan-Ist-Abweichungen ist die Ermittlung der Ursachen zunächst der wichtigste Schritt. Hierbei empfiehlt sich die Anwendung des Top-down-Verfahrens, bei dem erst auf aggregierter Ebene nach Abweichungen gesucht und dann in Form eines Drill-down diese Abweichung auf detaillierteren Ebenen konkretisiert wird.

   Häufig ist zu beobachten, dass für eine Planabweichung nicht nur eine Ursache, sondern ein ganzes Kaleidoskop an Ursachen vorliegt, die sich zum Teil auch gegenseitig beeinflussen. In diesem Fall ist es für die nachfolgenden Schritte wichtig, die einzelnen Einflussfaktoren für die Planabweichung zu erfassen und deren Höhe zu quantifizieren.
2. **Kategorisierung der Ursachen in Planungsirrtümer und unerwartete Ereignisse**
   Die Ursachen für eine Abweichung zwischen Plan und Ist lassen sich grundsätzlich in zwei Kategorien strukturieren.

   Planungsirrtümer

   Die eine Kategorie umfasst *Planungsirrtümer*. Hierzu gehören alle Fehler und irrigen Annahmen, die im Rahmen der Planung gemacht wurden. Folgende Beispiele seien hier genannt:

   - Einzelne Segmente (z.B. Absätze zu Artikeln oder Kunden in der Vertriebsplanung, Produktionsmengen in der Produktionsplanung, Projekte in der Investitionsplanung etc.) wurden nicht geplant.
   - Es wurde teilweise in falschen Mengeneinheiten, Währungseinheiten oder Umrechnungskursen geplant.
   - Es fand eine mangelhafte Stammdatenpflege statt, sodass z.B. Absätze und Umsätze falschen Organisationseinheiten zugeordnet wurden oder aufgrund einer schlechten Pflege von Rezepturen falsche Materialbedarfe und falsche Herstellkosten ermittelt wurden.
   - Es wurden Fehler im Rahmen der Integration gemacht, sodass Daten bei der Übergabe an nachfolgende Planungsschritte nicht oder falsch übergeben wurden.

- Externe Einflüsse, die zum Zeitpunkt der Planung bekannt waren, wurden nicht beachtet.

Allen Planungsirrtümern ist gemein, dass sie im Idealfall zum Zeitpunkt der Planung hätten vermieden werden können.

Unerwartete Ereignisse

Demgegenüber steht die Abweichungskategorie der *unerwarteten Ereignisse*. Zu den unerwarteten Ereignissen gehören alle Umstände, die zum Zeitpunkt der Planung nicht vorhersehbar waren. Hierzu zählen sowohl beeinflussbare als auch weniger beeinflussbare Ereignisse, wie zum Beispiel die folgenden:

- Kurzfristiger Absatz- oder Preiseinbruch auf einzelnen Vertriebsmärkten
- Unerwartete Verteuerung von Rohstoffen oder Energien aufgrund von Verknappung
- Starke Wechselkurseinflüsse
- Naturkatastrophen in Absatzmärkten oder in Produktionsstätten
- Ausfall von Produktionsanlagen
- Unerwartete Entwicklung der Personalkosten oder Streiks
- Zusätzliche Aufwände auf Kostenstellen oder Investitionsprojekten

Diese Ursachen für Abweichungen haben alle den Begriff »unerwartet« gemeinsam. Das bedeutet, dass bei diesen Abweichungen kein handwerklicher Irrtum in der Plandurchführung gemacht wurde, sondern dass es sich um Ereignisse handelt, die als Planungsprämisse nicht vorhersehbar waren.

Die Kategorisierung der Ursachen ist für die nachfolgenden Schritte in der Analyse des Plan-Ist-Vergleichs wichtig, da je nach Kategorie andere Schlussfolgerungen zu ziehen sind.

3. **Dokumentation der Planabweichungen**
Die Dokumentation sämtlicher Planabweichungen ist elementar und scheinbar selbstverständlich. Doch häufig besteht die Tendenz, einzelne Planabweichungen nicht schriftlich festzuhalten und so quasi unter der Hand weiterzugeben. Dies kann zur Folge haben, dass Differenzen zwischen Plan und Ist nicht klar erkennbar sind. Dies führt dazu, dass die Berichterstattung angezweifelt wird. Um dies zu vermeiden, wird dann nicht selten der oben beschriebene Weg eingeschlagen, den Plan zu korrigieren.

Wenn hingegen alle Ursachen für Planabweichungen klar dokumentiert und transparent in der Berichterstattung als Erläuterung zum Plan-

Ist-Vergleich beigefügt werden, sinkt der Druck, den Plan anpassen zu müssen. Wenn alle Ursachen erklärt werden können, ist die Berichterstattung in sich stimmig und wird akzeptiert.

Voraussetzung ist natürlich die Entwicklung einer Unternehmenskultur, die es erlaubt zu dokumentieren, dass im Rahmen der Planung Irrtümer erfolgt sind.

4. **Analyse der Planungsirrtümer**

   In der Analyse der Planungsirrtümer gilt es nun, Wege zu finden, diese Irrtümer im Rahmen der nächsten Planung zu vermeiden. Hier ist regelmäßig die Frage zu stellen, warum dieser Irrtum aufgetreten ist und was getan werden kann, um den Fehler in der Zukunft zu vermeiden.

   Handelt es sich um einzelne Planungssegmente, die zu planen schlicht vergessen wurde, so ist die Behebung dieses Planungsirrtums recht einfach. Bei der Ausmerzung von Stammdatenfehlern wird dies schon schwieriger. Sind die Fehler massiv, so sollte die Aufstellung eines gesonderten Teams erwogen werden, durch das zentral für eine Bereinigung der Stammdatenfehler gesorgt wird.

   Fehler, die aufgrund von falschem Handling durch Mitarbeiter aufgetreten sind, lassen sich durch zusätzliche Schulungen für die Zukunft weiter einschränken. Wird schließlich ein Fehler in der Konzeption erkannt, so ist diese vor Beginn der neuen Planungsrunde zu überarbeiten. Die Ergebnisse der Analyse von Planungsirrtümern sollte auch direkt an das Projektteam zur Einführung der integrierten Planung weitergeleitet werden. So kann in der Projektphase der Nachlese (siehe Kapitel 3) auf diese Irrtümer direkt eingegangen werden.

5. **Analyse der unerwarteten Ereignisse**

   Bei der Analyse der unerwarteten Ereignisse stehen zwei Aspekte im Vordergrund: die Einleitung von Gegenmaßnahmen und die Entwicklung von Strategien zu Absicherung derartiger Ereignisse in der Zukunft.

   Gegenmaßnahmen

   Ist ein unerwartetes Ereignis mit der Folge eingetreten, dass signifikante Abweichungen im Ist gegenüber dem Plan und damit gegenüber der Zielsetzung eintreten, so ist bei einer aktiven Unternehmenssteuerung nach Maßnahmen zu suchen, die dazu dienen, dieses Ereignis zu neutralisieren.

   Diese Maßnahmen können dabei je nach Ereignis von unterschiedlichster Natur sein. Dabei sollten die zur Verfügung stehenden Maßnahmen hinsichtlich ihrer Durchsetzungskraft, ihrer Reaktionszeit und etwaiger Wechselwirkungen bewertet werden:

- Beim Einbruch in Vertriebsmärkten könnten verstärkte Werbemaßnahmen oder Preisanpassungen probate Mittel sein.
- Zum Ausgleich der negativen Einflüsse durch Ausfälle in Produktionsanlagen, Verknappung von Rohstoffen oder Naturkatastrophen könnte eine Verschiebung von Produktionskapazitäten auf andere Standorte, ein Wechsel des Produktionsverfahrens oder der Zukauf von Handelswaren nützlich sein.
- Erhöhte Personalkosten oder andere zusätzliche Aufwände auf Kostenstellen oder in Investitionsprojekten könnten durch eine verstärkte Budgetüberwachung oder Einstellungsstopps unter Kontrolle gebracht werden.

Verwandlung von unerwarteten in erwartete Ereignisse

Zusätzlich sollte eine Strategie erarbeitet werden, wie ein unerwartetes Ereignis zukünftig in ein erwartetes Ereignis verwandelt werden kann. Natürlich wird man Naturkatastrophen nicht vorhersehen können. Vielleicht aber können entsprechende Versicherungen abgeschlossen werden, die beim Ausfall von Produktionsanlagen den sich daraus ergebenden Schaden minimieren helfen. Die Risiken von Wechselkursschwankungen könnten auf dem Finanzmarkt durch Sicherungsgeschäfte abgesichert werden.

Bei näherer Betrachtung bestehen auch für unbeeinflussbare und unvorhersehbare Ereignisse Möglichkeiten, sich gegen derartige Schäden für die Zukunft abzusichern. So wird das Ereignis zwar nicht planbar, aber die Auswirkungen werden abgeschwächt. Andere zunächst unerwartete Ereignisse können durch zusätzliche Informationen für die Zukunft planbar gemacht werden. So ist zum Beispiel zu erwägen, auf unsicheren Absatzmärkten verstärkt Martkforschungsstudien durchführen zu lassen, um bereits früh auf etwaige Veränderungen im Kundenverhalten reagieren zu können.

6. **Aktuelle Hochrechnung**
   Auf der Basis der Istdaten und der Daten aus der integrierten Planung kann eine Hochrechnung für den Rest des Geschäftsjahres angefertigt werden. Dabei sollten auch die Ergebnisse aus den Analysen der Planungsirrtümer und der unerwarteten Ereignisse einfließen. Die Maßnahmen, die negative Ereignisse neutralisieren sollen, sind dabei entsprechend zu quantifizieren. Eine neue Hochrechnung sollte aber nur dann angefertigt werden, wenn die Planabweichungen eine bestimmte Größe überschritten haben.

Durch die Anwendung einer derartigen Vorgehensweise durchläuft nicht nur der Planungsprozess einen Lernprozess, in dem Planungsirrtümer nach und nach ausgemerzt werden, sondern auch das Unternehmen selbst nutzt die Erfahrung aus der Auseinandersetzung mit der Zukunft dazu, nach und nach die Anzahl der unerwarteten Ereignisse zu minimieren.

Betrachtet man diesen Lernprozess, so sieht man, dass in jeder Phase der bestehende Ablauf kontinuierlich verbessert werden kann. Voraussetzung dafür sind eine offene Unternehmens- und Lernkultur, die Fehler zulässt, und das Bestreben, besser zu werden und mit dem Erreichten nicht zufrieden zu sein. Die Chance der Planung liegt in der Bereitschaft und Möglichkeit, mit Abstand zu analysieren, Symptome zu erkennen, in einer sauberen Diagnose die Ursachen herauszuarbeiten und letztlich in einer daraus abgeleiteten Therapie an der Wurzel der Probleme anzusetzen. Sie ist ein systematisches Handeln, das zu einer Entwicklung des Unternehmens und im Unternehmen führt.

6 Strategische Planung mit SAP R/3

Welche Möglichkeiten zur Unterstützung der strategischen Planung stehen im SAP R/3-System zur Verfügung? Wie kann eine Integration und – viel wichtiger – wie kann die Abstimmung zwischen der operativen Planung und der strategischen Planung erfolgen?

6.1 Strategische Planung und Abgrenzung zur operativen Planung

Definition der strategischen Planung

Die strategische Planung befasst sich mit den Zielen und der grundsätzlichen Ausrichtung eines Unternehmens. Dabei werden neben der Zielsetzung und der gewünschten Positionierung am Markt Maßnahmen definiert, wie diese Zielsetzungen erreicht werden können.

In der strategischen Planung werden dabei weitaus mehr externe Faktoren berücksichtigt, als dies etwa in der operativen Planung der Fall ist. Während die operative Planung einen Schwerpunkt in der Planung von unternehmensinternen Abläufen und deren wirtschaftlicher Bewertung bildet, wird in der strategischen Planung das eigene Unternehmen im Zusammenhang mit unternehmensexternen Beziehungen zu Kunden, Lieferanten, Wettbewerbern und dem Staat gesehen.

Unterschiede zwischen strategischer und operativer Planung

Die strategische Planung weist daher einen ganzen anderen Fokus auf als die operative Planung und befasst sich mehr mit der grundsätzlichen Fragestellung, was das Unternehmen in der Zukunft am besten leisten und wie es sich im Verhältnis zu seinen Partnern auf den Märkten positionieren soll. In der operativen Planung sind diese Fragestellungen bereits beantwortet; es geht hierbei primär um die Frage, wie die gewählte Ausrichtung des Unternehmens möglichst optimal umgesetzt werden kann.

Zusammenfassend kann der Unterschied zwischen der strategischen Planung und der operativen Planung in einem Satz beschrieben werden: Die strategische Planung befasst sich mit der Aufgabe, *die richtigen Dinge zu tun*, während die operative Planung die Aufgabe die hat, *die Dinge richtig zu tun*.

Methoden der strategischen Planung

Die Methoden zur Unterstützung der strategischen Planung sind dabei von vielfältiger Natur und beziehen sich primär auf die Beziehungen zwischen den Marktteilnehmern und dem eigenen Unternehmen. Abbildung 6.1 stellt die Wechselbeziehungen zwischen Marktteilnehmern und einem Unternehmen grafisch dar.

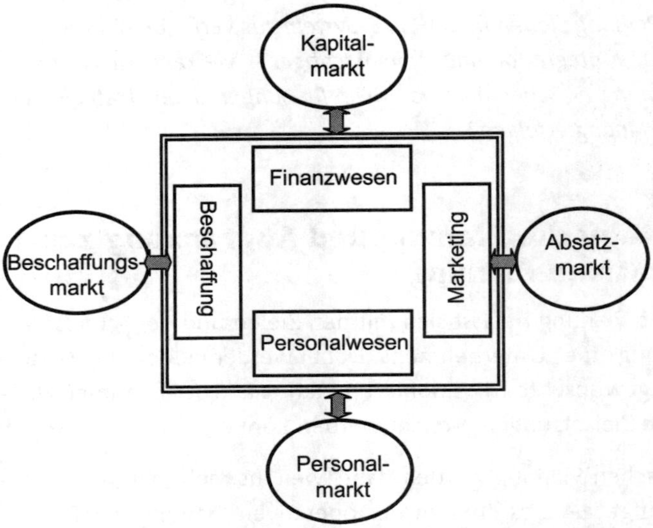

Abbildung 6.1 Wechselbeziehungen des Unternehmens an den Märkten

Über Marktstudien, Benchmark-Studien und/oder externe Datenbankanbieter werden hierbei zunächst Daten über die Marktteilnehmer, also Kunden, Wettbewerber und Lieferanten, gesammelt. Im zweiten Schritt werden im Rahmen einer Stärken-Schwächen-Analyse die wichtigsten Kriterien für einen Erfolg auf den verschiedenen Märkten erarbeitet, um dann zu definieren, wie gut oder schlecht das eigene Unternehmen diese Kriterien erfüllt. In einem weiteren Schritt werden über Portfolio-Analysen die eigenen Stärken und Schwächen ins Verhältnis zu den wichtigsten Wettbewerbern gesetzt und das Unternehmen so im Markt positioniert. Über die Analyse der Marktstudien kann darüber hinaus die zukünftige Entwicklung der Kunden- und Lieferantenmärkte abgeschätzt werden.

Auf der Basis dieser Analysen erfolgt dann der strategische Ansatz mit der gewünschten zukünftigen Positionierung des Unternehmens. Mit Hilfe der eben grob angegebenen analytischen Methoden kann die gegenwärtige Positionierung des Unternehmens ermittelt und abgeschätzt werden, wie sich die Entwicklung *ceteris paribus* fortsetzen wird. Die Fragen, wie sich das Unternehmen zukünftig ausrichten möchte, ob – und wenn ja, wie – eine Umpositionierung des Unternehmens erfolgen soll, kann diese Analysen nur in Ansätzen beantworten.

Letztlich basieren die Entscheidungen zur strategischen Grundausrichtung auf dem unternehmerischen Willen, bestimmte Ziele zu definieren und geeignete Maßnahmen zu ergreifen, um diese Ziele auch zu erreichen. Das Ergebnis der strategischen Planung besteht daher zunächst im Wesentlichen darin, die Ziele des Unternehmens zu definieren, diese schriftlich festzuhalten und im gesamten Unternehmen zu kommunizieren, sodass die Ziele im Unternehmen auch »gelebt« werden.

Ziele und Maßnahmen

Die Festlegung der strategischen Ziele hat aber nur einen Sinn, wenn in der gleichen Form vom Management geeignete Maßnahmen definiert werden, um diese Ziele auch erreichen zu können. Auch diese Maßnahmen müssen klar beschrieben sein, im Unternehmen kommuniziert werden und auf die jeweiligen Abteilungen oder Prozessverantwortlichen heruntergebrochen werden.

Zur Definition von strategischen Zielen gehört aber auch die periodische Überprüfung, ob die Ziele erreicht wurden. Was nützt jegliche Form von Zieldefinition, wenn keine Überprüfung stattfindet, wie es um die Zielerreichung steht?

Kennzahlen zur Messung der Zielerreichung

Damit eine Überprüfung von strategischen Zielen überhaupt möglich wird, müssen diese Ziele in einer Art definiert werden, dass sie in Form von Kennzahlen im Ist gemessen werden können. Dabei ist es wichtig, dass klar definiert wird, wie die Erfassung der Messgrößen erfolgt, und dass diese Definitionen nicht fortwährend verändert werden. Außerdem sollten nicht zu viele Messgrößen definiert werden; vielmehr Wert sollte darauf gelegt werden, weniger Kennzahlen zu definieren, aber dafür die richtigen, d.h. die wesentlichen Kennzahlen für das jeweilige Unternehmen. Auf diese Weise lässt sich ein Kennzahlenkatalog zusammenstellen, mit dem im Idealfall regelmäßig und schnell die aktuelle Position des Unternehmens im Vergleich zur Zielsetzung überprüft werden kann.

Balanced Scorecard

In der aktuellen Betriebswirtschaft sind in diesem Zusammenhang so genannte *Balanced Scorecards* in aller Munde, ein Konzept, das den Gedanken des ausgewählten Kennzahlenkatalogs mit der strategischen Analyse verbindet. Abbildung 6.2 zeigt beispielhaft, wie eine Ausprägung einer Balanced Scorecard aussehen könnte.

Hierbei werden jeweils Kennzahlen aufgestellt, die sich an den für das jeweilige Unternehmen wichtigsten Beziehungen und Prozessen mit Marktteilnehmern orientieren. Dabei können diese so genannten Sichten der Balanced Scorecard bei jedem Unternehmen anders ausgeprägt sein. Auch ist die Auswahl und Definition der Kennzahlen für jedes Unterneh-

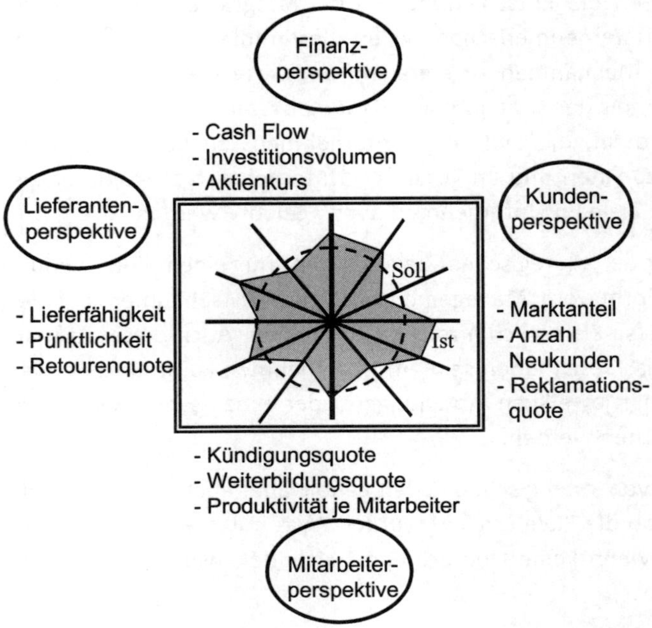

Abbildung 6.2 Beispiel für eine Balanced Scorecard

men individuell zu treffen. In diesem Zusammenhang spielt neben der sorgfältigen Auswahl der Kennzahlen aus den für das jeweilige Unternehmen essentiellen Perspektiven die Aufstellung von Ursachen/Wirkungsketten zwischen diesen Kennzahlen eine wesentliche Rolle. In diesen Ursachen/Wirkungsketten werden die ausgewählten Kennzahlen hinsichtlich der Beeinflussung anderer Kennzahlen und der Erreichbarkeit übergeordneter strategischer Ziele gesetzt. Hiermit soll deutlich gemacht werden, welchen Einfluss eine bestimmte Kennzahl über das aufgestellte Beziehungsgeflecht letztlich auf die Erreichung der Unternehmensstrategie hat. Als weiterführende Literatur sei auf Kaplan/Norton, »Balanced Scorecard – Strategien erfolgreich umsetzen«, verwiesen, die mit ihrem Werk die Grundlage für die heutige Anwendung der Balanced Scorecards geschaffen haben.

Regelkreis der Unternehmensführung

Auf der Basis der Definition von Unternehmenszielen, von Maßnahmen zur Erreichung dieser Ziele und der Kontrolle, ob diese Ziele auch erreicht werden, kann nun mit der Anpassung der strategischen Ziele der Regelkreis zur Unternehmensführung (siehe Abbildung 6.3) geschlossen werden.

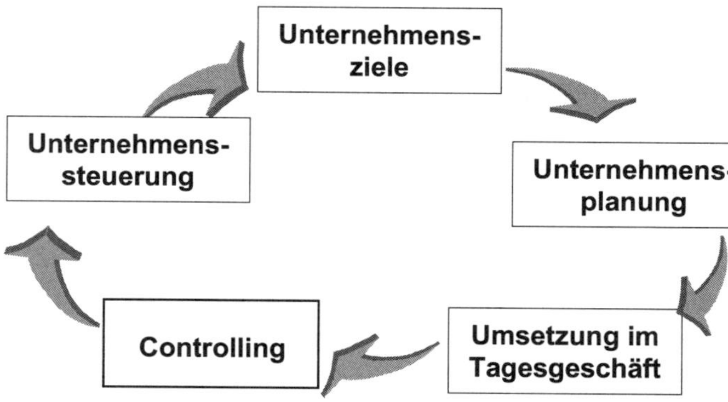

Abbildung 6.3 Regelkreis der Unternehmensführung

Auf der Grundlage des Vergleichs der Unternehmensziele und der erreichten Ergebnisse erfolgt ständig die Rückkoppelung, ob das Unternehmen »auf dem richtigen Wege« ist. Hier wird die Frage beantwortet, ob die Entscheidungen zu den »richtigen Dingen« auch mit den Umsetzungsmethoden übereinstimmen und beide erfolgreich ineinandergreifen. Können dabei die strategischen Ziele nicht dauerhaft in der operativen Umsetzung erreicht werden, so müssen als Konsequenz die strategischen Ziele, die Maßnahmen zur Erreichung der Ziele und/oder die Abläufe und Organisationen bei der operativen Umsetzung verändert werden.

Eine Unterstützung des Managements bei der Definition der strategischen Planung im Sinne der oben beschriebenen Analysen und Positionierungsmöglichkeiten gibt es in den klassischen SAP R/3-Modulen nicht. Hier setzen die New-Dimension-Produkte an, die über mySAP SEM (Strategic Enterprise Management) in Verbindung mit SAP BW (Business Information Warehouse) eine maschinelle Unterstützung in diesem Bereich anbieten (siehe Abschnitt 6.2 und 6.3). Im klassischen SAP R/3-System bietet sich über das SAP R/3-Modul CO-PA (Controlling – Profitability Analysis) lediglich die Erstellung einer Top-down-Planergebnisrechnung an, wie sie in Abschnitt 6.4 beschrieben wird.

Eine besondere Bedeutung besteht darüber hinaus in Bezug auf die Integration zwischen strategischer und operativer Planung in der Abstimmung zwischen einer bottom-up-orientierten Planergebnisrechnung der operativen Planung und einer Top-down-Planergebnisrechnung (siehe Abschnitt 6.5).

6.2 Strategische Planung mit SAP SEM

Was ist SAP SEM?

Mit SAP SEM (Strategic Enterprise Management) hat SAP ein Produkt geschaffen, das die unterschiedlichen Aufgaben und Funktionen einer strategischen Unternehmensführung aktiv und flexibel unterstützt.

Zu diesen Aufgaben zählt unter anderem die Aufstellung der Geschäftsstrategie auf unterschiedlichen Ebenen, wie etwa für das Gesamtunternehmen in Form eines Unternehmens-Portfolios oder auch für einzelne Geschäftsbereiche in Form unabhängiger Strategiepläne. Bei der Definition und Aufstellung von Geschäftsstrategien ist die individuelle Gestaltung von Datenmodellen, Geschäftszenarien und Risikoparametern in den Vordergrund zu stellen. Mit diesen Tools kann für jedes Unternehmen individuell die Ausgestaltung der Unternehmensstrategie erarbeitet werden.

Weiterhin steht die Flexibilität in der Veränderbarkeit der Geschäftsmodellierung, der Datenanpassung und der schnellen Simulation von alternativen Szenarien im Mittelpunkt der Anwendung von SAP SEM. Während in einem klassischen SAP R/3-System, etwa mit dem Modul CO-PA, Simulationsrechnungen aufgrund des detaillierten aber umfangreichen Datenvolumens zum Teil recht träge verlaufen können, besitzt SAP SEM aufgrund seiner unabhängigen Datenhaltung und spezieller Funktionen seine Stärken.

Damit die Einführung von SAP SEM möglichst einfach erfolgen kann, werden von SAP gebrauchsfertige Templates für branchenorientierte Strategiepläne, Modellierungen und Simulationen, Unternehmensplanungsmodelle, Kennzahlen und Leistungsindikatoren ausgeliefert. Sofern diese Templates nicht direkt übernommen werden können, kann die Modellierung über eine Kopie und individuelle Anpassung deutlich vereinfacht werden. Auf diese Weise steht dem Anwender sowohl eine Reihe fertiger Lösungen als auch ein Modellierungstool mit umfangreicher Funktionalität zur Verfügung.

SAP SEM und SAP BW

SAP SEM wird unabhängig vom klassischen SAP R/3-System vertrieben und ist eng an die Data-Warehouse-Lösung von SAP (SAP BW, *SAP Business Information Warehouse*) gekoppelt. Eine Nutzung von SAP SEM ohne SAP BW ist nicht möglich. Beide Systeme nutzen die gleichen Metadaten, die gleichen komplexen Strukturen, und darüber hinaus werden alle Daten des SAP SEM im SAP Data-Warehouse gespeichert. Dies bedeutet, dass der Aufbau eines Data-Warehouse-Systems die Grundlage für alle weiteren Funktionen darstellt. Sofern nicht auf die von SAP vordefinierten Modelle zurückgegriffen wird, gilt es im Hinblick auf die Bedürfnisse einer strategischen Planung, Sorgfalt bei der Definition der Data-Warehouse-Modelle walten zu lassen.

Ein SAP BW wird in der Regel nicht primär für eine SAP SEM-Anwendung aufgebaut, sondern dient zunächst als detaillierte Informationsquelle für alle Arten von Unternehmensdaten. In diesem Zusammenhang werden bei der Modellierung häufig nur die Berichtsbedürfnisse und eine daraus performanceoptimierte Datenhaltung berücksichtigt. Hierbei kommt es nicht selten vor, dass die flexiblen Bedürfnisse, die mit Strategic Enterprise Management verbunden sind, zunächst, wenn auch ungewollt, vernachlässigt werden. Abschnitt 6.3 befasst sich in diesem Zusammenhang mit dem grundlegenden Aufbau eines SAP Business Information Warehouse.

Funktionen von SAP SEM

Die wesentlichen Funktionen des Strategic Enterprise Management lassen sich in fünf Gruppen strukturieren:

- **Business Planning and Simulation**
  In dieser Gruppe sind alle Funktionen zur Planung und Simulation auf unterschiedlichen Detaillierungsebenen zusammengefasst. Diese Ebenen können dabei frei definiert werden, sodass sowohl auf strategischer als auch auf operativer Ebene bzw. auf beiden Ebenen geplant werden kann. Weiterhin unterstützen die Planungsfunktionen zahlreiche Dimensionen, die neben den grundlegenden Dimensionen *Zeit* und *Einheit* bzw. *Währung* alle verschiedenen Organisationsstrukturen, Kunden- oder Artikelsichten umfassen können. Über die Planungs- und Simulationsfunktionen können dynamische und lineare Geschäftsmodelle, die Planung, Modellierung und Simulation verschiedener Geschäftsszenarien unter Berücksichtigung eventueller Risiken sowie entsprechende Zuordnungen von Ressourcen und Verantwortlichkeiten abgebildet werden.
- **Konsolidierung**
  Diese Funktionen unterstützen die Konsolidierung sowohl im internen als auch im externen Rechnungswesen. Zu ihrem Funktionsumfang gehören automatisierte Korrekturbuchungen und Allokationen, Währungsumrechnungen zwischen beteiligten Unternehmen, Konzernaufrechnungen sowie Kapitalkonsolidierungen. Dabei kann die Konsolidierung auf der Grundlage individueller Verfahren oder aber nach national gültigen Rechnungslegungsvorschriften (z.B. HGB) bzw. international gültigen Rechnungslegungsvorschriften (z.B. IAS oder U.S. GAAP) durchgeführt werden.

- **Corporate Performance Monitoring**
  Die Funktionen des Corporate Performance Monitoring unterstützen bei der Definition, Analyse, Visualisierung und Interpretation von Unternehmenskennzahlen. Dabei stehen insbesondere zahlreiche Techniken zur Visualisierung zur Verfügung, um übersichtlich und schnell eine aktuelle Unternehmensanalyse darstellen zu können. Als wesentliche Funktionen sind in diesem Zusammenhang die Aufstellung von Balanced Scorecards, Werttreiberbäumen als Ursache/Wirkungskette sowie so genannter Management Cockpit-Szenarien, in denen individuell abgestimmte Kennzahlen speziell visualisiert werden, zu nennen.
- **Business Information Collection**
  In dieser Gruppe sind Funktionen zusammengefasst, die das automatische Sammeln von Wirtschaftsdaten unterstützen. Hierbei kann sowohl auf strukturierte als auch unstrukturierte Informationen (wie z. B. Texte) aus internen und externen Datenquellen zurückgegriffen werden. Diese Funktionen unterstützen beispielsweise das maschinelle Suchen im Internet nach Informationen zu relevanten Wirtschaftsdaten wie etwa aktuellen Marktdaten sowie nach Informationen zu Wettbewerbern oder Key-Account-Kunden. Weiterhin gehören Funktionen zur Bearbeitung, Strukturierung und Verteilung der gefundenen Informationen zum Umfang der Business Information Collection.

  Gerade die strategische Planung basiert viel mehr als alle anderen Planungsformen auf diesen externen Informationen, da nur so die Stellung des jeweiligen Unternehmens im Marktumfeld und somit die strategischen Chancen und Risiken richtig eingeschätzt werden können.
- **Stakeholder Relationship Management**
  Diese letzte Gruppe von Funktionen im SEM dient zur Informationsbereitstellung aus der Unternehmensstrategie an externe Kapitalgeber wie Banken, Investmenthäuser oder Aktionäre. Hier stehen Funktionen zur Verfügung, mit denen automatische Mailingaktionen gesteuert oder auch einfache webgestützte so genannte *Stakeholder-Portale* unterstützt werden. Letztlich dienen die Funktionen aber nicht nur dazu, Informationen aus dem Unternehmen gezielt zu verteilen, sondern auch dazu, Feedback-Informationen der externen Kapitalgeber zu sammeln.

In der weiteren Betrachtung einer strategischen Planung mit SEM stehen insbesondere die Funktionen der Gruppe *Business Planning and Simulation* und des *Corporate Performance Monitoring* im Mittelpunkt. Während über die Funktionen der Planung und Simulation die Geschäftsstrategien zunächst einmal aufgestellt werden, erfolgt über das Corporate Performance Monitoring die Rückkoppelung zwischen der Planung und der effektiven Geschäftstätigkeit. Auf diese Weise kann der unter Abschnitt 6.1 dargestellte Regelkreis der Unternehmensführung umgesetzt werden.

Funktionen Planung & Simulation

Der Planungsprozess, der mit den Funktionen Planung & Simulation im Umfeld des SAP SEM aufgebaut wurde, ist zwar nicht speziell an der Umsetzung nur einer strategischen Planung orientiert, wird aber gerade in diesem Bereich seine größten Vorteile erzielen. Dieser Planungsprozess entwickelt sich dabei weg von den eher statischen Abläufen und Zyklen der operativen Planung, die in ihrer hohen Komplexität alle erdenklichen Abhängigkeiten aufweisen und sehr detaillierte Ergebnisse widerspiegeln, aber hinsichtlich Flexibilität und schneller Veränderbarkeit des Planungsmodells schwerfällig sind. Im Mittelpunkt steht vielmehr die Entwicklung einer gröberen, aber dafür sehr flexiblen Planungsstruktur.

Datenmodellierung

Grundlage für die Planung im SAP SEM bildet eine Modellierung einzelner Geschäftspläne. Dabei wird auf die Modellierungstechniken des SAP BW zurückgegriffen, in denen Kennzahlen und Merkmale zu mehrdimensionalen Datenräumen aufgebaut werden. Dabei werden zusätzlich Beziehungen zwischen den einzelnen Merkmalen und Kennzahlen abgebildet. Zur genaueren Beschreibung eines Datenmodells mit SAP BW sei auf Abschnitt 6.3 verwiesen.

Im Rahmen der Datenmodellierung können beispielsweise zunächst unterschiedliche Planbereiche wie etwa Ergebnisplan, Kostenstellenplan, Bilanzplanung etc. aufgebaut werden. In einem zweiten Schritt werden dann Beziehungen und betriebswirtschaftliche Abhängigkeiten zwischen den Elementen dieser Planbereiche eingerichtet. So bedeutet beispielsweise die Veränderung des Gewinns im Ergebnisplan, dass der Saldo der GuV in der Bilanzplanung sich ebenfalls entsprechend anpassen muss.

Eine weitere Ebene der Modellierung bilden die verschiedenen Merkmale aus. Mit den Merkmalen werden die Organisationsstrukturen und relevanten Marktbereiche für die Unternehmensplanung im SEM strukturiert. Dabei werden die Merkmale in einzelne Dimensionen untergliedert, wobei die einzelnen Dimensionen eines Datenmodells untereinander unabhängig sind. Hingegen stehen die Merkmale innerhalb einer Dimension in einer hierarchischen Beziehung zueinander. So sind beispielsweise die Merkmale »Kundensegment« und »Produktgruppe« weitgehend unabhängig voneinander zu sehen und somit in jeweils eigenen Dimensionen zu modellieren. Hingegen gehören die Merkmale »Produktgruppe«

und »Artikelnummer« in die gleiche Dimension, wobei das Merkmal »Produktgruppe« dem Merkmal »Artikel« hierarchisch übergeordnet wird.

Planversionen Über eine weitere Planungsdimension ist die Verwaltung unterschiedlicher Planungs- und Simulationszenarien in Form von separaten Planversionen möglich. Hierbei unterscheidet sich dieser Ansatz im SAP SEM nur wenig von der Verwaltung mehrerer Planversionen im klassischen SAP R/3-System.

Währungen Darüber hinaus besteht die Möglichkeit, die Daten zur strategischen Planung in unterschiedlichen Währungen zu erfassen. So ist etwa die Planung einmal in der Hauswährung einer juristischen Einheit und parallel dazu in einer abweichenden Konzernwährung möglich. Über im System hinterlegte Währungskurstabellen können die Daten dynamisch in unterschiedliche Währungen umgerechnet werden.

Integration mit SEM Nach der Erstellung der Datenmodelle für die strategische Planung gilt es, um auch in diesem Zusammenhang im Gedanken einer integrierten Planung zu bleiben, das Datenmodell mit bereits vorhandenen Daten im Sinne von Vergleichswerten oder aber Vorschlagswerten zu versorgen. In diesem Zusammenhang stehen standardmäßig zahlreiche Routinen zur Verfügung, um etwa Daten aus dem klassischen SAP R/3-System in die Datenmodelle des SAP SEM zu übertragen. So können auf einfache Art und Weise die Daten zur operativen Planergebnisrechnung aus dem Modul CO-PA in der Regel in verdichteter Form in das Datenmodell des SEM überspielt werden. Aber auch der Zugriff auf andere Planungsbereiche der operativen Planung (wie etwa die Kostenstellenplanung oder die Planung in der Finanzbuchhaltung) sind ohne größeren Aufwand realisierbar. Ferner wird auch die Integration von anderen Datenquellen, die nicht aus dem SAP-Umfeld stammen, unterstützt.

BAPIs Sollten die Standardfunktionen zum Einspielen von externen Datenquellen in die vorgesehenen Datenmodelle nicht ausreichen, so kann über die BAPI-(Business-Application-Programming-Interfaces-)Architektur eine vollständige Schnittstelleninfrastruktur geschaffen werden. Bei einem BAPI handelt sich dabei um eine Art allgemeiner Funktionsroutine, die über externe Programmiertechniken angesprochen werden kann, und jeweils mächtige Funktionen zum Datenaustausch bestimmter Datenelemente der SAP-Welt mit der Außenwelt beinhaltet.

Ist das Datenmodell generiert und über Standardfunktionen oder gegebenenfalls BAPI-Erweiterungen die Integration des Datenmodells mit anderen Systemen realisiert, tritt die eigentliche Anwendung der Planungs- und Simulationsfunktionen in den Mittelpunkt.

Die Erfassung und Pflege der Plandaten kann dabei sehr flexibel und vielfältig erfolgen. So besteht die Möglichkeit, Plandaten über ein lokales Intranet oder aber über das globale Internet und verschiedene internetfähige Oberflächen zu nutzen, die sich in Portale integrieren lassen. Ferner existiert auch mit dem SAP SEM eine enge Verknüpfung zu Microsoft Excel, so wie es auch bereits in vielen Modulen zur operativen Planung des klassischen SAP R/3-Systems realisiert ist. So können die Daten aus SEM nicht nur an Mircosoft Excel übergeben werden, sondern auch umgekehrt von Excel Daten in die Datenmodelle des SEM übernommen werden.

Planungs- und Simulationsfunktionen

Die von einem operativen SAP R/3-System unabhängige Datenhaltung, das geringere Datenvolumen, die Integration von zusätzlichen externen Datenquellen und die von operativen Abläufen befreite Möglichkeit der Datenmodellierung erlaubt die Realisierung von schnellen und mächtigen Funktionen zur dynamischen Simulation verschiedener Szenarien und Prognosen. Dabei können auch Simulationen realisiert werden, die es in einem operativen SAP R/3-System kaum geben wird und beispielsweise externe Faktoren wie Marktwachstum und Kaufwahrscheinlichkeiten in den Mittelpunkt stellt. Ziel ist es, mit diesen Simulationen die optimale Unternehmensstrategie in Echtzeit zu definieren. Auf der Basis dieser sukzessiven Optimierung kann nach und nach eine ausgereifte Unternehmensstrategie entwickelt werden. Dabei gilt es nicht nur, die Simulationsparameter zu verändern, sondern aus den berechneten Simulationsergebnissen auch die betriebswirtschaftlichen Wechselwirkungen und Abhängigkeiten der einzelnen Kennzahlen stetig zu überprüfen und ebenfalls zu optimieren.

Als weitere Planungsfunktionen stehen zahlreiche Instrumente zur Verfügung, die teilweise auch in der operativen Planung mit SAP R/3 bereits vorgestellt wurden und in diesem Zusammenhang ähnlich funktionieren:

- **Top-down-Verteilung**
  Die Top-down-Verteilung dient dazu, auf einer aggregierten Ebene geplante Kennzahlen maschinell auf detailliertere Ebenen innerhalb des Metadatenmodells zu verteilen. Dabei basiert die Aufteilung der aggregriert geplanten Kennzahl auf der Struktur einer anderen, frei wählbaren Kennzahl, die auf der detaillierteren Ebene bereits vorliegt.
- **Bottom-up-Aggregation**
  Analog zur Top-down-Verteilung, nur umgekehrt, dient die Bottom-up-Aggregation dazu, detailliert geplante Kennzahlen maschinell auf höheren Planungsebenen zu verdichten. Dabei ist über das Datenmodell innerhalb der einzelnen Dimensionen klar definiert, in welcher

hierarchischen Beziehung die einzelnen Merkmale stehen. Über diese hierarchische Beziehung ist definiert, wie die detailliert vorliegenden Daten zu aggregieren sind.

Auf der Grundlage der Top-down-Verteilung und Bottom-up-Aggregation kann zum einen die Planung auf unterschiedlichen Detaillierungsebenen erfolgen und zum anderen sichergestellt werden, dass die Plandaten zwischen allen Detaillierungsebenen in sich konsistent bleiben.

- **Einheitenumrechnung**
  Die Kennzahlen können in unterschiedlichen Einheiten erfasst und umgerechnet werden. Dabei ist nicht nur die Umrechnung in Form einer Skalierung, wie etwa 1, 1.000 oder 1.000.000 Einheiten zu verstehen, sondern auch die Umrechnung unterschiedlicher Mengeneinheiten.
- **Währungsumrechnung**
  Wie bereits erwähnt, kann die Planung in SAP SEM in unterschiedlichen Währungen durchgeführt werden. Über entsprechende Kurstabellen kann weiterhin in Abhängigkeit des Kurstyps, des Zeitpunkts sowie der Ausgangs- und Zielwährung zwischen den verschiedenen Währungen schnell und flexibel umgerechnet werden.
- **Trendanalysen**
  Auf der Grundlage von Prognosemodellen können innerhalb des SAP SEM Trendauswertungen auf Basis von Zeitreihen einer oder mehrerer Kennzahlen berechnet werden. Darüber hinaus kann auf der Grundlage dieser Analyse auch eine Prognose für zukünftige Zeitpunkte berechnet werden. Dabei kann die Prognoserechnung an die unterschiedlichsten in der betriebswirtschaftlichen Theorie bekannten Modelle angepasst werden.
- **Kopieren von Plandaten zwischen verschiedenen Planversionen**
  Um verschiedene Szenarien in der Planung umsetzen zu können, können parallel mehrere Planungen in unterschiedlichen Versionen gespeichert werden. Damit die Daten in jeder Planversion nicht wieder neu aufgebaut werden müssen, stehen Funktionen zur Verfügung, um Daten zwischen den einzelnen Versionen zu kopieren. Dabei können sowohl die kompletten Daten einer Version und eines Zeitraums als auch nur Teile, etwa einzelne Merkmalsausprägungen, kopiert werden.
- **Umbewertungen**
  Mit Hilfe von Umbewertungen können die Daten einzelner Kennzahlen schnell und flexibel umgerechnet werden. Dabei ist beispielsweise

eine prozentuale oder absolute Umbewertung möglich. Diese Umbewertung kann dabei auf Ausprägungen einzelner Merkmale eingeschränkt werden.

- **Finanzmathematische Funktionen**
  Weiterhin stehen die wichtigsten finanzmathematischen Funktionen zur automatischen Berechnung einzelner Kennzahlen innerhalb des Datenmodells zur Verfügung. Als Beispiele seien an dieser Stelle Kapitalwertrechnungen, interne Zinsfußrechnungen und Abschreibungsfolgen aufgeführt.
- **Entwicklung komplexer Formeln über eigene Scriptsprache**
  Sollten die standardmäßig zur Verfügung stehenden Funktionen zur Berechnung einzelner Kennzahlen nicht ausreichen, so besteht die Möglichkeit, über eine einfache Scriptsprache leicht neue Funktionen zu generieren.

Individuelle Benutzeroberflächen

Ein weiterer Schwerpunkt in der Planung mit SAP SEM liegt in der flexiblen und individuellen Gestaltung der Benutzungsoberflächen zur Erfassung der Plandaten und Anwendung der Planungsfunktionen. Auch an der Erstellung einer strategischen Planung können viele unterschiedliche Personen beteiligt sein. Diese haben häufig unterschiedliche Bedürfnisse an die Planungsumgebung. Ein Spartenleiter etwa gibt primär Absatz-Umsatz- und Margenziele für seinen Bereich auf unterschiedlichen Detaillierungsebenen an und nutzt kaum weitere Planungsfunktionen. Ein Controller hingegen, der die Aufgabe hat, Plandaten aus unterschiedlichen Bereichen zu konsolidieren, diese auf Plausibiltät zu überprüfen und gegebenenfalls eine Planungszusammenfassung oder verschiedene Best-case-/Worst-case-Szenarien zu erstellen, wird zahlreiche Funktionen in SAP SEM nutzen wollen. Wo demnach die eine Person eine möglichst einfache Erfassungsoberfläche vorfinden möchte, fordert die andere Person eine Oberfläche, in der alle erdenklichen Planungsfunktionen zur Verfügung stehen.

Diesen individuellen Bedürfnissen in der Planung wird in SAP SEM Rechnung getragen. In der Schnittstelle zwischen dem SEM-System und dem Anwender können unterschiedliche Oberflächen definiert und gestaltet werden. In der Regel sind sie alle webbasiert und können entweder lokal über ein Intranet oder aber global über das allumfassende Internet genutzt werden. Der Aufbau der Oberflächen, also die Darstellung einzelner Informationen, deren Gliederung und die zur Verfügung stehenden Funktionen, können individuell eingerichtet werden. So kann beispielsweise für jede Planungsrolle ein eigenes Set an Oberflächen eingerichtet werden, die dann zusätzlich über personalisierte Planungsmappen eine jeweils eigene Sicht auf die Plandaten ermöglichen.

Weiterhin dürfte es schwierig sein, alle Manager eines Unternehmens für die Erstellung einer strategischen Planung immer lokal vor Ort zu halten. Zahlreiche Verpflichtungen werden dafür sorgen, dass bestimmte Planungsfunktionen von den unterschiedlichsten Orten durchgeführt werden müssen. Hier hilft die webbasierte Oberfläche, mit der gewährleistet wird, dass die Planungsmodelle über das Internet überall und jederzeit verfügbar sind.

Vordefinierter Business Content

Durch den freien Aufbau der Datenmodelle, Benutzeroberflächen und Planungsfunktionen steht mit dem SAP SEM ein mächtiges Tool für die Abbildung nicht nur einer strategischen Planung zur Verfügung. Nun kann man allerdings einwenden, dass der Aufbau eines derartigen Systems von Grund auf komplex, langwierig und höchstwahrscheinlich recht kostspielig ist. Diesen Aspekt hat SAP bei der Entwicklung von SEM von vornherein berücksichtigt. Daher wird von SAP standardmäßig zum SEM ein umfangreicher *Business Content* zur vereinfachten Einführung eines Planungsprozesses ausgeliefert. Dieser beinhaltet unterschiedliche Planungsanwendungen, die ständig weiterentwickelt werden.

Derzeit stehen folgende Planungspakete als fertige Anwendungen zur Verfügung:

- Bilanzplanung
- Ergebnisplanung
- Kostenstellenplanung
- Personalkostenplanung
- Investitionsplanung

Die einzelnen Planungspakete sind miteinander integriert, indem abhängige Kennzahlen zwischen den einzelnen Planungen automatisch aktualisiert und somit immer in sich konsistent gehalten werden.

Jede dieser Planungsanwendungen umfasst dabei:

- Ein Datenmodell (InfoSources, InfoObjects, InfoCubes, Fortschreibungsregeln etc.)
- Spezielle Oberflächen für die Datenerfassung und Auswertung (Benutzerrollen, Arbeitsmappen etc.)
- Planungsfunktionen
- Berichte (Queries, Reports etc.)

Der Planungsprozess in der strategischen Planung wie auch in den anderen Planungsformen bedarf einer regelmäßigen Überprüfung und Abstimmung mit den im Ist realisierten Unternehmenswerten. Im Rahmen des SAP SEM wird dies über den Funktionsbereich des Corporate Performance Monitoring umgesetzt. Im Mittelpunkt stehen dabei die Abbildung einer Balanced Scorecard und die Berücksichtigung von Risiken über ein aktives Risikomanagement.

Corporate Performance Monitoring

In Zusammenarbeit mit der *Balanced Scorecard Collaborative Inc.* hat SAP sofort einsetzbare Balanced-Scorecard-Vorlagen und Strategieübersichten entwickelt. Diese Balanced-Scorecard-Vorlagen bestehen dabei im Wesentlichen aus folgenden Bereichen:

Balanced Scorecard mit SEM

- **Ursache/Wirkungskette**
  Die Ursache/Wirkungskette verknüpft die einzelnen Strategieelemente miteinander, die zur Erreichung übergeordneter strategischer Ziele erforderlich sind. Jedes Strategieelement wird in der Balanced Scorecard mit seinem aktuellen Status angezeigt. Dadurch lassen sich leicht Bereiche ermitteln, die besondere Aufmerksamkeit erfordern. Die Ursache/Wirkungskette ordnet die verschiedenen Scorecard-Perspektiven auf einer horizontalen und die Unternehmensstrategie auf einer vertikalen Achse an. Die sich daraus ergebende Matrix bildet das komplette Spektrum der vom Unternehmen formulierten Strategieelemente ab.
- **Scorecard-Analyse**
  Im Rahmen der Scorecard-Analyse können die verschiedenen Scorecard-Elemente variabel hierarchisch aufgelistet werden. Verschiedene vordefinierte Anzeigevarianten stehen dabei zur Verfügung und ermöglichen so u.a. den Vergleich geplanter Zielgrößen mit den aktuell erreichten Ergebnissen. Dabei kann man sich leicht innerhalb der Balanced Scorecard zu jedem Strategieelement zwischen verschiedenen Hierarchieebenen per Mausklick bewegen.
- **Kennzahlenbaum**
  Der Kennzahlenbaum listet alle innerhalb der Balanced Scorecard eingesetzten Kennzahlen auf. Ferner stellt der Kennzahlenbaum dar, wie die einzelnen Kennzahlen berechnet werden und miteinander in Beziehung stehen. Weiterhin werden die Daten der Kennzahlen aus frei wählbaren Versionen, so zum Beispiel als Vergleich zwischen Ist, Ziel, Best-case-Planung und Worst-case-Szenario, dargestellt.

- **Beurteilungs- und Kommentarfunktionen**
  Zu jedem Strategieelement besteht innerhalb der Balanced Scorecard die Möglichkeit, Kommentare und Beurteilungen schriftlich niederzulegen und zwischen verschiedenen Anwendern auszutauschen.

- **Drill-down-Funktionalität**
  Über die Drill-down-Funktionalität kann über eine Baumstruktur schnell und flexibel zwischen den verschiedenen Scorecard-Elementen gewechselt werden. Die Baumstruktur stellt dar, in welcher Beziehung die Elemente zueinander in Beziehung stehen, und sie stellt die jeweils zugehörige Detaillierungsebene dar. Per einfachem Mausklick kann so zu den Elementen der Balanced Scorecard gesprungen werden.

- **Vergleiche von Scorecards**
  Über einen Scorecard-Vergleich können die Scorecards unterschiedlicher Geschäftseinheiten eines Unternehmens hinsichtlich ihrer Zielerreichung gegenübergestellt und verglichen werden. Dabei kann dieser Vergleich auch über mehrere Zeiträume hinweg erfolgen.

- **Werttreiberbäume**
  Der Werttreiberbaum dient dazu, die komplexen Abhängigkeiten der Werttreiber einer Balanced Scorecard zu analysieren und darzustellen. Der Werttreiberbaum wird dabei in Form eines gerichteten Netzes aufgebaut. Beginnend mit einer zentralen Zielgröße werden die Scorecard-Elemente als Werttreiber zugeordnet, die diese Zielgröße maßgeblich beinflussen. An diese Werttreiber wiederum werden die Scorecard-Elemente angefügt, die diese Werttreiber beeinflussen. Auf diese Weise entsteht ein Netz, in dem die Zusammenhänge und Abhängigkeiten zwischen den Scorecard-Elementen grafisch dargestellt und übersichtlich analysiert werden können.

- **Balanced Scorecard Monitor**
  Der Balanced Scorecard Monitor dient dem Adminstrator des SAP SEM zur Verwaltung des Systems. Mit Hilfe des Monitors kann der Status der Scorecard-Elemente überprüft und somit die Aktualität des Systems überwacht werden. Auch stehen Funktionen zur Verfügung, mit denen die Beurteilungen und Kommentare verwaltet, die Plausibilität der geplanten oder eingespielten Daten überprüft und die Performance des Systems gezielt verbessert werden können.

- **Personalisierungsfunktionen**
  Mit Hilfe von Personalisierungsfunktionen besteht die Möglichkeit, dass sich jeder Anwender seine eigene Sicht auf die Balanced Scorecard abspeichern und später automatisch aktualisiert wieder betrachten kann.

- **Anbindung anderer Informationsquellen**
  Um das Bild der Balanced Scorecard zu vervollständigen, besteht die Möglichkeit, weitere externe Informationsquellen, etwa in Form von Textdokumenten, mit einzelenen Elementen der Balanced Scorecard zu verknüpfen.

Risk Management mit SAP SEM

Ein weiterer Aspekt in der strategischen Planung liegt in der Definition und Berücksichtigung von Unternehmensrisiken. Das Bewusstwerden der Risiken, die ein Unternehmen mit der Aufstellung einer Unternehmensstrategie eingeht, wird dabei zum einen durch geänderte Anforderungen des Handels- und Aktiengesetzes – als Stichwort sei hier nur die Informationspflicht gegenüber Aktionären genannt – als auch durch die Anforderungen anderer externer Geldgeber – Basel II – zu einer wesentlichen Aufgabe in der strategischen Unternehmensführung.

Über den *Risk Builder* in SAP SEM können hierzu zunächst die einzelnen möglichen Risiken (Marktrisiken wie etwa Nachfrageschwankungen oder Wettbewerberreaktionen, andere Risiken wie Wechselkursschwankungen, Katastrophen etc.) definiert und in einem zentralen konzernweiten Risikokatalog abgelegt werden. Dabei lassen sich die Risiken hinsichtlich Kategorien, Risikoarten und Eintrittswahrscheinlichkeit ordnen und hierarchisch gliedern.

Im nächsten Schritt werden die geplanten Zielwerte in SAP SEM mit diesen Risiken bewertet. Die Analyse der Zielwerte erfolgt nun hinsichtlich der Fragestellung, wie ein eintretendes Risiko diesen Zielwert beeinflussen würde. Das Risikomanagement ordnet so den Kennzahlen Risiken in Form von Erwartungswerten zu und macht transparent, wie sich die einzelnen Risiken auf die Zielwerte einzelner oder mehrerer Kennzahlen auswirken. Dieses Risikomanagement ist auch in Verbindung mit der Balanced Scorecard anwendbar. Neben der Erfassung von Erwartungswerten zu Kennzahlen in Bezug auf den Eintritt einzelner Risiken besteht darüber hinaus die Möglichkeit, zusätzlich auch weitere Risikowerte abzubilden, um etwa Best-case- oder Worst-case-Szenarien darzustellen.

Im Rahmen einer Risikoanalyse werden basierend auf den Daten für die verschiedenen Risikowerte *What-if-Simulationen* unterstützt. In diesen Simulationen wird dargestellt, wie sich ein Katalog von Kennzahlen verändern könnte, wenn bestimmte Risiken eintreten würden. So entsteht in Kombination der Beziehung zwischen den einzelnen Kennzahlen untereinander mit dem Einfluss verschiedener Risiken auf diese Kennzahlen ein komplexes Datenmodell. Durch die Anwendung von What-if-Simulationen wird dieses Modell transparenter, und man entwickelt ein Gefühl dafür, welches Gesamtrisiko die Unternehmensstrategie beinhaltet.

Durch die Kombination der Planungs- und Simulationsfunktionen und die Möglichkeiten zur Visualisierung und Überprüfung der Planung mit der Realität steht somit mit SAP SEM ein umfangreiches Paket zur Verfügung, um die strategische Planung einführen und umsetzen zu können.

6.3 Grundlage für SEM: SAP Business Information Warehouse

6.3.1 Die Architektur des SAP BW

Was ist SAP BW?

Das unter Abschnitt 6.2 vorgestellte SAP SEM zur Unterstützung der strategischen Planung mit SAP kann nicht selbständig genutzt werden. Als Basis für ein SEM wird das *SAP Business Information Warehouse* (SAP BW) als Medium der Datenhaltung und Datenmodellierung genutzt. Unter einem *Data Warehouse* wird dabei eine unternehmensweite und informative Datenbasis verstanden, die entscheidungsrelevante Daten aus unterschiedlichen internen und externen Quellen in einer einheitlichen Systemumgebung dem Management zur Auswertung und Planung zur Verfügung stellt.

Im nachfolgenden Abschnitt soll die grundlegende Architektur des SAP BW dargestellt und ein Einblick in den Aufbau eines Datenmodells mit SAP BW zum Aufbau des SAP SEM gegeben werden. Für eine detaillierte Darstellung des SAP Business Information Warehouse sei in diesem Zusammenhang auf die weiterführende Literatur zum SAP BW aus dem Angebot von SAP PRESS verwiesen.

Die grundlegende Architektur eines Data-Warehouse-Systems (und somit auch des Data-Warehouse-Produkts aus dem Hause SAP) liegt darin, zum einen aus verschiedenen operativen Systemen und zum anderen aus externen Quellen zum Teil auch unstrukturierte Informationen in einer separaten Datenhaltung abzulegen und für weitergehende Auswertungen einer bestimmten Zielgruppe zur Verfügung zu stellen.

Bestandteile eines SAP BW

In diesem Zusammenhang kann das SAP Business Information Warehouse in folgende Bereiche strukturiert werden (siehe Abbildung 6.4):

- Datenbereitstellung
- Datenhaltung und Datenmodellierung
- Datenauswertung und Reporting

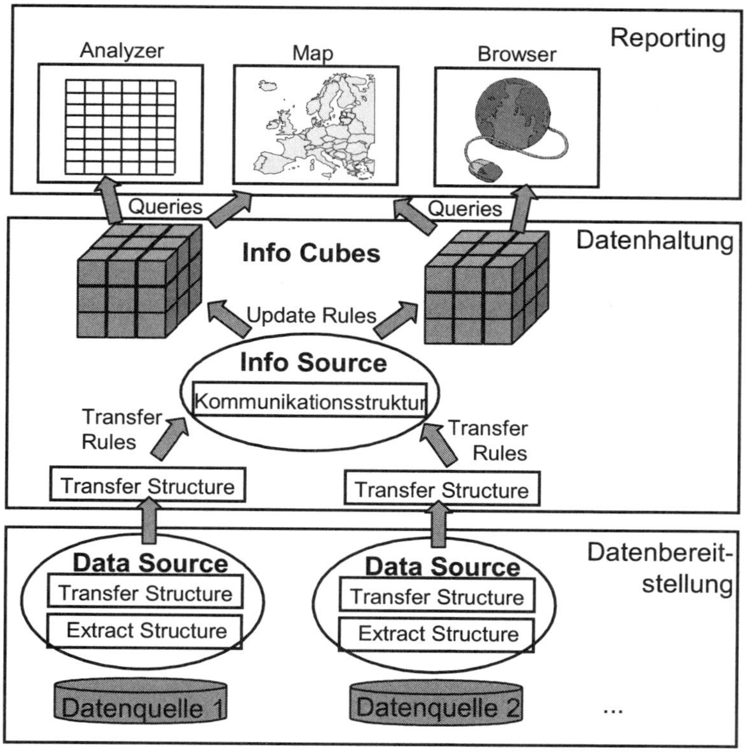

Abbildung 6.4 Architektur des SAP BW

Teilbereich der Datenbereitstellung

Die Datenbereitstellung umfasst alle Funktionen und Strukturen, die dazu dienen, die Datenquellen, mit denen das SAP BW gefüttert wird, innerhalb des BW zu definieren und durch die Strukturen festzulegen, wie welche Dateninhalte wo in SAP BW gespeichert werden sollen.

DataSources

Im ersten Schritt werden die Quellsysteme in Form von DataSources in SAP BW definiert. Hierzu werden die Datenquelle im technischen Sinne und die darin innewohnenden Feldstrukturen definiert, die zur Übertragung der relevanten Informationen aus der externen Quelle genutzt werden sollen. Dabei wird zwischen zwei Arten von Feldstrukturen unterschieden:

- **Extraktstruktur**
  Die Extraktstruktur enthält sämtliche Felder des Quellsystems, die von Programmen bereitgestellt werden, die Daten aus den Quellsystemen sammeln und in einer Tabelle zur Verfügung stellen. Die Extraktstruktur dient weiterhin dazu, die im Quellsystem gesammelten Daten temporär zu halten, bevor sie in die Transferstruktur kopiert werden.

- **Transferstruktur**
  Die Transferstruktur stellt die Struktur dar, in der die Daten in das SAP BW eingeladen werden. Dabei können sich die Extraktstruktur und die Transferstruktur unterscheiden, zum Beispiel wenn nicht alle Felder, die von dem Extraktprogramm zur Verfügung gestellt werden, auch in das BW eingespielt werden sollen.

InfoObjects

Der zweite Schritt der Datenbereitstellung, die aber im Grunde auch schon einen Teil der Datenmodellierung darstellt, ist die Definition von InfoObjects im SAP BW. Die InfoObjects stellen die fachlichen Informationsbausteine in SAP BW dar, auf deren Basis alle Daten im BW gespeichert werden. Die InfoObjects werden dabei grundsätzlich in *Kennzahlen* und *Merkmale* differenziert. Zur Definition der InfoObjects wird in Abschnitt 6.3.2 näher eingegangen.

InfoSources

Die definierten InfoObjects werden im nächsten Schritt zu einzelnen InfoSources zusammengefasst. Eine InfoSource beinhaltet die Sammlung aller verfügbaren Daten zu einem betriebswirtschaftlichen Sachverhalt bzw. einer Anwendung. Zusätzlich beinhaltet jede InfoSource eine Kommunikationsstruktur. Über diese Struktur wird die Verknüpfung zwischen den einzelnen InfoObjects der InfoSource und den Feldern einer oder mehrerer DataSources hergestellt.

Übertragungsregeln (Transfer rules)

Letztlich können noch Übertragungsregeln (*Transfer Rules*) definiert werden. Mit diesen Regeln können Formatierungen oder Modifizierungen festgelegt werden, die die Daten aus der DataSource beim Hochladen in die InfoSource entsprechend verändern. Auf diese Weise wird durch die Datenbereitstellung zunächst definiert, welche Daten eingespielt werden sollen (DataSource), wo diese Daten abgelegt werden sollen (InfoObjects und InfoSource) und wie die Verknüpfung zwischen der externen Datenquelle und den InfoObjects erfolgen soll (Kommunikationsstruktur und Übertragungsregeln).

Teilbereich der Datenhaltung

Das zweite wesentliche Element in der Architektur des SAP Business Information Warehouse besteht in der Datenhaltung. Mit den Funktionen der Datenhaltung werden die Informationen der InfoSources sinnvoll miteinander strukturiert und für weitere Analysen und Auswertungen zur Verfügung gestellt. Über die betriebswirtschaftlich sinnvolle Strukturierung der in den InfoSources gespeicherten Daten unterscheidet sich so erst eine Data-Warehouse-Lösung von einer reinen Datenbank mit einer Reportingoberfläche.

Die Datenhaltung im Data-Warehouse besteht dabei aus drei Datenarten:

- Stammdaten
- Bewegungsdaten
- Metadaten

Stammdaten

Stammdaten verändern sich in der Regel im Laufe der Zeit nur unwesentlich und stellen die Grundstruktur für alle Datenauswertungen dar. Die Informationen zu Stammdaten werden immer wieder benötigt. Über die Stammdaten werden die wechselnden Bewegungsdaten über die Zeit hinweg nach verschiedenen Auswertungskriterien strukturiert und vergleichbar gemacht. Typische Beispiele für Stammdaten sind die auch schon aus dem klassischen SAP R/3 bekannten Materialstammdaten, Kundenstammdaten, Buchungskreisstammdaten. Die Stammdaten beinhalten neben dem Identen zu einem Stammdatum weitere Attribute und Texte. So werden im Materialstamm neben der Materialnummer eine Materialbezeichnung und andere Attribute, die die Materialien nach bestimmten Kriterien klassifizieren, gespeichert. Weiterhin können die Ausprägungen der Stammdaten zu Hierarchien gruppiert werden.

Bewegungsdaten

Die Bewegungsdaten spiegeln die eigentlichen Vorgänge im Unternehmen zu einem jeweils bestimmten Zeitpunkt wider. Sie beinhalten die Idente der einzelnen Stammdaten und die Werte der entsprechenden Kennzahlen, die zu einem bestimmten Zeitpunkt gemessen wurden. Die Bewegungsdaten verändern sich regelmäßig und spiegeln somit den Ablauf im Unternehmen wider. Über die Idente der Stammdaten wird eine logische Verknüpfung zwischen allen Attributen der Stammdaten zu den Bewegungsdaten hergestellt.

Metadaten

Die dritte Datengruppe stellen die Metadaten dar. Sie umfassen alle Informationen, die die Inhalte der Stamm- und Bewegungsdaten aus technischer und fachlicher Sicht umschreiben. Zu den Metadaten gehören so beispielsweise die Informationen über die genaue Definition, die Datenherkunft, den Verantwortlichen oder den Zeitpunkt der letzten Aktualisierung eines Datenobjekts. Über die Metadaten werden so Informationen dem Anwender zur Verfügung gestellt, mit denen er die Bedeutung, die Relevanz und den Kontext einer Information beurteilen kann.

Zu den Metadaten gehören auch Definitionen wie InfoObjects, DataSources und Übertragungsregeln, die bereits aus der Datenbereitstellung bekannt sind. Vereinfacht kann gesagt werden, dass jede gespeicherte Information zur Definition der Datenbereitstellung, Datenhaltung und Datenmodellierung zu den Metadaten gehört. Alle Metadaten werden in einem Metadaten-Repository abgelegt und können über den *Metadaten-Repository-Browser* bearbeitet werden.

Metadatenobjekte Zu den Metadatenobjekten im Metadaten-Repository des SAP BW gehören:

- InfoObjects
- InfoCubes
- Queries
- Fortschreibungsregeln (Update Rules)
- Übertragungsregeln (Transfer Rules)
- DataSources

InfoCubes Als Kernelement der Metadaten zur Datenhaltung gehören neben den InfoObjects die InfoCubes. Diese InfoCubes sind betriebswirtschaftlich abgeschlossene Datenbereiche, die die InfoObjects aus den InfoSources multidimensional strukturieren. Über die InfoCubes werden die einzelnen Informationen des Data Warehouse miteinander in Beziehung gesetzt und sinnvoll strukturiert.

Ein InfoCube besteht dabei aus Dimensionen und Kennzahlen. Die Kennzahlen entsprechen einzelnen als Kennzahlen definierten InfoObjects und stellen die Wertfelder dar, die als entscheidungsrelevante Größe auf unterschiedlichen Ebenen ausgewertet oder geplant werden sollen. Die Dimensionen eines InfoCubes stellen eine Möglichkeit dar, fachlich oder thematisch-hierarchisch zusammengehörige, als Merkmale definierte InfoObjects zu strukturieren. Hierbei kann ein InfoCube maximal 16 Dimensionen beinhalten, wobei die drei Dimensionen *Time*, *Unit* und *Data Packet* fest vorgegeben sind.

Auf der Basis der Datenhaltung und Datenstrukturierung in den InfoCubes erfolgt der wesentliche Teil der Datenauswertung und -analyse, der strategischen Unternehmensplanung sowie des Reportings. In Abschnitt 6.3.2 wird näher auf den Aufbau von InfoCubes eingegangen.

Fortschreibungsregeln (Update Rules) Nach der Definition der InfoCubes müssen die Daten aus den InfoSources in die InfoCubes hochgeladen werden. Hierfür werden Fortschreibungsregeln (Update Rules) definiert. Diese Fortschreibungsregeln ordnen die InfoObjects aus der InfoSource den InfoObjects der InfoCubes zu. Dadurch wird festgelegt, wie die Kennzahlen und Merkmale in den InfoCube geladen werden.

Es können *Fortschreibungsarten* und *Fortschreibungsmethoden* zum Hochladen hinterlegt werden. Über die Fortschreibungsarten wird beispielsweise festgelegt, wie die Kennzahlen fortgeschrieben werden sollen (addieren oder keine Fortschreibung bei unveränderten Werten). Über Fortschreibungsmethoden können spezielle Umrechnungen (Kennzahlen) oder Umformatierungen (Merkmale) festgelegt werden, die beim Hochladen aus der InfoSource in den InfoCube vorgenommen werden sollen.

Datenauswertung und Reporting

Der dritte Teilbereich in der Architektur des SAP Business Information Warehouse umfasst die Datenauswertung und das Reporting. Das Reporting in SAP BW erfolgt dabei über den *Business Explorer*. Mit dem Business Explorer hat der Anwender folgende Möglichkeiten:

- Persönliche Informationsportale gestalten
- Vordefinierte Reports ausführen
- Reports erstellen
- Neue Kennzahlen berechnen
- Daten analysieren und grafisch aufbereiten
- Reports via Intranet oder Internet bereitstellen

Dabei besteht der Business Explorer aus den folgenden Komponenten:

- Business Explorer Analyzer (BEx Analyzer)
- Business Explorer Map (BEx Map)
- Business Explorer Browser (BEx Browser)

Business Explorer Analyzer

Der Business Explorer Analyzer wird zu den folgenden Aktivitäten verwendet:

- Reports erstellen oder ändern
- Analysen innerhalb von Reports vornehmen
- In und zwischen den Dimensionen eines Reports navigieren
- Daten aus den Reports in persönlichen Ordnern speichern
- Daten für das Webreporting zur Verfügung stellen

Der Business Explorer Analyzer ist als Add-In für Microsoft Excel programmiert und greift damit auf die komplette Excel-Funktionalität zurück. Mit Hilfe dieser Funktionalität kann der Aufbau von Berichten geändert, können Formatierungen vorgenommen und Grafiken erstellt werden. Anwender, die über Kenntnisse in Excel verfügen, benötigen für die Anwendung des Business Explorer Analyzer nur eine sehr geringe Einarbeitungszeit.

Queries Die Grundlage für die Erstellung eines Reports mit dem Business Explorer Analyzer bilden Queries, die über eine grafische Benutzeroberfläche sehr leicht und dennoch flexibel angelegt werden können. Eine Query bezieht sich dabei immer auf einen InfoCube und beinhaltet folgende Bestandteile:

- Kennzahlen, die ausgewertet werden sollen
- Merkmale oder Dimensionen, nach denen die Kennzahlen strukturiert werden sollen
- Kritierien, nach denen der Datenbestand eingeschränkt werden soll (Datenselektion)
- Definitionen zur Gestaltung der Zeilen- und Spaltenstruktur des Reports

Darüber hinaus können noch weitere spezielle Funktionen genutzt werden. Über einen Formeleditor können auf der Grundlage der ausgewählten Kennzahlen weitere neue Kennzahlen berechnet und ausgegeben werden. Die so erstellten Queries können in Form eines Reports gespeichert, geöffnet und in persönlichen *Workbooks* zusammengefasst werden.

Navigationsfunktionen Nach dem Ausführen einer so erstellten Query können die gefundenen Daten mit Hilfe von Navigationsfunktionen (wie Drill-down-Funktion oder Aufrissfunktionen) und weiteren Analysefunktionen (wie Sortierungen, Umformatierungen, Einheitenumrechnungen, Währungsumrechnungen) online und individuell angepasst werden.

Mit der *Drill-down-Funktion* wird der selektierte Datenbereich in Bezug auf einzelne Ausprägungen eines Merkmals weiter eingeschränkt. So wird der zunächst nur grob eingeschränkte Datenbestand immer feiner eingeschränkt und die Teilinformationen immer detaillierter angezeigt. Mit den *Aufrissfunktionen* werden alle gefundenen Ausprägungen einer Dimension oder eines Merkmals in Form einer Liste dargestellt, d.h., die Ausprägungen der Merkmale werden in den Zeilen der Lösungstabelle ausgegeben. Dabei können auch die Ausprägungen mehrerer Merkmale miteinander verschachtelt werden. Dies ist etwa mit der Auswertung einer Pivot-Tabelle in Excel zu vergleichen.

Business Explorer Map Bei der Business Explorer Map handelt es sich um ein integriertes geografisches Informationssystem des Business Explorers. Mit diesem Tool ist es möglich, die Informationen, die in Form von Queries definiert sind und einen Bezug zu einer geografischen Struktur aufweisen, in Form von Landkarten grafisch darzustellen. Dabei kann auf zahlreiche vorhandene

Landkarten in SAP BW zurückgegriffen werden, oder es können solche von Drittanbietern eingespielt werden.

Business Explorer Browser

Bei dem Business Explorer Browser schließlich handelt es sich um eine Komponente im Reporting des SAP BW, mit der auf sehr einfache Art und Weise und mit entsprechender grafischer Aufbereitung auf zuvor definierte Reports zugegriffen werden kann. Weiterhin kann hierüber auf andere Objekte außerhalb des SAP BW zugegriffen werden. Zu diesen Objekten gehören beispielsweise:

- Internetseiten
- Transaktionen aus dem SAP R/3
- Anwendungen aus dem Netzwerk (Excel, Word etc.)

Die Oberfläche des Business Explorer Browsers ähnelt dabei einer Internetoberfläche, auf der in Form von einzelnen Icons die entsprechenden Reports oder andere Objekte aufgerufen werden. Bei der Gestaltung des Business Explorer Browsers wird weiterhin einer individuellen Rollenorientierung Rechnung getragen. Die Oberfläche des Business Explorer Browsers kann für jeden Anwender konfiguriert und aufgebaut werden.

6.3.2 Datenmodellierung in SAP BW

Im nachfolgenden Abschnitt soll ein Einblick in die Vorgehensweise zur Datenmodellierung in SAP BW, insbesondere zur Erstellung von InfoObjects und InfoCubes, gegeben werden.

Informationsbedarfsanalyse

Bevor mit dem Anlegen von InfoObjects begonnen werden kann, sollte über eine Informationsbedarfsanalyse festgelegt werden, welche Benutzeranforderungen zum Reporting oder – im Falle von SEM – zur Unternehmensplanung im jeweiligen Unternehmen vorliegen. Die Informationsbedarfsanalyse hat zur Aufgabe, alle für eine optimale Entscheidungs- und Planungsunterstützung erforderlichen Informationen zu identifizieren.

In diesem Zusammenhang ist immer die Kosten-Nutzen-Relevanz zu berücksichtigen, d.h., die Kosten für die Bereitstellung und Haltung der Daten müssen immer in einem für das Unternehmen gesunden Verhältnis zu dem Nutzen der Information stehen.

Weiterhin wird man bei einer Informationsbedarfsanalyse häufig feststellen, dass gerade das Management Probleme hat, genau *die* Faktoren festzulegen, die zur Entscheidungsfindung notwendig sind. Man wird nicht selten die Antwort bekommen, dass man je nach Fall auf der Basis anderer Kennzahlen unternehmensrelevante Entscheidungen treffen muss. Hier gilt es gegenzusteuern, anderenfalls wird das Data Warehouse schnell zu einem Zahlenfriedhof, in dem der Anwender eher mit Daten überflutet als mit gezielten Informationen versorgt wird. Dies gilt verstärkt für die Fragestellung der strategischen Planung, da jede Kennzahl, die nicht geplant werden muss, weil sie letztlich doch nicht so entscheidend für das Unternehmen ist, Zeit und Kosten spart.

Um eine schnell verwertbare Ausgangsbasis für die weiteren Definitionen der Datenmodelle in SAP BW zu schaffen, sollte der Informationsbedarf nach folgenden Bereichen abgefragt werden:

- Informationsinhalt
- Darstellungform (z.B. Grafik)
- Zeitpunkt und Periodiziät (d.h. wann und in welchem Rhythmus muss die Information vorliegen)
- Kontext (d.h. Berücksichtigung von Wirkungszusammenhängen mit anderen Informationen)

Das erweiterte Star-Schema

Nach der Erhebung der notwendigen Informationen sollte in Form einer grafischen Datenmodellierung der Aufbau des SAP BW zunächst auf dem Papier konzipiert werden. SAP empfiehlt in diesem Zusammenhang die Anwendung des erweiterten *Star-Schemas* (siehe Abbildung 6.5.)

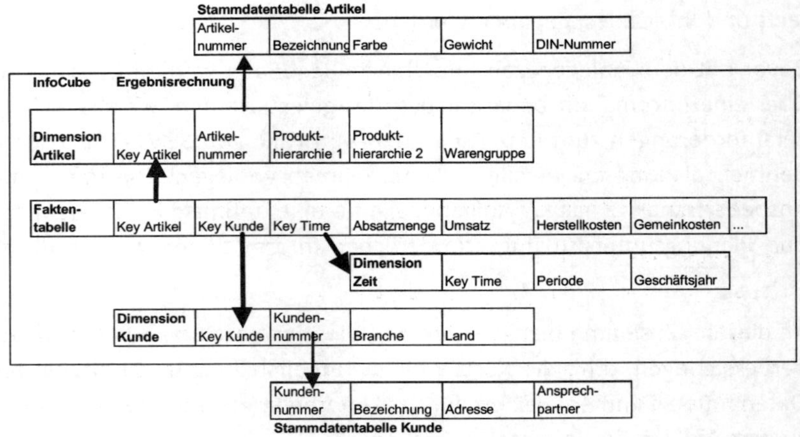

Abbildung 6.5 Beispiel für das erweiterte Star-Schema

Faktentabelle

Im Mittelpunkt des Star-Schemas steht zunächst eine Faktentabelle. In ihr werden alle notwendigen Bewegungsdaten für eine betriebswirtschaftliche Anwendung gesammelt und aufgelistet. Die Bewegungsdaten beinhalten dabei alle Kennzahlen und die Schlüssel für die Dimensionen, nach denen diese Kennzahlen strukturiert werden sollen.

Dimensionstabellen

Für jede Dimension wird nun eine Dimensionstabelle eingerichtet, die alle Merkmale beinhaltet, die zu dieser Dimension gehören sollen. Zwei Merkmale gehören dabei zur gleichen Dimension, wenn sie in einer fachlichen oder thematischen Beziehung zueinander stehen (wie z.B. Kundennummer, Land des Kunden etc.). Auf diese Weise kann mit dem Star-Schema ein mehrdimensionaler Datenwürfel modelliert und visualisiert werden, der für eine betriebswirtschaftliche Anwendung genutzt werden soll.

Stammdatentabellen

Im erweiterten Star-Schema werden zusätzlich auch die Stammdatentabellen der einzelnen Merkmale berücksichtigt. Auf diese Weise werden Stammdatentabellen definiert, die in Form von Attributen weitere Informationen zu einzelnen Merkmalen beinhalten, aber nie in den Bewegungsdaten mitgeliefert werden. So können beispielsweise Beschaffenheiten von Materialien, Gruppierungen oder Klassifikationen von Kunden oder aber Kundenhierarchien über diese Stammdatentabellen mit den Dimensionen und letztlich mit der Faktentabelle in Beziehung gesetzt werden.

Umsetzung des Datenmodells

Nach der Modellierung auf dem Papier kann dann mit der Umsetzung in SAP Business Information Warehouse begonnen werden. Die Umsetzung der Datenmodellierung in SAP BW besteht zunächst darin, für jedes Element des mit dem erweiterten Star-Schema entwickelten Datenmodells ein InfoObject anzulegen. So wird für jede Kennzahl aus der Faktentabelle ein eigenes InfoObject definiert oder aus einem Katalog von SAP bereits vordefinierte Kennzahlen ausgewählt.

InfoObjects als Kennzahlen

Bei der Neuanlage einer Kennzahl sind neben dem Schlüssel und der Bezeichnung der Kennzahl folgende Angaben zu machen:

- **Kennzahlentyp**
  Über den Kennzahlentyp wird definiert, um welche Art von Kennzahl es sich handelt. Diese Definition ist wichtig für spätere Angaben wie Mengeneinheit/Währung oder die interne Plausibilitätsprüfung, wie etwa die Addition zwischen Mengen- und Wertfeldern. Zur Verfügung stehen dabei folgende Kennzahlentypen:
  - Mengenfeld
  - Wertfeld mit Währung
  - Zähler
  - Integerzahl

- Datum
- Zeit

- **Datentyp**
  Der Datentyp ist eine rein technische Angabe, über die gesteuert wird, in welchem Datenformat die Kennzahl intern gespeichert werden soll. Über diese Angabe kann beispielsweise gesteuert werden, ob die Kennzahl ein Vorzeichen besitzen soll, welchen Wertebereich sie einnehmen kann und wieviel Speicherplatz hierfür reserviert wird.
- **Mengeneinheit/Währung**
  Zu den Mengen- und Wertfeldern wird weiterhin definiert, in welcher Mengeneinheit bzw. Währung die Daten gespeichert werden sollen.
- **Form der Aggregation**
  Über die Form der Aggregation wird gesteuert, auf welche Weise eine Kennzahl im Hinblick auf die Verdichtung über einzelne Dimensionen aggregiert werden soll. Diese Angabe ist wichtig für eine sinnvolle Auswertung einer Kennzahl im Datenmodell. Bei dieser Überlegung ist im wesentlichen zwischen *Flussgrößen*, *Bestandsgrößen* und *Verhältniszahlen* zu differenzieren.

Flussgrößen

Bei Flussgrößen handelt es sich um Kennzahlen, deren Werte hinsichtlich der Zeit und allen Dimensionen hinweg addiert werden können. Hierzu gehören etwa alle Werte aus der GuV wie Umsatz oder einzelne Aufwandspositionen. Der Umsatz aus mehreren Monaten bespielsweise kann für eine kumulierte Betrachtung über die Zeit hinweg addiert werden. Auf die gleiche Weise kann der Umsatz von verschiedenen Artikeln und/oder Kunden für eine verdichtete Auswertung bedenkenlos addiert werden. Diese Flussgrößen erhalten bei der Kennzahlendefinition als Form der Aggregation das Kennzeichen *Addition* (Summation).

Bestandsgrößen

Bei Bestandgrößen handelt es sich um Kennzahlen, die bei einer vedichteten Betrachtung hinsichtlich der Zeit nicht addiert werden können und nur in Bezug auf andere Auswertungsdimensionen addiert werden sollen. Zu diesen Bestandsgrößen gehören typischerweise alle Bilanzwerte wie etwa Anlagevermögen, Vorratsvermögen, Forderungen oder Verbindlichkeiten. So sind beispielsweise die Forderungen gegenüber verschiedenen Kunden für eine kumulierte Betrachtung (unter Vernachlässigung von Konsolidierungsaspekten) einer Kundengruppe zu addieren. Bei der zeitlichen Betrachtung über mehrere Monate hinweg darf etwa der Forderungsbestand aus den Monaten Januar, Februar und März eines Jahres für eine Quartalsbetrachtung natürlich nicht addiert werden. Hier ist jeweils der letzte Wert zu übernehmen. Bei anderen Bestandsgrößen könnte hinsichtlich der zeitlichen Analyse auch eine Aggregationsform mit Durchschnittbildung eingestellt werden.

Verhältniszahlen

Werden im Datenmodell Verhältniszahlen definiert, wie etwa alle Arten von Renditekennzahlen oder von Preisen, so ist auf eine Aggregation vollständig zu verzichten. Die verschiedenen Verkaufspreise sind weder im Hinblick auf die Zeit, noch im Hinblick auf andere Dimensionen zu addieren. Auch andere Regeln, wie etwa Durchschnittsbildungen, sind nicht anzuwenden. Diese Daten sind somit auf jeder gewünschten Verdichtungsebene originär einzuspielen oder zu planen. In vielen Fällen werden derartige Verhältnisdaten nicht im Datenmodell gespeichert, sondern werden über den Formeleditor des Business Analyzer Explorer erst direkt in den Reports erstellt und dann auf den jeweiligen Navigationsebenen online berechnet.

- **Darstellungsart**
  Über die Angaben zur Darstellungsart werden Angaben hinsichtlich der Anzahl der Nachkommastellen und der Skalierung der Werte (zum Beispiel Darstellung der Werte 1, 1.000 oder 1.000.000 Einheiten) gemacht.

InfoObjects als Merkmale

Nach der Definition der Kennzahlen als InfoObjects sind alle Merkmale aus den Dimensionstabellen und den Stammdatentabellen anzulegen oder aber ebenfalls aus dem großen Fundus der von SAP vordefinierten InfoObjects auszuwählen. Bei der Definition eigener Merkmale als InfoObjects sind neben der Angabe eines Schlüssels und einer Kurz- und Langbezeichnung zahlreiche Angaben hinsichtlich der Eigenschaften und der Bedeutung der Merkmale vorzunehmen. Hier gilt es, besondere Sorgfalt walten zu lassen und sich über die technische und betriebswirtschaftliche Bedeutung des Merkmals im Vorfeld Klarheit zu verschaffen.

Zu den Angaben bei der Definition von Merkmalen gehören folgende Aspekte:

- **Datentyp und Datenlänge**
  Zunächst wird zum Merkmal definiert, um welchen Datentyp es sich handelt und wieviele Stellen zur Speicherung einer Ausprägung des Merkmals reserviert werden sollen. Ähnlich wie bei den Kennzahlen stehen verschiedene Datentypen wie Zeichen (*Character*), Zahl, Zahlzeichen, Datum und Zeit zur Verfügung. Bei der Datenlänge ist in diesem Zusammenhang nur der interne Speicherplatz gemeint und nicht die physische Ausgabelänge in der Anzeige. Besteht beispielsweise

eine Artikelnummer aus drei vierstelligen Zifferngruppen, die jeweils durch einen Punkt voneinander getrennt sind, so ist die zu speichernde Datenlänge für die Artikelnummer zwölf (drei mal vier Ziffern). Die Punkte sind nur in der Ausgabe zuzusteuern.

- **Ausgabelänge und Darstellungsart**
  Über die Darstellungsart kann definiert werden, ob ein Merkmal, das als Character Field definiert ist, nur Ausprägungen in Großbuchstaben oder mit großen und kleinen Buchstaben beinhalten soll. Weiterhin können Konvertierungsroutinen definiert werden, mit denen die Darstellung eines Merkmals bei der Ausgabe nach einer bestimmten Regel umgewandelt wird. Dies gilt zum Beispiel für die oben als Beispiel angeführte Artikelnummer, bei der bei der Ausgabe jeweils drei Punkte eingefügt werden. Aus diesem Grund unterscheidet sich in diesem Fall auch die Ausgabelänge von der Datenlänge: Sie umfasst hier nicht 12, sondern 15 Stellen.

  Weiterhin wird zum Merkmal definiert, ob bei einer Darstellung der einzelnen Ausprägungen nur der Schlüssel oder der Schlüssel und ein Text oder nur ein Text ausgegeben werden soll. Voraussetzung dafür ist natürlich, dass eine entsprechende Stammdatentabelle mit den jeweiligen Ausprägungen und Bezeichnungen gepflegt wird.

- **Auswahlliste der Ausprägungen**
  Weiterhin wird zum Merkmal gesteuert, ob bei der Eingabe von Ausprägungen zum Merkmal, etwa im Rahmen der Eingabe von Plandaten oder in der Selektion einer Query, eine Auswahlliste mit den vorhandenen Ausprägungen angeboten werden soll. Ist das Merkmal mit einer Stammdatentabelle verknüpft, bietet es sich in der Regel an, die Ausprägungen aus der Stammdatentabelle auch für eine Auswahlliste zur Verfügung zu stellen.

- **Berechtigungsrelevanz**
  Die Strukturierung des SAP BW hinsichtlich einer individuellen Einrichtung und des Arbeitens mit Rollen bezieht sich nicht nur auf die individuelle Gestaltung des Bildschirms und der persönlichen Ablage von Auswertungen. Auch der Zugriff auf die Daten wird über entsprechende Berechtigungsprüfungen, wie man es auch aus dem klassichen SAP R/3 kennt, in Bezug auf die einzelnen Anwender oder Anwenderrollen gesteuert.

  Damit in Bezug auf die Ausprägungen eines Merkmals Berechtigungsprüfungen eingerichtet werden können, muss das entsprechende Merkmal bei der Definition als berechtigungsrelevant gekennzeichnet werden. Merkmale, die für eine Berechtigungsprüfung nicht benötigt werden, sollten diese Berechtigungsrelevanz nicht erhalten, da anderenfalls die Komplexität in der Erstellung der Berechtigungsprüfungen erschwert werden würde.

- **Geografische Einstellungen**
  Soll die Business Explorer Map eingesetzt werden, so sind die Merkmale, deren Ausprägungen die geografische Strukturierung beinhalten, gesondert zu spezifizieren. So ist über den *Geography Type* festzulegen, welche Form von Landkarten genutzt wird und wie die Ausprägungen zu der Landkarte eingepasst werden.

- **Definition mit Stammdatentabelle**
  Weiterhin ist zu einem Merkmal festzulegen, ob eine Stammdatentabelle mit den entsprechenden Ausprägungen und Bezeichnungen angelegt werden soll. Dabei muss diese Tabelle nicht manuell gepflegt und kann später maschinell geladen werden. Weiterhin kann festgelegt werden, ob die Texte in der Stammdatentabelle sprachabhängig gespeichert werden sollen.

- **Attribute**
  Neben den Ausprägungen und den Bezeichnungen zu diesen Ausprägungen lassen sich zu einer Stammdatentabelle weitere Attribute anlegen, die die einzelnen Ausprägungen eines Merkmals genauer beschreiben, wie zum Beispiel weitere Typisierungen eines Artikels hinsichtlich Farbe, Materialbeschaffenheit, spezifischem Gewicht etc. Diese Attribute selbst stellen wiederum eigene InfoObjects dar, die vor der Definition des Merkmals bereits angelegt sein müssen.

  Bei der Definition des neuen Merkmals wird dann über eine eigene Registerkarte zunächst festgelegt, welche weiteren Attribute in die zugehörige Stammdatentabelle aufgenommen werden sollen. Danach erfolgt bei der Pflege der Stammdatentabelle nicht nur die Angabe der Ausprägungen des Merkmals und der Bezeichnungen, sondern auch die Pflege der ausgewählten Attribute. Die Pflege der Attribute kann dabei zeitabhängig gesteuert werden. Könnten sich im Laufe der Zeit einzelne Attribute zu einer Ausprägung verändern, so ist die Ausprägung des Attributes in der Stammdatentabelle auch mit einem Gültigkeitsintervall zu pflegen. Beispielsweise könnte sich ein Attribut hinsichtlich der ABC-Klassifikation eines Artikels im Laufe der Zeit verändern.

- **Hierarchien**
  Weiterhin kann zu einem Merkmal festgelegt werden, ob Hierarchien zu den Ausprägungen des Merkmals angelegt werden können und wie

diese Hierarchien strukturiert sein sollen. Die Hierarchien, etwa eine Kundenhierachie, strukturieren einzelne Ausprägungen eines Merkmals zu einer Gruppe, wobei diese Gruppen wiederum über beliebig viele Stufen hinweg zu wieder neuen Gruppen zusammengefasst werden können.

- **Klammerung von Merkmalen**
  Über die Klammerung von Merkmalen wird definiert, dass ein Merkmal nur in Zusammenhang mit einem anderen Merkmal sinnvoll ausgewertet werden kann. So sollten beispielsweise Elemente eines Kostenrechnungskreises (z.B. Kostenstellen, Kostenarten, Profit Center) nur jeweils in Zusammenhang mit einer entsprechenden Ausprägung des Kostenrechnungskreises ausgewertet werden. Die Auswertung der Daten etwa zweier Profit Center mit gleichem Schlüssel, aber aus unterschiedlichen Kostenrechnungskreisen, kann zu völlig unsinnigen Ergebnissen führen.

  In diesem Fall wird das Merkmal »Profit Center« mit dem Merkmal »Kostenrechnungskreis« geklammert. Diese Klammerung bewirkt, dass das Merkmal »Profit Center« immer nur in Zusammenhang mit dem Merkmal »Kostenrechnungskreis« ausgewertet werden kann. Die Auswertungsmöglichkeiten des Merkmals »Kostenrechnungskreis« bleiben davon allerdings unberührt.

InfoObjects als Zeitmerkmale...

In jedem Datenmodell für das SAP BW ist immer eine Dimension für die Zeit und eine weitere Dimension für die Einheiten vorzusehen. Für diese Dimensionen sind standardmäßig bereits InfoObjects definiert. So gibt es InfoObjects als Zeitmerkmale mit den Bedeutungen Kalendertag, -woche, -monat, -quartal, -jahr sowie Geschäftsjahr und Buchungsperiode.

...und Einheiten

Auch für die Einheiten stehen vordefinierte InfoObjects wie Basismengeneinheit, Verkaufsmengeneinheit oder Währung zur Verfügung.

Nach der Definition der InfoObjects sind alle Grundelemente und die Stammdatentabellen des Datenmodells in SAP BW eingerichtet. Im nächsten Schritt gilt es nun, einen InfoCube anzulegen, in dem die definierten Kennzahlen und Merkmale korrekt miteinander in Beziehung gesetzt werden.

Anlegen eines InfoCubes

Der InfoCube besteht aus Kennzahlen und Dimensionen. Bei der Definition des InfoCubes werden daher zunächst die Kennzahlen aus der Faktentabelle des Datenmodells bestimmt. Dabei werden aus einer Liste der InfoObjects die relevanten Kennzahlen ausgewählt und zusammengestellt.

Festlegung der Dimensionen

Im nächsten Schritt sind im InfoCube die Dimensionen analog zum erweiterten Star-Modell zu definieren. Neben den drei festen Dimensionen *Zeit*, *Einheit* und *Data Packet* können 13 weitere Dimensionen frei eingerichtet werden. Auf diese Weise kann in einem InfoCube ein Datenraum mit 16 Dimensionen ausgebaut werden.

Wann gehören zwei Merkmale in eine Dimension?

Zu den einzelnen Dimensionen werden im nächsten Schritt die zugehörigen Merkmale festgelegt. Bei der Definition der Dimensionen und der Zuordnung der Merkmale in die Dimensionen steht die Frage im Mittelpunkt, wann zwei Merkmale in einer logisch abhängigen Beziehung zueinander stehen und in eine Dimension zu integrieren sind und wann zwei Merkmale unabhängig voneinander zu interpretieren sind. Grundsätzlich muss diese Frage immer im Kontext mit der jeweiligen betriebswirtschaftlichen Fragestellung, für die der InfoCube eingerichtet werden soll, beantwortet werden. Es gilt zu beachten, dass zwei Merkmale in Bezug auf unterschiedliche betriebswirtschaftliche Anwendungen auch eine unterschiedliche Beziehung zueinander aufweisen können.

Land des Auftraggebers	Auftraggeber	Weitere Merkmale	Kennzahlen
DE	123	...	xxx
CH	456	...	xxx
DE	123	...	xxx
US	789	...	xxx
DE	444	...	xxx
CH	555	...	xxx
US	666	...	xxx
...	...	...	...

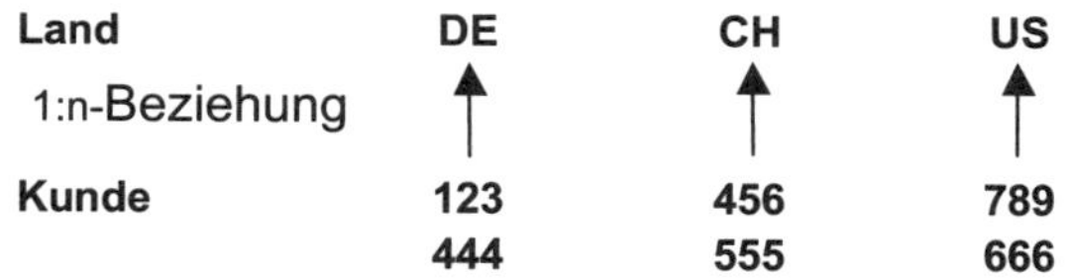

Abbildung 6.6 Beispiel für eine 1:n-Beziehung

Innerhalb einer Anwendung ist die Frage der logisch abhängigen Beziehung zweier Merkmale am einfachsten über die Analyse des Auftretens der Ausprägungen dieser Merkmale zu beantworten. Treten die Ausprägungen eines Merkmals immer nur gemeinsam mit bestimmten Ausprägungen eines anderen Merkmals auf (siehe Abbildung 6.6 mit den Merkmalen »Land des Auftraggebers« und »Auftraggeber«) und lässt sich daraus eine 1:n-Beziehung bilden (d.h., eine Ausprägung führt zu maximal n fest definierbaren Ausprägungen des anderen Merkmals), so stehen diese Merkmale logisch miteinander in Verbindung und gehören in eine Dimension.

Treten die Ausprägungen zweier Merkmale aber völlig unabhängig voneinander auf, sodass letztlich jede Ausprägung des einen Merkmals mit den Ausprägungen des anderen Merkmals auftreten kann (siehe Abbildung 6.7 mit Artikel- und Kundennummern und der sich daraus ergebenden n:m-Beziehung), so sind diese Merkmale häufig in unterschiedlichen Dimensionen des InfoCubes anzulegen.

Artikel	Kunde (Auftraggeber)	Weitere Merkmale	Kennzahlen
ABC	123	...	xxx
ABC	456	...	xxx
DEF	123	...	xxx
DEF	456	...	xxx
GHI	789	...	xxx
GHI	123	...	xxx
GHI	456	...	xxx
...	...	...	...

n:m-Beziehung

Artikel/Kunde	ABC	DEF	GHI
123	x	x	x
456	x	x	x
789			x

Abbildung 6.7 Beispiel für eine n:m-Beziehung

Weiterhin ist zu beachten, dass allerdings nicht alle Merkmale einer Dimension untereinander eine hierarchische Beziehung im Sinne einer 1:n-Beziehung aufweisen müssen. So gehören die Merkmale »Land des Auftraggebers«, »Branche des Auftraggebers« und »Auftraggeber« in eine Dimension (siehe Abbildung 6.8), weil sie fachlich alle mit dem Auftraggeber in einer Beziehung stehen. Dabei stört es nicht, dass die Merkmale »Land des Auftraggebers« und »Branche des Auftraggebers »untereinander nur eine n:m-Beziehung aufweisen. Ausschlaggebend ist in diesem Fall, dass beide Merkmale jeweils eine 1:n-Beziehung zum Merkmal »Auftraggeber« aufweisen.

Zum Abschluss der Definition eines InfoCubes ist immer die Dimension *Zeit* in einem InfoCube zu konfigurieren. Über diese Dimension wird festgelegt, in welchem zeitlichen Detaillierungsgrad, also beispielsweise je Tag, Woche oder Monat, die Bewegungsdaten im InfoCube gespeichert werden sollen. In diesem Zusammenhang ist zu beachten, dass die Festlegung der zeitlichen Detaillierung einen erheblichen Einfluss auf das Datenvolumen und die Performance der Auswertungen im InfoCube haben kann.

Kunde (Auftraggeber)	Land	Branche	Kennzahlen
123	DE	A	xxx
456	CH	C	xxx
123	DE	A	xxx
789	US	C	xxx
444	DE	B	xxx
555	CH	A	xxx
666	US	C	xxx
...	...	...	...

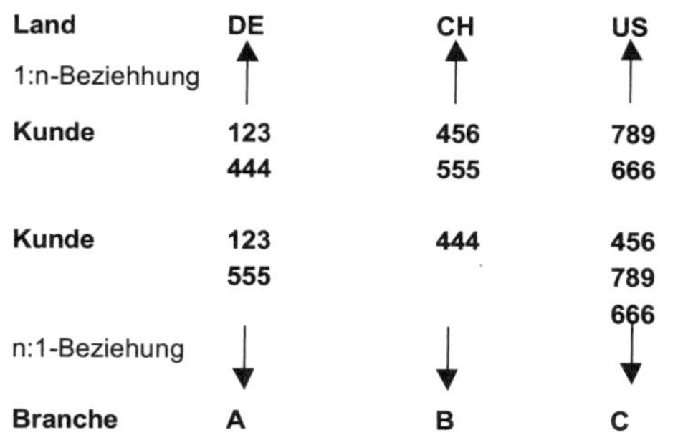

n:m-Beziehung

Land/Branche	DE	CH	US
A	x	x	
B	x		
C		x	x

Abbildung 6.8 Merkmale, die eine n:m-Beziehung aufweisen, können dennoch in eine Dimension gehören.

6.4 Die Top-down-Planergebnisrechnung

6.4.1 Aufbau und Grundlage der Top-down-Planergebnisrechnung

Stehen SAP SEM und SAP BW nicht zur Verfügung, so kann dennoch auch mit dem klassischen SAP R/3 die Erarbeitung einer strategischen Planung unterstützt werden. So steht zur strategischen Positionierung des Unternehmens gerade die Definition des unternehmerischen Erfolges, der durch die eingeschlagene strategische Richtung erzielt werden soll, im Mittelpunkt vieler strategischer Überlegungen. Dies erfolgt in der Regel in der Aufstellung einer Planergebnisrechnung. Dabei bildet die

Planergebnisrechnung eine Grundlage für einzelne unternehmensinterne Kennzahlen zur Überprüfung der Erreichung von strategischen Zielen. Dies liegt im Wesentlichen in dem Umstand begründet, dass das Ergebnis der Planergebnisrechnung über das Rechnungswesen klar definiert wird und ein Vergleich zwischen Ist und Plan leicht herbeigeführt werden kann.

Unterschiede Planergebnisrechnung der strategischen und der operativen Planung

Diese Planergebnisrechnung aus der strategischen Planung weist einige charakteristische Unterschiede zur Bottom-up-Planergebnisrechnung aus der operativen Planung auf:

- **Planungshorizont**
  Der Planungshorizont einer Planergebnisrechnung aus der strategischen Planung ist in der Regel deutlich weiter als der einer Planergebnisrechnung aus der operativen Planung. Während diese die Planergebnisrechnung für ein neues Geschäftsjahr mit einer Unterteilung in einzelne Perioden (Monate) aufstellt, wird bei der strategischen Ergebnisplanung die Entwicklung für mehrere Jahre vorweggenommen. Dabei spielt diese Planung auf der Ebene von Einzelperioden innerhalb der Geschäftsjahre keine Rolle.
- **Detaillierungsgrad**
  Der Detaillierungsgrad einer strategischen Planergebnisrechnung ist weitaus gröber als bei einer detaillierten Bottom-up-Planergebnisrechnung. Die Besonderheit der Bottom-up-Planergebnisrechnung der operativen Planung liegt ja gerade darin, aus den detaillierten Ergebnissen anderer Planungsschritte viele Detailergebnisse zu erarbeiten, die dann bottom-up verdichtet werden und so zu einem Gesamtergebnis führen.

  Die Planergebnisrechnung benötigt diese Detailinformationen nicht. Hier spielt aufgrund der Analyse der einzelnen Beziehungen zu externen Partnern auf den verschiedenen Märkten und der daraus resultierenden Positionierung auch nur ein Ergebnis bzw. eine Entwicklung des Ergebnisses für diese Märkte eine Rolle. Wie sich das Ergebnis innerhalb eines Marktes genau zusammensetzt, steht nicht im Mittelpunkt der strategischen Planung.
- **Datenbasis**
  Während die Bottom-up-Planergebnisrechnung im Rahmen der integrierten Planung einer operativen Planung auf den vielfältigen Ergebnissen anderer Planungsschritte (wie etwa Vertriebsplanung, Produktionsplanung, Kostenstellenplanung, Erzeugniskalkulation etc.) errechnet wird, liegt eine derartige Datenbasis für die Planergebnisrechnung

einer strategischen Planung nicht vor. In diesem Fall sind die Ziele aus der strategischen Planung vorgegeben. Mit dem bestehenden Potenzial des Unternehmens und den zur Strategie gehörenden Maßnahmen wird daraus die Top-down-Planergebnisrechnung weitgehend manuell erarbeitet.

Aus diesem Grund wird die Planergebnisrechnung der strategischen Planung, im Gegensatz zur Bottom-up-Planergebnisrechnung, häufig auch als *Top-down-Planergebnisrechnung* bezeichnet. Diesem Sprachgebrauch wollen wir uns im Folgenden anschließen.

- **Ziel der Planergebnisrechnung**
  Letztlich sind die eigentlichen Ziele, die jeweils mit einer Bottom-up-Planergebnisrechnung aus der operativen Planung und einer Top-down-Planung aus der strategischen Planung verfolgt werden, unterschiedlich. Die *Bottom-up-Planergebnisrechnung* ermittelt den zu erwartenden wirtschaftlichen Erfolg auf der Grundlage der zu diesem Zeitpunkt vorhandenen Informationen für ein neues Geschäftsjahr. Die *Top-down-Planergebnisrechnung* beschreibt hingegen in Form einer betriebswirtschaftlichen Erfolgsrechnung das Ziel des Unternehmens, wie es sich in den nächsten Geschäftsjahren entwickeln will.

Gemeinsamkeiten der Ergebnisrechnungen

Allerdings gibt es auch eine Reihe von Gemeinsamkeiten zwischen den beiden Formen der Planergebnisrechnung. Zum einen weisen beide Planergebnisrechnungen den gleichen Aufbau auf. Das bedeutet, die Zeilenstruktur einer Bottom-up-Planergebnisrechnung und einer Top-down-Planergebnisrechnung ist in aller Regel identisch aufgebaut. Zum anderen kann auch die Top-down-Planergebnisrechnung im Modul CO-PA (Controlling – Profitability Analysis) durchgeführt werden.

Da die Top-down-Planergebnisrechnung aufgrund des weniger starken Detaillierungsgrades auch nur eine Teilmenge der Merkmale und Merkmalsausprägungen nutzt, die die Bottom-up-Planergebnisrechnung benötigt, sind so auch alle Grundlagen (Merkmale, Wertefelder) gelegt, dass beide Formen der Planergebnisrechnung im gleichen Ergebnisbereich durchgeführt werden können. Dabei werden die Plandaten nur durch jeweils unterschiedliche Planversionen voneinander getrennt. Die Nutzung des gleichen Ergebnisbereichs bietet den großen Vorteil, im späteren Verlauf das Ergebnis der beiden Planungsansätze im CO-PA-Reporting leicht miteinander vergleichen zu können.

6.4.2 Voraussetzungen, Stammdaten und Durchführung der Top-down-Planergebnisrechnung

Da die Top-down-Planergebnisrechnung nicht nur im gleichen SAP R/3-Modul CO-PA, durchgeführt wird wie die Bottom-up-Planergebnisrechnung, sondern in der Regel auch noch im gleichen Ergebnisbereich, liegt es auf der Hand, dass auch die Voraussetzungen und Stammdaten für die Top-down-Planergebnisrechnung sich nicht von denen aus der Bottom-up-Planergebnisrechnung unterscheiden. Aus diesem Grunde sei für die Voraussetzungen und Stammdaten zur Top-down-Planergebnisrechnung auf die Abschnitte 5.16 und 5.2 zur operativen Planung verwiesen.

Die Durchführung der Top-down-Planergebnisrechnung unterscheidet sich hingegen deutlich von der Bottom-up-Planergebnisrechnung. Steht bei der Bottom-up-Planergebnisrechnung das Sammeln von Planungsergebnissen anderer Planungsschritte im Mittelpunkt, so entfällt dieser Punkt in der Top-down-Planung vollständig.

Gerade das Prinzip der Planung auf der »grünen Wiese«, d.h., eine Planung ohne Vorbedingungen und Abhängigkeiten, ohne die Berücksichtigung bisheriger Probleme und Restriktionen, ist häufig die Grundlage für eine kreative und erfolgreiche strategische Planung.

Die Top-down-Planergebnisrechnung basiert vielmehr nur auf den Zielen der strategischen Planung, den Möglichkeiten zur Umsetzung und den speziell zur Erreichung der Ziele festgelegten Maßnahmen. Durch die Definition der Top-down-Planergebnisrechnung wird die strategische Planung konkretisiert und in ein Zahlenkorsett gezwungen. Dies hat die konkrete Vermittlung zwischen dem Ziel (Was will ich erreichen?) und der Umsetzung (Wie kann ich es erreichen?) zur Folge.

Dabei wird das Gesamtziel (z.B. ein bestimmter EBIT und ein bestimmter Umsatzzuwachs) zum einen auf die einzelnen Märkte aufgeteilt und zum anderen mit den entsprechenden Restriktionen (insbesondere Kostenpositionen) in Beziehung gesetzt. Dabei kommt es nicht selten vor, dass erst dann übertriebene Zielsetzungen aus Strategie-Workshops auf den Boden der Realität zurückgeholt werden.

Da diese Top-down-Planung nun aber grundsätzlich zunächst manuell erstellt wird, kommen bei der Erstellung der Top-down-Planergebnisrechnung folgende Planungselemente aus dem Modul CO-PA zum Einsatz:

- Planungslayouts
- Planungsebene
- Planungspakete
- Planungsmethoden
- Parametersets

Die jeweilige Bedeutung dieser Planungselemente wird in der Vertriebsplanung mit CO-PA im Rahmen der operativen Planung in Abschnitt 5.2 beschrieben und gilt ebenso bei der Erstellung der Top-down-Planergebnisrechnung.

6.4.3 Maschinelle Planungshilfen zur Top-down-Planergebnisrechnung

Erfolgt die Top-down-Planergebnisrechnung zwar grundsätzlich manuell, so stehen doch im Modul CO-PA auch maschinelle Planungsfunktionen zur Verfügung, mit denen die manuelle Erstellung der Top-down-Planergebnisrechnung erleichtert werden kann. Hierzu zählen:

- Gesamtplanung kopieren/ändern mit Umbewertungsreihe
- Gesamtplanung kopieren/ändern mit Prognosemodellen
- Gesamtplanung kopieren/ändern mit Verteilungsschlüssel
- Top-down-Verteilung

Die Grundlage für die meisten maschinellen Planungsfunktionen für die Top-down-Planergebnisrechnung besteht in der Ermittlung alternativer Plandaten in separaten Planversionen. Aus diesem Grund sollten bei der Anwendung der nachfolgend beschriebenen Planungsfunktionen in ausreichender Zahl frei nutzbare Planversionen im Customizing definiert werden.

Umbewertungsreihe

Mit Hilfe der Funktion der Umbewertung können im Rahmen der Top-down-Planergebnisrechnung »Was-wäre-wenn«-Analysen durchgeführt werden. So kann beispielsweise zunächst manuell eine Top-down-Planergebnisrechnung erstellt werden, um dann einzelne Best-case- oder Worst-case-Szenarien durchzuspielen. Dabei werden bestimmte Kosten- und/oder Ertragspositionen für bestimmte Marktsegmente maschinell verändert, um dabei zu analysieren, wie sich diese Veränderung zum einen auf die einzelnen Märkte und zum anderen auf das Gesamtergebnis auswirkt. Abbildung 6.9 stellt das Prinzip der »Was-wäre-wenn«-Analyse nochmals grafisch dar.

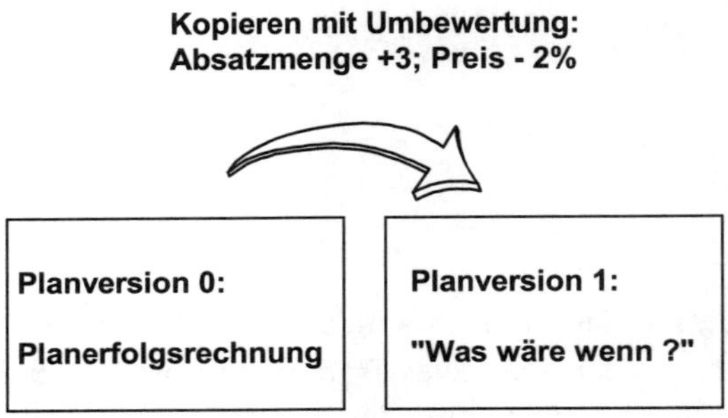

Abbildung 6.9 »Was-wäre-wenn«-Prinzip

Dabei wird in einer Umbewertungsreihe definiert, welche Wertefelder um welchen Anteil verändert werden sollen. Über die Funktion *Gesamtplanung ändern* unter Anwendung der Umbewertungsreihe können so für selektierte Marksegmente z.B. der Bruttoumsatz und die Materialkosten um jeweils einen bestimmten Prozentsatz verändert werden. Auf diese Weise könnten beispielsweise die Veränderungen von Wechselkurseinflüssen auf die strategische Planung untersucht werden.

Prognosemodelle

Neben der Umbewertungsreihe besteht auch in der Planung mit CO-PA die Möglichkeit, auf Prognosemodelle zurückzugreifen. Hierbei ist zu den Prognosemodellen anzumerken, dass sie eine sehr vereinfachte Form einer maschinellen Hochrechnung darstellen und eine ausreichend lange Kette von Vergangenheitswerten benötigen. Außerdem sind Prognoseverfahren nur bei relativ statischen Verkaufsgeschäften anwendbar. Überall wo sich sehr dynamisch das Verkaufsgeschehen ändern kann, sind diese einfachen Prognoserechnungen eher als ungeeignet anzusehen.

Verteilungsschlüssel

Die Funktion *Gesamtplanung ändern mit Verteilungsschlüssel* bedeutet, dass bestimmte Plandaten einer Planversion für einen bestimmten Planungszeitraum mittels eines Verteilungsschlüssels innerhalb der ausgewählten Perioden neu verteilt werden. Ein Verteilungsschlüssel definiert dabei, wie die Aufteilung auf die Perioden beispielsweise eines Planjahres erfolgen soll. Dabei kann auf Standardverteilungsschlüssel wie *gleichmäßig* (jede Periode erhält den gleichen Anteil), *analog* (die Plandaten werden auf der Basis der aktuellen Struktur verteilt) usw. zurückgegriffen werden.

Es können aber auch eigene Verteilungsschlüssel definiert werden. Hierbei wird für jede Periode der gewünschte prozentuale Anteil angegeben (siehe hierzu Abbildung 6.10 mit einem Beispiel für einen Verteilungsschlüssel).

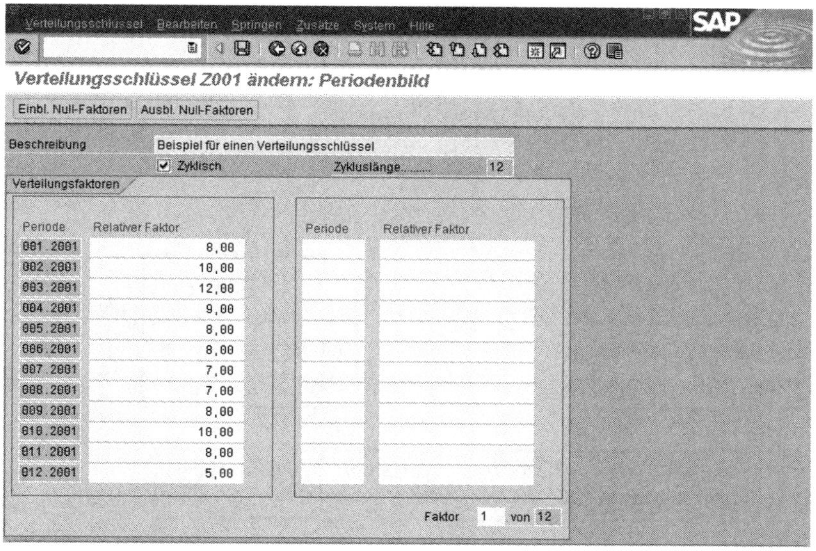

Abbildung 6.10 Beispiel für einen Verteilungsschlüssel

Die Nutzung der Verteilungsschlüssel erfolgt in der Regel nicht originär für die Top-down-Planergebnisrechnung. In der strategischen Ausrichtung dieser Planung spielt die Aufteilung der Daten innerhalb eines Geschäftsjahres eine untergeordnete Rolle. Ist die Top-down-Planergebnisrechnung allerdings fertiggestellt und soll diese Planung die Ergebnisrechnung der operativen Planung determinieren, so sind diese Daten zumindest für das folgende Geschäftsjahr auch auf die Perioden aufzuteilen. Dabei können über die Verteilungsschlüssel neben der reinen linearen Aufteilung auch saisonale Schwankungen differenziert nach den einzelnen Ergebniszeilen berücksichtigt werden.

Top-down-Verteilung

Eine sehr mächtige, aber auch komplexe Funktion stellt die Top-down-Verteilung dar. Mit Hilfe dieser Funktion besteht die Möglichkeit, die Daten der Top-down-Planergebnisrechnung, die ja im Vergleich zur Bottom-up-Planergebnisrechnung nur auf einer sehr hohen Aggregationsstufe erfolgt, auf andere detailliertere Merkmale maschinell herunterzubrechen. Abbildung 6.11 zeigt hierzu ein Beispiel für eine Top-down-Verteilung.

Das Beispiel zeigt, wie zunächst ein Datensatz auf der Ebene der Artikelgruppe geplant wurde. Durch die Top-down-Verteilung wird zu diesem Datensatz ein Stornosatz erzeugt, und der Planwert wird auf der Basis eines Bezugsfeldes auf die zugehörigen Artikel aufgeteilt und neu gebucht.

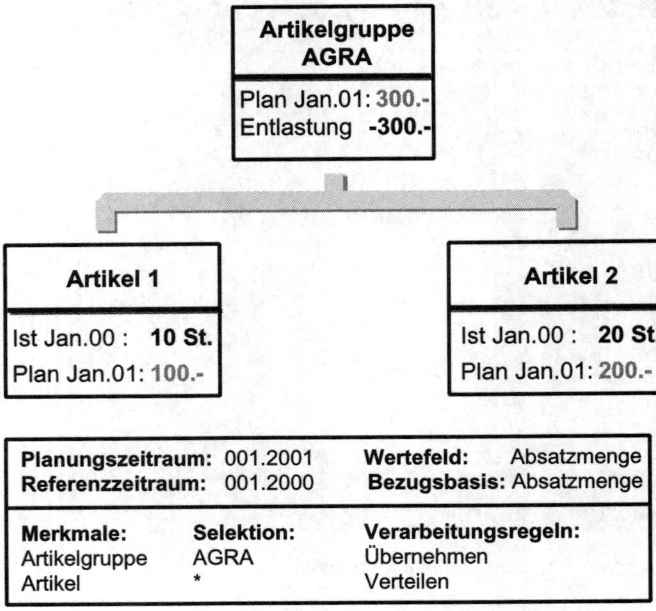

Abbildung 6.11 Prinzip einer Top-down-Verteilung

Für das korrekte Gelingen der Top-down-Verteilung müssen dabei folgende Angaben gemacht werden:

- **Planversion, Vorgangsart und Zeitraum der Plandaten, die verteilt werden sollen**
  Mit diesen Angaben wird festgelegt, welche Daten grundsätzlich bei der Top-down-Verteilung verändert werden sollen.
- **Planversion oder Istdaten, Zeitraum und Bezugsfeld der Daten, auf deren Basis die Plandaten verteilt werden sollen**
  Die Top-down-Verteilung basiert immer auf Referenzdaten, die für die Verteilung zugrunde gelegt werden. Über diese Referenzdaten ermittelt das System, auf welche Merkmalsausprägungen in welchem Verhältnis verteilt werden soll. Die Referenzdaten können dabei sowohl Plan- als auch Istwerte aus dem Modul CO-PA sein.
- **Verrechnungsregel**
  Mit der Verrechnungsregel wird angegeben, auf welche Merkmale verteilt werden soll (z.B. Artikel), welche Merkmale übernommen werden sollen (z.B. Artikelgruppe) und welche Merkmale für die Verteilung nicht relevant sind (z.B. Kunde).

- **Merkmalsselektion**
  Über die Merkmalsselektion wird definiert, für welche Merkmalsausprägungen die Verteilung durchgeführt werden soll (z.B. Artikelgruppe A).
- **Wertefeldselektion**
  Hier erfolgt letztlich die Angabe, welche Wertefelder (z.B. Absatz) überhaupt verteilt werden sollen.

Die Beschreibung macht schon deutlich, dass man bei der Anwendung der Top-down-Verteilung sehr gründlich vorgehen muss, um korrekte Ergebnisse zu erzielen. Da die Funktion sehr mächtig und flexibel ist, besteht aber auch die Gefahr, dass man durch die Anwendung der Top-down-Verteilung Datenbestände auf Merkmalsebenen verändert, die man gar nicht verändern wollte.

6.5 Abstimmung zwischen Top-down- und Bottom-up-Planergebnisrechnung

6.5.1 Differenzen zwischen der Top-down- und der Bottom-up-Planergebnisrechnung

Aufgrund der unterschiedlichen Vorgehensweisen und unabhängigen Umsetzung der Bottom-up- und Top-down-Planergebnisrechnung verwundert es wenig, wenn aus diesen beiden Ergebnisplanungen für ein Geschäftsjahr unterschiedliche Ergebnisse resultieren.

Die wesentliche Ursache dürfte in der in Abschnitt 6.4.1 beschriebenen unterschiedlichen Zielsetzung und dem damit verbundenen unterschiedlichen Planungsansatz zu finden sein. Während die Top-down-Planung quasi mit dem Blick durch ein Fernglas die grundsätzliche Entwicklung des Unternehmens für die nächsten Jahre vorgibt und mithilfe des Herunterbrechens versucht, diese Visionen in griffige Kosten- und Erlöszahlen für Perioden und einzelne Marktsegmente zu konkretisieren, nähert sich die Bottom-up-Planung gerade von der anderen Seite an. Die Bottom-up-Planung analysiert quasi mit dem Blick durch die Lupe, welche Möglichkeiten und Chancen, welche Probleme und Risiken in allen Teilbereichen des Unternehmens auf der Grundlage einer detaillierten, aus dem Tagesgeschäft geprägten Planung aller Abteilungen für das Unternehmen in naher Zukunft existieren. Durch Aggregierung dieser Detailplanung ergibt sich dann aus der Bottom-up-Planung auch ein Ergebnis für das gesamte Unternehmen. Abbildung 6.12 macht die unterschiedliche Denkweise und Herkunft der beiden Planungsformen nochmals deutlich.

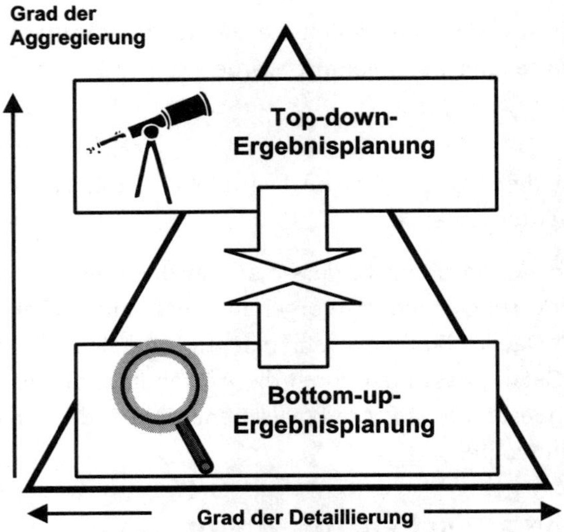

Abbildung 6.12 Top-down versus Bottom-up

Beide Planungsformen weisen spezifische Vor- und Nachteile auf und können sich bei entsprechender Abstimmung gut ergänzen. Da in der strategischen Planung durch die Auseinandersetzung mit externen Faktoren das gesamte Unternehmen mit anderen Partnern verglichen und der gesamte Markt analysiert wird, ergeben sich so neue Perspektiven und Entwicklungswege für das Unternehmen, die nur in der Top-down-Planung zahlenmäßig umgesetzt werden.

Das Problem der Top-down-Planung wie auch der strategischen Planung allgemein liegt in der Konkretisierung dieser Visionen in detaillierte Aufgaben und in dem Erkennen von Prozessabhängigkeiten und den sich daraus ergebenden Problemen und Schwierigkeiten, aber auch Synergieeffekten.

Hierin liegt wiederum die Stärke der Bottom-up-Planung. In dem Zusammenspiel aller Planungsschritte in der operativen Planung werden gerade diese Prozessabläufe in einem Unternehmen in höchster Vollendung verinnerlicht und durch einen eng verzahnten Planungsablauf auf sehr detaillierter Ebene in der Bottom-up-Planergebnisrechnung zusammengestellt.

Somit wird klar, dass die Differenzen in den Planungsergebnissen zwischen der Bottom-up- und der Top-down-Planergebnisrechnung völlig normal sind und bei entsprechender Analyse auch zum Vorteil des Unternehmens genutzt werden können.

In Unternehmen, die den integrierten Planungsprozess über mehrere Jahre hinweg durchgeführt haben und wo die strategische Planung klar im Unternehmen kommuniziert und gelebt wird, treten häufig geringere Differenzen zwischen den beiden Planungsformen auf als bei Unternehmen mit unklarer Strategie oder solchen, die bisher keine integrierte Planung durchgeführt haben.

Liegen in einem Unternehmen große Differenzen in den Planungsergebnissen der strategischen und operativen Planung vor, so kann dies Rückschlüsse darauf zulassen, dass die im Unternehmen gewählte Strategie nicht praktiziert wird oder aber die Strategie auf der Basis mangelnder Maßnahmen zur Erreichung des Ziels der Unternehmensstrategie durch die operativen Einheiten gar nicht erfüllt werden kann.

In der Abstimmung zwischen Bottom-up- und Top-down-Planung wird schnell deutlich – von offensichtlichen Planungsfehlern abgesehen –, ob eine Strategie durch untermauernde Maßnahmen des Managements bereits ausreichend in den operativen Einheiten umgesetzt werden kann.

So interessant die Auseinandersetzung mit den unterschiedlichen Planergebnisrechnungen auch sein mag, letztlich sollte sich die Unternehmensführung immer auf eine Planergebnisrechnung für das folgende Geschäftsjahr festlegen. Einzig an dieser Planergebnisrechnung sollte der Erfolg des Unternehmens im Vergleich mit der tatsächlichen Entwicklung gemessen werden. Dabei ist es nicht zwingend notwendig, sich auf eins der beiden Planungsergebnisse festzulegen, vielmehr liegt im Kompromiss zwischen den Planungsergebnissen häufig die realistischste Planung. Hierdurch fungiert die Top-down-Planung aus Sicht des strategischen Weitblicks als Vorgabe für die Bottom-up-Planung, wohingegen diese einen Rückkoppelungsprozess im Hinblick auf Machbarkeit und Umsetzung liefert.

6.5.2 Anpassung der Bottom-up- und Top-down-Planung

Die Anpassung der Bottom-up- wie auch der Top-down-Planung erfolgt im Grunde einfach durch Anpassung einzelner Ergebnispositionen in den entsprechenden Planungslayouts im Modul CO-PA. Dabei empfiehlt es sich aber, die Eingabe unter einer gesonderten Vorgangsart im CO-PA abzuspeichern. Über Vorgangsarten, die im Customizing gepflegt werden, wird die Datenherkunft der einzelnen Plan- und Istdaten in der Ergebnisrechnung identifiziert. Neben standardmäßig vorhandenen Vorgangsarten (wie z.B. F für Fakturadaten oder D für Kostenstellenumlagen) können weitere Vorgangsarten z.B. für die Ergebnisplanung definiert werden. Werden so z.B. für die Anpassung der Ergebnisplanung eine eigene Vorgangsart definiert und die Änderungen über eigens dafür eingerichtete Planungslayouts gespeichert, so besteht im Reporting jederzeit die Möglichkeit, die ursprüngliche Planung, die Planänderungen und das daraus resultierende verbindliche Planungsergebnis voneinander zu differenzieren. Abbildung 6.13 macht dieses Prinzip der Erfassung von Anpassung in der Planergebnisrechnung deutlich.

Abgestimmte Ergebnisplanung zwischen Bottom-up- und Top-down-Ansatz

	Bottom-up-Planung Vorgangsart B bis G	Ergebnisanpassung Vorgangsart 0	Top-down-Planung Summe
Absatzmenge			
Bruttoumsatz			
- Rabatte			
= Nettoumsatz			
- Direkte Vertriebskosten			
Frachtkosten			
Provisionen			
- Var. Herstellkosten			
Materialkosten			
Var. Fertigungskosten			
= Deckungsbeitrag I			
- Fixe Fertigungskosten			
= Deckungsbeitrag II			
- Werbung			
= Deckungsbeitrag III			
- Beschäftigungsabweichungen			
- Sonstige Abweichungen Produktion			
- Abweichungen MM			
= Deckungsbeitrag IV			
- Gemeinkosten			
Forschungskosten			
Marketingkosten			
Verwaltungskosten			
= Betriebsergebnis			

Abbildung 6.13 Abstimmung der Planergebnisrechnung über eine gesonderte Vorgangsart

Zudem sollte bei der Anpassung der Bottom-up-Planergebnisrechnung möglichst darauf geachtet werden, dass durch die Änderung der integrative Charakter der Planergebnisrechnung nicht verloren geht. Im Hinblick darauf sollten folgende Hinweise bei der Anpassung der Bottom-up-Planergebnisrechnung beachtet werden:

- **Keine Anpassung der Absatzmenge**
  Durch die manuelle Anpassung der Absatzmenge wird ein wesentlicher Bestandteil der Planungsintegration manipuliert. Auf der geplanten Absatzmenge basiert die gesamte Abstimmung zwischen Produktion und Vertrieb. Aus dieser Abstimmung ergibt sich wiederum die Produktionsauslastung, was wesentlichen Einfluss auf die Herstellkosten und die gesamte Kostenstellenplanung hat.

- **Keine Anpassung der Fertigungskosten und Beschäftigungsabweichungen**
  Aus den geplanten Fertigungskosten des Umsatzes (als Bestandteil der Herstellkosten des Umsatzes) und aus den geplanten Beschäftigungsabweichungen setzen sich (unter Voraussetzung konstanter Vorratsmengen an eigenen Erzeugnissen) die gesamten Kosten der Fertigungkostenstellen aus der Kostenstellenplanung zusammen. Durch die Veränderung dieser Kostenpositionen in der Bottom-up-Planergebnisrechnung gerät das Gesamtkonzept zwischen Fertigungskosten in der Kostenstellenplanung, Erzeugniskalkulation, Beschäftigungsabweichungen und Fertigungskosten des Umsatzes je Erzeugnis durcheinander.
- **Keine Anpassung der Gemeinkosten**
  Die Gemeinkosten in der Bottom-up-Planergebnisrechnung ergeben sich aus den umgelegten Budgets der einzelnen Gemeinkostenstellen aus der Kostenstellenplanung. Sollten die Gemeinkosten in der Tat angepasst werden müssen, so sollte dies direkt auf den einzelnen Gemeinkostenstellen erfolgen, um so die Integration zwischen Kostenstellenplanung und Ergebnisplanung nicht zu zerstören.

Spielräume für manuelle Anpassungen in der Bottom-up-Planergebnisrechnung gibt es in folgenden Positionen:

- Manuell geplante Ergebniszeilen in der Ergebnisrechnung
- Direkte Vertriebskosten
- Materialkosten als Bestandteil der Herstellkosten des Umsatzes

Des Weiteren ist denkbar, die Vorgaben der Top-down-Planergebnisrechnung in andere Planungsschritte der operativen Planung, wie etwa die Vertriebsplanung oder Kostenstellenplanung, einfließen zu lassen, um dann die gesamte Planungsintegration erneut in einer zweiten Iteration durchlaufen zu lassen und so zu einer neuen Bottom-up-Planergebnisrechnung zu gelangen. Hierfür weist der enge Zeitplan im Rahmen der operativen Planung jedoch häufig nicht genug Spielraum auf.

7 Dispositive Planung mit SAP R/3

Unter *dispositiver Planung* werden in diesem Buch alle Schritte verstanden, die dazu dienen, die kurzfristige Planung und Steuerung der materialwirtschaftlichen Kette zu unterstützen.

Ihr Ausgangspunkt ist die Vertriebsplanung: Dort werden Bedarfe für verkaufsfähige Materialien geplant. Diese werden dann über die Programmplanung an die Langfristplanung übergeben, die die Berechnung simulativer Planungen über alle Stufen der Produktion (einschließlich der Planung von Rohstoffen, Handelswaren etc.) ermöglicht. Abgestimmte Planzahlen können an die operative Materialbedarfsplanung weitergegeben werden und bilden dann neben konkreten Bedarfen (z.B. Kundenbedarfen) den Ausgangspunkt für die Materialflusssteuerung, die für die Planung und Abstimmung innerhalb des Tagesgeschäftes zuständig ist.

7.1 Die Vertriebsplanung mit der flexiblen Planung des Logistik-Informationssystems

7.1.1 Definition und Ziel der Vertriebsplanung

Definition der Vertriebsplanung

Wie bereits im Abschnitt 5.1.1 beschrieben, wird auch im Rahmen der dispositiven Planung das Ziel der Vertriebsplanung in der Planung von Absatzmengen und Umsatz gesehen. Lediglich die Fristigkeit der Planung ist unterschiedlich, und die Planung des Umsatzes geht von der Mengenplanung sowie von der Planung zwischen feststehenden Preisen aus. Aus diesem Grund wird in der Folge dieses Kapitels auch nur auf die Vertriebsplanung mit Hilfe der flexiblen Planung eingegangen. Grundsätzlich ist natürlich auch eine Vorgehensweise mit Hilfe der Planung im Modul CO-PA vorstellbar. Eine Beschreibung dieser Vorgehensweise findet sich in Abschnitt 5.2.

Geht es in der operativen Planung zumeist um die Planung für ein komplettes Folgegeschäftsjahr, so ist die dispositive Vertriebsplanung auf einen Zeitraum von drei bis sechs Monaten ausgerichtet. Die Planwerte lassen sich in aller Regel genauer vorhersagen als im Rahmen der operativen Planung. Sie sollten neben Istwerten aus der Vergangenheit als Vorschlagswert herangezogen werden. Es bietet sich an, die Kriterien der Planung aus der operativen Planung zu übernehmen, um den Vorschlagscharakter der operativen Planung für die dispositive Planung optimal auszunutzen.

Kriterien der Vertriebsplanung

Als Planungskriterien dienen also auch hier organisatorische Merkmale (Buchungskreise, Verkaufsorganisationen, Vertriebswege usw.), kundenspezifische Merkmale (Land, Branche, Auftraggeber, Warenempfänger usw.) und artikelspezifische Merkmale (Produktgruppen, ABC-Klassifizierung, Artikelnummer).

Anders als bei der operativen Planung ist der Grad der Detaillierung in der dispositiven Vertriebsplanung größer. In der Regel findet die Planung nicht mehr auf der Ebene von Produkt- bzw. der Kundengruppierungen statt, sondern es werden – wo immer möglich – Einzelprodukte bzw. Produkt-/Kundenkombinationen beplant.

Hierbei kann und sollte eine Fokussierung der »manuellen« Planung auf Schlüsselprodukte bzw. Produkt-/Kundenkombinationen erfolgen. Der Rest des Geschäftes lässt sich oft verlässlicher aus einer Kombination aus Istdaten und operativer Planvorgabe hinzusteuern. Natürlich spielt hier die Art des Geschäftes eine Schlüsselrolle.

Periodizität

Die Periodizität in der dispositiven Vertriebsplanung ist wie in der operativen Planung für gewöhnlich der Monat. Kleinere Intervalle sind aufgrund eines zu hohen Planungsaufwandes häufig nicht zu realisieren. Es ist das Hauptziel der Vertriebsplanung im Rahmen der dispositiven Planung, die Umsetzbarkeit des Absatzprogramms durch die logistische Kette des Unternehmens zu überprüfen und gegebenenfalls im Vorfeld steuernd einzugreifen.

7.1.2 Voraussetzungen für die Vertriebsplanung mit der flexiblen Planung

Informationsstruktur

Die für die operative Planung gewählte Struktur aus folgenden Bereichen sollte hier als Ausgangspunkt maßgeblich sein (siehe Abschnitt 5.1.2):

- Merkmalen
- Kennzahlen
- Periodizität

Es ist durchaus sinnvoll, auf identischen Strukturen zu planen, um die Integrationsmöglichkeit der operativen mit der dispositiven Planung zu gewährleisten.

Was die Definition von Merkmalen und Kennzahlen angeht, sei aus diesem Grunde auf den Abschnitt 5.1.2 verwiesen. Im Gegensatz zur operativen Planung ist jedoch im Rahmen der dispositiven Planung der Plan-preis nicht mehr in dem Maße als beeinflussbar anzusehen. Der Aspekt der logistischen Mengenplanung steht eindeutig im Vordergrund.

Planungsmethoden

Auch die Planungsmethoden sind die gleichen wie für die operative Planung:

- **Konsistente Planung**
  Bei der konsistenten Planung werden die Plandaten auf der detailliertesten Ebene gespeichert. Weiterhin bestehen Abhängigkeiten zwischen allen Ausprägungen der Planungsebenen, die in Form einer Planungshierarchie und entsprechenden Anteilswerten untereinander festgelegt sind. Dies hat zur Folge, dass die Änderung von Plandaten einer beliebigen Ebene online auf alle anderen Planungsebenen aggregiert oder verteilt wird. Dadurch bleibt die Planung zu jedem Zeitpunkt in sich konsistent, d.h., jede Planungsebene weist in der Summe den gleichen Wert aus.
- **Stufenplanung**
  Bei der Stufenplanung werden die Plandaten hingegen auf allen Planungsebenen gespeichert. Im Gegensatz zur konsistenten Planung werden aber bei der Änderung eines Planwertes auf einer Planungsebene die Daten der anderen Planungsebenen nicht durch Aggregation oder Verteilung automatisch angepasst. Vielmehr wird bei der Stufenplanung die Aggregation und Verteilung im Nachhinein manuell durchgeführt. Die Stufenplanung basiert dabei ebenfalls auf einer Planungshierarchie und Anteilswerten. Dadurch besteht die Möglichkeit, die Planung auf den einzelnen Planungsebenen unabhängig voneinander durchzuführen.
- **Deltaplanung**
  Die Deltaplanung arbeitet im Gegensatz zur konsistenten Planung und zur Stufenplanung nicht mit einer Planungshierarchie und Anteilswerten. Bei dieser Planungsmethode werden jeweils die Veränderungen der Planung auf der jeweiligen Planungsebene gespeichert. Dies hat zur Folge, dass die Plandaten automatisch auf höhere Planungsebenen aggregiert werden, aber eine Verteilung auf detaillierteren Ebenen nicht stattfindet. Die Aufteilung der Plandaten auf detailliertere Ebenen muss manuell erfolgen.

Was die Charakteristika der Planungsmethoden im Detail sowie ihre Vor- und Nachteile angeht, sei an dieser Stelle auf Abschnitt 5.1.2 verwiesen.

Planversionen

Für die dispositive Planung sollten in SAP eigene Planversionen verwendet werden, die sich von denen der operativen Planung unterscheiden.

Da es sich bei der dispositiven Planung im Allgemeinen um eine monatlich rollierende Planung handelt, bietet es sich an, die gleiche Version monatlich rollierend zu überschreiben. Es ist darüber hinaus ratsam, für die Planung an sich eine von der aktiven Version A00 unterschiedliche Version zu benutzen, um den endgültig abgestimmten Plan dann in die aktive Version A00 einstellen zu können.

Auch hier gilt das bereits für die operative Planung Gesagte. Die Planversionen und deren zeitliche Entstehung sollten sorgfältig zwischen operativer und dispositiver Planung sowie innerhalb der dispositiven Planung abgestimmt sein, um eine Beschädigung der Daten zu vermeiden.

Planungstypen und Makros

Grundsätzlich kann in der dispositiven Planung auf den gleichen Informationsstrukturen wie in der operativen Planung geplant werden. Aufgrund der unterschiedlichen Periodizität, der unterschiedlichen Eingangsgrößen sowie der hauptsächlichen Mengenorientierung werden jedoch für die dispositive Planung eigene Planungstypen zum Einsatz kommen. Ein Planungstyp ist immer fest mit einer Informationsstruktur verbunden. Für eine Informationsstruktur können hingegen viele unterschiedliche Planungstypen vereinbart werden.

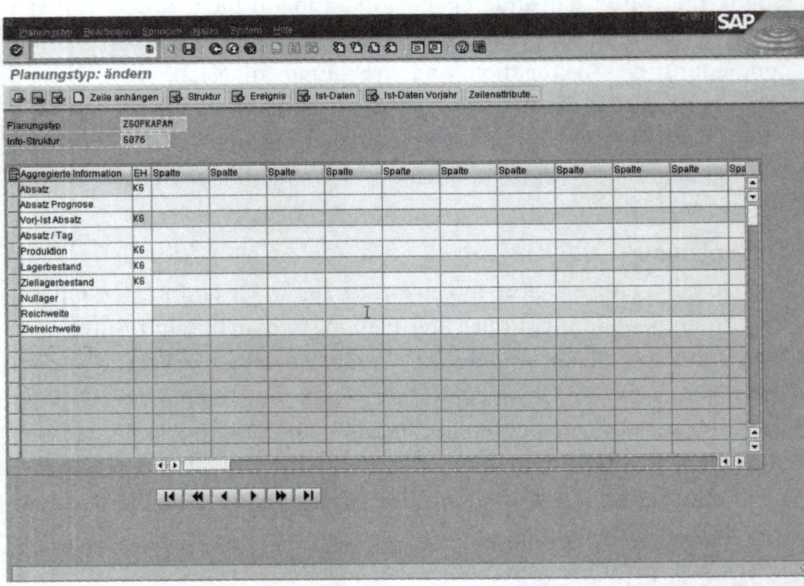

Abbildung 7.1 Beispiel eines Planungstableaus

Mit Planungstypen wird definiert, wie die Daten einer Informationsstruktur durch den Anwender angezeigt und verändert werden können. Über die Planungstypen werden Planungstableaus in Form von Kopfbereich, Zeilen- und Spaltenstruktur angelegt.

Ein Beispiel für ein Planungstableau im Rahmen der dispositiven Planung zeigt Abbildung 7.1. Für die Beschreibung der Funktionen, die SAP R/3 bereitstellt, um einen solchen Planungstyp zu definieren, siehe auch Abschnitt 5.1.2.

7.1.3 Stammdaten in der Vertriebsplanung im Rahmen der dispositiven Planung

Grundvoraussetzung für die Vertriebsplanung im Rahmen der dispositiven Planung sind gepflegte Material- und Kundenstammsätze. Ein eigenes Stammdatum der flexiblen Planung ist im Fall konsistenter Planung bzw. Stufenplanung die Planungshierarchie.

Diese Stammdaten der Vetriebsplanung sind im Rahmen der dispositiven Planung und Hilfsmittel zu deren Anlage im Wesentlichen in Abschnitt 5.1.3 und Abschnitt 5.3 beschrieben worden. Im Rahmen der dispositiven Planung spielt allerdings die in Abschnitt 5.1.3 bereits angesprochene Produktgruppe noch eine Sonderrolle, da sie durchgängig in allen Auswertungsebenen der Langfristplanung und der Materialbedarfsplanung zusätzlich zu dem Kriterium *Disponent des Materials* ein weiteres Gliederungskriterium darstellt. Die Ergebnisse können so zum einen disponentenbezogen und zusätzlich bzw. alternativ nach beliebigen Produktgruppierungskriterien ausgewertet werden.

Zudem besteht in der Materialbedarfsplanung die Möglichkeit, Planungsläufe auf der Ebene Produktgruppe (und damit auf einer beliebigen Ebene der selbstdefinierten Hierarchie) anzustoßen. Die Einrichtung einer solchen Produktgruppenhierarchie kann also für die dispositive Planung durchaus sinnvoll sein.

7.1.4 Input der Vertriebsplanung im Rahmen der dispositiven Planung

Die dispositive Planung kann häufig auf Daten der operativen Planung und auf Istdaten der Vergangenheit zurückgreifen und diese als Grundlage der Planung vorschlagen. Die Istzahlen können wie in Abschnitt 5.1.4 beschrieben in die Planversion der Infostruktur der dispositiven Planung kopiert werden.

Prognose Aus den Istdaten kann alternativ per Prognose eine Projektion für den Planungszeitraum vorgenommen werden. Obwohl die Möglichkeit der Nutzung dieses Instrumentes wie in Abschnitt 5.1.5 erwähnt begrenzt auf ein relativ »statisches« Geschäft ist, soll doch in diesem Kapitel des Buches ausführlicher auf diese Möglichkeiten eingegangen werden. Die Prognose kann u.U. genutzt werden, um das Geschäft zu prognostizieren, das nicht explizit manuell geplant wird, um so den Aufwand der manuellen Planung in Anbetracht der in der Praxis grundsätzlich knappen zur Verfügung stehenden Zeit zu bewältigen.

Vorschlagswerte aus der operativen Planung Neben der Übernahme der Istdaten und der Prognose der Daten können auch Vorgaben aus der operativen Planung übernommen werden. Häufig liegen diese Daten auch schon auf der detailliertesten Ebene der Planung vor, sodass eine direkte Übernahme möglich ist. Wird im Rahmen der operativen Planung auf einer aggregierteren Ebene geplant, ist über die Planungshierarchie ein Herunterbrechen der Planwerte möglich. Wird operativ im Modul CO-PA geplant und soll im Rahmen der dispositiven Planung mit Hilfe der flexiblen Planung geplant werden, so existieren Instrumente, um Merkmale und Wertefelder des Moduls CO-PA mit Merkmalen und Kennzahlen der Informationsstrukturen der Vertriebsplanung in der flexiblen Planung zu verknüpfen.

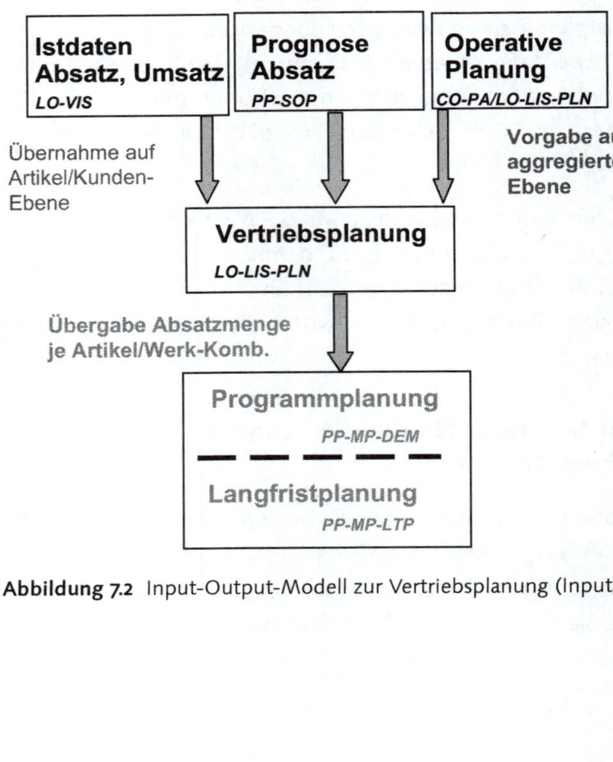

Abbildung 7.2 Input-Output-Modell zur Vertriebsplanung (Input)

7.1.5 Durchführung der Vertriebsplanung im Rahmen der dispositiven Planung

Was die Durchführung der Vertriebsplanung im Rahmen der dispositiven Planung angeht, kann im Detail voll und ganz auf den Abschnitt 5.1.5 verwiesen werden. Unterschiede bestehen hier allenfalls in Bezug auf die Periodizität. Werden im Rahmen der operativen Planung oftmals Jahreszahlen geplant, beruht die dispositive Planung in der Regel auf Monatswerten.

Planungstableaus

Das Planungstableau besteht auch hier aus *Kopfbereich* und *Eingabematrix*. Der Kopfbereich enthält die für die Planung ausgewählte Merkmalskombination. In der Eingabematrix werden die eigentlichen Plandaten der Merkmalskombination gepflegt.

Navigations- und Anzeigefunktionen

Die Navigations- und Anzeigefunktionen werden detailliert in Abschnitt 5.1.5 beschrieben. Dort befindet sich auch ein beispielhaftes Planungstableau. Im Einzelnen sind dies folgende Navigations- und Anzeigefunktionen:

- Planungsebenen wechseln (nach oben oder nach unten springen)
- Merkmalskombination wechseln (nächste, vorige)
- Einheiten wechseln (KG → Verkaufsmengeneinheit etc.)
- Auswahl der Kopfinformationen
- Zeilensummen zur Perioden-Kumulation der Planwerte berechnen
- Langtext zu einzelnen Planwerten pro Periode erfassen
- Download der Daten nach Excel

Funktionen zur Datenpflege

Darüber hinaus gibt es folgende Funktionen zur Datenpflege in den Planungstableaus:

- Eigendefinierte Makros zur Berechnung neuer Kennzahlen aus einer oder mehreren Kennzahlen
- Disaggregation von Kennzahlen auf niedrigere Planungsebenen
- Fixierung einzelner Kennzahlenwerte, sodass sie durch weitere Planungsschritte wie das Ausführen von Makros, die Aggregation bzw. Disaggregation nicht mehr manipuliert werden
- Periodische Aufteilung von Kennzahlen (z.B. Jahresplanwert auf Monate)

Neben der manuellen Bearbeitung der Vorschlagswerte für die Planung steht, wie bereits in Abschnitt 5.1.5 angesprochen, auch die Prognoserechnung als Hilfsmittel zur Verfügung, der in diesem Kapitel besonderer Raum gegeben werden soll. Alle geschilderten Sachverhalte gelten natürlich in übertragener Weise auch für die operative Planung.

Prognose

Die Prognose berechnet aus Vergangenheitswerten Werte für die Planperiode. Dafür stehen unterschiedliche Möglichkeiten zur Verfügung.

In der *Standard-Absatz- und Produktionsgrobplanung* lassen sich lediglich Verbrauchswerte der Vergangenheit als Basis für die Prognose nutzen. Dies ist in der Praxis oft nicht ausreichend. In der flexiblen Planung hingegen lässt sich jede Kennzahl für die Prognose heranziehen. Voraussetzung ist, dass dies im Customizing für die jeweilige Kennzahl der jeweiligen Infostruktur vereinbart wird. Die Prognose kann dabei sowohl online als auch in Form von Massenverarbeitung im Hintergrund ausgeführt werden.

In der Praxis bietet es sich an, vorhandene Kennzahlenreihen einmal nach den verschiedenen zur Verfügung stehenden Prognoseverfahren für einen bereits mit Istwerten belegbaren Vergangenheitszeitraum zu »prognostizieren«. Ein Vergleich der Zahlenreihen kann dann Aufschluss über das geeignetste Verfahren geben. A- und B-Kunden bzw. Kunde/Materialkombinationen werden am besten in Zusammenarbeit mit dem Kunden manuell geplant.

Als Prognosemodelle stehen zur Verfügung:

- Konstantmodelle (Mittelwert, gewichteter Mittelwert, exponentielle Glättung erster Ordnung mit beeinflussbaren Alpha-Faktoren)
- Trendmodelle (exponentielle Glättung zweiter Ordnung)
- Saisonmodelle nach Winter
- Kombinierte Trend-/Saisonmodelle

Diese Modelle werden im Folgenden nun noch näher vorgestellt werden.

Konstantmodell

Beim Konstantmodell wird unterstellt, dass die zu prognostizierende Kennzahl um einen konstanten Wert schwankt und weder einem Trend noch einer Saisonalität unterliegt. Als Methode kommt hierbei die Mittelwertmethode bzw. die Methode des gewichteten Mittelwerts zum Einsatz; bei dieser Methode ist es möglich, einzelne Werte der Kennzahlenreihe stärker zu berücksichtigen als die übrigen. So können zum Beispiel die aktuellen Zahlen stärker als die weiter zurückliegenden Werte gewichtet werden.

Darüber hinaus existiert auch noch die exponentielle Glättung erster Ordnung. Die Glättung findet unter Zuhilfenahme eines beeinflussbaren Alpha-Faktors statt. Die Größe dieses Faktors beeinflusst die Gewichtung älterer Vergangenheitswerte gegen jüngere. Je größer der Faktor gewählt wird, umso stärker werden jüngere Vergangenheitsperioden in die Berechnung des Prognosewertes mit einbezogen. In der Praxis haben sich Alpha-Faktoren zwischen 0,1 und 0,3 als gebräuchlich herausgestellt.

Abbildung 7.3 verdeutlicht einen exemplarischen Datenverlauf und die daraus abgeleitete Zahlenreihe.

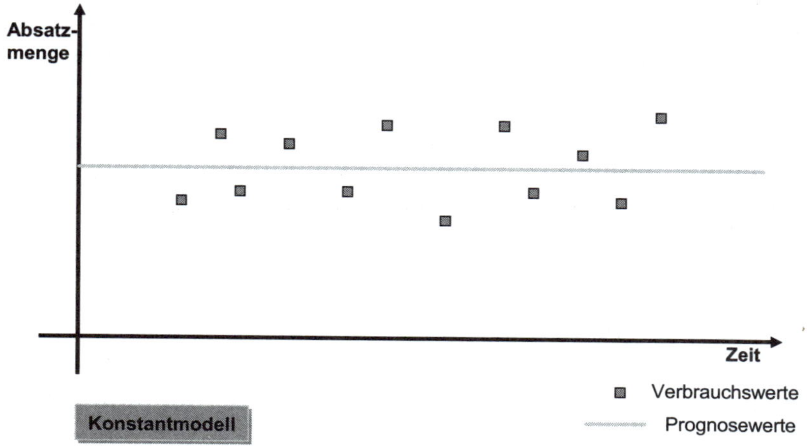

Abbildung 7.3 Konstantmodell

Als Trendmodell steht die exponentielle Glättung zweiter Ordnung zur Verfügung. Sie ermöglicht neben der oben beschriebenen Gewichtung der »älteren« im Verhältnis zur »jüngeren« Vergangenheit die Berücksichtigung einer trendartigen Steigerung/Senkung der Bedarfswerte. Abbildung 7.4 veranschaulicht exemplarisch den Verlauf einer solchen Zeitreihe.

Trendmodell

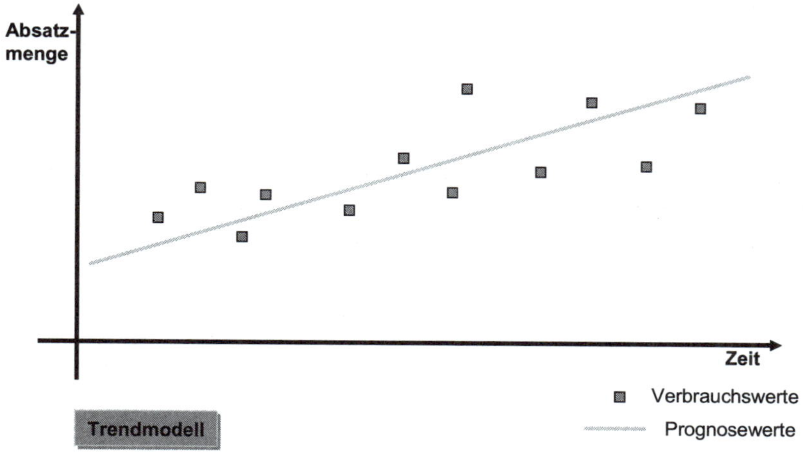

Abbildung 7.4 Trendmodell

Saisonmodell Unterliegt der Bedarf des zu prognostizierenden Materials klaren saisonalen (d.h. periodisch wiederkehrenden) Schwankungen, bietet sich die Untersuchung der Eignung des Saisonmodells nach Winter an. Neben dem bereits erwähnten Alpha-Faktor kommt hierbei ein Gamma-Faktor zum Einsatz, der die Stärke der Saisonalität berücksichtigt. Abbildung 7.5 veranschaulicht exemplarisch den Verlauf einer solchen Zeitreihe.

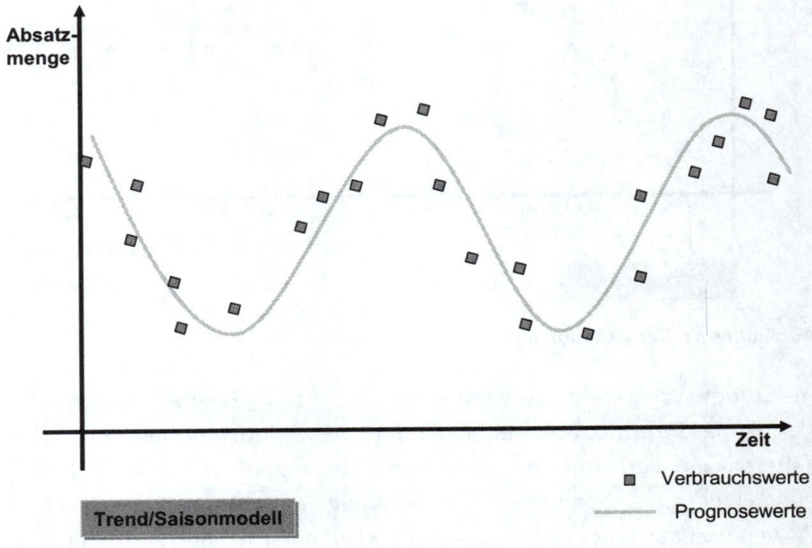

Abbildung 7.5 Saisonmodell

Kombinierte Trend-Saison-Modelle Es ist darüber hinaus möglich, Trend- und Saisonmodelle zu kombinieren, um so zum einen saisonale Schwankungen und zum anderen Trendverläufe zu berücksichtigen (siehe Abbildung 7.6).

Modellauswahl SAP bietet die Möglichkeit, ein Prognosemodell manuell oder automatisch auszuwählen. Für die automatische Auswahl stehen zwei Verfahren zur Verfügung:

- Test auf Trend (Regressionsanalyse) bzw. Saisonalität (Autokorrelationstest)
- Simulation von Zeitreihen durch Beeinflussung der Prognoseparameter (Alpha-, Beta-, Gamma-Faktor) in Schritten von 0,1. Danach Vergleich mit der Ist-Zeitreihe und Berechnung der mittleren Standardabweichung.

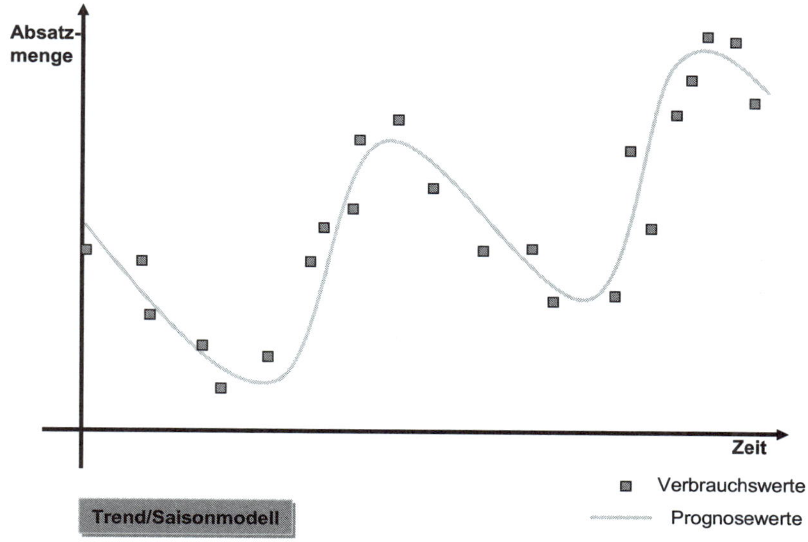

Abbildung 7.6 Kombiniertes Trend/Saisonmodell

Das erste Verfahren bietet sich an, wenn schon Anhaltspunkte wie Trend und/oder Saisonalität bei den Kennzahlen gegeben sind. Das zweite Verfahren ist aufwändiger und zeitintensiver, führt aber auch zu genaueren Ergebnissen.

Prognoseprofile

Prognosemodelle und dafür notwendige Parameter lassen sich in so genannten Prognoseprofilen festlegen. Hierfür stehen so genannte Prognosestrategien und Prognoseparameter zur Verfügung. Auch die Periodizität der Prognose lässt sich im Prognoseprofil festlegen. Anders als in der Standard-Absatz-/Produktionsgrobplanung lassen sich Prognoseprofile in der flexiblen Planung auf jede beliebige Kennzahl anwenden.

Durchführung der Prognose

Die Prognose lässt sich entweder online aus dem Planungstableau heraus oder im Hintergrund als Massenverarbeitung durchführen.

7.1.6 Output der Vertriebsplanung im Rahmen der flexiblen Planung

Das Ergebnis der Vertriebsplanung im Rahmen der dispositiven Planung sind in der Regel Absatzmengen für den Planungszeitraum von einem bis zwölf Monaten. Diese Zahlen dienen wie in Abbildung 7.7 aufgezeigt den folgenden Planungsschritten als Input:

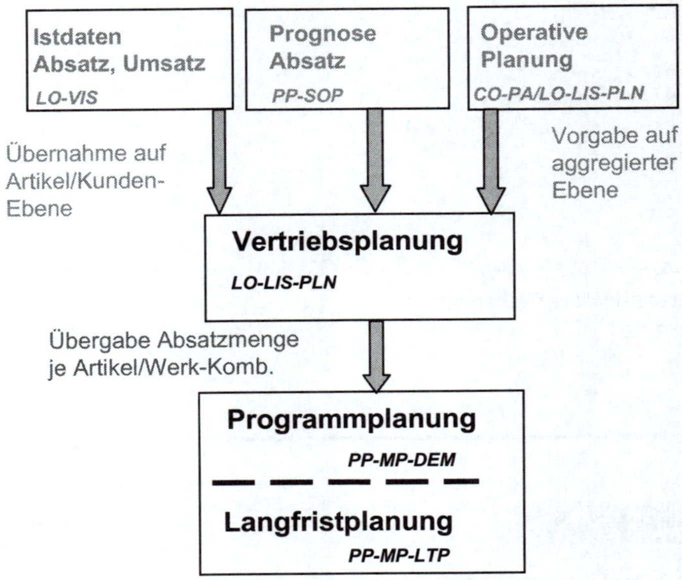

Abbildung 7.7 Input-Output-Diagramm Vertriebsplanung (Output)

Für die Übernahme in die Folgeschritte ist es wichtig, dass die Planzahlen auf der Ebene *Material/Werkskombination* vorliegen. Ist dies nicht die Planungsebene der Zahlen, müssen sie im Rahmen der flexiblen Planung durch Aggregation/Disaggregation auf diese Ebene gebracht werden.

Die Werksverteilung arbeitet dabei nach folgendem Prinzip:

1. Werden zu dem Material in der Planungshierarchie ein oder mehrere Werke gefunden, dann werden die Daten zu diesen Werken an die Programmplanung übergeben.
2. Wird in der Planungshierarchie kein Werk gefunden, dann prüft das System, welche Werke für das Material im Materialstammsatz gepflegt wurden. Anschließend prüft es, ob Verteilungsquoten für das Material gepflegt wurden. Wenn ja, erfolgt die Übergabe an die Programmplanung entsprechend dieser Quoten.
3. Werden keine Verteilungsquoten ermittelt, prüft das System, ob generische Verteilungsquoten, d.h. für alle Materialien geltende Verteilungsquoten, definiert wurden. Ist dies der Fall, erfolgt die Übergabe an die Programmplanung entsprechend diesen Quoten. Wurden nur für einige, jedoch nicht für alle im Materialstammsatz gepflegten Werke generische Verteilungsquoten definiert, geht das System davon aus, dass die Quote für Werke ohne generische Verteilungsquote 0 beträgt.

4. Werden weder materialspezifische noch generische Verteilungsquoten ermittelt, verteilt das System die Daten gleichmäßig auf sämtliche Werke im Materialstammsatz.

Folgeschritt zur Vertriebsplanung im Rahmen der dispositiven Planung ist die Programmplanung. Mit ihrer Hilfe werden den Bedarfen Charakteristika wie Bedarfsart und Aufteilung innerhalb der Periode mitgegeben.

7.1.7 Checkliste der Vertriebsplanung im Rahmen der dispositiven Planung

Als PDF-Dokument zum Download unter www.sap-press.de

Stichwort	Erläuterung
Organisation	Im Rahmen der dispositiven Planung kann natürlich – wenn vorhanden – auf die Organisation der operativen Planung zurückgegriffen werden. Ansonsten ist auch hier sicherzustellen, dass eine klare Zuordnung der Planpakete zu Planern gewährleistet wird.
Informationsstruktur	Schafft die Grundlage der für die Vertriebsplanung. Um eine Nutzbarkeit der Ergebnisse der operativen Planung sicherzustellen, sollte auf einer ähnlichen bzw. der gleichen Struktur aufgesetzt werden. Ausprägungen sind Merkmale, Kennzahlen und Periodizität.
Planungsmethode	Je nach Art und Umfang der Vertriebsplanung muss man sich für die konsistente Planung, die Stufenplanung oder die Deltaplanung entscheiden.
Planungshierarchie und Anteilsfaktoren	Bei Verwendung der konsistenten Planung und der Stufenplanung muss eine Planungshierarchie mit entsprechenden Anteilsfaktoren gepflegt sein.
Prognose	Um den zeitlichen Aufwand der Vertriebsplanung zu reduzieren und die Qualität der Planung für A- und B-Kunden bzw. A- und B-Kunde/Materialkombinationen zu erhöhen, kann die Prognose zur Planung des C-Geschäftes herangezogen werden.
Istdaten	Wenn bereits für einen Zeitraum, der mindestens länger als der Planungszeitraum ist, Istdaten im System vorliegen, können diese sowohl zum automatischen Aufbau der Planungshierarchie als auch zum Initialisieren der Prognosemodelle genutzt werden.
Planungsversionen	Im Rahmen der dispositiven Planung ist es prinzipiell auch möglich, mit verschiedenen Planversionen zu arbeiten. Oftmals wird hier in der Praxis aber auch nur eine Version verwendet.

Stichwort	Erläuterung
Planungstypen und Makros	Planungstypen und Makros im Rahmen der flexiblen Planung versetzen in die Lage, die Planungstruktur des Vertriebs umzusetzen. Dies erhöht die Akzeptanz des Systems.
Ebene Material/ Werk	Der Folgeschritt der flexiblen Planung, die Programmplanung, erwartet die Datenübergabe auf der Ebene Material/Werk. Es sollten so viele Daten wie möglich auf dieser Ebene manuell geplant werden. Für alle weiteren Daten stehen automatische Verteilungsmechanismen zur Verfügung, die aufgrund vorgegebener Quoten die geplanten Werte aufteilen.

7.2 Die Programmplanung im Rahmen der dispositiven Planung

7.2.1 Definition und Ziel der Programmplanung

Die Programmplanung im Rahmen der dispositiven Planung ist im Wesentlichen ein technischer Schritt, um die Daten aus der flexiblen Vertriebsplanung mit zusätzlichen Charakteristika zu versehen, die sie sinnvoll in die anschließende Langfristplanung/Materialbedarfsplanung überleiten. Prinzipiell kann die Programmplanung auch direkt beplant werden. Dies ist aber nicht Gegenstand des vorliegenden Buches.

Auch wenn der Schritt der Programmplanung dann oftmals kein aktiver Schritt für die Nutzer des SAP-Systems ist, so ist es doch die Definition der für diesen Schritt notwendigen Parameter in den Stammdaten und im Customizing. Output der Programmplanung sind dann so genannte Planprimärbedarfe als Ausgangspunkt der Langfrist- bzw. Materialbedarfsplanung.

Planungsstrategien

Im Rahmen der dispositiven Planung spielt die Aktivierung der Planbedarfe zur Steuerung der Supply Chain eine wesentliche Rolle. Hierzu ist es notwendig festzulegen, wie sich die Planbedarfe im Tagesgeschäft »verhalten« sollen.

Dabei stellen sich die folgenden Fragen:

- Handelt es sich bei der Planung um kundenindividuelle oder anonyme Planzahlen? Soll eine Planzahl sich dementsprechend gegen reale Bedarfe wie z. B. Kundenaufträge verrechnen?
- Auf welchen Stufen der Supply Chain soll auf der Basis der Planzahlen direkt eine Produktion veranlasst werden?
- Auf welcher Stufe der Supply Chain befindet sich das beplante Produkt? Handelt es sich um ein Zwischenprodukt oder ein Endprodukt?

- Gibt es für alle Materialien eine individuelle Planzahl oder liegen aggregierte Werte auf der Ebene Produktgruppe vor?

Vereinbarungen zu diesen Dingen finden über die Planungsstrategie statt, die für jedes Material im Materialstamm auf Werksebene festgelegt werden kann.

Ist die Frage der Planungsstrategie geklärt, muss festgelegt werden, wie sich die Verrechnung von konkreten Bedarfen gegen die Vorplanung gestaltet:

- Soll sich ein konkreter Bedarf nur gegen zukünftige Planprimärbedarfe (Vorwärtsverrechnung) verrechnen oder auch gegen solche, die noch offen sind und in der Vergangenheit liegen?
- Wieviele Tage in die Zukunft und/oder in die Vergangenheit soll eine Verrechnung stattfinden?

Periodizität

Eine weitere Aufgabe der Programmplanung ist die Periodizität der Planung. Folgende Fragen spielen hier eine Rolle:

- Soll die Periodenaufteilung aus der dispositiven Vertriebsplanung (z. B. Monat) unverändert übernommen werden oder ist eine weitere Aufteilung der Daten gewünscht?
- Wo sollen die Planwerte in der Planperiode angesiedelt sein (Anfang, Mitte, Ende)?

Planversionen

Auch die Programmplanung kennt Versionen in die die Planprimärbedarfe eingeteilt werden. Wichtig ist hier eine konsistente Festlegung der Versionen von der Vertriebsplanung über die Programmplanung bis hin zur Langfristplanung.

	Aktive Version	Dispositive Planung	Operative Planung
Vertriebsplanung (Bedarfsversion)	A00	D01	O01
Programmplanung (Bedarfsversion)	00	D1	O1
Langfristplanung (Planungsszenario)	Kein Planszenario	201	101 - 1XX

Abbildung 7.8 Versionskonsistenz in der Planung

Über die konsequente Trennung der Versionen ist es möglich, alle Planungen zum gleichen Zeitpunkt zu betreiben, ohne dass sie sich gegenseitig stören.

7.2.2 Voraussetzungen für die Programmplanung im Rahmen der dispositiven Planung

Eine Voraussetzung, die natürlich auch für andere Planungsschritte gilt, sind vollständig gepflegte Materialstämme. Zunächst muss sichergestellt sein, dass jedes Material, für das Planprimärbedarfe übertragen werden sollen, plangesteuert disponiert wird. Dies wird im Dispositionsmerkmal auf der Dispositionssicht des Materialstamms festgelegt.

Folgende Felder sind darüber hinaus auf den Dispositionssichten des zu planenden Materials im zu planenden Werk zu pflegen:

- Dispositionsgruppe
- Planungsstrategiegruppe
- Verrechnungsmodus
- Verrechnungsintervallinformationen
- Mischdispositionskennzeichen (eventuell)
- Disponent des Materials

Dispositionsgruppe

Die *Dispositionsgruppe* dient der Vereinbarung mannigfaltiger dispositiver Parameter, wie z.B. der Planungsstrategiegruppe. Diese kann im Customizing neben Anderem wie Planungshorizontinformationen etc. der Dispositionsgruppe zugeordnet werden. Die Dispositionsgruppe kann dann in den Materialstamm übernommen werden. Alternativ dazu kann auch die Planungsstrategiegruppe direkt im Materialstamm zugeordnet werden.

Planungsstrategiegruppe und Planungsstrategie

Die *Planungsstrategiegruppe* ist das wichtigste bedarfssteuernde Element im Rahmen der dispositiven Planung. Eine Planungsstrategiegruppe besteht aus einer oder mehreren Planungsstrategien. Eine *Planungsstrategie* vereinbart für ein Material sowohl die Bedarfsart der Vorplanungsbedarfe als auch die Bedarfsart der Kundenaufträge, die Art, wie sich diese gegen die konkreten Bedarfe verrechnet und auf welcher Ebene (Enderzeugnis, Vorstufe) die Planung stattfindet. Eine *Bedarfsart* wiederum hat als Kernelement eine Bedarfsklasse zum Ausgangspunkt, welche die wesentlichen Charakteristika einer Bedarfsart festlegt. Insgesamt stellt sich der Zusammenhang in SAP R/3 wie in Abbildung 7.9 gezeigt dar.

Die Palette der in SAP R/3 vordefinierten Planungsstrategien reicht von der reinen Lagerfertigung, in der sich Kundenaufträge nicht gegen die Vorplanung verrechnen und nur auf der Basis der Vorplanung in einen anonymen Lagerbestand gefertigt wird, bis hin zu reiner Kundeneinzelfertigung, wo jeder Kundenauftrag eine Fertigung in einen eigens für diesen Auftrag vorgesehenen Kundeneinzelbestand anstößt. Darüber hinaus lassen sich auf Anforderung auch eigene Planungsstrategien definieren.

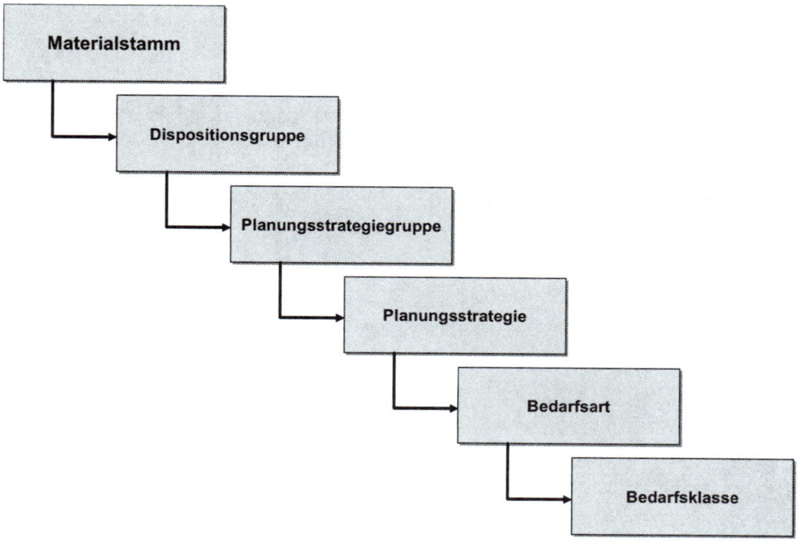

Abbildung 7.9 Planungsstrategie und Abbildung in SAP R/3

Folgende wesentliche Optionen bestehen dabei pro Planungsstrategie:

- Bedarfsart der Kundenaufträge inklusive Festlegungen in Bezug auf den Kontierungstyp (z.B. Kontierung auf den Kundenauftrag), Abrechnungsprofil und Abgrenzungsschlüssel sowie Verfügbarkeitsprüfung, Bedarfsübergabe und Planprimärbedarfsabbau
- Bedarfsart der Planprimärbedarfe inklusive Festlegung Brutto- oder Nettoplanung
- Verrechnung der Kundenbedarfe gegen die Planprimärbedarfe

Des Weiteren können Merkmale bezüglich der Montagefertigung und Konfiguration eingestellt werden. Für die Planungsstrategie Nettoplanung (10) sehen die Einstellungen beispielsweise wie in Abbildung 7.10 aus.

Im Folgenden werden die grundlegenden Planungsstrategien beschrieben. Sie lassen sich wie folgt kategorisieren:

- Strategien der Lagerfertigung
  - Nettoplanung (10)
  - Bruttoplanung (11)

- Vorplanung mit Endmontage (40)
- Vorplanung ohne Endmontage ohne Kundeneinzel (52)
- Vorplanung mit Vorplanungsmaterial ohne Kundeneinzel (63)
- Losfertigung (30)

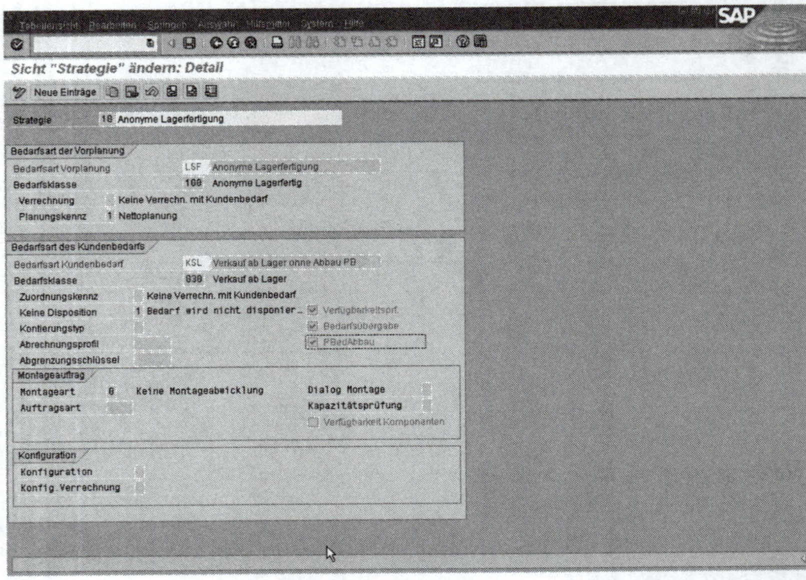

Abbildung 7.10 Planungsstrategie 10 (Einstellungen im Customizing)

- Strategien für Vorplanungskomponenten
  - Vorplanung auf Baugruppenebene (70)
  - Vorplanung auf Dummybaugruppenebene (59)
  - Vorplanung ohne Endmontage auf Baugruppenebene (74)
- Strategien für Kundeneinzelfertigung
  - Vorplanung ohne Endmontage (50)
  - Vorplanung mit Vorplanungsmaterial (60)
  - Kundeneinzelfertigung (20)
- Strategien für konfigurierbare Materialien
  - Strategien für Varianten
  - Strategien für Merkmalvorplanung
- Strategien für Montageaufträge
  - Montageabwicklung (81, 82, 83, 85)

Allen Strategien für die Lagerfertigung ist gemein, dass sie in einen anonymen, einzelnen Kundenaufträgen nicht zuzuordnenden Bestand produzieren. In vielen Fällen findet der Anstoß der Produktion auch ohne Vorliegen konkreter Bedarfe, allein aufgrund von Vorplanung, statt. Eine Kostenverfolgung der Produktion ist nicht auf einzelnen Kundenaufträgen durchzuführen.

Strategien der Lagerfertigung

Nettoplanung (10)

Bei dieser Planungsstrategie wird die Produktion aufgrund von Planprimärbedarfen und nicht von Kundenaufträgen angestoßen. Kundenaufträge werden nur insofern berücksichtigt, als dass ein Warenausgang zur Lieferung den Planprimärbedarf abbaut. Diese Strategie kommt hauptsächlich in der Konsumgüterindustrie und weiteren Industriezweigen zum Einsatz, wo aufgrund von anonymen Bedarfen produziert wird und einzelne Kundenaufträge die Produktion nicht beeinflussen (Push Strategie).

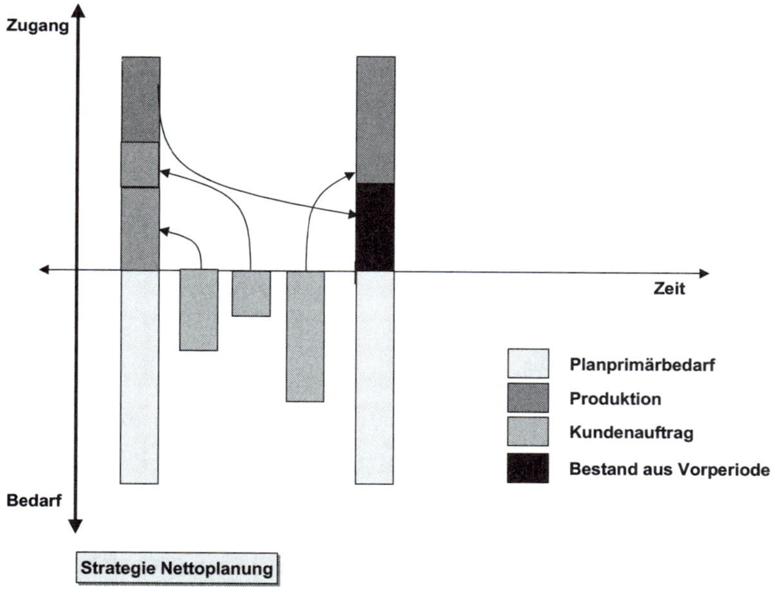

Abbildung 7.11 Nettoplanung

Bruttoplanung (11)

Im Unterschied zur Nettoplanung berücksichtigt diese Planungsstrategie keine Lagerbestände. Die Produktion wird ebenfalls aufgrund von Planprimärbedarfen angestoßen. Im Unterschied zur Nettoplanung wird dann jedoch die volle Planmenge gefertigt, ohne bestehende Bestände zu berücksichtigen. Hauptanwendungsgebiet sind typische kontinuierliche Produktionsumgebungen, in denen die Fertigung nicht ohne größeren Aufwand abgestellt werden kann.

Kundenaufträge beeinflussen die Planprimärbedarfe überhaupt nicht. Ein Abbau der Bedarfe findet durch Wareneingänge zu Fertigungsaufträgen (Stückfertigung), Planaufträgen (Serienfertigung) oder Bestellungen (Handelswaren) statt.

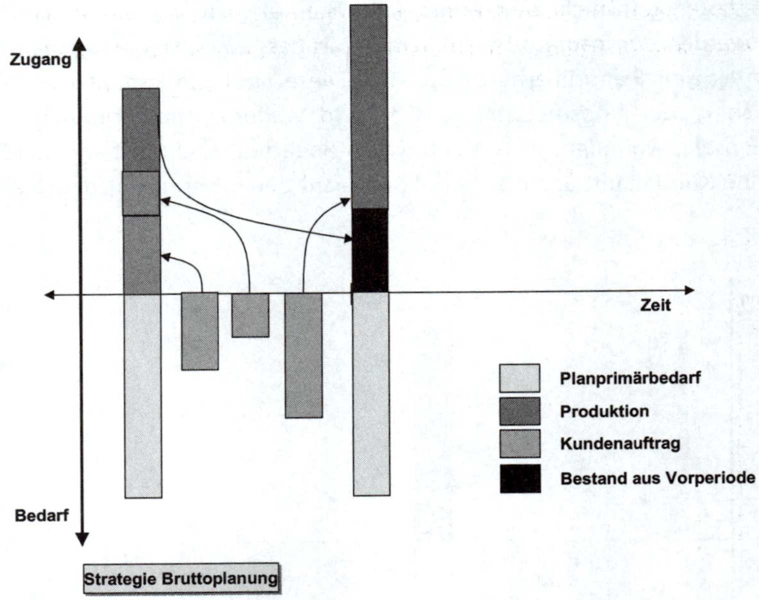

Abbildung 7.12 Bruttoplanung

Die Netto- und die Bruttoplanung berücksichtigen Kundenaufträge nicht zum Anstoß der Fertigung. Übersteigen die Kundenaufträge die Vorplanung, können diese entweder aus dem Bestand bedient werden oder sie können erst in Folgeperioden beliefert werden. Aus diesem Grund sind diese beiden Planungsstrategien auch mit einer Verfügbarkeitsprüfungseinstellung ohne Prüfung auf Gesamtwiederbeschaffungszeit zu kombinieren, die gewährleistet, dass nur gegen Bestand und geplante Zugänge geprüft wird. So kann es nicht passieren, dass ein Kundenauftrag jenseits der Gesamtwiederbeschaffungszeit eines Materials bestätigt wird, dort aber keine Ware verfügbar ist, da er in der Vorplanung für den Zeitraum nicht vorgesehen war.

Des Weiteren existieren Planungsstrategien, die zusätzlich zu den Planprimärbedarfen aus der Vertriebsplanung auch Kundenaufträge zum Anstoß der Fertigung berücksichtigen, sofern diese die Vorplanungsmengen überschreiten.

Vorplanung mit Endmontage (40)

Bei der Vorplanung mit Endmontage wird wie bei den bereits beschriebenen Strategien zur Lagerfertigung die Produktion aufgrund von Planprimärbedarfen aus der Vertriebsplanung angestoßen. Im Unterschied zu den bisher beschriebenen Strategien verrechnen sich hier Kundenaufträge mit Planprimärbedarfen. Übersteigen die konkreten Kundenbedarfe einer Periode die Planprimärbedarfe, so wird zusätzliche Produktion angestoßen.

Gefertigt wird auch hier in einen anonymen Lagerbestand. Die Verfügbarkeitsprüfung kann hier dementsprechend auch mit Gesamtwiederbeschaffungszeit eingestellt werden.

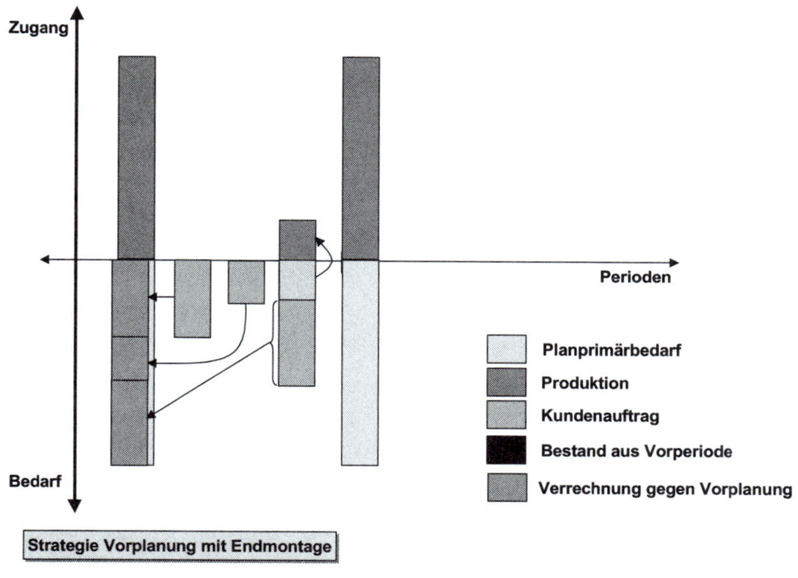

Abbildung 7.13 Vorplanung mit Endmontage

Vorplanung ohne Endmontage und ohne Kundeneinzelfertigung (52)

Diese Strategie unterscheidet sich von der Vorplanung mit Endmontage lediglich in Bezug auf die Bevorratungsebene. Wird bei der Strategie 40 das Material in Verpackung bevorratet, so bevorratet diese Strategie eine Vorstufe. Dies ermöglicht bei langen Gesamtwiederbeschaffungszeiten des Materials kurze Reaktionszeiten auf konkrete Kundenaufträge. Der Vorgang der Verpackung/Abfüllung findet erst durch Anstoß des Kundenauftrags statt. Kostenseitig soll aber das Material und nicht der einzelne Kundenauftrag kontiert werden. Auch hier kann eine Verfügbarkeitsprüfung mit Prüfung auf Gesamtwiederbeschaffungszeit verwendet werden.

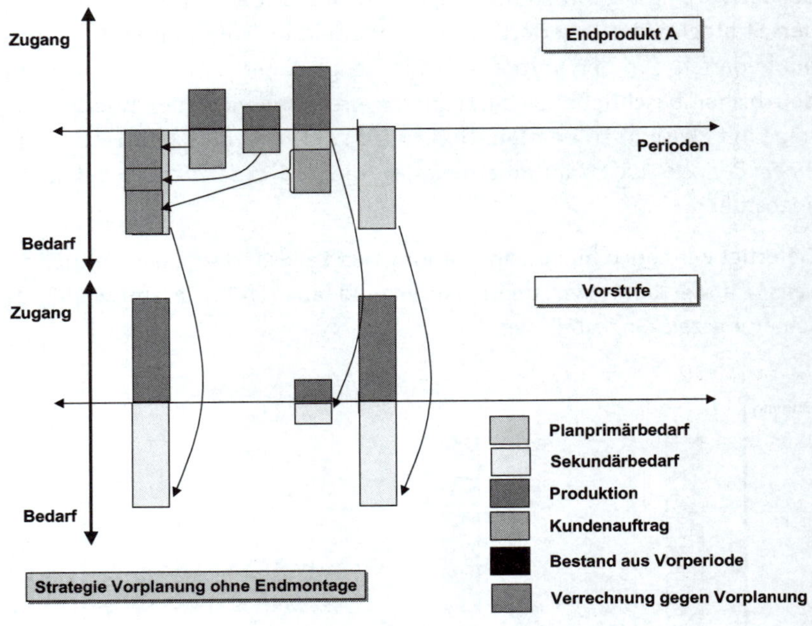

Abbildung 7.14 Vorplanung ohne Endmontage

Vorplanung mit Vorplanungsmaterial und ohne Kundeneinzelfertigung (63)

Alternativ zur Beplanung jedes Artikels kann es auch Fälle geben, bei denen Mengen ähnlicher Materialien auf gemeinsamen Vorplanungsmaterialien geplant werden. Ein Beispiel hierfür können verschiedene Produktverpackungskombinationen zu einem Material sein, die alle als eigene Materialnummer im System abgebildet sind (z.B. Packungen à 2 Stück, à 6 bzw. 12 Stück, Produkt im Kanister, Fass oder Container etc.). Hier kann eines der Materialien als Vorplanungsmaterial genutzt werden. Bevorratet wird jeweils die Vorstufe des Vorplanungsmaterials. Kundenaufträge aller Materialien zu einem Vorplanungsmaterial verrechnen sich gegen die Vorplanung und stoßen die Fertigung des jeweiligen Materials an. Ist die Vorplanung »aufgebraucht«, stößt jeder weitere Kundenauftrag die Bevorratung der Vorstufe und die Fertigung des eigentlichen Materials an.

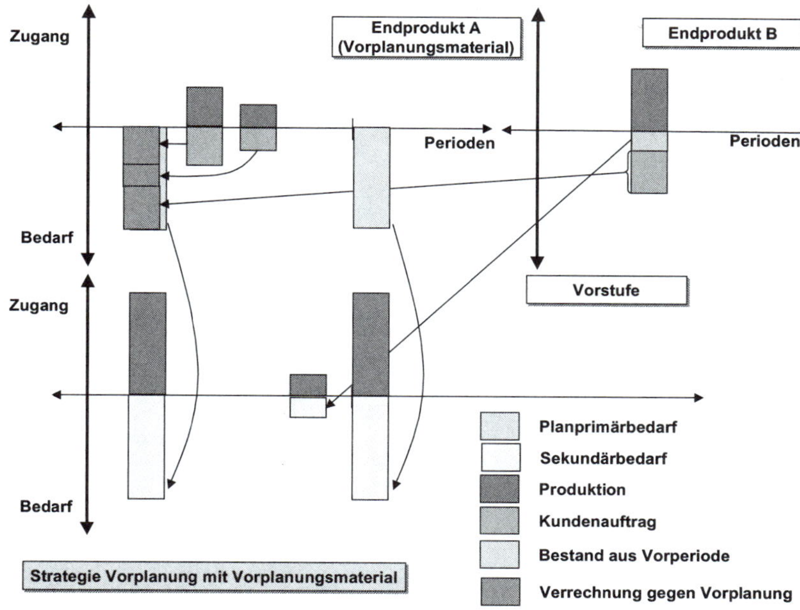

Abbildung 7.15 Vorplanung mit Vorplanungsmaterial

Losfertigung (30)

Die Losfertigung kennt keine vertriebliche Vorplanung. Produziert wird grundsätzlich nur aufgrund von Kundenaufträgen. Dabei kann es jedoch aufgrund von Produktionslosgrößen zu einem Bestandsaufbau kommen, der dann auch für weitere Kundenaufträge genutzt wird. Produziert wird also auch hier in einen anonymen Lagerbestand (siehe Abbildung 7.16).

Vorplanung auf Baugruppenebene (70)

Strategien mit Vorplanungskomponenten

Diese Planungsstrategie ist für Situationen geeignet, in denen sich die Bedarfe auf Baugruppenebene genauer prognostizieren lassen als die eigentlichen Artikelbedarfe. Planprimärbedarfe werden hier auf Baugruppenebene eingestellt. Als konkrete Bedarfe, gegen die eine Verrechnung stattfindet, dienen bei dieser Strategie Sekundärbedarfe aus Fertigungsaufträgen für Materialien, in die die jeweilige Baugruppe als Komponente eingeht. Insofern ist ein ständiger Abgleich zwischen Vorplanung und konkretem Bedarf der Periode gegeben. Übersteigt der konkrete Bedarf die Vorplanung, wird zusätzliche Produktion angestoßen. Ist der konkrete Bedarf kleiner als die Vorplanung, findet Bestandsaufbau für Folgeperioden statt.

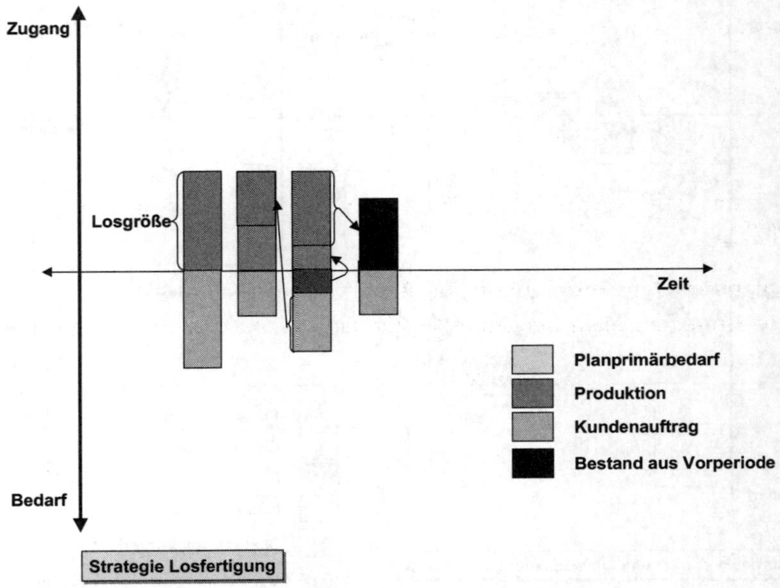

Abbildung 7.16 Losfertigung

	Aktive Version	Dispositive Planung	Operative Planung
Vertriebsplanung (Bedarfsversion)	A00	D01	O01
Programmplanung (Bedarfsversion)	00	D1	O1
Langfristplanung (Planungsszenario)	Kein Planszenario	D01	O01 - OXX

Abbildung 7.17 Vorplanung auf Baugruppenebene

Vorplanung auf Dummybaugruppenebene (59)

Diese Strategie ähnelt der Strategie 70. Der Hauptunterschied besteht darin, dass eine Planung auf der Ebene einer Dummybaugruppe stattfindet. Eine Dummybaugruppe ist eine logische Einheit von Teilen, die zusammen disponiert werden, aber nie auf der Ebene der Dummybaugruppe bestandsgeführt würden.

Beispielhaft sei Verpackung genannt, die aus mehreren Teilen besteht. Bestandsgeführt werden entweder die einzelnen Komponenten oder das Material in der Verpackung unter einer eigenen Materialnummer, nie aber die leere Verpackung an sich.

Eine solche Dummybaugruppe lässt sich wie eine »reale« Baugruppe beplanen. Durch die Planprimärbedarfe auf Baugruppenebene wird die Beschaffung/Fertigung der Komponenten der Dummybaugruppe angestoßen. Eine Verrechnung gegen die Planprimärbedarfe findet dann im Falle des Verbrauchs der Komponenten statt. Auch hier gilt: Wird mehr benötigt als geplant, so wird zusätzliche Produktion angestoßen. Ein geringerer tatsächlicher Bedarf führt zu Bestandsaufbau für die Folgeperioden.

Vorplanung ohne Endmontage auf Baugruppenebene (74)

Diese Strategie gleicht der Strategie Vorplanung ohne Endmontage ohne Kundeneinzel. Es gibt nur zwei Unterschiede. Zum einen werden Planprimärbedarfe nicht auf der Ebene der Enderzeugnisse, sondern auf Baugruppenebene erfasst. Zum anderen findet eine Verrechnung der Planprimärbedarfe gegen Sekundärbedarfe aus Fertigungsaufträgen höher gelagerter Fertigungsstufen statt.

Wie bei der Vorplanung ohne Endmontage werden auf der Baugruppenebene durch die Vorplanung noch keine Fertigungsaufträge angestoßen. Bevorratet wird die Komponentenebene der Baugruppe. Erst der konkrete Fertigungsauftrag für die Baugruppe bedient sich dann aus den durch Planung aufgebauten Beständen und verrechnet sich im Anschluss gegen die Vorplanung.

Für alle Strategien auf der Komponentenebene gilt, dass Planzahlen hier häufig nicht direkt aus der vertrieblichen Planung abgeleitet werden können. Oftmals finden in der Praxis zusätzliche Verdichtungsläufe statt, um automatische Vorschläge für die gewünschten Baugruppenebenen zu generieren.

Strategien für Kundeneinzelfertigung

Die Strategien der Kundeneinzelfertigung unterstellen alle, dass die zu fertigenden Enderzeugnisse für bestimmte Kunden in einen speziell für den Kundenauftrag gebildeten Bestand gefertigt werden, aus dem sie nicht ohne weiteres zur Deckung anderer Bedarfe verbraucht werden können. Die Fertigung in den Kundeneinzelbestand ist auch gleichzeitig der wesentliche Unterschied zu allen diesen Strategien. Ein weiterer Unterschied besteht darin, dass eine Kostenverfolgung auf der Kundenauftragsebene und nicht auf der Materialebene erwünscht ist.

Für diese Art von Enderzeugnissen gibt es also streng genommen keine Vorplanung, die eine Bevorratung ohne Vorliegen eines konkreten Auftrages anstößt. Oftmals liegt aber auch gerade für solche Erzeugnisse eine Planzahl aus der Vertriebsplanung vor. Für diese Fälle können dann Strategien wie *Vorplanung ohne Endmontage (50)* und *Vorplanung mit Vorplanungsmaterial (60)* bzw. eine der im Absatz *Strategien mit Vorplanungskomponenten* beschriebene Strategie zum Einsatz kommen.

Die Strategien 50 und 60 ähneln sehr den Strategien 52 und 63. Unterschiede bestehen nur in der Kostenverfolgung, die für die Strategien der Lagerfertigung auf der Materialebene erfolgt, für die Kundeneinzelfertigungsstrategien hingegen auf der Kundenauftragsebene.

Kundeneinzelfertigung (20)

Die Strategie 20 geht von einer Fertigung nur im Fall eines vorliegenden Kundenauftrags aus. In diesem Fall kann das Enderzeugnis über alle Produktionsstufen hinweg speziell für diesen Kundenauftrag erstellt und an diesen abgerechnet werden.

Strategien für Montageaufträge

Montageabwicklung (81, 82, 83, 85)

Die Montageabwicklung stellt sicher, das zu jedem Kundenauftrag im Zuge der Anlage auch ein bedarfsdeckendes Element generiert wird, das terminlich mit dem Kundenauftrag verbunden sein kann (einstellbar). Je nach Planungsstrategie kann dies sein:

- Planauftrag (81)
- Fertigungsauftrag (82)
- Netzplan (83, 85)

Durch die direkte Generierung eines Planauftrags bzw. Fertigungs-/Prozessauftrags wird bereits im Zuge der Kundenauftragsanlage eine Überprüfung der Verfügbarkeit von Produktionsanlagen und Einsatzstoffen ermöglicht.

Die beschriebenen Strategien können natürlich auch kombiniert werden. So kann es beispielsweise sinnvoll sein, die Artikel mit der Strategie 30 Losfertigung zu beplanen, dafür aber auf der Ebene der Vorstufe eine Vorplanung auf Baugruppenebene einzustellen. Wichtig ist es in jedem Fall die Versorgung der jeweiligen zu beplanenden Ebene mit Werten aus der Vertriebsplanung sicherzustellen.

Verrechnungsmodus und Verrechnungsintervalle

Neben der eigentlichen Planungsstrategie wird über den Verrechnungsmodus festgelegt, ob eine Vorwärtsverrechnung, eine Rückwärtsverrechnung oder beides stattfindet. Über Verrechnungsintervalle (getrennt vorwärts und rückwärts) kann dann der Radius festgelegt werden, innerhalb dessen ein Planprimärbedarf gesucht wird, gegen den eine Verrechnung stattfinden kann.

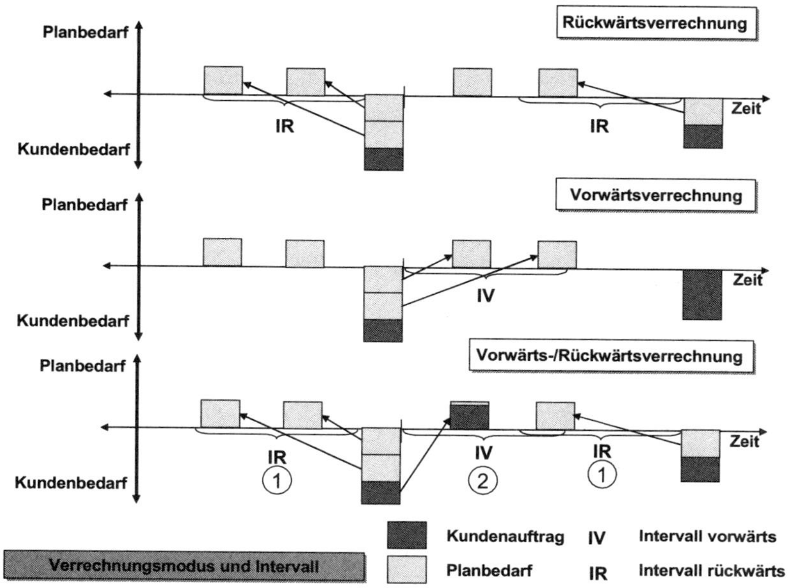

Abbildung 7.18 Verrechnungsmodus und Intervall

Disponent

Über die Festlegung eines Disponenten im Materialstamm lassen sich alle Materialien den für die Disposition verantwortlichen Personen im Unternehmen zuordnen. Oft ist auch eine weiterreichende logische Festlegung von Disponenten sinnvoll, um Materialien zu strukturieren. Der Disponent dient als Kriterium für nahezu alle Auswertungen im Rahmen der dispositiven Planung, angefangen von den Planprimärbedarfsauswertungen im Rahmen der Langfristplanungen bis hin zu Aktueller Bedarfs- und Bestandsliste/Dispoliste im Rahmen der operativen Bedarfsplanung.

7.2.3 Stammdaten der Programmplanung

Die Programmplanung an sich hat als Stammdaten nur die Planprimärbedarfsversionen, die für die durchgängige Planung allerdings von erheblicher Bedeutung sind. In der Programmplanung existieren eigene Bedarfsversionen, die sich von denen der flexiblen Planung bzw. der Standard-Absatz- und Produktionsgrobplanung unterscheiden. Auch hier gibt es eine Version 00, die für die Aufnahme der »aktiven« Bedarfe vorgesehen ist.

Im Rahmen der dispositiven Planung ist zu überlegen, wie die Bedarfsversionen genutzt werden sollen. Es ist ratsam, eine Version für den Langfristplanungslauf zu verwenden, der simulativ auf der Basis der Vertriebsplanung den Planungshorizont beplant. Hat dann eine Abstimmung der Zahlen über die gesamte Supply Chain stattgefunden, können die womöglich veränderten Werte in einer zusätzlichen Version aktiviert werden.

	Aktive Version	Dispositive Planung	Operative Planung
Vertriebsplanung (Bedarfsversion)	A00	D01	O01
Programmplanung (Bedarfsversion)	00	D1	O1
Langfristplanung (Planungsszenario)	Kein Planszenario	D01	O01 - OXX

Abbildung 7.19 Zusammenhang der Versionen der Planung

7.2.4 Input der Programmplanung

Als Input der Programmplanung dienen die Bedarfe an Enderzeugnissen, die alternativ aus der flexiblen Planung, der Standard-Absatz- bzw. Produktionsgrobplanung oder der CO-PA-Planung stammen können.

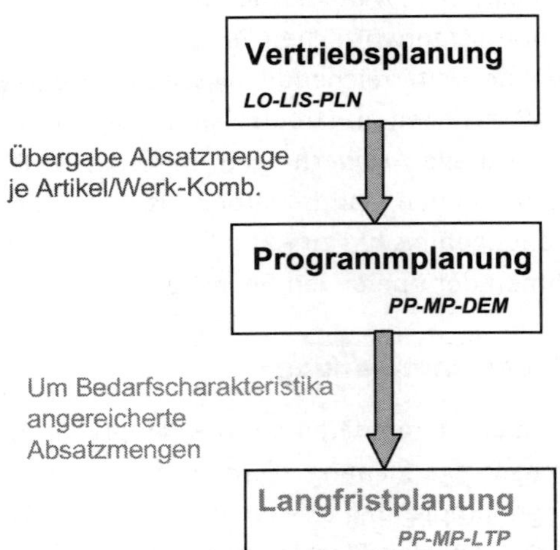

Abbildung 7.20 Input-Output-Modell der Programmplanung (Input)

7.2.5 Durchführung der Programmplanung

Die Programmplanung wird in diesem Buch als Bindeglied zwischen flexibler Planung bzw. CO-PA-Planung und der Langfristplanung bzw. Materialbedarfsplanung beschrieben. In dieser Funktion kommt ihr nur die Aufgabe des automatisierten Datentransfers zu. Prinzipiell kann die Programmplanung in anderen Szenarien auch als Planungstool eingesetzt werden. Es besteht u.a. auch die Möglichkeit, Kundenbedarfe über die Programmplanung zu erfassen, wenn dies nicht im Modul SD geschehen soll.

Während der Übernahme der Daten in die Programmplanung werden den bis dahin neutralen Bedarfsmengen die Eigenschaften mitgegeben, die sie aufgrund der für das jeweilige Material hinterlegten Planungsstrategien benötigen, um sich in der vorgesehenen Art und Weise gegen die Kundenbedarfe zu verrechnen.

Eine weitere Funktion der Programmplanung besteht darin, die Plandaten, die z.B. als Monatswerte übergeben werden, auf Wochenwerte aufzuteilen. Grundsätzlich ist eine Aufteilung natürlich nur auf Intervalle kleiner als die Planperiode möglich. Die Bedarfe können dabei anhand vordefinierter Funktionen auf die verschiedenste Art und Weise aufgeteilt werden.

7.2.6 Output der Programmplanung

Abbildung 7.21 stellt den Output der Programmplanung dar.

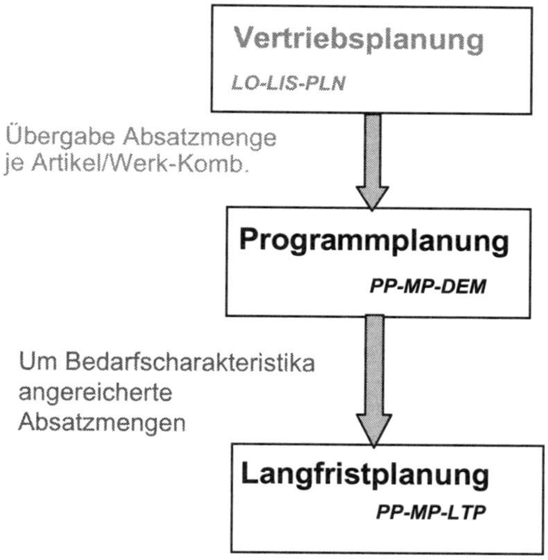

Abbildung 7.21 Input-Output-Modell Programmplanung (Output)

Charakterisierte Planprimärbedarfe

Das erste Ergebnis der Programmplanung sind Bedarfsmengen aus der flexiblen Planung, die um Charakteristika wie Einzelbedarfe/Summenbedarfe, Verrechnungskennzeichen etc. ergänzt wurden. Wenn aufgrund konkre-

vorliegender Bedarfe für die Planperioden eine Verrechnung von beispielsweise Kundenaufträgen gegen die Vorplanung vorgesehen ist, so findet diese schon im Rahmen der Programmplanung statt und kann am besten über die Transaktion *Gesamtbedarf anzeigen* (MD73) analysiert werden.

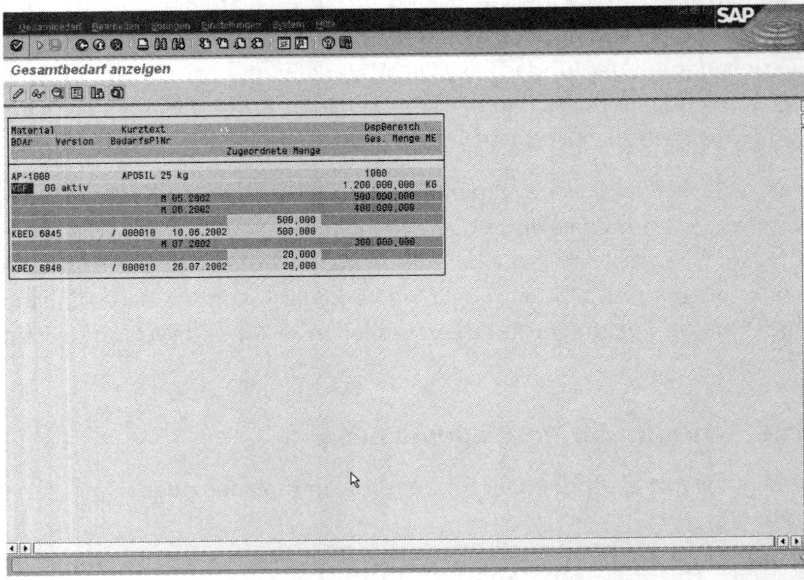

Abbildung 7.22 Bedarfsverrechnung Kundenaufträge gegen Planprimärbedarfe

Versionscharakteristik für weitere Verwendung

Des Weiteren erhalten die Bedarfe über die ihnen zugeordnete Version folgende Qualifizierung:

- Ist Bedarf zu aktivieren, d.h., soll der Bedarf in der Materialbedarfsplanung oder nur im Rahmen der simulativen Langfristplanung genutzt werden?
- Für welches Planungsszenario soll die Planversion genutzt werden? Dies wird in der Definition des Planungsszenarios für die Langfristplanung festgelegt.

7.2.7 Checkliste zur Programmplanung

Als PDF-Datei zum Download unter www.sap-press.de

Stichwort	Erläuterung
Planungsstrategien	Kernthema der Programmplanung sind die Planungsstrategien. Mit ihrer Hilfe wird festgelegt, wie sich die Planmengen gegen welche konkreten Bedarfe über welchen Zeitraum verrechnen. Zur Verfügung steht ein breites Spektrum – von der anonymen Lagerfertigung bis zur auftragsbezogenen Einzelfertigung.

Stichwort	Erläuterung
Planungsebenen	Auch die Planungsebenen werden über die Planungsstrategie vorgegeben. Es kann pro Material, für bestimmte Vorplanungsmaterialien oder sogar auf der Zwischenproduktebene (Baugruppe) geplant werden.
Bevorratungsebenen	Ein dritter über die Planungsstrategie zu vereinbarender Parameter ist die Bevorratungsebene. Diese kann pro Material entweder das eigentliche Material oder die Vorstufe zu diesem Material sein (mit/ohne Endmontage).
Bedarfsversionen	Die Programmplanung kennt eigene Bedarfs-versionen, die mit denen der Vertriebsplanung und der Langfristplanung konzeptionell zu einem sinnvollen Zusammenspiel gebracht werden müssen.
Input für Langfristplanung und Materialbedarfsplanung	Anders als in der operativen Planung dienen die Planzahlen der dispositiven Planung in der Regel einem simulativen Planlauf als Input. Nach Abstimmung der einmal errechneten Zahlen werden diese dann aber häufig auch zur Steuerung des Geschäftes genutzt/aktiviert.
Verrechnungshorizonte	Im Tagesgeschäft wird über Verrechnungsmethoden und -horizonte festgelegt, gegen welche Planbedarfe sich ein konkreter Kundenbedarf verrechnet. Festgelegt wird die Verrechnungsrichtung (vorwärts, rückwärts, vorwärts und rückwärts) und die Anzahl der Tage.
Zeitliche Aufteilung der Bedarfe	Die Programmplanung ermöglicht die zeitliche Aufteilung der Bedarfe. Monatsbedarfe können so beispielsweise in Wochenbedarfe aufgeteilt werden. Die Aufteilungsfunktion kann frei definiert werden.
Weitergabe der Zahlen weitgehend automatisch	Das in diesem Buch beschriebene Szenario nutzt die Programmplanung nicht als Schritt, in dem eine manuelle Planung stattfindet. Die Werte aus der Vertriebsplanung werden per Batchverarbeitung an die Folgeschritte übergeben.

7.3 Die Langfristplanung im Rahmen der dispositiven Planung

7.3.1 Definition und Ziel der Langfristplanung im Rahmen der dispositiven Planung

Definition der Langfristplanung

Im Wesentlichen gleicht die Definition der Langfristplanung im Rahmen der dispositiven Planung der Definition der Langfristplanung im Rahmen der operativen Planung:

- Bedarfsauflösung der Primärbedarfe aus der Vertriebsplanung über alle Fertigungsstufen unter Berücksichtigung der Bestandssteuerung (Sicherheitsbestände)

- Ermittlung der Sekundärbedarfe für Zwischenprodukte und Rohstoffe
- Ermittlung der Wunschtermine über die gesamte logistische Kette (inklusive Fertigungs-, Liefer-, Wareneingangsbearbeitungszeiten etc.) in Form von Eck- oder Durchlaufterminierung
- Ermittlung der Kapazitätsbelastung der Fertigungsanlagen
- Berücksichtigung von Fertigungs- und Beschaffungslosgrößen

Ziele der Langfristplanung

Ziele der Langfristplanung im Rahmen der dispositiven Planung:

- Ermittlung der Bedarfsmengen für Zwischenprodukte und Rohstoffe sowie Handelwaren
- Gegenüberstellung/Abgleich der Kapazitätsbedarfe gegen das Kapazitätsangebot
- Einbeziehung der Istsituation in Bezug auf Istbestände und -bedarfe z.B. in Form von Kundenaufträgen zur Beantwortung der Frage: Zu wieviel Prozent ist die Planung schon durch Istnachfrage gedeckt und wie sieht die Deckung dieser Bedarfe durch bereits vorproduzierte Bestände aus?

Die Langfristplanung im Rahmen der dispositiven Planung hat darüber hinaus das Ziel, in einem simulativen Umfeld die Vertriebsplanung der nächsten Monate mit Blick auf die Auswirkungen innerhalb der gesamten logistischem Kette zu betrachten und auf Machbarkeit zu prüfen.

7.3.2 Voraussetzungen für die Langfristplanung

Materialstamm je Werk

Eine Hauptvoraussetzung zur Durchführung der Langfristplanung sind gepflegte Materialstämme. Insbesondere den dispositiven Sichten des Materialstammes muss in diesem Zusammenhang große Beachtung geschenkt werden. Diese Sichten können je Material und Werk eingestellt werden. Dies ermöglicht in einem komplexen Fertigungs- und Lagerverbund die Vereinbarung unterschiedlicher Parameter für ein und dasselbe Material. So kann das Material beispielsweise an dem einen Standort verbrauchsgesteuert, an dem anderen plangesteuert disponiert werden.

Dispoverfahren

Wie bereits in Abschnitt 5.4.2 ausführlich beschrieben, gibt es folgende Dispositionsverfahren:

- Plangesteuerte Disposition
- Leitteileplanung für besonders wichtige/kritische Komponenten
- Verbrauchsgesteuerte Bestellpunktdisposition mit Meldebestand

Losgrößen

Wichtig für die Langfristplanung ist der Tatbestand, dass auch für verbrauchsgesteuerte Materialien im Rahmen der Bedarfsauflösung ein

Bedarf berechnet werden kann, um so die Bedarfskette nicht zu unterbrechen. Im Rahmen des eigentlichen Materialbedarfsplanungslaufes wird hingegen eine Bevorratung für verbrauchsgesteuerte Materialien nur im Fall eines Unterschreitens des Meldebestandes bzw. aufgrund von Prognosen aus Bedarfen der Vergangenheit angestoßen.

Außerdem wird im Materialstamm über die Felder der Dispositionssichten die Losgröße, die jeweils in einem Schritt bestellt oder produziert werden soll, festgelegt. Dabei wird zwischen folgenden grundsätzlichen Verfahren differenziert:

- **Exakte Losgröße**
  Bei diesem Losgrößenverfahren wird immer die benötigte Menge bestellt bzw. produziert. Über die Angabe der Mindestlosgröße, der maximalen Losgröße und des Rundungswertes können für diese Bedarfsmenge noch Grenzen gesetzt werden.
- **Feste Losgröße**
  In diesem Fall wird immer eine feste Losgrößenmenge bestellt bzw. produziert, unabhängig vom konkreten Bedarf.
- **Feste Losgröße mit Splittung/Überlappung**
  Analog der festen Losgröße, nur mit der Erweiterung über einen Rundungswert und eine Taktzeit, mit der festgelegt werden kann, wie weit mehrere Planaufträge sich diesbezüglich überlappen, d.h. gleichzeitig vorhanden sein dürfen.
- **Auffüllung bis Höchstbestand**
  Bei diesem Verfahren wird die Losgröße so gewählt, dass ein Höchstbestand im Lager erreicht wird.
- **Periodische Losgröße**
  Bei diesem Verfahren werden die Losgrößen auf der Basis der Bedarfe einer zukünftigen Periode (Tage, Woche, Monat usw.) zusammengefasst. Auch hier können die Angabe der Mindestlosgröße, der maximalen Losgröße und des Rundungswertes die errechneten Losgrößen in Grenzen halten.
- **Optimierte Losgröße**
  Bei der optimierten Losgröße fließen neben der reinen Bedarfsmenge auch Kosteninformationen zur Losgröße und zur Lagerung in die Berechnung ein. Auf dieser Basis wird dann der Bedarf mehrerer Perioden zusammengefasst, um eine wirtschaftliche Optimierung unter Kostengesichtspunkten zu erzielen. Die berücksichtigten Kosteninformationen werden als grober Ansatz im Materialstamm hinterlegt, ohne in die Kostenrechnung integriert zu sein.

Alle weiteren wichtigen Merkmale des Materials wurden bereits in Abschnitt 5.4.2 ausführlich beschrieben und seien an dieser Stelle nur noch einmal aufgeführt:

- **Allgemeine organisatorische Merkmale**
  - Dispositionsgruppe
  - Einkäufergruppe
  - ABC-Kennzeichen
  - Disponent
- **Merkmale im Zusammenhang mit der Beschaffung des Materials**
  - Beschaffungsart
  - Sonderbeschaffungsart
  - Produktionslagerort
  - Quotierungsverwendung
  - Bestandsfindungsgruppe
  - Kuppelprodukt
  - Eigenfertigungszeit
  - Planlieferzeit
  - Wareneingangsbearbeitungszeit
- **Merkmale in Bezug auf die Planung des Materials**
  - Planungskalender
  - Horizontschlüssel
  - Sicherheitsbestand
  - Lieferbereitschaftsgrad
  - Reichweitenprofil
  - Strategiegruppe
  - Verrechnungsmodus
  - Mischdisposition
  - Verfügbarkeitsprüfung
  - Gesamtwiederbeschaffungszeit
- **Merkmale im Zusammenhang mit der Eigenfertigung eines Materials**
  - Alternativenselektion
  - Komponentenausschuss
  - Einzel-/Sammelkennzeichen

Stücklisten und Arbeitspläne/Rezepturen

Basierend auf den Materialstämmen können sodann Stücklisten und Arbeitspläne bzw. Rezepturen angelegt werden. Diese geben über die Zusammensetzung der Produkte und die Art wie sie gefertigt werden Auskunft. Die Stücklisten und Arbeitspläne bzw. Rezepturen bilden auch im Rahmen der dispositiven Planung eine wichtige Voraussetzung für die Bedarfsauflösung und die Terminierung bzw. Kapazitätsberechnung der Bedarfe aus der Vertriebsplanung. Wenn im Rahmen der operativen Planung zum Zwecke der Berechnung der disponierten Leistung bereits mit den operativen Stammdaten gearbeitet wurde, liegen sie natürlich auch für die dispositive Planung vor und können, ja sollten ohne Veränderung auch hier zum Einsatz kommen. Lediglich für den Fall, dass für die operative Planung eigene und eigens für Planungszwecke generierte Stücklisten, Arbeitspläne/Rezepturen genutzt werden, sind für die dispositive Planung eigene Stammdaten zu generieren.

Arbeitsplätze und Ressourcen

Obwohl theoretisch für die operative und die dispositive Planung unterschiedliche Arbeitsplätze/Ressourcen nutzbar wären, basieren beide Planungen in der Praxis häufig auf den gleichen Stammdaten.

Für jeden Arbeitsplatz bzw. jede Ressource ist Folgendes festgelegt:

- Art des Arbeitsplatzes
- Zeiten, die in Arbeitsplänen bzw. Rezepturen zu pflegen sein sollen (Rüst- und Reinigungszeiten, Produktionszeiten etc.)
- Vorschlagswerte für diese Zeiten
- Kapazität, die für den Planungszeitraum zur Verfügung steht
- Optional Schichtpläne zur Verfeinerung des Kapazitätsangebotes
- Formeln zur Terminierung des Arbeitsplatzes
- Verknüpfungen zu Kostenstellen und Leistungsarten

Anders als in der operativen Planung, wo der kosten- und jahreskapazitätsplanerische Aspekt im Vordergrund steht, ist in der dispositiven Planung die Terminierung von hauptsächlichem Interesse, da Rahmendaten wie Leistungsartentarife und Jahreskapazitäten bereits feststehen.

7.3.3 Stammdaten der Langfristplanung

Planungsszenario

Das Planungsszenario ist das zentrale Stammdatum der Langfristplanung. Nachdem in der Programmplanung für die dispositive Planung eine Primärbedarfsversion aus der Vertriebsplanung generiert wurde, ist diese nun in ein Planungsszenario der Langfristplanung einzubinden. In der Regel ist die Planprimärbedarfsversion zu diesem Zeitpunkt noch inaktiv, um eine simulative Planung zu ermöglichen, die noch keine Auswirkungen auf das Tagesgeschäft hat.

Im Einzelnen werden für die dispositive Planung in der Regel folgende Parameter festgelegt:

- **Zuordnung der Planprimärbedarfsversion**
  Hier wird die Planprimärbedarfsversion der dispositiven Planung zugeordnet. Diese sollte sich von der Version für die operative Planung unterscheiden.
- **Festlegung der Werke**
  Hier sind alle SAP-Werke aufzunehmen, für die Bedarfe im Rahmen der Vertriebsplanung ermittelt wurden, und darüber hinaus alle Werke, die materialwirtschaftlich über Lieferbeziehungen mit diesen in Verbindung stehen. In der Regel können die Werke aus der operativen Planung übernommen werden.

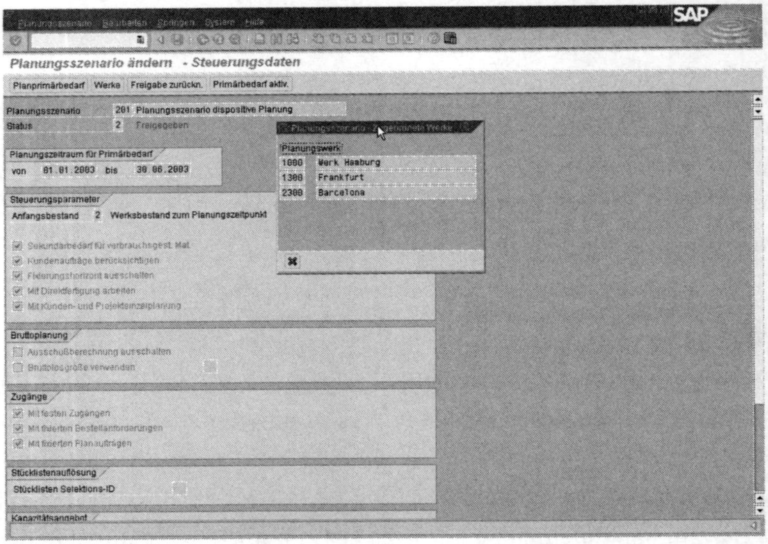

Abbildung 7.23 Langfristplanung Zuordnung Werke und Planprimärbedarfe

- **Planungszeitraum**
  Hier wird der Planungszeitraum für die dispositive Planung hinterlegt (z. B. die nächsten sechs Monate).
- **Anfangsbestand**
  Folgende Optionen stehen zur Verfügung:
  - Kein Anfangsbestand
  - Sicherheitsbestand als Anfangsbestand

- Durchschnittlicher Werksbestand
- Aktueller Bestand zum Planungszeitpunkt

Im Rahmen der dispositiven Planung empfiehlt es sich aufgrund der zeitlichen Nähe des Planungszeitpunktes zum Planungszeitraum (oft wird am Ende eines Monats für die nächsten drei bis zwölf Monate, je nach Länge des Planungszeitraums der dispositiven Planung, geplant), den aktuellen Bestand zum Planungszeitpunkt zu wählen. Im Gegensatz dazu wird in der operativen Planung oftmals mit Durchschnittsbeständen oder Sicherheitsbeständen als Anfangsbestände gerechnet.

- **Sekundärbedarfe für verbrauchsgesteuerte Materialien**
  Um ein vollständiges Planungsergebnis zu erzielen, ist es auch für die dispositive Planung sinnvoll, mit Sekundärbedarfen für verbrauchsgesteuerte Materialien zu arbeiten und die reine Verbrauchssteuerung nur im Tagesgeschäft zu nutzen.
- **Verwendung von Kundenaufträgen**
  Kundenaufträge sollten auf jeden Fall im Szenario der dispositiven Planung mitverwendet werden, um auf möglichst aktuellen Informationen aufzubauen. Wie diese Kundenaufträge das Produktionsprogramm beeinflussen, ist dabei in erster Linie von der im Materialstamm eingestellten Planungsstrategiegruppe abhängig. Durch sie werden auch Doppelzählungen (Kundenauftrag und Primärbedarf) vermieden.
- **Fixierungshorizont**
  Dieses Merkmal legt fest, ob der im Materialstamm eines Materials gepflegte Fixierungshorizont im Rahmen der Langfristplanung berücksichtigt werden soll oder nicht. Der Fixierungshorizont dient hauptsächlich dem Zweck der kurzfristigen Anlagenbelegungsplanung, indem er eine automatische Einplanung von Planaufträgen durch den Materialbedarfsplanungs- bzw. Langfristplanungslauf innerhalb des Fixierungshorizontes unterbindet. Für die Langfristplanung im Rahmen der dispositiven Planung sollte er nicht berücksichtigt werden.
- **Bruttoplanung**
  Wie bereits in Abschnitt 5.4.5 beschrieben, lässt die Bruttoplanung Bestände, Losgrößen und Ausschussfaktoren unberücksichtigt. Für die dispositive Planung ist dies in der Regel nicht sinnvoll.
- **Berücksichtigung fixer Zugänge**
  Neben Fertigungsaufträgen, Bestellungen, Lieferavisen, Lieferplaneinteilungen usw. können auch fixierte Planaufträge und Bestellanforderungen – soweit sie vorliegen – mit in die Planung einbezogen werden.

Im Sinne der integrierten Planung sollten diese Informationen für die dispositive Planung auf jeden Fall genutzt werden.

Abschließend muss das Planungsszenario freigegeben werden. In diesem Zuge werde dann Planungsvormerkungen für alle im Szenario enthaltenen Materialien geschrieben. Dies kann optional auch im Hintergrund ausgeführt werden.

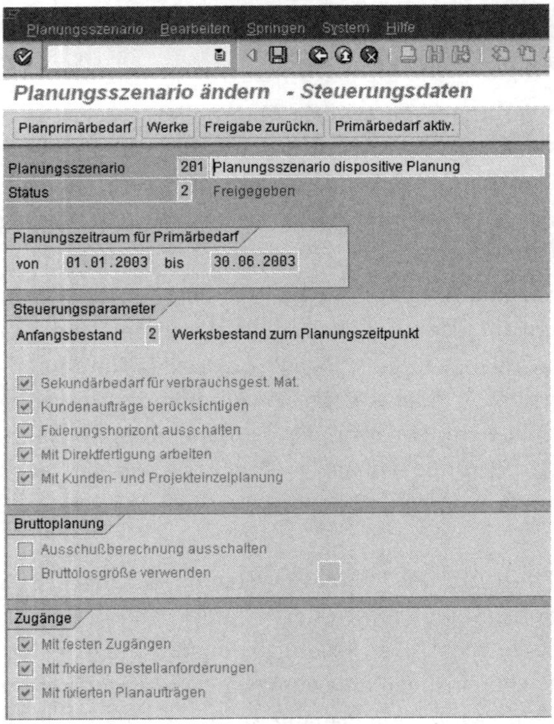

Abbildung 7.24 Steuerungsparameter der Langfristplanung

7.3.4 Input für die Langfristplanung

Auf jeden Fall fließen die im Szenario der Langfristplanung definierten Planprimärbedarfe für die ausgewählten Werke in die Planung ein.

Darüber hinaus kann Input je nach Szenariodefinition sein:

- Bestände (Durchschnitts-, Sicherheits- oder aktuelle Bestände)
- Kundenaufträge und andere feste Bedarfe
- Feste Zugänge, fixierte Bestellanforderungen und fixierte Planaufträge

Dies gilt jeweils für den Planungszeitraum des Szenarios. Im Rahmen der dispositiven Planung ist es sinnvoll, so viele bereits vorliegende Ist-Informationen wie möglich in die Planung mit einzubeziehen.

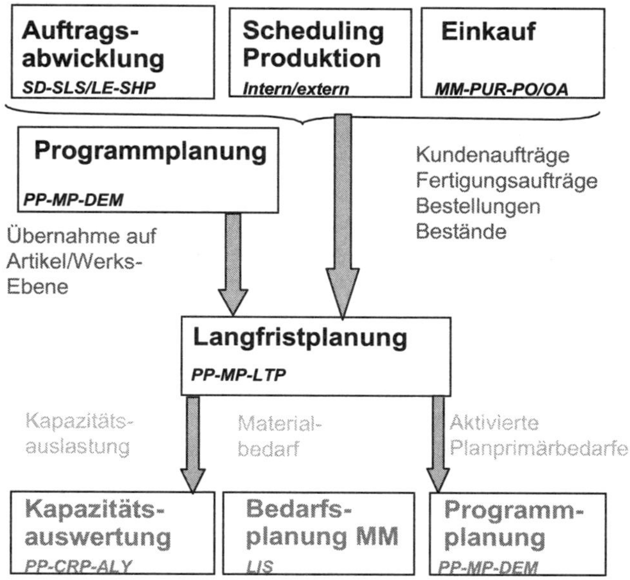

Abbildung 7.25 Input-Output-Modell zur Langfristplanung (Input)

7.3.5 Durchführung der Langfristplanung

Wie bereits in Abschnitt 5.4.5 beschrieben, existieren mehrere Möglichkeiten zur Durchführung der Langfristplanung:

- Gesamtplanung, die für ein oder mehrere Werke, einen oder mehrere Dispobereiche oder eine Kombination aus beidem durchgeführt werden kann
- Einzelplanung, die ein- oder mehrstufig zur Planung einzelner Materialien genutzt wird

Gesamtplanung

Die Gesamtplanung wird in der Praxis genutzt, um das gesamte Szenario in einem Schritt, meistens aufgrund der langen Laufzeiten über Nacht und im Hintergrund, zu berechnen. Ein Szenario setzt sich dabei zumeist aus mehreren Werken mit jeweils mehreren Dispobereichen zusammen. Um das Szenario zu planen, können für den Hintergrundjob einzelne Schritte definiert werden, in denen jeweils ein Werk mit allen zugehörigen Dispobereichen oder ein einzelner Dispobereich geplant werden.

Planungsumfang Eine elegantere Möglichkeit bietet die Definition eines so genannten *Planungsumfangs*, in dem Werks-/Dispobereichssequenzen festgelegt werden, die dann in einem Jobstep verarbeitet werden können. Auch für diesen Planungsumfang gilt, dass bei Angabe eines Werkes alle Dispobereiche mitgeplant werden. Die Werkssequenz wird bei Verwendung des Planungsumfanges mitbestimmt. Durch Umlagerung neu erzeugte Planungsvormerkungen werden automatisch bei der Planung berücksichtigt. Dadurch ist sichergestellt, dass ein Material auch bei Umlagerungsabwicklung in allen betroffenen Werken richtig geplant wird.

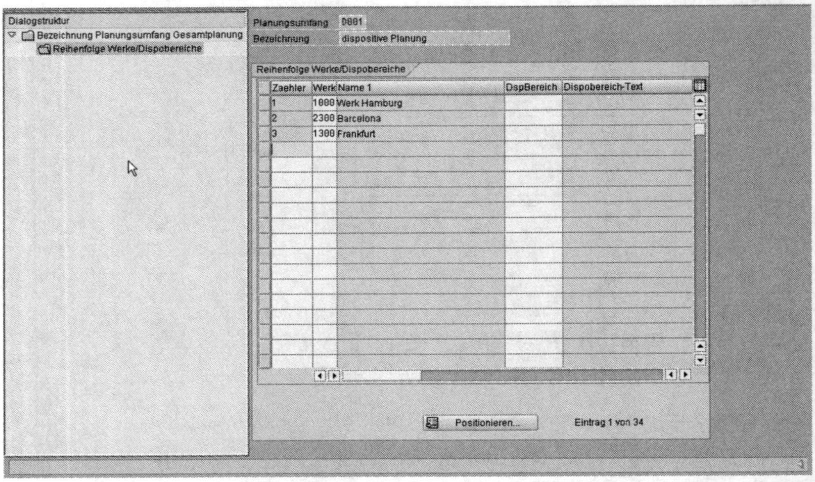

Abbildung 7.26 Definition eines Planungsumfangs in der Langfristplanung

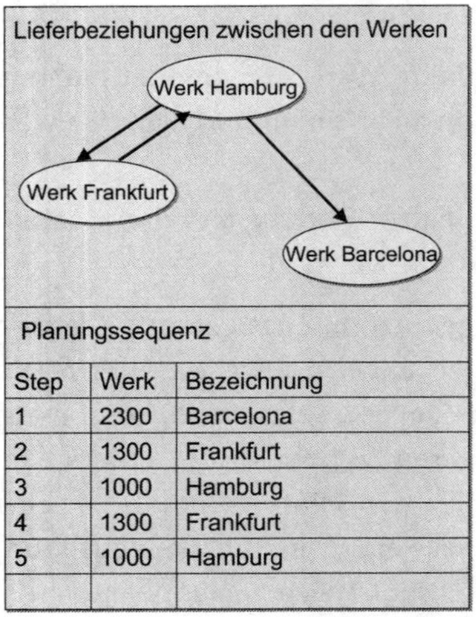

Abbildung 7.27 Sequenzbildung in der Langfristplanung

Alternativ können auch einzelne Werksplanungsläufe sequenziell nacheinander ausgeführt werden. Bei der Sequenzbildung ist es wichtig, Abhängigkeiten zwischen Werken/Dispobereichen aufgrund von Lieferbeziehungen zu berücksichtigen, indem eine Sequenz u.U. mehrfach durchlaufen wird. Übermäßiges Bilden von Loops zur Verfeinerung des Ergebnisses ist jedoch, wie schon in Abschnitt 5.4.5 angesprochen, nicht sinnvoll (Performance/Laufzeit) (siehe Abbildung 7.27).

Es gibt jedoch noch weitere Parameter der Gesamtplanung, die nun vorgestellt werden sollen.

Verarbeitungsschlüssel

Der Verarbeitungsschlüssel legt fest, welche Art von Planung eingesetzt wird. Neuplanung bedeutet Planung aller in der Planvormerkdatei vorhandenen Materialien unabhängig davon, ob seit der letzten Planung eine dispositiv relevante Veränderung stattgefunden hat.

Weniger performancebelastend ist die *Veränderungs*- oder Netchangeplanung, in der lediglich die Materialien geplant werden, für die seit dem letzten Planungslauf eine dispositionsrelevante Veränderung eingetreten ist. Beispiele für solche Veränderungen sind je nach Szenarioeinstellungen:

- Zusätzliche/Geänderte Kundenaufträge
- Zusätzliche/Geänderte Planprimärbedarfe
- Geänderte Bestandssituation
- Änderung in der Stücklisten-Arbeitsplankombination bzw. Rezeptur eines Materials

Für die dispositive Planung ist allerdings wegen des grundsätzlichen Neuentwurfs der Planung und der Tatsache, dass zwischen zwei Planungen in der Regel ein Monat liegt, der Unterschied zwischen beiden Planungsarten nicht sehr groß.

Erstellung von Dispositionslisten

Mit der Einstellung *Dispoliste erstellen* kann festgelegt werden, ob durch den Planungslauf Dispositionslisten erstellt werden sollen. Eine Dispositionsliste stellt dabei die Planungssituation für ein Material direkt nach dem Planungslauf dar. Darüber hinaus existiert für jedes Material automatisch eine aktuelle Bedarfs- und Bestandsliste. Diese wird allerdings um aktuelle Elemente wie zusätzliche Kundenbedarfe, fixierte Planaufträge aus dem Tagesgeschäft etc. ergänzt. Für die dispositive Planung ist es daher ratsam, grundsätzlich Dispositionslisten erstellen zu lassen. Zudem bieten sich für die Dispositionslisten auch noch zusätzliche/andere Auswertungsmöglichkeiten als in der aktuellen Bedarfs- und Bestandsliste. So kann beispielsweise ein Bearbeitungskennzeichen für bereits bearbeitete/kontrollierte Listen gesetzt werden.

Planungsmodus Mit Hilfe des Planungsmodus wird bestimmt, wie mit nicht fixierten Elementen (Planaufträge etc.) umgegangen wird. Es besteht dabei die Wahl zwischen drei verschiedenen Vorgehensweisen:

- **Planungsmodus 1**
  Hier werden alle nicht fixierten Daten aus den vorhergehenden Läufen übernommen, wenn sich keine Änderungen bzgl. Termin oder Menge ergeben haben.
- **Planungsmodus 2**
  Hier wird auch für die Elemente, die in Menge und Termin unverändert sind, eine neue Stücklistenauflösung veranlasst.
- **Planungsmodus 3**
  Alle alten Elemente aus vorhergehenden Planungsläufen werden von der Datenbank gelöscht und neu angelegt. Gründe die für diesen Planungsmodus sprechen können:
  - Änderung der Eigenfertigungszeit im Materialstamm
  - Änderung der Planlieferzeit
  - Änderung des Horizontschlüssels
  - Änderung des Disponenten

Der Planungsmodus wird normalerweise in der Planvormerkdatei je nach Änderung in Materialstamm/Stückliste gesetzt und nur durch die Einstellung im Planungslauf überschrieben, wenn die Einstellung für den Planungslauf einen »strengeren« Planungsmodus enthält als das Material aufgrund der Änderungen. Beispiel: Material A hat keine disporelevanten Änderungen erfahren und hat somit den Planungsmodus 1. Bei Planungsmodus 3 im Planungslauf werden trotzdem alle nicht fixierten Elemente gelöscht und neu erzeugt. Insofern würde für den Planungslauf normalerweise Planungsmodus 1 ausreichen. Lediglich Änderungen im Customizing und Änderungen in Arbeitsplan/Rezepturen führen nicht automatisch zu Einträgen in der Planvormerkdatei.

Für die dispositive Planung wird deshalb aufgrund des Planungsumfangs und des zwischen zwei Planungen liegenden Intervalls von einem Monat Planungsmodus 3 empfohlen.

Terminierung Für die Terminierung gibt es folgende Möglichkeiten:

- Eckterminierung aufgrund des Materialstamms
- Durchlaufterminierung aufgrund der Daten aus Arbeitsplan/Rezeptur

Für die dispositive Planung ist dringend die Durchlaufterminierung zu empfehlen, da sie als Einzige die Kapazitätsbelastungen auf den Arbeitsplätzen/Ressourcen erzeugt und somit zwingend für einen Kapazitätsabgleich erforderlich ist.

Fixierte Planaufträge

- Hier stehen drei Möglichkeiten zur Verfügung:
- Verwendung der Einstellungen aus dem Planungsszenario
- Verwendung der fixierten Planaufträge, ungeachtet der Einstellungen im Planszenario
- Keine Verwendung der fixierten Planaufträge, ungeachtet der Einstellungen im Planungsszenario

Normalerweise werden hier die Einstellungen aus dem Planungsszenario übernommen, und dort ist auch die Übernahme fixierter Planaufträge eingestellt. Die beiden anderen Werte ermöglichen fallweise notwendige Alternativrechnungen zu den im Szenario verwendeten Parametern.

Durchführung der Langfristplanung

Nach Festlegung der Planungssequenz und Auswahl der Parameter kann die Langfristplanung dann im Hintergrund ausgeführt werden.

Einzelplanung

Liegt das Ergebnis der Gesamtplanung vor, kann mit Hilfe der Einzelplanung die Planung für ein einzelnes Material einstufig oder mehrstufig noch einmal ausgeführt werden. Dies ist dann sinnvoll, wenn für dieses Material manuelle Änderungen am Plan vorgenommen wurden und die Konsequenzen dieser Änderung auf das übrige Produktionsprogramm ermittelt werden sollen bzw. wenn dieses Material mit anderen Einstellungen als den in der Gesamtplanung vorgegebenen beplant werden soll.

7.3.6 Output der Langfristplanung

Simulative Bedarfe und Bedarfsdecker

Der Output der Langfristplanung sind simulative Sekundärbedarfe und zur Deckung dieser Bedarfe benötigte simulative Fertigungsaufträge sowie Beschaffungsvorschläge entlang der gesamten Supply Chain, vom Artikel bis hinunter zum Rohstoff über alle Stufen inklusive passiver Lohnbearbeitung durch Dritte und Handelswaren.

Kapazitäts- und Rohstoffbedarfe

Des Weiteren resultiert eine Plankapazitätsbelastung für alle Arbeitsplätze/Ressourcen, die mit dem Kapazitätsangebot verglichen wird. Ein Kapazitätsabgleich im Sinne von Anlagenbelegungsplanung findet auf dieser Stufe der Planung häufig noch nicht statt. Er ist im Übrigen auch durch die Langfristplanung nicht unterstützt. Die Rohstoffbedarfe können auch hier wie in der operativen Planung an das Einkaufsinformationssystem übergeben werden. Aufgrund der Kapazitätsbedarfe findet ein

Abgleich der zu produzierenden Menge gegen mögliche Engpässe statt. Hieraus ergibt sich Handlungsbedarf, die geforderte Menge eventuell zu korrigieren.

Input für Planungsgespräche

Alle Ergebnisse stellen letztlich Input für materialwirtschaftliche Planungsgespräche dar, die zum Ziel haben, für die nächsten Monate einen zwischen Vertrieb, Produktion und Materialwirtschaft abgestimmten Plan festzulegen. Geht es materialwirtschaftlich in der operativen Planung noch in erster Linie um die Festlegung von Rahmenvereinbarungen, so hat die dispositive Planung schon den Grad der voraussichtlichen Ausschöpfung zum Inhalt.

Der in der operativen Planung beschriebene Kostenplanungsaspekt ist in der dispositiven Planung nicht gegeben, da die Kostenstellenplanung inklusive der Ermittlung von Tarifen auf der Basis von Planleistungen in der dispositiven Planung nicht stattfindet. Alle anderen Schritte sind technisch wie bereits in Abschnitt 5.4.6 beschrieben unterstützt.

Abgestimmte Primärbedarfe als Input für die Materialbedarfsplanung

Als Hauptergebnisse der dispositiven Langfristplanung sollten revidierte und über die gesamte materialwirtschaftliche Kette abgestimmte Planprimärbedarfe auf Artikelebene stehen. Diese können dann aktiviert werden und so den weiteren Schritten in der Ist-Abwicklung als Input dienen.

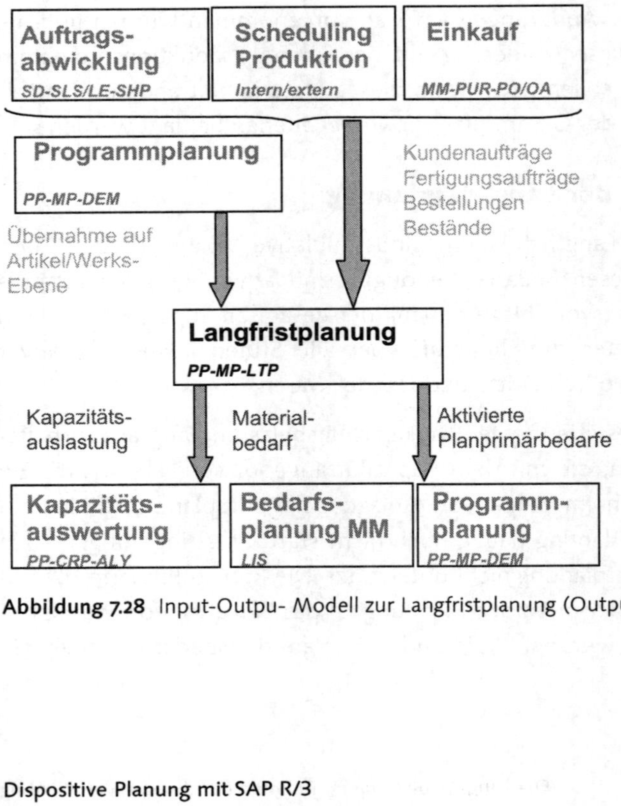

Abbildung 7.28 Input-Outpu- Modell zur Langfristplanung (Output)

7.3.7 Checkliste zur Langfristplanung im Rahmen der dispositiven Planung

Als PDF-Dokument zum Download unter www.sap-press.de

Stichwort	Erläuterung
Materialstamm	Die Langfristplanung ist natürlich wie auch die Materialbedarfsplanung auf sauber gepflegte Materialstämme angewiesen. Vor der Einführung der Planung sollte deshalb eine sorgfältige Konzeption in Bezug auf Losgrößen, Sicherheitsbestände, Lieferzeiten etc. stattfinden und peinlichst eingehalten werden. Mit ihr steht und fällt die Qualität des Outputs der Langfristplanung.
Losgrößen für Langfristplanung/Stücklisten und Arbeitspläne/Rezepte	Es ist wie beschrieben möglich, in der Langfristplanung mit eigens für die Langfristplanung bestimmten Losgrößen zu arbeiten. Achtung gebührt dabei den fixen Stücklistenpositionen und fixen Zeiten, bezogen auf bestimmte Basismengen, die in den Losgrößen der Langfristplanung nicht eingehalten werden.
Arbeitsplätze/Ressourcen	Zur Bestimmung der Kapazitätsauslastung ist eine möglichst genaue Pflege des Kapazitätsangebots notwendig.
Einstellungen des Planszenarios	Für Planszenarien der dispositiven Planung sollten alle Möglichkeiten der Übernahme von Istdaten genutzt werden. Dies gilt in Bezug auf Bestände, Kundenaufträge, fixierte Planaufträge etc. Darüber hinaus ist die Bedarfsgenerierung auch für sonst bestandsgesteuerte Materialien sinnvoll.
Bewegungsdaten	Für die Übernahme von Istdaten ist ihre Qualität ein kritischer Erfolgsfaktor. Alte nicht mehr benötigte Daten sollten bereinigt werden, bevor die Planung aufgeschaltet wird. Dies sollte auch als ständiger Prozess angesehen werden, dessen Bedeutung nicht zu unterschätzen ist.
Planungslauf	In komplexen materialwirtschaftlichen Verbünden mit vielen Produktions- und Lagerstandorten ist die Bildung einer Planungssequenz über alle Werke und Dispobereiche hinweg äußerst wichtig. Anhaltspunkte geben hierbei die Lieferbeziehungen zwischen den Standorten.
Gesamtplanung	Die Gesamtplanung läuft im Hintergrund ab. Auch hier sei noch einmal auf die Performancebelastung dieses Planungsschrittes hingewiesen. Eine Möglichkeit zur Beschleunigung dieses Schrittes ist auch hier die Nutzung der Parallelverarbeitung auf mehreren Applikationsservern und die Ausnutzung der Einstellmöglichkeiten zur Veränderungsplanung.
Einzelplanung	Die einstufige oder mehrstufige Einzelplanung eines Materials kann im Nachgang zur Gesamtplanung zur nochmaligen Durchrechnung genutzt werden, wenn Änderungen an diesem Material und seiner Planung vorgenommen wurden.

Stichwort	Erläuterung
Kapazitätsauslastung/ Bedarfe an Rohstoffen	Diese beiden wesentlichen Ergebnisse der Langfristplanung ermöglichen die Abstimmung der dispositiven Planung über Einkauf, Produktion und Vertrieb.
Aktivierung der abgestimmten Planprimärbedarfe	Als wichtigster Output entsteht ein abgestimmter und auf Artikelebene aktivierter Planprimärbedarf.

7.4 Die Materialbedarfsplanung

7.4.1 Definition und Ziel der Materialbedarfsplanung

Was die Langfristplanung für die simulative Planung ist, ist die Materialbedarfsplanung für das operative Geschäft.

Sie übernimmt hier ähnlich der Langfristplanung folgende Aufgaben:

- Bedarfsauflösung über alle Fertigungsstufen unter Berücksichtigung folgender Primärbedarfe:
  - Aktivierte Planprimärbedarfe aus der abgestimmten materialwirtschaftlichen Planung (Output der Langfristplanung im Rahmen der dispositiven Planung)
  - Kundenbedarfe
- Berücksichtigung der Bestandsstrategien (Sicherheits- und Meldebestände)
- Ermittlung der Sekundärbedarfe für Zwischenprodukte und Rohstoffe
- Ermittlung der Wunschtermine über die gesamte logistische Kette (inklusive Fertigungs-, Liefer-, Wareneingangsbearbeitungszeiten etc.) in Form von Eck- oder Durchlaufterminierung
- Ermittlung der Kapazitätsbelastung der Fertigungsanlagen
- Berücksichtigung von Fertigungs- und Beschaffungslosgrößen
- Berücksichtigung von »Hoheitszonen« des Schedulers, in denen nur eine manuelle Planung stattfindet (Fixierunghorizonte)

Das in Abbildung 7.29 dargestellte Schaubild soll die Funktionsweise der Materialbedarfsplanung verdeutlichen.

Ziele der Materialbedarfsplanung

Das Hauptziel der Materialbedarfsplanung ist die möglichst rechtzeitige Sicherstellung der Materialverfügbarkeit über die gesamte logistische Kette vom Rohstoff bis hin zum verkaufsfähigen Artikel.

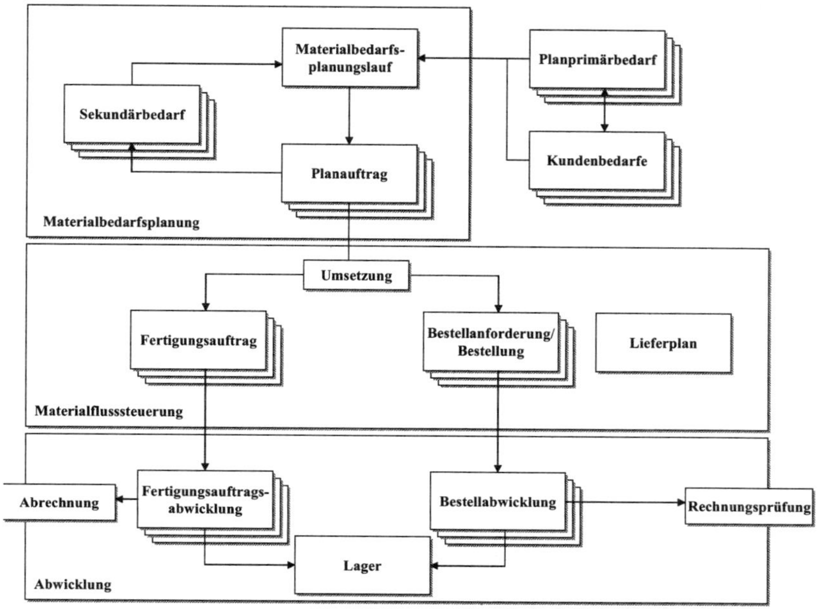

Abbildung 7.29 Übersicht Materialbedarfsplanung

Die Materialbedarfsplanung bildet dabei das Bindeglied zwischen der dispositiven Planung und dem Tagesgeschäft, indem sie die Auswirkungen der dispositiven Planung auf das Tagesgeschäft darstellt und Beschaffungsvorschläge für Rohstoffe, Zwischenprodukte und Artikel erstellt. Hierbei sollen die für das jeweilige Material vereinbarten Dispositionsverfahren, Losgrößen etc. berücksichtigt werden.

7.4.2 Voraussetzungen für die Materialbedarfsplanung

Grundsätzlich gelten für die Materialbedarfsplanung die gleichen Voraussetzungen wie für die Langfristplanung. Auch hier liegt eine Hauptvoraussetzung in der Pflege von Stammdaten wie Materialstamm, Stückliste, Arbeitsplan (Rezeptur) und Arbeitsplatz (Ressource).

Der Unterschied zur Langfristplanung im Rahmen der dispositiven Planung besteht im Wesentlichen in der unterschiedlichen Berücksichtigung von bestandssteuernden Dispoverfahren. Während die Langfristplanung noch die Möglichkeit bietet, auch für bestandsgesteuerte Komponenten Planbedarfe aufgrund von Stücklistenauflösung übergeordneter Planungsstufen zu berechnen, werden diese in der Materialbedarfsplanung nur im Falle des Unterschreitens eines bestimmten Meldebestandes bzw. aufgrund von Prognosen aus Bedarfen der Vergangenheit nachbestellt.

7.4.3 Stammdaten der Materialbedarfsplanung

Planungskalender/Quotierung

Wichtige Stammdaten der Materialbedarfsplanung, die aus dem Menu der Bedarfsplanung gepflegt werden müssen, sind:

- Planungskalender
- Quotierung

Nur über das Customizing zur Bedarfsplanung zu pflegende »Stammdaten« sind:

- Disponentenschlüssel
- Sonderbeschaffungsart
- Losgrößenverfahren
- Dispositionsmerkmal
- Dispositionsbereich

Planungskalender

Über den Planungskalender lassen sich auf Werksebene variable, für die Planung relevante Periodenlängen vereinbaren. Diese stehen dann für folgende Zwecke zur Verfügung:

- Nutzung dieser Periodenlängen in periodischen Losgrößenverfahren
- Darstellung von Periodenbedarfen bezogen auf die Perioden des Planungskalenders in den Auswertungen der Materialbedarfsplanung (aktuelle Bedarfs- und Bestandsliste bzw. Dispositionsliste)
- Nutzung der Periodenlängen in der Programmplanung, um Bedarfe aus der Vertriebsplanung gemäß den Perioden des Planungskalenders aufzuteilen

Quotierung

Über die Quotierung kann im System hinterlegt werden, dass für ein Material verschiedene zur Verfügung stehende Beschaffungsquellen genutzt werden sollen. Das Instrument der Quotierung kann sowohl im Rahmen der Fremdbeschaffung als auch für eigengefertigte Materialien verwendet werden. Eine Quotierung legt dabei für einen bestimmten Zeitraum die Verteilung der Beschaffungsvorschläge auf die zur Verfügung stehenden Beschaffungsquellen fest.

Bei der Ermittlung der Beschaffungsvorschläge berücksichtigt die Materialbedarfsplanung dann sowohl die geplante Quote als auch die bisher auf die jeweilige Beschaffungsalternative entfallende Beschaffungsmenge, um aus beidem die Alternative/n für den nächsten Beschaffungsvorschlag zu ermitteln.

Der Disponent wird im Customizing der Materialbedarfsplanung auf Werksebene festgelegt. Pro Material wird er ebenfalls auf Werks-/Dispositionsbereichsebene festgelegt. Gliederungskriterien für dieses mächtige Steuerungs- und Auswertungselement der Bedarfsplanung lassen sich aus seinen Funktionen ableiten. Er wird in folgenden Fällen benutzt:

Disponent

- Um Auswertungen der Langfrist- und Materialbedarfsplanung zu bündeln, wobei sich über Aufrufe zum Disponenten die Ergebnisse für alle Materialien in seiner Verantwortung innerhalb eines Werks/Dispositionsbereichs aufrufen lassen
- Um einen Workflow für den jeweiligen Disponenten auszulösen, wenn für Materialien in seiner Verantwortung disporelevante Ereignisse wie z. B. Wareneingänge stattfinden

Als Disponenten können beispielsweise Personen definiert werden, die für die Disposition der jeweiligen Materialien verantwortlich sind. Ratsamer ist es jedoch, sachliche Gliederungskriterien wie z. B. Materialgruppen zu schaffen, da diese im Zweifelsfall das stabilere Kriterium bilden.

Sonderbeschaffungsart

Die Beschaffungsart legt fest, ob ein Material eigenerzeugt oder fremdbeschafft wird. Im Falle innerbetrieblicher den Werksbereich bzw. den Dispobereich übergreifender Lieferungsbeziehungen müssen diese Lieferbeziehungen näher definiert werden. Hierzu stehen zwischen zwei Werken folgende Sonderbeschaffungsarten zur Verfügung:

- Werk-zu-Werk-Umlagerung
- Produktion in einem anderen Werk
- Entnahme in einem anderen Werk

Für Lieferbeziehungen zwischen Werk und Dispobereich steht der Sonderbeschaffungsschlüssel *Umlagerung von eigenem Werk an Dispobereich* zur Verfügung.

Alle diese Sonderbeschaffungsschlüssel müssen in Bezug auf zwei Werke festgelegt und im Customizing definiert werden. Weitere Sonderbeschaffungsschlüssel existieren für den Fall der Konsignation in Verbindung mit Fremdbeschaffung und für den Fall passiver Lohnbearbeitung. In beiden Fällen wird dem Lieferanten ein Material zur Verfügung gestellt, an dem er eine Veredlung bzw. Weiterverarbeitung vornimmt, um es dann gegen Berechnung der Dienstleistung und der zusätzlich aufgewendeten Materialien wieder zurückzuliefern.

Darüber hinaus gibt es den eher technisch orientierten Sonderbeschaffungsschlüssel *Dummybaugruppe*, der für Materialien festgelegt wird, die an sich niemals gefertigt und bestandsgeführt werden, deren Komponenten aber in der Regel gemeinsam verwendet/disponiert werden. Ein typisches Beispiel stellen Verpackungen dar. Sie bestehen z.B. aus einem Karton und einer Anzahl Zwischenlagen. Bestandsgeführt wird jede einzelne Komponente oder aber der Artikel in diesem Karton.

Losgrößenverfahren und Dispositionsmerkmale

Auf die Losgrößenverfahren und Dispositionsmerkmale/Verfahren wurde bereits in Abschnitt 7.3.2 intensiv eingegangen. Hier sei daher lediglich auf diesen Abschnitt verwiesen.

Dispositionsbereiche

Der Dispositionsbereich ist in den vorangegangenen Kapiteln bereits mehrfach erwähnt worden. Er ist eine ab SAP Release 4.5A zur Verfügung stehende Organisationseinheit zwischen Werks- und Lagerortebene, die eine eigenständig disponierende Einheit darstellt. Hierauf weisen insbesondere zwei Merkmale hin:

- Für den Dispobereich kann eine eigenständige Materialbedarfsplanung durchgeführt werden.
- Die Ergebnisse dieser Bedarfsplanung können separat ausgewiesen werden.

Es gibt mehrere Arten von Dispobereichen:

- **Werksdispositionsbereich**
  Der Werksdispositionsbereich umfasst, sofern noch kein anderer Dispositionsbereich im Werk definiert ist, das gesamte Werk. Er entsteht in dem Moment, in dem die Dispositionsbereiche im System aktiviert werden (optional). Er wird um die Lagerorte reduziert, die anderen Lagerortdispositionsbereichen zugeordnet werden.
- **Lagerortdispositionsbereich**
  Ein Lagerortdispositionsbereich besteht aus einem oder mehreren Lagerorten innerhalb eines Werkes. Für diese Lagerorte kann eine getrennte Disposition durchgeführt werden. So kann beispielsweise ein im Werk von mehreren Organisationseinheiten gemeinsam genutztes Material in mehreren Lagerortdispobereichen geführt und somit getrennt disponiert werden.
- **Dispositionsbereich für Lohnbearbeiter**
  Ein Dispositionsbereich für Lohnbearbeiter besteht aus genau einem Lohnbearbeitungslieferanten. Er ermöglicht beispielsweise die getrennte Disposition von Materialien, die dem Lohnbearbeiter im Rahmen der Lohnbearbeitung beigestellt wurden.

7.4.4 Input für die Materialbedarfsplanung

Bedarfe/Bedarfsdecker

Folgende bedarfsverursachende Elemente gehen in die Bedarfsplanung ein:

- Aktivierte Planprimärbedarfe aus der abgestimmten Langfristplanung im Rahmen der dispositiven Planung
- Kundenaufträge

Auf der anderen Seite gehen folgende bedarfsdeckende, von der Produktion bzw. dem Einkauf bereits bearbeitete und fixierte Elemente in die Planung ein:

- Übernahme fixierter Planaufträge bereits aus der Langfristplanung – alternativ/ergänzend zur Übernahme aktivierter Planprimärbedarfe
- Lieferungen zu Kundenaufträgen
- Fixierte Planaufträge bzw. Fertigungsaufträge/Prozessaufträge aus dem täglichen Schedulingprozess der Produktion
- Durch den Einkauf fixierte, freigegebene Bestellanforderungen bzw. Bestellungen und Lieferplaneinteilungen

Des Weiteren gehen Bestandsinformationen in die Materialbedarfsplanung ein.

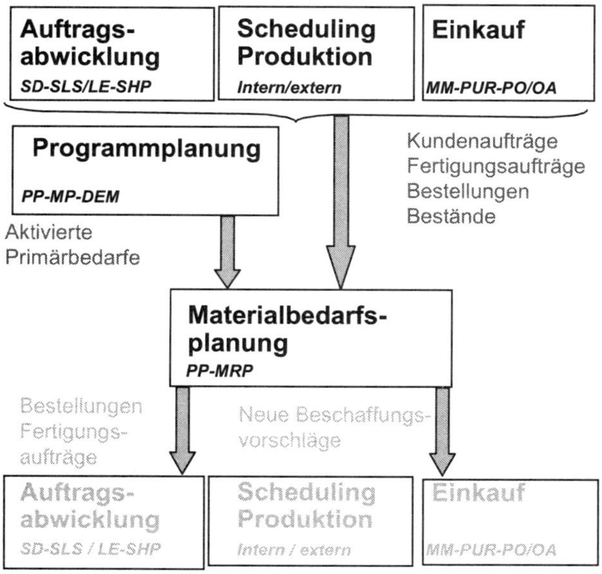

Abbildung 7.30 Input-Output-Modell Materialbedarfsplanung (Input)

7.4.5 Durchführung der Materialbedarfsplanung

Gesamtplanung in der Regel täglich

Da die Materialbedarfsplanung das Tagesgeschäft unterstützt, sollte sie so häufig wie möglich, in der Regel einmal pro Tag, über alle zusammengehörigen Werke und Dispositionsbereiche laufen, um eine möglichst auf die aktuelle Bedarfssituation abgestimmte Planungssituation widerzuspiegeln. Diese regelmäßigen Läufe werden als Gesamtplanungsläufe angesetzt. Neben der Gesamtplanung besteht außerdem die Möglichkeit, im Bedarfsfall einstufige oder mehrstufige Einzelplanungen durchzuführen. Auf diese Planungsarten wurde bereits ebenfalls im Rahmen der Langfristplanung eingegangen.

Leitteileplanung

Die Materialbedarfsplanung kann darüber hinaus auch als Leitteileplanung betrieben werden. Diese spezielle Form der Planung sieht eine gesonderte Planung für im Materialstamm als Leitteile gekennzeichnete Materialien vor. Hinter der Leitteileplanung steht der Gedanke, die Planung zweistufig vorzunehmen:

1. Im ersten Schritt werden dabei nur besonders wichtige Materialien (Leitteile) geplant. Die Planung für diese Materialien wird dann bearbeitet/angepasst.
2. Im zweiten Schritt wird dann mit Hilfe der Gesamtplanung die Planung für das Vollspektrum durchgeführt. Dieses Vorgehen eignet sich in komplexen Produktionsverbünden zur bewussten Beplanung von im Voraus bekannten Engpässen, erfordert allerdings organisatorisch auch eine zweigeteilte Bearbeitung der Ergebnisse.

Parameter der Planung

Sowohl die Gesamtplanung bzw. Leitteileplanung als auch die Einzelplanung gleichen, was ihre Funktionsweise angeht, den Pendants in der Langfristplanung. Während die Langfristplanung jedoch für Planungsszenarien durchgeführt wird, arbeitet die Materialbedarfsplanung immer mit den Daten des aktuellen Tagesgeschäfts. Parameter für die Durchführung sind:

- **Planungslaufart**
  Über die Planungslaufart wird festgelegt ob alle Materialien oder nur die, die dispositive Veränderungen erfahren haben, geplant werden sollen. Hier stehen folgende Möglichkeiten zur Verfügung:
  - **Neuplanung**
    Plant alle Materialien eines Werkes/Dispositionsbereiches; steht nur für die Gesamtplanung zur Verfügung; die Planungsart mit der höchsten Rechnerbelastung

- **Veränderungsplanung (Net Change)**
  Plant nur Materialien, für die dispositionsrelevante Veränderungen eingetreten sind; diese Einstellung genügt vollkommen für den täglichen Betrieb des MRP-Laufes und ist aus Sicht der Performance der Neuplanung vorzuziehen, die für das erstmalige Durchführen (und dann in regelmäßigen Abständen, z. B. einmal monatlich) zum Bereinigen technischer Inkonsistenzen eingesetzt werden sollte.
- **Veränderungsplanung im Planungshorizont**
  Beplant im Vergleich zur reinen Veränderungsplanung nur die Materialien, die Veränderungen im Planungshorizont erfahren haben; sie gleicht ansonsten der Veränderungsplanung. Der Planungshorizont kann pro Werk und pro Dispogruppe festgelegt werden. Er sollte mindestens die Gesamtwiederbeschaffungszeit/Lieferzeiten des jeweiligen Materials umfassen.

- **Erstellungskennzeichen für Beschaffungsvorschläge bei fremdbeschafften Materialien**
  Über das Erstellungskennzeichen wird festgelegt, ob durch einen Materialbedarfsplanungslauf im Falle der Fremdbeschaffung erst Planaufträge oder sofort Bestellanforderungen/Lieferplaneinteilungen angelegt werden sollen und inwiefern im Falle der sofortigen Anlage von Bestellanforderungen/Lieferplaneinteilungen dies nur für einen pro Material über den Horizontschlüssel festzulegenden Eröffnungshorizont geschehen soll. Dies kann sinnvoll sein, um den Arbeitsvorrat für den jeweiligen Materialdisponenten in einem überschaubaren Rahmen zu halten.
- **Erstellungskennzeichen für Dispositionslisten**
  Über dieses Kennzeichen wird festgelegt, ob grundsätzlich Dispositionslisten erstellt werden sollen. Zu den Überlegungen, mit welchen Einstellungen hier gearbeitet werden sollte, siehe auch Abschnitt 7.3.5
- **Planungsmodus**
  Durch den Planungsmodus wird festgelegt, wie mit bereits vorhandenen »nicht fixierten« Datenelementen aus vorhergehenden Planläufen verfahren werden soll. Welche Möglichkeiten hier bestehen, ist bereits im Abschnitt 7.3.5 geschildert worden.
- **Terminierung**
  Als Terminierungsarten stehen auch hier die Eck- und Durchlaufterminierung zur Verfügung. Nur die Durchlaufterminierung nutzt die Informationen aus dem Arbeitsplan/der Rezeptur des Materials, um Kapazitätsbelastungen zu erzeugen und auf die Anlagen/Ressourcen zu terminieren.

Die Durchlaufterminierung in der Materialbedarfsplanung ist wie die der Langfristplanung eine Terminierung gegen »unendliche« Kapazität. Sie löst keine Kapazitätsbelegungsprobleme. Hierzu sind spezielle Instrumente der Kapazitätsterminierung wie grafische Plantafeln/Scheduler erforderlich.

Fixierungshorizont

- Ein wichtiges Hilfsmittel für die tägliche Materialbedarfsplanung stellen Fixierungshorizonte dar. Sie werden auf der Ebene Material/Werk vereinbart und stecken Zeitfenster ab, in denen die Materialbedarfsplanung nicht ohne weiteres neue Beschaffungsvorschläge platzieren kann. Somit ermöglichen sie die ungestörte manuelle Einplanung durch den jeweiligen Disponenten, nachdem eine Kapazitätsüberprüfung stattgefunden hat. Neue Beschaffungsvorschläge für die Zeitperiode innerhalb des Fixierungshorizontes werden z.B. mit einem Umterminierungsvorschlag am Ende des Fixierungshorizontes platziert und können nur manuell in den fixierten Zeitraum eingeplant werden. Wie mit dem Fixierungshorizont umgegangen wird, wird über das Kennzeichen *Fixierungsart* im Dispositionsmerkmal festgelegt.

Roll-Forward-Horizont

Ergänzt wird der Fixierungshorizont durch den so genannten *Roll-Forward-Horizont*. Dieser ermöglicht es, alte fixierte Beschaffungsvorschläge aus dem System zu löschen, die vor dem Roll-Forward-Horizont liegen. Mit seiner Hilfe ist es auch möglich, nicht verwendete, in die Vergangenheit »gerutschte« fixierte Beschaffungsvorschläge zu löschen.

Durchführung der Planung

Sowohl die Gesamtplanung als auch die Leitteileplanung werden in der Regel für alle Werke/Dispositionsbereiche einer Supply Chain über Nacht und im Hintergrund durchgeführt. Damit können z.B. unterschiedliche Produktionsstandorte, externe Lager, Lohnbearbeiter etc. in einen Planlauf eingebunden werden. Um die Abhängigkeiten des Lieferverbundes zu berücksichtigen, ist es wichtig, eine Werkssequenz zu erstellen, die alle Lieferbeziehungen berücksichtigt und bei gegenseitigen Beziehungen eventuell Werke mehrfach durchläuft. Eine bereits für die Langfristplanung entwickelte Sequenz kann natürlich auch im Rahmen der Materialbedarfsplanung genutzt werden.

Neben der Gesamt- und Leitteileplanung stehen ebenso auch ein- und mehrstufige Einzelplanungen zur Verfügung, um im Bedarfsfall einzelne Materialien/Materialketten durchplanen zu können.

7.4.6 Output der Materialbedarfsplanung

Der Output der Materialbedarfsplanung sind Sekundärbedarfe und zur Deckung dieser Bedarfe benötigte Planaufträge bzw. je nach Einstellung des Planungslaufes auch Bestellanforderungen und Lieferplaneinteilungen entlang der gesamten Supply Chain, vom Artikel bis hinunter zum Rohstoff über alle Stufen inklusive passiver Lohnbearbeitung durch Dritte und Handelswaren.

Des Weiteren resultiert aus der Terminierung ein Wunschtermin für alle neuen und nicht fixierten Beschaffungsvorschläge. Wird im Rahmen der Terminierung mit Durchlaufterminierung gearbeitet, so wird eine Plankapazitätsbelastung für alle Arbeitsplätze/Ressourcen berechnet. Ein Kapazitätsabgleich im Sinne von Anlagenbelegungsplanung findet auch im Rahmen der Materialbedarfsplanung nicht statt.

Der Output der Materialbedarfsplanung bildet die tägliche Grundlage für folgende Aktivitäten:

- Kundenauftrags-/Lieferungsbearbeitung
- Anlagenbelegungsplanung
- Anstoß der internen und externen Beschaffung

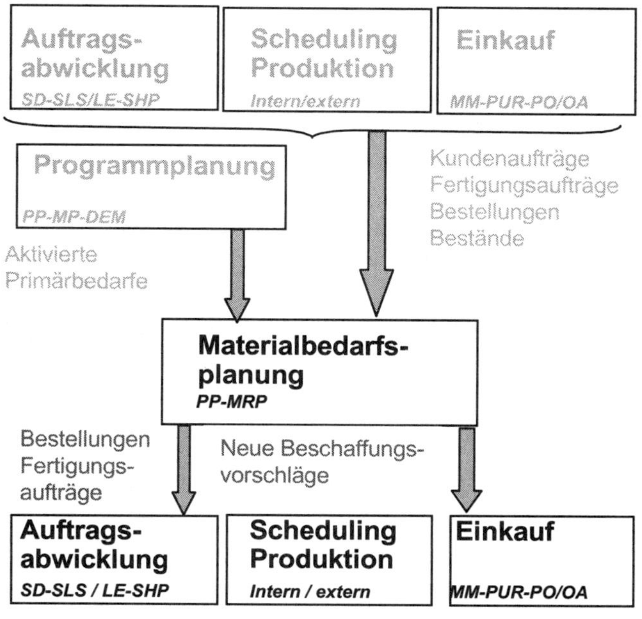

Abbildung 7.31 Input-Output-Modell der Materialbedarfsplanung (Output)

7.4.7 Checkliste zur Materialbedarfsplanung im Rahmen der dispositiven Planung

Als PDF-Dokument zum Download unter www.sap-press.de

Stichwort	Erläuterung
Materialstamm	Die Materialbedarfsplanung ist auf sauber gepflegte Materialstämme angewiesen. Vor der Einführung der Planung sollte deshalb eine sorgfältige Konzeption in Bezug auf Losgrößen, Sicherheitsbestände, Lieferzeiten etc. stattfinden und peinlichst eingehalten werden. Mit ihr steht und fällt die Qualität des Outputs der Materialbedarfsplanung.
Planungskalender	Der Materialbedarfsplanung kann ein eigener Planungskalender zugrunde gelegt werden. Bedarfe können dann für Perioden dieses Planungskalenders angezeigt werden. Periodische Losgrößen können sich auf Perioden dieses Kalenders beziehen.
Quotierung	Mit der Quotierung ist es möglich, im Rahmen der Materialbedarfsplanung alternative Beschaffungsquellen nach in der Quotierung festgelegten Regeln bei der automatischen Generierung von Bestellvorschlägen zu berücksichtigen.
Losgrößen	Für die Materialbedarfsplanung werden im Materialstamm auf Werksebene pro Material-Losgrößenverfahren vereinbart. Hier steht eine breite Palette unterschiedlichster Verfahren zu Verfügung.
Sonderbeschaffung	Um innerbetriebliche Liefer- und Leistungsbeziehungen zwischen Werken und Dispositionsbereichen abzubilden, stehen in der Materialbedarfsplanung so genannte Sonderbeschaffungsschlüssel zur Verfügung. Sie ermöglichen die Verknüpfung des Materialflusses über Werks- und Dispobereichsgrenzen hinweg.
Dispositionsbereiche	Der Dispositionsbereich bildet seit SAP Release 4.5A eine eigenständig disponierende Organisationseinheit zwischen Werk und Lagerort.
Fixierungshorizonte	Fixierungshorizonte werden in der Materialbedarfsplanung eingesetzt, um Zeiträume zu definieren, die dem Disponenten für eine manuelle Beplanung zur Verfügung stehen und in die der Materialbedarfsplanungslauf automatisch nichts einplant.
Roll-Forward-Horizont	Der Roll-Forward-Horizont dient der Bereinigung alter nicht mehr benötigter fixierter Beschaffungsvorschläge.
Arbeitsplätze/ Ressourcen	Als Voraussetzung für eine Anlagenbelegungsplanung ist eine möglichst genaue Pflege des Kapazitätsangebots notwendig.
Arbeitspläne/ Rezepturen	Als Voraussetzung für eine Anlagenbelegungsplanung ist eine möglichst genaue Abbildung der zur Fertigung benötigten Zeiten auf den dafür benötigten Arbeitsplätzen/Ressourcen notwendig.
Planungslauf	In komplexen materialwirtschaftlichen Verbünden mit vielen Produktions- und Lagerstandorten ist die Bildung einer Planungssequenz über alle Werke und Dispobereiche äußerst wichtig. Anhaltspunkte geben hierbei die Lieferbeziehungen zwischen den Standorten.

Stichwort	Erläuterung
Gesamtplanung	Die Gesamtplanung läuft im Hintergrund ab. Auch hier sei noch einmal auf die Performancebelastung dieses Planungsschrittes hingewiesen. In der Materialbedarfsplanung reicht aufgrund der normalerweise täglich ausgeführten Planläufe in der Regel die Veränderungsplanung. Einmal monatlich sollte dann zur Bereinigung technischer Inkonsistenzen eine Neuplanung angesetzt werden.
Leitteileplanung	In der Materialbedarfsplanung existiert eine Sonderform des Planungsumfangs. Die Gesamtplanung kann auf besonders wichtige Materialien, so genannte Leitteile, eingeschränkt werden. Damit wird eine zweistufige Planung möglich, die es erlaubt, nach dem ersten Planungsschritt für die wichtigsten Materialien Korrekturen vorzunehmen, um dann das Gesamtspektrum automatisch zu planen.
Einzelplanung	Die einstufige oder mehrstufige Einzelplanung eines Materials kann z. B. für »Schnellschüsse« genutzt werden, deren Berücksichtigung in der nächsten regulären Gesamtplanung zu spät wäre.

7.5 Die Steuerung des Materialflusses im Rahmen der dispositiven Planung

7.5.1 Definition und Ziel der Materialflusssteuerung

Anforderungen an Planinformationen

Es ist wichtig, dass alle an der Steuerung des Materialflusses beteiligten Personen die für diese Steuerung relevanten Informationen aus dem SAP-System entnehmen können. An diese Informationen sind folgende Anforderungen zu stellen:

- Sie sollten aktuell und richtig sein
- Aus ihnen muss ein Grad an Verbindlichkeit abzulesen sein
- Sie sollen den organisatorischen Prozess der Steuerung unterstützen

Aus diesem Grund ist dieses Kapitel als Integrationskapitel zu betrachten. Es beschreibt, wie einzelne Schritte der Absicherung des Materialflusses auf der jeweils betrachteten Stufe (Rohstoff, Handelsware, Eigenerzeugnis) im System dabei helfen können, den Materialfluss übergreifend sinnvoll zu unterstützen. Insbesondere wird auf unterschiedliche Verbindlichkeiten der Belege eingegangen, die eine Hand in Hand gehende stufenweise Bestätigung der Kundenaufträge durch bedarfsdeckende Elemente auf den unterlagerten Ebenen (Bestellungen, Fertigungs- bzw. Prozessaufträge) ermöglichen.

Steuerung als kontinuierlicher Prozess

Die Steuerung des Materialflusses ist ein ständiger Prozess, für den es in der Praxis schwierig ist, Anfang und Ende auszumachen. Ständig kümmert sich die Materialwirtschaft eines Unternehmens um die Versorgung mit Rohstoffen, Handelswaren, Packmitteln etc. Ständig ist die Produktionsplanung bemüht, ihre Anlagen möglichst optimal nach vorgegebenen Kriterien auszulasten, und der Vertrieb ist täglich mit neuen Kundenaufträgen konfrontiert, die zu bestätigen und in weiterer Folge dann natürlich auch zu beliefern sind.

Erstellung eines umsetzbaren Planes

Unter der Steuerung wird hier das Festlegen eines konkreten Auslieferplans und die darauf basierende Produktion und Beschaffung verstanden. Während die Materialbedarfsplanung aufgrund von Einstellungen zum Material automatisch für alle Bedarfe Bedarfsdecker in Form von Bestellanforderungen und Planaufträgen generiert und dabei für die Planaufträge keine Kapazitätsterminierung im Sinne einer Anlagenbelegungsplanung durchführt, übernimmt die Steuerung nun genau diesen Teil: Aus dem Vorschlagsplan einen umsetzbaren und in der Organisation bekannten und abgestimmten Plan zu machen. Die Aufgaben sehen dabei auf jeder Stufe der logistischen Kette anders aus.

Im Vertrieb ist die Frage zu beantworten, wann und in welcher Menge die vorhandenen Kundenaufträge bestätigt/beliefert werden können. Dazu ist in der Produktion sicherzustellen, dass Anlagenkapazität und Rohstoffe/Zwischenprodukte in ausreichender Menge und zum richtigen Zeitpunkt verfügbar sind.

Die Sonderbeschaffungsformen *Werksübergreifende interne Belieferung* und *Lohnbearbeitung (aktiv und passiv)* müssen sicherstellen, dass werksübergreifend beschaffte Materialien zur rechten Zeit eintreffen bzw. dem Lohnverarbeiter rechtzeitig die geforderten Beistellmaterialien beigestellt werden können oder der Lieferant in ausreichender Menge Material beistellt.

In der externen Beschaffung muss die Lieferfähigkeit des Lieferanten überprüft werden. Daraufhin kann entweder aus der Bestellanforderung eine Bestellung erzeugt oder im weiteren Verlauf des Prozesses eine Anlieferung angelegt werden

Werkzeuge

Zur Bewältigung dieser Aufgaben existieren auf den unterschiedlichen Stufen des Prozesses zum Teil unterschiedliche Werkzeuge. In der Auftragsabwicklung gibt es beispielsweise das Instrument der Neuterminierung, welches auf der Basis geänderter Versorgungssituationen die vorhandenen Mengen und geplanten Zugänge an Artikeln auf die existierenden Kundenaufträge aufteilt. Im Fertigungsprozess existieren Anlagenbelegungstools, die geänderte Rahmenbedingungen in Bezug auf Fertigungskapazität und Einsatzstoffverfügbarkeit berücksichtigen können. Allen diesen Teilprozessen mit Ausnahme der externen Beschaffung ist hingegen die Verfügbarkeitsprüfung der jeweils unterlagerten Stufe/n gemein, um eine Durchführbarkeit des geänderten Planes sicherzustellen.

Verfügbarkeitsprüfung

Die Verfügbarkeitsprüfung und die ihr zugrunde liegenden Regeln spielen deshalb eine wesentliche Rolle im Prozess der Festlegung der Materialversorgung, und die Verfügbarkeitsprüfung wird eine wichtige Rolle in diesem Kapitel spielen.

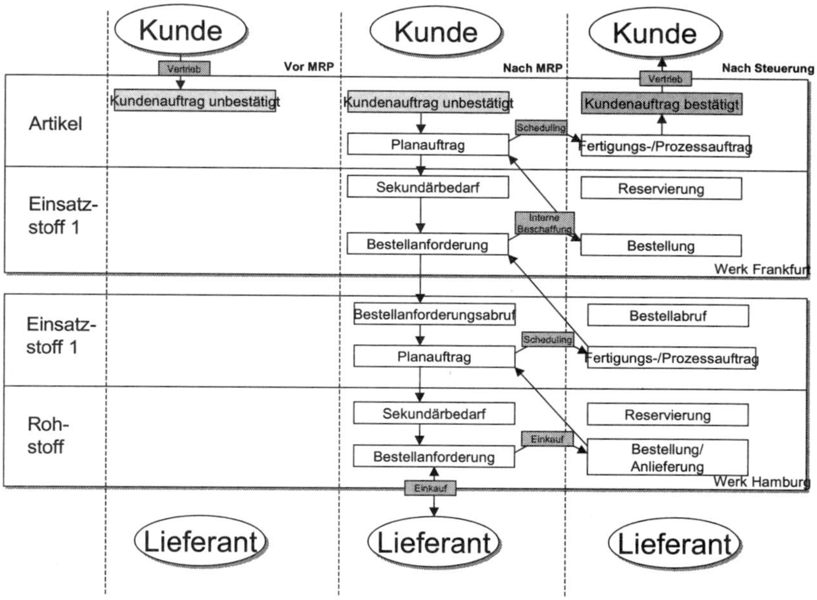

Abbildung 7.32 Steuerung des Materialflusses

Im vereinfachenden Beispiel wird in Frankfurt ein Artikel unter Zuhilfenahme des Einsatzstoffes 1 hergestellt, welcher im Werk Hamburg bezogen wird. Zur Herstellung des Einsatzstoffes 1 wird ein Rohstoff benötigt, der bei einem externen Lieferanten bezogen wird.

Nach dem Materialbedarfsplanungslauf sind über die gesamte Prozesskette Beschaffungsvorschläge generiert worden, die nun sukzessive im Steuerungsprozess in verbindlich abgestimmte Elemente umgewandelt werden müssen. Aus Bestellanforderungen werden somit nach Absprache mit den Lieferanten Bestellungen und aus Planaufträgen nach Prüfung der

Kapazitäts- und Einsatzstoffverfügbarkeit Fertigungs- bzw. Prozessaufträge, die aufgrund ihrer Verbindlichkeit dann als Bestätigungselemente für den Kundenauftrag dienen können.

Durch die Verfügbarkeitsprüfung, die auf jeder Prozessstufe durchgeführt werden kann, kann die Umsetzbarkeit der einzelnen Beschaffungselemente prozessübergreifend gesteuert werden. Hierdurch wird gleichzeitig eine Bestätigung gegenüber dem Kunden nur auf der Basis abgestimmter Pläne getroffen.

7.5.2 Voraussetzungen für die Materialflusssteuerung

Voraussetzungen für diesen Prozessschritt sind für alle Teilfunktionen gepflegte Stammdaten. Hierzu gehören:

- Materialstamm
- Kundenstamm
- Lieferantenstamm
- Stücklisten/Arbeitspläne bzw. Rezepturen
- Arbeitsplätze/Ressourcen

Auf Materialstamm, Stücklisten/Arbeitspläne bzw. Rezepturen und Arbeitsplätze/Ressourcen wurde bereits an anderer Stelle intensiv eingegangen, da sie auch schon für die Schritte der Vertriebs- und Langfristplanung benötigt wurden und auch dort beschrieben sind. Die Beschreibung von Kunden- und Lieferantenstamm würde den Rahmen dieses Buches sprengen, auf sie wird an dieser Stelle verzichtet.

Verfügbarkeitsprüfung im Vertrieb

Wichtig für die Steuerung des Materialflusses ist allerdings die Definition von Regeln der Verfügbarkeitsprüfung. Im Vertrieb existieren grundsätzlich drei Möglichkeiten der Verfügbarkeitsprüfung:

- Prüfung auf der Basis der ATP-Menge
- Prüfung gegen Kontingente
- Prüfung gegen Vorplanung

Prüfung auf der Basis der ATP-Menge

Die ATP-(Available-to-Promise-)Menge bezeichnet die noch zur Verfügung stehende Menge an Material, die neu hinzukommenden Bedarfen zugeordnet werden kann. Sie berechnet sich nach der Formel *ATP-Menge = Bestand – geplante Abgänge + geplante Zugänge* über den gesamten Betrachtungszeitraum. Es besteht Flexibilität in Bezug auf die Definition der geplanten Zugänge.

In die zuzusagende Menge können z.B. folgende Faktoren mit einbezogen werden:

- ▶ Bestände
- ▶ Bestellungen
- ▶ Fertigungs-/Prozessaufträge
- ▶ Planaufträge
- ▶ Bestellanforderungen

Dabei weisen diese Zugangselemente unterschiedliche Verbindlichkeitsgrade auf. Es muss in jedem Fall kritisch geprüft werden, bis zu welcher Stufe ein Einbezug der geplanten Zugänge als sinnvoll betrachtet werden kann. Dies ist zum Teil auch vom individuellen Prozess der Bearbeitung dieser Elemente abhängig. Wird zum Beispiel ein Planauftrag immer manuell fixiert, um damit die produktionsseitige Einplanung des Materials zu signalisieren, ist es sinnvoll, fixierte Planaufträge als Zugangselemente mit in die Prüfung einzubeziehen. Werden sie hingegen auch maschinell fixiert, ist der Grad der Verlässlichkeit durchaus in Frage gestellt.

Als Abgangselemente werden betrachtet:

- ▶ Kundenaufträge
- ▶ Lieferungen
- ▶ Auftragsreservierungen aus Fertigungs-/Prozessaufträgen

Als Differenz ergibt sich die ATP-Menge, die für den gerade betrachteten Bedarf noch zur Verfügung steht. Diese Berechnung findet dynamisch und an die jeweils zum Prüfungszeitpunkt im System vorliegende Situation statt. An dieser Stelle sei noch einmal auf die Wichtigkeit des Hinarbeitens auf ein möglichst zeitnahes Verbuchen aller materialwirtschaftlichen Vorgänge hingewiesen. Mit der Qualität der Daten steigt der Grad der Verlässlichkeit einer Zusage gegenüber dem Kunden.

In die ATP-Prüfung kann eine Gesamtwiederbeschaffungszeit des Materials mit einbezogen werden. Die Gesamtwiederbeschaffungszeit bezeichnet die Zeitspanne, die benötigt wird, um das Material über die gesamte Materialkette vom Rohstoff über alle Zwischenstufen zu beschaffen. Sie bildet sich damit als Summe aller Eigenfertigungs- und Planlieferzeiten des Materials, bezogen auf den längsten Fertigungspfad.

Gesamtwiederbeschaffungszeit

Die Einbeziehung der Gesamtwiederbeschaffungszeit ist insofern als kritisch anzusehen, als jenseits dieses Zeithorizontes jegliche Menge des

Materials zugesagt werden kann. Eine Überprüfung auf Machbarkeit findet nicht statt. Außerdem ist die Gesamtwiederbeschaffungszeit eines Materials je nach Engpasssituation auf Rohstoff- bzw. Kapazitätsseite eine flexible Größe. Diesem Umstand wird in der Praxis aber nur selten dahingehend Bedeutung beigemessen, dass der Parameter Gesamtwiederbeschaffungszeit im Materialstamm regelmäßig einer Prüfung/Anpassung unterzogen wird. Das Instrument *Prüfung mit Gesamtwiederbeschaffungszeit* ist deshalb nach Möglichkeit nur dort einzusetzen, wo die Gegebenheiten wie konstante Wiederbeschaffungszeiten und hohe Kapazitätsverfügbarkeiten existieren.

Die Regeln für die Verfügbarkeitsprüfung werden in Abschnitt 7.5.3 *Stammdaten der Steuerung des Materialflusses* beschrieben.

Prüfung gegen Kontingente

Zusätzlich zur ATP-Prüfung kann im Materialstamm eines Materials die Kontingentprüfung für ein Material eingestellt werden. Eingegeben werden die Kontingente im Rahmen der flexiblen Planung für die Planungshierarchie. Sie können auf allen Stufen der Planungshierarchie definiert werden und werden dann bis auf die unterste Stufe der Planungshierarchie verteilt. Anpassungen sind dabei auf jeder Hierarchiestufe möglich und führen zu einer Anpassung der jeweils über- und unterlagerten Stufen im Falle konsistenter Planung (siehe Abschnitt 7.1).

Gegen die auf diese Weise vereinbarten Kontingente kann dann im Nachgang zu einer ATP-Prüfung, die die grundsätzliche Verfügbarkeit des Materials sicherstellt, geprüft werden. Eine *Fortschreibung* bereits zugeteilter Mengen findet statt. Hierzu ist allerdings zu berücksichtigen, dass für die Kontingente die Versionsnummer 000 verwendet wird. Die *Kontingentierung* kann eingesetzt werden um sicherzustellen, dass Kunden nicht unbegrenzt über die für sie vorgesehene Menge beliefert werden, während andere vielleicht leer ausgehen würden.

Prüfung gegen Vorplanung

Alternativ zur ATP-Prüfung kann auch gegen Planprimärbedarfe geprüft werden, die im Rahmen der Vertriebsplanung für das jeweilige Material festgelegt wurden. Grundsätzlich ist eine Prüfung gegen Bestände und geplante Zugänge der Prüfung gegen die Vorplanung vorzuziehen. Liegen jedoch zum Zeitpunkt der Prüfung keine geplanten Zugänge vor (das ist zum Beispiel bei der Montagefertigung der Fall), kann bei ausreichender Zuverlässigkeit der Planung auch gegen diese geprüft werden. Das sollte jedoch die Ausnahme sein.

Im Rahmen der Prüfungen in SAP R/3 findet eine Prüfung maximal einstufig statt, d.h., der Kundenauftrag prüft die Verfügbarkeit des zu liefernden Materials bzw. in Abhängigkeit der Bevorratungsstrategie die einzusetzende Vorstufe. Eine gleichzeitige mehrstufige Prüfung ist in SAP R/3 an sich nicht möglich. Sie ist in Supply-Chain-Tools wie APO verwirklicht und wird dort entweder als mehrstufige ATP-Prüfung abgebildet, die über die einstufige Prüfung hinaus eine Stücklistenauflösung und damit verbundene ATP-Prüfung auf allen Stufen durchführt oder als Capable-to-Promise- bzw. Capable-to-Match-Prüfung mit integrierter Kapazitätsverfügbarkeitsprüfung.

Prüfung im Rahmen der Produktion

Auch im Rahmen der Produktion stehen mit Ausnahme der Prüfung gegen Kontingente die Prüfung gegen Vorplanung und die ATP-Prüfung zur Verfügung. Geprüft werden kann:

- Für den Planauftrag
- Bei Anlage des Fertigungsauftrags/Prozessauftrags
- Bei Freigabe des Fertigungsauftrags/Prozessauftrags

Der Aufbau der ATP-Prüfung ist ansonsten identisch mit der Verfügbarkeitsprüfung im Rahmen der Kundenaufträge. Im Rahmen der Produktion muss neben der Materialverfügbarkeit auch die Anlagenverfügbarkeit sichergestellt werden.

Prüfung im Rahmen des Einkaufs

Eine systemseitige Prüfung auf Verfügbarkeit der zu beschaffenden Materialien (vergleichbar mit der ATP-Prüfung) ist bei extern beschafften Materialien nur dann möglich, wenn die Daten, z.B. Bestände und geplante Zugänge des Lieferanten, im System verfügbar sind. Dies ist im Wesentlichen ein Gedanke, dem Lösungskonzepte des firmenübergreifenden Supply Chain Managements zugrundeliegen. Im APO gibt es Ansätze, diese Informationen mit in die Überlegungen zur Verfügbarkeitsprüfung einzubeziehen. Stichworte in diesem Zusammenhang sind *Kooperative Absatz- und Beschaffungsplanung* und *Web Alert Monitor*. In SAP R/3 ist es hingegen möglich, Informationen des Lieferanten direkt zur Bestellung festzuhalten.

Prüfung im Rahmen von Sonderbeschaffungsformen

Neben der Produktion und der externen Beschaffung gibt es in der Praxis häufig noch weitere Sonderformen der Beschaffung wie z.B.:

- Aktive und passive Lohnbearbeitung
- Umlagerung von Komponenten zwischen Werken innerhalb einer rechtlich eigenständigen Einheit
- Konsignationsabwicklung
- Streckenabwicklung

Während Konsignationsabwicklung, Streckenabwicklung und aktive Lohnbearbeitung in erster Linie abrechnungstechnische Sonderfälle der Beschaffung darstellen, handelt es sich im Fall von passiver Lohnbearbeitung und Umlagerung von Komponenten zwischen Werken innerhalb eines Unternehmens um logistische Sonderbeschaffungsformen.

Abbildung der Sonderbeschaffung in SAP R/3

Für die Abwicklung dieser Sonderbeschaffungsformen gibt es in SAP R/3 mehrere alternative Abbildungsformen:

- Abbildung der Werke und Lohnbearbeiter als eigene SAP-Werke. In diesem Fall ist es möglich, die Belieferung über Umlagerungsbestellungen abzubilden. Für die Umlagerungsbestellung steht auch die ATP-Prüfung wie oben beschrieben zur Verfügung.
- Abbildung der Werke und Lohnbearbeiter als Dispositionsbereiche und Einsatz von Umlagerungsreservierungen zur Belieferungsabwicklung. Auch für die Umlagerungsreservierung kann eine ATP-Prüfung durchgeführt werden.

Das Instrument der Dispositionsbereiche steht in SAP R/3 seit dem Release 4.5A zur Verfügung.

7.5.3 Stammdaten der Materialflusssteuerung

Steuerungselemente der Verfügbarkeitsprüfung

Eigene Stammdaten zur Steuerung des Materialflusses existieren nicht. In diesem Kapitel soll jedoch näher auf die Dateninfrastruktur der Verfügbarkeitsprüfung eingegangen werden.

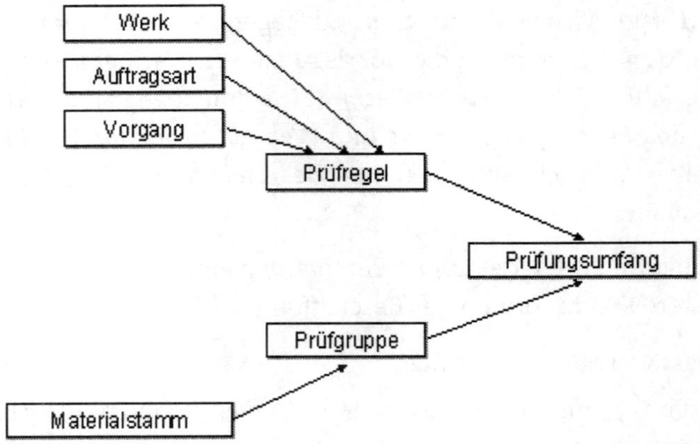

Abbildung 7.33 Prüfungssteuerung im Zusammenhang mit Fertigungs-bzw. Prozessaufträgen

Zur Steuerung der Verfügbarkeitsprüfung müssen Prüfgruppen definiert werden, die dem Material im Materialstamm auf SAP-Werksebene zugeordnet werden und dann im Zusammenhang mit der jeweiligen Prüfregel je betriebswirtschaftlichem Vorgang eine spezifische Prüfung anstoßen können. Der Zusammenhang stellt sich für die Prüfung im Fertigungsauftrag wie in Abbildung 7.33 gezeigt dar.

Prüfgruppe/ Prüfregel

Die Prüfgruppe gruppiert somit Kriterien der Prüfung, die dann je betriebswirtschaftlichem Vorgang gesonderte Kriterien der Prüfung zur Verfügung stellt. Des Weiteren wird an der Prüfgruppe festgemacht, ob und in welchem Umfang gegen Vorplanung geprüft werden soll.

Steuerung der Prüfung

Durch die Kombination von Prüfgruppe und Prüfregel in Abhängigkeit des zugrunde liegenden betriebswirtschaftlichen Vorgangs werden unterschiedliche Prüfungen ermöglicht, z. B. für:

- Kundenauftragsanlage
- Lieferungsanlage
- Anlage von Umlagerungsbestellungen
- Anlage von Fertigungs-/Prozessaufträgen
- Freigabe von Prozessaufträgen

Was in den unterschiedlichen Fällen geprüft werden soll, wird in Prüfregeln festgelegt. Diese dienen der Definition des Prüfumfangs. Folgende Fragen werden beantwortet:

Prüfregel

- Welche Bestände sollen berücksichtigt werden?
- Welche Zugangselemente sollen berücksichtigt werden?
- Welche Abgangselemente sollen berücksichtigt werden?
- Soll die Gesamtwiederbeschaffungszeit berücksichtigt werden?

Als Bestände stehen zur Auswahl:

Bestände

- Sicherheitsbestand
- Umlagerungsbestand
- Qualtitätsprüfbestand
- Gesperrter Bestand
- Nicht freier Bestand
- Lohnbearbeiterbestand

Als Zugangselemente stehen zur Auswahl:

Zugänge

- Bestellungen
- Bestellanforderungen

- Lieferavise
- Planaufträge
- Fertigungsaufträge

Bei den Zugangselementen kann darüber hinaus festgelegt werden, in welchem Zustand der Bearbeitung sie sich befinden sollen. Bei Planaufträgen besteht z. B. die Möglichkeit, nur fixierte Planaufträge zu berücksichtigen. Bei Fertigungs-/Prozessaufträgen können entweder alle angelegten oder nur freigegebene Aufträge berücksichtigt werden.

Abgänge Als Abgangselemente stehen zur Auswahl:

- Sekundärbedarfe
- Reservierungen
- Verkaufsbedarfe, z. B. Kundenaufträge
- Lieferscheine
- Abhängige Reservierungen
- Abrufbedarfe

Gesamtwiederbeschaffungszeit Die Festlegung in Bezug auf die Gesamtwiederbeschaffungszeit bestimmt, ob jenseits dieser Zeitspanne Materialverfügbarkeit generell unterstellt werden soll oder nicht. Eine Prüfung mit Gesamtwiederbeschaffungszeit bestätigt jede angeforderte Komponentenmenge, wenn ihr Bedarf weiter in der Zukunft liegt als ihre Gesamtwiederbeschaffungszeit.

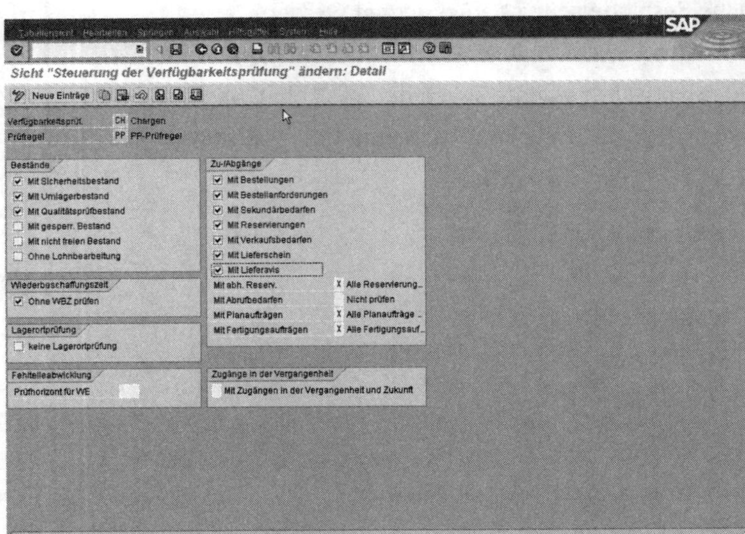

Abbildung 7.34 Beispiel Prüfumfang Prüfregel

Die Konzeption der Prüfgruppen/Prüfregeln und die Zuordnung zum jeweils zugrunde liegenden Geschäftsvorfall ist einer der Haupterfolgsfaktoren für das Ineinandergreifen der Teilprozesse. Ihr sollte große Aufmerksamkeit gewidmet werden.

7.5.4 Input für die Materialflusssteuerung

Der Output der Materialbedarfsplanung stellt den Input für die Steuerung des Materialflusses dar. An dieser Stelle wird als Input nur das angesehen, was durch den Materialbedarfsplanungslauf automatisch erzeugt wird. In der Praxis findet sich natürlich eine Mischung von automatisch durch den MRP erzeugten und manuell veränderten Elementen. Der Input lässt sich in drei Gruppen von Elementen einteilen:

- **Bestände**
  - Sicherheitsbestand
  - Umlagerungsbestand
  - Qualtitätsprüfbestand
  - Gesperrter Bestand
  - Nicht freier Bestand
  - Lohnbearbeiterbestand
- **Zugangselemente**
  - Planaufträge
  - Bestellanforderungen
- **Abgangselemente**
  - Planprimärbedarfe
  - Kundenaufträge
  - Lieferungen
  - Reservierungen
  - Sekundärbedarfe

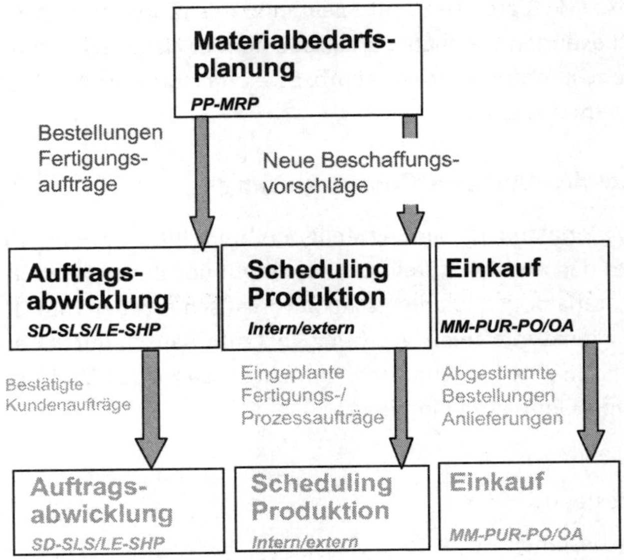

Abbildung 7.35 Input-Output-Modell der Materialflusssteuerung (Input)

7.5.5 Durchführung der Materialflusssteuerung

Dieser Abschnitt betrachtet alle zur Materialflusssteuerung notwendigen Schritte in den Bereichen Vertrieb und Produktion, in der externen Beschaffung und in den Sonderbeschaffungsformen Lohnbearbeitung, werksübergreifende Belieferung etc.

Im Vertrieb

Einzelne Schritte der Materialflusssteuerung im Vertrieb sind:

1. Erfassung der Kundenaufträge
2. Bestätigung der Aufträge gegenüber dem Kunden
3. Umsetzung der Kundenaufträge in Lieferungen

Dabei wird sowohl der erste Schritt (Bestätigung des Kundenauftrags) als auch der dritte Schritt (Umsetzung des Auftrags in eine Lieferung) mittels Durchführung einer ATP-Prüfung unterstützt.

Geprüft wird der Kundenauftrag bei Anlage, um ihn gegenüber dem Kunden zu bestätigen. Eine getrennte Prüfung findet bei Anlage der Lieferung statt, um einerseits die in der Zwischenzeit eingetretenen Änderungen zu berücksichtigen und um andererseits auch auf geänderte Elemente zu prüfen. Während bei der Anlage des Kundenauftrags noch auf geplante Zugänge wie z.B. Fertigungsaufträge bzw. fixierte Planaufträge oder Umlagerungsbestellungen geprüft wird, ist es bei der Anlage der Lieferung sinnvoll, nur noch gegen bereits vorhandene Bestände zu prüfen.

Die Verfügbarkeitsprüfung bei der Anlage der Kundenaufträge wird automatisch durchgeführt, wenn dies durch Prüfgruppe und Prüfregel vorgesehen ist. Weitere automatische Prüfungen sind vorgesehen bei Änderungen des Auftrags in Bezug auf:

Kundenauftrag

- Menge
- Termin (Wunschlieferdatum, Materialbereitstellungsdatum)
- Fixierung
- Versandterminierung (z.B. die Route oder die Versandstelle wurde geändert)
- Auslieferwerk
- Lagerort oder Charge
- Entfernen bedarfsrelevanter Sperren
- Entfernen von Absagegründen

Überprüft wird die Verfügbarkeit des Materials jeweils zum geplanten Materialbereitstellungsdatum, das sich aus dem Wunschlieferdatum des Kunden berechnet. Im Vordergrund dieses Kapitels steht der integrative Zusammenhang der Planungsschritte untereinander.

Ist die Verfügbarkeit zum berechneten Materialbereitstellungstermin gegeben, kann der Auftrag dem Kunden gegenüber bestätigt werden. Ist zumindest eine Teilmenge zum Wunschtermin verfügbar, kann über Teillieferung nachgedacht werden. Ist auch dies nicht möglich, kann im Falle der Prüfung mit Gesamtwiederbeschaffungszeit der Auftrag zum Ende der Gesamtwiederbeschaffungszeit bestätigt werden. Wird auch dann noch keine Einigung mit dem Kunden erzielt, bleibt der Kundenauftrag zunächst unbestätigt, bis eine Klärung der Situation mit der Produktion im Fall der Eigenerzeugung bzw. dem Einkauf im Fall der Fremdbeschaffung erzielt wird. Die Produktion bzw. der Einkauf muss an dieser Stelle prüfen, inwiefern der Produktionsplan angepasst bzw. der geplante Liefertermin vorgezogen werden kann, um dadurch den Kundenwunsch doch noch zu erfüllen. Sind die Änderungen vorgenommen, kann durch eine neuerliche Verfügbarkeitsprüfung der noch unbestätigte Auftrag bestätigt werden.

Neuterminierung

Diese neuerliche Prüfung kann entweder als Einzelprüfung oder im Rahmen einer so genannten Neuterminierung als Sammelprüfung durchgeführt werden.

Die Neuterminierung ist ein sehr mächtiges Instrument, das alle offenen Verkaufsbelege nach Kriterien wie Datum der Erfassung des Belegs bzw. alternativ Wunschlieferdatum sortiert und die Belege in der gefundenen Reihenfolge an die Verfügbarkeitsprüfung übergibt. Die darauf basierenden Ergebnisse können im Anschluss gesichert werden. Darüber hinaus besteht die Möglichkeit der Simulation.

Problematisch in ihrer Anwendung ist die Neuterminierung in der Praxis oft in Bezug auf die Stringenz in der Priorisierung der Aufträge. Oftmals muss das maschinell erzielte Ergebnis manuell nachgearbeitet werden, weshalb die Neuterminierung nur in Ausnahmefällen zum Einsatz kommen sollte. Aufgrund der hohen Maschinenbelastung sollte die Neuterminierung darüber hinaus nach Möglichkeit nicht zu operativen Zeiten laufen. Wenn sie genutzt wird, sollte sie als Hintergrundjob eingeplant werden.

Lieferung

Zur Einleitung der Versandtätigkeiten für fällige Aufträge wird mit dem nötigen zeitlichen Vorlauf eine Lieferung angelegt für:

- Lieferscheinerstellung
- Kommissionierung
- Verpackungsplanung
- Transport- und Tourenplanung

Bei der Anlage der Lieferung wird automatisch eine neuerliche Verfügbarkeitsprüfung mit eigenem Prüfumfang durchgeführt. Somit ist es möglich, zu diesem Zeitpunkt nur noch bereits vorliegende Bestände mit in die Betrachtung einzubeziehen.

In der Produktion

Nach dem Materialbedarfsplanungslauf liegen für alle Bedarfe geplante Zugänge in Form nicht fixierter Planaufträge vor. Die einzelnen Schritte der Materialflusssteuerung in der Produktion sind demnach:

- Fixierung der Planaufträge
- Anlage von Fertigungs-/Prozessaufträgen
- Freigabe der Prozessaufträge

Der betriebswirtschaftliche Vorgang, der alle diese Schritte beinhaltet, kann am ehesten mit dem Begriff Anlagenbelegungsplanung umschrieben werden. Eine wichtige Voraussetzung ist in diesem Zusammenhang, dass dem einzelnen Planer ein Planungshorizont zur Verfügung steht, in dem der Materialbedarfsplanungslauf nach Möglichkeit keine automatischen Bestellvorschläge generiert. Dies wird durch so genannte Fixierungshorizonte gewährleistet, die je Material auf Werksebene im Materialstamm festgelegt werden können (siehe auch Abschnitt 7.4.5.)

Fixierte Planaufträge/Fertigungsaufträge

Der erste Schritt nach der Materialbedarfsplanung besteht im »Einplanen« der automatisch generierten Planaufträge. Durch diesen Vorgang entstehen fixierte Planaufträge zu durch die Produktion verifizierten Terminen.

Für Planaufträge findet keine automatische Verfügbarkeitsprüfung statt, sie kann jedoch jederzeit manuell angestoßen werden. Fixierte Planaufträge können als geplante Zugänge im Rahmen der Verfügbarkeitsprüfung auf übergeordneten Stufen verwendet werden. Ebenso ist es möglich, statt fixierter Planaufträge Fertigungsaufträge bzw. Prozessaufträge anzulegen. Bei der Anlage von Fertigungs- bzw. Prozessaufträgen kann eine automatische Verfügbarkeitsprüfung durchgeführt werden. Fertigungs- und Prozessaufträge haben darüber hinaus Reservierungen auf Einsatzstoffebene zur Folge, während Planaufträge lediglich Sekundärbedarfe erzeugen.

Freigabe der Aufträge

Den letzten Schritt stellt dann die Freigabe der Fertigungs-/Prozessaufträge dar. Dieser Zeitpunkt stellt den Übergang zur Fertigungsdurchführung dar. Durch die Freigabe des Auftrages können Fertigungspapiere erzeugt werden. Alternativ können im Fall von Prozessaufträgen Steuerrezepte und Herstellanweisungen versendet werden, die direkt am Bildschirm zu bearbeiten sind.

Ideal ist es, an dieser Stelle zur Unterstützung dieser Schritte ein Scheduling-Tool einzusetzen, das die Vorgänge der Anlagenbelegungsplanung unterstützt und mit SAP R/3 zumindest per Batch-Schnittstelle kommuniziert. In Frage kommen hier etliche interne und externe Tools, an die unterschiedliche Anforderungen zu stellen sind, um den Sachverhalt abzubilden, beispielsweise je nach:

- Zugrunde liegender Industrie
- Fertigungstechnologie (Diskrete Fertigung, Serienfertigung, Prozessfertigung, Kontinuierliche Fertigung)
- Eigenschaften von Erzeugnissen, und Zwischenprodukten (Nichtlineare Verhältnisse zwischen Einsatz und Ausbringung, Kuppelproduktion, Wirkstoffbezogene Produktion)
- Vernetzung der Produktion (einstufige, mehrstufige Kampagnen)

Auf keinem Gebiet der logistischen Planung sind die Anforderungen so vielfältig wie hier. Deshalb soll auch im Rahmen dieses Buches nur eine

Zusammenstellung genereller Anforderungen genannt werden, die sich in der Praxis ergeben haben:

- Grafische Benutzeroberfläche, die dem Planer möglichst auf einen Blick einen Überblick über seine tägliche Planungssituation verschafft
- Einfache manuelle Planung (Verschieben einzelner Aufträge, Umplanen auf alternative Anlagen, Verschieben von zusammenhängenden Aufträgen etc.)
- Nutzung von Stamm- und Bewegungsdaten aus SAP R/3, möglichst keine/geringe eigene Datenhaltung im Scheduling-Tool
- Möglichst Online-Schnittstelle zu SAP R/3

Externe Beschaffung

Nach dem Materialbedarfsplanungslauf liegen für fremdbeschaffte Materialien entweder Planaufträge oder Bestellanforderungen vor. Diese werden schrittweise umgewandelt in:

- Fixierte/Freigegebene Bestellanforderungen
- Bestellungen
- Lieferavis/Anlieferung

Der erste Schritt kann beispielsweise genutzt werden, um der Fachabteilung zu signalisieren, dass die in der Bestellanforderung enthaltenen Materialien beschafft werden sollen. Der Einkauf kann daraufhin die Umwandlung in eine Bestellung vornehmen. Ist die Ware vom Lieferanten »avisiert« worden, kann hierzu ein Avis bzw. eine Anlieferung erfasst werden. Eine Unterstützung durch ATP-Prüfungen liegt in diesem Zusammenhang nicht vor.

Sonderbeschaffungsformen

In den Sonderbeschaffungsformen *Lohnbearbeitung* (Abbildung durch eigenes Werk) und *Umlagerungsbestellung* stehen wie in der externen Beschaffung folgende Schritte zur Verfügung:

- Freigabe der Bestellanforderung
- Umsetzung der Bestellanforderungen in Bestellungen
- Erfassung von Lieferavis/Anlieferung

Zudem existiert aber hier auch die Möglichkeit der ATP-Prüfung, da eine Verwaltung der Bestände/geplanten Zugänge der bestellten Materialien im gleichen SAP-System stattfindet, da es sich um interne Bedarfe handelt. Die Möglichkeit des Einsatzes der ATP-Prüfung macht auch in den meisten Fällen ein Arbeiten mit Lieferavis/Anlieferung überflüssig, da auf der Lieferantenseite geplante Zugänge vorliegen, gegen die gezielt geprüft und reserviert werden kann.

7.5.6 Output der Materialflusssteuerung

Output der Materialflusssteuerung sind geänderte und über die logistische Kette abgestimmte Elemente in Form von:

- Bestätigten Kundenaufträgen
- Angelegten/Freigegebenen Fertigungs-/Prozessaufträgen
- Bestätigten Umlagerungsbestellungen/Umlagerungsreservierungen

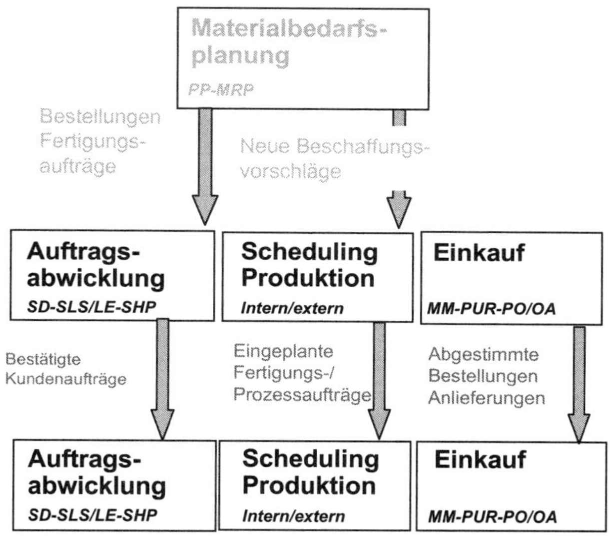

Abbildung 7.36 Input-Output-Modell der Materialbedarfsplanung (Output)

- Im Anschluss an die Materialflusssteuerung findet dann die eigentliche Abwicklung des Prozesses statt, angefangen mit der Vereinnahmung der Rohstoffe, Zwischenprodukte aus anderen Standorten etc. über die Produktion der eigengefertigten Materialien bis zur Belieferung der Kunden. Der Prozess der Planung und Disposition wird abgelöst durch die Ist-Abwicklung.

7.5.7 Checkliste zur Materialflusssteuerung

Als PDF-Dokument zum Download unter www.sap-press.de

Stichwort	Erläuterung
Aktualität der Bestände/Bewegungsdaten	Für eine effiziente Materialflusssteuerung ist die Aktualität aller im System vorliegenden Bestände und Bewegungsdaten ein kritischer Erfolgsgfaktor. Dies ist in der Regel nur durch eine beständige Pflege des Systems und die Bereinigung von Altdaten zu gewährleisten.

Stichwort	Erläuterung
Eignung der Stammdaten für die Schritte der Materialflusssteuerung	Für die Anlagenbelegungsplanung müssen Arbeitsplätze/Ressourcen von vornherein nach Produktionsgesichtspunkten differenziert werden. Eine in der Praxis häufig verbreitete Anlehnung der Definition an Rechnungswesenanforderungen reicht hier nicht aus.
Integration durch Vereinbarung von Verbindlichkeitszusagen	Indem für bestimmte Datenelemente Verbindlichkeiten festgelegt werden, wird mittels ATP-Prüfung eine Integration aller materialwirtschaftlichen Teilschritte ermöglicht.
Supply Chain erweitern	Um externe Partner wie Kunden oder Lieferanten in die Bestätigungskette einzubinden, ist der Einsatz eines SCM-Tools wie z. B. APO notwendig.
Prüfgruppen und Prüfregeln	Aufgrund von Prüfgruppen und Prüfregeln ist es möglich, in Abhängigkeit des zugrunde liegenden Geschäftsvorfalls unterschiedliche, auf den Sachverhalt zugeschnittene Prüfungsumfänge zugrunde zu legen.
Prüfung gegen Vorplanung/ATP-Prüfung	Alternativ kann gegen Vorplanung oder ATP-Mengen geprüft werden.
Prüfung gegen Kontingente	Im Vertrieb steht zusätzlich die Prüfung gegen Kontingente zur Verfügung, die in der Vertriebsplanung vereinbart werden.
Einstufige Prüfung	Die Verfügbarkeitsprüfung findet jeweils nur einstufig statt. Für mehrstufige Prüfungen ist der Einsatz eines SCM-Tools notwendig.
Elemente des Prüfumfangs der ATP-Prüfung	Welche Datenelemente im Rahmen einer Prüfregel als Zugangs- und Abgangselemente angesehen werden, kann im Customizing eingestellt werden.
Organisation	Die Anzahl der vorzusehenden Planungsstufen ist in Zusammenhang mit der Organisation zu sehen, die mit Dispositionsaufgaben betraut ist. Je weniger Personen in der Organisation das Thema pro Prozess (Einkauf bis Verkauf) betreuen, umso schlanker kann er gehalten und umso weniger Bestätigungsstufen müssen vorgesehen werden. So kann beispielsweise eine Bestellanforderung ohne Freigabe direkt in eine Bestellung umgesetzt werden.
Sonderbeschaffungsformen	Auch für Sonderbeschaffungsformen wie Lohnbearbeitung und Umlagerungsbestellung steht die ATP-Prüfung zur Verfügung.
Alternative Abbildungskonzepte für Sonderbeschaffungsformen	Lohnbearbeitung und interne Belieferung können seit Releasestand 4.5A auch über das Mittel der Dispobereiche abgebildet werden (Lohnbearbeitungsdispobereich/Lagerortdispobereich).

Stichwort	Erläuterung
Output der Materialflusssteuerung	Output der Materialflusssteuerung sind terminlich und mengenmäßig bestätigte Zugangs- und Abgangselemente wie z. B. bestätigte Aufträge, Kundenaufträge, Lieferungen, Fertigungsaufträge, Bestellungen, Anlieferungen.

7.6 Durchführung der dispositiven Planung

Die dispositive Planung mit SAP R/3 bildet in der Form, wie sie in den vorangegangenen Kapiteln beschrieben wurde, nur den technischen Grundstein für ihre Abwicklung. Der wichtigste Aspekt in der Praxis ist jedoch die Einbindung der Planung in das organisatorische Umfeld eines Unternehmens. Dies erfordert insbesondere im Rahmen der dispositiven Planung viel organisatorische Überzeugungsarbeit. Oft steht am Anfang eines solchen Prozesses die Skepsis, eine verlässliche Monatsplanung zu erstellen und für Zwecke der Steuerung einsetzen zu können. Aus der Erfahrung lässt sich jedoch sagen, dass sich das Einschlagen eines solchen Weges auf jeden Fall lohnt. Die Integration der Prozesse innerhalb des Unternehmens steigt, der Ablauf wird runder und letztlich führt der tägliche Umgang mit den Planzahlen auch im operativen Geschäft zu einer Steigerung der Qualität der Planung.

Die dispositive Planung teilt sich dabei in folgende zwei Blöcke:

- **Die monatlich rollierende Planung**
  Die monatlich rollierende Planung umfasst die Schritte von der Vertriebsplanung bis zur Langfristplanung. Sie ist im Gegensatz zur Materialflusssteuerung nur periodisch (einmal monatlich) durchzuführen. Wie bei der operativen Planung bedarf es zur Durchführung der monatlich rollierenden Planung der Schaffung einer Organisation, die das Thema aufgreift und mit viel Elan und Beständigkeit betreibt. Ist bereits eine solche Organisation im Rahmen der operativen Planung – ähnlich wie in Abschnitt 5.18.1 beschrieben – gebildet, so kann und sollte sie auch im Rahmen der dispositiven Planung zum Einsatz kommen.
- **Die Materialflusssteuerung**
  Die Materialflusssteuerung hingegen ist eine permanent zu betreibende Aufgabe, die tief in der Organisation der logistischen Abteilungen des Unternehmens wurzelt. Sie ist im Allgemeinen auf wesentlich mehr Schultern verteilt als die monatlich rollierende Planung. Als Bindeglied zu dieser dienen die aktivierten Vorplanungsbedarfe.

Was ihre Durchführung betrifft, sind die beiden Schritte aufgrund dieser Charakteristika getrennt zu betrachten

7.6.1 Durchführung der monatlich rollierenden Planung

In diesem Abschnitt wird auf folgende Fragestellungen eingegangen:

- Wer beschäftigt sich mit der Durchführung der Planung (Organisation)?
- Wie wird das Team auf die Durchführung der Aufgaben vorbereitet (Schulung/Dokumentation)?
- Welche Schritte werden wann durchgeführt (Planungskalender)?
- Welche wichtige Rolle spielen monatliche Planungsmeetings?
- Wie sind organisatorische Änderungen im Planungsprozess zu berücksichtigen?

Organisation

Um die vielfältigen Aufgaben zu koordinieren, die im Zusammenhang mit der monatlich rollierenden Planung durchzuführen sind, und um das Aufgabengebiet zu verantworten, bedarf es eines *Planungsmanagers*. Ist dieser schon im Rahmen der operativen Planung bestimmt worden, kann und sollte er auch dieses Aufgabengebiet verantworten. Generell sollte diese Person über folgende Qualifikationen verfügen:

- Kenntnis der unternehmensinternen Supply Chain
- Eine möglichst mehrjährige Berufserfahrung in einem oder mehreren der betroffenen Bereiche (Vertrieb, Produktion, Materialwirtschaft)
- Ein hohes Potenzial, in Prozessen und Zusammenhängen zu denken
- Nach Möglichkeit Erfahrung mit der Koordination von Projekten
- SAP R/3-Kenntnisse sind von Vorteil
- Eine sehr gute Kommunikationsfähigkeit
- Durchsetzungsvermögen

Ideal ist es, wenn der Planungsmanager bereits in die Projekteinführungsphase der integrierten Planung involviert war und so detaillierte Kenntnisse des zukünftigen Planungsprozesses erhalten hat. Der Planungsmanager ist für die Durchführung der Planung und die Sicherung und Verfolgung der Planungsergebnisse verantwortlich. Dabei hat er folgende Aufgaben:

- Aufstellung eines Terminplans für die Planung (Planungskalender)
- Terminliche Koordination der Planungstätigkeiten

- Koordination der Pflege der Planungsinfrastruktur (Planungshierarchien, Werksverteilungsschlüssel, Planungstableaus, Prognosemethoden etc.)
- Moderation von monatlichen Planungsmeetings
- Kontinuierliche Verbesserung des Planungsprozesses und des Kontrollprozesses sowie Definition von Kennzahlen

Neben dem Planungsmanager werden Vertreter der in die Planung involvierten Fachabteilungen in die Planungsorganisation eingebunden. Dies sind Mitarbeiter aus Vertrieb, Produktion und Materialwirtschaft, an die folgende Anforderungen zu stellen sind:

- Mehrjährige Berufserfahrung in dem zu vertretenden Fachgebiet
- Gute Kenntnisse der Unternehmenssituation in Bezug auf das zu vertretende Fachgebiet
- Die Fähigkeit, in Zusammenhängen zu denken
- SAP R/3-Kenntnisse sind von Vorteil
- Gute Kommunikationsfähigkeit

Die Vertreter der Fachabteilungen haben folgende Aufgaben:

- Koordination der Erstellung der Planzahlen
- Vertreten der Planzahlen in den Planungsmeetings
- Erkennen und Lösen von Konfliktfällen (Kapazitätsengpässe, Versorgungsengpässe)
- Kommunikation der abgestimmten Pläne
- Erstellung von Plan-Ist-Vergleichen

Über die Vertreter der Fachabteilungen hinaus sind natürlich noch viele weitere Personen an dem Prozess der Erstellung des abgestimmten Planes beteiligt. Hierzu zählen insbesondere alle mit Planungsaufgaben betrauten Mitarbeiter aus den Abteilungen Vertrieb, Produktion und Materialwirtschaft. Sie sind idealerweise auch gleichzeitig die Betreiber des Prozesses der Materialflusssteuerung.

Im Gegensatz zur operativen Planung sind am monatlich rollierenden Planungsprozess nur die materialwirtschaftlichen Abteilungen des Unternehmens beteiligt.

Schulung

Wie in der operativen Planung ist auch hier die Schulung des Themas ein kritischer Erfolgsfaktor. Im Vordergrund einer solchen Schulung sollten auf jeden Fall neben der Vermittlung der Planungsskills Rollenspiele stehen, die das Verständnis der abteilungsübergreifenden Prozesszusammenhänge ermöglichen. Zentrale Themen einer solchen Schulung sollten deshalb die Materialbedarfsplanung, Steuerungsmöglichkeiten über Stammdateneinstellungen (Losgrößen, Sicherheits- und Meldebestände, Planungsstrategien etc.) sowie die Auswertung der Daten aus einem Materialbedarfsplanungslauf sein. Dies erleichtert die Interpretation der Planungsergebnisse sowie das Ziehen von Schlussfolgerungen und die Ableitung von Maßnahmen, um einen realisierbaren Plan zu erstellen.

Es ist wichtig zu erkennen, dass das Verständnis dieser Abläufe im SAP-System als Prozess zu verstehen ist, der mit Nachdruck und Beständigkeit zu betreiben ist. Oftmals führt in der Praxis der »Frust der anfänglichen Planungsunzulänglichkeiten« zu verfrühten Einstellungen der rollierenden Planung. An dieser Stelle kann nur nochmals mit Nachdruck darauf verwiesen werden, dass sich die Investitionen in einen solchen Planungsprozess auf jeden Fall auszahlen.

Neben einem erhöhten Integrationsgrad der Organisation, einem Abbau eventuell bestehender Ressentiments zwischen den Abteilungen und einem reibungsloseren Ineinandergreifen der Teilpläne ergibt sich so auch eine mit der Zeit wachsende Plangenauigkeit. Ein Haupterfolgsfaktor hierfür ist allerdings die Aktivierung der Planzahlen für das operative Geschäft und eine Nutzung der Zahlen im Rahmen der Materialflusssteuerung. Dies führt zu einer Auseinandersetzung mit der Qualität der Zahlen auch im operativen Geschäft, was Rückschlüsse auf die Planung der Folgeperioden zulässt.

Was die Dokumentation des eigentlichen Planungsprozesses im SAP R/3-System betrifft, sei an dieser Stelle auf den Abschnitt 5.18.1 verwiesen, in dem bereits auf die Notwendigkeit der Erstellung von »Enter-Klick-Beschreibungen« hingewiesen wurde. Diese Beschreibungen sollten pragmatisch und knapp gehalten sein.

Planungskalender

Alle Aufgaben im Zusammenhang mit der rollierenden Monatsplanung sollten unbedingt in einen Planungskalender eingebunden werden, der mit Sicht auf ein Jahr alle Termine für folgende Aktivitäten enthält:

- Ablieferung und Kontrolle der Vertriebsplanzahlen
- Technische Abwicklung der Planung im Sinne von Durchführung der Programmplanung und Langfristplanung
- Kontrolle der Planungsergebnisse in Produktion und Materialwirtschaft

- Planungsmeetings zur Erstellung des abgestimmten Planes
- Aktivierung der abgestimmten Planzahlen für Materialbedarfsplanung und Materialflusssteuerung

Dieser Planungskalender ist an alle Beteiligten des Prozesses inklusive der technischen Systembetreuung zu kommunizieren. Die Anzahl notwendiger Planungsschritte und Zäsuren im Planungsprozess kann natürlich nur mit Bezug auf ein konkretes Unternehmen festgelegt werden. Insofern stellen die oben genannten Schritte nur ein Gerüst dar.

Monatliche Planungsmeetings

Um den Prozess der Monatsplanung zu begleiten und um Pläne letztlich in der Organisation abzustimmen, ist es sinnvoll, monatliche Planungsmeetings durchzuführen. An diesen Meetings sollten neben dem Planungsmanager die für die Planung Verantwortlichen der betroffenen Fachabteilungen beteiligt sein. Inhalt dieser Meetings ist die Verabschiedung »realisierbarer« Pläne für den Betrachtungszeitraum. Sie sind, wie oben beschrieben, in den Planungskalender einzubinden. Auf der Basis der vertrieblichen Planung und des anschließenden MRP-Laufs hat im Vorfeld eine Prüfung auf Machbarkeit durch die Produktion und den Einkauf stattgefunden. Im Planungsmeeting wird nun eine eventuell notwendige Anpassung des Planes vorgenommen, und es werden die zu aktivierenden Planbedarfe verabschiedet, die sodann in das System eingestellt werden.

Darüber hinaus sollte auf diesen Meetings auch eine Verfolgung der Planerfüllung der Vergangenheit stattfinden, um daraus Verbesserungspotenziale für die Zukunft abzuleiten. Abweichungen vom Plan sollten dabei auf ihre Ursache untersucht werden, um Verantwortlichkeiten abzuleiten.

Änderungen der Organisationsstrukturen

Organisatorische Änderungen im Unternehmen, die eine Auswirkung auf die Planung haben, wie z.B. Umstrukturierung der Vertriebsorganisation, Eingliederungen, Ausgliederungen bzw. Umstrukturierungen in der Produktion etc., sind frühzeitig mit dem Planungsmanager der dispositiven bzw. operativen Planung abzustimmen und in den Planungsablauf zu integrieren. Oft ist aufgrund dieser Änderungen auch eine Änderung planungsrelevanter Stammdaten erforderlich, die in ihrer Durchführung mit dem zeitlichen Ablauf der Planung abzustimmen sind.

7.6.2 Durchführung der Materialflusssteuerung

Im Rahmen der Materialflusssteuerung werden folgende Fragen beantwortet:

- Wer beschäftigt sich mit der Durchführung der Materialflussteuerung?
- Wie werden die Mitarbeiter auf die Durchführung der Aufgaben vorbereitet (Schulung/Dokumentation)?
- Welche Schritte werden wann durchgeführt (Voraussetzungen/Timing)?

Organisation

Die Durchführung der Materialflusssteuerung wird von allen Mitarbeitern des Unternehmens wahrgenommen, die an der Planung der Supply Chain mit folgenden Funktionen beteiligt sind:

- Disposition der Kundenbedarfe
- Disposition und Anlagenbelegungsplanung für die Produktion
- Disposition der Einkaufsbedarfe

Nach Möglichkeit sollten alle an diesem Prozess Beteiligten auch räumlich nah zusammen arbeiten, um durch »kurze Wege« den Abstimmprozess innerhalb der Materialflusssteuerung zu vereinfachen bzw. zu beschleunigen. Räumliche Nähe zur Produktion ist geboten, um eine schnelle und effiziente Anbindung an die Abwicklungsebene zu ermöglichen. Nur so kann zeitnah auf Veränderungen der geplanten Situation reagiert werden.

Wichtige Anforderungen an Mitarbeiter, die sich mit dem Thema der Materialflusssteuerung auseinandersetzen, sind das Denken in Prozessen und hohe analytische Fähigkeiten, um komplexe Fragestellungen und mögliche Lösungswege schnell zu erkennen. Außerdem sind hohe Anforderungen an die Kommunikationsfähigkeit zu stellen, da es für einen reibungslosen Ablauf der Teilprozesse auf schnelle und zielgerichtete Information der betroffenen Abteilungen ankommt. Das System kann an dieser Stelle immer nur unterstützend wirken, indem es möglichst aktuelle Informationen zur Verfügung stellt.

Schulung

Natürlich ist für alle am Prozess Beteiligten das Erlernen der jeweils fachspezifischen Aufgaben aus den Bereichen Vertrieb, Produktion und Einkauf wichtig. So stehen beispielsweise für die Produktionsdisponenten Aufgaben der Anlagenbelegungsplanung im Mittelpunkt. Um den Erfolg der Steuerung sicherzustellen, sollten aber insbesondere Schulungen durchgeführt werden, die die prozessübergreifenden Spielregeln beschreiben und trainieren.

In der Praxis wird häufig erwartet, dass mit Einführung eines SAP-Systems diese Fertigkeiten gleich mitgeschult und erlernt werden. In der Regel zeigt sich jedoch, dass die Hauptaufmerksamkeit der Mitarbeiter in der ersten Zeit nach Einführung des Systems auf das Verinnerlichen der Tätigkeiten gerichtet ist, die zur Abwicklung des fachgebietsbezogenen Prozesses absolut notwendig sind, wie z. B. Auftragsanlage, Lieferung, Faktura bzw. Fertigungs-/Prozessauftragsanlage, Freigabe und Rückmeldung etc. Weniger Aufmerksamkeit gilt zunächst jedoch integrativen Aspekten wie z. B. der Frage: »Was hat meine zeitnahe Rückmeldung oder mein Anlegen von Prozessaufträgen für Auswirkungen auf die Bestätigung des Kundenauftrags?« Insofern ist es im Interesse einer kontinuierlichen Prozess- und Organisationsverbesserung durchaus sinnvoll, mit einem Nachlauf von einem halben bis zu einem Jahr erneut genau diese Prozesse der Steuerung zu schulen. Dann ist die Organisation im Allgemeinen mit den Grundfertigkeiten soweit vertraut, dass eine Schulung zu diesen Themen weitaus effektiver aufgenommen und umgesetzt werden kann.

Voraussetzungen/ Timing der Durchführung

Eine Voraussetzung für die Durchführung der Aufgaben der Materialflusssteuerung stellt die Ausführung der Materialbedarfsplanung dar. Anders als im APO ist in SAP R/3 keine automatische Planung eines neu hinzukommenden Bedarfs über alle betroffenen Stufen der materialwirtschaftlichen Kette möglich. In der Praxis wird ein MRP über das gesamte Materialspektrum häufig einmal täglich über Nacht durchgeführt. Dies ist allein schon aufgrund der Laufzeit erforderlich. Es ist die Aufgabe der Informatik, diesen Ablauf sicherzustellen. Sollen neu hinzugekommene Bedarfe im Laufe des Tages mit berücksichtigt werden, kann fallweise ein Einzelplanungslauf für betroffene Materialien angestoßen werden. Die Materialbedarfsplanung generiert dann für die neu hinzugekommenen Bedarfe Planaufträge, Sekundärbedarfe und Bestellanforderungen als Ausgangspunkt für die Durchführung der Aufgaben der Materialflusssteuerung.

An dieser Stelle sei noch einmal auf die Wichtigkeit der Pflege der Materialstammdaten hingewiesen, insbesondere in Bezug auf:

- Dispositionsmerkmale (plangesteuert/bestandsgesteuert)
- Losgrößenverfahren (Exakt, Feste Losgröße, Periodische Losgröße, etc.)
- Sicherheits-/Meldebestandsstrategien etc.

Diese steuernden Merkmale beeinflussen wesentlich die Qualität der durch den Materialbedarfsplanungslauf generierten Beschaffungsvorschläge.

Eine weitere sehr wesentliche Voraussetzung für die Qualität der Ergebnisse ist die Forderung, dass die Bedarfs- und Bestandssituation im SAP-System weitestgehend mit der Realität übereinstimmt. Deshalb ist es wichtig, dass Materialbewegungen und Veränderungen in der Planungssituation (wie etwa das Verschieben von Kunden- bzw. Produktionsaufträgen etc.) möglichst zeitnah in SAP R/3 berücksichtigt werden. Darüber hinaus sind alte, nicht mehr benötigte Bewegungsdaten möglichst zeitnah aus dem System zu entfernen, damit sie nicht eine falsche Situation in Bezug auf Bedarfe und geplante Zugänge vortäuschen. Es ist deshalb auch sinnvoll, das SAP-System zusätzlich von Zeit zu Zeit im Hinblick auf Altdaten zu untersuchen und diese zu bereinigen.

Das Timing der Durchführung wird auch in diesem Aufgabenbereich wesentlich durch die Kommunikation der verantwortlichen Mitarbeiter beeinflusst. Ein mit hoher Priorität eilig abzuwickelnder Kundenauftrag kann am besten durch die schnelle Kommunikation aller am Prozess Beteiligten berücksichtigt und bedient werden. Das SAP-System dient dann dazu, die Information transparent allen betroffenen Stellen aufzuzeigen. Es kann jedoch nicht auf die »Schnittstelle Mensch« als Motor für die Beschleunigung der Lösung verzichten.

8 Logistische Planung mit SAP APO

8.1 Budgetplanung

8.1.1 Definition und Ziel der Budgetplanung

Definition der Budgetplanung

Die Budgetplanung stellt das Bindeglied zwischen der strategischen Unternehmensplanung in Bezug auf Umsätze, Gewinne und Investitionen einerseits und der operativen logistischen Planung andererseits dar. Die Budgetplanung ist das Versprechen eines mengenmäßigen Absatzes auf der Endproduktebene, der sich mit der strategischen Planung im Einklang befindet. Sie ist ein Instrument der langfristigen Planung und dient dem Controlling der Geschäftseinheiten.

Ziel der Budgetplanung

Das Ergebnis der Budgetplanung repräsentiert und dokumentiert die Einigung zwischen dem Vertrieb und den Geschäftseinheitsverantwortlichen auf die zukünftigen Geschäftsziele und dient gleichzeitig als Grundlage und Richtschnur für die rollierende Vertriebsplanung.

Durchgeführt wird die Budgetplanung im *Demand-Planning-Modul* des APO (DP/Absatzplanung). Durch die Verwendung der interaktiven Planungsmappen und benutzerspezifischer Planungslayouts wird die Beteiligung der verschiedenen Abteilungen an der gemeinsamen Planerstellung unterstützt. Für die Prognostizierung der Absatzzahlen stehen neben historischen Daten verschiedene Prognoseverfahren und Makrotechniken zur Verfügung.

8.1.2 Voraussetzungen für die Budgetplanung

Planungsbereich

Vorraussetzung für die Budgetplanung ist die Definition und Konfiguration des Planungsbereichs für die Absatzplanung. Im Planungsbereich werden im Rahmen der Planungsbereichsadministration alle für die Planung verwendeten Parameter hinterlegt. Im Wesentlichen sind dies:

- **Merkmale**
  Merkmale bestimmen in der Absatzplanung die Ebenen, auf denen geplant und analysiert werden kann. Merkmale können beispielsweise Vertriebsorganisation, Region, Produkt oder Lokation sein. Die beplanbaren Merkmale werden in der Basis-Planungsobjektstruktur hinterlegt und diese dem Planungsbereich zugeordnet.
- **Kennzahlen**
  Kennzahlen beinhalten die eigentlichen Planwerte wie Absatz, Umsatz oder auch historische Daten. Es gibt drei Möglichkeiten, die Kennzahlen der Absatzplanung (und Supply Network Planung) abzuspeichern:

- **In liveCache-Zeitreihenobjekten**
  Beim Speichern in liveCache-Zeitreihenobjekten werden die Daten in Perioden abgelegt, ohne Bezug auf Aufträge. Diese Speichermethode wird normalerweise zum Sichern laufender Absatzplanungsdaten verwendet.
- **In liveCache-Aufträgen**
  Beim Speichern in liveCache-Aufträgen werden die Daten mit Bezug auf Aufträge gespeichert. Diese Speichermethode eignet sich für die operative Planung, z. B. im klassischen SNP-Umfeld.
- **In InfoCubes**
  Daten in der Administrator Workbench in einem InfoCube zu speichern, eignet sich für Datensicherungen, alte Plandaten und die Absatzhistorie.

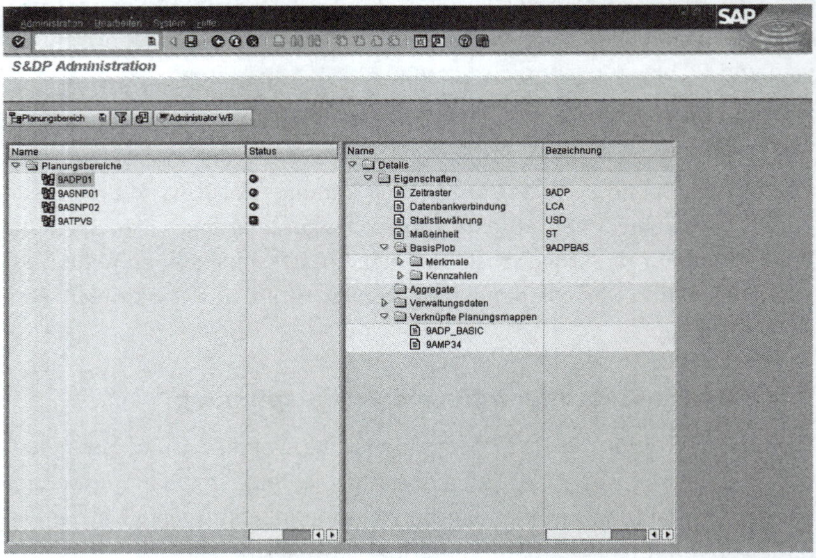

Abbildung 8.1 Beispiel für einen Planungsbereich

Periodenraster

Die Periodizität und der Zeithorizont der Planung werden im so genannten *Periodenraster* festgelegt. Für die Budgetplanung wie auch für die Absatz- und auch Netzwerkplanung wird zumeist ein monatliches Planungsraster mit einem Zeithorizont von einem bis zwei Jahren verwendet. Das Periodenraster definiert dabei das tabellarische Format der Planungsmappe, der es über die Zeitraster-ID zugeordnet wird. So kann zum Beispiel der nahe Zukunftsbereich in Wochen, der nachfolgende Bereich in Monaten angezeigt werden.

Die Festlegung der Perioden, in die Daten der Planung im DP und im SNP gespeichert werden, wird im *Speicherzeitraster* festgelegt. Die Festlegung der Perioden, in denen die Daten geplant und angezeigt werden, erfolgt im Planungszeitraster.

Speicherzeitraster und Planungszeitraster

Die eigentliche Planung erfolgt in der Planungsmappe. Die Planungsmappe enthält die Zuordnung zum Planungsbereich sowie die Datensicht in der das Layout für die Planung festgelegt wird. Weiterhin werden in der Planungsmappe die Zuordnungen der Merkmale und Kennzahlen aus dem Planungsbereich getroffen sowie die Kennzahlen für die Datensicht festgelegt. In einer Planungsmappe muss mindestens eine Datensicht definiert werden, für die auch die Planungshorizonte hinterlegt werden. Für verschiedene Benutzer können unterschiedliche Datensichten definiert werden.

Planungsmappe

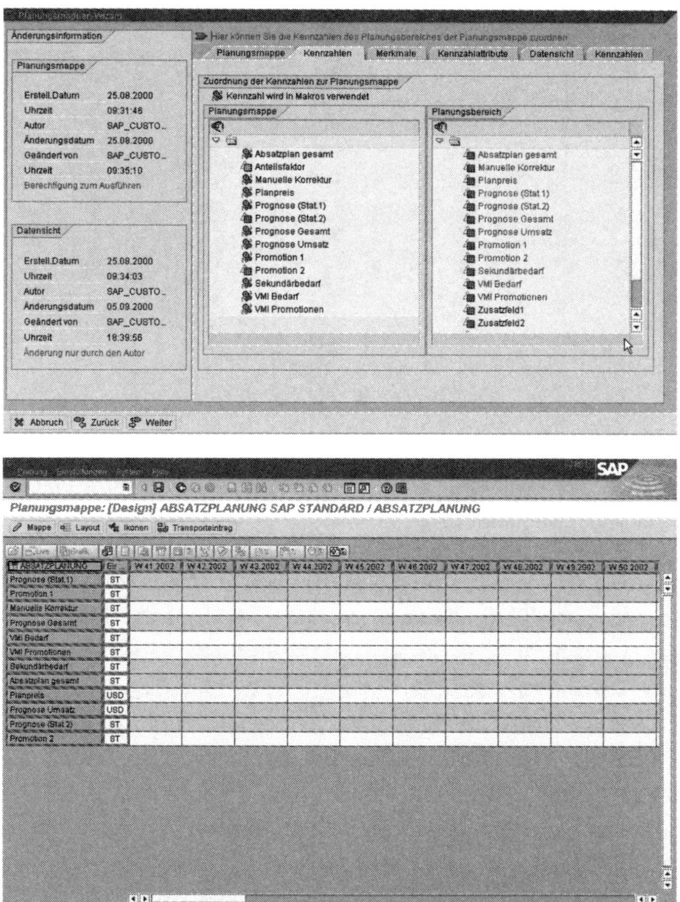

Abbildung 8.2 Beispiel für eine Planungsmappe

Selektionsvariante

Der Selektionsumfang der zu beplanenden Merkmalswertekombinationen wird in der so genannten Selektionsvariante für den Benutzer spezifisch festgelegt. Damit ist es möglich, unterschiedlichen Planern Merkmalswertkombinationen für zum Beispiel Produkte oder Regionen vorzugeben, für die ihre Planung erfolgen soll.

Planversionen

Zu Zwecken der Analyse oder Simulation können verschiedene Versionen der Planung gespeichert werden. Die zu beplanende Version wird im Planungsbuch über die Selektionsvariante festgelegt. Die aktive Version ist dabei immer die Version 000. Über das Versionsmanagement können Versionen auch kopiert oder gelöscht werden.

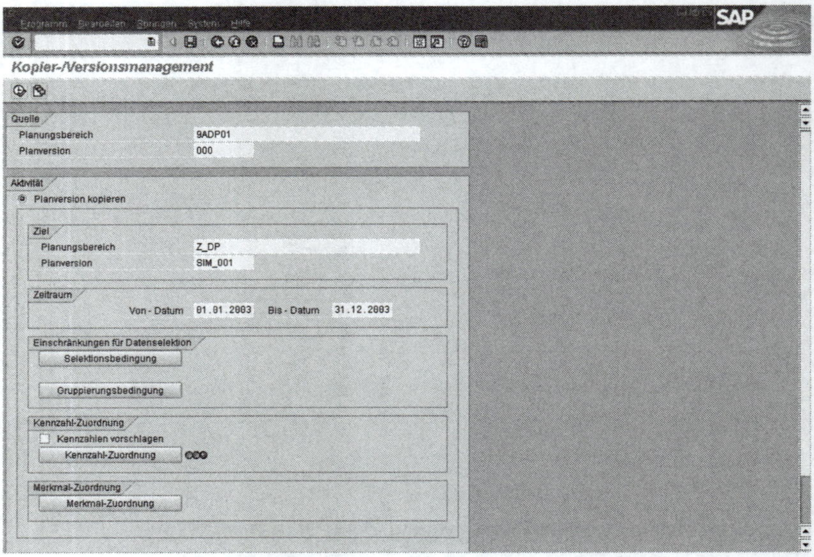

Abbildung 8.3 Abbildung Versionsmanagement

Lokationsverteilung

Die Budgetplanung sowie auch die Absatzplanung erfolgen zumeist auf der Ebene von Material/Region/Kunde oder des Vertriebsbereichs. Soll das Planungsergebnis in der Netzwerkplanung des SNP weiterverwendet werden, so ist es notwendig, die Planung auf die Ebene Material/Lokation zu bringen. Ist das Merkmal Lokation nicht schon bei der Planung vorgesehen worden, so kann über die Tabelle der Lokationsverteilungen die Anteilsverteilung für die verschiedenen Lokationen gepflegt und bei der Übergabe der Planzahlen an SNP berücksichtigt werden.

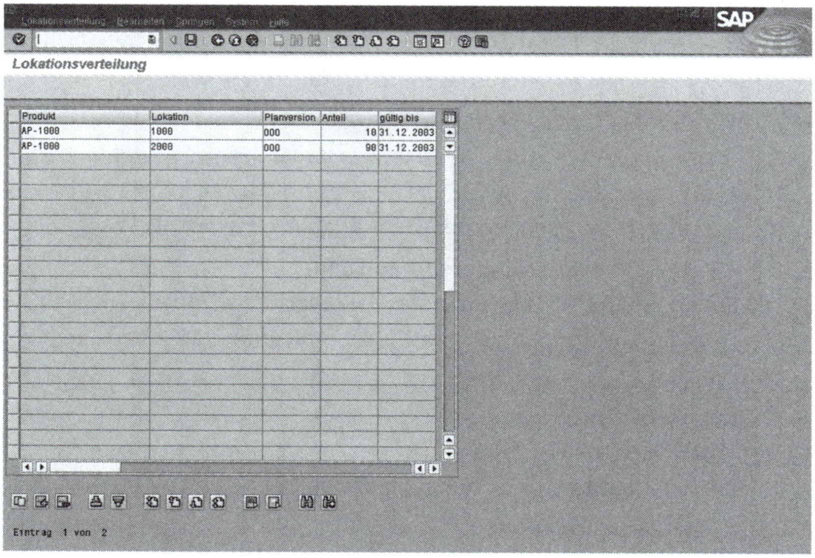

Abbildung 8.4 Beispiel für die Lokationstabelle

8.1.3 Stammdaten der Budgetplanung

Die Stammdaten der Planung bestimmen die Ebenen, auf denen die Planung im Unternehmen erstellt, geändert, aggregiert und disaggregiert wird. Die Ebenen, auf denen die Planung durchgeführt wird, werden durch die möglichen Merkmalskombinationen definiert; diese müssen zunächst auf der Basis eines InfoCubes generiert oder manuell gepflegt werden.

Aggregation und Disaggregation

Aggregation bezeichnet die Funktion, mit der Kennzahlenwerte auf der untersten Detailebene zur Laufzeit automatisch summiert und auf einer hohen Ebene angezeigt bzw. beplant werden. Disaggregation bezeichnet die Funktion, die einen auf hoher Ebene befindlichen Kennzahlenwert auf der untersten Ebene automatisch detailliert. Die Aggregation und die Disaggregation gewährleisten einen durchgängigen Planungsansatz innerhalb der gesamten Organisation des Unternehmens. Die Summe der Details auf der unteren Ebene entspricht stets dem Gesamtwert auf der oberen Ebene. Die Kennzahlenwerte werden stets auf der untersten Detailebene gesichert. Die Aggregation und Disaggregation einer jeden Kennzahl richtet sich nach ihrer Berechnungsart und der Art ihrer zeitlichen Disaggregation. Folgende Berechnungsarten stehen zur Verfügung:

- **S – Pro Rata**
  Werden Daten auf einer Aggregatebene angelegt, so werden die Daten auf den unterliegenden Detailebenen gleichmäßig verteilt. Bei einer

Änderung auf einer Aggregatebene werden auf den unterliegenden Detailebenen die Daten automatisch so angepasst, dass wieder derselbe prozentuale Anteil repräsentiert wird.

- **F – Auf der Basis des Anteilsfaktors**
  Die Daten werden auf der untersten Detailebene aufgrund von konstanten Anteilsfaktoren verteilt. Die Anteilsfaktoren müssen vor Planungsbeginn beim Anlegen der Stammdaten generiert werden.
- **P – Auf der Basis einer anderen Kennzahl**
  Die Daten werden auf der untersten Detailebene aufgrund einer anderen Kennzahl, die als so genannte Disaggregationszahl zuvor angegeben werden muss, verteilt.
- **A – Kennzahl-Durchschnitt**
  Der Mittelwert der Kennzahlenwerte auf den unteren Detailebenen wird auf der aggregierten Ebene angezeigt.
- **N – Keine Disaggregation**
  Es erfolgt keine Disggregation.

Folgende Arten der zeitlichen Disaggregation stehen zur Verfügung:

- **P – Proportionalverteilung**
  Die Daten werden auf der untersten Detailebene so verteilt, dass die einzelnen Kennzahlwerte in den kleinsten Speicherperioden anteilsmäßig dieselben Werte darstellen wie zuvor in der Aggregatperiode.
- **E – Gleichverteilung**
  Die Daten werden gleichmäßig auf die Speicherperioden verteilt.
- **N –Keine zeitliche Aufteilung**

Generierung der Anteilsfaktoren

Für die Disaggregation auf der Basis eines konstanten Anteilsfaktors besteht die Möglichkeit, diese aufgrund von Vergangenheitsdaten automatisch ermitteln zu lassen. Die Ermittlung kann vom System auf zwei unterschiedliche Weisen durchgeführt werden:

- **Feste Anteile im gesamten Zeitraum berechnen**
  Das System dividiert hierbei den Kennzahlwert jeder Merkmalswertekombination durch die Summe der Kennzahlwerte für alle Merkmalswertekombinationen im gesamten Horizont.
- **Detaillierte Anteile für alle Perioden**
  In jeder Periode summiert das System die Kennzahlwerte aller Merkmalswertekombinationen, anschließend wird der Kennzahlwert jeder einzelnen Merkmalswertekombination durch diese Summe dividiert.

Sind Berechnungsart und zeitliche Disaggregation für den Planungsbereich definiert, so unterstützt das System die Top-down-Planung, die Middle-out-Planung und die Bottom-up-Planung.

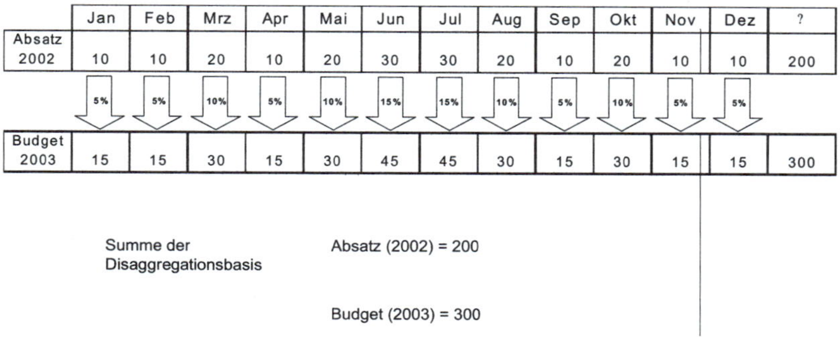

Abbildung 8.5 Beispiel für eine Disaggregation auf der Basis konstanter Anteilsfaktoren

8.1.4 Input für die Budgetplanung

Für die Budgetplanung als Startpunkt der logistischen Planung sind keine Inputdaten erforderlich. Zur Unterstützung können allerdings historische Daten herangezogen werden.

historische Daten als Unterstützung

8.1.5 Durchführung der Budgetplanung

Die Budgetplanung beginnt mit dem Aufruf der Planungsmappe der interaktiven Absatzplanung. Zunächst muss hier nun die zu verwendende Datensicht und die für den Planer definierte Selektionsvariante ausgewählt werden. Durch Doppelklick auf die Infoobjekte der gewählten Selektion werden die bereits gesicherten Daten in die Planungsmappe geladen. In dem zur Verfügung stehenden Eingabebereich können nur die Plandaten für die Budgetplanung erfasst werden.

Erweiterte Makros

bzw. Kennzahlen-kopie

Für die Bearbeitung der Planung stehen erweiterte Makros für komplexe Berechnungen zur Verfügung, aber auch einfache Kennzahlkopien können hiermit in der Planungsmappe durchgeführt werden. Hierzu werden die Makros für die jeweilige Planungsmappe einzeln angelegt.

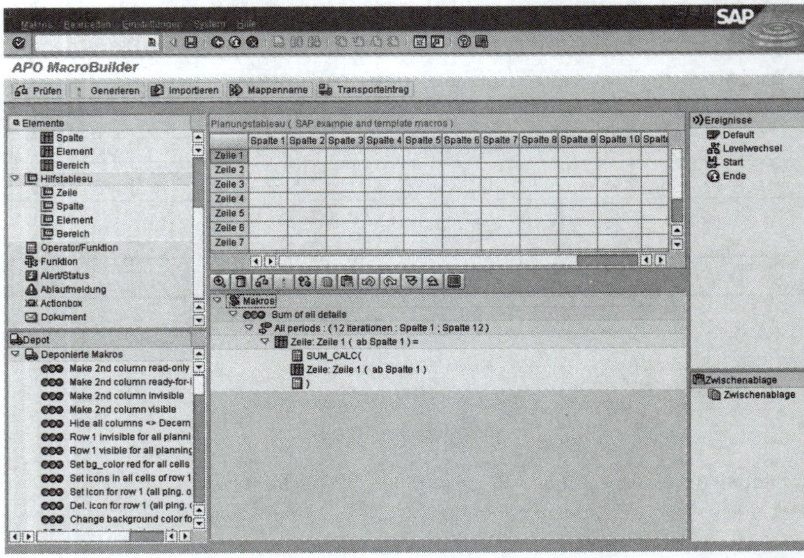

Abbildung 8.6 Beispiel für die Definition von Makros

Prognose-rechnungen

Für die Erstellung von Prognosen steht neben der Kausalanalyse und kombinierten Methoden die Methode der *univariaten Prognose* zur Verfügung. Das univariate Modell (oder auch *Zeitreihenmodell*) beruht auf der Annahme, dass die zu prognostizierenden Zahlen auf dem Verlauf vergangener Daten beruhen. Im APO stehen verschiedene Prognosestrategien zur Prognoseerstellung zur Verfügung:

- Gewichtete und ungewichtete Mittelwerte
- Trendmodelle mit exponentieller Glättung erster und zweiter Ordnung
- Saisonmodelle
- Kombinierte Trend-/Saisonmodelle
- Croston-Methode
- Lineare Regression

Lebenszyklus-planung und Promotionen

Darüber hinaus kann eine Lebenszyklusplanung und eine Planung mit verkaufsfördernden Maßnahmen oder Aktionen (*Promotions*) durchgeführt werden. Die Lebenszyklusplanung berücksichtigt dabei Einführungs-, Wachstums-, Reife- und Auslaufphase eines Produktes. Falls für ein Produkt nicht ausreichend Vergangenheitsdaten zur Verfügung stehen, kann mit Hilfe eines Like-Profils auf die Daten eines vergleichbaren Produktes zurückgegriffen werden.

8.1.6 Output der Budgetplanung

Das strategische Planungsergebnis der Budgetplanung ist die Richtlinie für den nachfolgenden Prozess der rollierenden operativen Vertriebsplanung. Nach der Zustimmung aller an der Planung beteiligten Personen auf die Zahlen des zukünftigen Absatzes wird die Planung fixiert und erst mit dem Beginn des nächsten Planungszyklus wieder geöffnet.

Nach Abschluß Fixierung

Planungszyklus: 1 Jahr

8.1.7 Checkliste zur Budgetplanung

Als PDF-Dokument zum Download unter www.sap-press.de

Stichwort	Erläuterung
Merkmale	Merkmale repräsentieren die Planungsebene; die Definition muss daher eindeutig festgelegt sein.
Kennzahlen	Kennzahlen repräsentieren die eigentlich zu beplanenden Daten; ihre Festlegung muss ebenfalls verbindlich erfolgt sein.
Basis-Planungsobjektstruktur	Die Basis-Planungsobjektstruktur enthält die beplanbaren Merkmale des Planungsbereichs. Sie muss daher vorher angelegt werden.
Planungsbereich	Der Planungsbereich wird mit Bezug zur Basis-Planungsobjektstruktur angelegt. Im Planungsbereich wird der Name des liveCaches hinterlegt, Speicherzeitraster, Währung, Maßeinheit und Kurstyp der Planung werden angegeben. Weiterhin erfolgt hier die Konfiguration der Kennzahlen mit der Festlegung, ob die Daten aus InfoCube, Zeitreihen-liveCache oder Auftrags-liveCache gelesen oder gespeichert werden sowie die Definition, wie welche Kennzahl aggregiert oder disaggregiert werden soll. Schließlich muss der Planungsbereich initialisiert werden.
InfoCubes	InfoCubes sind die zentralen Elemente der Datenspeicherung. Für den InfoCube müssen Merkmale, Kennzahlen, Zeitmerkmale und Dimensionen definiert werden. Für die Nutzung des InfoCubes in der Planung muss dieser schließlich aktiviert werden.
Planungsmappe	In der Planungsmappe wird das Layout, die Planungsoberfläche, definiert sowie die Auswahl der planbaren Kennzahlen, Festlegung von Format und Nutzung der Zellen sowie die Definition von Rechenmakros durchgeführt.

8.2 Vertriebsplanung

8.2.1 Definition und Ziel der Vertriebsplanung

Definition der Vertriebsplanung

Die Vertriebsplanung wird auf der Basis der Budgetplanung von den Verantwortlichen der Geschäftseinheiten und des Vertriebs erstellt. Die Budgetplanung dient dabei als Richtschnur für die zu erstellende operative Vertriebsplanung. Der Planungshorizont für die monatlich rollierende Vertriebsplanung ist in der Regel ein Jahr.

Planungshorizont 1 Jahr monatlich rollierend

Ziel der Vertriebsplanung

Ziel der Vertriebsplanung ist es, vorgelagerte Stufen der Wertschöpfungskette über monatlich aktualisierte Vertriebsbedarfe zu informieren. Neben der Einigung zwischen Vertriebs- und Geschäftseinheitenverantwortlichen ist es wichtig, Restriktionen aus Sicht der Produktion in die Planung mit einfließen zu lassen. Der Prozess der Vertriebsplanung läuft daher über mehrere Stufen ab, wobei zunächst unter Berücksichtigung der Budgetplanung eine erste vorläufige Planung wiederum im Modul DP des APO erstellt wird, die dann hinsichtlich der Produktionskapazitäten im Modul SNP (Netzwerkplanung, wird im nachfolgenden Abschnitt beschrieben) des APO überprüft wird und zurück an das Modul DP übertragen in eine angepasste Vertriebsprognose mündet.

8.2.2 Voraussetzungen für die Vertriebsplanung

Die Vertriebsplanung wird wie die Budgetplanung in der interaktiven Planungsmappe des Moduls DP durchgeführt, es gelten also dieselben Voraussetzungen wie bei der Budgetplanung.

Bei der Vertriebsplanung ist zu beachten, dass für die Übergabe des Planungsergebnisses an die Netzwerkplanung die Planung auf die Ebene Produkt/Lokation gebracht werden muss, sofern das Merkmal Lokation nicht schon bei der Planung berücksichtigt worden ist. Die Verteilung der Anteile auf verschiedene Lokationen kann in diesem Fall über die Tabelle der Lokationsverteilungen gepflegt werden

Ebenfalls ist darauf zu achten, dass für die Kommunikation mit der Netzwerkplanung Kennzahlen in den Planungsbereich mit aufgenommen werden die das Ergebnis der Netzwerkplanung bei Rückübertragung an das Modul DP aufnehmen können.

8.2.3 Stammdaten der Vertriebsplanung

Die Vertriebsplanung wird wie die Budgetplanung im APO-DP durchgeführt. Es sind dieselben Stammdaten wie in der Budgetplanung zu pflegen.

8.2.4 Input für die Vertriebsplanung

In die Vertriebsplanung fließt als Orientierungshilfe die Budgetplanung ein. Sie kann als eigene Kennzahl in der Planungsmappe hinterlegt werden. Für die Erstellung der restriktionsbasierten Vertriebsplanung ist die Übernahme des Ergebnisses der Netzwerkplanung erforderlich, welches die Restriktionen der Produktion berücksichtigt.

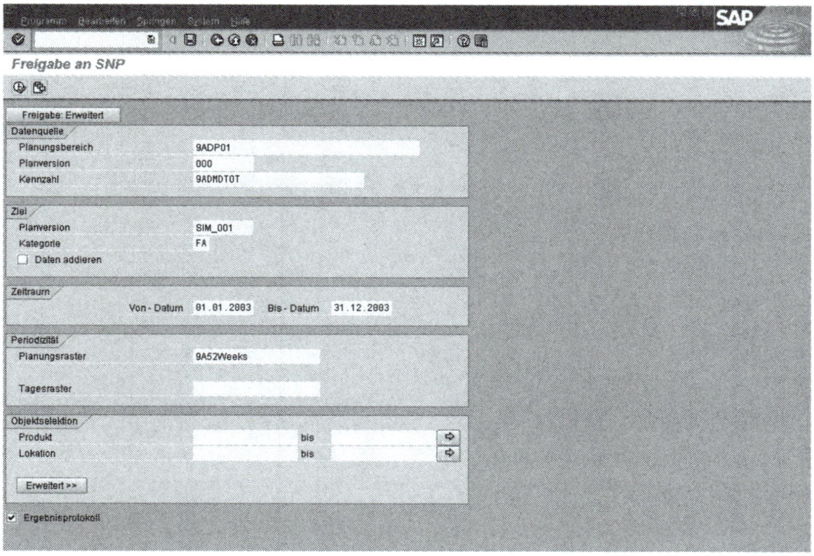

Abbildung 8.7 Beispiel für ein Planungsszenario Übergabe DP an SNP

8.2.5 Durchführung der Vertriebsplanung

Die Vertriebsplanung beginnt mit dem Aufruf der Planungsmappe der interaktiven Absatzplanung. Die für die Planung Verantwortlichen aus Vertrieb und Geschäftseinheit können hier für die benutzerspezifisch definierten und aufbereiteten Planungsumfänge die Planung erstellen. Es stehen die in Abschnitt 8.1.5 beschriebenen Makros und Prognosefunktionen zur Verfügung.

Die so erstellte Planung kann zur Berücksichtigung der Produktionsrestriktionen an die Netzwerkplanung übergeben werden. Dort wird der Plan überprüft und gegebenenfalls verändert, um einen machbaren Plan zu erhalten. Dieser restriktionsbasierte Plan wird dann zurückübertragen und in einer eigenen Kennzahl gespeichert.

8.2.6 Output der Vertriebsplanung

Das Ergebnis der Vertriebsplanung ist eine monatlich aktualisierte Aussage über die geplanten Verkaufsbedarfe. Die Vertriebsplanung ist die Grundlage für die Produktionsplanung und Beschaffungsplanung und dient auch dem Einkauf für den Abschluss von Verträgen mit Lieferanten.

8.2.7 Checkliste zur Vertriebsplanung

Als PDF-Dokument zum Download unter www.sap-press.de

Stichwort	Erläuterung
Merkmale	Merkmale repräsentieren die Planungsebene; die Definition muss daher eindeutig festgelegt sein.
Kennzahlen	Kennzahlen repräsentieren die eigentlich zu beplanenden Daten; ihre Festlegung muss ebenfalls verbindlich erfolgt sein.
Basis-Planungsobjektstruktur	Die Basis-Planungsobjektstruktur enthält die beplanbaren Merkmale des Planungsbereichs. Sie muss daher vorher angelegt werden.
Planungsbereich	Der Planungsbereich wird mit Bezug zur Basis-Planungsobjektstruktur angelegt. Im Planungsbereich wird der Name des liveCaches hinterlegt, Speicherzeitraster, Währung, Maßeinheit und Kurstyp der Planung angegeben. Weiterhin erfolgt hier die Konfiguration der Kennzahlen mit der Festlegung, ob die Daten aus InfoCube, Zeitreihen-liveCache oder Auftrags-liveCache gelesen oder gespeichert werden sowie die Definition, wie welche Kennzahl aggregiert oder disaggregiert werden soll. Schließlich muss der Planungsbereich initialisiert werden.
InfoCubes	InfoCubes sind die zentralen Elemente der Datenspeicherung. Für den InfoCube müssen Merkmale, Kennzahlen, Zeitmerkmale und Dimensionen definiert werden. Für die Nutzung des InfoCubes in der Planung muss dieser schließlich aktiviert werden.
Planungsmappe	In der Planungsmappe wird das Layout, die Planungsoberfläche, definiert sowie die Auswahl der planbaren Kennzahlen, Festlegung von Format und Nutzung der Zellen sowie die Definition von Rechenmakros durchgeführt.

8.3 Netzwerkplanung

8.3.1 Definition und Ziel der Netzwerkplanung

Ziel und Definition der Netzwerkplanung

Die Netzwerkplanung wird monatlich rollierend auf der Basis der vorläufigen Vertriebsplanung zumeist in einem Planungshorizont von einem Jahr durchgeführt. Sie dient im Rahmen der Vertriebsplanung zur Erstellung eines restriktionsbasierten Vertriebsplanes und liefert gleichzeitig einen groben Produktionsplan für den mittelfristigen Bereich.

Die Netzwerkplanung wird im Modul SNP des APO durchgeführt. Im SNP werden aus den theoretischen Zahlen des DP nun geplante Abgänge aus denen das System im Rahmen der Planung auf der Basis der unternehmensspezifischen Stammdaten Vorschläge für geplante Zugänge ermittelt. Der restriktionsbasierte Vertriebsplan wird an das Modul DP zurückübergeben. Der mittelfristige Produktionsplan steht im Modul PP/DS zur Verfügung.

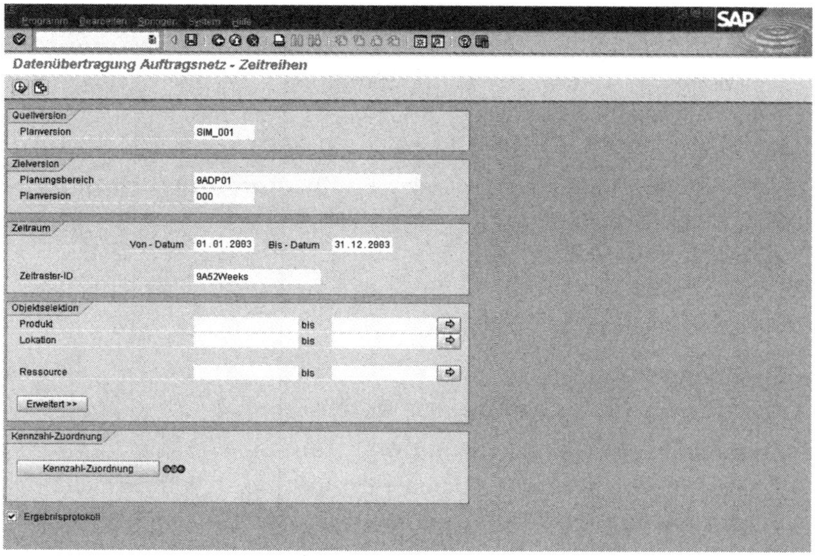

Abbildung 8.8 Beispiel für die Übergabe SNP an DP

8.3.2 Voraussetzungen für die Netzwerkplanung

Netzwerkmodell

Die Netzwerkplanung basiert auf dem Netzwerkmodell, welches die zu beplanende logistische Kette repräsentiert. Im APO gib es ein aktives Modell (Modell 000), für das verschiedene Versionen definiert werden können. Die aktive Version ist die Version 000.

Supply Chain Engineer

Das Netzwerkmodell wird im Supply Chain Engineer definiert. Hier werden alle Elemente der zu beplanenden Wertschöpfungskette hinterlegt. Dabei bietet der Supply Chain Engineer eine Übersichtslandkarte, auf der diese grafisch eingetragen werden können. Die Elemente, die dem Modell zugeordnet werden, sind:

- **Lokationen**
  Lokationen sind zum Beispiel Produktionswerke, Distributionswerke aber auch Kunden oder Lieferanten (sowie Transportzonen, Dispobereiche, Umlagerungspunkte und Transportdienstleister), die sich jeweils durch den Lokationstyp unterscheiden. Lokationen werden zusammen mit ihren geografischen Daten auf der Landkarte abgelegt. Zu jeder Lokation können Lager- oder Handlingressourcen sowie Kalender hinterlegt werden. Außerdem besteht die Möglichkeit, Kosten für Lagerung, Handling, Beschaffung und Produktion zuzuordnen, die vom Optimierer im Modul SNP berücksichtigt werden.

- **Transportbeziehungen**
  Transportbeziehungen definieren die Verbindungen zwischen den Lokationen im Netzwerk und werden produktspezifisch gepflegt. Sie dienen der Planung von Umlagerungen zwischen verschiedenen Lokationen. Über Quotierungen können bestimmte Regeln für die Verteilung der Produktströme auf verschiedene Transportwege definiert werden.
- **Ressourcen**
  Ressourcen definieren die für die Planung relevanten Kapazitäten für Produktion, Handling oder Transport.
- **Produkte**
  Produkte sind die zu beplanenden Materialien.
- **Produktionsprozessmodelle (PPM)**
  Produktionsprozessmodelle beschreiben den Herstellprozess von Produkten in Bezug auf Material- und Ressourcenverbrauch. PPM des SNP können sich von denen im PP/DS unterscheiden. Zumeist wird für eine mittelfristige Betrachtung nicht derselbe Detaillierungsgrad benötigt wie im kurzfristigen Planungsbereich für die Feinplanung. So werden in der Regel im SNP Materialien, die kurzfristig beschafft werden können, oder Ressourcen, für die keine Engpässe auftreten können, nicht aufgenommen.

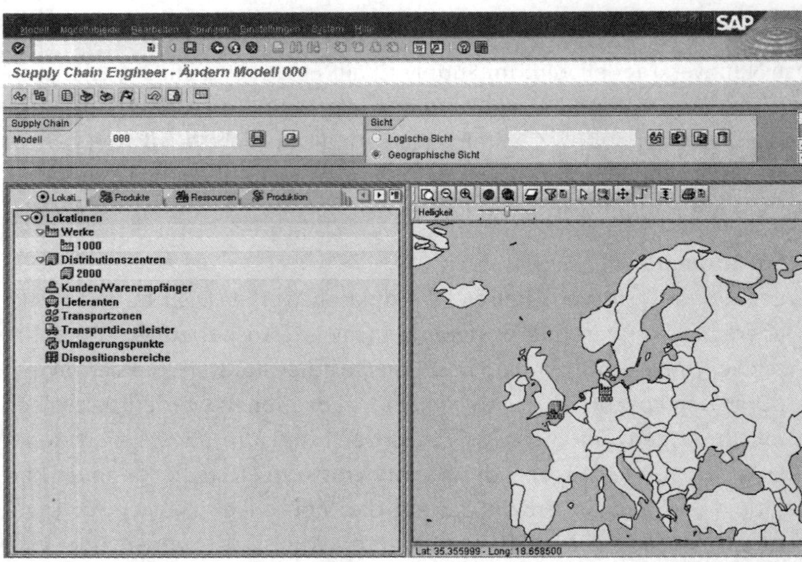

Abbildung 8.9 Beispiel für ein einfaches Modell in Supply Chain Engineer

Wie im Modul DP ist auch in der Netzwerkplanung der Planungsbereich die zentrale Datenstruktur, in der die Parameter der Planung und deren Speicherung festgelegt werden. Zur Konfiguration des Planungsbereichs siehe Abschnitt 8.1.

Planungsbereich

8.3.3 Stammdaten der Netzwerkplanung

Neben den Merkmalen und Kennzahlen, die die Ebenen der Planung bestimmen (siehe hierzu Budgetplanung), sind in der Netzwerkplanung Steuerungsdaten für die zu beplanenden Produkte, Ressourcen und Produktionsprozessmodelle zu pflegen.

Im Produktstamm werden auf der globalen Ebene Daten gepflegt, die für alle Lokationen, in denen das Produkt geplant wird, relevant sind. Diese Daten sind:

Produktstamm

- Eigenschaften wie Gewicht, Volumen
- Mengeneinheiten und deren Umrechnung
- Strafkosten für Nichtlieferung oder verspätete Lieferung, die vom Optimierer genutzt werden

Lokationsspezifisch werden Daten hinterlegt, die für das Produkt nur in der jeweiligen Lokation berücksichtigt werden sollen. Die lokationsspezifischen Daten sind:

- Verfahren zur Losgrößenberechnung
- Informationen zu Wareneingang und -ausgang
- Bedarfs- und Angebotsprofil zur Bestimmung von Bedarfs- und Zugangsmengen.
- Definition des Produktionshorizonts
- Bedarfsstrategie zur Verrechnung von Planprimärbedarfen mit Kundenaufträgen
- Beschaffungsart

Für die Losgrößenbestimmung stehen folgende Verfahren zur Verfügung:

- **Exakte Losgröße**
  Hierbei wird vom System in Rahmen der Planung ein Zugangselement erzeugt, welches in der Höhe genau dem auslösenden Bedarf entspricht.
- **Fixe Losgröße**
  Bei dieser Einstellung muss zusätzlich ein Wert hinterlegt werden, den das System bei der Generierung von Zugangselementen verwendet.

- **Periodische Losgröße**
  Bei diesem Verfahren werden die Bedarfe einer oder mehrerer Perioden zu einer Losgröße zusammengefasst.
- **Meldepunktverfahren**
  Das Meldepunktverfahren ist ein verbrauchsgesteuertes Verfahren, das mit Meldepunkten oder Meldereichweiten arbeiten kann.

Produktionshorizont Die Festlegung des Produktionshorizonts ist eine wichtige produkt- und lokationsspezifische Einstellung, die die Grenze zwischen SNP- und PP/DS-Planung bestimmt. Innerhalb des auf der SNP2-Sicht gepflegten Produktionshorizontes legt das System keine SNP-Planaufträge in der Kennzahl geplante Produktion ab, sondern verschiebt diese auf den ersten Tag nach dem Horizont.

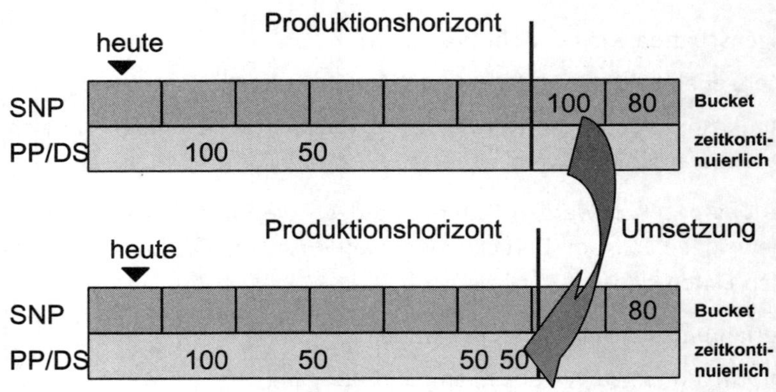

Abbildung 8.10 Darstellung des Produktionshorizontes

Ressourcenstammdaten Ressourcenstammdaten definieren die Produktions-, Lager-, Transport- oder Handlingkapazitäten für die Planung. Im APO stehen folgende Ressourcentypen zur Verfügung:

- **Single-Activity**
  Die Single-Activity-Ressource ist eine zeitkontinuierlich beplanbare Ressource, deren Kapazitätsangebot zu einem Zeitpunkt nur für eine Aktivität zur Verfügung steht. Diese Ressource ist nur vom PP/DS verwendbar. Single-Activity-Ressourcen können aus dem R/3 übertragen werden.
- **Multi-Activity**
  Die Multi-Activity-Ressource ist eine zeitkontinuierlich beplanbare Ressource, deren Kapazitätsangebot zu einem Zeitpunkt nur für meh-

rere Aktivitäten zur Verfügung steht. Diese Ressource ist nur vom PP/DS verwendbar. Multi-Activity-Ressourcen können aus dem R/3 übertragen werden.

- **Bucket-Ressource**
  Die Bucket-Ressource ist eine in Zeitintervalle gerasterte Ressource (kleinstes Intervall ist ein Tag), deren Kapazitätsangebot pro Intervall definiert wird. Diese Ressource ist nur vom SNP verwendbar.
- **Misch-Ressourcen**
  Misch-Ressourcen kombinieren Single-/Multi-Activity und Bucket-Ressourcen. Misch-Ressourcen können vom SNP und PP/DS verwendet werden. Es empfiehlt sich, sowohl für SNP als auch für PP/DS diesen Ressourcentyp zu verwenden, um gegebenenfalls dieselben Ressourcen auf beiden Planungsebenen einzusetzen. Misch-Ressourcen können aus dem SAP R/3 übertragen werden.

Plan und PPM

In einem Plan werden die Detailinformationen abgelegt, die zur Fertigung eines Produktes notwendig sind. Der Plan umfasst den Arbeitsplan, die Stückliste und die Produktionsprozessmodelle (PPM) zu einem Produkt. Im PPM sind Lokation, Losgröße und Zeitintervall der Gültigkeit des Plans festgelegt. (Das PPM entspricht der Fertigungsversion im SAP R/3.) Jeder Plan besteht aus einem oder mehreren Vorgängen, die wiederum eine oder mehrere Aktivitäten umfassen. Die verwendeten Ressourcen werden über Modi den Aktivitäten zugeordnet. Input- und Outputkomponenten werden ebenfalls den Aktivitäten zugeordnet.

Plankonvertierung

Es ist möglich, die SNP-Pläne durch Konvertierung aus den PP/DS-Plänen zu erzeugen. Bei der Konvertierung sind jedoch folgende Punkte zu beachten:

- Der SNP-Plan wird ausschließlich für die angegebene Losgröße generiert, variable Dauern und Verbräuche werden dabei nicht berücksichtigt. Die kleinste Periode ist ein Tag.
- Nur SNP-relevante Ressourcen und Komponenten fließen in die Generierung ein (Kennzeichen *SDP-Relevanz* im globalen Produktstamm bzw. Flag *Nicht SNP-relevant* in den Planungsparametern der Ressource).
- Vorgänge und Aktivitäten stimmen nach der Konvertierung nicht unbedingt mit denen des PP/DS überein, da Aktivitäten und Vorgänge mit geringer Dauer oder mit nicht SNP-relevanten Ressourcen oder Komponenten wegfallen. (Zugrundeliegende Regel hierbei: Ist der Kapazitätsverbrauch kleiner als 10% der Periode, dann entfällt die Aktivität; ist die Kapazität größer als eine Periode, dann resultieren zwei Perioden pro Aktivität.)

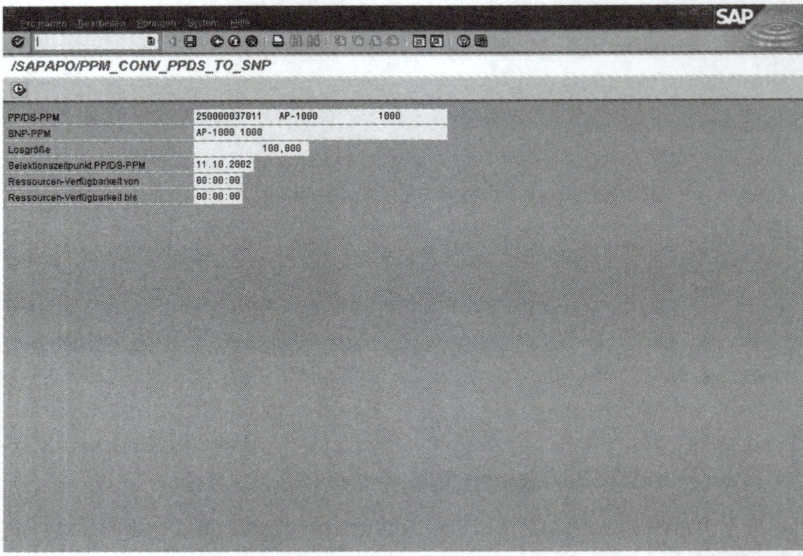

Abbildung 8.11 Beispiel für eine Planungkonvertierung

8.3.4 Input für die Netzwerkplanung

Ausgangspunkt für die Netzwerkplanung ist das Ergebnis der vorläufigen, restriktionsfreien Vertriebsplanung, welches durch die Übergabe aus dem DP an das SNP übernommen wird.

8.3.5 Durchführung der Netzwerkplanung

Die Netzwerkplanung beginnt mit dem SNP-Planungslauf. Dabei stehen drei unterschiedliche Planungsverfahren zur Verfügung:

- **Heuristik**
  Die SNP-Heuristik führt eine Bedarfsplanung über das gesamte Supply-Chain-Netzwerk hinweg durch. Dabei wird zunächst der Bedarf auf Produkt-Lokationsebene ermittelt und im Rahmen einer Nettobedarfsrechnung mit vorhandenen Lagerbeständen und bestätigten Produktionen abgeglichen. Für die Nettobedarfe werden anschließend Zugangselemente vom System erzeugt. Quotierungen werden berücksichtigt. Die Heuristik geht von einer unbegrenzten (infiniten) Kapazität der Ressourcen aus. Die dabei eventuell entstehenden Kapazitätsüberlasten müssen vom Planer nachträglich im Rahmen der interaktiven Netzwerkplanung überprüft und gegebenenfalls beseitigt werden.

- **Capable-to-Match (CTM)**
  Der CTM-Planungslauf ist ein regelbasiertes, werksübergreifendes Planungsverfahren mit finiter Berücksichtigung von Ressourcenkapazitäten. Die aktuellen im liveCache gespeicherten Bedarfsarten wie Kundenaufträge oder Planprimärbedarfe werden basierend auf zugeordneten Prioritäten und Wunschterminen priorisiert. Außerdem kann der CTM-Lauf auf der Basis benutzerdefinierter Lagerbestandslimits Bestandsdaten kategorisieren und nach einer festgelegten Suchstrategie in bestimmter Reihenfolge durchsuchen. Quotierungen werden berücksichtigt, Kosten werden nicht berücksichtigt. Das Ergebnis des CTM-Laufs ist ein machbarer Plan. Ist für eine bestimmte Bedarfssituation keine machbare Lösung über alle Stufen innerhalb des Netzwerkes gefunden worden, so wird keine Bedarfsdeckung vom System erzeugt. Das Ergebnis des CTM-Laufs muss daher anschließend ebenfalls im Rahmen der interaktiven Netzwerkplanung vom Planer analysiert und gegebenenfalls nachbearbeitet werden.
- **Optimierung**
  Der Optimierer prüft Material- und Ressourcenverfügbarkeiten im gesamten Netzwerk und führt dabei eine finite Planung der Ressourcenkapazitäten durch. Der Optimierer verwendet die Methode der linearen Programmierung, um alle relevanten Faktoren simultan als ein Problem zu berücksichtigen. Alternative Lösungen werden vom Optimierer anhand einer Zielfunktion verglichen, in der der Planer Prioritäten einstellen und Kosten zur Steuerung definieren kann. Hinterlegte Quotierungen werden vom Optimierer nicht genutzt, können aber von ihm ermittelt werden. Das Ergebnis des Optimierers ist eine Minimalkostenlösung.

Interaktive Planung

Im Anschluss an den SNP-Planungslauf sind die Planungsergebnisse vom Planer in der interaktiven Planung zu überprüfen und Probleme zu lösen. Die interaktive Planung findet in der DP/SNP-Planungsmappe statt. Die Identifikation von Problemen innerhalb der Planung wird durch den Alertmonitor unterstützt, der auf Planungsprobleme wie Terminverletzungen, Unterdeckungen oder Ressourcenüberlasten aufmerksam macht.

Das vom Planer überarbeitete Planungsergebnis wird wieder an die Vertriebsplanung übergeben und dort in die Kennzahl eingestellt, die den restriktionsbasierten Vertriebsplan repräsentiert.

8.3.6 Output der Netzwerkplanung

Das Ergebnis der Netzwerkplanung ist ein Vertriebsplan, der auf der Basis der Restriktionen innerhalb des Netzwerkes bezüglich der vorhandenen

Bestände und Produktionskapazitäten abgesichert ist. Gleichzeitig stellt das Ergebnis einen mittelfristigen groben Produktions- und Beschaffungsplan dar.

8.3.7 Checkliste zur Netzwerkplanung

Als PDF-Dokument zum Download unter www.sap-press.de

Stichwort	Erläuterung
Merkmale	Merkmale repräsentieren die Planungsebene; die Definition muss daher eindeutig festgelegt sein.
Kennzahlen	Kennzahlen repräsentieren die eigentlich zu beplanenden Daten; ihre Festlegung muss ebenfalls verbindlich erfolgt sein.
Basis-Planungsobjektstruktur	Die Basis-Planungsobjektstruktur enthält die beplanbaren Merkmale des Planungsbereichs. Sie muss daher vorher angelegt werden.
Planungsbereich	Der Planungsbereich wird mit Bezug zur Basis-Planungsobjektstruktur angelegt. Im Planungsbereich wird der Name des liveCaches hinterlegt, Speicherzeitraster, Währung, Maßeinheit und Kurstyp der Planung angegeben. Weiterhin erfolgt hier die Konfiguration der Kennzahlen mit der Festlegung, ob die Daten aus InfoCube, Zeitreihen-liveCache oder Auftrags-liveCache gelesen oder gespeichert werden sowie die Definition, wie welche Kennzahl aggregiert oder disaggregiert werden soll. Schließlich muss der Planungsbereich initialisiert werden.
InfoCubes	InfoCubes sind die zentralen Elemente der Datenspeicherung. Für den InfoCube müssen Merkmale, Kennzahlen, Zeitmerkmale und Dimensionen definiert werden. Für die Nutzung des InfoCubes in der Planung muss dieser schließlich aktiviert werden.
Planungsmappe	In der Planungsmappe werden das Layout, die Planungsoberfläche, definiert sowie die Auswahl der planbaren Kennzahlen, Festlegung von Format und Nutzung der Zellen sowie die Definition von Rechenmakros durchgeführt.
Netzwerkmodell	Das Netzwerkmodell beschreibt die zu beplanende Wertschöpfungskette. Die zu beplanenden Objekte müssen im Supply Chain Engineer festgelegt und ihre Beziehungen definiert werden.
Stammdaten	Für die Netzwerkplanung können die Stammdaten weniger detailliert sein als für die Feinplanung. Produktstamm, Ressourcen und Pläne müssen jedoch angelegt sein. Die Produktionsprozessmodelle für die Netzwerkplanung können aus den Produktionsprozessmodellen der Feinplanung konvertiert werden.
Produktionshorizont	Der Produktionshorizont legt den Planungshorizont zwischen der Netzwerkplanung und der Feinplanung auf. Seine Definition ist eine wichtige Festlegung für die Planungsorganisation.

8.4 Produktionsfeinplanung

8.4.1 Definition und Ziel der Produktionsfeinplanung

Produktionsfeinplanung

Die Produktionsfeinplanung wird in der Regel täglich aktualisiert für eine Periode von vier bis sechs Wochen durchgeführt und stellt eine Bedarfs- und Kapazitätsplanung im kurzfristigen Bereich dar.

Ziel der Produktionsfeinplanung ist eine konkrete Zusage, bestimmte Produkte zu definierten Terminen zu produzieren. Gleichzeitig wird mit der Produktionsfeinplanung eine Belegungsplanung der Produktionsanlagen durchgeführt. Die Produktionsfeinplanung wird im Modul PP/DS des APO durchgeführt.

8.4.2 Voraussetzungen für die Produktionsfeinplanung

Arbeitsbereich und Propagierungsbereich

Grundsätzlich müssen für die Produktionsfeinplanung die logistischen Stammdaten angelegt und gepflegt sein. Die Ressourcen und Produkte die vom Planer oder dem System in der Produktionsfeinplanung beplant werden sollen, werden im Propagierungsbereich festgelegt. Über die Definition des Arbeitsbereichs wird darüber hinaus festgelegt, welche Objekte in der Plantafel angezeigt werden. Damit kann den verschiedenen Planern jeweils eine ihrem Verantwortungsbereich entsprechende Auswahl zur Verfügung gestellt werden.

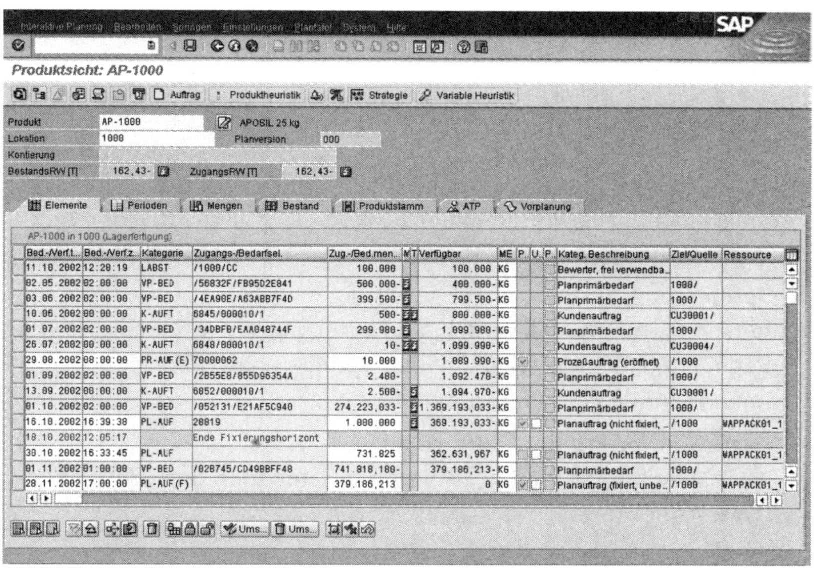

Abbildung 8.12 Beispiel für die Produktsicht

Für die interaktive Planung stehen im Modul PP/DS drei Planungstools zur Verfügung:

- Produktsicht
- Feinplanungstafel
- Produktplantafel

Profile für die Feinplantafel

Die Planungstafeln werden über die Definition von Profilen eingerichtet und können benutzerspezifisch konfiguriert werden. Folgende Einstellungen können dabei vorgenommen werden:

- **Layoutprofil**
  Im Layoutprofil wird das Layout der Plantafel festgelegt. Hier wird definiert, welche Teilbilder abgezeigt werden sollen und wie die Darstellung der grafischen Objekte aussehen soll. Dabei kann mit Hilfe von Entscheidungstabellen die Darstellungsform in Abhängigkeit bestimmter Merkmale eingerichtet werden.
- **Zeitprofil**
  Mit dem Zeitprofil werden der Planungszeitraum und der Auswertezeitraum festgelegt. Der Auswertezeitraum bestimmt den Zeitraum der in der Plantafel zur Anzeige gebracht wird.
- **Propagierungsbereich**
  Der Propagierungsbereich bestimmt die Ressourcen und Produkte, die beplant werden können.
- **Arbeitsgebiet**
  Im Arbeitsgebiet werden die Ressourcen, Aufträge und Produkte hinterlegt, die an die Plantafel übergeben werden sollen.
- **Strategieprofil**
  Im Strategieprofil werden die Einstellungen zu Planungsrichtung, Planungsmodus, Pegging-Beziehungen und der Planungsparameter vorgenommen.
- **Optimierungsprofil**
  Im Optimierungsprofil werden die Einstellungen wie Durchlaufzeit der Optimierung oder Gewichtung der Optimierungskriterien für die Zielfunktion für den Optimierer definiert.
- **Alert-Monitor-Profil**
  Das Alert-Monitor-Profil legt die Alert-Kategorien und Alert-Situationen fest.

▶ **Gesamtprofil**
Im Gesamtprofil werden die oben beschriebenen Unterprofile zugeordnet.

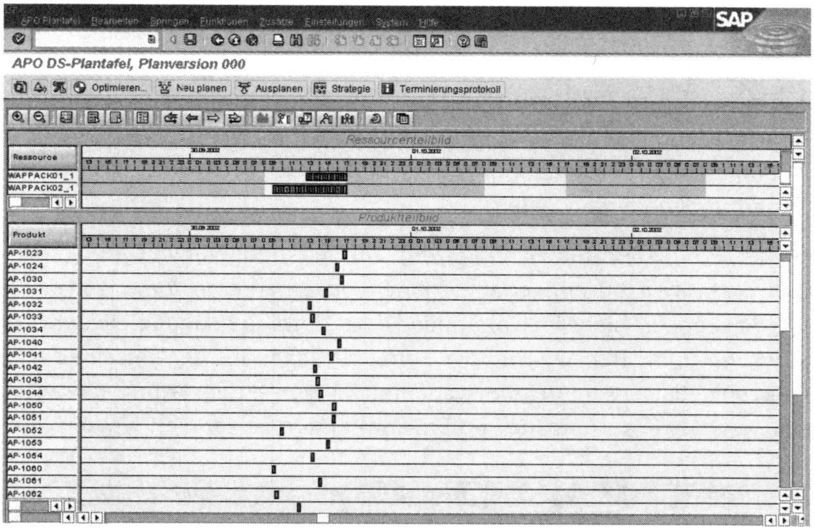

Abbildung 8.13 Beispiel für eine Feinplanungstafel

8.4.3 Stammdaten der Produktionsfeinplanung

Die Steuerungseinstellungen für die Produktionsfeinplanung werden in den Stammdateneinstellungen zu Produkt, Ressource und Produktionsplanungsmodell vorgenommen.

Produktstamm

Auf den lokationsspezifischen Produktstammdaten werden für die Feinplanung wichtige Parameter festgelegt wie:

▶ **PP/DS-Planer**
Der PP/DS-Planer ist ein Ordnungskriterium, über den Produkte für Arbeitsvorräte selektiert werden können.

▶ **Planparameter**
Die Planparameter legen fest, ob die Planung automatisch, manuell mit ATP-Prüfung oder manuell ohne ATP-Prüfung erfolgen soll. Automatische Planung bedeutet, dass bei jeder Änderung der Ausgangssituation automatisch sofort eine Planung vom System durchgeführt wird.

▶ **Prognoseverrechnung**
Die Prognoseverrechnung steuert, wie Kundenaufträge und Planprimärbedarfe im Rahmen der Planung miteinander verrechnet werden sollen.

- **Sekundärbedarfsermittlung**
  Die Einstellungen zur Sekundärbedarfsermittlung bestimmen, ob einzelne Sekundärbedarfe einem bestimmten Fertigungsauftrag zugeordnet werden oder mehrere Sekundärbedarfe verschiedener Fertigungsaufträge von einem einzigen Produktzugang gedeckt werden können.
- **Pegging-Einstellungen**
  Durch Pegging werden Bedarfs- und Zugangselemente miteinander verbunden. Die Einstellungen zum Pegging legen fest, unter welchen Bedingungen bestimmte Bedarfs- und Zugangselemente miteinander verbunden werden sollen.

Ressourcen

In der Produktionsfeinplanung wird auf zeitkontinuierliche Ressourcen zurückgegriffen, die entweder von einem oder mehreren Vorgängen belegt werden können (siehe im Unterschied dazu Netzwerkplanung). In den Ressourcenstammdaten werden die Kapazitätsangebote der einzelnen Ressourcen detailliert. In Angebotsvarianten können Arbeitszeiten, Pausenzeiten, Ressourcenausnutzung und Schichtprogramme definiert werden.

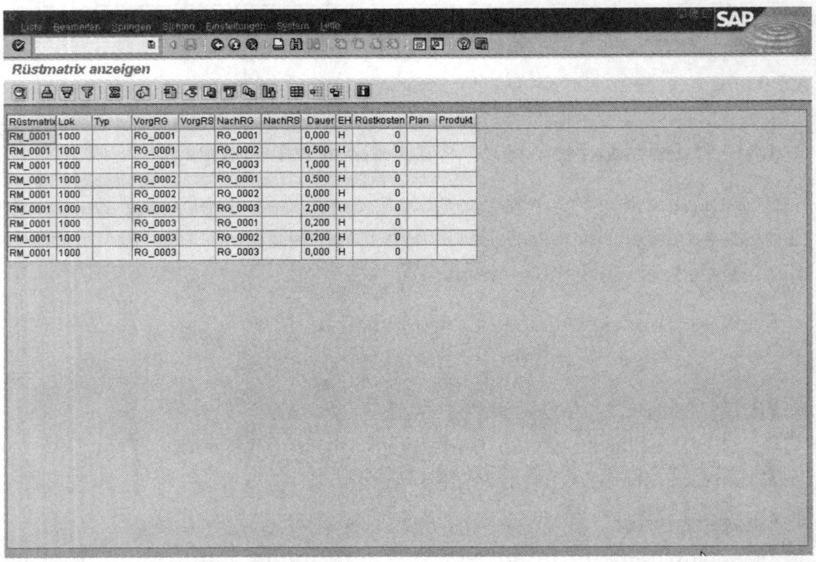

Abbildung 8.14 Beispiel für eine Rüstmatrix

Rüstmatrizen

Zur dynamischen Berücksichtigung von Rüstzeiten kann in der Produktionsfeinplanung in Abhängigkeit des vorangehenden Vorgangs eine Rüstzeit ermittelt werden. Damit das System dazu in der Lage ist, muss ihm die Berechnungsgrundlage in Form einer Rüstmatrix bekannt gemacht werden. In der Rüstmatrix werden die Übergänge zwischen verschiedenen Rüstübergängen durch Rüstgruppen oder Rüstschlüssel definiert. Rüstgruppen legen Standardrüstübergänge, Rüstschlüssel legen Ausnahmerüstübergänge fest. Die Rüstgruppen oder Rüstschlüssel werden anschließend den Vorgängen im PPM zugeordnet.

Im Produktionsprozessmodell werden Stückliste und Arbeitsplan vereint. **PPM**
Es beinhaltet detaillierte Informationen über den Produktionsprozess. Jedes PPM enthält einen oder mehrere Vorgänge. Jeder Vorgang umfasst einen oder mehrere Aktivitäten, die von der Aktivität verbrauchten oder gefertigten Komponenten, die von der Aktivität verwendeten Primär- und Alternativressourcen sowie die Reihenfolge der Aktivitäten innerhalb des Vorgangs. Es besteht außerdem die Möglichkeit, für eine Aktivität mehrere Modi zu pflegen, d.h. mehrere Alternativressourcen, auf denen die Aktivität bearbeitet werden kann.

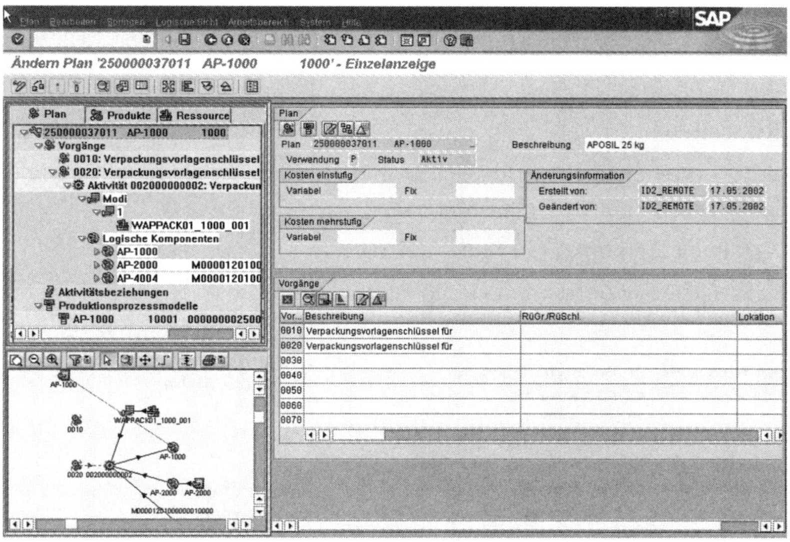

Abbildung 8.15 Beispiel für ein Produktionsprozessmodell

8.4.4 Input für die Produktionsfeinplanung

Durch die in den kurzfristigen Zeithorizont hineinwandernde mittelfristige Netzwerkplanung ist ein grober Produktionsplan schon vorgegeben, der allerdings durch kurzfristige Änderungen in der Bedarfs- oder Kapazitätssituation gestört ist. An der Grenze zwischen SNP und PP/DS, die durch den Produktionshorizont markiert wird, erfolgt eine Umwandlung der SNP-Aufträge in PP/DS-Aufträge. Hierbei werden jetzt die PPM des PP/DS aufgelöst.

8.4.5 Durchführung der Produktionsfeinplanung

Die Produktionsfeinplanung beginnt in der Regel mit der täglich aktualisierten Planungssituation, für die das System im Rahmen eines täglichen Planungslaufs entsprechende Lösungsvorschläge anbietet. Dieses Planungsergebnis ist vom jeweiligen Produktionsplaner im Rahmen der interaktiven Produktionsplanung hinsichtlich bestehender Probleme zu überprüfen und gegebenenfalls anzupassen. Zur schnellen Identifizierung der Probleme werden vom System benutzerspezifisch einstellbare Alert-Meldungen ausgegeben.

Fertigungsverfahren

Die Lösungsfindung für eine bestehende Problemsituation ist dabei stark vom jeweiligen Produktionsverfahren abhängig. Folgende Fertigungsweisen können dabei eine Rolle spielen:

- Serienfertigung oder Fertigung in mittelfristigen Kampagnen unter dem Gesichtspunkt gleichmäßiger Ressourcenauslastung und stabiler Produktionsbedingungen
- Bildung von Kampagnen im kurzfristigen Bereich zur Minimierung von Rüstzeiten
- Stück- oder chargenweise Fertigung unter dem Gesichtspunkt optimaler Ressourcenauslastung und bedarfsnaher Fertigung
- Fertigung auf konkrete Kundenaufträge
- Lagerfertigung unter dem Gesichtspunkt bestimmter Lagerreichweiten

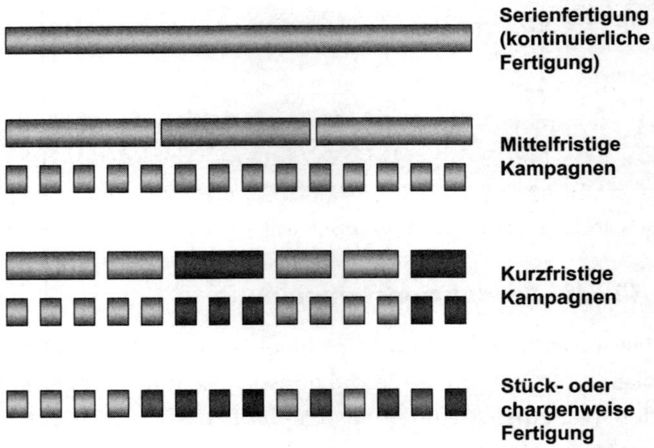

Abbildung 8.16 Grafische Darstellung verschiedener Fertigungsverfahren

Im APO-PP/DS stehen folgende Objekte zur Verfügung, um die Lösungsermittlung möglichst genau an die speziellen Bedürfnisse der Produktion anzupassen:

- Heuristiken
- Feinplanungsstrategien

Heuristiken

Durch die Heuristiken wird festgelegt, mit welchem Planungsalgorithmus Planungsprobleme zu lösen sind. Die Heuristiken können im Produktstamm hinterlegt oder im Customizing der Feinplanung voreingestellt werden. Im APO-PP/DS ist es möglich, eigene Heuristiken zu definieren; im Standard werden folgende Heuristiken ausgeliefert:

- **SAP_PP_001: Auftrag manuell ändern**
  Diese Heuristik generiert zur Deckung von Produktbedarfen neue Zugangselemente. Dabei werden die im Produktstamm gepflegten Losgrößenparameter berücksichtigt.
- **SAP_PP_002: Planung von Standardlosen**
  Diese Heuristik erzeugt neue Zugangselemente, um Produktbedarfe zu decken. Die Produktbedarfe können Bestellanforderungen, Planprimärbedarfe, Transportbedarfe oder Sekundärbedarfe sein. Abhängig von Transportbeziehungen, PPM oder der Beschaffungsart aus dem Produktstamm werden Zugangselemente für Eigenfertigung oder Fremdbeschaffung erzeugt. Für die Berechnung der Zugangsmengen werden die im Produktstamm hinterlegen Losgrößen verwendet.
- **SAP_PP_003: Planung von Unterdeckungsmengen**
  Bei dieser Heuristik werden nur Unterdeckungsmengen beplant und dynamische Pegging-Beziehungen berücksichtigt.
- **SAP_PP_004: Planung von Standardlosen in drei Horizonte**
  Mit dieser Heuristik können drei Planungshorizonte definiert werden, innerhalb derer unterschiedliche Losgrößenverfahren verwendet werden können. Es kann zwischen Verfahren mit exakter Losgröße oder mit verschiedenen periodischen Losgrößen ausgewählt werden.
- **SAP_PP_005: Stück-Perioden-Ausgleich**
  Mit Hilfe dieser Heuristik können bei der Berechnung der Losgröße die Rüst- und Lagerkosten mitberechnet werden. Vom Datum der Produktunterdeckung ausgehend werden dabei aufeinanderfolgende Bedarfe so lange in einem Los gesammelt, bis die Gesamtlagerkosten die Rüstkosten übersteigen. Losgrößenparameter werden bei diesem Verfahren berücksichtigt.

- **SAP_PP_006: Least-Unit Cost.Verf.: Fremdbeschaffung**
  Diese Heuristik berechnet die Mengen von Fremdbeschaffungsaufträgen für die Materialengpässe eines Produkts. Das System bestimmt die Stückkosten für jeden Hersteller unter Berücksichtigung von Lagerkosten, fixen Auftragskosten, mengenabhängigen Rabatten und herstellerabhängigen Versandzeiten. Sobald die optimale Rabattstaffel erreicht ist und die Kosten wieder steigen, werden keine Lose mehr gebildet.
- **SAP_PP_007: Bestellpunktdisposition**
  Mit Hilfe dieser Heuristik wird die Beschaffung immer dann ausgelöst, wenn die Summe aus Lagerbestand und festen Zugängen den so genannten Bestellpunkt (= Meldebestand) unterschreitet. Der Meldebestand soll den zu erwartenden durchschnittlichen Materialbedarf während der Wiederbeschaffungszeit abdecken.
- **SAP_MRP_001: Produkt-Planung (Komp. nach Dispostufe)**
  Diese Heuristik wird verwendet, um Produkte gemäß der im Produktstamm für jedes Produkt definierten Heuristik zu planen. Die Heuristik wird für die oberste Dispostufe ausgeführt, d.h., wenn eine Komponente nicht rechtzeitig verfügbar ist, wird der Auftrag nicht neu eingeplant. Die Komponenten, für die die automatische Planung definiert ist (sofort oder als Planungslauf), wird dann mit Hilfe der im Produktstamm definierten Heuristik geplant. Wenn für ein Produkt im Produktstamm keine Heuristik definiert ist, verwendet das APO-System die als Produktheuristik im Customizing der Produktions- und Feinplanung (unter **Globale Einstellungen • Globale Parameter und Vorschlagswerte pflegen**) voreingestellte Heuristik. Komponenten, für die manuelle Planung definiert wurde (sowohl mit als auch ohne Verfügbarkeitsprüfung), werden beim Planungslauf nicht berücksichtigt. Die Verfügbarkeitsprüfung für manuell mit Prüfung geplante Komponenten wird nicht durchgeführt.
- **SAP_MRP_002: Produkt-Planung (Komp. sofort planen)**
  Die Produktheuristik wird verwendet, um Produkte gemäß der im Produktstamm für jedes Produkt definierten Heuristik zu planen. Die Heuristik wird für das auf der obersten Stufe stehende Produkt ausgeführt. Komponenten, für die automatische und sofortige Planung definiert wurde, werden mit einer einfachen Losgrößenheuristik geplant. Die Planung mit dieser Heuristik wird gemäß einer mehrstufigen Logik durchgeführt, d.h., wenn eine Komponente nicht rechtzeitig verfügbar ist, wird der Auftrag der obersten Stufe umgeplant. Für Komponenten, für die festgelegt wurde, dass sie im Planungslauf automatisch geplant werden, werden Planungsvormerkungen erzeugt. Die Produktheuristik

kann in der interaktiven Planung und beim Planungslauf ausgeführt werden. Wenn für ein Produkt im Produktstamm keine Heuristik definiert ist, verwendet das APO-System die als Produktheuristik im Customizing der Produktions- und Feinplanung (unter **Globale Einstellungen • Globale Parameter und Vorschlagswerte pflegen**) voreingestellte Heuristik. Die Verfügbarkeitsprüfung wird für Komponenten ausgeführt, für die manuelle Planung mit Verfügbarkeitsprüfung festgelegt wurde.

Feinplanungsheuristiken

Für die Feinplanung im Produktionsplanungslauf oder in der Feinplanungstafel stehen folgende Feinplanungsheuristiken zur Verfügung, die zur Verwendung im Gesamtprofil der Feinplanungstafel hinterlegt werden müssen:

- Einplanung von ausgeplanten Vorgängen zur Einplanung von ausgewählten ausgeplanten Vorgängen
- Durchlaufzeitreduzierung zur Reduzierung der Durchlaufzeiten von Aufträgen, die auf ausgewählten Ressourcen liegen
- Rückstandsauflösung zur Umplanung der Vorgänge auf einer Ressource, die in der Vergangenheit liegen
- Reihenfolgeplanung zur Einplanung von ausgewählten Vorgängen in einer vordefinierten Reihenfolge
- Manuelle Reihenfolgeplanung zur Umplanung von ausgewählten eingeplanten Vorgängen in einer zuvor manuell erzeugten Reihenfolge
- Zusammenfassung von Aufträgen auf Behälterressourcen zur Zusammenfassung von ausgewählten synchronisierten Planaufträgen auf Multi-Ressourcen mit Lagereigenschaften

Planungsstrategien

Die Feinplanungsstrategien werden in einem Strategieprofil gepflegt. Sie legen fest, auf welche Art und Weise die ermittelten Zugänge in Form von Vorgängen auf Ressourcen eingeplant werden sollen. In einem Strategieprofil können mehrere Feinplanungsstrategien hinterlegt werden. Damit die Einplanung gelingt, sollten diese gestaffelt nach ihren Restriktionen aufgebaut werden. Folgende Planungsstrategien stehen zur Verfügung:

- **Infinites Planen**
  Plant den Vorgang ohne Berücksichtigung der Ressourcenkapazität ein
- **Lücke Suchen**
  Sucht für einen Vorgang eine ausreichend große Lücke mit ausreichender Kapazität

- **Anfügen**
  Fügt einen Vorgang am Ende der Ressourcenbelegung an
- **Einfügen**
  Fügt einen Vorgang so nah wie möglich zum Wunschtermin in die bestehende Belegung ein und verschiebt dazu gegebenenfalls Nachbarvorgänge, die in Planungsrichtung liegen
- **Einfügen mit Lücke schließen**
  Fügt einen Vorgang ein und schließt anschließend Lücken in der Belegung
- **Einrütteln**
  Fügt einen Vorgang zum Wunschtermin in die bestehende Belegung ein und verschiebt dazu gegebenenfalls Nachbarvorgänge in beiden Richtungen

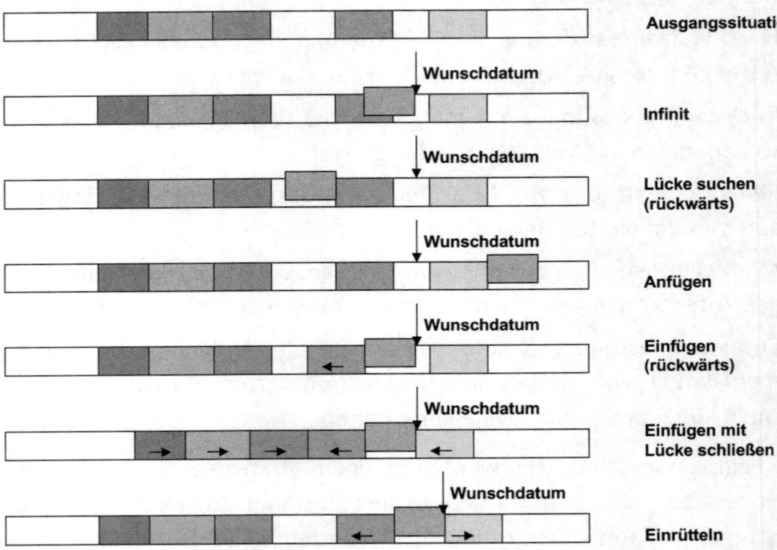

Abbildung 8.17 Darstellung verschiedener Planungsstrategien

Strategieprofil Im Strategieprofil werden die Planungsstrategien zusammen mit anderen Parametern der Planung kombiniert. So sind weiterhin noch folgende Parameter festzulegen:

- Planungsrichtung
- Einplanungsreihenfolge
- Einplanung in Nichtarbeitszeiten

- Auftragsinterne Anordnungsbeziehungen beachten
- Pegging-Beziehungen beachten

Optimierer

In der Produktionsfeinplanung kann zur Berücksichtigung von Rahmenbedingungen bei der Findung eines optimalen Planungsergebnisses ein Optimierer verwendet werden. Der Optimierer sucht das Minimum einer Zielfunktion, bei der folgende Parameter bewertet werden können:

- Gesamtdurchlaufzeit
- Rüstzeit
- Rüstkosten
- Maximale Verspätung
- Durchschnittliche Verspätung
- Minimale Moduskosten

Der Optimierer kann damit zum Beispiel für die Optimierung von Rüstzeiten und die Kampagnenoptimierung verwendet werden.

8.4.6 Output der Produktionsfeinplanung

Das Ergebnis der Produktionsfeinplanung ist machbarer Produktionsplan im kurzfristigen Horizont, der die Anlagenbelegung unter Berücksichtigung der jeweiligen Kapazitäten festlegt.

8.4.7 Checkliste zur Produktionsfeinplanung

Als PDF-Dokument zum Download unter www.sap-press.de

Stichwort	Erläuterung
Netzwerkmodell	Das Netzwerkmodell beschreibt die zu beplanende Wertschöpfungskette. Die zu beplanenden Objekte müssen im Supply Chain Engineer festgelegt und ihre Beziehungen definiert werden.
Stammdaten	Für die Feinplanung sind die Stammdaten mit allen für die Planung relevanten Details zu pflegen
Produktionshorizont	Der Produktionshorizont legt den Planungshorizont zwischen der Netzwerkplanung und der Feinplanung auf. Seine Definition ist eine wichtige Festlegung für die Planungsorganisation.
Propagierungsbereich	Der Propagierungsbereich legt die zu beplanenden Ressourcen und Produkte fest. Er muss vor Beginn der Planung definiert werden.

Stichwort	Erläuterung
Arbeitsbereich	Der Arbeitsbereich definiert die Ressourcen und Produkte, die in der Feinplanungstafel angezeigt werden. Soll mit der Feinplanungstafel gearbeitet werden, ist dieser vorher zu definieren.
Plantafelprofile	Für das Arbeiten mit der Plantafel ist es erforderlich, die Profile hierfür benutzerspezifisch zu definieren.
Rüstmatrizen	Für die Berücksichtigung von Rüstzeiten und die Rüstoptimierung ist die Definition einer Rüstmatrix erforderlich. Hierbei ist auf eine möglichst große aber sinnvolle Vereinheitlichung der Rüstübergänge zu achten.
Strategieprofile	Strategieprofile legen fest, wie Vorgänge auf Ressourcen eingeplant werden sollen. Die Profile sind vor Beginn der Planung festzulegen.

9 Perspektiven und Weiterentwicklung der Planungsprozesse

Wie werden sich die Planungsprozesse weiterentwickeln? Welche neuen Anforderungen kommen auf die Planung zu und wie wird sich die Systemlandschaft gerade im SAP-Umfeld verändern, um diesen Anforderungen gerecht zu werden? Zum Abschluss des Buches wird versucht, auf diese Fragen eine Antwort zu geben.

In den vorangegangenen Kapiteln dieses Buches wurde versucht, eine ausführliche und detaillierte Einweisung in die Entwicklung und Einführung eines betriebswirtschaftlichen Planungsprozesses mit Hilfe einer ERP-Software wie SAP R/3 zu geben. In diesem Zusammenhang wurden die grundsätzlichen betriebswirtschaftlichen Abhängigkeiten eines Planungsprozesses, die organisatorischen Voraussetzungen für eine erfolgreiche Einführung dargestellt. Ebenso wurden ausführlich für alle Planungsebenen und Planungsschritte die wichtigsten Aspekte für eine Realisierung mit SAP R/3 vorgestellt.

Es soll aber nicht der Eindruck erweckt werden, dass am Ende des Buches alles zum Thema »Planung« gesagt wäre. So wie das wirtschaftliche Umfeld und alle betriebswirtschaftlichen Prozesse einem steten Wandel unterliegen, entwickelt sich auch der Planungsprozess unentwegt weiter. Neue Fragestellungen und Anforderungen sind dabei frühzeitig zu erkennen und zu berücksichtigen. Weiterhin stellt sich die Frage, mit welchen Methoden und technischen Hilfsmitteln diesen Anforderungen Rechnung getragen werden kann.

Ziele zukünftiger Planungsprozesse

In diesem Entwicklungsprozess der Planung stehen aus heutiger Sicht drei Zielsetzungen im Mittelpunkt:

- Abbildung erweiterter Funktionalität und Komplexität
- Zunehmende Anforderungen an die Flexibilität
- Steigende Ansprüche an die Zuverlässigkeit

Erweiterung der Funktionalität

Die Erweiterung der Funktionalität und der damit verbundene Anstieg an Komplexität in Planungsprozessen entsteht zunächst durch international agierenden Unternehmen: Als direkter Folgeeffekt der weltweiten Globalisierungstendenzen positionieren sich die Unternehmen auf allen Weltmärkten und versuchen dabei, die vorhandenen Potenziale von Synergieeffekten zu aktivieren. Um daraus resultierende Kosteneinsparungen nutzen zu können, werden die Informationssysteme über den gesamten Konzern hinweg vernetzt, und es entsteht nach und nach eine globale Informationsstruktur. Auf dieser Basis entsteht folglich auch der Anspruch, Planungsprozesse zu entwickeln und zu simulieren, die an den herkömmlichen Grenzen von juristischen Einheiten nicht mehr Halt machen, sondern vielmehr voll integriert einer firmenübergreifenden Prozesskette folgen.

Ist eine derartige Denkweise im Rahmen von strategischen Planungsprozessen bereits im Ansatz vorhanden, so muss sie doch auf operativer oder gar dispositiver Ebene in den meisten Unternehmen erst noch erarbeitet werden. Beispielsweise gehört die Fragestellung der Wahl der Produktionsstandorte in jede strategische Planung eines international tätigen Konzerns, aber eine dispositive Planung und Abstimmung über das kurzfristige Produktionsprogramm zweier Produktionswerke über eine juristische Einheit hinweg wird man in den meisten Fällen vergebens suchen.

Aufgrund der beschriebenen Entwicklung gilt es als wahrscheinlich, dass die Strukturen von juristischen Einheiten mehr und mehr in den Hintergrund treten und zukünftig keine entscheidende Rolle mehr spielen werden. Generell wird der Prozess, der als optimal und *lean* identifiziert wurde, in Zukunft verstärkt im Mittelpunkt stehen und als Fixpunkt gelten. Die organisatorischen Einheiten entlang dieses Prozesses hingegen erscheinen austauschbar.

Supply Chain Management

Eine darüber hinausgehende Entwicklungstendenz geht noch einen Schritt weiter und befasst sich mit Prozessen, die auch konzernfremde Unternehmen im Rahmen ihrer Abwicklungen miteinander verbinden. Die Überlegungen zum Supply Chain Management und die Realisierungen von B2B- und B2C-Lösungen im E-Business-Bereich verknüpfen entlang der logistischen Kette die Markteilnehmer *Lieferanten*, *Produzenten*, *Logistikdienstleister* und *Abnehmer* miteinander. Auch diese Prozesse entwickeln ihr eigentliches Potenzial erst, wenn sie gerade im Planungsprozess aufeinander abgestimmt sind. Auf diese Weise wachsen die Planungsprozesse der beteiligten Unternehmen zusammen und bilden eine Einheit.

Die Umsetzung der Anforderungen einer konzernübergreifenden Prozesskette erfordert zunächst die Realisierung der technischen Voraussetzungen, wie sie etwa über Internetverknüpfungen zur Verfügung stehen. Der Prozess muss weiterhin mit allen Beteiligten abgestimmt und jeweils soweit integriert werden, dass der Gesamtprozess optimal unterstützt wird, aber dennoch jeder Beteiligte nur so weit wie unbedingt nötig Einfluss und Einsicht auf fremde Unternehmen hat.

Zur Unterstützung der beschriebenen Prozesse müssen demnach Lösungen gefunden werden, die diese sowohl betriebswirtschaftlich als auch technisch komplexen Fragestellungen bewältigen können. Damit geht neben der funktionalen Abwicklung auch die Entwicklung entsprechender Sicherungssysteme gegenüber unbefugten Zugriffen einher.

Flexibilität im Planungsprozess

Im gleichen Maße, in dem die Anforderungen an die Funktionalität steigen werden, werden auch die Erwartungen an die Flexibilität der Planungssysteme weiter zunehmen. Die Geschwindigkeit, in der sich in der heutigen Zeit Märkte entwickeln und verändern, bedingt, dass sich Unternehmen immer schneller an neuen Rahmenbedingungen orientieren müssen. Die Entwicklungszeiten neuer Produkte oder die Lebenszyklen von eingeführten Produkten nehmen stetig ab. Die Bedürfnisse der Marktteilnehmer, die zum Teil künstlich geweckt sind, werden im Wandel unserer Gesellschaft immer kurzlebiger, wodurch bestimmte Märkte in kurzer Zeit extreme Steigerungen erfahren, um dafür nur wenige Monate später quasi in sich zusammenzubrechen. Nicht zuletzt verändern sich auch die Unternehmen als Marktteilnehmer selbst immer schneller. So sind Fusionen auf der einen und Firmenabspaltungen auf der anderen Seite auch über nationale Grenzen hinweg an der Tagesordnung und nehmen stetig zu.

Veränderungen der Märkte

Diese Geschwindigkeit in der Veränderung der Märkte hat zur Folge, dass sich die Planungszyklen auf allen Ebenen signifikant verkürzen. Waren in den Achtzigerjahren noch Strategiepläne in den meisten Fällen auf mindestens fünf Jahre und nicht selten mit Ausblick auf die nächsten acht oder zehn Jahre ausgerichtet, so wird man heute kaum noch derartige Pläne finden, die einen Ausblick auf mehr als drei Jahre zu geben bereit sind. Diese Verkürzung des Planungszeitraums und somit der Planungszyklen setzt sich auf den detaillierten Ebenen der operativen und dispositiven Planung entsprechend fort.

So wie sich die Planungszeiträume verkürzen, nehmen die möglichen Planungsalternativen zu und wollen auf ihre Realisierbarkeit hin überprüft werden. Das bedeutet in der Praxis, dass zukünftige Planungssysteme ein hohes Maß an Flexibilität aufweisen müssen. Es gilt nicht mehr, einen vordefinierten Prozessablauf widerzuspiegeln und in jedem Planungszyklus nur mit neuen Zahlen durchzuspielen. Vielmehr muss der Planungsprozess als solcher schnell und komfortabel an neue Bedingungen angepasst und entsprechend umgestaltet werden können. In diesem Bereich nehmen die Entwicklungen im Rahmen der strategischen Planung klar eine Vorreiterrolle ein. Doch wird diese Flexibilität noch auf Kosten des Detaillierungsgrades erkauft. Hier werden die Anforderungen dahingehend steigen, auch komplexe und detailliertere Strukturen noch weitgehend dynamisch und schnell zum Beispiel im Rahmen einer operativen Planung umstellen zu können. So muss es beispielsweise auf einfache Art und Weise möglich sein, den Mix aus Absatzmärkten, Zentrallagern und Produktionsstandorten im Rahmen der operativen Planung schnell und dennoch detailliert in verschiedenen Alternativen durchzuspielen. Hierbei dürfen Probleme wie die Veränderung von Organisationsstrukturen und das Ausmaß der Stammdatenpflege eben keine unüberwindliche Hürde darstellen.

Zuverlässigkeit der Planung

Ein dritter Aspekt in der Zielsetzung zukünftiger Planungsprozesse liegt in der Steigerung der Zuverlässigkeit der Plandaten. Schon heute wird erwartet, dass die Ergebnisse einer dispositiven Planung konsequent in der Realität umgesetzt werden können und auf diese Weise zu berechenbaren und weitgehend störungsfreien Abläufen entlang der logistischen Kette eines Unternehmens führen. In Zeiten immer kurzfristigerer Reaktionszeiten und schnellebiger Trends wird dieser Anspruch an die Verlässlichkeit der Planung weiter steigen, da entsprechende Pufferzeiten, die es beispielsweise erlauben, kurzfristig ein Produktionsprogramm inklusive der Beschaffung entsprechender Einsatzmaterialien zu verändern, immer geringer werden.

Kosteneinsparungspotenziale

Weiterhin ist davon auszugehen, dass im Rahmen globaler Optimierungsprojekte sämtliche Kosteneinsparungspotenziale, die sich durch eine Reduzierung der Lagerhaltung von Einsatzstoffen auf der einen und von Fertigerzeugnissen auf der anderen Seite der Produktionskette sowie durch den systematischen Abbau von Überkapazitäten im Produktions- und Logistikbereich ergeben, von den Unternehmen zukünftig immer konsequenter genutzt werden.

Diese Form der Kostenreduzierung, die letztlich darin besteht, sämtliche Pufferzeiten und Reaktionswege immer weiter einzuschränken, kann aber nur Erfolg haben, wenn zum einen die betriebswirtschaftlichen Prozesse in einem Unternehmen klar definiert und transparent sind und zum anderen diese Prozesse für einen bestimmten Zeithorizont verlässlich vordefiniert bzw. geplant werden können.

Unternehmen, die diese Planungsgenauigkeit nicht aufweisen können, aber dennoch die zuvor geschilderten Puffer und Reaktionsmöglichkeiten reduzieren, werden unweigerlich mit Problemen in der Logistik zu kämpfen haben. Diese Probleme können etwa im reibungslosen Zusammenspiel von Beschaffung und Produktion, in der Abstimmung innerhalb der Produktion zwischen verschiedenen Produktionsschritten selbst oder gar im Lieferbereitschaftsgrad gegenüber den eigenen Kunden zu finden sein.

Zuverlässigkeit in der operativen und strategischen Planung

Der steigende Anspruch an die Zuverlässigkeit der Planung wird aber nicht nur in der dispositiven Planung zu finden sein. Auch im Bereich der operativen und strategischen Planung wird der Grad der Verbindlichkeit der Zahlen steigen. Externe Kapitalgeber werden es zukünftig nicht mehr ohne eine sehr genaue Begründung akzeptieren, dass ein Unternehmen im Ist größere Abweichungen von seiner strategischen Planung oder von seinen für das laufende Geschäftsjahr veröffentlichten operativen Plandaten erwirtschaftet. Lässt ein Unternehmen hierbei erkennen, dass es Probleme hat, seine eigene Geschäftstätigkeit vernünftig und möglichst zuverlässig in harten Zahlen zu planen, so wird sich dies konkret auf die Bonität und somit negativ auf die Kapitalkosten des Unternehmens auswirken.

Neben den externen Kapitalgebern steigen aber auch die Anforderungen der eigenen Anteilseigner (insbesondere bei den großen Aktiengesellschaften) an eine detaillierte Berichterstattung und an regelmäßige Veröffentlichungen. Zu diesen Anforderungen gehören zukünftig nicht nur die Ex-post-Betrachtung des vergangenen Geschäftsjahres und der sich daraus ableitenden Geschäftszahlen, sondern auch eine transparente und detaillierte Darstellung dessen, was das Unternehmen in der Zukunft plant, welche Ziele es sich gesetzt hat und welche Erträge es den Anteilseignern in Aussicht stellt.

Spannungsdreieck der Ziele

Bei der weiteren Analyse dieser Zielsetzungen zukünftiger Planungsprozesse nach zusätzlicher Funktionalität, erhöhter Flexibilität und notwendiger Zuverlässigkeit der Planung erkennt man, dass diese Ziele miteinander konkurrieren und somit in einem Spannungsverhältnis zueinander stehen, wie es in Abbildung 9.1 dargestellt ist.

Funktionalität versus Flexibilität

Die Konkurrenz der Ziele ist hierbei leicht ersichtlich. Eine Zunahme an Funktionalität und Komplexität steht in einem direkten Gegensatz zur Anforderung an schnelle und flexible Anpassungen eines Planungsmodells, um alternative Szenarien durchspielen zu können. Je komplexer ein Planungssystem aufgebaut ist, desto schwieriger und schwerfälliger wird es im Normalfall zu ändern sein. Eine Zunahme an Flexibilität ist auf der anderen Seite mit Vereinfachung verbunden, die normalerweise eine Vernachlässigung bestimmter Detailaspekte bedingt.

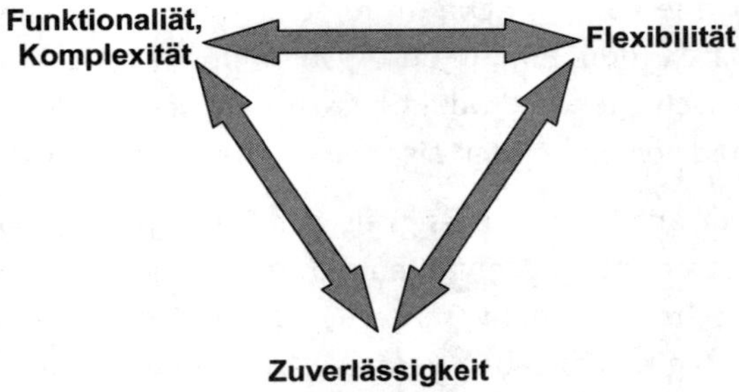

Abbildung 9.1 Spannungsdreieck der Ziele in Planungsprozessen

Flexibilität versus Zuverlässigkeit

Diese Vorgehensweise steht aber nicht weniger im Widerstreit mit dem steigenden Anspruch an die Zuverlässigkeit der Planungsergebnisse. Je mehr Details im Planungsprozess vernachlässigt werden, desto größer ist die Gefahr, das Planungsergebnis beeinflussende Aspekte nicht oder falsch berücksichtigt zu haben. Dies wirkt sich direkt auf den Grad der Zuverlässigkeit der Planungsergebnisse aus. Gerade eine Zuverlässigkeit im Planungsprozess bedeutet im Gegensatz zur Flexibilität, auch auf detaillierteren Ebenen qualitativ gute Aussagen für den betrachteten Planungszeitraum machen zu können.

Bei der Anwendung eines Planungstools wird sich jedes Unternehmen selbst die Frage beantworten müssen, welche dieser Planungsziele in den Mittelpunkt zu stellen sind, auch wenn dadurch ein anderes Planungsziel in den Hintergrund rückt. Es ist eher unwahrscheinlich, dass mit einem Planungstool und mit vertretbarem Aufwand alle Anforderungen gleichermaßen erfüllt werden können.

Verwendung mehrerer Planungsmodelle

Ein alternativer Lösungsansatz könnte demnach die parallele Verwendung mehrerer Planungsmodelle sein, die jeweils das Erreichen unterschiedlicher Planungsziele unterstützen. Um dabei den Aufwand nicht ins Unermessliche steigen zu lassen und um eine Konsistenz zwischen den Planungsmodellen aufrecht zu erhalten, müssen diese Planungsmodelle auf bestimmten Ebenen und Schnittpunkten miteinander integriert sein. Auf diese Weise können Stammdaten und Planungsergebnisse zwischen den Planungsmodellen ausgetauscht werden, um so auf der einen Seite den Aufwand möglichst gering zu halten und eine konsistente Datenwelt zu erhalten und auf der anderen Seite ein hohes Maß an Flexibilität zu erzielen. Gelingt beides in einem für das Unternehmen guten Mischungsverhältnis, so wird sich dies letztlich auch auf die Zuverlässigkeit und Genauigkeit der Planung positiv auswirken.

Diesen Weg hat SAP in den letzten Jahren zu beschreiten begonnen, indem es sein voll integriertes SAP R/3-System durch »Satellitensysteme« wie SAP BW, SAP SEM und SAP APO erweitert hat.

SAP SEM und SAP APO

Diese neuen Systeme sind jeweils spezialisiert auf bestimmte Fragestellungen und verfolgen spezielle Ziele. So liegt die Stärke von SAP SEM sicherlich in der Flexibilität und Schnelligkeit, mit der Planungsmodelle aufgebaut, durchgespielt und wieder verändert werden können. Auf der anderen Seite wird man nie versuchen, den Detaillierungsgrad eines SAP R/3-Systems über SAP SEM nochmals abzubilden. Ferner verfolgt auch SAP APO seine eigene Zielsetzung, indem es seine Stärken auf der zuverlässigen und detailliert abgestimmten Feinplanung zwischen den verschiedenen Bereichen der Logistik zum Einsatz bringt. Kostenrechnerische oder finanztechnische Aspekte, wie sie etwa in einer operativen Planung von Bedeutung sind, werden im APO eher vernachlässigt.

Erfolgsrezept: Datenintegrität trotz paralleler Planungsmodelle

Das eigentliche Erfolgsrezept dieser Planungsansätze besteht aber in der Datenintegrität mit dem SAP R/3-System. Durch die Möglichkeit, zwischen den Systemen bestimmte Stammdaten und Informationen auszutauschen, wird gewährleistet, dass die einzelnen Planungsmodelle in den einzelnen Systemen in sich abstimmbar sind und zusammenpassen. Man versucht auf diese Weise, die jeweiligen Stärken eines zentralen Systems (gemeinsame Datenhaltung, konsistente Informationen) und verschiedener dezentraler Systeme (hohe Flexibilität und Unabhängigkeit) miteinander zu verknüpfen.

Diese Tendenz wird sich weiter fortsetzen. Das gilt im übrigen nicht nur für den Planungsprozess, sondern für alle betriebswirtschaftlichen und logistischen Prozesse. In diesem Sinne folgt der Planungsprozess Hand in Hand mit den im Ist ablaufenden Prozessen der allgemeinen Erkenntnis, dass eine immer weitergehende Steigerung an Funktionalität, Flexibilität und Genauigkeit nicht mehr mit *einem* System realisiert werden kann. Das normale klassische SAP R/3 wird auch in der Zukunft seine Existenzberechtigung haben, wird aber in vielen Fällen auch mehr oder weniger als Backbone der Datenhaltung für Stammdaten und zur Zusammenführung einzelner Bewegungsdaten dienen. Viele eigentliche Funktionen werden über dezentrale Satellitensysteme gesteuert werden, die untereinander auf der Basis einer einheitlichen Datenorganisation Informationen austauschen können. Auf diese Weise werden sich in den nächsten Jahren neue Systemwelten ausbilden, die sich von den heutigen EDV-Systemen deutlich unterscheiden werden.

Index

N

O

P

Q

R

S

T

U

V

W

Z

SAP PRESS

Betriebswirtschaftliche SAP-Literatur

Mario Pérez, Steffen Karch
WebBusiness mit SAP
340 S., 2002, 49,90 Euro, ISBN 3-89842-235-6

Chr. Krämer, Chr. Lübke, S. Ringling
Personalplanung und -entwicklung mit mySAP HR
576 S., 2003, 59,90 Euro, ISBN 3-89842-211-9

Heinz Forsthuber
SAP-Finanzwesen für Anwender
430 S., 2002, 49,90 Euro, ISBN 3-89842-179-1

Alan Rickayzen u.a.
Workflow-Management mit SAP
651 S., 2002, 59,90 Euro, ISBN 3-89842-190-2

Eckhard Moos
Kostencontrolling mit SAP
312 S., 2002, 49,90 Euro, ISBN 3-89842-290-9

und viele aktuelle Bücher mehr ...

>>> www.sap-press.de

SAP PRESS

Weitere SAP-Bücher zur Logistik

Eckhard Moos
Kostencontrolling mit SAP
312 S., 2002, 49,90 Euro, ISBN 3-89842-290-9

Prof. Dirk Seifert
Collaborative Planning, Forecasting and Replenishment
444 S., 2002, 59,90 Euro, ISBN 3-89842-258-5

Alan Rickayzen
Workflow-Management mit SAP
651 S., 2002, 59,90 Euro, ISBN 3-89842-190-2

Helmut Bartsch, Peter Bickenbach
Supply Chain Management mit SAP APO
456 S., 2. erweiterte Auflage 2002
59,90 Euro, ISBN 3-89842-111-2

Mario Pérez, Steffen Karch
WebBusiness mit SAP
340 S., 2002, 49,90 Euro, ISBN 3-89842-235-6

und viele aktuelle Bücher mehr ...

>>> www.sap-press.de

SAP PRESS

Technische SAP-Literatur

Horst Keller, Joachim Jacobitz
ABAP Objects-Referenz
1128 S., 2002, mit 2 CDs (SAP Web AS 6.10)
74,90 Euro, ISBN 3-934358-61-6

Helmut Stefani u.a.
Datenarchivierung mit SAP
374 S., 2002, 59,90 Euro, ISBN 3-89842-212-7

Liane Will
SAP APO-Systemadministration
302 S., 2002, mit CD
59,90 Euro, ISBN 3-89842-248-8

Paul Read
SAP-Datenbankadministration mit Microsoft SQL Server 2000
378 S., 2002, 59,90 Euro, ISBN 3-934358-87-X

Werner Hertleif, Christoph Wachter
SAP Smart Forms
504 S., 2002, 59,90 Euro, ISBN 3-89842-196-1

und viele aktuelle Bücher mehr ...

>>> www.sap-press.de

Aktuelle SAP PRESS-Bücher im Überblick

betriebswirtschaftlich

Michael Hermann u.a.
SAP-Berechtigungswesen

Raimund Heuser u.a.
Integrierte Planung mit SAP

Scheckenbach, Zeier
Collaborative SCM in Branchen

Krämer, Lübke, Ringling
Personalplanung und -entwicklung mit mySAP HR

Lübke, Ringling
Personalwirtschaft mit mySAP HR

Mario Pérez, Steffen Karch
WebBusiness mit SAP

Heinz Forsthuber
SAP-Finanzwesen für Anwender

Alan Rickayzen u.a.
Workflow-Management mit SAP

Jochen Scheibler
Vertrieb mit SAP

Stengl, Ematinger
Instandhaltung mit SAP

Eckhard Moos
Kostencontrolling mit SAP

Rüdiger Buck-Emden
mySAP CRM

Neuberger, Przewloka
Dienstleistungsmanagement

Bartsch, Bickenbach
Supply Chain Management mit SAP APO

Weihrauch, Keller
Produktionsplanung und -steuerung mit SAP

Achim Seemann u.a.
SAP Business Information Warehouse

Hölzer, Schramm
Qualitätsmanagement mit mySAP.com

SAP PLM-Team
mySAP Product Lifecycle Management

technisch

Horst Keller, Joachim Jacobitz
ABAP Objects-Referenz

Horst Keller, Sascha Krüger
ABAP Objects

Ewald Brochhausen u.a.
mySAP HR - Technische Grundlagen und Programmierung

Liane Will
SAP APO-Systemadministration

Paul Read
SAP-Datenbankadministration mit Microsoft SQL Server 2000

Helmut Stefani u.a.
Datenarchivierung mit SAP

Hertleif, Wachter
SAP Smart Forms

Schneider, Zwerger
Sichere Unternehmensportale mit SAP

SAP Labs
SAP Guide Systemadministration

Thomas Schneider
SAP-Performanceoptimierung

McFarland Metzger, Röhrs
SAP R/3 Änderungs- und Transportmanagement

SAP PRESS

www.sap-press.de

Katalog 2005
Frühjahr/Sommer

SAP®-Hefte
Das spezielle Format für spezielle SAP-Themen

Neue Publikationen:

- Java-Monitoring-Infrastruktur in SAP NetWeaver 04
- Praxisworkshop SAP-Controls
- SAP Change Control Management mit CCM
- Liquiditätsrechnung und -planung mit SAP
- Supply Chain Management mit dem Inventory Collaboration Hub

Eine Publikation aus dem Verlag von

SAP PRESS

Galileo Press

Neu

ca. 100 S., ca. 48,– €
ISBN 3-89842-955-5
April 2005
Bestellnummer: 955

SAP-Heft 3

Astrid Tschense

Java-Monitoring-Infrastruktur in SAP NetWeaver 04

Dieses SAP-Heft vermittelt Ihnen das notwendige Praxis-Know-how, um schnell und effizient die Java-Monitoring- und -Supportability-Infrastruktur von SAP NetWeaver 04 zu nutzen.
Sie erhalten zunächst einen Überblick über alle Tools und deren Funktionen sowie über die Möglichkeiten, wie in unterschiedlichen Systemlandschaften die Monitoring-Infrastruktur aufgebaut sein kann. Den Hauptteil des Heftes macht die Interpretation der gewonnenen Daten aus: Hier erhalten Sie Anleitung, wie Sie aus der Vielzahl der Angaben diejenigen herausfiltern, die für Ihre Belange wichtig sind. Auch dem Thema Problembehebung wird viel Aufmerksamkeit gewidmet. Im Mittelpunkt stehen dabei jedoch nicht theoretische Lösungsansätze, sondern es wird immer mit berücksichtigt, welche Auswirkungen Ihre Analysen und Reaktionen auf Performance und Stabilität des Gesamtsystems haben.

Aus dem Inhalt

- Monitoring-Infrastruktur
  Szenarien von Systemlandschaften, Setup der Monitoring-Infrastruktur
- Supportability-Infrastruktur
  Szenarien von Systemlandschaften, Setup der Supportability-Infrastruktur
- Systemüberwachung
  Monitoring-Werkzeuge, Interpretation der gewonnenen Daten, Administrator-Aktionen
- Problem-Analyse
  Analyse-Werkzeuge, Interpretation der gewonnenen Daten, Adminstrator-Aktionen

Die Autorin

Dr. Astrid Tschense arbeitet als Product Management Specialist für das Thema Monitoring-Infrastruktur im Product Management des SAP Web Application Server Java.

Bücher zum Thema

Karl Kessler, Peter Tillert, Panayot Dobrikov
Java-Programmierung mit dem SAP Web Application Server
570 S., 2005, mit DVD
59,90 €
ISBN 3-89842-317-4
Bestellnummer: 317

Andreas Schneider-Neureither
Java für ABAP-Entwickler
576 S., 2004, mit CD
59,90 €
ISBN 3-89842-408-1
Bestellnummer: 408

Steffen Karch, Loren Heilig
SAP NetWeaver
336 S., 2005, 59,90 €
ISBN 3-89842-608-4
Bestellnummer: 608

Neu

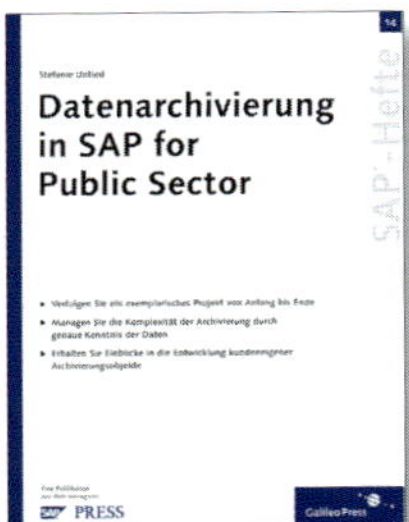

ca. 80 S., ca. 78,– €
ISBN 3-89842-956-3
August 2005
Bestellnummer: 956

SAP-Heft 14

Stefanie Untied

Datenarchivierung in SAP for Public Sector

Dieses SAP-Heft unterstützt Sie bei der Konzeption und Durchführung der Datenarchivierung in der Branchenlösung SAP for Public Sector.
Sie erfahren, was die Besonderheiten bei der Archivierung im Public Sector sind, wie ein Archivierungsprojekt organisiert sein sollte und wie die Datenstrukturen des Öffentlichen Bereichs aussehen. Der Praxisteil enthält eine ausführliche Beschreibung eines realen Kundenprojekts. Hier lernen Sie in der Reihenfolge des Projektablaufs, wie die DB-Analyse erfolgte, welche Daten archiviert wurden und in welcher Reihenfolge das Projekt durchgeführt wurde. Zusätzlich erhalten Sie eine Erläuterung der Entwicklung von kundeneigenen Archivierungsobjekten.
Auf diese Weise lernen Sie, die Komplexität eines solchen Projektes einzuschätzen, Sie erhalten wertvolle Hinweise zur konkreten Durchführung und zur Lösung von Detailproblemen und erarbeiten sich somit einen Vorteil bei der Ausschreibung solcher Projekte.

Aus dem Inhalt

- Besonderheiten der Archivierung in PSM
- Beschreibung eines Archivierungsprojekts
- Datenstrukturen im PSM
- Reihenfolge bei der Archivierung
- Datenbankanalyse
- Beschreibung der zu archivierenden Daten und deren Reihenfolge
- Exemplarische Beschreibung der Archivierung von kundeneigenen Daten
- Entwicklung von kundeneigenen Archivierungsobjekten
- Beschreibung der Durchführung eines Archivierungslaufs

Die Autorin

Stefanie Untied ist Wirtschaftsinformatikerin und arbeitet als technische Beraterin bei best practice consulting, einem Beratungshaus mit den Schwerpunkten Finanz- und Energiedienstleister, Öffentliche Verwaltung und Immobilienmanagement. Sie war maßgeblich an dem Pilotprojekt beteiligt, das die Grundlage für das Praxiskapitel darstellt.

Bücher zum Thema

Helmut Stefani
Datenarchivierung mit SAP
374 S., 2002, 59,90 €
ISBN 3-89842-212-7
Bestellnummer: 212

J. Becker, D. M. Schulze, N. Schroeder, U. Spinola
SAP Records Management
ca. 400 S., ca. 59,90 €
ISBN 3-89842-581-9
März 2005
Bestellnummer: 581

A. Rickayzen, J. Dart, C. Brennecke, M. Schneider
Workflow-Management mit SAP
651 S., 2002, 59,90 €
ISBN 3-89842-190-2
Bestellnummer: 190

www.sap-hefte.de

Bücher zum Thema

M. Mißbach, R. Sosnitzka, J. Stelzel, M. Wilhelm
SAP-Systembetrieb
357 S., 2003, 79,90 €
ISBN 3-89842-297-6
Bestellnummer: 297

Armin Kösegi, Rainer Nerding
SAP Änderungs- und Transportmanagement
ca. 800 S., 2., akt. u. erw. Auflage, ca. 69,90 €
ISBN 3-89842-634-3
August 2005
Bestellnummer: 634

Andreas Schneider-Neureither
Optimierung von SAP-Systemlandschaften
240 S., 2004, 79,90 €
ISBN 3-89842-409-X
Bestellnummer: 409

SAP-Heft 16

Stephan Luenskens

SAP Change Control Management mit CCM

Dieses Heft erläutert IT-Managern und Entwicklern, wie mithilfe der Beraterlösung Change Control Management (CCM) schnell und kostengünstig ein Änderungsdienst für SAP-Systeme eingerichtet werden kann, der den Anforderungen der Sarbanes-Oxley-Regularien entspricht.
Im Mittelpunkt stehen die Anforderungen an einen generischen Änderungsdienst und dessen Abbildung in der Lösung CCM. Sie erfahren, welche Forderungen von Gesetzgeberseite an einen solchen Prozess bestehen, welche organisatorischen Vorüberlegungen Sie in Ihrer Abteilung treffen sollten und wie Sie schließlich den Prozess in CCM einrichten und z.B. mittels User-Exits an Ihre eigenen Anforderungen anpassen.

Aus dem Inhalt

- Problemstellung
  Hintergründe, Sarbanes-Oxley Act, FDA-Regularien, Defizite im SAP-System
- Lösungsansatz
  Generischer Änderungsprozess, Abbildung in CCM
- Vorgehensweise bei der Projektplanung
  Verantwortlichkeiten von Personen oder Abteilungen, Analyse der Komplexität, kritische Bewertung der Ergebnisse hinsichtlich des Einsatzes des SAP-Organisations-Managements
- Bedienung/Entwicklung
  Schrittweise Einrichtung des Systems, sinnvolle Customizing-Einstellungen, Tipps und Tricks zur Vermeidung von typischen Problemen

Der Autor

Dr. Stephan Luenskens arbeitet seit fünf Jahren als SAP Integration Manager und Modulbetreuer bei West Pharmaceutical Services. Er ist dort u.a. zuständig für ABAP-Entwicklung, Workflow, Berechtigungen, Änderungswesen etc. Im Rahmen dieser Tätigkeit führte er auch die Lösung CCM im Unternehmen ein.

Neu

ca. 70 S., ca. 58,– €
ISBN 3-89842-959-8
August 2005
Bestellnummer: 959

Bücher zum Thema

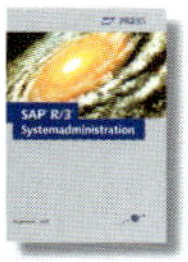

Sigrid Hagemann, Liane Will
SAP R/3-Systemadministration
564 S., 2., akt. u. erw. Auflage 2003, 59,90 €
ISBN 3-89842-308-5
Bestellnummer: 308

Andreas Schneider-Neureither
Optimierung von SAP-Systemlandschaften
240 S., 2004, 79,90 €
ISBN 3-89842-409-X
Bestellnummer: 409

SAP-Heft 2

Anjo de Heus, Kees Verruijt

SAP-Hintergrundverarbeitung: CCMS und externe Scheduling-Tools

- Funktionalitäten von CCMS und externen Schedulern
- Einsatz eines externen Schedulers am Beispiel von Redwood Cronacle
- Jobdefinition und Planung von Jobketten in CCMS und Cronacle

Dieses Heft versetzt Sie in die Lage zu entscheiden, ob in Ihrer Systemlandschaft der Bedarf nach erweiterter Scheduler-Funktionalität besteht. Zunächst beschreibt das Heft die Anforderungen an ein zeitgemäßes Scheduling in der Hintergrundverarbeitung. Auf dieser Grundlage werden die Möglichkeiten des CCMS Schedulers erläutert, und Sie erfahren, wie Sie stattdessen einen externen Scheduler in Ihre Landschaft implementieren. Die Autoren zeigen Ihnen anhand des Produkts Redwood Cronacle, wie Sie spezialisierte Software dabei unterstützt, große Mengen an Hintergrundjobs zu bewältigen.

56 S., 2004, 48,– €
ISBN 3-89842-945-8
Bestellnummer: 945

Bücher zum Thema

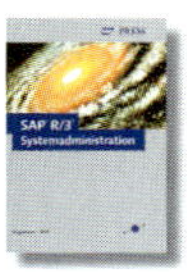

Sigrid Hagemann, Liane Will
SAP R/3-Systemadministration
564 S., 2., akt. u. erw. Auflage 2003, 59,90 €
ISBN 3-89842-308-5
Bestellnummer: 308

Thomas Schneider
SAP-Performanceoptimierung
527 S., 3., akt. u. erw. Auflage 2003, 59,90 €
ISBN 3-89842-357-3
Bestellnummer: 357

SAP-Heft 9

Corina Schulz

Konzeption und Einrichtung des Systemmonitorings mit dem SAP Solution Manager

- Lernen Sie die Vorteile einer zentralen Systemüberwachung kennen
- Entwickeln Sie ein individuelles Monitoring-Konzept mit allen Objekten und Attributen
- Verfolgen Sie die Umsetzung anhand zahlreicher Screenshots und Handlungsanleitungen

Dieses SAP-Heft zeigt Ihnen, wie Sie die Komplexität Ihrer Landschaft mithilfe des SAP Solution Managers bewältigen und ein effizientes Monitoringkonzept für alle technischen Komponenten entwerfen.
Anhand eines Konzepts für eine fiktive Systemlandschaft mit einem R/3-System, einem APO und einer Drittanbieterkomponente lernen Sie zunächst, was Sie beim Konzeptdesign beachten sollten, um dann im nächsten Schritt anhand vieler Screenshots und Handlungsanleitungen die beispielhafte Einrichtung des entworfenen Konzepts nachzuvollziehen.

Englische Ausgabe erhältlich ab Juli 2005
Bestellnummer: 053

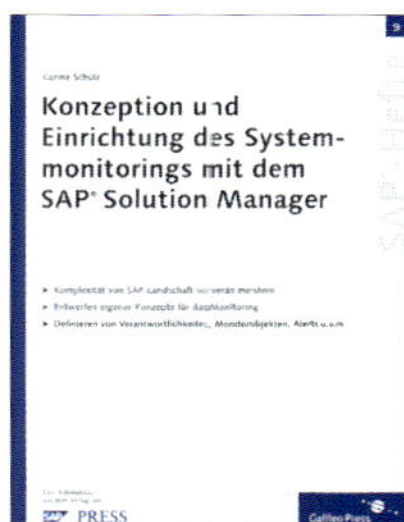

80 S., 2005, 48,– €
ISBN 3-89842-953-9
Bestellnummer: 953

Neu

ca. 120 S., ca. 48,– €
ISBN 3-89842-961-X
August 2005
Bestellnummer: 961

SAP-Heft 18

Harald Röser

Praxisworkshop SAP-Controls

Mit reiner ABAP-Programmierung erweist sich die Ausgabe von Daten in einem ansprechenden Tabellenlayout als sehr aufwändig – dabei geht es auch einfacher! Dieses SAP-Heft zeigt Ihnen, wie Sie ergonomische Applikationen mithilfe von SAP-GUI-Controls erstellen, die Ihnen seit Release 4.6C zur Verfügung stehen.
Schritt für Schritt werden Ihnen vom klassischen Table Control über das ALV-Grid-Control bis hin zur Excel-Integration via OLE alle Container- und Anwendungs-Controls erläutert. Anhand von Beispielen zur Listenprogrammierung wird Ihnen gezeigt, was die einzelnen Controls können und wie Sie dieses Können nutzen. Seite für Seite gibt Ihnen der Autor so verständlich kommentierten Code an die Hand, den Sie leicht in Ihr eigenes Projektumfeld transferieren können. Control Framework, Custom Container und Picture Control sind für Sie nach diesem Workshop keine Fremdworte mehr, und Sie kennen sich bestens mit dem HTML Viewer Control, dem Text Edit Control und dem Toolbar Control aus.

Aus dem Inhalt

- Table Control
- Control Framework
- Custom Container mit Picture Control
- SAP Container Controls
- SAP HTML Viewer
- SAP Text Edit
- SAP Toolbar
- SAP Tree und Tree Model
- SAP ALV-Grid-Control
- Excel-Integration

Der Autor

Harald Röser ist Gruppenleiter bei Siemens I&S für SAP Consulting & Engineering, München. Seit WS 2003/04 ist er außerdem Lehrbeauftragter an der FH Augsburg im Fachbereich Informatik und hält dort Vorlesungen zur ABAP-Programmierung und speziell zur Dialogentwicklung.

Bücher zum Thema

Sascha Krüger,
Jörg Seelmann-Eggebert
ABAP Best Practices
448 S., 2005, 59,90 €
ISBN 3-89842-354-9
Bestellnummer: 354

Horst Keller, Sascha Krüger
ABAP Objects
665 S., 2., durchg. Auflage 2001, mit 2 CDs, 64,90 €
ISBN 3-89842-147-3
Bestellnummer: 147

W. Heuvelmans, A. Krouwels, B. Meijs, R. Sommen
Enhancing the Quality of ABAP Development
504 pp., 2004, 69,95 €
ISBN 1-59229-030-2
Bestellnummer: 030

112 S., 2004, 48,– €
ISBN 3-89842-943-1
Bestellnummer: 943

SAP-Heft 1

Frédéric Heinemann

BSP-Extensions: Komfortables Webreporting mit HTMLB

- Undokumentierte HTMLB-Tags im praktischen Einsatz
- Hierarchische Navigation, tabellarische Auswahl, Detail-Anzeige, Suchmasken u. v. m.
- Mit Beispielapplikation zur gemeinsamen Codeverwaltung

Anhand einer funktionsfähigen Webapplikation zeigt Ihnen dieses SAP-Heft, wie Sie die BSP-Extensions HTMLB, XHTMLB und PHTMLB optimal einsetzen. Das Heft ist konsequent auf die praktische Verwendung der verschiedenen Elemente ausgelegt: Von der ersten Seite an arbeiten Sie direkt an der Entwicklung der Funktionalitäten wie hierarchische Navigation, tabellarische Auswahl, Detailanzeige, umfangreiche Suchmasken, komfortable Eingabeverwaltung etc. Neben Elementen aus der BSP-Extension HTMLB lernen Sie auch die neuen BSP-Extensions XHTMLB und PHTMLB kennen.

Englische Ausgabe sofort lieferbar
Bestellnummer: 040

Bücher zum Thema

Frédéric Heinemann,
Christian Rau
Webentwicklung in ABAP mit dem SAP Web Application Server
640 S., 2., akt. u. erw. Auflage 2005, mit 3 CDs
59,90 €
ISBN 3-89842-523-1
Bestellnummer: 523

Christian Wenz
Handbuch JavaScript
1000 S., 2003, mit CD
39,90 €
ISBN 3-89842-366-2
Bestellnummer: 366

112 S., 2004, 58,– €
ISBN 3-89842-950-4
Bestellnummer: 950

SAP-Heft 5

Bernd Will

Rich Internet Applications auf dem SAP Web AS

- RIA: alle wichtigen Aspekte im Zusammenspiel mit dem Web AS
- Business-relevante Features in Flash MX 2004
- inkl. multimedialer Beispielapplikation

Dieses SAP-Heft zeigt Ihnen, wie Sie mithilfe von Rich Internet Applications (z.B. für Reporting- und Analyse-Aufgaben) Ihren Application Server entlasten. Sie erfahren, wie Sie die Layoutinformationen und einen Teil der Applikationslogik vom SAP Web AS auf den Client auslagern können. Anhand eines interaktiven Produktkatalogs werden Ihnen die Vorteile des RIA-Ansatzes erläutert, und Sie lernen, wie Sie die Layoutfragen lösen und die clientseitige Datenbeschaffung mittels Webservices implementieren. Als Frontendtechnologie hat der Autor Flash MX 2004 gewählt.

Englische Ausgabe erhältlich ab August 2005
Bestellnummer: 054

Bücher zum Thema

Sascha Wolter,
Marc Thiele
Flash MX 2004 – Standard- und Professional-Version
432 S., 2004, 4c, mit CD
44,90 €
ISBN 3-89842-468-5
Bestellnummer: 468

Bücher zum Thema

Jens Stumpe, Joachim Orb
SAP Exchange Infrastructure
288 S., 2005, 59,90 €
ISBN 3-89842-437-5
Bestellnummer: 437

Johannes Meiners, Wilhelm Nüßer
SAP-Schnittstellenprogrammierung
384 S., 2004, 59,90 €
ISBN 3-89842-445-6
Bestellnummer: 445

SAP-Heft 7

Patrick Theobald

SAP Business Connector – Anwendung und Entwicklung

- Lernen Sie mit diesem Programmier-Workshop alle Formate des BC kennen
- Rufen Sie BAPIs mit XML auf, und entwickeln Sie eigene BC-Services
- Ausführlich kommentierter Quellcode erleichtert Ihnen die Weiterverwendung der Beispiele

Anhand praxisnaher Beispiele erhalten Sie mit diesem Programmierworkshop eine Einführung in die Funktionalitäten des SAP Business Connectors (BC). Sie lernen die Arbeit mit den vorgefertigten Lösungen (z.B. Aufruf von BAPIs via XML) kennen, und Sie erfahren, wie Sie Eigenentwicklungen, wie z.B. individuelle Umsetzungen und die Programmierung von Services (BC-eigene Funktionspakete), realisieren. Auf dieser Grundlage wird dann die Kommunikation mittels IDocs erläutert.
Die präsentierten Beispiele können Sie bei Bedarf mit minimaler Anpassung für eigene Zwecke einsetzen.

Englische Ausgabe erhältlich ab August 2005
Bestellnummer: 052

72 S., 2004, 48,– €
ISBN 3-89842-952-0
Bestellnummer: 952

Bücher zum Thema

Andreas Schneider-Neureither
Optimierung von SAP-Systemlandschaften
240 S., 2004, 79,90 €
ISBN 3-89842-409-X
Bestellnummer: 409

Michael Mißbach, Josef Stelzel
Adaptive Hardware für SAP
ca. 300 S., ca. 79,90 €
ISBN 3-89842-499-5
März 2005
Bestellnummer: 499

SAP-Heft 4

Tatjana Ullerich

TCO-Modell für SAP-Systeme am Beispiel mySAP CRM mit SAP Enterprise Portal

- Instrumente zur Kosten-Nutzen-Analyse Ihrer SAP-Lösung
- Exemplarische Kriterienkataloge zum Nutzen von CRM und Portal
- Ausführliche Beispielrechnung mit allen Faktoren

Mit diesem SAP-Heft erhalten Sie eine Beispielrechnung für die Total Cost of Ownership (TCO) von SAP-Systemen. Anhand eines CRM- und Portalszenarios entwickelt die Autorin eine Methodik, die Sie leicht auf Ihre eigene SAP-Landschaft anwenden können.
Ob Kosten für Hardware, Softwarelizenzen, Endanwenderschulungen und laufenden Betrieb: Alle Kostenfaktoren werden nacheinander in die Methodik mit einbezogen. Die Autorin arbeitet mit konkreten Zahlen, sodass die Berechnungsgrundlage zu jeder Zeit nachvollziehbar und auf Ihre konkrete Systemlandschaft übertragbar bleibt.

70 S., 2004, 78,– €
ISBN 3-89842-949-0
Bestellnummer: 949

Bücher zum Thema

C. Krämer, C. Lübke, S. Ringling
Personalplanung und -entwicklung mit mySAP HR
576 S., 2003, 59,90 €
ISBN 3-89842-211-9
Bestellnummer: 211

J. Edinger, A. Junold, C. Krämer, S. Ringling,
SAP-Personalwirtschaft für Anwender
504 S., 2004, 49,90 €
ISBN 3-89842-457-X
Bestellnummer: 457

SAP-Heft 11

Martin Esch, Hans-Jürgen Figaj

Personaleinsatzplanung mit SAP HR

- PEP-Konzepte und -Planungsprozesse verstehen
- Gestaltungsmöglichkeiten der PEP selbstständig nutzen
- Anhand von Beispielen praxisnah lernen

Sie arbeiten im HR-Bereich und haben Vorkenntnisse in SAP HR Zeitwirtschaft und Organisationsmanagement? Die Personaleinsatzplanung Ihres Unternehmens gestaltet sich bislang aufwendig und liegt außerhalb Ihres SAP-Systems?
Dieses SAP-Heft berät Sie fundiert über die Gestaltungsmöglichkeiten, die Ihnen die Standard-Personaleinsatzplanung (PEP) mit SAP bietet. Sie lernen den gesamten Funktionsumfang der PEP kennen, werden über die zugrunde liegenden Konzepte informiert und lernen, alle notwendigen Customizing-Einstellungen selbst vorzunehmen.

64 S., 2004, 58,– €
ISBN 3-89842-951-2
Bestellnummer: 951

Weitere Informationen zu allen Heften sowie Leseproben und Leserforen zu Heft-Themen finden Sie auf unserer Website. Dort können Sie auch den Newsletter zu Neuerscheinungen abonnieren und alle SAP-Hefte und SAP PRESS-Bücher direkt und bequem bestellen.

www.sap-hefte.de

Neu

ca. 70 S., ca. 58,– €
ISBN 3-89842-957-1
März 2005
Bestellnummer: 957

SAP-Heft 15

Stephan Kerber, Dirk Warntje

Liquiditätsrechnung und -planung mit SAP

Dieses SAP-Heft zeigt Ihnen, wie Sie mit einem integrierten Lösungsansatz SAP optimal für Ihre Liquiditätsrechnung und -planung nutzen können. Sie erfahren, wie Sie Ihre Liquiditätsströme mit dem SAP Liquidity Planner ermitteln und planen können.
Der Liquidity Planner setzt sich aus zwei Applikationen zusammen: der SAP-Ist-Rechnung (Liquiditätsrechnung) und dem SAP BW/SEM. Ausgehend von der betriebswirtschaftlichen Fragestellung erfahren Sie zunächst, wie die Ist-Rechnung in SAP R/3 erfolgreich einzuführen ist. Von den technischen Einstellungen über den Entwurf des Datenmodells und das Customizing bis hin zu den Prozessen der Liquiditätsanalyse wird jeder relevante Bereich der SAP-Ist-Rechnung behandelt. Das darauf folgende Kapitel gibt Ihnen eine fundierte Anleitung zum Reporting und zur Planung Ihres Cashflows mittels SAP BW und SAP SEM. Den Abschluss bildet ein Überblick über einen Workaround, der Liquiditätsplanung und Reporting ohne SAP BW/SEM ermöglicht. Ein ausführliches Beispielszenario wird im Verlauf des Heftes systematisch aufgebaut und erleichtert Ihnen das Verständnis.

Aus dem Inhalt

- Betriebswirtschaftlicher Überblick
- Ist-Rechnung in SAP R/3
- Liquiditätsplanung mit SAP BW/SEM
- Liquiditätsplanung ohne SAP BW/SEM

Die Autoren

Stephan Kerber und Dirk Warntje arbeiten als Senior Consultants bei der SAP AG in Hamburg. Stephan Kerber ist Experte für den SAP Liquidity Planner und Dirk Warntje hat sich auf SAP BW und SAP SEM spezialisiert.

Bücher zum Thema

N. Egger, C. Rohlf, S. Weber
SAP BW – Planung und Simulation
ca. 450 S., ca. 69,90 €
ISBN 3-89842-538-X
April 2005
Bestellnummer: 538

Roland Fischer
Unternehmensplanung mit SAP SEM
442 S., 2003, 69,90 €
ISBN 3-89842-318-2
Bestellnummer: 318

D. Pfaff, B. Skiera, J. Weiss
Financial Supply Chain Management
380 S., 2004, 79,90 €
ISBN 3-89842-249-6
Bestellnummer: 249

Neu

ca. 70 S., ca. 58,– €
ISBN 3-89842-960-1
August 2005
Bestellnummer: 960

SAP-Heft 17

Sascha Jirasek, Uwe Krentscher, Mario Schoddel

Beschaffungscontrolling mit SAP BW und SAP SEM

Dieses SAP-Heft zeigt Ihnen, wie Sie das SAP Business Information Warehouse und das SAP Strategic Enterprise Management für das Beschaffungscontrolling wirksam einrichten und nutzen können. Die Autoren vermitteln Ihnen nicht nur das notwendige Know-how für die erfolgreiche Implementierung, sie zeigen Ihnen außerdem, wie entscheidungsrelevante Informationen mit hoher Qualität und Zuverlässigkeit im SAP BW und SAP SEM abgebildet werden können.
Als Einstieg wird Ihnen das nötige Basiswissen zu Beschaffungsplanung, -reporting und -monitoring vermittelt. Danach werden Sie in die für Sie relevanten Aspekte der technischen Architektur von SAP BW und SEM eingeführt. In den drei zentralen Kapiteln des Heftes erhalten Sie schließlich eine fundierte Anleitung, wie Sie die Planung, das Reporting und das Monitoring für die Beschaffung mit SAP BW bzw. SEM aufbauen. In jedem dieser Kapitel wird anhand eines konkreten Beispiels der Weg zu einer funktionierenden Lösung veranschaulicht. Dos und Don'ts aus der Praxis helfen Ihnen, teure und zeitraubende Fehler zu vermeiden.

Aus dem Inhalt

- Betriebswirtschaftliche und technische Grundlagen
- Beschaffungsplanung
- Beschaffungsreporting
- Beschaffungsmonitoring

Die Autoren

Sascha Jirasek, Uwe Krentscher und Mario Schoddel sind als Experten für SAP BW und SAP SEM im Purchasing Monitoring bei T-Mobile tätig. Ihre Spezialgebiete liegen im Bereich Beschaffungsreporting und -monitoring, Beschaffungsplanung sowie Beschaffungsinformationssysteme auf Basis von SAP BW, SAP SEM und SAP EP.

Bücher zum Thema

Uwe Brück
Praxishandbuch SAP-Controlling
ca. 550 S., 2., akt. u. erw. Auflage, ca. 49,90 €
ISBN 3-89842-565-7
Mai 2005
Bestellnummer: 565

Norbert Egger
Praxishandbuch SAP BW 3.1
600 S., 2., korr. Auflage 2004
69,90 €
ISBN 3-89842-527-4
Bestellnummer: 527

N. Egger, J.-M. Fiechter, J. Rohlf, J. Rose, O. Schrüffer,
SAP BW – Reporting und Analyse
ca. 450 S., ca. 69,90 €
ISBN 3-89842-537-1
März 2005
Bestellnummer: 537

www.sap-hefte.de

SAP-Heft 20

Kai Krüger, Eckhard Moos

Innerbehördliche Leistungsverrechnung mit SAP

Dieses SAP-Heft stellt Ihnen einen praktikablen konzeptionellen Ansatz vor, mit dem öffentliche Verwaltungen eine größere Wirtschaftlichkeit erreichen können: Die Autoren präsentieren Ihnen ein in der Praxis bewährtes Konzept der innerbehördlichen Leistungsverrechnung mit SAP CO. Sie erfahren, wie der Aufbau einer Kosten- und Leistungsrechnung innerhalb der Neuen Verwaltungssteuerung (NVS) umgesetzt werden kann. Die Verrechnung der Kosten erfolgt dazu auf Basis zuvor verhandelter Preise für die Leistungen. Der Ablauf der Verrechnung in einzelnen Stufen wird im Hauptteil des Heftes anschaulich und nachvollziehbar dargestellt. Ein wesentlicher Bestandteil ist dabei die Zeit- und Mengenerfassung mit SAP R/3. Im abschließenden Kapitel lernen Sie schließlich, wie Sie das Berichtswesen und weitere Steuerungsmöglichkeiten nutzen können. All dies wird mit einem durchgängigen Beispiel, vielen Grafiken und Screenshots veranschaulicht.

Aus dem Inhalt

- Kosten- und Leistungsrechnung innerhalb der Neuen Verwaltungssteuerung
- Aufbau einer Kostenrechnung in der öffentlichen Verwaltung
- Verrechnungsstufen
- Berichtswesen

Die Autoren

Kai Krüger ist Leiter des Bereichs Entwicklung im Projekt der Einführung der Neuen Verwaltungssteuerung mit SAP in der Hessischen Landesverwaltung. Eckhard Moos ist Gründer und Vorstand der Kern AG und verfügt v.a. im Bereich SAP CO über langjährige Beratungserfahrung. Er ist Autor des Buches »Kostencontrolling mit SAP«.

Neu

ca. 80 S., ca. 48,– €
ISBN 3-89842-963-6
August 2005
Bestellnummer: 963

Bücher zum Thema

Eckhard Moos
Kostencontrolling mit SAP
312 S., 2002, 49,90 €
ISBN 3-89842-290-9
Bestellnummer: 290

Uwe Brück, Alfons Raps
Gemeinkosten-Controlling mit SAP
456 S., 2005, 49,90 €
ISBN 3-89842-456-1
Bestellnummer: 456

Heinz Forsthuber
Praxishandbuch SAP-Finanzwesen
ca. 450 S., 2., akt. u. erw. Auflage, ca. 49,90 €
ISBN 3-89842-532-0
März 2005
Bestellnummer: 532

SAP-Heft 6

Anita Leitz

Supply Chain Management mit dem Inventory Collaboration Hub

Die Integration von Lieferanten in das eigene Supply-Chain-Netzwerk ist eine erfolgskritische Herausforderung, der immer mehr Unternehmen mit leistungsfähiger IT begegnen. Der Inventory Collaboration Hub (ICH) aus der Lösung mySAP SCM bietet in diesem Zusammenhang umfangreiche Collaboration-Funktionalität, die sowohl SAP-Nutzern als auch Unternehmen ohne SAP-Systeme offen steht.
Zu Beginn dieses SAP-Hefts stellt Ihnen die Autorin die Collaboration-Szenarien des SAP ICH aus Supplier- wie auch aus Herstellersicht knapp vor und macht Sie dann mit dem gesamten Funktionsumfang des Tools vertraut. Es folgt eine Anleitung, wie die entsprechenden Stammdaten zu pflegen sind, damit eine reibungslose Integration des ICH in Ihr R/3-System gewährleistet ist. Abschließend erfahren Sie, wie Sie den Inventory Collaboration Hub über Schnittstellen an Ihr R/3-Backendsystem anbinden. Unser SAP-Heft basiert auf dem aktuellen Release SAP SCM 4.1, es eignet sich aber auch für Nutzer von SAP SCM 4.0.

Aus dem Inhalt

- Collaboration-Szenarien: Supplier Managed Inventory, Lieferplan- und Bestellplanabwicklung, Dynamisches Replenishment
- Funktionen des ICH
- Architektur
- Stammdatenpflege: Lokation, Produktstamm, Partnerstammdaten u.v.m.
- Integration von Stammdaten und Bewegungsdaten

Die Autorin

Anita Leitz ist Principial Consultant im Bereich SAP SCM bei der SAP Deutschland AG. Sie ist seit dem ersten Release des ICH als Beraterin mit den Themen Fremdbeschaffung und Supplier Collaboration befasst.

Neu

ca. 80 S., ca. 58,– €
ISBN 3-89842-958-X
März 2005
Bestellnummer: 958

Bücher zum Thema

Gerd Hartmann, Ulrich Schmidt
mySAP Product Lifecycle Management
659 S., 2., akt. u. erw. Auflage 2004, 69,90 €
ISBN 3-89842-372-7
Bestellnummer: 372

Marc Hoppe
Bestandsoptimierung mit SAP
ca. 450 S., ca. 59,90 €
ISBN 3-89842-611-4
April 2005
Bestellnummer: 611

Michael Hölzer, Michael Schramm
Qualitätsmanagement mit SAP
ca. 550 S., 3., akt. u. erw. Auflage, ca. 59,90 €
ISBN 3-89842-655-6
April 2005
Bestellnummer: 655

Weitere Hefte zu folgenden Themenbereichen sind in Vorbereitung: Integrierte Planung SAP BW-BPS, SAP BW, SAP-Berechtigungsverwaltung, SAP XI. Bitte informieren Sie sich über die Erscheinungstermine der englischen Heft-Ausgaben auf unserer Website >> www.sap-hefte.de.

Bestellen Sie direkt

SAP-Hefte

Anzahl	Titel	Bestellnr.	Preis (€)
	BSP-Extensions: Komfortables Webreporting mit HTMLB	943	48,–
	SAP-Hintergrundverarbeitung: CCMS u. ext. Scheduling-Tools	945	48,–
	TCO-Modell für SAP-Systeme	949	78,–
	Rich Internet Applications auf dem SAP Web AS	950	58,–
	Personaleinsatzplanung mit SAP HR	951	58,–
	SAP Business Connector – Anwendung und Entwicklung	952	48,–
	Systemmonitoring mit dem SAP Solution Manager	953	48,–
	Java-Monitoring-Infrastruktur in SAP NetWeaver 04	955	ca. 48,–
	Datenarchivierung in SAP for Public Sector	956	ca. 78,–
	Liquiditätsrechnung und -planung mit SAP	957	ca. 58,–
	Supply Chain Mgmt. mit dem Inventory Collaboration Hub	958	ca. 58,–
	SAP Change Control Management mit CCM	959	ca. 58,–
	Beschaffungscontrolling mit SAP BW und SAP SEM	960	ca. 58,–
	Praxisworkshop SAP-Controls	961	ca. 48,–
	Innerbehördliche Leistungsverrechnung mit SAP	963	ca. 48,–
	SAP-Hefte, Englische Ausgaben		
	BSP Extensions: How to master Web reporting with HTMLB	040	68,–
	SAP Business Connector – Applications and development	052	ca. 68,–
	Systemmonitoring using the SAP Solution Manager	053	ca. 68,–
	Rich Internet Applications on the SAP Web AS	054	ca. 68,–

Bücher (bitte nachfolgend eintragen)

Anzahl	Titel	Bestellnr.	Preis (€)

SAP PRESS-Newsletter

☐ **Ja, ich will den E-Mail-Newsletter zu SAP-Themen**

Sie werden monatlich über die Neuerscheinungen zu SAP-Themen per Mail informiert – unverbindlich und jederzeit abbestellbar.

E-Mail-Adresse

Frau ☐ Herr ☐

Name

Firma

Funktion

Straße

PLZ, Ort

Telefon

Datum & Unterschrift

www.sap-hefte.de

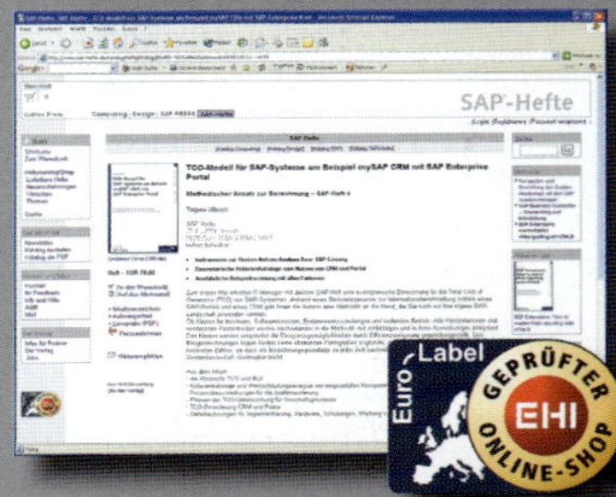

Ihre Vorteile auf einen Blick

- Sicherer Webshop
- Lieferung in 1-2 Werktagen
- Bezahlung per Rechnung, Bankeinzug oder Kreditkarte

Unser Webshop bietet noch mehr:

- Weitere Informationen zu allen Heften
- Newsletter zu SAP-Neuerscheinungen
- Leseproben zum Download (PDF)
- Leserforen zu Heftthemen
- Treffsichere Suche nach Themen, Büchern und Heften

Alle Bestellmöglichkeiten auf einen Blick

Webshop: www.sap-hefte.de

Fax: 0228.42150.77

E-Mail: info@galileo-press.de

Post: Galileo Press Gartenstraße 24 D-53229 Bonn

Wenn Sie Fragen haben, rufen Sie uns an unter: 0228.42150.0

Lieferung zzgl. Versandkosten.
Rechnung liegt bei.
Änderungen und Irrtümer vorbehalten.

Dies ist nicht die letzte Seite ...

www.galileo-press.de

Computing | Design | Business | SAP PRESS

Katalog und Webshop

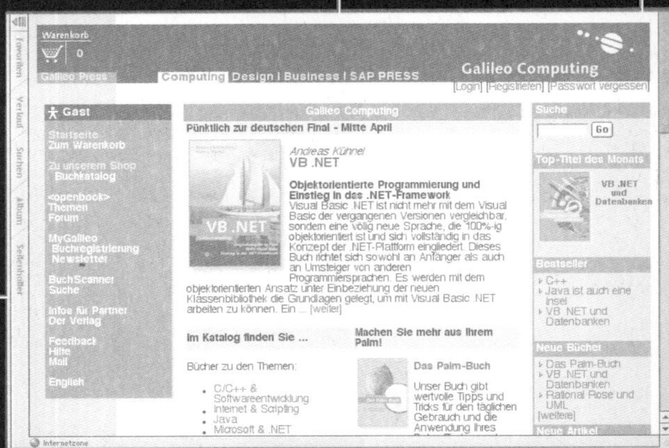

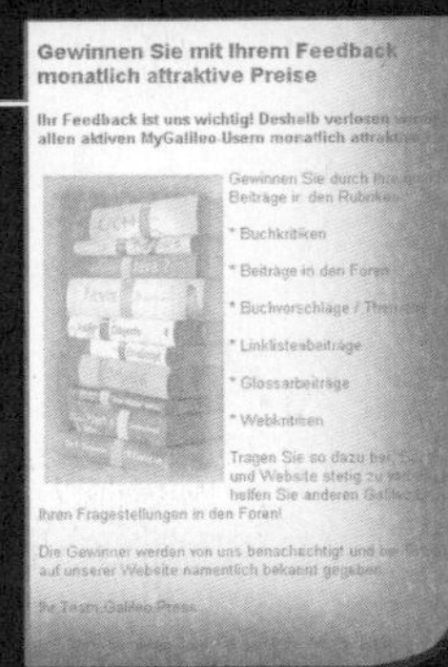

Gewinnen Sie attraktive Preise mit Ihrem Feedback

Nutzen Sie auch ...

- Inhaltsverzeichnisse, Leseproben, Leser- und Pressekritiken
- Artikel, Interviews und Linklisten rund um die Buchthemen
- Neuheiten-Newsletter
- BuchScanner
- Diskussionsforen
- Glossare zu Fachbegriffen

u.v.m.

Buchregistrierung

Registrierungscode [ ]

[Jetzt registrieren]

Die Buchregistrierung

Für registrierte Nutzer halten wir zusätzliche Informationsangebote bereit.

Ihr persönlicher Registrierungscode

03GP31011575